FLORE

DÉPARTEMENT DE L'ALLIER

ET DES

CANTONS VOISINS

DESCRIPTION DES PLANTES QUI Y CROISSENT SPONTANÉMENT
SUIVANT LA MÉTHODE NATURELLE

PAR M. A. MIGOUT

PROFESSEUR DE SCIENCES PHYSIQUES AU LYCÉE DE MOULINS

DEUXIÈME ÉDITION
COMPLÈTEMENT REFONDUE ET CONSIDÉRABLEMENT AUGMENTÉE

MOULINS

IMPRIMERIE DUCET FRÈRES, RUE DE VERT-GALANT

1890

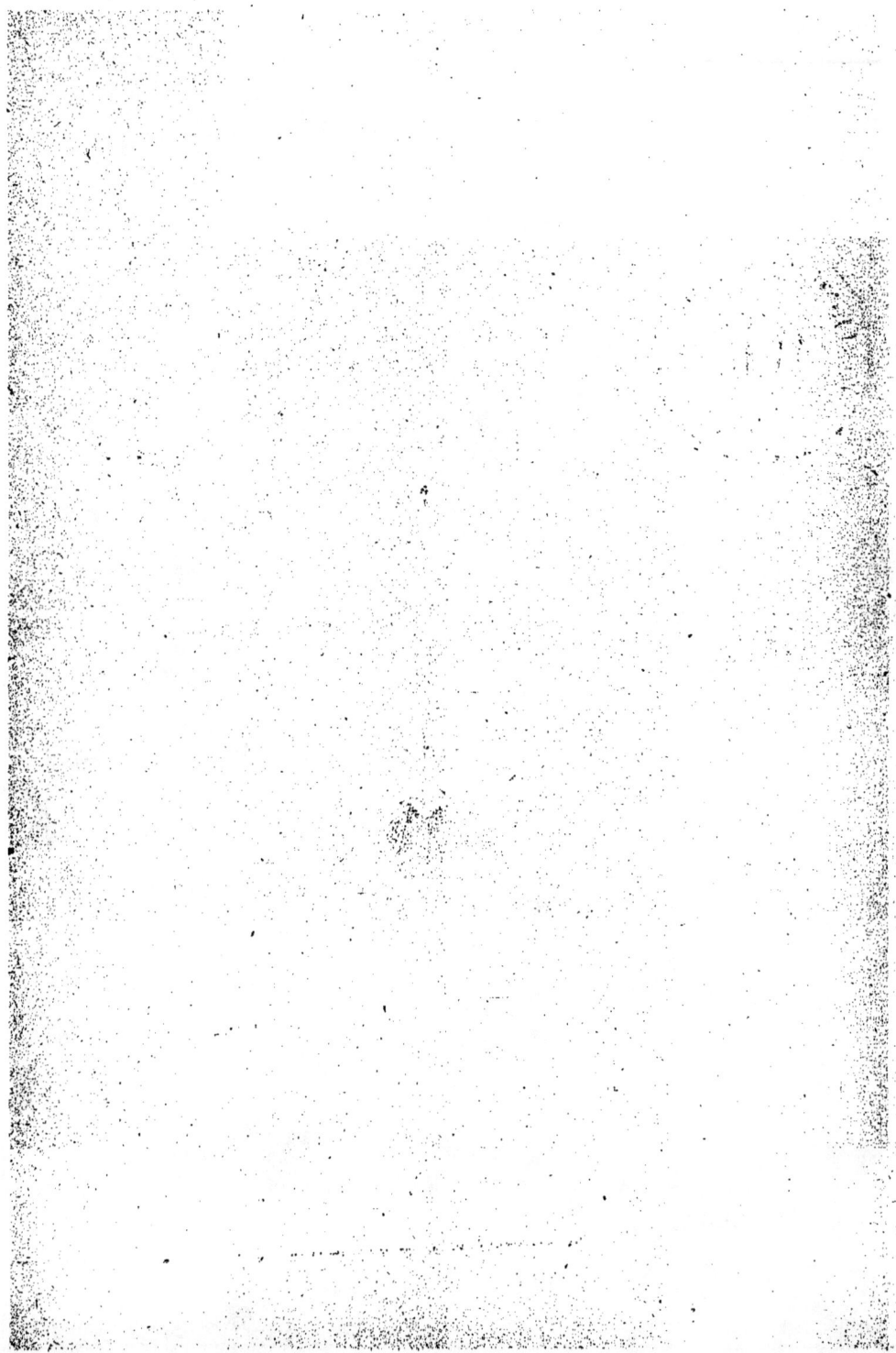

FLORE

DEPARTEMENT DE L'ALLIER

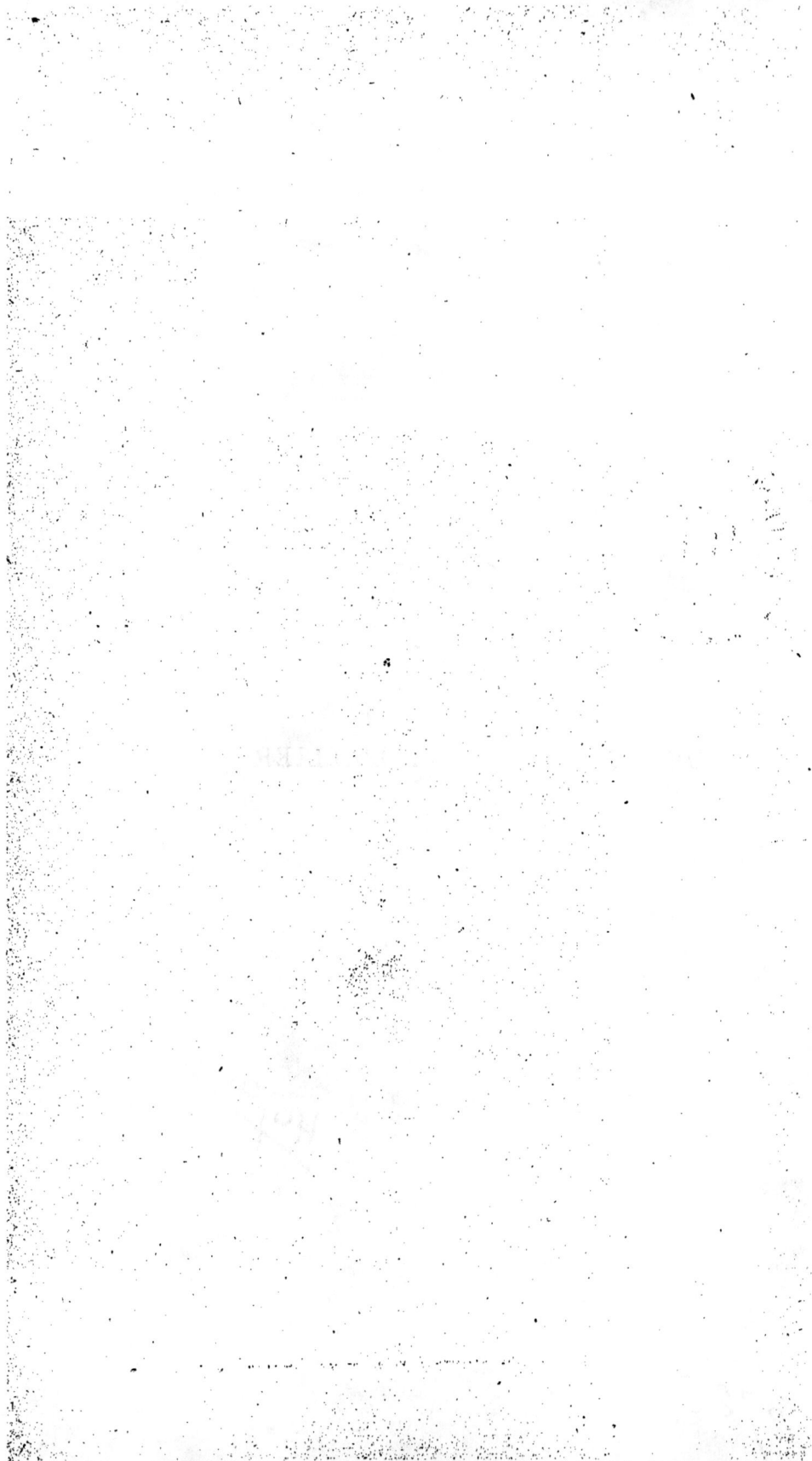

FLORE

DU

DÉPARTEMENT DE L'ALLIER

ET DES

CANTONS VOISINS

DESCRIPTION DES PLANTES QUI Y CROISSENT SPONTANÉMENT
SUIVANT LA MÉTHODE NATURELLE

PAR M. A. MIGOUT

PROFESSEUR DE SCIENCES PHYSIQUES AU LYCÉE DE MOULINS

———

DEUXIÈME ÉDITION
COMPLÈTEMENT REFONDUE ET CONSIDÉRABLEMENT AUGMENTÉE.

MOULINS

IMPRIMERIE FUDEZ FRÈRES, RUE DU VERT-GALANT

—

1890

TABLE GÉNÉRALE

DES MATIÈRES CONTENUES DANS CE VOLUME.

PRÉFACE

J'offre aux amis de la botanique une deuxième édition de la Flore de l'Allier. Cet ouvrage est le résultat de 30 ans de recherches personnelles dans notre département, et de celles de toute une génération de Botanistes. Aussi, le nombre des espèces qui était d'environ 1,300 dans la première édition, dépasse 1,600 dans la deuxième, sans compter de nombreuses variétés élevées au rang d'espèces par d'autres Floristes, et dont j'ai indiqué les différences caractéristiques.

Il est certain, — et je n'hésite pas à le reconnaître, car à aucune époque je ne me suis fait d'illusion là dessus, — que la publication d'une première flore de l'Allier, dans les conditions où elle a paru, pouvait sembler prématurée, contenir des erreurs, et ne devait donner qu'un aperçu forcément incomplet des richesses botaniques de notre région. La forme d'un catalogue aurait paru préférable à quelques personnes. Le catalogue eût été un travail plus modeste, se rapprochant davantage de la disposition de mon esprit, et il eût permis d'attendre des documents plus complets pour arriver à la Flore départementale, qui devait être le but plus ou moins prochain des travaux des Botanistes du pays. Mais l'idée d'un catalogue n'était pas à l'abri d'objection. Quand pourrait-on le déclarer assez complet ?

Tout Botaniste vous répondra qu'en herborisant pendant dix ans dans une localité, il y trouvera, la onzième année, des plantes qui lui avaient échappé.

Je me proposais d'ailleurs un autre but, par la publication d'une Flore locale, celui de répandre le goût de la botanique et de vulgariser cette science en la rendant plus facile et plus abordable. Pour le débutant, la détermination des plantes est une opération difficile, et d'autant plus que le livre qu'il a entre les mains

1

contient un plus grand nombre d'espèces. Il me semble qu'en présence des résultats acquis, l'avenir m'ait donné raison ; et j'en donnerai comme preuves les publications botaniques suivantes, par ordre de dates :

Catalogue raisonné des plantes de l'arrondissement de Montluçon, A. Pérard, 1869-71.

Additions à la Flore de l'Allier, A. Migout, 1876.

Supplément au catalogue de l'arrondissement de Montluçon, A. Pérard, 1878.

Excursion botanique dans les montagnes du Bourbonnais, A. Pérard et A. Migout, 1881.

Matériaux pour la Flore de l'Allier, V. Berthoumieu et Cl. Bourgougnon, 1883.

Mousses et hépatiques de l'Allier, V. Berthoumieu et H. du Buysson, 1883.

Flore du Bourbonnais... Matériaux, première partie. A. Pérard, 1884.

Flore du Bourbonnais... Matériaux, deuxième partie, A. Pérard, 1885.

Flore du Bourbonnais... Matériaux supplémentaires, A. Pérard, 1886.

Matériaux pour la nouvelle Flore de l'Allier, A. Migout, 1886.

Les Rosa de la Flore de l'Allier, A. Migout, 1888.

Nouvelles contributions à la Flore du Bourbonnais, abbé Renoux, 1889.

J'y ajouterai les nombreux herbiers que l'on rencontre maintenant dans un grand nombre de nos écoles communales, même les plus modestes.

Ces publications d'ailleurs, si elles sont finalement l'œuvre de celui qui leur a fait voir le jour, résument le plus souvent, comme il est facile de le voir en les parcourant, le travail de plusieurs personnes qui y ont collaboré soit par des renseignements, soit par des envois de plantes, soit en dirigeant sur le terrain les recherches du botaniste étranger à la région qu'il vient visiter, etc.

Cette seconde édition a eu des fortunes diverses : dès 1878, en herborisant avec mon excellent collègue et ami Pérard, nous reconnaissions que le temps approchait où l'on pouvait songer à une seconde édition, et nous projetions de la faire en commun, nos deux collections se complétant mutuellement ; puis des divergences de vues se produisirent, plus apparentes que profondes, et je lui laissai le soin d'exécuter l'œuvre désirée, bien sûr que, entre ses mains, elle arriverait à bien. Jugeant utile de voir par lui-même les principales localités de la partie de notre région qu'il ne connaissait pas, Pérard entreprit une série d'excursions qu'il ne devait pas terminer ; il prit dans les environs de Moulins, les germes de la maladie qui l'emporta en quelques jours, plein de vie, de santé, d'ardeur au travail, et pour ainsi dire les armes à la main, la boîte sur le dos. Quand un porte-drapeau tombe, un autre le remplace ; c'est ce que j'ai fait. Je crus qu'il eût été regrettable que tant de travail fait, de recherches accumulées, restassent sans marquer l'étape parcourue par la génération actuelle, et je me suis mis à l'œuvre, poursuivant un but que, pour ainsi dire, je n'avais jamais perdu de vue.

Je suis loin d'être partisan de la multiplication indéfinie des espèces. Au reste personne n'est d'accord sur ce qu'il faut entendre par ce mot là. Pour certains, l'espèce est immuable, fixe, devant se reproduire identique à elle-même dans toutes les conditions possibles, de sorte que quand un botaniste a donné la description très minutieuse d'une plante, toute plante qui ne se calque pas complètement sur la description faite, devient pour eux une plante nouvelle, à laquelle on s'empresse de donner un état civil en lui imposant un nom. Pour d'autres, et je suis de ceux-là, l'espèce est plutôt un groupe d'individus sujets à de nombreuses variations, provenant de la latitude, l'altitude, la nature du terrain, l'habitat, du climat, etc.; parfois ces formes dérivées d'un type d'abord unique, continuant de végéter dans les mêmes conditions, se sont reproduites semblables à elles-mêmes, se sont, pour ainsi dire, fixées par hérédité, devenant des formes locales, ce qu'on pourrait appeler des « espèces commençantes », susceptibles de différer de plus en plus, mais à la suite de très longs intervalles, du type primitif. C'est sur l'appréciation des différences résultant de ces variations que les botanistes sont loin d'être d'accord.

On prononce souvent en histoire naturelle le mot figuré d' « échelle des êtres » je m'en empare volontiers, et je me représente les espèces comme formant les barreaux d'une échelle qui serait le genre. Mais si j'admets volontiers que les barreaux ne

soient pas forcément équidistants, je n'admets pas non plus qu'ils
se touchent ; aussi ai-je regardé comme variétés un certain nombre d'espèces « affines » qui ne diffèrent pas suffisamment du type
voisin. Si dans quelques genres, Rubus, Rosa, Centaurea, Taraxacum, etc., je me suis départi de cette manière de voir, et j'ai donné un
nombre d'espèces plus considérable, ce n'est pas que je les admette
comme espèces légitimes, c'est que je ne me suis pas senti assez
d'autorité pour faire moi-même les triages et les groupements
possibles ; il est d'ailleurs bon qu'une sorte d'enquête se fasse,
que chacun arrive à se faire une conviction sur la légitimité de
ces espèces, qui souvent ne diffèrent les unes des autres que par
des caractères d'ordre inférieur, souvent exprimables seulement
par des « un peu plus ceci », « un peu moins cela. »

Je crains que les classificateurs ne perdent assez souvent de
vue les idées de subordination et d'importance des caractères.
D'une espèce à une autre il doit y avoir un certain écart et non
des différences insensibles.

Dans toute science humaine, formules mathématiques ou physiques, formules pratiques, résultats de mesures, de pesées, d'obser-
vations, applications de calculs ou d'expériences, etc., il y a
toujours un moment ou l'on doit négliger des quantités d'un certain ordre, parce que vouloir en tenir compte et aller au-delà,
c'est commettre une grave faute, s'exposer à des erreurs certaines.
Pourquoi la botanique échapperait-elle à ces conditions tout
humaines, et n'aurait-elle pas aussi ses quantités négligeables ?

Loin de moi la pensée qu'il ne faille pas pousser les observa-
tions et les études aussi loin que possible, tenir compte de tout ce
qui est observable, mais toute chose doit être mise à son point, à
sa place, et à son rang. Tout ce que l'on observe n'a pas la même
valeur.

Il résulte de là, que l'idée de l'espèce étant loin d'être une
chose parfaitement nette et bien définie, chaque botaniste reste
libre dans l'appréciation de l'espèce, pourra, à son gré, regarder
comme simples variétés des types que j'ai classés comme espèces,
et inversement admettre comme espèces des plantes que j'ai mises
au rang de variétés. Ceci est affaire de tournure d'esprit.

Les livres que j'ai pris pour guide, qui ont servi de base à mes
recherches et études botaniques, sont : la Flore de France de Gre-

nier et Godron ; les trois éditions de la Flore du Centre de Boreau ; la Flore Jurassique de Grenier ; le Prodrome de la Flore du plateau central de Lamotte, ouvrage interrompu par la mort de l'auteur, et dont l'achèvement eût été un des monuments de la science ; l'Essai monographique sur les Rubus du bassin de la Loire de Gaston Génevier, et les brochures en nombre considérable provenant de la bibliothèque du regretté Lamotte, aujourd'hui appartenant à mon excellent ami Claudius Bourgougnon qui a bien voulu les mettre à ma disposition.

Sur les avis d'un certain nombre de personnes, et d'après cette considération, que des figures aident beaucoup les commençants dans la détermination des plantes, — chose toujours difficile au début — j'ai conservé les figures de la première édition, dont une partie a été empruntée à la Flore Française de Gillet et Magne, et les autres dessinées d'après nature.

Je terminerai cette préface par la partie de beaucoup la plus agréable de ma tâche, en adressant mes remercîments les plus sincères à tous les botanistes, la plupart mes amis personnels, dont les recherches ont été si utiles à l'œuvre actuelle. Un certain nombre, parmi lesquels d'anciens et excellents amis, ont disparu, hélas ! en laissant un grand vide parmi nous.

Je me fais un devoir de citer les noms de ceux que je regarde comme mes collaborateurs, qui m'ont aidé de leurs conseils, offert et communiqué leurs collections, envoyé des plantes, prêté leur concours sous toutes les formes, guidé dans mes recherches en me conduisant sur le terrain, car la plupart ont été maintes fois mes compagnons d'herborisations, me faisant récolter moi-même sur place la plupart des plantes intéressantes citées dans cet ouvrage.

MM.

* ALLARD Léon, herbier de Bresnay et des environs ; plantes de Saint-Désiré, Chevagnes, Neuilly-le-Réal, etc.

ARLOING Thalès, plantes de Cusset et des environs.

* BARAT Victor, professeur au Lycée de Moulins ; herbier considérable des environs de Moulins, de France, de Corse et d'Algérie.

Le signe (*) placé devant le nom, indique la mort du botaniste.

Besson Lucien, pharmacien des hôpitaux de Moulins ; herbier des environs de Gannat et de Lapalisse.

Berthoumieu (l'abbé), curé de Bayet, herbier des environs de Bayet, Chezelle, le Montet, Jenzat, etc.

Billiet Paul, percepteur à Clermont, très riche herbier des environs de Gannat et Lapalisse.

Bletterie J. (l'abbé), curé de Laprugne, nous a fait récolter beaucoup de plantes rares des montagnes du sud-est.

Bourdot (l'abbé), professeur à Saint-Michel, bonnes plantes des environs de Moulins.

Bourgougnon Claudius, de Chareil ; riche herbier de l'arrondissement de Gannat ; très nombreuses excursions en commun dans cet arrondissement.

Coindeau, instituteur à Chassenard ; plantes rares dans les herbiers des écoles d'Ainay, Lurcy, Bourbon.

Crouzier (l'abbé), curé de Saint-Pierre (Moulins), herbier des environs de Lurcy, du Donjon.

Gagne Paul, instituteur, plantes des environs de Moulins, Chamblet, Néris.

Gay H., professeur à Médéah ; herbier de Saint-Pourçain, de Jenzat, de la Creuse.

Labbe Antonin, plantes de Moulins, Aubigny.

Lager (frère), instituteur à Laprugne, plantes de Laprugne.

Lasnier, inspecteur primaire à Tonnerre, plantes des environs de Gannat.

Lavediau, plantes des environs de Chareil-Montord, etc.

Meige Henri, externe des Hôpitaux de Paris, plantes du Veurdre et des environs.

* Nony Edmond, mort au moment où il venait de passer sa thèse de docteur en médecine ; plantes d'Echassières et des environs.

Olivier Ernest, directeur de la Revue scientifique du Bourbonnais, herbier de Bressolles, Chemilly, La Ferté, etc.

* Pérard Alexandre, professeur au Lycée de Montluçon ; plantes de l'arrondissement.

Périer Rémy, professeur au Lycée de Poitiers, plantes du Veurdre et des environs.

Raymond Pierre, pharmacien à Dornes ? plantes d'Ussel.

Renoux (l'abbé) plantes des montagnes du sud-est.

* Reynard, ingénieur en chef en retraite, plantes de Thiel, Diou.

Rhodde, Michel, ingénieur à la Ricamarie, a bien voulu mettre à ma disposition l'herbier considérable recueilli par Rhodde, son père, pharmacien à Saint-Pourçain et le docteur Causse, son oncle, de Chavenon.

* Roche (marquis de la) plantes de Bizeneuille, Château-sur-Allier; Saulzais (Cher.)

Rodillon de Chapettes, herbier des environs du Montet, de Chavenon, Murat, etc.

Rondet (l'abbé), curé de Saint-Germain-des-Fossés, plantes de Saint-Germain et de la montagne.

Thiger, instituteur, professeur à l'Ecole d'agriculture de Gennetines, plantes de Bellenaves et des environs.

Virotte-Ducharne, propriétaire à Montaigut-le-Blin, herbier de ses environs.

Notre regretté ami Pérard, pour ses brochures (Flore du Bourbonnais... Matériaux), avait puisé une partie de ses renseignements chez quelques-uns des botanistes déjà cités, mais il en devait une bonne partie aussi à ceux qui furent plus particulièrement en relation avec lui, et auxquels, au nom des amis de la science que nous aimons tant, j'adresse les remercîments que Pérard n'aurait manqué de leur adresser. Ce sont :

MM.

Avisard, son ancien condisciple, ancien pharmacien à Paris; plantes des environs de Moulins, de Beaulon.

Badiou, fils.

Baudonnet, instituteur à Charroux.

Bouchard, instituteur à Trevol, plantes de Souvigny et ses environs.

Du Buysson H., Plantes de Broût-Vernet et ses environs.

Chomont, instituteur à Saint-Désiré.

Danthon fils.

Mme Duché E., plantes des environs de Marcillat.

Dujon, instituteur à La Lizolle.

Jamet, curé d'Audes.

Lailloux, instituteur à Montord; plantes de Montord, Monétay-sur-Allier, etc.

Montalescot, pharmacien à Lurcy.

Moriot, instituteur à Bizeneuille.

Mme Vaillant, Plantes de Bellaigue, de Marcillat.

Vannaire, Docteur-Médecin à Gannat ; plantes de Gannat et des environs.

Enfin, j'adresserai mes sincères remercîments à MM. Fudez, les habiles et consciencieux imprimeurs, aux typographes qui ont été aux prises avec un manuscrit difficile, et à tous ceux qui ont donné leurs soins matériels à la Flore.

A. MIGOUT.

Mai 1890.

NOTICE GÉNÉRALE

SUR LE DEPARTEMENT DE L'ALLIER

Le département de l'Allier est situé entre 45 degrés 55 minutes et 46 degrés 48 minutes de latitude Nord, et entre 0 degré 5 minutes 40 secondes et 1 degré 40 minutes de longitude orientale. Il est arrosé par trois grandes rivières : là Loire qui le cotoie sur une longueur d'environ 15 lieues, l'Allier qui le traverse à peu près du Sud au Nord, et le Cher qui, après lui avoir servi de limite avec la Creuse, le traverse dans l'arrondissement de Montluçon et le sépare ensuite du département du Cher. De nombreux cours d'eau garnissant surtout dans la partie granitique le fond de toutes les dislocations du sol, et parmi lesquels la Sioule, la Besbre et le Sichon, le sillonnent en tous sens. C'est sur les bords de ces cours d'eau que le botaniste fera des trouvailles ; les plantes ont besoin d'humidité pour vivre : nos coteaux lui offriront des plantes printanières ; mais quand ils auront été brûlés par les ardeurs du soleil, que tout sera grillé sur un sol desséché, c'est dans les frais vallons, au bord de ces ruisseaux, que se concentrera la vie végétale.

La géographie botanique est intimement liée avec l'état géologique du sol ; faire l'histoire de la distribution des plantes, c'est faire l'histoire de la constitution géologique du pays.

Si notre département n'est pas un des plus accidentés et le cède à d'autres pour le grandiose et le pittoresque, il est loin d'être un pays plat et monotone ; au Sud et à l'Ouest de nombreuses chaînes de montagnes plus ou moins élevées, donnent au pays un aspect particulier et accentuent son relief ; au Nord et à l'Est les élévations sont beaucoup moindres et ne dépassent pas la hauteur de modestes collines.

Les terrains d'origine ignée, produits par des épanchements de matières fondues et incandescentes venues de l'intérieur, terrains caractérisés par leur mode de dépôt en masse, l'absence de fossiles et leur texture cristalline, couvrent une partie du département. On les a appelés improprement primitifs, parce que l'on supposait qu'ils ont précédé les terrains sédimentaires, mais l'observation a fait voir que si ils sont, en effet, dans certains endroits, antérieurs aux terrains de formation aqueuse, dans d'autres, au contraire, ils sont venus après quelques-uns de ces derniers, les soulevant et les bouleversant plus ou moins complètement, leur faisant subir des modifications plus ou moins profondes dans leur composition, le rapport des couches entre elles, produisant enfin ce que l'on a appelé le métamorphisme. C'est ainsi que les argiles ont pris la texture schisteuse, les calcaires sont devenus marbres, et les végétaux enfouis, restes des immenses forêts qui couvraient le sol à ces époques si antérieures à l'homme, se sont transformés en houille sous l'influence de la chaleur considérable due au voisinage des roches éruptives et d'une énorme pression. Si nous confondons ensemble, comme ayant des aspects de même ordre et donnant au pays le même relief : les terrains de formation ignée, comme les granits, les porphyres, le quartz ; les terrains Azoïques comme les micaschites ; les terrains primaires comme les schistes, grès anciens, calcaires saccharoïdes, terrains houillers, il nous faudra, pour avoir une idée de l'étendue de ces terrains, suivre un polygone partant de Souvigny, passant par Buxières-les-Mines, Cérilly, Hérisson, longeant le Cher jusqu'à Montluçon, suivant la route de Montluçon à Tours, la limite Ouest et Sud du département jusqu'à Ebreuil, en revenant par Chantelle, Branssat, Bresnay au point de départ ; dans la partie Sud-Est du département, il nous faudra, pour le circonscrire, imaginer à peu près une ligne partant de Cusset, passant par Châtel-Montagne, Lapalisse, poussant une pointe par Bert, Montcombroux jusqu'à Saint-Léon, revenant par Liernolles, le Donjon jusqu'à la limite du département et retournant à Cusset par les bords de l'Allier.

Dans ces montagnes, qui sont les continuations dans nos pays des montagnes du plateau central du Limousin et de l'Auvergne, d'un côté, et des montagnes du Forez de l'autre, le botaniste trouvera une Flore toute particulière : là il cueillera, sur les sommets les plus élevés de nos montagnes du Sud-Est, les *Mulgedium Plumieri, Allium victoriale, Prenanthes purpurea, Oxycoccos palustris, Chærophyllum Cicutaria, Arnica montana, Alchemilla vulgaris, Meum athamanticum, Hieracium paludosum, Campanula linifolia, Polypodium Phægopteris, Dianthus sylvaticus, Viola Sudetica et palustris, Andromeda polifolia, Empetrum nigrum, Senecio Cacaliaster, Geum rivale, Gentiana lutea, Calamagrostis sylvatica, Doronicum austriacum, Polygonatum verticillatum, Hypericum quadrangulum, Ranunculus aconitifolius, Equisetum sylvaticum, Veratrum album, Scirpus cœspitosus, Eriophorum vaginatum, Abies excelsa et pectinata, Thesium alpinum, Helleborus viridis, Daphne Mezereum,* etc., qui ne descendent guère au dessous de 1,000 mètres ; à des hauteur moindres, montagnes plus basses, région montueuse de 1,000 à 400 mètres, le botaniste cueillera : *Lunaria rediviva, Dentaria pinnata, Thlaspi alpestre, Senecio artemisiæfolius et Fuchsii, Stellaria nemorum, Chrysosplenium alternifolium et oppositifolium, Lychnis diurna, Geranium sylvaticum et Phæum, Digitalis grandiflora, Galium saxatile, Sedum maximum, Rubus idæus, Meconopsis cambrica, Circæa intermedia, Umbilicus pendulinus, Vaccinium myrtillus, Polygonum bistorta, Scilla lilio-hyacinthus, Isopyrum thalictroïdes, Ribes alpinum, Sambucus racemosa, Impatiens noli tangere, Campanula rotundifolia, Asplenium septentrionale* et *Breynii, Lysimachia nemorum, Paris quadrifolia, Luzula maxima,* les *Lycopodium,* etc.

Sur les flancs des côteaux émergés à cette époque, venaient se briser les flots de la mer au fond de laquelle se sont formés les dépôts du Trias, représentés dans le département par les terrains de la forêt de Tronçais et la partie Nord du département à l'Ouest de l'Allier. A partir de cette époque extrêmement reculée, puisque elle est la plus ancienne du terrain secondaire, notre pays est resté dans un état de tranquillité relative, il n'a pas été, comme beaucoup d'autres, alternativement émergé et submergé. Aussi les terrains jurassique et crétacé, qui ont laissé ailleurs des dépôts si puissants, peut-être même le terrain parisien, le premier des terrains tertiaires, caractérisé par la présence des restes de mammifères, ne sont pas représentés chez nous ; à peine la mer Jurassique arrivait-elle par quelques golfes jusqu'au Veurdre, Lurcy, Ainay-le-Château. Sur ces calcaires jurassiques, et là seulement, on rencontrera : *Chlora perfoliata, Polygala calcarea, Globularia vulgaris.*

Mais pendant la période moyenne des terrains tertiaires, le département a achevé de prendre son relief ; les montagnes du Forez comme par un dernier effort, ont pris leur forme définitive, ont séparé nettement les bassins de l'Allier et de la Loire, et c'est alors que s'est formé ce grand lac, véritable mer intérieure, qui, partant d'Issoire, couvrant toute la Limagne, s'appuyait d'un côté sur les terrains anciennement émergés dans le département et dont les bords passait par Ebreuil, Bellenaves, Chantelle, Cesset, Branssat, Bresnay, Souvigny, Saint-Menoux, Aubigny, le Veurdre, et de l'autre, sur les collines de la rive droite de la Loire, limité au Sud du département par Cusset, Lapalisse et les communes de Bert, Montcombroux et Chatelperron s'avançant comme une sorte de presqu'île ou promontoire. Sa limite Nord est moins bien déterminée ; probablement une bande de terrain jurassique avait-elle fermé vers le Veurdre le lit des eaux qui s'écoulaient alors par la vallée de l'Allier. Toujours est-il que dans ce lac, caractérisé par des coquilles d'eau douce et surtout le calcaire tubulaire ou à friganes, s'est déposé tout le calcaire essentiellement lacustre du département ; peut-être ses eaux se déversaient-elles par un courant vers la Loire actuelle, à travers les terrains plats, arénacés, cailouteux, qui séparent la Loire de l'Allier et qui ont été recouverts par les fragments arrachés aux roches plus anciennes, et sa débâcle qui a donné à la vallée de l'Allier actuel sa forme définitive, a probablement été provoquée par le soulèvement de la chaîne des puys en Auvergne, qui s'est produit vers cette époque. Une partie de ce calcaire est peut-être dû à des sources analogues à celles de Vichy et Saint-Nectaire, bien plus communes et plus actives à cette époque qu'aujourd'hui.

Mais ces deux roches, calcaire et arénacée, caractéristiques des terrains de cette formation et contemporaines, sont bien différentes d'aspect pour le botaniste ; elles proviennent bien toutes les deux de la destruction ou de la modification des roches plus anciennes, mais, la roche arénacée et les argiles provenant de sa décomposition, s'éloignent beaucoup moins, comme composition, de la roche ancienne qui leur a donné naissance, que le calcaire dans lequel la silice a fait place à l'acide carbonique. Aussi la

végétation de ces deux terrains, dus cependant à la même formation, est bien différente.

Ainsi, il suffit d'indiquer, pour caractériser la flore du calcaire,
les *Adonis, Lathyrus sphæricus* et *tuberosus*, les *Buplèvres, Neslia paniculata, Myagrum perfoliatum, Aster amellus, Calepina Corvini, Andryala
integrifolia, Vincetoxicum officinale, Spiranthes autumnalis, Hippocrepis
comosa, Phyteuma orbiculare, Delphinium consolida, Erysimum orientale,
Helianthemum salicifolium, Saponaria vaccaria, Buffonia paniculata,
Linum tenuifolium* et *gallicum, Medicago ambigüa, Coronilla varia,
Helminthia echioïdes, Lactuca perennis, Iris fætidissima, Brunella grandiflora, Digitalis lutea, Carduus crispus*, les *Orchidées*, sauf celles de
marais, *Falcaria Rivini*, les *Diplotaxis, Pimpinella magna, Andropogon
Ischæmum, Micropus erectus, Podospermum laciniatum, Pyrethrum
corymbosum, Thalictrum minus* et *montanum, Anchusa italica, Orlaya
grandiflora*, etc.

On retrouve dans les terrains arénacés et caillouteux, une
partie de la flore des terrains primitifs, les *Digitalis purpurea,
Anarrhinum bellidifolium, Brassica cheiranthos, Illecebrum verticillatum,
Senecio viscosus*, etc. Mais lorsque le terrain arénacé se mêle à de
l'argile, le terrain moins perméable forme des étangs qui ne tar-
dent pas à devenir souvent tourbeux, par l'exhaussement inces-
sant du fond dû à l'accumulation des débris des plantes aquatiques, exhaussement qui semble être leur mission naturelle ; alors
des plantes à végétation rapide et vigoureuse, des Carex, des
Joncs, etc., s'en emparent et l'étang deviendra après cette époque
de végétation une terre labourable. Mais pendant la période de la
tourbe, la végétation prend un caractère *sui generis*, où l'on reconnaît encore dans un grand nombre d'espèces, l'influence de
l'origine première des terrains qui ont formé ce sol. Là, le
botaniste fera une abondante moisson, trouvera un certain
nombre de plantes intéressantes qu'il chercherait vainement
ailleurs, les *Cirsium anglicum, Menyanthes trifoliata, Eriophorum
angustifolium* et *latifolium, Carex pulicaris, canescens, teretiuscula,
lœvigata, pseudo-cyperus*, etc., *Scirpus ovatus* et *fluitans, Hydrocotyle
vulgaris, Carum verticillatum, Parnassia palustris, Drosera rotundifolia*
et *intermedia, Lobelia urens, Comarum palustre, Spiranthes æstivalis,
Elodes palustris, Athyrium filix fœmina, Anagallis tenella, Campanula
hæderacea*, etc., etc. Les étangs lui fourniront les *Elatine hexandra* et
hydropiper, Helosciadium inundatum, les *Utricularia, Sagittaria sagittæfolia, Alisma repens, ranunculoïdes, natans* et *Damasonium, Stratiotes
aloïdes*, les *Potamogeton* et beaucoup d'autres encore. Puis sur les
bords de ces étangs sablonneux viendront les *Cicendia, Eleocharis
ovata, Potentilla supina*, etc.

Les forêts dont notre département est couvert offrent pour
ainsi dire une matière inépuisable aux recherches ; là les plantes
se multiplient en liberté, ne sont pas gênées par le voisinage de
l'homme, coupées par la dent des troupeaux. Que ne contient pas
celle que nous connaissons le mieux aux environs de Moulins, la
forêt de Moladier ? Il semble que tout soit là, comme si on eût
voulu rassembler sur un même point une partie des richesses
botaniques du département.

Enfin, pour finir cette longue énumération, il nous reste à parler des dépôts alluviens formés par nos rivières, surtout l'Allier, qui est plus près de nous et que nous avons mieux étudié ; il y a là, sur les bords, une flore intéressante qui tient de tous les terrains, là se sont acclimatées un certain nombre de plantes, quelques-unes rares et ne se trouvant guère que là, les *Silene conica, Centaurea maculosa, Œnothera biennis et grandiflora, Lindernia pixidaria, Agropyrum campestre, Equisetum ramosum, Mentha sylvestris* avec ses formes et ses hybrides, *Scrophularia canina, Thalictrum riparium, Hirchsfeldia adpressa, Hydrocharis morsus-ranæ, Xanthium macrocarpum,* etc., et quelques autres que l'on y voit accidentellement, venues probablement des plateaux supérieurs et dont les graines ont été apportées par les crues.

Comme conclusion de ce rapide coup-d'œil, on voit que notre Flore est assez riche en espèces intéressantes, que la nature n'a pas été avare envers notre pays dans la distribution de ses richesses, comme si elle avait voulu compenser par l'agrément et la variété de ses productions spontanées, la peine que l'homme doit se donner pour faire produire au sol les plantes qui lui sont utiles et dont il a besoin.

DE LA MÉTHODE DICHOTOMIQUE

C'est à Lamarck, célèbre botaniste français, que l'on doit la méthode ou clef dichotomique qui permet d'arriver d'une manière certaine à la détermination d'une plante que l'on a sous les yeux. Cette méthode ingénieuse consiste à se poser certaines questions, telles que chacune d'elles restreint le cercle des recherches en laissant de côté toutes les plantes qui n'y répondent pas, jusqu'à ce qu'enfin on arrive à n'avoir à choisir qu'entre deux plantes. Un exemple fera mieux comprendre ma pensée. Voyons comment on s'y prendrait pour arriver à déterminer une de ces roses sauvages que l'on trouve dans les haies. On ouvrira le livre à la dichotomie des familles, et on lira les deux questions posées dans le numéro 1, notre plante répond à la première, et le chiffre 2 placé en face signifie qu'il faut aller au numéro 2. Déjà nous laissons de côté toutes les plantes qui correspondent à la seconde question du numéro 1.

Au numéro 2, nous trouvons encore deux questions qu'on devra lire, et il est facile de voir que nous devons dire : oui, pour la première, qui nous renvoie au numéro 3 ; nous laissons encore de côté toutes les plantes qui répondent à la seconde question du numéro 2.

Le numéro 3 nous renverra au numéro 4, parce que notre plante a deux enveloppes florales, et le cercle des recherches se restreint encore.

Deux questions se trouvent au numéro 4, et, comme dans la rose, chaque fleur est polypétale, c'est la première qui convient à notre plante ; elle nous renvoie au numéro 5. Et ici c'est la seconde question qui satisfait, car notre plante a les étamines insérées sur le bord interne du calice. Nous allons donc à 46 et déjà nous avons vu que notre plante appartient à l'embranchement des *Dicotylédones*, à la classe des *Caliciflores polypétales*. Comme l'ovaire est libre dans le calice, nous répondons *oui* à la première question qui nous renvoie à 47. Comme la corolle est régulière nous allons à 48, qui nous renvoie à 55, et comme le fruit est sec nous arrivons à Rosacées, famille qui se trouve à la page 108.

A cette page, nous trouverons les caractères distinctifs de la famille des Rosacées, qu'il faudra avoir soin de vérifier sur notre plante, et ce premier examen nous fera voir si nous avons ou non fait bonne route, nous trouvons ainsi, avant d'aller plus loin, un contrôle à ce que nous avons fait.

La famille des Rosacées contient plusieurs tribus et genres, à laquelle et auquel appartient notre plante ? Suivons les questions placées au numéro 1 dans cette famille. Nous serons renvoyés à 2, car la rose a calice et corolle, de 2 à 3, car les lobes du calice sont sur un rang, et nous voyons que notre plante satisfait à la 2e question du numéro 2; entre parenthèse nous lisons: p. 134, ce qui nous donne la page où se trouve décrit le genre *Rosa;* la figure corrobore la détermination. Nous vérifierons les caractères du genre *Rosa*, et de même par une série de questions placées au-dessous des caractères du genre, nous arriverons à savoir à quelle espèce de rose nous avons affaire. On lira alors attentivement la description de l'espèce dont le numéro d'ordre se trouve entre parenthèses, en vérifiant si les caractères décrits se trouvent offerts par la plante à déterminer, et si elle les offre tous, la détermination sera bonne.

En supposant que nous ayons à déterminer le Pois ordinaire à fleurs blanches, qui nous fournit les petits pois, il nous faudra passer par les numéros 1, 2, 3, 4, 5, 6, 7, 29, 30, 33, 34, 36, 37, où nous arrivons à la famille des *Légumineuses,* la fig. 1 de la p. 79 vérifie notre détermination, et la famille est à la page 77. La clef des genres de la famille page 78, nous fera suivre les numéros 1, 10, 11, et la première question du numéro 12, nous donne le nom du genre de la plante. A la suite du genre, la dichotomie nous conduit à *Pisum sativum.* Si nous avions sous les yeux un chaton de Saule, nous aurions à suivre les numéros 1, 2, 3, 113, 114, 115 qui nous mène à *Salicinées,* page 354; si notre *Saule* à plus d'une étamine, de 114 nous passons à 118, 119, 120, 121, 122 qui nous donne AMENTACÉES, page 352, là le numéro 1 nous redonne *Salicinées,* page 354.

La dichotomie de cette tribu nous amène à *Salix,* page 355 et la dichotomie du genre à l'espèce qui fait l'objet de notre recherche.

Pour une giroflée, un chou, une rave, etc., nous arriverions à *Crucifères,* par les numéros 1, 2, 3, 4, 5, 6, 7, 8, 9, 13, 15, 17, 18, 19, 20.

L'étude d'un épi de *Seigle* nous ferait arriver à *Graminées* par les numéros 1, 2, 150, 156, 158, 162, 163, 165, 166, 168, 169, et la dichotomie des Graminées, page 417 nous conduirait à *Secale* par les numéros 1, 2, 3, 7, 11, 19, 20, 20 bis.

Cette besogne, certainement fastidieuse, mais nécessaire, — et quelle est la science qui n'offre pas quelques épines à son début ? — se simplifiera singulièrement; d'abord par la pratique de la clef dichotomique, et ensuite, au bout de quelque temps, l'élève botaniste arrivera même rapidement à reconnaître à première vue les principales familles: Légumineuses, Rosacées, Labiées, Scrophulariées, Composées, Graminées, etc., et il n'aura qu'à chercher à la table des familles, la page où se trouve la famille dont fait partie la plante qu'il a sous les yeux, la clef dichotomique de la famille lui donnera le genre et celle du genre, l'espèce.

J'ai cru rationnel de faire passer l'élève par les déterminations successives de l'embranchement, de la classe, de la famille, puis du genre, puis de l'espèce, afin d'offrir une série de temps d'arrêts où il puisse contrôler son travail. Quand il arrive de suite à l'espèce, il se contente de vérifier cette dernière, ce qui suffit en général comme contrôle de la détermination, mais il perd de vue l'idée des groupes qui constituent la classification, parce qu'il arrive au but final en sautant à pieds joints pardessus ces intermédiaires. Il pourra arriver que l'un des caractères nécessaires à la détermination manque ou qu'il y ait incertitude sur quelque caractère, alors on suivra l'une des voies qui s'offrent au choix à ce point de la détermination, et la vérification fera voir si l'on arrive à quelque chose de bon, sinon on revient sur ses pas au numéro où a commencé l'incertitude, et alors l'autre voie conduira au nom de la plante. Au reste, comme, en général, il ne faut pas perdre son temps à déterminer sur place les plantes au fur et à mesure qu'on les rencontre, on devra avoir soin de recueillir des échantillons complets, c'est-à-dire contenant, s'il est possible, fleurs, fruits, feuilles, feuilles radicales et racines.

Un Vocabulaire était indispensable pour la connaissance de l'exacte signification des termes ; un certain nombre de mots ont été développés sommairement, mais d'une manière suffisante, afin que les personnes étrangères à la botanique puissent y trouver les principales notions de physiologie. Le débutant fera bien de les étudier. Il ne faudra pas oublier de consulter le Dictionnaire, surtout dans les commencements, toutes les fois que la signification d'un mot ne sera pas bien précise.

Il est impossible de devenir botaniste sérieux si l'on ne conserve dans un herbier les plantes recueillies, étudiées, déterminées, et même celles dont on n'a pu trouver le nom ; pour cela il faudra les dessécher entre des feuilles de papier sans colle que l'on soumet à une forte pression. On les met ensuite définitivement dans une feuille double de papier. Souvent des plantes sont assez voisines pour qu'on ait besoin de les comparer pour les distinguer d'une manière certaine, on ne peut le faire que si on a déjà en herbier les éléments de cette comparaison. D'ailleurs, pour les mettre en ordre, les ranger par familles, genres et espèces, il faut les voir, les revoir, les remanier, faire des étiquettes, et c'est ainsi qu'on se familiarise avec le port, l'aspect, le facies, le nom d'une plante, qu'on en connaît les caractères principaux et qu'on la reconnaît ensuite sur le terrain, tout comme on reconnaît à leur démarche, leur tournure, leurs vêtements, etc., les personnes avec qui ont vit tous les jours. Afin de devenir, d'ailleurs, une source précieuse de renseignements, l'herbier devra porter sur la feuille où on l'a définitivement logé sa plante, outre le nom latin de la plante, la date du jour où on l'a recueillie et la localité d'où elle vient. Il sera bon de recueillir en général plusieurs échantillons, surtout de différentes localités, qui se complètent l'un l'autre, ce qui d'ailleurs permettra de faire entre botanistes d'utiles échanges, surtout pour les plantes rares.

La préparation des plantes est une opération qui exige quelques soins. Il faudra avoir une provision suffisante de papier sans colle ; j'engage les débutants à ne pas récolter de petits bouts de plantes, que l'on met dans de petits cahiers ; s'il y a beaucoup de petites plantes, il y en a aussi beaucoup de grandes, que l'on ne peut pas avoir complètes et comparables sans les avoir dans leur entier ; le papier convenable a au moins 42 cent. sur 28. Si les plantes sont trop grandes, on les coupera en 2 ou 3 morceaux de façon à avoir la plante complète. Chaque plante ou fragment sera mise entre trois feuilles doubles, avec son nom et sa date de récolte. Si plusieurs plantes peuvent tenir sur une même feuille on pourra les mettre ensemble, sans qu'elles se touchent, pourvu qu'il n'en résulte aucune confusion entr'elles. Il faudra ensuite les changer de papier tous les trois jours environ, jusqu'à leur entière dessiccation, sans cela elles pourrissent. On ne mettra dans une même feuille définitive, ou chemise, pour l'herbier, que les plantes de la même localité, séparées les unes des autres ; celles de localités différentes pouvant offrir quelques variations, sujets d'études et de comparaisons, seront mises dans une autre chemise. Le papier qui a déjà servi pourra servir de nouveau pour d'autres dessiccations, en le faisant sécher dans un grenier bien sec, ou au soleil, ou avec un fer à repasser.

L'herbier devra être conservé dans un endroit bien sec, être visité de temps à autre pour constater que les insectes ne s'y mettent pas ; dans ce dernier cas, on mouillera la plante attaquée avec de l'essence de pétrole, ce que l'on pourra faire au besoin pour des cahiers entiers.

Enfin il ne faudra pas laisser les plantes dans la boite à herborisation plus de 3 ou 4 jours, elles tendraient à moisir et pourrir à la dessiccation, en répandant sur le papier les spores de la moisissure.

La boîte à herborisation sera de préférence en zinc mince qui ne rouille pas, comme le fer-blanc, aura au moins la longueur des échantillons, environ 45 cent., et s'il est possible un petit compartiment séparé de 10 cent., où l'on pourra loger au besoin un flacon pour insectes, un flacon d'alcali, puis les très petites plantes, qui se perdraient parmi les autres. Un arrachoir est indispensable pour avoir les racines, de même qu'une bonne loupe pour étudier les petits détails des plantes dans le cabinet.

Ajoutez à cela, ami lecteur, de la patience, de bonnes jambes, l'habitude de la fatigue et il ne vous manquera rien pour devenir un parfait botaniste.

ADDITIONS A LA FLORE

Pendant l'impression de ce volume, j'ai reçu quelques bonnes indications, dont je m'empresse de faire profiter le lecteur.

MYOSURUS MINIMUS. *L.* — Verneuil (C. B.).

SILENE CONICA. *L.* — Verneuil (Lailloux).

HYPERICUM MONTANUM. *L.* — Ebreuil, aux bois Taillefert (abbé Gaud).

HYPERICUM QUADRANGULUM. *L.* — Saint-Nicolas-des-Biefs, (abbé Renoux).

MONOTROPA HYPOPYTHYS. *L.* — Bois de Giverzat, près Fleuriel (Lailloux) ; Saint-Germain-des-Fossés (abbé Gaud).

IMPATIENS NOLI TANGERE. *L.* — Villeneuve (Doumet-Adanson).

PYROLA MINOR. *L.* — Au Montoncelle (abbé Renoux, P. Olivier).

VICIA LATHYROÏDES. *L.* — Bords de la Bouble, vers Chareil (Lavediau).

LATHYRUS NISSOLIA. *L.* — Saint-Germain-des-Fossés (abbé Gaud).

LATHYRUS SPHÆRICUS. *L.* — Saint-Germain-des-Fossés (abbé Gaud).

PETROSELINUM SEGETUM. *L.* — Montord (Lailloux).

ASTER AMELLUS. *L.* — Var. *fl. albo*, Fleuriel (Lailloux).

CINERARIA SPATULÆFOLIA. *Gmel.* — Bois de Briaille, près Saint-Pourçain (Lavediau).

FILAGO SPATULATA. *Presl.* — Montord (Lailloux).

GENTIANA CRUCIATA. *L.* — Monétay, bois de Montcoquet (Lailloux).

LINARIA PELISSERIANA. *L.* — Contigny (Lailloux).

CHENOPODIUM BOTRYS. *L.* — Monétay-sur-Allier (Lailloux).

SPIRANTHES AUTUMNALIS. *Rich.* — Verneuil (Lailloux).

SCILLA LILIO-HYACYNTHUS. *L.* — Var. *fl. albo*. Rocher Saint-Vincent (abbé Bletterie).

CISTOPTERIS FRAGILIS. *Bernh.* Verneuil (Lailloux).

LYCOPODIUM CLAVATUM. *L.* — Au gué de la Chaux, Laprugne (abbé Bletterie).

TABLEAU

DICHOTOMIQUE DES FAMILLES

---

1 {
Plantes à fleurs distinctes, c'est-à-dire. offrant des étamines, des pistils, ou des ovules. Graines hétérogènes, contenant un embryon formé de plusieurs parties 2

Plantes dépourvues de fleurs véritables, ne possédant ni étamines, ni pistils, ni ovules. Embryon simple, sans parties distinctes, ordin. formé d'une seule vésicule homogène 170

2 {
Tige herbacée ou ligneuse, séparable en deux zones, l'une extér. l'écorce, l'autre intérieure, le bois, pourvue d'une moelle centrale. Feuilles ordin. à nervures divergentes ramifiées, très rar. nulles ou réduites à des écailles. Embryon pourvu de deux, ou quelquefois plusieurs, cotylédons. Groupe contenant outre des plantes herbacées, tous nos arbres et arbustes, sauf le genre *Ruscus* 3

Tige presque toujours herbacée dans les plantes de notre région, non séparable sans déchirement en écorce et en bois, n'offrant pas de moelle centrale renfermée dans un étui médullaire. Feuilles le plus souvent entières, à nervures presque toujours simples et parallèles, quelquefois réduites à des écailles ou nulles. Fleurs ordin. à parties ternaires, ordin. sur deux rangs, mais à parties semblables. 150

1er Embranchement. — DICOTYLÉDONÉES.

3 {
Fleurs à deux enveloppes florales distinctes, calice et corolle 4

Fleurs à une seule enveloppe florale, quelquefois nulle (la spathe n'est pas une enveloppe florale). 113

4 {
Corolle polypétale, formée de pétales libres et distincts jusqu'à la base 5

Corolle monopétale, à pétales plus ou moins soudés entr'eux 65

Polypétales.

Thalamiflores.

Caliciflores polypétales.

133 {
Fleurs en ombelles, à 5 pétales,
5 étamines . . . . OMBELLIFÈRES. (p. 163)
Fleurs non en ombelles, à 4 pétales
4 étam. . . . . RUBIACÉES. (p. 190)

134 {
Fruit subtétragone, à 4 loges polys-
permes (p. 146, fig. 4) . . . . . ONAGRAIRES. (p. 146)
Fruit subglobuleux, monosperme. 135

135 {
Périanthe ordin. à 5 divisions, 5
étamines . . . . SANTALACÉES. (p. 340)
Périanthe à 4 divisions, 8 étamines
sur 2 rangs. . . . . THYMÉLÉES. (p. 339)

136 {
Fruit se subdivisant en coques distinctes, ou formé
de plusieurs akènes ou follicules, ou capsulaire, ou
bacciforme. 137
Fruit indéhiscent, uniloculaire, monosperme 143

137 {
Fruit subdivisé en coques 138
Fruit formé d'akènes, capsulaire, ou bacciforme. . . 139

138 {
Fruit se séparant en 2-3 coques . EUPHORBIACÉES. (p. 342)
Fruit se séparant en 4 coques ;
plantes aquatiques . . . . . CALLITRICHINÉES. (p. 350)

139 {
Fruit indéhiscent, formé de plu-
sieurs akènes. . . . . RANUNCULACÉES. (p. 2)
Fruit bacciforme, polysperme 140
Fruit déhiscent, sec . . . . 140 bis.

140 {
Feuilles ailées . . . . RANUNCULACÉES. (p. 2)
Feuilles simples, très petites ; pé-
rianthe à 6 divisions, 3 étamines,
1 style . . . . EMPÉTRÉES. (p. 341)
Feuilles simples, grandes ; 8-10
stigmates ; fl. en grappes. . . . PHYTOLACCÉES. (p. 326)

140 bis. {
Fruit formant une silicule. . . . . CRUCIFÈRES. (p. 20)
Fruit non en silicule. 141

141 {
Fruit formé de plusieurs folli-
cules. . . . . RANUNCULACÉES. (p. 2)
Fruit capsulaire. 142

142 {
Etamines hypogynes, insérées
sur un réceptacle . . . . . CARYOPHYLLÉES. (p. 49)
Etamines périgynes, insérées sur
le périanthe. . . . . PORTULACÉES. (p. 153)

Monocotylédones.

Acotylédones.

Les CHARACÉES, MOUSSES, LICHENS, CHAMPIGNONS, ALGUES, etc.,
sont des Acotylédones exclusivement cellulaires, et ne rentrent
pas dans le cadre de cet ouvrage.

NOMS

DES AUTEURS CITÉS DANS CET OUVRAGE.

All	*Allioni.*
Auct	*Auctorum, des auteurs.*
Bast	*Bastard.*
Bert	*Bertoloni.*
M. Bieb	*Marshall von*
	Bieberstein.
Bœnning. . . .	*Bœnninghausen.*
Borck.	*Borckhausen.*
Bor.	*Boreau.*
Cav.	*Cavanille.*
D. C.	*De Candolle.*
Desf ou Df . .	*Desfontaines.*
Desv	*Desvaux.*
Dumort	*Dumortier.*
Ehr.	*Ehrart.*
Gaërtn	*Gaërtner.*
Gaud	*Gaudin.*
Gén	*Génevier.*
Gmel	*Gmelin.*
Goodn ⚤ . . .	*Goodgnough.*
G. G.	*Grenier et Godron.*
Griseb	*Grisebach.*
Guss	*Gussone.*
Hoff	*Hoffmann.*
Huds	*Hudson.*
Jacq	*Jacquin.*
Jord	*Jordan.*
Kit.	*Kitaïbel.*
K	*Kock.*
L	*Linnée.*
L. L.	*Lecoq et Lamotte.*
Lam	*Lamarck.*
Lehm.	*Lehman.*
Leyss.	*Leysser.*
Lois	*Loiselenr.*
Lynd	*Lyndley.*
M. et K. . . .	*Mertens et Kock.*
M. L.	*Martial Lamotte.*
Mill	*Miller.*
Müll	*Müller.*
P. B.	*Palisot Beauvois.*
Parlat	*Parlatore*
Pers	*Persoon.*
Poll	*Pollich.*
Pourr	*Pourret.*
Reich	*Reichenbach.*
Rœm et Sch .	*Rœmer et Schultes.*
Rich.	*Richard.*
Rip	*Ripart.*
Schr.	*Schranck ou Schreber.*
Scop.	*Scopoli.*
Sm	*Smith.*
Sw	*Swartz.*
S. W	*Soyer-Willemet.*
Ten	*Tenore.*
Tourn	*Tournefort.*
Tratt	*Trattinig.*
Thuill	*Thuillier.*
Vauch	*Vaucher.*
Vill	*Villars.*
Walds.	*Waldstein.*
Walh	*Wahlenberg.*
Wall.	*Wallroth.*
W. et Kit . .	*Waldstein et Kitaïbel.*
Wigg	*Wiggins.*
Wild.	*Wildenow.*
Wimm.	*Wimmer.*
W et N. . . .	*Weihe et Nées.*

ABRÉVIATIONS DES NOMS

DES BOTANISTES DU DÉPARTEMENT LE PLUS SOUVENT CITÉS DANS CET OUVRAGE.

L. A.	*Léon Allard.*
V. B.	*V. Barat.*
B	*Abbé Berthoumieu.*
P. B.	*Paul Billiet.*
J. B.	*Abbé Bletterie.*
C. B.	*C. Bourgougnon.*
Cr	*abbé Crouzier.*
H. G	*H. Gay.*
M. L	*Martial Lamotte.*
A. P.	*A. Pérard.*
E. O.	*E. Olivier.*
R. de C. . . .	*R. de Chapettes.*
J. R.	*Abbé Rondet.*

ABRÉVIATIONS.

Adj.	Adjectif.	Janv	Janvier.
Alt. ou altit	Altitude.	Juill	Juillet
An	Annuel.	Jurass	Jurassique.
Assez R	Assez rare.	Mill. ou mm.	Millimètre.
C.	Commun.	Oct	Octobre.
C. C.	Très commun.	Ord	Ordinairement.
Cal	Calice.	P	Page.
Caps.	Capsule.	Péd	Pédoncule.
Carp.	Carpelle.	Pét	Pétale.
Cent.	Centimètre.	Peu C	Peu commun
Cor	Corolle.	R	Rare.
Déc	Décembre.	R. R.	Très rare.
Déc	D'cimètre.	Rad	Radical-e.
Divis.	Divisions.	Rar	Rarement.
Etam	Etamines.	Sec	Sécundùm, selon
Extér	Extérieur-e, ou	S. f	Substantif féminin.
	Extérieurement	S. m.	Substantif masculin.
Fl.	Fleur ou Flore.	Sép	Sépale.
Fr	Fruit.	Sept	Septembre.
Gr	Graine.	Stigm	Stigmate.
Herm.	Hermaphrodite.	V	Voyez
Infér.	Inférieure-e, ou	Var	Variété.
	Inférieurement.	Viv	Vivace.
Intér	Intérieur-e, ou	Vulg	Vulgairement.
	Intérieurement.		

FLORE

DU

DÉPARTEMENT DE L'ALLIER

ET DES

CANTONS VOISINS

COTYLÉDONÉES OU PHANÉROGAMES

Végétaux dont les fleurs offrent des étamines et des pistils, ou au moins des ovules. Graines à parties dissemblables, pourvues d'un embryon. Plantes formées de tissus vasculaire et cellulaire.

PREMIER EMBRANCHEMENT

DICOTYLÉDONÉES

Graine ordinairement à deux cotylédons, rarement davantage; tige pourvue d'une écorce distincte, d'un corps fibro-vasculaire et d'une moëlle centrale. Dans les espèces vivaces, l'accroissement se fait par couches concentriques; dans l'écorce, la couche la plus nouvelle est la plus intérieure, dans le corps fibro-vasculaire (bois des arbres) la couche la plus nouvelle est la plus extérieure; les feuilles sont généralement à nervures divergentes, la racine pivotante, et le nombre des parties de la fleur cinq, moindre ou supérieur par avortement ou dédoublement, très rarement 3-6-9.

1

Classe I. — THALAMIFLORES.

Corolle polypétale, indépendante du calice, ainsi que les étamines; divisions de la fleur insérées sur un réceptacle *(Thalamus)*; ovaire libre, supère.

Famille I. — RANUNCULACÉES.

Fleurs régulières ou irrégulières, hermaphrodites, calice polysépale, corolle polypétale quelquefois nulle; étamines ordinairement nombreuses hypogynes; ovaire multiple, carpelles nus, indéhiscents, ou capsulaires déhiscents, rarement bacciformes. — Plantes herbacées ou à peu près, renfermant la plupart un suc âcre et vénéneux.

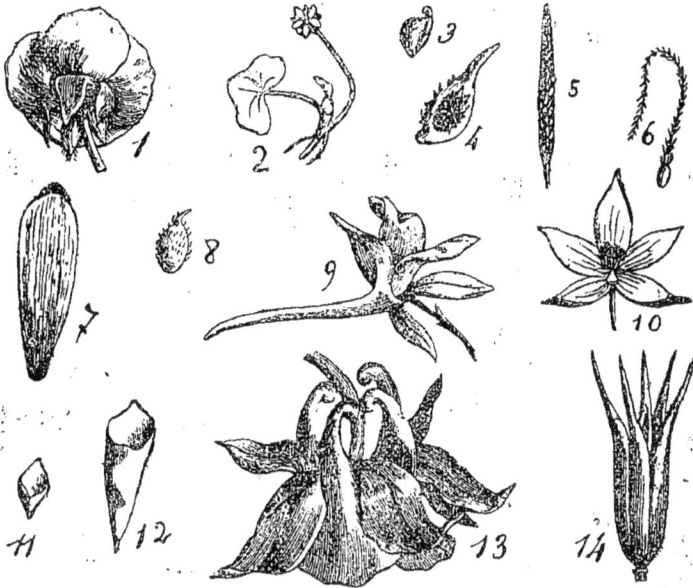

1. Fl. de Ran. bulbosus. — 2. Ran. hederaceus. — 3. Carp. de Ran. nemorosus. — 4. Carp. de Ran. arvensis. — 5. Fr. de Myosurus. — 6 et 7. Carp. et pét. de Pulsatilla. — 8. Carp. d'Anemone nemorosa. — 9. Fl. de Delphinium. — 10 et 11. Fl. et pét. d'Isopyrum. — 12. Pét. d'Helleborus. — 13. Fl. d'Aquilegia. — 14. Fr. de Nigella arvensis.

Tribu I. — Ranunculées.

DEUX ENVELOPPES FLORALES; POUR FRUIT DES AKÈNES.

BATRACHIUM. D. C. (Batrachium). Plantes ordin. nageantes ou submergées, rar. exondées; pétales blancs à fossette nectarifère sans écaille; pédoncules floraux courbés en arc à maturité; carpelles ridés en travers.

1 { Feuilles jamais capillaires (p. 3, fig. 2) . . . . B. *hederaceum.* (1)
   Feuilles, au moins les inférieures, capillaires 2

2 { Réceptacle glabre . . . . B. *fluitans.* (8)
   Réceptacle velu 3

3 { Feuilles toutes divisées en lanières capillaires 7
   Feuilles supérieures réniformes ou orbiculaires 4

4 { Pétales cunéiformes, sans tache jaune à l'onglet. . . . . B. *ololeucos.* (2)
   Pétales tachés de jaune à l'onglet. 5

5 { Réceptacle ovoïde conique, pédoncules longs . . . . B. *confusum.* (4)
   Réceptacle ovoïde, globuleux, non conique 6

6 { Pétales égalant à peine 2 fois le calice . . . . *B. radians.* (5)
6 { Pétales égalant environ 3 fois le calice. . . . . *B. aquatile.* (3)

7 { Feuilles courtes, raides, à laciniures égales, disposées en cercle
7 {   autour de la tige . . . . *B. divaricatum.* (7)
7 { Feuilles longues, non comme ci-dessus 8

8 { Pétales à peine doubles du calice . . . . *B. trichophyllum.* (6)
8 { Pétales égalant 3 fois le calice, plante émergée . . . . *B. aquatile.* (3)

Le genre *Batrachium* faisait partie des *Ranunculus* L. ; comme il est assez nombreux et suffisamment distinct, on peut l'en séparer très naturellement. J'ai laissé aux espèces le nom des auteurs qui les ont créées dans le genre *Ranunculus*.

(1) B. Hederaceum. *L. G. G. Bor.* (B. à feuilles de lierre). Tige faible *radicante*; feuilles *toutes réniformes*, stipulées, longuement pétiolées, à 3-5 lobes peu profonds, entiers; (p. 3, fig. 2); pétales blanchâtres *très petits*, 5-10 étam.; péd. grèles, *plus courts* que les feuilles; réceptacle *glabre*; carpelles *glabres*, *rugueux*. Mai, sept. viv. Ruisseaux et parties humides des terrains siliceux à toute altitude (1) — C. en terrains siliceux; plus rare dans le calcaire.

(2) B. Ololeucos. *Lloyd*, fl. Loire-Infér. *Bor. G. G.* (B. blanche.) Feuilles infér. multifides capillaires, molles, les supér. flottantes, profondément divisées en 3 lobes cunéiformes crénelés; pédoncules dépassant les feuilles; pétales *doubles ou triples* du calice, veinés, *non tachés de jaune à la base;* carpelles jeunes velus, puis *glabres* à maturité, ridés transversalement. Viv. Etangs. R. R. — Chézy, aux Chauvins (L. A.).

(3) B. Aquatile. *L.* (B. aquatique.) Feuilles submergées à pétiole *court*, à laciniures multifides, capillaires, *flasques, se réunissant en pinceau quand on les sort de l'eau;* les supérieures velues en dessous, flottantes, réniformes, lobées; péd. *dépassant peu* les feuilles; réceptacle *hérissé, ovoïde arrondi;* pétales larges obovales, blancs à *onglet jaune*, égalant à peu près *3 fois le calice;* carpelles presque toujours *hispides*, mais glabres quelquefois. Av., juill., viv. Etangs, fossés, CC.

Offre différentes formes. *Cæspitosum.* Forme des lieux asséchés, gazonnante à laciniures courtes épaisses, C.

Homoïophyllum. Godron, Monographie. Feuilles toutes capillaires, submergées. Peu C.

Terrestre. Feuilles toutes réniformes. Lieux asséchés, C.

Fissifolium. Feuilles supér. très découpées, à divisions aigües. Moulins, Bizeneuille.

B. Peltatum. *Schranck in Bor.* Espèce très voisine; diffère de l'*aquatile* par ses feuilles supérieures *orbiculaires*, lobées, dont les bords se superposent *de façon à les faire paraître peltées.* Plus rare. Montbeugny, Branssat, Montluçon.

_____

(1) Il ne s'agit, bien entendu, que des altitudes de notre département.

(4) R. Confusum. *G. G.* Fl. de France. (B. confondu.) Diffère de l'*aquatile* par ses pédoncules bien *plus longs* que les feuilles; ses feuilles flottantes *glabres en dessous;* ses feuilles submergées *presque toutes sessiles, ne se réunissant pas en pinceau* hors de l'eau; ses sépales *non contigus,* ses pétales plus étroits non contigus; son réceptacle hérissé *ovoïde-conique;* ses carpelles ordin. glabres. Juin, RR. — Ruisseau d'Andelot entre Gannat et Saint-Priest, aux Sagnats; étang des Bardens, près Saint-Agoulin (P.-de-D.) (M. L. Prodrome.) À rechercher dans les mares des bords de l'Allier, où il nous viendrait du Puy-de-Dôme.

(5) R. Radians. *Revel. Bor.* 3e éd. (B. rayonnante.) — Tige nageante; feuilles infér. à laciniures multifides, *flasques* mais *divergentes,* les flottantes *réniformes ou orbiculaires,* à segments lobés, ou cunéiformes plus ou moins incisés; pétioles égalant à peu près les feuilles; pétales obovales *rétrécis, non contigus,* égalant *environ 2 fois le cal.;* carpelles *hispides surtout sur la carène* qui est très *convexe;* fl. blanches à onglet jaune. Av. juil. mares, fossés. R. — Château-sur-Allier; Gennetines (A. M.). Montluçon, ruisseau de Néris; Meaulne; forêt de Tronçais; Huriel; Audes (A. P.)

(6) B. Trichophyllum. *Chaix. G. G. Bor. Capillaceum, Thuill. Paucistamineum Tausch.* (B. capillaire.) Tige *toute submergée;* pétioles *non atténués* au sommet, dépassant peu les feuilles; feuilles toutes laciniées, *ne se réunissant pas en pinceau hors de l'eau;* les supér. *sessiles,* les infér. *pétiolées, non* disposées en cercle; réceptacle *hispide;* pétales *étroits,* cunéiformes, égalant *environ deux fois le cal.,* blancs à onglet jaune, veinés; carpelles ordin. *hérissés.* Viv. Avril, juill. Mares, etc. — Moulins, Gannat, Souvigny, Besson, Bresnay, Boucé, Diou, Naves, Montluçon, Huriel, Bizeneuille, Cérilly, Vicq, Ebreuil, Saint-Pourçain, Montord, etc.

R. Drouetii. *Schultz. Bor.* (B. de Drouet.) Diffère de la précédente dont elle est très voisine par ses feuilles *plus flasques, toutes pétiolées;* ses pétales *à peu près égaux au calice;* ses carp. glabres. — Gannat dans l'Andelot. (A. P.)

(7) B. Divaricatum. *G. G. Bor.* R. *Circinnatus.* Sibth. (B. divariqué.) Tige grêle; feuilles petites, toutes submergées, à gaine très courte, toutes *sessiles,* à laciniures *raides divariquées,* à peu près de même longueur, rayonnantes *en forme de cercle plan;* pédoncules *atténués* au sommet; pétales au moins doubles du calice, *obovales,* blancs à onglet jaune, veinés; réceptacle hérissé; carpelles hérissés. Juin, sept. Mares. R. — Villeneuve, bords de l'Allier (A. M.); Monétay-sur-Allier. (Lailloux); Gannat (P. B.); enbouchure de la Queune (Bourdot).

(8) R. Fluitans. *Lam.* (B. flottante.) Tige souvent de plusieurs mètres; feuilles *toutes allongées, à laciniures parallèles;* pétales un peu plus grands que le cal.; réceptacle *glabre;* carpelles *glabres.* Juin, août, viv. Cours d'eau, rivières. — C.

RANUNCULUS. *L.* (Ranoncule.) Plantes jamais nageantes ni

submergées; deux enveloppes florales; pétales à fossette nectarifère recouverte par une écaille (dans les plantes de notre région);
akènes bordés carénés, non ridés en travers; pédoncules dressés
à maturité.

(1) R. ACONITIFOLIUS. *L.* (R. à feuilles d'Aconit). Rac. à fibres
charnues; tige de 4 à 8 déc. droite; feuilles *palmées à lobes tous
distincts*, les supér. sessiles; pédoncules *velus*; cal. caduc; fl. *blanches*, à rameaux *divariqués*. Mai, juillet. Montagnes granitiques,
rarement au dessous de 500ᵐ d'alt.; descend le long des cours
d'eaux, R. — Saint-Clément, Saint-Nicolas (Bor.), Cusset (Arloing),
Arronnes, Ferrières (J. R.), Laprugne à l'Assise (J. B.), Busset
(L. A.), La Lizolle (Couleuvre).

Le *R. Platanifolius. L.* à pédoncules à la fin *glabres*, n'a pas été
trouvé chez nous; pourrait se rencontrer dans l'Assise.

(2) R. FLAMMULA. *L.* (R. flammette.) Rac. fibreuse; tige de 1-5
déc. *couchée, quelquefois radicante redressée*, fistuleuse, *glabre;*
feuilles *glabres, entières ou seulement dentées*, pétiolées; les radicales ovales *subcordiformes*, les supér. lancéolées; fl. jaunes,
petites; carpelles *lisses* ou à peu près; pédoncules *sillonnés*. Mai,
sept. Viv. Marais. — CC. à toute altitude.

(3) R. AURICOMUS. *L.* (R. Tête d'or.) Plante *presque glabre*; tige
de 4-6 déc. dressée; feuilles radicales pétiolées, *réniformes orbiculaires, crénelées*, plus ou moins découpées, les supér. sessiles,
multifides à lanières divergentes; fl. jaunes; carp. *pubescents* à
bec recourbé, réceptacle *glabre*. Avril, mai. Lieux frais et couverts,
haies, bois. — Bègues, Vichy, Châtel-de-Neuvre, Montoldre,

Neuvialle, La Ferté, Monétay-sur-Allier, Bressolles, aux Ferrières; Chantelle, Branssat, Broût-Vernet, Fleuriel, Jenzat, Loriges, Montluçon à Chauvières, Saint-Marien.

(4) R. Acris. *L.* (R. acre.) Rhizôme oblique; tige de 3-8 déc; fistuleuse, poilue; feuilles infér. pétiolées, *velues*, à 3-5 lobes *cunéiformes*, incisés-dentés, souvent *tachées de brun*, les supér. plus simples; péd. *non sillonnés*; cal. velu; fl. grandes, d'un beau jaune; carpelles *lisses, à bec court.* — Mai, sept. viv. Prairies, etc., CC.

Cette plante très répandue, à toutes les altitudes, varie beaucoup; on en fait de nombreuses espèces.

Voici celles que nous avons pu distinguer :

R. *Steveni.* Andrzjouski. Tige à poils *abondants, étalés, réfléchis dans le bas, apprimés dans le haut,* lobes des feuilles infér. *ne se recouvrant pas par les bords,* CC.

R. *Friesanus.* Jordan. *Bor.* 3e éd. Lobes des feuilles *plus étalés, aussi larges que longs, se recouvrant par leurs bords,* bec des carpelles *court et très peu crochu.* Beaucoup moins commune. — Montord, environs de Montluçon, Bourbon-l'Archambault.

R. *Vulgatus.* Jord. — Caractères du précédent, dont il diffère par les carpelles à bec assez long et crochu. — Région des montagnes du sud-ouest; Aubigny.

R. *Borœanus.* Jordan. *Bor.* 3e éd., Tige *presque glabre* dans le bas; feuilles *à poils appliqués,* lobes *se recouvrant par leurs bords;* beaucoup moins commune que le R. *Steveni.* — Environs de Montluçon; Chareil-Cintrat.

R. *Rectus.* J. Bauhin, *Bor.* 3e éd. Tige à poils généralement *apprimés;* feuilles *profondément découpées,* à lobes *étroits ne se recouvrant pas par leurs bords.* — Montagnes, Laprugne.

(5) R. Nemorosus. *D. C. Sylvaticus* Thuill. (R. des Bois). Racine *fibreuse* surmontée par des fibrilles, débris d'anciennes feuilles; tige élevée, rameuse, hérissée de poils roussâtres, étalés; feuilles toutes à 3-5 lobes, [les] radicales plus profondément *découpées (presque jusqu'à la nervure médiane),* lobes *ovales dans leur contour,* incisés, dentés, à dents aigües, les supérieurs entiers; *pédoncule sillonné,* réceptacle *hispide,* fleur d'un beau jaune, écaille spatulée, élargie au sommet; carpelle à *bec assez long, recourbé, enroulé* (p. 3, fig. 3). Mai, juillet, viv. Bois. — Moladier, Yzeure, Fleuriel, Montluçon, Commentry, Cérilly, Tortezais, Trongel, Veauce, Les Collettes, Trezelle, Besson, Messarges, Treban, Chézy, etc., C.

Var. *Flore pleno* : Yzeure, Fleuriel, Broût-Vernet.

Var. *Flore sulfureo* : Besson à Best, Bresnay, Marcillat.

Var. *Albo-maculatus* : Pérard. Feuilles tachées de blanc jaunâtre. Montluçon, vallée du Lamaron, bois de la Brosse.

R. *Amansii.* Revel. Tige et pétiole à poils ordin. *réfléchis;* bec des carpelles égalant leur moitié; feuilles quelquefois tachées. — Bois de Saint-Marien, près de Teillet (Lavediau).

Il existe des formes à poils *dressés ou apprimés*. A rechercher.

(6) R. REPENS. *L.* (R. rampante.) Tige velue, *rampante, stolonifère*, redressée, de 3-6 déc.; feuilles pubescentes à 3-5 lobes, *tous pétiolés (l'intermédiaire longuement)*, incisés dentés; pédoncules *sillonnés*; carpelles finement ponctués à bec assez long un peu arqué; réceptacle velu, fleurs grandes, jaunes. Avril, oct., viv., CC. partout.

Var. *Villosus. M. L.*, prod. Plante robuste, couverte *jusqu'au haut* de poils nombreux. — Fossés de la Bosse, Echassières (C. B.).

(7) R. BULBOSUS. *L.* (R. bulbeuse.) Racine à *collet renflé bulbiforme;* tige droite de 2-5 déc., rameaux uniflores, velue surtout inférieurement; feuilles velues, à 3-5 lobes trifides, incisés dentés, *l'intermédiaire pétiolé;* pédoncules *sillonnés*, cal. *réfléchi*, réceptacle un peu velu; akènes finement ponctués. Fl. jaunes (p. 3, fig. 1); avril, sept., viv., CC. partout.

Var. *Albonœvus. Jord.* Feuilles maculées de blanc. Çà et là avec le type.

Cette plante offre deux formes : dans l'une le lobe médian des feuilles est longuement pédonculé; dans l'autre, courtement pédonculé. Mais j'ai trouvé des exemplaires offrant des feuilles des deux formes sur le même pied.

(8) R. SCELERATUS. *L.* (R. scélérate.) Tige de 3-8 déc. droite, lisse, *rameuse*, fistuleuse, cannelée, quelquefois un peu velue, surtout dans le haut; feuilles *glabres*, les inférieures à 4-5 lobes incisés, les supérieures tripartites à lobes seulement dentés, les florales entières; pédoncules *sillonnés*, calice *réfléchi*, fleurs *petites, d'un jaune pâle;* pétales de 5 mill., à fossette sans écaille; carpelles *nombreux, serrés, petits, non carénés. à bec à peu près nul, en capitule ovoïde* à maturité. Mai, sept., viv. — Lieux humides, bords des eaux.— Neuvy à la Queune, Gannat à Sainte-Procule, Montluçon, Moulins, Deux-Chaises, Bessay, Boucé, Avermes, Chareil, Loriges, Paray-sous-Briaille, peu C.

(9) R. CHOEROPHYLLOS. *L.* (R. Cerfeuil.) Plante *velue soyeuse;* racine fasciculée *tuberculeuse;* tige simple souvent uniflore; feuilles presque toutes radicales, les inférieures ovales dentées, les autres multifides, les caulinaires à lobes linéaires; calice étalé ou réfléchi; fleurs jaunes, pétales à écaille large cunéiforme; carpelles *pubescents, ponctués*, en capitule *oblong* à bec *dressé*, plus court que le carpelle; réceptacle *glabre*. Mai, juin, viv., RR. — Trouvé une fois sur les sables de l'Allier, à Moulins. Trevol (Renoux); Montluçon, à 1 kil. de Pasquis en allant à Passat, sur un espace restreint. (A. P. Cat.) Saint-Amand, Saint-Florent (Cher); Bourbon-Lancy (Saône-et-Loire), sur nos limites (*Bor.*, 3e éd.).

(10) R. PHILONOTIS. *Ehr. Bor.* 3e éd. *Sardous. Crantz. Grenier.* (R. des mares.) Racine *fibreuse;* tige 1-5 déc. poilue, étalée ou redressée; feuilles pubescentes, les inférieures profondément divi-

sces en 3 lobes obtus, incisés dentés, les supérieures divisées en lanières linéaires; pédoncule *sillonné;* calice *réfléchi;* carpelles *tuberculeux;* réceptacle velu; fleurs jaunes médiocres. Mai, oct. Parties humides des champs, C. — Moulins, Marcenat, La Lizolle, Montluçon, etc.

Plante polymorphe. Les très petits échantillons forment le R. *parvulus. L.*

(11). R. Parviflorus. *L.* (R. à petites fleurs.) Souche grêle; tige *diffuse, étalée* ou dressée, hérissée, rameuse; feuilles à 3-5 lobes plus ou moins incisés, les supér. subsessiles à lobes entiers; péd. *obscurément* sillonnés; fl. jaunes, *pétales ayant à peine 3 mill. égalant les sépales réfléchis;* fruits suborbiculaires, *tuberculeux,* à bec court recourbé; réceptacle glabre. Mai Juil. An. R. — Cérilly (Saul, Bor 3ᵉ éd.; ne se trouve plus à Moulins.) Environs de Montluçon : Nerde; fossés de la route de Marmignolles; près du château de Passat. (A. P. Cat.)

(12). R. Arvensis. *L.* (R. des Champs.) Tige *rameuse* multiflore presque glabre; feuilles d'un *vert pâle,* les inférieures tripartites à segments étroits allongés, les caulinaires multifides *à lobes linéaires; calice non réfléchi;* fl. *petites, pâles verdâtres;* carpelles assez gros, *aplatis, à bec long, chargés d'aiguillons sur les deux faces* (p. 3, fig. 4). Pédoncules non sillonnés. Mai, juill. An. Champs cultivés, moissons, C.

Les *Renoncules* sont âcres; quelques-unes, l'*acris,* le *sceleratus,* peuvent déterminer des empoisonnements. On cultive les variétés doubles du *repens* et de l'*acris* comme plantes d'ornement. La Renoncule asiatique, qui se multiplie par ses racines fasciculées et ses graines et donne des fleurs si variées, est connue en France depuis saint Louis et nous vient de l'Asie, comme l'indique son nom : *R. asiaticus.*

FICARIA. *D. C.* (Ficaire.) Calice à 3 sépales, 8-12 pétales munis d'une fossette nectarifère couverte par une écaille; carpelles en tête globuleuse, renflés, ovoïdes obtus, dépourvus de bec; stigmate sessile.

F. Ranunculoïdes. *Mœnck. Ranunculus ficaria. L.* (F. Renoncule.) Plante glabre; racine à fibres renflées charnues; tige lisse étalée radicante; feuilles souvent bulbifères à l'aisselle, cordiformes obtuses sinuées dentées, luisantes; fruits pubescents; fleurs jaunes d'or, luisantes. Endroits humides, Mars, mai, viv. CC.

MYOSURUS. *L.* (Ratoncule.) 5 sépales éperonnés à la base; 5 pétales étroits; carpelles nombreux en épi grêle, allongé en forme de queue de rat. (p. 3, fig. 5).

M. Minimus. *L.* (R. naine.) Petite plante, 3-10 cent., glabre; feuilles linéaires entières, subobtuses, toutes radicales; hampe uniflore; fleurs petites jaunâtres; pétales plus courts que le calice. Avril, juin. An. Parties humides des champs. — Coulandon (Gr.); Bresnay (L. A.); Loriges (C. B.); Neuvy (A. M.); Saint-Pourçain (Lavediau); Fontviolent, près Gannat (Chomel); Bourbon (Bor.).

ADONIS. *L.* (Adonide.) Calice à 5 sép. caducs ; pétales sans écaille nectarifère, ordin. tachés de noir à la base ; fl. rouges régulières, plus rar. jaunâtres ; carpelles anguleux, recourbés en bec mucroné, formant un épi oblong ; feuilles multifides.

Plantes annuelles, souvent cultivées dans nos parterres sous le nom de *Gouttes de sang* : ne se rencontrent que dans les moissons des terrains calcaires.

1 { Péd. floraux dépassant à peine les feuilles . . . . *A. Autumnalis.* (1)
  { Péd. dépassant longuement les feuilles, sépales appliquées sur les pétales. 2

2 { Sépales glabres . . . . *A. Æstivalis.* (2)
  { Sépales velus. *A. Flammea.* (3)

(1) A. AUTUMNALIS. *L.* (A. d'Automne.) Plante presque glabre ; tige droite de 3 à 5 déc. sillonnée ; péd. floraux *dépassant à peine les feuilles*, s'allongeant ensuite ; sép. *presque glabres, non appliqués* sur les pétales ; pétales d'un *rouge foncé*, tachés de noir à la base. Mai, août. An. — Montord, Louchy, Gannat, Chareil-Cintrat, Charroux, Saint-Gerand-le-Puy, Saint-Genest, Escurolles, Bresnay, Montaigut-le-Blin, Poëzat, Charmes, Besson.

(2) A. ÆSTIVALIS. *L.* (A. d'Eté.) Plante glabre ; tige et feuilles de la précédente ; fl. *longuement* pédonculées ; sépales *tout à fait glabres, appliqués* sur les pétales ; fl. d'un *rouge clair ;* bord supér. du carpelle *bossu bidenté ;* épi fructifère dense, ovale-oblong. Mai, juil. An. — Vichy, Gannat, Loriges, Charroux, Escurolles, Bresnay, Jenzat, Ussel, Besson, Charmes, Souitte, près Saint-Pourçain, Boucé, Bellenaves, Taxat-Senat, etc.

(3) A. FLAMMEA. *Jacq.* (A. Enflammée.) Tige et feuilles des précédentes ; fl. *longuement* pédonculées ; sépales *velus, appliqués* sur les pétales ; fl. d'un *rouge vif ;* épi fructifère allongé ; bec du carpelle *noirâtre ;* bord supér. du carpelle droit, *non bossu.* — Saint-Pierre-le-Moûtier (Nièvre), Gannat, Naves, Ebreuil, Chareil-Cintrat, Charroux, Vicq, etc. ; mêmes localités que la précédente.

Les deux dernières espèces offrent, souvent mêlées au type, des plantes à fl. orangées ou d'un jaune-soufre.

Var. *flore miniato :* fl. d'un rouge minium.

Var. *flore sulfureo,* et dans ce cas le calice a son extrémité tachée de violet. Mêmes localités.

Tribu II. — Anémonées.

UNE SEULE ENVELOPPE FLORALE ; POUR FRUIT DES AKÈNES.

CLEMATIS. *L.* (Clématite.) Calice à 4-5 sépales pétaloïdes ; pétales nuls ou très petits ; carpelles à style devenant longuement plumeux ; *feuilles opposées,* âcres, vésicantes.

C. VITALBA. (C. des Haies.) Tige *sarmenteuse, grimpante,* longue de plusieurs mètres ; feuilles *opposées,* à 5-7 folioles pétiolées, cordiformes ovales ; fleurs blanches en panicules pauciflores axillaires ; sépales tomenteux. Juill., sept., viv. Haies, CC. Plus rare dans la montagne.

On cultive pour ses fleurs odorantes le *C. flammula* et le *C. viticella* à fleurs grandes pourprées.

THALICTRUM. *L.* (Pigamon.) Cal. à 4-5 sép. ; corolle nulle ; étamines nombreuses ; carpelles oblongs, sillonnés, terminés par le style court persistant, non plumeux. Plantes à tiges droites, feuilles alternes plusieurs fois ailées ; fleurs en panicule terminale sans involucre.

1 { Fl. et étam. dressées, folioles plus longues que larges . . . . . . *T. riparium.* (1)
{ Fl. et étam. pendantes, fol. à peu près aussi larges que longues 2

2 { Plante robuste, folioles infér. de 2-3 cent. de large . . . . *T. majus.* (2)
{ Pl. plus faible, fol. infér. ayant moins de 2 cent. de large 3

3 { Tige munie de nouvelles pousses à la base . . . . *T. collinum.* (4)
{ Plante dépourvue de nouvelles pousses à la base. . . . . *T. montanum.* (3)

(1) RIPARIUM. *Jord.* (P. des rives.) *Rac. stolonifère;* tige de 6-12 déc. *droite,* dure, sillonnée ; feuilles à segments *cunéiformes* ou ovales, *plus longs que larges,* presque aussi larges dans les inférieures, entiers ou trilobés, glabres ; fl. jaunâtres, *dressées ainsi que les étamines;* panicule dressée, à rameaux secondaires munis de bractées en forme de stipules ; carpelles sillonnés, *ovoïdes obtus,* à peu près 2 fois plus longs que larges. Juin, juill. viv. Bords des rivières. A. R.—Moulins, Marcenat, Contigny, Le Veurdre, Broût-Vernet, Saint-Germain-des-Fossés, Trevol, Bessay.

Cette espèce a été faite au dépens du *T. flavum. L.* qui d'après Reich. et D. C a la racine *fibreuse* et le fruit ovoïde *presque globuleux.* A rechercher chez nous.

(2) T. MAJUS. *Jacq.* (P. élevé.) Plante robuste ; souche épaisse *sans stolons;* tige de 6-12 déc. sillonnée même sur les pétioles secondaires ; feuilles très grandes à folioles *moyennes* et *infér. de 2-3 cent. de large;* folioles *aussi larges que longues,* à 3-7 lobes obtus dans les feuilles infér., aigus dans les supér. ; fl. jaunâtres *penchées;* panicule peu feuillée, à rameaux *étalés dressés.* Coteaux calcaires élevés, 300-400 m. d'alt. R. — Gannat, Vichy (Bor) ; Ussel, (B.), Chareil, Fourilles (C. B.), Bayet (H. G.).

(3) T. MONTANUM. *Walr. Bor. M. L. Prod.* (P. des montagnes.) Souche non stolonifère ; tige de 3-8 déc. *fortement sillonnée,* offrant à la base des *gaînes sans feuilles,* très feuillée dans la partie moyenne ; folioles *aussi larges que longues, arrondies* ou *obovales,* trilobées, à lobes dentés arrondis dans les feuilles moyennes, aigus dans les supér., atteignant *au plus 2 cent. de large;* fl. jaunâtres *penchées;* rameaux supér. de la panicule *divariqués* à maturité. Même région que le précédent. R. — Gannat, Ebreuil (Bor.), Charroux, Montord, Chareil (C. B.), Bresnay (L. A.), Saint-Gerand-le-Puy (Chabry), Bègues (P. B.).

(4) T. COLLINUM. *Walr.* (P. des collines.) Diffère du précédent par sa *souche stolonifère,* sa tige *très peu sillonnée sous les gaînes*

des feuilles. RR. — Indiquée par M. Lamotte au Peyrou, près Charroux, dans son Prodrome, etc.

Ces deux dernières espèces rentrent dans le *T. minus. L.*

ANEMONE. *L.* (Anémone.) Une seule enveloppe florale à 5-10 divisions pétaloïdes ; carpelles nombreux, dépourvus de rides ou de côtes, en tête sur un réceptacle hémisphérique, à style persistant sans aigrette ; feuilles toutes radicales ; fl. munies d'un involucre.

A. NEMOROSA. *L.* (A. Sylvie.) Plante à peine pubescente ; rhizôme rampant ; hampe de 2 déc., uniflore ; feuilles pétiolées, divisées en 3-5 segments ovales bi-trifides, à lobes incisés ; *involucre à 3 feuilles pétiolées*, divisées en folioles bi ou trifides ; fl. *blanches*, rosées en dehors ; carpelles elliptiques, pubescents à pointe glabre. Mars, avril, viv. Bois, à toute altitude, C.

PULSATILLA. *Tourn.* (Pulsatille.) Style persistant devenant très long et plumeux (p. 3, fig. 6). Le reste comme dans *Anemone.*

P. RUBRA. *Delarbre*, fl. d'Auv. *Anemone montana*, G. G. Bor. 3° éd. (P. rouge.) Plante velue ; rac. ligneuse ; hampe de 1-2 déc., uniflore, à involucre multifide ; feuilles tripennées à lanières linéaires et lâchement poilues ; fl. *penchée*, campanulée, ouverte, d'un *pourpre noir*, à divisions lancéolées, *non aristées* (p. 3, fig. 7). Prés, pelouses, bois. A. R. — Moladier, Yzeure, Pomay, Bagnolet, Chantelle, Fleuriel, Verneuil, Branssat, Saint-Bonnet-de-Rochefort, Toulon, Neuilly-le-Réal, Chiroux, Saint-Priest-d'Andelot, Ebreuil, Besson, Bresnay, Trevol, Coulandon, Monétay-sur-Allier, Jenzat, Cusset, Chiroux, Neuilly-le-Réal, Lafeline.

Semble manquer dans les arrondissements de Montluçon et Lapalisse.

Dans le Cher et la Nièvre, on trouve le *P. vulgaris.* (Miller) ; *Anem. Pulsatilla. L.* à fl. violettes-lilas. Orval, Cher, sur nos limites (Bor.).

Tribu III. — Helléborées.

POUR FRUIT UN FOLLICULE.

CALTHA. *L.* (Populage.) Calice coloré à 5 sépales ; corolle nulle ; 5-12 follicules uniloculaires rayonnants, ridés transversalement ; graines sur 2 rangs.

C. PALUSTRIS. *L.* (P. des Marais.) Plante glabre ; racine à fibres charnues ; tige sillonnée fistuleuse ascendante ; feuilles radicales pétiolées, *cordiformes arrondies*, un peu crénelées, les supérieures sessiles réniformes ; fl. *grandes* luisantes, d'un beau jaune. Mai, juin, viv. Lieux marécageux à toute altitude, C. — Thiel, Yzeure, Gannat, Jenzat, Chamblet, Montmarault, Cérilly, Lurcy, Veauce, Le Vernet, etc.

Forme *parviflora.* — L'Assise, le Montoncelle.

HELLEBORUS. *L.* (Hellébore.) Cal. à 5 sépales verdâtres, persistants; pétales petits, tubuleux, comme bilabiés (p. 3, fig. 11); fruit composé de 3-10 follicules sessiles, verticillés sur un seul rang, à bec allongé; graines sur 2 rangs; point d'involucre.

{ Rameaux munis de bractées d'un vert pâle. . . . . *H. fœtidus.* (1)
{ Rameaux munis de feuilles et non bractées. . . . . *H. viridis.* (2)

(1) H. Fœtidus. *L.* (H. Fétide.) Tige dressée de 3-7 déc. *persistante* pendant l'hiver; feuilles glabres, *toutes caulinaires,* pédalées, à 7-11 folioles linéaires aiguës, denticulées, d'un vert sombre, coriaces; *bractées larges,* ovales entières, *d'un vert pâle;* sépales *dressés, concaves,* verdâtres; fleurs assez grandes; étamines *dépassant* les pétales; plante *fétide.* Fév., mai, viv. Bords des chemins, lieux pierreux, à toute altitude, C. — Moulins, Besson, Cusset, Gannat, Chareil, Ainay-le-Château, Montluçon, Chouvigny, Ferrières, etc.

(2) H. Viridis. *L.* (H. Vert.) Tiges *annuelles,* feuillées *seulement à partir des rameaux;* feuilles à 7-12 segments pédalés, lancéolés, denticulés, à peine coriaces; rameaux *depourvus* de bractées; sépales *étalés;* fleurs grandes; étamines égalant les pétales. Mars, Avril, viv. Montagnes, RR. — Saint-Nicolas-des-Biefs, 1,000 mètres d'altitude. (J. B.)

On cultive sous le nom de *Rose de Noël,* l'*H. Niger* à fleurs d'un blanc rosé, qui fleurit dès le mois de décembre.

ISOPYRUM. *L.* (Isopyre.) 5 sépales pétaloïdes, caducs; 5 pétales très petits, nectariformes, contractés en cornet; 1-5 follicules, libres, écartés en étoile; graines sur 2 rangs.

I. Thalictroïdes. *L.* (I. Pigamon.) Racine rampante à fibres renflées; tige grêle de 2-3 déc., nue inférieurement; feuilles composées, à folioles ternées, incisées à lobes obtus. Fl. blanches longuement pédonculées (p. 3, fig. 10), à sépales dépassant beaucoup les pétales; carpelles aristés. Lieux frais. Avril, viv. R. — Montluçon, bois de Chauvière (A. P.), bois de l'Allée (Servant, in Bor.); Cusset (Arloing); Arronnes (J. R.); Bourbon-l'Archambault, à Grosbois (Saul, in Bor.); Lurcy-Lévy (Herbier Deschamps); Fleuriel, Saint-Didier, Bayet, Chareil-Cintrat, Saulcet (B. et C. B.); Besson (L. A.); Gannat (Vannaire).

Le *Nigella arvensis* (L). n'a été trouvé chez nous qu'une fois dans de jeunes luzernes à Moulins.

DELPHINIUM. *L.* (Dauphinelle.) Fleurs irrégulières; calice à 5 sépales colorés, inégaux, le supérieur éperonné (p. 3, fig. 9); 4 pétales irréguliers, parfois soudés; 1-3 follicules, libres sessiles, acuminés. Plantes irritantes.

D. Consolida. *L.* (D. Consoude.) Vulg. *Pied-d'Alouette.* Tige droite *pubescente* rameuse, de 2-4 déc.; feuilles multifides à divisions linéaires; fleurs bleues, en grappes lâches, dont deux des pétales sont logés dans l'éperon calicinal; follicule *glabre,.* Juin, juill. An. Moissons. — Moulins, Neuvy, Charroux, Créchy, Montord, Vicq, Montluçon, Rongères, etc.

Varie plus rarement à fleurs blanches ou roses.

On trouve échappé des jardins le *D. Ajacis*, à tige presque *glabre* et *follicules pubescents.*

AQUILEGIA. *L.* (Ancolie.) Fleurs régulières; calice à 5 sépales pétaloïdes, caducs; 5 pétales ouverts, en cornet, à base terminée en éperon; étamines nombreuses, 5 carpelles acuminés, sessiles, libres ou à peine soudés par la base, à bec grêle droit.

A. Vulgaris. *L.* (A. commune.) Tige de 3-10 déc. droite pubescentes; feuilles composées, à 3 divisions elles-mêmes ternées, à lobes cunéiformes arrondis, crénelés, glauques en dessous; fleurs bleues ou violettes. Bois, buissons. Mai, juill., viv. A. C. à toute altitude et dans tous les terrains.

Forme *Parviflora.* Fleurs 2 fois plus petites; feuilles plus petites et plus découpées. — Prairies de Laprugne. — Il semblerait que dans la montagne, certaines plantes de la plaine offrent des fleurs petites : ce qui arrive à notre *Aquilegia* arrive aussi au *Caltha Palustris.*

ACONITUM. *L.* (Aconit.) Calice coloré à 5 sépales irréguliers, le supér. en casque ou capuchon; 2-5 pétales, les 2 supér. offrant un onglet allongé terminé par un sac éperonné, les 3 autres très petits ou nuls; 3-5 carpelles libres.

A. Lycoctonum. *L.* (A. tue-loup.) Plante pubescente; racine épaisse, charnue; tige de 6-12 déc.; feuilles palmatipartites à 3-5 lobes cunéiformes, trifides, incisés; fleurs jaunâtres en grappes; pédoncules écartés; 3 carpelles glabres. Juin, août, viv. Sommets élevés. RR. — Lavoine, au Moncelle (J. R.)

Tribu IV. — Actéacées.

POUR FRUIT UNE BAIE.

ACTÆA. *L.* (Actée.) Cal. à 4 sépales colorés caducs; 4 pétales sans nectaire; 1 style; baie uniloculaire à graines orbiculaires.

A. Spicata. *L.* (A. en épi.) Plante dressée, presque glabre, nue infér.; feuilles pétiolées, 2-3 fois ailées, à segments ovales acuminés, incisés; fleurs blanches petites, régulières, en grappes serrées terminales; baies noires à la fin, ovoïdes. Mai, juin, viv. RR. — Bois de Neuvialle (Rhodde) où elle est rare, Saint-Nicolas-des-Biefs (B.).

Famille II. — BERBÉRIDÉES.

BERBERIS. *L.* (Epine vinette.) Fleurs hermaphrodites; calice à 6 sépales colorés, avec bractées écailleuses; 6 pétales, 6 étamines libres hypogynes, fruit bacciforme.

B. Vulgaris. *L.* (E. commune.) Arbrisseau épineux, à feuilles fasciculées obovales dentelées ciliées; fleurs jaunes à odeur fade en grappes multiflores; baies allongées, rouges à maturité. Avril, mai, viv. Haies. — Moulins, Avermes, Monétay, Mazerier, Jenzat, Bresnay, Gannay-sur-Loire, Bourbon-l'Arch., Saint-Pourçain.

Le fruit acidule se mange en gelées, sirop, etc. Quand on pique le stigmate avec un corps pointu, les étamines se précipitent sur lui.

Famille III. — NYMPHÆACÉES.

Fleurs régulières; 4-6 sépales; pétales nombreux se transformant peu à peu en étamines; étam. nombreuses, libres; stigmates en nombre égal aux loges, en disque sessile; fruit bacciforme indéhiscent. Plantes aquatiques.

4 sépales lancéolés, fl. blanches . . . . Nymphæa. (p. 15)
5 sép. orbiculaires, fl. jaunes . . . . Nuphar. (p. 15)

NYMPHÆA. *L.* (Nénuphar.) Cal. à 4 sépales, pétales nombreux, sans fossette nectarifère, soudés avec la partie infér. de l'ovaire; étamines nombreuses, soudées à diverses hauteurs sur le disque qui enveloppe l'ovaire; fruit marqué de cicatrices.

N. Alba. *L.* (N. blanc.) Feuilles cordiformes à la base, ovales arrondies, à long pétiole cylindrique, coriaces; fl. grandes blanches à pétales ovales oblongs; sépales verts extér., blancs intér.; fruit sphérique. Viv. Juin, août. Étangs. — Trevol, Neuvy, Lurcy, Chevagnes, Montluçon à La Brosse, Buxières, Chavenon, Chamblet, Cosne, etc.

NUPHAR. *Sibth.* et *Sm. Nymphæa. L.* (Nuphar.) Cal. à 5 sépales persistants, orbiculaires; pétales munis d'une fossette nectarifère, bien plus courts que le calice, insérés ainsi que les étamines sous l'ovaire; fruit lisse.

N. Luteum. *Sm.* (N. jaune.) Feuilles cordiformes à la base, ovales arrondies, coriaces, à long pétiole triquètre; sépales orbiculaires; fl. grandes, jaunes, odorantes, globuleuses; fruit sphérique. Viv. Juin, août. Étangs. — Neuvy, Chevagnes, Varennes-sur-Allier, Cérilly, Le Veurdre, Montilly, Pierrefitte, Bourbon-l'Arch., Echassières, Le Montet, Montluçon, forêt de Tronçais, Audes, etc.

Famille IV. — PAPAVÉRACÉES.

Fleurs régulières; 2 sépales caducs; 4 pétales; étamines libres hypogynes, nombreuses; ovaire capsulaire ou allongé en forme de silique (p. 16, fig. 1-2-3-4); herbes lactescentes à feuilles alternes.

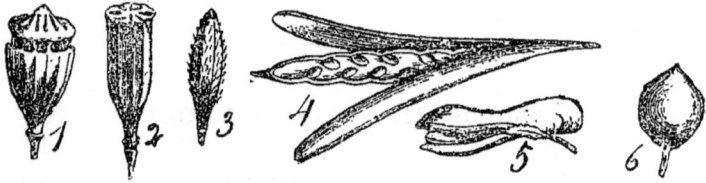

1. Fruit de Papaver Rhœas. — 2 Fr. de P. dubium. — 3. Fr. de P. hybridum. — 4. Fr. de Chelidonium majus. — 5. Fl. de Fumaria officinalis. — 6. Fr. de F. parviflora.

PAPAVER. *L.* (Pavot.) Cal. à 2 sépales caducs; 4 pétales caducs, chiffonnés dans le bouton ; stigmates sessiles rayonnants ; capsule ovoïde ou allongée, s'ouvrant au sommet en autant de points qu'il y a de stigmates ; pédoncules penchés avant la floraison portant chacun une seule fleur.

1 { Capsules hispides 2
  { Capsules lisses 3

2 { Capsule allongée (p. 16, fig. 3). . . . . *P. argemone.* (1)
  { Capsules ovoïdes . . . . *P. hybridum.* (2)

3 { Feuilles seulement incisé-dentées, glabres . . . . *P. somniferum.* (5)
  { Feuilles pinnatifides velues. 4

4 { Capsule arrondie (p. 16, fig. 1). . . . . *P. Rhœas.* (3)
  { Capsule allongée en massue (p. 16, fig. 2) . . . . *P. Dubium.* (4)

a — Capsules hispides ;

fl. petites relativement aux autres espèces.

(1) P. ARGEMONE. *L.* (P. Argémone.) Tige 2-6 déc., hérissée, rameuse ; feuilles pinnatifides à folioles laciniées en lobes linéaires; capsules *en massue*, hérissées de poils raides, dressés (p. 16, fig. 3); pétales rouges très fugaces à onglet taché de noir. Mai, sept., An. Moissons, C. — Moulins, Branssat, Chavenon, Besson, Bresnay, Commentry, Loriges, etc.

(2) P. HYBRIDUM. *L.* (H. Hybride.) Tige de 2-4 déc., hérissée; feuilles 2-3 fois pinnatifides; fl. à pétales rouges très fugaces, à onglet taché de violet, solitaires sur de longs pédoncules ; capsules *ovoïdes subglobuleuses, hérissées de poils raides horizontaux.* Mai, sept. An. Moissons. R. — Gannat, Montlibre, les Chapelles (L.L.); Fourilles (C. B.) Ebreuil (M. L. Prod.).

b. — Capsules glabres. fl. grandes.

(3) P. RHŒAS. *L.* (P. Coquelicot). Tige de 2-8 déc., dressée, velue à *poils ordin. écartés*, feuilles *pinnatifides* à lobes élargis lancéolés

dentés ; fl. rouges, *grandes*, à pétales tachés ou non de noir à la base ; capsules *glabres*, presque *globuleuses* ou obovées (p. 16, fig. 1), *stigmate à* environ 10 *rayons*, crénelures *se recouvrant* par leurs bords. Mai, juill. An. CC. dans les moissons.

Var. *strigosum.* Koch. Pédoncule à poils apprimés ou dressés. C. — Avec le type.

(4) P. Dubium. *L.* (P. douteux.) Tige dressée de 2-8 déc. hérissée dans le bas, pédoncules longs, à poils apprimés dans la partie supér. mais pas toujours ; feuilles du *Rhœas* ; capsule *allongée en massue*, environ 3 fois plus longue que large, crénelures ne se recouvrant pas par leurs bords, glabre ; fl. rouges, *plus petites* que dans l'espèce précédente ; stigmates de 4 à 12 rayons (p. 16, fig. 2). Mai, juil. ; moissons ; moins commun que le précédent.

L'espèce linnéenne a été découpée en plusieurs dont voici les principales :

En voici la dichotomie :

1 { Stigmate à rayons atteignant au moins le bord du disque . . . . *P. Lecoqii.*
  { Stigm. à rayon n'atteignant pas le bord du disque 2

2 { Capsule atténuée du sommet à la base. . . . . *P. Lamottei.*
  { Capsule rétrécie seulement dans sa moitié infér. 3

3 { Capsule brusquement rétrécie à la base. . . . . *P. modestum.*
  { Caps. insensiblement rétrécie dans sa moitié infér. . . . . *P. collinum.*

P. *Lecoqii.* (Lamotte.) Gr. Flore jurass. (M. L. Prod.) Péd. à poils *hérissés dans le 1/3 infér., appliqués au-dessus* ; caps. *brusquement atténuée à la base* ; stigmate à 6-8 rayons, *atteignant ou dépassant* le bord crénelé du disque ; suc verdâtre *passant au jaune*, tandis que dans les espèces suivantes il devient *blanc-laiteux.*

P. *Lamottei.* Bor. 3e Ed. Gr. Fl. jurass. Caps. *atténuée du sommet à la base* ; stigm. à 6-12 rayons *n'atteignant pas* le bord du disque ; Trevol, Montluçon, Lavault-Sainte-Anne.

P. *modestum.* Jord. Gr. Fl. jurass. ; M. L. Prod. Feuilles *peu hérissées*, à lobes *écartés, entiers ou subdentés, presque obtus* ; pétales *en coin* à la base, denticulés ; caps. *brusquement rétrécie à la base.* Stigm. à 5-8 rayons *n'atteignant pas* le bord du disque.

P. *collinum.* Bogenh. Bor. 3e Ed. Gr. Fl. jurass. Feuilles *hérissées*, à *lobes rapprochés, incisés, aigus* : pétales *peu rétrécis* à la base, denticulés ; caps. *insensiblement rétrécie dans la moitié infér. seulement*, stigmate à 4-8 rayons *n'atteignant pas* le bord du disque.

(5) P. Somniferum. *L.* (P. somnifère.) Tige élevée, 4-10 déc. *glauque* ; feuilles grandes *sinué-dentées, amplexicaules*, d'un vert clair ; fl. blanches, rouges, violettes ; capsule grosse. Juin, août. An. Echappé des jardins.

P. Officinale. *Gmel.* Capsules beaucoup plus grosses (têtes de pavot des pharmaciens). Cultivé, échappé des jardins.

Les pétales du coquelicot font partie des tisanes pectorales ; les pavots ont tous un suc laiteux narcotique, qui, recueilli sur les capsules du pavot officinal, fournit de l'opium, substance vénéneuse, mais calmant énergique. Traité par l'alcool, il forme le laudanum dont les usages sont si connus. On retire de la graine du pavot somnifère l'huile d'œillette.

MÉCONOPSIS. *Viguier*. (Méconopsis.) 2 sép. caducs ; 4 pétales chiffonnés dans le bouton ; étam. nombreuses ; styles courts à 4-6 stigmates rayonnants ; caps. obovale s'ouvrant au sommet en 4-6 valves ; cloisons nulles.

M. CAMBRICA. *Vig. Papaver cambricum. L.* (M. du pays de Galles.) Tige de 4-6 déc., à suc jaunâtre, à poils étalés ; feuilles ailées, ovales incisées ; Pédonc. uniflore, nu ; caps. lisse oblongue ; fl. jaune. Mai, août. Viv. Montagnes. RR. — Lachabanne, bois des Fayes, près le Sappey. (J. B.) Louroux de Bouble (Lasnier, P. B).

CHELIDONIUM. *L.* (Chélidoine) Cal. à 2 sépales ; 4 pétales, capsule allongée bivalve uniloculaire, s'ouvrant de la base au sommet, simulant une fausse silique (p. 16, fig. 4), mais la cloison médiane manque de parenchyme en son milieu. Suc jaune, âcre caustique, émétique, employé quelquefois pour faire passer les verrues.

CH. MAJUS. *L.* (grande Chélidoine.) Vulg. Eclaire. Tige de 2-5 déc., dressée, un peu velue ; feuilles pinnatifides à folioles larges ovales, glauques en dessous, à 3-7 segments ovales, à lobes incisés, crénelés ; pédoncules ombelliformes ; fleurs jaunes médiocres. Avril, oct. Haies, murs, viv. CC.

On trouve à Mars-sur-Allier une variété à feuilles laciniées. (Bor.)

GLAUCIUM. *Tourn.* (Glaucium.) Cal. à 2 sépales ; 4 pétales, capsule siliquiforme allongée, s'ouvrant du sommet à la base, biloculaire à cloison complète ; plante à suc jaune.

G. LUTEUM. *Scop. G. Flavum* Crantz. *Chelidonium glaucium.* (G. jaune.) *L.*, vulg. Pavot cornu Tige de 5-9 déc., rameuse glabre, glauque ; feuilles inférieures oblongues pinnatifides velues, les supérieures amplexicaules ; fl. jaunes grandes ; capsule de 15-25 cent. Juin, août. RR. — Montluçon, murs de la glacerie (Thévenon) d'où elle s'est répandue et naturalisée aux environs (A. P.) Cultivé dans les jardins sous le nom de Pavot cornu.

Famille V. — FUMARIACÉES.

Plantes herbacées, à suc aqueux, à feuilles alternes non stipulées, à fleurs bractéolées en épi ou en grappe. — Fl. hermaph. irrégulières, 2 sépales colorés ; 4 pétales libres ou un peu adhérents à la base, le supér. prolongé en éperon ; 6 étam. réunies en 2 faisceaux ; ovaire libre uniloculaire, en forme de silique bivalve ou de silicule indéhiscente, globuleuse monosperme.

Silique bivalve . . . . CORYDALIS (p. 18)
Silicule globuleuse indéhiscente (p. 16, fig. 5-6) . . . . FUMARIA (p. 19)

CORYDALIS. *DC.* (Corydalis.) Cal. petit caduc ; 4 pét. soudés à la base, le supér. éperonné ; 6 étam. diadelphes ; capsule siliquiforme, bivalve, comprimée, polysperme, ovale oblongue.

{ Fl. purpurines, rarement blanches. . . . . *C. solida.* (1)
{ Fl jaunes. . . . . *C. claviculata.* (2)

(1) C. SOLIDA. *Smith.* (C. bulbeuse.) Racine à bulbe *solide* plein, arrondi ; tige de 1-3 déc., faible, *munie vers la base d'une écaille*; feuilles glauques pétiolées, 2 fois ternées, à segments *oblongs ou cunéiformes obtus*; bractées *digitées*; *fl. violacées*, pédicelles *égalant* la capsule. Mars, avril, viv. Haies, coteaux, endroits frais. Louchy, Montfand, Verneuil, Gannat à Fontviolent, Ebreuil, Coulandon, Souvigny; Besson à Bost; Branssat, Chantelle, Jenzat, Saint-Pourçain, Fleuriel, Charroux, Chareil, Cusset, Arronnes, Le Vernet, Lavault-Sainte-Anne; Montluçon, chemin du Gourre du Puy, bois de la Vernoille; environs du Thet, Brignat.

(2). C. CLAVICULATA. *D. C.* (C. Claviculée.) Tige grêle, grimpante, de 2-6 décimètres., rameuse, diffuse; feuilles surcomposées, à folioles ovales lancéolées *entières* ; pétiole terminé par une vrille *rameuse*; fl. jaunes pâles, en grappes peu fournies; pédicelles très petits un peu dépassés par les bractées. An. Mai, sept. Rochers granitiques, micaschistes. RR.—La Guillermie, bois (J. B.); Montoncelle (L. A.); Châteauneuf, Puy-de-D., Micaschistes de la Sioule (Blayn.) Vallée de Trenteloup près Lavaveix, Creuse. (A. P.)

Le *C. lutea* à fl. jaunes et folioles incisées s'échappe des jardins.

FUMARIA. *L.* (Fumeterre.) Cal. très petit caduc ; 4 pétales soudés à la base dont un gibbeux à la base ; étam. diadelphes; capsule globuleuse indéhiscente monosperme.

1 { Capsules déprimées au sommet, sépales plus larges que le pédicelle
  {   (p. 16, fig. 5) . . . . *F. officinalis.* (1)
  { Capsule non déprimée au sommet. 2

2 { Sépales aussi larges que le pédicelle; caps. apiculée (p. 16, fig. 6). . . *F. parviflora* (2)
  { Caps. arrondie 3

3 { Sépales ovales arrondis égalant le 1/5 de la corolle. . . . . *F. Borœi* (4)
  { Sépales égalant 1/10 de la corolle. . . . . *F. Vaillantii.* (3)

(1) F. OFFICINALIS. *L.* (F. officinale.) Tige de 2-4 déc. rameuse faible diffuse, glabre et glaucescente ainsi que toute la plante; feuilles décomposées à folioles *élargies cunéiformes* ; sépales *dentés, ovales, plus larges* que le pédicelle; fl. *purpurines tachées de noir*, en grappes assez denses; capsule très obtuse, *un peu aplatie, tronquée-émarginée, plus large* que longue. Avr., oct. An. Lieux cultivés, suit l'homme jusque dans la montagne. CC.

Son suc est regardé comme dépuratif.

F. *Media. Lois.* sec. Boreau. Plante plus élevée que la précédente, plus glauque, souvent *volubile ou accrochante* par ses pétioles recourbés. Fl. *plus pâles*; feuilles à segments plus élargis; capsule *un peu moins déprimée* au sommet. Plus rare, lieux frais. Avermes, Yzeure, Branssat, Saint-Pourçain; Bellaigue, près Marcillat.

(2) F. PARVIFLORA. *Lam.* (F. à petites fleurs.) Plante glauque

de 2-4 déc., diffuse étalée. Folioles *linéaires très étroites*, un peu *canaliculées*; sépales *entiers, très courts, aussi larges que la corolle*, égalant 1/5 de sa longueur; fl. blanchâtres, foncées au sommet; capsule arrondie, apiculée, rugueuse (p. 16, fig. 6.) Juin, sept. An. Vignes, champs. RR. — Montluçon (Bor.), champs du Diéna. (A. P.)

(3) F. VAILLANTII. *Lois.* (F. de Vaillant.) Folioles *linéaires oblongues, planes*; sépales aigus *plus étroits que le pédicelle*, égalant le 1/10 de la longueur de la corolle; fl. *blanchâtres*, brunes au sommet; capsules globuleuses à peu près rondes, *à peine mucronées* dans leur jeunesse. Mai, juillet. A. R. — Hérisson, Le Veurdre, Gannat, Besson, Neuvy, Avermes, Bresnay, Contigny, Braussat. Semble affectionner le calcaire.

(4) F. BORÆI. *Jord. Bor.*, 3ᵉ édit. *Capræolata Smith* (F. de Boreau.) Tige de 1-8 déc., rameuse, à *pétioles accrochants*; feuilles 2-3 fois ailées à segments oblongs ou lancéolées obtus; fleurs inf. *grandes*, roses, très foncées au sommet, plus pâles et plus petites dans les suivantes; sépales ovoïdes *arrondis* aigus, incisés-dentés, *plus larges que le tube* de la corolle et *égalant le 1/3* de sa longueur; *fruit arrondi*, finement rugueux. Av., sept. An. Lieux cultivés. R. — Vignes de Domérat (A. P.)

Le *Diclytra spectabilis*, cultivé dans les jardins, appartient à cette famille.

Famille VI. — CRUCIFÈRES.

Fleurs hermaphrodites régulières; 4 sépales libres, dont 2 souvent bossus à la base; 4 pétales en croix, ordinairement onguiculés; 6 étamines, 4 grandes et 2 plus petites, rarement 4 seulement (p. 21, fig. 1); un style à stigmate échancré ou bilobé; pour fruit une silique ou une silicule généralement déhiscente à 2 loges, 2 valves séparées par une cloison médiane complète; graines fixées sur chaque bord de la cloison. — Les crucifères demandent à être étudiées sur des fruits avancés.

Famille remarquable par ses propriétés antiscorbutiques.

1 { Fruit grêle, au moins 4 fois plus long que large (p. 21, fig. 1-11) 2
{ Fruit dont la longueur ne dépasse pas 3 fois la largeur (p. 22, fig. 1-16) 2

Siliqueuses.

2 { Silique indéhiscente, (p. 21, fig. 3-4) . . . . RAPHANUS. (p. 23
{ Silique déhiscente, s'ouvrant d'elle-même à maturité 3

3 { Graines disposées sur un seul rang (p. 21, fig. 2) 4
{ Graines sur 2 rangs dans la silique (p. 21, fig. 11) 18

4 { Fl. franchement jaunes. 5
{ Fl. non franchement jaunes ou d'un jaune très pâle. 12

5 { Silique terminée par une corne ou languette (p. 21, fig. 5 et 10) 6
{ Silique sans languette. 10

6 { Silique dont le prolongement offre une graine à la base (p. 21, fig. 10) HIRSCHFELDIA. (p. 24)
{ Silique dont le prolongement n'a jamais de graine à la base 7

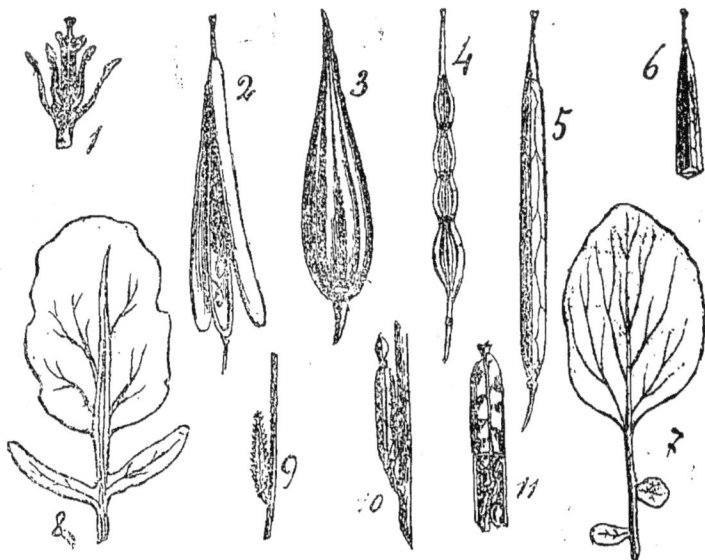

1 Étam. de Cheiranthus Cheiri. — 2. Silique du même. — 3. Sil. de Raphanus sativus. — 4. Sil. de Raphanus Raphanistrum. — 5. Sil de Brassica campestris. — 6. Sil. de Barbarea stricta. — 7. Feuille infér. du même. — 8. Feuille de Barbarea vulgaris. — 9. Sil. de Sysimbrium officinale. — 10. Sil. de Hirschfeldia adpressa. — 11. Sil. de Turritis glabra.

Siliculeuses.

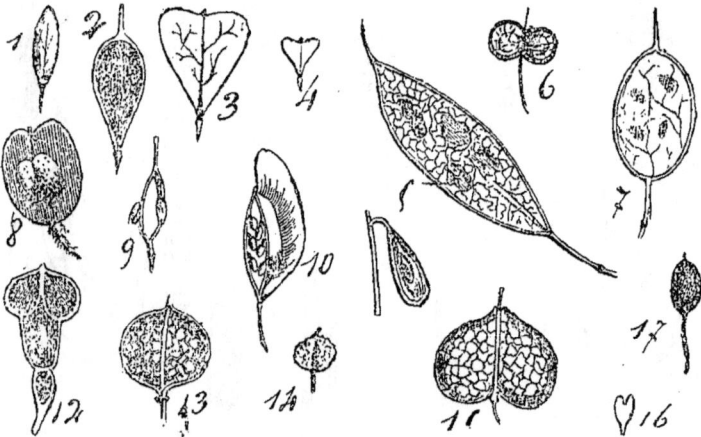

1. Silicule de Draba verna. — 2. Sil. de Camelina sativa. — 3. Sil. de Capsella bursa-pastoris. — 4. Sil. de Capsella rubella. — 5. Sil de Lunaria rediviva. — 6. Sil de Biscutella. — 7. Sil. de Lunaria biennis. — 8. Sil. de Lepidium campestre — 9. La même laissant voir les graines. — 10. Demi sil. de Thlaspi arvense. — 11. Sil. d'Isatis tinctoria. — 12. Sil. de Myagrum perfoliatum. — 13. Sil de Neslia. — 14. Sil. de Sennebiera. — 15. Sil. de Lepidium Draba. — 16 et 17 Pétale et fr. de Berteroa incana.

Tribu I. — Siliqueuses.

a. — Graines disposées sur un rang.

RAPHANUS. *L.* (Radis.) Sépales dressés, dont 2 bossus à la base ; silique indéhiscente renflée-spongieuse ; graines séparées par de fausses cloisons transversales, (p. 21, fig. 3-4).

{ Silique conique . . . . *R. sativus.* (1))
{ Silique cylindrique, moniliforme . . . . *R. Raphanistrum.* (2))

(1) R. SATIVUS. *L.* (R. cultivé.) Vulg. petite rave. Plante hérissée ; racine *renflée*, feuilles inférieures lyrées, les supérieures lancéolées ; fleurs blanches ou violettes rayées ; silique lancéolée, renflée, *conique*, (p. 22, fig. 3.) Mai, juillet. An. Cultivé.

Variété *niger. Mérat.* Racines noires, âcres.

(2) R. RAPHANISTRUM. *L.* (Radis sauvage.) Plante hérissée, raciné ; *grêle.* Fl. jaunes, jaunâtres, blanches ou lilas, veinées ; feuilles lyrées ; silique *cylindrique, moniliforme,* se divisant à maturité aux étranglements ; (p. 22, fig. 4). Mai, sept. Champs cultivés, CC ; suit l'homme à toutes les altitudes.

SINAPIS. *L.* (Moutarde.) Sépales, non bossus, souvent lâches étalés, style long comprimé ensiforme, persistant, formant un prolongement sur la silique ; valves à 3 nervures, graines globuleuses, sur un seul rang ; fleurs jaunes.

1 { Feuilles toutes pinnatifides . . . . *S. cheiranthus.* (3)
  { Feuilles n'étant pas toutes pinnatifides 2

2 { Bec de la silique plus court que la silique . . . . *S. arvensis.* (1)
  { Bec de la silique aussi long qu'elle. . . . . *S. alba.* (2)

(1) S. ARVENSIS. *L.* (M. des champs.) Tige droite, *dure hispide*, à rameaux étalés ; feuilles inférieures lyrées, les caulinaires ovales, inégalement dentées, les *supérieures sessiles* ; siliques glabres ou hispides, écartées, à bec conique ordin. *plus court qu'elles*, à pédicelle court, épais ; graines mûres *noires*. Mai, oct. Champs, vignes CC ; suit l'homme à toutes les altitudes.

S. RETROHISPIDA. Sil. à *poils réfléchis.* Avec le type ; Bresnay, St-Germain-des-Fossés. Moulins, Besson, Souvigny, etc.

S. SCHKURHIANA. *Bor.* 3e Ed. Silique à 5 *nervures, plus grêle*, à *pédicelle grêle.* Bourbon-l'Arch. etc.

(2) S. ALBA. *L.* (M. blanche.) Tige *un peu rude*, à rameaux dressés ;

feuilles *peu velues, toutes pétiolées* ; siliques *étalées hérissées*, bec de la silique *aussi long* qu'elle ; graines mûres *jaunes*. An. Mai, juillet. A. R. — Saint-Pourçain, Bresnay, Naves, Gannat, Etroussat, Jenzat, etc.

On sait l'usage et même l'abus que l'on en fait comme panacée universelle ; cultivée pour les bestiaux.

(3) S. Cheiranthus. *Koch., G. G. Brassica, Bor. Erucastrum Duby.* (M. Giroflée.) Tige de 2 à 10 déc. rameuse *glauque* ; feuilles *toutes pétiolées, pinnatifides*, à lobes sinué-dentés, entiers dans les supér.; *sépales rapprochés* ; silique glabre à bec bien plus court qu'elle, contenant une graine à la base. Mai, sept. Bisan. Lieux incultes, ou pierreux, C. C.

S. *Sabulicola*. Tige très glabre supérieurement. C.

S. *Rupicola*. Tige à poils épars presque jusqu'au sommet. A. R. Rouzat, Neuvialle près Gannat ; Chantelle-le-Château, sur les rochers de micaschiste. (M. L. Prod.)

J'ai laissé cette espèce dans le genre *Sinapis* à cause à cause des nervures de la silique ; es caractères tirés du fruit étant d'ordre plus important que ceux tirés du calice, du faciès, etc.

l
HIRSCHFELDIA. *Mœnch.* (Hirschfeldie.) Sépales non bossus à la base, stigmate entier ; silique cylindrique, munie d'un appendice renfermant une graine, valve à une seule nervure (p. 21, fig. 10.)

H. Adpressa. *Mœnch. G. G. Sinapis incana L.* Bor. (H. apprimée.) Plante plus ou moins velue ; tige de 4 à 8 déc., à rameaux étalés, peu feuillés ; feuilles pinnatifides à lobe terminal bien plus grand, obovale obtus, les radicales en rosette, couvertes comme toute la plante d'un duvet court blanchâtre, les supér. simples, lancéolées étroites ; calice étalé ; siliques courtes appliquées, à pédicelle épais, glabres ou velues, fl. jaunes. R. R. — Moulins, bords de l'Allier (V. B.) d'où elle s'est étendue, depuis 1861, sur les deux rives.

ERUCASTRUM. *Spenner.* (Erucastre.) Calice ouvert, bossu à la base ; silique linéaire, cylindracée, terminée par un bec court, valves à une seule nervure, graines ovoïdes sur un seul rang dans chaque loge.

E. Pollichii. *Spenner Bor.; Sisymbrium Erucastrum.* Pollich. Villars.; *Brass. Erucast. Ochroleuca.* Gaud.; *Erucast. inodorum,* Reich.; *Diplotaxis bracteata.* G. G. (E. de Pollich.) Tige de 2-5 déc., un peu velue, dressée anguleuse ; feuilles profondément pinnatifides, à lobes oblongs dentés, étalés à angles droits ; fleurs en grappes simples, finalement allongées, pédicelles infér. munis de bractées ; sépales dressés ; pétales petits, dépassant peu le calice, obovales, d'un blanc jaunâtre ; siliques grêles, étalées dressées. Av. sept. An. R. R. — Branssat. (C. Bourgougnon.)

Notre plante a les pédicelles infér. munis de bractées du *Pollichii* et les feuilles moyennes à lobes infér. embrassant la tige comme dans l'*Obtusangulum*. Elle a d'ailleurs les autres caractères du *Pollichii*.

BRASSICA. *L.* (Chou.) Sép. presque dressés, bossus à la base ou non ; silique à bec plus ou moins long, valves à une seule nervure et à veines anastomosées ; graines globuleuses sur un rang ; fl. jaunes.

1 { Etam. presque égales, grappe très allongée, lâche . . . . *B. oleracea.* (1)
{ Etam. très inégales, grappe corymbiforme. 2

2 { Feuilles toutes pétiolées, siliques serrées contre l'axe. . . . . *B. nigra.* (5)
{ Feuilles infér. glabres, pédoncules fructifères et siliques très étalés. . . *B. napus* (3)
{ Feuilles infér. hérissées, pédonc. étalés, siliques redressées. 3

3 { Feuilles intermédiaires de la tige, pinnatifides . . . . *B. rapa.* (3)
{ Feuilles interm. presque toutes oblongues entières. . . . . *B. campestris.* (4)

(1) B. Oleracea. *L.* (Chou cultivé.) Feuilles *glauques, épaisses,* les supérieures sessiles ; fl. en grappes *lâches, allongées même avant la floraison.* Mai, juillet. Cultivé.

Variétés nombreuses dont les principales sont : le chou-pommé, et ses sous-variétés, le chou-rave, les choux-fleurs, le chou-frisé, le chou-cavalier.

(2) B. Rapa. *L.* (C. Rave.) Plante bisannuelle, *feuilles de la première année vertes, hispides, lyrées ;* celles de la seconde, glauques, les inférieures lyrées *hérissées,* les supér. cordiformes, amplexicaules. Champs cultivés, Moissons. Avril, mai, C.

Var. *Rapa.* Cultivée pour ses racines grosses, blanches ou violettes (raves, turneps).
Var. *Oleifera.* Cultivée pour sa graine qui donne de l'huile de navette.

(3) B. Napus. *L.* (C. Navet.) Feuilles *toujours glabres, glauques ;* les radic. lyrées, les caulinaires inférieures pinnatifides, *les suivantes intermédiaires amplexicaules ;* siliques étalées divergentes. Avril, mai. Bisan. Moissons, lieux cultivés.

Var. Cultivé pour ses racines alimentaires.

(4) B. Campestris. *L.* (C. Colzat.) Feuilles *glauques épaisses,* les radic. lyrées *un peu hispides,* les caulinaires *presque toutes entières,* cordif., amplexicaules, glabres ; siliques longues ascendantes. Avril, mai.

Cultivé pour ses graines oléagineuses.

(5) B. Nigra. *Koch.* Sinapis *L.* (Moutarde noire.) Tige de 1 mètre, *un peu velue ;* feuilles toutes pétiolées, les infér. lyrées, dentées, *hérissées,* les supér. *entières glabres ;* sépales étalés ; siliques *petites, serrées contre l'axe,* glabres à bec très court. Juin, sept. An. Peu C. — Neuvy, Moulins, Bressolles, Bresnay, Gannat, Montaigut-le-Blin, Saint-Pourçain, Saulcet, Montluçon.

Var. *Turgida.* S. *turgida Pers.* Sil. courtes, *gonflées, anguleuses.* R. Bresnay ; Bourbon-l'Archambault, bords de la Burge (A. M.).

La graine de la moutarde noire, réduite en farine, sert à préparer les sinapismes et l'assaisonnement bien connu sous le nom de moutarde quand on la mélange avec un peu de vinaigre.

HESPERIS. *L.* (Julienne.) Sépales dressés, deux latéraux bossus à la base ; stigmates à 2 lamelles oblongues, conniventes, obtuses ;

silique atténuée aux deux bouts ; valves à une nervure ; gr. souvent ailées au sommet, sur un rang.

H. Matronalis. *L.* (J. des Dames.) Plante à poils courts, de 4-8 déc., pubescente ; feuilles ovales lancéolées dentées ; fl. lilas ou blanches, odorantes ; silique glabre ; pédicelles égaux au calice. Mai, juin. Bisan. R. — Saulaies de la Vernue, près de Gannat, Neuvialle (L. L. Chomel) ; Cusset (Guirodet) ; bords du Cher, en face Lavault-Sainte-Anne (Thévenon)'; Crotte près Vichy (Arloing) ; Bellenaves (H. G.) ; Moulin-Rameau, Creuse, sur nos limites (de Lambertye).

Var. double. Cultivée.

CHEIRANTHUS. *L.* (Giroflée.) Sépales dressés, deux latéraux bossus à la base ; silique tétragone, valves à une nervure saillante ; gr. sur un rang ; stigm. à 2 lobes écartés.

CH. Cheiri. *L.* (G. violier.) Tige dure, cassante de 2-4 déc. ; feuilles entières, lancéolées aiguës ; fl. grandes, jaunes, odorantes ; siliques dressées. Viv. Mai, juin. Vieux murs. — Souvigny, Bourbon-l'Arch., Saint-Pourçain, Monétay-sur-Allier, Yzeure, Moulins, Le Montet, Chantelle, Gannat, Lapalisse, Saint-Gerand-le-Puy, Billy, Montluçon, etc.

On en cultive de nombreuses variétés doubles ou simples ; le *Ch. annuus* sous le nom de quarantaine, le *Ch. incanus* sous celui de violier.

BARBAREA. *R. Brown.* (Barbarée.) Cal. dressé non bossu, coloré, droit ; silique à valves à une nervure saillante comme carénée, ce qui rend la silique tétragone, (p. 21, fig. 6). à veines anastomosées ; style un peu allongé, terminé en pointe obtuse ou effilée ; gr. sur un rang ; fl. jaunes.

1	Feuilles toutes pinnatifides	2
	Feuilles supérieures entières ou seulement dentées	3
2	Siliques de 2-3 cent. serrées contre l'axe. . . . . *B. intermedia.*	(3)
	Siliques adultes de plus de 4 cent. écartées . . . . *B. præcox.*	(4)
3	Lobes latéraux des feuilles inférieures égalant en longueur la moitié de la largeur du lobe terminal (p. 21, fig. 8) . . . . *B. vulgaris.*	(1)
	Lobes latéraux beaucoup moins longs, (p. 21, fig. 7) . . . . . . *B. rivularis.*	(2)

(1) B. Vulgaris. *R. Brown. Bor.* 3° éd. G. G. *Erysimum Barbarea. L.* (B. commune.) Tige de 4-10 déc. cannelée rameuse ; feuilles infér. pétiolées pinnatifides, à lobe terminal large ovale arrondi, les latéraux *égalant en longueur la moitié de la largeur* du terminal, (p. 21, fig. 8) feuilles supérieures ovales, *incisées* dentées, presque embrassantes ; siliques *grêles, effilées,* à style grêle allongé, *étalées ascendantes.* Av., juin. Viv. Lieux frais ombragés. A. R. — Moulins, Bressolles, Bresnay, Gannat, Diou, Montluçon, Commentry.

(2) B. Rivularis, de Martrin-Donos, fl. du Tarn ; M. Lam. Prodrome. *B. stricta Bor.* 3° éd. (B. des ruisseaux). Diffère de la précédente par sa taille *plus petite,* sa tige *plus raide,* par ses feuilles infér. à *lobes* très petits, (p. 21, fig. 7) ; ses siliques *serrées* contre l'axe. C., mêmes lieux. — Moulins, Chézy, Gannat, Le Veurdre, etc.

Il paraît que le *B. stricta. Bor.*, 3ᵉ éd. n'est pas celui de Fries, on a donc dû adopter un autre nom. — Les deux espèces ci-dessus ainsi définies sont bien nettes, mais se relient par des intermédiaires : elles forment comme les pôles extrêmes d'un seul et même groupe. On trouve la deuxième avec des siliques écartées, dressées ascendantes ; quelquefois, une moitié est apprimée, l'autre écartée ! La première est la forme des terrains gras, fertiles, ombragés ; la deuxième, des terrains humides, mais moins fertiles, des bords de chemins et au soleil.

(3) B. INTERMEDIA. *Bor.* 3ᵉ éd. (B. intermédiaire.) Tige droite, anguleuse striée, de 2-6 déc.; feuilles *toutes* pinnatifides, les supér. ciliées à la base ; siliques courtes, 3 cent. environ, serrées contre l'axe ; style *court*, *épais*, obtus. Avril, juin. Bisan. R. — Gannat (G. G. fl. franç.) ; Chirat, Loriges, Saint-Didier (C. Bourgougnon); Ébreuil, Bellenaves (M. Lamotte) ; Moulins, Yzeure (Barat); Montluçon (Pérard), Bellaigue près Marcillat (Mᵉ Vaillant).

(4) B. PROECOX. *R. Brown. D. C. B. Patula, Fries. G. G.*(B. précoce.) Tige de 2-6 déc. anguleuse ; feuilles *toutes pinnatifides*, les supér. ciliées à la base ; siliques *très longues*, 6-7 cent., (*B. Longisiliqua, Jord.*) *écartées* ascendantes ; pédicelles épais ; style *grêle*, obtus. Av., mai. Bisan. A. C. Dans tous les terrains, à toutes les altitudes.

B. brevistyla. Jord. siliques *plus courtes ne dépassant pas* 45 mill. ; style d'*à peine 1 mill.* Sussat, Sainte-Procule (M. L.) ; Le Mayet-de-Montagne (Pérard et Migout, Exc.).

SISYMBRIUM. *L.* (Sisymbre). Calice non bossu ; silique cylindrique ou renflée à la base, à 1-3 nervures, pétales entiers, stigmate obtus ou émarginé, graines sur un rang.

1 { Fl. blanches . . . . *S. Alliaria.* (4)
  { Fl. jaunes ou jaunâtres 2

2 { Siliques serrées contre l'axe (p. 21, fig. 9) . . . . *S. officinale.* (1)
  { Siliques écartées 3

3 { Feuilles plusieurs fois ailées à lobes linéaires. . . . . *S. Sophia.* (2)
  { Feuilles seulement pinnatifides . . . . *S. Irio.* (3)

(1) S. OFFICINALE. *Scop. G. G. Erysimum off. L.* (S. officinal.) Plante pubescente ; tige de 3-6 déc. *droite* dure, à rameaux *divariqués*; feuilles *roncinées pinnatifides*, à lobe terminal *trilobé hasté*, les supér. hastées; fl. *jaunes*, petites, siliques *pubescentes, presque sessiles, serrées contre l'axe* (p. 21, fig. 9), *atténuées* de la base au sommet. Mai, oct. Bisan. — Lieux incultes, bords des chemins. C.

(2) S. SOPHIA. *L.* (S. Sagesse.) Plante *pubescente*, grisâtre, de 2-8 déc., droite, très feuillée; feuilles *tripinnatifides* à lobes *linéaires incisés;* fl. petites d'un *jaune verdâtre*; siliques *pédicellées grêles, écartées ascendantes.* An. Avr., oct. Décombres. A. R. — Yzeure ; Moulins, sables de l'Allier; Mazerier, Varennes-sur-Allier, Escurolles, Fourilles, Chantelle, Saint-Pourçain, Cérilly, Montluçon.

(3) S. IRIO. *L.* (S. Irio.) Tige de 4-6 déc. droite, velue d'abord, *glabre* ensuite ; feuilles *simplement pinnatifides*, à lobes oblongs, *incisés dentés*, le terminal *allongé;* fl. d'un *jaune pâle*; siliques *droites dressées.* Av., juin. Bisan. Décombres. R. R. — Mazerier (P. B.)

(4) S. ALLIARIA. *Scop. Erysimum Alliaria. L.* (S. Alliaire.) Plante exhalant une *odeur d'ail* quand on la froisse ; tige de 4-6 déc.

droite, velue *à la base;* feuilles *larges, cordiformes dentées;* fl. blanches; siliques *étalées* ascendantes, presque *tétragones* à pédicelle de 4-6 mill. Av., juin. Bisan. Lieux frais, haies. C. C. dans tous les terrains.

ERYSIMUM. *L.* (Vélar.) Cal. à sépales apprimés, ordin. bossus à la base; style court à stigmate entier ou bilobé; silique linéaire tétragone à une nervure, ce qui la rend comme carénée; graines sur un rang.

E. Orientale. *R. Brown. Brassica, L. Conringia,* Andrz. (Vélar d'Orient.) Plante *glabre, glauque,* tige droite, 3-6 déc.; feuilles entières obtuses, les radic. ovales, les caulinaires *amplexicaules;* pétales droits d'un *blanc jaunâtre,* siliques *étalées, très allongées.* Mai, juillet. An. Terrains argilo-calcaires. — Neuvy, Besson, Cussel, Gannat, Ussel, Chezelle, Saint-Pourçain, Montord, Bayet, Etroussat, Branssat, Bresnay, Souvigny, Toury, Montaigut-le-Blin, Villefranche, Domérat à Crevallat.

ARABIS. *L.* (Arabette.) Calice droit à sépales inégaux, bossus ou non à la base; pétales entiers, stigmate obtus entier; siliques linéaires tétragones comprimées à graines bordées, disposées sur un rang; valves à une seule nervure.

{ Feuilles caulinaires embrassantes auriculées. . . . . *A. hirsuta.* (1)
{ F. caulinaires non embrassantes. . . . . *A. Thaliana.* (2)

(1) **A. Hirsuta.** *Scop;* Grenier, fl. jurass. *A. sagittata* D. C. G. G. *Turritis hirsuta.* L. (A. hérissée.) Tige de 3-7 déc. *raide dressée,* très velue inférieur.; feuilles radicales en rosette, rétrécies en pétiole, les caulinaires sessiles embrassantes, obtusément auriculées; fl. blanches; grappes fructifères très allongées; siliques grêles, nombreuses comprimées, à nervure saillante. Mai, juil. Bisan. Rochers, vieux murs, clairière des bois. R. Plante variable.

A conferta. Reich. M. L. Prodr. Feuilles caulinaires *presque entières.* — Gannat à Neuvialle (Dr Vannaire in Pérard); aux Elots (M. L.)

A. procera. Jord. M. L. Prod. Feuilles caulinaires *nettement dentées.* — Broût-Vernet, Chareil-Cintrat, Cesset, Louchy, Etroussat à Douzon, Saint-Pourçain (C. B. et B.)

(2) **A. Thaliana.** *L.* (A. de Thalius.) Tige de 1-3 déc., grêle, hispide à la base; feuilles radicales en rosette, ovales oblongues, rétrécies en pétiole; les caulinaires sessiles, lancéolées, rameaux écartés; calice non bossu; siliques grêles *écartées ascendantes* à pédoncules grêles; fl. blanches, Mars, mai, refleurit en automne. An. Lieux sablonneux. C. à toute altitude.

CARDAMINE. *L.* (Cardamine.) Sép. ouverts non bossus à la base; stigm. entier; silique linéaire comprimée, à valves sans nervures dorsales; graines sur un seul rang, comprimées; feuilles pinnatifides.

(1) C. AMARA. *L.* (C. amère.) Racine *oblique*; tige longuement *stolonifère* à la base, de 2-5 déc. rameuse; feuilles pinnées à folioles ovales arrondies dentées, *les supérieures oblongues élargies*; fl. ordinairement *blanches, anthères violacées*; silique à *style aigu* et presque double du pédicelle. Avril, mai, viv. Ruisseaux des terrains granitiques. R. R. — Saint-Pourçain-sur-Sioule à Champagne (C. B.) Plante de montagne, dont les graines sont entraînées par les eaux.

(2) C. PRATENSIS. *L.* (C. des prés.) Racine *fibreuse*; tige *non stolonifère*; feuilles pinnées à folioles ovales arrondies, *les supérieures linéaires lancéolées* entières; fl. *rosées* ordinairement, anthères *jaunâtres*, stimates *obtus*; silique *à peine plus longue* que le pédicelle. Mars, mai. Viv. Bord des eaux. C. à toute altitude.

Var. *Flore pleno.* Neuvy, bords de la Queune; Montord.

(3) C. HIRSUTA. *L.* (C. hérissée.) Plante de 1-3 déc. plus ou moins velue; tige grêle; feuilles inférieures pinnatifides à folioles arrondies plus ou moins dentées; feuilles caulinaires à folioles *linéaires*; fl. blanches à pétales *à peine deux fois plus longs* que le calice; ordinairement 4 *étam., sép. ciliés*. Mars, mai. An. Lieux frais. C. C. — Moulins, Montluçon, Lurcy, Chantelle, Gannat, Lapalisse, etc. S'élève peu dans la montagne.

(4) C. SYLVATICA. *Link.* (C. des bois.) Plus robuste que la précédente. Feuilles caulinaires à folioles *linéaires élargies*; fl. blanches, *égalant deux fois* le cal.; *6 étam., sép. non ciliés*. Av., juin. Lieux frais des terrains siliceux. — Montluçon, Marcillat, Domérat, Lavault-Sainte-Anne. Moulins, à Nomazy; Trevol, Souvigny, Bourbon, Villefranche, Tortezais, Bresnay, Châtel-de-Neuvre, Saint-Priest-en-Murat, Chantelle, Verneuil, Jenzat, Louroux-de-Bouble, Bègues, Ferrières, Laprugne. Saint-Nicolas-des-Biefs, etc. Monte beaucoup plus haut que la précédente.

(5) C. IMPATIENS. *L.* (C. impatiente.) Tige de 2-6 déc. *rameuse très feuillée*; feuilles à folioles ovales aiguës, incisées; pétiole *auriculé* à la base; fl. *blanchâtres*, petites; siliques très élastiques à maturité, égalant quatre fois le pédicelle; style *conique, aigu.* Mai, juin. Bisan. Lieux frais, bords des ruisseaux surtout des terrains granitiques. Peu C. — Souvigny, Neuvy, Trevol, Toulon, Coulandon, Besson, Dompierre-sur-Besbre, Diou, Saint-Pourçain, Châtel-de-Neuvre, Le Veurdre, Bourbon, Gannat, Bègues, Espinasse-Vozelle, Chirat, Bayet, Monestier, Ferrières, L'Avoine, Aronnes, Cusset, Montluçon, Lavault-Sainte-Anne, Blomard etc.

DENTARIA. *L*. (Dentaire.) Cal. dressé, non bossu ; silique linéaire-lancéolée, comprimée, à valves planes, sans nervures, se roulant sur elles-mêmes à maturité de la base au sommet ; graines sur un rang ; souche écailleuse.

D. Pinnata. *L*. (D. pinnatifide.) Tige de 4-8 déc. ; feuilles alternes, *pinnatifides* à 7-9 segments lancéolés, opposés, dentés, à poils courts brillants ; fl. blanches ou rosées. Av., juin. Bois des *Montagnes*. R. — Busset, bords du Sichon (Bor.) ; Cusset (Arloing) ; Ferrières (Cr., J. Rondet) ; Le Vernet (Jouasset) ; Fleuriel à Giverzat (C. B.) ; Laprugne, bois de la Burnolle (J. B.) ; Saint-Marien, Creuse, bords de la Tarde (A. P.).

b. — Graines sur deux rangs.

DIPLOTAXIS. *D. C. Sisymbrium L*. (Diplotaxe.) Calice lâche, non bossu à la base, limbe des pétales entier, style conique, silique dressée, comprimée, valves à une seule nervure ; graines sur 2 rangs ; fl. jaunes.

```
{ Tige velue à la base. . . . . . . . . . . . . . . . . . . . . D. muralis.   (1)
{ Tige complètement glabre. . . . . . . . . . . . . . . . . . D. tenuifolia.  (2)
```

(1) D. Muralis. *D. C*. (D. des murailles.) Racine *grêle, annuelle* ; Tige de 2-6 déc. *herbacée dès la base*, souvent simple, *velue et feuillée* à la base ; feuilles oblongues dans leur contour, incisées, dentées ou roncinées pinnatifides ; pédicelles *égalant* environ la longueur des fleurs ; calice *velu* ; sépales *dressés* ; plante fétide. Mai, sept. An. Lieux pierreux des terrains calcaires de l'arrond. de Gannat, où elle est assez C., R. ailleurs. — Environs de Moulins (E. O.) ; Branssat (R. de C.) ; Monétay-sur-Allier (A. M.) ; Saint-Pourçain (H. G.) ; Chareil, Cesset, Montord, Fleuriel, Charroux, Louchy (C. B.) ; Gannat, Mazerier (P. B.).

(2) D. Tenuifolia. *D. C*. (D. à feuilles ténues.) Souche *dure, vivace* ; tiges souvent nombreuses de 4-8 déc., *complètement glabres, feuillées* ; feuilles allongées étroites, *pinnatifides*, à lobes entiers ; pédicelles 2-3 *fois plus longs* que le calice ; sépales *étalés* ; plante très fétide. Juin, sept. Bords des chemins. R. R. — Audes, environs de la gare de Magnette (A. P.) ; Coulandon (Bourdot).

TURRITIS. *L*. (Tourette.) Calice lâche, non bossu à la base ; stigmate obtus ; silique linéaire, comprimée, allongée, à une nervure dorsale ; graines sur deux rangs, comprimées (p. 21, fig. 11).

T. Glabra. *L*. (T. Glabre.) Plante élevée, 4-10 déc., velue à la base, glabre et glauque du reste, simple ou à rameaux raides ascendants serrés ; feuilles radicales en rosette, oblongues, sinuées dentées, velues, les caulinaires amplexicaules auriculées, glabres ; fl. d'un blanc jaunâtre ; grappe fructifère très allongée ; siliques serrées contre l'axe. Mai, juillet. Bisan. Bords des champs, des chemins. Peu C. — Yzeure, Neuvy, Trevol, Chavenon, Buxière-les-Mines, Chevagnes, Gannat, Bègues, Cusset, Busset, Souvigny,

Besson, Chantelle, Saint-Pourçain, Montluçon, Montmarault, Tronçais, etc. Chambon, Creuse.

NASTURTIUM. *R. Brown. Sisymbrium. L.* (Cresson.) Calice étalé à sépales non bossus ; siliques cylindriques, quelquefois courtes oblongues, sans nervures dorsales ; graines petites sur deux rangs irréguliers.

1 { Fl. blanches . . . . *N. officinale*. (1)
  { Fl. jaunes 2

2 { Feuilles supérieures profondément pinnatifides 3
  { Feuilles supér. non pinnatifides . . . . *N. amphibium*. (2)

3 { Pétales à peine plus longs que le cal., siliques gonflées. . . . . . . *N. palustre*. (6)
  { Pétales égalant 2 fois le calice 4

4 { Silicule courte, ovoïde 6
  { Silique allongée. 5

5 { Silique égalant à maturité son pédicelle . . . . *N. sylvestre*. (5)
  { Silique 2 fois plus courtes que son pédicelle. . . . . *N. anceps*. (4)

6 { Feuilles supér. à lobes entiers. . . . . *N. pyrenaïcum*. (7)
  { Feuilles supér. à lobes dentés . . . . *N. terrestre*. (3)

(1) N. Officinale. *R. Brown. Sisymbrium. L.* (C. Officinal.) Cresson de fontaine. Tige fistuleuse radicante, glabre ; feuilles *toutes pinnées* à lobes *elliptiques, le terminal arrondi*; fl. *blanches*; siliques arrondies, arquées, étalées, égalant leur pédoncule. Mai, sept., viv. Ruisseaux. Çà et là.

Se mange en salade, antiscorbutique, dépurative.

N. Siifolium, Reich. Simple forme plus vigoureuse, à folioles toutes *presque de même forme*, venue en eaux profondes.

(2) N. Amphibium. *R. Brown. Sis. L.* (C. Amphibie.) Tige élevée, *radicante fistuleuse* ; feuilles *variables*, les infér. *submergées pectinées pinnatifides*, les caulinaires ovales ou pinnatifides, les supér. *non pinnatifides* ; siliques variables, 3-4 fois plus petites que le pédicelle ; fl. jaunes. Mai, juillet, viv. Bords des eaux, C. ; s'élève peu dans la montagne.

(3) N. Terrestre. *Tausch. Bor.* 3ᵉ éd. (C. terrestre.) Boreau dans sa 3ᵉ éd. décrit sous ce nom une plante que je ne connais pas et qui ne me semble différer du *N. Amphibium* que parce qu'elle vient en terrain moins mouillé ; qu'elle n'a pas de feuilles submergées pinnatifides ; que les supér. *sont pinnatifides* ; que ses feuilles sont *plus auriculées*, ses pédicelles *dressés*. — R. Saint-Amand, bords du Cher (Déséglise).

(4) N. Anceps. *D. C. Grenier*, Fl. jurass. *Sisym. amphibium* var. *terrestre. L.* (C. à deux tranchants.) Rac. rampante ; tige de 3-5 déc. glabre, tombante ; feuilles radicales *lyrées*, à segment terminal *très ample* ; siliques linéaires *comprimées* ancipitées, comme *à deux tranchants*, étalées, souvent stériles, *égalant la moitié* de leur pédicelle ; fl. *jaunes*. Juin, sept. Viv. — R. Vichy, Verneuil (Bor. 3ᵉ éd.), Moulins (V. B.). On la regarde comme hybride de l'*Amphibium* et de la suivante ; mêmes lieux.

En admettant cette hypothèse, le *Terrestre*, Tausch pourrait n'être aussi qu'une hybride dont la capsule le rapprocherait davantage de l'*Amphibium*, tandis que l'*Anceps* se rapprocherait plutôt du *Sylvestre*.

(5) N. SYLVESTRE. *R. Brown. Sisymbrium. L.* (C. sauvage.) Rac. rampante ; tige redressée, rameuse, anguleuse, *presque glabre* ; feuilles *toutes* pinnatifides ; pétales *doubles* du calice qui est *coloré ;* siliques *linéaires cylindriques,* égalant *à peu près* leur pédicelle, (souvent stériles et alors plus courtes) ; fl. jaunes. Mai, sept. Viv. Bords des eaux, endroits humides. C. s'élève peu dans la montagne.

N. Rivulare. Reich. Bor. (C. des rivages.) Plante plus robuste ; siliques dépassant un peu leur pédicelle, plus souvent comprimées. Mêmes lieux : Moulins, Bourbon, etc.

(6) N. PALUSTRE. *D. C.* (C. des marais.) Rac. *pivotante* ; tige *droite* ou redressée, *glabre* ; feuilles *pinnatifides,* à segments *lancéolés dentés,* à pétiole *embrassant* ; pétales d'un *jaune pâle,* à peu près *égaux* au calice ; siliques *courtes, renflées ovoïdes, égalant* à peu près leur pédicelle. Mai, sept. Bisan. A. C. — Bords de l'Allier, la Loire, le Cher et de leurs affluents ; étangs : Le Donjon, Bourbon, Bayet, Lapalisse, Lurcy, etc.

(7) N. PYRENAÏCUM. *R. Brown.* (C. des Pyrénées.) Racine *fibreuse ;* souche vivace à tiges souvent nombreuses ; tige droite, *un peu velue* inférieurement, de 1-4 déc.; feuilles radicales *souvent ovales entières,* les caulinaires pinnatifides à divisions *linéaires ;* silicules ovoïdes, terminées par un *style filiforme ; trois fois plus courtes* que leur pédicelle ; fl. jaunes. Mai, juil. Viv. Peu C. — Moulins, Yzeure, Toulon, Avermes, Gannat, Ussel, Marçenat, Châtel-de-Neuvre, Bresnay, Mayet-d'Ecole, Bayet, Loriges, Saint-Didier, Charcil, Le Vernet, Chavroche, Chevagnes, Bussel, Cusset, Lapalisse, Montluçon, Maulne, Vallon-en-Sully, etc.

Tribu II. — Siliculeuses.

c. — Silicules indéhiscentes.

CALEPINA. *Adanson.* (Calépine.) Calice lache, sépales non bossus ; pétales extérieurs plus grands, silic. indéhisc., monosperme, ovale, globuleuse, ridée. Style court, épais.

C. CORVINI. *Desv. Bor.* 3ᵉ éd. *G. G.* (C. de Corvin.) Tige couchée à la base, glabre, glaucescente, rameuse ; feuilles glabres, les radicales étalées, lyrées ou pinnatif., les supér. ovales ou oblongues, entières ou dentées, sessiles embrassantes à oreillettes aiguës ; fl. blanches, petites. Mai, juin. An. Terrains calcaires. R. — Chazoux, près de Gannat (L. L.), Saint-Pourçain (E. O.) ; Broût-Vernet, aux Mesplans, (H. du Buysson).

NESLIA. *G. Desv. Bor.* 3ᵉ éd. *G. G.* (Neslie.) Calice ouvert à sépales presque égaux à la base ; silicule indéhiscente, ridée, un peu comprimée, à 2 loges monospermes (p. 22, fig. 13), valves très convexes, à forte nervure dorsale ; style filiforme.

N. Paniculata. *Desv. Myagrum paniculatum. L.* (N. Paniculée.) Tige dressée velue, feuilles radicales rudes, pétiolées, lancéolées dentées, les caulinaires amplexicaules sagittées ; fl. petites jaunes. Mai, juillet. An. Moissons, terrains calcaires. — Neuvy, Saint-Pourçain, Besson, Escurolles, Gannat, Mazerier, Veauce, Ussel, Chareil, Bresnay, Yzeure, Saint-Ennemond, Montaigut-le-Blin, Billy.

MYAGRUM. *L.* (Myagre.) Calice dressé non bossu ; silic. indéhisc. à 3 loges, les supérieures collatérales vides, l'infér. monosperme (p. 22, fig. 12).

M. Perfoliatum. *L.* (Myagre perfolié.) Plante glabre ; feuilles glauques, les inférieures sinuées presque lyrées, les caulinaires amplexicaules sagittées ; fleurs jaunes petites : grappe fructifère spiciforme, allongée, à pédoncules appliqués et courts. Mai, juillet. An. Champs argileux calcaires. R. — Neuvy, aux Melées (V. B.) ; Besson, Toury, Bresnay (L. A.); Montaigut-le-Blin (Virotte) ; Lorige, Chareil (C. B.) ; Le Veurdre (H. Meige, R. Perrier) ; Sussat, sous les Gazeriers (M. L.); Montluçon à Crevallat; Etroussat, à Douzon (B.) Montord (Lavediau) ; Lachapelle, Saint-Ursin (Bor.) Cher, sur nos limites.

ISATIS. *L.* (Pastel.) Calice ouvert, non bossu ; pétales entiers égaux ; silic. ovale oblongue cunéiforme, comprimée, uniloculaire presque indéhiscente à valves ailées (p. 22, fig. 11).

I. Tinctoria. *L.* (P. des teinturiers.) Tige de 5-10 déc., droite, rameuse ; feuilles glauques, les radic. un peu velues, atténuées en pétiole, les caulinaires sessiles amplexicaules sagittées ; fleurs jaunes petites ; silicules pendantes. R. — Cusset (Guiraudet); Saint-Pourçain, Pie-de-Breu (E. O.); Gannat (P. B.).

D'après Lamotte (Prodr. etc.) notre plante serait une variété du *tinctoria. L. I. campestris*. Steven, différant du *tinctoria* par ses silicules atténuées à la base.

SENNEBIERA. *Pers. G. G. Bor.* 3° édit. (Sennebière). Cal. ouvert, non bossu à la base ; pétales égaux : silicule indéhiscente, à 2 loges monospermes, comprimée, échancrée ; valves épaisses, convexes, tuberculeuses (p. 22, fig. 14).

S. Coroponus. *Poir. Bor.* 3° éd. *G. G. Cochlearia. L.* (S. Corne-de-Cerf.) Tige rameuse, couchée, diffuse en cercle ; feuilles pinnatifides, à lobes linéaires, entiers ou dentés, glabres ; fleurs en grappes opposées aux feuilles ; fleurs blanches quelquefois avortées, à style saillant. Mai, octobre. An. Lieux incultes, terrains argileux. — Moulins, Bressolles, Bresnay, Braussat, Montord, Loriges, Souvigny, Coulandon, Saint-Priest-en-Murat, Gannat, Montaigut-le-Blin, Chantelle, Montluçon.

d — Silicules déhiscentes.

CAPSELLA. *Ventenat.* (Capselle.) Cal. dressé non bossu ; pétales

égaux, entiers ; silicule triangulaire, échancrée au sommet, déhiscente ; cloison plus étroite que les valves non ailées.

1 { Fl. rougeâtres égalant à peu près le calice. . . . . *C. rubella*. (2)
  { Fl. doubles du calice. . . . ., ... 2

2 { Silicules régulièrement avortées . . . . *C. gracilis*. (3)
  { Silicules ordinairement fertiles. . . . . *C. Bursa-Pastoris*. (1)

(1) C. Bursa-Pastoris. *Mœnch. Thlaspi. L.* (C. Bourse à pasteur.)
Tige droite *rameuse;* feuilles radicales en rosette, pinnatifides;
fl. *blanches* en grappes, pétales *deux fois plus longs* que la calice;
valves des silic. *convexes* (p. 22, fig. 3). An. Fleurit toute l'année.
CC. à toute altitude.

(2) C.Rubella. *Reuter G.* fl. jurass. (C. rougeâtre.) Rougeâtre dans
toutes ses parties ; tige *droite, raide, peu rameuse, peu feuillée ;* feuilles
radicales en rosette, pinnatifides ; fl. *rougeâtres;* pétales *égalant ou
surpassant à peine le calice;* silicule à valves *concaves* latéralement
(p. 22, fig. 4). Av. juin. An. — Moulins, Yzeure, Souvigny, Bourbon, Bessay, Montbeugny, Monétay-sur-Allier, Loriges, Saint-
Didier, Gannat, Lapalisse, Le Mayet-de-Montagne, Montluçon,
etc. Moins commune que la précédente.

(3) C. Gracilis. *G.* fl. jurass. (C. grêle.) Hybride des deux précédentes ; silicules *toujours* avortées, tandis que celles du *bursa
pastoris* ne le sont qu'accidentellement. par suite d'une gelée, par
exemple ; grappe toujours *beaucoup plus allongée ;* fl. *doubles* du
calice. An. Ne se trouve jamais qu'au milieu des parents. — Moulins, Neuvy, Yzeure, Montbeugny, Souvigny, Loriges, Branssat,
Saint-Didier, Urçay, Huriel, etc.

LEPIDIUM. *L.* (Passerage.) Calice ouvert non bossu ; pétales
entiers ; silicule comprimée déhiscente, plus ou moins arrondie,
entière ou émarginée au sommet ; valves en nacelle, carénées ou
ailées, funicules naissant du sommet de la loge (p. 22, fig. 8-9);
fleurs blanches.

1 { Plante glabre. 2
  { Plante pubescente 4

2 { Feuilles larges, silicules pubescentes . . . . *L. latifolium*. (1)
  { Feuilles caulinaires étroites 3

3 { Silicule non échancrée au sommet . . . . *L. graminifolium*. (2)
  { Silicule échancrée au sommet . . . . *L. sativum*. (3)

4 { Plante finement pubescente au sommet. . . . . *L. ruderale*. (4)
  { Plante entièrement velue 5

5 { Silicule gonflée cordiforme triangulaire. . . . . *L. Draba*. (7)
  { Silicule ovale, échancrée au sommet. 6

6 { Style dépassant à peine l'échancrure de la silicule complètement
  {   développée (p. 22, fig. 8) . . . . *L. campestre*. (5)
  { Style dépassant au moins d'un mill. l'échancrure . . . . *L. Smithii*. (6)

(1) L. Latifolium. *L.* (P. à large feuille.) Plante *glabre, glaucescente ;* tiges robustes, de 5-12 déc. ; feuilles radicales *amples, ovales
oblongues,* dentées, pétiolées ; les supér. *ovales lancéolées ;* silicules
pubescentes, arrondies, à peine emarginées au sommet ; fleurs blanches,

petites. Juin, juil. Viv. Lieux frais. R. R. — Boucé (Virotte, B.) ;
Saint-Bonnet.-de-Rochefort, le long d'un mur de l'église à la gare,
spontané ? (M. L. Prod.).

(2) L. Graminifolium. *L.* (P. à feuille de Graminée.) Plante de
3-10 déc. ; *glabre* à rameaux, raides, *effilés, écartés ;* feuilles radicales
étalées, oblongues, spatulées, incisées dentées, les caulinaires,
entières, linéaires ; silicules *ovoïdes, aiguës* non *échancrées ;* fl. petites
blanches, pétales doubles du calice ; style court. Mai, oct. Viv.
Bords des murs et des chemins. C. — Moulins, Bourbon, Bresnay,
Saint-Pourçain, Gannat, Murat, Montluçon, Hérisson, Cérilly,
Ainay-le-Château, Lapalisse, Diou, etc.

(3) L. Sativum. *L.* (P. cultivé.) Vulg. *Nasitor,* Cresson alénois.
Plante de 2-6 déc., droite, glaucescente, *à saveur piquante ;* feuilles
radicales plus ou moins *découpées,* les *supérieures presque simples ;*
silicules *orbiculaires, bordées, échancrées,* à style *presque nul ;* grappe
fructifère très allongée, à pédoncules dressés, égalant presque le
fruit. Mai, juillet. An. Cultivé et sous-spontané autour des habitations. — Bressolles, Neuvy, Gannat, etc.

(4) L. Ruderale. *L.* (P. des décombres.) Plante fétide, de 1-4
déc., finement *pubescente, surtout au sommet ;* tiges peu élevées, très
rameuses, ascendantes ; feuilles infér. pinnatifides, les supér.
linéaires entières ; silicules *étalées, ovales arrondies, échancrées,* à valves
bordées au sommet d'une membrane *étroite ;* fl. *petites,* quelquefois
avortées. Juin, oct. An. Décombres, bords des murs. C. dans la
Limagne, RR. chez nous. — Trouvée une seule fois à la gare de
Moulins (L. A.).

(5) L. Campestre. *L. R. Brown. Thlaspi. L.* (P. Champêtre.) Plante
de 2-6 déc., *à poils grisâtres très courts,* rameuse au sommet ; feuilles
radicales pétiolées, ovales oblongues plus ou moins dentées lyrées ;
les caulinaires amplexicaules sagittées, *apprimées,* dentées ; silicules ovales, arrondies à la base, *échancrées à style très court,* ailées
au sommet, anthères *toujours jaunes* (p. 22, fig. 8.) Mai, juillet.
Bisan. Bords des chemins, des champs. C. — Moulins, Branssat,
Chareil, Gannat, Chantelle, Le Veurdre, Lurcy, Neuilly-le-Réal,
Diou, Lavaux-Sainte-Anne, Montluçon, Néris, Huriel, Ainay-le-
Château, etc.

(6) L. Smithii. *Hooker Bor.* 3ᵉ éd. *Heterophyllum* var. *Canescens. G. G.*
(P. de Smith.) Diffère du précédent dont il a les caractères géné-
raux par ses tiges ordin. *couchées ascendantes,* son style dépassant
d'environ *un mill. l'échancrure* de la silicule mûre, ses anthères
devenant *violettes.* Mai, juil. Viv. R. — Montluçon, près la gare
(Thévenon) ; Lavaux-Sainte-Anne (A. P.) ; Saint-Pourçain-sur-
Sioule ; Bessay (H. Gay) ; Chouvigny, Ebreuil, Bègues (M. L.) ;
Saint-Bonnet-de-Rochefort (P. B.) ; Fourilles, bords de la Bouble ;
Deneuil (C. B.) ; Bayet (B.) ; Bellaigue, près Marcillat (Mᵐᵉ Vaillant) ;
Chambon, Creuse (A. P.).

(7) L. Draba. *L.* (P. Drave.) T. de 2-5 déc., *pubescente* glauque,

presque *simple*, rameuse au sommet ; feuilles *toutes ovales-oblongues*, les radicales atténuées en pétiole, les caulinaires *amplexicaules, auriculées, denticulées* ; silicules *cordiformes* triangulaires, (p. 22, fig. 15) *renflées, non bordées* ; fl. blanches ; style assez long. Mai, juin. Viv. Moissons. R. — Bords du Sichon de Vichy à Cusset (Delarbre) ; Loriges, Bayet, Fourilles (C. B.) ; entre Naves et Bellenaves (B.) ; environs de Gannat (M. L.) ; Montaigut-le-Blin (Virotte) ; Montord (Lavediau).

BISCUTELLA. *L.* (Lunettière.) Calice égal, rarement bossu, pétales entiers égaux ; silicule aplatie à deux lobes orbiculaires soudés à l'axe, s'en détachant par la base et monospermes, (p. 22, fig. 6).

B. Lævigata. *L. G. G. B. Variabilis. Lois. B. Perennis. Spach.* (B. à fruit glabre.) Racine dure, ligneuse, émettant des rosettes de feuilles et souvent plusieurs tiges ; tige dressée, hérissée en bas, rameuse et glabre au sommet ; feuilles rudes, hérissées, souvent blanchâtres, variables de forme ; silicules glabres, lisses, ou chargées de points écailleux, offrant une petite saillie sur le bord dans l'échancrure ; fl. jaunes à sépales étalés. Viv. Moissons. Lieux pierreux. R.

Plante polymorphe, variable dans sa pulescence, la forme des feuilles, la grandeur de ses fruits, etc. On a érigé en espèces un grand nombre de ces formes locales. Voici celles de l'Allier :

B. Controversa. *Bor.* 3e éd. *Lamotte Prod.* — Feuilles fortement *sinué-dentées* ; les caulinaires *assez nombreuses*, auriculées embrassantes ; axe fructifère *très flexueux* ; silicules de 9-10 mill. de large, dont les deux bords de l'échancrure forment au sommet un angle à peu près droit dont l'un des bords est *arrondi*. — Gannat, à Rouzat, Neuvialle (P. B.) ; Saint-Bonnet-de-Roch., Chouvigny (A. M.) ; Bourbon-Lancy (Bor.).

B. Granitica. *Bor. Lamotte Prod. B. Mollis. Bor.* 3e éd. Diffère de la précédente par ses feuilles plus fortement sinuées, *subpinnatifides* ; sa tige et ses feuilles plus *hérissées, rudes*, à longs poils ; ses silicules *un peu plus étroites*, à échancrure formant un *angle aigu* et dont les bords jusqu'à la petite saillie sont *rectilignes*. — Désertines, au val du Diable ; Néris (Déséglise in Lamotte) ; Montluçon, roc du Saint. (Bor.) ; Saint-Marien, Creuse, bords du Cher (A. P.).

IBERIS. *L.* (Ibéride.) Calice non bossu à la base ; 2 pétales extérieurs plus grands ; silicule échancrée au sommet, comprimée, carénée, à loges monospermes, déhiscente sur le milieu des faces, à valves ailées au sommet.

I. Amara. *L. G. G. Bor.*, 3e éd. (I. amère.) Tige de 1-3 déc. pubescente, souvent rameuse, à rameaux *corymbiformes* ; feuilles oblongues, obtuses, les supér. lancéolées, dentées, quelquefois profondément rétrécies en pétiole ; fl. blanches, ou lavées de lilas en grappes ; silique arrondie à style *dépassant un peu* les bords de l'échancrure. Juin, sept. An. Champs *calcaires*. — Cusset, Lapalisse,

Montaigut-le-Blin, Yzeure, Bresnay, Besson, Chareil, Montord, Fleuriel, Charroux, Vicq, Bellenave, Gannat, Saint-Amand, etc.

On cultive dans les parterres, l'*I. semperflorens*, à fl. blanches, sous le nom de Téraspic d'hiver ; l'*I. umbellata*. à fl. lilas, sous le nom de Téraspic d'été, et l'*I. amara*.

TÉESDALIA. *Brown.* (Téesdalie.) Sépales non bossus ; pétales souvent inégaux ; étamines munies d'une écaille à la base ; silicule ovale suborbiculaire, comprimée, échancrée, carénée, déhiscente par le milieu des faces ; feuilles en rosette.

T. Iberis. *D. Iberis nudicaulis. L.* (Ibéride.) Plante pubescente de 6 à 12 cent.; feuilles pinnatifides, tiges dressées, solitaires ou nombreuses; fl. blanches petites, en tête corymbiforme. Avril, juin. Lieux sablonneux. C. à toute altitude.

THLASPI. *L.* (Thlaspi.) Calice à sépales dressés, non bossus ; pétales égaux entiers ; étamines sans écailles ; silicule ovale échancrée au sommet, comprimée, déhiscente par la face ; valves carénées à membrane foliacée à 2 loges polyspermes, funicules latéraux (p. 22, fig. 10).

1 { Silicule entièrement entourée par un rebord membraneux, plante à odeur d'ail (p. 22, fig. 10). . . . . *T. arvense.* (1)
{ Silicule seulement bordée au sommet. 2

2 { Style plus court que son échancrure. . . . . *T. perfoliatum.* (2)
{ Style dépassant l'échancrure. . . . . *T. alpestre.* (3)

(1) T. Arvense. *L.* (T. des champs.) Plante glabre à *odeur d'ail ;* tige de 1-4 déc.; feuilles radicales *oblongues* entières ou *sinuées-dentées*, les caulinaires *amplexicaules*, à oreillettes *aigües ;* grappe fructifère allongée; silicules *larges*, orbiculaires, *entièrement bordées par une membrane large ;* échancrure profonde ; style *bien plus petit* que l'échancrure (p. 22, fig. 10). Avril, oct. An. Lieux cultivés à toute altitude. — Moulins, Murat, Branssat, Bresnay, Chareil, Saint-Pourçain, Gannat, Montaigut-le-Blin, Désertines, Montluçon, Cérilly, Noyant, Theneuille, etc.

(2) T. Perfoliatum. *L.* (T. perfolié.) Plante glabre, glauque, de 1-2 déc., dressée ; feuilles radicales pétiolées ovales obtuses, les caulinaires *amplexicaules*, à oreillettes *obtuses ;* silicule *cordiforme*, bordée *seulement au sommet ;* style *bien plus petit* que l'échancrure. Mars, mai, Mai. An. *Calcaires.* — Moulins, Souvigny, Bresnay, Besson, Branssat, Monétay, Saint-Pourçain, Chareil, Montord, Gannat, Montaigut-le-Blin, Le Vernet, Montluçon, Domérat, Brignat, etc.

(3) T. Alpestre. *L. T. Sylvestre.* Jord. (T. des Alpes.) Plante glabre, glauque, de 1-3 déc. ; tige dressée, simple ; feuilles radicales pétiolées, *à peu près entières*, les caulinaires *amplexicaules*, ovales, à oreillettes *arrondies ;* grappe fructifère *allongée ;* silicules *triangulaires-cordiformes ;* style *égalant ou dépassant* peu l'échancrure. Av. Juin. Bisan. R. Région montagneuse. — Chantelle, Lapalisse, Busset, Molles. (*Bor.* 3e éd.) Châtel-Montagne (A. M.), Le Vernet (Jouasset.)

Jordan a démembré à plusieurs reprises le genre linnéen ; Grenier affirme dans la *Flore jurassique* que sa plante est bien celle que Linné a eue en vue ; la nôtre concordant avec la description de Grenier, j'ai cru devoir lui conserver le nom linnéen.

CAMELINA. *Crantz, Bor.* G. G. (Cameline.) Sépales dresés, non bossus ; silicule obovale pyriforme, valves bordées ; style persistant (p. 22, fig. 2).

C. Microcarpa. *Andrz.; Lamotte Prod.; Bor.* 3ᵉ éd.; *C. Sylvestris* G. G. (C. à petit fruit.) Tige de 3-8 déc. droite, hérissée au moins dans sa moitié infér. ; feuilles dressées, lancéolées, entières, velues, les infér. sessiles, les caulinaires embrassantes, sagittées ; silicules *deux fois* plus longues que larges, 6 mill. sur 3 ou 3 1/2 ; nervure dorsale *disparaissant dès le milieu* de la valve ; fl. en grappe, jaunâtres. Mai, juil. An. Moissons *calcaires*. R. — Saint-Germain-des-Fossés (Rhodde in Bor.) ; Chemilly, aux Ramillons (E. O.) ; Gannat (P. B.) ; Fourilles (C. B.).

Le véritable *Sylvestris* Walr. a les silicules *plus larges*, 4 1/2 à 5 mill., la nervure dorsale visible *dans toute sa longueur.*

J'ai récolté une seule fois à Vallières, près Moulins, le C. sativa L. à tige beaucoup moins velue, feuilles *presque glabres ;* silicules *plus allongées, insensiblement* atténuées à la base, à nervure dorsale *distincte* jusqu'au sommet (p. 22, fig. 2).

COCHLEARIA. *L.* (Cranson.) Sépales ouverts, non bossus ; pétales égaux, entiers ; silicule globuleuse ou ovale, à valves ventrues ; style très-court ; loges polyspermes.

C. Armoracia. *L. Grenier,* fl. juras. *Bor. Roripa rusticana* G. G. (C. rustique.) Racine grosse, charnue, âcre, piquante ; tige de 8-10 déc., glabre, paniculée au sommet ; feuilles radicales *oblongues, pétiolées, cordiformes,* les caulinaires *pinnatifides,* les supér. lancéolées, dentées ; fl. blanches, filets des étam. *droits.* Mai, juin. Viv. Lieux humides. RR. — Jaligny, bords de la Besbre (Billiet) ; Livry (Nièvre), Sancoins (Cher), sur nos limites (Bor.) ; cultivée quelquefois sous le nom de raifort.

On cultive pour la pharmacie le C. ofiçinalis. *L.*

LUNARIA. *L.* (Lunaire.) Sépales dressés dont deux bossus à la base ; silicule elliptique, grande, mince, comprimée, à valves planes, déhiscente par les bords, pédicellée sur le réceptacle ; fleurs violettes.

L. Rediviva. *L.* (L. Vivace). Tige élevée de 5-9 déc., rameuse ; feuilles cordiformes aigües, denticulées, *toutes pétiolées ;* fleurs *odorantes ;* silicules *elliptiques allongées, atténuées* aux deux bouts (p. 22, fig. 5). Mai, juillet. Viv. Lieux frais des *montagnes.* R. — Busset, bords du Sichon (Bor.) ; Châtel-Montagne (A. M.) ; Arronnes, Ferrières (Cr. J. R.) ; Saint-Nicolas-des-Biefs, Laprugne à la Madeleine, Lavoine à Saint-Vincent (J. B.) ; Ferrières, bords du Sichon (A. P.)

On trouve échappé des parterres le *L. Biennis. L.* à silicules ovales, arrondies et fleurs violettes (p. 22, fig. 7).

FARSETIA. *R. Brown. Bor.* (Farsétie.) Cal. dressé à 2 sépales bossus à la base ; pétales entiers ou bilobés ; silicule comprimée elliptique, à valves à peu près planes, bordée d'une côte saillante ; style persistant ; loges à 6-12 graines bordées et sur deux rangs.

F. CLYPEATA. *R. Brown. Bor.* (F. en bouclier.) Plante velue, verdâtre, jaunâtre ; tige de 3-7 déc. dure, presque simple ; feuilles oblongues, sessiles, presque entières, les radicales atténuées en pétiole ; silicules grandes, ovales, elliptiques, velues à poils étoilés, et à style court ; fl. presque sessiles d'un jaune pâle, en grappes devenant allongées. Av. juil. RR. — Saint-Amand-Montrond (Cher), sur nos limites, au Château (Bor.).

On dit cette plante introduite par les Croisés. Elle a été signalée pour la première fois en 1789, par Subert, pharmacien à Bourges.

BERTEROA. *D. C.* (Bertéroa.) Sépales non bossus ; pétales bifides ; les 4 étamines plus longues ailées à la base ; silicule elliptique à valves convexes, à bords non aplatis ; style persistant, long ; graines bordées.

B. INCANA. *D. C.* ; *Alyssum incanum* L. G. G. (B. blanchâtre.) Plante de 3-6 déc., couverte d'une pubescence courte, blanchâtre, à poils étoilés ; tige droite rameuse ; feuilles entières lancéolées, sessiles ; pétales blancs, bifides ; silicules pubescentes à duvet fin, étoilé (p. 22, fig. 16-17.) Grappes fructifères allongées. Juin, sept. R. R. — Moulins, luzerne à Vallière d'où il a disparu (A. Labbe), à Lamothe (R. de G.) ; Gouise (L. A.) ; Lapalisse, Saint-Prix où il est très répandu (L. Besson, Bordet) et tend à s'étendre d'un côté jusqu'à Saint-Germain-d'Estraux, de l'autre sur Gannat.

DRABA. *L.* (Drave.) Sépales non bossus ; pétales égaux entiers ou bilobés ; filets des étamines ni ailés ni dentés ; silicule oblongue allongée, à style court persistant ; valves à peu près planes, non bordées, à une nervure dorsale (p. 22, fig. 1) ; fl. blanches.

(Pétales bifides . . . . *D. verna.* (2)
(Pétales entiers, ou à peine émarginés. . . . . *D. muralis.* (1)

(1) D. MURALIS. *L.* (D. des Murailles.) Tige de 1 à 3 déc., plante hérissée, à feuilles radicales et *caulinaires*, ces dernières *amplexi-caules dentées ; pétales entiers* ou à peine émarginés. Avril, juin. An. R. R. — Château de Bourbon-l'Arch. (Bor.).

(2) D. VERNA. *L.* (D. Printanière.) Pét. *profondément bifides* ; feuilles *toutes radicales* en rosette entières ou dentées, plus ou moins velues, ovales ou linéaires ; plante de 3 à 15 cent., à tiges souvent nombreuses ; pétales dépassant le calice ; grappe fructifère lâche ; fleurit dès le mois de janvier. Partout. An. ou bisan. germant en automne.

Le *D. Verna. L.* forme pour De Candolle le genre *Erophila* à cause de ses pétales bifides ; les caractères tirés du fruit étant d'ordre plus important, j'ai conservé à l'exemple de Grenier dans la fl. jurassique le genre linnéen. Le *D. Verna* est une plante polymorphe, aussi a-t-elle été démembrée en un *grand nombre* d'espèces, dont je donne les *principales* seulement, d'après Boreau 3ᵉ éd. et Grenier, fl. jurass.
En voici le tableau dichotomique :

1 { Moins de 30 graines dans chaque loge 2
{ De 30 à 40 graines dans chaque loge. 3

2 { 12 à 20 graines par loge, silicule arrondie au sommet, calice his-
{ pide. . . . . *E. brachycarpa.* (1)
{ 20 à 24 graines par loge, silic. elliptique un peu atténuée aux
{ deux bouts, calice glabrescent . . . . *E. glabrescens* (2)

3 { 28 à 35 graines par loge, silic. très atténuée dans son 1/3 infér. . . . *E hirtella.* (3)
{ 40 graines par loge 4

4 { Pét. atténués en long onglet ; feuilles linéaires aigües . . . . . . *E. stenocarpa.* (4)
{ Pét. presque 3 fois aussi longs que le cal., feuilles oblongues ovales. *E. majuscula.* (5)

(1) EROPHILA BRACHYCARPA. *Jord.* Sépales *hispides*; pétales moindres que *2 fois le calice ;* Silicule *parfaitement arrondie* au sommet ; *12 à 20 graines* dans chaque loge ; feuilles *ovales* lancéolées, presque entières à poils *bifides* ; pétales à lobes presque contigus.

(2) E. GLABRESCENS. *Jord.* Sép. *glabrescents* ; pét. *doubles* du calice ; silic. *elliptique* un peu *atténuée à chaque bout ; 20 à 24 graines* dans chaque loge ; feuilles lancéolées étroites *glabrescentes* ou à poils ordin. *simples ;* tiges *glabrescentes ;* pétales à lobes un peu écartés.

(3) E. HIRTELLA. *Jord.* Sép. *hispides* au sommet ; pét. égalant une fois et demi le cal. ; silic. oblongue, *très atténuée dans son 1/3 infér.; 30 à 35 graines* par loge ; feuilles *lancéolées linéaires* aigües, *portant 1 à 2 dents fines* de chaque côté, couvertes de poils *bifides* ; tiges *très hispides* à la base ; pétales à lobes presque contigus.

(4) E. STENOCARPA. *Jord.* Sép. hispides ; pétales *atténués en long onglet ;* silic. *linéaire elliptique, atténuée aux deux bouts ; 40 graines* par loge ; feuilles *linéaires aigües,* à poils *abondants et trifurqués ;* tiges *hispides ;* pétales à lobes un peu écartés.

(5) E. MAJUSCULA. *Jord.* Sép. *un peu hispides* au sommet ; Pét. *presque 3 fois* aussi longs que le cal.; *veinés ;* silic. *oblongue* allongée ; *40 graines* par loge ; feuilles *larges, oblongues, obovales,* ordinairement *fortement* dentées, à poils *abondants bi et trifurqués ;* tiges *hispides* au delà du milieu ; pétales *presque 3 fois plus grands* que le calice, à lobes élargis, un peu écartés.

Plantes recherchant les calcaires, sauf la 4e qui préfère les sols argilo-siliceux. Les deux dernières me semblent plus rares.

ALYSSUM. *L.* (Alyssum.) Sép. dressés, non bossus ; quelques filets des étam. ailés ou dentés ; silicule comprimée, orbiculaire bordée ; style persistant ; valves un peu convexes par dessus ; loges à 1 ou 2 graines.

A. CALYCINUM. *L.* (A. calicinal.) Plante d'un vert grisâtre, couverte de poils étoilés ; tiges de 1 à 2 déc. ascendantes rameuses ; feuilles petites lancéolées oblongues, entières ; fl. d'un jaune pâle, puis blanchâtres, en grappes ; pétales petits ; style court. Av., juin. Lieux incultes, sables ; préfère les calcaires. An. C. — Moulins, Gannat, Dompierre, Bresnay, Montord, Diou, Cérilly, Montluçon, etc.

Famille VII. — RÉSÉDACÉES.

Fleurs hermaphrodites irrégulières ; cal. persistant à 4-6 sép. inégaux ; 4-6 pétales laciniés inégaux; étam. en nombre variable, insérées sur un disque charnu, filets libres ; ovaire supère, capsule ouverte au sommet, polysperme, ou plusieurs caps. déhiscentes monospermes; fl. petites d'un blanc jaunâtre, en grappes terminales ; feuilles alternes.

{ Une capsule polysperme . . . . Reseda. (p. 41)
{ 3-6 carpelles disposés en étoile . . . . Astrocarpus (p. 41)

RESEDA. *L.* (Réséda.) *Une capsule polysperme* anguleuse, uniloculaire formée de 3-5 carpelles soudés ; cal. 4-6 div., 4-6 pét.; fl. jaunâtres.

{ Feuilles pinnatifides. . . . . *R. lutea.* (1)
{ Feuilles entières . . . . *R. luteola.* (2)

(1) R. Lutea. *L.* (R. jaune). Feuilles la plupart *trifides ou pinnatifides* ; tiges *nombreuses redressées*, de 3-7 déc.; 6 *sépales*, dont 2 appendiculés sur le dos. Mai, sept. Bisan. Champs *calcaires,* C. mais là seulement. — Saint-Pourçain, Billy, Gannat, Bellenaves, Le Veurdre, Ainay-le-Château, Valignat, Montaigut-le-Blin, etc.

Forme *Crispa. R. Crispa. Mill.* Feuilles laciniées crépues, Saint-Pourçain à Breu. (C. B.)

(2) R. Luteola. *L.* (R. jaunâtre). Vulg. Gaude. Tige *unique droite élevée,* simple ou rameuse à *rameaux droits ;* feuilles oblongues lancéolées, *sessiles entières ;* 4 *sépales* ; grappes de fl. *très allongées.* Mai, sept. Bisan. Bords des chemins, C.

On cultive pour son odeur le *R. odorata,* originaire d'Orient.

ASTROCARPUS. *Necker G. G. Bor.* (Astrocarpe.) Cal. à 5 divisions, 2 supér., 3 infér.; 3-6 carpelles distincts, monospermes, disposés en étoile.

A. Purpurascens. *Walp. Bor. A. Clusii Gay. G. G. Reseda L.* (A. rougeâtre.) Tiges diffuses, nombreuses étalées, de 2-3 déc.; feuilles entières, glabres obtuses ; les radicales rougissant en automne, spatulées, les caulinaires linéaires ; fl. blanches ; carpelles et réceptacle *pubescents.* Mai, oct., viv. RR. — Diou, bords de la Loire (Raynard), Sept-Fonds (Cr) ; Gannay-sur-Loire (Mollette) ; Dompierre, Pierrefitte (A. M.)

Famille VIII. — CISTINÉES.

Plantes à feuilles simples entières, opposées ; fl. herm., à peu près régulières ; cal. à 5 sépales dont 2 plus extér.; 5 pét. caducs ; étam. nombreuses hypogynes ; 1 style, 1 stigm., caps. de 1-3 loges à 3 valves (dans les plantes de nos pays), uniloculaire, polysperme.

HELIANTHEMUM. *Tourn. Cistus. L.* (Hélianthème.) Caractères de la famille.

1 { Feuilles dépourvues de stipules.		2
{ Feuilles munies de stipules.		3
2 { Fl. jaunes tachées de violet à la base.	*H. guttatum.*	(1)
{ Fl. jaunes non tachées	*H. procumbens.*	(2)
3 { Fl. blanches.	*H. pulverulentum.*	(5)
{ Fl. jaunes.		4
4 { Pétales à peine égaux au calice	*H. salicifolium.*	(3)
{ Pétales plus grands que le calice	*H. vulgare.*	(4)

a. — Feuilles sans stipules, au moins les infér.

H. Guttatum. *Mill. Bor.* (H. taché.) Tige herbacée, redressée, hérissée de 1-3 déc.; feuilles *sans stipules*, sessiles, lancéolées. opposées, les supér. *alternes ;* fl. jaunes dépassant le calice à pétales *tachés de violet à la base, très caducs,* en grappes allongées, *sans bractées ;* capsule glabre. Juin, sept. An. R. — Montluçon, aux iles, Audes (Servant) ; Gannat, Ebreuil, Saint-Priest-d'Andelot (M. L.); Besson à Bost, Bresnay (L. A.) ; Chemilly aux Foucauds (E. O.); Neuvialle (P. B.); Tarjet (B.) ; Fourilles, Chirat (A. M.) ; Verneuil, Chantelle (C. B.)

H. Procumbens. *Dunal. Bor. Fumana procumbens. G. G.* (H. tombant.) Rac. dure ; tige de 1-3 déc. *ligneuse,* rameuse, diffuse, à poils blancs ; feuilles *non stipulées, alternes, linéaires,* les infér. plus courtes: pédoncules uniflores, subaxillaires, *égalant à peu près les feuilles ;* cal. finement pubescent ; pétales jaunes, *non tachés,* très caducs ; Etam. extérieures *stériles.* Juin, août. Viv. R. — Neuvialle (P. B.) Gannat, au Montlibre (M. L.); Fleuriel, Cesset, Fourilles (C. B.) Decize, Saône-et-Loire (Bor).

b. — Feuilles munies de stipules.

(3) **H. Salicifolium.** *Pers. G. G. Bor.* (H. à feuilles de saule.) Tige de 6-10 cent., pubescente *herbacée ;* feuilles opposées, poilues, blanchâtres en dessous, les infér. obovales, les supér. lancéolées, *à stipules* petites linéaires ; fl. *jaunes pâles,* à pétales *égalant à peine le calice ;* grappes lâches, à pédicelles horizontaux arqués, *munies de bractées ;* calice *ovale, globuleux* à maturité, à sépales *non acuminés ;* capsule *presque égale* au calice. Mai, juin. An. R. R. — Montlibre, les Chapelles, près Gannat (L. L.)

(4) **H. Vulgare.** *Gaërtn. Bor.* (H. commun.) Tige de 2-4 déc., *sous-ligneuse,* diffuse, à rameaux redressés pubescents ; feuilles *à peine roulées sur les bords, vertes des deux côtés ou blanchâtres en dessous, plus ou moins ovales ou elliptiques, velues, à stipules* linéaires ; *fl. grandes d'un beau jaune* en grappes lâches, *munies de bractées ;* sépales presque glabres ; caps. renflée velue, tomenteuse. Mai, sept., viv. Pelouses, bords des chemins, C. — Besson, Monétay, Gannat, Saint-Germain-des-Fossés, Montaigut-le-Blin, etc.

(5) **H. Pulverulentum** *D. C. Bor. H. Polifolium D. C. G. G.* (H. poudreux.) Plante presque *blanchâtre ;* tige *ligneuse* à la base, cou-

chée, *rameuse;* feuilles *linéaires* obtuses, à bords enroulés, blanchâtres en dessous, grisâtres en dessus; stipules étroites, *plus longues* que le pétiole; cal. à pubescence étoilée; pétales blancs, à onglet court, jaunâtre. Mai, juil. Coteaux calcaires. RR. — Gannat, Chaptuzat dans le Puy-de-Dôme (Bor.) Saint-Agoulin, sur nos limites près d'Ebreuil (P. B.)

Famille IX. — VIOLARIÉES.

Fl. hermaphrodites irrégulières; calice persistant, à 5 sépales inégaux, prolongés à la base; 5 pétales inégaux, l'infér. éperonné; 5 étam, hypogynes conniventes, adhérentes par les anthères; capsule à 3 valves, polysperme. Plantes herbacées à feuilles stipulées.

VIOLA, *L.* (Violette.) Caractères de la famille.

§ 1. — VIOLETTES.

a. — Pétioles et pédoncules naissant d'une souche souterraine; sépales obtus.

(1) **V. Palustris.** *L. G. G. Bor.* (V. des Marais.) Plante *glabre;* rac. *écailleuse,* blanchâtre ; feuilles pétiolées, réniformes, arrondies, crénelées, cordiformes à la base ; fl. solitaires à pédoncules *radicaux, portant 2 petites bractées;* sép. *obtus* ; éperon très court *obtus;* fl. *petites,* inodores, d'un bleu cendré. Avril, mai, viv. Marais tourbeux des montagnes. R. — Laprugne, à l'Assise, Ferrières (J. R.); Mayet-de-Montagne ; Saint-Nicolas-des-Biefs (Saul, Bor. 3ᵉ éd.); Echassières (Nony); Liernolles, Saint-Désiré (L. A.).

(2) **V. Hirta.** *L.* (V. hérissée.) Souche épaisse, *sans rejets rampants,* feuilles ovales allongées, cordiformes, obtuses, *hérissées ainsi que les* pétioles ; stipules glabres, ciliées dentées ; sépales ovales obtus ; fl. grandes, violettes. *inodores,* à pétales *tous échancrés* ; capsule *hérissée.* Mars, avril. Haies, bois, etc. C. à toute altitude.

Var. *Fructu glabro.*— Bois de Bussières, près Aigueperse (Lamotte, Prod. où il affirme que ce n'est pas le *V. Sciaphila* Koch. G. G. Bor.).

(3) **V. Collina.** *Besser. Bor.* (V. des collines.) Souche rameuse, *sans rejets rampants,* ou à pousses latérales courtes ; feuilles cordiformes ovales. *pubescentes;* stipules lancéolées, *fimbriées hispides* sur les bords, à cils *égalant* le diamètre de la stipule ; sépales ovales obtus ; pétales *non échancrés* ; fl. d'un bleu pâle *odorantes.* Av., mai ; bois, haies. — Avermes, Neuvy.

(4) **V. Permixta.** *Jord. Grenier* fl. juras. *Lamotte Prod. Bor.* 3ᵉ éd. (V. confondue.) Souche épaisse produisant des *stolons courts, à la fin allongés, non radicants;* feuilles du précédent, mais à *pubescence courte et fine;* stipules ciliées dentées ; fl. violettes à peu près inodores, à pétales infér. *seul un peu échancré.* Mêmes lieux.

(5) **V. Alba.** *Bess. Lamotte. Grenier. V. Virescens. Jord. Bor.* 3ᵉ éd. (V. blanche.) Souche à *stolons minces et allongés, non radicants;* feuilles cordiformes ovales, en *pointe obtuse* ; stipules *linéaires* cilié-*glanduleuses* ; fl. à *odeur douce ou parfois nulle,* ordinairement *blanches* ; pétale infér. un peu échancré ; éperon *blanc, lavé de vert,* presque droit, obtus ; capsule *hérissée, verte.* Mars, avril. Viv. Haies, bords des fossés, etc. R. — Sussat, Veauce, Ebreuil (M. L. Prod.).

V. Hirto-Alba. Hybride de *Hirta* et *Alba.* Au milieu des parents (M. L.).

V. Scotophylla. Jord. Lamotte. Bor. Diffère de la précédente par ses fleurs blanches avec *éperon violacé* au sommet, ou d'un violet pâle avec le fond blanc ; par sa capsule *violacée.* R. — Sussat, aux Gazeriers, enclos de Miliassal. (M. L. Prod.).

(6) **V. Odorata.** *L.* (V. odorante.) Souche produisant des stolons allongés, *radicants;* feuilles cordiformes *obtuses,* les jeunes réniformes ; stipules *lancéolées* cilié-*glanduleuses* ; pétioles *glabres ou peu*

pubescents ; sépales larges, *ovales, obtus* ; capsule à pubescence *courte, pubérulente, tomenteuse* ; fl. violettes ou blanches, *très odorantes*, à pétale infér. émarginé. Mars, avril. Haies, prés, etc. C.

(7) V. DUMETORUM. *Jord. Bor.* 3ᵉ éd. (V. des buissons.) Voisine de la précédente ; s'en distingue : par ses stipules *hispides, cilié-glanduleuses* ; ses pédoncules *très chargés* de poils courts ; ses sépales *presque aigus*, ciliés ; ses fl. *blanchâtres* à éperon *toujours violacé*, à *odeur douce*. Mars, avril ; haies, buissons. Viv. R. — Bords de la Veauce, Vicq, Sussat, Ebreuil, Gannat. (**M. L.** Prod.) ; Saint-Pourçain (Lavediau) ; Montluçon, Les Trillers, Villebret (**A.** P.) ; Bézenet (Moriot) ; Hérisson (Danthon fils in Pérard) ; Fleuriel (C. B.) ; Chambon, Creuse, sur nos limites (Bor. 3ᵉ éd. p. 757.) Culan, Cher, (Chantemille fils, in Pér.).

b. — Plantes à tiges feuillées ; sépales aigus ; fl. inodores.

(8) V. RIVINIANA. *Reich. Bor. Grenier.* (V. de Rivin.) Tiges glabres ou glabrescentes, naissant *à l'aisselle des feuilles radicales réunies en rosettes ;* feuilles cordiformes, les radicales réniformes arrondies, les supér. presque acuminées ; sépales aigus, appendices des sép. supér. *tronqués, anguleux, persistants ;* éperon *gros, court, blanchâtre,* un peu *recourbé, dépassant peu* les appendices ; fl. grandes, violettes ou bleuâtres. Av., mai. Viv. C. — Bois à toute altitude.

(9) V. SYLVATICA. *Fries. Grenier.* fl. juras. *Lamotte. Prod. V. Reichenbachiana. Jord. Bor.* (V. des bois.) Diffère de la précédente dont elle est voisine : par les appendices des sépales supérieurs *arrondis disparaissant* à maturité ; ses fleurs d'un *violet lilas,* d'un quart *plus petites ;* son éperon plus *allongé, coloré, droit,* dépassant *beaucoup* les appendices des sépales. Terrains calcaires. R. — Jenzat (C. B.) ; Bourbon-l'Arch. à Grosbois (Saul in Bor.) ; Montluçon, Marcillat ; Bateau du Mas ; Saint-Marien, Creuse (A. P.).

(10) V. CANINA. *L.* (V. de chien.) Plante glabre ou glabrescente ; tige *naissant directement de la souche* et non d'une rosette de feuilles ; feuilles ovales *allongées, cordiformes* ; sépales aigus ; fl. *bleues* ; pétales *un peu plus longs que larges* ; éperon d'un *blanc jaunâtre, double* des appendices du calice ; capsule *tronquée.* Av., juin. Landes sablonneuses, bruyères tourbeuses. A. C. — Neuvy, Gennelines, Laprugne, Saulzet, Château-sur-Allier, Murat, Rocles, Branssat, Chézy, Barrais-Bussolles, Montluçon, bois de Labrosse, de la Liandon, Commentry, Cérilly, Lucenay, Dornes, Nièvre ; Sancoins, Cher, sur nos limites.

(11) V. LANCIFOLIA. *Thore G. G. Bor. V. Pumila Fries. Lactea Sm.* (V. à feuille lancéolée.) Plante glabre ; *tige de la précédente ;* feuilles *longuement lancéolées, ovales arrondies* à la base ; stipules *dentées,* celles du milieu *atteignant* quelquefois le pétiole ; fleurs d'un bleu clair ; pétales étroits, *trois fois plus longs* que larges, l'infér. plié en carène aigüe ; éperon *triple* des appendices du calice ; capsule *acuminée.* Av., juin. Brandes et Bruyères. R. R. — Entre la Chapelaude et Chazemais (A. P.) ; Cher, Marmagne, Morthomier (Bor.).

§ II. — PENSÉES.

c. — Plantes à tiges feuillées; stipules pinnatifides;
stigmate en entonnoir.

(12) V. Tricolor. *L.* (V. tricolore.) Plante plus ou moins pubescente; Tige de 1-3 déc. rameuse ascendante; feuilles ovales ou
oblongues, crénelées; stipules pinnatifides à lobe moyen *crénelé ;*
sépales lancéolés *aigus, dépassés* par l'éperon ; fl. *grandes,* à teintes
veloutées ; pétales *3 fois plus grands* que le calice. Mai, sept. An.
Cultivée dans les jardins et quelquefois échappée.

(13) V. Agrestis: *Jord. Grenier* fl. Jurass. (V. agreste.) Plante
grêle, couverte d'une *pubescence grisâtre ;* feuilles ovales ou elliptiques, obtuses, crenelé-dentées, les supér. *un peu pointues* et pliées
en gouttière ; stipules pinnatifides, à lobe moyen *semblable aux
feuilles, denté* comme elles; bractéoles du pédoncule *éloignées* à la fin
de 2-3 cent. de la fleur; pédonculés *dépassant peu* les feuilles ; pétales *égaux au cal. ou un peu plus longs,* lilas ou bleus ou blanchâtres; éperon *égalant* les appendices du calice; capsule plus longue
que large. Mai, sept. An. Lieux cultivées. C.

V. Ruralis. Jord. Bor. 3e éd. (V. rurale). Diffère de la précédente dont elle est voisine ; par son pédoncule *dépassant davantage*
les feuilles, par ses bractéoles situées *plus près* de la fleur. Laprugne.

V. Deseglisei. Jord. Bor. 3e éd. (V. de Déséglise.) Diffère du *V.
ruralis* par son cal. *pubescent cilié* et sa capsule encore plus *allongée.* Montluçon, Néris, Bizenéuille, Yzeure.

(14) V. Gracilescens. *Jord. Bor.* 3e éd. Grenier fl. Jurass. (V.
Grèle). Tige, feuilles et stipules de l'*agrestis* ; en diffère par ses fl.
plus grandes, ses pétales *dépassant* le calice ; son pédoncule *2-3
fois plus long* que les feuilles ; son éperon *dépassant* sensiblement
les appendices du calice ; ses bractéoles *éloignées de 2 à 3 cent* de la
fleur. Champs cultivés. C. Moulins, Montluçon, etc.

V. Peregrina. Jord. Bor. 3e éd. (V. étrangère.) Diffère du *gracilescens* par ses bractéoles *plus rapprochées* de la fleur, un peu au-
dessous de la courbure du pédoncule. — Montluçon, Chamblet,
Huriel, Bresnay, Yzeure, Moulins, etc.

V. Provostii. Bor. 3e éd. (V. de Provost.) Voisine du *peregrina*
dont *elle a les bractéoles ;* en diffère : par son calice *très fortement cilié,* celui du *peregrina* l'étant point ou à peine ; ses appendices inférieurs *tronqués* irrégulièrement *dentés,* sa capsule obovale *arrondie.* Yzeure, Moulins, sables de l'Allier.

(15) V. Segetalis. *Jord. Bor.* 3e éd. Grenier fl. jurass. (V. des
moissons.) Stipules pinnatifides, à lobes latéraux *linéaires très
aigus,* droits, le terminal *lancéolé linéaire presque entier, plus étroit* que
les feuilles ; pétales un peu *plus courts* que le cal.; éperon *peu saillant ;* capsule globuleuse ovale, *à peine plus longue que large.* Neuvy,
Yzeure.

(16) **V.** Paillouxi. *Jord. Bor.* (V. de Pailloux.) Tige de 2-4 déc.
rameuse à la base, à rameaux étalés ascendants ; stipules pinnatifides à lobes linéaires aigus, le terminal *linéaire lancéolé entier*, bien
plus étroit que les feuilles ; pédoncules *bien plus longs* que les
feuilles ; pétales *grands*, dépassant *notablement* le calice, atténués
en onglet, jaunes, les *super.*, offrant souvent une tache violette ;
sépales très aigus, à appendices plus courts que l'éperon. Juin,
Août. Moissons de la Montagne R. — Lavoine, Laprugne (A. M.)

(17) **V.** Sudetica. *Wild. Bor.* V. *Lutea* Smith. G. G. *Grandiflora*
Villars. (V. des Sudètes.) Souche grêle traçante ; tige radicante,
plus ou moins étalée, de 1-2 déc.; stipules *digitées, multipartites*, à
division infér. recourbée en bas, *pubescentes et fortement ciliées*
comme les feuilles ; fleurs *grandes*, d'un *beau violet*, à pétales se
recouvrant par leurs bords, l'intér. triangulaire échancré ; éperon
obtus dépassant *beaucoup* (3-5 mill.) les appendices du calice. Mai,
juill. Viv. Montagnes. R. R. — Le Montoncelle, Pelouse vers le
Garde. (Renoux).

Notre plante est le *V. Hispida* Lapeyr. donnée comme variété par *G, G.* p. 185.

Linnée ne faisait de tout ce dernier groupe qu'une seule espèce : *V. tricolor*, qu'il divi-
sait en deux sous-espèces : la cultivée, à laquelle on a conservé le nom de *V. tricolor* et les
pensées sauvages, que Murray groupa sous le nom générique de *V. arvensis*. Jordan a disséqué cette dernière en un grand nombre d'autres. Les caractères qu'il donne, sont réels et,
en somme, observables, mais ils sont, d'un autre côté, d'ordre bien inférieur et ne me semblent pas avoir une valeur spécifique suffisante pour élever au rang d'espèces toutes celles
qu'on a faites.

Famille X. — DROSÉRACÉES.

Fleurs hermaphrodites régulières, 4-5 sépales égaux un peu
soudés ; 5 pét.; 5 étam. libres, hypogynes ; ovaire libre uniloculaire, à 3-5 styles ou 4 stigm. sessiles ; capsule polysperme à 3-5
valves.

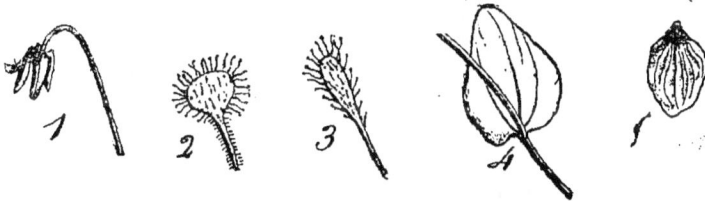

1. Cal. de Viola odorata. — 2. Feuille de Drosera rotundifolia. — 3. id. de Drosera intermedia. — 4. Fragment de tige et feuille de Parnassia. — 5. Pétale du même.

Plantes à longs poils glanduleux . . . . Drosera. (p. 47)
Plante glabre. . . . . Parnassia. (p. 48)

DROSERA. *L. Ros Solis* Tourn. (Droséra.) 4 sépales ; 5 pétales ;
caps. généralement à 3 valves ; *feuilles toutes radicales en rosette, à
longs* poils rougeâtres, glanduleux ; fl. petites blanchâtres en épis
enroulés en crosse avant la floraison ; pétales dépourvus d'é-
caille nectarifère.

{ Feuilles orbiculaires . . . . *D. rotundifolia.* (1)
{ Feuilles obovales allongées. . . . . *D intermedia.* (2)

(1) **D. Rotundifolia.** *L.* (D. à feuilles rondes.) Hampe de 6-15 cent.; Feuilles *orbiculaires,* couvertes *ainsi que le pétiole* de glandes stipitées, (p. 47 fig. 2) ; stigmates *entiers en massue ;* capsule *dépassant* le calice. Juin, août. Lieux tourbeux. — Trevol, Yzeure, Quinsaine, Chavenon, Echassières, Mayet-de-Montagne, Lapalisse, Laprugne, Saint-Nicolas, Ferrières, Deux-Chaises, Le Donjon, Toulon, Liernolles, Chevagnes, Beaulon, Bressolles, Bessay, Chemilly, Gouise, Veauce, Besson, Châtel-de-Neuvre, Monétay-sur-Allier, Chareil, Louroux-de-Bouble, Chamblet, Saint-Victor, Quinssaines, Commentry, Audes, La Chapelaude, Bizeneuille, Braise, Cérilly, etc.

(2) **D. Intermedia.** *Hayn.* **G. G.** *Bor.* (D. intermédiaire.) Hampe dépassant peu les feuilles ; feuilles *obovales,* insensiblement *atténuées* en pétiole (p. 47, fig. 3), à pétiole *glabre ;* stigmates émarginés ; capsule sillonnée *plus longue* que le calice ; graines tuberculeuses. Juillet, sept. Lieux tourbeux. — Chevagnes, Thiel, Lapalisse, Mayet-de-Montagne, Cérilly, Quinssaines, Chézy à Chevray, Laprugne, le Donjon, Liernolles, Chevagnes, Lusigny, Lurcy, Saint-Ennemond, Gouise, Montbeugny, Beaulon, Saint-Désiré ; forêts de Tronçais, de Civray.

Les *Drosera* appartiennent au groupe des plantes dites *Carnivores* · il résulterait des expériences de Darwin que le liquide visqueux qui termine les poils et qui retient des insectes, les digèrerait comme la pepsine digère les aliments azotés.

PARNASSIA. *L.* (Parnassie.) 5 sép., 5 pét. munis d'une écaille nectarifère laciniée ; 5 étam., 4 stigm. sessiles ; *plante glabre,* portant sur la tige *une seule feuille amplexicaule* (p. 47, fig. 4) ; fleurs solitaires.

P. Palustris. *L.* (Parnassie des Marais.) Tige *simple,* dressée, anguleuse, portant *une seule* fl. *grande blanche,* dont chaque pétale offre une écaille nectarifère (p. 47, fig. 5) ; feuilles infér. pétiolées cordif. entières ; la caulinaire embrassante ; pétales veinés ; écailles nectarifères bordées de cils glanduleux. Juillet, oct. Viv. Lieux tourbeux ; mêmes localités que ci-dessus.

Famille XI. — PYROLACÉES.

Fleurs hermaphrodites régulières, en grappes terminales ; 5 sép. soudés à la base ; 5 pétales libres hypogynes ; 10 étam. libres, hypogynes ; ovaire libre, portant 2-5 styles soudés en colonne ; capsule à 5 valves, 5 loges à graines nombreuses. Feuilles en rosette.

PYROLA. *L.* (Pyrole.) Caractères de la famille.

P. Minor. *L.* (P. fluette.) Tige de 1-2 déc., munie de quelques écailles naissant d'un rhizôme terminé par une rosette de feuilles ; feuilles radicales, pétiolées, arrondies, glabres, *crénelées ;* fl. rosées en grappe terminale ; étamines et styles *droits* ; ces derniers *plus petits* que les pétales, et à stigmates *étalés* en étoile. Juin, juillet. Montagnes. R. R. — Mayet-de-Montagne (Saul in Bor.) ; Laprugne à l'Assise (J. B., Doumet-Adanson).

Famille XII. — CARYOPHYLLÉES.

Calice libre, tubuleux monosépale divisé au sommet, ou polysépale, les divisions s'étendant jusqu'à la base ; 4-5 pétales égaux, alternes avec les divisions du cal. ; 3-10 étam. hypogynes ; ovaire libre portant de 2 à 5 styles. Caps. polysperme à 1 ou plusieurs loges. Plantes herbacées à feuilles opposées ou verticillées.

1. Fl. de Dianthus caryophyllus. — 2. Cal. fructifère de Silene armeria. — 3 Id. de Silene otites. — 4. Pét. et capsule de Lychnis vespertina. — 5. Graine de Spergula pentandra. — 6. Mœnchia erecta. — 7. Cal. et caps. d'Alsine tenuifolia. — 8. Pét. de Dianthus superbus.

1	Calice à divisions ne dépassant pas sa moitié (Silénées)	**2**
	Cal. à divisions à peu près libres, (Alsinées)	**6**
2	2 styles.	**3**
	3 styles.	**5**
	5 styles. . . . . LYCHNIS. (p. 54)	
3	Calice muni d'écailles formant comme un calice accessoire ou calicule, (p. 49, fig. 1) . . . . DIANTHUS. (p. 50)	
	Calice sans écailles accessoires	**4**
4	Cal. campanulé ; petite plante à feuilles linéaires . . . . GYPSOPHILA. (p. 50)	
	Cal. cylindrique ou renflé anguleux ; feuilles larges . . . . . . SAPONARIA. (p. 52)	
5	Fruit bacciforme . . . . CUCUBALUS. (p. 52)	
	Fruit capsulaire déhiscent . . . . SILENE. (p. 52)	
6	Feuilles accompagnées de stipules membraneuses	**7**
	Feuilles sans stipules	**8**
7	3 styles, capsule à 3 valves. . . . . SPERGULARIA. (p. 59)	
	5 styles, capsule à 5 valves. . . . . SPERGULA. (p. 56)	
8	2 styles.	**9**
	Plus de deux styles	**10**
9	Calice à 5 dents. . . . . GYPSOPHILA. (p. 50)	
	Calice à 4 sépales. . . . . BUFONIA. (p. 55)	
10	3 styles.	**11**
	4 styles.	**14**
	5 styles.	**15**
11	Capsule à 3 dents ou 3 valves (p. 49, fig. 7). . . . . ALSINE. (p. 59)	
	Capsule à 6 dents ou 6 valves	**12**

Tribu I. — Silénées.

GYPSOPHILA. *L.* (Gypsophile.) Calice pentagonal, campanulé à 5 divisions, sans calicule ; 5 pét. à onglet court ; 10 étam.; 2 styles, caps. à 4 valves.

G. MURALIS. *L.* (G. des murailles.) Plante pubescente ; tige dressée, d'environ 10-15 cent., rameuse, à rameaux étalés ; feuilles linéaires ; pédoncules longs et fins, uniflores ; pétales rosés, émarginés ou dentelés, veinés, à onglet presque nul. Juin, sept. An. Lieux sablonneux, champs humides, etc. C. — Moulins, Chavenon, Cognat-Lyonne, Neuilly-le-Réal, Varennes, Bresnay, Pierrefitte, Saint-Didier, Montluçon, Bizeneuille, etc.

DIANTHUS. *L.* (Œillet.) Calice tubuleux à 5 dents, muni à sa base de 2-6 écailles opposées, apprimées; 5 pét. à long onglet, munis d'une coronule ; 2 styles ; caps. à 4 valves, s'ouvrant par 4 dents.

Les écailles calicinales supérieures ont *seules* une forme constante.

1 { Pétales entiers, crénelés ou dentés 2
　　Pétales laciniés ou multifides presque jusqu'à l'onglet (p. 49, fig. 8). *D. superbus.* (7)

2 { Plusieurs fl. entourées d'un involucre commun et simulant une fleur
　　　　solitaire. . . . . *D. prolifer.* (1)
　　Fl. non entourées d'un involucre commun 3

3 { Fl. agglomérées, au moins 3 ensemble. 4
　　Fl. au nombre de deux au plus sur chaque rameau 5

4 { Feuilles soudées en gaine 3-4 fois plus longue que large . . *D. Carthusianorum.* (3)
　　Gaine moindre que 3 fois sa largeur. . . . . *D. Armeria.* (2)

5 { Cal. lisse ou strié seulement au sommet . . . . *D. Caryophyllus.* (4)
　　Cal. strié dans toute sa longueur 6

6 { Tige pubescente, rude au toucher . . . . *D. deltoïdes.*
　　Tige glabre, non rude. . . . . *D. sylvaticus.* (6)

a. — Fleurs réunies en fascicules compacts.

(1) D. PROLIFER. *L.* Plante *annuelle, glabre*; tige de 1-5 déc., dressée, souvent rude au sommet ; feuilles linéaires à une seule nervure, *un peu soudées* à la base ; fleurs *petites*, réunies *en tête* et *enveloppées par le calicule* très développé à écailles *larges membraneuses, obtuses* ; pétales émarginés d'un rouge clair. Juin, sept. Ann. Lieux arides, sablonneux. CC.

(2) D. ARMERIA. *L.* (Œ. Arméria.) Plante *pubescente* de 1-6 déc.; feuilles *linéaires lancéolées, obtuses, velues,* un peu soudées à la base, à plusieurs nervures; *fl. en têtes serrées* terminales ; bractées et écailles *subulées, égalent au moins le calice;* pétales crénelés, rouges, ponctués de blanc, à limbe étroit oblong, velu à la gorge. Mai, oct. Bisan. Bois, pelouses. Assez C. — Moulins, Bresnay, Monétay-sur-Allier, Chavenon, Montluçon, Blomard, Vallon-en-Sully, Huriel, Commentry, Chareil, Saint-Didier-en-Rollat, Neuvialle, Pierrefitte, Saint-Plaisir, etc.

(3) D. CARTHUSIANORUM. *L.* (Œ. des Chartreux.) Souche émettant plusieurs tiges de 1-3 déc., simples, *glabres* ; feuilles linéaires *aiguës* à plusieurs nervures ; les caulinaires *soudées à leur base en tube dont la longueur égale au moins 3-4 fois sa largeur;* écailles calicinales *arrondies,* scarieuses, à arête *plus courte* que le tube du calice qui est strié à dents ciliées et brun ; fl. rouges à pétales crénelés un peu velus, à limbe arrondi, cunéiforme, velu à la gorge, *en têtes terminales.* Juin, sept. Viv. C. mais seulement dans les terrains siliceux, à toute altitude.

D. congestus. Bor. Simple variété du précédent à capitule plus fourni, plus de 6 fleurs. Mêmes lieux, mais plus rare. — Montluçon, rive droite du Cher en face de Lavault-Sainte-Anne ; Lignerolles, Billy ; ravins de Chantelle à Deneuille; Chouvigny, Gannat, Evaux, sur nos limites au confluent de la Tarde et du Cher.

b. — **Fleurs solitaires à l'extrémité des rameaux.**

(4) D. CARYOPHYLLUS. *L.* (Œ. giroflée.) Tige de 2-6 déc. à rejets rameux à la base, *glabre;* feuilles linéaires *canaliculées,* subobtuses, glabres, *glauques,* lisses aux bords, scarieuses à la base ; écailles calicinales ovales, *larges* très *courtes;* calice *atténué* au sommet; pétales crénelés *non barbus* à la gorge; fl. rouges *odorantes,* isolées aux sommets des rameaux (p. 49, fig. 1). Vieilles murailles, ruines des vieux châteaux. R. — Bourbon-l'Archambault (Bor.) ; Verneuil (Rhodde); Veauce (M. L.); Murat (R. de C.); Souvigny (H. G.).

(5) D. DELTOIDES. *L.* (Œ. Deltoïde.) Tiges en touffes, finement pubescentes, *rudes* au toucher, formant gazon; feuilles planes, pubescentes, à poils rudes, atténuées à la base, arrondies au sommet, celles des rejets stériles oblongues obtuses, les caulinaires linéaires aiguës, fortement ciliées, connées à la base ; calice strié dans toute sa longueur, à écailles calicinales lancéolées acuminées ; pétales rouges ponctués crénelés ; fleurs solitaires formant des capitules peu fournis. Région montagneuse. R. R. — Cusset, dans un pré vers les Grivats. (A. M.); Echassières ? (Nony).

(6) D. SYLVATICUS. *Hoppe. G. G. Bor.* (Œ. des forêts.) Souche émettant des tiges filiformes *allongées,* puis *redressées, glabres* ; feuilles *atténuées* à la base, et un peu connées, *glabres,* obtusiuscules, *serrulées à une forte loupe;* fl. solitaires ou géminées; calice *strié* ordinairement brun, à écailles ovales, *brusquement contractées* en pointe courte appliquée ; pétales rouges, dentés. Région mon-

tagneuse. R. R. — Sommet du Montoncel. (A. M.) ; Chouvigny, un seul pied (C. B).

(7) D. Superbus. *L.* (Œ. superbe.) Tige de 3-7 déc., *rameuse* au sommet ; feuilles linéaires lancéolées, acuminées, un peu scabres sur les bords ; écailles calicinales brusquement contractées en pointe et *plus conrtes que la moitié du calice* qui est *strié* brunâtre ; pétales *profondément laciniés*, (p. 49, fig. 8), *blancs ou lilas*, velus ; fl. *odorantes.* Bois, prés. R. R. Environ de Cusset et de Vichy. (L. L.)

Les *D. superbus* et *Caryophyllus* ont fourni à nos jardins des variétés doubles. On cultive aussi le *D. barbatus*, sous le nom d'Œ. de poëte, jalousie.

SAPONARIA. *L.* (Saponaire.) Cal. à 5 dents, sans écailles ; 5 pét. à onglet étroit ; 10 étam., 2 styles, caps. s'ouvrant au sommet par 4 dents.

{ Calice à 5 angles saillants . . . . *S. Vaccaria.* (1)
{ Calice cylindrique . . . . *S. Officinalis.* (2)

(1) S. Vaccaria. *L.* (S. des Vaches). Tige *annuelle*, raide, dressée, rameuse, de 3-6 déc., *glabres ;* feuilles *glauques sessiles*, ovales lancéolées, embrassantes, cordiformes à la base ; pédoncules en *corymbe dichotome lâche ;* cal. à 5 *angles saillants ;* pétales *roses*, dépassant à peine le calice, *dépourvus* de coronule. Juin, juil. Moissons, surtout des calcaires. — Neuvy, Yzeure, Bresnay, Besson, Chareil, Montaigut-le-Blin, Billy, Gannat, Souvigny, Loriges, Bayet, Bellenaves, Etroussat, Ussel, Fourilles, etc.

(2) S. Officinalis. *L.* (S. Officinale.) Souche *vivace, traçante ;* plante glabrescente ; tige dressée, de 3-5 déc.; feuilles *vertes,* ovales, *atténués* à la base, à trois nervures ; fl. grandes, d'un *blanc rosé*, en corymbe *serré ;* pétales *munis* à la gorge de 2 petites écailles planes ; calice *cylindrique.* Mai, sept. Viv. Bords des champs, des rivières, etc. — Moulins, Monestier, Marcenat, Bresnay, Saint-Germain-des-Fossés, Verneuil, Monétay-sur-Allier, Montaigut-le-Blin, Bourbon, Gannat. Trevol, Montluçon, Hérisson, Huriel, Nocq, Néris, Aude, Bizeneuille, etc.

CUCUBALUS. *L.* (Cucubale.) Calice campanulé à 5 dents, sans calicule ; 5 pét. onguiculés à limbe bifide munis d'une coronule ; 10 étam., 3 styles ; caps. bacciforme, indéhiscente.

C. Bacciferus. *L.* (C. Baccifère.) Plante pubescente, à tiges fragiles, faibles, cassantes, de 6-12 déc.; feuilles courtement pétiolées, ovales entières, pointues ; fl. penchées, d'un blanc verdâtre, en cymes paniculées lâches ; à pétales bifides et couronnés à la gorge ; cal. devenant renflé ; fruit rouge, puis noir à maturité, globuleux, luisant. Haies. Juin, sept. — Moulins, Bresnay, Saint-Pourçain, Le Montet, Fourilles, Pierrefitte, Vicq, Bourbon, Gannat, Montluçon, Quinssaines, Urçay, L'Etelon, Tronçais, etc.

SILENE. *L.* (Silène.) Cal. à 5 dents, sans calicule, tubuleux, ou renflé à maturité ; 5 pétales onguiculés ; 10 étam.; 3 styles ; capsule à 3 loges, s'ouvrant par 6 dents.

(1) S. INFLATA. D. C. *Cucubalus behen. L.* (S. renflé.) Tiges nombreuses, dressées ascendantes, de 2-5 déc., glabres ou un peu pubescentes; feuilles ovales aiguës, *glabres*, glauques, les infér. atténuées en pétiole ; fl. blanches, penchées, en cymes dichotomes terminales ; calice *globuleux, renflé, veiné* ; pétales bipartits ; capsule arrondie. Mai, oct. Viv. — C. à, toute altitude.

S. Puberula. *Jord.* Tige et feuilles à pubescence courte; feuilles ciliées.

(2) S. OTITES. *Smith.* (S. Dioïque.) Tige peu feuillée, de 2-6 déc., un peu rameuse, pubescente rude en bas, *visqueuse au sommet* ; feuilles radicales spatulées pubescentes, les caulinaires lancéolées linéaires ; pédicelles floraux *verticillés* en grappe spiciforme interrompue ; calice campanulé, ovoïde, (p. 49 fig. 3) ; fl. jaunâtres *dioïques* à pétales non écailleux à la gorge, entiers. Viv. Indiqué à Moulins où il ne se trouve plus; région des montagnes? Decize, Nièvre, Bourbon-Lancy, Saône-et-Loire, sur nos limites (Bor.)

(3) S. ARMERIA. *L.* (S. Armérie.) Plante glabre, *glauque visqueuse, rameuse;* feuilles, sessiles *cordiformes* ovales, lancéolées, aiguës; fl. nombreuses en *faisceaux corymbiformes*, dichotomes, denses ; bractées lancéolées; cal. *striés allongés en massue* (p. 49 fig. 2) ; fl. *rouges*, pétales échancrés, *couronnés d'appendices aigus.* Juin, sept. An. terrains siliceux ; rochers surtout de gneiss et micaschistes en décomposition. A. R. — Hérisson ; Verneix, rochers de Tizon ; Montluçon, au roc du Saint ; Ebreuil, Molles, Cusset, Neuvialle, La Vernüe, Rouzat, près Gannat ; Bégues, Jenzat, Mariol, Le Montet, Chantelle, Monestier, Deneuille, Vanteuil, embouchure de la Queune ; Lavaux-Sainte-Anne, Gorges du Thet, Nocq, Theneuille, environ de Cérilly ; Le Breuil, bords du Cher ; Urçay, l'Etelon.

Cultivé sous le nom de Pied de Mouche.

(4) S. NUTANS. *L.* (S. Penché.) Plante *pubescente, visqueuse* au sommet ; souche à tiges nombreuses, de 2-5 déc., subligneuse ; feuilles inf. longuement pédonculées, spatulées acuminées, les supér. lancéolées ; fl. *blanchâtres*, rosées ou verdâtres, *penchées*, en grappes trichotomes, lâches, *unilatérales;* calice tubuleux, velu, visqueux, à dents aiguës ; pétales bifides, munis d'écailles à la gorge; capsule ovoïde conique, obtuse. Mai, août. Bois, vieux murs, rochers des terrains *siliceux*, montueux. C. à toute altitude. Rare dans le calcaire.

Var. *Flore rubro*. Saint-Pourçain à Breu ; Urçay à la Sapinière.

(5) S. ANGLICA. *L.* (S. d'Angleterre.) Plante *hérissée visqueuse* ;
tige à rameaux diffus, de 2-6 déc ; *pédoncules fructifères étalés
divergents ;* feuilles infér. oblongues, spatulées, les supér. linéaires ;
pétales blanc-rosés, *émarginés*, à appendices profondément *bifides, à lobes obtus ;* filets des étam. velus *inférieurement* ; capsules
étalées, les infér. souvent réfléchies. Juin, sept, An. Champs et
lieux sablonneux. R. R. — Bressolles, aux Ramillons (E. O.) ; Decize, dans la Nièvre sur nos limites (Bor).

Le *S. Gallica. L.* très voisin de celui-ci, mais en différant surtout par ses capsules dressées, apprimées, sauf les infér., est indiqué par Boreau à Saint-Florent, Cher, sur nos limites.

(6) S. CONICA. *L.* (S. Conique.) Plante *pubescente*, à tige de 1-3
déc. *simple* ou peu rameuse ; feuilles *linéaires lancéolées ;* fl. terminales ; calice *fructifère* cylindracé, devenant à maturité *ovale,
conique*, à stries *nombreuses*, au moins 30, à dents aiguës allongées ; pétales échancrés, roses, petits, écailleux à la gorge ;
capsule ovoïde-conique. Lieux secs, sablonneux. An. Mai, juil.
R. R. — Sables des bords de l'Allier, Moulins, (Bor) où il est C.

LYCHNIS. *L.* (Lychnide.) Cal. tubuleux, plus ou moins renflé
à maturité, à 5 dents ; 5 pétales onguiculés, offrant souvent une
couronne entre le limbe et l'onglet ; 10 étam. ; 5 styles ; capsule
s'ouvrant au sommet par 5 ou 10 dents ; fleurs dioïques ou hermaphrodites.

1 { Pétales profondément laciniés. . . . . *L. Flos Cuculi.* (2)
　{ Pétales non profondément laciniés 2
2 { Fl. dioïques, (p. 49, fig. 4,) 3
　{ Fl. hermaphrodites 4
3 { Caps. à dents dressées ; fleurs ordin. blanches.. . . . . *L. vespertina.* (3)
　{ Caps. à dents roulées en dehors ; fl. rouges. . . . . *L. diurna.* (4)
4 { Divisions du cal. foliacées, dépassant les pétales . . . . *L. Githago.* (5)
　{ Tige glabre, visqueuse sous les nœuds. . . . . *L. Viscaria.* (1)

a. — Capsules cloisonnées.

(1) L. VISCARIA. *L. Bor.* ; *Viscaria purpurea*, Wimmer, G. G.
(L. visqueuse.) Tige de 3-6 déc., *simple, glabre*, rougeâtre et *visqueuse* au sommet et sous les nœuds ; feuilles *glabres*, les infér.
spatulées, longuement atténuées en pétiole, les supér. lancéolées
linéaires ; fl. rouges en panicule allongée, formée de *cymes opposées, serrées*, interrompues ; pétales un peu émarginés, munis à la
gorge de 2 longues écailles tronquées ; caps. offrant 5 loges à la
base. Mai, juil. Rochers. R. — Verneix, gorges de Tizon (De Lambertye) ; Neuvialle, La Vernue, bois de Chiroux près Gannat (L. L.,
Chomel) ; Saint-Rémy-en-Rollat (P. B.) ; Chantelle (H. G.) ; Saint-
Florent, Cher (Bor.).

On en cultive une variété double.

b. — Capsules uniloculaires.

(2) L. Flos Cuculi. *L.* (L. fleur du Coucou.) Tige de 4-6 déc., dressée, cannelée, *hispidiuscule, un peu visqueuse et rougeâtre au sommet*; feuilles glabres, les infér. atténuées en pétiole, les caulinaires lancéolées aiguës; fl. en panicule dichotome, lâche, pétales *laciniés*; fl. rouges ou roses, rar. blanches. Mai, juin. Viv. Prés humides, C. à toute altitude.

On en cultive une variété double.

Var. *Flore pleno*. Bayet.

(3) L. Vespertina. *Sibthorp. Bor. Silene. G. G. Melandrium dioïcum. Grenier. L. dioïca.* Var. B. L. (L. du soir.) Tige droite, rameuse, velue, de 5-10 déc.; feuilles *pubescentes* ovales acuminées sessiles, les infér. atténuées en pétiole; fl. *dioïques blanches*, rarement roses, en cymes dichotomes; *caps. à dents dressées*; calice à dents triangulaires *obtuses;* pétales bifides, offrant 2 écailles à la gorge. Mai, sept. Haies, etc. CC. Préfère le calcaire.

Var. *Flore roseo*. Bessay (L. A.) R.

(4) L. Diurna. *Sibth. Bor, ; Silene G. G. Melandrium. Grenier. L. Diurna.* Var. a. L. (L. du jour.) Plante velue, tige dressée de 6-10 déc.; feuilles *pubescentes*, ovales acuminées sessiles, les infér. atténuées en pétiole; fl. *dioïques d'un beau rouge; caps. à dents roulées en dehors;* calice à dents lancéolées *aiguës*. Terrains *siliceux* et montueux. C. là seulement, à toute altitude.

(5) L. Githago. *Lam. Agrostemma. L.* (L. Nielle.) Plante velue, dressée, peu rameuse de 3-10 déc. feuilles *linéaires* aiguës, les infér. longuement atténuées en pétiole; pédoncules *uniflores* très-allongés; divisions du cal. *foliacées, dépassant la corolle* rose, rarement blanche; pétales *non couronnés* à la gorge. Juin, juil. An. Moissons. C.

On cultive sous le nom de Coquelourde le *L. Coronaria* et le *L. Chalcedonica* sous celui de Croix-de-Malte ou de Jérusalem.

Tribu II. — Alsinées.

BUFFONIA. *L.* (Buffonie.) Calice à 4 sép. scarieux; 4 pét. entiers ou bidentés plus courts que les sép.; 2 styles; capsule bivalve à 2 graines.

B. Paniculata. *Delarbre, Bor. B. Macrocarpa. Gay. G. G.* (B. paniculée.) Tiges de 1-4 déc., grêles, rameuses, pubescentes; feuilles connées, linéaires, sétacées, subulées; fl. blanchâtres en panicules; sépales scarieux, acuminés, *à 5 nervures prolongées* presque jusqu'au sommet; pétales bien plus courts que le calice; 4 étamines; styles très courts. Juil., août. Lieux pierreux, calcaires. Viv. R. — Gannat, à la Bâtisse (L. L.); Saint-Pourçain (*Bor.*, 3ᵉ éd.); Billy (R. de C.).

SAGINA. *L.* (Sagine.) Calice à 4 sép.; 4 pétales quelquefois avortés, 4 étam., 4 styles; capsule uniloculaire à 4 valves opposées aux sépales; fl. verdâtres.

1 { Plante radicante ; pédoncules arqués avant la floraison . . . . . *S. procumbens.* (1)
{ Plante non radicante ; péd. droits ou peu arqués 2

2 { Sépales étalés à maturité . . . . *S. apetala.* (2)
{ Sépales toujours dressés, glanduleux . . . . *S. ciliata.* (3)

(1) S. PROCUMBENS. *L.* (S. couchée.) Petite plante, 3-7 cent. *glabre;* tiges diffuses, *étalées radicantes,* gazonnantes; feuilles linéaires glabres, subulées aristées; péd. *glabres, arqués* au sommet après la floraison, puis redressés; sépales étalés après la floraison; pétales ovales entiers, deux fois plus courts que le calice. Mai, oct. Viv. Pelouses humides. — Moulins, Bressolles, Gennetines, Gouise, Bourbon, Saint-Plaisir, Messarges, Bayet, Montluçon, Désertines, Bizeneuille, Cérilly, etc.

S. APETALA. *L.* (S. apétale.) Tige *annuelle,* étalée redressée, de 4-10 cent., *non radicante;* rameaux *dressés;* feuilles subulées, aristées, *ciliés* à la base; péd. *droits,* ord. *pubescents;* sépales *étalés* à maturité, les 2 extér. mucronulés; pétales *petits* ou *nuls.* Mai, oct. An. Champs sablonneux, murs humides. Plus rare que la précédente. — Moulins, Neuvy, Montbeugny, Cesset, Neuilly-le-Réal, Montluçon, Saint-Pourçain, Veauce, etc.

(3) S. CILIATA. *Fries. Grenier,* fl. jurass.; *S. Patula. Jord. Bor.* 3ᵉ éd. *Lamotte Prod.* (S. ciliée.) Tige *annuelle* de 4-10 déc., *non radicante;* feuilles *glabres ou ciliées à la base;* péd. *glanduleux pubescents,* rarement glabres, droits, ou courbés et penchés; sép. *glanduleux* pubescents, toujours *appliqués* sur la capsule, les deux extérieurs terminés par un *mucron recourbé* en dedans; pétales petits ou nuls. Mai, oct. Champs sablonneux. R. — Chavenon, moulin de Sceauve (Causse); Montluçon, aux Iles; Contigny, bords de la Sioule (A. P., catal); Deneuille (C. B.); Neuvialle, Rouzat, bords de la Sioule (M. L.).

Grenier, dont l'herbier renferme des échantillons de la plante de Fries et de celle de Jordan, les affirme identiques (fl. jurassique) ; notre plante doit donc conserver le nom le plus ancien, celui de Fries.

SPERGULA. *L.* (Spargoute.) Cal. à 5 sép., 5 pétales entiers, 5 ou 10 étam., caps. uniloculaire à 5 valves; feuilles linéaires subulées, fleurs blanches.

1 { Plante sans stipules . . . . *S. subulata.* (1)
{ Plante à feuilles munies de stipules. 3

2 { Graines chagrinées, sans rebord membraneux . . . . *S. arvensis.* (2)
{ Graines munies d'un rebord membraneux (p. 49, fig. 5) 3

3 { Pétales aigus, graines à rebord blanchâtre. . . . . *S. pentandra.* (3)
{ Pétales obtus, graines à rebord roussâtre . . . . *S. Morisonii.* (4)

(1) S. SUBULATA. *Swartz. Bor. Sagina subulata. Wimm. Spergella. Reich.* (S. subulée.) *Petite* plante, 3-6 cent.; tige *droite;* feuilles linéaires, aristées, pubescentes glanduleuses *sur les bords;* péd. *pubescents glanduleux,* ainsi que le calice, un peu *penchés* après la

floraison; pétales *égalant* le calice. Pelouses et champs sablonneux, humides, landes. Viv. A. R. — Gennetines, à Vignolles; Yzeure, près l'étang de Labrosse; Bressolles; Saint-Sornin aux Fougères; Villefranche, Murat, Chavenon, Neuvy; Montluçon, environs de la fontaine d'Argentières; Braize, bord d'un étang; Audes; la Chapelaude, brandes des Fulminais; Veauce, près la Cabane; Sussat.

(2) S. Arvensis. *L.* (S. des champs.) Tiges souvent nombreuses, de 1-4 déc., rameuses *diffuses pubescentes* visqueuses; feuilles linéaires fasciculées, comme *verticillées, sillonnées* en dessous, *à petites stipules* scarieuses; pétales *obtus*; ordin. 10 étam.; graines noires, chagrinées, à rebord *étroit, non membraneux*. Mai, oct. Champ sablonneux. C. — Moulins, Monestier, Gannat, Montluçon, etc.

(3) S. Pentandra. *L.* (S. à 5 étamines.) Plante *presque glabre*; port et aspect de la précédente; feuilles *non sillonnées* en dessous; feuilles *à petites stipules* scarieuses; pétales *aigus*; ordin. 5 étam.; graines entourées d'un *rebord large, membraneux blanchâtre*, (p. 49, fig. 5.) Mars, mai. An. C. — Moulins, Neuvialle, Chirat, Chemilly, Montluçon, etc. Recherche la Silice.

(4) Morisonii. *Bor. Lamotte Prod.* (S. de Morison.) Diffère de la précédente par ses pétales *obtus*, ses graines à rebord nettement *roussâtre*, un peu plus étroit. Mars, mai. Mêmes lieux, mais plus rare. S'élève plus haut dans la montagne. — Yzeure, au pré de la Cave; Gouise; Laprugne, au Point du Jour 1,100 m. d'alt.; Gannat, Chantelle, Branssat, Bessay, Villefranche, Montluçon, Vallon-en-Sully. Saint-Marien, Creuse, sur nos limites.

HOLOSTEUM. *L.* (Holostée.) Cal. à 5 sép.; 5 pétales dentés, 3-5 étam.; 3 styles, caps. s'ouvrant par 6 dents).

H. Umbellatum. *L.* (H. en Ombelle.) Plante de 5-20 cent., glauque, couchée, redressée, raide, pubérulente glanduleuse; feuilles ovales glauques; *fleurs en ombelle*, à pédicelles inégaux; bractées scarieuses comme le calice; fleurs blanches, doubles du calice. Mars, mai. An. Champs, pelouses, C. — Moulins, Châtel-de-Neuvre, Monétay, Murat, Chavenon, Gannat, Sussat, Montaigut-le-Blin, Neuilly, Montluçon, etc.

STELLARIA. *L.* (Stellaire.) Calice à 5 sép.; 5 pét. bifides, quelquefois nuls; ordin. 10 étam.; 3 styles; capsules s'ouvrant par 6 dents ou valves; étam. insérées sur un disque; fl. blanches.

1 { Pétales plus courts que le cal., ou e dépassant à peine. . . . . (2)
{ Pétales au moins doubles du calice . . . . (4)

2 { Tige munie de chaque côté d'une ligne de poils . . . . *S. media.* (2)
{ Tige sans ligne de poils . . . . (3)

3 { Pét. dépassant un peu le cal., feuilles linéaires . . . . *S. graminea.* (4)
{ Pét. plus court que le cal, feuilles oblongues. . . . . *S. uliginosa.* (5)

4 { Feuilles cordiformes . . . . *S. nemorum.* (1)
{ Feuilles lancéolées étroites, pointues . . . . *S. holostea.* (3)

a. — Etamines portées par un disque hypogyne.

(1) S. Nemorum. *L.* (S. des Bois.) Tige de 1-4 déc., *rampante, cylindrique, pubescente,* visqueuse dans le haut ; feuilles *cordiformes,* ovales, acuminées, les infér. *pétiolées,* les supér. sessiles, toutes *velues;* pét. *doubles.* du cal., fendus *presque jusqu'à la base ;* capsule cylindrique presque double du calice. Mai, juil. Viv. Bois humides des montagnes. R. — Mayet-de-Montagne, Saint-Clément, Saint-Nicolas-des-Biefs (Saul in Bor.) Arronnes (J. R.) ; Ferrières (L. A.) ; Laprugne, à l'Assise (J. B.) ; Chirat, en amont du Moulin Gombaux (B.) Monestier, Vernusse (C. B.)

(2) S. Media. *Villars. Alsine L.* (S. Moyenne.) Vulg. Mouron des oiseaux. Tiges nombreuses *couchées, arrondies,* faibles, glabres avec *une ligne de poils* alternant d'une articulation à l'autre ; feuilles opposées, *glabres, à pétiole cilié,* les *infér. pétiolées,* les *supér. sessiles,* subcordiformes, *ovales* pointues ; *sépales égalant* à peine *les pétales ;* 3-10 étamines ; pétales bipartits ; pédoncules longuement velus. An. Partout, CC.

S. Neglecta. Weihe. (S. Négligée.) Diffère de la précédente par ses feuilles infér. *larges, subcordiformes ;* ses pédoncules et calices ordin. *glabres ;* ses pétales *dépassant* un peu le calice ; ses 10 étam., tandis que dans la précédente leur nombre est souvent inférieur. Plante plus robuste ; çà et là, fossés gras. Moulins, Montluçon, etc.

S. Borœana. Jord. S. Apetala. Bor. (S. de Boreau.) Plante des endroits secs, dégénérée ; d'un vert *plus pâle ;* feuilles *petites* ovales ; pédonc. et calice *hérissés* de poils *étalés ;* pétales toujours *nuls ;* 2-3 étamines ; styles *presque nuls.* Moulins, Yzeure, etc.

(3) S. Holostea. *L.* (S. Holostée.) Tige faible, glabre, ascendante, *tétragone ;* feuilles *sessiles,* soudées à la base, lancéolées, *étroites pointues,* ciliées ; panicule lâche, *bractées vertes ;* pétales 2 fois plus grands que le calice, fendus jusqu'au milieu ; capsule globuleuse, *égale* au calice. Avril, mai, viv. Haies, bois. C. à toute altitude.

Forme *Lacera.* Curieuse par ses pétales déchiquetés. Cesset (C. B.)

b. — Etamines portées par un disque périgyne.

(4) S. Graminea. *L.* (S. graminée.) Tige grêle, *glabre, tétragone,* étalée diffuse ; feuilles *sessiles, linéaires,* aiguës, ciliées à la base ; panicule lâche divariquée ; bractées *scarieuses, ciliées ;* pétales bipartits, *dépassant à peine* le calice ; capsule d'un tiers *plus longue* que le calice. Mai, juil. Viv. Haies, buissons, dans tous les terrains. C. — Moulins, Le Veurdre, Loriges, Gannat, Montluçon, etc.

(5) S. Uliginosa. *Murray, Bor. G. G. Aqualica. D. C. Larbrœa aquatica, Saint-Hilaire.* (S. des fanges.) Tiges rameuses, nombreuses, de 1-4 déc., lisses, *à 4 angles ;* feuilles *sessiles, oblongues lancéolées,* ciliées à la base, *glaucescentes ;* bractées *scarieuses, non ciliées ;* cal. *adhérent* aux pétales qui sont *plus courts* que lui et aux étamines ; capsule ovoïde, égalant le calice. An. Mai, juil. Filets d'eau, lieux tourbeux surtout des terrains siliceux ; à toute altitude. — Yzeure

Noyant, Murat, Chavenon, Blomard, Montluçon, Quinssaines, Braize, Bizeneuille, Saint-Désiré, Lapalisse, Ferrières, Laprugne, Braussat, Montbeugny, etc.

SPERGULARIA. *Persoon.* (Spergulaire.) Calice à 5 sép., 5 pét. entiers ; 10 étamines, 3 styles ; caps. à 3 valves ; feuilles linéaires, à stipules scarieuses.

S. RUBRA. *Persoon. Arenaria. L.* (S. rouge.) Tige étalée, *diffuse, pubescente*, souvent *visqueuse* au sommet ; feuilles *linéaires, planes*, acuminées, un peu *charnues* ; stipules soudées deux à deux, membraneuses *lancéolées* ; fl. *rouges*, à sépales scarieux aux bords, obtus, en grappes *feuillées*. An. Mai, sept. Lieux sablonneux, un peu humides. A. C. — Moulins, Gannat, Veauce, Echassières, Chavenon, Murat, Chamblet, Montluçon, Huriel, Cérilly, Doyet, Thiel, etc.

Le *S. Segetalis. Fenz.* à fl. *blanches*, tiges *glabres*, de 6-15 cent., feuilles filiformes, indiqué à Moulins et Montluçon dans les moissons, par Boreau, n'a pas été retrouvé. Plante annuelle.

ALSINE. *Wahl.* (Alsine.) Calice à 5 sépales ; 5 pétales entiers ; 5-10 étam.; 3 styles, caps. s'ouvrant en 3 valves ; feuilles sans stipules.

A. TENUIFOLIA. *Crantz. Arenaria. L.* (A. à feuilles menues.) Plante glabre ; tige de 6 à 15 cent., grêle rameuse ; feuilles subulées, linéaires ; sép. lancéolés subulés, scarieux à 3 nervures, dépassant les pétales ; fleurs blanches, capsule cylindracée égalant au moins le calice (p. 49, fig. 7.) Mai, sept. An. Champs, murs. C. — Moulins, Besson, Montaigut-le-Blin, Gannat, Bresnay, Montbeugny, Cesset, Chareil, le Veurdre, Montluçon, Urçay, Ainay-le-Château, etc.

ARENARIA. *L.* (Sabline.) Cal. à 5 sép.; 5 pét. entiers ou émarginés ; 10 étam., 3 styles. caps. s'ouvrant par 6 dents ; fl. blanches ; feuilles sans stipules.

{ Feuilles sessiles. . . . . *A. serpyllifolia.* (1)
{ Feuilles pétiolées . . . . *A. trinervia.* (2)

(1) A. SERPYLLIFOLIA. *L.* (S. à feuilles de Serpolet.) Tige de 5-15 cent., dressée, rameuse dès le bas, *pubescente, grisâtre* ; feuilles sessiles, ovales aiguës, *pubescentes grisâtres* ; pédoncules *courts, dresés*, doubles du calice ; sépales ovales *acuminés à 3-5 nervures* ; pétales plus courts que le calice ; fl. blanches ; capsule ovale globuleuse, dépassant un peu le calice. Mai, sept. An. Murs, lieux pierreux. C. C. Plante polymorphe.

A. Patula. De Martrin-Donos. Fl. du Tarn. Plante *verte* ; diffère en outre de la précédente par ses pédonc. fructifères *très étalés*, sa capsule *globuleuse conique*.

A. Leptoclados. Guss. Grenier fl. jur. Diffère des précédentes : par ses sépales *plus étroits* à 1-3 nervures, sa capsule *plus allongée*, oblongue *non renflée* à la base. Plante plus grêle. — Neuvialle, Bressolles, etc.

(2) A. Trinervia. *L. Mœhringia. Koch. M. L.* (S. à 3 nervures.) Tiges nombreuses de 1-3 déc., faibles étalées ou ascendantes, rameuses, *un peu velues*; feuilles *pétiolées*, ovales lancéolées aiguës ciliées, à *3-5 nervures*; pédoncules *très longs*, étalés puis recourbés; sépales *largement scarieux, trinerviés;* fl. blanches en cymes lâches; capsule *plus courte* que le calice. Mai, sept. An. Bois couverts, à toute altitude. A. C. — Thiel, Moladier, Trevol, Chavenon, Montluçon, Murat, Laprugne, Ferrières, Bresnay, Fleuriel, Chirat, Echassières, Cérilly, le Veurdre, etc.

MOENCHIA. *Ehrhart.* (Mœnchie.) Plante ordin. tétramère; 4-5 sép., 4-5 pét., 4 ou 8 ou 10 étam., 4-5 styles, caps. 8-10 dents.

M. Erecta. *Bor. Lamotte. Cerastium quaternellum. G. M.* (M. droite.) Plante *glauque*, 4-10 cent., filiforme, dressée; feuilles sessiles linéaires ovales aiguës *apprimées*; sépales allongés aigus à bords scarieux; pétales *inclus*, égalant la moitié du calice; fl. blanches à pédicelles égalant au moins 5 fois le calice (p. 49, fig. 6.) Avril, mai. Pelouses sablonneuses. An. — Yzeure, Neuvy, Gennetines, Lusigny. Vieure, Monétay-sur-Allier, Toulon, Chavenon, Noyant, Rocles, la Lizolle, Loriges, Bresnay, Gannat, Bègues, Lapalisse, Chevagnes, Montluçon, Audes, Chamblet, etc.

Cette plante participe des caractères des *Sagina* et des *Cerastium ; Sagina Erecta. L. Cerastium quaternellum* (Gillet et Magne, *Flore française.*) Cerast. glaucum. G. G.

CERASTIUM. *L.* (Céraiste.) Calice à 5 sép.; 5 pétales bifides ou échancrés; 5 ou 10 étam.; 5 styles; caps. cylindracée, oblongue, ovale, s'ouvrant par 10 dents, dépassant le calice; fleurs blanches.

1 {	Pétales à peu près le double du calice.	2
	Pétales plus courts que le calice ou le dépassant à peine	3
2 {	Feuilles cordiformes élargies . . . . *C. aquaticum.*	(7)
	Feuilles linéaires lancéolées . . . . *C. arvense.*	(6)
3 {	Bractées plus ou moins scarieuses sur les bords	4
	Bractées entièrement herbacées.	6
4 {	Plante vivace, à rejets feuillés stériles . . . . *C. triviale.*	(1)
	Plante annuelle, sans rejets stériles	5
5 {	5 étam., bract. et sép. largement scarieux. . . . . . . *C. semi-decandrum.*	(4)
	5-10 étam., bract et. sép. étroitement scarieux . . . . *C. obscurum*.	(5)
6 {	Pédicelles toujours plus courts que le calice . . . . *C. glomeratum.*	(2)
	Pédicelles fructifères à la fin plus longs que le cal. . . . . . *C. brachypetalum*.	(3)

a.— Pétales plus courts que le calice ou le dépassant à peine.

C. Triviale. *Link. C. vulgatum. L. Smith. viscosum.* D. C. (C. Commun.) Plante *vivace* de 2 5 déc., à poils courts étalés, *émettant des rejets stériles;* feuilles ovales lancéolées, les infér. spatulées ou obovées, atténuées en pétiole; pédicelles floraux étalés, arqués devenant *plus longs* que le calice; bractées et sépales *scarieux* au sommet; pétales *égalant* le calice ou un peu plus longs, onglet glabre ou cilié. Mai, oct., viv. Champs, murs, etc. C.

(2) C. Glomeratum. *Thuil. Bor. C. Viscosum. L. Vulgatum. Smith.*
(C. agglomérée). Plante de 1-2 déc., à poils étalés; tiges non radicantes; feuilles arrondies rétrécies en pétioles, les supér. ovales;
pédicelles *toujours plus courts* que le calice; bractées et sépales *herbacés velus*; pétales à peu près égaux au calice, *un peu barbus* à la base;
étamines à filets *glabres*; fl. d'abord en *panicule serrée*. Avril, juin,
automne, An. Lieux cultivés, C.

(3) C. Brachypetalum. *Pers. Bor. G. G. C. Semi-decandrum.*
Chaubard (C. à courts pétales.) Plante de 1-2 déc., à longs poils
mous, *grisâtres*, étalée dressée; feuilles infér. ovales rétrécies en
pétioles; les supér. oblongues; bractées *herbacées*, velues; sépales
longuement velus, peu ou non *scarieux*; pétales *plus courts* que le
calice, *ciliés à la base;* Avril, juil. An. Champs incultes. A. C. —
Moulins et environs, Montaigut-le-Blin, Gannat, Branssat, Urçay,
etc.

(4) C. Semi-Decandrum. *L.* (C. à 5 anthères.) Plante de 6-12 cent.,
droite, simple ou rameuse, velues; feuilles infér. oblongues, rétrécies en pétioles; les supér. ovales sessiles; pédicelles glanduleux,
devenant plus longs que le calice, *réfractés* après la floraison; bractées et sépales *largement scarieux;* fl. à *5 étamines*, à pétales à peu
près égaux au calice; pétales et étamines *glabres non ciliés* à la base.
Avril, mai. Pelouses sablonneuses. C.

(5) C. Obscurum. *Chaubard Bor. C. glutinosum. Fries. G. G.*
(C. obscur.) Plante de 1-3 déc., poilue, visqueuse; feuilles radicales obovales spatulées, les supér. ovales; pédicelles *plus longs* que
le calice; bractées et sépales *étroitement scarieux*, à sommet *glabre;*
pétales *dépassant un peu* le calice surtout dans les premières fleurs;
5-10 étam.; pétales et étamines *glabres* à la base. Avril, juin. An.
Pelouses sablonneuses. C. — Moulins, Montaigut-le-Blin, Montluçon.

Les *Cera tium* ci-dessus varient souvent par leurs tiges devenant plus ou moins visqueuses.
Les noms de *viscosum* et de *vulgatum* ont été donnés par Linnée à 2 plantes différentes et
doivent être abandonnés. Le *Vulgatum* de Smith n'est pas celui de Linnée, et l'*Obscurum*
variant suivant les lieux, arrive à avoir des pétales doubles du calice et devient le *Littgiosum*
de de Lens auquel de Jussieu ajoutait, par ironie, une variété *Varians*.

b. — Pétales au moins doubles du calice.

(6) C. Arvense. *L.* (C. des champs.) Plante pubescente, *en touffe
gazonnante;* feuilles *lancéolées linéaires*, pubescentes; fl. *grandes*
ouvertes, à pétales au moins *doubles* du calice; bractées largement
scarieuses; pédicelles *dressés*. Avril, juin, viv. Chemins, pelouses.
C. — Moulins, Gannat, Lapalisse, Montluçon, etc., à toute altitude.

(7) C. Aquaticum. *L. Malachium. Fries.* (C. aquatique.) Tige grêle,
pubescente, un peu visqueuse, rameuse; feuilles pétiolées, *cordiformes, ovales acuminées*, les supér. sessiles; pétales à peu près *doubles*
du calice, *profondément divisés;* pédicelles *étalés* puis courbés au
sommet après la floraison. Juin, oct., viv. Bords des eaux, fanges.
A. C. — Moulins, Saint-Pourçain-sur-Sioule, Bresnay, Saint-Germain-des-Fossés, Montaigut-le-Blin, Billy, Châtel-Montagne, Ar-

ronnes, Gouise, Pierrefitte, Bourbon, Le Veurdre, Lurcy, Montluçon, etc.

Les *Cerastium* fournissent à nos jardins le *C. repens* à feuilles aiguës et le *C. tomentosum* à feuilles obtuses, tous les deux pubescents.

Famille XIII. — ÉLATINÉES.

Fleurs hermaphrodites, régulières; cal. à 3-4 sépales soudés à la base; 3-4 pétales hypogynes caducs; étam. en nombre égal aux pétales, ou double, hypogynes; ovaire capsulaire, libre, à 3-4 loges et autant de styles, s'ouvrant par 3-4 valves. Plantes glabres, aquatiques, à feuilles opposées ou verticillées; fl. axillaires.

ELATINE. *L.* (Elatine.) Cal. à 2-4 div.; 3-6 pétales sans onglet; 3-8 étam.; 3-4 styles; capsule à 3-4 loges et autant de valves.

1 { Feuilles supér. verticillées . . . . *E. Alsinastrum.* (1)
  { Feuilles seulement opposées. 2

2 { 3 sép. 3 pét. 6 étam. *E. hexandra.* (2)
  { 4 sép., 4 pét , 8 étam. *E. major.* (2)

(1) E. ALSINASTRUM. *L.* (E. fausse Alsine.) Tige de 1-3 déc., ascendante, à entrenœuds rapprochés, *grosse fistuleuse;* feuilles infér. *submergées, verticillées, linéaires* étroites, les supér. *verticillées par 3-5 ovales oblongues;* fl. verdâtres, *verticillées* axillaires, sessiles, *à 4 div. et 8 étam;* capsule à 4 loges et 4 valves, Juin, sept., viv. Mares, étangs. R. — Coulanges, Pierrefitte (Saul in Bor); Paray-sous-Briaille (Causse et Rhodde); Yzeure aux tuileries (Cr.) et, à Panloup (E. O.) Lurcy (Cr.) Brout-Vernet (B.) N'a pas été retrouvé à Fontviolent, Etroussat, où l'indique le manuscrit du docteur Chomel.

(2) E. HEXANDRA. *L.* (E. à 6 étam.) Tige de 2-10 cent., *grêle,* très rameuse, *couchée-radicante;* feuilles charnues, petites, obovales, à pétiole *plus court* qu'elles; fl. rosées, axillaires, *courtement* pédonculées; *3 sép. 3 pét. 6 étamines;* Juin, sept. An. Bords des étangs sablonneux. R. — Villeneuve (Germain-de-Saint-Pierre); Etangs de Sceauve, du Clou, à Chavenon; Saint-Aubin (Causse); Montbeugny (L. A.); Messarges (H. G. P. Gagne); Yzeure, étang des Marlots (R. de C.); de Marcellange (V. B.); de Trevol (A. M.); Cosne, Chamblet (A. P.)

L'*E. Major. Braun.* indiqué par Causse dans Bor. à l'étang de Sceauve et à la Goutte près Saint-Sornin, n'a plus été rencontré. Ce n'est d'ailleurs, à mon avis, qu'une forme tétramère de la précédente.

Famille XIV. — LINÉES.

Fleurs régulières, 4-5 sép., 4-5 pétales libres caducs; 4-5 étamines hypogynes, brièvement soudées à la base, 5 rudiments d'étamines stériles; ovaire à 3-5 loges à 2 compartiments uniovulés; 4-5 styles; capsule s'ouvrant par 3-5 valves.

LINUM. *L.* (Lin.) Caractères de la famille. Organes floraux par 5.

1 { Fleurs blanches, feuilles opposées . . . . *L. catharticum.* (1)
  { Fleurs non blanches, feuilles alternes 2

2 { Fleurs roses . . . . *L. tenuifolium.* (3)
  { Fleurs bleues. 3
  { Fleurs jaunes . . . . *L. gallicum.* (2)

3 { Tige droite, sépales un peu ciliés . . . . *L. usitatissimum.* (5)
  { Tige étalée, sépales glabres . . . . *L. austriacum.* (4)

(1) L. CATHARTICUM. *L.* (L. purgatif.) Tige de 1-2 déc., droite, grêle, simple ou dichotome au sommet, *glabre ;* feuilles *opposées,* oblongues, lancéolées ; fl. *blanches, petites, penchées* avant la floraison ; sépales ovales lancéolés, *ciliés glanduleux ;* pétales doubles du cal.; capsule *égalant* les sépales. Mai, sept. An. Prés, pelouses etc. A. C. — Moulins, Bresnay, Souvigny, Neuvialle, Ebreuil, Echassières, Saint-Palais, Fleuriel, Chirat, Cesset, Couleuvre, Le Veurdre, Montluçon, etc.

Forme à feuilles *alternes.* R. R. — Neuvy (V. B.)

(2) L. GALLICUM. *L.* (L. Français.) Tiges de 1-3 déc., dressées, rameuses, dichotomes, *très glabres ;* feuilles *alternes,* linéaires lancéolées rudes aux bords ; fl. *petites, jaunes,* à pétales doubles du cal.; sépales lancéolés, acuminés, *ciliés glanduleux* ; capsule *plus courte* que le cal. Juin, sept. An. R. — Bourbon, étang du château, des Vêvres (A. M.) ; Cressanges, Saint-Menoux, Saint-Désiré (L. A.); Ainay-le-Château (Coindeau); Bellenaves, moissons du village de Bray, bois de Jaumal (M. L.) ; Saint-Pierre-le-Moûtier, Nièvre, sur nos limites (Bor.)

(3) L. TENUIFOLIUM. *L.* (L. à feuilles menues.) Souches subligneuses ; tiges nombreuses de 1-4 décim., ordinairement glabres ou à peine pubescentes à la base ; feuilles *éparses, alternes, linéaires, rudes sur les bords ;* sépales longuement subulés, *ciliés glanduleux, dépassant* la capsule (p. 67, fig. 1); fl. d'un *rose pâle* double du calice, en corymbe. Juin, sept., viv. Coteaux calcaires. — Pic de Breu, à Saint-Pourçain, Gannat, Montlibre, Besson, Bègues, Charroux, Verneuil, Monétay-sur-Allier, Saint-Germain-des-Fossés, Le Veurdre, Billy, Montaigut-le-Blin, Bresnay, Fleuriel, Chareil, Etroussat, Fourilles, Vicq, Ussel, Bellenaves, Naves, Ainay-le-Château, etc.

(4) L. AUSTRIACUM. *L.* (L. d'Autriche.) Souche presque ligneuse ; Tiges nombreuses, un peu *étalées, ascendantes, offrant des tiges stériles ;* feuilles linéaires lancéolées ; sépales *glabres,* les infér. *ovales obtus ;* fl. *bleues à pédicelles unilatéraux,* surtout après la floraison. Juin, juil. Viv. Collines sèches. R. R. — Montlibre, près Gannat (L. L.), d'où il a disparu d'après mon ami P. B.

Lamotte affirme dans son Prodrome, que notre plante assez répandue dans la Limagne n'est pas l'*Austriacum. L*, — dont il serait d'ailleurs assez voisin, — à cause surtout de ses capsules *doubles* du calice et lui donne le nom de *L. Limanense.*

(5) L. Usitatissimum. *L.* (L. Usuel.) Tige *unique, annuelle, sans rejets stériles, droite,* glabre ; feuilles linéaires lancéolées, alternes, aiguës ; sépales ovales acuminés, *membraneux, un peu ciliés* sur les bords ; fl. *bleues, trois fois plus grandes que le calice ;* anthères *sagittées ;* capsule dépassant un peu le calice. Mai, août. An. Ça et là, moissons.

Le lin est une de nos plantes les plus utiles : ses tiges nous fournissent des fibres textiles, ses graines un adoucissant mucilagineux, dont on peut extraire une huile siccative, et les tourteaux qui ont donné leur huile forment une bonne nourriture pour les bestiaux.

RADIOLA. *Gmelin. Linum. L.* (Radiole.) Caractères de la famille. Organes floraux par 4.

R. Linoïdes. *Gm. Linum Radiola. L.* (R. faux Lin.) Petite plante, 3-9 cent. glabre ; tige capillaire très rameuse, dichotome, diffuse ; feuilles *opposées,* ovales aiguës, sessiles ; fl. blanches très petites ; sépales à divisions très aiguës ; pétales égalant le calice. Juin, oct. An. Lieux sablonneux, humides, mouillés l'hiver. Assez R. — Moladier, Bagnolet ; Lusigny, étangs de Chevray ; Neuvy, étang Neu ; Villeneuve, Chavenon, Château-sur-Allier, La Lizolle, Montaigu, Le Donjon, Lurcy, Gannat, Bourbon, Lapalisse, Saint-Ennemond, Deux-Chaises, Le Montet, Murat, Trevol, Saint-Désiré, Chamblet, Montluçon, Audes, Lachapelaude, Bizeneuille, Commentry, Gennetines, Chirat-l'Eglise ; Coulandon, à la Presle.

Famille XV. — MALVACÉES.

Fleurs régulières hermaphrodites ; deux calices : l'intér. à 5 divisions, l'extér. formé par 3-6-9 feuillets ; 5 pétales égaux, soudés à leur base ; étamines nombreuses, soudées par les filets en colonne tubulaire que traversent les styles ; carpelles monospermes, hypogynes, réunis en cercle autour d'un axe central (p. 67, fig. 2), se séparant à maturité.

Calicule à 6-9 folioles.	ALTHÆA.
Calicule à 3 folioles	MALVA.

ALTHÆA. *L.* (Guimauve.) Caractères de la famille ; *calicule à 6-9 folioles.*

Pédoncules multiflores	*A. officinalis*	(1)
Pédoncules uniflores	*A. hirsuta*	(2)

(1) A. Officinalis. *L.* (G. officinale.) Souche épaisse, rameuse ; tige de 6-12 déc. ; feuilles cordiformes ovales, dentées, *blanches cotonneuses, molles* ; pédonc. *multiflores,* axillaires, *plus courts* que les feuilles ; pétales *doubles* du cal., d'un blanc rosé ; carpelles *velus,* un peu ridés sur le dos. Juin, sept. Viv. Endroits humides. — Moulins, Saint-Rémy, Gannat, Bourbon, Vichy, Chemilly, Chazeuil, Bresnay, Bessay, Montaigut-le-Blin, Mazerier, Rongères, Saint-Pourçain, Saint-Bonnet-le-Désert, le Veurdre, etc.

(2) A. Hirsuta L. (G. hérissée.) Rac. grêle, *pivotante ;* Tige de 1-5 déc., *hérissée ;* feuilles infér., cordiformes, les supér. palmées,

incisées, *vertes*, hispides, ainsi que les pétioles; stipules *ovales* acuminées; pédonc. *uniflores, plus longs* que les feuilles ; pétales *à peine* plus longs que le cal.; carpelles *glabres, ridés* en travers; plante *annuelle.* Mai, sept. Champs incultes des terrains *calcaires.* — Neuvy, Saint-Pourçain, Bresnay, Besson, Bègues, Chareil, Montord, Montaigut-le-Blin, Ainay-le-Château, etc.

MALVA. *L.* (Mauve.) Caractères de la famille ; *Calicule à 3 folioles.*

1 { Fleurs petites, n'ayant pas 2 cent. de diamètre. . . . . *M. rotundifolia.* (1)
  { Fleurs ayant au moins 2 cent. de diamètre 2

2 { Toutes les fleurs en faisceaux axillaires. . . . . *M. sylvestris.* (2)
  { Fleurs solitaires ou en bouquet terminaux. 3

3 { Cal. hérissé de longs poils, sépales extér. linéaires . . . . *M. moschata.* (5)
  { Sépales extérieurs lancéolés 4

4 { Feuilles divisées presque jusqu'à la base. . . . . *M. intermedia.* (4)
  { Limbe divisé à peine jusqu'à la moitié . . . . *M. Alcea.* (3)

(1) **M. ROTUNDIFOLIA.** *L.* (M. à feuilles rondes.) Tige de 2-5 déc., *couchée redressée ;* feuilles *arrondies, cordiformes, à 5-7 lobes peu marqués* ; pédoncules *agglomérés* à l'aisselle des feuilles; sép. extér. *linéaires* ; fl. *blanches ou rosées, doubles du calice ;* pétales fortement échancrés ; carpelles velus, *lisses* ; plante à poils *simples.* Mai, oct. An. Lieux incultes. Partout, C.

(2) **M. SYLVESTRIS.** *L.* (M. Sauvage). Plante de 4-9 déc., *droite,* à poils simples ; feuilles cordiformes, *arrondies,* crénelées, à 5-7 lobes ; pédoncules *en bouquets* axillaires ; calicule à folioles *oblongues ;* fl. *purpurines,* égalant *au moins 3 fois* le calice ; carpelles *glabres, ridés en réseau.* Mai, oct. Viv. haies, lieux incultes, au voisinage des habitations.

(3) **M. ALCEA.** *L.* (M. Alcée). Plante couverte de *poils fasciculés rayonnants* ; Tige de 5-10 déc., droite, rameuse ; feuilles palmées, divisées à peu près *jusqu'à moitié* du timbe en lobes entiers ou incisés ; calicule à sépales *ovales lancéolés* aigus ; fl. *très grandes,* roses, axillaires et terminales, à pédoncules *solitaires* ; carpelles *ridés.* Juin, sept. Haies, bords des bois. Peu C. — Moulins, Bressolles, Neuvy, Yzeure, Marigny, Neuvialle, Gannat, Vichy, Laferté-Hauterive, Broùt-Vernet, Toury, Besson, Bresnay, Saint-Pourçain, Souvigny, Marcenat, Pierrefitte.

M. Bismalva. Bernh. M. L. *Prod.* Feuilles *presque entières, les supér. presque orbiculaires.* R. — Vichy (M. L.)

M. Fastigiata. Cavanilles. Feuilles arrondies dans leur contour, *à 5 lobes peu marqués, les sup. trifides.* R. — Marigny, à Bagnolet ; Diou, bords de la Loire (A. M.) ; La Feline (Causse) ; Chantenay, Nièvre ; Saint-Amand, Cher, sur nos limites (Bor.)

(4) **M. INTERMEDIA.** *Bor.* (M. intermédiaire.) Plante ayant l'aspect général de la précédente, mais s'en distinguant ; par *son mélange de poils simples et fasciculés,* ses feuilles profondément découpées *presque jusqu'au pétiole.* Elle diffère de la suivante, dont ses

5

feuilles la rapprochent, par les divisions de son calicule *lancéolées, non linéaires*. R. — Bressolles ; Moulins, à la Madelaine ; Neuvy, à la Queune (A. M.) ; Lafeline (Causse).

L'état des Carpelles me semble assez variable dans le groupe de l'*Alcea* dont fait partie l'*Intermedia* ; on les trouve presque glabres ou hérissés. Boreau donne comme caractère distinctif de son *Intermedia* des carpelles hérissés ; mes échantillons les ont glabres, mais les feuilles très découpées.

(5) M. Moschata. **L.** (M. Musquée.) Plante presque *glabre*, ou à poils *simples ;* tiges de 4-8 déc. ; feuilles radicales *suborbiculaires,* les caulinaires *palmatiséquées*, les supér. à lobes presque *linéaires ;* fl. solitaires, ou fasciculées au sommet. Calicule à folioles *linéaires ;* fl. roses, grandes, souvent à *odeur musquée*. Mai, sept. Haies bords des champs, des bois. Viv. — C. à toute altitude et dans tous les terrains.

M. Laciniata. Desrousseaux. Simple variété à feuilles *plus divisées* presque jusqu'au bas de la tige ; fl. plus souvent *inodores*. L'odeur d'ailleurs est un caractère variable suivant les circonstances de saisons, de chaleur, etc.

Les feuilles de la Mauve commune servent comme adoucissantes et émollientes sous forme de cataplasmes, etc.

Les fleurs et les racines de la Guimauve contiennent un suc mucilagineux, adoucissant, qui les fait employer en tisanes, bonbons pectoraux.

Cette famille fournit à nos jardins la Mauve à feuilles crépues ; le Passe-Rose, Bâton de Saint-Jacques, Rose Trémière (*Alcea Rosa. L.*) les Ketmies à fleurs citron très pâle, tachées de pourpre à la base ; les Althæas arborescents ; les Malopes. Le cotonnier appartient aussi à cette famille.

Famille XVI. — TILIACÉES.

Fleurs régulières, 5 sép. caducs colorés, 5 pétales ; étam. nombreuses, à filets soudés à la base ; ovaire libre à 5 loges, 1 style ou 5 styles soudés ; 5 stigmates ; fruit à 5 angles, à 1-2 graines ; arbres à fleurs dont le pédoncule est longuement soudé à une bractée membraneuse, jaunâtre.

TILIA. *L.* (Tilleul.) Caractères de la famille. Arbres.

{ Feuilles pubescentes . . . . *T. platyphyllos.* (1)
{ Feuilles glabres . . . . *T. sylvestris.* (2)

T. Platyphyllos. *Scop. Bor. G. G.* (T. à larges feuilles.) Feuilles *obliquement* cordiformes, arrondies, acuminées dentées *pubescentes*, surtout en dessous ; bourgeons *velus* ; pédoncule muni d'une bractée vert-jaunâtre ; fl. assez grandes, jaunâtres, odorantes ; capsule à côtes *saillantes*. Juin, juil. Cultivé. Spontané sur les bords du Sichon et dans les bois de Neuvialle.

T. Sylvestris. *Df. Bor. G. G.* (T. à petites feuilles.) Feuilles cordiformes arrondies *glabres, excepté à la base des nervures, glaucescentes en dessous ;* bourgeons *glabres ;* fl. faiblement odorantes, *petites ;* capsule à côtes *non apparentes.*

Cultivé. Spontané à Chavenon, Moladier, au Montet, Pouzy, Neuvialle ; Bords de la Tarde, du Cher.

L'usage des fleurs en infusion théiforme est bien connue, à cause de leur action anticéphalalgique et antispasmodique.

Famille XVII. — GÉRANIACÉES.

Fleurs hermaphrodites à peu près régulières ; 5 sép. ; 5 pét. ; 5 ou 10 étam. fertiles, hypogynes, soudées par leur base ; 5 styles soudés en un long bec ; 5 stigmates ; 5 carpelles prolongés en arêtes, réunis à un axe commun et s'en détachant ensuite par les styles qui se roulent en spirale. Plantes à feuilles stipulées.

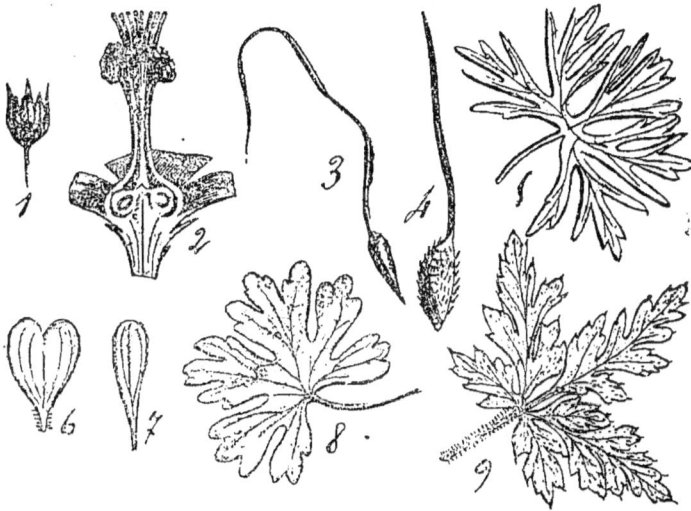

1. Caps. de Linum tenuifolium. — 2. Coupe du fr. du Malva sylvestris. — 3. Un carpelle d'Erodium cicutarium. — 4. Carp. de Geranium phœum. — 5. Feuille de Ger. dissectum. — 6. Pét. de Ger. pyrenaïcum. — 7. Id. de Ger. rotundifolium. — 8. Feuille de Ger. pusillum. — 9. Id. de Ger. robertianum.

{ 10 étam. munies d'anthères. . . . . GERANIUM. (p. 67)
{ 5 étam. munies d'anthères, 5 filets stériles . . . . ERODIUM. (p. 70)

GERANIUM. *L.* (Géranium.) Caractères de la famille ; 10 étamines ; pédoncules portant de 1 à 3 fleurs. — Quelques-unes des étamines avortent quelquefois.

1 { Pétales entiers ou à peine crénelés (p. 67, fig. 7). 2
   { Pétales échancrés ou bifides (p. 67, fig. 6) 5
2 { Feuilles simples, arrondies ; fl. petites 9
   { Feuilles ailées ou palmées ; fl. assez grandes 3
3 { Feuilles ailées, triangulaires dans leur contour ; plante à odeur
   {   désagréable, (p. 67, fig. 9). . . . . *G. robertianum.* (10)
   { Feuilles palmées, plante inodore. 4

4 { Carpelles ridés en travers (p. 67, fig. 4) . . . . *G. Phœum.* (1)
  { Carpelles non ridés . . . . *G. sylvaticum.* (2)

5 { Feuilles découpées presque jusqu'au pétiole (p. 67, fig. 5) 6
  { Feuilles découpées au plus jusqu'aux 2/3 du limbe 7

6 { Pédoncules plus longs que les feuilles. . . . . *G. columbinum.* (3)
  { Pédoncules plus petits que les feuilles . . . . *G. dissectum.* (4)

7 { Pétales couleur lie de vin, 2 fois plus longs que le cal. (p. 67, fig. 6) *G. pyrenaïcum.* (5)
  { Pétales n'égalant pas 2 fois le calice 8

8 { Fl. bleuâtres ; fruits pubescents . . . . *G. pusillum.* (5)
  { Fl. rongeâtres ; fruits glabres, ridés en travers . . . . *G. molle.* (7)

9 { Calice anguleux et ridé en travers. . . . . *G. luridum.* (9)
  { Calice non ridé en travers. . . . . *G. rotundifolium.* (8)

a. — Feuilles palmées.

(1) G. Phœum. *L.* (G. brun.) Tiges de 3-9 déc., hérissées, *glanduleuses* au sommet ; feuilles à contour polygonal, *palmées*, incisées au-delà de leur moitié, à lobes aigus, incisés-dentés ; pédoncules biflores, *divariqués*, d'abord *penchés* : sépales ciliés, à longs poils ; pétales *arrondis*, d'un *rouge brun*, doubles du calice, à *onglet cilié* ; carpelles poilus, *ridés en travers*, (p. 67, fig. 4.) Mai, août. Bois des montagnes. Viv. R. — Environs de Gannat, Rouzat, Neuvialle (L. L.); Jenzat (H. G.) ; Broût-Vernet (B.) ; Bayet (C. B.) ; la Lizolle (Couleuvre).

Forme *Flore albo*, à Champagne, bords de la Sioule (Lavediau).

(2) G. Sylvaticum. *L.* (G. des forêts.) Tige de 3-9 déc., mollement *velue*, *glanduleuse* au sommet ; feuilles à contour polygonal, *palmées* incisées au-delà de leur moitié, à 5-7 lobes aigus, incisés-dentés, les supérieures *opposées* ; péd. *biflores toujours dressés* ; sépales velus *aristés* ; pétales d'un *rose violet*, *doubles* du cal., velus inférieurement *sur la face*; carpelles velus *non ridés*. Mai, août. Prés et bois des montagnes. Viv. R. R. — . Bords de la Tarde, Saint-Marien, Creuse, d'où il descend le Cher, à Lavault-Saint-Anne (A. P.) ; Montluçon, bois de Chauvière, 300 mètres d'altitude (Thévenon.) C. dans le Puy-de-Dôme.

b. — Feuilles arrondies dans leur contour.

(3) G. Columbinum. *L.* (G. colombin.) Plante de 4-6 déc., à poils *apprimés*; feuilles palmatiséquées, à 5-7 lobes, découpées presque *jusqu'au pétiole* en segments linéaires étroits ; pédoncules inégaux, *dépassant longuement* les feuilles florales ; pétales *obcordés*, *de la longueur* du calice ou un peu plus longs ; fl. purpurines *assez grandes*; carpelles *glabres*, *non ridés*. Mai, sept. An. Haies, chemins. C. — Moulins, Rocles, Bayet, Pierrefitte, Commentry, Montluçon, etc.

(4) G. Dissectum. *L.* (G. découpé.) Tiges de 2-4 déc., à poils *réfléchis*; feuilles palmatiséquées, à 5-7 lobes, découpées presque *jusqu'au* pétiole, en segments linéaires étroits ; pédoncules *égaux*, *plus courts* que les feuilles florales, ou les dépassant à peine ; fl. purpurines, plus petites que dans la précédente ; carpelles *non ridés*, *velus*. Mai, sept. An. haies, bords des chemins. C. — Mêmes lieux.

(5) G. Pusillum. *L.* (G. fluet.) Tiges de 1-5 déc. *pubescentes glanduleuses* ; feuilles *réniformes*, à 5-7 lobes incisés, dépassant *à peine la moitié* du limbe ; pédoncules courts, *dépassant* les feuilles florales ; pétales *petits, émarginés, violacés-bleuâtres* pâles, dépassant *à peine* le calice ; carpelles *non ridés, pubescents*. Mai, oct. An. Bords des murs, etc. A. C. — Moulins, Lurcy, Loriges, Désertines, Urçay, Montluçon.

Var. *Flore Albo.* — Montluçon.

(6) G. Pyrenaïcum. *L.* (G. des Pyrénées.) Plante velue de 3-6 déc. ; feuilles inférieures *réniformes*, à 5-9 lobes élargis, incisés, dépassant *à peine la moitié* du limbe ; les supér. *trifides, à lobes aigus* ; pédoncules biflores, réfléchis *à maturité* ; fl. *assez grandes*, couleur *lie de vin* ; pétales échancrés, *en cœur renversé*, à onglet *cilié*, (p. 67, fig. 6.) *doubles* du calice ; carpelles *pubescents* non ridés. Mai, sept. Viv. Peu C. — Moulins, Montluçon, Néris, Cérilly, Urçay, Marcillat, Montord, Château-sur-Allier, Gannat, Saint-Germain-de-Salles, Escurolles, Neuvy, Deux-Chaises, Le Montet, Saint-Pourçain, Busset, Laprugne, Châtel-Montagne, Jaligny, Chemilly, Montaigut, Bourbon, Chantelle, Contigny, Ainay-le-Château, etc.

(7) G. Molle. *L.* (G. Mollet.) Plante de 1-4 déc. *mollement* velue, pubescente, *douce* au toucher, à poils *longs* ; feuilles *arrondies*, à 7-9 lobes atteignant *les 3/4 du limbe* ; pédoncules *plus longs* que les feuilles florales ; fl. *roses*, plus ou moins rouges, pétales *dépassant* le cal., *échancrés*, en cœur renversé, légèrement *ciliés* ; carpelles lisses, *glabres, ridés en travers.* Mai, oct. An. — Bords des chemins. — CC.

Var. *Flore albo.* R. — Avermes.

(8) G. Rotundifolium. *L.* (G. à feuilles rondes.) Tiges de 2-4 déc., *pubescentes*, glanduleuses au sommet ; feuilles molles, *pubescentes, réniformes*, à 5-7 lobes peu profonds, élargis, incisés crénelés ; pédonc. biflores, souvent *plus courts* que la feuille florale ; fl. d'un *rose pâle*, à pétales *entiers*, (p. 67, fig. 4) *glabres* au-dessus de l'onglet ; carpelles velus, *non ridés.* Mai, oct. Bords des chemins, etc. An. C. C.

(9) G. Lucidum. *L.* (G. luisant.) Plante de 1-3 déc., *glabre* ou à peu près ; feuilles *luisantes*, réniformes arrondies, palmatifides, à 5-7 divisions crénelées obtuses, atteignant le milieu du limbe ; pédonc. biflores, *plus longs* que les feuilles florales ; cal. anguleux, *ridé* en travers, *resserré* au sommet ; fl. roses, pétales *entiers* ; carpelles *ridés en long* sur le dos. Haies, lieux frais. An. R. — Montluçon. Bords du Cher, environs de Prat et d'Argenti (A. P.).

c. — Feuilles pinnatifides.

(10) G. Robertianum. *L.* (G. de Robert.) Plante *fétide* ; souvent *rougeâtre*, hérissée ; tiges de 2-5 déc. ; feuilles *polygonales* dans leur contour, palmatiséquées, *pinnatifides*, (p. 67, fig. 9) ; pédoncules *longs*, biflores, *divergents* ; sépales *à 3 côtes* saillantes ; pétales *entiers, doubles* du calice ; fl. roses ou rouges, assez *grandes* ; carpelles plus

ou moins velus, *ridés* en travers au sommet. Av., oct. Haies, bois, murs, etc. An. C. C.

Boreau signale des espèces de Jordan, à fleurs plus petites que le type et que je n'ai pas observées.

ERODIUM. *L'Héritier. Geranium L.* (Erodium.) Caractères généraux de la famille ; 5 étamines fertiles et 5 stériles ; style à 5 stigmates ; pétales un peu inégaux.

{ 2 pétales tachés à la base. . . . . *E. commixtum.* (2)
{ Pétales non tachés à la base . . . . *E. cicutarium.* (1)

(1) E. Cicutarium. *D. C. Grenier* fl. juras. *E. triviale. Jord.* (E. à feuilles de cigüe.) Tiges de 1-4 déc., étalées diffuses, redressées, poilues ; feuilles oblongues ovales dans leur contour, *ailées,* à lobes ovales, égaux, incisé-pinnatifides ; pédoncules à poils ordin. *non glanduleux,* à bractéoles acuminées, portant 2-8 fl. en *ombelle simple ;* pétales un peu *plus longs* que le cal., purpurins, rarement blancs, très inégaux, *non tachés.* Mars, oct. An. C. C.

Forme *Præcox.* — Tige presque nulle.

E. Borœanum. Jord. Bor. 3ᵉ éd. — Plante *hérissée* de poils *blancs ;* sépales *très hérissés ;* pétales *presque blancs* ou d'un rose *très pâle,* dépassant *à peine* le cal., *peu inégaux ;* stigmates *pâles.* Lieux sablonneux. R. — Lapalisse (P. B.) ; Montluçon, aux Iles (A. P.).

(2) E. Commixtum. *Jord. Bor.* 3ᵉ éd. *Grenier* fl. juras. (E. mêlé.) Diffère du précédent : par ses pédoncules et ses sépales ordinairement à *poils glanduleux ;* surtout ses *deux pétales tachés* de brun ; ses stigmates *carnés, dépassant* les étamines fertiles. — Fourilles, Deneuille, Moulins, Gannat, Jaligny, Montluçon, etc. •

E. Prætermissum. Jord. Stigmates d'un *violet foncé, plus petits* que les étamines fertiles. Mêmes lieux.

E. Pilosum. Thuil. Pétales très inégaux, roses, les deux plus petits offrant une tache *d'un brun pâle ;* folioles *découpées jusqu'à la côte.* Moulins, Montluçon, Gannat, Saint-Pourçain, Branssat, etc.

Cette famille fournit à nos parterres les nombreuses variétés de *Geranium* à pétales tous égaux, et les *Pelargonium* à pétales inégaux.

Famille XVIII. — HYPÉRICINÉES.

Fl. hermaphrodites, régulières ; cal. à 5, rarement 4 divisions ; corolle à 5, rarement 4, pétales libres ; étam. nombreuses, hypogynes, à filets soudés à la base en 3-5 faisceaux ; 3-5 styles ; ovaire capsulaire, libre, à 3-5 loges polyspermes, rarement bacciforme indéhiscent ; feuilles non stipulées.

1 { Fruit jeune bacciforme, sec à maturité, indéhiscent. . . . . . . Androsæmum. (p. 74)
{ Fruit déhiscent, jamais bacciforme 4

2 { Fl. tubuleuse, pétales munis à la base d'un appendice . . . . Elodes. (p. 73)
{ Fl. rosacée, pétales sans appendice. . . . . Hypericum. (p. 74)

ANDROSÆMUM. *All.* (Androsême.) Cal. à 5 divisions inégales, soudées à la base; 5 pétales, 3 styles; capsule bacciforme dans sa jeunesse, sèche à maturité, indéhiscente ou s'ouvrant seulement au sommet par 3 dents.

A. OFFICINALE. *All. Hyperic. Androsæmum. L.* (A. officinal.) Tige sous-ligneuse, à rameaux simples munis de 2 lignes saillantes; feuilles opposées sessiles, larges (3 cent.), obovales obtuses, arrondies à la base; fleurs jaunes; sépales ovales obtus; baie sèche, noire à maturité, avec ses 3 styles persistants. Viv. Juin, juil. R. — Forêt de Moladier (Blayn, in Bor.); bords du Sichon à Busset (Saul, in Bor.); forêt de Bagnolet (V. B.); Branssat (B.); Tronçais, Chamignoux, ruisseau des Planchettes et ravin de la Bouteille (Pérard et Moriot).

HYPERICUM. *L.* (Millepertuis.) Cal. à 5 div. profondes; 5 pétales, 3-5 styles; capsule membraneuse à 1-3 loges polyspermes; fl. jaunes.

1 { Plante fortement velue . . . . *H. hirsutum.* (8)
  { Plante glabre ou à peu près. 2

2 { Sépales bordés de dents ou de cils glanduleux 3
  { Sépales entiers, sans dents ou cils glanduleux. 4

3 { Sép. arrondies au sommet, feuilles cordiformes. . . . . *H. pulchrum.* (6)
  { Sép. lancéolés aigus; feuilles ovales oblongues . . . . *H. montanum.* (7)

4 { Tige filiforme couchée . . . . *H. humifusum.* (5)
  { Tige dressée 5

5 { Tige à 4 angles nettement ailés. . . . . *H. tetrapterum.* (1)
  { Tige non à 4 angles ailés , ... 6

6 { Sépales obtus, à sommet arrondi (p. 71, fig. 2) . . . . *H. quadrangulum.* (2)
  { Sépales aigus 7

7 { Tige n'ayant jamais que 2 lignes saillantes; feuilles criblées de
  {   points translucides. . . . . *H. perforatum.* (4)
  { Tige dont quelques entrenœuds offrent 4 lignes saillantes; feuilles
  {   à points translucides plus rares et plus petits . . . . *H. Desetangsii.* (3)

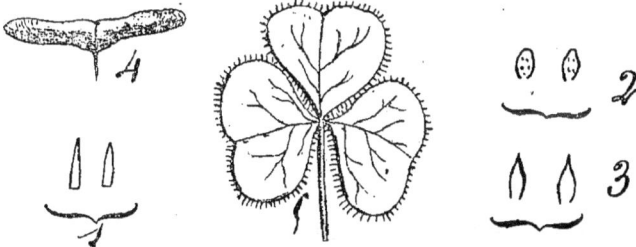

1. Sépales d'Hypericum perforatum. — 2. Sép. d'Hyp. quadrangulum. — 3. Sép. d'Hyp. Desetangsii. — 4. Fruit d'Acer campestre. — 5. Feuille d'Oxalis acetosella.

a. — Sépales non ciliés-glanduleux.

(1) H. TETRAPTERUM. *Fries.* (M. à 4 ailes.) Souche rampante; tige droite, rameuse, *à 4 angles ailés, saillants* dans toute sa longueur; feuilles ovales, obtuses, sessiles, *à points translucides* très petits, à nervures *non réticulées;* fl. en corymbes; sépales *aigus subulés;* pétales *rarement* ponctués de noir en dessous; capsule petite, coni-

que. Juin, sept. Viv. Bords des eaux. C. — Le Mayet-de-Montagne, Lapalisse, Ferrières, Moulins, Bourbon, Bresnay, Monétay-sur-Allier, Chevagnes, Rongères, Gannat, Montluçon, Huriel, Hérisson, Cérilly, etc.

(2) H. QUADRANGULUM. *L. Bor. G. G.* (M. à 4 angles.) Souche rampante; tige droite, rameuse, *à 4 angles peu marqués, non ailés;* feuilles ovales, obtuses, à nervures *réticulées, dépourvues* de points translucides; fleurs en corymbes; sépales *ovales obtus* ponctués de noir, (p. 71, fig. 2); pétales *ponctués* de noir en-dessous. Mai, sept. Viv. Montagnes. R. — Laprugne, à l'Assise; Ferrières au Monton-celle, 1,000 à 1,100 mètres (A. M.); Lapalisse (P. B); Molle, bords du Sichon (Saul in Bor., 2ᵉ éd.).

(3) H. DESETANGSII. *Lamotte Prod.* (M. de Des Etangs.) Souche rampante; tige droite rameuse, relevée entre quelques entrenœuds de *4 angles peu marqués*, non saillants; feuilles sessiles, *rétrécies* à la base, ovales obtuses, à nervures *à peine réticulées*, à points *translucides très fins,* peu abondants; fl. en corymbe, assez grandes, 24-28 mill. de diamètre; sépales *lancéolés aigus ou subulés, dépourvus* de points noirs, (p. 71, fig. 3); pétales *non ponctués* de noir en dessous. Juill., août. Prairies, haies, etc. des bords de la Veauce. R. — Veauce, la Lizolle, Vicq, Sussat (M. L. Prod.)

Cette plante, qui n'est pas une hybride, se rapproche : de l'*H. tetrapterum*, par ses sépales aigus, ses feuilles à points fins translucides; du *quadrangulum* par sa tige dont deux angles sont bien marqués, les deux autres l'étant à peine, par ses feuilles ovales un peu réticulées, mais moins que dans ce dernier; du *perforatum* par son calice lancéolé subulé, mais plus large, sa tige à deux angles presque saillants. Plante signalée par M. Des Etangs en 1841 (Soc. d'Agr. de Troyes).

L'*Hyper. Intermedium*. Bellynck. Fl. de Namur, a les caractères généraux du *Desetangsii*, mais en diffère par ses pétales *ponctués de noir*, ses feuilles *demi-embrassantes* à points translucides abondants. Sans cela, ce serait la plante de Lamotte.

(4) H. PERFORATUM. *L.* (M. perforé.) Tige dressée rameuse, ronde, munie *de 2 lignes opposées* bien marquées, non membraneuses; feuilles sessiles, lancéolées ovales, *en pointe obtuse, criblées* de points translucides; fl. en corymbes; sépales *linéaires* ou lancéolés étroits, *dépassant à peine* un mill. de large, *acuminés subulés*. Mai, sept. Bois, haies, chemins. Viv. C. — Moulins, Chamblet, Chirat, Echassières, Châtelmontagne, Montluçon, etc.

H. Lineolatum. Jord. Bor. 3ᵉ éd. *Lamotte prod.* Pétales offrant sur leur face extérieure des lignes noires. — Châtelmontagne, Ferrières, Laprugne; Yzeure, Montluçon, bois de la Liaudon; Cérilly, à Tronçais; Saint-Désiré, Montmarault, etc.

H. Microphyllum. Jord. diffère du *Perforatum* par ses feuilles *plus étroites* et ses sépales moins allongés, plus brièvement aigus. — Çà et là, avec le type.

(5) H. HUMIFUSUM. *L.* (M. couché.) Tiges *couchées, étalées, filiformes*, rameuses, à 2 lignes saillantes; feuilles sessiles, oblongues, bordées de points noirs, les supér. à points translucides; fl. *petites* en corymbe; sépales *obtus*, lancéolés, offrant *quelquefois* de petites glandes noires. Mai, sept. Champs, lieux secs, incultes. C. — Moulins, Montluçon, Saint-Pourçain, etc.

b. — Sépales dentés ou ciliés glanduleux.

(6) H. Pulchrum. *L.* (M. Elégant.) Tige *glabre*, cylindrique, peu rameuse ; feuilles *cordiformes, obtuses, amplexicaules, toutes* à points translucides ; sép. ovales, *obtus*, bordés de glandes noires sessiles ; fleurs d'un beau jaune, rougeâtres en dehors, *peu nombreuses, en grappes allongées*. Juin, sept. Viv. Bois, C. — Yzeure, Chevagnes, Ferrières, Laprugne, Lalizolle, Marcenat, Chirat, Cérilly, Ainay-le-Château, Bourbon, Montluçon, Commentry, Bizeneuille, etc.

(7) H. Montanum. *L.* (M. des Montagnes.) Tige de 4-8 déc., raide, *glabre*, cylindrique, simple ; feuilles subcordiformes, *allongées*, ovales, demi embrassantes, les *supér. seulement* offrant des points translucides ; sépales lancéolés *aigus*, brièvement ciliés — glanduleux ; grappes *courtes serrées ;* fleurs d'un *jaune pâle*. Juin, août. Viv. R. Région montueuse. — Cérilly, Gannat, Vichy (Boreau); Chantelle, ravins en descendant la Bouble (C.B.); Rouzat (Bourdot); Le Montoncelle (P. B.).

(8) H. Hirsutum. *L.* (M. Velu.) Souche rampante ; tige *velue* ainsi que *toute la plante*, droite, cylindrique, simple ou rameuse ; feuilles ovales, *presque* sessiles, *toutes* munies de très petits points translucides; sépales *lancéolés aigus, serrulés* ciliés, *bordés de* glandes noires ; fleurs d'un beau jaune, assez grandes, en panicule dense. Juin, août. Viv. Bois montueux. — Marigny, Bagnolet, Noyant, Moladier, Bourbon, Cusset, Ferrières, Monétay-sur-Allier, Bresnay, Branssat, Souvigny, Gannat, Veauce, Chantelle, Marcenat, Chirat, Cesset, Pouzy, Le Veurdre, Diou, Pierrefitte, Montluçon, etc.

ELODES. *Spach. Bor. G. G.* (Elodie.) Cal. campanulé à 5 divisions; corolle campanulée à 5 pétales munis vers la base d'un appendice fimbrié ; 3 faisceaux d'étamines, alternant avec une écaille pétaloïde ; 3 styles ; capsule uniloculaire, à 3 valves.

E. Palustris. *Spach. Hyper. Elodes. L.* (E. des Marais.) Tige faible herbacée, rampante, radicante, cylindrique, velue-tomenteuse ; feuilles sessiles, subembrassantes, ovales-orbiculaires, ordin. émarginées au sommet, opposées, pubescentes, grisâtres ; criblées de points translucides très fins, cal. serrulé glanduleux ; pétales inégaux ; fl. jaunes. Juin, sept. Viv. Marais siliceux. A. R. — Thiel, Chevagnes, Beaulon, Cérilly, Montluçon, Le Donjon, Lurcy, Quinssaines, Bizeneuille, Lapalisse, Busset, Liernolles, Saint-Désiré, Laprugne, Le Montet, Saint-Sornin, Saint-Prix, Périgny, Chamblet, Tronget; Montluçon à La Brosse; Cosne, Commentry.

Famille XIX. — ACÉRINÉES.

Fleurs régulières, hermaphrodites ou polygames ; calice libre à 5 divisions ; 5 pétales, insérés sur le bord d'un disque hypogyne charnu., 5-12 étamines ; 2 stigm., 2 fruits secs ailés monospermes indéhiscents (Samares, p. 71, fig. 4.) Arbres à feuilles opposées, non stipulées.

ACER. *L.* (Erable). Caractères de la famille.

1 { Feuilles ailées. . . . . *A. negundo.* (4)
  { Feuilles non ailées. 2

2 { Fleurs en grappes pendantes. . . . . *A. pseudo-platanus.* (1)
  { Fleurs en bouquets corymbiformes 3

3 { Feuilles à lobes très pointus, fl. jaunes. . . . . *A. platanoïdes.* (2)
  { Feuilles à lobes obtus, fl. verdâtres . . . . *A. campestre.* (3)

(1) A. Pseudo-Platanus. *L.* (E. Sycomore.) Arbre élevé, à feuilles cordiformes, à 5 lobes dentés, *glauques blanchâtres en dessous ;* fleurs *en grappes* verdâtres, *pendantes ;* fruits pubescents d'abord, puis glabres ensuite, à ailes *peu divergentes.* Mai. Planté sur les avenues.

(2) A. Platanoïdes. *L.* (E. Plane.) Arbre élevé ; feuilles *larges, glabres,* vertes en dessous, palmées à 5 lobes sinués dentés, à dents très aiguës ; fruits *glabres* à ailes *très divergentes;* fl. jaunes en *corymbe.* Avril, mai. Bois de Neuvialle (L. L.). Planté çà et là.

(3) A. Campestre. *L.* (E. Champêtre.) Arbre *peu élevé, buissonneux,* à *écorce fendillée subéreuse ;* feuilles cordiformes, à *lobes obtus, pubescentes;* fl. petites, *velues, verdâtres,* en *grappes droites corymbiformes ;* fruit à ailes presque horizontale (p. 71, fig. 4). Avril, mai. Haies.

(4) A. Negundo. *L.* (E. Negundo.) Arbre élevé à feuilles *pennatiséquées,* à segments pétiolulés ; fl. jaunâtres en grappes interrompues, pendantes. Planté çà et là. Originaire de l'Amérique du Nord.

Un Erable fournit aux Indiens du sucre qu'ils retirent de la sève, et c'est encore un Erable de Sicile qui fournit la Manne dont l'emploi est si connu comme purgatif.

Famille XX. — HIPPOCASTANÉES.

ÆSCULUS. *L.* (Marronnier.) Calice campanulé à 5 sép., cor. irrégulière à 5 pét. hypogynes, pubescents ; ordinairement 7 étamines et 1 style ; caps. arrondie épineuse à 1-3 graines grosses.

Æ. Hippocastanum. *L.* (Marronnier d'Inde). Arbre élevé, à feuilles digitées à 5-7 folioles; fleurs en grappe serrée, pétales blancs, onguiculés, tachés de jaune et de rouge. Avril, mai.

Originaire d'Asie ; cultivé en Europe depuis 1591.

Famille XXI. — AMPÉLIDÉES.

VITIS. *L.* (Vigne). Cal. à 5 dents petites ; 5 pétales se détachant ensemble ; 5 étam. opposées aux pétales, ovaire libre, baie à semences dures, osseuses.

V. Vinifera. *L.* (Vigne cultivée.) Arbrisseau sarmenteux à feuilles pétiolées, à 3-5 lobes sinué-dentés ; fl. verdâtres en grappes. Juin. Tout le monde en connaît les nombreuses variétés.

On cultive généralement, pour orner les murailles, la Vigne vierge, *Ampelopsis quinquefolia.*

Famille XXII. — OXALIDÉES.

OXALIS. *L.* (Oxalis). Calice à 5 div., cor. à 5 pétales, 10 étam. dont 5 plus courtes, soudées à la base ; 5 styles; ovaire capsulaire allongé, à 5 angles et à 5 loges ; feuilles trifoliolées à folioles cordiformes échancrées au sommet (p. 71, fig. 5.)

{ Fl. blanches. . . . . *O. acetosella.* (1)
{ Fl. jaunes ; pétioles sans stipules. . . . . *O. stricta.* (2)

O. Acetosella. *L.* (O. Oseille.) Souche à rhizôme *écailleux*, rameux, traçant ; plante *sans tige* véritable ; feuilles *radicales*, pubescentes, à longs pétioles ; pédoncules *radicaux*, uniflores, portant *au milieu* une bractée bifide ; fl. *blanches* égalant 3-4 fois le calice ; capsule *ovoïde* acuminée. Av. Mai. Lieux frais des bois, à toute altitude. Viv. — Le Mayet-de-Montagne, Laprugne, Aronnes, Ferrières, Lapalisse, Saint-Nicolas, Bresnay, Echassières, Saint-Priest-en-Murat, Tortezais, Besson, Chantelle, Tronget, Lalizolle, Espinasse-Vozelle, Chézy, Chemilly, Saint-Désiré, Messarges, Verneuil, Lamaids, Chirat, Fleuriel, Branssat, Vicq, Montluçon, Verneix, Chavenon, Cérilly, Cusset, Le Donjon, Gannat, etc.

Dans les pays où cette plante est commune, on en retire du sel d'oseille.

(2) O. Stricta. *L.* (O. Dressé.) Plante *presque glabre ;* tige de 1-2 déc. dressée, émettant des *stolons* rampants ; feuilles *sans stipules ;* pédoncules *pluriflores*, en sertule, pédicelles *non réfléchis* à maturité ; fl. *jaunes ;* capsule oblongue, *cylindracée, anguleuse.* Juin, oct. Viv. Lieux cultivés. C. — Moulins, Bourbon, Dompierre, Gannat, Désertines, Cusset, Saint-Pourçain, Marcenat, Montluçon, etc.

L'*O. corniculata L. pubescente*, à tige *radicante*, sans stolons, à feuilles *stipulées*, à pédicelles *réfléchis* à maturité a été indiquée à Montluçon par Boreau dans la 2e mais non dans la 3e éd. N'y a pas été retrouvé.
On en cultive plusieurs espèces exotiques à fl. roses.

Famille XXIII. — BALSAMINÉES.

IMPATIENS. *L.* (Impatiente.) Fleurs irrégulières ; 5 sép. très inégaux, l'infér. en éperon allongé ; 5 pét. inégaux, les infér. soudés 2 à 2 par la base ; 5 étam. hypogynes à filets en partie soudés ; ovaire libre ; capsule à 5 loges, s'ouvrant avec élasticité.

I. Noli Tangere. *L.* (I. N'y touchez pas.) Vulg. Balsamine sauvage. Tige droite, de 2-6 déc., glabre ainsi que toute la plante, renflée aux nœuds, charnue ; feuilles alternes, pétiolées, ovales, dentées; fl. jaunes à éperon courbé, en grappes axillaires, portées par de longs pédoncules, grêles; capsule fusiforme, grêle, pentagonale. Juin, août. An. Lieux frais, ruisseaux des montagnes. A. R. — Ebreuil, Neuvialle, Jenzat, Le-Mayet-d'École, Louroux-de-Bouble, Bayet, sur les bords de la Sioule; Vicq, bords de la Veauce; Le Montoncelle, Aronnes, Cusset, bords du Sichon; Fourilles, bords du Boublon; Le-Mayet-de-Montagne, Laprugne, Ferrières, Saint-Nicolas; Saligny, bords de la Besbre; Tronçais, ravin de la Bouteille.

On trouve dans tous les jardins la Balsamine (*Balsamine impatiens. L.* et ses nombreuses variétés. Originaire de l'Inde.

La Capucine (*Tropœolum majus. L.)* appartient à la famille des Tropéolées, voisine de celle-ci. Originaire du Pérou.

La Rue, *Ruta Graveolens. L.* Plante ligneuse, à fleurs d'un jaune pâle tétramères ou pentamères, à feuilles glauques, à odeur forte, se cultive dans quelques jardins et se trouve quelquefois échappée.

Famille XXIV. — MONOTROPACÉES.

MONOTROPA. *L.* (Monotrope.) Fl. hermaphr., presque régulières; cal. persistant coloré, à 4 sépales; 4 pétales bossus à la base, 8 étam., 1 style; la fl. supér. est à 5 sép., 5 pét., 5 étam. libres, hypogynes; caps. à 4-5 valves, 4-5 loges; stigmate discoïde; 4-5 glandes hypogynes alternant avec les étamines.

M. Hypopitys. *L. Hypop. multiflora. Scop.* (M. sucepin.) Plante *charnue*, plus ou moins pubescente glanduleuse, surtout dans la panicule, *ayant le port d'une Orobanche* dont elle diffère par sa *corolle polypétale;* feuilles remplacées par des *écailles* dressées, ovales oblongues; fl. en grappe terminale, *courbée en crosse* avant la floraison; sépales lancéolés; pétales oblongs, *jaunâtres*, dentés, ciliés, éperonnés à la base; styles *poilus*. Parasite sur les racines des arbres, pins, chênes, etc. Viv. R. — Le Breuil; Bressolles à Moladier; Yzeure, bois des Combes (A. M.); Busset; Bourbon à Grosbois (L. A.); La Lizolle (P. B.); Saint-Didier; forêt de Marcenat (C. B.); Laprugne, bois de la Côte, au-dessus du Bourg (J. B.)

Var. *Glabra. Hypopytys glabra. D. C.* — Plante glabre dans toutes ses parties. R. R. Loriges (L. A.).

Classe II. — CALICIFLORES.

Corolle mono ou polypétale, insérée sur le calice ainsi que les étamines, portées quelquefois par la corolle elle-même. Ovaire libre, ou adhérent et plus ou moins infère.

SOUS CLASSE I. — POLYPÉTALES PÉRIGYNES OU ÉPIGYNES.

Famille XXV. — CÉLASTRINÉES.

EVONYMUS. *L.* (Fusain.) Fleurs hermaphrodites régulières; calice à 4-5 divisions; 4-5 pétales; 4-5 étamines, insérées avec les pétales sur le bord d'un disque faisant partie du calice; 1 style simple; capsule généralement à 4 angles; ovaire libre, charnu, à 3-5 loges. Arbrisseaux.

E. EUROPÆUS. *L.* (F. d'Europe.) Vulg. Bonnet-Carré. Arbrisseau de 2-3 mètres, à jeunes rameaux tétragones; feuilles opposées, elliptiques ou lancéolées, denticulées, glabres; stipules linéaires; fl. verdâtres en petits sertules axillaires; fruit rouge à maturité. Mai, juin. Viv. Haies, bois, C.

Ses rameaux carbonisés forment le fusain des dessinateurs.

Famille XXVI. — RHAMNÉES.

RHAMNUS. *L.* (Nerprun.) Fl. régulières, hermaphrodites ou unisexuées; Calice à 4-5 lobes; 4-5 pétales, quelquefois avortés; 4-5 étamines opposées aux pétales. Pétales et étamines insérés au bord d'un disque hypogyne; 1-3 stigm.; fruit bacciforme, à 2-3 loges, à 2-4 graines munies d'un sillon profond; arbrisseaux.

{ Feuilles entières . . . . *R. Frangula.* (1)
{ Feuilles dentées. . . . . *R. cathartica.* (2)

(1) R. FRANGULA. *L.* (N. Bourdaine.) Arbrisseau *non épineux*, de 2-4 m.; feuilles elliptiques, pétiolées *entières, glabres;* fleurs *hermaphrodites,* axillaires, *à 5 parties, un seul stigm.;* fl. blanc-verdâtres; fruit rougeâtre, noir à maturité. Mai, juin. Haies, bois. C. à toute altitude. — Moulins, Thiel, Lalizolle, Bayet, Laprugne; Forêt de Moladier, l'Espinasse, Tronçais, Civrais, etc.

Le charbon de la Bourdaine, très léger, est employé à la fabrication de la poudre.

(2) R. CATHARTICA. *L.* (N. purgatif.) Arbrisseau de 1-4 m.; Rameaux *un peu épineux* au sommet; feuilles opposées, brièvement pétiolées, ovales *denticulées, à dents glanduleuses; 2-3 stigm.,* fl. *dioïques ou polygames,* tétramères, jaune-verdâtres; fruit verdâtre, noir à maturité. Mai, juil. Bois, haies. Peu C. — Bourbon-l'Archambault, Neuvialle, Moulins, Bresnay, Gouise. Neuilly-le-Réal, Gannat, Bezillat, Besson, Souvigny, Ainay-le-Château, Montluçon.

Famille XXVIII. — LÉGUMINEUSES ou PAPILIONACÉES.

Fleurs hermaphr. irrégulières (papilionacées); cal. tubulé à 5 div. ou bilabié, rarement 2 sépales; 5 pétales, le supérieur *a* (p. 79, fig. 1) l'étendard, les latéraux *b* ailes, les 2 autres *c* soudés en carène; 10 étamines monadelphes ou diadelphes, 9 filets soudés et 1 libre (p. 79, fig. 4.) soudées comme les pétales sur le fond du calice; ovaire libre, uniloculaire; 1 stigmate; fruit sec, gousse, légume; herbes ou arbres à feuilles presque toujours composées et souvent stipulées.

Les Papilionacées forment une des familles les plus naturelles, les plus utiles du règne végétal. La plante verte sert souvent de fourrage pour les animaux; les graines riches en azote forment un aliment nourrissant pour l'homme et les animaux; quelques espèces exotiques nous fournissent des bois recherchés pour différents usages ; enfin leurs fleurs souvent belles et grandes en ont fait admettre un grand nombre dans nos parterres. Il suffit de citer parmi les produits des espèces exotiques la Casse et le Séné, l'huile d'Arachide, le Cachou, les gommes Arabique et Adraganthe ; des résines (Baume de Tolu et Sangdragon), le Pastel, les bois de Campêche et du Brésil.

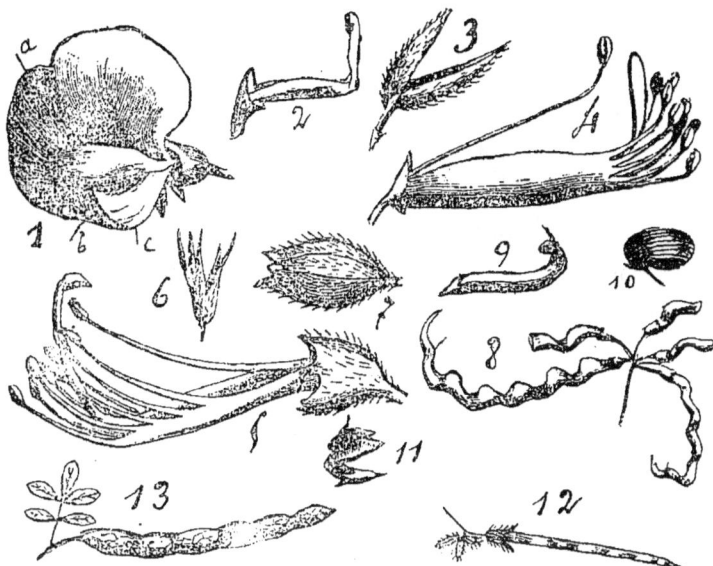

1. Fl. de Pisum sativum, *a* étendard, *b* ailes, *c* carène. — 2. Pistil du même. — 3. Cal. d'Ulex europæus. — 4. Etamines à tube tronqué transversalement. — 5. Id. obliquement. — 6. Cal. d'Ononis. — 7. Id. d'Anthyllis. — 8. Fr. d'Hippocrepis. — 9. Pistil de Phaseolus. — 10. Fr. de Medicago lupulina. — 11. Id. de Medicago sativa. — 12. Cal. et fr. de Lotus diffusus — 13. Fr. d'Ornithopus perpusillus.

Tribu I. — Etamines monadelphes.

ULEX. *L.* (Ajonc.) Calice divisé jusqu'à la base en 2 lèvres, la supér. bidentée, l'infér. tridentée ; pétales presque égaux ; étam. monadelphes ; gousse renflée, dépassant à peine le calice ; fleurs jaunes ; arbrisseaux très épineux, à feuilles unifoliolées, épineuses, coriaces.

{ Carène ne dépassant pas les ailes . . . . *U. Europæus.* (1)
} Carène dépassant les ailes . . . . *U. Nanus.* (2)

(1) U. EUROPÆUS. *L.* (A. d'Europe.) Arbrisseau *de 1-2 mètres*, à rameaux *dressés ;* pédicelle *plus court* que la feuille florale ; bractées calicinales *plus larges* que le pédicelle ; cal. *très velu ;* carène *droite, ne dépassant pas* les ailes ; gousse *très velue. Fév., juin.* Haies. Viv. C. — Moulins, Montluçon, Commentry, Chouvigny, Fleuriel, Saint-Didier, etc.

(2) U. NANUS. *Smith.* (A. nain.) Arbrisseau *de 3-5 déc.* à rameaux *étalés, presque tombants ;* pédicelle *égal* à la feuille florale ; bractées

calicinales *plus étroites* que le pédicelle ; cal. à pubescence *très
courte ;* carène *courbée, dépassant* les ailes ; gousse *peu velue. Juil. oct.*
Lieux arides, bruyères. Viv. C. surtout en terrains siliceux. —
Environs de Moulins, Bourbon. Meillers, Murat, Tronget, Chavenon ; environs de Montluçon, Saint-Désiré ; Chevagnes, Le Mayet-
de-Montagne, etc.

SAROTHAMNUS. *Wimmer. Spartium. L.* (Sarothamne.) Cal. à 2
lèvres, la supér. à 2 dents, l'infér. à 3 ; étam. monadelphes ; étendard suborbiculaire dépassant les ailes et la carène ; style très
allongé, roulé en spirale pendant la floraison ; feuilles trifoliolées ;
gousse comprimée, dépassant longuement le calice.

S. Scoparius. *Wimmer.* (S à balai.) Arbrisseau à rameaux effilés,
anguleux, glabres ; feuilles petites, pubescentes, les infér. *trifoliolées,*
les supér. *simples ;* fl. jaunes grandes, en épis allongés ; légume
velu sur les bords, noir à maturité. Avril, juil. Lieux stériles, C. C.

Var. *Flore albo.* R. — Branssat, Cressanges (L. A.).

Var. *Flore sulfureo.* R. — Besson, Saint-Désiré (L. A.).

GENISTA. *L.* (Genêt.) Cal. à 2 lèvres ; la supér. à 2 dents, l'infér.
à 3 ; étendard étroit, ne dépassant pas les ailes ni la carène, non
redressé ; carène échancrée ; étam. monadelphes ; style glabre, à
stigmate incliné en dedans ; gousse oblongue ; sous-arbrisseaux à
fl. jaunes ; feuilles unifoliolées.

1 {	Tiges épineuses		2
	Tiges non épineuses		3
2 {	Plante glabre dans toutes ses parties.	*G. Anglica.*	(1)
	Plante pubescente	*G. Germanica.*	(2)
3 {	Rameaux bordés de membranes foliacées	*G. sagittalis.*	(5)
	Rameaux sans membranes foliacées		4
4 {	Corolle pubescente, soyeuse en dehors . . . . . :	*G. pilosa.*	(6)
	Corolle glabre		5
5 {	Légume glabre.	*G tinctoria.*	(3)
	Légume velu.	*G. purgans.*	(4)

a. — Tiges épineuses.

(1) G. Anglica. *L.* (G. d'Angleterre.) Plante rameuse, diffuse,
épineuse, de 4-6 déc., à épines *simples, glabre* dans toutes ses parties ; feuilles subsessiles, petites, ovales lancéolées ; fleurs en
grappes axillaires, *feuillées,* légume *cylindrique.* Av., juin. Viv.
Bois et bruyères. C. — Environs de Moulins, Montluçon, Chavenon,
Cérilly, etc.

(2) G. Germanica. *L.* (G. d'Allemagne.) Plante épineuse, de 4-6
déc., à épines souvent *rameuses* par la transformation d'anciens
rameaux, *velue dans toutes ses parties ;* feuilles subsessiles, ovales
aiguës, lancéolées, longuement *ciliées ;* fl. en grappe *nue ;* carène
velue ; légume *ovale, velu, parallélogrammique.* Mai, juil. Viv. R. R.
— Rochers de Tizon, près Verneix (De Lambertye, in Bor.), où il
n'a pas été retrouvé.

b. — Tiges non épineuses.

(3) G. Tinctoria. *L.* (G. des teinturiers.) Tige glabre, redressée de 3-6 déc., à rameaux cylindriques striés ; feuilles glabres ou pubescentes, sessiles, lancéolées elliptiques ; pédicelles *plus courts* que les bractées ; pétales *glabres*, étendard égalant à peine la carène ; légume *glabre*. Juin, sept. Haies, prés, C. — Environs de Moulins, Loriges, Diou, Cesset, Commentry, Montluçon, Audes, Cérilly, Ainay-le-Château, Bourbon, Lurcy, etc.

(4) G. Purgans. *L. Sarothamnus Purgans G. G.* (G. purgatif.) Diffère du précédent : par les pédicelles des fl. *plus longs* que les feuilles florales ; ses feuilles *sessiles, pubescentes-soyeuses*, les infér. et moyennes *trifoliolées* ; ses légumes *velus*. R. — Coteaux de Cusset, Molles (Bor.) ; Aronnes (J. R.) ; Busset (L. A.).

(5) G. Sagittalis. *L.* (G. à tiges ailées.) Tiges nombreuses *gazonnantes, herbacées, ailées membraneuses articulées* ; feuilles *velues*, sessiles, peu nombreuses, ovales lancéolées, *très obtuses*, sans stipules ; fl. en grappes *courtes, serrées* ; légumes *velu*. Mai, juillet. Coteaux, bois secs. C. — Environs de Moulins, Bresnay, Le Montet, Laprugne, Jaligny, Gannat, Besson, Lurcy, Saint-Didier, Hérisson, Monestier, le Veurdre, Montluçon, Cérilly, Theneuille, etc.

(6) G. Pilosa. *L.* (G. velu.) Arbrisseau à tige rameuse, *tortueuse* de 2-6 déc. ; feuilles petites, brièvement pétiolées, ovales, *pubescentes, pliées canaliculées ;* fl. à étendard *soyeux* en dehors, à pédicelles *plus courts* ordin. que le calice ; légume *velu*. Avril, juin. Coteaux montueux secs. C. surtout en terrain siliceux. — Noyant, Bourbon, Meillers, Cérilly, Murat, Gannat, la Lizolle, Laprugne, Ferrières, Busset, Saint-Désiré, Chazemais, Cosne, Tronçais, Montluçon, Marcillat, etc.

On trouve dans les bosquets le G. d'Espagne, *Spartium junceum L.* à belles fl. jaunes et rameaux jonciformes.

CYTISUS. *L.* (Cytise.) Cal. à deux lèvres ; la supér. bidentée, tronquée, l'infér. tridentée ; étendard dressé, dépassant la carène ; style subulé à stigmate oblique, en tête, entouré de poils courts ; gousse linéaire, comprimée, dépassant beaucoup le calice.

C. Laburnum. *L.* (C. faux ébénier.) Arbre non épineux à feuilles toutes trifoliolées, à folioles oblongues très entières, pubescentes en dessous ; fl. jaunes en belles grappes pendantes. Mai. Cultivé et sous-spontané dans les parcs, les haies.

ONONIS. *L.* (Bugrane.) Cal. campanulé à 5 divisions profondes, linéaires, (p. 79, fig. 6) carène prolongée en bec ; étam. monadelphes ; style coudé presque à angle droit ; gousse courte, renflée ; feuilles trifoliolées ou unifoliolées, à stipules engaînantes, soudées au pétiole par leur base.

1 { Fleurs jaunes **3**
{ Fleurs jamais jaunes. **2**

$\left. \begin{array}{l} \text{Fruit plus court que le calice} \dots \dots \dots \dots \dots \dots \dots \dots \dots \text{O. } repens. \quad (1) \\ \text{Fruit égalant ou dépassant le calice} \dots \dots \dots \dots \dots \dots \dots \text{O. } spinosa. \quad (2) \end{array} \right\}$ 2

$\left. \begin{array}{l} \text{Fl. petites égalant à peine le calice} \dots \dots \dots \dots \dots \dots \text{O. } Columnœ. \quad (3) \\ \text{Fl. grandes, striées de pourpre} \dots \dots \dots \dots \dots \dots \dots \dots \text{O. } Natrix. \quad (4) \end{array} \right\}$ 3

(1) O. REPENS. *L. O. arvensis Lam. procurrens Walr. G. G.* (B. rampante.) Vulg. arrête-bœuf. Plante fétide, de 2-6 déc., velue *tout autour* de la tige, glanduleuse, visqueuse, épineuse, à souche *rampante ;* folioles ovales arrondies, *velues,* souvent visqueuses, les infér. à 3 folioles, les supér. simples ; fl. roses veinées, rar. blanches ; légume *plus court* que le calice. Mai, sept. Viv. Lieux stériles, sablonneux, etc. CC. à toute altitude. Plante très variable.

(2) O. SPINOSA. *L. O. campestris Koch. G. G. Bor.* (B. épineuse.) Souche *non traçante ;* plante peu odorante ; tiges pubescentes, mais surtout *sur deux lignes opposées,* alternant d'un nœud à l'autre ; fol. petites, cunéiformes, ordin. *non ou moins visqueuses, moins velues,* les infér. à 3 folioles, les supér. simples ; fl. rouges ; légume *égalant ou dépassant* le cal. collines *calcaires.* Juin, sep. Viv. R. — Gannat, à La Fauconnière ; (P. B.) Poëzat, Escurolles (L. Besson, Chomel) ; Sussat (M. L.) ; Chareil, Charroux, Fourilles (C. Bourgougnon) ; Besson (V. B.) ; Bellenaves (Thiger).

(3) O. COLUMNÆ. *All. O. parviflora. Lam.* (B. de Columna.) Tiges de 1-2 déc., ascendantes pubescentes glanduleuses ; feuilles pubescentes, un peu visqueuses, oblongues obtuses, assez longuement pétiolées, la plupart trifoliolées, à folioles finement dentées ; fl. jaunes petites axillaires, en grappe spiciforme feuillée, *plus petites* que le calice qui est jaunâtre, velu, glanduleux, et un peu dépassé par le fruit. Juin, août. Viv. Collines *calcaires.* R. — Gannat, au Montlibre (L. L.) ; bords du ruisseau de Vicq (Chomel) ; Saint-Amand, Cher, sur nos limites (A. P.) ; Saint-Florent, Chavannes (Bor.)

(4) O. NATRIX. *L.* (B. Gluante.) Plante de 3-5 déc. très velue, visqueuse, fétide ; tige sous-ligneuse, rameuse, ascendante ; folioles ovales, obtuses, denticulées dans leur partie supér., les latérales sessiles ; stipules oblongues acuminées, *entières ;* pédoncules uniflores, en épis feuillés ; fl. *grandes, jaunes, striées de pourpre ;* gousse *dépassant beaucoup* le cal. Juin, août, viv. Coteaux *calcaires.* RR. — Saint-Amand, Orval ; Chavannes, Cher, sur nos limites. (Bor. 3e éd.).

ANTHYLLIS. *L.* (Anthyllide.) Cal. ventru à 5 dents, persistant, (p. 79, fig. 7) ; pétales inégaux, carène obtuse ; étamines monadelphes ; ailes adhérentes à la carène ; légume ovale, renfermé dans le cal., à 1-2 graines. Feuilles imparipennées.

A. VULNERARIA. *L.* (A. Vulnéraire.) Tiges nombreuses, étalées ou redressées de 2 à 4 déc.; feuilles imparipennées, à folioles nombreuses, oblongues, entières, la terminale plus grande ; fl. en grappes serrées, jaunes à pointe rouge ; calice *renflé vésiculeux* après la floraison. Mai, août. Viv. *calcaires.* — Le Veurdre, Avermes, Neuvy, Gannat, Neuvialle, Charroux, Saint-Germain-des-Fossés, Montaigut-le-Blin, Billy, Gannay-sur-Loire, Naves.

LUPINUS. *L.* (Lupin.) Cal. à 2 lèvres ; carène acuminée, étendard réfléchi ; étamines monadelphes ; légume oblong, bien plus long que le calice ; style un peu incliné en avant ; feuilles digitées, stipulées.

L. RETICULATUS. *Desv. Bor. G. G.* (L. Réticulé.) Tige de 3-5 déc., simple munie de poils appliqués ; feuilles à 5-7 folioles, *digitées,* pubescentes, *canaliculées, étroites ;* fl. d'un bleu clair, en grappe droite terminale ; calice *muni* entre les deux lèvres *de deux bractées linéaires* ; lèvre supér. profondément *bifide ;* gousse velue, *large de 8-10 mill.;* graines *réticulées.* Juin, juil. An. Lieux sablonneux. R. — Yzeure, à Panloup, aux tuileries (Bor. 3° éd.); Moulins, gare des bateaux. (Besson.) ; Bressolles, Chemilly, Bresnay, Toulon (L. A.) Montluçon, à Brignat (Lucand); côte Boëssat de Saint-Pourçain à Cressanges (Rhodde in Lamotte); Saint-Agoulin, Puy-de-Dôme, sur nos limites (M. L.).

Le *L. termis,* à fleurs d'un blanc bleuâtre et le *L. luteus,* à fleurs jaunes, se cultivent çà et là, pour servir de nourriture aux bestiaux et les engraisser ; ils viennent partout et pourraient amender les terrains maigres. Quelques espèces sont admises dans les parterres pour leurs belles fleurs.

FABA. *Tourn. Vicia. L.* (Fève.) Cal. campanulé tubuleux à 5 dents, les 2 supér. plus courtes ; étamines monadelphes, à tube très obliquement tronqué ; (p. 79, fig. 5) style légèrement comprimé ; graines allongées, séparées par un duvet cellulaire abondant.

F. VULGARIS. *Mœnch. Vicia Faba. L.* (F. Commune.) Tige de 4-10 déc. *droite anguleuse, glabre ;* feuilles paripennées à 2-6 folioles, *larges,* oblongues, obtuses, entières, *glabres ;* stipules semi sagittées ; vrilles *presque nulles ;* fl. *blanches, tachées de noir,* grandes ; gousse très grande, *pubescente.* Mai, juill. An. Cultivé.

Tribu II. — Etamines diadelphes.

MEDICAGO. *L.* (Luzerne.) Cal. presque cylindracé, à 5 div. presque égales ; étam. diadelphes; corolle caduque, à carène obtuse, gousse réniforme, ou en faux, ou tortillée en spirale, saillante hors du calice ; plantes herbacées, feuilles trifoliolées.

1 { Fruit hérissé de pointes.		2
{ Fruit glabre ou pubescent, sans pointes spinescentes		5
2 { Fruit glabre.		3
{ Fruit pubescent		4
3 { Stipules déchiquetées jusqu'à la base.	*M. apiculata.*	(6)
{ Stipules à dents atteignant à peu près le milieu.	*M. maculata.*	(7)
4 { Stipules découpées en lobes sétacés	*M Gerardi.*	(9)
{ Stipules presque entières	*M. minima.*	(8)
5 { Fruit court, réniforme	*M. lupulina.*	(4)
{ Fruit recourbé en spirale ou en faux.		6

a. — Légumes non épineux.

(1) M. SATIVA. *L.* (L. cultivée.) Racine très longue, souche sub-ligneuse ; tige *droite* de 4-8 déc. ; *stipules entières* ou à peu près, lancéolées aiguës ; folioles obovales, cunéiformes, émarginées, dentées au sommet ; fl. *violettes ou bleuâtres* en grappes *allongées* ; légumes pubescents, en *spirale à 2-3 cercles* (p. 79, fig. 11). Viv. Juin, sept. Cultivé.

(2) M. MEDIA. *Pers. Bor. M. falcato-sativa. Reich. G. G.* (L. inter-médiaire.) Tige *couchée diffuse*, redressée ; grappes *courtes* ; fl. plus ou moins *jaunes*, lavées de *bleu-verdâtre ou de violacé* ; légume formant *un tour complet de spire*. Juin, sept. Viv. Souvent mêlée à la précédente et à la suivante, dont je la croyais une hybride ; ses gousses ont leurs graines bien développées. — Environs de Moulins, Gannat, Jenzat, etc.

(3) M. FALCATA. *L.* (L. en faucille.) Racine longue, souche sub-ligneuse. Tige de 4-9 déc., *couchée* puis redressée ; stipules infér. *dentées*, les supér. *entières* ; folioles obovales, étroites, cunéiformes, dentées au sommet, les supér. linéaires ; grappes *courtes*, à fleurs *jaunes ;* légume *courbé en faux, formant à peine un tour de spire,* pubes-cent. Viv. Juin, oct. Lieux secs, surtout calcaires, A. C. — Moulins, Gannat, Cérilly, Contigny, Créchy, Montord, Ainay-le-Châ-teau, etc.

(4) M. LUPULINA. *L.* (L. Lupuline.) Plante pubescente ; tige *faible, couchée*, redressée, de 1-4 déc.; fo.ioles *presque obcorbées*, den-tées au sommet ; fl. *petites, jaunes*, presque sessiles, *serrées en capi-tule de moins* de 1 cent.; légumes *monospermes, réniformes*, nervés en réseau, *glabres*, indéhiscents, (p. 79, fig. 10). Mai, oct., An. ou Bi-san. CC.

M. Wildenowii. Bœnning. Fruit hérissé ; presque aussi commun que le type. — Environs de Moulins, Besson, Le Montet, Gouise, Pierrefitte, Chevagnes, Monetay-sur-Allier, Bayet, Le Veurdre, Lurcy, Chouvigny, Laprugne, etc.

(5) M. AMBIGÜA. *Jord. Bor.* 3e éd. *Lamotte Prod. M. Orbicularis. All. partim.* (L. Ambigüe.) Tige rameuse, diffuse, de 1-3 déc.; folioles obcordées, dentées au sommet ; stipules *laciniées ;* pédoncules de 1-4 fl. jaunes ; gousse *glabre de 10-12 mill.* de diamètre, orbicu-laire, *aplatie*, un peu convexe *à 3-4 tours* de spire, *noircissant* à ma-turité. Juin, juil. Coteaux *calcaires.* RR. — Gannat, Montlibre (L. L. Chomel); Deneuille (C. B.). Saint-Florent, Blet, Cher, sur nos limi-tes (Bor.).

Le *M. Orbicularis, All.* a été divisé par Jord. en 2, l'*Ambigüa* et le *Marginata*, Wild. à fruit *jamais noir, comprimé, à 5-6 tours de spire et 15-18 mill. de diamètre.*

b. — Légume épineux en spirale, fl. jaunes.

(6) M. Apiculata. *Wild. D. C. Bor. Polycarpa Wild. G. G.* (L. à petites pointes.) Tige rameuse de 2-5 déc., étalée ou redressée ; folioles *glabres, cunéiformes,* obcordées, denticulées au sommet ; stipules *laciniées,* découpées presque *jusqu'à la base* en lobes sétacés ; pédoncules souvent *plus courts* que les feuilles, à 3-10 fl.; ailes *plus longues* que la carène ; légume *glabre,* à 3-5 tours de spire, à faces fortement *réticulées,* bordés d'un double rang d'épines *divergentes ;* fl jaunes. Mai. juil. An. Champs, Moissons, prés secs. A. R. — Bressolles, Chemilly, Yzeure, Moulins, Neuvy, Bourbon-l'Archambault, Chazelle, Billy, Souvigny, Fourilles.

(7) M. Maculata. *Wild.* (L. Tachée.) Tige couchée ou redressée, faible, *glabre ou à longs poils rares ;* feuilles cunéiformes, obcordées, denticulées, souvent *tachées de noir ;* stipules *dentées* seulement *jusqu'à leur moitié ;* pédonc. souvent *plus long* que la feuille, portant de 1 à 5 fl. jaunes, à ailes *plus courtes* que la carène ; légume *glabre veinulé* sur les faces, à 4-5 tours de spires et bordé d'un double rang d'épines entre-croisées. Mai, juil. An. Lieux herbeux. C.

(8) M. Minima. *Lam. Bor. G. G.* (L. Naine.) Plante de 1-2 déc., couchée *pubescente,* souvent grisâtre ; folioles obovales cunéiformes, émarginées et denticulées au sommet ; stipules lancéolées, *presque entières ;* pédoncules portant *de 1-6 fl.,* jaunes, petites ; légume *pubescent* à 4-5 tours de spires à épines *fines nombreuses,* recourbées. Mai, juillet Coteaux, lieux sablonneux ; bords des rivières. A. C. — Moulins, Murat, Besson, Dompierre-sur-Besbre, Diou, Gannat, Bayet, Chareil. Bresnay, Châtel-de-Neuvre, Chouvigny, Lavault-Sainte-Anne ; Saint-Amand, Cher, sur nos limites.

(9) M. Gérardi. *Wild. G. G. M. Cinerascens Jord. in Bor.* (L. de Gérard.) Tiges de 1-2 déc., couchées, *pubescentes, blanchâtres ;* folioles *presque obcordées,* denticulées ; stipules *laciniées, à dents sétacées ;* pédoncules *non aristés, pauciflores,* portant de 1 à 2 fl. d'un *beau jaune ;* légume *gros,* à 5-6 tours de spire peu serrés, *velus tomenteux,* à bords *épais,* à épines *coniques,* crochues, *assez écartées.* Mai, juil. Bisan. ou An. R. R. — Moulins, bords de l'Allier (Bor.) Avermes, Le Veurdre (A. M.) ; Bresnay (L. Allard).

On rencontre de temps à autre, dans les graines de luzerne venant du midi, des *Medicago* étrangers à notre région ; ainsi j'ai rencontré à Yseure-Sainte-Catherine le *M. littoralis ;* L. Allard a récolté à Souvigny le *M. Sphœrocarpa.*

MELILOTUS. *Tourn.* (Mélilot.) Calice en cloche, persistant à 5 dents presque égales ; corolle caduque, carène obtuse ; étam. diadelphes ; légume court, arrondi ou oblong, indéhiscent, dépassant le calice ; herbes à feuilles trifoliolées ; fl. en grappes spiciformes allongées.

1 { Fl. blanches . . . . *M. alba.* (1)
  { Fl. jaunes 2

(1) M. Alba. *Thuillier* (M. blanc.) Tige de 6-15 déc., *droite, glabre,* rameuse ; folioles denticulées obtuses, obovales oblongues ou lancéolées ; stipules *sétacées entières* ; étendard *dépassant* les ailes ; fl. *blanches* ; légume glabre, à *une* graine. Juin, août. Bisan. Bords des champs, des rivières, sables. — S'est très répandu depuis 25 ans, tend à devenir commun. Moulins, Echassières, la Lizolle, Bellenaves, Bresnay, Buxière-les-Mines, Montoldre, Saint-Ennemond, Le Montet, Varennes, Neuilly-le-Réal, Bourbon, Gannat, Cesset, Montluçon, Tronçais, etc.

(2) M. Arvensis. *Wall. Bor. M. Officinalis. G. G.* (M. des champs.) Tige *couchée,* redressée, glabre, de 4-6 déc. ; feuilles obtuses denticulées obovales oblongues ; stipules infér. *dentées,* les supér. *entières ;* cal. *glabre* ; étendard *dépassant* les ailes ; légumes ovales *aigus, glabres,* ordin. à *une seule* graine ; fl. d'un *jaune clair,* odorantes. Juin, sept. prés, champs, bords des chemins. Bisan. C.

(3) M. Altissima. *Thuillier. Bor. M. Macrorhyza. G. G.* (M. élevé.) Tige de 1-2 mètres, *droite,* glabre, sillonnée ; feuilles *toutes denticulées,* oblongues, *presque tronquées ;* stipules *subulées,* offrant à la base *1-2 dents sétacées,* les supér. *entières ;* cal. et pédicelles *pubescents ;* fl. d'un *beau jaune,* odorantes ; étendard *égalant* les ailes ; fruit *obtus, pubescent,* à poils apprimés, ordinairement à *deux* graines, Juil. sept. Haies, bords des bois, des ruisseaux. Bisan. Peu C. — Saint-Germain-des-Fossés, Gannat, Biozat, Saulzet, Lurcy, Loriges, Montord, Abrest, Bressolles, Bresnay, Besson, Gannat, Treteau, Naves, Montluçon, etc.

(4) M. Palustris. *Kit. Bor.* (M. des Marais.) Tige *brunâtre* de 3-10 déc., *droite* ; feuilles infér. dentées, les sup. oblongues linéaires, *entières* ou à peu près ; stipules *sétacées* ; pédicelles et cal. *pubescents,* fl. d'un *jaune clair,* étendard *égalant* les ailes ; légume *pubescent à une seule* graine, *plus gros* que celui du précédent. Juil. sept. Lieux frais, humides. R. R. — Bellenaves, le long du chemin de Saint-Bonnet-Tison à la Charrière ; côte de Saint-Bonnet-Tison, aux plaines de Naves (M. L. Prod.)

TRIFOLIUM. *L.* (Trèfle.) Calice tubuleux persistant, à 5 divisions ; corolle parfois monopétale, mais toujours papilionacée, persistante, carène plus courte que les ailes, et celles-ci que l'étendard ; étamines diadelphes ; gousse jamais saillante, ovoïde ou oblongue, indéhiscente, renfermée dans le calice ; herbes à feuilles trifoliolées, et à fleurs en tête ou épi serré.

1. Aile de Lotus corniculatus. — 2. Id de Lotus tenuifolius. — 3. Demi stipule de Trifolium patens. — 4. Id. de Trif. aureum. — 5. Fl. de Vicia varia.

a. — Calice et dents glabres, étendard caduc.

(1) T. GLOMERATUM. *L.* (T. aggloméré.) Plante de 5-20 cent., *glabre* ; tige étalée diffuse, rameuse, redressée ; folioles ovales arrondies, cunéiformes à la base, denticulées, à dents cuspidées ; stipules scarieuses, ovales, longuement *acuminées subulées* ; têtes de fleurs *médiocres*, à peine 1 cent., globuleuses, *sessiles, axillaires* ; calice et dents glabres ; dents égales, raides, *réfléchies* après la floraison ; fl. roses. Mai, juin. Lieux secs. An. RR. — Montluçon, environs de Nerde, sentiers près de la route de Néris ; collines au-dessus de Lavault-Sainte-Anne (A. P.).

(2) T. Repens. *L.* (T. rampant.) Plante *glabre*, à tige *rampante, radicante* ; folioles obovales arrondies, denticulées, souvent *tachées* ; stipules ovales, scarieuses, terminées *subitement* par un long mucron ; cal. et dents glabres ; fl. blanches ou rosées, *réfléchies* après la floraison, portées par un *long pédoncule*. Mai, sept. Viv. C. C. — A toutes les altitudes.

Var. *Microphyllum*. Folioles de 5-6 mill. de large. Yzeure à Plaisance.

(3) T. Elegans. *Savi. Bor. Grenier.* (T. élégant.) Tiges de 3-6 déc. *couchées*, puis ascendantes, *non radicantes, non fistuleuses*, légèrement *pubescentes* ; folioles obovales, *presque arrondies*, très veinées, denticulées ; stipules *lancéolées-acuminées* aristées ; pédoncules dépassant les feuilles ; cal. et dents glabres ; fl. *toujours roses, réfléchies* après la floraison ; *capitules d'environ 15 mill.* de diamètre. Juin, sept. Viv. Pelouses et prairies où on le sème. R. — Septfonds (Cr.) ; Yzeure (E. O.) ; Pierrefitte, Gouise, Bresnay, Cressange, Trevol, Lapalisse, Toulon (L. A.) ; Neuvy (V. B.) ; La Lizolle, Échassières (P. B.) ; Saint-Voir (Virotte) ; Montoldre, Treteau, Lusigny, Bessay (A. M.) ; de Bellenaves à Louroux, chemin de fer ; chemin de Sussat à la Lizolle (M. L. Prod.) ; Commentry (A. P.).

(4) T. Hybridum. *L. Bor. G. G.* (T. Hybride.) Diffère du précédent dont il est très voisin : par ses tiges *dressées, fistuleuses ;* ses folioles moins veinées, un peu *rhomboïdales, oblongues, environ 2 fois plus longues que larges* ; ses fl. *blanchâtres d'abord*, puis rosées, puis brunes ; ses capitules plus gros. Se sème dans les prairies, avec le précédent, mais encore beaucoup plus rare. Tendent à se répandre. — Yzeure, à Plaisance (L. A.) ; Fourrilles ; Lurcy, étang Larrau ; Bourbon, prairies le long de la Burge (A. M.)

b — Tube du calice glabre, dents ciliées, étendard caduc.

(5) T. Subterraneum. *L.* (T. Souterrain.) Tiges *couchées*, velues comme toute la plante ; folioles *obcordées*, dentées au sommet ; stipules *courtes*, ovales aigües ; fl. *peu nombreuses, 2-5, bientôt réfléchies*, mélangées à des fl. stériles, apétales, *s'enfonçant en terre* après la floraison, *blanches*, à corolle très allongée ; cal. à dents *sétacées*, longuement ciliées. Mai, juin. Viv. Pelouses rases. Peu C. — Moulins, Avermes, Yzeure, Trevol, Bresnay, Besson, Gannat, Contigny, Fleuriel, Bayet, Saint-Pourçain, Jenzat, Neuvialle, Broût-Vernet, Branssat, Neuilly, Montluçon.

(6) T. Medium. *L.* (T. Intermédiaire.) Tiges ascendantes, *flexueuses ;* feuilles *toutes* pétiolées, folioles ovales oblongues, veinées, presque entières ; stipules *lancéolées*, acuminées, longuement soudées au pétiole ; fl. *roses-rouges*, en têtes *ovoïdes globuleuses, brièvement* pédonculées ; cal. à tube glabre, velu à la gorge, à dents ciliées, sétacées. Mai, juil. Bois. Viv. — Moladier, Bagnolet, Échassières, Bresnay, Montaigut-le-Blin, Yzeure, Gouise, Monétay-sur-

Allier, Gannat, Veauce, Besson, Chantelle, Chirat, Chouvigny, Etroussat, Créchy, Tronçais, Lavault-Sainte-Anne, Hérisson, etc.

(7) T. Rubens. *L.* (T. Rouge.) Tige *dressée, raide,* simple de 2-3 déc., *très glabre,* comme toute la plante ; stipules *très longues,* 3 cent., linéaires-lancéolées, *denticulées* au sommet, longuement soudées au pétiole ; folioles lancéolées, fortement veinées, denticulées ; fl. *rouges,* en épis *cylindracés-allongés, souvent géminés;* calice *à 20 nervures,* à dents *très inégales,* dont une *triple* des autres, longuement velues; corolle à parties soudées. Juin, juil. Viv. Coteaux calcaires, etc. Peu C. — Moulins, à Vallières ; Bresnay, Besson, Avermes, Yzeure, Bressolles, Rongères, Monétay-sur-Allier, Gannat, Bellenaves, Souvigny, Charroux, Chareil, Fleuriel, Fourilles ; Ainay-le-Vieil, Urçay. Saint-Amand, Saint-Florent, Cher.

c. — Calice et dents velus, étendard caduc.

(8) T. Ochro-Leucum. *L.* (T. Jaunâtre.) Tige *dressée,* pubescente ainsi que toute la plante ; feuilles supér. *ovales oblongues* très *entières; stipules en pointe allongée; fleurs jaunâtres,* en épi globuleux, puis ovoïde, *gros,* calice velu, à dents ciliées dont une bien *plus longue ; corolle allongée,* Viv. Juin, juil. Prés secs, bords des bois et des champs. Assez C. — Yzeure, Trevol, Bresnay, Neuvy, Bressolles, Montbeugny, Cusset, Echassières, Gannat, Bègues, Jenzat, Fleuriel, Brout-Vernet, Loriges, Bayet, Montluçon, Lurcy, Braize, Meaulne, Lachapelaude, etc.

(9) T. Incarnatum. *L.* (T. Incarnat.) Plante *annuelle,* velue, à tige *simple* droite ; folioles largement obovales, denticulées ; stipules *ovales obtuses,* dentées, longuement adhérentes au pétiole ; fl. ordin. d'un *rouge vif, en épi cylindracé ;* cal. très velu, à dents subulées, ciliées, presque égales, étalées à maturité. Mai, juil. An. Cultivé en grand, et sous spontané.

T. Molineri. Balbis. Fleurs *blanchâtres* dans une partie de l'épi, rosées ou rouge dans l'autre. On trouve tous les intermédiaires.

(10) T. Arvense. *L.* (T. des champs.) Vulg. Pied de Lièvre, plante *velue, soyeuse, grisâtre ;* tige dressée ; folioles *linéaires-oblongues,* allongées, *pointues ;* stipules *longuement* sétacées ; fl. *petites,* rosées, en épis *oblongs cylindracés, velus soyeux ;* cal. à dents égales, ciliées plumeuses, deux fois plus longues que le tube, *dépassant* la corolle. Mai, juil. An. Champs sablonneux, etc. C.

(11) T. Gracile. *Thuillier. D. C. G. G.* (T. Grèle.) Diffère de la précédente dont elle a les caractères généraux : par ses tiges plus petites, souvent *rougeâtres* ; ses feuilles d'un *vert foncé,* ses poils *apprimés,* son calice à dents *moins* velues, ciliées *non plumeuses.* Avec la précédente, mais moins commune. — Moulins, Bayet, Chareil, Gannat, Montluçon, etc.

Jordan a subdivisé le *T. Arvense L.* en un grand nombre d'espèces dont les deux ci-dessus sont les termes extrèmes ; les autres se rapprochent de l'une ou de l'autre et n'en diffèrent que par des caractères d'importance plus que secondaire.

(12) T. Pratense. *L.* (T. des prés.) Tiges de 2-4 déc. dressées ou étalées, *un peu* velues; feuilles infér. pétiolées, les *supér. sessiles*; folioles oblongues, à peine denticulées, souvent *tachées* en fer à cheval; stipules entières, rayées, longuement soudées, à pointe *brusquement sétacée*; fl. roses, en têtes *grosses* arrondies, ordinairement *sessiles*, munies à la base *de 2 feuilles opposées*; cal. à 10 nervures, à dents sétacées, ciliées, inégales. Mai, sept. Viv. Prés, chemins, etc. C. C.

Var. *Flore albo.* R. Chavenon.

T. sativum. Reich. Plante très développée par la culture, très velue. Prairies.

(13) T. Striatum. *L.* (T. strié.) Plante très pubescente à poils *étalés*; tiges de 1-4 déc., étalées ou redressées; folioles obovales oblongues, cunéiformes, denticulées, à nervures latérales *peu saillantes* et *non arquées* en dehors; stipules *larges*, ovales membraneuses, aristées; fl. rosées en têtes *médiocres, sessiles* ou à peu près; cal. velu, *ventru urcéolé* après la floraison, *contracté* vers la gorge, à dents *sétacées*, dressées ou étalées à maturité. Juin, juil. An. Pelouses, prés secs, lieux sablonneux. — Moulins, Bresnay, Besson, Avermes, Yzeure, Branssat, Gannat, Broût-Vernet, Neuilly-le-Réal, Paray-sous-Briaille, Diou, Bayet, Montluçon, Lavault-Sainte-Anne, Néris.

(14) T. Scabrum. *L.* (T. scabre.) Tige *raide*, couchée, à poils *apprimés*; folioles obovales oblongues, denticulées, à nervures latérales *saillantes et arquées en dehors*; stipules *ovales* aiguës; fl. rosées en têtes *médiocres, sessiles*; cal. campanulé, *cylindracé non rétréci à la gorge*, à divisions *lancéolées*, devenant *divergentes et presque piquantes* à maturité. Mai, juin, An. Pelouses, prés secs, coteaux. R. — Moulins, Gare des bateaux, levée de Bercy (V. B.); Gannat (M. L. Prod.); Avermes, Levée de l'Allier (A. M.); Target (E. Berthon).

(15) T. Maritimum. *Huds. Bor. G. G.* (T. maritime.) Plante velue; tige de 2-4 déc., étalée, redressée; folioles obovales, oblongues, *subdenticulées au sommet*, les supér. *pointues*; stipules *étroites*, acuminées, soudées jusqu'au milieu; fl. d'un blanc rosé en têtes ovoïdes coniques, terminales, *pédonculées*; cal. sillonné *presque glabre*, dents *lancéolées*, subulées, raides, *presque piquantes, étalées* à maturité, l'infér. un peu plus longue. Mai, juin. An. Prairies humides. R. R. — Prairie tourbeuse de la fontaine minérale de Vauvernier, au bord de la Sioule, au-dessus de Jenzat (H. du Buysson).

(16) T. Fragiferum. *L.* (T. Porte-Fraise.) Tige *couchée rampante*, plus ou moins velue; folioles ovales arrondies, *denticulées*, émarginées, ordin. *glabres, à pétiole velu*, à nervures divergentes; stipules lancéolées *linéaires*; fl. roses en têtes *serrées, pédonculées*, offrant à la base *un involucre*; cal. *pubescent*, renflé devenant à maturité *vésiculeux tomenteux*, donnant au capitule *l'aspect d'une fraise.* Juin, sept. Viv. Prés, bords des chemins, dans les cal-

caires argileux. A. C. — Moulins, Besson, Bresnay, Monétay-sur-Allier, Broût-Vernet, Saint-Germain-des-Fossés, Montaigut-le-Blin, Gannat, Chareil, Charroux, Bourbon, Vicq, Montluçon, etc.

Var. *Flore albo*. Bresnay.

Pendant deux ou trois ans, après la guerre de 1870, nous avons recueilli à Moulins, au cours de Bercy et sur la levée près de la caserne, le *T. Resupinatum L.* à capitule involucré, à cal. un peu renflé, ayant les deux dents supér. sétacées très allongées, et la fl. renversée.

d. — Fleurs jaunes, étendard persistant devenant brun après la floraison.

(17) T. Aureum. *Pollich. Bor. Lamotte. G. G. T. Agrarium. Schr. D. C. L.?* (T. Doré.) Tiges de 2-5 déc., pubescentes, *raides, droites, dressées* ; folioles obovales, denticulées, *glabres, toutes sessiles* ; stipules *étroites, linéaires* lancéolées (p. 87, fig. 4) ; fl. d'un *beau jaune*, en capitules arrondis, puis *devenant ovoïdes* ; étendard *fortement* strié. Juin, juil. Prés, bois montueux. Bisan. R. R. — Cusset, bois de Serbannes (Saul in Bor.) ; Ferrières (L. A.) ; Monétay-sur-Allier, à Montcoquet (Lavediau).

(18) T. Patens. *Schreb. G. G. Bor. Lamotte. T. parisiense. D. C. Aureum. Th.* (T. Étalé.) Tige de 2-5 déc., *étalée ascendante* ; folioles obovales, denticulées, glabres ou velues, la *moyenne pétiolulée* ; stipules *ovales, élargies, auriculées, cordiformes*, à la base, (p. 87, fig. 3) ; fl. d'un *beau jaune*, en capitule *arrondi* ; étendard strié. Mai, août. Prés, pelouses. An. R. — Yzeure, Toury, Neuvy, Souvigny (V. B.) ; Bourbon-l'Archambault. (A. M.) ; Saint-Pierre-le-Moûtier, Nièvre, sur nos limites (V. B.).

(19) T. Campestre. *Schreb. Bor. Lamotte. T. Agrarium. G. G.* non *L.* (T. Champêtre.) Tiges de 1-5 déc., diffuses, *étalées ascendantes*, pubescentes ; folioles obovales cunéiformes, denticulées au sommet ; celle du milieu à pétiole *d'environ 2 mill.* ; stipules *ovales, dilatées à la base* ; fl. nombreuses, d'un *jaune clair*, en capitule de 10-12 mill. ; étendard *fortement strié*. Juin, oct. Champs. C. — Moulins, Montord, Marcenat, Deneuille, Pierrefitte, Bourbon, Ainay-le-Château, Gannat, Montluçon, etc.

(20) T. Pseudo-Procumbens. *Gm. Bor.* 3° éd. *T. Schreberi. Jord. Agrarium minus. G. G.* (T. Couché.) Diffère du précédent dont il est très voisin : par sa tige *plus petite*, sa foliole moyenne *moins longuement* pétiolulée, ses capitules *de 5-6 mill.* A. C. — Moulins, Saint-Pourçain, Monétay, Besson, Chouvigny, Commentry, etc.

(21) T. Minus. *Relhan. Smith. Grenier. Lamotte. T. Filiforme. D. C. T. Procumbens. G. G. Bor.* (T. à petite taille.) Tiges de 1-3 déc. grêles, étalées, glabres ou pubescentes ; folioles obovales cunéiformes, denticulées, celle du milieu *pétiolulée* ou subsessile dans les petits échantillons ; stipules ovales oblongues aiguës ; fl. d'un *jaune clair*, au nombre *d'au plus 15*, à étendard *lisse ou à peine strié*, dépassant peu les ailes, caréné ; capitule *de 5-6 mill.* Champs, prés, chemins. An. C. C.

La synonymie de ces trèfles jaunes a été fort embrouillée et discutée : deux espèces ont été confondues sous le nom de *Filiforme :* le *Minus* Relhan et le *Filiforme L.* que nous n'avons pas ; les noms d'*Agrarium*, de *Procumbens*, ont voyagé d'une espèce à une autre, et on fait bien de les abandonner.

LOTUS. *L.* (Lotier.) Cal. tubuleux campanulé, à 5 divisions presqu'égales ; corolle caduque, carène prolongée en bec ; étam. diadelphes, à filets alternativement dilatés ; style atténué au sommet ; légume droit, linéaire, cylindracé, se séparant en deux valves qui se roulent en tire-bouchons. (p. 79, fig. 12.) Plantes trifoliolées, à stipules larges foliacées ; fl. jaunes en sertules.

1	Dents du cal. réfléchies avant la floraison . . . . *L. uliginosus.*	(3)
	Dents du cal. jamais réfléchies	2
2	Plante annuelle, pédonc. d'au plus 3 fl.	3
	Plante vivace, pédonc. de 3-6 fl.	4
3	Pédoncule à peine plus long que les feuilles . . . . *L. angustissimus.*	(4)
	Pédoncule dépassant beaucoup les feuilles. . . . . *L. diffusus.*	(5)
4	Ailes élargies au milieu, fortement courbées au bord inférieur (p. 87, fig. 1). *L. corniculatus*	(1)
	Ailes ovales oblongues, non courbées au bords inférieur (p. 87, fig. 2). . *L. tenuis.*	(2)

a. — Plantes vivaces.

(1) L. Corniculatus. *L.* (L. Corniculé.) Plante polymorphe, glabre ou velue, à tiges ascendantes ; folioles et stipules *obovales* cunéiformes ou *oblongues ;* sertules de 2-6 fl.; dents du cal. *non réfléchies ;* ailes *élargies* au milieu, *offrant une forte courbure* ou angle saillant, au bord infér. (p. 87, fig. 1.) ; fl. souvent rougeâtres en dehors. Mai, oct. Prés, champ. etc. Viv. CC.

(2) L. Tenuis. *Kit. G. G. Tenuifolius. Reich. Bor.* (L. Ténu.) Diffère du précédent : par ses fl. *moins nombreuses ;* ses feuilles plus étroites, les supér. *linéaires* lancéolées *aiguës ;* ses ailes *obovées oblongues, non courbées* au bord infér. (p. 87, fig. 2.) ses fl. *jamais rougeâtres ;* son état ordinairement *glabre.* Beaucoup plus rare. — Bourbon, où il est commun (L. A.) ; Environ de Gannat (M. L.) ; Lurcy, étang Larrau (A. M.) ; Vauvernier, près Jenzat (B.)

(3) L. Uliginosus. *Schr. G. G. Bor. L. Major. Scop. Smith.* (L. des fanges.) Souche *rampante ;* tiges de 5-8 déc. ordinairement velues ; folioles obovales ; fl. *nombreuses,* 8-12; dents du cal. *réfléchies* avant la floraison ; ailes obovales, *non courbées* au bord infér. ; carène *insensiblement* atténuée en bec. Juil. oct. Viv. Endroits humides. C. — Moulins. Veauce, Echassières, Commentry, Le Vernet, Montluçon, Lurcy, Laprugne, etc. A toute altitude.

b. — Plantes annuelles.

(4) L. Angustissimus. *L.* (L. grêle.) Tige très grêle, *peu rameuse,* plus ou moins couverte de poils, *droite ascendante ;* folioles obovales pointues ; pédonc. *de 1-2 fleurs, égalant* à peu près les feuilles, muni de bractées inégales ; ailes élargies, arrondies au sommet ; fl. d'un *jaune pâle ;* légume 5-6 *fois plus long* que le calice. Mai, juin. Pelouses, champs. An. R. — Chavenon à Sceauve (Causse, in

Bor.) ; environs d'Audes et de la Chapelaude, les Fulminais ; Braize, Montluçon, plateau de Marignon (A. P.).

(5) L. DIFFUSUS. *Solander*. *Bor*. *Angustissimus Var*. *G. G.* (L. étalé.) Diffère du précédent : par ses tiges *nombreuses, étalées* ; son pédonc. *dépassant* notablement les feuilles ; ses fl. d'un jaune vif, quelquefois *mêlées de rougeâtre* ; son légume 6-8 *fois plus long* que le cal. (p. 79, fig. 12.) R. — Environs de Moulins ; Yzeure, vers le pré de la Cave ; Trevol, champs, route de Dornes (A. M.) ; Bressolles, près Moladier (E. O.) ; Gouise (L. A.) ; Commentry, à la Mine (A. M.) ; Montluçon, entre le château de Pasquis et Passat (A. P.) ; Chaugy, près Bessay (J. Gautier, in Lamotte).

TETRAGONOLOBUS. *Scop*. (Tétragonolobe.) Cal. tubuleux-campanulé ; corolle à carène prolongée en bec ; étam. diadelphes, à filets alternativement dilatés ; style épaissi au sommet ; gousse droite, à 4 ailes foliacées longitudinales, s'ouvrant en deux valves qui s'enroulent en tire-bouchons.

T. SILIQUOSUS. *Roth*. *Bor*. *G. G.* (T. siliqueux.) Tiges de 2-4 déc., dressées ou étalées, pubescentes comme toute la plante ; folioles obovales cunéiformes ; fl. d'un jaune pâle, ordinairement solitaires, à pédoncule dépassant la feuille ; cal. à dents plus courtes que le tube Mai, juil. Viv. Lieux humides. R. — Charroux, près du Peyrou ; Fourilles, près du bois de la Rivière (C. B.) ; Charmes (Vannaire, Nony) ; Gannat (P. B.) ; Monétay, boires de la Sioule (Moriot, Lailloux) ; Poëzat, Saulzet (M. L.).

GALEGA. *Tourn*. (Lavanèse.) Cal. campanulé, à 5 dents subulées presque égales ; carène presque aiguë ; style glabre filiforme ; gousse linéaire allongée, striée obliquement sur les faces.

G. OFFICINALIS. *L*. (L. officinal.) Plante glabre ; tiges nombreuses, droites, fistuleuses, de 6-10 déc. ; feuilles imparipennées à 5-8 paires de folioles oblongues lancéolées, terminées par une pointe subulée assez longue ; stipules grandes, demi-sagittées, acuminées ; fl. bleuâtres rosées, plus rarement blanches, en grappes oblongues dépassant la feuille florale. Juil., août, bords des fossés. Viv. R. — Gannat, entre les moulins de la Vernüe et de Neuvialle (P. B.) ; bords de la Sioule et des ruisseaux des environs d'Ebreuil et de Gannat (Delarbre in Lamotte).

Cultivée pour ses fl. dans les parterres, sous le nom de *Sainfoin d'Espagne*. On a proposé de la cultiver en grand comme fourrage abondant et précoce.

ROBINIA. *L*. (Robinier.) Cal. campanulé à 5 dents, les supér. plus courtes rapprochées, presque à 2 lèvres ; carène aiguë ; étamines diadelphes ; gousse longue, comprimée, polysperme.

R. PSEUDO-ACACIA. *L*. (R. faux Acacia.) Vulg. Acacia. Arbre élevé à bois jaunâtre ; rameaux à *stipules remplacées par des épines* ; feuilles *imparipennées*, nombreuses, à folioles ovales, minces, entières ; fl. *odorantes, blanches,* en grappes pendantes. Mai, juin. Cultivé. Originaire d'Amérique. Introduit en France en 1635.

On trouve dans les bosquets le *R. hispida* à fl. roses.

ASTRAGALUS. *L.* (Astragale.) Cal. campanulé ou tubuleux, à 5 dents ; étendard dépassant les ailes ; carène obtuse ; étam. diadelphes ; gousse divisée en deux loges par une membrane naissant de la nervure dorsale.

A. GLYCYPHYLLOS. *L.* (A. à feuille de Réglisse.) Plante de 6-10 déc. couchée, glabre ; feuilles imparipennées, à 11-13 folioles, grandes, ovales ; stipules libres, ovales, acuminées ; pédonc. plus court que la feuille florale ; fl. verdâtres ; gousses cylindriques trigones, arquées, canaliculées sur le bord externe. Juin, juil. Viv. Prés, bois, haies. — Environs de Moulins, Gannat, Ebreuil, Fleuriel, Monestier, Branssat, Diou, Ainay-le-Château, Meaulne, Montluçon, Lavault-Sainte-Anne, Huriel, Nocq, etc.

CORONILLA. *L.* (Coronille.) Calice court, presque à deux lèvres, à 5 dents, les deux supér. presque soudées ; carène acuminée, terminée en bec ; légume linéaire, droit ou arqué, contracté transversalement en plusieurs articles oblongs ; feuilles pinnées avec impaire ; fl. en sertule.

1 { Fleurs mêlées de blanc et de rose. . . . . *C. varia.* (1)
  { Fleurs jaunes 2

2 { Foliole terminale 6-8 fois plus grande que les latérales . . . . . . *C. scorpioïdes.* (3)
  { Folioles à peu près égales . . . . *C. minima.* (2)

(1) C. VARIA. *L.* (C. Bigarrée.) Tige de 3-6 déc., herbacée tombante, rameuse, glabre ; folioles *nombreuses,* glabres, ovales, obtuses, mucronulées ; stipules libres, très petites, linéaires ; fl. *variées de rose, de violet et de blanc ;* pédoncule double de la feuille florale. Juin, août. Viv. Prés, champs, bords des chemins, dans les calcaires. — Moulins, Le Veurdre, Désertines à Marmignolles, Gannat, Cesset, Lurcy, Ainay-le-Château, etc.

(2) C. MINIMA. *L.* (C. Naine.) Tige de 1-3 déc., *sous-ligneuse* à la base, diffuse ; 5-9 folioles petites, obovales, cunéiformes obtuses, *glauques, toutes égales* ou à peu près ; stipules *soudées,* d'environ 1 mill. de long ; pédonc. de 5-10 fl. jaunes, à pédicelles dépassant un peu le tube du calice. Mai, juil., Viv. Pelouses des coteaux calcaires. R. — Gannat, Montlibre, Bègues (Besson, M. L.) ; Meaulne, coteaux de Grand fond et des Chanets (A. P.) ; Ainay-le-Château, (Coindeau) ; Saint-Amand, Cher sur nos limites (Boreau.)

(3) C. SCORPIOÏDES. *Koch. Bor. G. G.* (C. Scorpioïde.) Plante glabre et glauque ; Tige de 1-3 déc., *herbacée ; feuilles infér. simples spatulées, les supér. ternées, la terminale beaucoup plus grande* ovale ou elliptique ; stipules *soudées* en une seule, *opposée* à la feuille ; pédoncule de 3-4 fl. d'un jaune clair. Mai, juin. An. Lieux secs. R. R. — Montluçon, pont de la Chambrière (Bor), où elle ne se trouve plus.

ORNITHOPUS. *L.* (Ornithope.) Calice tubuleux campanulé, à 5 dents presque égales ; carène petite, obtuse arrondie au sommet ; gousse linéaire, comprimée, arquée, se séparant en articles monospermes (p. 79, fig. 13) ; folioles nombreuses.

O. PERPUSILLUS. *L.* (O. Délicat.) Plante pubescente couchée, étalée, rameuse, à folioles arrondies ; fl. en sertule, petites blanchâtres, mêlées de rose et de jaune ; pédoncule égalant la feuille florale ; légume pubescent, un peu arqué et comprimé. Mai, sept. An. Champs sablonneux, C. à toute altitude.

O. Intermedius. Roth. — Plante *presque glabre,* légume *glabre.* — R. Laprugne, vers l'Assise (A. M.) ; Neuilly-le-Réal (L. A.)

J'ai récolté deux ans de suite dans une prairie près de Plaisance, Yzeure, l'*O Roseus,* introduit par des graines fourragères.

HIPPOCREPIS. *L.* (Hippocrépide.) Calice campanulé à 5 dents presque égales, les 2 supér. en partie soudées ; légume comprimé, offrant des échancrures en forme de fer à cheval (p. 79, fig. 8) ; feuilles imparipennées.

H. COMOSA. *L.* (H. en Ombelle.) Tiges nombreuses, glabres, herbacées, diffuses, étalées folioles nombreuses, cunéiformes ovales émarginées ; stipules entières ; sertule de 5-8 fl.; pédoncule dépassant les feuilles ; légume glabre ou à peu près, chagriné; fl. jaunes. Mai, juil. Viv. Pelouses, bords des chemins des terrains calcaires. — Neuvy, aux Melées, Besson, Monétay-sur-Allier, Bègues, Neuvialle, Toury, Bresnay : Charroux, au Peyrou ; Billy, Montaigut-le-Blin, Gannat, Le Veurdre, Valignat, Naves, Fleuriel, Cesset, Fourilles, Montluçon, Lavault-Sainte-Anne, Urçay.

ONOBRYCHYS. *Tourn.* (Esparcette.) Cal. campanulé à 5 divisions subulées presque égales ; carène élargie, obliquement tronquée, plus longue que les ailes; étamines diadelphes ; légume comprimé, monosperme, discoïde réticulé, indéhiscent, épineux ; feuilles pennées avec impaire.

O. SATIVA. *Lam. Hedysarum onobrychys* L. (E. Cultivée). Vulg. Sainfoin. Plante pubescente. Tige de 4-6 déc., anguleuse, dressée ; folioles nombreuses, ovales oblongues; stipules scarieuses entières, soudées en une seule opposée à la feuille ; fl. roses, rayées, en épis terminaux, allongés, denses ; dents du calice plus longues que les ailes de la corolle ; légume arrondi. Mai, juil. Viv. Cultivé comme fourrage.

ERVUM. *L.* (Ers.) Cal. à 5 divisions linéaires aiguës, presque aussi longues que la corolle ; tube des étamines tronqué obliquement (p. 79, fig. 5); style filiforme, droit, poilu au sommet ; légume presque cylindracé à la maturité ; feuilles paripennées à filet ou vrille.

1	{	Ovaire hérissé.	*E. hirsutum.*	(2)
		Ovaire glabre.		2
2	{	Feuilles pubescentes.	*E. lens.*	(1)
		Feuilles glabres	*E. ervilia.*	(3)

(1) E. Lens. *L.* (E. Lentille.) Tige de 1-3 déc. dressée, rameuse ; folioles *pubescentes, ovales oblongues, obtuses*, pétioles supérieurs terminés par une *vrille simple ;* stipules lancéolées *entières ;* pédoncules égalant presque la feuille, à 2-3 fl. médiocres, *plus grandes* que dans les espèces suivantes, blanc-bleuâtres ; légume *glabre.* Juin, juil. An. Cultivé.

(2) E. Hirsutum. *L.* (E. Hérissée.) Tige de 2-6 déc., grêle, faible, grimpante ; folioles *presque glabres, lancéolées, linéaires, mucronées ;* vrilles *accrochantes ;* stipules incisées-dentées ; pédoncules de 1-8 fl. *petites,* 3-4 mill., bleuâtres ; légume *hérissé ;* style glabre. Mai, sept. Ann. Lieux cultivés, moissons, etc., CC. à toute altitude.

(3) E. Ervilia. *L.* (E. Ervilier.) Diffère de la précédente dont elle a l'aspect : par ses folioles et ses légumes *tout à fait glabres ;* ses vrilles *remplacées par une arête;* ses fl. *moins nombreuses,* 2-4 ; son pédoncule aristé : son style *pubescent* au sommet. Juin, juil. An. Moissons. A. R. — Montord ; Gannat ; environs de Moulins. Bourbon ; Etroussat.

VICIA. *L.* (Vesce.) Cal. tubuleux-campanulé, à 5 divisions, dont parfois les 2 supér. plus courtes, toujours beaucoup plus courtes que la corolle ; étam. à tube obliquement tronquée (p. 79, fi. 5) ; style filiforme, poilu ou barbu au sommet ; légume allongé ; feuilles paripennées, terminées par une vrille ou une pointe.

<table>
<tr><td rowspan="2">1</td><td>Fleurs portées par un long pédoncule.</td><td></td><td>2</td></tr>
<tr><td>Pédoncule n'ayant pas 1 cent</td><td></td><td>7</td></tr>
<tr><td rowspan="2">2</td><td>Pédoncule portant de 1 à 4 fl.</td><td></td><td>3</td></tr>
<tr><td>Pédoncule à fl. très nombreuses.</td><td></td><td>5</td></tr>
<tr><td rowspan="2">3</td><td>Une stipule laciniée, l'autre entière, linéaire</td><td>V. monantha.</td><td>(3)</td></tr>
<tr><td>Stipules non comme ci-dessus.</td><td></td><td>4</td></tr>
<tr><td rowspan="2">4</td><td>Légume à 6 graines ; pédonc. aristé.</td><td>V. gracilis.</td><td>(2)</td></tr>
<tr><td>Légume à 4 graines ; pédonc. non aristé.</td><td>V. tetrasperma.</td><td>(1)</td></tr>
<tr><td rowspan="2">5</td><td>Onglet de l'étendard égalant le limbe (a)</td><td>V. cracca.</td><td>(4)</td></tr>
<tr><td>Onglet plus petit ou plus long que le limbe.</td><td></td><td>6</td></tr>
<tr><td rowspan="2">6</td><td>Limbe deux fois plus long que l'onglet.</td><td>V. tenuifolia.</td><td>(5)</td></tr>
<tr><td>Limbe deux fois plus petit que l'onglet (p. 87, fig. 5)</td><td>V. varia.</td><td>(6)</td></tr>
<tr><td rowspan="2">7</td><td>Fleurs jaunes.</td><td>V. lutea.</td><td>(10)</td></tr>
<tr><td>Fleurs jamais jaunes</td><td></td><td>8</td></tr>
<tr><td rowspan="2">8</td><td>Etendard velu</td><td>V. purpurascens.</td><td>(13)</td></tr>
<tr><td>Etendard non velu</td><td></td><td>9</td></tr>
<tr><td rowspan="2">9</td><td>Feuilles ayant plus de 2 cent. de large.</td><td>V. serratifolia</td><td>(12)</td></tr>
<tr><td>Feuilles n'ayant pas 2 cent. de large</td><td></td><td>10</td></tr>
<tr><td rowspan="2">10</td><td>Fleurs solitaires ou géminées</td><td></td><td>11</td></tr>
<tr><td>Fleurs en petites grappes axillaires</td><td>V. sœpium.</td><td>(11)</td></tr>
<tr><td rowspan="2">11</td><td>Vrilles simples ou nulles ; fruit glabre</td><td>V. lathyroïdes</td><td>(9)</td></tr>
<tr><td>Vrilles rameuses ; fruit pubescent avant maturité</td><td></td><td>12</td></tr>
<tr><td rowspan="2">12</td><td>Gousse jaunâtre à maturité ; feuilles toutes cordiformes échancrées.</td><td>V. sativa.</td><td>(7)</td></tr>
<tr><td>Gousse noire à maturité ; feuilles supér. non échancrées</td><td>V. angustifolia.</td><td>(8)</td></tr>
</table>

(a) L'onglet est la partie demi-cylindrique, rectiligne, qui touche le cal ; le limbe, la partie relevée à la floraison.

a. — Pédoncules axillaires très allongés.

(1) **V. Tetrasperma.** *Mœnch. Bor. Grenier. Ervum Tetraps. L.
G. G.* (V. Tétraspermc.) Plante *glabre* ou presque glabre, faible,
grimpante, rameuse, 6-10 folioles linéaires oblongues, *obtuses,*
mucronulées, glabres; pédoncule *égalant ou dépassant peu* les
feuilles, *non terminé* par une arête; 1-2 fl. petites, longues de 5
mill., lilas, mêlées de blanc et de pourpre; légume glabre à 3-4
graines. Juin, sept. Moissons, haies, etc. An. — Moulins, Yzeure,
Montluçon, Lurcy, Cusset, Bourbon, Montord, Bresnay, Souvigny,
Saint-Didier-en-Rollat, Cérilly, Chavenon, Commentry.

(2) **V. Gracilis.** *Loiseleur. Bor. Grenier. Ervum gracile. D. C.
G. G.* (V. Grêle.) Diffère de la précédente dont elle est voisine :
par ses fl. plus nombreuses, 2-5, un peu *plus grandes;* son pédoncule *dépassant beaucoup* les feuilles, terminé *en arête courte;* ses
graines *plus nombreuses,* 4 à 6. Mêmes lieux. R. — Bresnay, Toury,
Yzeure, Besson (L. A.); Neuvy (V. B.); Saint-Pourçain à Martilly
(B.); Montluçon, environ du château de Passat (Lucand, Thévenon); Loriges, Bayet (C. B.); Meaulne, Grandfond et les Chanets
(A. P.).

(3) **V. Monantha.** *D. C. Bor. Ervum. L. Cracca Monanthos G. G.*
(V. à fleurs solitaires.) Plante glabre; tige dressée, anguleuse de
3-6 déc.; folioles *tronquées,* mucronées, linéaires; *une stipule
laciniée, l'autre entière* linéaire; pédoncules uniflores; fl. *blanchâtres,* rayées; légume glabre; calice à dents presque égales. Mai,
juil. An. Moissons. R. — Moulins, Avermes, Trevol (A. M.); Saint-
Pourçain (Bor.); Chemilly (L. A.).

(4) **V. Cracca.** *L. Bor. Cracca Major. G. G.* (V. Cracca.) Tige de
3-15 déc. grimpante, faible, rameuse, plus ou moins pubescente,
feuilles terminées par une vrille rameuse; folioles nombreuses
étroites; stipules semi-sagittées *entières;* fl. *nombreuses,* bleues
ou violettes, en longues grappes *unilatérales;* cal. à dents *très
inégales;* limbe de l'étendard *égalant* l'onglet lequel est au moins
aussi large que le limbe; gousse glabre, portée à l'intérieur du
cal. par un support *plus petit* que le tube du cal. Juin, août. Près,
champs, haies, etc. C. Viv. — Chareil, Loriges, Diou, Créchy, Pierrefitte, Lurcy, Yzeure, Neuvy, Montluçon, etc.

Var. *Flore albo.* — Etroussat.

(5) **V. Tenuifolia.** *Roth. Bor. Grenier. Cracca tenuif. G. G.* (V. à
feuilles étroites.) Diffère de la précédente dont elle a l'aspect : par
son étendard à limbe *double* de l'onglet; son fruit dont le support
intérieur *égale* le tube du cal. Mêmes lieux. — Gannat, Chareil,
Etroussat, Mazerier, Branssat, Moulins, Neuvy, Meaulne. Saint-
Amand, Cher, sur nos limites.

(6) **V. Varia.** *Host. Bor. Grenier. Cracca Varia G. G.* (V. Variable.) Diffère des 2 précédentes dont elle a l'aspect : par son cal.
bossu à la base; son étendard à *onglet double* du limbe (p. 87,
fig. 5); sa carène offrant au sommet *deux taches* pourpres; son

fruit dont le support intérieur *dépasse* le tube du cal. Mêmes
lieux. — Neuvy, Yzeure, Pierrefitte, Gannat, Neuilly, etc.

b — Fleurs axillaires, presque sessiles.

(7) V. Sativa. *L.* (V. Cultivée.) Plante polymorphe, à tiges de
2-5 déc., plus ou moins velues ainsi que toute la plante ; folioles
obovales, *obcordées* ou oblongues, *toutes échancrées* au sommet ;
stipules semi-sagittées, *tachées en dessous* ; dents du calice *aussi
longues* que le tube ; fl. souvent *géminées*, purpurines ; légume
pubescent, jaunâtre et glabrescent à la maturité. Mai, sept. An.
Champs, moissons, C. Varie à fleurs blanches ou jaunâtres.

Se cultive avantageusement, comme fourrage ou pour ses graines dont les pigeons sont
friands.

(8) V. Angustifolia. *All. Grenier.* fl. jur. *V. Bobartii Forster. in Bor.*
(V. à feuilles étroites.) Tige rameuse anguleuse de 3-8 déc., plus
ou moins pubescente ; feuilles infér. à folioles *courtes, ovales,
obcordées,* les *moyennes et les supérieures linéaires toujours aiguës, mucronées* ; stipules souvent tachées ; fl. souvent géminées, rouge-pour-
pres ; légumes *pubescents, noirs,* luisants, devenant glabres à
maturité ; graines de 2 mill. 1/2 de diamètre. Mai, sept. An. Moissons, pelouses, bords des bois. Assez C.

Les espèces différentes que l'on a faites au dépens de l'*Angustifolia* reposent sur des
caractères trop variables et de trop peu d'importance pour avoir une valeur spécifique. On
trouve souvent les caractères qui servent à les distinguer, réunis sur un même échantillon.
Telles sont :

V. Forsteri. Jord. Bor. 3e éd. *Lamotte Prod.* Diffère du type : par
son étendard *livide en dessus, rose lilas en dessous,* ses graines mûres
plus larges, *ayant 3-4 mill.* de diamètre. Peu C. Toutes les deux
diffèrent des suivantes par leurs folioles *jamais tronquées.*

V. Uncinata. Desv. Bor. 3e éd. Folioles *tronquées,* mucronées, les
supérieures *linéaires très étroites.* A. C.

V. Torulosa. Jord. Bor. 3e éd. *Lamotte Prod.* Folioles *tronquées,*
mucronées, *linéaires, oblongues;* graines de 4-6 mill. de diamètre,
brunes, marbrées de noir; fl. *de 16-17 mill. de long.*

V. Segetalis. Thuil. Bor. 3e éd. *Lamotte Prod.* Folioles *tronquées,*
mucronées, *linéaires-oblongues, allongées;* fl. *de 20 à 24 mill. de long;*
graines *brunes* tachées de noir et de jaunâtre, de 4-5 mill. de large.
— Branssat, Contigny, Vicq, Commentry, Neuvy.

(9) V. Lathyroides. *L.* (V. fausse Gesse.) Plante de 1-2 déc.,
pubescente, *faible, couchée;* vrilles *simples ou nulles;* 4-6 folioles
obovales, échancrées mucronées; stipules *entières;* calice *régulier;* fl.
solitaires, petites, d'un rose-violet; légume *toujours glabre.* Avril,
mai. An. Pelouses sèches. R. — Moulins, bords de l'Allier (V. B.);
Saint-Pourçain-sur-Sioule, (A. M.); Ebreuil, bords de la Sioule,
aux Oies (M. L.); Montluçon, bords du Cher; Branssat, Bayet,
Vallon-en-Sully (A. P.).

(10) V. Lutea. *L.* (V. jaune.) Plante plus ou moins pubescente,
non grimpante, de 2-5 déc.; feuilles à vrilles rameuses; folioles

obovales ou oblongues-linéaires, *jamais échancrées*; fl. *jaune-pâles*, ordinairement *solitaires*; cal. *irrégulier*, à dents supér. plus courtes, rapprochées; étendard *glabre*; gousse *à longs poils* tuberculeux, *noircissant* à maturité. Mai, sept. An. — Moulins, Gannat, Saint-Didier, Souvigny, Montluçon, Commentry, Désertines, Murat, Cressanges, Bresnay, Montaigut-le-Blin, Billy, Mazerier, etc.

(11) V. Sæpium. *L.* (V. des Haies.) Tige de 3-8 déc., *pubescente*; feuilles à vrille rameuse; folioles *courtes*, obovales, obcordées, ayant environ 1 à 1 1/2 cent. de large; stipules *demi-sagittées*, dentées; 3-7 fl. d'un rouge violacé, rarement blanches, en grappes axillaires, à pédoncule *beaucoup plus court* que la feuille; cal. à dents inégales, les supér. plus courtes, rapprochées; gousse glabre lisse, noire à maturité. Mai, août. Viv. Haies, bois. CC. à toute altitude.

(12) V. Serratifolia. *Jacq. Bor.* 3e éd. (V. à feuilles dentées.) Plante *pubescente*, robuste; tige anguleuse, dressée; feuilles supér. terminées en vrilles rameuses; folioles *très larges de 2-3 cent. ovales*, les infér. *entières*, les supér. *dentées*; stipules larges, *incisé-dentées*; fl. axillaires, 3-4, en grappes très courtes, d'un pourpre violet; légumes glabres, *ciliés, tuberculeux* sur les bords. Mai, juil. An. R. — Chavenon. Saint-Sornin, Le Montet, Saint-Pourçain, Montord, (Causse, Rhodde); Gannat, Fontviolent, Jenzat (Chomel).

Il y a longtemps qu'elle n'a pas été revue aux endroits indiqués. Les recherches consciencieuses, mais négatives, de mon ami R. de Chapettes, semblent faire croire qu'elle a disparu du Montet et de ses environs. C'est d'ailleurs une plante annuelle, et du Midi.

(13) V. Purpurascens. *D. C. Bor. V. Pannonica. Jacq. G. G.* (V. Purpurine.) Tige de 2-5 déc. dressée, anguleuse, peu rameuse, velue; folioles oblongues ou linéaires, obtuses ou tronquées ou échancrées, mucronées, velues; stipules *très petites*, maculées, lancéolées entières; fleurs *de 2 à 4*, en grappes axillaires, presque sessiles; fleurs purpurines, à étendard *très velu*; légume *jaunâtre* à maturité, *velu, soyeux*. Mai, juill. An Moissons. R. — Bayet à Bompré (B.); Bressolles (Bourdot); Trevol (Renoux).

PISUM. *L.* (Pois.) Calice campanulé, à 5 dents foliacées aiguës, presque égales, tube des étam. tronqué transversalement (p. 79, fig. 4); style comprimé latéralement, caréné en dessous (p. 79, fig. 2), à stigmate velu; feuilles paripennées à vrilles rameuses; stipules foliacées très larges.

{ Fleurs blanches. . . . . *P. sativum.* (1)
{ Fleurs rouges violacées. . . . . *P. arvense.* (2)

(1) P. Sativum. *L.* (Pois cultivé.) Vulg. Petits-Pois. Tige de 3-8 déc., glauque, glabre; stipules embrassantes; 2-4 folioles grandes, ovales, à peu près entières; pédoncules *pluriflores, à fl. grandes, blanches; graines globuleuses jaunâtres* à maturité. An. Cultivé.

Les Petits Pois forment un aliment recherché, quand ils sont jeunes et sucrés, sain et nutritif quant ils sont secs.

(2) P. Arvense. *L.* (P. des Champs.) Tige de 2-4 déc., 2-4 folioles, ovales mucronées; pédoncules *courts à 1-2 fl. rouge-violacées*; grai-

nes *anguleuses, brunes* à maturité. Juin, août. An. Cultivé plus rarement que le précédent.

Spontané çà et là. Très propre à nourrir les diverses espèces domestiques. (Vulg. Pois-Pigeon, Pois-Porc.)

LATHYRUS. *L.* (Gesse.) Calice campanulé à 5 dents, les supérieures plus courtes ; tube des étamines tronqué transversalement (p. 79, fig. 4) ; style aplati au sommet d'avant en arrière, pubescent à la face supérieure ; feuilles ordinairement pinnées sans impaire et à un petit nombre de folioles, le plus souvent deux ; gousse oblongue ou linéaire.

1 { Feuilles simples ou nulles, ou réduites à 2 stipules 2
{ Feuilles formées de plusieurs folioles 3

2 { Fleurs rouges, feuilles linéaires étroites . . . . *L. Nissolia.* (2)
{ Fleurs jaunes, feuilles remplacées par 2 stipules très larges . . . . . *L. Aphaca.* (1)

3 { Pédoncule de 3 fl. au plus. 4
{ Pédoncule portant plus de 3 fl.; fl. en grappes 8

4 { Pétiole terminé par un filet allongé 5
{ Pétiole dépourvu de filet 6

5 { Pédoncule d'environ 1 cent . . . . *L. sphœricus.* (3)
{ Pédoncule d'au moins 5 cent . . . . *L. angulatus.* (4)

6 { Fruit très hérissé . . . . *L. hirsutus.* (7)
{ Fruit glabre 7

7 { Fleurs blanches ou rosées . . . . *L. sativus.* (5)
{ Fleurs rouges . . . . *L. cicera.* (6)

8 { Fleurs d'un jaune pur . . . . *L. pratensis.* (9)
{ Fleurs jamais jaunes 9

9 { Tige bordée d'une membrane qui la rend ailée. 10
{ Tige seulement anguleuse . . . . *L. tuberosus.* (8)

10 { Pédoncules dépassant peu les feuilles, qui sont mucronées aigües. . *L. sylvestris.* (10)
{ Pédoncules dépassant beaucoup les feuilles obtuses. . . . . *L. latifolius.* (11)

a. — Pédoncules de 1 à 3 fleurs.

(1) L. APHACA. *L.* (G. sans feuilles.) Tiges anguleuses *glabres*, couchées ou redressées, grimpantes, de 3-6 déc., *dépourvue* de feuilles véritables, qui sont remplacées par 2 stipules *grandes, larges, foliacées, sagittées, cordiformes* ; vrille *simple* tortillée ; pédonc. ordin. uniflores, non aristés ; fl. *jaunes* ; gousse *glabre*, jaunâtre à maturité. Mai, août. Champs, moissons, An. — Environ de Moulins, Besson, Saint-Germain-des-Fossés, Montaigut-le-Blin, Gannat, Montluçon, etc.

(2) L. NISSOLIA. *L.* (G. Nissole.) Plante faible, anguleuse, non rameuse, de 3-5 déc., légèrement pubescente ; feuilles *simples (ou plutôt réduites à leur* pétiole élargi), *linéaires, longues, sans vrilles*, ressemblant à des feuilles *de graminées ;* pédoncule portant 1-2 fl. rouges; gousse pubérulente. Mai, août. Moissons, haies. An. A. R. — Bressolles, Yzeure près les tuileries des Combes et du bourg ; Neuvy, Toulon ; Souitte près Saint-Pourçain ; Bayet, Magnet, Varennes-sur-Allier, Murat, Saint-Désiré, Broût-Vernet, Loriges, Verneuil, Gannat, Pierrefitte ; Montluçon, près l'écluse de Perreguines ; Commentry. Saint-Imbert, Nièvre, sur nos limites.

(3) L. Sphæricus. *D. C. Bor. G. G.* (G. Sphérique.) Tige grêle, de 2-4 déc., dressée, anguleuse à 4 angles, glabre comme le reste de la plante ; stipules plus longues que le pétiole, semi-sagittées ; vrille *courte simple ;* 2 folioles linéaires *de 6-10 cent.* atténuées aux deux bouts ; pédoncule uniflore, *dépassant à la fin la longueur du pétiole* (1 cent. environ) muni latéralement *d'une arête longue filiforme ;* fl. rouge ; légume étroit allongé ; *veiné* longitudinalement ; graines *globuleuses.* Mai, juil. An. R. — Moissons, iles de l'Allier, Yzeure (V. B.); Trevol, Villeneuve. (Cr.) ; Avermes au pont de fer (A. M.) ; Besson (E. O.); Murat, au château (R. de C.); Chareil-Cintrat, bords du bois de la Rivière (C. B.).

(4) L. Angulatus. *L.* (G. Anguleuse.) Plante glabre ; Tige de 2-4 déc., très rameuse, grêle à 4 angles ; stipules très étroites, semi-sagittées dépassant le pétiole ; 2 folioles linéaires aiguës, allongées, atténuées aux 2 bouts ; *vrilles rameuses ;* pédoncules uniflores *longs* d'au moins 5 cent., *munis d'une arête* filiforme ; fl. rouge-bleuâtres ; gousse *à peine* veinée reticulée ; graines comprimées *cubiques.* Mai, juil. Moissons, champs. An. — Yzeure, Moulins, Trevol, Avermes, Chemilly, Pierrefitte, Chavenon, Branssat, Bresnay, Besson, Montaigut-le-Blin, Montbeugny, Loriges, Brout-Vernet, Lurcy, Montluçon, Lavault-Sainte-Anne, Commentry, Cérilly, Theneuille, etc.

(5) L. Sativus. *L.* (G. Cultivée.) Tige un peu grimpante, de 2-5 déc., légèrement ailée, glabre ainsi que toute la plante ; feuilles terminées par une vrille rameuse ; 2-4 folioles lancéolées-linéaires ; stipules très étroites semi-sagittées; pédoncule uniflore plus long que le pétiole ; fl. *blanches ou violacées ;* légume *à bord supérieur courbé, portant 2 ailes saillantes.* Mai, juil. An. Cultivé çà et là comme fourrage. Moissons. — Billy, Bresnay, Vicq.

(6) L. Cicera. *L.* (G. Ciche.) Diffère du précédent par ses fl. *rouges ;* son légume *à bord supérieur droit, seulement canaliculé, non ailé.* Cultivé rarement.

(7) L. Hirsutus. *L.* (G. Hérissée.) Tige de 2-6 déc., anguleuse, étroitement ailée, un peu velue ; 2 folioles linéaires élargies, mucronées *sans être aiguës ;* vrilles *rameuses ;* pédoncules longs (10-15 cent.), portant de 1 à 3 fl. assez grandes bleu-rosées ; légume oblong obtus, très hérissé de poils *tuberculeux* à la base ; graines *fortement verruqueuses.* Juin, sept. Bisan. Moissons, champs argileux. A. C. — Neuvy, Bressolles, Bessay, Monétay-sur-Allier, Cressanges, Montord, Trevol, Bresnay, Saint-Hilaire, Montbeugny, Montaigut-le-Blin, Besson, Saint-Prix, Cusset, Lapalisse, Brout-Vernet, Bellenaves, Sussat, Montluçon, etc.

b. — Pédoncules multiflores.

(8) L. Tuberosus. *L.* (G. Tubéreuse.) Plante glabre ; tige anguleuse rameuse, *non ailée,* de 3-5 déc., *racine à tubercules arrondis,* profondément enfoncés ; 2 folioles *ovales oblongues,* mucronulées ; stipules semi-agittées ; vrilles rameuses ; fl. *assez grandes d'un*

beau rose vif ; légume glabre, veiné, jaunâtre à maturité. Juin, août, Viv. Champs, haies des terrains *argilo-calcaires*. — Neuvy, bords de la Queune, Vallière ; Bressolles, Saint-Pourçain, Monétay-sur-Allier, Ussel, Bresnay, Broût-Vernet, Charroux, Chezelle, Vieq, Besson, Gannat, Montord. Montaigut-le-Blin, Ainay-le-Château, etc., Saint-Amand, Cher, sur nos limites.

Var. *Flore Albo.* — Besson.

(9) L. Pratensis. L. (G. des Prés.) Plante de 3-8 déc., grim-pante, légèrement *pubescente ;* tige rameuse anguleuse, *non ailée*; 2 folioles lancéolées aiguës ; stipules larges *sagittées ;* pédoncules longs, portant 2 à 8 fl. *jaunes* en grappes ; légume veiné, noirâtre à maturité. Juin, août, Viv. C. — Moulins, Loriges, Cérilly, Gannat, Montluçon, etc. Bon fourrage.

(10) L. Sylvestris. L. (G. Sauvage.) Plante de 1 mètre et plus, rameuse, *glabre*, grimpante ; *tige et pétioles largement ailés ;* 2 folioles très allongées, oblongues, lancéolées ; vrilles rameuses ; stipules *étroites ;* pédoncules *dépassant les feuilles*, portant de 4-10 fleurs roses, à nuances pourpres et *verdâtres livides* ; gousse gla-bre, oblongue linéaire, de 5-6 cent. sur 7 mill., veinée, jaunâtre à maturité. Juin, sept. Viv. Haies, bois. A. R. — Bressolles, Fleu-riel, Besson, Varennes-sur-Allier, Gannat, Broût-Vernet ; Mont-luçon bois de Sainte-Hélène ; Charroux, Bayet, Fleuriel, etc.

(11) L. Latifolius. L. (G. à larges feuilles.) Vulg. Pois Vivace. Plante *glabre*, grimpante, s'élevant à plus de 1 mètre ; *tige et pé-tioles largement ailés*; vrilles rameuses ; 2 folioles *très larges, lancéolées, ovales obtuses*, mucronées, nervées, fermes ; stipules *très grandes* ; pédoncule *de 3 à 4 déc.* portant de 8 à 15 fl. *très grandes, d'un beau rose ;* gousse de 6-8 cent. Juin, sept., Viv. Haies, buissons. R. R. — Montord (Bor.) ; Veauce, coteaux calcaires ; Gannat au Montlibon (M. L. Prod.) ; Souvigny, à Messarges (Bou-chard.)

Cultivé ordinairement pour ses belles fleurs, ainsi que le *L. odoratus.* L. pois de senteur, très odorant.

OROBUS. *L.* (Orobe.) Cal. campanulé à 5 divisions, les 2 supér. plus courtes, tube des étamines tronqué transversalement (p. 79, fig. 4) ; style aplati d'avant en arrière, velu au sommet ; légume cylindracé ; feuilles imparipennées, ou bien à foliole impaire rem-placée par une pointe non contournée en vrille.

G. G. dans leur fl. française ont fait de ce genre une section des *Lathyrus.*

1	Fleurs blanches . . . . *O. albus.*	(2)
	Fleurs rouges ou bleuâtres	2
2	Tige bordée d'une membrane qui la rend ailée . . . . *O. tuberosus.*	(1)
	Tige non bordée d'une membrane qui la rend ailée . . . . *O. niger.*	(3)

(1) O. Tuberosus. L. Lat. *Macrorhizus Wimm.* (O. Tubercu-leux.) Souche *rampante, renflée-tuberculeuse ;* tiges de 1-5 déc. *ailées*, ainsi que les pétioles, droites, presque simples ; 4-8 folioles

oblongues ovales, lancéolées obtuses ou presque linéaires, *glabres*, glauques en dessous ; pétiole terminé par une arête ; fl. roses-violacées, passant au bleu *livide* ; légume glabre, noirâtre à maturité. Av. Juin. Viv. Bois. C. — Moulins, Gannat, Fleuriel, Le Vernet ; Montaigut-le-Blin, Montluçon, etc.

(2) O. Albus. *L.* (O. Blanc.) Rac. à fibres *renflées allongées ;* Tige de 3-5 déc. anguleuse, *non ailée* ; pétiole *ailé, terminé en pointe foliacée* ; 3-6 folioles *linéaires* lancéolées, *cuspidées* glabres ou *finement pubescentes* ; pédoncule axillaire portant 4-8 fl. *blanches* ; légume étroit allongé. Mai, juin. Viv. Prés. R. R. — Arcomps, prairies de la Touratte, Cher, sur nos limites (de Lambertye, in Bor. 3ᵉ éd.) Saint-Amand, route de Meillant, aux Grands-Villages. (A. P.)

(3) O. Niger. *L. Lat. Niger. Wimm.* (O. Noir.) Racine *non tuberculeuse* ; Tige dressée, de 4-10 déc., anguleuse, *non ailé*, glabre comme toute la plante ; feuilles à pétiole *non ailé*, terminé en pointe subulée, à 6-12 folioles elliptiques, ovales-oblongues, *obtuses, glauques* en dessous, *noircissant* par dessiccation, ainsi que toute la plante ; fl. purpurines, puis bleu-livides ; gousse linéaire d'environ 5 cent. ; pédoncule dépassant la feuille. Juin, juil. Bois montueux. Viv. R. — Bois de Chiroux, près Gannat (L. L.) ; Neuvialle (P. B.) ; Veauce (Nony) ; Bellenaves (B.) ; Fleuriel, Branssat (C. B.) ; Montluçon à Lavault-Sainte-Anne, Saint-Amand, Cher (Bor.) ; Bois d'Aude (A. P.)

PHASEOLUS. *L.* (Haricot.) Calice à 2 lèvres, l'infér. a 3 dents ; carène tordue en spirale avec les étamines et le style (p. 79, fig. 9) ; folioles ternées, ovales, obliques, acuminées.

Plante grimpante. . . . . *P. vulgaris.*	(1)
Plante non grimpante . . . . *P. nanus.*	(2)

(1) P. Vulgaris. *L.* (H. commun.) Tige *élevée, grimpante, volubile* ; bractées *plus courtes* que le calice ; lèvre supér. du cal. *à 2 dents* ; fl. blanches, jaunâtres ou violacées. Juin, août. An. Cultivé.

(2) P. Nanus. *L.* (H. Nain.) Tige *peu élevée*, 3-5 déc., *non grimpante* ; bractées *plus grandes* que le calice ; lèvre supér. du cal. entière. Juin, août. An. Cultivé.

Tout le monde connaît l'importance du haricot comme aliment, soit vert, soit sec. On cultive comme ornement le *P multiflorus* à *longues* grappes de belles fleurs d'un beau rouge écarlate.

Nous ne saurions abandonner cette belle et nombreuse famille, sans mentionner quelques-unes des plantes qu'elle fournit à nos parterres : le *Cercis siliquastrum* (arbre de Judée), le *Spartium junceum* (genêt d'Espagne), le *Cytisus laburnum* (faux Ebénier), à belles grappes de fl. jaunes, le *Lupinus termis*, à fl. blanches lavées de bleu, le *Lupinus hirsutus* à fl. bleues, à folioles digitées, le *Galega officinalis* (Lavanèse), le *Colutea arborescens* (Baguenaudier), à gousse renflée vésiculeuse, la *Glycine* à belles grappes de fleurs bleues, etc.

La Réglisse, *Glycyrrhiza glabra, L.* employée en pharmacie, appartient aussi à cette famille.

Famille **XVIII**. — **AMYGDALÉES**.

Fleurs hermaphrodites, régulières ; 5 sépales soudés ; 5 pétales insérés sur la gorge du calice ; étamines nombreuses, libres, périgynes ; ovaire formé d'un seul carpelle, indéhiscent, surmonté d'un seul style ; fruit charnu (drupe) à un seul noyau osseux. Arbres ou arbrisseaux à suc gommeux.

Les graines de ces arbres (amandes), excepté celles de l'Amandier commun à amandes douces, contiennent de l'acide prussique, poison violent ; il serait donc dangereux d'en manger une certaine quantité, comme le font souvent les enfants. Les annales de la médecine offrent des exemples d'empoisonnement dû à cette cause.

1 { Noyau à faces lisses ou à peu près 2
{ Noyau à faces sillonnées ou garnies d'anfractuosités 4

2 { Fruit pubescent. . . . . ARMENIACA. (p. 104)
{ Fruit glabre 3

3 { Fruit glauque, jeunes feuilles roulées. . . . . PRUNUS. (p. 105)
{ Fruit non glauque, jeunes feuilles pliées en long . . . . CERASUS. (p. 107)

4 { Fruit allongé, péricarpe coriace . . . . AMYGDALUS. (p. 104)
{ Fruit arrondi, péricarpe charnu succulent. . . . . PERSICA. (p. 104)

ARMENIACA. *Tourn.* (Abricotier.) Caractères généraux de la famille. Fruit presque globuleux à noyau comprimé, lisse sur les faces, sillonné sur un bord, obtus sur l'autre.

A. VULGARIS. *Tourn.* (A. commun.) Arbre cultivé le plus souvent en espaliers ; feuilles pliées en long dans leur jeunesse, glabres, ovales, dentées ; stipules en lanières irrégulières ; fleurs blanches ou un peu rosées, paraissant avant les feuilles. Février, mars. Originaire d'Arménie.

AMYGDALUS. *L.* (Amandier.) Caractères généraux de la famille. Fruit charnu, coriace, pubescent, allongé, pointu ; noyau percé de pores.

A. COMMUNIS. *L.* (A. commun.) Arbre à feuilles lancéolées, oblongues, dentées, pliées en long dans leur jeunesse, glabres ; fl. blanches ou rosées ; fruit toujours *vert.* Février, mars.

Var *Amara.* — Amande amère. Originaire d'Orient.

PERSICA. *Tourn.* (Pêcher.) Caractères généraux de la famille. Fruit charnu succulent, noyau creusé de sillons profonds irréguliers.

P. VULGARIS. *D. C.* (P. commun.) Arbre peu élevé à feuilles pliées en long dans leur jeunesse, lancéolées dentées, glabres, sentant, quand on les froisse, l'amande amère ; fl. roses naissant avant les feuilles ; fruit velouté, à chair peu ou très adhérente au noyau. Mars, avril.

Var. *Lævis. D. C.* Fruit glabre, vulg. Brugnon. — Originaires de Perse : les feuilles contiennent de l'acide prussique, poison très violent.

PRUNUS. *Tourn.* (Prunier.) Caractères généraux de la famille. Fruit glabre, couvert d'une efflorescence glauque ; noyau lisse ou légèrement rugueux, à bord ventral caréné ; feuilles roulées sur les bords dans leur jeunesse.

1	Arbrisseaux épineux		2
	Arbres ou arbrisseaux non épineux		3
2	Feuilles adultes ayant moins de 2 cent. de large.	*P. spinosa.*	(1)
	Feuilles adultes ayant plus de 2 cent. de large	*P. fruticans.*	(2)
3	Rameaux florifères et ceux d'un an, glabres ; sépales glabres des 2 cotés ; pédonc. solitaires, glabres.	*P. dumetorum.*	(3)
	Rameaux florifères, sépales, pédonc. plus ou moins velus		4
4	Tube du calice glabre.		5
	Tube du calice plus ou moins poilu		6
5	Fruit jaune à maturité à pétiole glabre d'un côté	*P. Sanctæ-Catharinæ.*	(7)
	Fruit rouge brun à maturité, pétiole pubescent tout autour	*P. rubescens.*	(6)
6	Fl. de 20 mill. de diamètre ; fruit mûr n'ayant pas 30 mill. de long		7
	Fl. d'environ 26 mill. de diamètre ; fruit mûr ayant 30 mill. de long. .	*P. Pruna.*	(8)
7	Fruit de 18 à 20 mill. de long.	*P. ballota.*	(4)
	Fruit de 25 à 28 mill. de long	*P. rustica.*	(5)

a. — Arbrisseaux épineux

(1) P. Spinosa. *L.* (P. épineux.) Vulg. Prunellier, épine noire. Arbrisseau rameaux, diffus, *épineux*, à jeunes rameaux glabres ou pubescents ; feuilles ovales, petites, dentées, glabres en vieillissant ; fl. blanches, ordinairement *solitaires*, à pédoncules *glabres* ; fruit d'un bleu noirâtre, *dressé*, petit, presque rond, d'environ 11 mill. de long. Mars, mai. Haies, etc. C. C. partout.

(2) P. Fruticans. *Weihe. Bor. G. G.* (P. frutescent.) Diffère du précédent dont il est voisin, par : ses dimensions plus grandes ; ses feuilles plus velues surtout en dessous, ayant au moins 2 cent. de large ; ses pédoncules souvent géminés ; ses fl. plus grandes, plus tardives ; ses fruits plus gros, de 13 mill. de long. Moins C. — Loriges, Veauce, Bizeneuille, Néris ; Lavault-Sainte-Anne, Argenti près Montluçon ; Bussières, Chambon dans la Creuse.

b. — Arbres ou arbrisseaux non épineux

(3) P. Dumetorum. *Lamotte.* (P. des Buissons.) Rameaux florifères et ceux d'un an, *glabres ;* feuilles atténuées aux deux bouts, à poils étalés *sur les nervures,* portées par des pétioles *pubescents en dessus, glabres en dessous ;* sépales *glabres* des deux côtés, un peu scarieux, à peine glanduleux ; tube du calice *glabre ;* pédoncules *glabres, solitaires ;* fl. de 20 mill. de diamètre ; fruit bleu noir, arrondi *déprimé,* de 16 à 17 mill. *de long* sur 17 à 18 *de large* ; chair adhérente au noyau, verte acerbe même à maturité ; noyau de 12 mill. sur 9.

(4) P. Ballota. *Lamotte.* (P. Ballote.) Rameaux florifères *velus ;* feuilles obovales oblongues, élargies au-delà du milieu, *velues en dessous,* offrant *quelques poils* en dessus, à pétiole *pubescent tout autour* ; sépales *un peu poilus* sur les deux côtés, bordés de quelques poils et cils glanduleux ; tube du calice parsemé de *poils peu abondants ;* 1 à

2 pédoncules *pubescents*, portant des fl. de *20 mill.* de diamètre; fruit noir-violet, de *18 à 20 mill. de long sur 16 à 18 de large;* chair *peu adhérente* au noyau, *jaune verdâtre* à maturité; noyau *de 12 mill. sur 9.*

(5) P. RUSTICA. *Lamotte.* (P. rustique.) Rameaux florifères *abondamment velus;* feuilles *ovales,* elliptiques, *obtuses arrondies, velues en dessous, glabres en dessus,* sauf les nervures, pétioles *pubescents,* tout autour; sépales à *poils courts appliqués* sur les deux faces, scarieux glanduleux; tube du calice *pubescent;* fl. de 20 mill. de diam., géminées-ternées, à pédoncules fortement *pubescents;* fruit violet-noir, *de 25 à 28 mill. de long* sur *22 à 25 de large;* chair *un peu adhérente,* souvent *maculée de rouge* près du noyau, douce à maturité; noyau *de 15 à 16 mill. sur 11 à 12.*

(6) P. RUBESCENS. *Lamotte.* (P. rougeâtre.) Rameaux florifères *brièvement velus;* feuilles oblongues *elliptiques,* velues *en dessous,* parsemées de petits poils *en dessus,* à pétiole *pubescent* tout autour; sépales à *poils courts, appliqués en dedans,* souvent *glabres* en dehors, offrant quelques poils et cils glanduleux; tube du calice *glabre;* fl. de 20 mill. de diam., géminées-ternées, a pédoncules de 10-12 mill. glabres ou à quelques poils courts; fruit *rouge-brun, de 24 à 30 mill.* de long, *sur 20 à 25* de large; chair *non adhérente, jaune orangée,* douce à maturité; noyau de 16 mill. sur 10.

(7) P. SANCTÆ-CATHARINÆ. *Lamotte.* (P. de Sainte-Catherine.) Rameaux *brièvement velus* au-dessus des bourgeons; feuilles oblongues elliptiques, *atténuées* aux deux bouts, à peu près *glabres* en dessus, *un peu velues* en dessous, portées par un pétiole *glabre* en dessous, *un peu velu* en dessus; sépales *presque aigus,* à poils apprimés des 2 côtés, munis de poils et cils glanduleux; tube du calice *glabre;* fl. *de 25 à 28 mill.* de diamètre; fruit *jaune* à maturité, *très obtus, de 30 à 35 mill. de long, sur 25 à 28 de large;* chair jaunâtre, *un peu* adhérente, très douce; noyau *de 18 à 19 mill. sur 11-12.*

(8) P. PRUNA. *Crantz. Bor. P. Domestica sylvestris-Auctor.* (P. Pruneau.) Rameaux *pubescents* au-dessus des bourgeons; feuilles largement obovales oblongues, *atteignant 10 cent., à poils courts* en dessus, *velues* en dessous, à pétiole brièvement *pubescent tout autour,* portant près du sommet *2-4 glandes;* sépales *arrondis* au sommet, à poils *appliqués des 2 côtés, abondants* en dedans, munis de poils et cils glanduleux; tube du calice *pubescent;* fl. *de 26-28 mill.* de diamètre; fruit *noir-violet* ovale, *de 30 à 32 mill.* de long *sur 20-22* de large; noyau *de 20 à 22 mill. sur 11.*

J'ai trouvé dans le Prodrome de la Flore du plateau central, une étude consciencieuse, faite par notre savant et regretté Lamotte. sur les Pruniers d'Auvergne et des environs de Gannat, Saint-Priest-d'Andelot, Vicq, Sussat, Veauce, Ebreuil, rentrant dans le groupe plus ou moins mal défini représenté par le *P. Insititia* L. et qui se reproduisant par leurs noyaux, sont presque spontanés. J'ai emprunté à ce savant ouvrage, — malheureusement inachevé, — en les abrégeant, les descriptions de ceux de ces Pruniers signalés dans l'Allier.

Les Pruniers réellement cultivés rentrent dans le groupe *P. Domestica. L.* distinct des précédents par ses *jeunes rameaux glabres.*

CERASUS. *Tourn. D. C. Prunus. L.* (Cerisier.) Caractères généraux de la famille. Fruit glabre, sans efflorescence glauque, globuleux, noyau lisse sur les faces ; jeunes feuilles pliées en long.

1 (Fleurs en grappes 2
  (Fleurs *fasciculées*, pédoncules naissant au même point 3

2 (Grappes longues pendantes. . . . . *C. Padus.* (2)
  (Grappes courtes dressées. . . . . *C. Mahaleb.* (1)

3 (Fleurs naissant sur les branches ; fruit acidule. . . . . *C. vulgaris.* (6)
  (Fleurs naissant sur de petits rameaux ; fruit non acidule 4

4 (Fruit petit, noir. . . . . *C. avium.* (3)
  (Fruit gros, cordiforme 5

5 (Fruit brun . . . . *C. juliana.* (4)
  (Fruit profondément sillonné . . . . *C. duracina.* (5)

a. — Fruits non comestibles.

(1) C. MAHALEB. *D. C.* (C. de Sainte-Lucie.) Arbrisseau de 1-3 mètres, à *écorce odorante* ; feuilles *cordiformes*, *arrondies*, denticulées; fl. petites, blanches, odorantes, en grappes *courtes*, corymbiformes, *dressées* ; calice à divisions *non ciliées*, fruit petit, *gros comme un pois*, noir, acerbe. Avril, mai. Viv. Haies, bois. A. R. — Moulins, à Panloup ; Avermes, Gennetines ; bois en face Lavault-Sainte-Anne ; Gannat, Lurcy, Braussat, Dompierre.

(2) C. PADUS. *D. C.* (C. à grappes.) Arbrisseau de 2-4 mètres, à rameaux étalés dressés; feuilles obovales, *acuminées*, finement dentées ; pétiole muni de *deux glandes* ; fl. petites odorantes, en *longues grappes cylindriques*, *pendantes* ; calice à dents *ciliées glanduleuses* ; fruit *de la grosseur d'un pois*, noir ou rouge, acerbe. Mai. Viv. Région des montagnes, parcs. R. — Yzeure, butte après Panloup (L. A.) ; Lapalisse, Saint-Prix, Servilly (P. B.)

b. — Fruits comestibles ; fleurs fasciculées.

C. AVIUM. *Mœnch.* (C. des Oiseaux.) Vulg. Groitlier. Arbre élevé ; feuilles ovales elliptiques, acuminées, *pubescentes en dessous*, *simplement dentées* ; pétiole pourvu de *2 glandes*; fl. blanches ; fruit *petit*, noirâtre, à suc coloré, à saveur *douce*. Avril. Bois. — Moladier, etc.

C. JULIANA. *D. C.* (C. Guignier.) *Fruit plus gros*, cordiforme à *chair douce*, adhérente au noyau.

C. DURACINA. *D. C.* (C. Bigarreautier.) *Fruit plus gros*, cordiforme, *sillonné* profondément, à *chair douce*, ferme, adhérente au noyau. Ces deux espèces ne diffèrent que par leurs fruits du *C. avium.*

C. VULGARIS. *Mill.* (Cerisier commun.) Feuilles *doublement dentées* ; pétioles *dépourvus* de glandes ; fruit *acidule*, *globuleux*, à chair *non adhérente* au noyau.

On cultive le *Prunus Lauro-Cerasus* sous le nom de Laurier-Cerise. Introduit en Europe depuis 200 ans. — Le cerisier le fut par Lucullus, 70 ans avant Jésus-Christ.

Cette tribu fournit à nos tables des fruits recherchés et délicats, un peu laxatifs dans les pruniers. Quelques-uns, amandes, cerises, prunes, se conservent desséchés pour l'hiver. Les graines de l'Amandier fournissent l'huile d'amande douce ; le kirsch se retire des cerises ; le noyau des prunelles lavé, concassé, digéré dans l'eau-de-vie, forme une liqueur de ménage très agréable. Dans les campagnes on fait avec les prunelles une sorte de piquette ; enfin le bois du Prunier et du Cerisier est recherché par les tourneurs et les ébénistes.

Famille XXIX. — ROSACÉES.

Fleurs hermaphrodites ; calice non adhérent, persistant, à 5 ou 10, rarement 4 divisions ; corolle à 5, rarement 4 pétales, périgynes ; étamines nombreuses, périgynes ; ovaire libre, à plusieurs carpelles ; fruit formé de plusieurs carpelles secs, ou composé de petits drupes, ordinairement indéhiscent ; fruit quelquefois renfermé dans le calice accrescent.

1 { Calice à lobes sur un rang. 2
  { Calice à lobes sur deux rang. 3

2 { Plusieurs carpelles déhiscents, capsulaires . . . . SPIRÆA. (p. 108)
  { Carpelles indéhiscents, renfermés dans le cal. . . . . ROSA. (p. 134)

3 { Plante ligneuse, à tige munie d'aiguillons. . . . . RUBUS. (p. 113)
  { Plante à tige sans aiguillons. 4

4 { Fleurs d'un rouge foncé. . . . . COMARUM. (p. 111)
  { Fleurs jaunes ou blanches. 5

5 { Fleurs en épi très allongé, calice garni d'appendices raides (p 108,
  {   fig. 4.) . . . . AGRIMONIA (112)
  { Fleurs non en épi allongé 6

6 { Style allongé en arête (p. 108, fig. 5) . . . . GEUM. (p. 109)
  { Style non allongé en arête. 7

7 { Akènes portés par un réceptacle charnu. . . . . FRAGARIA. (p. 112)
  { Akènes portés par un réceptacle sec et poilu. . . . . POTENTILLA. (p. 110)

1. Feuille de Potentilla argentea. — 2. Fruit de Comarum, très grossi. — 3. Fl. de Comarum. — 4. Fr. d'Agrimonia. — 5 Carpelle de Geum urbanum, amplifié. — 6. Pétale de Rubus tomentosus.

Tribu I. — Spirées.

FRUIT CAPSULAIRE, FORMÉ DE PLUSIEURS CARPELLES LIBRES, DÉHISCENTS PAR LE BORD INTERNE.

SPIRÆA. *L.* (Spirée.) Calice à 5 lobes, sans calicule ; corolle à 5 pétales ; une vingtaine d'étamines périgynes ; 3-15 styles ; tige herbacée ou frutescente.

(1) S. Ulmaria. *L.* (S. Ormière.) Vulg. Reine des Prés. Tige à peu près simple, rameuse au sommet, de 8-12 déc., anguleuse, glabre ; feuilles *ailées*, à folioles larges, doublement dentées, munies de stipules arrondies, vertes des deux côtés ; fl. blanches, odorantes, en panicules *corymbiformes* ; pétales *longuement unguiculés* ; carpelles *glabres, spiralés.* Juin, août, Viv. Bords des fossés, endroits humides. C. — Moulins, Bresnay, Busset, Saint-Nicolas-des-Biefs, Lapalisse, Gannat, Diou, Néris, Montluçon, etc.

Forme *glauca.* Feuilles glauques blanchâtres en dessous. Avec le type, moins C. Fleuriel, Yzeure, etc.

(2) S. Filipendula. *L.* (S. Filipendule.) Racine *renflée tuberculeuse* aux extrémités ; tige 2-5 déc., droite *presque nue* ; feuilles presque toutes radicales, ailées, à folioles *petites incisées découpées* très inégales, formant une touffe arrondie ; panicule corymbiforme ; fl. blanches odorantes, en corymbes terminaux ; pétales *à peine onguiculés* ; carpelles *pubescents, non en spirale.* Viv. Juin, juillet. R. R. — Gannat, coteaux, Montlibre (L. L.) Chiroux (P. B.) Forêt de Tronçais près de Braize (A. P.)

La Filipendule est cultivée comme ornement dans les jardins ainsi qu'un certain nombre de spirées ligneuses que l'on peut rencontrer dans les haies, telles que *S. Hypericifolia*, à feuilles *obovales oblongues*, entières ou crénelées ; *S. Salicifolia*, à feuilles *lancéolées*, à fl. blanches ou rosées en panicule *serrée* ; *S. Sorbifolia*, à feuilles *ailées*, etc.

Tribu II. — Dryadées.

CALICE A DIVISION SUR 2 RANGS ; FRUIT MONOSPERME, SEC OU BACCIFORME LIBRE INDÉHISCENT. PLANTES A FEUILLES COMPOSÉES, STIPULÉES.

GEUM. *L.* (Benoîle.) Calice et calicule à 5 divisions ; 5 pétales ; étam. nombreuses périgynes ; carpelles secs, poilus, terminés par le style persistant, accrescent, articulé ou barbu (p. 108 , fig. 5), réunis en tête sur un réceptacle sec.

(1) G. Urbanum. *L.* (B. Commune.) Rhizôme *court*, tronqué ; plante velue de 4-6 déc., peu rameuse ; feuilles pennatiséquées, à folioles ovales lancéolées, incisées dentées ; fl. *jaunes, dressées* ; pétales cunéiformes, arrondis au sommet ; calice *vert, réfléchi,* après la floraison ; arête des carpelles *glabre,* terminée par un appendice caduc pubescent. Juin, sept. Viv. Lieux couverts, haies, etc. C.

(2) G. Rivale. *L.* (B. des Ruisseaux.) Rhizôme *allongé* ; plante velue de 2-8 déc.; feuilles pennatiséquées, à lobe terminal *orbiculaire* dans son contour ; fl. *penchées*, d'un jaune *orangé veiné de*

rouge ; calice *rougeâtre*, à divisions *dressées* après la floraison ; pétales *longuement* onguiculés *tronqués ou émarginés* ; carpelles hérissés, à arête des carpelles *velue*, surtout sur l'appendice terminal. Mai, juin. Viv. Montagnes, région des sapins. R. R. — Montoncelle, L'Avoine (J. R.) ; Laprugne au Sapet (J. B.) ; Bellenaves, aux Collettes (Thiger.) ; Echassières, id. (Tourteau.)

POTENTILLA. *L.* (Potentille.) Calice et calicule à 4-5 divisions ; corolle à 4-5 pétales ; étamines nombreuses, périgynes, carpelles nombreux sur un réceptacle sec et poilu ; style sans appendice.

1 { Fleurs blanches. . . . . *P. Fragariastrum.* (1)
  { Fleurs jaunes 2

2 { Fleurs tétramères, feuilles digitées . . . . *P. Tormentilla.* (4)
  { Fleurs pentamères 3

3 { Feuilles ailées 4
  { Feuilles simplement digitées 5

4 { Fleurs grandes, d'un beau jaune . . . . *P. anserina.* (7)
  { Fleurs petites d'un jaune pâle . . . . *P. supina* (6)

5 { Feuilles argentées en dessous . . . . *P. argentea.* (5)
  { Feuilles non argentées 6

6 { Tige longuement rampante. . . . . *P. reptans.* (3)
  { Tige non rampante. *P. verna.* (2)

(1) P. FRAGARIASTRUM. *Ehr. G. G. Bor. Fragaria sterilis. L.* (P. Fraisier.) Souche *stolonifère* ; tiges étalées, ligneuses ; feuilles *toutes* à 3 folioles, obovales, cunéiformes *arrondies*, dentées, *très velues* ainsi que leurs pétioles ; stipules ovales lancéolées, acuminées ; divisions du calicule *plus petites* que celles du calice ; pédoncules velus ; fl. *blanches*, à pétales dépassant *à peine* le calice ; carpelles finement *rugueux*. Mars, mai. Viv. Bois. C. — Moulins, Chavenon, Bresnay, Gouise, Lurcy, Fleuriel, Montluçon, etc.

(2) P. VERNA. *L.* (P. printanière.) Plante velue ; tiges couchées, mais *non rampantes*, nombreuses ; feuilles digitées, *3-7 folioles, petites*, ovales cunéiformes, dentées au sommet ; stipules aiguës ; pétales *échancrés*, dépassant un peu le calice ; carpelles *lisses*. Mars, mai et oct. Viv. Pelouses etc. CC. partout.

P. Elongata. Pérard. Supplément au catalogue, etc. Fleurs d'un beau jaune, pétales *arrondis*, *munis à la base d'une tache orangée.* Environs de Montluçon, rochers du Lamaron ; Gourre du Puy, ravin de Gouttière.

(3) P. REPTANS. *L.* (P. Rampante.) Vulg. Quintefeuille. Tige *longuement rampante*, *radicante* aux nœuds ; *feuilles à 5 folioles*, ovales, cunéiformes, *grandes*, dentées ; fl. *solitaires*, portées par de *longs* pédoncules, assez grandes, d'un beau jaune ; carpelles tuberculeux. Viv. Juin, oct. CC. partout.

(4) P. TORMENTILLA. *Nestler. Tormentilla erecta L.* (P. Tormentille.) Souche épaisse, dure ; tige *pubescente* ; feuilles caulinaires *sessiles*, quelquefois brièvement pétiolées, à 3 folioles ovales oblongues,

cunéiformes, incisées dentées ; stipules *incisées*, imitant 2 folioles sessiles ; pédoncules axillaires ; fl. jaunes, *petites, à 4 parties* ; carpelles finement ridés. Juin, août. Viv. Bois, bruyères, marais, C. surtout dans les terrains siliceux. — Moulins, Lurcy, Saint-Didier, Pierrefitte, L'Avoine au Montoncelle, Laprugne à l'Assise, Montluçon, etc.

(5) P. ARGENTEA. *L.* (P. Argentée.) Souche subligneuse ; Tiges de 1-4 déc. *dressées*, nombreuses, blanches tomenteuses ; feuilles à 5 folioles d'un vert foncé en dessus, *blanches tomenteuses en dessous, palmatiséquées*, à folioles cunéiformes *étroites* à la base, à bords un peu roulés en dessous (p. 108, fig. 1) ; stipules entières, étroites, acuminées ; fl. jaunes, petites, en *cyme terminale* corymbiforme, à *pédoncules blanchâtres* ; pétales émarginés ; carpelles finement ridés. Mai, juil. Viv. Pelouses, bords des champs, chemins, etc. C.

P. Demissa. Jord. Bor. 3e éd. (P. Abaissée.) Tiges nombreuses, *étalées*, mélangées de jets stériles, se redressant *seulement à partir du milieu.* — Sussat, Veauce, la Lizolle, Gannat, Neuvialle, la Vernüe (M. L.) ; Culan, Cher (Bor.) ; Rochers de la Tarde (A. P.) ; Creuse, sur nos limites.

(6) P. SUPINA. *L.* (P. couchée.) Tige de 1-4 déc., *couchée*, diffuse, rameuse, un peu velue ; feuilles *ailées, pennatiséquées, presque glabres*, vertes sur les 2 faces, à 3-7 lobes obovales, incisés dentés ; stipules *ovales entières* ; pédoncules *uniflores,* penchés après la floraison ; fl. petites, jaunes ; pétales *à peine aussi longs* que le calice ; carpelles ridés. Juin, sept. An. Bords des étangs. R. R. — Neuvy, Étang Neu près la route de Saint-Menoux (V. B.) ; Montluçon, Étang de Passat (A. P.).

(7) P. ANSERINA. *L.* (P. Ansérine.) Tiges rameuses, *rampantes, stolonifères* ; feuilles *ailées, souvent argentées en dessous*, ordin. vertes, quelquefois argentées au dessus, à folioles nombreuses, oblongues, incisées, dentées, velues ; fl. solitaires, *grandes*, presque doubles du calice, *jaunes*, portées par de longs pédoncules, axillaires ; carpelles *lisses* Mai, oct. Lieux mouillés en hiver, C. — Moulins, Le Veurdre, Lurcy, Montluçon, etc.

COMARUM. *L.* (Comaret.) Calice et calicule à 5 divisions ; 5 pétales oblongs aigus, étam. nombreuses, périgynes ; styles nombreux, latéraux ; carpelles secs (p. 108 fig. 2), sur un réceptacle hémisphérique devenant spongieux.

C. PALUSTRE. *L.* (C. des Marais.) Racine traçante ; tige rougeâtre, redressée, de 2-5 déc. ; feuilles pinnées à 5-7 folioles ovales, allongées, dentées, glauques en dessous ; stipules ovales ; 2-3 fl. terminales d'un *pourpre noir, à pétales plus courts que le calice* aussi coloré (p. 108 fig. 3), carpelles lisses. Viv. Mai, juil. Marais tourbeux. Peu C. — Cérilly, Beaulon, Montluçon, Lapalisse, Mayet-de-Montagne, Trevol, pré des Nonettes ; Le Donjon, Echassières, Gennetines, Saint-Ennemond, Tronget ; L'avoine, au pied du

Montoncelle ; Busset, Laprugne, Neuilly-le-Réal, Bessay, Gouise, Saint-Sornin, Veauce, Chamblet ; Montluçon, étang de de Labrosse, Quinssaines, Cérilly, Commentry, Lapeyrouse.

FRAGARIA. *L.* (Fraisier.) Calice ¦et calicule à 5 divisions ; 5 pétales ; étam. nombreuses périgynes ; carpelles secs, petits, nombreux, espacés, sur un réceptacle renflé, charnu, succulent, coloré ; feuilles trifoliolées ; fl. blanches.

1 { Calice appliqué sur le fruit . . . . *F. collina.* (3)
  { Calice étalée ou réfléchi à maturité 2

2 { Pédicelles à poils étalés divergents. . . . . *F. elatior.* (2)
  { Pédicelles à poils apprimés. . . . . *F. vesca.* (1)

(1) F. VESCA. *L.* (F. comestible.) Stolons radicants, rampants, *munis d'une écaille* dans les intervalles qui séparent les rosettes de feuilles ; plante velue, pubescente ; folioles ovales arrondies, cunéiformes, dentées, *un peu plissées,* soyeuses blanchâtre en dessous, *les deux latérales sessiles ;* pédicelles floraux à poils *apprimés ;* calice fructifère *étalé ou réfléchi*; fruit *peu adhérent* au calice. Av. juil. Viv. Bois, haies, C. C.

(2) F. ELATIOR. *Ehr. F. vesca, var. Pratensis. L.* (F. Elevé.) Stolons *peu nombreux, munis d'une écaillé* dans les intervalles qui séparent les rosettes de feuilles ; folioles ovales arrondies, cunéiformes, dentées, *plissées,* les latérales *pétiolulées* ; pédicelles floraux couverts de poils *étalés*; fl. *plus grandes* que dans les 2 autres espèces ; calice *étalé ou réfléchi* à maturité ; fruit plus gros que celui du *Vesca, adhérent* au calice. Bois, haies, etc. Viv. Peu C. — Espinasse-Vozelle, Neuvialle, Ferrières, Bresnay, Yzeure, Le Veurdre ; Bressolles à Moladier ; Messarges, Saint-Pourçain, à Briaille.

(3) F. COLLINA. *Ehr.* (F. des Collines.) Stolons *dépourvus d'écailles* dans l'intervalle entre les rosettes de feuilles, sauf l'inférieur qui en est pourvu ; folioles ovales oblongues, pubescentes soyeuses, *un peu plissées,* dentées ; pédicelles floraux couverts de poils *appliqués ;* calice *appliqué* sur le fruit ; fruit *plus gros* que dans le *Vesca, très adhérent* au calice *faisant entendre un petit bruit sec* quand on le cueille. Bois, haies. Peu. C. — Fleuriel, Vichy, Gannat, Vicq. Bussières, Puy-de-Dôme.

Ces trois espèces qui, pour Linnée, ne formaient que des variétés de la première, se frouvent ensemble dans les jardins, avec le *F. grandiflora* (fraisier ananas), à feuilles larges d'un vert-foncé.

Les fraises forment un aliment recherché à cause de leur odeur exquise. Elles sont rafraîchissantes, *Solatium herborisantium*, disait Linnée, mais froides à l'estomac, et par cela même quelquefois indigestes pour les estomacs paresseux.

AGRIMONIA. *L.* (Aigremoine.) Calice sans calicule, à limbe formé de 5 divisions conniventes après la floraison, à 10 cannelures, hérissé au sommet de soies subulées, raides ; 5 pétales ; 12-15 étamines périgynes ; 1-2 carpelles renfermés dans le calice endurci ; (p. 108, fig. 4). fl. jaunes en grappe très allongée et droite.

| Plante inodore quand on la froisse . . . . *A. eupatoria.* (1) |
| Plante à odeur de citron quand on la froisse . . . . *A. odorata.* (2) |

(1) **A. Eupatoria.** *L.* (A. Eupatoire.) Souche épaisse ; tige de 4-8 déc. velue, simple ou peu rameuse ; feuilles imparipennées, velues, *cendrées* tomenteuses en dessous, à segments ovales-oblongs, profondément dentés, entremêlés de segments plus petits ; stipules foliacées embrassantes ; calice fructifère à tube dont les sillons descendent *jusqu'à la base*, ne renfermant généralement *qu'un akène.* Juin, sept. Viv. bords des chemins, etc. C. — Moulins, Pierrefitte, Etroussat, Montluçon, etc.

(2) **A. Odorata.** *Miller.* (A. odorante.) Diffère de la précédente dont elle a les caractères généraux : par sa taille *plus élevée* (j'en ai de 2 mètres !) ; par ses feuilles plus amples, *moins cendrées*, parsemées en dessous *de glandes brillantes odorantes*, dégageant, quand on les froisse, *l'odeur de Citron* ; par son calice sillonné seulement *jusqu'au milieu* ; par *ses deux* akènes. Peu C. — Moulins ; Cusset, aux Grivats ; Thiel, Gennetines, Besson, Périgny, Bourbon-l'Archamb.; Saint-Pourçain-sur-Sioule ; Saint-Germain-des-Fossés ; Ferrières, Arfeuilles, Villefranche, Cérilly ; Audes, près la station de Magnette.

RUBUS. *L.* (Ronce.) Cal. à 5 divisions persistantes, sans calicule ; 5 pétales ; étam. nombreuses périgynes ; ovaires nombreux ; carpelles drupacés, pulpeux, à noyau osseux, sur un réceptacle conique. Arbrisseaux à tiges chargées d'aiguillons ; feuilles à 3-5 folioles ; fl. en grappes axillaires ou terminales.

Le genre *Rubus* est un des plus difficiles à étudier : Linné n'en avait fait que quelques espèces, ce n'était pas assez ; mais depuis, on s'est rattrapé, et le nombre des espèces européennes est en train de dépasser, m'a-t-on affirmé, le troisième mille !!

Les espèces dans lesquelles on a décomposé les groupes linnéens sont souvent extrêmement voisines, affines, ne diffèrent que par des caractères d'ordre très inférieur, et dont la solidité est peut-être contestable ; de sorte que, au point de vue philosophique, si ces différences sont observables, elles sont insuffisantes pour qu'on ait cru devoir élever au rang d'espèces, les plantes qui les offrent.

Quoiqu'il en soit, je donnerai la liste des *Rubus* récoltés dans la partie sud du département par notre savant et regretté Lamotte, déterminés par M. Génevier, auteur de l'*Essai monographique des Rubus du bassin de la Loire.* C'est de cet excellent ouvrage que je me suis servi pour étudier ce genre, et que j'ai extrait, en les abrégeant, les descriptions qui suivent, ainsi que la dichotomie. Il est bien entendu que *cette dichotomie ne peut s'appliquer qu'aux espèces indiquées.*

Pour étudier un *Rubus*, il faut récolter des rameaux ayant fleurs, fruits jeunes et fruits développés ; un fragment de la tige qui le porte avec des feuilles, qui sont souvent différentes de celles du rameau ; un fragment de tige stérile, qui formera la tige florifère de l'année suivante ; noter sur le frais la couleur des étamines et des styles, caractères qui disparaissent sur le sec et même s'altèrent dans la boîte après deux ou trois jours. Pour récolter des *Rubus*, et empêcher tous les échantillons de se mêler ensemble, il faudra envelopper dans une moitié de journal, par exemple, les échantillons provenant du même pied ; et pour les dessécher, mettre ces échantillons entre des papiers recouverts d'une chemise ; si, au moyen de la clef dichotomique, on n'arrive pas à un résultat satisfaisant, il faut ne pas se rebuter, dessécher les échantillons recueillis, en notant sur l'étiquette les couleurs des styles et des étamines, ainsi que l'état des carpelles. Des carpelles mûrs sont le seul caractère certain pour reconnaître un *Rubus* de la section *Cœsii* ; l'état poilu ou glabre des jeunes carpelles doit s'observer sur les fruits de la fleur à peine défleurie, avec une forte loupe, ces carpelles devenant souvent très rapidement glabres.

8

Section I. — IDÆI.

Section II. — CÆSII.

Section III. — APPENDICULATI.

43 { Jeunes carpelles poilus   45
   { Jeunes carpelles glabres.   44

44 { Panicule garnie de glandes verdâtres. . . . . R. glandulosus.   (17)
   { Panicule garnie de glandes rouges . . . . R. hirtus   (22)

45 { Jeunes carpelles nettement poilus. . . . . R. spinosissimus.   (9)
   { Jeunes carpelles hérissés de quelques poils, bientôt glabres   46

   { Pétales ovales très étroits, longuement rétrécis à chaque extré-
46 {   mité . . . . R. calliphyllus.   (18)
   { Pétales ovales, rétrécis en onglet large . . . . R. serpens.   (8)

47 { Feuilles vertes en dessous   48
   { Feuilles grises ou blanchâtres en dessous   59

48 { Pétales roses   49
   { Pétales blancs.   55

49 { Etamines roses   50
   { Etamines blanches   51

50 { Styles roses. . . . . R. vestitus.   (29)
   { Styles blancs . . . . R. melanoxylon.   (23)

51 { Tige arrondie ou très obtuse, ...   52
   { Tige anguleuse   53

52 { Styles roses. . . . . R. Bloxamii.   (27)
   { Styles blancs, jeunes carpelles glabres. . . . . R. adscitus.   (26)

53 { Jeunes carpelles glabres, styles verdâtres. . . . . R. adscitus.   (26)
   { Jeunes carpelles poilus, styles roses   54

54 { Plante très glanduleuse, aiguillons très inégaux . . . . R. rudis.   (28)
   { Plante peu glanduleuse, aiguillons égaux . . . . R. vestitus.   (29)

55 { Jeunes carpelles glabres.   56
   { Jeunes carpelles poilus   57

   { Tige fauve jaunâtre, à aiguillons jaunâtres. . . . . R. longicuspis.   (21)
56 { Tige verte ou brunâtre, aiguillons non jaunes, feuilles subtomen-
   {   teuses en dessous . . . . R. Menkei   (24)

57 { Calice étalé-relevé   58
   { Calice étalé ou réfléchi . . . . R. emersistylus.   (20)

58 { Jeunes carpelles nettement poilus. . . . . R. spinosissimus.   (9)
   { Jeunes carpelles hérissés de quelques poils, bientôt glabres. . . . R. serpens.   (8)

59 { Tige arrondie ou obtuse.   60
   { Tige anguleuse   63

60 { Pétales roses   61
   { Pétales blancs.   62

61 { Calice non aculéolé, jeunes carpelles glabres . . . . R. adscitus.   (26)
   { Calice aculéolé, styles roses, jeunes carpelles poilus . . . . . . R. Bloxamii.   (27)

62 { Tige brunâtre ou verdâtre. R. Menkei.   (24)
   { Tige fauve jaunâtre, nombreux aiguillons jaunâtres . . . . . R. longicuspis.   (21)

63 { Pétales blancs, styles blancs ou verdâtres.   64
   { Pétales roses   67

64 { Jeunes carpelles glabres   65
   { Jeunes carpelles poilus   66

65 { Panicule plus ou moins glanduleuse . . . . R. adscitus.   (26)
   { Panicule complètement dépourvue de glandes. . . . . R. Lloydianus.   (49)

66 { Tige anguleuse. . . . . R. Blondæi.   (25)
   { Tige arrondie ou très obtuse . . . . R. Menkei.   (24)

67 { Etamines roses, jeunes carpelles poilus. . . . . R. vestitus.   (29)
   { Etamines blanches   68

68 { Styles roses au moins à la base.   69
   { Styles verdâtres   70

69 { Tige très glanduleuse, aiguillons inégaux . . . . R. rudis.   (28)
   { Tige peu glanduleuse, aiguillons égaux . . . . R. vestitus.   (29)

70 { Plante très glanduleuse, tige fauve jaunâtre, aiguillons jaunâtres. R. longicuspis.   (21)
   { Plante peu glanduleuse . . . . R. adscitus.   (26)

Section IV. — VIRESCENTES.

Section V. — DISCOLORES.

Section VI. — SUBERECTI.

Section I. — IDÆI.

(1) R. Idæus. *L.* (R. Framboisier.) Racine *traçante* ; tige *droite* glauque, à aiguillons crochus ; feuilles *pennées*, à 3-5-7 folioles, ovales, aiguës dentées, blanches tomenteuses en dessous ; carpelles *nombreux*, rouges, *odorants*, *velus* ; fl. blanches, pétales entiers, dressés. Mai, juin. Bois montagneux. — Busset, Tronget, Veauce, Echassières, Laprugne ; Cusset, à l'Ardoisière ; Ferrières, Saint-Nicolas, etc.

Section II. — CÆSII.

(2) R. Cæsius. *L.* (R. bleuâtre.) Tige arrondie, *glauque*, faible, à peu près glabre ; feuilles *toutes* ternées, à pétiole canaliculé poilu, foliole terminale largement ovale, échancrée ou subcordiforme à la base, acuminée, les latérales presque sessiles ; toutes *minces*, *subincisées, vertes en dessous* ; panicule à *très rares glandes* ; calice *dépourvu de glandes stipitées*, étalé puis *relevé* sur le fruit qui est gros gonflé *glauque bleuâtre* ; jeunes carpelles glabres ; pétales et étamines blancs ; styles verdâtres. Mai, sept. Lieux frais, haies, etc. C. C.

Forme *aquaticus*. *R. aquaticus* Weihe. — Folioles *incisées, lobées*. Endroits humides. — Moulins, Le Veurdre, Jenzat, etc.

(3) R. Parvulus. *Gen.* Rubus cæsius, *b. agrestis W. N.* (R. fluette.) Diffère du précédent dont il a les autres caractères : par ses feuilles *épaisses, rugueuses*, à poils *abondants et apprimés en dessus, grises* tomentelleuses en dessous ; ses styles *blancs*. A. C.

(4) R. Debilitatus. *Rip. in Gen.* (R. affaiblie.) Tige arrondie ou obtuse, à peu près glabre, à glandes stipitées très rares ou nulles ; feuilles ternées ou *pédato-quinées*, à pétiole canaliculé, glabrescent ; foliole terminale *arrondie ou suborbiculaire*, entière ou subcordiforme à la base, cuspidée ; toutes minces, glabrescentes en dessus, vertes peu poilues en dessous, celles des rameaux ternées ; panicule *sans glandes* ; calice relevé sur le fruit ; pétales d'un blanc-violacé, glabres ; étamines blanches, styles verdâtres ; jeunes carpelles glabres *noirs-brillants* à maturité. Juin, sept. — Veauce, Vicq.

(5) R. Ligerinus. *Gen.* (R. de la Loire.) Port et caractères du *cæsius* ; *panicule et calice à glandes stipitées nombreuses* ; pétales *étroits*, longuement rétrécis à la base, glabres ; étam. à styles blancs ; carpelles glauques. Bords des rivières, haies. C. Ussel, Bayet, Aubigny, Besson, Bresnay, Avermes.

(6) R. Degener. *Müll.* (R. dégénérée.) Tige du *cæsius* ; feuilles ternées et quinées ; foliole terminale suborbiculaire, *subcordiforme à la base*, cuspidée, toutes d'un vert foncé, à dents peu profondes, les ramiales ternées, quelquefois un peu cendrées en dessous ; rameaux à quelques glandes stipitées ; panicule *décomposée allongée*,

fastigiée, rameuse, à fl. abondantes ; calice en partie *relevé* ; pétales blancs ou roses ; étam. blanches, styles verdâtres ; jeunes carpelles glabres à la fin *non glauques*, avortés en partie. Hybride ? — Vicq, Sussat, Ebreuil, Fourilles.

(7) R. Patens. *B. Vestitus. Mercier in Reuter, Gen.* (R. étalée.) Tige du *cæsius* ; feuilles *ternées et quinées* ; pétiole canaliculé ; foliole terminale étroitement ovale, longuement acuminée, un peu échancrée à la base ; toutes épaisses d'un vert foncé en dessus, *cendrées tomenteuses* en dessous, à poils apprimés ; rameau à *glandes stipitées rares*, feuilles ternées, à folioles *ovales rhomboïdales* ; panicule petite hérissée, cal. *réfléchi* après la floraison ; pétales *roses* ; carpelles *avortés*, hybride ? — Neuvialle, vers le gros rocher.

(8) R. Serpens. *G. G. R. cæsius e hispidus W. N.* (R. serpentante.) Tige arrondie ou à peu près, faible, rampante, garnie de poils espacés, *de glandes stipitées, d'acicules* et d'aiguillons en faulx ou inclinés ; feuilles *toutes ternées* ; foliole terminale ovale, plus ou moins cordiforme à la base, acuminée ; toutes *minces subincisées*, vertes en dessous ; panicule corymbiforme, *hérissée, glanduleuse, aculéolée* ; bractées *d'abord ovales, puis linéaires* ; cal. *hérissé glanduleux*, longuement acuminé, *étalé puis relevé* en partie sur le fruit ; pétales blancs, poilus en dehors ; étam. blanches ; styles verdâtres ; jeunes carpelles *hérissés, bientôt glabres*, puis *noirs brillants*. — Yzeure.

(9) R. Spinosissimus. *Müll. Gen.* (R. très épineuse.) Tige obtusément anguleuse, glaucescente, munie de *quelques glandes stipitées, de quelques poils* et d'aiguillons *nombreux*, inégaux, droits ; feuilles *ternées ou pédato-quinées*, à pétiole canaliculé, poilu glanduleux ; foliole terminale *longuement* pétiolée, ovale, *cordiforme*, acuminée ; les supér. souvent *un peu blanchâtres en dessous* ; rameau poilu glanduleux ainsi que la panicule courte corymbiforme ; cal. *glanduleux aculéolé* ; pétales blancs ou rosulés *entiers, arrondis*, glabrescents ; étam. blanches ; styles verdâtres ; jeunes carpelles *poilus*. — Sussat, haies aux Gazeriers.

(10) R. Diversifolius. *Lind. Gen.* (R. à feuilles écartées.) Tige robuste *anguleuse*, striée, à faces *planes*, à poils espacés et *glandes stipitées rougeâtres* ; aiguillons *nombreux, inégaux, droits ou en faulx, violacés, élargis ou renflés* à la base ; feuilles ternées et pédato-quinées ; pétiole canaliculé, poilu glanduleux ; foliole terminale ovale, *entière arrondie* à la base, cuspidée ; toutes épaisses, coriaces, à dents fines irrégulières, plus pâles en dessous et hérissées de poils courts ; panicule poilue *glanduleuse, décomposée*, allongée ; calice *hérissé glanduleux*, étalé puis lâchement relevé ; pétales *roses* assez grands ; étam. blanches ; styles roses ; jeunes carpelles *glabres*, à la fin *noirs brillants*, gonflés. — Sussat, de la Roubière à Ménerol ; Montluçon, bois (A. P.)

(11) R. Corylifolius. *Smith. Gen.* (R. à feuilles de Coudrier.) Tige anguleuse ou obtuse, glaucescente, à glandes stipitées *rares*, aiguillons droits ou en faulx, *élargis à la base* ; feuilles *pédato-*

quinées, *quinées et ternées* sur les rameaux ; foliole terminale,
suborbiculaire, cordiforme arrondie à la base, peu acuminée ;
toutes minces, à dents *larges*, glabrescentes en dessous, *vertes ou
grisâtres, poilues-hérissées en dessous* ; rameau anguleux, glabrescent ; panicule allongée, fastigiée, peu glanduleuse ; cal. *un peu*
glanduleux, *étalé* ; pétales *très blancs* ; étam. et styles *blancs* ;
jeunes carp. *glabres*, à la fin noirs gonflés. — Environs de Gannat ;
Chareil, Bagneux, Avermes.

(12) R. AGRESTIS. *Waldst. et Kit. Gén.* (R. des champs.) Tige
arrondie, rampante, glabre ou un peu poilue, à quelques rares
glandes stipitées, et nombreux aiguillons *fins, courts, droits, peu
dilatés* à la base ; feuilles *toutes ternées*, à pétiole canaliculé, hérissé ;
foliole terminale ovale-rhomboïdale, échancrée en cœur, acuminée, *longuement* pétiolée ; toutes *épaisses*, d'un *vert foncé* et glabrescentes en dessus, à dents fines, *grises ou verdâtres ou cendrées, à
poils courts, ras, serrés, doux au toucher*, en dessous ; rameau *arrondi*,
aiguillonné comme la tige, à quelques glandes stipitées ; panicule
corymbiforme; hérissée, poilue, glanduleuse, cal. hérissé, glanduleux, *plus ou moins aciculé*, à lobes acuminés, *relevés* sur le fruit ;
pét. *blancs* ; étam. *blanches* ; styles *verdâtres* ; jeunes carpelles *glabres*, à la fin *noirs, non glauques*. — Vichy, Cusset, Yzeure.

(13) R. NEMOROSUS. *Hayne, Bor. Gen.* (R. des bois.) Tige *arrondie*
ou obtusément anguleuse, glabre, striée, *sans glandes*, à aiguillons *en faux ou droits*, robustes, *élargis* à la base ; feuilles pédato-
quinées, à pétiole canaliculé, peu poilu; foliole terminale à pétiole
court, égalant 1/5 de sa hauteur, ovale rhomboïdale, *en cœur*,
acuminée ; toutes glabrescentes en dessus, *grises, tomenteuses,
hérissées, veloutées* en dessous, *se recouvrant* par leurs bords ;
rameau poilu à feuilles ternées ; panicule hérissée, à glandes stipitées *très rares*; cal. hérissé, *non aculéolé, étalé, non relevé* sur le
fruit ; pét. *blancs ou d'un rose très pâle*; étam. *blanches*; styles
roses; jeunes carp. glabres, à la fin noirs brillants. — Vichy,
Cusset.

(14) R. DUMETORUM. *W. N. Gen.* (R. des buissons.) Tige obtusément anguleuse, un peu pruineuse, striée, à poils rares, sans
glandes, à aiguillons droits, inclinés ou en faulx, élargis à la base ;
feuilles quinées, quelques-unes ternées ; foliole terminale *ovale,
presque orbiculaire*, en cœur, peu acuminée ; toutes *d'un vert
sombre et glabres* en dessus, en dessous *vertes*, plus pâles, poilues ;
rameau peu poilu, *non glanduleux*, à feuilles ternées ; panicule
sans glandes, allongée, interrompue ; cal. gris-verdâtre, tomentelleux, à glandes stipitées rares ou nulles, *étalé, puis relevé sur le
fruit mûr*; pét. *blancs ou d'un rose pâle*, échancrés, poilus extér. ;
étam. *blanches*; styles *verdâtres*; jeunes carpelles glabres, à la fin
gonflés, noirs brillants, *avortés* en partie. — Sussat, Vicq, Iseure.

(15) R. THAMNOCHARIS. *Müll. Gen.* (R. des broussailles.) Tige
obtusément anguleuse, striée, glabrescente, *glauque*, à très rares
glandes stipitées, à aiguillons droits, coniques ou en faulx ; feuilles
pédato-quinées, à pétiole canaliculé, *glabrescent*; foliole terminale

à pétiole égalant presque sa moitié, orbiculaire, *arrondie ou très peu échancrée*, cuspidée ; toutes *épaisses, à dents fines*, glabrescentes en dessus, *vertes plus pâles, poilues* en dessous, se recouvrant par leurs bords, celles du sommet de la tige *blanches tomenteuses* ; rameau *sans glandes*, à feuilles *ternées et quinées*, en cœur, *grises ou blanches tomenteuses* en dessous ; panicule à peine tomenteuse ; cal. tomenteux, *non glanduleux*, ni aculéolé, *étalé* après la floraison ; pétales *roses* ; étam. *blanches ou un peu rosées* ; styles *d'un rose vif* ; jeunes carpelles glabres, à la fin noirs, brillants. — Neuvialle, Yzeure.

(16) R. Cuspidatus. *Müll. Gen.* (R. cuspidée.) Tige *anguleuse, à faces à peu près planes*, à *poils épars* et quelques glandes, à aiguillons inégaux, droits ou en faulx ; feuilles quinées, quelques-unes ternées, à pétiole canaliculé, poilu ; foliole terminale à pétiole égalant presque sa moitié, ovale, arrondie à la base, acuminée ; toutes à dents fines, à poils apprimés rares en dessus, *grises tomenteuses*, mollement hérissées en dessous ; rameau poilu, à glandes stipitées rares, feuilles ternées ; panicule oblongue, *un peu glanduleuse* ; cal. *glanduleux, aculéolé, étalé puis redressé* sur le fruit ; pét. *d'un blanc rosé, glabres* ; étam. blanches ; styles *verdâtres*, jeunes carpelles *poilus*. — Cusset, Yzeure.

Section III. — APPENDICULATI.

(17) R. Glandulosus. *Bellardi. D. C. G. G. Bor. R. Bellardi Gén.* (R. glanduleuse.) Tige obtusément anguleuse, couchée, serpentante, garnie *d'acicules et de nombreux aiguillons* déclinés ou en faulx, de *soies et de poils glanduleux très abondants* ; feuilles *toutes* ternées, à pétiole poilu, *glanduleux aculéolé* ; foliole terminale subéchancrée à la base, ovale-elliptique, cuspidée ; toutes *épaisses, d'un vert sombre*, à dents très fines, *glaucescentes et glabrescentes en dessus, vertes* en dessous et à poils *rares* ; rameau *poilu glanduleux* ; panicule *petite*, étalée-divariquée, poilue glanduleuse aculéolée ; cal. *poilu glanduleux, aculéolé, relevé* sur le fruit ; pét. blancs, *étroits, aigus, entiers, glabres* ; étam. blanches ; styles *blanchâtres* ; jeunes carp. *glabres*. Région des Montagnes. — Le Montoncelle, Laprugne.

(18) R. Calliphyllus. *Müll. Gen.* (R. à feuilles élégantes.) Diffère de la précédente dont elle a les caractères généraux : par ses feuilles ternées, quelques-unes *pédato-quinées* ; ses folioles terminales, *allongées, étroites ovales-elliptiques, longuement* acuminées ; toutes *minces*, à dents aiguës, *profondes, inégales* ; sa panicule à rameaux infér. et moyens *allongés* ; son calice *étalé, puis relevé* ; ses pétales très *étroits, longuement rétrécis* à chaque extrémité ; ses jeunes carpelles à *quelques rares poils*, bientôt glabres. — Cusset, à l'Ardoisière ; Montluçon, ruisseau de la Liaudon (A. P.)

(19) R. Amplifolius. *Müll. Gen.* (R. à larges feuilles.) Variété du précédent ? Tige *poilue, hérissée*, glanduleuse. Feuilles ternées ; foliole terminale *largement ovale*, longuement acuminée, *ayant souvent 12-14 cent. sur 8-10*, parfois subincisée ; panicule *longuement dépassée* par les feuilles supér. ; cal. à lobes *longuement acuminés,*

relevés ; styles *un peu rosés* à la base ; jeunes carpelles *glabres*. — Lieux frais des bois montagneux. Cusset, à l'Ardoisière.

(20) R. Emersistylus. *Müll. Gen.* (R. à styles saillants.) Tige arrondie ou obtuse, rampante, mince, *glabrescente*, munie de *petites glandes* stipitées rougeâtres, d'acicules et de quelques rares aiguillons fins ; feuilles ternées, quelques-unes pédato-quinées ; pétiole *glabrescent*, glanduleux ; foliole terminale *largement* ovale ou *suborbiculaire*, un peu en cœur, *cuspidée en pointe filiforme oblique* ; toutes épaisses, à dents *extrêmement fines, simples peu profondes*, vertes en dessous, très peu poilues ; panicule *longuement interrompue* à la base ; calice glanduleux, *réfléchi* après la floraison ; pétales blancs, étroits, glabres ; étam. blanches ; styles verdâtres, *dépassant* à la fin les étamines ; jeunes carpelles *poilus* ; fruits en partie avortés. — Cusset, bois montagneux près l'Ardoisière.

(21) R. Longicuspis. *Müll. Gén.* (R. à longues pointes.) Tige arrondie ou obtusément anguleuse, d'un *fauve jaunâtre*, peu poilue, munie de glandes stipitées, d'acicules, *et très nombreux aiguillons jaunâtres*, inégaux, petits ; feuilles pédato-quinées, quelques-unes ternées ; foliole terminale ovale acuminée, un peu échancrée à la base ; toutes épaisses, d'un vert foncé, à *dents fines et très superficielles*, en dessous *un peu grisâtres, subtomenteuses* ; rameau poilu glanduleux ; panicule en pyramide étroite, tomenteuse glanduleuse, calice glanduleux à lobes *longuement* acuminés, *réfléchis* ; pétales blancs, ovales étroits, *un peu poilus en dessous*, entiers obtus ; étam. blanches ; styles verdâtres ; jeunes carpelles *glabres*. Montagnes. — Le Montoncelle (M. L.) L'Assise, aux Rattiers (L. A.)

(22) R. Hirtus. *W. et Kit. Gén.* (R. hérissée.) Tige arrondie ou obtusément anguleuse, *d'un brun foncé*, à soies nulles ou rares, garnie de nombreuses glandes stipitées, *rougeâtres*, d'acicules nombreux, *rougeâtres*, d'aiguillons fins, inégaux ; feuilles *ternées et quinées* ; pétiole plan hérissé glanduleux ; foliole terminale ovale acuminée, ou suborbiculaire, *en cœur*, cuspidée ; toutes épaisses, coriaces, à dents fines aiguës ; en dessous vertes, *plus pâles ou un peu cendrées, hérissées* de poils brillants ; rameau hérissé, aciculé, glanduleux, à feuilles ternées ; panicule *pyramidale*, très glanduleuse, à rameaux supér. *triflores, courts, épais, étalés*, les moyens à l'aisselle de bractées larges, souvent trilobées ; cal. *fortement* aciculé et aculéolé, à lobes *longuement acuminés, relevés* ; pétales blancs ; étam. blanches ; styles verdâtres ; jeunes carpelles glabres. Bois montagneux. — Cusset, à l'Ardoisière ; Laprugne, à l'Assise ; Messarges.

(23) R. Melanoxylon. *Müll. et Wirtg. Gen.* (R. à bois noir.) Tige *anguleuse*, à faces planes ou peu excavées, *glabrescente*, à quelques poils et glandes stipitées *peu abondantes*, quelques acicules, à aiguillons robustes, à peu près droits, dilatés à la base ; feuilles *quinées*, ternées sur les rameaux ; foliole terminale ovale acuminée, à peu près entière à la base ; toutes épaisses, coriaces, à dents fines aiguës, cuspidées, peu profondes ; en dessous vertes, *plus pâles, mollement* hérissées ; rameau *brun foncé, glabrescent*, glan-

duleux, à aiguillons *très inégaux, les plus grands en faulx ou déclinés, les plus petits coniques et droits ;* panicule allongée, interrompue à pédoncules supér. *triflores ;* cal. *aciculé, aculéolé,* glanduleux, à lobes longuement acuminés, *réfléchis ;* pét. d'un *beau rose,* poilus en dehors ; étam. *roses ;* styles jaunâtres ; jeunes carpelles à *poils rares.* Bois montagneux. — Cusset, à l'Ardoisière.

(24) R. MENKEI. *W. et N. Gen.* (R. de Menk.) Tige arrondie ou obtuse, rougeâtre, hérissée de poils peu abondants, de nombreuses glandes stipitées, de nombreux acicules et aiguillons droits, inégaux, aciculaires ; feuilles toutes ternées, quelques fois quinées sur la tige ; foliole terminale ovale *cordiforme,* longuement acuminée ; toutes épaisses, d'un vert clair, à dents fines, aiguës, inégales, en dessous poilues, *subtomenteuses,* plus ou moins *blanchâtres, hérissées ;* rameau à poils *rares,* glandes stipitées nombreuses ; panicule *pyramidale oblongue,* interrompue ; cal. glanduleux aciculé, aculéolé, à lobes *courts réfléchis ;* pétales blancs à long onglet, glabres ; étam. blanches dépassant les styles verdâtres ; jeunes carpelles glabres. Bois montagneux. — Cusset, à l'Ardoissière (Gén.) Lignerolles, ravin du Mont (A. P.)

(25) R. BLONDÆI. *Rip. Gen.* (R. de Blondeau.) Tige *anguleuse,* à faces planes ou canaliculées, *glabre,* garnie de glandes stipitées, *d'aiguillons très inégaux,* les plus grands *en faulx ou crochus,* les plus petits *droits, aciculaires ;* feuilles quinées : pétiole canaliculé, *glabre,* glanduleux, à aiguillons *très inégaux,* les petits droits les autres en hameçon ; foliole terminale ovale, arrondie entière à la base, longuement acuminée en *pointe oblique ;* toutes d'un beau vert, à dents trilobées, grosses, larges, peu profondes, en dessous *blanches à lomentum très ras ;* rameau poilu glanduleux, à panicule en pyramide oblongue, peu fournie ; feuilles ternées ; calice glanduleux, aciculé, peu aculéolé, à lobes *réfléchis ;* pétales blancs à onglet court, poilus ; étamines blanches ; styles verdâtres ; jeunes carpelles *poilus.* Bois, calcaires. — Sussat, La Lizolle.

(26) R. ADSCITUS. *Gen. R. rosaceus. Bor.* non *W. et N.* (R. adoptée.) Tige *anguleuse,* un peu obtuse, à faces planes ou un peu excavées, hérissée, à glandes stipitées *rares,* aiguillons inégaux, *fins, droits ;* feuilles *ternées, souvent quinées ;* foliole terminale largement ovale, échancrée, acuminée cuspidée ; toutes *minces, molles, profondément dentées, lobées, incisées ;* en dessous d'un vert clair, ou *blanchâtres tomentelleuses,* à poils brillants ; rameau *très hérissé,* à glandes *rares,* à feuilles ternées ; panicule en pyramide composée, *très hérissée* de poils brillants, *peu glanduleuse,* pédoncules supér. à *bractéoles trifides ;* cal. à lobes *longuement acuminés en pointes étroites ou foliacées, réfléchis ;* pétales d'un *rose très pâle,* échancrés au sommet, à long onglet poilu ; étam. blanches, styles verdâtres ; jeunes carpelles *glabres.* Bois, coteaux. — Veauce.

(27) R. BLOXAMII. *Lees. Gen.* (R. de Bloxam.) Tige *obtusément* anguleuse, grisâtre, poilue, très glanduleuse, à aiguillons droits-inclinés ou en faulx, à base *très dilatée ;* feuilles pédato-quinées ; pétiole poilu glanduleux ; foliole terminale largement ovale ou

suborbiculaire, *en cœur*, longuement acuminée ; toutes épaisses, à dents *fines, aiguës, profondes* ; en dessous *vertes ou grisâtres, tomentelleuses*, à nervures blondes ; rameau poilu glanduleux, à feuilles ternées ; panicule en pyramide large, étalée, pédoncules supér. à bractées *trifides* ; cal. hérissé glanduleux, finement aculéolé, à lobes terminés en *longues pointes plus ou moins foliacées, étalés* ou imparfaitement réfléchis ; pétales *roses*, poilus ; étamines *blanches* ; styles *roses* ; jeunes carpelles *poilus*. Bois, terrains calcaires. — Veauce, bords du ruisseau.

(28) R. Rudis. *W. et N. G. G. Bor. Gen.* (R. rude.) Tige *anguleuse ;* brune, rude, à faces un peu *excavées*, à poils simples, nuls ou rares, glandes stipitées nombreuses, aiguillons inégaux, les uns aciculaires, les autres plus grands, tous *crochus ou falqués* ; feuilles pédato-quinées sur la tige, ternées et quinées sur les rameaux ; pétiole plan, très glanduleux ; foliole terminale ovale, entière à la base, acuminée ; toutes épaisses, d'un vert foncé, à dents fines ; en dessous cendrées-tomenteuses, à nervure médiane fortement aculéolée ; rameau hérissé *glanduleux ;* panicule en pyramide oblongue, étalée, interrompue, tomenteuse *glanduleuse ;* cal. d'un vert cendré bordé de blanc, à lobes longuement acuminés *étalés après la floraison, puis réfléchis ;* pétales d'un *rose pâle*, entiers au sommet, poilus des deux côtés ; étam. blanches ; styles *jaunâtres, d'un brun sale à la base ;* jeunes carpelles hérissés. — Forêt des Collettes, de Bellenaves à Échassières (A. P.).

(29) R. Vestitus. *W. et N. Bor. Gen.* (R. vêtue.) Tige *anguleuse*, brune, hérissée de poils *étoilés* assez abondants, à glandes stipitées *rares*, aiguillons *poilus*, droits, longs, *minces*, violacés à la base ; feuilles pédato-quinées ; pétiole plan, hérissé, *très peu glanduleux ;* foliole terminale largement ovale ou suborbiculaire, *non ou à peine échancrée*, cuspidée ; toutes épaisses, d'un vert foncé, à dents fines peu profondes ; en dessous, *hérissées de poils brillants, veloutées à tomentum épais, rude, gris ou blanc ;* rameau *hérissé*, à glandes stipitées rares, à feuilles ternées et pédato-quinées ; pyramide oblongue, interrompue, *très hérissée de longs poils brillants, de glandes rougeâtres peu abondantes ;* pédoncules supér. triflores, étalés ; cal. *peu glanduleux, réfléchi ;* pétales d'un *rose vif ou plus pâle*, suborbiculaires, poilus ; étam. d'un *rose vif ou plus pâle*, rarement blanches ; styles *roses*, ou verdâtres au sommet et à base rose ; jeunes carpelles poilus. Haies, bois, broussailles, plutôt dans la silice. A. C. — Neuvy, Marigny, Bagneux, Montluçon, Lignerolles, Urçay, etc.

Section IV. — *VIRESCENTES.*

(30) R. Septorum. *Müll. Gen.* (R. des haies.) Tige *anguleuse*, robuste, à faces planes, canaliculée au sommet, *glabrescente*, à glandes stipitées *nulles* ou accidentelles, à aiguillons déclinés ou crochus ; feuilles digito-quinées ; pétiole à peu près plan, poilu, à glandes rares ; foliole terminale ovale, entière à la base, longuement acuminée ; toutes épaisses, *molles*, à dents *larges*, peu

profondes, en dessous *grisâtres, tomenteuses, hérissées de poils courts* ; *rameau poilu hérissé, à glandes stipitées rares,* à feuilles ternées et quinées ; panicule pauciflore, étroite, à 2 pédonc. infér. triflores, *les suivants uniflores* ; calice *peu glanduleux, aculéolé à la base,* à lobes en pointe allongée, *réfléchis ;* pétales d'un *rose pâle,* puis blanchâtres, souvent échancrés poilus ; étam. *blanches ;* styles *verdâtres* ; jeunes carpelles poilus. *Précoce,* du 20 mai au 15 juin. — Bois de Veauce.

(31) R. AMPHICHLOROS. *Müll. Gén.* (R. toute verte.) Tige *anguleuse, un peu canaliculée,* striée, *hérissée de poils étoilés,* à nombreuses *glandes sessiles* (à la loupe), à aiguillons *droits, coniques, à base renflée ;* feuilles pédato-quinées ; pétiole plan hérissé ; foliole terminale ovale, arrondie entière à la base, acuminée ; toutes assez épaisses, à pointe *contournée,* d'un vert foncé, à dents aiguës, inégales, peu profondes ; en dessous vertes, *plus pâles, grisâtres ou plus rar. blanches tomenteuses,* mollement poilues ; rameau à aiguillons *inégaux,* à base dilatée, à feuilles ternées ; panicule pyramidale, peu étalée, *hérissée, à nombreux aiguillons aciculaires, inégaux, déclinés, jaunâtres, à base violacée ;* pédonc. *tous multiflores ;* calice tomenteux, peu ou point aculéolé *réfléchi ;* pétales *blancs,* rar. rosulés, échancrés, poilus ; étam. *très blanches ;* styles verdâtres ; jeunes carpelles glabres. Terrains siliceux. — Cusset, à l'Ardoisière.

(32) R. CARPINIFOLIUS. *W. et N. Bor. Gén.* (R. à feuilles de charme.) Tige anguleuse, à faces excavées, *marquée* de linéoles rougeâtres, *poilue,* à glandes stipitées *rares ou nulles,* aiguillons droits ou falqués, élargis à la base ; feuilles digito-quinées, ternées et quinées sur les rameaux ; pétiole un peu canaliculé, à glandes fines ; foliole terminale ovale, *étroite,* entière, un peu arrondie à la base, longuement acuminée ; toutes molles à dents profondes, inégales ; en dessous hérissées tomenteuses, grisâtres plus ou moins blanches ; panicule *simple,* étroite, poilue, à glandes fines et rares, un ou deux pédonc. multiflores, les autres *relevés,* quelquefois *uniflores,* à bractéoles trifides ; calice tomenteux, quelquefois aculéolé à la base, réfléchi ; pétales blancs, grands, ovales ; étam. blanches ; styles verdâtres ; jeunes carpelles poilus. — Bois d'Audes (A. P.)

(33) R. STENOPHYLLUS. *Müll. Gén.* (R. à feuilles étroites.) Tige *anguleuse,* à faces planes, à poils *épars peu abondants,* glandes *nulles,* aiguillons droits ou en faulx, à base dilatée, robustes ; feuilles digito-quinées, ordin. ternées sur les rameaux ; pétiole canaliculé *à la base,* à poils espacés ; foliole terminale ovale, *étroite, longuement rétrécie* à la base, acuminée ; toutes *épaisses, à dents aiguës ;* en dessous *tomenteuses, hérissées grises ou tout à fait blanches ;* rameau anguleux ; panicule en pyramide composée, poilue, *à nombreux aiguillons fins, crochus, inégaux,* à ramuscules *tous multiflores ;* cal. tomenteux jaunâtre, *sans glandes, non aculéolé,* à lobes *obtusiuscules, réfléchis ;* pétales d'un *rose blanc,* entiers, poilus ; étam. blanches, courtes, *égalant* les styles

verdâtres ; jeunes carpelles glabres. Calcaires. — Sussat, bords de la Veauce, sous Minecère.

Cette espèce et quelques autres voisines forment le *R. carpinifolius*. Auct.

(34) R. STEREACANTHOS. *Müll. Gén.* (R. à épines robustes.) Tige anguleuse, striée, à faces *planes, canaliculées* au sommet, à quelques poils étoilés et glandes *sessiles ;* aiguillons robustes, droits ou peu falqués, élargis à la base ; feuilles digito-quinées, à pétiole canaliculé un peu hérissé ; foliole terminale, largement ovale, arrondie, entière ou subéchancrée à la base ; toutes *peu épaisses,* à dents *fines* aiguës ; en dessous *vertes ou très peu cendrées,* à poils courts ; rameau à poils étoilés, aiguillons nombreux, falqués, à feuilles ternées et quinées ; panicule pyramidale, interrompue, hérissée tomenteuse, à longs aiguillons falqués, pédoncules supér. inégaux, triflores ; calice *blanc-tomenteux,* hérissé, *un peu* aculéolé, *réfléchi ;* pétales blancs ou d'un rose très pâle, obtus, entiers, poilus ; étamines blanches dépassant les styles verdâtres ; jeunes carpelles *poilus au sommet.* — Sussat, au grand Vallon.

Section V. — DISCOLORES.

(35) R. THYRSOIDEUS. *Wimm. Bor. Gen. R. fruticosus W.* et *N.* non *L.* (R. en thyrse.) Tige anguleuse, robuste, *profondément canaliculée, glabre ou à poils très espacés,* à aiguillons forts, droits ou à peu près coniques, à base dilatée ; feuilles digito-quinées, ternées sur les rameaux, à pétiole à peu près plan, presque glabre, à aiguillons crochus ; foliole terminale largement ovale, arrondie à la base ou échancrée ; toutes épaisses, coriaces, à dents larges, divariquées, peu profondes ; en dessous *grises* plus ou moins tomenteuses ; panicule pyramidale étroite, finement hérissée, à pédoncules la plupart triflores, bractéoles *trifides ;* cal. tomentelleux, *non aculéolé,* à lobes cuspidés, réfléchis ; pétales *obtus, d'un blanc rosé, puis blancs ;* étam. blanches ; styles verdâtres ; jeunes carpelles glabres. C. surtout en terrain siliceux. — Sussat, la Lizolle, Montluçon, Moulins, Gannat, Laprugne.

(36) R. NEMOPHILUS. *Rip. in Gen. R. vulgaris. Bor. pro parte.* (R. des bois.) Tige anguleuse striée, à faces *planes* et peu excavées, à poils espacés, à glandes sessiles, à aiguillons longs, aplatis, coniques, droits ; feuilles digito-quinées, à pétiole plan, glabrescent, à aiguillons crochus ; foliole terminale largement ovale ou presque orbiculaire, arrondie *non échancrée* à la base, acuminée ; toutes minces, à dents *peu profondes, larges, divariquées ;* en dessous cendrées, à tomentum ras ; rameau anguleux, à aiguillons falqués ou crochus, à base très dilatée, feuilles ternées et pédato-quinées ; panicule variable, à aiguillons *longs, minces, falqués,* peu dilatés à la base ; pédoncules supér. triflores ; cal. tomenteux, non aculéolé, bordé de blanc, à lobes cuspidés, réfléchis ; pétales *d'un beau rose,* arrondis, *échancrés,* poilus ; étam. blanches ; styles verdâtres ; jeunes carpelles *poilus.* Haies, bois. — Hauterive, Vichy, Cusset, Ébreuil, Bellenaves.

(37) R. REDUNCUS. *Rip. Gen.* (R. crochue.) Tige anguleuse, robuste, striée, à faces *planes*, quelques poils étoilés ; aiguillons *falqués*, à base très dilatée *dépassant* leur hauteur ; feuilles digito-quinées, ternées sur les rameaux ; pétiole *canaliculé* ; foliole terminale ovale, entière à la base, cuspidée ; toutes à dents larges, inégales, très peu profondes ; en dessous, *d'un blanc sale ou cendré*, à tomentum ras ; rameau *obtusément* anguleux pubérulent à aiguillons *géniculés, plus longs et tout à fait crochus en approchant de la panicule ;* panicule pyramidale oblongue tomenteuse, à *aiguillons robustes, à base large fortement crochus,* pédonc. supér. *allongés multiflores, arqués-relevés ;* cal. à lobes *ovales,* réfléchis ; pétales *roses, poilus sur les 2 faces, ovales ;* étam. blanches, *dépassées* par les styles verdâtres ; jeunes carpelles hérissés au sommet. — Chiroux, près Gannat.

(38) R. ROBUSTUS. *Müll. in Gen.* (R. robuste.) Tige anguleuse, *canaliculée,* striée, *glabre ou glabrescente,* à aiguillons, longs, *droits ou peu falqués ;* feuilles digito-quinées, à pétiole *plan,* glabrescent, à aiguillons crochus ; foliole terminale, largement ovale, arrondie, entière ou subécrancrée à la base, acuminée ; toutes épaisses, fermes, irrégulièrement *incisées,* doublement dentées, *à dents divariquées ;* en dessous blanches, à tomentum ras ; rameau *plus ou moins canaliculé,* à aiguillons falqués, *les supér. crochus,* à feuilles ternées et digito-quinées ; panicule en pyramide oblongue, hérissée tomenteuse, à aiguillons crochus, pédoncules supér. à l'aisselle de *bractées trifides ;* cal. tomenteux-jaunâtre, non aculéolé, à lobes cuspidés, réfléchis ; pétales blancs, *ovales, poilus ;* étam. blanches ; styles verdâtres ; jeunes carpelles *glabres ou glabrescents.* — Vichy (Gén.) ; Montluçon, vallée du Lamaron (A. P.).

(39) R. DISCOLOR. W. et *N. Gen.* non *Bor. R. rhamnifolius Billot ; R. speciosus. Müll.* (R. discolore.) Tige anguleuse, striée, à poils étoilés espacés, à faces *planes* ou peu excavées, à aiguillons nombreux droits ou déclinés, *à base dilatée ;* feuilles digito-quinées ; pétiole plan glabrescent, à aiguillons crochus ; foliole terminale largement ovale, à base *large entière* ou à peine échancrée, acuminée ; toutes *peu épaisses,* d'un vert foncé, *plissées,* ridées, à surface *plane ou concave* en dessus, à dents fines, aiguës, divariquées ; en dessous *blanches* tomenteuses, hérissées ; panicule en pyramide oblongue, interrompue, hérissée-tomenteuse, bractéoles supér. trifides ; cal. blanc-tomenteux, non aculéolé, à lobes cuspidés réfléchis ; pétales *rose-clair,* obovales, échancrés, poilus ; étam. rose-clair ou blanches ; styles *blonds ou d'un jaune terne ;* jeunes carpelles *hérissés.* C.

(40) R. ARGENTATUS. *Müll. Gen. R. argenteus. W.* et *N.?* (R. argentée.) Très voisin du précédent ; s'en distingue : par sa foliole terminale à base *moins large,* ses feuilles à tomentum *plus ras, non hérissées ;* ses étam. *blanches ;* ses pétales *ovales ;* sa panicule moins développée, *courte et serrée.* A. C. — Montluçon, Lignerolles.

(41) R. GLAPHYRUS. *Rip. et Gen.* (R. canaliculée.) Tige anguleuse, *canaliculée, bleuâtre*, couverte d'une poussière cireuse, à poils étoilés épars, à la fin glabre ; aiguillons déclinés ou peu falqués, à base dilatée, *velus* ; feuilles toutes digito-quinées ; pétiole *plan*, poilu, à aiguillons crochus ; foliole terminale à long pétiole, *suborbiculaire, cordiforme, à la base*, cuspidée ; toutes épaisses, coriaces, à dents fines, aiguës, inégales ; en dessous, *blanches tomenteuses*, hérissées ; panicule variable, hérissée-tomenteuse, à nombreux aiguillons falqués ; cal. gris-tomenteux, à lobes courts, apiculés, réfléchis ; pét. *roses*, grands, arrondis, *échancrés*, poilus ; étam. d'un *blanc rosé, égalant les styles violacés* ; jeunes carpelles hérissés. — Sussat, Yzeure.

(42) R. RUSTICANUS. *Mercier in Reuter. Gén.* R. *discolor. Auct.* non *W.* et *N.* (R. campagnarde.) Tige anguleuse, *à faces un peu excavées*, glabre ou pubérulente, à poussière cireuse ; aiguillons coniques, droits ou déclinés ; feuilles digito-quinées, en partie ternées sur les rameaux, pétiole plan, pubérulent, à aiguillons crochus ; foliole terminale ovale, *étrécie et entière* à la base, élargie au sommet, cuspidée ; toutes épaisses, d'un vert sombre, *à surface convexe*, à dents fines peu profondes ; en dessous *blanches tomenteuses*, brièvement hérissées, à tomentum ras ; panicule pyramidale, *étroite*, nue, si ce n'est à la base ; cal. blanc tomenteux, ni hérissé ni aculéolé, réfléchi ; pétales *d'un rose vif*, arrondis, émarginés, poilus ; étam. *roses ou pourpres*, ou blanches au sommet et violacées à la base, rarement blanches ; styles *violacés* ou verdâtres à base violacée ; jeunes carpelles *hérissés*. C. C.

Les plantes suivantes sont bien voisines du *Rusticanus* et rentrent dans le type de Mercier; elles en ont été distinguées par le Dr Ripart.

R. *Anchostachys. Rip.* — Etamines *blanches*, très obscurément rosées à la base, *dépassant* les styles verdâtres.

R. *Controversus. Rip.* — Pétales d'un *rose pâle, ovales;* étam, *blanches* ; styles verdâtres ; jeunes carpelles *glabres*.

R. *Prætervisus. Rip.* — Tige canaliculée; feuilles un peu plus larges, arrondies à la base, mais non échancrées ; rameau *canaliculé depuis sa base* ; pétales d'un beau *rose violacé, très grands* ; étam. violacées, égalant ou dépassant à peine les styles *violacés*, ou verdâtres à base violacée.

R. *Weiheanus. Rip.* — Foliole terminale largement ovale, *cordiforme* à la base, élargie au sommet; pétales et étam. *roses ou pourpres*, égalant à peu près les styles *verdâtres* ordinairement à base rosée.

(43) R. OLOLEUCOS. *Gén.* (R. toute blanche.) Tige anguleuse, striée, grosse, à faces *planes un peu excavées* au sommet, à poils étoilés épars, *quelques glandes stipitées courtes* (à la loupe) ; aiguillons droits ou déclinés, coniques, *poilus* ; feuilles pédato-quinées, ternées sur les rameaux, à pétiole plan, à aiguillons en faulx ou crochus ; foliole terminale largement ovale, *entière arrondie* à la base, acuminée ; toutes *minces*, à dents fines, aiguës, inégales ; en

dessous *blanches*, à tomentum *épais, mou, subvélutin*, *hérissé*; rameau *court*, à aiguillons *crochus, velus*; panicule *petite, ovale, fournie, serrée, hérissée tomenteuse*, pédonc. supér. *plus petits* que les bractéoles; cal. blanc tomenteux, *hérissé*, non aculéolé, à pointes *presque nulles*, réfléchi; pétales *blancs à reflets rosés*, ovales, petits, échancrés, poilus, *à long* onglet; étam. blanches; styles verdâtres; jeunes carpelles poilus.

(44) R. Villicaulis. *Kœhler in* W. et *N. Gén.* (R. à tige velue.) Tige anguleuse, poilue hérissée, à faces *excavées*; aiguillons falqués ou déclinés, *poilus*, élargis à la base; feuilles digito-quinées, ordinairement ternées sur les rameaux; foliole terminale largement ovale, en cœur, acuminée; toutes épaisses, flasques, *d'un vert sombre, très foncé*, à dents larges; en dessous, *blanches-tomenteuses*, hérissées à poils brillants; panicule en pyramide allongée, étalée, hérissée, à rares glandes, pédonc. supér. *multiflores*, à bractées *ovales ou trilobées*; cal. hérissé à quelques rares glandes, ordinairement aculéolé, réfléchi; pétales blancs, échancrés, étrécis à la base, glabrescents; étam. blanches; styles verdâtres; jeunes carpelles *glabres.* — Lignerolles, ravin du Mont; Urçay, à Tronçais, au Rond du Chevreuil (A. P.).

(45) R. Consimilis. *Rip. Gen.* (R. semblable.) Tige anguleuse, à faces *planes ou un. peu excavées, glabrescente*, à poils étoilés; aiguillons déclinés, *dilatés* à la base; feuilles pédato-quinées, quelques-unes ternées sur les rameaux; pétiole plan poilu, à aiguillons falqués ou géniculés; foliole terminale *étroitement* ovale, à peu près entière à la base, *incisée, lobulée*, acuminée; toutes épaisses, *incisées, à dents profondes obtuses apiculées*; en dessous *blanches, veloutées*, à tomentum *épais, douces au toucher*, à nervures *peu saillantes, la médiane presque inerme*; rameau canaliculé, à aiguillons *poilus*; panicule en pyramide *allongée, étroite, hérissée*, à aiguillons *falqués, poilus*; pédonc. supér. redressés, à l'aisselle de bractéoles *trifides*; cal. à pointes courtes, réfléchi; pétales blancs, largement ovales, poilus; étam. blanches; styles verdâtres; jeunes carpelles poilus. — D'Ebreuil à Gannat, haies de Château-Jaloux.

(46) R. Albomicans. *Rip. Gen.* (R. blanc-brillante.) Tige anguleuse, striée, canaliculée, à poils épars étoilés; aiguillons déclinés ou falqués, poilus, à base dilatée; feuilles digito-quinées quelques-unes ternées sur les rameaux; pétiole plan, à aiguillons crochus, robustes, poilus; foliole terminale, ovale, entière ou très peu échancrée à la base, acuminée; toutes épaisses, opaques, *lobulées, incisées, à dents profondes*, inégales; en dessous, *blanches tomenteuses*, un peu hérissées, veloutées; rameau anguleux à aiguillons *en faux ou crochus*, à base dilatée; panicule en pyramide *étalée, rameuse, lâche, composée, allongée, hérissée tomenteuse*; ramuscules *tous* multiflores, étalés, divariqués; cal. à pointes courtes ou nulles, réfléchi; pétales blancs, arrondis, échancrés, poilus; étam. blanches, *égalant à peine les styles verdâtres*; jeunes carpelles hérissés. — Cusset à l'Ardoisière; Sussat, haies au grand Vallon.

(47) R. Piletosus. *Rip. Gén.* (R. poilue.) Tige anguleuse, striée, *excavée*, à poils espacés ; aiguillons *fins*, droits ou déclinés, poilus ; feuilles pédato-quinées, quelques-unes ternées sur les rameaux ; pétiole plan, pubérulent, à aiguillons crochus ; foliole terminale *largement ovale ou suborbiculaire, en cœur à la base*, étrécie au sommet, acuminée ; toutes épaisses, molles, à dents larges, simples, peu profondes ; en dessous à tomentum *épais, vélutiné, à nervures très peu saillantes, la médiane à peine aculéolée ;* panicule en pyramide *allongée fournie serrée*, hérissée tomenteuse, à aiguillons *violacés, falqués, poilus ;* pédonc. *tous multiflores ;* cal. non aculéolé, brièvement cuspidé, réfléchi ; pétales *roses*, ovales, denticulés, poilus ; étam. blanches *égalant* les styles verdâtres ; jeunes carpelles hérissés. — Cusset, à l'Ardoisière ; rochers entre Ebreuil et Gannat.

(48) R. Suberti. *Rip. Gén.* (R. de Subert.) Tige anguleuse, striée, canaliculée, glabrescente ; aiguillons nombreux, coniques, *droits, élargis à la base ;* feuilles pédato-quinées, ternées sur les rameaux ; pétiole plan glabrescent, à aiguillons crochus ; foliole terminale *ovale, étroite, étrécie et entière* ou subéchancrée à la base, acuminée ; toutes épaisses, cuspidées, *glabres en dessus*, à dents *profondes, inégales ;* en dessous, blanches, tomenteuses à poils ras ; panicule en pyramide *courte*, peu poilue, *à gros aiguillons, jaunes au sommet bruns ou violacés à la base, falqués, rapprochés ;* pédonc. *tous* multiflores, les supér. à bractées *trifides*, très poilues ; cal. petit, gris verdâtre, bordé de blanc, à lobes *dépourvus de pointes*, réflechis ; pétales *d'un rose pâle*, petits, ovales, *bifides, peu poilus ;* étam. blanches, *plus petites* que les styles verdâtres ; jeunes carpelles *peu poilus.* — Sussat, au Grand Vallon.

(49) R. Lloydianus. *Gén. R. tomentosus var. glabratus. Godron. Bor.* (R. de Lloyd.) Tige anguleuse, *obtuse ou à faces planes* à la base, *canaliculée* au sommet, à poils espacés et *quelques glandes stipitées courtes ;* aiguillons courts, élargis à la base, *déclinés ou falqués ;* feuilles *ternées* et quinées ; pétiole plan, hérissé, *à quelques glandes stipitées ;* foliole terminale variable, étroite, entière à la base, acuminée, ou plus large subéchancrée, aiguë ou obtuse ; toutes épaisses, flasques *glabres ou à poils rares en dessus*, à dents larges, peu profondes ; en dessous, *blanches veloutées*, à tomentum épais, *nervures blanches tomenteuses ;* rameau sans glandes, à feuilles ternées ; panicule *allongée, hérissée tomenteuse*, sans glandes, *à aiguillons jaunes, petits, nombreux, déclinés ou falqués ;* cal. tomenteux, *blanc jaunâtre*, à pointes *courtes ou nulles*, réfléchi ; pét. d'un *blanc-jaunâtre*, allongés, *à long onglet*, glabrescents ; étam. *très blanches, égalant à peu près* les styles blanc-verdâtres ; jeunes carpelles *glabres.* Terrains granitiques. — Cusset (Gén.) Le Breuil (A. M.)

(50) R. Tomentosus. *Borckh. W. et N. G. G. Bor. Gen.* (R. tomenteuse.) Tige anguleuse, *canaliculée*, à poils espacés, *rares acicules et soies glanduleuses ;* aiguillons fins, courts, *falqués ;* feuilles *ternées* et quinées ; foliole terminale *ovale rhomboïdale, entière ou très peu échancrée* à la base, aiguë ; toutes épaisses, *grises tomenteuses en*

dessus, profondément dentées ; en dessous, *blanches tomenteuses,
veloutées ;* rameau canaliculé, hérissé, à aiguillons crochus, à feuilles
ternées ; panicule allongée, à aiguillons *jaunâtres,* falqués ; bractées supér. *jaunâtres,* ovales: cal. blanc tomenteux, à lobes étroits,
sans pointes, réfléchis ; pétales très blancs, grands, ovales, à onglet
étroit, *glabres ou glabrescents;* (p. 108, fig. 6.) étam. blanches; styles
verdâtres ; jeunes carpelles *glabres.* Calcaires. — Vichy, Cusset,
Cressanges, Saint-Didier, Loriges, Saint-Menoux, Gouise, Monétay-
sur-Allier ; Montluçon.

(51) R. Collinus. *D. C. G. G. Bor. Gen.* (R. des collines.) Diffère
du précédent dont il est voisin : par sa tige *toujours sans glandes ;*
ses feuilles *quinées ;* ses folioles terminales, *largement ovales ou suborbiculaires ;* ses pétales suborbiculaires, *poilus ;* ses jeunes carpelles *poilus.* — Entre Ebreuil et Gannat ; Gouise, Neuilly-le-
Réal ; Bessay, Saint-Menoux, Saint-Didier, Louroux-de-Bouble,
Mazerier, Montluçon.

R. *Amictifolius Rip. Gén.* — Diffère du *collinus* par ses feuilles *uu
peu cordiformes* et ses pétales roses ; il en a les pétales suborbiculaires et les carpelles poilus. — Gouise, étang Chloris (L. A.)

Section VI. — SUBERECTI.

(53) R. Nitidus. W. *et N. Bor. Gén.* (R. brillante.) Tige anguleuse à faces *planes, canaliculées* au sommet; rougeâtre, *glabre ou à
poils rares,* à aiguillons déclinés ou peu falqués, à base élargie ;
feuilles digito-quinées, quelques-unes ternées sur les rameaux, à
pétiole un peu canaliculé, à poils rares ; foliole terminale ovale,
arrondie entière ou subéchancrée à la base, acuminée ; toutes
épaisses, d'un vert jaunâtre, à dents fines, aiguës, inégales ; en
dessous d'un *gris-verdâtre,* tomentelleuses, celles du sommet
presque blanches ; panicule petite, ovale, pauciflore, tomentelleuse, à
aiguillons falqués, souvent jaunâtres ; calice *cendré-verdâtre,* aculéolé à la base, à lobes peu acuminés, réfléchis ; pétales *roses,*
presque entiers, grands, poilus ; étam. et anthères *roses,* dépassant les *styles violacés ;* jeunes carpelles glabres. Schistes et granits. — Budelière-Chambon, bords de la Tarde.

(53) R. Divaricatus. *Müll. Gen.* (R. divariquée.) Diffère de la
précédente dont elle est voisine par ses folioles terminales *étrécies,
toujours entières* à la base ; ses folioles *vertes en dessous,* mais plus
pâles ; ses bractéoles *trifides ;* son calice *vert, bordé de blanc,* étalé ou
imparfaitement réfléchi, quelquefois *un peu relevé;* ses pétales roses,
petits, échancrés ; ses étam. *blanches à anthères roses ;* ses styles *jaunâtres.* — Veauce, le long du ruisseau.

(54) R. Fastigiatus. W. *et N. Gen.* R. *suberectus Bor.* (R. fastigiée.) Tige anguleuse, verte et rougeâtre, *canaliculée, glabre,* à
glandes sessiles (à la loupe) ; aiguillons longs, droits ou déclinés ;
feuilles digito-quinées ; pétiole un peu canaliculé à la base ; foliole
terminale *largement* ovale, *cordiforme* à la base, acuminée ; toutes
minces, à dents fines, aiguës ; en dessous, plus *pâles ou jaunâtres,* à
poils *peu abondants ;* panicule *simple,* oblongue, à peu près *inerme,* à

pédoncules *uniflores* ; cal. *vert, à bordure blanche*, à lobes longuement acuminés, *étalés ou réfléchis ;* pétales *blancs*, grands, *entiers* au
sommet, rétrécis en onglet, poilus ; étam. *blanches*, dépassant les
styles *verdâtres ;* jeunes carpelles *glabres*. Bois. — La Lizolle,
Véauce, Audes, Urçay, Gannat.

(55) R. PLICATUS. W. *et N. R. suberectus Arrhen. non Bor. R. fruticosus. L. Gen.* (R. pliée.) Tige anguleuse, rougeâtre, *lisse*, à faces
luisantes, planes ou à peu près, *glabre*, à aiguillons falqués ; feuilles
quinées, à pétiole *canaliculé*, glabrescent ; foliole terminale *largement ovale, arrondie, cordiforme* à la base, à pointe *longue aiguë ;*
toutes *se recouvrant* par leurs bords, assez épaisses, *plissées ondulées*
sur les bords ; en dessous *plus pâles*, subhérissées ; panicule petite,
étroite, pauciflore, à aiguillons en faulx, *presque inerme*, à pédonc.
supér. *uniflores ;* cal. *verdâtre à bordure blanche*, à lobes *courts, réfléchis ;* pétales blancs, *glabres ;* étam. blanches, *plus courtes* que les
styles verdâtres ; jeunes carpelles glabres. — Commentry, Lapalisse, Le Montet, Laprugne (A. P.)

Tribu III. — Rosées.

CARPELLES NOMBREUX RENFERMÉS DANS LE TUBE DU CALICE ACCRESCENT.

ROSA. *L.* (Rosier.) Calice tubulé à 5 divisions, souvent pinnatifides ; corolle grande, à 5 pétales ; *étamines* nombreuses, périgynes ainsi que les pétales ; styles latéraux, libres ou soudés à
leur partie supérieure (p. 142, fig. 1, 2, 3).

Section I. — SYNSTYLÆ.

Section II. — GALLICANÆ.

Section V. — CANINÆ.

Section VI. — RUBIGINOSÆ.

Section VII. — TOMENTOSÆ.

Section I. — SYNSTYLÆ.

Styles *soudés* en colonne plus ou moins saillante, *glabres* (excepté dans le *Sempervirens,* que nous n'avons pas); feuilles glabres ou velues, *non glanduleuses* en dessous, simplement dentées; aiguillons vigoureux larges crochus, uniformes.

(1) R. Arvensis. *L. Huds. G. G. repens Scop.* (R. des champs.) Rameaux *allongés* tombants; aiguillons variables; feuilles à pétioles pubescents, portant ordinairement quelques glandes et aiguillons; folioles ovales ou arrondies plus pâles en dessous, simplement dentées; pédoncules nus ou glanduleux; divisions calicinales *courtes*, dépassent *à peine* le bouton, presque *entières*, caduques avant la maturité; styles *soudés* en colonne *égalant* ou dépassant les étamines; fruit nu ou hispide glanduleux. Juin. Haies, à toute altitude. C.

R. Bibracteata. Bast. Bor. (R. à deux bractées.) Feuilles *luisantes;* pédicelles floraux portant à leur base *une ou deux bractées* opposées; colonne des styles *plus petite* que les étamines. — Moulins, Lurcy, Bresnay.

· Le *R. Arvensis* offre les mêmes variations que le *R. canina.* *R. arvensis.* Déséglise. Pétiole non glanduleux; pédoncule et calice glabres. — Semble moins commun.

R. repens. Scopoli. Déséglise. Pédoncules hispides, calice glabre ou à peu près. — Semble la forme la plus commune.

R. arvensis. Var hispida. Lejeune et Court. In Dumortier. Monographie. Pédonc. et calice *hérissés* de soies glanduleuses folioles pubescentes sur les nervures. An. *pubescens* Desvaux ? — R. Bayet, Loriges.

(2) R. Stylosa. *Desv.* (R. à styles soudés.) Aiguillons robustes, crochus; feuilles à pétiole plus ou moins pubescent, aiguillonné en dessous; folioles ovales aiguës ou lancéolées luisantes en dessus, plus ou moins *pubescentes surtout en dessous, sur toute la surface,* devenant glabres à la fin; pédoncules plus ou moins hérissés glanduleux; calice terminé en pointe *foliacée pinnatifide,* *dépassant* le bouton; styles *soudés* en colonne plus ou moins sail-

sante; fruit ovoïde ou subglobuleux; fl. blanches. — Neuvy,
Besson, Gouise.

R. systyla. Bastard. — Fl. *rosées*; feuilles pubescentes seulement sur les nervures inférieures. — Moulins, etc.

R. Leucochroa. Desv. — Fl. blanches à onglet jaunâtre; feuilles
pubescentes seulement sur les nervures inférieures.

Section II. — GALLICANÆ.

Aiguillons de deux sortes, mais peu abondants : les uns *vigou-*
reux droits ou un peu arqués; les autres grêles, sétacés ou
glanduleux; sépales non pinnatifides (au moins sur les plantes de
l'Allier); stipules toutes semblables.

(3) R. GALLICA. *L. Bor. 3e éd.* (R. de France.) Tige ne dépassant pas 1 m.; *aiguillons comme ci dessus*; stipules *étroites* à bords
glanduleux, à oreillettes aiguës divergentes; 3-5 folioles ovales
elliptiques, fermes, glabres en dessus, blanchâtres velues en dessous; pédoncules solitaires ou peu nombreux, glanduleux; sépales réfléchis caducs après la floraison; styles *laineux*, *libres*;
fruit arrondi; fleurs d'un *rouge très foncé*. Bois. R. R. — Broût-
Vernet, Bayet, bois de l'Orme (B.); Montaigut-le-Blin, bois de la
Jarousse (Virotte.)

(4) R. HYBRIDA. *Schleicher. Bor. Grenier* fl. jurass. (R. Hybride.)
Diffère de la précédente : par ses styles *agglutinés rapprochés* en
colonne velue; ses fleurs rosées, pâlissant ensuite. R. R. Bois de
Broût-Vernet (B.)

R. Arvina. Krocker. Bor. 3e éd. (R. des Friches.) Diffère de
Hybrida par ses styles qui sont *aussi soudés agglutinés*, mais *plus*
courts que les étamines; ceux de Hybrida *égalant* les étamines.
Varie à fleurs blanches. R. R. Bayet, bois de l'Orme, bois de Saint-
Gilbert, canton du Chappe (B.); Yzeure; haies au Parc (L. A.)
Grenier, fl. jurassique, regarde l'*Hybrida* comme une hybride de
Gallica et d'*Arvensis*; les ovaires de *Hybrida* et de *Arvina ne se*
développent pas.

Le *R. Alba. L.* Se trouve quelquefois dans les haies, seulement
subspontané.

Section III. — PIMPINELLIFOLIÆ.

Aiguillons *sétacés ou subulés*; divisions du calice *persistantes*
sur le fruit; feuilles non tomenteuses.

(5) R. PIMPINELLIFOLIA. *D. C.* (R. Pimprenelle.) Tige d'au plus
1 m., *dressée, rameuse*; aiguillons *nombreux inégaux sétacés ou*
subulés, droits; folioles petites *arrondies ou ovales obtuses*, pubescentes, un peu glanduleuses en dessous; sépales *entiers, redressés*
sur le fruit après la floraison; styles courts *laineux*; fruit globuleux; fleurs *blanches* à onglet jaunâtre. Haies, buissons. R. R. —
Chavenon, Rocles, Montmarault (Causse); Le Montet (R. de C.)

Section IV. — *EGLANTERIÆ*.

Aiguillons inégaux sétacés et subulés, les uns droits les autres légèrement arqués ; stipules toutes semblables, étroites ; feuilles glanduleuses en dessous ; fleurs jaunes.

(6) R. Lutea. *Miller. Bor.* (R. jaune.) Peu élevé ; pétioles pubescents et glanduleux ; folioles elliptiques ou arrondies, doublement dentées, glanduleuses en dessous ; sépales pinnatifides ; fruit globuleux ; fleurs *d'un beau jaune.* R. R. — Aigueperse, Puy-de-Dôme. Haies de la butte Montpensier et du pré Monsieur (L. L.) Vieilles haies à Gannat (E. Nony.)

R. *Punicea. Miller.* Fl. d'un jaune *orangé.* — Aigueperse. Cultivée sous le nom de *Rose Capucine.*

Section V. — *CANINÆ*.

Feuilles glabres, pubescentes ou tomenteuses mais *non blanchâtres, non glanduleuses* sur les faces ; styles pubescents ou hérissés ; libres, rarement glabres ; divisions calicinales *réfléchies* et promptement caduques ; aiguillons *vigoureux, larges, comprimés crochus ;* stipules supérieures *élargies*, à folioles glabres, simplement dentées.

(7) R. Canina. *L.* (R. de chien.) Arbrisseau de 1-2 m. ; feuilles à pétiole glabre ou pubescent, avec ou sans glandes stipitées, plus ou moins aiguillonné en dessous ; folioles ovales aiguës, *glabres, simplement dentées* à dents supérieurs conniventes ; stipules larges ; pédoncules *glabres ainsi que le tube* du calice, solitaires ou en corymbe ; fleurs d'un rose pâle ou blanches ; fruit *ovoïde ou oblong.* Juin. — C.

R. *Nitens. Desv.* Feuilles d'un vert luisant sur les deux faces.

R. *Glaucescens. Desv.* Feuilles glauques. — Simples variétés ; avec le type.

(8) R. Sphærica. *Grenier. Bor.* 3e éd. (R. sphérique.) Diffère du *Canina* dont il a les caractères généraux, par son fruit *globuleux* et ses fleurs *roses.* — Pierrefitte.

(9) R. Globularis. *Franchet. Bor.* 3e éd. (R. Globuleux.) Touffu, à rameaux tortueux ; pétiole un peu velu en dessus, glanduleux, subaiguillonné ; folioles ovales aiguës, à dents simple *et quelques unes doublement dentées ;* tube du calice *globuleux ;* fruit *sphérique ;* fleurs d'un rose pâle ; styles *peu velus.* — Pierrefitte (L. A.)

(10) R. Andegavensis. *Bastard. Bor.* 3° éd. (R. d'Angers.) Port et caractères généraux du *Canina ;* pétiole velu et chargé de glandes stipitées ; folioles ovales *aiguës ;* stipules plus étroites, bordées de glandes ; pédoncules *hérissés* de soies glanduleuses ; tube du calice *souvent* hérissé ; fleurs d'un *rose clair ;* fruit ovale. — Naves, Gannat.

R. Kosinsciana. Besser. Bor. 3ᵉ éd. (R. de Kosinski.) Diffère d'*Andegavensis* par ses folioles *presque arrondies* et ses *fleurs d'un rose vif.* Environs de Moulins.

b. — Folioles glabres, doublement dentées, à dents glanduleuses.

(11) R. Dumalis. *Bechst. Bor.* 3ᵉ éd. (R. des Halliers.) *R. canina glandulosa.* Rau. Arbrisseau touffu, à aiguillons robustes crochus ; pétioles *pubescents en dessus* glanduleux aiguillonnés ; folioles ovales aiguës, *doublement* dentées, à dents secondaires glanduleuses, *glabres ;* stipules *larges,* surtout dans les feuilles supérieures denticulées glanduleuses ; pédoncules *glabres ainsi que le tube* du calice ; sépales redressés après la floraison, puis caducs ; fl. roses ou blanches ; styles velus ou presque glabres ; fruit ovale arrondi. Juin. C.

(12) R. Biserrata. *Mérat. Bor.* 3ᵉ éd. (R. bidenté.) Diffère du précédent dont il semble n'être qu'une forme plus glanduleuse : par ses pétioles *plus glanduleux :* ses folioles dont les *nervures inférieures offrent quelques glandes ;* son calice à *sépales* glanduleux. — Sussat, aux Gazeriers ; Moulins ; Gannat.

(13) R. Malmundariensis. *Lejeune. Bor.* 3ᵉ éd. (R. de Malmédy.) Ne semble avoir d'autre différence avec *Dumalis* que ses jeunes pousses *glauques rougeâtres.* — Sussat, aux Gazeriers ; Vicq, Bresnay.

(14) R. Squarrosa. *Rau. Bor.* 3ᵉ éd. (R. Rude.) Rameaux *rougeâtres ;* aiguillons *blanchâtres, longs,* comprimés, *peu arqués nombreux ;* pétioles pubescents, glanduleux, aiguillonnés ; stipules glanduleuses au bord ; folioles *petites* relativement aux précédentes, ovales aiguës, glabres, un peu *glanduleuses* sur la côte inférieure ; pédoncules et tube du calice *glabres ;* fleurs roses. — Bresnay, Vicq ; Sussat, aux Gazeriers ; Moulins.

(15) R. Verticillacantha. *Mérat. Bor.* 3ᵉ éd. (R. spiralé.) Aiguillons petits *courbés, nombreux,* disposé parfois suivant une spirale assez nette ; pétiole velu, glanduleux, aiguillonné ; stipules ciliées glanduleuses ; folioles ovales aiguës, à dents secondaires glanduleuses, *sans glandes sur les nervures ;* pédoncules *hispides ainsi que le tube du calice ;* fruit ovale ; fleurs d'un rose clair. — Yzeure à Sainte-Catherine ; Bresnay, aux Ecossais.

c. — Folioles pubescentes, simplement dentées.

(16) R. Dumetorum. *Thuillier. Bor.* 3ᵉ éd. (R. des buissons.) Arbrisseau d'un vert foncé ; feuilles à pétioles *tomenteux ;* folioles simplement dentées, *ovales arrondies* un peu aiguës, parsemées *en dessus de poils apprimés, pubescentes en dessous sur toute la surface ;* stipules *pubescentes* en dessous, ainsi que les *bractées ;* pédoncules *glabres* ainsi que le tube du calice ; fruit arrondi ; fleurs d'un rose clair. — Environs de Moulins, Chevagnes, Chézy, Sussat, Ebreuil, Bayet, Gannat, Naves, etc.

R. Collina. Jacq. Grenier. fl. jurass. Bor. 3ᵉ éd. — Pédoncules *munis de quelques glandes.* — Bresnay, Chézy.

(17) R. Urbica. *Léman. Bor.* 3ᶜ éd. (R. de ville.) Pétioles velus, tomenteux, aiguillonnés ; folioles *étroites* ovales *aiguës*, simplement dentées, *munies de quelques poils en dessus, velues* en dessous *sur les nervures* ; stipules velues en dessous ; pédoncules *lisses* ainsi que le tube du calice ; fruit ovoïde ; fleurs d'un rose clair, plus rarement blanches. — Moulins, Yzeure, Bourbon-l'Archambault, etc.

(18) R. Platyphylla. *Rau. Bor.* 3ᵉ éd. (R. à larges feuilles.) Arbrisseau robuste très élevé ; pétioles velus tomenteux, aiguillonnés ; folioles *très larges*, orbiculaires ovales aiguës, simplement dentées, *glabres en dessus, velues sur les nervures* inférieures ; pédoncules glabres ou velus, non hispides ; tube du calice glabre ; fleurs d'un rose clair ; fruit ovoïde. — Sussat, aux Gazeriers.

Section VI. — *RUBIGINOSÆ.*

Feuilles plus ou moins pubescentes, mais *non tsmenteuses blanchâtres, glanduleuses* en dessous, au moins sur les nervures ; aiguillons *vigoureux* larges, comprimés, *recourbés, crochus.*

d. — Styles velus ; feuilles parsemées, sur toutes les nervures, de glandes peu odorantes.

(19) R. Tomentella. *Léman. Bor.* 3ᶜ éd. (R. Tomentelleux.) Arbrisseau de 1-2 mètres ; aiguillons robustes, très dilatés à la base ; pétioles velus, glanduleux aiguillonnés ; folioles *petites* ovales arrondies, un peu pointues, *doublement dentées à dents glanduleuses*, légèrement *velues en dessus*, très pubescentes en dessous avec quelques glandes sur les nervures ; stipules pubescentes surtout en dessous, ciliées glanduleuses ; bractées *larges* ; pédoncules lisses ou hérissés ; fleurs blanches ou d'un rose très pâle ; styles *un peu en colonne à la base*, hérissés ; fruits subglobuleux. — Yzeure, environs de Sainte-Catherine ; Neuilly-le-Réal ; Gouise, à Cacherat ; Bresnay.

R. Kluckii. Besser. Bor. 3ᶜ éd. (R. de Kluck.) Diffère de *Tomentella :* par ses stipules plus *étroites* ; ses folioles seulement *velues sur les nervures*, son fruit *plus arrondi.* — Yzeure, à Larronde.

(20) R. Trachyphylla. *Rau. Bor.* 3ᵉ éd. (R. à feuilles rudes.) Atteignant 2 m.; pétioles *glabres*, mais chargés de glandes stipitées et aiguillonnés ; folioles ovales elliptiques, *aiguës*, glabres en dessus *et en dessous*, à nervures inférieures *saillantes*, parsemées de glandes *qui les rendent rudes au toucher*, doublement dentées, stipules *étroites glabres*, glanduleuses ; pédoncules *glanduleux hispides* ainsi que la base du tube du calice ; bractées *glabres* élargies, cilié-glanduleuses ; sépales glanduleux hispides ; corolle d'un rose pâle ; fruit subglobuleux. — Naves, à Marc Léon ; Diou, bords de la Loire ; Etroussat.

R. Blondœana. Ripart. — Nervure médiane *seule* saillante ; pédoncules peu ou pas glanduleux. — Sussat; Veauce à la Chassagne ; Ussel.

e. — Styles glabres ou à peu près; feuilles parsemées en dessous de glandes nombreuses, souvent à odeur de pomme reinette surtout quand ou les froisse.

(21) R. SÆPIUM. *Thuillier. Bor. 3° éd. Grenier.* (R. des Haies.) Arbrisseau de 1-2 m.; pétioles *velus,* glanduleux, aiguillonnés ; folioles petites, oblongues ou elliptiques, atténuées *aux deux bouts, glabres* en dessus, pubescentes en dessous (à une forte loupe); doublement dentées à dents glanduleuses, *très glanduleuses* en dessous; stipules plus ou moins glanduleuses en dessous ; *pédoncules glabres,* ainsi que le tube du calice, munis de *bractées glabres* ordinairement; fleurs blanches ou rosées; styles *presque glabres ;* fruit ovoïde oblong. — Neuvy, Yzeure, Mazerier, Bresnay, Besson, Loriges.

(22) R. AGRESTIS. *Savi. Bor. Grenier* (R. Agreste.) Diffère du *Sæpium ;* par son aspect *plus grêle ;* par ses folioles toujours étroites, *plus atténuées* aux deux bouts; ses styles *complètement glabres.* — Neuvy, Charroux, Mazerier, Bourbon-l'Archambault.

(23) R. LEMANII. *Bor.* 3° éd. *Grenier* (R. de Léman.) Diffère des deux précédentes par sa plus grande glabréïté : pétiole des feuilles *glabres,* dépourvues de poils ordinaires, mais toujours fortement glanduleux ; folioles pubescentes *seulement sur la nervure médiane ;* pédoncules *hispides glanduleux,* munis de *bractées glabres.* — Yzeure, Neuvy, Pierrefitte, Lurcy.

(24) R. NEMOROSA. *Mlle Libert. Bor.* 3° éd. (R. des Bois.) Arbrisseau de 1-2 mètres ; tiges de l'année recourbées et flexueuses *presque inermes ;* pétioles des feuilles *pubescents* subtomenteux glanduleux aiguillonnés ; folioles elliptiques, *glabres ou parsemées de poils en dessus, pubescentes* en dessous, doublement dentées glanduleuses; pédoncules *hispides glanduleux;* bractées glabres sur les deux faces ou pubescentes en dessous et même glanduleuses ; corolle d'un rose pâle ; styles *glabres* rarement munis de quelques poils ; fruit nu ou hispide à la base.

Cette espèce a été subdivisée en plusieurs autres qui passent de l'une à l'autre par des degrés insensibles :

R. Nemorosa. Deséglise. Folioles *glabres ou parsemées de poils* en dessus ; bractées *glabres sur les 2 faces ;* fruit ovoïde atténué au sommet. — Yzeure, au parc.

R. Permixta. Déséglise. Bractées *velues en dessous ;* fruit ovoïde. — Yzeure, Neuvy, Bourbon, Pierrefitte, Bresnay, Ebreuil, Sussat, Veauce, Gannat, Bayet, Verneuil.

R. Septicola. Déséglise. Bractées *pubescentes glanduleuses en dessous ;* fruit ovoïde subglobuleux. — Bresnay, Besson, Bagneux.

(25) R. Micrantha. *Smith. Bor.* 3e éd. (R. à petites fleurs.) Caractères généraux de la précédente, s'en distingue facilement : par ses folioles *petites*, ne dépassant guère un cent. de long ; ses appendices calicinaux *dépassant un peu* la corolle ; ses fleurs *très petites, roses.* Déséglise lui donne des bractées *glabres* des deux côtés. — Besson, ravins de Bost (L. A.).

f. — Styles velus hérissés ; feuilles à glandes nombreuses par dessous, à odeur de pomme reinette, surtout quand on les froisse.

(26) R. Rubiginosa. *L.* (R. Rouillé.) Arbrisseau de 1-2 mètres ; aiguillons robustes crochus, mêlés sur les rameaux florifères à d'autres plus petits presque droits ; pétioles des feuilles pubescents aiguillonnés ; folioles *ovales arrondies*, doublement dentées, à glandes *nombreuses odorantes* en dessous ; pédoncules *hispides*, ainsi que *le tube* du calice ; fleurs *d'un rose vif*, petites ; styles *velus.*

Le type linnéen a été démembré comme il suit :

R. *Rubiginosa. Déséglise.* Folioles *presque glabres sur les 2 faces,* mais toujours glanduleuses ; bractées *glanduleuses en dessous* ; pédoncules chargés de glandes et *d'aiguillons guère plus longs* que les glandes ; fruit *subglobuleux.* — Moulins, Gannat, Bayet.

R. *Echinocarpa. Ripart, Grenier.* (R. à fruit hérissé.) Folioles pubescentes *en dessus* ; bractées *glanduleuses en dessous* ; pédoncules et fruits chargés de glandes et *d'aiguillons 2 ou trois fois plus longs* que les glandes ; fruit *subglobuleux entièrement hispide.* — Charroux, Mazerier, Gannat.

R *Comosa. Ripart. Grenier.* (R. chevelu.) Bractées *glabres sur les 2 faces* ; feuilles velues *sur les nervures* inférieures ; fruit *ovoïde,* ou ovoïde *oblong,* seulement *hispide à la base, ordinairement* couronné par les divisions du calice *persistantes.* — Yzeure, au Parc.

R *Umbellata. Leers. Grenier. Bor.* 3e éd. (R. en ombelle.) Bractées *glabres sur les deux faces* ; feuilles velues sur *toute la surface inférieure* ; fruit *subglobuleux,* parfois couronné par les divisions du calice, seulement *hispide à la base.* — Montluçon, bois de la Liaudon (Pérard).

Ces quatre espèces faites au dépens du *Rubiginosa. L.* sont très voisines, surtout les deux dernières. D'après Grenier, — fl. jurass. — les mêmes pieds portent, suivant les années, des fruits couronnés ou non couronnés par le calice persistant, ce serait une affaire de conditions atmosphériques, sècheresse, humidité, etc.

Section VII. — TOMENTOSÆ.

Feuilles *tomenteuses blanchâtres* en dessous, au moins pubescentes en dessus ; aiguillons peu robustes, *droits* ou peu crochus.

(27) R. Tomentosa. *Smith. Bor.* 3e éd. (R. Tomenteux.) Aiguillons comprimés à la base, *allongés, subulés,* presque tous *droits perpendiculaires* à l'axe qui les porte ; pétioles velus-tomenteux, glanduleux, aiguillonnés ; folioles ovales elliptiques, *pubescentes* grisâtres

en dessus, tomenteuses blanchâtres en dessous, *doublement dentées*, peu ou pas glanduleuses en dessous ; stipules supér. dilatées, à peu près glabres en dessus, pubescentes glanduleuses *en dessous ;* pédoncules hispides ; sépales pinnatifides, étalés-réfléchis et caducs au commencement de la coloration du fruit ; pétales d'un rose pâle ; fruit mûr *ovoïde atténué* au sommet (p. 142, fig. 3). — Bresnay, Montbeugny, Lurcy-Lévy, Gouise, Moulins, Sussat, Vicq, Ebreuil, Veauce, Bayet.

R.. Subglobosa. Smith. Bor. 3e éd. (R. subglobuleux.) Diffère du précédent par ses feuilles *glanduleuses* aux bords, ainsi que ses sépales ; a le fruit du *Cinerascens*, dont il diffère par ses feuilles *doublement* dentées.

R. Cuspidata. M. Bieberstein. Bor. 3e éd. (R. cuspidé.) *R. Villosa montana. Durand-Duquesne.* Diffère de *Tomentosa* par ses folioles *moins velues en dessus, parsemées* de glandes en dessous, à dents *chargées* de glandes ; ses aiguillons *courbés ou crochus.* — Laprugne, bords de la Besbre.

(28) R. CINERASCENS. *Dumortier.* Monog. des Roses de la Fl. belge (R. cendré.) Diffère de *Tomentosa* par ses feuilles *simplement* dentées, non glanduleuses, les pédoncules des feuilles tomenteux, mais *non glanduleux,* souvent dépourvus d'aiguillons ; son fruit *sub globuleux* (p. 142, fig. 2.) — Besson, les Ottards, Bost (L. A.).

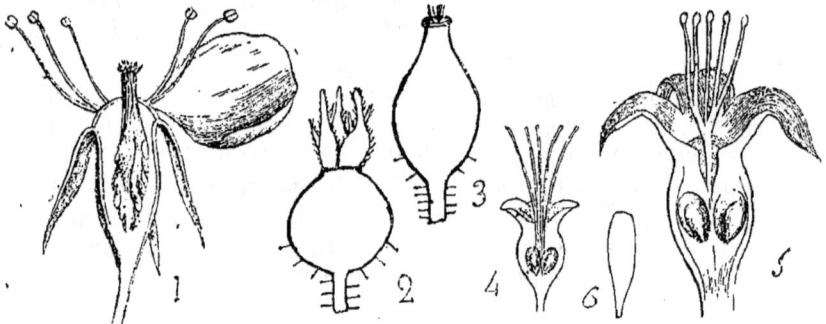

1. Coupe d'une Rose. — 2. Fr. de Rosa cinerascens. — 3. Fr. de Rosa tomentosa, le cal. enlevé. — 4. Ovaire de Pyrus pyraster. — 5. Ovaire de Malus communis. — 6. Pétale d'Amelanchier.

Famille XXX. — POMACÉES.

Fleurs hermaphrodites régulières ; calice à 5 sépales soudés avec l'ovaire ; 5 pétales et des étamines nombreuses (15-30) insérés sur la gorge du calice ; ovaire unique, infère ; 1 à 5 styles libres ou soudés ; fruit charnu, souvent couronné par les dents du calice ; endocarpe cartilagineux ou osseux ; arbres ou arbrisseaux à feuilles éparses.

Tribu I. — Fruit à endocarpe osseux.

CRATÆGUS. *L.* (Aubépine.) Cal à 5 lobes courts ; ovaire à 1-2 loges ; 1-2 styles ; fruit petit rougeâtre à maturité, à 1-2 semences osseuses. Vulg. Épine blanche.

{ 2 styles ; feuilles à lobes peu profonds. . . . . *C. Oxyacanthoïdes.* (1)
{ 1 style ; feuilles profondément découpées . . . . *C. Monogyna.* (2)

(1) C. OXYACANTHOÏDES. *Thuillier.* (A. à deux styles.) Arbrisseau touffu ; feuilles à lobes *peu profonds,* d'un *vert foncé* ; pédonc. *glabres* ; *2 styles* ; fruit à *2 osselets.* Mai. Haies, C. C. Plus précoce que le suivant d'environ 2 semaines. Lavoine au Montoncelle au Saint-Vincent.

(2) C. MONOGYNA. *Jacq.* (A. Monogyne.) Feuilles *profondément découpées,* presque jusqu'à la nervure médiane, d'un *vert clair* ; pédoncules ordinairement *pubescents ;* fl. à *un seul style* ; fruit à *un seul osselet.* Mai. Haies. C.

Une variété à fl. roses et double est cultivée dans les parcs.

MESPILUS. *L.* (Néflier.) 2-5 styles ; fruit plus large que long à maturité, surmonté par un disque large et les 5 feuillets du cal. accrescents ; 5 loges contenant chacune 2 graines osseuses.

M. GERMANICA. *L.* (N. d'Allemagne). Petit arbre à feuilles presque sessiles, entières ou finement denticulées, tomenteuses en dessous ; fl. grandes, blanches, solitaires, presque sessiles, fruit de grandeur médiocre, de couleur marron à maturité, comestible quand il est blet. Mai. Haies, bois. Peu C. — Yzeure, Montbeugny, Neuilly, Moladier, Neuvialle ; environ de Montluçon.

Tribu II. — Fruit à endocarpe cartilagineux.

CYDONIA. *Tourn.* (Coignassier.) Calice à divisions presque foliacées ; pétales suborbiculaires ; ovaire à 5 loges ; 5 styles ; fruit gros, à 5 loges, odorant, recouvert d'un duvet blanchâtre non adhérent.

C. Vulgaris. *Pers.* (C. commun.) Pyrus. *L.* Arbre à feuilles ovales oblongues, blanchâtres en dessous, ainsi que le calice ; fleurs blanches ou rosées, solitaires, subsessiles ; bractées ovales, glanduleuses ; pétales laineux à la base ; fruit gros, jaune à maturité. Avril, mai. Haies. Cultivé pour ses fruits dont on fait des conserves et une liqueur (eau de coings.)

PYRUS. *L.* (Poirier.) Pétales suborbiculaires ; 5 styles libres (p. 142 fig. 4) ; fruit pyriforme à 5 loges cartilagineuses, contenant 2 ovules ; fleurs nombreuses en sertules.

1 { Feuilles très entières, toujours tomenteuses en dessous. . . . . . . *P. Salvifolia.* (3)
{ Feuilles denticulées, non tomenteuses à maturité 2

2 { Feuilles toujours velues, fruit arrondi . . . . *P. Achras.* (2)
{ Feuilles glabres à maturité, pointues. . . . . *P. Pyraster.* (1)

(1) P. Pyraster. *Bor.* 3e éd. *P. Communis Pyraster.* L. (P. Poirasse.) Arbre à rameaux un peu épineux ; feuilles ovales ou oblongues, aiguës, *finement dentées* en scie, *glabres* et luisantes en dessus, pubescentes en dessous *surtout dans leur jeunesse ;* calice laineux ; fruits *pyriformes, atténués* à la base, *acerbes,* mûrissant *à la fin de l'automne.* Avril, mai. Bois, surtout en terrains siliceux. — Forêts de Tronçais, Civrais, l'Espinasse.

P. Æstivalis. Lamotte. Prod. — Vulg. Poirier Saint-Jean. — Feuilles *glabres ou seulement* tomenteuses sur la nervure médiane, *tomenteuses* en dessous, *entières* ou seulement ondulées sur les bords ; fruit *doux,* mûr en juillet. — Vieilles haies ; Sussat (M. L.)

(2) P. Achras. *Gærtner. Bor.* 3e éd. (P. Sauvage.) Arbre plus ou moins épineux ; feuilles arrondies ou ovales oblongues, ou ovales aiguës, finement denticulées, *tomenteuses blanchâtres* en dessus, *grisâtres* en dessous dans leur jeunesse, *à peu près glabres* ensuite ; pédicelles et calices pubescents ; fruit *presque arrondi,* mûrissant tard. Avril, mai. Haies. Bois. — Laprugne, Sussat.

(3) P. Salvifolia. *D. C. Bor.* 3e éd. (P. à feuilles de Sauge.) Feuilles ovales *très entières pubescentes en dessus, tomenteuses en dessous,* devenant *glabres* ; pédoncules et calice tomenteux ; fruit ovale arrondi, *tomenteux* dans sa jeunesse. Avril, mai. Haies. — Culan, Viplaix, Saint-Désiré (Lamotte.)

On en cultive de nombreuses espèces.

MALUS. *Tourn.* (Pommier.) Pétales suborbiculaires ; styles soudés à la base (p. 142 fig. 5) fruit ombiliqué à la base et au sommet, à 5 loges à endocarpe cartilagineux ; fl. en sertules.

{ Feuilles plus ou moins tomenteuses, même adultes. . . . . *M. communis.* (1)
{ Feuilles glabres à l'état adulte. . . . . *M. acerba.* (2)

(1) M. Communis. *Poirr. Pyrus Malus.* L. (P. Commun.) Arbre à feuilles ovales aiguës, crénelées dentées, *pubescentes tomenteuses en dessous, même à l'état adulte ;* pédicelles pubescents *ainsi que le tube du calice ;* fleurs blanches, mêlées de rose, odorantes ; fruit à saveur *douce.* Avril, mai. Haies, bois. — Forêt de Moladier, Laprugne.

(2) **M. Acerba.** *Mérat.* (P. Acide.) Diffère du précédent par ses fèuilles *pubescentes sur les nervures inférieures, puis glabres;* son calice *glabre en dehors;* son fruit *très acerbe* (vulg. croyes.) — Bourbon-l'Archambault, Chavenon, Cérilly, Tronçais, Civrais.

SORBUS. *L.* (Sorbier.) 2-5 styles, fruit globuleux ou pyriforme; ovaire à 5 loges membraneuses peu résistantes; arbres non épineux à fl. blanches en corymbe, à pétales suborbiculaires.

1 { Feuilles simples		3
{ Feuilles ailées.		2
2 { Feuilles glabres ou à peu près, fruit pyriforme	*S. domestica.*	(1)
{ Feuilles pubescentes, fruit globuleux	*S. aucuparia.*	(2)
3 { Styles glabres, feuilles adultes glabres.	*S. torminalis.*	(3)
{ Styles velus, feuilles tomenteuses en dessous.	*S. aria.*	(4)

a. — Feuilles imparipennées.

(1) S. **Domestica.** *L.* (S. Domestique.) Arbre *élevé;* feuilles à folioles nombreuses, *glabres à peu près* à l'état adulte, oblongues dentées; bourgeons *glabres, glutineux;* fleurs blanches en corymbe; fruits *pyriformes de la grosseur d'une noix,* bruns, *à 5 loges,* acerbes, *pulpeux et comestibles* à l'état blet. Mai, juin. Bois. — Forêts de Tronçais, de Civrais; Gannat, à Neuvialle, Rouzat.

(2) S. **Aucuparia.** *L.* (S. des Oiseaux.) Arbre *peu élevé;* feuilles à folioles nombreuses, *pubescentes,* oblongues dentées; bourgeons *blanchâtres tomenteux;* fleurs blanches en corymbe; fruits *rouges globuleux,* atteignant à peine 10 mm., pulpeux, mais toujours acerbes. Mai, juin. — Echassières, aux Collettes; L'Avoine, au Montoncelle; Laprugne à l'Assise; Branssat, Moladier, Yzeure. Planté çà et là comme ornement.

b. — Feuilles simples.

(3) S. **Torminalis.** *Crantz.* (S. Alisier.) Arbre *élevé;* bourgeons *glabrescents;* feuilles *palmées,* à 5-7 lobes acuminés dentés, *glabres* à l'état adulte; fleurs blanches en corymbe; calice tomenteux; 2-3 styles *glabres;* fruit *brun* ovale, charnu, acidule. Mai. Bois. C. — Moladier, Noyant, Ferrières, Bourbon, Le Montet, Saint-Hilaire, Saint-Aubin, Chavenon, Bresnay, Meillers, Gipcy, Saint-Désiré, Tronçais, Civrais, l'Espinasse, Neuilly, Gouise, Saint-Didier, Etroussat, Chazemais, Marcillat, etc.

(4) S. **Aria.** *Crantz.* (S. Allouchier.) Arbre assez élevé; bourgeons *subtomenteux;* feuilles à limbe *ovale, doublement dentées* en scie, *tomenteuses blanchâtres* en dessous, même à l'état adulte; fleurs blanches en corymbe; 2-3 styles *laineux à la base;* fruit *rouge orangé,* subglobuleux, charnu, douceâtre, acidule. Mai. Bois montueux. A. R. — Chatel-Montagne, le Mayet, le Breuil, Laprugne, L'Avoine, Busset, Aronnes, Saint-Nicolas-des-Biefs; Echassières, aux Collettes; Gannat, à Neuvialle. Saint-Marien. Creuse, sur nos limites.

AMELANCHIER. *Médikus.* (Amélanchier.) Calice à 5 divisions persistantes ; 5 pétales lancéolés-étroits, dressés ; 5 styles soudés à la base ; ovaire à 5 loges divisées chacune en deux compartiments incomplets ; 2 graines par loge ; fruit subglobuleux.

A. VULGARIS. *Mœnch.* (A. commun.) Petit arbrisseau à feuilles pétiolées, ovales, obtuses, arrondies, dentées en scie, veluestomenteuses dans leur jeunesse ; fl. en petites grappes axillaires et terminales ; pét. blancs *lancéolés linéaires très allongés* (p. 142, fig. 7) ; fruit noir-bleuâtre, de la grosseur d'un pois. Avril, mai. R. — Rocher de Neuvialle, sur le bord de la Sioule (L. L.) ; Yzeure, butte près le pré de la Cave d'où il a disparu par défrichement (L. Allard) ; Forêt de la Madeleine, du côté de Roanne (de l'Estoille).

Le Grenadier, le Myrte, le Géroflier dont les boutons fournissent les clous de girofle, les *Mescmbrianthemum* ou Ficoïdes, les *Cactus*, ces plantes grasses à formes si bizarres et si diverses, le Seringat, *Philadelphus coronarius*, à odeur si forte, le *Deutzia* appartiennent aux Rosacées ou à des familles voisines.

Famille XXXI. — ONAGRAIRES.

Plantes herbacées à feuilles simples ; calice à 2 ou 4 lobes adhérent à l'ovaire ; fleurs hermaphrodites régulières ou peu irrégulières, à 2 ou 4 pétales ; 2, 4 ou 8 étamines insérées sur le bord du calice ; stigmate bi ou quadrifide ; ovaire infère.

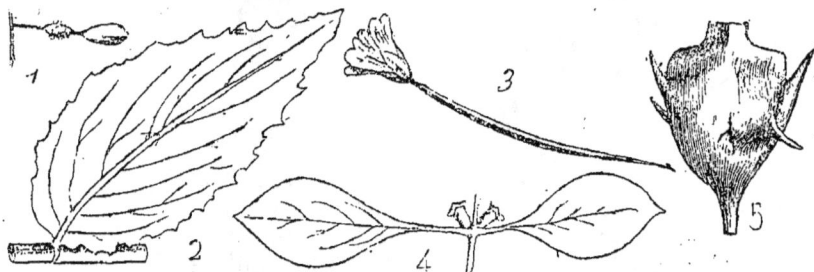

1. Bouton de Circæa. — 2 et 3. Feuille et Fl. d'Epilobium montanum. — 4. Fl. d'Isnardia palustris. — 5. Fr. de Trapa natans.

1	Fruit gros à 4 épines (p 146, fig. 5) . . . . TRAPA. (p. 151)	
	Fruit petit ou mince allongé, sans épines.	2
2	2 sépales, 2 pétales, 2 étamines (p. 146, fig. 1) . . . . CIRCÆA. (p. 150)	
	Sépales, pétales, étamines en nombre supérieur à 2	2
3	4 étamines, fleurs axillaires verdâtres (p. 146, fig 4) . . . . . . ISNARDIA. (p. 150)	
	8 étamines, fruit très allongé (p. 146, fig 2, 3)	5
4	Fleurs jaunes . . . . ÆNOTHERA. (p. 149)	
	Fleurs rouges ou roses . . . . EPILOBIUM. (p. 146)	

EPILOBIUM. *L.* (Epilobe.) Calice à 4 divisions caduques ; corolle à 4 pétales ; 8 étamines ; 1 style à stigmate quadrifide ou entier ;

capsule infère, linéaire allongée, à 4 valves, tétragone ; graines terminées par une aigrette soyeuse (p. 146, fig. 3).

1 { Pétales entiers ou émarginés 2
{ Pétales bilobés. 3

2 { Feuilles lancéolées, à nervures anastomosées. . . . . *E. spicatum.* (1)
{ Feuilles linéaires, à nervure médiane seule saillante. . . . . *E. Dodonæi.* (2)

3 { Tige offrant 2 ou 4 lignes plus ou moins saillantes, provenant de la décurrence des
{ feuilles 9
{ Tige absolument cylindrique, sans lignes saillantes 4

4 { Fleurs grandes, pétales d'au moins 1 cent . . . . *E. hirsutum.* (5)
{ Fleurs petites ou médiocres 3

5 { Feuilles entières ou à peu près. . . . . *E. palustre.* (8)
{ Feuilles nettement dentées. 6

6 { Plante velue pubescente. *E. parviflorum.* (4)
{ Plante seulement pubérulente 7

7 { Feuilles arrondies à la base, pétiolulées 8
{ Feuilles plutôt cunéiformes à la base, portées par un pétiole de
{ 4 à 8 mill. . . . . *E. lanceolatum.* (7)

8 { Tige toujours simple. . . . . *E. montanum.* (5)
{ Tige ordin. rameuse dès la base. . . . . *E. collinum.* (6)

9 { Souche munie de stolons filiformes, feuillés allongés. . . . . . . *E. obscurum.* (9)
{ Souche sans stolons allongés feuillés. 10

10 { Feuilles inférieures, ou moyenne de la tige à pétiole d'au moins
{ 1 cent. . . . . *E. roseum.* (10)
{ Feuilles seulement pétiolulées 11

11 { Tige vivace, redressée, rameuse dès la base. . . . . *E. tetragonum.* (11)
{ Tige non vivace, raide, rameuse seulement au sommet. . . . . . *E. Lamyi.* (12)

a. — Pétales entiers.

(1) E. Spicatum. *Lam.* (E. en Epi.) Souche *rampante ;* tige de 5-15 déc. *glabre ;* feuilles sessiles, lancéolées, entières ou denticulées, à *nervures anastomosées* en réseau, glauques en dessous ; fleurs purpurines en longues grappes terminales, lâches ; pétales *entiers* ou émarginés, *onguiculés.* Juin, août. Bois montueux, à toute altitude. A. R. — Moladier, Bagnolet, Pierrefitte, Buxière-les-Mines, Châtel-perron, Busset, Saint-Nicolas ; L'Avoine, au Montoncelle ; Laprugne à l'Assise ; Echassières ; Rocles, talus du chemin de fer ; Gannat, à Neuvialle ; La Lizolle.

(2) E. Dodonæi, *Villars ; E. Angustifolium. Lam. Rosmarinifolium, Hæncke, in Jacq.* (E. de Dodoens.) Souche à *stolons courts ;* tiges de 3-6 déc , finement *pubescentes ;* feuilles sessiles, *linéaires,* entières à nervure médiane *seule visible ;* fleurs purpurines en grappes termi-nales *feuillées* jusqu'au haut. Juin, août. Lieux pierreux humides. bois. R. — Laprugne (A. M.) ; Neuvialle (Billiet, Pellat) ; Brugheas (M⁰ Lecrocq.) Toujours peu abondant.

A été trouvé adventif sur les sables de l'Allier à Moulins (L. Allard), et de la Loire, entre Diou et Gilly (Bouillon.)

Linnée confondait ces deux plantes sous le nom d'*E. Angustifolium.* Lamarck séparant avec raison ces deux espèces conserve à la dernière le nom d'*Angustifolium.* Il est sage d'a-bandonner un nom qui peut amener des confusions.

b. — Pétales bilobés ; tige sans lignes saillantes.

(3) E. Hirsutum. *L.* (E. Velu.) Souche rampante, *stolonifère* ; Tige de 5-15 déc. *hérissée* de longs poils blanchâtres, *sans lignes saillantes,* rameuse ; fleurs *grandes,* d'environ 25 mm. de diamètre, purpurines. Juillet, sept. Bords des eaux. A. C. — Souvigny, Bourbon, Moulins, Montord, Lapalisse, Monétay-sur-Allier, Montaigut-le-Blin, Gannat, Besson, Gannay-sur-Loire, Diou, Ainay et Montluçon, etc.

(4) E. Parviflorum. *Schreb. E. Molle. Lam.* (E. à petites fl.) Souche courte, *munie de rosettes sessiles* ; tige de 3-6 déc. *ronde velue,* sans lignes saillantes ; feuilles *sessiles,* opposées puis alternes, lancéolées, étroites, arrondies à la base, *mollement pubescentes, non décurrentes, dentées* ; fl. roses *petites, dressées* avant la floraison. Juin, août. Viv. Bords des eaux. C. — Moulins, Montord, Gannat, Besson, Diou, Loriges, Chavenon, Chantelle, Bourbon, Montluçon etc.

(5) E. Montanum. *L.* (E. de Montagne.) Souche courte, ordin. munie de *bourgeons subsessiles* ; tige arrondie, *glabre* ou finement pubescente, *simple* ; feuilles *très courtement. péliolées,* opposées, les supér. alternes, ovales *arrondies* à la base, *dentées* presque *glabres* (p. 146, fig. 2-3) ; fl. roses *petites, penchées* avant la floraison. Juin, sept. Viv. Bois montueux. — Moladier, Bagnolet, Châtel-Montagne, Montluçon, Besson, Bourbon, Echassières, Lapalisse, Le Mayet-de-Montagne, Chavenon, Chirat, Chouvigny, Huriel, Bizeneuille, Lurcy, etc. A toute altitude.

(6) E. Collinum. *Gmelin. Bor.* 3ᵉ éd. *Grenier, fl. Jur. Montanum b collinum Koch.* (E. des Collines.) Diffère du *Montanum* dont il est très voisin : par son moindre développement ; par sa tige *couverte à sa base* sur 1-2 cent., *d'écailles* imbriquées, sèches, provenant du bourgeon qui a passé l'hiver ; par sa tige ordin. *rameuse* dès la base. Semble préférer la Montagne. — Echassières, aux Collettes (A. M.); L'Avoine au Modtoncelle (L. Allard.) La Chabanne, Ferrières, Saint-Nicolas-des-Biefs (Renoux)) Fleuriel (C. B.)

(7) E. Lanceolatum. *Seb.* et *Maur. Bor. G. G.* (E. Lancéolé.) Souche munie de *rosettes* subsessiles ; tige de 2-6 déc. *simple* pubérulente ; feuilles opposées puis alternes, glabrescentes, *lancéolées oblongues, cunéiformes rétrécies* à la base, *toutes portées par un pétiole de 4-8 m.m.* ; fleurs roses ou blanchâtres, penchées avant la floraison ; stigmates étalés. Juin, sept. Viv. Bois etc. — Moladier, Chavenon, Saint-Sornin, Ebreuil, Bourbon, Souvigny, Meillers, Lapalisse, le Mayet-de-Montagne, Ferrières, Saint-Nicolas, Echassières, Chouvigny, Bayet, Gannat, etc.

(8) E. Palustre. *L.* (E. des Marais.) Souche émettant des *stolons capillaires* ; tige cylindrique, de 2-6 déc., dressée, pubescente ; feuilles *glabres ou pubérulentes, linéaires-lancéolées, entières* ou à peine denticulées, les moyennes *sessiles* ; fleurs *petites,* roses ou blanchâtres, *penchées avant la floraison,* en panicule feuillée ; stigmates *soudés.* Juin, sept. Viv. Tourbes. R. — Yzeure, au pré de la Cave

aujourd'hui desséché ; Chavenon, Lapalisse, Mayet-de-Montagne (Bor.) ; Laprugne, Echassières, Lurcy (A. M.) ; Bressolles, Chemilly, (E. O.) ; Tronget (R. de C.) ; Chirat (C. B., B.) ; L'Avoine, au Montoncelle (A. P.) ; Bessay (L. Allard) ; Bords de la Tarde entre Chambon, Creuse et Evaux (A. P.).

c. — Pétales bilobés ; tiges marquées de lignes saillantes.

(9) E. Obscurum. *Schreb. Bor. Grenier. E. Virgatum, Fries.* (E. obscur.) Souche munie de stolons *épigés, filiformes, allongés, feuillés,* à entrenœuds *écartés,* se développant pendant et après la floraison ; tige à lignes peu saillantes, radicante, couchée, redressée, *fistuleuse, très compressible, lisse ;* feuilles lancéolées, arrondies à la base, sessiles ou à peu près, denticulées ; fleurs rosées, dressées avant la floraison ; stigmates soudés. Juin, août. Viv. Endroits humides. — Avermes, Neuvy, Besson, Chavenon, Laprugne, Ferrières, le Montoncelle, Saint-Didier, Chouvigny, Echassières, Commentry, Cesset, Château-sur-Allier, le Donjon, Murat, Saint-Victor, etc.

(10) E. Roseum. *Schreb. Bor. Grenier.* (E. Rose.) Souche portant des rosettes courtes (1-2 cent.) ; tige de 3-6 déc. radicante, redressée, finement pubescente au sommet, à lignes peu prononcées ; feuilles opposées, puis alternes, toutes *longuement pétiolées,* à pétiole *d'au moins un cent.,* ovales lancéolées, cunéiformes à la base, à pétiole décurrent ; fleurs roses, penchées avant la floraison. Juin, sept. Viv. Lieux humides. R. — Moulins, Avermes, Besson, Varennes, Bresnay (L. Allard) ; Bourbon, Chareil, Chirat, la Lizolle, Chantelle, Neuvy, Moladier (A. M.) ; Les Colettes, Gannat à Neuvialle, Ferrières, Néris (A. P.) ; Montbeugny (V. B.).

(11) E. Tetragonum. *L.* (E. Tétragone.) Souche à stolons *nuls,* offrant des rosettes apparaissant à la floraison ; tige *redressée,* rameuse, *dure, non compressible,* à épiderme devenant *fendillé à la base,* munie de 4 lignes naissant du bord du limbe des feuilles ; feuilles lancéolées étroites, dentées, *les moyennes sessiles, amplexicaules,* les autres subsessiles ; fleurs roses dressées avant la floraison. Juin, sept. Viv. Lieux humides. A. C. — Moulins, Montord, Toury, Laprugne, Ferrières, Murat, Lapalisse, Ebreuil, Neuilly-le-Réal, Bessay, Echassières, Bourbon, Tronçais, Vicq, Montluçon, Audes, Cérilly, etc.

(12) E. Lamyi. *Schultz. Bor. Grenier. fl. Jurass. suppl.* (E. de Lamy.) Voisine de *Tetragonum.* Racine *bisannuelle ou annuelle ;* tige *jamais couchée* à la base, *droite, raide, rameuse seulement au sommet, dépourvue* de turions ; lignes *peu saillantes naissant du bord des pétioles ;* feuilles *petites, denticulées.* R. — Montluçon, bords du Cher, du canal du Berry ; bords de la Sioule (A. P.) ; bois des Bordes, Lusigny (A. M.) ; Neuvy (V. B.)

OENOTHERA. *L.* (Onagre.) Calice à 4 divisions, allongées, à tube très long, inséré sur l'ovaire plus court que lui ; 4 pétales ;

8 étamines ; 1 style ; capsule linéaire oblongue, infère, à 4 valves et 4 loges polyspermes ; graines sans aigrettes.

Pétales égalant environ la 1/2 du tube du calice. . . . . *Œ. biennis.*   (1)
Pétales égalant environ les 3/4 du tube du calice . . . . *Œ. grandiflora.*   (2)

(1) ŒE. BIENNIS. *L.* (OE. Bisannuelle.) Tige de 6-12 déc., simple ou rameuse, rude, poilue surtout à la base ; feuilles radicales en rosette, pétiolées, oblongues, lancéolées, denticulées ; les caulinaires éparses, lancéolées, dégénérant en pétiole ; fleurs d'un jaune clair, grandes, odorantes, en épi ; pétales *égalant environ la moitié* du tube calicinal, capsules mûres *plus grandes* que les feuilles florales. Juin, sept. Bisan. — Bords de l'Allier, de la Loire, du Cher. Se propage dans l'intérieur sur les talus de chemins de fer, par les sables.

Introduite en France en 1618. Originaire de l'Amérique du Nord.

(2) ŒE. GRANDIFLORA. *Aït.* (O. à grandes fleurs.) Diffère de la précédente dont elle a les caractères généraux : par ses pétales égalant *au moins les trois quarts* du tube calicinal ; par ses capsules *plus petites* que les feuilles florales. — Avec la précédente, mais moins commune.

ISNARDIA. *L.* (Isnarde.) Cal. à 4 lobes persistants, 4 pét. souvent nuls ; 4 étam.; style filiforme caduc ; capsule subtétragone indéhiscente.

I. PALUSTRIS. *L.* (I. des Marais) Tige *radicante, rampante, glabre* ; feuilles opposées, ovales ou lancéolées, aiguës, dégénérant en pétiole ; fl. *sessiles axillaires, verdâtres* (p. 146, fig. 4) ; caps. formant un renflement *ovale cylindracé* au dessous du cal., tétragone plus tard. Juin, sept. Viv. — Boires vaseuses de la Loire, de l'Allier et du Cher. A. C. — Etangs : Le Donjon, Coulandon, Aubigny, Saint-Hilaire, Saint-Sornin, Besson, Bresnay, Chavenon, Souvigny, Toulon, Lapalisse, Chazelle, Le Montet, Gouise, Mazerier, Gannat, Louroux-de-Bouble, Montluçon, Chamblet, Audes, Commentry, Bizeneuille, Estivareilles, Diou, Contigny, etc.

CIRCÆA. *L.* (Circée.) Calice à 2 div. caduc ; 2 pétales bilobés ; 2 étamines ; 1 style ; fruit obovoïde, indéhiscent, biloculaire, à loges monospermes, hérissé de longs poils crochus (p. 146, fig. 1.)

Plante pubescente ; pédicelles floraux sans bractées. . . . . *C. Lutetiana.*   (1)
Plante presque glabre ; pédicelles munis de 2 bractées sétacées. . . *C. Intermedia.*   (2)

(1) C. LUTETIANA. *L.* (C. Parisienne.) Plante *pubescente* à rac. rampante ; tige de 3-6 déc., feuilles opposées, pétiolées, ovales, aiguës, arrondies à la base, denticulées ; calice caduc ; pétales obcordés arrondis à la base, *pédicelles sans bractées* ; caps. hérissée pyriforme (p. 146, fig. 1.) Juin, sept. Viv. Commune dans tous les bois à toute altitude.

(2) C. INTERMEDIA. *Ehr.* (C. Intermédiaire.) Diffère de la précédente à laquelle elle ressemble beaucoup : par *deux petites bractées*

sétacées à la base des pédicelles floraux ; par ses feuilles *cordiformes un peu échancrées* à la base ; par ses pétales *cunéiformes* à la base ; par ce qu'elle est *presque glabre.* Région des montagnes. R. — Châtel-Montagne, Saint-Nicolas, Saint-Clément (Saul in Bor.) ; Laprugne (L. A.) ; L'Avoine au Montoncelle (A. P.)

TRAPA. *L.* (Macre.) Cal. à 4 lobes persistants ; 4 pét., 4 étam.; 1 style, caps. polyédrique à 4 épines.

T. NATANS. *L.* (M. Flottante.) Vulg. Châtaigne-d'Eau, cornuelle. Tige plus ou moins longue, à feuilles infér. submergées, capillaires, les supér. flottantes ou hors de l'eau, rhomboïdales dentées, rapprochées en rosette, à pétiole souvent renflé ; fl. verdâtres, fruit gros, farineux, comestible (p. 146, fig. 5.) Viv. Juin, août. Etangs. Mares. — Diou, Saint-Ennemond, Toury, Trevol, Ferrières, Le Mayet, Neuilly-le-Réal, Dompierre, Cindré, Yzeure, Villeneuve, Le Veurdre, Souvigny, Périgny, Gouise, Montbeugny, Saint-Bonnet-le-Désert, Ainay, Varennes-sur-Allier, Ygrande, Saint-Pourçain, Aubigny, etc.

Outre l'Onagre bisannuelle et d'autres espèces encore, cette famille fournit à nos parterres les innombrables variétés de *Fuchsias,* et les *Clarkias* à pétales si élégants, découpés comme à l'emporte-pièce.

Famille XXXII. — HALORAGÉES.

Cal. adhérent à l'ovaire, à limbe divisé ou presque nul ; 3-4 pétales, ou nuls ; 4-8 étam.; ovaire à 2-4 loges ; 4 stigmates sessiles ; 4 carpelles plus ou moins soudés, à loges monospermes, indéhiscents. Plantes aquatiques.

MYRIOPHYLLUM. *L.* (Myriophylle.) Fleurs monoïques, sessiles, verticillées, les supér. mâles, les infér. femelles ; calice à 4 lobes ; 4 pétales très caducs, ou nuls ; 4 à 8 étamines ; 4 stigmates très gros ; capsules à 4 loges monospermes, se séparant à maturité.

1	Fleurs à l'aisselle des feuilles . . . . *M. verticillatum.*	(3)
	Fleurs en épis terminaux.	2)
2	Fleurs verticillées en épi toujours droit. . . . . *M. spicatum.*	(1)
	Fleurs mâles alternes, épi recourbé avant la floraison. . . . *M. alterniflorum.*	(2)

(1) M. SPICATUM. *L.* (M. en Epi.) Tige rameuse, radicante, nageante ; feuilles verticillées, pinnées, pectinées, à lanières capillaires souvent opposées ; fleurs rosées *verticillées* sessiles formant un épi nu au sommet, *toujours droit* ; bractées inférieures *dentées, égalant* la fleur, les suivantes *entières plus courtes.* Mai, août. Viv. Eaux paisibles. C. — Moulins, Diou, Bayet, Bourbon, Montluçon, etc.

(2) M. ALTERNIFLORUM. *D. C.* (M. à fleurs alternes.) Voisine de la précédente. Tige faible, rameuse, radicante, nageante ; feuilles verticillées, pinnées, pectinées, à lanières *plus fines, plus espacées, alternes* ; fleurs rosées sessiles, en épi *recourbé avant la floraison,* les mâles supérieures, *alternes, à bractées entières très courtes,* les femelles verticillées *à l'aisselle d'une feuille supérieure.* Juin, sept. Viv. Eaux courantes ou tranquilles. R. — Montluçon, dans le Cher au-dessous

des Iles ; Etang entre Ainay et Cérilly ; Cosne, étang des Landes
(A. P.) ; la Sioule, près Saint-Pourçain (Bor.) ; Canal de Diou à
Pierrefitte (Gagne, A. M.) ; Etang de Chamblet (Gagne) ; Moulins,
boires au pont de fer ; Mare entre Bourbon et Grosbois (A. M.).

(3) **M. Verticillatum**. *L.* (M. Verticillé.) Tige *presque simple;* fl.
verdâtres, *toutes verticillées, axillaires* à l'aisselle des feuilles qui sont
semblables à celles du *spicatum*, ou de longues bractées foliacées.
Juin, sept. Etangs, mares. Peu C. — Saint-Pourçain, Escurolles,
Gannat, Contigny, Montord, Moulins, Chazeuil, Montluçon, Vallon-
en-Sully.

Famille XXXIII. — LYTHRARIÉES.

Fleurs hermaphrodites, régulières ; calice monosépale à 8-12
divisions sur deux rangs ; 4-6 pétales périgynes, en nombre égal
aux divisions calicinales intérieures ; 6-12 étamines insérées sur
le tube du calice ; ovaire unique, libre, capsulaire, à loges polyspermes.

1 { Pétales dépassant longuement le calice. . . . . Lythrum. (p. 152)
  { Pétales très petits caducs . . . . Peplis. (p. 152)

LYTHRUM. *L.* (Salicaire.) Calice tubuleux cylindrique, à 6-12
dents, sur deux rangs ; 4-6 pétales ; 6-12 étamines périgynes ;
1 style filiforme ; capsule oblongue, biloculaire, renfermée dans le
tube du calice.

1 { Fleurs en long épi. . . . . *L. Salicaria.* (1)
  { Fleurs solitaires ou géminées à l'aisselle des feuilles. . . . . . *L. Hyssopifolia.* (2)

(1) L. Salicaria. *L.* (S. commune.) Tige presque simple, *carrée,
velue* supérieurement, de 4-10 déc. ; feuilles *opposées*, quelquefois
verticillées, sessiles lancéolées aiguës, *cordiformes* à la base ; fleurs
rouges presque sessiles, verticillées, en *épis allongés, réunies par
4-10* sur des pédicelles axillaires communs ; 12 *étam.* Juil., sept.
Viv. Bords des eaux. C. — Moulins, Saint-Pourçain, Saint-Nicolas-
des-Biefs, Pierrefitte, Montluçon, etc.

Varie à tige hexagonale et feuilles ternées.

(2) L. Hyssopifolia. *L.* (S. à feuilles d'hysope.) Plante *glabre;*
tige de 1-4 *déc.*, couchée ou redressée, *subcylindrique;* feuilles *alter-
nes, linéaires oblongues* sessiles *atténuées à la base;* fl. *axillaires, soli-
taires ou géminées, petites*, rouges, à 6 *étam.* ; calice pourvu à la base
de 2 petites bractées. Juin, juil. An. Lieux inondés l'hiver. — Neuvy,
Le Donjon, Coulandon, Broût-Vernet, Bourbon, Montluçon, Saint-
Désiré, Toury, Trevol, Cesset, Montord, Chavenon, Saint-Hilaire,
Cressanges, le Montet, Louroux-de-Bouble, Lapalisse, Bessay,
Besson, Chamblet, Loriges, Saint-Didier, Lurcy, Chareil, Cérilly,
Sussat.

PEPLIS. *L.* (Péplide.) Calice campanulé, court, à 12 dents dont
6 plus petites ; corolle nulle, ou à 6 pétales très petits ; 6 étam.
périgynes ; un style filiforme, nul ou presque nul ; capsule subglobuleuse, à 2 loges.

P. Portula. **L.** (P. à feuilles de Pourpier.) Plante *glabre, rougeâtre, succulente,* radicante ; feuilles *opposées,* presque spatulées, arrondies ; fleurs rougeâtres, sessiles, axillaires ; capsule adhérente au calice dans sa moitié infér. — Bords des rivières ; vases humides des bords d'étangs. C. partout.

Famille XXXIV. — PORTULACÉES

Fleurs hermaphrodites, régulières ; calice libre ou un peu soudé à l'ovaire, à 2-3 divisions ; ordin. 5 pétales plus ou moins soudés, périgynes ; 3-12 étam. périgynes ; ovaire libre ou soudé à la base avec le calice ; 1-2 styles ; fruit capsulaire.

{ Capsule s'ouvrant comme par un couvercle . . . . Portulaca.
{ Capsule s'ouvrant par 3 valves . . . . Montia.

PORTULACA. **L.** (Pourpier.) Calice à 2 divisions, soudé avec l'ovaire ; 4-6 pétales libres ou adhérents, périgynes ; 6-12 étamines portées par les pétales ; style à 3-6 stigmates ; pour fruit une pyxide.

P. Oleracea. **L.** (P. des Cultures.) Plante *rameuse, couchée, glabre, charnue ;* feuilles *sessiles, cunéiformes* ovales oblongues, opposées ou éparses ; fleurs *jaunes,* sessiles, axillaires, solitaires ou agglomérées. Juin, oct. An. Lieux cultivés. C. — Moulins, Montord, Loriges, Saint-Didier, Montluçon, Chamblet, Hérisson, Cérilly, Gennetines, Pouzy, etc.

Se mange quelquefois en salade comme le *P. Sativa.* Haw.

MONTIA. **L.** (Montie.) Calice libre à 2-3 sépales, persistants ; 5 pétales portant les étamines insérés à la base du calice ; style à 3 stigmates ; capsule subglobuleuse, uniloculaire, libre, s'ouvrant 3 valves.

1 { Tige dressée, graines tuberculeuses. . . . . *M. minor.* (1)
{ Tige étalée, graines seulement ponctuées . . . . *M. rivularis.* (2)

M. Minor. *Gmelin. Bor. G. G.* (M. Naine.) Tiges *dressées,* en touffes, de 2-6 cent. glabres ; feuilles opposées, *jaunâtres,* les infér. oblongues spathulées, les supér. linéaires oblongues ; pédoncules axillaires et terminaux, penchés d'abord, puis redressés, les terminaux *munis à leur base d'une bractée scarieuse* opposée à la feuille ; sépales orbiculaires ; fleurs blanches ; capsule globuleuse, à graines d'un *noir mat, fortement tuberculeuses.* Av. Sept. Pelouses humides, champs sablnnneux. C. — Moulins, Monétay S. A., Bessay, Besson, Saint-Désiré, Ferrières, Chavenon, Busset, Tronget, Rocles, Loriges, Chareil, Gannat, Ebreuil, Lapalisse, Montluçon, Saint-Victor, etc.

(2) M. Rivularis. *Gmelin. Bor. G. G.* (M. des Ruisseaux.) Diffère de la précédente, avec laquelle elle formait le *M. Fontana. L.* par ses tiges *plus allongées,* longuement *couchées, radicantes,* souvent

flottantes, *vivaces ;* par ses feuilles *vertes ;* par ses cymes *toutes latérales, sans bractée scarieuse ;* par ses graines *luisantes,* seulement *chagrinées.* Juin, sept. Viv. Filets d'eau surtout des terrains siliceux. — Laprugne, Ferrières, Le Vernet, Chavenon, Deux-Chaises, Saint-Sornin, Saint-Pourçain, Loriges, Toulon, Bessay, Lapalisse, Montluçon, Vallon-en-Sully, Quinssaines, etc.

Famille XXXV. — PARONYCHIÉES.

Plantes herbacées à feuilles simples; fleurs hermaphrodites régulières, en cymes axillaires ou terminales; calice à 5 divisions plus ou moins soudées, non soudées à l'ovaire; 5 pétales linéaires, parfois nuls; 5 étamines périgynes; ovaire libre; 2-3 styles séparés ou soudés; fruit capsulaire, uniloculaire, enveloppé par le calice persistant.

1 { Feuilles linéaires très étroites, sans stipules . . . . SCLERANTHUS. (p. 154)
  { Feuilles non linéaires, ou stipulées 2

2 { Feuilles alternes. . . . . CORRIGIOLA. (p. 155)
  { Feuilles opposées 3

3 { Fleurs verdâtres. HERNIARIA. (p. 155)
  { Fleurs blanches ou roses verticillées (p. 156, fig. 1) . . . . . . ILLECEBRUM. (p. 155)

SCLERANTHUS. *L.* (Gnavelle.) Cal. à 5 divis. campanulée; pétales filiformes. (Etam. avortées ?) 5 étamines; 2 styles filiformes; caps. indéhiscente, enveloppée par la base du calice. Herbes à feuilles opposées, non stipulées, étroites, scarieuses à la base.

{ Divisions calicinales aiguës, très étroitement scarieuses . . . . *S. annuus.* (1)
{ Divisions calicinales presque obtuses, largement scarieuses . . . . . . *S. perennis* (2)

(1) S. ANNUUS. *L.* (G. Annuelle.) Tiges de 1-2 déc., très rameuses, couchées ou redressées; fl. en cymes terminales; lobes du cal. *aigus, très étroitement* membraneux sur le bord et *ouverts* à maturité; fl. *verdâtres.* Mai, oct. An. Champ sablonneux, CC. Moulins, Chamblet, Echassières, Laprugne, Pierrefitte, Montluçon, etc.

(2) S. PERENNIS. *L.* (G. Vivace.) Diffère du précédent par ses tiges *vivaces,* les lobes du cal. *un peu obtus, largement* membraneux sur les bords, ses fl. *plus blanches;* son calice à lobes *dressés* à maturité. Mai, oct. Viv. Mêmes lieux. C.

ILLECEBRUM. *L.* (Illécèbre.) Sépales blancs, à divisions épaisses-spongieuses, comme en cornet, à pointe subulée (p. 156, fig. 1), 5 pét. linéaires; 5 étamines; 2 stigm. presque sessiles; caps. oblongue, s'ouvrant par 5-10 valves qui restent soudées au sommet.

I. VERTICILLATUM. *L.* (I. verticillé.) Plante rameuse, de 5-25 cent., étalée *appliquée* sur la terre, *glabre ;* feuilles opposées, arrondies, petites, sessiles, stipulées ; fl. axillaires verticillées, nombreuses, blanches ou rosées. Juil., sept. An. Sables humides terrains siliceux. — Neuvy, à l'étang Neu, Le Donjon, Etang de Fontbouillant près Montluçon, Limoise, Cérilly, Lapalisse, Le Mayet-de-

Montagne, Laprugne, Echassières, Saint-Fargeol, Chavenon, Commentry, Saint-Hilaire, Chevagnes, Saint-Désiré, Liernolles, Busset, Aronnes, Rocles, Deux-Chaises, Tronget, Bellenaves, Louroux-de-Bouble, Cressanges, Périgny, Gennetines, Chamblet, Saint-Angel, Thiel, Valigny, Aïnay-le-Ch., Audes, Bizeneuille, Viplaix, Urçay, Le Theil, etc.

HERNIARIA. *L.* (Herniaire.) Calice à 5 divisions ; 5 pétales filiformes ; 5 étamines ; 2 stigmates et 2 styles ; capsule membraneuse, monosperme, indéhiscente ; feuilles à stipules scarieuses.

Plante glabre . . . . *H. glabra.*	(1)
Plante velue . . . . *H. hirsuta.*	(2)

(1) H. Glabra. *L.* (H. glabre.) Tige très rameuse, glabre, étalée, en cercle, appliquée sur la terre ; feuilles *glabres*, ovales oblongues, entières, atténuées ; fl. verdâtres, cal. glabre. Viv. Mai, sept. Lieux sablonneux. C. — Moulins, Chavenon, Monétay-sur-Allier, Gannat, Bresnay, Gouise, Neuilly-le-Réal, Diou, Bayet, Marcenat, Montluçon, etc.

(2) H. Hirsuta. *L.* (H. velue.) Tige très *velue*, étalée en cercle, appliquée sur la terre ; feuilles ovales oblongues, *velues*, ciliées ; calice *hérissé ;* fl. verdâtres. Viv. Mai, sept. Mêmes lieux. Assez C. — Moulins, Branssat, Cesset, La Feline, Verneuil, Monétay-sur-Allier, Gannat, Bresnay, Saint-Désiré, Pierrefitte, Le Veurdre, Chantelle, Fourilles, Montluçon, etc.

CORRIGIOLA. *L.* (Corrigiole.) Cal. à 5 divis.; cor., à 5 pétales oblongs ; 5 étam.; 1 style à 3 stigm.; une caps. triangulaire, monosperme, indéhiscente ; feuilles munies de stipules scarieuses.

C. Littoralis. *L.* (C. des rivages.) Tige grêle allongée, étalée en cercle, appliquée ; feuilles *alternes*, *linéaires* oblongues, *glauques*, *glabres*, subobtuses ; fl. petites, blanches ou rosées, agglomérées. An, Juin, oct. Lieux sablonneux. C. — Bords de la Loire, de l'Allier, du Cher, de la Besbre, de la Sioule ; des étangs, champs sablonneux ; Bourbon, Lapalisse, Meillers, Le Mayet-de-Mont., Laprugne, Bresnay, Saint-Didier, Valigny, Montluçon, Audes, Cérilly, Bizeneuille, etc.

Famille XXXVI. — CRASSULACÉES.

Plantes herbacées succulentes, à feuilles épaisses charnues simples ; cal. à 3-5-20 divisions. ; corolle régulière, pétales et ovaires en même nombre que les divis. du cal.; étam. insérées sur le cal., en nombre égal à celui des pétales, et plus souvent double ; ovaire muni à la base d'une écaille glanduleuse ; fruit ordin. formé de 5 carpelles secs, déhiscents par le bords interne.

1	Calice et corolle à 3 divisions (p. 156, fig. 2) . . . . TILLÆA (p. 155)	
	Calice et corolle non à 3 divisions.	2

2 { 6-18 pétales ; feuilles simulant par leur ensemble, un artichaut . Sempervivum. (p. 159)
{ Ordin. 5 sépales, 5 pétales, 5-10 étamines 3

3 { Corolle tubuleuse ; feuilles infér. peltées (p. 156, fig. 3). . . . . Umbilicus. (p. 160)
{ Corolle non tubuleuse ; feuilles jamais peltées . . . . Sedum. (p. 155)

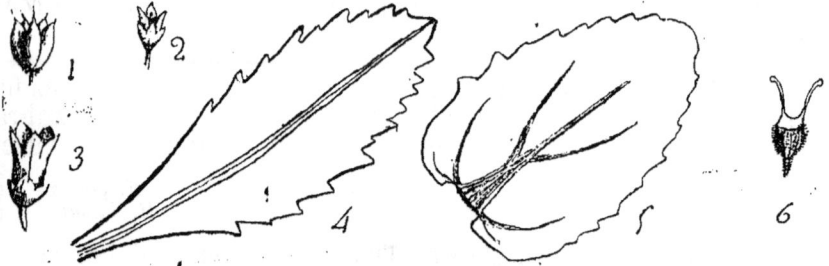

1. Fl. d'Illecebrum, très grossie. — 2. Fl. de Tillæa muscosa. — 3. Fl. d'Umbilicus. — 4. Feuille de Sedum purpurascens, prise au 1/3 infér. de la tige. — 5. Feuille de Sedum maximum. — 6. Fruit de Saxifraga granulata.

TILLÆA. *L.* (Tillée.) Plante ordin. trimère. Cal. à 3 div., 3 pét. aigus ; 3 étam., 3 caps. uniloculaires à 2 graines, et resserrées dans leur milieu.

T. Muscosa. *L.* (T. Mousse.) Très petite plante de 2 à 4 cent., rougeâtre rameuse dès la base, couchée ; feuilles perfoliées, opposées, ovales aiguës, offrant à leur aisselle des paquets de petites feuilles (jeunes rameaux) ; fl. axillaires, solitaires, sessiles, d'un blanc jaunâtre (p. 155, fig. 2.) Mai, juil. An. Lieux sablonneux humides. R. — Paray-le-Frésil, Thiel, Cérilly, (Bor. 2e éd.) La Feline, Saint-Sornin, Chappes, Chavenon (Herbier Causse) ; Moladier, Chemilly (E. O.) ; Broût-Vernet (H. du Buysson) ; Buxeuil près Pégut (A. P. suppl. au catal.)

SEDUM. *L.* (Orpin.) Cal. à 5 divis. ; cor. à 5 pétales (rarement plus ou moins) ; 5-10 étam., rarement 12 ; 5 styles ; 5 ovaires et 5 caps. uniloculaires, polyspermes, munies d'autant d'écailles nectarifères.

1 { Fleurs d'un jaune franc 10
{ Fleurs jamais d'un jaune franc. 2

2 { Feuilles planes 3
{ Feuilles plus ou moins cylindriques ou ovoïdes 6

3 { Feuilles entières. . . . . *S. cepæa.* (4)
{ Feuilles dentées. 4

4 { Feuilles inférieures pétiolées (p. 156, fig 4). . . . . *S. purpurascens* (2)
{ Feuilles sessiles. 5

5 { Fleurs jaunâtres, feuilles embrassantes (p. 156, fig. 5). . . . . *S. maximum.* (3)
{ Fleurs rouges, rarement blanchâtres. . . . . *S. telephium.* (1)

6 { Fleurs blanches, plante glabre. . . . . *S. album.* (5)
{ Fleurs rougeâtres, tige pubescente 7

7 { Fleurs sessiles le long des rameaux . . . . *S. rubens.* (6)
{ Fleurs pédicellées. 8

a. — Feuilles planes

(1) S. Telephium. *L. Bor.* 3° éd. (O. Reprise.) Racines à fibres charnues; tiges de 3-8 déc. glabres, dressées; feuilles *éparses*, étalées, parfois opposées ou ternées, obovales oblongues, lancéolées, crénelées-dentées, *arrondies à la base, sessiles*, les infér. *obscurément* pétiolées; fleurs en cymes terminales compactes; pétales rougeâtres, bordés d'une ligne blanchâtre; étamines intérieures soudées au 1/6 inférieur des pétales; carpelles légèrement *sillonnés.* Août, sept. Viv. Haies, bords des champs, etc. C. — Moulins, Montluçon, Saint-Didier, etc.

Var. *Roseum.* fl. d'un *blanc rosé. R. — Lachabanne.* (Renoux, in Pérard. Matér. supplém.)

Boreau signale une forme à fl. *blanchâtres,* que nous n'avons pas rencontrée.

S. Thyrsoïdeum. Bor. Monographie; S. Confertum. 3° éd. — Diffère du précédent : par sa tige *raide;* ses feuilles *très rapprochées dressées;* ses cymes *compactes serrées;* ses étamines soudées au 1/3 inférieur des pétales; ses ovaires à pointe courte *recourbée* en dehors. R. — Chantelle (A. M.); Lavaveix-les-Mines, Creuse (A. P.); Ebreuil (M. L.)

S. Intermedium. Déséglise in Bor. Monographie. Feuilles supér. *presque entières*, à peine dentées. — Montluçon, Gannat, Jenzat. (A. P.)

(2) S. Purpurascens. *Koch. Bor.* 3° éd. *S. controversum. Bor. Monographie.* (O. Purpurin.) Racine à fibres charnues; tige de 2-6 déc.; feuilles planes, *dressées*, presque verticales, éparses, oblongues ou lancéolées, dentées en scie, à base entière rétrécies en pétiole, dans la partie infér. de la tige (p. 155, fig. 4); fleurs rouges en cymes compactes: pétales finement bordés de blanc; étam. insérées environ *au 1/3 infér.* du pétale; carpelles *non sillonnés* sur le dos. Juill. août. Viv. R. — Fleuriel, bois de l'Atelier (C. B.); Saint-Pourçain bords de la Sioule (Lavediau, in Pérard); Laprugne, à l'Assise (A. P.)

(3) S. Maximum. *Pers. Bor.* 3° éd. *S. Teleph. Var. e. Max. L.* (O. Géant.) Racine à fibres charnues; tige de 4-8 déc. feuillée; feuilles planes, *très larges*, denticulées, ovales oblongues, ordin. opposées ou ternées, *toutes sessiles*, les supérieures *cordiformes amplexicaules* (p. 156, fig. 5), fleurs *d'un blanc jaunâtre*, en cymes terminales fournies, à rameaux *opposés ou verticillés*; étamines inté-

rieures insérées *à la base des pétales* ; carpelles à dos convexe.
Août, sept. Viv. Rochers, bois des montagnes. R. — Rochers le
long de la Veauce, Neuvialle à la Vernue (M. L.); Rouzat (Ber-
nard); Ferrières, bords du Sichon (Pérard); Châtel-Montagne,
Laprugne à l'Assise; Chouvigny (A. M.); Chantelle (C. B.); L'Avoine,
au Montoncelle (L. A.) Saint-Nicolas-des-Biefs (Renoux.)

La plante de l'Assise a les fleurs rosées (Pérard.)

Linnée comprenait ces 3 espèces et le *S. Fabaria. Koch.* Sous le nom de *S. Telephium,*
en ne les distinguant que comme variétés, ce qui explique pourquoi les auteurs ne s'accordent
pas sur leur synonymie. J'ai adopté celle de Boreau, 3ᵉ éd. dont les descriptions conviennent
parfaitement à nos plantes. Je crois que, en cas de confusion, créer de nouveaux noms, n'est
pas un moyen d'éclaircir la question, mais tout simplement de l'embrouiller davantage.

(4) S. CEPOEA. *L.* (O. Paniculé.) Souche fibreuse ; tige *pubescente* de 1-6 déc., *faible*, dressée, glanduleuse au sommet ; feuilles
planes, *lancéolées* ou *oblongues spatulées entières*, éparses ou verticillées ; fl. blanches rosées en longue panicule. An. Juil., sept.
Haies, lieux pierreux et couverts. Moulins, Bressolles, Cusset,
Rouzat, Montluçon, Le Donjon, Jaligny, Lapalisse, Murat, Chavenon, Aronnes, Le Montet, Montaigut-le-Blin, Bresnay, Saint-Désiré, Montluçon, Lavaux Sainte-Anne, Contigny, Saint-Didier,
Chirat, Le Thiel, Le Vilhain, Saint-Genest, Saint-Pourçain, etc.

b. — Feuilles cylindriques ou ovoïdes, fleurs jamais jaunes.

(5) S. ALBUM. *L.* (O. Blanc.) Tiges radicantes ; les florifères
simples, dressées, *glabres* ; feuilles cylindracées-oblongues, *glabres presque comprimées* en dessus, *réfléchies* à la floraison ; fleurs
blanches ou lavées de rose, en cymes corymbiformes ; pétales lancéolés, obtus ; carpelles *glabres*. Juin, août. Viv. C. à toute altitude.

S. Micranthum. Bast. Bor. 3ᵉ éd. — Diffère du type : par ses
feuilles *plus courtes*, 10 mm. au plus, étalées mais *non réfléchies;*
ses fleurs plus petites C.

(6) S. RUBENS. *L.* (O. Rougeâtre.) Plante *rougeâtre ; tige pubescente-glanduleuse* surtout vers le haut, *solitaire, dressée, forte,* de 6-12
cent.; feuilles sessiles, étalées, demi-cylindriques oblongues,
obtuses, *glabres*, glauques ; fleurs rosées, subsessiles, en grappes
unilatérales formant un corymbe ; 5 pétales *aristés ;* carpelles *pubescents*. Mai, juil. An. Champs, etc. C. — Bresnay, Moulins, Murat,
Gannat, Diou, Saint-Didier, Loriges, Lurcy, Montluçon, etc.

(7) S. VILLOSUM. *L.* (O. Velu.) Tige de 4-15 cent. droite, grêle,
velue, glanduleuse, munie de rejets stériles feuillés ; feuilles *linéaires
allongées* demi-cylindriques, obtuses, *velues* ; fl. rouges à pétales
aigus *non aristés*, en panicules terminales ; carpelles pubescents-
glanduleux. Juil., sept. An. ou Bisan. Prés tourbeux. R. — Moulins, pré de la Cave, qu'on est en train de dessécher ; Echassières;
Souitte près Saint-Pourçain (Bor.); environs de Gannat (Dʳ Chomel);
le Mayet-de-Montagne, Bessay (A. M.); Le Theil, Saint-Sornin,

(Causse) ; Saint-Nicolas, Busset, Bresnay, (L. A.) ; Laprugne (J. B.) ; Tronget (R. de C.) ; Saint-Priest-Laprugne (Renoux).

(8) S. Hirsutum. *All. Bor.* (O. Hérissé.) Tige de 4-8 cent., radicante, dressée, pubescente-glanduleuse ; feuilles *velues*, obtuses, cylindriques un peu comprimées en dessus, les inférieures *entassées en rosettes arrondies*, les supérieures éparses ; fleurs d'un *blanc rosé*, pédicellées, *à nervure rouge* en cymes *pubescentes-glanduleuses* ; pétales lancéolés, *aristés*. Juin, août. Viv. Rochers montagneux. R. R. — Rochers schisteux des bords du Sichon (Bor.) ; rochers des bords du Buron près Marcillat (A. P. in Lamotte) ; Rochers en face Chateauneuf-les-Bains, sur nos limites, P. de D. (M. L.) ; Chateldon, sur nos limites, P. de D. (L. Deslinières) ; Plateau de la Madelaine, sur le versant de Roanne (Comte de l'Estoille).

(9) S. Dasyphyllum. *L.* (O. à Feuilles épaisses.) Souche radicante ; tige de 3-10 cent., simple, dressée, glauque, à rameaux *pubescents-glanduleux ;* feuilles ordinairement *opposées, courtes obovoïdes, renflées, bossues, glabres ou glanduleuses ;* fleurs *blanchâtres, purpurines en dehors ;* pétales *un peu obtus.* Juin, août. Viv. Rochers, vieux murs. R. — Moulins, rue du Vert-Galant et Michel de l'Hospital (V. B.) ; Cusset (Blayn in Bor.) ; Mayet-de-Montagne.; Laprugne (A. M.) ; Montluçon, rochers de Civière (A. P.).

c. — Feuilles cylindriques ou ovoïdes ; fleurs jaunes.

(10) S. Acre. *L.* (O. Acre.) Souche radicante ; tiges en touffes, redressées, de 6-12 cent. glabres ; feuilles dressées, *obovées-bossues, non prolongées en éperon* à la base ; fleurs jaunes, subsessiles, en cymes scorpioïdes formant un corymbe ; calice à segments *ovoïdes ;* pétales *égalant 3 fois le calice ;* graines *non tuberculeuses ;* plante très âcre. Juin, juil. Viv. sables, vieux murs. C.C. partout.

Forme *sexangulare.* — Feuilles des tiges stériles, *toujours obovées, imbriquées sur 6 rangs réguliers.* A été souvent prise pour la suivante. A. C. — Saint-Germain-des-Fossés, Bourbon, Chouvigny, Louchy-Montfand, Lurcy, Saint-Pierre-le-Moûtier, etc.

(11) S. Sexangulare. *L. S. Boloniense. Lois. G. G.* (O. à six angles.) Tiges radicantes, de 6-12 cent. glabres, en touffes ; feuilles dressées, *cylindriques, linéaires, prolongées en éperon* au-dessous du point d'insertion, imbriquées *sur six rangs* sur les tiges stériles ; fleurs jaunes, en cymes scorpioïdes formant un corymbe ; calice à segments *cylindriques ;* pétales *doubles* du calice ; graines tuberculeuses. Juin, juill. Viv. sables. R. — Moulins, Avermes, bords de l'Allier (V. B.) ; Bressolles, le Veurdre, Chemilly, Toulon, Monétay-sur-Allier, Commentry, à la mine (A. M.)

(12) S. Elegans. *Lej. Bor. Gren.* fl. jur. (O. Elégant.) Souche rameuse émettant des tiges nombreuses radicantes ; tige de 2-4 déc. *devenant fistuleuses ;* feuilles charnues, peu épaisses, *comprimées presque planes* en dessus, *subitement* mucronées, *fortement prolongées* en éperon à la base, celles des rejets stériles appliquées imbri-

quées, formant une rosette obconique *plane au sommet ;* fleurs d'un
beau jaune, en cymes scorpioïdes; corymbe recourbé avant la
floraison; étamines *glabres ;* carpelles *glabres.* Juin, juil. Viv. —
Chirat, Chantelle, Cesset, Fourilles, Chouvigny, Fleuriel, Contigny,
Cesset, Le Veurdre, Neuvy, Yzeure, Ferrières (A. M.).

S. Elegans. Lej. — Feuilles glauques.

S. Aureum. Wirtg. — Feuilles vertes.

D'après Grenier, flore jurass., on peut faire passer à volonté ces deux variétés de l'une à
l'autre par la culture : en terrain de jardin on a la forme *verte* ; sur un mur aride, on a la
forme *glauque.*

(13) S. Reflexum. *L.* (O. Réfléchi.) Souche rameuse à la base,
tiges nombreuses, radicantes; tiges de 2-5 déc., couchées puis
redressées, simples, glabres, *courbées dès le milieu* avant la floraison ;
feuilles charnues, *cylindracées, atténuées* en un mucron blanchâtre,
prolongées en éperon à la base, celles des tiges stériles serrées,
imbriquées, *ne formant pas* une rosette plane au sommet; fleurs
d'un beau jaune en cymes scorpioïdes, *munies de bractées ;* étamines
à filets *ciliés-glanduleux* à la base ; carpelles *glabres sur le dos, velus
et glanduleux ailleurs.*

S. Reflexum type. — Tiges et feuilles vertes. C.

S. Rupestre. L. — Plante plus robuste, *glauque* ; feuilles des tiges
stériles *spiralées,* présentant 5-7 rangs irréguliers ; ovaires *glabres,
excepté sur la suture* (du côté du centre de la fleur.) — Bourbon,
Chatel-Montagne, Cusset, etc.

La remarque faite à propos du *S. Elegans* ne permet pas de faire une espèce du *S. rupestre;*
la disposition des feuilles en spirale n'est pas un caractère de grande valeur ; Ex. : le *S. acre.*

S. Recurvatum. Wild. in Pérard. Catal. — Feuilles de la tige et
des rejets stériles *recourbées en dehors.* — Montluçon, Roc du Saint ;
Rochers entre Saulx et Terre Neuve (A. P.).

S. Graniticum. Pérard. — Tige *de 4-5 déc.;* feuilles infér. de la
tige stérile, *lâches, étalées, mais non recourbées ni spiralées ;* fleurs d'un
jaune *assez pâle.* — Hérisson, rochers de micaschiste (Pérard,
Catal.).

Les caractères qui différentient les plantes ci-dessus sont de bien peu de valeur.

SEMPERVIVUM. *L.* (Joubarbe.) Sép. et pétales de 6 à 18 ; étam.
en nombre double ; ovaires avec écaille nectarifère ; feuilles planes,
sessiles, épaisses, donnant grossièrement aux tiges stériles l'aspect
d'un artichaut.

{ Feuilles ciliées, glabres d'ailleurs. . . . . *S. Tectorum.*   (1)
{ Feuilles couvertes de poils . . . . *S. Arachnoïdeum.*   (2)

(1) S. Tectorum. *L.* (J. des Toits.) Tige de 2-5 déc., pubescente,
un peu visqueuse supérieurement; feuilles épaisses, charnues,
sessiles, oblongues, obovales, ciliées sur les bords, *glabres* d'ailleurs ; fleurs unilatérales sur des rameaux souvent bifides ; pétales
rose-pâles, glanduleux en dessous. Viv. Juil., août. Toits de
chaume, vieux murs. — Moulins, Saint-Priest-d'Andelot, Gannat,

Le Montet, Besson, Tronget, Rocles, Venas, Bresnay, Pierrefitte, Ebreuil, Sussat, Veauce. Montluçon, Chamblet, Urçay, etc.

Var. *Funkii. Bor.* Feuilles offrant dans leur jeune âge de petits poils blancs. — Gannat, quartier des Capucins (L. L.).

(2) S. Arachnoïdeum. *L.* (J. Aranéeuse.) Tige de 6-12 cent.; feuilles oblongues, obtuses, couvertes sur les 2 faces de très petits poils blancs, *sur les bords et à l'extrémité, de longs poils blancs, qui recouvrent la roselle comme d'une toile d'araignée;* fl. roses, velues, glanduleuses en dessous, sur des rameaux trifides, velus, glanduleux. Juin, juil. R. R. — Neuvialle, rochers de la Sioule (L. L.); Rouzat, La Vernüe (L. Besson); Jenzat (H. Gay); Montluçon, bateau du Mas (A. P.).

UMBILICUS. *L.* (Ombilicine.) Calice à 5 divisions; corolle campanulée, tubuleuse, à pétales soudés (p. 156, fig. 3); 10 étam. insérées sur la corolle; 5 carpelles munis d'autant d'écailles.

U. Pendulinus *D. C. L.* (O. Penchée.) Cotylédon. *L.* Rac. renflée; tige simple de 1-3 déc.; feuilles infér. orbiculaires, *entières, peltées, charnues, glabres;* fl. blanc-verdâtres, penchées, en grappes terminales. Bractées entières. Mai, juin. Viv. Vieux murs, rochers. Assez R. — Néris, Saint-Pourçain, Branssat, Neuvialle, Jenzat, Bourbon-l'Archambault, Souvigny, Chantelle, Monestier, Bellenaves, Chirat-l'Eglise, Lavaux-Sainte-Anne, Marcillat, environs de Montluçon.

Famille XXXVII. — GROSSULARIÉES.

Arbrisseaux à feuilles alternes; fleurs hermaphrodites; cal. à 5 divisions; corolle à 5 pétales insérés à la gorge du calice, alternant avec les divisions du cal.; 5 étamines épigynes; 2 stigm., ovaire infère, baie polysperme.

RIBES. *L.* (Groseiller). Caractères de la famille.

1 { Tige armée d'épines		2
Tige sans épines.		3
2 { Fruit glabre	*R. uva-crispa.*	(1)
Fruit hérissé de soies raides.	*R. grossularia.*	(2)
3 { Bractées plus longues que le pédicelle	*R alpinum.*	(3)
Bractées plus courtes que le pédicelle		4
4 { Fruit noir, feuilles froissées sentant le cassis.	*R. nigrum.*	(5)
Fruit rouge ou blanc, feuilles inodores.	*R. rubrum.*	(4)

(1) R. Uva-Crispa. *L.* (G. Epineux.) Arbrisseau rameux, *épineux à épines ternées;* feuilles petites, *pubescentes,* à 3-5 lobes obtus; pédoncules *à 1-2 fl.* axillaires, ovaire pubescent; baie *glabre.* Mars, mai. Haies. C.

(2) R. Grossularia. *L.* (G. à Maquereau.) Arbrisseau *épineux à* épines *solitaires* à la naissance de la feuille, qui est grande, lobée,

11

glabre, luisante, pédoncule à 1-2 fl. ; fruit *gros*, *hérissé* de soies raides.

N'est peut-être que le précédent, modifié par la culture.

(3) R. ALPINUM. *L.* (G. des Alpes.) *Non épineux* ; feuilles petites, *pubescentes*, à 3-5 lobes dentés obtus ; fl. jaune-verdâtres en *grappes* velues, *glanduleuses*, *dressées* ; *cal. glabre* ; bractées *plus longues* que le pédicelle ; fruits *insipides*. Avril, mai. Haies. — Yzeure, environs de Moulins, au Danube ; Saint-Nicolas, Molle, Busset, Saint-Angel, Montluçon, Néris, Gannat, Ferrières, Branssat, Chouvigny, Vicq, Chirat, Chamblet, Naves. Saint-Marien, Creuse ; Saint-Amand, Cher.

(4) R. RUBRUM. *L.* (G. Rouge.) *Non épineux ;* feuilles cordiformes à la base, à 3-5 lobes obtus dentés, *pubescentes* en dessous ; fleurs *jaune-verdâtres* en grappes *pendantes*, bractées *plus petites* que le pédicelle, *calice glabre* ; fruit rouge ou blanc, *acide*. Avril, mai. Cultivé.

(5) R. NIGRUM. *L.* (G. Noir.) Vulg. Cassis. *Non épineux ;* feuilles *odorantes*, à poils glanduleux en dessous et à 3-5 lobes ; fleurs verdâtres, *rouges en dedans*, en grappes *pendantes*, pubescentes ; bractées *plus courtes* que le pédicelle ; calice pubescent, fruit noir aromatique. Avril, mai. Cultivé.

On cultive dans les parcs quelques Groseillers exotiques, le R. *sanguineum*, d'Amérique, introduit en 1831, le R. *aureum* et le R. *petræum*, arbrisseau des montagnes.

Famille XXXVIII. — SAXIFRAGÉES.

Plantes herbacées à feuilles simples, ordinairement alternes ; fleurs hermaphrodites, régulières ; calice adhérent à 4-5 divisions ; 4-5 pétales insérés sur le calice, quelquefois nuls ; 8-10 étamines périgynes ; 2 styles ; ovaire libre ou soudé au calice, donnant une capsule terminée par 2 becs, à 1-2 loges polyspermes provenant de deux carpelles (p. 156, fig. 6).

{ Corolle à 5 pétales, capsule à 2 loges. . . . . SAXIFRAGA.
{ Corolle nulle, capsule, à une loge . . . . CHRYSOSPLENIUM.

SAXIFRAGA. *L.* (Saxifrage.) Herbes à feuilles alternes ; cal. à 5 divis., corolle à 5 pétales, 10 étam., 2 styles, caps. à moitié infère à 2 valves et 2 becs, fl. blanches.

{ Tige d'au plus 10 cent . . . . *S. tridactylites.* (1)
{ Tige de 20 à 50 cent. . . . . *S. granulata.* (2)

(1) S. TRIDACTYLITES. *L.* (S. Trilobée.) Plante *annuelle*, grêle, à racine *sans bulbilles* ; tige *de 3-10 cent.*, pubescente visqueuse ; feuilles un peu charnues, les infér. presque en rosettes, les cauli-naires *palmatilobées à 2-5 lobes*, les supér. entières ; fleurs blanches, *petites* en cyme dichotome ; pédicelles fructifères *5-6 fois plus* longs que les divisions du calice. Mars, mai. An. Sables, vieux murs. A. C. — Moulins, Gannat, Loriges, Chirat, Fleuriel,

Montord, Souvigny, Noyant, Le Montet, Bourbon, Vicq, Bresnay, Branssat, Montaigut-le-Blin, Chareil, Montluçon, Désertines, etc. Ne dépasse pas 800 m., d'altitude.

(2) S. Granulata. *L.* (S. Granulée.) Racine *produisant des bulbilles ;* tige simple, *de 2-5 déc.*, pubescente, visqueuse supérieurement, presque nue ; feuilles un peu charnues, les infér. en rosettes, *réniformes*, crénelées, les supér. trilobées ou linéaires ; fleurs blanches, *assez grandes*, en corymbe ; pédicelles fructifères *très courts* ; pétales *égalant 3 fois* les divisions du calice. Mai, juin. Bisan. Chemins, près secs. C.

CHRYSOSPLENIUM. *L.* (Dorine.) Herbes succulentes, jaunâtres ; cal. adhérent à l'ovaire, à 4-5 div., jaune ; corolle nulle, 8-10 étam., 2 styles ; caps. uniloculaire, à 2 valves et 2 becs.

Feuilles opposées.	*C. oppositifolium.*	(1)
Feuilles alternes	*C. alternifolium.*	(2)

(1) C. Oppositifolium. *L.* (D. à feuilles opposées.) Plante *poilue*, gazonnante ; tige faible, étalée redressée, radicante ; feuilles *opposées atténuées* en pétiole, *un peu crénelées*, arrondies ; fl. en corymbe terminal jaunâtres. Mai. Viv. Bords des filets d'eau, des terrains granitiques. Assez R. — Moulins, pré de la Cave aujourd'hui désséché ; Cusset, aux Couteliers ; Urçay, Néris, Estivareilles, Gannat, Busset, Saint-Pourçain, Arronnes, Ferrières, Le Mayet-de-Montagne, Laprugne, Busset, Echassières, Bresnay, Branssat, Gouise, Chirat, Le Vernet, Montluçon, Chantelle, etc. A toute altitude.

(2) C. Alternifolium. *L.* (D. à feuilles alternes.) Diffère de la précédente : par ses feuilles *alternes*, les radicales *longuement* pétiolées, *échancrées*, *fortement* crénelées. Lieux frais des montagnes. R. R. — Veauce (P. B.) ; Laprugne au Sapet (F. Lager) ; La Chabanne (J. B.) ; Ferrières, marais du bois Retord (Renoux). Moulin Rameau au dessus de Chambouchard, Creuse sur nos limites (Cᵗᵒ de Lambertye.)

Famille XXXIX. — OMBELLIFÈRES.

Plantes herbacées (très rarement arbrisseaux), à feuilles alternes, ordinairement découpées en folioles ou surcomposées ; fleurs en ombelles simples ou composées ; ombelles munies parfois à la base des pédoncules de bractées formant comme une collerette, à laquelle on a donné le nom d'*involucre*, et d'*involucelle*, quand la collerette entoure les ombelles partielles ou *ombellules ;* calice peu apparent à 5 dents ; corolle de 5 pétales souvent recourbés, 5 étamines, 2 styles, le tout adhérent à l'ovaire qui est infère ; fruit formé de deux akènes, présentant généralement la disposition suivante : ils sont adhérents par une de leurs faces *(commissure)* au prolongement de l'axe central *(carpophore)* ordinairement

bipartit, et s'en détachant à maturité, de la base au sommet; ils
sont ordinairement à 5 côtes saillantes, qui laissent entre elles
des sillons *(vallécules)* offrant quelquefois des côtes secondaires;
dans l'épaisseur du péricarpe et au fond des vallécules, se trouvent de petits canaux résinifères qui trahissent souvent leur présence à l'extérieur et à maturité par des raies distinctes que l'on
appelle *bandelettes.*

Comme les genres sont souvent établis d'après les particularités que présentent les fruits,
il n'est guère possible d'étudier les Ombellifères que sur des fruits mûrs, car leur forme change
souvent avant la maturité.

Des ombellifères, les unes sont alimentaires, Carotte, Panais; d'autres des condiments,
Anis, Fenouil, Coriandre; d'autres enfin sont des poisons très énergiques.

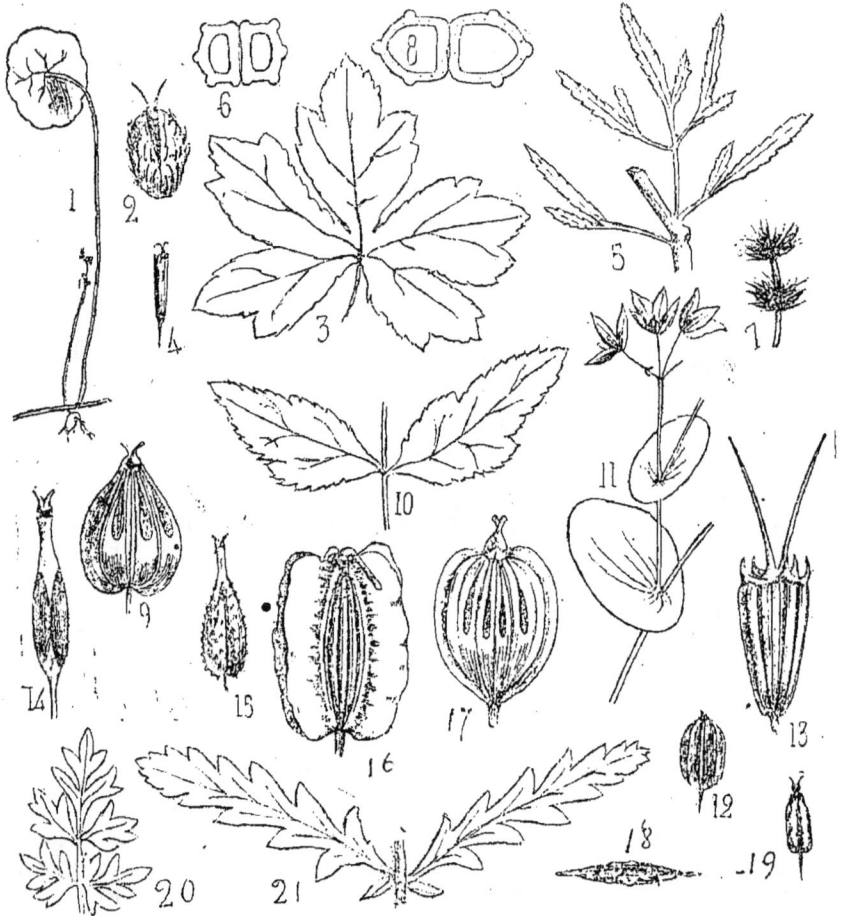

1. Hydrocotyle. — 2 et 3 Fruit et feuille de Sanicula — 4 et 5 Fruit et feuille de Falcaria. — 6. Coupe de fr. d'Ægopodium, très grossi. — 7. Fragment de feuille de Carum verticillatum. — 8 Coupe de fr de Pim mella magna, très grossi. — 9. Fr. de Sison Amomum,
très grossi. — 10. Feuille du même. — 11 Ombelle et feuille de Buplevrum rotundifolium. —
12. Fr. de Bup. falcatum — 13. Fr. d'Œnanthe fistulosa. — 14. Fr d'Anthriscus cerefolium. — 15. Fr d'Anthriscus vulgaris. — 16 Fr. d'Angelica sylvestris, très grossi — 17 et
18. Fr. et coupe de fr d'Heracleum sphondylium — 19. Fr. d'Anthriscus sylvestris. —
20. Fragment de feuille de Peucedanum alsaticum. — 21. Folioles de Turgenia.

§ I. — Umbelliferæ spuriæ.

FLEURS EN VERTICILLES OU UN CAPITULES SESSILES OU SUBSESSILES.

HYDROCOTYLE. *L.* (Hydrocotyle). Calice à limbe nul; pétales ovales entiers, aigus; fruit sublenticulaire, comprimé perpendiculairement à la commissure; akènes à côtes filiformes; fleurs verticillées (p. 164, fig. 1.)

H. VULGARIS. *L.* (H. Commune.) Vulg. Ecuelle-d'Eau; tiges grêles, rampantes, *radicantes* aux nœuds; feuilles *orbiculaires, peltées,* crénelées longuement pétiolées; fleurs très petites, blanchâtres, presque sessiles, en verticilles de 3-4 fl. superposés;

pédoncules grêles, nus plus courts que les feuilles. Viv. Juin, sept. Bords des étangs, prés tourbeux. — Trevol, Thiel; Yzeure, Montluçon, étang de Labrosse; Villefranche, Chamblet, Saint-Désiré, Gennetines, Saint-Ennemond, Chevagnes, Montbeugny, Rocles, Chavenon, Deux-Chaises, Le Montet, Louroux-de-Bouble, Chézy, Neuilly, Gouise, Le Theil, Montilly, Audes, La Chapelaude, Cérilly, Vallon, Cosne, Larcy, etc.

SANICULA. *L.* (Sanicle.) Cal. à 5 divisions foliacées aiguës; pétales échancrés; fl. hermaphrodites ou polygames; fruit globuleux à épines crochues (p. 164, fig. 2); involucre et involucelles polyphylles.

S. Europæa. *L.* (S. d'Europe.) Tige de 3-5 déc., presque nue; feuilles presque toutes radicales, pétiolées, *palmées*, à 3-5 lobes cunéiformes incisés (p. 164, fig. 3); fleurs blanches ou rosées, les *mâles pédicellées, les femelles sessiles*; étamines saillantes; capitules subglobuleux en ombelles irrégulières; involucre à folioles entières ou incisées. Mai, juil. Viv. Bois. — Environs de Moulins, Besson, Bresnay, Le Veurdre, Montaigut-le-Blin, Echassières, Veauce, Montluçon, Cérilly, Bizeneuille, Chirat, Fleuriel, etc. A toute altitude.

ERYNGIUM. *L.* (Panicaut.) Cal. à 5 dents foliacées, aristées; pétales droits, oblongs, réfléchis au sommet; fruit ovale oblong écailleux; fl. entremélées de paillettes, sessiles en tête serrée à involucre épineux.

E. Campestre. *L.* (E. des Champs.) Vulg. Chardon Roland. Tige de 3-5 déc. à rameaux *étalés*, glabre ainsi que toute la plante; feuilles glauques, *coriaces, épineuses,* les caulinaires amplexicaules, laciniées dentées; involucre à folioles linéaires épineuses, dépassant le capitule; fl. blanchâtres ou bleuâtres. Juil, sept. Viv. Chemins, lieux incultes, etc. C. C.

§ II. — Umbelliferæ veræ.

OMBELLES COMPOSÉES ET RÉGULIÈRES.

a. — Fruits glabres ou glabrescents.

APIUM. *L.* (Ache.) Calice à limbe presque nul; pétales arrondis, obtus, à pointe enroulée; akènes semi globuleux, à 5 côtes filiformes; carpophore entier; involucre et involucelle nuls.

A. Graveolens. *L.* (A. Odorante.) Vulg. Céleri. Tige élevée, cannelée, grosse, sillonnée, 6-9 déc.; feuilles à pétioles épais, à folioles larges, rhomboïdales, incisées; ombelles à 6-12 rayons, sessiles ou légè:ement pédonculées; fl. petites, blanc-verdâtres. Bisan. Juil., sept. Cultivé.

PETROSELIUM. *Hoff.* (Persil.) Calice à limbe presque nul, pétales presque orbiculaires, légèrement émarginés, à pointe recourbée en dedans; fruit ovale, comprimé latéralement; carpelles à 5 côtes filiformes égales; vallécule à une bandelette; involucre de 1-3 folioles, involucelle polyphylle.

⎧ Ombelles à rayons presque égaux ; fl. verdâtres. . . . . *P. sativum.* (1)
⎨
⎩ Ombelles à rayons inégaux ; fl. blanches ou rougeâtres. . . . . . . *P. segetum* (2)

(1) P. Sativum. *Hoff. Bor. G. G.* (P. Cultivé.) Tige de 5-8 déc., dressée, fistuleuse, striée, glabre comme toute la plante, *aromatique* ; feuilles *triangulaires* dans leur contour, 2-3 fois pinnées à lobes cunéiformes, incisés dentés, les supér. à 3 segments linéaires ; ombelles à 10-20 *rayons presque égaux*, fl. *verdâtres*. Bisan. Juin, août. Cultivé comme condiment, et sous-spontané près des habitations.

(2) P. Segetum. *Koch. Bor. G. G. Sison. L.* (P. des Moissons.) Plante *non aromatique*, 4-6 déc., glabre, striée, à *rameaux effilés, presque nus ;* feuilles *pinnées* à folioles nombreuses, petites, sessiles, ovales, incisées ; ombelles penchées d'abord, *à 2-5 rayons très inégaux ;* fl. *blanches ou rougeâtres* ; styles dressés. Champs argileux, calcaires. R. R. — Neuvy (Cr.) à Patry (V. B.) ; Montord (Lailloux, in Pérard.)

TRINIA. *Hoff.* (Trinie.) Fl. dioïques ou polygames ; calice à limbe nul ; pétales des fleurs mâles lancéolés ; ceux des fleurs femelles aigus à pointe recourbée en dedans ; fruit ovale comprimé latéralement ; akènes à 5 côtes filiformes ; carpophore bifide, involucre et involucelle nuls ou à une seule foliole.

T. Vulgaris. *D. C. Pimpinella dioïca. L.* (T. Commune.) Souche couronnée par les débris des anciennes feuilles ; tige de 1-3 déc. anguleuse, flexueuse rameuse, à rameaux divergents, glabre ainsi que toute la plante ; feuilles bipinnées à folioles découpées ; ombelles nombreuses à 3-9 rayons grêles ; fl. blanches ; fruits à pédicelles très inégaux, à côtes obtuses. Mai, juin. Bisan. Coteaux pierreux. R. R. — Gannat, au Montlibre. (L. L.) ; Lachapelle, Saint-Ursin, Cher, sur nos limites (Bor. 3ᵉ éd.)

HELOSCIADIUM. *Koch. Bor. G. G.* (Hélosciadie.) Calice à 5 dents peu apparentes ; pétales ovales entiers à pointe droite ou courbée ; fruit ovale ou oblong, comprimé perpendiculairement à la commissure, couronné par un disque crénelé ; carpelles à 5 côtes filiformes égales, saillantes ; vallécule à une bandelette ; carpohore libre, entier. Plante de marais.

⎧ Ombelle de 5-15 rayons . . . . *H. nodiflorum.* (1)
⎨
⎩ Ombelles de 2-3 rayons . . . . *H. inundatum.* (2)

(1) H. Nodiflorum. *Koch. Sium. L.* (H. Nodiflore.) Plante de 2-7 déc., à tige fistuleuse, radicante dressée, glabre comme toute la plante ; feuilles pinnées à folioles ovales aiguës, dentées sessiles, les submergées à lanières capillaires ; ombelles *de 5-15 rayons, sessiles* ou à *pédoncules plus courts que les rayons*, opposées aux feuilles ; fl *blanc-verdâtres ;* involucre nul ou à 1 foliole, involucelle à 4-5 folioles ovales. Viv. Juil., sept. Marais. Fossés. A. C. — Yzeure, Souvigny, Créchy, Fourilles, Gannat, Montluçon, etc.

Var. *Ochreatum. D. C. Intermedium. Cosson.* — Plante plus petite, tiges radicantes. — Yzeure, à Plaisance; Montluçon, à Labrosse; Vauvernier, près Jenzat.

(2) H. INUNDATUM. *Koch. Bor. G. G. Sison. L.* (H. Inondée.) Tige *couchée*, flottante, ou couchée radicante, *grêle*, simple ou rameuse; feuilles infér. submergées laciniées, les supér. à folioles petites incisées, *cunéiformes;* ombelles *de 2-3 rayons*, portées par un pédoncule opposé aux feuilles, *égalant au moins* les rayons; involucre nul; involucelle à 3-4 folioles lancéolées ovales; fl. petites, *blanches.* Juin, juil. Viv. Marais. R. — Montluçon (de Lambertye), Etang de Labrosse (Arloing); Etang de Chamblet (Jamet, in Pérard); Châtel-de-Neuvre (L. A.); Avermes à Seganges (H. G.)

L'*H. Repens*, que l'on n'a pas trouvé encore chez nous, se rapproche de la var. *Ochreatum* du *Nodiflorum*; il en diffère surtout par le pédoncule des ombelles *plus long* que les rayons; son involucre et son involucelle *polyphylles*.

FALCARIA. *Host. Bor. G. G.* (Faucillère.) Fl. polygames, cal. entier dans les fl. mâles, à 5 dents dans les fl. hermaphrodites; pétales échancrées à pointe recourbée; fruit oblong, allongé, légèrement comprimé à styles réfléchis (p. 164, fig. 4), carpelles à 5 côtes filiformes égales, vallécules à une bandelette; involucre et involucelle polyphylles; carpophore bifide.

F. RIVINI. *Host. Bor. G. G. Sium. L.* (F. de Rivin.) Racine fusiforme très longue; tige de 2-6 déc., striée; feuilles glauques coriaces, à segments allongés. souvent courbés, à dents de scie, aiguës, rapprochées (p. 164, fig. 5); ombelles de 15-20 rayons; involucre à folioles sétacées, fl. blanches. Juil., sept. Viv. Champs argilo-calcaires. — Besson, Neuvy, bord de la Queune; Saint-Pourçain, Montord, Souitte, Louchy, Vesse, Gannat, Saint-Priest-d'Andelot, Branssat, Bresnay, Toury, Montaigut-le-Blin, Billy, Bayet, Naves, Chareil, Charroux, Vicq, etc.

SISON. *L.* (Sison.) Cal. à limbe presque nul; pétales arrondis, profondément échancrés, à pointe recourbée; fruit ovale globuleux à styles courts recourbés (p. 164, fig. 9); carpelles à 5 côtes filiformes égales, vallécules à une seule bandelette dilatée en massue au sommet du fruit; involucre et involucelle à folioles peu nombreuses; carpophore bipartit.

S. AMOMUM. *L.* (S. Amome.) Plante aromatique, glabre dans toutes ses parties; tige droite rameuse, de 6-10 déc.; feuilles infér. pinnées à 3-9 folioles ovales oblongues, grandes, dentées (p. 164, fig. 10), les supér. pinnatifides à lobes linéaires incisés; ombelles latérales et terminales de 4-7 rayons *inégaux;* fl. de l'ombellule aussi inégalement pédonculées; fl. blanches. Bisan. Juil., sept. Champs calcaires, argileux. Assez R. — Neuvy, bords de la Queune; Saint-Pourçain, Montord, Monétay-sur-Allier, Bressay, Besson, Vallon, Bressolles, Souvigny, Le Veurdre, Domérat, Bayet, Château-sur-Allier, Veauce.

AMMI. *L.* (Ammi.) Calice à limbe presque nul; pétales obovales, échancrés, à lobes inégaux, recourbés; fruit ovale oblong comprimé, à styles réfléchis ; carpelles à 5 côtes filiformes, vallécules à une bandelette ; carpophore bipartit ; involucre polyphylle à folioles linéaires, *pinnatifides*, involucelles polyphylles.

A. Majus. *L.* (A. Elevé.) Tige de 2-6 déc., glaucescente, rameuse, striée, glabre ainsi que toute la plante; feuilles infér. pinnées, à folioles ovales lancéolées, dentées, les supér. à lobes linéaires ; ombelles à rayons nombreux ; involucelles à folioles filiformes ; fleurs blanches. Juil. sept. Bisan. R. -- Se trouve ordinairement dans les luzernes dont les graines viennent du Midi : Bressolles, aux Ramillons (E. O.); Gouise (L. A.); Bourbon (A. M.) où il se reproduit abondant depuis 25 ans, au dessus du Casino et dans le faubourg au dessus de l'Hôpital militaire.

ÆGOPODIUM. *L.* (Egopode.) Calice à limbe presque nul ; pétales obovales échancrés à pointe recourbée ; fruit comprimé, perpendiculairement à la commissure, oblong, à styles réfléchis (p. 164, fig. 6) ; carpelles à côtes filiformes ; vallécules sans bandelette ; carpophore fourchu au sommet, involucre et involucelle nuls.

Æ. Podagraria. *L.* (E. Podagraire). Tige élevée, 6-9 déc., fistuleuse, glabre ainsi que toute la plante, sillonnée; feuilles à segments larges dentés, les supér. ternées, les infér. *à trois pétioles chacun trifolioté* ; ombelles de 12-15 rayons, fl. blanches. Viv. Mai, juillet. Région montueuse. R. — Saint-Pourçain, bords de la Sioule (V. B.) ; Chantelle (Bor.) ; Avermes, ruisseau de Chavennes (A. M.) ; Besson (L. A.) ; Chezelles (B.) ; Montaigut-le-Blin (Virotte); Fourilles (C. B.) ; Branssat, bords du Gaduet (A. P.).

CARUM. *L.* (Carvi.) Cal. à limbe presque nul ; pétales obovales échancrés réfléchis ; fruit ovale ou oblong à styles réfléchis, à 5 côtes égales filiformes ; vallécules sans bandelettes ; carpophore fourchu au sommet ; fl. blanches, celles du centre stériles ; feuilles à segments linéaires.

1 { Involucre et involucelles nuls . . . . *C. Carvi.* (2)
  { Involucre et involucelle polyphylles 2

2 { Folioles comme verticillées autour du pétiole. . . . . *C. verticillatum.* (1)
  { Rac. à tubercule arrondi ; folioles non verticillées . . . . . *C. Bulbocastanum.* (3)

(1) C. Verticillatum. *Koch. Bor.* Sium. *L.* Bunium. *G. G.* (C. Verticillé.) Racine fasciculée charnue ; tige de 3-7 déc., dressée, grêle, presque nue supérieurement, à rameaux dressés, glabre comme toute la plante ; feuilles *laciniées* à segments *capillaires, entourant* le pétiole, comme verticillés, (p. 164, fig. 7) ; involucre et involucelle *polyphylles*; fruit *linéaire oblong*; ombelle à rayons nombreux, 6-12. Juin, sept. Viv. Prés marécageux. C. — Environs de Moulins, Lapalisse, Gannat, Cusset, Montluçon, Ferrières, Laprugne, etc. A toute altitude.

(2) C. Carvi. *L. Bor.* Grenier. *Bunium. G. G.* (C. Officinal.) Rac. *pivotante, odorante* ; tige de 3-6 déc. dressée, pleine, striée, rameuse, glabre, ainsi que toute la plante ; feuilles bipinnées à segments linéaires, les infér. entourant le pétiole ; involucre et

involucelle *nuls*, ou par exception à 1-3 folioles ; ombelles à 5-10 rayons *inégaux*, fruit *ovoïde*. Viv. Mai, sept. R. — Neuvialle, bords de la Sioule (Reynard) ; Sainte-Procule, Chiroux (L. Besson).

(3) C. Bulbocastanum. *Koch. Bunium. L. G. G.* (C. Terre-Noix.) Rac. offrant un *tubercule arrondi* ; tige de 2-7 déc. rameuse, à rameaux dressés, glabre ainsi que toute la plante ; feuilles bipinnées, à folioles linéaires souvent trifides ; involucre et involucelles *polyphylles* à folioles lancéolées ; ombelles de 12-16 rayons ; fleurs blanches. Juin, juill. Terrains calcaires. R. — Gannat .(P. R.) ; Naves (Duême) ; Montaigut-le-Blin (Virotte) ; Moissons, entre Saulcet et Branssat (A. P.) ; Mazerier (A. M.).

CONOPODIUM. *Koch. Bor. G. G.* (Conopode.) Dents du calice nulles ; pétales échancrés, à pointe recourbée ; fruit un peu comprimé perpendiculairement à la commissure, ovale oblong atténué au sommet ; styles dressés ; carpelles à 5 côtes filiformes ; vallécules à 2-3 bandelettes ; carpophore bifide.

C. Denudatum. *Koch. Bor. G. G. Bunium Denud. D. C.* (C. Dénudé.) Rac. à un *tubercule arrondi* ; tige de 2-5 déc., *longuement nue* à la base, un peu rameuse au sommet, glabre ordin. ; feuilles ordin. pubescentes-ciliées, les radicales longuement pétiolées, bi-tripinnatifides à lobes linéaires aigus ; les supér. sessiles amplexicaules ; involucre nul ou à une foliole ; involucelle à 1-3 folioles linéaires ; ombelle à 8-12 rayons grêles ; fruits luisants ; fl. blanches. Mai, juillet. Viv. Terrains siliceux. A. R. — La Feline, Chavenon, Ebreuil, Neuvialle, Ferrières, Laprugne, Bègues, Jenzat ; Montluçon, au-dessous des Iles.

PIMPINELLA. *L.* (Boucage.) Cal. à limbe presque nul ; pétales obovales échancrés, à pointe recourbée ; fruit ovale, comprimé par le côté ; carpelles à 5 côtes filiformes peu saillantes ; vallécules à plusieurs bandelettes ; carpophore bifide ; involucre et involucelle nuls.

{ Folioles infér. larges de 2-3 cent. . . . . *P. magna.* (1)
{ Folioles infér. d'à peine 1 cent. . . . . *P. saxifraga.* (2)

(1) P. Magna. *L.* (B. Elevée.) Tige de 6-10 déc., *feuillée, sillonnée-anguleuse*, dressée rameuse, glabre ou pubérulente, ainsi que toute la plante ; feuilles pinnées à folioles *larges*, les infér. 2-3 cent., ovales, oblongues, dentées, les supér. plus étroites ; ombelles à rayons nombreux ; fl. blanches, rarement roses ; styles *plus longs* que l'ovaire. Juil. sept. Viv. Haies, bords des bois. — Saint-Pourçain, Monétay-sur-Allier, Gannat, Chareil, Meillers, Le Mayet-de-Montagne, Ferrières, Saint-Germain-des-Fossés, Trevol, Branssat, Bressolles, Billy, Rongères, Loriges, Etroussat, Montord, Fourilles, Naves, Hérisson, etc. A toute altitude.

(2) P. Saxifraga. *L.* (B. Saxifrage.) Tige de 2-5 déc. *cylindrique finement striée, peu feuillée*, glabre ou pubescente ainsi que toute la plante ; feuilles inférieures pinnées, à segments *suborbiculaires*, *d'environ 1 cent.* ; les supér. à segments linéaires, ombelles à rayons

nombreux; fl. blanches; styles *plus courts* que l'ovaire. Juil., sept.
Viv. C. C. partout à toute altitude.

P.* Dissectifolia. Koch. — Feuilles infér. à folioles *toutes* linéaires. Avec le type.

L'Anis, P. *Anisum*, est cultivé pour ses fruits aromatiques. — Le bétail recherche la
B. *Saxifrage*, vulg. *petite Pimprenelle*.

SIUM. L. (Berle.) Cal. à 5 dents courtes, aiguës; pétales obovales émarginés, à pointe recourbée en dedans; fruit presque globuleux; carpelles oblongs à 5 côtes filiformes; vallécules à 3 bandelettes; involucre et involucelle à plusieurs folioles. Carpophore bipartit, à divisions soudées avec les carpelles.

S. ANGUSTIFOLIUM. L. Bor. Gren. Berula Angust. Koch. G. G.
(B. à feuilles étroites.) Rac. stolonifère; tige de 4-7 déc. fistuleuse, sillonnée, glabre ainsi que toute la plante; feuilles luisantes, pinnées, à 9-13 folioles; folioles infér. larges, oblongues lancéolées, incisées-dentées; ombelles à rayons nombreux, *latérales*, opposées aux feuilles; involucre et involucelles à folioles incisées-lobées; fl. blanches; carpelles à *bords non contigus et distants*. Juil., sept. Viv. Fossés, étangs, ruisseaux. A. R. — Chiroux, Neuvy, Gouise, Trevol, Bessay, Bressolles, Gannat, Saint-Pourçain, Louchy, Naves; Cérilly, forêt de Tronçais.

BUPLEVRUM. L. (Buplèvre.) Cal. à limbe presque nul; pétales suborbiculaires, entiers, enroulés en dedans, à lobule large tronqué; fruit ovale ou arrondi, ovoïde ou aplati perpendic. à la commissure; carpelles à côtes égales; fl. *jaunes; feuilles entières simples*.

1 { Involucre nul, feuilles supér. perfoliées............ B. *rotundifolium*.	(1)
Ombelles involucrées, feuilles non perfoliées..........	2
2 { Ombellules de 3-5 fleurs, fruits tuberculeux........ B. *tenuissimum*.	(4)
Ombellules de plus de 5 fleurs................	3
3 { Involucelle dépassant les fleurs............. B. *aristatum*.	(3)
Involucelle ne dépassant pas les fleurs.......... B. *falcatum*.	(2)

(1) **B. ROTUNDIFOLIUM. L.** (B. à feuilles arrondies.) Plante *annuelle;* tige de 2-5 déc. droite, un peu rameuse, glabre et *glaucescente* comme toute la plante; feuilles ovales, larges, *obtuses*, les supér. *perfoliées*, les infér. amplexicaules; involucre *nul;* involucelles à 4-5 folioles, *redressés à maturité*, ovales acuminées, dépassant les fleurs; ombelles à 3-8 rayons; fruit à vallécules *striées, sans bandelettes* (p. 164, fig. 12.) Juin, juil. An. Moissons des terrains calcaires. — Neuvy, aux Melées; Cusset, Escurolles, Vicq, Branssat, Chezelle, Besson, Montord, Chareil, Ussel, Gannat, Saint-Germain-des-Fossés, Montaigut-le-Blin. La Chapelle-Saint-Ursin, Cher; Saint-Pierre-le-Moûtier, Nièvre, sur nos limites.

Si le B. *Protractum. Linck.* existe réellement chez nous, il se reconnaîtra: à sa tige *plus rameuse ;* ses rameaux plus *divariqués ;* ses feuilles plus allongées, *moins arrondies*, tendant à devenir *aiguës ;* ses fruits à vallécules *fortement granuleuses.* Je l'ai récolté à Pougues, près Nevers.

(2) B. FALCATUM. *L.* (B. en Faux.) Tige flexueuse, de 3-8 déc., grêle, glabre, ainsi que toute la plante, à rameaux étalés ; feuilles un peu coriaces, les infér. *pétiolées, spatulées,* les supér. *sessiles, lancéolées-linéaires,* souvent *courbées en faux;* ombelles de 3-10 rayons ; involucre de 1-5 folioles ; involucelle de 4-5 folioles lancéolées aiguës, *plus courtes* que les fleurs; fruit à vallécules *lisses et à 3 bandelettes.* Juil., oct. Viv. Coteaux calcaires, lieux pierreux. — Bressolles, Billy, Monétay, Ussel, Saint-Pourçain, Gannat, Broût-Vernet, Bessay, Besson, Saint-Germain-des-Fossés, Montaigut-le-Blin, Chareil, Montord, Créchy, Vicq, Naves, Le Veurdre, etc.

(3) B. ARISTATUM. *Bartling. Bor. G. G.* (B. Aristé.) Tige de 1-3 déc., *dressée,* glabre comme toute la plante, à rameaux étalés ; feuilles *linéaires, trinervées,* acuminées, demi-embrassantes, les infér. atténuées à la base ; ombelles à 2-5 rayons, inégaux ; ombellules de *plus de 5 fleurs;* involucre à 3-5 folioles lancéolées *aristées, dépassant* les rayons ; involucelle à 5 folioles lancéolées ovales, aristées, à 3 nervures principales ; fruits *non granuleux.* Juin, juil. An. Collines pierreuses. R. R. — Charmes (Lavediau, in Pérard). — Chapelle Saint-Ursin, Saint-Amand, Cher, sur nos limites. (Bor. 3° éd.) Plus commun dans la Limagne.

(4) B. TENUISSIMUM. *L.* (B. Grêle.) Tige grêle, de 1-3 déc., flexueuse, *étalée,* glabre comme le reste de la plante, rameuse, à rameaux *presque nus;* feuilles *linéaires,* ou lancéolées-linéaires, *étroites, trinerviées,* les infér. longuement atténuées à la base ; ombelles *pauciflores, très petites,* de 2-4 rayons, disposées *tout le long des rameaux,* ombellules de *moins de 5 fleurs;* involucre et involucelle polyphylles, à folioles *linéaires* lancéolées, *subulées;* fruit *subglobuleux, plus large que long,* irrégulièrement *tuberculeux,* à côtes *saillantes,* bandelettes nulles. Juil. sept. An. Pelouses incultes, chemins. R. — Bressolles (E. O.); Saint-Aubin, Saint-Hilaire (Causse.); Montluçon, colline de l'Abbaye (A. P.); Bresnay (L. A.) Besson à Bost, Messarges, Bourbon (A. M.)

OENANTHE. *L.* (OEnanthe.) Cal. à 5 dents *accrescentes, dressées* sur le fruit; pétales obovales émarginés, à pointe réfléchie ; styles *dressés* allongés (p. 164, fig. 13); fruit à 5 côtes *obtuses;* vallécules à une bandelette; carpelles *soudés* au carpophore; fl. blanches. Plantes toutes vénéneuses à différents degrés.

1 {	Ombelles latérales et opposées aux feuilles. . . . . *Œ. Phellandrium.*	(1)
	Ombelles terminales, racines renflées	2
2 {	Ombelles de 3-5 rayons . . . . *Œ. fistulosa.*	(2)
	Ombelles de plus de 5 rayons	3
3 {	Racine à renflements fusiformes	3
	Racine à fibres cylindriques . . . . *Œ. Lachenalii.*	(5)
4 {	Fruits munis à la base d'un anneau calleux . . . . *Œ. media.*	(4)
	Fruits sans anneau calleux à la base . . . . *Œ. peucedanifolia.*	(3)

(1) OE. PHELLANDRIUM. *Lam. G. G. Bor. Phelland. Aquat. L.* (OE. Phellandre.) Vulg. Ciguë aquatique. Racine *garnie de fibres me-*

nues; tige souvent *très grosse,* fistuleuse, rameuse, sillonnée, s'élevant jusqu'à 1 mètre et plus; feuilles bi et tripinnées à folioles petites, incisées pinnatifides; ombelles *latérales* et terminales, opposées aux feuilles, à 7-10 rayons; involucre *nul,* involucelles *polyphylles,* fl. *toutes fertiles.* Juil., août. Viv. Fossés profonds, mares. Assez C. — Moulins, Saint-Hilaire, Pierrefitte, Dompierre, Le Donjon, Saint-Sornin, Rocles, Bessay, Bresnay, Gouise, Montoldre, Cressanges, Pouzy, Contigny, Lurcy, Montluçon, Chamblet, Bizeneuille, etc.

(2) ŒE. Fistulosa. *L.* (ŒE. Fistuleuse.) Racine *à fibres charnues* fusiformes; tige *faible, peu feuillée,* fistuleuse, de 5-8 déc., striée; feuilles infér. 2-3 fois pinnées, à segments ovales, les supér. simplement pinnées, à segments linéaires, *à pétiole fistuleux;* ombelles *de 3-5 rayons épais;* involucre *nul* ou unifoliolé, involucelles *polyphylles;* styles très allongés aussi longs que le fruit, fl. extérieures *stériles.* Ombelles *contractées à maturité;* fruit à côtes épaisses. Juin, juil. Viv. Marais, prés marécageux. — Yzeure, Toulon, Chemilly, Bressolles, Bresnay, Besson, Cressanges, Saint-Pourçain, Loriges, Ainay-le-Chât., Le Veurdre, Montluçon, Saint-Victor, Urçay.

(3) ŒE. Peucedanifolia. *Pollich. Bor. G. G.* (ŒE. à feuilles de Peucédane.) Racines à *fibres charnues fusiformes;* tige *un peu fistuleuse;* de 5-9 déc., feuilles bipinnées, à folioles *linéaires, même les radicales,* entières ou trifides; ombelles *de 6-8 rayons, minces;* pétales extérieurs rayonnants, fl. extérieures *stériles;* involucre *nul* ou à peu près, involucelles *polyphylles;* styles dressés *aussi longs* que le fruit, fruit atténué à la base qui est *dépourvue d'anneau calleux.* Mai. août. Viv. Prés humides. A. C. — Moulins, Chavenon, Treban, Murat, Bresnay, La Feline, Loriges, Saint-Ennemond, Chézy, Montbeugny, Montaigut-le-Blin, Louchy, Lurcy, Le Montet, Huriel, Estivareilles, etc.

(4) ŒE. Media. *Grisebach. Bor.* (ŒE. Intermédiaire.) Diffère de la précédente: par son involucre de 1-3 folioles; ses fruits cylindracés, *contractés au sommet, munis à la base d'un anneau calleux;* ses styles *deux fois* plus courts que le fruit. R. R. — Bois de Randan; de Bussière près Aigueperse, Puy-de-Dôme, sur nos limites (M. L. Prod.)

(5) ŒE. Lachenalii. *Gmelin. Bor. G. G.* (ŒE. de Lachenal.) Rac. à fibres *cylindracées,* charnues, mais *non fusiformes;* tige à peine fistuleuse, de 3-8 déc., striée; feuilles pinnées ou bipinnées, les radicales à folioles *obovales obtuses cunéiformes, ou obovées incisées,* les supér. à folioles linéaires aiguës plus longues que les infér. ombelles de 8-15 rayons *grêles;* pétales extérieurs fendus jusqu'au milieu; involucre nul ou de 1-6 folioles (G. G. fl. Franc.); involucelles polyphylles, styles égalant *la moitié du fruit;* fruits ovoïdes, *atténués à la base* qui est *dépourvue d'anneau calleux, non contractés* sous le limbe du calice; fl. blanches. Juin, août. Viv. Marais. R. R. — Gannat, Poëzat (L. L.); Loriges (Bourgougnon.)

Mon regretté collègue et ami Pérard faisait une nouvelle espèce de la plante de Loriges, sous le nom d'*Œ. Intermedia* Pér. sous prétexte : que toutes ses feuilles *sont semblables* ; que son involucre est souvent *monophylle et quelquefois nul.* — Or, quand on récolte la plante en fleurs et fruits, les feuilles *radicales* ont disparu, mais parmi les nombreux échantillons que j'ai recueillis avec mon ami C. Bourgougnon, un seul possède des feuilles presque radicales et alors les folioles sont *linéaires ovales cunéiformes courtes*, ce qui permet de supposer que les radicales sont au moins ovales ; les racines et les fruits sont ceux du *Lachenalii* ; reste donc le nombre des folioles de l'involucre que Gmelin dit être de 4-7, tandis que les nôtres en ont de 1-5. Y a-t-il de quoi faire une espèce ?

ÆTHUSA. *L.* (Ethuse.) Cal. à limbe presque nul ; pétales obovales échancrés, à pointe recourbée ; fruit ovale globuleux : carpelles à 5 côtes épaisses ; vallécules à une bandelette, fl. blanches ; involucelles *trifoliées ;* carpophore bipartit.

Æ. CYNAPIUM. *L.* (E. Persil de Chien.) Vulg. Petite Ciguë. Tige striée, de 1-6 déc., rameuse ; feuilles triangulaires dans leur contour, à folioles, bi-tripinnatifides, à segments ovales ou lancéolés incisés ; ombelles à 8-20 rayons, opposées aux feuilles, sans involucre, *involucelles à 3 folioles pendantes.* Juil., oct. An. Champs. Lieux cultivés. C. — Moulins, Monétay, Montluçon, Loriges, Pierrefitte, Gannat, etc.

Dans les champs après la moisson, sa tige n'a guère que 1 déc ; en revanche, j'en ai trouvé de 1 m. 50 dans une haie à Moulins Cette plante ressemble au Persil, et cette ressemblance a été l'occasion de fréquents accidents. On croit que c'est avec sa décoction que l'on a fait mourir Socrate. On la distingue facilement du Persil à l'odeur désagréable qu'elle dégage étant frottée avec les doigts.

FOENICULUM. *Hoffm.* (Fenouil.) Cal. à limbe presque nul à bords épaissis ; pétales entiers enroulés au sommet ; fruit ovale cylindracé ; carpelles à 5 côtes ; vallécules à une bandelette ; involucre et involucelle nuls ; fl. jaunes ; fruits soudés au carpophore.

F. OFFICINALE. *All. Anethum. Fœnic. L.* (F. Officinal.) Plante aromatique ; tige de 1-2 mét., grosse, fistuleuse ; feuilles *surcomposées, découpées en lanières capillaires ;* ombelles à rayons nombreux, 12-20, axillaires et terminales. Juil., août. Viv. Haies, bords des murs, près des habitations. — Environs de Moulins ; Ebreuil, La Ferté-Hauterive, Ferrières, Lapalisse, Bresnay, Besson, Montaigut-le-B., Louchy, Montluçon, etc.

SESELI. *L.* (Séséli.) Cal. à 5 dents courtes épaisses ; pétales échancrés ou presque entiers à pointe roulée en dedans ; fruit ovale à styles réfléchis ; carpelles à 5 côtes épaisses, les latérales souvent plus larges ; vallécules à une bandelette ; carpophore bipartit ; fl. blanches, involucre nul ou à peu près, involucelles polyphylles ; fl. blanches ou rougeâtres.

Fruit glabre ; involucelle dépassant les ombellules.	*S. coloratum.*	(2)
Fruit velu ou au moins pubérulent.	*S. montanum.*	(1)

(1) S. MONTANUM. *L.* (S. de Montagne.) Souche *multicaule*, couronnée par les feuilles détruites ; tige peu rameuse, striée, *glabre*, un peu glauque, comme toute la plante ; feuilles infér. à pétiole *canaliculé*, tripinnatifides, à folioles linéaires mucronées, à ner-

vure moyenne saillante en dessous, les supér. plus simples ; ombelle *à 6-10 rayons* pubescents du côté interne ; folioles de l'involucelle *égalant au plus* les ombellules ; fl. blanches, rougeâtres dans le bouton ; fruit *légèrement pubescent*. Juil., oct. Viv. Coteaux calcaires. A. R. — Gannat, Mazerier, Jenzat, Bègues, Naves, Chareil-Cintrat, Etroussat, Ussel, Fourilles, Charroux, Le Veurdre, Chantelle, Louchy, Montord.

(2) S. Coloratum. *Ehr. D. C. Bor. G. G. S. Bienne Crantz; S. Annuum. L.* (S. coloré.) Souche surmontée des débris des feuilles détruites ; tige *simple*, striée, *pubérulente*; feuilles infér. bi-tripinnatifides, à folioles linéaires étroits, aigus ; ombelles *à plus de 15 rayons* ; involucelles à folioles lancéolées, *largement membraneuses, dépassant* les ombellules ; fruit *glabre;* fl. blanches et violacées. Juil., sept. Bisan. ou vivace. R. R. — Gannat, route d'Ebreuil. (Bor. 3e éd.) Plus commun dans la Limagne (M. L.).

Libanotis *Montana. All* — Cette plante indiquée à Montluçon par Boreau, dans sa première édition ne l'est plus dans la troisième ; elle n'a plus été retrouvée chez nous.

SILAUS. *Besser. G. G. Bor. Peucedanum. L.* (Silaus.) Cal. à limbe nul, pétales obovales entiers ou légèrement émarginés, tronqués, à pointe réfléchie; fruit oblong cylindracé, à 5 côtes carénées aiguës; vallécules à 3-4 bandelettes; carpophore bipartit.

S. Pratensis. *Besser. Peucedanum silaus. L.* (S. des Prés.) *Racines fasciculées;* tige presque nue au sommet, droite de 5-8 déc., anguleuse, rameuse, glabre, comme toute la plante ; feuilles 2-3 fois pinnées à lobes linéaires, lancéolés, aigus, à bords scabres ; ombelles de 5-10 rayons à *fl. jaunâtres* ; involucre de 1-3 folioles, involucelles polyphylles, à folioles linéaires ; fruit glabre. Juin, sept. Viv. Prés argileux, humides. A. C. — Neuvy, Bressolles, Bourbon, Bresnay, Besson, Loriges, Montord, Lurcy, Boucé, Gannat, Montluçon, Domérat, etc.

MEUM. *Tourn.* (Meum.) Cal. à limbe nul ; pétales elliptiques entiers, aigus aux deux extrémités ; fruit cylindracé ; carpelles à côtes saillantes, aiguës; vallécules à plusieurs bandelettes, carpophore bipartit.

M. Athamanticum. *Jacquin. Bor. G. G. Athamanta Meum. L.* (Meum Athamante.) Souche épaisse surmontée par les fibres des feuilles détruites ; tige de 2-5 déc. glabre comme toute la ·plante, droite, peu rameuse, presque nue; feuilles bi-tripinnatifides à segments comme verticillés, capillaires, les caulinaires sessiles ; ombelles de 6-10 rayons inégaux; involucre paucifoliolé ou nul ; involucelle à 3-8 folioles ; fl. blanches, en partie stériles. Juin, août. Viv. Paturages des montagnes. RR. — Sommet du Montoncelle, forêt de l'Assise (Pér. et M. Excurs.); Laprugne, prairies en allant au Rocher de Saint-Vincent (J. B.); Saint-Nicolas; Saint-Priest-Laprugne, Saint-Just en Chevalet, Loire sur nos limites (Renoux).

Ne descend pas au-dessous de 800 mètres d'altitude.

ANGELICA. *L.* (Angélique.) Cal. à limbe nul ; pétales entiers lancéolés, acuminés, recourbés ; fruit comprimé parallèlement à la commissure et bordé de deux ailes saillantes (p. 164, fig 16) ; carpelles à 3 côtes filiformes et 2 membraneuses ; fl. blanches ou rougeâtres ; vallécule à une bandelette ; carpophore bipartit.

A. SYLVESTRIS. *L.* (A. Sauvage.) Tige grosse, de 6-9 déc., fistuleuse lisse ou finement striée ; feuilles bi-tripinnatifides à folioles larges, ovales, lancéolées, dentées en scie, les supér. à pétiole dilaté en gaîne membraneuse ; involucre nul ou à 1-2 folioles, involucelles polyphylles ; ombelles de 20-30 rayons. Juil., sept. Viv. Prés, bois humides, bords des eaux. C. à toute altitude.

A. Montana. Schleicher. Bor. Grenier. — Diffère de la précédente seulement par ses folioles plus larges, les supér. décurrentes sur le pétiole. R. — Montluçon, bords de l'Aumance (Bor. 3ᵉ éd.) ; Moulins, pré de la Cave (A. M.) ; Vicq (Dujon) ; Laprugne (Pérard).

L'*A. archangelica*, quelquefois cultivée, dont la tige aromatique est employée par les confiseurs, appartient à ce genre.

PEUCEDANUM. *L.* (Peucédane.) Cal. à 5 dents quelquefois peu apparentes ; pétales obovales, entiers ou peu échancrés, à pointe réfléchie ; fruit aplati, comprimé, ni ailé ni membraneux, entouré d'un rebord aplati ; carpelles à 3 côtes dorsales filiformes, les deux latérales rapprochées du bord élargi ; vallécules de 1-3 bandelettes ; carpophore bipartit ; involucre le plus souvent polyphylle ; quelquefois nul ; involucelles polyphylles.

1 { Involucre nul ou paucifoliolé, caduc 2
  { Involucre multifoliolé, étalé ou réfléchi 3

2 { Fl. blanches ou rosées. . . . . *P. parisiense.* (4)
  { Fl. verdâtres ou jaunâtres . . . . *P. carvifolium.* (5)

3 { Fleurs jaunâtres . . . . *P. alsaticum.* (1)
  { Fleurs blanches 4

4 { Folioles linéaires, très allongées . . . . *P. parisiense.* (4)
  { Folioles n'étant pas très allongées 5

5 { Folioles larges, les inférieures larges de 1-2 cent. . . . . *P. Cervaria.* (2)
  { Folioles ayant moins d'un cent. de large. 6

6 { Feuilles à axes secondaires divariqués ; fruit orbiculaire. . . . *P. Oreoselinum.* (3)
  { Feuilles à axes secondaires non divariqués ; fruit ovale. . . . . *P. palustre.* (6)

(1) P. ALSATICUM. *L. G. G. Bor.* (P. d'Alsace.) **Tige de 6-15 déc.,** fistuleuse à la base, anguleuse rameuse, glabre comme toute la plante ; feuilles triangulaires aiguës dans leur contour, bi-tripinnatifides, à lobes rudes sur les bords, incisés ovales (p. 164, fig. 20) ; fl. *jaunâtres ;* ombelles à 6-20 rayons courts, *glabres ;* involucre et involucelle étalés, *non réfléchis ;* fruit *ovale ;* vallécule à *une seule* bandelette. Juil., sept. Viv. Collines calcaires. R. — Ganuat, Saint-Priest-d'Andelot, Ebreuil (L. L.) ; Cognat-Lyonne (P. B.) ; Charroux, Ussel, Fourilles, Etroussat (B. ; C. B.) ; Naves (A. M. ; C. B.) ; route de Chantelle à Chezelle (Lavediau).

P. CERVARIA. *Lapeyrouse. Bor. G. G. Athamanta. L.* (P. des Cerfs.) Tige de 6-10 déc., *glauque,* rameuse, glabre comme toute la plante ;

feuilles *grandes*, bitripinnées à folioles *larges, glauques* en dessous, *ovales lancéolées* incisées, les supér. *réduites à leur pétiole* élargi ; involucre et involucelles polyphylles à folioles *réfléchies ; fruit ovale*, vallécule à *une seule* bandelette, ombelles à rayons très nombreux *dépassant souvent 20* ; fl. *blanches*. Juil., oct. Viv. Coteaux calcaires, bois. — Moladier, Monétay-sur Allier, Montord, Besson, Louchy, Charroux, Saint-Pourçain, Cusset, Créchy, Billy, Loriges, Chareil, Fourilles, Branssat ; Saint-Amand, Cher, sur nos limites.

(3) P. OREOSELINUM. *Mœnch. Athamantha. L.* (P. Oréosélin.) Tige de 6-10 déc., striée, rameuse, glabre, comme toute la plante ; feuilles 2-3 fois pinnées, les radicales grandes, longuement pétiolées ; pétioles secondaires et tertiaires *divariqués comme brisés ;* folioles à lobes *cunéiformes, étroits, incisés, trifides au sommet ;* ombelles *de 6-20 rayons ;* involucre et involucelles polyphylles, *étalés, réfléchis ;* fruit à peu près *orbiculaire ;* vallécule à une seule bandelette ; fl. blanches. Juil., août. Viv. Coteaux, prés sec. A. C. — Vallière, Trevol, Monétay, Montluçon, Gannat, Lapalisse, Vichy, Hérisson, Molle, Besson, Louchy, Charroux, Lapalisse, Neuilly, Neuvialle, Chirat, Monestier, Valignat, Châtel-de-Neuvre, Urçay, Montluçon, Verneix, etc.

(4) P. PARISIENSE. *D. C. G. G. Peuc. Gallicum. Bor.* (P. Parisien.) Tige de 8-10 déc., finement striée, presque nue supér. ; feuilles *triquadripinnées* à folioles *très longues linéaires aiguës*, les supér. plus courtes, les terminales ternées ; ombelles de 12-15 rayons, finement *pubérulents ;* involucre à 1-5 folioles *caduques ;* involucelle à folioles plus nombreuses ; *fruit elliptique ;* vallécule à une seule bandelette. Juil., sept. Viv. Bois. Prés secs. — C. partout.

(5) P. CARVIFOLIUM. *Vill. Bor. G. G. Palimbia. Bess. Pal. Chabrœi, D. C.* (P. à feuilles de Carvi.) Tige de 6-8 déc., peu rameuse, sillonnée ; feuilles *oblongues*, bi-tri pinnées à folioles sessiles *multifides*, les infér. se croisant sur le pétiole ; ombelles de 8-10 rayons *légèrement hispides ;* involucre nul ou *presque nul*, involucelles de 3-4 folioles courtes linéaires ; fruit *ovale ;* vallécules *à 3 bandelettes ;* fleurs d'un *blanc-verdâtre*. Juil., sept. Viv. Prés humides. R. — Munay. (Cr.) ; Sancoins, Cher, sur nos limites (Bor.) Indiqué par erreur à Diou par Pérard.

(6) P. PALUSTRE. *Mœnch. Bor. G. G. Thysselinum. Hoffm.* (P. des Marais.) Tige de 6-10 déc., droite, un peu anguleuse, sillonnée, nue supér. ; feuilles *triangulaires* dans leur contour, tri-quadripinnatifides, à folioles linéaires ou lancéolées étroites, rudes sur les bords, aiguës ; ombelles d'une vingtaine de rayons, pubescents ; involucre *polyphylle, 6-10 folioles* réfléchies ; involucelle polyphylle ; fleurs *blanches ;* fruit longuement pédicellé, ovale ; vallécules *à une seule* bandelette. Juil., août. Bisan. R. R. — Pierrefitte, bords du canal (A. M.) Dompierre, étang des Pacauds (Bourdot.)

PASTINACA. *L.* (Panais.) Cal. à limbe presque nul ; pétales suborbiculaires, entiers roulés en dedans par le sommet ; fruit ovale ou suborbiculaire à bords dilatés en ailes, aplati, à 3 côtes dorsales peu apparentes, les deux latérales rapprochées des bords; vallécule à une bandelette; carpophore bipartit; fl. jaunes.

P. Pratensis. *Jordan. in Bor.* (P. des Prés.) Tige de 5-10 déc., robuste droite, *fortement anguleuse, cannelée,* flexueuse, pubescente, à rameaux supérieurs *ordinairement opposés;* feuilles ailées pubescentes, les infér. grandes, ovales oblongues, *subaiguës,* incisées lobées; ombelles de 6-12 rayons *un peu inégaux;* fruits glabres, à 5 côtes *filiformes.* Août, sept. Bisan. Prés, chemins, vignes. — Saint-Pourçain, Monétay-sur-A., Besson, Septfonds, Gannat, Naves, Souvigny, Saint-Germain-des-Fossés, Montaigut-le-Blin, Valignat, Diou.

Le *P. opaca. Bernh.* Voisin du précédent qui n'a pas jusqu'ici été signalé chez nous, se reconnaîtrait: à sa tige *cylindracée* quoique sillonnée; ses rameaux *toujours alternes;* ses folioles *obtuses;* ses *ombelles à 4-6 rayons presque égaux;* ses fruits *à 3 côtes saillantes.*

Dans la plante cultivée, la racine devient charnue et alimentaire.

HERACLEUM. *L.* (Berce.) Cal. à 5 dents; pétales ovales, bifides; fruit ovale, orbiculaire, aplati, comprimé, à bordure plane; vallécule à une bandelette dilatée descendant à peine au-delà de la moitié du carpelle (p. 164, fig. 17-18); involucre nul ou à 1-4 folioles, involucelles polyphylles; carpophore bipartit.

H. Sphondylium. *L.* (B. Branc-ursine.) Tige élevée, 8-15 déc., sillonnée, fistuleuse, pubescente hispide; feuilles grandes, ailées, pubescentes rudes, à folioles larges ovales lobées, les infér. pétiolulées; ombelles larges à 15-20 rayons pubescents; fl. blanches à pétales extérieurs *rayonnants;* fruit pubescent d'abord, glabre ensuite. Mai, sept. Viv. Prairies, C.

Jordan a disséqué le type linnéen en plusieurs espèces, dont deux se trouvent chez nous:

H. Pratense. Jord., à folioles *aiguës* et fruits mûrs *presque arrondis.*

H. Æstivum. Jord. à folioles *presque obtuses,* et fruits mûrs *un peu rétrécis* à la base.

TORDYLIUM. *L.* (Tordylier.) Cal. à 5 dents; pétales obovales échancrés, à pointe enroulée, les extér. rayonnants bifides; fruit orbiculaire aplati, hérissé, bordé d'un bourrelet épais rugueux; carpelles à côtes très fines; involucre et involucelles polyphylles; vallécules à une ou plusieurs bandelettes; carpophore bipartit; fl. blanches ou rosées.

T. Maximum. *L.* (T. Elevé.) Tige de 3-9 déc., anguleuse, sillonnée, rameuse, *hérissée de poils renversés;* feuilles pinnées, *velues,* à folioles crénelées incisées, les infér. ovales, obtuses, les supér. lancéolées à lobe terminal allongé; folioles de l'involucre *linéaires allongées.* Juillet, août. Bisan. — Bourbon-l'Arch.; Chemilly, Moulins, Besson, Bessay, Chevagnes, Neuilly, Avermes, Chantelle, Diou, Echassières, Chouvigny, Désertines, Gannat, Loriges, Branssat, Montluçon, Lavaux-Sainte-Anne.

LASERPITIUM. *L.* (Laser.) Cal. à 5 dents; pét. obovales échancrés, à pointe enroulée; fruit ovoïde comprimé; carp. à 5 côtes primaires filiformes, 4 côtes secondaires toutes membraneuses ailées ; involucre et involucelles polyphylles ; carpophore bipartit ; vallécules à une bandelette ; fl. blanches.

L. Asperum. *Crantz.* (L. rude.) Souche entourée de fibrilles jaunâtres ; tige de 8-10 déc. dressée, striée, glabre, glauque, rameuse ; feuilles infér. grandes, bipinnées, pétiolées, hérissées en dessous et sur les pétioles, à folioles larges, obtuses, *cordiformes* à la base, dentées ; pétioles supér. largement engaînants ; ombelles à rayons très nombreux, scabres ; involucre à folioles sublinéaires. Juillet, août. Viv. Bois montueux. R. — Gannat (Bor.) ; Rouzat (P. B.) ; Montluçon, Bois de la Brosse et de la Garde (Servant in Bor.) ; Bateau du Mas ; Chambon, Creuse, sur nos limites (A. P.).

DAUCUS. *L.* (Carotte.) Cal. à 5 dents ; pétales obovales échancrés, à pointe recourbée ; carpelles à 5 côtes principales filiformes hérissées de soies et à 4 côtes secondaires à aiguillons ; involucre et involucelles polyphylles, le premier pinnatifide ; fl. blanches ou purpurines, souvent avec une fl. centrale, stérile, rouge ; vallécules à une bandelette ; carpophore bipartit.

D. Carotta. *L.* (Carotte commune) Tige de 3-8 déc., rameuse, hérissée rude ; feuilles bi-tripinnées, à folioles lancéolées, pointues, velues ; ombelles de 20-30 rayons qui se resserrent après la floraison. Juin, etc. CC.

ORLAYA. *Hoffm.* (Orlaye.) Cal. à 5 dents ; pétales échancrés à pointe réfléchie, les extérieurs très rayonnants, plus grands, bifides ; 5 côtes primaires filiformes, hérissées de soies, les 4 secondaires à 2-3 rangs d'aiguillons ; involucre et involucelles polyphylles ; vallécules à une seule bandelette ; carpophore bipartit.

O. Grandiflora. *Hoffm. Bor. G. G. Caucalis L.* (O. à grandes fleurs.) Tige de 1-4 déc., dressée, anguleuse rameuse ; feuilles bi-tripinnées, à segments courts linéaires, incisés, bordés d'aspérités fines ; ombelles de 4-8 rayons ; fruit gros, plus long que le pédicelle. Juin, août. An. Moissons, champs. A. R. — Cusset, Montluçon, Montord, Le Veurdre, Lapalisse, Rongères, Billy, Saint-Germain-des-Fossés, Besson ; Langy, près Saint-Gérand-le-Puy ; Saint-Agoulin, Puy-de-Dôme, sur nos limites.

CAUCALIS. *L.* (Caucalide.) Cal. à 5 dents lancéolées ; pétales échancrés à pointe réfléchie, les extérieurs rayonnants bifides ; carpelles à 5 côtes primaires filiformes, poilues ou tuberculeuses, les 4 secondaires plus saillantes, à 1 rang d'aiguillons ; involucre nul ou paucifolié ; vallécule à une bandelette ; carpophore bipartit.

C. Daucoïdes. *L.* (C. fausse carotte.) Tige de 1-4 déc., hispide anguleuse, à rameaux divariqués ; feuilles à pétioles engaînants velus, triangulaires obtuses dans leur contour, bi-tri-quadripinnées, à lobes linéaires incisés ; ombelles de 2-5 rayons ; involucelles à folioles lancéolées, ciliées ; fl. blanches rosées ; côtes secon-

daires à *un seul rang* d'aiguillons crochus ; fruits gros. Mai, juil.
An. Champs, moissons, calcaires. — Neuvy, Monétay, Besson,
Ussel, Branssat, Montord, Gannat, Montaigut-le-Blin, Billy, Cesset,
Saint-Pourçain, Châtel-de-Neuvre, Garnat, Chareil, Saint-Gérand-
le-Puy, Bayet, Fourilles, Broût-Vernet, Le Veurdre, Ainay-le-Châ-
teau, Gannat, Vieq, Étroussat, Montluçon, Lavaux-Sainte-Anne.

TURGENIA. *Hoffm.* (Turgénie.) Cal. à 5 dents ; pétales obovales
échancrés, à pointe réfléchie, les extérieurs rayonnants bifides ;
carpelles à 9 côtes, les latérales seulement tuberculeuses, les
7 autres armées d'aiguillons, sur 2-3 rangs ; involucre et involucelles polyphylles ; valléculc à une bandelette ; carpophore bipartit.

T. **LATIFOLIA.** *Hoffm. Bor. G. G.* (T. à larges feuilles.) Tige de
4-6 déc., hérissée, rude, rameuse ; feuilles ovales dans leur contour, pinnées, à folioles lancéolées dentées, (p. 164, fig. 21) ; ombelles de 3-4 rayons hérissés, rudes ; involucre et involucelle
scarieux ; fl. blanches ou rosées souvent monoïques. Juin, août.
An. Champs et moissons des terrains calcaires. — Neuvy, bords
de la Queune ; Monétay, Gannat, Mazerier, Jenzat, Ainay-le-Château,
Loriges, Chareil, le Veurdre, Saint-Pourçain, Montord, Saulcet,
Bayet, Cesset, Bellenaves, Montaigut-le-Blin, Billy, Bresnay, Besson,
Toury, Châtel-de-Neuvre ; Saint-Amand, Cher, sur nos limites.

Var. *Flore rubro.* Fleurs d'un beau rouge. — Ussel, Bresnay,
Besson, Saint-Pourçain ; Saint-Pierre-le-Moûtier, Nièvre, sur nos
limites.

TORYLIS. *Adanson.* (Torylis.) Cal. à 5 dents ; pétales échancrés
bifides, à pointe réfléchie ; fruit ovoïde, côtes primaires filiformes,
hérissées de soies fines ; les secondaires cachées par les aiguillons
sans ordre régulier, qui garnissent les vallécules ; carpophore bipartit ; involucre et involucelles nuls ou paucifoliolés ; plantes à
tige et rameaux rudes, couverts de poils réfléchis ; fl. blanches ou
rougeâtres.

1	Ombelles presque sessiles et opposées aux feuilles.	*T. nodosa.*	(1)
	Ombelles pédonculées et terminales		2
2	Involucre nul ou à une foliole.	*T. helvetica.*	(2)
	Involucre à 4-5 folioles.	*T. anthriscus.*	(3)

(1) T. **NODOSA.** *Garnt.·Bor. G. G. Tordylium nodosum. L.* (T. noueux.)
Tige de 1-6 déc., rude, couchée, diffuse ou redressée ; feuilles
bipinnées à lobes incisés, pinnatifides ; ombelles *agglomérées*, *disposées tout le long de la tige*, presque *sessiles*, *opposées aux feuilles*, à
2-3 rayons ; involucre nul ; fl. petites, *régulières ;* carpophore entier.
An. Juin, juil. Bords des champs, terrains incultes. A. R. — Moulins (A. M.) ; Gannat, Louchy (Bor.) ; Bresnay, Besson (L. A.) ;
Chareil-Cintrat (G. B.).

(2) T. **HELVETICA.** *Gmel. D. C. Bor. G. G. T. infesta. Duby.* (T. de
Suisse.) Tige de 2-10 déc. rameuse, striée, scabre, à poils apprimés et réfléchis, feuilles rudes, les inter. bipinnées, les supér.
seulement pinnées ou même ternées, à folioles oblongues *allongées,*

(surtout la terminale), dentées; ombelles de 4-10 rayons, *longuement* pédonculées, involucre *nul ou à une seule foliole;* fl. extér. rayonnante. Bisan. Juil., sept. Haies, lieux incultes, etc. C. C.

Une forme intéressante : *T. divaricata. D. C. courte*, à rameaux *divariqués*, couvre les champs cultivés après la moisson.

(3) T. ANTHRISCUS. *Gmel. Bor. G. G. Tordylium. L.* (T. des Haies.) Diffère de la précédente à laquelle elle ressemble beaucoup : par son involucre à 4-5 folioles; par les aiguillons du fruit arqués dès la base. — C. C.

SCANDIX. *L.* (Scandix.) Cal. à limbe presque nul; pétales obovales, tronqués ou émarginés, à pointe recourbée; fruit oblong, comprimé perpendiculairement à la commissure, prolongé en un long bec, atteignant 4-5 cent.; carpelles à 5 côtes obtuses; vallécules sans bandelette.

S. PECTEN VENERIS. *L.* (S. Peigne de Vénus.) Tige de 1-4 déc., plus ou moins hérissée pubescente; feuilles triangulaires dans leur contour, bi-tripennées, à lobes laciniés linéaires; involucre *nul* ou *remplacé par une feuille;* rayons peu nombreux, munis d'une involucelle *à 4-5 folioles bi-trifides;* fruit de 2-5 cent., glabre ou hérissé d'aiguillons courts; fl. blanches. Mai, sept. An. Moissons des terrains calcaires ou argileux, A. C. — Neuvy, Branssat, Montord, Montaigut-le-Blin, Billy, Bressolles, Gannat, Mazerier, Bresnay, Besson, Saint-Gérand-le-Puy, Ainay, Le Veurdre, etc.

ANTHRISCUS. *Hoffm.* (Anthrisque.) Cal. à limbe nul, pét. ovales tronqués et échancrés, à pointe recourbée; fruit dépourvu de côtes dans sa partie infér., terminé par un bec plus court que la partie qui contient la graine, le bec offrant les 5 côtes; vallécules sans bandelettes; involucre nul, involucelles polyphylles, fl. blanches. (p. 164, fig. 14-15-19).

1 { Fruit hérissé . . . . *A. vulgaris.* (1)
  { Fruit non hérissé 2

2 { Ombelles toutes longuement pédonculées. . . . . *A. sylvestris.* (3)
  { Ombelles latérales presque sessiles . . . . *A. cerefolium.* (2)

(1) A. VULGARIS. *Pers. Bor. G. G. Scandix Anthriscus. L.* (A. commune.) Tige droite, de 2-6 déc., un peu velue infér. feuilles *couvertes d'une pubescence grisâtre*, triangulaires aiguës dans leur contour, tri-quadripinnées à lobes linéaires obtus; ombelles *courtement* pédonculées de 3-6 rayons; involucelles à 4-5 folioles lancéolées, ciliées étalées; fruit *tuberculeux hérissé* à bec bifide (p. 164, fig. 15.) Avril, juin. An. Décombres, bords des chemins. — Avermes, Yzeure, Monétay-sur-A., Besson, Cesset, Branssat, Châtel-de-N., Gannat, Neuilly-le-R., Bourbon, Chirat, Cérilly, Chantelle, Montluçon, Huriel.

(2) A. CEREFOLIUM. *Hoffm.* Bor. G. G. *Scandix. L.* (A. Cerfeuil.) Vulg. *Cerfeuil.* Plante *aromatique;* tige de 3-8 déc., lisse striée, pubescente au dessus des nœuds; feuilles *glabres en dessus, à poils grisâtres en dessous*, triangulaires dans leur contour, tri-quadri-

pinnées à folioles *ovales* incisées ; ombelles *presque sessiles;* involucelles de 2-3 folioles lancéolées réfléchis ; *fruits lisses ;* (p. 164,
fig. 14.) Mai, juin. An. Cultivé comme condiment et sous-spontané
près des habitations.

(3) A. Sylvestris. *Hoffm. Bor. G. G. Chærophyllum.* L. (A.
Sauvage.) Tige de 4-10 déc., dressée, sillonnée, *pubescente en bas,*
glabre en haut ; feuilles à gaine *auriculée,* triangulaires dans leur
contour, bi-tripinnées, à folioles oblongues lancéolées, incisées,
glabres ou velues infér. sur les nervures ; ombelles *longuement*
pédonculées, à 3-15 rayons glabres ; involucelles à folioles ovales
réfléchies; fruit oblong, *lisse, luisant* à maturité, à bec *presque*
nul (p. 164, fig. 19.) Mai, juin. Viv. Haies, lieux frais. surtout dans
la région montueuse. A. R. — Gannat, Sainte-Procule ; Monétay-
sur-A., Rongères, Le Montet, Veauce, Billy, Yzeure, parc de Seganges ; Fourilles, Chantelle, Bayet, Montluçon, Charcil, Saint-Marien,
Creuse, sur nos limites.

Var *Glabra.* — Plante complètement glabre. R. — Montord,
Bayet (C. B)

CHÆROPHYLLUM. *L.* (Cerfeuil.) Cal. à limbe presque nul ;
pét. obovales échancrés, cordiformes, à pointe réfléchie ; fruit un
peu comprimé, linéaire, allongé, atténué, mais dépourvu de bec ;
carpelles séparés par un sillon profond, à 5 côtes apparentes sur
toute la longueur ; vallécule à une bandelette ; carpophore bipartit ; fl. blanches ou rosées ; involucre nul ou paucifoliolé, involucelle polyphylle.

Tige renflée aux nœuds, tachée de rouge	*C. temulum.*	(1)
Tige non renflée aux nœuds, pétales ciliés	*C. Cicutaria.*	(2)

(1) C. Temulum. *L.* (C. Penché.) Tige de 4-8 déc., hérissée, rude,
renflée aux nœuds, tachée de rouge brun; feuilles *velues pubescen-*
tes, triangulaires dans leur contour, bi-pinnées à lobes triangulaires, incisés lobés ; involucre nul ou unifoliolé ; ombelles *pen-*
chées avant la floraison ; *pétales glabres; styles recourbés;* fruits
striés à maturité. Juin, juil. Bisan. Lieux incultes, haies, C. C.

(2) C. Cicutaria. *Villars. Grenier. fl. Jur.* (C. Cicutaire.) Tige de
3-20 déc., fistuleuse, *non renflée* aux nœuds, couverte de *poils*
renverses dans le bas, *presque glabre* dans le haut; feuilles plus
ou moins hérissées, 2-3 fois pinnées, à folioles dentées incisées ;
pétales ciliés; ombelles de 10-20 rayons dont quelques uns inégaux ; *les plus petits* de la terminale *et ceux des ombelles inférieu-*
res stériles; involucelles à 5-7 folioles lancéolées, blanches ciliées,
réfléchies ; carpophore *entier ou à peine* bifide au sommet, *styles*
très longs. Juil., août. Région des montagnes, et là seulement. R.
— Le Montoncelle, Laprugne à l'Assise (A. P. et A. M. Excurs.);
Châtel-Mont., Saint-Nicolas, Le Mayet (Bor.) ; Ferrières, au Saint-
Vincent (Renoux.)

C. Umbrosum. Jord. — Tige moins velue ; feuilles complètement glabres. — Montoncelle (Renoux.)

Le véritable *C. Hirsutum. L.* D'après Jordan, puis Grenier et Lamotte qui sont de son avis, ne serait pas l'*Hirsutum* de la flore Française de G. G. ni de Boreau, mais une plante de plus haute altitude encore, différente : par sa tige *velue toute entière*; ses feuilles *plus hérissées;* son involucelle à folioles *longuement et abondamment* ciliées ; son carpophore *divisé jusqu'au delà du milieu.*

A-t-on bien fait de faire deux espèces ? Lamotte dit que le *Cicutaria* a les fl. de l'ombelle centrale *toutes fertiles ;* notre plante en a *une partie* de stériles; la plante de Saint-Vincent a les feuilles et les folioles de l'involucelle extrêmement hérissées de l'*Hirsutum L.* mais le carpophore entier ! Il ne reste donc de réellement spécifique que le caractère du carpophore qui est entier ou à peine bifide au sommet, ou divisé jusqu'au delà du milieu. Est-ce suffisant pour établir deux espèces ?

CONIUM. *L.* (Ciguë.) Cal. à limbe presque nul; pétales cordiformes à pointe recourbée ; fruit subglobuleux à 5 côtes égales, saillantes, ondulées, bords des akènes entrebaillés; involucre et involucelles polyphylles; vallécules sans bandelettes; carpophore bifide.

C. MACULATUM. *L.* (C. Tachée.) Vulg. grande Ciguë ; plante glabre, *fétide,* de 6-15 déc.; tige droite, fistuleuse, glauque, *maculée* de rouge sanguin; pétioles fistuleux, feuilles grandes, triangulaires dans leur contour, tri-quadripinnées, à folioles oblongues incisées; ombelles de 12-15 rayons; fl. blanches. Bisan. Juin, août. Bords des chemins, près des maisons, çà et là. — Moulins, Avermes, Gannat, Châtel-Montagne, Chareil, Gouise, Le Montet, Busset, Besson, Montaigut, Hauterive, Pierrefitte, Dompierre, Louchy, Ainay, Montluçon, etc.

Plante très vénéneuse, employée quelquefois en cataplasmes à l'extérieur comme calmant

CORIANDRUM. *L.* (Coriandre.) Cal. à 5 dents persistantes; pétales obovés, émarginés; fruit à 5 côtes primaires filiformes, les 4 secondaires plus saillantes; fruit globuleux, les 2 akènes restant unis à maturité, involucre nul.

C. SATIVUM. *L.* (C. Cultivée.) Plante glabre, *à odeur de punaise ;* tige droite, rameuse, feuilles infér. ailées, à folioles larges, ovales, cunéiformes, incisées, les supér. surcomposées à laciniures linéaires; fl. blanches. An. Juin, juil. R. — Montord; trouvé une fois aux Ramillons, Bressolles.

On trouve quelquefois échappé des jardins le Cerfeuil musqué, *Myrrhis odorata,* plante très aromatique.

Famille XL. — ARALIACÉES.

Cal. à 4-5 dents, adhérent à l'ovaire infère; fl. hermaphr. régulières; 4-5 pét. sans onglets, 4-5 étamines épigynes comme les pétales; fruit bacciforme, ovaire à 2 ou 5 loges, contenant chacune un ovule.

{ Fleurs en sertule ; feuilles alternes : 5 pétales. . . . . HÆDERA
{ Fleurs en corymbes ou ombelles ; feuilles opposées ; 4 pétales. . . . . CORNUS.

HÆDERA. *L.* (Lierre.) Parties de la fleur à symétrie quinaire ; style et stigmate simples; baie à 5 loges; feuilles alternes.

H. HELIX. *L.* (Lierre grimpant.) Tige ligneuse, grimpante ou rampante, munie de racines sur toute sa longueur, ne fleurissant que quand elle ne peut plus s'allonger ; feuilles alternes réniformes, lobées, coriaces, persistantes ; fl. jaunâtres, en sertules globuleux ; fruit noir à maturité. Sept., oct. Murs, arbres, etc. C. — Murat, Moulins, Chantelle, Montluçon, Néris, Bizeneuille, etc.

CORNUS. *L.* (Cornouiller.) Parties de la fleur à symétrie quaternaire ; 1 seul style, fruit contenant un noyau à deux loges ; feuilles opposées.

{ Fleurs blanchâtres en cymes planes . . . . *C. sanguinea.* (1)
{ Fleurs jaunes en ombelles . . . . *C. mas.* (2)

(1) C. SANGUINEA. *L.* (C. Sanguin.) Arbrisseau à rameaux *droits, bruns ou rougeâtres ;* feuilles pétiolées, ovales, aiguës, entières paraissant *avant* les fleurs qui sont *blanches en cyme plane, sans involucre ;* pétales pubescents extérieurement ; fruit noir. Mai, juin. Haies, C. C.

(2) C. MAS. *L.* (C. Mâle.) Arbre à écorce *grisâtre ;* feuilles brièvement pétiolées, ovales aiguës, paraissant *après* les fleurs qui sont *jaunes* en petites *ombelles munies d'un involucre* à 4 folioles ; *fruit rouge.* Mars, avril. R. R. — Chemin de Montluçon à Huriel (Thévenon) ; Bayet (B.)

———

SOUS-CLASSE II. — COROLLIFLORES GAMOPÉTALES.

Famille XLI. — LORANTHACÉES.

Fleurs unisexuelles, régulières ; fl. mâle monopérianthée, à périanthe quadrifide ; 4 étam.; fl. femelle à une ou 2 enveloppes ; ovaire infère uniloculaire ; fruit bacciforme.

VISCUM. *L.* (Gui.) Caractères de la famille.

V. ALBUM. *L.* (G. Blanc.) Plante parasite sur les arbres, ligneuse à rameaux divergents, en touffe ; feuilles obtuses, lancéolées, épaisses, opposées ; baies blanches, fl. jaunâtres. Mars, avril. Viv. Sur les pommiers, poiriers, peupliers, etc. — Loriges, Marigny, Moulins, Gannat, Monestier, Montluçon, etc.

———

Famille XLII. — CUCURBITACÉES.

Plantes herbacées grimpantes ou rampantes, hérissées de poils raides ; feuilles alternes ; fl. unisexuelles ; calice et corolle à 5 divisions plus ou moins soudées ; 5 étam. soudées par les filets en deux faisceaux, 1 style à 3-5 stigm.; fruit charnu, infère.

1 { Fruit très gros 2
  { Fruit n'ayant pas 5 cent. de diamètre 3
2 { Corolle à 5 lobes n'atteignant pas son milieu . . . . CUCURBITA. (p. 186)
  { Corolle à 5 divisions profondes . . . . CUCUMIS. (p. 186)

3 { Fruit en baie globuleuse, plante munie de vrilles (fig. 1) . . . . . . BRYONIA. (p. 186)
{ Fruit ellipsoïdal (fig. 2), plante sans vrilles. . . . . MOMORDICA. (p. 186)

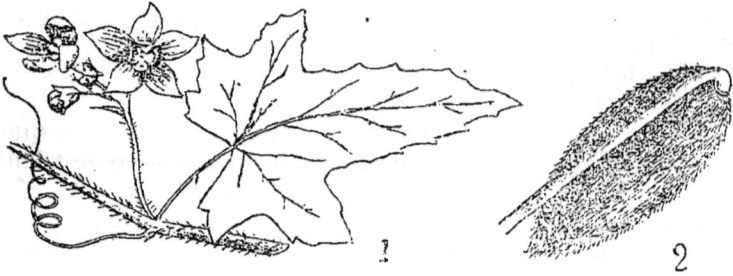

1. Bryonia dioïca. — 2. Fr de Momordica.

BRYONIA. *L.* (Bryone.) Fleurs monoïques, le plus souvent dioïques ; calice à 5 dents aiguës, corolle à 5 div., 5 étam., une seule libre, les autres soudées 2 à 2 par les filets et les anthères ; style à 3 stigm., baie globuleuse.

R. DIOICA. *L.* (B. Dioïque.) Racine très grosse ; tige grimpante ; feuilles *palmées hispides,* à 5 lobes profonds, à vrilles très longues ; fl. axillaires, blanc-jaunâtres (fig. 1), dioïques ; baie rouge à la maturité. Viv. Juin, sept. Haies. C. C. jusqu'à 800 mètres d'altitude (M. L.)

> Fruits vénéneux ; racine purgative, mais dangereuse.

MOMORDICA. *L.* (Momordique.) Vulg. Melon-d'Attrappe. Plante à poils rudes ; tige rameuse *sans vrilles ;* feuilles *cordiformes, allongées, obtuses ;* fruit *hérissé ellipsoïdal, recourbé sur son pédoncule en forme de pipe* (fig. 2) ; fl. jaune-pâles. Juin, sept. An. Décombres. R. — Vichy, aux Célestins (Bor.) ; Bois de Broût-Vernet (H. du Buysson) ; disparue du pré Châtelain, Gannat.

> Plante adventice, échappée des jardins ; dangereuse, âcre, corrosive.

CUCURBITA. *L.* (Courge.) Fl. monoïques ; corolle campanulée à lobes planes ; fruit gros, charnu, graines aplaties à rebord renflé.

C. PEPO. *L.* (C. Potiron.) Vulg. Citrouille. Plante hispide, rameuse ; feuilles larges cordiformes ; fl. grandes, jaunes à limbe réfléchi ; fruit *déprimé.* Juin, août. Cultivé.

> Var. *Oblonga.* Fruit *ovoïde.* Potiron.

> On cultive encore la Calebasse ou Gourde, *C. lagenaria. L.* et la Coloquinte, *C. colocyntha.*

CUCUMIS. *L.* (Concombre.) Fl. monoïques, calice campanulé, corolle à 5 divisions plissées, 5 anthères adhérentes, fl. jaunes ; fruit gros, charnu, à graines amincies sur les bords.

{ Feuilles à lobes aigus . . . . *C. sativus,*
{ Feuilles à lobes arrondis . . . . *C. melo.*

C. Sativus, *L.* (C. Cultivé.) Tige couchée, *grosse, hispide*, munie de vrilles ; feuilles cordiformes, lobées à *lobes aigus ;* fruit allongé. An. Mai, août.

Cultivé ; les jeunes fruits sont confits dans le vinaigre sous le nom de cornichons, et il est dangereux, ce que l'on fait ordinairement pour leur donner une belle couleur, de les préparer dans des vases de cuivre que le vinaigre attaque ; à maturité on les mange sous le nom de Concombres.

C. Melo. *L.* (C. Melon.) Tige couchée, *grosse, hispide ;* feuilles cordiformes à *lobes arrondis ;* fruit gros, *ovoïde ou arrondi*, lisse ou tuberculeux. Juin, août. Cultivé.

Aliment adoucissant et rafraîchissant, mais froid ; ne convient pas aux estomacs faibles.

Famille XLIII. — CAPRIFOLIACÉES.

Herbes ou arbrisseaux à feuilles opposées ; fl. hermaphrodites, régulières ou irrégulières ; calice à 4-5 divis., adhérent à l'ovaire qui est infère ; corolle à limbe de 3-5 lobes, 5 étam., rarement 8-10, libres ; 1-5 styles. 1-5 stigmates ; fruit bacciforme, souvent à 3-5 loges.

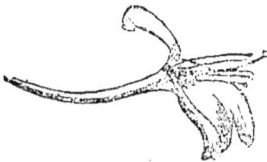

Fl. de Lonicera caprifolium.   Tige d'Adoxa.

1 { Petite plante herbacée (p. 187 fig. de droite) . . . . Adoxa. (p. 187)
  { Arbrisseaux ou herbes élevées. 2

2 { Corolle tubuleuse, irrégulière (p. 187. fig. gauche) . . . . Lonicera. (p. 189)
  { Corolle régulière, rosacée. 3

3 { Feuilles pinnées. . . . . Sambucus. (p. 188)
  { Feuilles simples. 4

4 { Un seul stigmate . . . . Lonicera. (p. 189)
  { 3 stigmates. . . . . Viburnum. (p. 188)

ADOXA. *L.* (Adoxe.) Cal. écailleux à 2-4 divis., corolle rotacée à 4-5 divis.; 8-10 étam.; 4-5 styles libres ; capsule bacciforme charnue, couronnée par les styles et le calice persistant.

A. Moschatellina. *L.* (A. Musquée.) Plante délicate herbacée, à souche blanchâtre écailleuse, munie de longs rhizômes ; tige de 6-15 cent., glabre comme toute la plante ; feuilles pétiolées, glaucescentes, 1-2 fois ternées à folioles incisées (p. 187. fig. de droite) fl. d'un vert-jaunâtre, sessiles sur un capitule polyédrique, longuement pédonculé ; fruit verdâtre subglobuleux, surmonté par les lobes du calice. Mars, mai. Viv. Lieux ombragés et frais des bois. A. C. — Neuvy, Lurcy, Bourbon, Chavenon, Saint-Sornin, Le Montet, Verneuil, Gannat, Echassières, Veauce, Besson, Bresnay, Busset, Brugheas, Chantelle, Saint-Pourçain, Saint-Priest en Murat, Le Theil, Montluçon, Verneix, Lamaids, Marcillat, etc. **A** toute altitude.

SAMBUCUS. *L.* (Sureau.) Cal à 5 lobes, corolle rotacée à 5 lobes ; 5 étam.; 3 stigm. sessiles ; fruit bacciforme, à 3-5 graines ; fl. blanches ; feuilles imparipennées, opposées.

1 { Plante herbacée. . . . . *S. Ebulus.* (1)
  { Plante ligneuse. 2

2 { Fleurs très odorantes en cyme corymbiforme . . . . *S. nigra.* (2)
  { Fleurs en panicule serrée . . . . *S. racemosa.* (3)

(1) S. Ebulus. *L.* (S. Hièble.) Racine *traçante*, tige droite *herbacée*, de 8-15 déc.; feuilles à odeur désagréables, à 5-15 folioles oblongues, dentées en scie; stipules *foliacées*, lancéolées, dentées ; baies noires ; *fl. blanches* odorantes, en *cyme corymbiforme plane*. Juin, août. Viv. Terrains argileux. C. Ne dépasse pas 1,000 mètres d'altitude.

(2) S. Nigra. *L.* (S. Noir.) *Arbrisseau* ou arbre à moëlle *blanche ;* feuilles à odeur désagréable, à 5-9 folioles ovales, aiguës, dentées ; stipules *nulles ou très petites ;* fl. d'un blanc *jaunâtre*, odorantes en *cyme corymbiforme plane ;* fruit pourpré noir. Juin. Haies, C.

Var. *Leucocarpa*, à fruits blancs. R. — Chavenon, bords de l'Aumance.
Var. *Laciniata*, à feuilles laciniées. R. — Chemin qui va à Larronde, Yzeure, Saint-Pourçain, Lurcy, Estivareilles, Chouvigny, Chavenon.
Les fleurs du Sureau desséchées s'emploient en infusion sudorifique.

(3) S. Racemosa. *L.* (S. à grappes.) *Arbrisseau* à moëlle *jaunâtre ;* feuilles à 5-7 folioles lancéolées, dentées en scie; stipules *nulles* ou *très petites ;* fl. *blanchâtres*, en *panicule ovale serrée ;* baies assez grosses, *écarlates*. Avril, mai. Bois montagneux. A. R. — Bois de Progne, près Le Montet ; Cusset, Arronnes, Bourbon, Messarges, Echassières, Laprugne, Ferrières, Veauce, Saint-Bonnet-de-Rochefort, Gipcy, La Lizolle, Neuvialle.

VIBURNUM. *L.* (Viorne.) Cal. à 5 dents, corolle presque campanulée à 5 lobes; 5 étam., 3 stigmates sessiles, baie uniloculaire monosperme; fl. blanches en cymes corymbiformes planes ; feuilles simples, opposées.

{ Feuilles cordiformes ovales.. . . . . *V. Lantana.* (1)
{ Feuilles à 3-5 lobes profonds. . . . . *V. Opulus.* (2)

(1) V. Lantana. *L.* (V. Mancienne.) Arbrisseau de 1-2 mètres, à rameaux *couverts au sommet d'une pubescence étoilée, pulvérulente ;* feuilles *ovales* cordiformes, *dentées tomenteuses ;* stipules nulles ; fl. en cyme corymbiforme, *toutes fertiles, rotacées ;* fruit *comprimé*, rouge puis noir. Mai. Viv. Bois, surtout dans les calcaires. A. C. — Gannat, Besson, Lavaux Ste-Anne. Ussel, Pierrefitte, Le Mayet-d'Ecole, Varennes, Lapalisse, Billy, Montaigut-le-B., Souvigny, Chamblet, Charroux, Naves, Bellenaves, Ainay, Lurcy, Le Veurdre, Vicq, Montluçon, Chamblet, etc. A toute altitude.

(2) V. Opulus. *L.* (V. Obier.) Arbrisseau de 2-3 m., à rameaux *glabres;* feuilles *à 3-5 lobes* profonds, acuminés dentés ; fl. en corymbe, les centrales fertiles rotacées, les *extérieures rayonnantes*, stériles, à lobes extér. *plus grands ;* fruit *globuleux*, d'un rouge vif. Mai, juin. Viv. Bois. A. C. — Moulins, Monétay, Pierrefitte, St-Voir, Bresnay, Montaigut, Cesset, Gannat, Veauce, Espinasse-Vozelle, Lapa-

lisse, Busset, Charcil, Chamblet, Pouzy, Ainay, Montluçon, Commentry, Bizeneuille, Laprugne, etc. A toute altitude.

Dans la variété cultivée, Rose de Gueldre, Boule de Neige, toutes les fleurs deviennent stériles et la cyme globuleuse.

On cultive aussi, sous le nom de Laurier-Tin, le *V. tinus*, qui fleurit à la fin de l'hiver.

LONICERA. *L.* (Chèvrefeuille.) Cal. tubulé à 5 dents, corolle monopétale tubuleuse ou campanulée à limbe irrégulier (p. 187. fig. de gauche). 5 étam., 1 style filiforme ; baie à 2-3 loges à graines presque ossiculées ; arbrisseaux à feuilles simples, entières, opposées.

1 { Fleurs axillaires, baies non couronnées par le calice persistant. . *L, Xylosteum.* (1)
{ Fleurs terminales, baies couronnées par le calice persistant 2

2 { Feuilles non connées, même les supér . . . . *L. periclymenum.* (2)
{ Feuilles connées, au moins les supér 2

3 { Rameaux poilus, capitules pédonculés. . . . . *L. etrusca.* (3)
{ Rameaux glabres, capitules sessiles . . . . *L. Caprifolium.* (4)

a. — Baies non couronnées par le calice.

(1) L. Xylosteum. (C. des Buissons.) Arbrisseau *non grimpant* de 1-2 m., jeunes rameaux velus ; feuilles *pétiolées*, velues, ovales, subaiguës, très entières ; pédoncules *axillaires*, biflores, accompagnés de deux bractées ; fl. *velues*, d'un blanc rougeâtre, géminées, sessiles ; baies rouges *non couronnées* par le calice. Mai, juin. Viv. Haies, buissons. A. R. — Gannat, Neuvialle, Montaigut-le-Blin, Mazerier, Fourilles, Charroux, Yzeure, Vicq, Bellenaves ; Saint-Amand, Cher sur nos limites.

b. — Baies couronnées par le calice.

(2) L. Periclymenum. *L.* (C. des Bois.) Tiges grimpantes, *volubiles,* à rameaux pubescents au sommet ; feuilles ovales oblongues aiguës, ovales lancéolées, *toutes libres par la base, jamais perfoliées ;* fleurs en tête terminale, *longuement* pédonculée, rougeâtres, à corolle pubescente ; style glabre ; baies rouges. Juin, sept. Bois, haies. C.

Forme *Quercifolium.* — Feuilles sinuées-incisées. — R. Besson (L. A.)

(3) L. Etrusca. *Santi. Bor. G. G.* (C. d'Etrurie.) Tige grimpante à rameaux poilus ; feuilles obovales, entières, pétiolées, puis sessiles, puis *connées,* au moins les supér. ; fl. en *capitules terminaux, longuement* pédonculés ; corolles *glabres*, rougeâtres mêlées de blanc et de jaune ; style glabre ; baie d'un rouge vif. Mai, juil. R. — Montibre, les Chapelles, près Gannat (L. L.) ; Chezelle, Charroux au Peyrou (B.) Naves, Ussel (G. B.) ; Bègues, Mazerier (P. B.) Saint-Pourçain (Lavediau) ; N'existe que dans l'arrondissement de Gannat.

(4) L. Caprifolium. *L.* (C. des jardins.) Tige grimpante à *rameaux glabres,* les très jeunes pubescents ; feuilles glabres, ovales entières, glauques *connées perfoliées ;* fl. verticillées en *capitule terminal, sessile* au centre des deux dernières feuilles ; fl. purpurines jaunâtres odorantes, baies rouges. Cultivé et sous spontané dans les haies voisines des habitations.

Famille XLIV. — RUBIACÉES.

Plantes herbacées à tige souvent tétragone, à feuilles verticillées dans nos espèces; fl. régulières, rarement polygames; calice
soudé à l'ovaire qui est infère; corolle à 4-5 div., à 4-5 étam.; ovaire
simple, souvent formé comme de deux ovaires soudés; 2 styles
libres ou soudés; fruit sec, se séparant en 2 carpelles indéhiscent.

Cette famille est importante par ses espèces exotiques, il suffit de citer le Quinquina qui
nous fournit la quinine, le Café, l'Ipécacuanha employé en médecine comme vomitif. Parmi les
espèces indigènes, la Garance seule mérite d'être mentionnée, pour la teinture rouge que fournissent ses racines.

1 { Fruit bacciforme, corolle en cloche (p. 190. fig. 3) . . . . RUBIA. (p. 190)
  { Fruit sec, corolle en étoile ou en entonnoir.   2
2 { Corolle étoilée (p. 190. fig. 4-5). . . . . GALIUM. (p. 191)
  { Corolle en entonnoir   3
3 { Carpelles couronnés par les dents du cal. (p. 190. fig. 2) . . . . SHERARDIA. (p. 196)
  { Carpelles couronné par les dents du cal.   4
4 { Fleurs en épis allongés (p. 190. fig. 2). . . . . CRUCIANELLA. (p. 196)
  { Fleurs en cymes au sommet des rameaux . . . . ASPERULA. (p. 195)

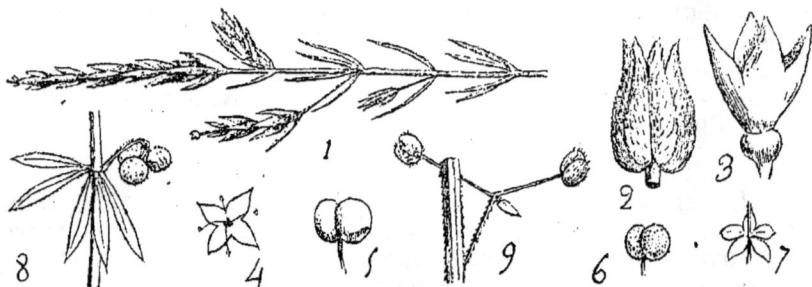

1. Crucianella. — 2. Fr. de Sherardia très grossi. — 3. Fl. très grossie de Rubia tinctorum. — 4 et 5. Fl et fr. de Galium Album. — 6 Fr. de Gal. Sylvestre. — 7. Verticille de
feuilles de G. Saxatile. — 8. Fr. de G. tricorne. — 9. Fr. de G. Aparine.

RUBIA. *L.* (Garance.) Cal. nul; corolle en cloche évasée à 4-5
lobes (p. 190. fig. 3); 4-5 étam., 1 style bifide; fruit formé de 2 baies
arrondies, noires, glabres; fl. jaunâtres.

{ Feuilles à nervures saillantes en dessous . . . . *R. Tinctorum.* (1)
{ Feuilles à nervures non saillantes en dessous . . . . *R. peregrina.* (2)

(1) R. TINCTORUM. *L.* (G. des Teinturiers.) Tige annuelle de 6-8
déc., carrée, chargée d'aspérités crochues; feuilles *non persistantes, péliolulées,* verticillées par 4-6, ovales aiguës rudes veinées à
nervures formant un *réseau saillant* en dessous; lobes de la corolle
terminés *insensiblement* en pointe calleuse; anthères *linéaires oblongues*; stigmate *en massue.* Juin, juil. Viv. Haies. R. R. —Indiquée à
Moulins (Blain), où nous ne l'avons pas rencontrée; Saint-Pourçain (Rhodde); Etroussat (C. B.); Bayet (B.).

(2) R. PEREGRINA. *L.* (G. Voyageuse.) Diffère de la précédente à
laquelle elle ressemble beaucoup: par sa tige *persistante* à la base;

par ses feuilles *non veinées* par dessous en réseau saillant ; par sa corolle à lobes *brusquement acuminés ;* par ses anthères *suborbiculaires ;* par son stigmate *en tête.* R. R. — Montluçon, bords du Cher au dessous du Breuil (A. P.); Saint-Amand, Cher, sur nos limites (Bor.)

. GALIUM. *L.* (Caillelait.) Limbe du calice presque nul, à 4 dents très courtes ; corolle plane en roue ou en étoile à 4 divis.; fruit sec, non couronné par le calice, se séparant à maturité en 2 carpelles à peu près globuleux (p. 190. fig. 4 à 9.)

1	Fleurs jaunes ou jaunâtres		2
	Fleurs blanches ou blanchâtres		6
2	Feuilles ovales, verticillées par 4.	*G. Cruciata.*	(1)
	Verticilles à feuilles plus nombreuses		3
3	Fleurs d'un jaune foncé	*G. verum.*	(2)
	Fleurs d'un jaune pâle.		4
4	Feuilles infér. élargies		5
	Feuilles toutes linéaires.	*G. decolorans.*	(3)
5	Noircit par la dessiccation	*G. eminens.*	(4)
	Ne noircit pas par la dessiccation	*G. approximatum.*	(5)
6	Tiges rudes par des aiguillons réfléchis		7
	Tiges glabres ou velues, mais non rudes.		14
7	Fleurs d'un blanc pur ; plantes vivaces		8
	Fleurs verdâtres ou d'un blanc sale ; plantes annelles		10
8	Feuilles verticillées par 6, anthères jaunes.	*G. uliginosum.*	(15)
	Feuilles verticillées par 4-6, anthères purpurines		9
9	Feuilles ordinairement par 4, longues de 1 1/2 cent	*G. palustre.*	(13)
	Feuilles par 4-5, dépassant 1 1/2 cent	*G. elongatum.*	(14)
10	Fleurs en panicules terminales et axillaire.		13
	Fleurs en grappes latérales pauciflores (p. 190. fig. 8-9)		11
11	Pédoncules fructifères recourbés (p. 190. fig. 8).	*G. tricorne.*	(20)
	Pédoncules fructifères toujours droits (p. 190. fig. 9)		16
12	Tige renflée aux nœuds.	*G. aparine.*	(18)
	Tige non renflée aux nœuds.	*G. spurium.*	(19)
13	Panicule à rameaux allongés, rameaux filiformes presque nus au sommet.	*G divaricatum.*	(16)
	Panicule à rameaux courts, feuillés, non filiformes.	*G. Anglicum.*	(17)
14	Feuilles 4 par 4	*G. palustre.*	(13)
	Feuilles verticillées par 6 à 12		15
15	Tige toujours couchée, ne dépassant guère 2 déc		20
	Tige redressée ascendante, dépassant 3 déc		16
16	Corolle à lobes aigus mais non ari-tés	*G. sylvestre.*	(6)
	Corolle à lobes aristés (p. 190, fig. 4)		17
17	Fleurs d'un blanc sale, de 3 m.m. de diamètre.	*G. elatum*	(9)
	Fleurs d'un blanc pur		18
18	Feuilles minces veinées, fl. de 3 m.m. à 3 1/2 de diamètre	*G. dumetorum.*	(11)
	Feuilles sans autre veine saillante que la côte ; fl. de 4 à 5 m.m. de diam.		19
19	Feuilles aiguës.	*G. erectum.*	(10)
	Feuilles obtuses, mucronées	*G. album.*	(12)
20	Fruits tuberculeux.	*G. saxatile.*	(8)
	Fruits seulement chagrinés	*G. supinum.*	(7)

a. — Fleurs jaunes.

(1) G. CRUCIATA. *Scop. Valantia cruciata. L.* (C. Croisette.) Plante de 3-6 déc. *velue hérissée, d'un vert jaunâtre ;* tiges carrées, faibles,

grêles, ascendantes ; feuilles *verticillées par 4, ovales oblongues*, sessiles, étalées, puis réfléchies ; fl. polygames, jaunes, axillaires, en cymes *plus courtes* que les feuilles ; fruit lisse et glabre. Avril, juin. Viv. Haies, chemins, etc. C. C.

(2) G. VERUM. *L.* (C. jaune.) Tige *presque cylindrique*, couchée, redressée, *pubérulente* ; feuilles verticillées par 6-12, *linéaires* allongées presque sétacées, luisantes en dessus, blanchâtres pubescentes en dessous, à bords roulés ; .fl. *jaunes* à odeur miellée, en *panicule terminale ovale fournie ;* fruit glabre et lisse. Viv. Juin, sept. Prés, bords des chemins, C. A toute altitude. — *Noircit* en herbier.

Plusieurs botanistes, et surtout Lamotte, regardent le genre *Galium* comme présentant une grande tendance à l'hybridation. Facile à reconnaître lorsqu'elle a lieu entre le *G. Verum* et les *G. Elatum, Erectum, Dumetorum*, elle offre de très grandes difficultés quand elle se produit entre espèces voisines comme ces trois dernières. J'ai en herbier des hybrides provenant d'espèces du groupe du *Mollugo L.* avec une espèce à tige accrochante, auxquelles je ne puis assigner un nom, faute d'avoir examiné au milieu de quelles espèces elles vivaient ; elles ont l'aspect général d'un *Mollugo*, mais la partie infér. de la tige est très sensiblement rude.

(3) G. DECOLORANS. *G. G.; G. Vero-Elatum. Grenier.* (C. Décoloré.) Hybride du *Verum* et de l'*Elatum ;* tige, feuilles et aspect du *Verum ;* fl. *d'un jaune pâle, ne noircit pas par la dessication.* Au milieu des parents. R. — Environs de Moulins (V. B.) ; Yzeure, aux Bouchereux, au Parc (L. A.) ; Saint-Pourçain (C. B.).

(4) G. EMINENS. *G. G.* (C. Elevé.) Grenier, dans la Fl. de France, le soupçonne être un hybride du *Verum* et de l'*Erectum.* Lamotte le regarde comme une espèce légitime. — Aspect général du *Verum ;* fl. un peu moins jaunes ; entrenœuds moyens *très allongés ;* panicule *longue étroite*, interrompue ; *la panicule seule* noircit par la dessication ; feuilles *inférieures aussi larges que celles de l'Erectum.* R. — Gannat, Vicq, Sussat (M. L.) ; Mazerier, Veauce (P. B.).

(5) G. APPROXIMATUM. *G. G. Vero-Elatum. Lamotte.* (C. approché.) Grenier regarde cette plante comme hybride du *Verum* et de l'*Erectum.* — Tige, feuilles, panicule dressée de l'*Erectum ;* lobes de la corolle *mucronulés ;* fleurs *jaunâtres*, plus petites ; *ne noircit pas* par la dessication. R. — Yzeure, vers Bagueux (L. A.).

b. — Tiges glabres ou pubescentes, mais non rudes ! fleurs blanches.

(6) G. SYLVESTRE. *Poll. G. G. Bor.* (C. Sauvage.) Tige *de 1-4 déc., grêle,* tombante, *puis redressée,* pubescente ; feuilles par 7-8, *linéaires,* mucronées, à *bords munis de petits aiguillons,* glabres ou les inférieures pubescentes ; corolle d'un blanc pur à *lobes aigus mutiques ;* anthères *jaunes ;* fruit petit un peu granulé (p. 190, fig. 6). Juin, juil. Viv. Bords des bois, pelouses montueuses. — Yzeure, Moulins, Coulandon, Trevol, Neuvialle, Chavenon, Fourilles, Fleuriel, Chantelle, Lurcy, Saint-Victor, Montluçon, etc.

G. Læve. Thuillier. Diffère de la précédente en ce qu'elle est complétement glabre. — Yzeure, Bourbon, Cesset, Gannat, Saint-Pourçain, Montluçon, etc.

(7) G. Supinum. *Lam. Bor.* 3ᵉ éd. (C. couché.) Tiges de 1-2 déc. *nombreuses, en gazons étalés diffus ;* tiges lisses, *très feuillées ;* feuilles verticillées par 6-7 *linéaires lancéolées,* ou *linéaires obovales,* mucronées, à bords munis de petits aiguillons ; fl. blanches, petites, un peu concaves, à lobes *aigus mutiques* en panicules oblongues, pauciflores, à rameaux étalés dressés, assez courts ; fruit brun *chagriné.* Juin, juil. R. R. — Montluçon, bords du Cher (A. P.) ; Menat, Puy-de-Dôme, sur nos limites (M. L.).

(8) G. Saxatile. *L. G. G. Bor. Harcynicum. D. C.* (G. des Rochers.) Tige *de 1-2 déc.,* rarement plus, mais *toujours couchée, glabre,* don' les rameaux se redressent à la floraison ; feuilles infér. *obovales élargies,* au nombre de 4-6 (p. 190, fig. 12), les supér. lancéolées rudes sur les bords ; fl. blanches en petites grappes trichotomes, fruits *tuberculeux,* petits. Viv. Juin, août. Région des montagnes ; — Châtel-Montagne, Le Montet, Chavenon, Saint-Nicolas, Fer-. rières, L'Avoine, Laprugne, Échassières, Louroux-de-Bouble, Saint-Sornin, Saint-Désiré, Marcillat ; Saint-Victor, gorges de Thizon ; Chambon, Creuse ; Lapeyrouse, Puy-de-Dôme, etc.

(9) G. Elatum. *Thuillier. G. G. Bor.* 3ᵃ éd. (C. Elevé.) Tiges de 10 à 15 déc., faibles, tombantes, s'accrochant aux buissons, *très renflées* aux nœuds, tétragones, lisses, rarement velues, à rameaux *divariqués ;* feuilles par 6-8, *larges, obovales* ou *obovales oblongues, assez courtes, obtuses,* mucronées, *minces,* à veines *très visibles ;* fleurs d'un *blanc sale,* petites *d'à peine 3 m.m.* de diamètre, à lobes *aristés,* en panicule *ample,* à *rameaux à angle droit ;* pédicelles fructifères courts, *doubles* environ du fruit mûr, *divariqués ;* fruit petit chagriné. Juin, août. Viv. Haies, bois, etc. C. C.

(10) G. Erectum. *Huds. G. G. Bor.* 3ᵉ éd. (C. dressé.) Tiges de 4-8 déc., dressées, tétragones, lisses ou parfois velues, *peu renflées* aux nœuds, à rameaux *dressés ;* feuilles par 8, *oblongues ou linéaires aiguës* mucronées, *un peu épaisses ne laissant pas voir les veines,* à nervure médiane seule saillante ; panicule *assez étroite,* à rameaux *dressés,* les infér. *étalés ;* fleurs *d'un beau blanc, de 4 mm.* de diamètre, à lobes *aristés ;* pédicelles fructifères assez longs, *jamais divariqués ;* fruit assez gros chagriné. Mai, juil. Viv. Haies, bois, etc. A. C. — Montord, Gannat.

(11) G. Dumetorum. *Jord. Bor. Grenier.* (G. des Buissons.) Intermédiaire aux deux précédents dont il offre l'aspect général. Feuilles *oblongues-lancéolées,* assez minces, *veinulées ;* fleurs *blanches, assez petites, de 3 mm. à 3 mm. 1/2 ;* panicule *ample,* à rameaux *dressés-étalés,* les infér. *étalés divariqués ;* pédicelles fructifères à peu près divariqués ; fruit petit, *un peu* chagriné. — C.

(12) G. Album. *Lam. Bor.* (C. Blanc.) Encore intermédiaire aux mêmes espèces ; feuilles *courtes et obtuses* de l'*Erectum,* mais *épaisses, non veinées ;* fl. *d'un beau blanc, de 4 1/2 à 5 mm.* de diamètre, en rameaux *dressés ou peu étalés.* Haies, bois, bords des murs, où il s'étale souvent en larges gazons (p. 190, fig. 4-5.) — C.

Les quatre espèces précédentes ont été faites au dépens du *G. Mollugo L.* les trois dernières sont très voisines et les caractères qui les séparent sont de valeur secondaire. Aussi s'hybrident-elles entr'elles, ce qui augmente encore les difficultés de la détermination. Tel est le *G. Insubricum. Gand.* de Montord, hybride des *G. Elatum* et *Dumetorum* (C. B.) ; Neuvialle (M. L.).

c. — Tiges rudes de bas en haut ; fleurs blanches.

(13) G. PALUSTRE. *L.* (C. des Marais.) Tiges de 3-5 déc., nombreuses, faibles, lisses ou rudes sur les angles ; feuilles *verticillées par 4-5, elliptiques oblongues* obtuses, rudes sur les bords, *courtes;* panicule lâche à rameaux *dressés d'abord, écartés à angle droit, et déjetés ensuite;* pédicelles fructifères très courts *et très divergents;* fl. d'un *blanc pur,* anthères *purpurines;* fruit petit, *finement chagriné.* Mai, août. Viv. Marais, lieux fangeux. Assez C. A toute altitude. *Noircit* par la dessication.

(14) G. ELONGATUM. *Presl. Bor, G. G. Gren.* (C. Allongé.) Plante voisine de la précédente dont elle a les caractères généraux, elle en diffère : par sa taille, *atteignant 1 mètre,* sa tige plus grosse ; ses feuilles *par 4-6,* elliptiques *linéaires,* plus longues, *dépassant 2 cent.;* ses rameaux étalés, *jamais déjetés;* son fruit *plus gros, 2 mill. de diamètre,* fortement chagriné. Juin, août. Viv. Marais. — Moulins, à Vermillière ; Montluçon, Estivareilles, Audes, Quinssaines, Le Montet, Cérilly, Gannat, etc. *Noircit* par la dessiccation.

(15) G. ULIGINOSUM. *L.* (C. des Fanges.) Tiges de 2-6 déc., grêles, rudes de bas en haut, tombantes ; feuilles *linéaires* ou *linéaires lancéolées,* aiguës cuspidées, rudes sur les bords, ordinairement *par 6 sur la tige,* et par 4 sur les rameaux ; pédicelles *dressés;* fl. d'un *blanc pur,* anthènes *jaunes;* fruit *tuberculeux. Ne noircit pas* par la dessiccation. Mai, août. Viv. Marais, tourbes. Assez C. — A toute altitude.

Je l'ai trouvée à Moulins avec feuilles par 8 sur la tige et 4-6 sur les rameaux.

c. — Tiges rudes de bas en haut ; fleurs verdâtres
plantes annuelles.

(16) G. DIVARICATUM. *Lam. Bor. G. G.* (C. Divariqué.) Tiges très grêles, solitaires, *rudes dans le bas seulement, lisses en haut,* de 2-3 déc., *rameuses dès la base,* formant une panicule *ample,* ovale, à rameaux *très allongés, très rameux,* étalés dressés, *filiformes,* paraissant *presque nus* au sommet ; feuilles *par 5-7,* dressées puis étalées, linéaires acuminées ; fl. *très petites* blanchâtres, à lobes apiculés, à pédicelles *très* courts ; fruit bruns, *petits,* un peu chagrinés. Brunit par la dessiccation. Juin, juil. An. R. R. — Yzeure, butte en face Champvallier (A. M.)

G. Tenuicaule. Jord. (C. à Tige menue.) Diffère de la précédente par ses rameaux *rudes.* R. R. — Moulins (Boreau.) Elle n'a pas été retrouvée.

(17) G. ANGLICUM. *Huds. Bor. Grenier; G. Parisiense G. G.* (C. Anglais.) Tiges de 1-4 déc., *grêles, rudes* accrochantes de bas en haut, mais *glabres,* rameuses ; feuilles par 6-8, rudes sur les bords, oblon-

gues linéaires ou linéaires, lancéolées, *réfléchies* en vieillissant ;
fleurs d'un blanc *verdâtre* très petites, *en panicule* trichotome, *étroite*
à rameaux *courts ;* fruit *glabre*, finement muriqué. Juin, août. An.
Lieux secs, pierreux, murs. — Ebreuil, Saint-Pourçain, Montord,
Coulandon, Gannat, Moulins, Bresnay, Besson, Neuilly-le-R., Bellenaves, Vicq, Sussat, Montluçon ; Meaulne à Grandfond.

(18) G. Aparine. *L.* (C. Gratteron.) Tige de 5-12 *déc.*, faible, *rude*
accrochante renflée, velue aux nœuds, s'accrochant aux autres plantes
par ses aiguillons crochus de haut en bas ; feuilles lancéolées,
allongées, *très rudes* sur les bords de la nervure médiane, verticillées *par 6-8 ;* fl. d'un blanc *verdâtre*, en *petites grappes axillaires*, à
pédicelles divariqués ; fruits gros *tuberculeux à poils rudes, crochus*,
de 4-5 mm. de diamètre. (p. 190, fig. 9). An. Juin, sept. Haies,
C. C.

Var. *Intermedium. Mérat.* Fruit plus petits, glabres, mais tuberculeux.

(19) G. Spurium. *L.* (C. Bâtard.) Voisine de la précédente. Tige
de 1-4 déc., faible, très grêle, *non renflée, ni hispide aux nœuds*, à
aiguillons crochus de haut en bas *accrochants ;* feuilles *linéaires* ou
lancéolées, étroites, par 6-8 ; pédoncule *dépassant les feuilles ;* fruit
petit de 2 mill. de diam., chagriné, glabre ; fl. *blanc-verdâtres.* Juin,
sept. An. Lieux incultes. A. R. — Moulins, Yzeure, Gannat, Saint-
Pourçain, Montord, Ebreuil ; Langeron, Nièvre.

(20) G. Tricorne. *With.* (C. à trois cornes.) Tiges *de 1-3 déc.*,
ascendantes, chargées d'aiguillons crochus de haut en bas ; feuilles
par 6-8 linéaires lancéolées rudes, à bords et nervures rudes ; pédoncules *triflores plus courts* que les feuilles, *recourbés* à maturité,
fruit *gros, tuberculeux* (p. 190, fig. 8) ; fleurs petites, blanc-verdâtres.
Juin, sept. An. Moissons argilo-calcaires. — Neuvy, bords de la
Queune ; Moulins à Nomazy ; Ussel, Bresnay, Toury, Besson, Saint-
Germain-des-F., Yzeure, Monétay, Gannat, Loriges, Le Veurdre,
etc.

ASPERULA. *L.* (Aspérule.) Limbe du cal. très court, à 4 dents,
ou nul à maturité ; corolle en entonnoir ou campanulée, à 4 lobes ;
ovaire infère, fruit sec, en deux carpelles globuleux, non couronnés par le calice accrescent.

1 { Fleurs bleues. . . . . A. *arvensis.* (4)
  { Fleurs blanches ou rosées. 2

2 { Feuilles ovales. . . . . A. *odorata.* (2).
  { Feuilles linéaires 3

3 { Fleurs rosées, fruit tuberculeux. . . . . A. *cynanchica.* (3)
  { Fleurs blanches, fruit lisse . . . . A. *galioïdes.* (1)

(1) A. Galioides. *Reich. Bor. Galium Glaucum. L. G. G.* (A. faux
Caillelait.) Tige cylindracée de 4-7 déc., le plus souvent glabre,
glauque comme toute la plante, lisse ; feuilles *par 6-8, linéaires* raides, glauques rudes sur les bords ; fl. blanches, en corymbes terminaux et axillaires ; fruit *lisse, glabre.* Juin, juil. Viv. Coteaux
secs. R. — Gannat, Montlibre, Saint-Priest-d'Andelot (L. L.) ;
Moulins, bords de l'Allier, champ de courses, Saint-Désiré, Neuilly,
Yzeure (L. A.) ; Ebreuil (P. B.)

(2) A. Odorata. *L.* (A. Odorante.) Racine *rampante*; tige de 1-3 déc., *simple*, glabre, *dressée, tétragone;* feuilles *ovales lancéolées,* acuminées, minces, luisantes, ordinairement par 8, denticulées aiguës; fl. en corymbe terminal, blanches; fruit *hérissé* de poils crochus. Viv. Mai, juin. Bois. — Bressolles, à Moladier; Montluçon, bois de Chauvière; Gannat, à Sainte-Procule; Bourbon-l'Archambault, Châtel-Montagne, Saint-Clément, Saint-Nicolas. Busset, Echassières, Ferrières, Aronnes, Laprugne, Bourbon, Meillers, Tronget, Saint-Gérand-le-P., Fleuriel, Hérisson, Voussac, Lavaux Sainte-Anne, Tronçais, Montmarault, etc.

(3) A. Cynanchica. *L.* (A. à l'Esquinancie.) Souche *épaisse, ligneuse;* tiges de 2-5 déc., grêles, diffuses ascendantes; feuilles *linéaires* glabres, ordinairement par 4; fl. *rosées* en panicule, corolles un peu hérissées; *fruit tuberculeux.* Viv. Juin, sept. Lieux secs, pelouses arides. C. — Gannat, Moulins, Besson, Saint-Germain-des-Fossés, Le Theil, Monestier, Diou, Lurcy, Montluçon, etc.

(4) A. Arvensis. *L.* (A. des Champs.) Plante *annuelle;* tige de 2-3 déc., un peu *rude,* dressée; feuilles infér. *obovales par 4,* les supér. linéaires lancéolées obtuses, par 6-8; fleurs *bleues* en faisceaux terminaux, *entourés et dépassés par un involucre polyphylle et des bractées longuement ciliées;* fruits *glabres.* Mai, juil. An. Champs argileux calcaires. — Saint-Pourçain, Gannat, Biozat, Billy, Montaigut-le-Blin, Chareil, Charroux, Bayet, Montord, etc.

SHERARDIA. *L.* (Shérarde.) Cal. à 4-6 dents profondes; corolle en entonnoir à 4 lobes; fruit formé de 2 akènes et couronné par les dents du calice accrescent persistant.

S. Arvensis. *L.* (S. des Champs.) Tiges de 2-3 déc., nombreuses, rameuses, hispides; feuilles lancéolées linéaires, pointues, par 4-8; fl. terminales, roses ou bleuâtres, subsessiles, ramassées, entourées par le dernier verticille de feuilles formant collerette, fruits hispides (p. 190, fig. 2.) Mai, oct. Lieux cultivés. C. — Moulins, Montaigut-le-B., Gannat, Bresnay, Besson, Lapalisse, Laprugne, Echassières, Saint-Pourçain, Chavenon, Le Veurdre, Lurcy, Montluçon, etc.

CRUCIANELLA. *L.* (Crucianelle.) Cal. tubulé à limbe nul ou presque nul; corolle en entonnoir à tube allongé; fruit en 2 carp. oblongs, non couronnés par le calice; fl. en épis.

C. Angustifolia. *L.* (C. à feuilles étroites.) Tige de 1-3 déc., étalée, glabre, rameuse, grêle, rude; feuilles linéaires étroites aiguës, glauques, par 4-6; fl. petites jaunâtres, en épi dense, tétragone, muni de bractées (p. 190, fig. 1.) Juin, juil. An. Lieux sablonneux. — Moulins, gare des bateaux; Saint-Pourçain, Sainte-Procule, Ebreuil, Varennes-sur-A., Monétay-sur-A., Trevol, Bresnay, Verneuil, Chiroux, Bègues, Bressolles, Besson, Fourilles, Bayet, Marcenat, Pierrefitte, Chazeuil, Montluçon, etc.

Famille XLV. — VALÉRIANÉES.

Fl. tubuleuses, le plus souvent hermaphr.; cal. persistant, soudé à l'ovaire qui est infère (p. 197, fig. 1-2); corolle à lobes un peu inégaux, quelquefois éperonnée; 1-3 étam.; 1 style; fruit indéhiscent à 1-2-3 loges, dont deux stériles dans le dernier cas, terminé par une aigrette ou couronné par les dents du cal.; plantes herbacées à feuilles opposées.

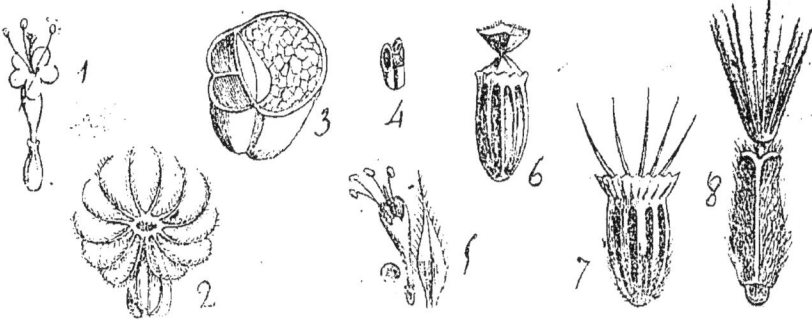

1. et 2. Fl. et fr. de Valeriana off. — 3. Fr. de Valerianella Olitoria, très grossi. — 4. Fr. de Val. carinata. — 5. Fl. et paillette de Dipsacus pilosus. — 6. Fr. du même — 7. Fr. de Scabiosa Columbaria — 8. Fr. de Knautia arvensis. (Les 3 derniers très grossis.)

1 { 1 Étamine; corolle éperonnée . . . . CENTRANTHUS. (p. 197)
{ 3 Étamines; corolle non éperonnée 2

2 { Fruit aigretté à maturité (p. 197, fig. 2) . . . . VALERIANA. (p. 197)
{ Fruit couronné par les dents du calice (p. 197, fig. 3-4). . . VALERIANELLA. (p. 198)

CENTRANTHUS. *Dufr. D. C. Valeriana. L.* (Centranthe.) Calice *roulé en dedans* pendant la floraison; corolle tubuleuse en entonnoir, à 5 lobes, tube prolongé en éperon à la base; 1 étamine; fruit uniloculaire couronné par une aigrette plumeuse.

C. CALCITRAPA. *D. C. G. G.* (C. Chausse-trappe.) Plante glabre; tige de 1-3 déc., finement striée, fistuleuse; feuilles radicales et caulinaires *lyrées-pinnatifides,* à division terminale plus grande, les supér. entières; corolle bossue sous la gorge; fleurs unilatérales, portées par des rameaux dichotomes. Mai, juin. Viv. R. R. — Gannat, vieux murs aux Elots, d'où elle disparaîtra. (M. L.)

On cultive dans les parterres le *C. Ruber. D. C.* que l'on rencontre sous spontané sur les vieux murs, à fl. rouges ou blanches.

VALERIANA. *L.* (Valériane.) Fl. hermaphr. ou dioïques; cal. enroulé pendant la floraison; fruit mûr surmonté d'une aigrette plumeuse; corolle tubuleuse, à tube bossu à la base, à 5 lobes, 3 étam.; caps. uniloculaire.

{ Toutes les feuilles imparipennées . . . . *V. officinalis.* (1)
{ Feuilles radicales entières. . . . . *V. dioïca.* (2)

(1) V. OFFICINALIS. *L.* (V. Officinale.) Rac. *fasciculée;* tige *de 6 déc. à 2 mèt., poilue* fistuleuse; *toutes les feuilles imparipennées.* à folio-

les lancéolées *dentées ;* fl. *hermaphrodites,*|rosées, en panicules larges, trichotomes (p. 197, fig. 1-2.) Viv. Mai, juin. Bois, humides, haies. C. à toute altitude.

On rencontre quelquefois des individus robustes à feuilles ternées.

(2) V. Dioïca. *L.* (V. dioïque.) Rac. oblique *rampante, stolonifère ;* tige *de 2-4 déc.,* dressée, simple, *glabre* excepté aux nœuds ; feuilles *radicales entières,* les caulinaires pinnatifides à lobes *entiers ;* fl. *dioïques,* en corymbes terminaux. Viv. Avril, juin. Prés marecageux, tourbeux. — Yzeure, Trevol, Toulon, Chevagnes, Busset, Treban, Meillers, Chavenon, Gannat, Lapalisse, Neuilly, Agonges, Lamaids, Montmarault, Monestier, Fourilles, Echassières, Vicq, Rocles, Monétay-sur-Loire, Ferrières, Laprugne, Montluçon, Commentry, Cérilly, Tronçais, Lurcy, Blomard, etc. A toute altitude.

VALERIANELLA. *Tourn.* (Valérianelle.) Cal. non enroulé ; corolle à 5 lobes, non bossue à la base, en entonnoir ; 3 étam., 1 style ; capsule à 3 loges dont 1-2 stériles, couronnée par les dents du cal. dressées, non plumeuses (p. 197, fig. 3-4).

Les plantes de ce genre qui, pour Linnée, n'étaient que des variétés d'une même espèce, *Valeriana locusta,* ont pour caractère commun : des feuilles radicales en rosette, une tige de 1-3 déc., dichotome, rameuse, des fleurs blanchâtres-bleuâtres ou rosées, les fruits seuls offrent des différences, ils sont glabres ou pubescents, ce qui formerait encore de nouvelles variétés. On les mange en salade sous le noms de Mâche, Doucette, etc.

1	Fruit surmonté par le cal. dont le limbe est à dents peu distinctes.	2
	Limbe offrant une ou plusieurs dents bien apparentes	3
2	Fruit creusé en carène profonde sur un côté (p. 197, fig. 4). . . . *V. carinata.*	(2)
	Fruit ovale arrondi, non creusé en carène . . . . *V. olitoria.*	(1)
3	Limbe évasé, aussi large que le fruit. . . . . *V. eriocarpa.*	(5)
	Limbe rétréci offrant une dent en oreille de chat	4
4	Fruit ovoïde conique, offrant sur la face ventrale un bourrelet ovale. *V. Morisonii.*	(4)
	Fruit ovoïde globuleux, n'offrant pas le bourrelet ci-dessus. . . . *V. auricula.*	(3)

(1) V. Olitoria. *Poll. G. Bor. G. G.* (V. Potagère.) Feuilles lancéolées, obtuses, les infér. oblongues-spatulées, *entières,* les supér. plus étroites, souvent dentées ; fruit *plus large que long,* comprimé, *sublenticulaire,* à loges stériles *plus grandes* que la loge fertile (p. 197, fig. 3) *non surmonté* par les dents du cal. Mars, juin. An. Champs, lieux cultivés, etc. C. C.

Var. *Dasycarpa.* — Fruits pubescents ; plus rare.

(2) V. Carinata. *Lois. Grenier. Bor. G. G.* (V. Carénée.) Feuilles de la précédente ; fruit *oblong, presque tétragone,* profondément *creusé en nacelle sur une de ses faces ;* les 2 loges stériles *plus grandes* que la loge fertile (p. 197, fig. 3.) Mars, juin. An. A. C. — Moulins, Souvigny, Monétay-sur-Allier, Branssat, Saint-Ennemond, Neuvialle, Lapalisse, Bresnay, Besson, Ebreuil, Chirat, Fourilles, Le Veurdre, Pouzy, Contigny, Montluçon, etc.

Var. *Dasycarpa.* — Fruits pubescents.

(3) V. Auricula. *D. C. Grenier. Bor. G. G.* (V. à Oreillettes.) Feuilles *entières* ou *pinnatifides* à la base ; fruit ovoïde *subglobuleux,* offrant sur la face ventrale *un sillon longitudinal,* et sur le reste

trois côtes filiformes, surmonté par le *calice à limbe saillant, tronqué obliquement en une dent en forme d'oreille de chat*; fleurs rosées. Mai, juil. An. Moissons, etc. C. — Moulins, Gannat, Saint-Gerand-le-Puy, Besson, Fourilles, Montluçon, etc.

V. Rimosa. Bast. Bor. — Dent du calice *accompagnée de petites dents* accessoires. — Meaulne, aux Chanets (A. P.); Chareil-Cintrat (C. B.).

Var. *Dasycarpa.* — Fruits pubescents. Plus R.

(4) **V. Morisonii.** *D. C. Bor. G. G. V. Dentata. Koch et Z. V. Mixta. L.* (V. de Morison.) Port et aspect général de la précédente, dont elle ne diffère essentiellement que par le fruit *ovoïde conique*, muni de chaque côté *d'une côte saillante*, sur la face ventrale d'un *bourrelet saillant ovale*, entourant *une dépression saillante* au milieu; ce bourrelet représente *les 2 loges stériles qui sont ainsi séparées.* Mai, juillet. Moissons. R. R.

Var. *Dasycarpa.* Fruit pubescent. — Moulins, en bas de Vallière (V. B.); Cher, Saint-Florent, Chavanne; dans la Nièvre (Bor. 3e éd.)

Lamotte, dans son prodrome, l'indique comme commune; c'est que probablement on la confond avec la précédente.

(5) **V. Eriocarpa.** *Desv. Bor. G. G.* (V. à fruit velu.) Tige presque tétragone; feuilles infér. oblongues, obovées, entières, les supér. souvent munies de deux petites dents à la base; fruit assez gros, ordin. *velu*, ovoïde, *nervié en réseau* sur le dos, *pourvu sur la face ventrale d'un bourrelet ovale, entourant une dépression offrant une saillie au milieu;* ce bourrelet représente *les 2 loges stériles qui sont alors séparées;* limbe du calice, à sommet *aussi large* que le fruit, tronqué obliquement, denticulé; fleurs *rosées* Avril, juin. An. R. R. — Le Veurdre, au Mont Talaux (H. Meige; R. Perrier).

Famille XLVI. — DIPSACÉES.

Fleurs hermaphrodites plus ou moins régulières, sessiles sur un réceptacle commun muni d'un involucre; 2 cal., l'extérieur entourant chaque fleur, monophylle, strié ou muni de fossettes, l'intérieur couronnant le fruit d'un limbe entier ou lobé; corolle à 4 divis. insérées sur le calice intérieur; 4 étam., fruit sec indéhiscent, entouré du cal. extérieur comme d'un tégument; ovaire infère, par rapport au calice intérieur.

1 { Réceptacle garni de paillettes épineuses (p. 197, fig. 5) . . . . . Dipsacus. (p. 199)
{ Réceptacle sans paillettes épineuses 2

2 { Réceptacle muni de soies. . . . . Knautia. (p. 200)
{ Réceptacle muni de paillettes. . . . . Scabiosa. (p. 201)

DIPSACUS. *L.* (Cardère.) Involucre polyphylle, à folioles dépassant les paillettes; réceptacle à paillettes épineuses; calice extérieur tétragone à 8 fossettes; fl. en capitules cylindracés, ovoïdes.

{ Feuilles sessiles connées à la base. . . . . *D. sylvestris.* (1)
{ Feuilles pétiolées. . . . . *D. pilosus.* (2)

(1) D. Sylvestris. *D. Fullonum. a. Mill.* (C. Sauvage.) Tige de 8-15 déc., droite, raide, cannelée, hérissée d'aiguillons courts; feuilles *glabres*, à côte munie d'aiguillons piquants, les radicales en rosette, oblongues crénelées, les caulinaires *connées à la base*, allongées; paillettes *droites, dépassant* les fleurs ordinairement rosées; *involucre à folioles épineuses*, dépassant le capitule *ovoïde*, et très gros. Juin, juil. Bisan. Bords des chemins, etc. C. C. — A toute altitude.

(2) D. Pilosus. *L. Bor. Cephalaria pilosa. G. G.* (C. Velue.) Tige de 8-15 déc., rameuse, hérissée d'aiguillons et vers le sommet de poils piquants; feuilles *pétiolées,* ovales dentées, hérissées, *munies à la base de deux segments;* involucre à folioles lancéolées linéaires, *non piquantes, ne dépassant pas* le capitule; réceptacle à paillettes *égalant* les fleurs d'un *blanc jaunâtre* (p. 197, fig. 5-6); capitule *subglobuleux.* Juin, sept. Bisan. Chemins, haies, etc. Peu C. — Gannat, Treteau, Bessay, Châtel-de-Neuvre, Neuvialle, Bayet, Contigny; Saint-Pourçain, à Rachalier; Broût-Vernet, Saint-Germain-de-Salles, Cusset, Montluçon; Saint-Amand, Cher, in Boreau.

KNAUTIA. *Coult.* (Knautie.) Involucre à folioles simples, herbacées; réceptacle hérissé de soies et dépourvu de paillettes; calice extérieur subtétragone, non sillonné; cal. intérieur à limbe en coupe, terminé par des arêtes inégales (p. 197, fig. 8.)

1 { Feuilles supérieures pinnatifides . . . . *K. arvensis.* (1)
  { Feuilles supérieures entières. 2

2 { Feuilles velues en dessous . . . . *K. dipsacifolia.* (2)
  { Feuilles glabres en dessous, velues sur la nervure médiane . . . *K. sylvatica.* (3)

(1) K. Arvensis. *Coult. Bor. G. G. Scabiosa arv. L.* (K. des champs.) Plante *velue;* tige de 3-8 déc., rameuse, feuilles inférieures simples, entières ou dentées, *les caulinaires et les supér. pinnatifides ;* pédoncules allongés; capitule hémisphérique à fleurs bleuâtres, les extérieures rayonnantes (p. 197, fig. 8) à 5 divisions. Juin, sept. Viv. Champs, bords des chemins. C. surtout dans les calcaires.

(2) K. Dipsacifolia. *Host. in Lamotte. K. Cuspidata. Bor. 3° éd. Scabiosa Dipsacif. Reich.* (K. des bois.) Tige de 5-10 déc., droite à rameaux *dressés-étalés,* le plus souvent garnie à la base de poils *réfléchis, raides ;* feuilles assez fermes, sinuées-dentées ou *entières,* parsemées *surtout en dessous de poils apprimés ;* les infér. *largement elliptiques-oblongues,* rétrécies en long pétiole, *atténuées* en pointe longue entière, les caulinaires *largement ovales* (3 à 4 cent. de large), les supér. sessiles embrassantes; fleurs bleuâtres, à corolles extérieures rayonnantes. Juin, sept. Viv. R. R. Région des hautes montagnes, d'où il descend le long de la Sioule. — Environs de Gannat (P. B.); de Jenzat, Vauvernier (A. P.); Bayet (B.); Bellenaves (Thiger); Laprugne (A. M.)

(3) K. Sylvatica. *Duby in Lamotte.* (K. des Bois.) Diffère de la précédente dont elle est voisine: par sa tige à rameaux *dressés ;* par ses feuilles *étroitement elliptiques-lancéolées, insensiblement atté-*

nuées en pointe entière, à peu près *glabres en dessous* excepté sur le nervure médiane, devenant ciliées sur les bords, à mesure qu'elles s'élèvent sur la tige. Juin, sept. Viv. Régions des montagnes. R. — Mayet-de-Montagne, Châtel-Mont., Saint-Nicolas (Saul in Bor.); Laprugne (A. P. et A. M. Exc.) Ferrières (A. M.) d'où elle descend par le Sichon jusqu'à Busset, à l'Ardoisière.

La synonymie de ces deux dernières espèces est très incertaine ; j'adopte celle de Lamotte dans son Prodrome, qui a reçu de Jordan lui-même les types créés par lui, et qui affirme que le *Cuspidata* Jord. n'est pas celui de Boreau. La forme à feuilles larges et hispides en dessous, est certainement le *Dipsacifolia Host* d'après Lamotte et Boreau, la forme à feuilles plus étroites est alors le *Sylvatica*, Duby ; seulement Boreau lui donne des feuilles hispides en dessous, Lamotte n'en dit rien, et elles sont glabres, sauf la nervure, dans la plante de Laprugne. — Les localités de Saul sont à revoir.

SCABIOSA. *L.* (Scabieuse.) Involucre à folioles herbacées ; réceptacle garni de paillettes ; calice extérieur cylindrique, offrant 8 sillons et 8 côtes ; cal. intérieur à limbe atténué, terminé par 5 arêtes ; corolle à 4-5 divisions (p. 197, fig. 7-8.)

{ Feuilles entières ou à peine crénelées . . . . *S. succisa.* (2)
{ Feuilles caulinaires pinnatifides. . . . . *S. Columbaria.* (1)

(1) S. COLUMBARIA. *L.* (S. Colombaire.) Plante *pubescente* ; tiges de 3-8 déc., simples ou rameuses; feuilles radicales *obovales elliptiques*, obtuses, les caulinaires *pinnatifides ;* fleurs bleuâtres ou rosées portées par de longs pédoncules, les extérieures *rayonnantes* (p. 197, fig. 7), ordin. *à 5 divisions* ; réceptacle à paillettes presque scarieuses, *égalant le fruit.* Mai, sept. Viv. Chemins, champs, lieux secs. C. C.

Jordan a démembré l'espèce linnéenne en un grand nombre d'autres, dont deux se rencontrent chez nous :

S. Permixta. Jord. — C'est la plus commune, à tige *pubescente* et rameaux *ascendants.*

S. Patens. Jord. — Moins commune, à tige *presque glabre* et rameaux *étalés ;* feuilles d'un *vert foncé.*

(2) S. SUCCISA. *L.* (S. Succise.) Racine tronquée ; tige de 3-10 déc.; feuilles toutes simples, entières ou rarement dentées, les infér. oblongues, les caulinaires ovales lancéolées ; réceptacle à paillettes plus longues que le fruit ; fleurs bleues, les extérieures non rayonnantes, à 4 divisions. Août, oct. Viv. Prés, coteaux secs, bois. C. C. à toute altitude.

J'ai récolté à Pouzy une forme curieuse, à capitules prolifères.
On cultive comme ornement le *S. Atropurpurea L.* sous le nom de Veuve.

***

Famille XLVII. — COMPOSÉES.

Plantes herbacées, à feuilles alternes, rarement opposées. Fleurs petites, sessiles sur un réceptacle commun, présentant l'apparence d'une fleur unique, mais formant en réalité un *capitule ou anthode*, ou calathide, à fleurs nombreuses, chacune d'elles, le plus souvent complète, entourées par un calice commun ou involucre : corolle monopétale épigyne, tubuleuse régulière à 5 divisions, prenant le nom de *fleuron*, ou irrégulière, déjetée en forme de languette plane dentée, appelée *demi-fleuron ou ligule ;* 5 étamines à filets libres, mais soudées par leurs anthères en un tube qui donne passage au style bifide ; calice rarement nul, formé par des écailles membraneuses, des poils le plus souvent ; ovaire infère, sec, indéhiscent, akène, nu ou surmonté par le calice persistant.

Cette famille, très nombreuse et très naturelle, se subdivise en 3 tribus, suivant la disposition des fleurs : 1° Chicoracées, à fleurs toutes ligulées à leur entier développement (type Pissenlit) ; 2° Cynarocéphalées ou Carduacées, n'offrant que des fleurons (type Chardon) ; 3° Corymbifères, offrant au milieu des fleurons, et au bord une rangée de demi-fleurons, quelquefois peu apparents, ou filiformes (type Marguerite.)

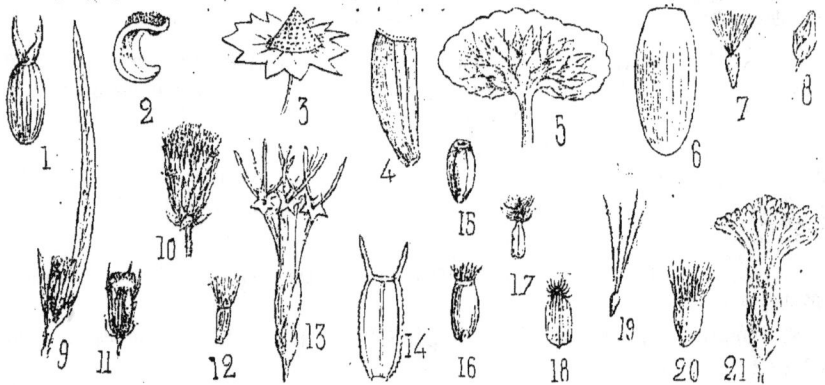

1. Akène d'Helianthus annuus. — 2. Id. de Calendula arvensis. — 3. Réceptacle nu de Bellis. — 4. Ak. de Matricaria Chamomilla. — 5. Involucre de Leucanthemum. — 6. Ak. d'Anthemis Cotula. — 7. Ak. d'Aster Amellus. — 8. Anthode de Filago montana — 9. Anthode et feuille de Gnaphalium sylvat. — 10. Anth. d'Inula Conyza. — 11. Id de Senecio Fuchsii.— 12. Ak. de Doronicum austriacum. — 13. Anth. d'Eupatorium — 14. Ak. de Bidens tripartita. — 15. Ak. de Centaurea Jacea. — 16. Id. de Cent. nemoralis (doublé). — 17. Ecaille du même. — 18. Ecaille de cent. maculosa. — 19. Ak. de Cirsium acaule 20 Id. de Kentrophyllum. — 21. Anth. de Serratula.

1	Fleurs toutes tubuleuses, n'offrant que des fleurons (p. 202, fig. 9-10-13-21). .	26
	Fleurs n'étant pas toutes tubuleuses	2
2	Fleurs toutes ligulées à leur entier développement (p. 205, fig. 1)	50
	Fleurs offrant des fleurons tubuleux au centre et des demi-fleurons ou ligules à la circonférence.	3

CORYMBIFÈRES.

3	Feuilles nulles à la floraison.	3 *bis*
	Feuilles accompagnant les fleurs.	4
3 bis.	Fleurs jaunes, solitaires. . . . . TUSSILAGO. (p. 206)
	Fleurs rougeâtres en thyrse . . . . PÉTASITES. (p. 218)
4	Feuilles opposées	5
	Feuilles alternes ou toutes radicales.	7

5	Fleurons rougeâtres.	EUPATORIUM.	(p. 218)
	Fleurons jaunes.		6
6	Feuilles entières	ARNICA.	(p. 213)
	Feuilles dentées.	BIDENS.	(p. 210)
7	Feuilles toutes radicales		8
	Feuilles alternes		10
8	Demi fleurons blanc.	BELLIS.	(p 207)
	Demi fleurons jaunes.		9
9	Feuilles sessiles	ARNICA.	(p. 213)
	Feuilles pétiolées.		9 bis
9 bis.	Fleurs jaunes, solitaires.	TUSSILAGO.	(p. 206)
	Fleurs rougeâtres en thyrse	PETASITES.	(p. 218)
10	Plante épineuse, écailles intérieures de l'involucre simulant des demi-fleurons, ...	CARLINA.	(p. 222)
	Plante non épineuse.		11
11	Demi-fleurons jaunes		12
	Demi-fleurons jamais jaunes		19
12	Ovaires, au moins ceux du centre, couronnés par une aigrette de poils (p 202 fig. 12).		13
	Ovaires sans aigrette (p. 202, fig. 1-2-4-6).		17
13	Ovaires de la circonférence sans aigrette	DORONICUM.	(p. 214)
	Tous les ovaires aigrettés.		14
14	Involucre à folioles sur 1 ou 2 rangs		15
	Involucre à folioles sur plusieurs rangs		16
15	Involucre taché au sommet et muni de folioles accessoires (p. 202, fig. 11).	SENECIO.	(p. 215)
	Involucre non taché au sommet, et dépourvu de folioles accessoires.	CINERARIA.	(p. 214)
16	Anthodes n'offrant que 8-10 fleurons.	SOLIDAGO.	(p. 207)
	Anthodes offrant plus de 10 fleurons.	INULA.	(p. 207)
17	Plante d'au moins un mètre.	HELIANTHUS.	(p. 209)
	Plante peu élevée.		18
18	Graines recourbées en arc (p. 202, fig. 2).	CALENDULA.	(p. 217)
	Graines non recourbées en arc.	CHRYSANTHEMUM.	(p. 213)
19	Ovaires couronnées par une aigrette de poils.		20
	Ovaires sans aigrette de poils		21
20	Demi fleurons linéaires très étroits.	ERIGERON.	(p. 206)
	Demi fleurons un peu élargis	ASTER.	(p. 206)
21	Feuilles simples, dentées.		22
	Feuilles composées ou profondément découpées.		23
22	Réceptacle muni de paillettes	ACHILLEA.	(p. 211)
	Réceptacle nu, non muni de paillettes	LEUCANTHEMUM.	(p. 212)
23	Fleurs petites, fleurons peu nombreux	ACHILLEA.	(p. 211)
	Fleurs assez grandes, fleurons dépassant 10.		24
24	Feuilles pinnatifides à segments capillaires		25
	Feuilles pinnatifides, mais non à segments capillaires	PYRETHRUM.	(p. 213)
25	Réceptacle muni de paillettes	ANTHEMIS.	(p. 210)
	Réceptacle dépourvu de paillettes	MATRICARIA.	(p. 212)

FLOSCULEUSES.

26	Feuilles opposées		27
	Feuilles alternes ou toutes radicales.		28
27	Feurs jaunes (p. 202, fig. 14).	BIDENS.	(p. 210)
	Fleurs rougeâtres (p. 202, fig. 13)	EUPATORIUM.	(p. 218)
28	Ovaire couronné par 4-5 dents scabres (p. 202, fig. 14).	BIDENS.	(p. 210)
	Ovaire non muni de dents scabres		29

SEMI-FLOSCULEUSES.

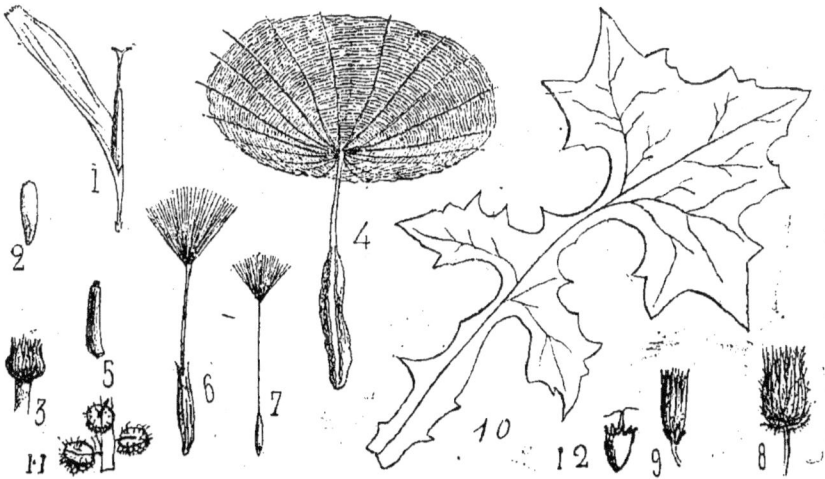

1. Ligule de Cichorium. — 2. Fr. de Lapsana. — 3. Anthode fructifère d'Arnoseris. — 4. Fr. de Tragopogon pratense. — 5. Akène extér. de Thrincia. — 6. Akène de Chondrilla. — 7. Ak. intér. de Barckhausia fœtida. — 8. Involucre de Barckhausia setosa. — 9. Id. de Crepis pulchra. — 10. Feuille de Lactuca muralis. — 11 et 12. Fleurs et fr. d'Ambrosia artemisiæfolia.

Tribu I. — Corymbifères.

Fleurs souvent disposées en corymbe; style *non articulé* au sommet, *ni renflé* au-dessous de sa bifurcation. Les Anthodes *sont composés de fleurons et de demi-fleurons* (Radiées), ces derniers *quelque-fois filiformes ou nuls* (Flosculeuses), ce qui rapproche ces plantes des Cynarocéphalées, dont elles diffèrent d'ailleurs bien certaine-ment par le port.

§ 1. — RADIÉES.

TUSSILAGO. *L.* (Tussilage.) Invol. cylindrique, à folioles sur 1-2 rangs, apprimées ; récept. alvéolé, demi-fleurons fertiles, sur plusieurs rangs ; aigrette à poils simples, akènes cylindriques.

T. FARFARA. *L.* (T. pas d'âne.) Racine à souche rampante, char-nue ; fl. jaunes à rayons nombreux, naissant avant les feuilles, et portées par une hampe de 1-2 déc., aranéeuse, à écailles appri-mées ; feuilles grandes, cordiformes, orbiculaires, cotonneuses en dessous. Fév., avril. Viv. Terrains argileux, calcaires. C. A toute altitude.

Les fleurs sont employées comme adoucissantes et pectorales.

Le *Nardosmia fragans*, vulg. Héliotrope d'hiver, à odeur de vanille, a été introduit en France à la fin du siècle dernier.

ASTER. *L.* (Aster.) Invol. à folioles imbriquées, les extérieures étalées, récept. alvéolé ; demi-fleurons femelles, sur un seul rang ; aigrette à poils simples, sur plusieurs rangs ; akènes comprimés sans côtes (p. 202, fig. 7).

A. AMELLUS. *L.* (A. Amellus.) Tige de 2-7 déc., *rude ;* feuilles pubescentes rudes, entières ou peu dentées, oblongues, lancéolées aiguës, anthodes peu nombreux à folioles extérieures élargies, arrondies au sommet ; rayons *bleus*, fleurons jaunes. Juil., août. Viv. R. — Verneuil (Servant) ; Vanteuil, près Saint-Pourçain, (Rhodde) ; Gannat (L. L.) ; Billy, Monétay (A. M.) ; Fleuriel, Chareil, Fourilles (C. B.).

On cultive la Reine-Marguerite, *A. sinensis*, et d'autres *Aster* que l'on pourra trouver échappés de nos parterres.

ERIGERON. *L.* (Vergerette.) Invol. à folioles imbriquées ; réceptacle alvéolé ; demi-fleurons femelles très étroits, dressés et sur plusieurs rangs, les intérieurs filiformes ; aigrette à poils sim-ples, akènes aigrettés, carénés sans côtes, à poils sur un seul rang.

{ Fleurs d'un blanc jaunâtre. . . . . *E. canadensis.* (1)
{ Demi-fleurons violets. *E. acris.* (2)

(1) E. CANADENSIS. *L.* (V. du Canada.) Plante *annuelle, hérissée, à rameaux paniculés* de 2-6 déc.; feuilles *lancéolées-linéaires*, denticulées; anthodes *très nombreux, petits*, à fleurs d'un *blanc sale ;* involucre presque glabre, à folioles *lâches.* Juil., oct. An. C. C.

Originaire du Canada.

(2) E. ACRIS. *L.* (V. âcre.) *Souche au moins bisannuelle ;* tiges de 2-4 déc. dressées, *rougeâtres*, pubescentes hispides ; feuilles infér. oblongues obtuses, pétiolées, les caulinaires sessiles; anthodes *souvent isolés,* ou peu nombreux, à l'extrémité des rameaux, formant un *corymbe peu fourni ;* demi-fleurons *violets ;* aigrette d'un blanc

roussâtre. Juin, sept. Bisan. Champs argileux. C. — Ne dépasse pas 1,000 mètres d'altitude (Lamotte).

BELLIS. *L.* (Pâquerette.) Folioles de l'invol. sur 2 rangs ; récept. nu-conique (p. 202, fig. 3) ; demi-fleurons blancs et femelles ; akènes comprimés, sans aigrette ni côtes.

B. PERENNIS. *L.* (P. vivace.) Vulg. petite Marguerite. *Hampe* de 5-10 cent. *uniflore* ; feuilles *toutes radicales* en rosette, spatulées, crénelées ; fleurons jaunes, demi-fleurons blancs, souvent rougeâtres en dessous ; akènes un peu velus. Viv. Presque toute l'année, C. C.

Des variétés doubles et prolifères sont cultivées dans nos parterres.

SOLIDAGO. *L.* (Solidage.) Invol. ovoïde, à folioles imbriquées ; récept. alvéolé ; demi-fleurons femelles, sur un rang, peu nombreux, jaunes ainsi que les fleurons ; aigrette à poils simples sur deux rangs, akènes cylindriques, munis de côtes.

S. VIRGA-AUREA. *L.* (S. Verge d'Or.) Tige de 3-8 déc., droite, paniculée, couverte comme toute la plante d'une villosité courte ; feuilles pétiolées, les infér. ovales dentées, obtuses, les caulinaires elliptiques aiguës, presque entières ; pédicelles bractéolés ; anthodes en grappes longues ; fruits pubescents. Viv. Juil., oct. Bois. C. à toute altitude.

On trouve souvent dans les parterres la Verge d'Or du Canada. *S. canadensis*, vulg Gerbe-d'Or, qui s'en échappe quelquefois.

INULA, *L.* (Inule.) Invol. imbriqué ; récept. lisse ou un peu alvéolé ; demi-fleurons femelles (quelquefois peu saillants), de même couleur que les fleurons ; akènes le plus souvent cylindriques et munis de côtes, aigrette tantôt simple et formée de poils, tantôt entourée d'une couronne membraneuse et par conséquent comme double (Pulicaria. Gaërtner).

1 {	Demi-fleurons du rayon trifides et peu saillants . . . . *I. Conyza.*	(1)
	Demi-fleurons du rayon non trifides.	2
2 {	Feuilles amplexicaules, fortement décurrentes sur la tige.. . . . . . . *I. bifrons.*	(2)
	Feuilles peu ou pas décurrentes	3
3 {	Folioles de l'invol. larges d'au moins un cent. . . . . *I. Helenium.*	(3)
	Folioles de l'invol. n'ayant pas un cent.	4
4 {	Feuilles glabres ou à peu près . . . . *I salicina.*	(5)
	Feuilles pubescentes.	5
5 {	Plante glanduleuse, visqueuse . . . . *I. graveolens.*	(7)
	Plante non glanduleuse visqueuse	6
6 {	Demi fleurons dépassant à peine l'involucre . . . . *I. Pulicaria.*	(9)
	Demi fleurons dépassant franchement l'involucre	7
7 {	Feuilles amplexicaules ; fl. en corymbe	8
	Feuilles non amplexicaules : fl. ordin. solitaires. . . . . *I. montana.*	(6)
8 {	Foliole extérieures de l'invol. ne dépassant pas les intérieures. . . *I. dysenterica.*	(8)
	Folioles extérieures de l'invol. dépassant les intérieures . . . . *I. britannica.*	(4)

a. — Aigrette simple et unique.

(1) I. CONYZA. *D. C. Bor. G. G. Conyza Squarrosa. L.* (I. Conyze.) Plante pubescente, un peu *visqueuse*, de 6-10 déc., droite, dure,

rougeâtre, à rameaux *dressés en corymbe ;* feuilles sessiles, *lan-céolées,* denticulées, les infér. pétiolées ; demi-fleurons du rayon *trifides et peu saillants* (p. 202, fig. 10) ; *anthodes rougeâtres ;* folioles de l'involucre inégales, les extérieures réfléchies ; fl. d'un jaune pâle. Juil., oct. Bisan. Bords des murs, des bois, etc. — Moulins, Monétay, Charroux, Montord, Montaigut-le-B., Billy, Le Montet, Cérilly, Champroux, Le Veurdre, Echassières, Chouvigny, Montluçon, Hérisson, etc.

(2) I. Bifrons. *L. G. G. Bor.* (I. Changeante.) Tige de 3-6 déc., souvent violacée, à rameaux en corymbe, un peu *visqueuse,* pubescente ; feuilles *larges,* ovales oblongues, denticulées, les unes *cordiformes-amplexicaules,* les autres fortement *décurrentes ;* rayons *dépassant à peine* les fleurons, fl. jaunes ; anthodes *presque sessiles, petits,* agglomérés en grappe corymbiforme. Juin, août. Viv. R. R. — Montlibre, près Gannat (L. L.)

(3) I. Helenium. *L. Bor. Grenier. Corvisartia. Mérat. G. G.* (I. Aulnée.) Tige de 8-12 déc., rameuse, pubescente ; feuilles radicales *très grandes,* atteignant 60 cent., lancéolées aiguës, atténuées à la base en un long pétiole, les caulinaires *cordiformes,* ovales, amplexicaules, toutes denticulées, tomenteuses blanchâtres en dessous ; anthodes *solitaires, grands ;* folioles de l'involucre *ovales,* larges ; fl. jaunes ; akènes glabres. Juil., août. A. R. — Lieux frais, humides. — Naves, Poëzat, Montluçon ; Lurcy, Broût-Vernet, Bresnay, Vicq, Varennes-sur-A., Bourbon, Montaigut-le-Blin, Boucé, Neuvy, Souvigny, Loriges, Fourrilles, Chareil, Montord, Bellenaves, Saint-Bonnet-de-R., Créchy, Contigny.

La racine est quelquefois employée comme tonique et stimulante.

(1) I. Britannica. *L.* (I. Britannique.) Plante dressée, de 3-8 déc., velue dans toutes ses parties ; tige simple ou rameuse au sommet ; feuilles velues soyeuses, amplexicaules, lancéolées, entières ou à peu près, les infér. pétiolées, les caulinaires sessiles embrassantes ; 1-5 anthodes en corymbe, folioles extérieures de l'invol. linéaires, lâches, *égalant ou dépassant les fleurs* qui sont jaunes, akènes velus. Juin, août. Viv. Bords des eaux. R. — Moulins, bords de l'Allier ; Avermes, Le Veurdre (A. M.) ; Marais de Poëzat (L. L.)

(5) I. Salicina. *L.* (I. Saulière.) Tige de 4-8 déc., *presque glabre ;* feuilles *glabres* ou à peu près, cordiformes, amplexicaules à la base, lancéolées, acuminées, denticulées scabres sur les bords ; folioles de l'invol. *glabres,* ciliées, lancéolées ; fl. d'un beau jaune ; akènes *glabres.* Juin, sept. Viv. Bois, coteaux. R. — Montord, Chantenay, près Chantelle (Causse.) Neuvy (V. B.) ; Souvigny, Bresnay (L. A.) ; Broût-Vernet (B.) ; Bayet (C. B.) ; Coulandon (J. R.) ; Gannat (P. B.) ; Bègues, Ebreuil, aux Gazeriers (M. L.) ; Montluçon, plateau de l'Abbaye (A. P.) ; Besson (Moriot.)

(6) I. Montana. *L.* (I. de Montagne.) Plante de 1-3 déc., *velue-laineuse ;* tiges dressées, *presque nues* supérieurement ; feuilles *entières,* oblongues-lancéolées, les infér. subpétiolées, les supér. sessiles ; anthode *grand, souvent solitaire ;* involucre à folioles

inégales, les extér. blanches tomenteuses, dressées ; akènes *velus ;*
fl. jaunes. Juin, août. Lieux secs des terrains calcaires. R. R. —
Urçay, à la Sapinière (A. P.) Saint-Florent, Saint-Ursin, Cher, sur
nos limites (Bor. 3ᵉ éd.) Decize, Saône-et-Loire (Bor. Loc. Cit.)

(7) I. Graveolens. *Desf. Bor. Cupularia graveolens ; Erigeron.*
L. G. G. (I. Fétide.) Plante à odeur forte, *couverte de poils glandu-*
leux, qui la rendent *visqueuse ;* tiges *rameuses dès la base,* à
rameaux dressés ; anthodes petits, *courtement* pédicellés, *axil-*
laires et terminaux, formant une longue grappe ; feuilles *linéaires,*
lancéolées très entières ; fleurs *jaunâtres ;* akènes velus. Août, oct.
An. Lieux frais. R. R. — Gorge de Thizon, près Saint-Victor ; village de Crevant, près Montluçon (A. P.) ; Vignoux (Mˡˡᵉ Foulhouze,
in Pérard, Catal.)

b. — **Akènes à aigrettes: l'intér. à poils simples ;**
l'extér. en couronne courte, Genre Pulicaria Gaër-
tner.

(8) I. Dysenterica. *L. Pulicaria. Gaërtn.* (I. Dyssentérique.)
Plante *vivace,* tige de 2-6 déc., rameuse, pubescente ; feuilles sessiles amplexicaules, cordiformes, *largement auriculées, tomen-*
teuses en dessous ; anthodes en corymbe ; demi-fleurons *étalés,*
dépassant de beaucoup les fleurons ; aigrette double, l'intérieure
formée de *longs poils,* l'extérieure *en couronne crénelée ;* fl. jaunes.
Juin, oct. Viv. Lieux humides bords des fossés, etc. C. — Moulins,
Saint-Pourçain, Lurcy, Loriges, Créchy, Murat, Montluçon, etc.

(9) I. Pulicaria. *L. Bor. Pulic. Vulgaris. Gaërtn. G. G.* (I. Puli-
caire.) Plante *annuelle ;* tige de 1-5 déc., très rameuse ; feuilles
oblongues, lancéolées, velues, *un peu blanchâtres* en dessous, les
infér. pétiolées, les supér. arrondies, subamplexicaules ; anthodes
en corymbe ou en panicule ; demi-fleurons *dressés, petits, dépas-*
sant à peine les fleurons ; akènes velus ; aigrette extér. formée *de*
poils courts soudés à la base, l'intér. de quelques poils *plus courts*
que l'akène ; fl. jaunes. Juil., sept. Lieux mouillés, chemins, etc.
C. C.

HELIANTHUS. *L.* (Hélianthe.) Involucre imbriqué, folioles extérieures herbacées ; réceptacle pailleté, demi-fleurons rayonnants ;
fruit tétragone, surmonté de plusieurs paillettes membraneuses
caduques (p. 202, fig. 1) ; fl. jaunes ; anthodes très gros.

Racine fibreuse.	*H. annuus.*	(1)
Racine tuberculeuse.	*H. tuberosus.*	(2)

H. Annuus. *L.* (H. Annuel.) Vulg. Soleil ; *racine fibreuse,* tige
unique, de 1-2 mèt. ; feuilles pétiolées, grandes larges, cordiformes,
rudes comme toute la plante ; anthodes très grands, penchés.
Juil., sept. An. Cultivé, presque spontané. Originaire du Pérou.

(2) H. Tuberosus. *L.* (H. Tubéreux.) Vulg. Topinambours.
Racine *tuberculeuse ;* souche *à tiges nombreuses* de 1-2 mètres,
feuilles inférieures cordiformes, rudes comme toute la plante, les

supér. *oblongues, un peu décurrentes;* anthodes *moitié plus petits*
que dans la précédente espèce et *dressés.* Sept., oct. Viv. Cultivé et
se reproduit avec ténacité. Originaire du Chili.

Les tubercules sont alimentaires pour les animaux qui en sont assez friands et même pour
l'homme; ils ont la saveur de l'artichaut cuit. On peut en retirer de l'eau-de-vie.

Une espèce d'*Helianthus, H. multiflorus,* est admise dans les parterres sous le nom de
Soleil-Vivace.

BIDENS. *L.* (Bident.) Invol. sur 2 rangs, munis de bractées
herbacées; réceptacle pailleté; anthode le plus souvent formé de
fleurons tous hermaphr., rarement entourés de demi-fleurons stériles; akènes comprimés, munis d'aiguillons accrochants et surmontés de 2-5 dents raides, aussi à aiguillons recourbés (p. 202,
fig. 14); fl. jaunes; feuilles opposées.

{ Feuilles divisées en 3-5 folioles. . . . . *B. tripartita,* (1)
{ Feuilles simples . . . . *B. cernua.* (2)

(1) B. TRIPARTITA. *L.* (B. à feuilles tripartites.) Tige de 2-6 déc.,
ordin. rameuse dès la base, à rameaux étalés, presque glabre;
feuilles glabres, ciliées, courtement *pétiolées, tripartites,* ou simples dans les échantillons appauvris, à segments lancéolés, le terminal plus grand; anthodes *dressés,* en corymbe. Juil., oct. An.
Fossés, marais, etc. C. — Dans-tous les terrains, mais moins commun dans la montagne.

(2) B. CERNUA. *L.* (B. Penché.) Diffère du précédent par ses
feuilles *simples,* lancéolées, *presque connées à la base, ses anthodes
penchés.* Juil., sept. An. Mêmes lieux, mais s'élève plus haut dans
la montagne (Lamotte.)

Forme *Radiata.* — Anthodes munis de demi-fleurons bien
développés : Chevagnes, Yzeure, Chavenon, Bresnay, Bressolles,
Le Montet, Murat, Bessay, Loriges, Bourbon.

ANTHEMIS. *L.* (Camomille.) Invol. hémisphérique, à écailles
scarieuses sur les bords, imbriquées; réceptacle convexe, devenant conique, pailleté; fruit nu ou couronné par une membrane,
côtelé (p. 202, fig. 6); demi-rayons stériles, blancs, fleurons
jaunes.

1 { Demi-fleurons jaunes à leur partie inférieure . . . . *A. mixta.* (3)
  { Demi-fleurons complétement blancs. 2

2 { Souche émettant des tiges droites simples, le plus souvent uniflores . *A. collina.* (5)
  { Tiges rameuses. 3

3 { Plante inodore ou à peu près . . . . *A. arvensis.* (4)
  { Plante odorante. 4

4 { Odeur fétide. . . . . *A. Cotula,* (2
  { Odeur aromatique . . . . *A. nobilis.* (1)

(1) A. NOBILIS. *L. Bor. Chamomilla Nobilis. G. G.* (C. Romaine.)
Plante à odeur forte, *aromatique;* tiges *couchées,* de 1-3 déc.,
pubescentes, *grisâtres,* étalées-ascendantes; feuilles velues, *bipinnées,* à divisions linéaires aiguës, *courtes;* réceptacle ovoïde, à
paillettes *lacérées au sommet, plus courtes que les fleurons;* demi-

fleurons blancs ; fruit *non couronné ;* anthode à folioles très scarieuses. Juin, sept. Viv. Bords des chemins, lieux incultes. C. partout.

Une forme remarquable se présente *sans demi-fleurons.* Chemins de la forêt de Bagnolet.

(2) A COTULA. *L. Bor. G. G.* (C. Puante.) Plante ordin. *glabre,* à odeur forte, *fétide,* à tige *droite* rameuse de 3-6 déc.; feuilles *tripinnées* à divisions linéaires aiguës, *allongées ;* réceptacle ovoïde, à paillettes sétacées, *plus courtes que les fleurons ;* demi-fleurons blancs. Fruit *non couronné,* à 10 côtes *tuberculeuses* (p. 202, fig. 6.) Juin., sept. An. Champs, bords des chemins. C.

(3) A. MIXTA. *L. Bor. Ormenis. D. C.; Chamomilla mixta. G. G.* (C. Mixte.) Plante odorante, *pubescente ;* tige *couchée* étalée, de 1-3 déc., *grisâtre ;* feuilles *bi-pinnées, courtes,* à divisions *courtes ;* réceptacle ovoïde à paillettes *aussi longues que les fleurons ;* demi-fleurons *jaunes dans leur partie inférieure ;* fruit *lisse* sur le dos, non couronné, anthode à folioles scarieuses. Champs, moissons. Juin, sept. An. R. — Château-sur-Allier (Bor.); Yzeure à Panloup et au Parc ; Chevagnes, Trevol (A. M.); Chemilly (E. O.); Montluçon, près du cimetière Saint-Paul, à Douguistre, à Passat. à La Brosse (A. P.) Sancoins, Cher, sur nos limites (Bor. 1ʳᵉ éd.)

(4) A. ARVENSIS. *L.* (C. des Champs.) Plante à peu peu *inodore, droite,* rameuse, de 3-6 déc.; feuilles pubescentes, *tri-pinnées,* à divisions linéaires aiguës courtes ; paillettes *dépassant* les fleurons ; demi-fleurons blancs, fruit *couronné* à 10 côtes *lisses.* Juin, sept. An. Lieux cultivé, champs. C. Dans tous les terrains.

(5) A. COLLINA. *Jord. Bor. 3ᵉ éd. M. L.* (A. des Collines.) Souche rameuse produisent des tiges *nombreuses,* étalées puis ascendantes, *simples ;* feuilles pubescentes blanchâtres, bipinnatifides à segments linéaires aigus ; pédoncules *solitaires, nus* dans le haut ; involucre à écailles tomenteuses, carénées, scarieuses, ordin. *pâles* sur les bords, les extér. aiguës, les intér. obtuses ; fruits linéaires oblongs, *atténués du sommet à la base,* à couronne très courte, obliquement tronquée ; réceptacle à paillettes oblongues *égalant à peu près* les fleurons. Mai, juil. Viv. Rochers. R. R. — Neuvialle, La Vernüe, Rouzat. (L. L.)

Cette espèce a été faite par Jordan au dépens de l'*A. montana.* L., qui aurait les anthodes un peu *plus gros,* les écailles *noirâtres* sur les bords, le fruit *peu atténué,* à couronne un peu plus longue.

ACHILLEA. *L.* (Achillée.) Invol. imbriqué; récept. pailleté ; anthodes petits ; demi-fleurons femelles, en languette courte, arrondie ; fleurons du centre à tube ailé ; akènes comprimés, lisses, nus ou couronnés par un bord court.

{ Feuilles pinnatifides . . . . *A. millefolium.* (1)
{ Feuilles simples. . . . . *A. Ptarmica.* (2)

(1) A. MILLEFOLIUM. *L.* (A. Millefeuille.) Rac. rampante ; tige dressée, ferme, *pubescente* comme toute la plante ; feuilles lancéolées dans leur contour, *bipinnatifides* à segments linéaires ; fl.

blanches ou roses en corymbe *terminal serré* à 4-5 demi-fleurons. Juin, sept. Viv. Bords des chemins, lieux incultes. C. C. A toute altitude.

(2) A. PTARMICA. *L.* (A. Ptarmique.) Rac. rampante; tige dressée, simple, *un peu pubescente* au sommet ; feuilles *glabres, simples, linéaires*, très longues, dentées en scie ; fl. *peu nombreuses, plus grandes* que dans l'espèce précédente, blanches à 8-10 demi-fleurons. Juil., oct. Viv. Prés humides, bords des eaux. C. Là seulement.

<small>Une variété double se cultive sous le nom de Bouton-d'Argent.</small>

LEUCANTHEMUM. *Tourn.* (Leucanthème.) Invol. campanulé à écailles imbriquées, scarieuses sur les bords (p. 202, fig. 5); réceptacle nu ; fruits cylindracés, sillonnés, surmontés par une sorte de disque, nus ou surmontés d'une membrane en oreillette, munis de côtes. Anthodes solitaires, grands, à fleurons jaunes et demi-fleurons blancs.

L. VULGARE. *Lam. Bor. G. G. Chrysanthemum. Leuc. L.* (L. Commune.) Vulg. Grande Marguerite. Tige dressée, simple ou rameuse, glabre ou velue, comme le reste de la plante ; feuilles dentées ou incisées, les intér. spatulées, atténuées en long pétiole, les supér. sessiles amplexicaules ; anthodes solitaires au sommet de la tige ou des rameaux. Mai, août. Viv. Prés, chemins, etc. C. C. A toute altitude.

MATRICARIA. *L.* (Matricaire.) Invol. imbriqué, réceptacle devenant ovoïde conique, dépourvu de paillettes ; fruits à 3-5 côtes, nus ou à couronne membraneuse très courte (p. 202, fig. 4); fleurons jaunes, demi-fleurons femelles, blancs.

Réceptacle creux . . . . *M. Chamomilla.*	(1)
Réceptacle plein. . . . . *M. inodora.*	(2)

(1) M. CHAMOMILLA. *L.* (M. Chamomille.) Plante de 3-7 déc., à *odeur forte aromatique*, glabre; tige droite, rameuse ; feuilles bitripinnatifides, à lobes capillaires *plans en dessous; réceptacle creux* à l'intérieur; fruit *lisse* à 5 côtes filiformes, *dépourvu de couronne* membraneuse ou à couronne *extrêmement* courte, *obliquement tronqué* au sommet (p. 202, fig. 4.) Mai, juil. An. Champs, moissons. Peu commune. — Moulins, pont du chemin de fer ; Souitte, près Saint-Pourçain ; Neuvy, Varennes, Loriges, Toulon, Fourilles, Besson, Gannat, etc.

<small>Il serait possible que cette plante ne paraisse relativement rare que parce qu'on la confond avec les *Anthemis* communes dont elle a le port.</small>

(2) M. INODORA. *L.* (M. Inodore.) Plante de 3-7 déc., à peu près *inodore;* tige droite, rameuse, *glabre;* feuilles bi-pinnatifides, à lobes capillaires *canaliculés en dessous;* réceptacle plein à l'intérieur, fr. *rugueux* à 3 côtes, *couronné* par une membrane courte, plan au sommet. Juin, oct. An. Champs, sables humides. C. — Moulins, Monétay, Isserpent, Diou, Laprugne, Gannat, Contigny, Montluçon, etc.

PYRETRUM. *Gaërt.* (Pyrèthre.) Invol. campanulé, à écailles scarieuses sur les bords; réceptacle plan ou convexe, nu ou très rarement pourvu de paillettes; fruits anguleux, non ailés, à couronne courte, membraneuse; fleurons jaunes, demi-fleurons femelles, blancs; feuilles pinnées, mais à segments jamais capillaires.

Plante à odeur forte. . . . . *P. parthenium.* (2)
Plante à peu près inodore . . . . *P. corymbosum.* (1)

(1) P. Corymbosum. *Wild. Bor. Leucanth. corymb. G. G. Chrysanth. corymb. L.* (P. en Corymbe.) Souche dure; tige de 3-8 déc., dressée, raide, velue surtout en bas, rameuse *seulement au sommet;* feuilles *glabres en dessus,* pubescentes en dessous, toutes pinnatifides, les caulinaires sessiles, segmentées jusqu'en bas, les infér. ayant *au moins 10 paires* de segments aigus et dentés; anthodes larges (près de 3 cent.) en corymbe, à écailles intér. scarieuses; akènes à 5 côtes. Juin, juil. Viv. Bois, collines. R. R. — Bois de Neuvialle (L. L.); Chareil-Cintrat, coteau du Mas; Fleuriel, Ussel (C. B.); Lachapelle-Saint-Ursin, Saint-Florent, Cher, sur nos limites (Bor.).

(2) P. Parthenium. *Smith. Bor. Matricaria. Parth. L. Leucanthem. Parth. G. G.* (P. Matricaire.) Plante très légèrement pubescente, à odeur *forte aromatique;* tige droite, *rameuse,* sillonnée; feuilles ovales obtuses dans leur contour, pinnatifides, toutes pétiolées à 4-8 *paires de segments* obtus, irrégulièrement dentés; fruits anguleux à 5-7 côtes, *tous* couronnés par un bord mince et court. Juin, août. Viv. Lieux cultivés, voisinage des habitations, à toute altitude. — Cusset, Le Donjon, Bourbon, Laprugne, Ferrières, Le Breuil, Bresnay, Chemilly, Neuvialle, Cressanges, Loriges, Thiel; L'Avoine, au Saint-Vincent; Le Theil, Souvigny, Montluçon, etc.

On en cultive une variété double.

CHRYSANTHEMUM. *Tourn.* (Chrysanthème.) Involucre à folioles imbriquées; fleurs toutes jaunes; fleurons à tube comprimé-ailé; akènes tous tronqués, ceux de la circonférence à 3 angles dont 2 ailés, ceux du centre à 10 côtes; réceptacle nu, plan-convexe.

C. Segetum. *L.* (C. des Moissons.) Plante glabre un peu glauque, de 2-4 déc.; tige dressée, rameuse, sillonnée; feuilles oblongues, inégalement incisées-lobées, un peu charnues, les supér. amplexicaules; pédoncules épaissis au sommet; fruits striés, tous dépourvus de couronne; fleurs grandes, solitaires sur chaque rameau. Juin, août. An. Moissons. R. R. — Gennetines (R. de C.); Sazeret (H. G.). Amené par des graines du Midi ou de l'Ouest.

ARNICA. *L.* (Arnique.) Invol. à 2 rangs d'écailles égales, réceptacle nu; fleurons et demi-fleurons jaunes, ces derniers femelles, munis de 5 filets stériles; fruits striés cylindriques aigrettés, à poils simples; feuilles opposées.

A. Montana. *L.* (A. de Montagne.) Plante de 4-6 déc., aromatique, à poils rudes, glanduleux au sommet; feuilles toutes sessiles, obovales, glabres en dessus, pubescentes en dessous, obtuses, entières, opposées ; les radicales en rosette ; fl. grandes, portées par des pédoncules uniflores, munis d'une bractée à la base ; akènes hérissés. Juin, juil. Prés, bois des montagnes. R. — Ferrières, au Montoncelle (Cr. J. R.) ; Laprugne, à l'Assise, au Saint-Vincent (J. B.) ; Marcillat, bois des Champeaux (A. P.) ; Échassières (Thiger.) Descend rarement au-dessous de 800 m. d'altitude.

C'est avec ses fleurs qu'on fait la teinture d'Arnica.

DORONICUM. *L.* (Doronic.) Invol. à 2-3 rangs de folioles ; réceptacle nu convexe ; fleurons et demi-fleurons jaunes ; fruits sillonnes, ceux du centre seuls munis d'une aigrette simple, sessile (p. 202, fig. 12), ceux de la circonférence nus. Rhizòmes charnus écailleux ; feuilles alternes ; fleurs grandes.

{ Tige presque nue au sommet ; racine stolonifère . . . . *D. Pardalianches.* (1)
{ Tige feuillée, rac. sans stolons . . . . *D. austriacum.* (2)

(1) D. PARDALIANCHES. *L.* (D. Mort-aux-Panthères.) Racine *stolonifère* à rhyzòmes charnus ; tige ordinairement *simple*, pubescente, glanduleuse, *presque nue* au sommet ; feuilles ovales, pubescentes, denticulées, les radicales *échancrées en cœur*, les caulinaires à pétiole rétréci, puis largement dilaté en oreillettes arrondies embrassantes, les supér. sessiles embrassantes. Mai, juil. Bois montagneux. R. — La Vernue, près. Gannat (Bor.) ; Yzeure, bois des Combes, (L. A.) ; Jenzat, Broût-Vernet (B.).

(2) D. AUSTRIACUM. *L.* (D. d'Autriche.) Racine courte, *sans stolons ;* tige ordinairement *rameuse*, velue, *feuillée ;* feuilles à poils courts, les infér. *échancrées en cœur,* denticulées, les moyennes à pétiole rétréci puis élargi en oreillette embrassante, les supér. sessiles, pédoncules en corymbe. Juin, juil. Bois montagneux. R. — Saint-Nicolas-des-Biefs (Saul in Bor.) ; Laprugne à l'Assise (J. R , J. B.) ; Ferrières, au Montoncelle (L. A.) ; Chirat-l'Église, bords de la Sioule (B.) ; bords du Cher, à Chambouchard, Creuse, sur nos limites (de Lambertye in Bor., éd. 1).

CINERARIA. *L.* (Cinéraire.) Invol. à folioles insérées sur un seul rang, soudées à la base, non entourées de bractéoles formant calicule ; réceptacle nu ; fleurons et demi-fleurons jaunes ; fruits hispides, surmontés d'une aigrette à poils denticulés, simples.

C. SPATULÆFOLIA. *Gmel. Senecio Spatul. D. C. G. G. Cineraria campestris Duby non Retz. Tephroseris spatulæf. Bor.* 3ᵉ éd. (C. à feuilles spatulées.) Tige de 4-10 déc., simple, couverte de duvet cotonneux, droite ; feuilles blanches, tomenteuses, aranéeuses, les radicales ovales spatulées, non en rosette, longuement pétiolées, les caulinaires sessiles non embrassantes ; involucre tomenteux. Mai, juin. Viv. Bois. R. — Forêt de Moladier, bois de Pomay (V. R.) ; Munay (Cr.) ; Yzeure, Gouise, Bresnay (L. A.) ; Gannat, à Rouzat, Neuvialle (P. B.) ; Saint-Didier, Marcenat (C. B.) ; Brout-Vernet (H. du Buysson) ; Jenzat (Allier) ; bois de Champroux.

On en cultive de belles espèces exotiques à fleurs variées.

SENECIO. *L.* (Sénecon.) Invol. cylindracé ou conique, à folioles disposées sur un rang. soudées à la base, tachées au sommet, accompagnées de bractéoles en forme de calicule (p. 202, fig. 11); réceptacle nu, fl. rarement flosculeuses; stigmates pubescents; fruits sillonnés, tous pourvus d'une aigrette à poils simples; fleurs jaunes.

1 { Demi fleurons nuls ou enroulés en dehors. 2
  { Demi fleurons bien apparents, planes 5

2 { Anthodes dépourvus de demi-fleurons 4
  { Anthodes à demi-fleurons roulés en dehors 3

3 { Plante visqueuse; fruits glabres. . . . . *S. viscosus.* (3)
  { Plante non visqueu·e; fruits velus . . . . *S. sylvaticus.* (2)

4 { Feuilles simples, dentées. . . . . *S. Cacaliaster.* (11)
  { Feuilles pinnatifides. . . . . *S. vulgaris.* (1)

5 { Feuilles découpées en segments filiformes. . . . . . . *S. adonidifolius.* (4)
  { Feuilles simples ou à segments non filiformes. 6

6 { Feuilles simples dentées 7
  { Feuilles pinnatifides 8

7 { Anthodes velus; feuilles supér. sessiles . . . . *S. Jacquinianus.* (10)
  { Anthodes glabres; feuilles toutes un peu péliolées. . . . . . *S. Fuchsii.* (9)

8 { Akènes tous pubescents. . . . . *S. erucæfolius.* (8)
  { Akènes du bord glabres, ceux du centre pubescents. 9

9 { Feuilles caulinaires à lobes à peu près égaux. . . . . . . *S. nemorosus.* (5)
  { Feuilles à lobe terminal bien plus grand 10

10 { Feuilles radicales entières ou un peu lyrées. . . . . . . *S. aquaticus.* (6)
   { Feuilles radicales, nettement lyrées ou pinnatifides. . . . . . *S. erraticus.* (7)

a. — Demi-fleurs nuls ou enroulés; feuilles pinnatifides.

(1) S. VULGARIS. *L.* (S. Commun.) Tige de 1-5 déc., dressée, rameuse, fistuleuse, *glabre ou peu poilue*, aranéeuse; feuilles épaisses, pinnatifides à lobes dentés, les infér. péliolées, les supér. sessiles; involucre glabre à folioles *tachées* au sommet; fleurs *toutes flosculeuses*; fruits *pubescents*. An. Toute l'année, partout.

(2) S. SYLVATICUS. *L.* (S. des Bois.) Tige de 3-7 déc., *pubescente* un peu glanduleuse; feuilles *pubescentes*, aranéeuses en dessous, pinnatifides, *non visqueuses*; demi-fleurons courts, roulés en dehors; involucre *pubescent-glanduleux*, à écailles *non colorées*; folioles du calice *très courtes*; fruits *velus*. An. Juin, oct. Bois, champs sablonneux. C. A toute altitude.

(3) S. VISCOSUS. *L.* (S. Visqueux) Plante de 2-8 déc., droite, rameuse, *pubescente, visqueuse*; feuilles pinnatifides, à lobes oblongs sinués; demi-fleurons courts, roulés en dehors; anthodes velus et assez larges, à écailles non colorées; calicule à folioles assez *longues*; fruits *glabres*. Juin, oct. An. Lieux sablonneux, bords des rivières, etc. C. A toute altitude.

b. — Demi-fleurons étalés, non enroulés; feuilles pinnatifides.

(4) S. ADONIDIFOLIUS. *Lois. G. G. S. Artemisiæfolius. Pers. Bor.* (S. à feuilles d'Adonis.) Souche vivace, traçante; tiges nombreu-

ses de 3-6 déc., droites ; feuilles *glabres*, *vertes*, bitripinnées à divisions *capillaires* aiguës ; involucre oblong, à peu près glabre ; calicule à 1-3 folioles ; fruit *glabre ;* fleurs nombreuses en corymbe. Juin, sept. Viv. Région montueuse. — Bellenaves, Veauce, Hérisson, Cusset, Le Montet, Buxière-les-Mines, Saint-Pourçain, Deux-Chaises, Gannat, Fleuriel, Jenzat, Souvigny, Montbeugny, Chevagnes, Aronnes, Laprugne, Ferrières, Blomard, Chirat, Saint-Palais, Cérilly, Hérisson, Montluçon, etc.

(5) S. NEMOROSUS. *Jordan. Bor. Grenier. S. Jacobœa. G. G. et Auct. non. L.* (S. des Forêts.) Souche tronquée *bisannuelle ;* tige *solitaire*, de 4-8 déc., *glabre* ou *subpubescente* aranéeuse, ainsi que toute la plante ; feuilles infér. *lyrées* pinnatifides pétiolées ; les supér. sessiles à lobes *bi-trifides*, *élargis* au sommet, *à peu près tous égaux ;* anthodes en corymbe, à rameaux *dressés*, à involucre un peu pubescent ; akènes de la circonférence *glabres*, ceux du centre *pubescents*. Juin, août. Bisan. Prés, bords des chemins, etc. C. C.

D'après Grenier, fl. jurass. et Jordan, notre plante n'est pas celle de Linnée, qui est *vivace* et dont la souche donne naissance à des *tiges nombreuses*.

(6) S. AQUATICUS. *Huds. Bor. G. G.* (S. Aquatique.) Souche *vivace ;* tige de 3-8 déc., subpubescente aranéeuse ; feuilles d'un vert clair, ordin. glabres ; *les radicales, simples, ovales, ou oblongues, dressées, crénelées-dentées,* les infér. lyrées ou pinnatifides, les supér. pinnatifides, à lobe terminal *large, ovale-oblong,* incisédenté, lobes latéraux *obliques* à la nervure médiane ; corymbe lâche, à rameaux *étalés ;* involucre presque glabre ; akènes de la circonférence *glabres*, ceux du centre *pubescents*. Juin, août. Bisan. Prairies humides. A. R. — Bourbon, Trevol, Gouise, Toury, Yzeure, Villeneuve, Bresnay, Bressolles, Saint-Pourçain, Fleuriel, Loriges, Pouzy, Lurcy ; Montluçon, près Passat, Perreguines ; Les Collettes.

(7) S. ERRATICUS. *Bert. G. G. Bor.* (S. Divariqué.) Tige de 4-9 déc., souvent rougeâtre ; feuilles lyrées-pinnatifides, à lobe terminal *largement ovale, subcordiforme* à la base, les latéraux, à peu près *perpendiculaires* à la nervure médiane ; anthodes en corymbe, à rameaux *divariqués ;* involucre presque glabre ; akènes de la circonférence *glabres*, ceux du centre *pubescents*. Juin, sept. Bisan. Bois et endroits humides. — Forêt de Moladier, Dreuille, Bagnolet, Saint-Didier, Tronçais, Civray, etc.; Coulandon, Fleuriel, Pierrefitte, Gannat, Jaligny, Bellenaves, etc.

S. Barbareœfolius. Reich. — Diffère de la précédente dont elle est très voisine ; par ses feuilles dont les lobes latéraux sont *obliques* à la nervure ; par ses feuilles radicales *dressées*, tandis que dans *Erraticus* elles sont *étalées*.

(8) S. ERUCÆFOLIUS. *L.* (S. à feuilles de Roquette.) Rac. *rampante ;* tige de 5-10 déc., droite, rameuse, *pubescente-aranéeuse ;* feuilles *tomenteuses*, au moins en dessous, pinnatifides à lobes incisés dentés, *lancéolés ou linéaires aigus*, les inférieurs *rapprochés de la tige* en forme d'oreillette ; *tous les fruits velus ;* corymbe

large et fourni, fl. odorantes ; involucre *pubescent*. Août, oct. Viv. Haies, bords des bois. — Montord, Louchy, Le Donjon, Gannat, Gouise, Boucé, Treteau, Montoldre, Saint-Germain-des-F., Yzeure, Messarges, Bessay, Montaigut-le-B., Chareil, Bellenaves, Créchy, Loriges, Broût-Vernet, Bayet, Charroux, Taxat-Senat, Besson, Rongères, Montluçon, Vallon, Bizeneuille, Cérilly.

c. — Demi-fleurons étalés ou nuls; feuilles simples.

(9) S. Fuchsii. *Gmel. Bor. S. Nemorensis. L. Gren. fl. Jurass. Sarracenicus. G. G.* (S. de Fuchs.) Tige de 1-2 mèt., *glabre ou pubescente*, un peu anguleuse, sillonnée; feuilles *lancéolées, acuminées, simples, toutes pétiolées*, finement dentées en scie, glabres ou subpubescentes en dessous, mais *non duveteuses;* involucre *glabre* ou à peu près, cylindracé; fl. en corymbe ample, feuillé; anthodes cylindracés, à rayons *peu nombreux,* 4-5, (p. 202, fig. 11). Juin, sept. Bois montagneux, terrains siliceux. — Paray-le-Frésil, Chavenon, Chouvigny, Châtel-Montagne, Le Mayet, Molle, Cusset, Moladier, Gennetines à Pomay, Le Donjon, Ferrières, Aronnes, Gipcy, Toulon, Besson, Thiel, Deux-Chaises, Tronget, Treban, Bourbon, Cressanges, Le Montet, Bellenaves, Monestier, Cesset, Lapalisse, Coulandon, Murat, Trevol, Le Theil, Chantelle, Estivareilles, Marcenat, Saint-Didier.

(10) S. Jacquinianus. *Reich. G. G.* (S. de Jacquin.) Très voisin du précédent, dont il a l'aspect; il en diffère : par ses feuilles *plus pubescentes* en dessous. *plus larges,* les supér. *sessiles,* toutes *brusquement* rétrécies, décurrentes de manière à rendre la tige *fortement anguleuse;* ses anthodes à involucre *pubescents*. Région plus élevée que la précédente. R. — Laprugne à l'Assise (A. P. Reverchon) : Echassières, aux Collettes (A. M.); Saint-Didier, bois de Saint-Gilbert (B.)

Les échantillons des deux dernières localités sont intermédiaires entre *Fuchsii* et *Jacquinianus.*

(11) S. Cacaliaster. *L.* (S. fausse Cacalie.) Tige de 10-12 déc., droite, raide, *fortement anguleuse ;* feuilles nombreuses, lancéolées, acuminées, dentées en scie, glabres ou finement pubescentes en dessous, *sessiles et décurrentes,* les supér. *demi-embrassantes,* toutes donnant naissance aux côtes de la tige; anthodes *pubescents, ovoïdes,* munis de bractées linéaires subulées, *qui les dépassent longuement;* fleurs *toutes tubuleuses d'un jaune pâle, blanchâtres.* Juil, août. Viv. Hautes montagnes. R. R. — L'Avoine au Montoncelle (P. B.; A. M. Supplém. 1876.); L'Assise (Renoux.)

CALENDULA. *L.* (Souci.) Folioles de l'involucre égales, sur 1-2 rangs ; demi-fleurons femelles et fertiles, fleurons mâles ; akènes inégaux courbés en arc, à dos tuberculeux épineux (p. 202, fig. 2); aigrette nulle ; réceptacle nu, plan.

C. Arvensis. *L.* (S. des Champs.) Plante pubescente, de 1-4 déc., à odeur comme résineuse ; tige rameuse ; feuilles oblongues, lancéolées, denticulées, les supérieures embrassantes; anthodes solitaires au sommet des rameaux; fl. jaunes; fruits extérieurs linéaires. Avril, oct. An. Champs, vignes. C. — Montluçon, Châtel-de-Neuvre, Ebreuil, Gannat, Saint-Pourçain, Monétay, Billy, Hérisson, Naves, Bellenaves, Chouvigny, Avermes, Besson, Bresnay, Branssat, Chemilly, Verneuil, Chareil, Montord, Champroux, Jaligny, Vicq, Chantelle, Désertines, Domérat, Huriel, etc.

On cultive le *C. Officinalis.*

§ 2. — CORYMBIFÈRES FLOSCULEUSES.

EUPATORIUM. *L.* (Eupatoire.) Invol. cylindracé imbriqué; fleurons tubuleux en entonnoir, peu nombreux; style allongé bifide poilu à la base; réceptacle nu; akènes anguleux, surmontés par une aigrette de poils simples sur un rang; feuilles opposées.

S. CANNABINUM. *L.* (E. à feuilles de Chanvre.) Plante de 8-12 déc , pubescente; tige droite, rougeâtre, rameuse; *feuilles opposées*, pétiolées à 3-5 segments lancéolés, dentés; fl. *rougeâtres*, odorantes, en corymbes terminaux serrés (p. 202, fig. 13). Juil., sept. Viv. Fossés, bords des eaux. C. A toute altitude.

On en cultive une **espèce** exotique à fleurs bleues.

PETASITES. *Tourn.* (Pétasite.) Involucre à folioles sur plusieurs rangs; réceptacle nu, alvéolé; fleurs polygames: fleurons femelles à la circonférence, filiformes, tronqués, fleurons mâles au centre, tubuleux, dilatés, à 5 dents; akènes, au moins ceux de la circonférence, aigrettés, sur plusieurs rangs.

P. PRATENSIS. *Jord. in Lamotte, Prod. Bor.* 3° éd. (P. des Prés.) Souche épaisse, rampante, produisant des hampes *solitaires*, pubescentes, munies d'écailles *nombreuses*, lancéolées; anthodes nombreux, 1-2 sur chaque pédoncule, formant une grappe ou un thyrse allongé, *finalement cylindrique*, bractées lancéolées-*linéaires;* involucre *non resserré* au sommet, à écailles *un peu aiguës*; feuilles naissant après les fleurs, très grandes, anguleuses, subarrondies dans leur contour, à dents *petites*, irrégulières, *nombreuses et rapprochées, presque glabres* par dessus, à nervures *violacées* tomenteuses, *blanchâtres et peu tomenteuses en dessous;* fleurs purpurines, odorantes. Mars, avril. Viv. Lieux humides. R. — Chevagnes, marais de l'Accolin (L. A.); Chavenon, domaine de Longlaigue (Causse); Montaigut-le-Blin (Virotte); Yzeure, route de Gennetines (A. Chevalier); Le Montet (R. de G.); Fourilles, au bords du Boublon (C. B.); Néris (Murat, in Pérard); Bellaigue (Mme Vaillant, in Pérard); Poëzat, dans les marais (Gouttefarge, in Pérard); Monétay-sur-A., (Lailloux.)

LINOSYRIS. *D. C.* (Linosyris.) Involucre à folioles linéaires aiguës, imbriquées; réceptacle nu, plan, alvéolé; fleurons tous hermaphrodites, tubuleux; akènes oblongs, comprimés, sans côtes, pubescents; aigrette sessile, à soies sur deux rangs.

L. Vulgaris. *D. C. Bor. G. G. Chrysocoma Linosyris. L.* (L. Commune.) Tige de 1-4 déc., dressée, presque simple ; feuilles nombreuses, linéaires, éparses, glabres, aiguës ; fleurs d'un beau jaune, en corymbe terminal ; aigrette blanche ou fauve. Août, sept. Viv. Bois montueux, collines sèches. R. — Vanteuil, près Saint-Pourçain, entre Verneuil et la Racherie ; Bayet, Branssat (Rhodde) ; Chareil, Fourilles (C. B.) ; Etroussat, bois de Douzon (B.) ; Ainay-le-Château (Coindeau).

MICROPUS. *L.* (Micrope.) Invol. globuleux à 2 rangs de folioles, les extérieures planes, les intérieures 6-8, très cotonneuses ; réceptacle nu ; fleurons du centre mâles ou hermaphr., ceux de la circonférence femelles filiformes ; fruits non aigrettés, fruit comprimé.

M. Erectus. *L.* (M. Droit.) Plante de 1-2 déc., couvert d'un duvet blanc ; tiges simples, dressées ou étalées, rameuses ; feuilles lancéolées, obtuses, entières ; anthodes sessiles, axillaires et terminaux, agglomérés et entourés de duvet ; feuilles florales nombreuses, étroites et plus longues que les glomérules ; fl. d'un jaune blanchâtre. Juin, août. An. Coteaux arides des terrains calcaires. R. — Saint-Pourçain (Causse, Rhodde) ; Chareil (C. B.) ; Valigny (Lefort) ; Ainay (A. P.) ; Gannat (L. L.) ; Decize, Saône-et-Loire, sur nos limites (Bor. 2ᵉ éd.)

ARTEMISIA. *L.* (Armoise.) Involucre cylindracé ou globuleux, à folioles imbriquées ; fleurs de la circonférence femelles, tridentées, filiformes ; akènes sans côtes, arrondis ovales ; fleurs blanc-jaunâtres en grappes allongées ; réceptacle nu.

1 { Réceptacle poilu ; plante très odorante. . . . . *A. Absinthium.* (1)
{ Réceptacle glabre ; plante inodore. 2

2 { Feuilles découpées en lanières filiformes . . . . *A. campestris.* (2)
{ Feuilles découpées en segments élargis . . . . *A. vulgaris.* . (3)

(1) A. Absinthium. *L.* (A. Absinthe.) Plante à *odeur forte*, blanchâtre soyeuse ; tige de 5-8 déc., dure à rameaux en panicule ; feuilles *blanchâtres, argentées en dessous*, pinnatifides à lobes *lancéolés*, anthodes petits, globuleux, en grappes unilatérales feuillées, à réceptacle *poilu*. Juil., oct. — Naves, château de Veauce ; La Fauconnière, près Gannat ; Echassières, Montluçon, Néris, Chantelle, etc. Cultivée dans les jardins et sous-spontanée.

Cette plante est la base de la liqueur du même nom.

(2) A. Campestris. *L.* (A. Champêtre.) Souches donnant naissance à des tiges florifères nombreuses, de 6-9 déc., dures, rougeâtres, couchées, puis redressées, les stériles gazonnantes ; feuilles *glabres*, vertes en dessus, blanchâtres en dessous, bi-tripinnatifides, à segments *capillaires* aigus, les supér. simples linéaires ; anthodes *ovoïdes* petits, involucre et réceptacle *glabres*. Août, oct. Viv. Peu C. — Sables de la Loire, de l'Allier et de la Sioule ; Verneuil, Bresnay, Fourilles, Etroussat, Le Veurdre, etc.

(3) **A. Vulgaris. L. (A. Commune.)** Tige de 8-15 déc., rameuse, sillonnée, rougeâtre; feuilles *glabres* et vertes en dessus, ovales pinnatifides à lobes *lancéolés* aigus, *dentés* ou non, *blanchâtres* tomenteuses *en dessous;* anthodes *cylindracés*, sessiles ou *pédicellés;* fl. rougeâtres à *tubes offrant quelques glandes;* réceptacle glabre. Juil., oct. Viv. Haies, bords des chemins. C. A toute altitude.

A rechercher chez nous : *A. Verlotorum.* M. L. *A. umbrosa.* Verlot. Diffère du *Vulgaris* : par sa souche donnant naissance à un grand nombre de *rameaux souterrains, minces, souvent très longs ;* ses feuilles *toutes à lobes tous entiers, lancéolés aigus ;* ses anthodes *tous sessiles,* isolés à l'aisselle d'une bractée ; ses fleurs à *corolle rougeâtre,* à tube allongé *non glanduleux ;* sa floraison *tardive, fin oct.;* son odeur *aromatique.* Plante introduite ?

Le genre *Artemisia* fournit à nos jardins : l'Estragon, *A. Dracunculus,* et à la médecine l'*A judaïca,* dont les graines constituent le *Semen contrà.*

TANACETUM. L. (Tanaisie.) Invol. imbriqué, hémisphérique; réceptacle nu, plan ; fleurons du centre hermaphr., ceux du bord filiformes à 3 dents; fruit anguleux, muni de côtes, surmonté par une couronne membraneuse tronquée.

T. Vulgare. L. (T. Commune.) Plante de 6-12 déc., à odeur forte ; racine traçante ; tige dressée, simple; feuilles bi-pinnatifides, à lobes dentés, linéaires, lancéolés ; fl. d'un beau jaune, en corymbe composé, compact, involucre à folioles scarieuses ; akènes à 5 côtes. Juil., sept. Viv. — Vichy, Cusset, Moulins, Domérat, etc. Plante cultivée dans les jardins et échappée.

On cultive, sous le nom de Menthe-Coq, le *T. balsamita. L.*, à odeur suave.

GNAPHALIUM. L. (Gnaphale.) Involucre cylindracé obtus (p. 202, fig. 9), à écailles imbriquées, scarieuses ou colorées, jamais mêlées aux fleurons ; fleurons de la circonférence femelles, filiformes, denticulés, sur plusieurs rangs; réceptacle nu, alvéolé ; fruit cylindrique, à aigrette formée de poils simples dentés ou renflés au sommet.

1 { Anthodes agglomérés en têtes ou corymbes terminaux. 2
  { Anthodes épars en grappe allongée et comme en épi (p. 202, fig. 9) *G. sylvaticum.* (1)

2 { Anthodes en têtes accompagnées de feuilles . . . . *G. uliginosum.* (2)
  { Anthodes en têtes ou corymbes dépourvus de feuilles 3

3 { Fleurs jaunes ou jaunâtres. . . . . *G. luteo-album.* (3)
  { Fleurs rosées ou blanches . . . . *G. dioïcum.* (4)

(1) **G. Sylvaticum. L.** (G. des Bois.) Tige de 2-6 déc., *simple, droite,* blanchâtre, à souche oblique; feuilles entières, lancéolées, linéaires aiguës, *vertes en dessus, tomenteuses en dessous,* devenant *plus étroites* de la base au sommet ; anthodes *axillaires sessiles, en épi feuillé allongé;* fleurs d'un *jaune paille;* akènes pubescents (p. 202, fig. 9.) Bois, à toute altitude. — Marigny, Yzeure, Bourbon, Le Mayet, Ferrières, Laprugne, Echassières, Bresnay, Arfeuilles, Le Montet, Louroux-de-B., Blomard, Saint-Didier, Cesset, Bellenaves, Montluçon, Huriel, Cérilly, etc.

Var. *Nigrescens. Grenier.* fl. jurass. Involucre noirâtre; forme des montagnes : Ferrières, au Montoncelle ; Laprugne à l'Assise (A. P.)

(2) G. Uliginosum *L.* (G. des Fanges.) Plante tomenteuse, à tige de 1-2 déc., *étalée, diffuse,* ensuite ascendante; feuilles blanchâtres, linéaires entières, *toutes longuement atténuées à la base ;* anthodes *en têtes terminales feuillées ;* fl. d'un *jaune-brunâtre.* Juin, oct. An. Lieux mouillés en hiver. C.

Elle offre deux formes :

G. *Uliginosum. Walhberg.* — Akènes glabres. A. R. Cérilly, réservoir de la Marmande; Chavenon, étang du Clou (A. P. catal.)

G. *Pilulare. Walhb.* — Akènes finement muriqués. C'est la forme commune. Lamotte ne les regarde que comme des variétés.

(3) G. Luteo-Album. *L.* (G. Jaunâtre.) Plante blanche, tomenteuse ; tige de 1-5 déc., *dressée,* simple ou rameuse; feuilles linéaires, lancéolées, les *caulinaires demi-embrassantes ;* anthodes *en têtes terminales non feuillées ;* fl. d'un *jaune paille;* akènes finement tuberculeux. Juil., sept. An. Bords des étangs, lieux mouillés en hiver. Assez C. — Moulins, Monétay-sur-A., Lapalisse, Saint-Voir, Chevagnes, Ferrières, Chavenon, Saint-Pourçain, Le Theil, Marcenat, Beaune, Bessay, Montluçon, Chamblet, Cérilly, Bizeneuille, Audes, Commentry, etc.

(4) G. Dioïcum. *L. Antennaria dioïca. Gaërtn. G. G.* (G. Dioïque.) Vulg. Pied-de-Chat. Souche *stolonifère ;* tiges de 1-3 déc., simples, tomenteuses ; feuilles radicales spatulées, tomenteuses en dessous, les caulinaires linéaires lancéolées ; anthodes *dioïques ;* les mâles à folioles de l'involucre blanchâtres, les femelles rosées ; aigrettes épaissies au sommet dans les fl. mâles. Mai, juin. Viv. Pelouses sèches et montueuse, bruyères. R. — Plaine de Genetais, entre Lurcy et Sancoins, sur nos limites (Bor.) L'Avoine, au Montoncelle ; Neuilly-le-Réal (L. A.) ; Chemilly, entre Gioreul et les Parizes (E. O.); Laprugne (F. Lager.)

Un cultive comme ornement, sous le nom d'Immortelles, les *Gn. stœchas. L. margaritaceum. L.* et d'autres espèces. Les fleurs du *G. dioïcum* sont employées comme pectorales.

FILAGO. *L.* (Cotonnière.) Anthodes petits, pointus, coniques, à 5 angles (p. 202, fig. 8) ; demi-fleurons filiformes, femelles, mêlés aux écailles intérieures de l'involucre, aigrette poilue ; réceptacle écailleux à la circonférence, nu au centre.

1	Anthodes réunis par paquets de plus de 8		**2**
	Anthodes réunis par paquets de 6 au plus		**4**
2	Glomérules dépassés par les feuilles florales.	*F. spatulata.*	(1)
	Glomérules à bractées nulles ou plus courtes qu'eux		**3**
3	Duvet jaunâtre ; anthodes purpurins au sommet	*F. lutescens.*	(2)
	Duvet blanchâtre ; anthodes jaunâtres au sommet	*F. canescens,*	(3)
4	Bractées dépassant les glomérules.	*F. gallica.*	(6)
	Bractées égalant les glomérules ou plus courtes.		**5**
5	Bractées égalant les glomérules.	*F. arvensis.*	(4)
	Bractées plus courtes que les glomérules	*F. minima.*	(5)

(1) F. Spatulata. *Presl. Bor. G. G.* (C. spatulée.) Plante cotonneuse à duvet blanchâtre; tige de 1-3 déc., dressée, rameuse *dès la base,* à rameaux ordin. *divariqués;* feuilles *oblongues-spatulées,*

les caulinaires *toujours rétrécies à la base*; anthodes nombreux,
8-20. en glomérules arrondis, *à 5 angles très saillants, séparés par
des sinus profonds*; feuilles florales *dépassant* les glomérules. Juil.,
oct. An. Coteaux, champs calcaires. R. — Yseure, Neuvy (V. B.);
Vicq, Naves, Ainay-le-Château (A. P.); Saint-Didier (A. M.).

(2) F. LUTESCENS. *Jord. Bor. Lamotte.* (C. jaunâtre.) Plante cotonneuse, à duvet *jaunâtre*, surtout au sommet; tige de 1-3 déc.;
feuilles nombreuses, dressées, *oblongues ou lancéolées oblongues*,
les supér. *embrassantes*; bractées *égalant à peine* les glomérules,
ou *plus courtes*; anthodes à 5 angles séparés par des sinus *peu
profonds*; *écailles* de l'involucre ordin. à *pointes purpurines*. Juin,
sept. An. Lieux secs et sablonneux. — Monétay-sur-Allier, Avermes, Pierrefitte, Trevol, Yzeure, Gannat, Montluçon, Hérisson,
Montmarault, le Theil, etc.

(3) F. CANESCENS. *Jord. Bor. Lamotte.* (C. blanchâtre.) Diffère de
la précédente, dont elle est très voisine: par son duvet *blanchâtre*;
ses tiges ordin. *ramifiées dans le haut;* par ses capitules plus
nombreux, jusqu'à 30, à angles moins marqués; ses écailles à
pointes *d'un jaune-paille.* — C.

Linné confondait ces 3 plantes sous le nom de *F. Germanica.* — G. G.. fl. de France et
Grenier fl. jur. ne regardent les 2 dernières que comme des variétés d'une même espèce :
F. Germanica. Comme on les distingue facilement, je les ai séparées, avec Boreau et Lamotte,
sans préjuger d'ailleurs de leur valeur spécifique.

(4) F. ARVENSIS. *L.* (C. des Champs.) Plante *plus tomenteuse* que
les précédentes, couverte d'un duvet *blanc;* tiges de 2-5 déc.,
souvent rameuses; feuilles lancéolées, sessiles, arrondies à la base;
anthodes *par paquets de 3-6, égalés par les bractées.* disposés en
grappes *simples spiciformes.* Juil., sept. An. Champs, lieux sablonneux. C.

(5) F. MINIMA. *Fries. G. G. Lamotte. Montana. L. Bor.* (C. très
petite.) Plante *grêle,* duveteuse, simple et dichotome au sommet;
feuilles *linéaires lancéolées, apprimées;* bractées *plus petites* que
les anthodes; anthodes *par paquets de 3-5;* fleurs d'un blanc-
jaunâtre. Juin, sept. Champs siliceux. C.

Linné ayant donné le nom de *Montana* aux deux dernières espèces, il vaut mieux, pour
éviter une confusion, adopter le nom de Fries.

(6) F. GALLICA. *L.* (C. de France.) Plante *grêle,* duveteuse, à
tige de 1-3 déc., souvent rameuse; feuilles *linéaires aiguës* apprimées; anthodes *au nombre de 3-5* en petits glomérules axillaires
et terminaux, *bien plus courts que les feuilles florales;* fleurs d'un
blanc-jaunâtre. Juil., sept. An. Champs siliceux. A. C. — Moulins,
Monétay. Montaigut-le-Blin, Gouise, Souvigny, Loriges, Deneuille,
Chantelle, Bourbon, Audes, Urçay, Gannat, etc.

La tribu des Corymbifères offre à nos parterres, outre celles déjà indiquées, de nombreuses plantes Les *Zinia elegans, Coreopsis tinctoria, Tagetes patula* et *erecta,* vulg. Œillets
d'Inde, différentes Chrysanthèmes dont une espèce, le *Ch. indicum* nous donne ses fleurs jusqu'aux gelées, le Dahlia, et ses innombrables variétés, originaire du Mexique et introduit depuis
moins d'un siècle.

Tribu II — Cynarocéphalées ou Carduacées.

Style articulé au sommet, renflé au-dessous des branches; fleurons tous tubuleux, ordin. hermaphrodites, rarement stériles ou unisexuels.

XERANTHEMUM. *L.* (Immortelle.) Invol. à écailles scarieuses, les intér. colorées simulant des rayons; réceptacle pailleté; fleurons de la circonférence stériles presque bilabiés; étamines libres; aigrette du fruit formée par des paillettes; akènes allongés comprimés.

X. CYLINDRACEUM. *Smith.* (I. Cylindrique.) Tige de 3-6 déc., blanchâtre, rameuse, à rameaux longs et nus; feuilles grisâtres, tomenteuses, lancéolées linéaires, entières; .écailles extér. de l'invol. *tomenteuses* sur le dos, scarieuses sur les bords; les extér. obtuses, mutiques, les intér. dressées-aiguës, s'étalant au milieu du jour; fl. rougeâtres. Juin, août. An. Lieux secs. R. — Puy-de-Breu, à Saint-Pourçain (Gausse); Gannat, au Montlibre (L. L.); Le Mayet-d'Ecole, Saulzet, Cucillat (Chomel); Meaulne à Grandfond (A. P.); Saint-Pierre-le-Moûtier, Nièvre, sur nos limites; environs de Saint-Amand, Cher (Boreau, 2° éd.).

On cultive dans les parterres, et on en trouve quelquefois échappé, l'*Echinops sphœrocephalus*, à anthodes sphériques et fleurs bleuâtres.

CARLINA. *L.* (Carline.) Invol. à folioles extér. foliacées, épineuses, les intér. simples, scarieuses, étalées, rayonnantes, jaunâtres; réceptacle à paillettes laciniées; akènes poilus; aigrette à poils plumeux, soudés en anneau à la base.

C. VULGARIS. *L.* (C. Vulgaire.) Tige de 3-6 déc., cotonneuse très feuillée; feuilles sessiles amplexicaules, oblongues, sinuées, dentées, coriaces, épineuses, tomenteuses blanches en dessous; involucre bractéolé, aranéeux. Juil., sept. Bisan. Lieux secs, bords des bois et des chemins, C. — A toute altitude.

CENTAUREA. *L.* (Centaurée.) Involucre imbriqué, à folioles munies d'un appendice scarieux, entier ou denté ou épineux; réceptacle à paillettes laciniées; fleurons du centre fertiles, ceux de la circonférence ordinairement plus grands, rayonnants et stériles; fruit nu ou couronné soit par une aigrette soyeuse, soit par une couronne membraneuse (p. 202; fig. 15 à 18).

Dans la section *Jaceœ*, la plus difficile à étudier, les écailles de l'involucre se composent : de l'écaille proprement dite, qu'on ne voit qu'en la séparant de l'involucre (moitié infér. de la fig. 17, arrondie dans la fig. 18); enfin, souvent de cils qui naissent de l'appendice, comme dans les fig. ci-dessus.

1	Ecailles de l'involucre piquantes.		2
	Ecailles de l'involucre non piquantes.		3
2	Fleurs jaunes.	*C. solstitialis.*	(12)
	Fleurs rougeâtres.	*C. Calcitrapa.*	(13)
3	Toutes les feuilles pinnatifides.		4
	Feuilles n'étant pas toutes pinnatifides.		5

§ 1. — JACEÆ — INVOLUCRE A ÉCAILLES TERMINÉES PAR UN APPENDICE NON DÉCURRENT, NON ÉPINEUX.

a. — Akènes sans aigrette ; appendice non cilié.

(1) C. JACEA. *L.* (C. Jacée.) Tige de 2-8 déc., plus ou moins couchée puis redressée ; rameaux relativement courts, *épaissis* sous l'anthode, *munis de feuilles larges, jusque sous l'anthode ;* feuilles rudes ou subaranéuses, les infér. pétiolées, entières ou sinuées, les supér. sessiles, *oblongues-lancéolées ;* anthodes *arrondis,* atteignant *jusqu'à 16 mm. de diamètre ;* écailles de l'involucre à appendices *appliqués, concaves, orbiculaires, déchirés, non pectinés* sauf quelquefois les inférieurs ; fl. rouges, les extér. rayonnantes ; akènes non aigrettés (p. 202, fig. 15.) Mai, juin, puis sept. Viv. C. — A toute altitude.

(2) C. AMARA. *L. G. G. Bor.* (C. Amère.) Tige de 1-10 déc. à rameaux *allongés, grêles. non ou à peine épaissis* sous l'anthode, munis de quelques feuilles *linéaires* ou lancéolées-linéaires ; feuilles rudes, étroites, lancéolées, souvent aranéeuses, les infér. pétiolées, entières ou dentées, les supér. sessiles, *linéaires ;* anthodes *ovoïdes, d'environ 11 mm. de diam.;* écailles à appendices ordinairement *scarieux, blanchâtres, concaves, non appliqués, orbiculaires, déchirés mais non ciliés ;* fl. purpurines ; akènes sans aigrette. *Bien plus tardive que Jacea.* Août, sept. Viv. Pelouses sèches, bruyères, etc. — Besson à Bost, Bourbon, Créchy, Saint-Plaisir, Gannat, etc.

(3) C. DUBOISII. *Bor.* 3ᵉ éd. (C. de Dubois.) Intermédiaire aux deux précédentes, quoique plus voisine de *Amara* dont elle a l'aspect général : les rameaux grêles, non renflés au sommet, les feuilles étroites, les petits anthodes ; elle en diffère : par ses tiges

plus glabres, ses appendices *plus colorés, moins concaves, presque apprimés, moins scarieux;* ses anthodes *plus allongés;* son fruit *à rebord saillant*, mais sans aigrette. Août, oct. Viv. — Yzeure, Marigny, Naves, Montluçon, Huriel, Lurcy, Le Veurdre, Dompierre, Gannat, Messarges, Bourbon, etc.

b. — Akènes sans aigrette; appendice cilié-pectiné.

(4) C. SEROTINA. *Bor.* 3º éd. (C. tardive.) Tige rameuse, *grêle, droite ou tombante;* feuilles *étroites,* entières ou plus ou moins profondément dentées, pubescentes; anthodes de 10 à 12 mill. de diam., à involucre *pâle* ou d'un *brun peu foncé;* écailles à appendices *presque tous pectinés-ciliés; les infér. lancéolés,* les moyens *ovales;* fruit à aigrette nulle; fl. rouges, les extérieures ordin. rayonnantes. Août, oct. Viv. Collines, bois secs. etc. — Neuvy, Saint-Didier, Charroux, Montord, Monétay-sur-Allier, Louchy, Montluçon, Chavenon, Gannat, Dompierre, Montoldre, etc.

(5) C. MICROPTILON. *G. G. Bor.* 3º éd. (C. à petits Cils.) Tige dressée, velue aranéeuse; feuilles rudes, les infér., vertes ovales lancéolées, pétiolées, les supér. *linéaires* entières; anthodes *petits, ovoïdes;* écailles à appendices *tous étroits, très allongés, arqués en dehors, à cils égalant 3-4 fois* la largeur de l'appendice; fruits *non aigrettés,* mais surmontés d'un rebord très courtement poilu; fl. rouges. Août, oct. Viv. R. — Besson, à Bost. (A. M.); Montluçon, Jenzat (A. P.); Bresnay (L. A.); Saulzais le Potier, Cher (Déséglise.)

La plante de Bost a l'involucre blond.

(6) C. PRATENSIS. *Thuil. Bor.* 3º éd. *Nigrescens. Auct.* (C. des Prés.) Se distingue des précédentes dont elle a l'aspect général: par ses pédoncules *fortement anguleux et renflés au sommet;* ses anthodes *assez gros;* ses écailles à appendices *ovales ou presque orbiculaires* d'un brun-noirâtre, presque tous fortement ·ciliés-pectinés; fruit *sans aigrette,* mais muni d'un rebord très courtement poilu; fl. rouges. Mai, sept. Viv. Prés, bois, etc. — Yzeure, Montord, Fourilles, Montluçon, Bizeneuille, Cérilly, Besson, Branssat, Bourbon, Souvigny, Chavenon, Gannat, Chouvigny, etc.

c. — Fruits aigrettés; appendices fortement pectinés-ciliés,

(7) C. NEMORALIS. *Jord. Gren. Lamotte. Nigra. Bor. G. G. et Auct.* (C. des Bois.) Tige de 3-8 déc., rameuse, à rameaux presque étalés; feuilles d'un vert foncé, les infér. pétiolées, ovales, entières ou sinuées-dentées, les supér. sessiles, étroites; anthodes à *bractées étroites, moyens,* ovoïdes-arrondis, *bruns ou noirâtres,* à appendices *lancéolés,* longuement pectinés-ciliés; fruit *couronné par une aigrette* de poils écailleux, 4-6 fois plus courte que lui (p. 202, fig. 16-17); fl. rouges toutes tubuleuses. Juil., sept. Bois. Viv. C. A toute altitude.

C. *Consimilis. Bor.* — Ne semble différer de la précédente que par son involucre pâle. — Vicq, aux Gazeriers, bords de la Veauce;

Prairies entre Chantelle et Montmarault ; Montord (**M. L. Prod.**) ; Blomard, forêt de Chateau-Charles (A. P.)

Var. *Flore albo.* — Fl. blanches et écailles blondes. Boisplan (A. M.) ; Montord (Lavediau) ; fl. blanches, involucre brunâtre, bois du Vernet (H. du Buysson.)

(8) C. Obscura. *Jord. Grenier.* fl. jurass. (C. Obscure.) D'après Jordan et Grenier, c'est cette plante qui serait le véritable *Nigra. L.* et non la précédente. Elle en diffère par ses rameaux florifères *courts*, et ses appendices moyens *largement ovales* presque suborbiculaires. — Buxière-les-Mines (A. M.) ; Les Collettes (C. B.) et probablement ailleurs.

(9) C. Decipiens. *Thuill. Bor.* 3ᵉ éd. (C. Trompeuse.) Plante ayant l'aspect des précédentes, en diffère : par ses appendices *triangulaires lancéolés, arqués en dehors;* son fruit couronné par une *aigrette de poils courts, raides.* — Ebreuil, aux Gazeriers ; Blanzat, près Chantelle le château ; Yzeure.

Toutes les plantes du groupe *Jaceœ* ont elles une réelle valeur spécifique ? Les caractères qui les différencient sont ils assez importants pour justifier leur élévation au rang d'espèces ? Je suis loin de l'affirmer ; si je les ai décrites, c'est qu'avec beaucoup d'attention on peut les distinguer, et voilà tout.

§ 2. — CYANEÆ. — ÉCAILLES MUNIES D'UN APPENDICE LONGUEMENT DÉCURRENT, NON ÉPINEUX.

(9) C. Cyanus. *L.* (C. Bleuet.) Tige de 3-6 déc., non ailée, droite, rameuse, blanchâtre cotonneuse, ainsi que les feuilles qui sont linéaires, la plupart entières, les infér. seules pinnatifides ; écailles de l'involucre pectinées, colorées sur les bords ; fleurons extérieurs plus grands, rayonnants ; fl. bleues, violacées ou blanches ; fruit pubescent à aigrette égalant sa longueur. Mai, juil. Bisan. Moissons. C. A toute altitude.

On cultive dans les parterres le *G. montana,* sous le nom de Gros-Bleuet, Barbeau. C'est une plante des montagnes.

(10) C. Scabiosa. *L.* (C. Scabieuse.) Tige de 6-9 déc., rameuse, dure ; feuilles infér. longuement pétiolées, la plupart *pinnatifides*, à folioles *étroites allongées,* les supér seules quelquefois entières, sessiles embrassantes, *non décurrentes;* anthodes *gros,* arrondis, à écailles tachées, bordées de cils ; fl. purpurines ; akènes pubescents, à aigrette égalant leur longueur. Juin, août. Viv. Bords des champs. — Moulins, Bresnay, Besson, Saint-Germain-des-F.; Monétay, Verneuil, Montaigut-le-B., Laprugne, Le Montet, Gannat, Loriges, Chareil, Saint-Gérand-le-Puy, Le Veurdre, Bourbon, Montluçon, etc.

Var. — *Flore albo.* — Bresnay (L. A.)

Var. — *Flore roseo.* — Charroux.

(11) C. Maculosa. *Lam.* (C. Tachée.) Tige de 3-8 déc., cotonneuse, droite, à rameaux comme en corymbe ; feuilles pubescentes, *grisâtres,* 1-2 fois *pinnatifides,* à segments *linéaires ;* écailles

de l'invol. apprimées, tachées de noir, *bordées de cils raides* (p. 202, fig. 18); fruit luisant, strié, à aigrette 3 fois plus courte que lui, fl. purpurines. Juin, oct. Bisan. Commune aux bords de l'Allier et de la Loire. — Moulins, Monétay, Varennes, Bessay, Laferté-Haute-rive, Contigny, Marcenat, Vichy, etc. Rare ailleurs : Paray-sous-Briaille, Lapalisse, Saint-Prix, Gannat, au Montlibre.

§ 3. — CALCITRAPÆ. — ÉCAILLES MUNIES D'UN APPENDICE NON DÉCURRENT, ÉPINEUX.

(12) C. SOLSTITIALIS. *L.* (C. du Solstice.) Tige rameuse de 3-5 déc., pubescente, étroitement *ailée*, à rameaux étalés; feuilles *simples, linéaires, entières*, décurrentes, *blanchâtres, tomenteuses ;* invol. *pubescent*, solitaire au sommet des rameaux, à écailles *terminées par 5 épines* dont la médiane très allongée ; fl. *jaunes ;* fruits *extérieurs nus*, les intérieurs *aigrettés*. Juin, sept. Bisan. A. R. — Château-sur-Allier, Moulins, Bressolles, Varennes, Lapalisse, Monétay-sur-Allier, Louroux-Bourb , Montaigut-le-Blin, Montbeugny, Gouise, Bellenaves, Gannat, Souvigny, Saint-Pourçain, Paray-sous-B., Bourbon, Saint-Didier, Montord, Loriges, Coulandon, Montluçon, Langeron, Chantenay, Nièvre, etc.

Plante adventice, introduite avec des graines de Luzernes du Midi.

(13) C. CALCITRAPA. *L.* (C. Chausse-Trape.) Tige de 3-5 déc., poilue, rameuse, *non ailée*, à rameaux divariqués ; feuilles *pinnati-fides*, à lobes linéaires pointus, les radicales en rosettes, les supér. *entières ou seulement dentées ;* invol. *glabres*, subsessiles ou à pédon-cules courts, écailles de l'invol. *munies d'épines*, l'intermédiaire très allongée ; fl. *rouges*, rarement *blanches ;* fruit nu sans aigrette. Juin, sept. Bisan. Lieux incultes, bords des chemins. C. C.

KENTROPHYLLUM. *Necker.* (Centrophylle.) Invol. à écailles extérieures foliacées, pinnatifides, épineuses, les intérieures lan-céolées entières ; réceptacle garni de paillettes découpées ; fruits à 4 angles (p. 202, fig. 20), les extér. nus, les intér. couronnés par des paillettes.

R. LANATUM. *Duby. Bor. G. G. Carthamus lanatus. L.* (C. Laineux.) Tige de 2-6 déc., droite, simple ou à rameaux corymbiformes, laineuse ; feuilles nombreuses, coriaces, pubescentes, glandu-leuses, pinnatifides, épineuses ; anthodes gros, solitaires au som-met de la tige ou des rameaux ; fl. jaunes. Juil., sept. An. assez R. Terrains calcaires. — Neuvy, bords de la Queune ; Bressolles, Escurolles, Contigny, Château-sur-Allier, Le Veurdre, Besson, Saulcet, Verneuil, Billy, Charroux, Mazerier, Etroussat, Ainay, Vicq, Moulins.

CARDUNCELLUS. *Adanson.* (Cardoncelle.) Involucre imbriqué ; écailles extér. larges, foliacées, pinnatifides, peu ou point épineu-ses, les intér. plus étroites lancéolées ; réceptacle garni de pail-lettes laciniées ; fruits tétragones ; aigrette sessile à poils simples ou brièvement plumeux.

C. Mitissimus. *D. C. Carthamus. L.* (C. Doux.) Tige uniflore, presque nulle, ou courte et alors feuillée ; feuilles non épineuses, pubescentes, les unes simples, lancéolées dentées, les autres pinnatifides à lobes allongés denticulés ; involucre cylindracé, solitaire ; fl. d'un bleu violet. Juin, juillet. Viv. Pelouses sèches des calcaires. R. R. — Ainay-le-Château (Coindeau) ; Meaulne, Les Chanets, Grandfond (A. P.) ; environs de Saint-Amand, Cher, Orval, etc. (Bor.).

SILYBUM. *Vaillant. Carduus. L.* (Silybe.) Invol. à écailles imbriquées, coriaces, apprimées serrées, élargies à la base, munies d'un appendice raide étalé épineux ; réceptacle pailleté ; aigrette *simple*, à poils simples, écailleux, un peu soudés à la base ; akènes comprimés, non côtelés.

S. Marianum. *Gaërtn. Carduus Marianus. L.* (S. Chardon-Marie.) Presque glabre ; tige de 5-10 déc., sillonnée rameuse ; feuilles *larges,* grandes, sinuées-lobées, *tachées de blanc,* épineuses ; fl. rouges, grosses, solitaires. Juin, août. Lieux incultes. R. R. — Marcenat-sur-Allier, Allée de Lonzat (Salneuve, in Lamotte) ; Deneuille (C. B.).

Cette plante indiquée à Moulins et Montluçon par Boreau, n'y est plus. Je l'ai vu cultiver dans de grands parterres, pour ses belles feuilles tachées, et elle n'est qu'échappée et accidentelle.

ONOPORDUM. *L.* (Onoporde.) Invol. à folioles imbriquées, épineuses, lâches ; réceptacle à alvéoles profondes, sans paillettes ; akènes striés, anguleux, sillonnés ; aigrette à poils simples.

O. Acanthium. *L.* (O. Acanthe.) Tige de 6-15 déc., rameuse cotonneuse, munie de 2-3 ailes membraneuses, foliacées, épineuses ; feuilles décurrentes, ovales oblongues, tomenteuses blanchâtres, sinuées-dentées, épineuses ; invol. gros cotonneux, à épines infér. très-étalées ; fl. rouges à corolle glabre. Juin, oct. Lieux incultes, bords des chemins. C. C. jusqu'à 7 ou 800 mètres d'altitude.

CARDUUS. *L.* (Chardon.) Invol. à écailles simples, épineuses au sommet ; réceptacle à paillettes *soyeuses ;* aigrette à poils *simples,* denticulés, soudés à la base ; akènes oblongs, comprimés ; feuilles piquantes.

1 { Anthodes gros, solitaires au sommet des pédoncules à écailles élargies. *C. nutans.* (3)
{ Anthodes médiocres, sur des rameaux ailés ; écailles étroites 2

2 { Anthodes cylindriques, sessiles . . . . *C. tenuiflorus.* (1)
{ Anthodes ovoïdes, pédonculés. . . . . *C. crispus.* (2)

(1) C. Tenuiflorus. *Curt. Sm. G. G. Bor.* (C. à petites fleurs.) Tige de 2-10 déc., droite, rameuse, sillonnée, cotonneuse, ailée *jusqu'au sommet,* couverte, comme toute la plante, d'aiguillons *jaunâtres ;* feuilles fortement décurrentes, à ailes crépues, tomenteuses *blanchâtres* en dessous, sinuées-pinnatifides, épineuses ; anthodes *cylindracés,* sessiles, agglomérés, *petits,* d'au plus 15 mill. de diam.;

écailles lâches, acuminées, épineuses, à points dorés; les extér. *blanches et scarieuses* au bord; fleurs rosées; akènes munis d'un mamelon au sommet, quand on a ôté l'aigrette. Juin, août. An. ou Bisan. Lieux incultes, bords des chemins. R. — Ussel, Chareil, Chantelle (C. B.); Bayet, Contigny. (A. M.).

Var. *Multiflorus Grenier. C. Multiflorus. Gaudin.* Anthodes moins rapprochés, le supérieur *un peu* pédonculé. — Bayet (C. B.).

(2) C. Crispus. *L.* (C. Crépu.) Tige de 8-12 déc. droite, rameuse, ailée-épineuse *jusqu'au sommet;* feuilles oblongues, *toutes sinué-pinnatifides,* à segments larges trilobés, dentés, décurrentes en ailes crépues, ordin. *vertes* des 2 côtés; anthodes *en partie sessiles agglo-mérés,* rarement solitaires, *ovoïdes, arrondis,* d'environ 15 mill. de diamètre, à pédoncules *épineux ailés jusqu'au sommet;* écailles *vertes,* un peu aranéeuses, oblongues étalées dressées, acuminées, *sans points dorés;* fl. ordin. rouges. Juill., sept. Lieux incultes. Viv. R. — Vichy (Bor.); Naves, Vicq, Sussat, Saint-Bonnet-de-Rochefort, Bellenaves (M. L.); Bayet (A. M.); Montbeugny (Virotte); Ussel, Deneuille (C. B.).

(3) C. Nutans. *L.* (C. Penché.) Tige de 6-10 déc., droite, rameuse, *cotonneuse,* ailée, épineuse; feuilles oblongues, *profondément pinnati-fides,* décurrentes épineuses; anthodes *gros,* de 3-4 cent. de diam., à peu près *solitaires, penchés,* à pédoncule assez long, tomenteux, *nu, non épineux;* fl. rouges. Juin, oct. Viv. Lieux incultes, bords des chemins. C. C.

Var. *flore albo.* — Bourbon, Moulins, Besson, Montluçon.

C. Crispo-Nutans, Grenier. Hybride des deux précédents, au milieu des *Nutans* et près des *Crispus.* R. R. — Saint-Bonnet-de-Rochefort, bords de la route à Vicq, les Buvats (M. L., Prod.).

CIRSIUM. *Tourn. Carduus. L.* (Cirse.) Invol. imbriqué à écailles simples épineuses; réceptacle à paillettes *sétacées;* akènes lisses, oblongs comprimés; aigrettes à poils *plumeux* (p. 202, fig. 19); feuilles piquantes.

1 {	Feuilles décurrentes		2
	Feuilles non sensiblement décurrentes		3
2 {	Anthodes assez petits, agglomérés.	*C. palustre.*	(1)
	Anthodes gros, solitaires.	*C. lanceolatum.*	(2)
3 {	Involucre très gros, à écailles très piquantes.	*C. eriophorum.*	(3)
	Involucre à écailles peu ou point piquantes		4
4 {	Tige nulle ou très courte, à peine de 2 déc	*C. acaule.*	(4)
	Tiges de plus de 2 déc		5
5 {	Fleurs nombreuses, en panicule corymbiforme.	*C. arvense.*	(7)
	Fleurs, de 1 à 4.		6
6 {	Feuilles entières ou peu découpées	*C. anglicum.*	(5)
	Feuilles pinnatifides	*C. bulbosum.*	(6)

a. — Feuilles décurrentes.

(1) C. Palustre. *Scop. Bor. G. G.* (C. des Marais.) Tige de 1-2 mèt., droite, rameuse, *ailée, très épineuse;* feuilles *très décurrentes,*

pubescentes en dessus, blanchâtres en dessous, lancéolées étroites pinnatifides, très épineuses à segments étroits, bi-trifides ; anthodes *médiocres, agglomérés* pubescents-aranéeux ; fl. rouges, rarement blanches. Juin, sept. Bisan. Endroits humides, marais. C. A toute altitude.

Var. *Flore albo.* — Chevagnes, Bresnay, Besson, Bessay, Souvigny, Le Theil, Bellaigue.

(2) C. Lanceolatum. *Scop. Bor. G. G.* (C. Lancéolé.) Tige de 6-10 déc., droite, rameuse, cannelée, velue, aranéeuse, ailée, épineuse ; *feuilles décurrentes,* vertes, aranéeuses en dessus, parsemées en dessus de petites épines, blanchâtres en dessous, lancéolées pinnatifides, épineuses ; anthodes *gros, solitaires,* à écailles lâches, un peu aranéeux ; fl. rouges. Bisan. Juin, oct. Bords des chemins, lieux incultes. C. C. A toute altitude.

b. — Feuilles non décurrentes.

(3) C. Eriophorum. *Scop. Bor. G. G.* (C. Laineux.) Tige de 1-2 mèt., cannelée laineuse *non ailée ;* feuilles amplexicaules, lancéolées, profondément pinnatifides, *non décurrentes, blanchâtres en dessous,* à lobes sur quatre rangs, nervures terminées par des épines disposées régulièrement ; anthodes *solitaires, très gros, globuleux, à duvet aranéeux très abondant,* à épines spatulées ; fl. rouges. Juil., sept. Bisan. Bords des chemins, terrains pierreux. Assez C. — Moulins, Saint-Pourçain, Montluçon, Gannat, Lurcy, Lachapelaude, Souvigny, Ferrières, Laprugne, Le Mayet-de-M., Bresnay, Le Montet, Chavenon, Branssat, Nizerolle, Treban, Cressanges, Murat, Diou, Chirat, Commentry, Chantelle, Bizeneuille, etc. Jusqu'à 900 mètres.

(4) C. Acaule. *All. Bor. G. G.* (C. Nain.) Tige presque *nulle, ne dépassant guère 2 déc., ordin. uniflore ;* feuilles *glabres en dessus, pubescentes en dessous,* lancéolées, pinnatifides, épineuses ; *invol. ovale* presque *glabre, à peine épineux,* à écailles lancéolées apprimées ; fl., rouges. Juil., sept. Bisan. Pelouses, chemins secs. A. C. — Vallière Bressolles, Le Donjon, Monétay, Bourbon, Gouise, Besson, Bresnay, Coulandon, Saint-Germain-des-F., Gannat, Bellenaves, Montluçon, Le Veurdre, Charroux, etc. A toute altitude.

(5) C. Anglicum. *D. C. Bor. G. G.* (C. d'Angleterre.) Racine rampante *à fibres grêles ;* tige de 2-6 déc., *simple, dressée, nue et blanchâtre au sommet ;* feuilles blanchâtres, *lancéolées sinuées dentées, non pinnatifides,* les radicales pétiolées, les supér. embrassantes, invol. cotonneux, à écailles apprimées, peu épineuses ; fl. rouges. Viv. Juin, juil. Prés marécageux, tourbeux. — Trevol, Bressolles, Yzeure, Gannat, Saint-Voir, Lapalisse, Le Mayet-de-Mont., Busset, Chavenon, Deux-Chaises, Bresnay, Saint-Désiré, Loriges, Chirat, Neuvy, Neuilly, Veauce, Chirat, Le Veurdre, Lurcy, Cérilly, Montluçon, Chamblet, Commentry, etc.

(6) C. Bulbosum. *D. C. Bor. G. G.* (C. Bulbeux.) Racine à fibres *épaissies renflées, tuberculeuses ;* tige de 3-8 déc., ordin. *rameuse,* à

rameaux *très allongés, nus* ou à peu près ; feuilles pubescentes *cendrées aranéeuses* en dessous, *pinnatifides, à segments découpés*, les radicales pétiolées, les caulinaires demi embrassantes ; anthodes solitaires, subaranéeux, à écailles apprimées, peu épineuses. Prés et bois marécageux. R. R. — Fourilles, quelques pieds (C. B.). Saulzais, sur nos limites Cher (Bor. 2° éd.) ; Ennezat, Puy-de-D., sur nos limites (M. L. Prod.)

(7) C. ARVENSE. *Scop. Bor. G. G. Serratula. L.* (C. des Champs.) Racine *rampante ;* tige de 6-10 déc., *presque glabre ;* feuilles *sessiles*, oblongues, ondulées, pinnatifides épineuses ; anthodes *ovoïdes, médiocres, en corymbe paniculé ;* écailles de l'invol. *apprimées, à peine piquantes ;* fl. couleur *lie de vin.* Viv. Champs, bords des chemins. C. C.

Var. *Flore albo.* — Souvigny, Le Veurdre, Fourilles.

LAPPA. *Tourn. Arctium. L.* (Bardane.) Involucre globuleux, épines lâches, longués, *crochues en hameçon ;* réceptacle à paillettes sétacées ; aigrette à poils simples, courts, disposés sur plusieurs rangs.

Anthodes de 3 cent., en corymbe. *L. major.*	(2)
Anthodes de 1, 5 à 2 cent., en grappes . . . . *L. minor.* .	(1)

(1) L. MINOR. *D. C. Bor. G. G. Arctium. Lappa. A. L.* (B. à petites têtes.) Tige de 5-8 déc., rameuse, sillonnée, pubescente, rougeâtre ; feuilles très grandes, pétiolées, aranéeuses en dessous, les infér. cordiformes ovales ; anthodes *de 15 à 20 mm., sessiles, presque en grappes ;* involucre glabre ou à poils aranéeux très peu abondants ; fl. rouges *dépassant les écailles de l'involucre.* Juin, sept. Bisan. Bords des chemins, lieux incultes. C. A toute altitude.

(2) L. MAJOR. *Gaërtn. Bor. G. G.* (B. à grosses têtes.) Diffère de la précédente dont Linnée n'en faisait qu'une variété : par sa tige *plus élevée ;* son involucre plus gros, ayant 3 cent., de diamètre ; son inflorescence en *corymbe lâche ;* ses fleurs *plus courtes* que les écailles de l'involucre. — Moulins, Souvigny, Contigny, Monétay-sur-A., Bresnay, Bessay, Montaigut-le-B., Saint-Pourçain, Neuvialle, Le Mayet-de-M., Rongères, Marigny, Chantelle, Fourilles, Bourbon, Montluçon, etc.

SERRATULA. *L.* (Sarrète.) Involucre oblong à écailles scarieuses, pointues, mucronées, non épineuses ; réceptacle garni de paillettes laciniées ; aigrette à poils inégaux, roussâtres, simples, denticulés ; akènes oblongs, comprimés, munis d'une côte sur chaque face.

S. TINCTORIA. *L.* (S. des Teinturiers.) Plante glabre de 4-9 déc., grêle, sillonnée, à rameaux corymbiformes ; feuilles rudes, variables, entières, ou lyrées, ou pinnatifides à lobe terminal allongé ; anthodes oblongs, cylindracés, petits (p. 202, fig. 21) ; écailles violacées au sommet avec un mucron noir. fl. rouges, rarement blanches. Juil., oct. Bois. C.

On cultive comme alimentaires l'*Artichaut* et le *Cardon* qui appartiennent au genre *Cynara* de Linnée.

Tribu III. — Chicoracées.

FLEURS TOUTES LIGULÉES A LEUR ENTIER DÉVELOPPEMENT ; STYLE NI
ARTICULÉ NI RENFLÉ SOUS LES BRANCHES.

a. — Fruits nus ou à couronne paléacée.

LAPSANA. *L.* (Lapsane.) Invol. simple à fol. sur un seul rang, à écailles accessoires formant un calicule; réceptacle nu; akènes nus, tronqués aux deux extrémités (p. 205, fig. 2), sans aigrette ni couronne.

L. Communis. *L.* (L. commune.) Plante *feuillée*, rameuse, de 3-8 déc., velue à la base; feuilles infér. *lyrées*, les supér. *ovales dentées ;* pédoncules *nus, allongés,* en corymbe; fl. jaunes, à involucre glabre. Juin, sept. An. Lieux cultivés, haies. C. C.

ARNOSERIS. *Gaërtn.* (Arnoséris.) Invol. simple, renflé à la base, à écailles nombreuses, sur un rang, muni d'écailles accessoires en forme de calicule; réceptacle alvéolé; fruit couronné par une membrane très courte, à 5 côtes longitudinales et rides transversales.

A. Pusilla. *Gaërtn. Bor. G. G. Hyoseris minima. L.* (A. Fluette.) Plantes à feuilles *toutes radicales en rosette,* obovales dentées ; hampes glabres portant de 1 à 3 fl. *renflées* au sommet en massue; invol. *arrondi,* penché avant la floraison (p. 205, fig. 3); fl. jaunes. Mai, sept. An. Pâturages secs. — Yzeure, Montluçon, Lapalisse, Echassières, Le Mayet-de-Mont., Châtel-Montagne, Laprugne, Néris, Meillard, Chapeau, Chemilly, Gouise, La Lizolle, Monétay, Bresnay, Montbeugny, Montluçon, Meaulne, Urçay, etc. A toute altitude.

CICHORIUM. *L.* (Chicorée.) Involucre double, l'intér. à folioles sur un rang, l'extér. à 5-6 folioles ; réceptacle poilu au centre ; fruit tétragone, comprimé tronqué, et surmonté d'une couronne paléacée.

C. Intybus. *L.* (C. Sauvage.) Tige pubescente de 4-8 déc., à rameaux *tortueux, divariqués, peu feuillés ;* feuilles radicales roncinées, les florales cordiformes amplexicaules ; fl. *axillaires, solitaires ou agglomérées, sessiles, d'un beau bleu,* rar. blanches ou rosées. Juil., sept. Viv. Lieux incultes. C. C. — S'élève jusqu'à 1,000 mètres. (Lamotte.)

Var. *Flore albo.* — Fourilles.

b. — Fruits munis d'une aigrette de poils simples.

CHONDRILLA. *L.* (Chondrille.) Invol. simple, cylindrique, entouré à la base d'écailles en calicule ; akènes tuberculeux, épineux au sommet, cylindracés, côtelés ; aigrette à poils simples, pédicellée, naissant comme au centre d'une couronne de 5 dents écailleuses. (p. 205, fig. 6) ; fl. jaunes; réceptacle nu.

C. Juncea. *L.* (C. Effilée.) Tige de 6-9 déc., très rameuse, hérissée à la base de poils raides recourbés, rameaux lisses, effilés, presque nus ; feuilles radicales en rosette, oblongues, roncinées pinnatifides, n'existant plus au moment de la floraison ; les caulinaires entières, linéaires ; anthodes petits, presque sessiles le long des rameaux. Juin, sept. Lieux sablonneux. C. S'élève jusqu'à 800 ou 900 mètres (Lamotte.)

Var. *Latifolia. An. C. Latifolia. M. Bieb. in Bor ?* — Plante à feuilles caulinaires *lancéolées*, bordées de *dents sétacées*, à l'involucre *pubescent très farineux.* — Yzeure, à Sainte-Catherine (Reverchon.)

On trouve d'ailleurs des *Juncea* à feuilles comme ci-dessus mais à involucre à peine fari-neux, non pubescent. Quelle serait alors la valeur de cette espèce.

TARAXACUM. *Juss.* (Pissenlit.) Involucre à folioles inégales, presque sur deux rangs, les extér. plus courtes ; récept. nu, alvéolé ; akènes anguleux, striés, muriqués, épineux au sommet ; aigrette pédicellée à poils simples blancs, s'étalant à maturité en tête arrondie, fl. jaunes ; pédoncules radicaux, ne portant qu'un anthode ; feuilles toutes radicales.

1	Ecailles extér. de l'invol. appliquées ou au plus étalées	2
	Ecailles extér. de l'invol. réfléchies, souvent enroulées	4
2	Feuilles roncinées pinnatifides. . . . . *T. udum.*	(7)
	Feuilles seulement sinué-dentées	3
3	Fruit brun olivâtre. . . . . *T. palustre.*	(6)
	Fruit jaunâtre pâle. . . . . *T. leptocephalum.*	(8)
4	Fruits rouges ou d'un rouge brun foncé à maturité . . . . *T. erythrospermum.*	(4)
	Fruits grisâtres, pâles, ou jaune-verdâtres, non rouges.	5
5	Fruit rugueux presque jusqu'en bas . . . . *T. maculatum.*	(3)
	Fruit rugueux seulement dans sa moitié supér	6
6	Quelques écailles de l'invol. subémarginées, comme bidentées. . . *T. lœvigatum.*	(5)
	Ecailles de l'invol. non bidentées.	7
7	Côte des feuilles lavée de rouge jusqu'au sommet. . . . . *T. rubrinerve.*	(2)
	Côte non lavée de rouge jusqu'au sommet. . . . . *T. officinale.*	(1)

a, — Ecailles extérieures de l'involucre étalées ou réfléchies.

(1) T. Officinale. *Wigg. Bor. G. G. T. Dens-Leonis. Desf.* (P. Officinal.) Feuilles étalées en rosettes, *roncinées*, à lobes *lancéolés-triangulaires* ; écailles de l'involucre obtuses ; fleurs extérieures *livides en dessous* ; fruits *gris olivâtres*, hérissés au sommet. Avril, sept. Viv. C. C.

(2) T. Rubrinerve. *Jord. Bor.* 3° éd. (P. à nervures rouges.) Diffère du précédent dont il est très voisin : par ses feuilles *dressées étalées, à veines rougeâtres* et nervure dorsale *toujours lavée de rouge jusqu'au sommet* ; ses fleurs extér. *violacées en dessous, dépassant peu* l'involucre ; ses fruits verdâtres. Semble plus R. — Jenzat, prairie de la fontaine minérale de Vauvernier ; Neuvy.

(3) T. Maculatum *Jord. Bor.* 3° éd. (P. Taché.) Feuilles dressées étalées, tachées de brun, *roncinées-pinnatifides*, à lobes *lancéolés aigus, très dentés ;* involucre *dilaté à la base, resserré au sommet*, fleurs extér.

olivâtres en dessous ; fruits *gris olirâtres*, hispides au sommet puis *rugueux écailleux sur presque toute la surface.* Prairies et chemins des calcaires. — Gannat, Moulins.

Ces 3 espèces sont bien voisines.

(4) T. Erythrospermum. *Andr͞s. Bor.* 3ᵉ éd. (P. à fruits rouges.) Feuilles plutôt *dressées, roncinées-pinnatifides* à lobes *étroitement trian-gulaires* dentées ; écailles de l'involucre *bidentées au sommet ;* fruits d'un *rouge brique*, devenant foncé, *muriqués-épineux au sommet.* Prairies et chemins des calcaires. Semble. C. — Meaulne, Saint-Pourçain, Gannat, Yzeure, Moulins, Noyant.

(5) T. Lævigatum. *D. C. G. G.* (P. Lisse) Diffère de la précédente par ses fruits *pâles gris brunâtres`;* ses feuilles *étalées.* — Gannat, Montluçon, Noyant, Yzeure.

b. — **Ecailles de l'involucre apprimées ou à la fin étalées.**

(6) T. Palustre. *D. C. Bor. 3ᵉ éd. G. G.* (P. des Marais.) Feuilles lâchement *dressées*, seulement *sinuées-dentées, oblongues lancéo-lées, ou linéaires* entières, lisses et très glabres ; écailles extérieures *ovales aiguës, appliquées* contre les intérieures ; akènes d'un *gris verdâtre;* anthodes de 6 à 9 millim. Marais, prés humides. — Loriges, Moulins.

(7) T. Udum. *Jord. Bor.* 3ᵉ éd. (P. Humide.) Feuilles *dressées étalées*, roncinées pinnatifides ; anthodes *médiocres*, à écailles extér. souvent *rougeâtres* presque transparentes, *lâchement dres-sées* d'abord, puis étalées flexueuses ondulées, puis réfléchies, les intér. carénées au sommet ; fl. du bord livides en dessous ; fruits *jaunes-verdâtres.* Cette plante semble faire le passage d'une sec-tion à l'autre. Endroits humides. — Moladier, Moulins, Mes-sarges.

(8) T. Leptocephalum. *Reich. Lamotte. Prod. T. Salsugineum. Lamotte.* Bull. de la Soc. bot. de Fr., t. 21, p. 123. (P. à tête étroite.) Diffère du *Palustre* dont il a le port : par ses anthodes *petits et étroits, de 6 mill. d'épaisseur ;* son involucre teinté de *rouge livide;* ses akènes *jaunes-pâles, à peine muriqués* dans le haut. R. R. — Pré de la fontaine minérale de Vauvernier près Jenzat. (A. P.).

Cette plante ne vient que dans les terrains mouillés par les sources minérales ; découvert par Lamotte dans les marais de Cœur, près Cerzat, et à Saint-Nectaire.

LACTUCA. *L.* (Laitue.) Invol. oblong cylindracé, à folioles iné-gales, les extérieures plus petites, formant calicule ; akènes plan-convexes, côtelés, atténués en bec filiforme portant une aigrette de poils simples disposés sur un rang.

1	Fleurs bleues ou violacées.		2
	Fleurs jaunes ou jaunâtres.		3
2	Fleurs grandes en corymbe	*L. perennis.*	(1)
	Fleurs petites en grappe allong͑e.	*L. saligna.*	(4)
3	Feuilles, la plupart, linéaires entières	*L. saligna.*	(4)
	Feuilles larges.		4

4 { Feuilles roncinées, à lobe terminal triangulaire, (p. 205, fig. 10). . . *L. muralis.* (5)
  { Lobe terminal non triangulaire. 5

5 { Feuilles à limbe tordu, placé dans un plan vertical . . . . *L. Scariola* (2)
  { Feuilles à limbe horizontal . . . . *L. virosa.* (3)

(1) L. Perennis. *L.* Vivace.) Tige glabre, glaucescente, de 5-8 déc., à rameaux *diffus;* feuilles glabres, glauques, *pinnatifides* à lobes linéaires entiers ou dentés, les supér. lancéolées, amplexicaules à oreillettes très allongées ; fleurs d'un *bleu violet ou lilas, grandes.* Mai, juil. Viv. Coteaux secs, champs pierreux, calcaires. — Montluçon, Neuvy, Gannat, Mazerier, Poëzat, Vicq, Saint-Pourçain, Montord, Chareil-Cintrat, Domérat ; Saint-Amand, Cher.

(2) L. Scariola. *L.* (L. Sauvage.) Tige de 1 à 2 mètres, droite, rameuse, *blanchâtre;* feuilles *subissant une torsion qui met le limbe dans un plan vertical, épineuses* sur la nervure médiane et aux bords, glabres d'ailleurs, amplexicaules, sagittées, *plus ou moins roncinées,* pinnatifides non décurrentes ; fl. d'un jaune pâle ; fruits d'un *gris brun, étroitement* bordés et *ciliés hérissés* au sommet. Juin, sept. Bisan. Lieux incultes. C. — Moulins, Montluçon, Gannat, etc.

L. Dubia. Jord. — Feuilles *entières.* Moulins, Montluçon.

(3) L. Virosa. *L.* (L. Vireuse.) Plante de 1-2 mèt., droite, rameuse, *rougeâtre* ; feuilles *étalées, sans torsion, ovales oblongues, entières ou sinuées,* les supér. amplexicaules sagittées, toutes *chargées sur la nervure médiane de petits aiguillons,* non décurrentes ; fl. jaunâtres, en panicule pyramidale ; fruits *bruns-noir, largement* bordés, *ciliés* (à la loupe) *au sommet.* Juin, sept. Bisan. Lieux incultes. C. — Moulins, Saint-Pourçain, Montluçon, Gannat, Montord, Bourbon, etc.

(4) L. Saligna. *L.* (L. Saulière.) Tige d'un mètre au plus, *grêle, effilée;* feuilles amplexicaules auriculées, ordinairement *dépourvues d'aiguillons,* les infér. roncinées pinnatifides, les supér. *entières linéaires allongées,* fl. d'un jaune pâle *presque sessiles* en grappe effilée ; akènes grisâtres, *glabres* au sommet. Juin, sept. Bisan. Lieux pierreux, bords des champs. — Moulins, Souvigny, Besson, Bresnay, Saint-Germain-des-Fossés, Bressolles, Monétay, Montord, Bourbon, Gannat, Montluçon, etc.

Var. *Cyanantha. Bor.*— Fleurs *bleuâtres.* Montord (Causse) ; Moulins (A. M.) ; Port-Barraut, Nièvre, sur nos limites (Bor.).

(5) L. Muralis. *Fries. Bor. G.G. Prenanthes. L.* (L. des Murailles.) Tiges de 4-8 déc., glabres, rameuses ; feuilles roncinées pinnatifides, à *lobe terminal très grand, triangulaire comme palmé,* glauques en dessous, à *nervure sans aiguillons,* les radicales pétiolées, les caulinaires à pétiole ailé, court, embrassant (p. 205, fig. 10) ; fl. jaunes en panicule rameuse *étalée.* Juin, sept. Viv. Bois, à toute altitude.

On cultive la Laitue-Pommée et la Romaine dont les variétés sont très nombreuses. Les laitues fournissent, quand elles sont montées, un suc laiteux narcotique (*Thrydace, lactucarium*), calmant, employé en médecine ; on le retire surtout du *L. virosa.*

PRENANTHES. *L.* (Prénanthe.) Involucre cylindrique, à écailles sur deux rangs, les extér. plus petites, formant calicule ; réceptacle nu ; 5 demi-fleurons ; akènes tronqués au sommet, comprimés, à aigrette sessile, formée de poils simples.

P. PURPUREA. *L.* (P. Purpurine.) Tige de 8-12 déc., droite, cylindrique rameuse ; feuilles inför. ovales, oblongues, dentées, rétrécies en pétiole, les supér. entières, amplexicaules, cordiformes, lancéolées, toutes glauques en dessous ; fl. d'un *rouge-violet*, en panicule étalée. Juil., août. Viv. R. — Forêt des Collettes, route de Montaigut ; Veauce (E. Nony) ; Ferrières (Cr.) ; Le Montoncelle (Lasnier) ; Laprugne, à l'Assise ; Saint-Nicolas (J. B.) ; descente de Saint-Menat, P. de D. à 2 kil. de l'Allier (de Lambertye).

SONCHUS. *L.* (Laitron.) Invol. imbriqué, ovoïde, renflé à la base surtout après la floraison ; réceptacle nu ; fruit comprimé, strié, surmonté d'une aigrette sessile de poils simples, généralement blancs ; fl. jaunes.

1 { Pédoncule et involucre hérissés glanduleux . . . . *S. arvensis.* (3)
  { Pédoncule et involucre glabres ou seulement munis de quelques poils. 2

2 { Feuilles à oreillettes acuminées. . . . . *S. oleraceus.* (1)
  { Feuilles piquantes sur les bords, à oreillettes arrondies . . . . *S. asper.* (2)

(1) S. OLERACEUS. *L.* (L. des Cultures.) Tige de 3-8 déc., *rameuse*, lisse, fistuleuse ; feuilles oblongues, entières ou roncinées pinnatifides, sinuées, denticulées, embrassant la tige par des *oreillettes acuminées ;* pédoncules en *corymbe glabre ainsi que les involucres*, ou *un peu* poilu glanduleux ; fruit à 3 côtes sur chaque face, *avec des rugosités transversales.* Juin, nov. An. Lieux cultivés, jardins, C. C.

(2) S. ASPER. *All. Bor. G. G.* (L. Epineux.) Tige de 3-8 déc., lisse, fistuleuse, *rameuse ;* feuilles ovales, entières ou roncinées-pinnatifides, fermes, à *dents aiguës piquantes*, à oreillettes *arrondies, contournées, appliquées contre la tige ;* corymbes *glabres*, rarement hérissés, ainsi que les involucres ; fruit *marginé*, à 3 côtes sur chaque face, mais *non rugueux transversalement.* Juin, nov. An. Lieux incultes, C.

Les deux espèces précédentes varient beaucoup par leurs feuilles depuis la forme presque entière à la forme pinnatifide déchiquetée ; la dernière à feuilles plus ou moins piquantes.

(3) S. ARVENSIS. *L.* (L. des Champs.) Tige de 4-10 déc., *peu rameuse*, droite ; feuilles oblongues roncinées, *les supér. souvent entières*, toutes bordées de petites dents aiguës et à *oreillettes arrondies ;* pédoncules en corymbes, *hérissés ainsi que les invol. de poils glanduleux ; fl. grandes ;* akènes *à côtes muriquées.* Juil., sept. Viv. Champs cultivés. C.

Une forme venant dans les endroits humides, à pédoncules fortement hispides et s'élevant presque jusqu'à 2 mètres, peut être confondue avec le S. *palustris*, que nous n'avons pas et qui en diffère par *ses oreillettes aiguës.*

MULGEDIUM. *Cass.* (Mulgédie.) Invol. caliculé imbriqué ; réceptacle marqué de fossettes ; demi-fleurons sur plusieurs rangs ; fruit glabre, comprimé rétréci, mais sans bec, muni de côtes nombreuses; aigrette à poils raides, d'un blanc sale.

M. Plumieri. *D. C. Bor. Sonchus Plum. L. Lactuca Plum. G. G.* (M. de Plumier.) Plante très glabre; tige de 6-12 déc., dressée, grosse, fistuleuse, striée; feuilles un peu glauques en dessous, grandes, roncinées pinnatifides, dentées, les supér. sessiles, amplexicaules, à oreillettes courtes presque arrondies, fleurs bleues, grandes, en corymbe *glabre, ainsi que l'involucre;* fruit elliptique à *stries rugueuses.* Juin, août. Viv. Montagnes. R. R. — L'Avoine, au Montoncelle (J. R.); Laprugne à l'Assise, (A. M.); Ferrières, à Robin (J. R.); au Saint-Vincent (Renoux.)

BARKHAUSIA. *D. C. Crepis. L. G. G.* (Barkhausie.) Invol. à folioles imbriquées, accompagnées à la base de folioles écartées formant calicule (p. 205, fig. 8); akènes, au moins ceux du centre, à aigrette pédicellée (p. 205, fig. 7), formée par des poils simples, blancs, sur plusieurs rangs; fl. jaunes.

1 { Aigrettes du bord à pédicelle plus court. . . . .*B. fœtida.* (1)
  { Aigrettes toutes égales 2

2 { Involucre jaunâtre, hérissé de longues soies (p. 205, fig. 8). . . . . *B. setosa.* (3)
  { Involucre pubescent, à poils courts noirâtres . . . . *B. taraxacifolia.* (2)

(1) B. Fætida. *D. C.* (B. Fétide.) Plante de 2-5 déc., *exhalant,* quand on la froisse, *l'odeur des amandes amères,* à poils courts blanchâtres; tige dressée, rameuse, à *rameaux nus;* feuilles velues hérissées, les radicales en rosette, roncinées pinnatifides, à lobes inégaux, les supér. sessiles; pédoncules *uniflores renflés, allongés;* invol. *fortement côtelé,* velu glanduleux; aigrette à *pédicelles inégaux.* Juin, sept. An. Lieux secs, incultes. C. — Moulins, Montluçon, Gannat, Saint-Pourçain, etc.

(2) B. Taraxacifolia. *D. C.* (B. à feuille de Pissenlit.) Tige de 2-8 déc., subpubescente, sillonnée, à rameaux *en corymbe;* feuilles radicales en rosette, pétiolées, les supér. amplexicaules, toutes velues, lyrées ou roncinées pinnatifides, à lobe terminal très grand; invol. *hérissé de poils noirâtres;* akènes munis d'environ 20 côtes. Mai, juil. Bisan. Prés, champs, chemins. C. — A. R. aux environs de Montluçon (A. P.)

(3) B. Setosa. *Haller.* (B. Hispide.) Tige de 2-6 déc., grêle, striée, rameuse, *diffuse,* hérissée de poils soyeux, comme toute la plante; feuilles *d'un vert pâle,* les radicales sinué-dentées ou roncinées, les caulinaires *presque simples,* dentées, embrassantes, les supér. *sagittées entières;* invol. *hérissé de soies jaunâtres, raides, assez longues;* écailles extérieures très lâches (p. 205, fig. 8), fl. médiocres. Juin, août, An. R. — Moulins, sur les Perrés (V. B.); Avermes, Neuilly, Besson (L. A.); Bressolles (E. O.); Villeneuve, Bessay (A. M.); Loriges, Chareil, Cintrat, (C. B.); Montluçon (A. P.); Gannat (M. L.)

Plante introduite par les graines du Midi.

CREPIS. *L.* (Crépide.) Invol. imbriqué, écailles externes lâches en calicule; akènes munis de côtes, atténués, à aigrettes blanches sessiles, à poils simples, sur plusieurs rangs; fl. jaunes.

1 { Involucre très glabre. cylindrique (p. 205, fig. 9) . . . . *C. pulchra.* (1)
{ Involucre velu. 2

2 { Réceptacle glabre. . . . . *C. virens.* (3)
{ Réceptacle velu. . . . . *C. biennis.* (2)

(1) C. Pulchra. *L.* (C. Elégante.) Plante de 3-10 déc., droite, sillonnée, *poilue, visqueuse,* surtout inférienrement, glabre à la partie supér.; feuilles ovales oblongues, presque entières ou sinuées, roncinées, pétiolées, les caulinaires amplexicaules; invol. *cylindracé glabre* (p. 205, fig. 9); écailles extérieures *très courtes apprimées,* anthodes petits; réceptacle *nu ;* fleurs peu nombreuses; akènes *presque linéaires,* à 10 côtes. Mai, juil. An. Coteaux calcaires. R. — Gannat, Vichy, (L. L.); Bressolles (E. O.) Moulins (A. M.); Saint-Pierre-le-Moustier, Nièvre, sur nos limites (V. B.)

(2) C. Biennis. *L.* (C. Bisannuelle.) Plante de 8-12 déc., poilue, hérissée, rameuse, sillonnée; feuilles infér. *très allongées,* sinuées ou roncinées pinnatifides; les caulinaires amplexicaules auriculées, *non sagittées ;* invol. pubescent blanchâtre; écailles hérissées *à l'extér. de poils noirâtres* et à *l'intér.* parsemées *de poils blancs, brillants, apprimés;* fl. grandes, jamais rougeâtres extrérieurement; stigmates *jaunes ; akènes à 13 côtes;* réceptacle *velu.* Mai, sept. Bisan. Prairies. C. A toute altitude.

(3) C. Virens. *L. G. G. C. Polymorpha. Wallr.* (C. Verdâtre.) Plante polymorphe, tige *droite* ou diffuse, élevée *de 4-10 déc.,* rameuse *seulement à sa partie supérieure,* glabre ou hispide à la base; feuilles radicales nombreuses, étalées, allongées, roncinées pinnatifides, les caulinaires sessiles *allongées,* amplexicaules *sagittées,* les supér. entières, pédoncules *en corymbe;* invol. pubescent blanchâtre, réceptacle *glabre ;* stigmates jaunes; akènes linéaires oblongs à 10 côtes. Juin, oct. An. Prés, champs, chemins des bois.

On en a fait plusieurs espèces :

C. Agrestis. W. K. Bor. — La plus robuste; tige *droite* de 3-8 déc.; *pédicelles et involucres* pubescents, offrant en outre des *poils noirs glanduleux.* A rechercher chez nous.

C. Virens. D. C. Bor. — Tige *droite; involucre* mais non les pédicelles, *offrant quelques poils noirs* glanduleux. Moulins, Fourilles, etc.

C. Diffusa. D. C. Bor. — Tige *faible, diffuse;* de 1-3 déc. anthodes plus petits, *seulement pubescents.* C. C.

HIERACIUM. *L.* (Épervière.) Involucre à folioles imbriquées formant presque calicule; akènes subcylindriques, à 10 côtes, tronqués et sans bec au sommet, aigrette blanchâtre ou roussâtre, sessile, fragile; réceptacle alvéolé, sans paillettes; fleurs jaunes.

a. — Tiges à peu près nues, à rejets rampants.

(1) H. PILOSELLA. *L.* (E. Piloselle.) Souche munie de *longs sto-lons*, feuillés, non florifères ; plante velue ; *hampe nue*, de 1-2 déc. *uniflore ;* feuilles ovales oblongues, *obtuses*, entières *blanchâtres* tomenteuses en dessous, à longs poils sur les 2 faces, étalées en rosette ; involucre médiocre, *courtement* hérissé, ordin. couvert de poils noirâtres. Mai, sept. Viv. Lieux stériles. C. C.

(2) H. PELLETERIANUM. *Mérat.* (E. de Lepelletier.) Diffère de la précédente dont elle offre les caractères généraux : par son *anthode 2 fois plus gros ;* son involucre *hérissé de long poils* blanchâtres soyeux. Plante plus robuste, à stolons *courts.* B. — Bords du Sichon près Molle (Saul, in Bor.) ; Bayet, bord de la Bouble (C. B.)

(3) H. AURICULA. *L.* (E. Auricule.) Souche émettant des stolons *radicants et feuillés*, non florifères ; tige simple, de 1-2 déc., nue ou offrant 1-2 feuilles à la base, à quelques poils courts, portant au sommet *2-6 anthodes*, rarement 1, à pédonc. courts, *simples*, poils glanduleux ; feuilles en rosette, oblongues, lancéolées, *obtuses*, *glauques et nues* sur les 2 faces, offrant à la base de longs poils ; anthodes petits, ovoïdes, à poils courts, noirs glanduleux. Mai, sept. Viv. Prés, bords des chemins, etc. A. C. A toute altitude.

b. — Tige feuillée ; akènes cylindriques non atténués à la base.

(4) H. PALUDOSUM. *L. Crepis palud. Mœnch. Soyeria palud. G. G.* (E. des Marais.) Tige de 4-10 déc., striée, rameuse au sommet, *glabre ainsi que les feuilles*, sauf dans la panicule ; feuilles molles, minces, les radicales et les infér. oblongues, *roncinées dentées*, longuement atténuées ; les caulinaires lancéolées, *auriculées-sagit-lées ;* anthodes en corymbe, à folioles appliquées, velues glandu-

leuses ; styles brunâtres ; réceptacle 'glabre ; akènes cylindracés, tronqués aux deux bouts ; aigrette un peu roussâtre. Juin, juil. Viv. Prés humides des montagnes. R. — Laprugne à l'Assise (A. M.) ; Saint-Nicolas-des-Biefs (B.) ; et probablement toute cette région. Les Collettes, vers la Croix des bois (Tourteau.)

Cette plante a le port d'un *Crepis*, mais les fruits des *Hieracium*.

c. — Tiges feuillées ; fruits atténués dans le bas.

Renouvellement des tiges se faisant par des rosettes dont les feuilles existent encore au moment de la floraison.

(5) H. AMPLEXICAULE. *L.* (E. Amplexicaule.) Plante toute *poilue, glanduleuse*, à odeur résineuse ; tige de 1-3 déc. ordin. rameuse ; feuilles radicales, lancéolées plus ou moins dentées, à pétiole ailé, les caulinaires ovales, *cordiformes-amplexicaules ;* anthodes en corymbe, occupant au moins la moitié de la tige, à folioles *régulièrement* imbriquées, lâches, hérissées-glanduleuses ; ligules *ciliées*. Juin, sept. Viv. Rochers des montagnes. Indiqué par Bor. à Châteauneuf les bains, Puy-de-Dôme, sur les bords de la Sioule.

(6) H. MURORUM. *L.* (E. des Murs.) Plante *verte, non glaucescente ;* tige de 3-5 déc., poilue surtout à la base, rar. glabrescente, glanduleuse au sommet ; feuilles en rosette radicale, *jamais* glaucescentes, pétioles ordin. *plus courts* que le limbe, hérissés de longs poils blancs ; limbe *ovale ou en cœur* à la base, ordin. denté, incisé à la base et à dents dirigées en arrière, ordin. hérissé sur les deux faces ; les caulinaires 1-2, rar. nulles, ovales, lancéolées, plus ou moins dentées ; pédoncules *étalés arqués ;* styles jaunâtres sur le frais. Juin, sept. Viv. Bois. C.

H. Prœcox. C. H. Schultz. à feuilles ovales ou lancéolées, *glaucescentes, glabres* en dessus, d'un vert clair, souvent maculées.

Espèce très variable.

(7) H. VULGATUM. *Fries. H. Sylvaticum. G. G.* (E. Vulgaire.) Tige de 3-8 déc., à rameaux étalés-dressés, en panicule ascendante ; feuilles plus ou moins pubescentes sur les deux faces, souvent tachées de pourpre ; les radicales ovales ou oblongues plus ou moins lancéolées, presque entières ou plus ou moins dentées ; les caulinaires *3-8*, lancéolées, *pétiolées* dans le bas, sessiles dans le haut ; styles *fauves et livides.* Juin, juil. Viv. Bois.

Espèce très variable : par ses feuilles vertes ou tachées, presque entières, ou fortement dentées ; par le nombre des feuilles caulinaires, la longueur du pétiole et leur dents plus fortes.

d. — Tiges feuillées ; fruits atténués dans le bas.

Renouvellement des tiges se faisant par des bourgeons dont les feuilles n'apparaissent qu'au printemps ; feuilles radicales détruites au moment de la floraison.

(8) H. BOREALE. *Fries. G. G.* (E. Boréale.) Tige de 4-10 déc., droite raide, *très feuillée*, rude, hérissée surtout à la base ; feuilles plus ou moins hérissées ciliées, ou presque glabres, dentées dans le bas ; les radicales *détruites* à la floraison ; les caulinaires infér.

ovales ou lancéolées, plus ou moins *atténuées en large pétiole*, les autres à base large et sessiles; pédonc. pubescents et tomenteux en *panicule corymbiforme;* anthodes à folioles *obtuses, dressées ;* styles *bruns.* Sept. Bois, bruyères, buissons et surtout en terrain siliceux.

Plante très variable.

(9) H. Sabaudum. *L.* (E. de Savoie.) Voisin de la précédente, en diffère surtout par ses feuilles *toutes ovales-cordiformes et embrassantes* à la base. Elle me semble. C. chez nous.

(10) H. Umbellatum. *L.* (E. en Ombelle.) Tige de 3-10 déc., glabre ou pubescente, raide droite, à rameaux en *panicule ombelliforme;* feuilles *toutes sessiles*, lancéolées, denticulées, glabres ou pubescentes; pédonc. tomenteux; anthodes à folioles en rangs nombreux, les extérieures *aiguës, recourbées*, les intér. très obtuses; styles *jaunes.* Juil., sept. Viv. Bois, etc. C. C.

ANDRYALA. *L.* (Andryale.) Invol. à folioles sur 1-2 rangs, réceptacle alvéolé muni de poils plus longs que les fruits; akènes striés, aigrette sessile à poils simples dentés.

A. Integrifolia. *L.* (A. à feuilles entières.) Plante de 4-8 déc., couverte d'un duvet court, blanc-jaunâtre; tige dressée, rameuse, corymbiforme; feuilles molles, tomenteuses, les infér. sinué-dentées, les supér. entières; fl. jaunes en corymbe serré. Juin, sept. An. ou bisan. Lieux pierreux. — Cusset, Saint-Rémy, Montluçon à l'Amaron, Coulanges, Besson, Lapalisse, Hérisson, Saint-Germain-des-Fossés, Monétay-sur-Allier, Loriges, Chezelles, Rouzat, Branssat, Cognat-Lyonne, Saint-Didier, Chantelle, Chirat, Fourilles, Cesset, Chouvigny, Ferrières, Montluçon, Hérisson, etc.

c. — Fruits munis d'une aigrette de poils plumeux.

HYPOCHÆRIS. *L.* (Porcelle.) Involucre oblong imbriqué; réceptacle à paillettes caduques; akènes, au moins ceux du centre, atténués en bec qui rend l'aigrette pédicellée; aigrette à poils extérieurs paléacés, les intér. plumeux, quelquefois dépourvue des premiers; feuilles presque toutes radicales; fl. jaunes.

1	Fruits du bord sans bec, à aigrette sessile.	*H. glabra.*	(1)
	Tous les fruits à aigrette pédicellée.		2
2	Aigrettes à soies toutes plumeuses	*H. maculata.*	(3)
	Aigrettes à soies extérieures paléacées	*H. radicata.*	(2)

(1) H. Glabra. *L.* (P. Glabre.) Tige *annuelle glabre, presque nue*, rameuse, de 1-4 déc.; feuilles en rosette, oblongues, sinué-roncinées, *glabres et lisses* ou un peu poilues sur les bords; invol. *glabre* à écailles intérieures *égalant* les fleurs; aigrettes centrales pédicellées, celles de la circonférence *sessiles.* Juin, sept. An. Lieux sablonneux. — Yzeure, Bourbon, Ferrières, Le Mayet-de-Mont., Châtel-Montagne, Laprugne, Saint-Nicolas, Bresnay, Besson, Cressanges, Loriges, Chavenon, Cérilly, Montluçon, Montmarault, etc.

(2) H. Radicata. *L.* (P. Enracinée.) Tige *vivace presque* glabre, *nue, rameuse ;* feuilles en rosette, roncinées, *hispides ;* involucre à écailles glabres ou hérissées sur le dos ; aigrettes *toutes pédicellées, poils exter.* de l'aigrette *paléacés,* les intér. plumeux. Juin, sept. Viv. Prés, bois, chemins. C. C.

(3) H. Maculata. *L.* (P. Tachée.) Souche grosse, subligneuse ; tige *simple,* un peu *hispide, portant* vers la base *une ou deux feuilles* embrassantes ; feuilles radicales grandes, dentées ou sinuées, *hispides,* souvent tachées de brun ; invol. à écailles infér. *noirâtres hérissées,* les moyennes *tomenteuses ;* aigrettes *toutes pédicellées, tous les poils plumeux.* Viv. Juin, août. Bois des coteaux montagneux. R. R. — Bois de Branssat (Moriot, in Pérard) ; Bois de Saint-Didier (C. B.) ; Bois de Chiroux, près Gannat (P. B.) ; Bois du Grand-Vallon, près Sussat (M. L., Prod.) ; Bois d'Audes (A. P.) ; Bois de Broût-Vernet (B.) ; Environs de Saint-Amand, Cher, sur nos limites. (Bor.).

THRINCIA. *Roth.* (Thrincie.) Folioles de l'invol. imbriquées ; réceptacle nu, alvéolé ; akènes atténués, ceux de la circonférence couronnés par une membrane dentée (p. 205, fig. 5), ceux du centre à aigrette formée par des poils plumeux élargis à la base ; feuilles toutes radicales ; hampes nues ; fl. jaunes.

T. Hirta. *Roth. Bor. G. G.* (T. Hérissée.) Racine courte tronquée ; feuilles lancéolées, sinué-dentées ou roncinées, plus ou moins hérissées ; hampes de 1-3 déc., uniflores ; anthodes le plus souvent hispides, ovoïdes cylindracés, penchés avant la floraison ; fleurs livides en dehors. Juin, oct. Viv. Pelouses, bords des chemins. C. C. — Plante polymorphe.

LEONTODON. *L.* (Dent de Lion.) Invol. imbriqué d'écailles apprimées ; réceptacle alvéolé, glabre ou velu ; aigrettes toutes semblables, à poils plumeux, à base un peu élargie, sur un ou deux rangs, et dans ce dernier cas les extérieurs plus courts, non soudés en anneau à la base ; feuilles toutes radicales, fl. jaunes.

1 { Hampe rameuse. . . . . *L. autumnalis.* (1)
  { Hampe simple. 2

2 { Hampe munie de bractéoles vers le sommet. . . . . *L. pyrenaïcus.* (4)
  { Hampe sans bractéoles 3

3 { Plante hérissée de poils bi-trifurqués. . . . . *L. hispidus.* (2)
  { Plante glabre ou à quelques poils simples. . . . . *L. hastile.* (3)

(1) L. Autumnalis. *L.* (D. d'Automne.) Souche tronquée ; plante de 2-5 déc., à *hampe rameuse ;* feuilles *le plus souvent glabres,* lancéolées pinnatifides, ou étroites et presque entières ; fl. *non penchées* avant la floraison ; invol. pubescent ; poils de l'aigrette *sur un rang, tous* plumeux. Juin, oct. Viv. Lieux incultes, chemins, C. C. A toute altitude.

(2) L. Hispidus. *L.* (D. Hispide.) Souche tronquée ; plante de 1-6 déc., *toute hérissée de poils bitrifurqués ;* feuilles oblongues, sinuées dentées *roncinées, hérissées ;* hampes *simples ;* anthode

solitaire, *penché* avant la floraison ; *poils extérieurs* de l'aigrette *très courts et écailleux*, les intér. longs et plumeux. Juin, oct. Viv. Prés, bois. C. C. A toute altitude.

(3) L. Hastile. *L.* (D. Hampe.) Diffère du précédent dont il a les autres caractères généraux : par sa hampe et son involucre *glabres* ou à peu près ; par ses feuilles *plus minces, glabres* ou parsemées de quelques *poils simples*. R. — Gannat (P. B.) ; Montord (Lavediau) ; Dompierre-sur-Besbre (A. M.) ; Les Collettes ; L'Avoine, vers Beaulouis (A. P.) ; Decize, sur nos limites, Saône-et-Loire (Boreau, 2ᵉ éd.).

(4) L. Pyrenaïcus. *Gouan. Bor. G. G.* (D. des Pyrénées.) Plante *glabre* ou munie de quelques *poils simples ;* souche oblique, tronquée ; hampe uniflore, de 1-4 déc., renflée au sommet et *pourvue de bractéoles appliquées ;* feuilles ordin. pétiolées, *oblongues, presque entières* ou à dents *peu prononcées ;* anthode *penché* avant la floraison, *hérissé de poils noirâtres ;* poils *extérieurs* de l'aigrette *très courts et écailleux,* les intérieurs *plumeux ;* aigrette *plus courte* que les akènes. Juin, août. Viv. Hautes montagnes. R. R. — Montoncelle ; Laprugne au Sapet (Pér. et Mig. Excurs.) ; Saint-Priest-Laprugne (Renoux). — 11 à 1,200 mètres.

PICRIS. *L.* (Picride.) Invol. imbriqué à écailles extérieures étalées ; réceptacle alvéolé sans paillettes ; fruits striés transversalement ; aigrette caduque à poils élargis à la base, soudés en anneau à leur base et plumeux, ou les extér. denticulés ; fl. jaunes.

P. Hieracioïdes. *L.* (P. Épervière.) Plante de 4-9 déc., toute hérissée de poils rudes, presque piquants, à rameaux étalés ; feuilles oblongues, dentées ou sinuées, les supér. amplexicaules ; fruits un peu courbés. Juil., oct. Bisan. Lieux incultes, haies, etc. C. surtout sur les calcaires, plus rare sur la silice.

HELMINTHIA. *Jussieu.* (Helminthie.) Invol. double, l'extérieur à 5 folioles cordiformes ovales, l'intérieur à 8 folioles plus petites ; réceptacle nu, fruit à bec allongé filiforme ridé transversalement ; poils plumeux.

H. Echioïdes. *Gaërnt. Bor. G. G. Picris Echi. L.* (H. Vipérine.) Plante de 3-8 déc., très rude, hérissée, piquante, rameuse, dichotome ; feuilles infér. pétiolées, sinuées, les supér. amplexicaules ; fl. jaunes ; akènes du bord velus d'un côté. Juil., sept. An. R. — Bressolles, Neuvy (E. O.) ; Bresnay (L. A.) ; Château-sur-Allier (Mᵗˢ de la Roche) ; Montaigut-le-Blin (Virotte) ; Moulins (A. M.) ; Loriges, Fourilles (C. B.) ; Veauce (M. L.).

Plante introduite par les graines du midi.

SCORZONERA. *L.* (Scorzonère.) Invol. imbriqué cylindracé ; réceptacle nu, alvéolé ; fruit atténué, mais sans bec, portant une aigrette à poils plumeux à barbes entrecroisées ; fl. jaunes.

S. Humilis. *L. G. G. S. Plantaginea. Bor.* (S. Basse.) Racine noirâtre, tige de 2-5 déc., droite, simple, fistuleuse, portant de 1-3

fl.; feuilles oblongues acuminées, allongées nerveuses, les caulinaires étroites : invol. cylindracé ; fl. doubles des écailles de l'invol.; aigrette blanche égalant l'akène. Mai, juil. Bois. C. mais
seulement dans les prés humides, un peu tourbeux, à toute altitude.

Les jardiniers cultivent pour ses racines alimentaires la Sc. d'Espagne, à tige rameuse
multiflore et à feuilles plus nombreuses.

PODOSPERMUM. *D. C.* (Podosperme.) Invol. à écailles imbriquées membraneuses sur les bords ; réceptacle tuberculeux ; fruit
comme articulé au milieu, porté par un pédicelle renflé, non atténué au sommet ; aigrette plumeuse, à poils entrecroisés.

P. Laciniatum. *D. C. Bor. G. G. Scorzonera laciniata. L.* (P.
Lacinié.) Tige de 2-5 déc., plus ou moins velue, surtout à la base,
ascendante rameuse ; feuilles pinnatifides à lobes petits linéaires,
le terminal très allongé, les supér. entières linéaires ; involucre
pubescent, à folioles extérieures lâches ; fl. d'un jaune pâle. Juin,
août. Bisan. Champs, pelouses et surtout dans le calcaire. R. —
Ussel, Chareil (C. B.) ; Lurcy, pré de l'étang Larrau (A. M.) ; Montluçon, à Argentière (A. P.) ; Environs de Saint-Amand (Boreau
2° éd.)

TRAGOPOGON. *L.* (Salsifis.) Invol. à folioles sur un rang, soudées à la base ; réceptacle alvéolé nu ; fruit strié, rude, atténué en
long bec ; soies de l'aigrette toutes plumeuses à barbes entre-
coisées (p. 205, fig. 4.)

1 { Fleurs pourprées. . . . . *T. porrifolius.*
  { Fleurs jaunes 2

2 { Pédoncules fortement renflés au sommet, folioles de l'involucre dépassant
  { les fleurs. . . . . *T. major.* (1)
  { Pédoncules non ou à peine renflés. 3

3 { Folioles de l'involucre égalant les fleurs ; tube des étam., d'un brun
  { foncé supér. . . . . *T. pratensis.* (2)
  { Folioles de l'involucre plus petites que les fleurs ; tube des étam.
  { jaune, seulement strié de brun. . . . . *T. orientalis.* (3)

(1) T. Major. *Jacq. Bor. G. G.* (S. à gros pédoncule.) Tige de 5-8
déc., droite, simple ou rameuse ; feuilles glabres, ou un peu floccon-
neuses à la base, *planes*, élargies à la base, longuement lancéolées
acuminées ; pédoncules *fortement renflés* au sommet ; invol. *à 3-10
folioles, dépassant* les fleurs qui sont jaunes ; fruit polygonal, *couvert d'écailles scabres, bien plus petit* que le pédicelle de l'aigrette.
Juin, août. Bisan. Prés secs, bords des vignes. R. — Gannat,
Neuvialle, Saint-Priest-d'Andelot, Rouzat, Ebreuil (M. L.) ; Verneuil (cailloux) ; Ussel, Jenzat, Fourilles (C. B.) ; Chambon, Creuse,
sur nos limites (A. P.)

(2) T. Pratensis. *L.* (S. des Prés.) Tige de 4-8 déc., à peu près
simple, glabre comme toute la plante ; feuilles *canaliculées*, lancéolées linéaires, allongées ; *pédoncules à peine renflés* au sommet ;
invol. *à 8 folioles, égalant ou dépassant à peine* les fleurs qui sont
jaunes ; *anthères à tube d'un brun foncé* supérieurement ; *bec aussi
long* que l'akène, qui est scabre. Mai, juil. Bisan. Prairies, champs. C.

(3) T. ORIENTALIS. *l*. (S. d'Orient.) Diffère du précédent par ses pédoncules *non renflés* au sommet ; son invol. à folioles *plus petites* que les fleurs ; *ses anthères jaunes* sur toute la longueur du tube, sauf 5 stries brunes sur les angles ; ses fruits à *bec plus court* que l'akène qui est *muni d'écailles scabres*. Mai, juil. Bisan. Moulins, Neuvy (A. M.)

On cultive pour ses racines et on peut trouver échappé çà et là, le *T. porrifolius* à fleurs violettes, pourprées.

M. Berthoumieu a récolté à Blanzat, commune de Chareil-Cintrat, un *Tragopogon* hybride du *Pratensis* et du *Porrifolius* : tige *non renflée* au sommet, fleurs *lavées de violet* extérieurement ; akènes *avortés*.

Famille XLVIII. — AMBROSIACÉES.

Fleurs unisexuelles. monoïques. Fl. mâles ; nombreuses, disposées en anthodes ou capitules globuleux ; involucre à écailles sur un seul rang : corolle régulière monopétale, à 5 dents ; 5 étam. à anthères libres. Fl. femelles : solitaires ou géminées, dans un involucre monophylle ; corolle nulle ; style à deux branches arquées en dehors ; ovaire soudé au calice ; akènes sans aigrette, renfermés dans le calice endurci, monospermes, indéhiscents, (p. 205, fig. 11 et 12 ; p. 253, fig. 14.)

Feuilles simples ; fl. mâles en glomérules. . . . . *Xanthium*.
Feuilles composées ; fl. toutes en longs épis terminaux . . . . *Ambrosia*.

XANTHIUM. *Tourn.* (Lampourde.) Fl. mâles agglomérées ; involucre à écailles libres, sur un seul rang ; réceptacle pailleté ; corolle tubuleuse. Fl. femelles à involucre monophylle partagé en deux loges renfermant chacune une fleur ; fruit glabre, renfermé dans l'involucre endurci et hérissé de pointes raides (p. 253, fig. 14).

Fruit terminé par 2 pointes crochues . . . . *X. Macrocarpum.* (2)
Fruit terminé par 2 pointes droites . . . . *X. Strumarium.* (1)

(1) X. STRUMARIUM. *L.* (L. Glouteron.) Plante de 4-8 déc., rameuse ; feuilles pétiolées, rudes, *cordiformes* à 3-5 lobes ; fleurs mâles agglomérées au sommet des rameaux ; fruits ovoïdes pubescents, hérissés de pointes un peu crochues *et terminés par deux pointes coniques et droites ;* fl. verdâtres. Août, sept. Terrains gras, bords des murs. A. R. — Villeneuve, Châtel-de-Neuvre, Vichy, (Boreau) ; Châtelperron, Bresnay (L. A.) ; Boucé (Virotte) ; Sancoins, Cher, sur nos limites (Bor.).

(2) X. MACROCARPUM. *D. C.* (L. à gros fruits.) Tige simple ou rameuse de 4-8 déc. ; feuilles pétiolées, rudes, *cunéiformes*, ovales triangulaires, obscurément lobées ; fl. mâles agglomérées ; fruits au nombre de 2-3, oblongs pubescents, hérissés de pointes *courbées et crochues, et terminés par 2 cornes écartées et courbées en dedans* (p. 253, fig. 14) ; fl. verdâtres. Août, sept, An. R. — Bords de l'Allier, et point ailleurs : Moulins, Avermes. Monétay, Chazeuil, Marcenat, Saint-Germain-des-Fossés, Vichy, Trevol, Villeneuve, etc. Je ne l'ai pas vu sur les bords de la Loire.

AMBROSIA. *Tourn.* (Ambroisie.) Fleurs toutes disposées en longs épis terminaux, les mâles en haut, les femelles en bas. Fl. mâles à involucre plus ou moins soudé en coupe; corolles tubuleuses à 5 dents, 5 étamines; réceptacle nu. Fl. femelles uniflores, à corolle nulle; akène renfermé dans l'involucre endurci; fruit terminé par une pointe centrale entourée par 5-6 épines droites en verticille (p. 205, fig. 11-12.)

A. ARTEMISIÆFOLIA. **L.** (A. à feuilles d'Armoise.) Plante de 4-10 déc. droite, raide, rude; racine pivotante, verticale; tige velue à longs poils blanchâtres, rameuse au sommet; feuilles opposées, subpinnatifides, à lobes incisés. entiers, à pointe calleuse, vertes en dessus, pâles en dessous, couvertes d'une pubescence courte et rude, les supér. alternes; fleurs très nombreuses, en épis grêles serrés; involucre herbacé, monophylle, campanulé-ouvert, un peu irrégulier, sinué sur les bords; les femelles seules munies d'une bractée ou d'une feuille; anthères jaunes; fruit globuleux, anguleux veiné, déprimé épineux seulement au sommet. Moissons, luzernes. Août, sept. An. R. R. — Chemilly, Villeneuve (E. O.); Yzeure, à Seganges, où elle couvre des hectares, Bagueux, Sainte-Catherine (L. A.); Trevol, Moulins, faubourg Chaveau, Moulin de la Rigolée (A. M.); Montaiguet, Lenax (Billiet in Lamotte, Prod.); Fourilles, un seul pied (C. B.)

Plante du Canada, importée par des graines étrangères. Passée à l'état de mauvaise herbe envahissante.

Famille XLIX. — LOBÉLIACÉES.

LOBELIA. *L.* (Lobélie.) Calice à 5 div., adhérent à l'ovaire; corolle irrégulière, comme bilabiée, à 5 div.; 5 étamines à anthères soudées en tube; style filiforme à stigmate obtus; capsule à 2-3 valves, couronnée par le calice, à 2-3 loges polyspermes.

L. URENS. **L.** (L. Brûlante.) Plante glabrescente, de 2-5 déc., à suc lactescent; rac. fasciculée; tige dressée feuillée, anguleuse, ordin. simple; feuilles infér. pétiolées, obovales, spatulées, dentées, les supér. lancéolées, dentées; fl. bleues pubescentes, en grappe allongée, munies de bractées linéaires. Juin, sept, An. Bruyères humides. R. — Equaloux, Aude, Montluçon (Boreau); Cérilly (E. O.); Lurcy (Cr.); Bizeneuille forêt de l'Espinasse (m^is de la Roche); Saint-Désiré (L. A.); Couleuvre (Passant); Montluçon au dessus de la Châtre; forêt de Tronçais; Saint-Bonnet-le-Désert; forêt de Civrais, Chazemais (A. P.); Saulzais, Cher, sur nos limites (Bor.); Abbaye des Pierres, vallée supér. de l'Arnon, Cher, (A. Legrand.)

Famille L. — CAMPANULÉES.

Calice adhérent à l'ovaire, à 5 divis.; fl. hermaphrodites, régulières; corolle monopétale à 5 divis., épigyne, infère; 5 étamines; style simple, stigmate à 2-3 divis.; capsule couronnée par les divis. du calice, à 2-5 loges polyspermes, s'ouvrant latéralement, rarement au sommet. Plantes herbacées à feuilles alternes sans stipules.

JASIONE. *L.* (Jasione.) Fleurs agrégées sur un réceptacle nu, à involucre polyphylle; cal. à 5 div.; corolle à 5 lobes linéaires égaux, distincts presque jusqu'à la base; 5 étamines soudées par les anthères; capsule subglobuleuse biloculaire s'ouvrant au sommet, dans la partie libre, par des valves courtes.

{ Racine n'émettant que des tiges florifères. . . . . *J. montana.* (1)
{ Racine émettant des tiges stériles . . . . *J. perennis.* (2)

(1) J. MONTANA. *L.* (J. des Montagnes.) Plante *annuelle*, le plus souvent hérissée, à racine pivotante, grêle, produisant une [ou plusieurs tiges multiflores diffuses, allongées, nues vers le haut; feuilles linéaires spatulées, *ondulées*, dentées, pédoncules allongés; fl. pédicellées, bleues, folioles de l'involucre *entières* ou un peu crénelées. Juin, oct. Lieux sablonneux. C. C.

Forme *Vivipara.* Capitule entouré d'une foule d'autres plus petits. — Chantelle (C. B.)

(2) J. PERENNIS. *Lam. Bor. G. G.* (J. Vivace.) Diffère de la précédente : par sa racine *vivace* émettant des rameaux inférieurs ou *stolons terminés par une rosette de feuilles;* son involucre à folioles *dentées en scie;* ses feuilles *planes.* Montagnes. R. — Châtel-Montagne; L'Avoine, au Montoncelle (A. M.); Gannat, à Neuvialle (L. Besson); L'Avoine, environs de chez Pion; Saint-Victor; Montluçon, vallée du Lamaron, entre Sainte-Hélène et les Ferrières (A.P.).

PHYTEUMA. *L.* (Raiponce.) Fl. sessiles serrées. en capitule ou épi: cal. à 5 divis.; corolle à 5 divis. profondes, filiformes allongées; 5 étamines à anthères libres, à filets dilatés à la base; stigmate à 2-3 lobes enroulés; capsule à 2-3 loges s'ouvrant par des trous latéraux.

{ Epi ovale devenant cylindracé allongé. . . . . *P. spicatum.* (1)
{ Epi globuleux s'allongeant à peine . . . . *P. orbiculare.* (2)

(1) P. SPICATUM. *L.* (R. en épi.) Rac. blanchâtre *charnue, fusiforme;* tige le plus souvent glabre de 3-8 déc., *simple;* feuilles radicales *cordiformes,* ovales, arrondies, crénelées, pétiolées, les caulinaires lancéolées pointues, les supér. *linéaires* sessiles; épi terminal serré, *ovale d'abord, s'allongeant beaucoup* après la floraison et devenant cylindrique; fl. d'un blanc jaunâtre. Mai, juil. Viv. Bois siliceux. — Neuvy, Châtel-Montagne, Cusset, Montluçon,

Lapalisse, Le Mayet-de-Montagne, Vieure, Châtel-de-Neuvre, Ussel, Echassières, Busset, Souvigny, Montaigut-le-Blin, Ferrières, Gannat, Saint-Rémy, Saint-Désiré, Chareil, Marcenat, Marcillat, Fleuriel, le Vernet, Monestier, Commentry, Hérisson, la Chapelaude, Cérilly, etc.

P. Spicatum. Var. *Cœruleum.* — Fleurs bleues, avec *tous* les autres caractères du précédent. — Forêt de Dreuille; Branssat, Cesset, Chantelle, Bresnay; Besson, à Bost; Forêt de Grosbois; Cressanges, Bois de Blomard; Châtel-de-Neuvre, Fleuriel, Le Veurdre, Montluçon, Cérilly, etc.

(2) P. ORBICULARE. *L.* (R. Orbiculaire.) Rac. *dure fibreuse*, produisant *plusieurs tiges* de 2-8 déc., simples; feuilles radicales pétiolées, *ovales ou lancéolées*, dentées, glabres, les supér. sessiles linéaires *élargies;* capitule *globuleux, devenant ovale;* fl. bleues. Juin, août. Calcaires montueux. R. — Gannat (L. L.); Cusset, aux Couteliers (D. Guiraudet.); Chavenon (Causse); Le Montet (B.); Charroux, Etroussat, Fleuriel, Bellenaves, Chareil (C. B.); coteaux calcaires du Cher, sur nos limites (Bor.).

CAMPANULA. *L.* (Campanule.) Calice à 5 divisions; corolle campanulée à 5 lobes; 5 étam. libres, à filets dilatés à la base; capsule turbinée, couronnée par le calice, à 2-5 loges, s'ouvrant par la base, rarement au sommet par des trous; fl. bleues, rarement blanches.

1 { Fleurs sessiles, agglomérées.		11
{ Fleurs pédonculées		2
2 { Feuilles radicales échancrées en cœur à la base		3
{ Feuilles radicales non échancrées en cœur.		7
3 { Feuilles rudes au toucher.		4
{ Feuilles lisses		5
4 { Fl. en panicule feuillée	*C. trachelium.*	(3)
{ Fl. en grappe unilatérale non feuillée.	*C. rapunculoïdes.*	(4)
5 { Feuilles supérieures sessiles linéaires		6
{ Toutes les feuilles cordiformes pétiolées	genre WALHENBERGIA	(p. 250)
6 { Fl. nombreuses, en panicule subétalée	*C. rotundifolia.*	(5)
{ 2-8 fl. en grappe étroite	*C. linifolia.*	(6)
7 { Divisions du calice linéaires.		8
{ Divisions du calice ayant près de 2 mil. de large à la base . . .	*C. persicifolia.*	(9)
8 { Fleurs en grappe ou panicule resserrée		9
{ Fleurs en panicule lâche, étalée		10
9 { Capsule dressée, s'ouvrant vers le milieu ou le sommet.	*C. rapunculus.*	(8)
{ Capsule penchée, s'ouvrant vers la base.	*C. linifolia.*	(6)
10 { Capsule dressée, s'ouvrant vers le milieu ou le sommet.	*C. patula.*	(7)
{ Capsule penchée, s'ouvrant la base.	*C. rotundifolia.*	(5)
11 { Calice à lobes allongés, lancéolés aigus	*C. glomerata.*	(1)
{ Calice à lobes courts, ovales, obtus.	*C. cervicaria.*	(2)

(1) C. GLOMERATA. *L.* (C. Agglomérée.) Tige de 1-5 déc., dressée, ferme, simple, *hérissée;* feuilles crénelées *hérissées*, les radicales pétiolées, *cordiformes lancéolées, les caulinaires sessiles amplexicaules;* fl. *sessiles agglomérées;* corolle à divisions *lancéolées linéaires aiguës*, styles *inclus.* Mai, sept. Viv.

C. Glomerata. type. — Feuilles caulinaires à peu près *toutes égales ;* bractées du capitule terminal lancéolées *allongées, dépassant* les fleurs. — C. à toute altitude.

C. Aggregata. Nocca et Balb. — Souvent plus grande que le type ; feuilles caulinaires *de longueur décroissante* jusqu'en haut ; bractées du capitule terminal *subitement cuspidées, plus courtes* que les fleurs. — Cusset, Besson à Bost, Fourilles, et probablement ailleurs.

(2) C. Cervicaria. *L.* (C. Cervicaire.) Plante de 4-10 déc. *rude, très hérissée* de poils raides ; tige simple, *fortement sillonnée ;* feuilles à peu près entières, les infér. *longues, atteignant 30 cent.,* atténuées en pétiole *bordé jusqu'à la base,* les supér. sessiles, ovales, embrassantes ; fleurs bleues, *agglomérées,* munies de bractées ; calice à divisions *courtes, ovales, obtuses ;* corolle *hispide,* plus courte que la précédente ; style saillant. Juin, août. Bisan. Bois. R. R. — Saint-Didier (B.) ; Chavannes, bois de Fleuret, de Marmagne, Cher (Rey et Pineau in Bor. 2ᵉ éd.)

(3) C. Trachelium. *L.* (C. Gantelée.) Souche *cespiteuse, sans stolons ;* plante de 4-8 déc., *hérissée, hispide ;* tige droite, simple, *anguleuse ;* feuilles infér. *pétiolées cordiformes ainsi que les caulinaires,* les supér. *seules* sessiles ; fl. *pédonculées,* grandes, au nombre de 1-3, calice à divisions *dressées,* même après la floraison. Juin, sept. Viv. Bois, buissons. A. C. — Cusset, Bessay, Lapalisse, Le Mayet, Aronnes, Ferrières, Saint-Nicolas, Echassières, Chirat, Charroux, Cesset, Naves, Bellenaves, Monétay, Bourbon, Branssat, Montaigut-le-B., Besson, Marigny, Gannat, Le Vilhain, Montluçon, Cérilly, etc.

(4) C. Rapunculoïdes. *L.* (C. fausse Raiponce.) Souche émettant de *longs et nombreux stolons ;* tige de 5-9 déc., *arrondie,* plus ou moins velue, simple ou rameuse ; feuilles pubescentes rudes, doublement dentées, les radicales et les caulinaires infér. pétiolées ovales-lancéolées, cordiformes, les caulinaires supér. lancéolées, acuminées, subsessiles ; fleurs grandes, en grappe *unilatérale, non feuillée,* à pédoncule court et portant *vers le sommet deux bractéoles ;* calice à divisions *réfléchies* après la floraison. Juil., août. Viv. Coteaux. R. R. — Gannat, à la Batisse (P. B.)

(5) C. Rotundifolia. *L.* (C. à feuilles arrondies.) Racine *dure, cespiteuse* produisant *une touffe* de tiges de 1-4 déc., *faibles, le plus souvent glabres ;* feuilles *inférieures cordiformes* crénelées, pétiolées, les *caulinaires plus ou moins linéaires ;* lobes du calice subulés linéaires ; fl. en *panicule terminale pauciflore presque étalée ;* capsule penchée, s'ouvrant *vers la base.* Juin, sept. Rochers, murs, chemins, etc. A. C. Surtout dans le terrain siliceux à partir de 300 mètres d'altitude. — Cusset, Gannat, Lalizolle, Saint-Priest-en-Murat, Isserpent, Le Mayet, Châtel-Montag., Ferrières, Nicolas, Saint-Clément, Laprugne, Saint-Nicolas, Aronnes, Le Montet, Branssat, Chirat, Cérilly, Echassières, Montluçon, Saint-Victor, Chamblet, Huriel, Hérisson, etc.

(6) C. Linifolia. *Lam. Bor. G. G.* (C. à feuilles de Lin.) Racine *longue*, épaisse ; tige droite, *raide, feuillée*, de 1-4 déc. ; feuilles radicales *cordiformes*, souvent disparues à la floraison, les caulinaires sessiles, *lancéolées ou lancéolées linéaires*, 4-6 mill. de large, à peu près entières ; fleurs peu nombreuses, 1 à 8 en grappe *étroite ;* calice à divisions linéaires ; capsule *penchée, s'ouvrant par la base.* Juin, août. Viv. Hautes montagnes. R. R. — Sommet du Montoncelle, 1,290 mèt. ; Saint-Nicolas-des-Biefs ; Laprugne, à l'Assise (A. M.)

(7) C. Patula. *L.* (C. Etalée.) Racine *fibreuse ;* tige de 4-8 déc., *rameuse,* plus ou moins pubescente ; feuilles *pubescentes,* les infér. oblongues lancéolées, atténuées en pétiole, crénelées, sessiles, les supér. *linéaires lancéolées ;* panicule *étalée, large,* à rameaux *divergents ;* pédoncules portant deux bractéoles *vers leur milieu ;* capsule s'ouvrant *vers le sommet.* Mai, août. Bisan. Bois, haies, etc. C. à toute altitude.

(8) C. Rapunculus. *L.* (C. Raiponce.) Racine *fusiforme charnue ;* tige de 4-8 déc., ordinairement *simple*, pubescente à la base ; feuilles *linéaires lancéolées*, sessiles crénelées, les radicales *oblongues ;* fl. en panicule *resserrée* en grappe terminale, calice glabre ; pédoncules munis de deux bractéoles *à la base ;* capsule s'ouvrant *vers le sommet.* Mai, sept. Bisan. Bois, prés, haies, chemins. — Moulins, Saint-Désiré, Chantelle, Tronçais, Meaulne, etc. Cette plante serait plus rare que je ne le supposais d'abord.

(9) C. Persicifolia. *L.* (C. à feuilles de pêcher.) Plante *glabre* de 5-10 déc. ; tige droite, *simple ;* feuilles radicales, obovales, oblongues, longuement atténuées en pétiole, les caulinaires linéaires, lancéolées, dentées, sessiles ; pédoncules en grappe lâche pauciflore ; corolles *évasées, grandes, plus larges que longues*, pédoncules portant deux bractéoles à la base ; calice à divisions *larges d'environ 2 mill. à la base.* Mai, juil. Viv. — Cusset, Lavault-Sainte-Anne, Besson, Chantelle, Hérisson, Gannat, Ebreuil, Bègues, Chavenon, Laprugne. Ferrières, Branssat, Bresnay, Gouise, Montaigut-le-Blin, Meillard, Marcenat, Broût-Vernet, Étroussat, Bellenaves, Cesset, Lurcy, Lignerolles, Urçay.

Var *fl. albo.* — Besson, Monétay, Bresnay.

On cultive quelques-unes de ces Campanules à cause de leurs belles fleurs, des variétés doubles du *C. persicifolia*, le *C. medium* à grosses fleurs tubuleuses campanulées et à 5 styles.

WALHENBERGIA. *Schrad.* (Walhenbergie.) Diffère du genre *Campanula* par sa capsule subglobuleuse ou ovoïde oblongue, s'ouvrant au sommet par des valves.

W. Hederacea. *Reich. Camp. Hederacea. L.* (W. à feuilles de lierre.) Plante glabre, *grêle, délicate ;* tiges *filiformes*, rameuses *diffuses ;* feuilles toutes pétiolées, *cordiformes*, à 5 lobes ; corolle *tubuleuse-campanulée*, 2-3 fois plus longue que les divisions du calice qui sont linéaires subulées ; fl. solitaires, bleues (p. 253, fig. 13.)

Juin, août. Pelouses mouillées, bords des étangs tourbeux, filets d'eau des montagnes. — Cusset, Chézy, Montluçon, Paray-le-F., Arfeuilles, Lapalisse, Saint-Clément, Nades, La Lizolle, Echassières, Le Donjon, Le Mayet, Ferrières, Laprugne, La Chabannes, Yzeure, aux Bordes ; Veauce, Champroux, Echassières, Beaulon, Lurcy, Quinssaines.

SPECULARIA. *Heist.* *Prismatocarpus.* *L'Héritier.* (Spéculaire.) Campanula. *L.* Cal. à 5 lobes, à tube prismatique allongé à 5 angles ; corolle en roue à 5 lobes (p. 253, fig. 12), 5 étamines, 3 stigmates, capsule prismatique à 3 loges, s'ouvrant vers le sommet par 3 orifices latéraux.

{ Corolle grande, égalant les divisions calicinales . . . . *S. speculum.* (1)
{ Corolle petite, égalant à peine la moitié des divisions calicinales . . . . *S. hybrida.* (2)

(1) S. Speculum. *D. C.* (S. Miroir.) Vulg. Miroir de Vénus. Tige de 2-4 déc., rameuse, dressée ; feuilles oblongues crénelées, ovales, les infér. pétiolées, les supér. embrassantes ; pédoncules solitaires formant une panicule terminale ; lobes du calice linéaires, *de la longueur* de l'ovaire ; fleurs *ouvertes,* violettes, de 2 cent. de diamètre (p. 253, fig. 12). Mai, juil. An. Moissons. C.

(2) S. Hybrida. *D. C.* (S. Hybride.) Tige de 1-2 déc. dressée, rameuse, rarement glabre ; feuilles *fortement ondulées,* les infér. obovales et pétiolées, les caulinaires ovales demi-embrassantes ; fleurs solitaires ou géminées, en corymbe, violacées, *petites, égalant à peine* la moitié des divisions calicinales, qui elles mêmes sont *plus courtes que la moitié* de la longueur du tube calicinal. Mai, Juin. An. Côteaux calcaires. C. dans la Limagne. R. R. chez nous. — Gannat, coteaux du Montlibre et des Chapelles (M. L. Prod.)

Famille LI. — VACCINIÉES.

Fleurs hermaphrodites, régulières ; calice entier ou à 4-5 dents ; corolle monopétale, à 4-5 dents, 8-10 étam. insérées avec la corolle sur le tube du calice ; ovaire adhérent à 4-5 loges, 1 style, 1 stigmate simple ; fruit bacciforme ; plantes à feuilles simples alternes.

{ Sous arbrisseau. . . . . Vaccinium. (p. 251)
{ Tige filiforme, rampante. . . . . Oxyccccos. (p. 252)

VACCINIUM. *L.* (Airelle.) Calice à 4-5 dents courtes, rarement entier ; corolle urcéolée ou campanulée à 4-5 lobes peu profonds, ordin. roulés en dehors ; 8-10 étamines ; fruit bacciforme. Sous-arbrisseaux.

V. Myrtillus. *L.* (A. Myrtille.) Sous-arbrisseau de 1-6 déc., à racine traçante, très rameux, à rameaux *anguleux, ailés ;* feuilles glabres, presque sessiles, ovales aiguës, finement *dentées ;* pédoncules uniflores penchés ; calice *presque entier ;* anthères munies de deux cornes ; baie noir-bleuâtre, fl. d'un blanc-verdâtre lavé de rose. Mai, juin. Région des montagnes, d'où il descend à peine. — Arronnes, Molles, Châtel-Montagne, Ferrières, Laprugne, Saint-Nicolas, Busset, Le Mayet-de-Montagne, La Lizolle, Échassières.

Ses baies sont comestibles; on en fait une boisson.

OXYCOCCOS. *Tournef.* (Canneberge.) Calice à 4 dents courtes ; corolle rotacée, divisée presque jusqu'à la base ; 8 étamines ; fruit bacciforme ; tiges filiformes, rampantes.

O. PALUSTRIS. *Person. Bor. G. G. Vaccinium Oxycoccos. L.* (C. des Marais.) Tiges filiformes, rameuses, couchées, radicantes; feuilles persistantes, ovales, petites (6-7 mill. sur 2-3), très entières, à bords roulés en dessous, blanches en dessous; fleurs rosées sur de longs pédoncules filiformes; baie rouge. Juin, août. Viv. Tourbières des montagnes. R. R. — Laprugne, à l'Assise, tourbière près de la loge des Gardes. 1,000 à 11,000 mètres d'altitude (A. P. et A. M. Exc.); Le Montoncelle, versant de Saint-Priest et versant de la Guillermie (Renoux.)

Famille LII. — ERICACÉES OU BRUYÈRES.

Calice monosépale, entier ou divisé, persistant; corolle monopétale persistante, à 4-5 divis., insérée à la base du calice ; 8-10 étamines insérées sur le réceptacle ou à la base de la corolle ; ovaire simple, libre, 1 style, 1 stigmate ; fruit sec et capsulaire dans les plantes de nos pays; sous-arbrisseaux à feuilles simples.

L'*Arbutus uva-ursi. L.* arbrisseau à feuilles persistantes, a été indiqué à l'Ardoisière près de Cusset, (Dr Guiraudet); je ne l'ai pas vu et ne le crois pas spontané. On le reconnaîtra à sa corolle à 10 étamines d'un blanc-rosé et son fruit rouge bacciforme.

1 { Calice et corolle à 5 divisions, 10 étam.; feuilles alternes. . . . . ANDROMEDA. (p. 254)
   { Calice et corolle à 4 divisions, 8 étam.; feuilles verticillées. 2
2 { Corolle plus courte que le calice pétaloïde (p. 253, fig. 8.) . . . . CALLUNA. (p. 252)
   { Corolle urcéolée, dépassant le calice (p. 253, fig. 9.) . . . . . . ERICA. (p. 252)

CALLUNA. *D. C. Erica. L.* (Callune.) Calice quadrifide pétaloïde, entouré à la base de petites bractées vertes; corolle campanulée, à 4 divisions, plus courte que le calice pétaloïde; 8 étamines, capsule à 4 loges et 4 valves (p. 253, fig. 8); arbrisseaux à feuilles verticillées.

C. VULGARIS. *Salisb. Bor. G. G.* (C. Commune.) Sous-arbrisseau à tige de 6-10 déc., tortueuse; feuilles petites, sessiles, linéaires, sur 4 rangs dans les jeunes rameaux, glabres ou ciliées; fl. rosées en grappes allongées; stigmate saillant; capsule globuleuse velue. Juil., sept. Viv. Bois, bruyères. — C. à toute altitude.

ERICA. *L.* (Bruyère.) Cal. à 4 divis.; corolle urcéolée, bien plus longue que le calice (p. 253, fig. 9); 8 étamines; fruit capsulaire, sec, à 4 loges. Sous-arbrisseaux, à feuilles petites, linéaires, verticillées.

1 { Etamines saillantes. . . . . *E. vagans.* (1)
   { Etamines incluses 2

2 { Corolle verdâtre, campanulée globuleuse . . . . *L. scoparia.* (4)
{ Corolle rose, violacée, ou blanche. 3

3 { Feuilles verticillées par 3, glabres . . . . *L. cinerea.* (2)
{ Feuilles verticillées par 4, pubescentes ciliées. . . . . *L. tetralix.* (3)

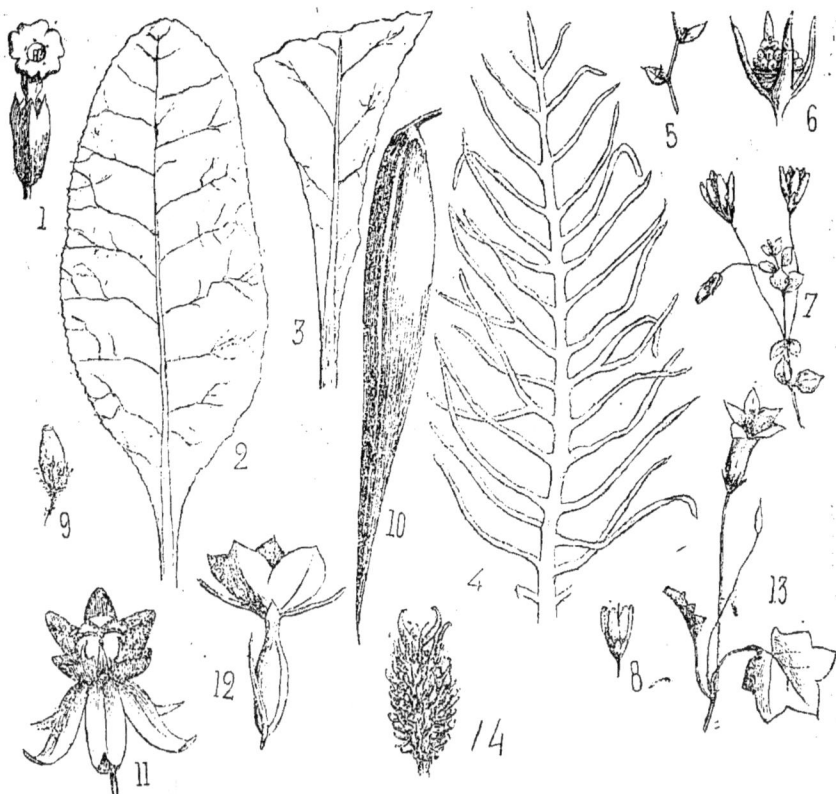

1· Fl. de Primula off. — 2. Feuille du même. — 3. Feuille de Primula elatior. — 4.
Fragment de feuille d'Hottonia. — 5. Fragment de tige de Centunculus. — 6. Capsule du même.
très grossie — 7. Anagallis tenella. — 8. Fl. de Calluna. — 9 Fl. d'Erica tetralix. — 10 Fr.
de Vincetoxicum off. — 11. Fl. d'Asclepias Cornuti. — 12. Fl. de Specularia speculum. —
13. Walhenbergia hederacea. — 14. Fr. de Xanthium macrocarpum.

(1) E. VAGANS. *L.* (B. Vagabonde.) Plante *glabre*; feuilles verticillées par 4-5; fleurs en longues grappes, subverticillées, à pédoncule 3-4 fois plus long que la corolle; calice à divisions *ovales-
arrondies;* corolle rose; étamines *saillantes.* Juil., oct. Bruyères,
landes. R. R. — Chevagnes, propriété de la Baulde (?) où elle était
abondante en 1866, aujourd'hui défrichée. Se retrouvera peut-être
ailleurs (L. Allard).

(2) E. CINEREA. *L.* (B. Cendrée.) Sous-arbrisseau de 3-6 déc.
jeunes rameaux *cendrés grisâtres,* pubérulents; feuilles *verticillées
par 3, glabres* linéaires; fl. d'un rouge-violacé, rarement blanches,
comme verticillées en grappes terminales, calice à divisions *glabres,
scarieuses au bord;* capsule *glabre.* Juil., oct. Bois, bruyères, A. C.
— Yzeure, Monestier, Echassières, Neuilly, Isserpent, Saint-Désiré,

Chevagnes, Chapeau, Murat, Gennetines, Chirat, La Chapelaude, Montluçon, Tronçais, Les Collettes, Veauce, etc.

(3) E. Tetralix. *L.* (B. Quaternée.) Sous-arbrisseau de 4-8 déc., à tige *rougeâtre*, à rameaux *pubescents ;* feuilles *verticillées par 4*, courtes, linéaires, *pubescentes, ciliées sur les bords ;* fl. purpurines, rarement blanches, en bouquets terminaux portées par des *pédicelles tomenteux* (p. 253, fig. 9) ; capsule *velue soyeuse.* Juin, sept. Bois humides, bords des étangs. — Trevol, Lusigny, étangs de Chevray ; Montluçon, Cosne, Cérilly, Hérisson, Souvigny, Yzeure, Gennetines, Chapeau, Chevagnes, Saint-Désiré, Le Montet, Vieure, Montbeugny, Saint-Ennemond, Aurouër, Neuilly, Besson, Pouzy, Champroux, Beaulon, Thiel, Tronçais, Chamblet, Civray, Audes, Meaulne, etc.

(4) E. Scoparia. *L.* (B. à Balais.) Plante *glabre ;* feuilles verticillées par 3-4, *glabres ;* fleurs *très petites, subglobuleuses-campanulées*, de 2 mill. de diamètre, en longues grappes ; corolle *verdâtre*, double du calice ; étam. incluses ; capsule glabre. Juin, juillet. Bruyères, landes. R. — Environs d'Audes, de Chazemais, de la Chapelaude (A. P.).

ANDROMEDA. *L.* (Andromède.) Calice à 5 divisions profondes ; corolle à 5 dents, globuleuse, caduque ; 10 étamines ; capsule à 5 loges et à 5 valves. Feuilles alternes.

A. Polifolia. *L.* (A. à feuilles de Polium.) Tiges de 2-4 déc., *couchées radicantes ;* feuilles persistantes, *coriaces, oblongues ou lancéolées*, entières, roulées sur les bords, vertes-luisantes en dessus, blanches en dessous ; fleurs penchées, rosées, à dents roulées en dehors, 4-8 presque *en ombelle* terminale ; pédoncules 3-4 fois plus longs que la fleur, à bractées lancéolées roses ; calice profondément divisé ; capsule globuleuse à 5 angles, noire glauque. Mai, juil. Viv. Tourbières des montagnes. R. R. — Le Montoncelle, versant de la Guillermie (Renoux, in Pérard) ; Laprugne à l'Assise, entre la Chapelle et les Gardes (A. P. et Renoux).

Les Azalées et les Rhododendron appartiennent à cette famille.

Classe III. — COROLLIFLORES.

COROLLE MONOPÉTALE PORTANT LES ÉTAMINES, INSÉRÉE, SAUF DE RARES EXCEPTIONS, AU DESSOUS DE L'OVAIRE QUI EST LIBRE OU SUPÈRE.

Famille LIII. — PRIMULACÉES.

Calice persistant à 4-5 divis. ; corolle monopétale ordinairement hypogyne régulière à 4-5 divis., 4-5 étam. opposées aux lobes de la corolle et portées par elle ; 1 style ; 1 stigmate simple ; fruit capsulaire.

a. — Plantes à feuilles radicales.

HOTTONIA. L. (Hottone.) Cal. à 5 divis. ; cor. à 5 lobes, en forme de coupe ; étamines à filets courts ; caps. globuleuse, s'ouvrant au sommet et à la base, les valves restant cohérentes ; herbes aquatiques.

H. PALUSTRIS. L. (H. des Marais.) Plante de 3-5 déc. ; tige submergée, rampante ; la partie émergée droite, simple, lisse, nue, à rameaux verticillés au sommet ; feuilles toujours submergées, pinnatifides à lobes linéaires allongés (p. 253, fig. 4) ; fl. blanchâtres ou rosées, à gorge jaune, à lobes émarginés. Mai, juin. Viv. Marais, grands fossés. — Thiel, Saint-Germain-des-Fossés, Estivareilles, Lurcy, Yzeure, Chemilly, Aubigny, Chevagnes, Coulandon, Tronget, Montbeugny, Lapalisse ; forêt de Mulnay ; Saint-Pourçain, Contigny, Monétay, Gennetines, Bayet, Le Veurdre, Villeneuve, Saint-Victor, Audes ; Sancoins, Mornay, sur nos limites, dans le Cher ; Langeron, Nièvre.

PRIMULA. L. (Primevère.) Cal. tubuleux à 5 angles, corolle en entonnoir à 5 lobes (p. 253, fig. 1) ; 5 étamines incluses, soudées au tube de la corolle ; caps. s'ouvrant par le sommet au plus jusqu'au milieu ; feuilles toutes radicales ; fl. en ombelle au sommet d'une hampe.

{ Fl. d'un jaune d'or, tachée à la gorge ; style poilu. . . . . *P. officinalis.* (1)
{ Fl. d'un jaune soufre, non tachées à la gorge ; style glabre . . . . . . *P. elatior.* (2)

(1) **P. OFFICINALIS.** *Jacq. Bor. G. G. P. Veris. var. a. L.* (P. Officinale.) Vulg. Coucou. Feuilles ovales, obtuses, rugueuses, crénelées, *brusquement rétrécies* à la base (p. 253, fig. 2) plus ou moins velues ; hampe de 1-3 déc. terminée par un sertule multiflore ; limbe de la corolle *concave, plissé* à la gorge ; fl. d'un *jaune d'or avec 5 taches orangées* à la gorge, odorantes ; style *poilu.* Mars, mai. Viv. Prés, bois. C.C.

(2) **P. ELATIOR.** *Jacq. Bor. G. G. P. Veris. var. b. L.* (P. Elevée.) Diffère de la précédente dont elle n'était pour Linnée qu'une variété, par ses feuilles à limbe *insensiblement rétréci* (p. 253, fig. 3), par ses fleurs *plus grandes à limbe plan* quand la floraison est complète, d'un *jaune soufre, sans taches, non plissé* à la gorge, et son style

glabre. Bois. — Moladier, Bagnolet ; Montluçon, bois de Labrosse ; Échassières, Louroux-de-Bouble, Chavenon, Bizeneuille, Monétay, Château-sur-Allier, Meillers, Saint-Voir, Trevol, Busset, Bresnay, Verneuil, Blomard, Rocles, Saint-Sornin, Deneuille, Lapalisse, Chantelle, Tronçais, Civray, Ferrières, etc.

P. Elatiori-officinalis et *Officinali-elatior*. Hybrides ; capsules stériles. — Bizeneuille (Marquis de la Roche) ; Monétay-sur-Allier (A. M.) ; Fleuriel (C. B.).

On cultive dans les jardins de nombreuses variétés du *P. grandiflora* et du *P. auricula*, sous le nom d'Oreille-d'Ours.

Les variétés cultivées du *P. Grandiflora* forment des hybrides avec le *P. Officinalis. P. Variabilis. Goup. Bor.* 3e éd. *Officinali-Grandiflora. G. G.* — Forêt de Tronçais, près de Le Brethon ; Lurcy-Lévy à Neure (Mlle A. Pérard, in Pérard).

ANDROSACE. *L.* (Androsace.) Cal. à 5 divis. profondes ; corolle en soucoupe, à tube resserré, dépassée par le calice ; 5 étam., 1 style ; capsule ovoïde s'ouvrant au sommet par 5 valves.

A. Maxima. *L.* (A. à grand calice.) Feuilles toutes radicales, en rosette, elliptiques lancéolées, dentées dans leur moitié supérieure ; hampes nombreuses de 6-12 cent., portant un sertule de fleurs d'un blanc rougeâtre, *plus petites* que le calice, à gorge jaune *plissée;* calice *velu-accrescent*. Mars, mai. R. R. — Vichy (L. L.) ; la Limagne, Aigueperse, etc. (M. L.).

b. — Plantes à tiges feuillées.

GLAUX. *L.* (Glaux.) Calice pétaloïde, campanulé, à 5 divisions ; corolle nulle ; 5 étamines alternant avec les lobes du calice ; capsule à 5 valves.

G. Maritima. *L.* (G. Maritime.) Plante glabre et glauque, de 5-15 cent.; racine fibreuse ; tige simple, dressée dans notre plante qui vit au milieu d'autres plantes et non sur les vases des bords de la mer et alors décombante ; feuilles opposées, sessiles ou à peu près, un peu charnues, lancéolées-entières ; fleurs rosées, solitaires, sessiles, en grappes feuillées ; capsule ovoïde. Juin, juillet. Pré marécageux près de la fontaine *minérale salée* de Vauvernier, entre Jenzat et la Vernüe, et là seulement, en compagnie de quelques autres plantes des bords de la mer. (B.; H. du Buysson).

LYSIMACHIA. *L.* (Lysimaque.) Cal. à 5 divis. ; corolle en roue, à tube très court, à limbe concave à 5 lobes ; 5 étam.; caps. globuleuse, à 2 ou 5 valves ; fl. jaunes ; feuilles opposées ou verticillées.

1 { Tige droite, rameuse, élevée. . . . . *L. vulgaris.*	(1)
{ Tige couchée, rampante	2
2 { Feuilles orbiculaires arrondies . . . . *L. nummularia.*	(2)
{ Feuilles ovales élargies, pointues . . . . *L. nemorum.*	(3)

(1) L. Vulgaris. *L.* (L. Commune.) Plante *pubescente de 6-10 déc., droite,* rameuse ; feuilles opposées ou rarement verticillées, *lancéo-*

lées-aiguës ; fl. en *grappes* paniculées terminales feuillées ; filets des étamines soudés à la base ; caps. à *5 valves.* Juin, sept. Viv. Lieux humides, bords des eaux. C. à toute altitude.

(2) L. NUMMULARIA. *L.* (L. Nummulaire.) Vulg. Herbe aux écus. Tige de 1-6 déc., *couchée, rampante, radicante, glabre,* ainsi que les feuilles qui sont *orbiculaires arrondies,* entières, presque sessiles, opposées ; pédoncules uniflores *plus courts* que la feuille ; calice à divisions *ovales-acuminées ;* fl. *grandes ;* caps. *à 5 valves.* Juin, août. Viv. Lieux humides. C.

(3) L. NEMORUM. *L.* (L. des Bois.) Tige de 1-3 déc., *couchée, rampante, puis redressée, glabre,* ainsi que les feuilles qui sont presque sessiles, *ovales aiguës ;* pédoncules solitaires, plus longs que la feuille ; calice à divisions *ovales-acuminées ;* fl. *petites,* caps. s'ouvrant en *deux valves.* Mai, août. Viv. Filets d'eau, endroits humides des terrains *granitiques,* surtout au-dessus de 300 à 400 mètres. — Dompierre ; Montluçon, roc du Saint ; Bourbon, Marcillat, Echassières, La Lizolle, Saint-Nicolas, Saint-Clément, Arronnes, le Mayet-de-Montagne, le Donjon, Laprugne, Ferrières, Busset, Arfeuilles, Chavenon, Bresnay, Néris, Saint-Désiré, Deux-Chaises, Noyant, Espinasse-Vozelle, Veauce.

ANAGALLIS. *L.* (Mouron.) Cal. à 5 lobes ; corolle en roue ; 5 étamines ; caps. globuleuse, s'ouvrant comme par un couvercle ; feuilles opposées ; fl. axillaires, solitaires.

1 { Feuilles un peu pétiolées ; tige filiforme (p. 253, fig. 7) . . . . . . *A. tenella.* (3)
  { Feuilles sessiles ; tige anguleuse 2

2 { Fl. rouges, ciliées-glanduleuses. . . . . *A. phœnicea.* (1)
  { Fl. bleues, ni ciliées ni glanduleuses. . . . . *A. cœrulea.* (2)

(1) A. PHŒNICEA. *Lam. A. Arvensis. L.* (M. Rouge.) Tige de 1-3 déc., rameuse, diffuse, *anguleuse ;* feuilles sessiles, ovales, *tri-nervées ;* pédoncules *plus longs* que les feuilles ; *fl. rouges en roue, ciliées* glanduleuses, *plus longues* que le calice. Juin, oct. An. Lieux cultivés. C.C.

(2) A. CÆRULEA. *Lam.* (M. Bleu.) Diffère du précédent dont Linnée n'en faisait qu'une variété, par ses feuilles *à 5 nervures,* ses pédoncules *égaux* aux feuilles, ses *fleurs bleues, ni ciliées, ni glanduleuses, égales au calice.* Plante des calcaires. A. C. — Neuvy, Gannat, Saint-Pourçain, Saint-Germain-des-Fossés, Chareil, Ussel, Diou, Le Veurdre, Valigny, Saint-Désiré, Domérat, etc.

(3) A. TENELLA. *L.* (M. Délicat.) Tige de 1 déc., *filiforme,* couchée, radicante ; feuilles *un peu pétiolées,* arrondies ; pédoncules axillaires *filiformes,* portant une *fleur rose tendre, plus grande* que les précédentes et *campanulée* (p. 253, fig. 7) à divisions entières, non ciliées. Juin, août. Viv. Marais spongieux des terrains sablonneux ou granitiques. Assez R. — Yzeure, pré de la Cave ; Trevol, pré des Nonnettes ; Lusigny, étangs de Chevray ; Désertines, Thiel, Lapalisse, le Mayet, Laprugne, Bressolles, Meillers, Chavenon, Neuilly, Bessay, Gouise, Veauce, Bellenave, le Donjon, Saint-Désiré, Rocles, le Montet, Montbeugny, Monétay, la Lizolle, Audes, Chamblet, Bizeneuille, Tronçais, Cérilly, etc.

CENTUNCULUS. *L.* (Centenille.) Calice et corolle à 4 divisions; corolle renflée, globuleuse, à lobes aigus; 4 étamines; capsule globuleuse, s'ouvrant comme avec un couvercle; feuilles supér. alternes.

C. Minimus. *L.* (C. Naine.) Petite plante de 2-8 cent., grêle, *étalée*, rameuse, *glabre*, feuillée; feuilles ovales, presque sessiles, opposées, les supér. alternes; fl. axillaires très petites, subsessiles, blanchâtres, plus petites que le calice (p. 255, fig. 5-6.) Juin, sept. An. Lieux mouillés en hiver, argiles ferrugineuses. Assez R. — Forêt de Bagnolet, Le Donjon, Lurcy, Lapalisse, Chavenon, Désertines, Moladier, Saint-Désiré, Chezelle à Bost, Rocles, Bourbon Sussat. Petite plante qui échappe aux recherches par sa petitesse,

SAMOLUS. *L.* (Samole.) Calice adhérent inséré sur l'ovaire; corolle en soucoupe à 5 lobes, munie de 5 écailles à la gorge; 5 étam. fertiles; ovaire presque infère; capsule s'ouvrant au sommet par 5 valves.

S. Valerandi. *L.* (S. de Valérandus.) Tige de 2-6 déc., feuilles glauques, entières, les radicales pétiolées, oblongues, spatulées, en rosette, dressée; les caulinaires sessiles, alternes, obovales, obtuses; fl. blanches, pédonculées, petites, en grappes terminales. Juin, août. Viv. Lieux humides. R. R. — Gannat, marais près la route de Vichy (L. L.); Fourilles, bois de la Rivière; Prairie des Floux près de Montord (C. B.); Vauvernier, près Jenzat (B.).

On cultive le *Cyclamen*, à racine arrondie, dont la forme rappelle celle du Navet, à fleurs blanches ou roses, portées par des pétioles retombants et dont les divisions de la corolle sont réfléchies.

Famille LIV. — ILICINÉES.

ILEX. *L.* (Houx.) Fleurs hermaphrodites, régulières; calice persistant, ordin. à 4 divisions; corolle monopétale, ordin. à 4 lobes étalés, soudés à la base; 4-5 étam. insérées sur la corolle et alternant avec les divisions de celle-ci; 4-5 stigmates presque sessiles; ovaire à 4 carpelles et 4 loges uniovulées; fruit bacciforme à 2-4 noyaux osseux.

(1) I. Aquifolium. *L.* (H. Commun.) Arbrisseau toujours vert; feuilles alternes, glabres, luisantes, coriaces, onduleuses à dents épineuses; fleurs blanchâtres en petits corymbes axillaires; baie rouge. Mai, juin. Viv. Bois, haies. — C. à toute altitude.

Var. *Foliis integerrimis.* — Vieilles souches; feuilles très entières, non épineuse. R. — Echassières, Hérisson (Nony); Le Montet (R. de Chapeltes); Gipcy (A. M.)

Famille LV. — OLÉACÉES.

Fleurs régulières, parfois dépourvues de calice et de corolle; calice à 4 divisions; corolle à 4 divisions, quelquefois nulle; 2

étamines soudées à la corolle ; style simple à stigmate bifide ;
ovaire à 2 loges ; fruit capsulaire ou charnu, libre ; arbres ou
arbrisseaux à feuilles opposées, sans stipules.

FRAXINUS. *L.* (Frêne.) Fleurs polygames ou dioïques ; calice
et corolle à 4 divisions ou nuls par avortement ; stigmate échancré, 2 étamines ; fruit indéhiscent, ailé, uniloculaire ; arbre élevé.

F. Excelsior. *L.* (F. Elevé.) Arbre élevé ; feuilles imparipennées, à 7-13 folioles opposées, lancéolées oblongues, finement dentées, velues seulement en dessous sur la nervure médiane ; fleurs
rougeâtres ou verdâtres, naissant avant les feuilles, portées par
des pédoncules capillaires ; fruits en panicules pendantes, oblongs,
ailés dans leur partie supérieure. Avril, mai. Viv. Bois, haies,
bords des routes.

C'est sur le Frêne que l'on recueille les cantharides, et c'est encore un Frêne exotique
qui nous fournit le purgatif connu sous le nom de manne.
Son bois est recherché pour le charronnage.

SYRINGA. *L.* (Lilas.) Fl. hermaphrodites ; calice à 4 divis.
petites ; corolle à 4 divisions, à tube allongé et limbe concave ; 2
étamines ; capsule comprimée, non ailée, à 2 loges et 2 graines.

S. Vulgaris. *L.* (L. Commun.) Arbre ou arbrisseau à feuilles en
cœur, opposées, entières, acuminées ; fleurs blanches ou lilas,
odorantes, en grappes, à étamines incluses. Avril, mai. Cultivé et
comme sous-spontané.

On cultive en même temps le Lilas de Perse à feuilles plus petites, à feuilles lancéolées,
pinnatifides dans une variété.

LIGUSTRUM. *L.* (Troëne.) Fleurs hermaphrodites ; calice petit,
à 4 dents ; corolle à tube court, à 4 divisions, à étamines saillantes ; fruit bacciforme à 2 loges.

L. Vulgare. *L.* (T. Commun.) Arbrisseau à feuilles lancéolées,
entières, opposées un peu pétiolées ; fl. en grappe serrée, petites,
odorantes, blanches ; baies noires, de la grosseur d'un pois.
Haies, C.

L'Olivier cultivé en grand dans le Midi, qui nous fournit les olives dont on extrait l'huile
par compression, appartient à cette famille.
La famille des Jasminées, voisine de celle-ci, fournit à nos parterres le Jasmin blanc odorant et le Jasmin jaune.

Famille LVI. — APOCYNÉES.

Fleurs hermaphrodites, régulières ; calice monosépale à 5 divisions ; corolle monopétale, hypogyne, à 5 divisions ; 5 étam. insérées sur la corolle et alternant avec les lobes de celle-ci ; 1 style

à stigmate en tête; capsule en follicule allongée; plantes à feuilles entières, opposées ou ternées, persistantes.

VINCA. *L.* (Pervenche.) Caractères de la famille; fl. bleues rarement blanches.

{ Pédoncules plus longs que les feuilles . . . . *V. minor.* (1)
{ Pédoncules plus courts que les feuilles. . . . . *V. major.* (2)

(1) V. Minor. *L.* (P. à petites fleurs.) Tige grêle rampante; feuilles lancéolées ovales, luisantes, glabres, pédoncules aussi longs ou *plus longs* que les feuilles; divis. du calice *lancéolées, plus courtes* que le tube de la corolle. Mars, mai. Viv. Haies, bois. C.

(2) V. Major. *L.* (P. à grandes fleurs.) *Plus grande* dans toutes ses parties; feuilles *ciliées sur les bords*, ovales *cordiformes*, pédicelles *plus courts* que les feuilles; divis. du cal. *linéaires, égalant* le tube de la corolle. Mars, mai. Viv. Haies, échappée des jardins.

Famille LVII. — ASCLÉPIADÉES.

Fleurs hermaphrodites, régulières, calice à 5 divisions persistantes; corolle monopétale hypogyne, à 5 lobes; 5 étam. à filets soudés en tube entourant le pistil. Anthères quelquefois surmontées par une expansion pétaloïde. Pollen aggloméré en masses; 2 ovaires, 2 styles soudés par les stigmates; fruit à 1-2 follicules (p. 253, fig. 10), à graines nombreuses, plumeuses. Herbes à suc lactescent et vénéneux; feuilles simples, sans stipules.

{ Stigmate aigu, cor. blanche, jaunâtre (p. 253, fig. 10) . . . . . VINCETOXICUM. (p. 260)
{ Stigmate mutique, cor. rougeâtre (p 253, fig. 11) . . . . ASCLEPIAS. (p. 260)

VINCETOXICUM. *Mœnch.* (Dompte-Venin.) Calice à 5 dents; corolle rotacée; 5 étamines soudées à la base en couronne charnue; follicules allongés (p. 253, fig. 10), lisses, renflés; stigmate aigu; graines aigrettées.

V. Officinale. *Mœnch. Asclepias Vincetoxicum. L.* (D. Officinal.) Plante de 3-10 déc., presque volubile, simple, dressée; feuilles courtement pétiolées, cordiformes acuminées, opposées, luisantes, glabres; fl. d'un blanc-jaunâtre, à corolle presque rotacée, à division un peu épaisses, ovales, obtuses; follicules un peu gonflés. Juin, sept. Viv. Bois secs, coteaux. Cusset, coteaux des Grivats; La Vernue, Vauvernier, près Jenzat; Hauterive. Saint-Priest-d'Andelot, Charroux, Bellenaves, Ussel, Hérisson, Branssat, Bresnay, Besson, Saint-Germain-des-Fossés, Montaigut-le-Blin, Billy, Gannay, Le Veurdre, Créchy, Chantelle, Saint-Didier, Montluçon, Audes, Lavaux-Sainte-Anne, etc.

ASCLEPIAS. *L.* (Asclépiade.) Calice à 5 divisions; corolle à lobes réfléchis, couronne staminale pétaloïde, à 5 folioles en cornet (p. 253, fig. 11); stigmate déprimé pentagone; follicules ventrues, hérissées, graines aigrettées.

A. Cornuti. *Decaisne. Bor. G. G. A. Syriaca. L.* (A. de Cornuti.)
Racine traçante; plante de 6-12 déc., pubescente, très laiteuse;
tige simple; feuilles grandes, entières, obovales, arrondies, courtement pétiolées blanchâtres tomenteuses en dessous; fl. en sertules
penchés, terminaux, d'un rose rouge, odorantes; follicules ovoïdes
tomenteux, hérissés. Juin, août. Viv. R. — Saint-Pourçain (Causse);
Avermes, au pont du chemin de fer (V. B.) d'où elle à gagné les
champs voisins.

Originaire de l'Amérique septentrionale. Cultivée dans les jardins.

Famille LVIII. — GENTIANÉES.

Fleurs hermaphrodites régulières; calice persistant à 4-5
(rarement plus) divis.; corolle monopétale hypogyne, à 4-5 (rarement plus) div.; étamines en même nombre que les lobes de la
corolle et alternant avec ceux-ci; 2 styles soudés; ovaire unique
libre, capsule à 1-2 loges polyspermes, bivalve, rarement indéhiscente; plantes herbacées, amères, glabres à feuilles entières,
opposées.

a. — Feuilles opposées.

ERYTHRÆA. *Richard.* (Erythrée.) Calice tubuleux, allongé,
anguleux à 5 div. linéaires; corolle en entonnoir à long tube; 5
étamines dont les anthères se contournent en spirale après la
floraison; stigmate bifide; capsule allongée à 2 loges; fleurs en
cymes dichotomes.

{ Fleurs sessiles	*E. Centaurium.*	(1)
{ Fleurs pédicellées.	*E. pulchella.*	(2)

(1) E. Centaurium. *Pers.* (E. Centaurée.) Vulg. Petite Centaurée. *Gentiana. L.* Tige de 2-6 déc., droite, quadrangulaire, ordinairement rameuse; rameaux dichotomes ordinairement *pluriflores;* feuilles ovales oblongues, sessiles, les radicales, en rosette,
pétiolées; fl. roses, rarement blanches, *sessiles, pourvues* de bractées, et comme en corymbe; calice *plus petit que le tube de la corolle
et que la capsule.* Juin, sept. Bisan. Bois. C.

Employée en tisane comme fébrifuge.

Var. *Flore albo.* — Saint-Désiré, Bresnay.

(2) E. Pulchella. *Fries. E. ramosissima. Pers.* (E. Élégante.) Diffère de la précédente, à laquelle elle ressemble au premier aspect : *par sa taille, 6-15 cent.;* ses fleurs *pédicellées*, toujours *solitaires* aux sommets des rameaux, *dépourvues* de bractées ; *son calice* dont les div. *égalent* le tube de la corolle et la capsule. Juin, sept. Bisan. Sables humides, bords des étangs. — Bressolles, Le Donjon, Moladier, Bourbon, Bellenaves, Moulins, Trevol, Montord, Saint-Hilaire, Saint-Aubin, Bresnay, Neuvy, Chareil, Loriges, Marcenat, Le Veurdre, Néris, Montluçon, Chamblet, Verneix.

CICENDIA. *Adanson. Gentiana. L. Exacum. D. C.* (Cicendie.) Cal. campanulé à 4 div.; corolle en entonnoir à tube court et à 4 div.; 4 étam.; style filiforme, à 2 stigmates ; capsule à une loge, polysperme. Très petites plantes.

Tige rameuse, dichotome. . . . . *C. pusilla.*	(1)
Tige simple, uniflore . . . . *C. filiformis.*	(2)

(1) C. Pusilla. *Grisb. Bor. G. G.* (C. Naine.) Tige de 3-9 cent., grêle, *très rameuse, dichotome*, à rameaux divariqués ; feuilles linéaires, opposées ; cal. à divis. *linéaires, non appliquées* sur le fruit ; fl. jaunâtres, blanches ou roses, rarement ouvertes. Juil., sept. An. R. Sables humides, bords des étangs. R. — Neuvy, étang Neuf, route de Saint-Menoux (V. B.) ; Le Donjon (Cr.) ; Château-sur-Allier (Saul) ; Chavenon (Causse) ; Moladier (E. O.) ; Bresnay, Chapeau, Montbeugny (L. A.) ; Bourbon (A. M.) ; Montluçon, Quinssaines, Audes, Chamblet, Cosne (A. P.)

(2) C. Filiformis. *Delarbre. Bor. G. G. Microcala filif. Hoffm.* (C. Filiforme.) Tige de 4-10 cent., *filiforme* (p. 264, fig. 1), *simple, uniflore ;* feuilles linéaires, rares sur la tige ; pédicelles *nus* ; cal. à div. *triangulaires lancéolées, appliquées* sur le fruit ; fl. *jaunes* rarement ouvertes. Juin, sept. An. Mêmes lieux. R. — Neuvy, étang, route de Saint-Menoux (V. B.) ; Trevol, bords du premier étang (A. M.); Le Donjon (Cr.) ; La Fauconnière entre Ebreuil et Gannat (Chomel) ; Château-sur-Allier, La Lizolle (Bor.) ; Moladier (E. O.) ; Chavenon (Causse) ; Montluçon, Chamblet, Cérilly, (A. P.); Coutansouze ; étang du Rivallet (P. B.)

CHLORA. *L.* (Chlore.) Cal. à 6-8 divisions, linéaires ; corolle en soucoupe à 6-8 divisions ; 6-8 étamines ; 1 style à 2 stigmates ; capsule uniloculaire, polysperme.

C. Perfoliata. *L.* (C. Perfoliée.) Plante glauque, glabre, lisse, de 2-8 déc., à feuilles caulinaires opposées et soudées comme perfoliées, les infér. pétiolées, obovales ; fl. jaunes en bouquets terminaux ; capsule ovoïde. Juin, sept. An. Coteaux argileux et calcaires. R. — Montluçon, plateau de l'Abbaye (Bor. A. P.) ; vers le premier gardien du chemin de fer de Guéret (Lucand) ; Lurcy (Cr.) ; Le Veurdre (Hainard) ; Meaulne, Coteaux de Grandfond et des Chanets ; Urçay ; Beaumont (A. P.) ; Blet, Sagonne, Cher ; Saint-Pierre, Nièvre, sur nos limites (Boreau).

GENTIANA. *L.* (Gentiane.) Calice et corolle ordinairement à 5 divis., quelquefois à 4-9 ; 4-9 étam. insérées sur le tube de la corolle ; 1 style presque nul, à 2 stigmates ; capsule uniloculaire à 2 valves, polyspermes. Feuilles opposées.

1	Fleurs jaunes	*G. lutea.*	(1)
	Fleurs jamais jaunes, ordin. bleues		2
2	Corolle à 5 divisions, gorge non barbue.	*G. pneumonanthe.*	(2)
	Corolle à 4 divisions, gorge barbue	*G. campestris.*	(3)

(1) G. Lutea. *L.* (G. Jaune.) Racine très grosse ; tige d'un mètre, simple, lisse, glabre ; feuilles embrassantes, elliptiques, les radicales *très grandes* atteignant 70 cent.; fl. nombreuses, *jaunes*, comme verticillées, axillaires, corolle *à 5-8 divisions profondes, à gorge nue* ; capsule ovoïde, graines ailées. Juin, août. Viv. R. Bois et prés des montagnes. — Au Montoncelle (J. R.) ; Pionsat, Puy-de-Dôme ; environs d'Auzances, Dontreix ; Lavernède près Mérinchal, Creuse (A. P.).

Ne descend pas chez nous au dessous de 1,000 mètres. Sa racine très amère est employée en médecine.

(2) G. Pneumonanthe. *L.* (G. Pneumonanthe.) Tige de 1-5 déc., droite presque simple ; feuilles lancéolées linéaires, *obtuses, un peu engaînantes* ; fl. *campanulées*, ordinairement *d'un beau bleu, à 5 divisions et à gorge non barbue*. Juil., oct. Viv. Bois et prés humides. R. — Arronnes (J. R.) ; Ferrières (Lasnier) ; Laprugne, Saint-Nicolas (J. B.) ; Echassières (Thiger) ; Loriges, aux Dollats (C. B.) ; entre Lurcy et Sancoins, au lieu dit Charbonnier (Coindeau) ; Cérilly, à Tronçais (A. P.) ; Auronër (H. Gay) ; Bellaigue, prairie de Chauvattier, Puy-de-Dôme, sur nos limites (Mme Vaillant, in Pérard).

(3) G. Campestris. *L.* (G. Champêtre.) Plante *annuelle ;* tige de 1-3 déc., dressée, à rameaux opposés ; feuilles d'un vert sombre, ovales-lancéolées, aiguës ; fleurs *à 4 parties ;* calice à 4 lobes *inégaux ;* corolle bleue, à 4 divisions, *à gorge barbue ;* capsule dépassant le calice. Juil. sept. An. R. — Lurcy, à la Chaise-Dieu (J. Cr.) ; Gannay-sur-Loire (Mollette) ; Bellenaves (H. Gay) ; Arpheuilles-Saint-Priest (J. Blanzat) ; Saint-Nicolas ; Laprugne, aux Sacs et à l'Assise, près des ruines de la Chapelle (J. B.) ; La Chabanne (Renoux).

Var. *flore albo.* — Laprugne (Renoux).

Le *G. Cruciata. L.* est indiqué par Boreau dans le Cher, sur nos limites, à Blet, Augy, etc. On le reconnaîtra à ses fleurs *à 4 parties,* mais à corolle *non barbue.*

b. — Feuilles alternes.

MENYANTHES. *L.* (Ményanthe.) Calice à 5 divis. ; corolle en entonnoir à 5 lobes, barbue à l'intérieur ; 5 étamines, 1 style à stigmate capité ; capsule uniloculaire ; feuilles trifoliolées, alternes.

M. Trifoliata. *L.* (M. Trèfle d'eau.) Souche rampante épaisse ; feuilles pétiolées, à 3 folioles, ovales elliptiques, toutes radicales, engaînantes ; hampes terminées par une grappe de fleurs rosées à pédicelles bractéolés; capsule globuleuse. Avril, mai. Viv. Etangs, prés tourbeux. — Yzeure; Trevol, pré des Nues; Chevagnes, Quinssaine, Chiroux, près Gannat; Lurcy, le Donjon, Saint-Sornin, Chavenon, Saint-Martinien, Le Mayet-de-Montagne, Ferrières, Laprugne, Aronnes, Busset, Neuilly, Bessay, Toulon, Gouise, Chemilly, Echassières, La Lizolle, Chouvigny, Broût-Vernet, Chézy, Liernolles, Villefranche, Bressolles, Tronget, Montluçon à Labrosse, Champroux, Saint-Sornin, Deux-Chaises, Chamblet, Commentry, Estivareilles, Braize, etc.

LIMNANTHEMUM. *Gmel.* (Limnanthème.) Calice à 5 div.; corolle rotacée à tube court, barbu à la gorge; 5 étamines; 1 style à 2 stigmates crénelés; 5 glandes alternant avec les étamines; capsule uniloculaire, presque indéhiscente; graines comprimées.

L. Nymphoïdes. *Link. Bor. G. G.* (L. faux Nénuphar.) Tige très longue, submergée, radicante; feuilles coriaces, lisses, *simples, suborbiculaires*, entières, cordiformes à la base, les infér. alternes, les supér. opposées; fleurs *jaunes*, grandes, fasciculées à l'aisselle des feuilles; capsule ovoïde. Juil. sept. Viv. Eaux paisibles. R. R. — Chantenay, mares de l'Allier, Nièvre; Etang d'Orval, près Saint-Amand, Cher; sur nos limites (Bor, 3° éd.).

Famille LIX. — POLYGALÉES.

POLYGALA. *L.* (Polygala.) Cal. à 5 sépales très inégaux, dont 2 latéraux plus grands pétaloïdes, en forme d'ailes; corolle tubuleuse à limbe comme bilabié, lèvre supér. fendue, l'infér. carénée, à bords laciniés, frangés; 8 étam. diadelphes; 1 style; capsule libre, obcordée, à 2 loges monospermes (p. 264, fig. 3).

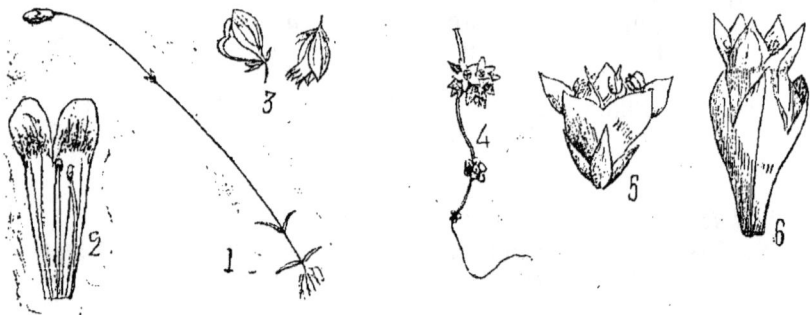

1. Cicendia filiformis. — 2. Corolle fendue de Gentiana campestris. — 3. Fl. et cal. fructifère de Polygala vulgaris. — 4. Rameau de Cuscute. — 5. Fl. de Cuscuta minor, très grossie. — 6. Fl. de Cuscuta major, très grossie.

1 { Feuilles infér. rapprochées en rosette, plus longues que les supér. . *P. calcarea.*	(1)
Feuilles infér. non en rosette, plus courtes que les supér	2
2 { Bract. très saillantes sur le bouton, rendant la grappe chevelue au sommet. *P. comosa.*	(2)
Bractées non saillantes	3

3 { Feuilles inférieures opposées . . . . *P. depressa.* (5)
   { Feuilles inférieures non opposées **4**

4 { Ailes plus longues et plus larges que la capsule. . . . . **P. vulgaris.** (1)
   { Ailes plus étroites que la capsule . . . . **P. dubia.** (3)

(1) P. Vulgaris. *L.* (P. commun,) Racine ligneuse; tiges *de 2-4 déc.*, redressées ; feuilles linéaires lancéolées *alternes*, les inf́ér. quelquefois spatulées ; fleurs bleues, parfois roses ou blanches, en grappes allongées *unilatérales ;* bractées *plus courtes* que les fleurs ; ailes obovales *plus longues* que la capsule et *au moins aussi larges, à 3 nervures anastomosées* au sommet et sur les côtés ; capsule cordiforme (p. 264, fig. 3.) Avril, juin. Viv. Prés, bois. C.

(2) P. Comosa. *Skuhr. Bor. G. G.* (P. Chevelu.) Diffère du précédent dont il a l'aspect général : par ses tiges *moins flexueuses ;* ses fleurs en grappes serrées, *jamais unilatérales ;* ses bractées dont les moyennes et supérieures *font saillie au-dessus des boutons avant la floraison ;* par ses ailes *obscurément anastomosées, pas plus larges* que la capsule ; par ses fleurs ordin *roses.* R. R. — Monétay-sur-Allier aux Morats (A. M.).

(3) P. Dubia. *Bellynck.* (P. à ailes aiguës.) Tiges de 1-2 déc. *assez nombreuses,* étalées ascendantes ; feuilles *alternes ;* les inf́ér. ovaleslancéolées, les supér. lancéolées-linéaires ; bractées *jamais proëminentes au sommet de la grappe* avant la floraison ; ailes à nervures anastomosées, *plus étroites* et au moins aussi longues que la capsule ; fleurs *assez petites,* d'un blanc verdâtre, lavées de bleu ou de rose ; grappe courte lâche. Plante probablement confondue avec le *Vulgaris.* — Montluçon, landes de l'Abbaye et de Terre-Neuve, Marignon ; Chamignoux, forêt de Tronçais (A. P.) ; Bourbon, Chantelle (A. M.) ; Trevol (V. B.)

· D'après Grenier, qui a reçu les échantillons types de Reichenbach lui même, l'*Oxyptera* Reich. et le *Lejeunii* Bor. qui ont les bractées plus étroites que la capsule, mais les bractées moyennes proëminentes, sont identiques. L'*Oxyptera* de Boreau n'est pas celui de Reichenbach. La description de Bellynck par les mots « *bractées jamais proëminentes* » fait cesser la confusion, c'est pourquoi je l'ai adopté.

P. *Oxyptera. Reich. Grenier.* fl. jurass. — Se rapproche du précédent *par ses* ailes *plus étroites* que la capsule. En diffère par ses ailes à nervures *accentuées ;* par sa grappe *allongée,* atteignant 10-12 cent., presque *unilatérale ;* les bractées supérieures *un peu saillantes* sur le bouton. R. — Verneuil (A. M.)

(4) P. Calcarea. *Schultz. Bor. G. G.* (P. des Calcaires.) Tiges nombreuses, étalées, d'abord *nues à la base,* puis munies de feuilles grandes, *obovales, épaisses,* presque *rapprochées en rosettes ;* feuilles caulinaires lancéolées-étroites *plus courtes* que les inf́ér.; ailes à 3 nervures anastomosées, *aussi larges et bien plus longues* que la capsule ; fl. d'un beau bleu, plus rarement roses ou blanches. Mai, juin. Viv. Coteaux calcaires, surtout en terrain jurassique. R. — Ainay-le-Château (Dujon) ; Le Veurdre, au Mont-Talaux (Hamard) ; Montluçon, plateau de l'Abbaye (Thévenon) ; Meaulne, calcaires de Grandfond et des Chanels (A. P.).

(5) P. Depressa. *Wenderoth. Bor. G. G. Serpyllacea Weihe.* (P. Cou-

chée.) Racine grêle, dure ; tige *de 6-10 cent.*, grêle, diffuse, *couchée;* feuilles intér. *opposées*, ovales, obovales-elliptiques, celles des rameaux éparses ; ailes obovales plus longues que la corolle et que la capsule, *moins larges* que celle-ci ; fl. *bleuâtres*, en grappes. Avril, juin. Viv. Bruyères humides. — Neuvy, Bressolles, Thiel, Trevol, Toulon, Gennetines, Besson, Bresnay, Meillers, Cérilly, Tortezais, Gannat, Echassières, Gouise, Chevagnes, Ferrières, Chézy, Saint-Désiré, Neuilly, Montbeugny, Le Theil, Fleuriel, Lurcy, Laprugne, Le Vernet, Montluçon, Commentry, etc.

Famille |LX. — CONVOLVULACÉES.

Plantes hermaphrodites, le plus souvent volubiles à feuilles alternes ou nulles ; calice à 5 divis.; corolle régulière, monopétale, hypogyne ; 5 étamines insérées au fond de la corolle ; ovaire simple à 2-4 loges ; 1 style ; capsule à 1-4 loges, graines anguleuses.

(Plante dépourvue de feuilles, parasite (p. 264, fig. 4) . . . . CUSCUTA. (p. 266)
(Plante feuillée, volubile mais non parasite . . . . CONVOLVULUS. (p. 266)

CONVOLVULUS. *L.* (Liseron.) Calice à 5 sépales ; corolle campanulée, tordue dans le bouton, à limbe entier ; 5 étamines ; stigmate bifide ; capsule indéhiscente ; herbes feuillées, souvent à suc laiteux.

(Calice entouré de 2 larges bractées. . . . . *C. sœpium.* (1)
(Calice dépourvu de bractées. . . . . *C. arvensis.* (2)

(1) C. SÆPIUM. *L.* (L. des Haies.) Tige glabre volubile s'élevant jusqu'à 2 mèt.; feuilles pétiolées grandes, cordiformes, sagittées acuminées ; pédoncules axillaires, uniflores ; cal. *enveloppé par 2 bractées* larges ; fl. blanches grandes, rarement roses. Juin, oct. Viv. Haies. C.

(2) C. ARVENSIS. *L.* (L. des Champs.) Tige volubile de 2-8 déc., glabre ou hérissée ; feuilles pétiolées *sagittées* ; calice non enveloppé *par 2 bractées* larges ; fleurs solitaires rosées, *odorantes,* tachées extérieurement ; capsule aiguë. Mai, oct. Viv. Lieux cultivés, partout. C. C.

On cultive sous le nom de Volubilis le *C. purpureus L.*, et sous celui de Belle-de-Jour le *C. tricolor.* Le Jalap, la Scammonée, employés comme purgatifs, et la Patate douce à racine alimentaire sont fournis par des *Convolvulus.*

CUSCUTA. *L.* (Cuscute.) Plantes aphylles, non vertes, parasites, à tiges volubiles, s'attachant par des suçoirs aux plantes aux dépens desquelles elles vivent (p. 264, fig. 4) ; cal. à 4-5 divis.; corolle à 4-5 divis., globuleuse, garnie d'écailles pétaloïdes ; 4-5 étamines ; ovaire à deux loges, capsule s'ouvrant circulairement comme par un couvercle.

1 (Calice charnu, prolongé au dessous de l'ovaire (p. 264, fig. 6). . . . *C. major.* (1)
(Calice non charnu, non prolongé au dessous de l'ovaire (p. 264, fig. 5). 2

2 (Style plus long que les étamines. . . . . *C. minor.* (2)
(Style ne dépassant pas les étamines . . . . *C. trifolii.* (3)

(1) C. Major. *D. C. Bor. C. Europæa. L. part.* (C. à grandes fleurs.) Tige filiforme rameuse; fl. blanches ou rosées en glomérules serrés, presque sessiles, munis d'une bractée à la base; cal. *prolongé au dessous de l'ovaire* en un tube épais oblong (p. 264, fig. 6); écailles *n'atteignant pas* la base du filet des étam.; styles *plus courts* que l'ovaire; caps. *2 fois plus longue* que le cal. Juin, août. An. Sur l'*Urtica dioïca, le houblon,* etc. — Moulins, Cusset, Yzeure, Pierrefitte, Bresnay, Chavenon, Bressolles, Montbeugny, Montaigut-le-Blin, Saint-Pourçain, Loriges, Fourilles, Monétay, Villeneuve, Gannat, Charroux, etc.

(2) C. Minor. *D. C. C. Epithymum. Murray.* (C. à petites fleurs.) Tige grêle, filiforme, fl. sessiles, rosées, en glomérules serrés munis d'une bractée; calice *non charnu, ne se prolongeant pas* au-dessous de l'ovaire (p. 264, fig. 5), écailles *atteignant* la base des filets des anthères et *fermant le tube de la corolle;* styles *plus longs* que l'ovaire, *divergents,* et *dépassant les étamines saillantes;* capsule *égalant à peine* le tube de la corolle. Juin, juil. An. Sur les plantes des prairies. C. sur le thym, la bruyère, les genêts, etc. — Chamblet, Bessay, Saint-Didier, Montluçon, etc.

(3) C. Trifolii. *Babingt. et Gibs.* (C. du Trèfle.) Diffère de la précédente : par sa végétation *en cercles;* par son calice à divisions *plus étroites* que longues; ses écailles convergentes, mais *ne fermant pas* le tube de la corolle; ses styles *rapprochés, ne dépassant pas* les étamines. Trèfle des prairies artificielles. R. — Charroux, Bourbon, Yzeure, Montluçon, Crevallat, Domérat. Introduite depuis environ 40 ans par la culture.

Ces plantes sont nuisibles en ce qu'elles étiolent les plantes dont elles se nourrissent; elles forment dans les prairies artificielles de vastes espaces circulaires, où il faut les détruire par le feu si on veut les faire disparaître.

Famille LXI. — BORRAGINÉES.

Plantes herbacées à feuilles alternes, souvent hérissées de poils rudes ou au moins pubescentes; fleurs hermaphrodites en grappe unilatérale recourbée; cal. à 5 dents ou divisions; corolle hypogyne, régulière ou rar. irrégulière; 5 étamines insérées sur la corolle; ovaire libre, formant à maturité 4 akènes (ou moins par avortement), du milieu desquels naît le style.

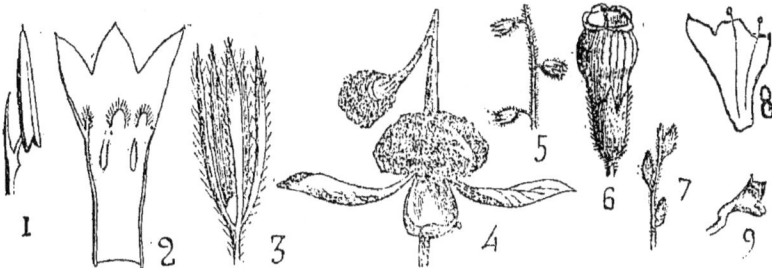

1. Etam. de Borrago. — 2. Coupe de fl. d'Anchusa. — 3. Cal. fructifère de Lithospermum off. — 4. Fr. de Cynoglossum off. — 5. Cal. fructifère de Myosotis hispida — 6. Fl de Symphytum off. — 7. Cal. fructifère de Myos. stricta. — 8. Coupe de fl. d'Echium — 9. Corolle de Lycopsis.

a. — Fruits libres.

BORRAGO. *L.* (Bourrache.) Calice à 5 divisions profondes ; corolle à tube court, à limbe rotacé et à gorge pourvue de 5 écailles ; 5 étamines rapprochées autour du style, munies d'un appendice long et dressé (p. 267, fig. 1) ; carpelles ovoïde, ridés.

B. OFFICINALIS. *L.* (B. Officinale.) Tige de 2-6 déc., dressée, rameuse, hérissée de poils blanc piquants ; feuilles ridées, les radicales pétiolées ovales, les supér. sessiles ; pédoncules rameux ; lobes de la corolle acuminés ; fl. bleues, rarement blanches ou roses ; carpelles oblongs carénés. Mai, oct. An. Lieux cultivés, toujours près des habitations.

Les fleurs sont employées en infusion comme pectorales, sudorifiques.

ANCHUSA. *L.* (Buglosse.) Cal. à 5 divis.; corolle en entonnoir à limbe ouvert, gorge de la corolle munie de 5 écailles obtuses, pubescentes (p. 267, fig. 2) ; carpelles entourés à la base d'un rebord plissé, saillant.

A. ITALICA. *Retz. Bor. G. G.* (A. d'Italie.) Vulg. Bourrache bâtarde. Plante de 6-10 déc., rameuse, hérissée de poils blancs piquants ; feuilles entières, sessiles, hispides, oblongues, lancéolées, les infér. pétiolées ; grappes paniculées ; fl. grandes, d'un *bleu d'azur* munies de bractées *linéaires*, écailles de la gorge poilues. Mai, août. Viv. Terrains *calcaires* et pierreux. — Neuvy, Monétay, Bresnay, Besson, Montilly, Montaigut, Saint-Germain-des-F., Créchy, Souvigny, Coulandon, Bressolles, Chatel-Perron, Gannat, Lapalisse, Rongères, Fourilles, Saint-Pourçain, Champroux, Chareil, Le Veurdre, Lurcy, Vicq, Bellenaves, Montluçon, Audes, Ainay-le-Château, Meaulne, Urçay, Beaumont, etc.

LYCOPSIS. *L.* (Lycopside.) Cal. à 5 divis., corolle en entonnoir à tube courbé (p. 267, fig. 9), à gorge munie de 5 écailles obtuses velues ; carpelles entourés d'un rebord plissé, saillant.

L. Arvensis. *L. Anchusa arv.* G. G. (L. des Champs.) Tige de 2-5 déc., hérissée de poils rudes, rameuse ; feuilles hispides, lancéolées, ondulées, dentées, les supér. sessiles amplexicaules, les infér. rétrécies en pétiole ; fl. bleues en grappes terminales feuillées. Avril, oct. An. Champs. Bords des murs. C. C.

SYMPHYTUM. *L.* (Consoude.) Cal. à 5 divis.; corolle cylindrique campanulée (p. 267, fig. 6), à 5 dents, gorge munie de 5 écailles lancéolées, subulées, dentées, *glanduleuses* aux bords ; carpelles ovoïdes, entourés d'un rebord saillant, plissé.

Fruits lisses, luisants à maturité . . . . *S. officinale*	(1)
Fruits tuberculeux. . . . . *S. tuberosum.*	(2)

(1) S. Officinale. *L.* (C. Officinale.) Rac. épaisse, charnue ; tige robuste *de 6-8 déc.,* droite, hispide, *rameuse* au sommet ; feuilles rudes, les supér. lancéolées, acuminées, sessiles. *longuement décurrentes,* les infér. ovales oblongues. rétrécies en long pétiole ; fl. jaunâtres ou purpurines en grappes terminales ; *carpelles lisses* luisants. Mai, oct. Viv. Prés humides, bords des eaux, fossés. — Moulins, Trevol, Yzeure, Monétay, Montaigut, Villeneuve, Aubigny, Poëzat, Chemilly, Toury, Chareil, Montord, Loriges, Champroux, Saint-Pourçain, Bayet, Montluçon, Néris, etc.

Var. *Flore violaceo.* — Avermes, Pouzy, Le Veurdre ; Gannat, bords de l'Andelot.

(2) S. Tuberosum. *L.* (C. Tubéreuse.) Diffère de la précédente : par sa racine *oblique* ; par sa tige *simple,* parfois bifurquée au sommet ; par ses feuilles inférieures *plus courtes* que les autres ; par ses feuilles caulinaires *à peine* décurrentes, *les 2 supér. presque opposées* ; ses fl. *toujours jaunâtres* ; ses carpelles *chagrinés-tuberculeux.* Lieux humides. R. R. — Abondante le long de la Bouble : Chirat, Fourilles, Chantelle (B.)

LITHOSPERMUM. *L.* (Grémil.) Cal. à 5 divis. profondes (p. 267, fig. 3) ; corolle en entonnoir ou en roue, à gorge nue ou resserrée par 5 plis velus alternant avec les étamines ; carpelles osseux.

1	Akènes tuberculeux. . . . . *L arvense.*	(1)
	Akènes lisses	2
2	Fleurs petites jaunâtres . . . . *L. officinale.*	(2)
	Fleurs bleues, d'environ 1 cent. de diam . . . . . . *L. purpureo-cæruleum.*	(3)

(1) L. Arvense. *L.* (G. des Champs.) Plante *annuelle,* de 2-6 déc., rude, couverte de poils apprimés ; tige peu rameuse droite ; feuilles sessiles, lancéolées ; lobes du cal. *égalant presque* la corolle ; corolle *glabre à la gorge,* à 5 lignes de poils dans le tube ; étamines insérées *presque à la base* du tube ; fl. *blanchâtres,* carpelles *tuberculeux.* Avril, sept. An. Champs. C. — Environs de Moulins, Gannat, Neuilly, Bessay, Chareil, Saint-Pourçain, Montluçon, etc.

Var. à fleurs bleues ou roses.

(2) L. Officinale. *L.* (G. Officinal.) Vulg. Herbe aux perles. Plante rude, rameuse, couverte de poils courts apprimés ; feuilles sessiles, lancéolées, *acuminées,* à nervures *saillantes ;* lobes du calice

égalant presque la corolle qui porte à la gorge 5 gibbosités pubescentes ; pédicelles *courts*, axillaires ; fl. d'un blanc-verdâtre ; carpelles *lisses, luisants, blanchâtres*. Mai, juil. Viv. Lieux incultes, bords des chemins, A. C. — Environs de Moulins, Montaigut, Saint-Pourçain, Gannat, Espinasse-Vozelle, Bayet, Champroux, Le Veurdre, Montluçon, Vallon-en-Sully, Meaulne, Urçay, etc.

(3) L. PURPUREO-CŒRULEUM. *L.* (G. Violet.) Tige simple, velue ; feuilles lancéolées *aiguës*, hérissées de poils rudes, apprimés, nervure médiane *seule* saillante ; lobes du calice *beaucoup plus courts* que la corolle ; fl. *grandes*, violacées, puis *d'un bleu d'azur* ; carpelles *lisses, brillants, blancs*. Avril, juin. Viv. Bois. A. R. — Moladier, ris Sabotier ; Neuvialle, Saint-Germain-des-Fossés, Busset à l'Ardoisière ; Crotte près de Vichy, Bresnay, Besson, Montaigut-le-Blin, Saint-Pourçain, Bayet, Chareil, Le Veurdre, Branssat, Souvigny, Bellenaves, Veauce, Saint-Amand, à Orval, Cher ; Saint-Pierre-le-Moûtier, Nièvre ; Randan, Puy-de-Dôme, sur nos limites.

MYOSOTIS. *L.* (Scorpione.) Cal. campanulé à 5 divis. ; corolle en coupe ou rotacée, à tube court, gorge fermée par 5 écailles obtuses très petites, glabres ; 5 étamines ; carpelles ovoïdes, lisses ; fl. en grappes scorpioïdes souvent géminées.

1 { Calice fructifère convert de poils apprimés		2
{ Calice fructifère couvert de poils étalés crochus		5
2 { Style égalant à peine la moitié du cal. (lobes compris) tige ronde dans le bas . . . . *M. lingulata.*		(3)
{ Style égalant presque le calice, tige anguleuse.		3
3 { Racine fortement rampante ; fl. assez grandes, 5-6 mill. de large . *M. palustris.*		(1)
{ Rac. fibreuse ou peu rampante ; fl. assez petites		4
4 { Tiges en touffes ; cal. fructifère à lobes dressés. . . . . *M. multiflora.*		(3)
{ Tiges non en touffes ; cal. fructifère ouvert . . . . *M. strigulosa.*		(2)
5 { Pédicelles au moins les infér. plus longs que le cal. . . . . :		6
{ Pédicelles plus courts que le calice ou l'égalant à peine.		7
6 { Corolle à limbe plan assez grande, de 6-7 mill. de diam . . . . . *M. sylvatica.*		(5)
{ Corolle à limbe concave ; fl. assez petites. . . . . *M. intermedia.*		(6)
7 { Fleurs bleues, calice ouvert à maturité (p. 267, fig. 5). . . . . . *M. hispida.*		(7)
{ Calice fermé après la floraison (p. 267, fig 7).		8
8 { Fleurs jaunes, au moins les jeunes		9
{ Fleurs toujours bleues . . . . *M. stricta.*		(10)
9 { Tube de la corolle dépassant le calice. . . . . *M. versicolor.*		(8)
{ Tube de la corolle non saillant. . . . . *M. Balbisiana.*		(9)

a. — Calice muni de poils apprimés.

(1) M. PALUSTRIS. *With. Bor. G. G.* (S. des Marais.) Rac. *rampante* oblique, stolonifère ; tige *anguleuse* de 3-5 déc., parsemée de poils *apprimés*, dressée ; feuilles oblongues lancéolées, peu velues ; calice fructifère *ouvert*, style *presque aussi long* que le cal. qui a les lobes *aigus* ; corolle à limbe *plan* ; fl. bleues, *jaunes* au centre, *assez grandes*, de 5 à 6 mill. de large. Mai, sept., Viv. Marais, bords des eaux. C.

Var. *Flore albo.* — Yzeure, Gouise, Saint-Hilaire, Montbeugny, Pouzy.

(2) M. STRIGULOSA. *Reich. Bor.* (S. Rude.) Voisine de la précé-

dente ; Racine *fibreuse ;* tige anguleuse ; fleurs *d'environ 3 mill.,* d'un *bleu-pâle ;* style *égalant presque* le calice dont les lobes sont *aigus.* Lieux humides. Bisan. — Moladier, Yzeure, Messarges, Cérilly, Saint-Pardoux, forêt de Civray, Montluçon à Perreguines, Laprugne.

(3) M. LINGULATA. *Lehm. Bor. G. G.* (S. Lingulée.) Racine *fibreuse ;* tiges *non en touffes,* dressées, *arrondies* ou peu anguleuses à la base, à poils apprimés ; feuilles oblongues lancéolées ; calice fructifère *ouvert, plus court* que les pédicelles ; fleurs *petites, bleues ;* style égalant *à peine la moitié* du calice, et *à peu près,* les carpelles mûrs. Mai, sept. Bisan. A. C. — Yzeure, Trévol, Gennetines, Chavenon, Murat, Marcenat, Saint-Didier, Veauce, Montaigut-le-Blin, Ainay-le-Château ; Château-sur-Allier, Saint-Désiré, Montluçon, Huriel, Chamblet, Rocles, Commentry, Lapalisse, Laprugne, etc.

(4) M. MULTIFLORA. *Mérat. Bor.* 3ᵉ éd. (S. Multiflore.) Rac. *fibreuse ;* tiges dressées, *en touffes nombreuses, anguleuses,* de 1-3 déc.; feuilles radicales oblongues obtuses, les supér. aiguës ; rameaux allongés, *multiflores,* divariqués ; fleurs *petites, bleues ;* calice à lobes *un peu obtus, égalant* le pédicelle. Lieux humides. R. — Bizeneuille, champs près l'étang de la Varenne (A. P.)

b. — Calices fructifères munis de poils étalés. crochus.

(5) M. SYLVATICA. *Hoff.* (S. des Bois.) Plante de 2-6 déc., à poils étalés ; rac. *fibreuse ;* feuilles oblongues lancéolées, sessiles, les infér. spatulées ; calices fructifères *fermés* à la maturité ; pédicelles *dépassant* le calice ; corolle *à limbe plan ;* fl. bleues *assez grandes,* 6-7 mill. de diamètre. Mai, juin. Bisan. Lieux frais *des bois.* C. à toute altitude.

(6) M. INTERMEDIA. *Linck.* (S. Intermédiaire.) Tige de 2-5 déc., rameuse, hérissée de poils étalés ; feuilles oblongues lancéolées, velues ; pédicelles, au moins les infér. *dépassant* le calice qui est *fermé* à la maturité ; fl. d'un bleu clair à corolle *concave,* petite, à tube *plus court* que le calice. Avril, sept. Bisan. Partout. C. C.

(7) M. HISPIDA. *Schlect. Bor. G. G.* (S. Hispide.) Tige de 1-2 déc., velue ; feuilles molles, oblongues ; calices fructifères *ouverts* à la maturité ; pédicelles *plus courts* que le calice ou l'égalant à peine (p. 267, fig. 5) ; fl. bleues à gorge jaune, petites, à limbe concave. Avril, sept. An. Partout. C. C.

(8) M. VERSICOLOR. *Pers.* (S. Changeante.) Tige de 1-2 déc., à feuilles lancéolées velues ; pédicelles *plus courts* que le cal. qui est *fermé* à la maturité ; fl. petites, d'abord *jaunes* puis *jaunâtres, bleues, violettes,* à tubes à la fin *deux fois plus longs* que le calice. An. Champs sablonneux. C.

(9) M. BALBISIANA. *Jord. Bor.* (S. de Balbis.) Diffère du précédent dont il est bien voisin : par ses fleurs *toutes d'un beau jaune ;* ses pédicelles fructifères dressés-étalés ; par le tube de la corolle *égalant* à peu près le calice. Mai, juin. An. Montagnes granitiques.

R. — Néris, Villefranche (A. P.); Saint-Agoulin, Puy-de-Dôme, sur nos limites (M. L.)

(10) **M. Stricta.** *Linck.* (S. Raide.) Tige de 1-2 déc., *en touffes raides, droites;* feuilles rudes, hispides; calices fructifères *presque sessiles, fermés* à maturité (p. 267, fig. 7); fl. *bleues,* très petites, à tube *plus petit* que le calice. Avril, mai. An. Peu C. — Sables de l'Allier; Moulins, Yzeure, Bressolles, Gannat, Lapalisse, Contigny, Avermes, Neuvy, Bessay, Neuilly, Montluçon, Lignerolles, Désertines, Quinssaines.

PULMONARIA. *L.* (Pulmonaire.) Calice tubuleux-campanulé à 5 angles et 5 lobes; corolle en entonnoir à 5 lobes, à gorge dépourvue d'écailles et barbue; 5 étamines; carpelles lisses, insérés sur une base plane.

Les caractères communs de nos Pulmonaires sont : une souche épaisse, des feuilles ordin. tachées, une tige de 3-5 déc., couverte de poils rudes, des fleurs en grappes lâches à corolle ordin. rouge d'abord, puis violette, enfin bleue. Tube de la corolle garni d'un anneau de poils et glabre au dessous. Fleurissent en mars, mai.

1 { Feuilles radicales extérieures subitement rétrécies en pétiole ailé . . . *P. affinis.* (1)
  { Feuilles radicales extérieures insensiblement atténuées. 2

2 { Feuilles radicales ovales elliptiques . . . . *P. ovalis.* (3)
  { Feuilles radicales lancéolées allongées 3

3 { Feuilles radic. à la fin plus longues que la tige fleurie. . . . . . *P. longifolia.* (4)
  { Feuilles radic. bien plus petites que la tige. . . . . *P. tuberosa.* (2)

a. — Feuilles subitement contractées à la base.

(1) P. **Affinis.** *Jord. Bor. P. Saccharata. G. G. non Miller.* (P. voisine.) Feuilles d'un vert foncé, *marbrées de taches blanches;* les radicales extér. ovales acuminées, *subitement rétrécies* en pétiole ailé, les intér. ovales oblongues, les caulinaires *en partie pétiolées,* les supér. sessiles amplexicaules élargies; akènes mûrs lisses, luisants, un peu velus. Mars, mai. Viv. Bois. — Environs de Moulins, Montluçon, Chavenon, Montaigu, Noyant, Bussières, Bagnolet, Gannat, Blomard, etc. Semble la plus répandue de nos espèces.

b. — Feuilles insensiblement atténuées à la base.

(2) P. **Tuberosa.** *Schranck. Bor. P. Vulgaris Dumort. monog.* (P. Tubéreuse.) Plante couverte de poils assez mous; feuilles radicales *lancéolées elliptiques,* aiguës, *atténuées à la base,* atteignant à *peine la moitié* de la hauteur de la tige; les caulinaires *amplexicaules,* ovales oblongues; fl. rouges, puis d'un beau bleu; akènes pubescents. — Montluçon, Audes, Lurcy, Gannat, Besson, Veauce, Le Vernet.

(3) P. **Ovalis.** *Bastard. Bor. Dumort. monog.* (P. Ovale.) Voisine de la précédente, en diffère : par sa tige pourvue d'écailles à sa base, ses feuilles radicales *plus larges,* ovales-elliptiques, *obscurément* maculées, ou à taches *finissant par se réunir ensemble* (P. Saccharata. Mill.), les caulinaires *décurrentes d'un côté;* ses fleurs toujours violacées. Plante à poils *rudes.* — Neuvialle, Besson, Montluçon, Bizeneuille, Bayet, Fourilles, etc.

(4) P. Longifolia. *Bastard. Bor. Dumort. monog.* (P. à longues feuilles.) Plante à poils raides ; feuilles maculées ou non, les radicales *longuement* lancéolées, *atténuées* insensiblement en un long pétiole *bicaréné*, très aiguës, *de 30 à 65 cent. de long, dépassant souvent* la hauteur de la tige ; les caulinaires *décurrentes d'un côté, semi-amplexicaules* de l'autre ; akènes pubescents, brillants, fortement *comprimés*, carénés au sommet. — Fourilles (C. B.) ; forêt de Dreuille ; Noyant (A. M.) ; Cérilly, Bizeneuille (A. P.)

Ces 3 dernières formaient avec l'*Azurea*. Besser, le *P. Angustifolia. L.* que l'on conserve parfois en l'appliquant tantôt à l'*Azurea*, tantôt au *Tuberosa* Il vaut mieux renoncer à un nom sur lequel on ne s'entend pas. — L'*Azurea*. Besser, est une plante de hautes montagnes, qu'on pourrait rencontrer dans la région élevée du Sud-Est On la reconnaîtra à ses fleurs rouges puis *d'un beau bleu*, ses fruits *glabres*, ses feuilles lancéolées étroites.

Les caractères tirés des taches me semblent bien variables.

ECHIUM. *L.* (Vipérine.) Cal. à 5 divis.; corolle à gorge nue et ouverte, campanulée, tronquée *irrégulièrement* (p. 267, fig. 8) ; étamines inégales ; carpelles tuberculeux.

E. Vulgare. *L.* (V. Commune.) Plante très rude, hérissée, de 4-8 déc. dressée ; feuilles sessiles, lancéolées, hispides, les radicales en rosette, atténuées en pétiole ; fl. bleues ou purpurines en grappe droite allongée, formée par de petits rameaux courts, scorpioïdes, à fl. unilatérales ; étamines saillantes. Mai, sept. Bisan. Lieux stériles. C.

Var. *Flore albo.* — Moulins, Coulandon, Châtillon, Besson, Loriges, etc.

Var. *Wierzbickii. Reich.* Fleurs à étamines *incluses.* Coteaux et lieux pierreux secs. — Yzeure, Montord, Fourilles, Saint-Pourçain, Bresnay, Lurcy, Bègues, Hérisson, Montluçon, etc. Mauvaise espèce, car à Bresnay, je l'ai trouvé avec les deux formes d'étamines *sur le même pied !*

b. — Fruits soudés au style.

ECHINOSPERMUM. *Schwartz.* (Echinosperme.) Cal. à 5 divis. profondes ; corolle en coupe, à gorge fermée par des écailles ; carpelles trigones tuberculeux épineux, fixés à l'axe central par la base de l'angle interne.

E. Lappula. *Lehm. Bor. G. G. Myosotis. L.* (E. Lappule.) Plante velue de 2-6 déc., à tige droite, rameaux écartés ; feuilles sessiles, oblongues, lancéolées, velues ; fl. bleues, petites, en grappes lâches, feuillées. Juin, août. An. Lieux argileux et pierreux, champs, vignes. — Estivareilles, Villeneuve, Moulins, Montord, Louchy, Vichy, Montluçon, Bresnay, Saint-Germain-des-Fossés, Montaigut-le-Blin, Vicq, Echassières, Besson, Monétay, Yzeure, Avermes, Billy, Saligny, Neuvy, Créchy, Verneuil, Montord, Dompierre, Pierrefitte, Givarlais, Urçay, etc.

CYNOGLOSSUM. *L.* (Cynoglosse.) Cal. à 5 divis.; corolle en entonnoir à gorge fermée par 5 écailles obtuses ; carpelles entiers, hérissés d'aiguillons crochus, *déprimés*, discoïdes, et fixés par leur bord interne au style persistant et allongé (p. 267, fig. 4); plantes couvertes de poils mous, duveteux.

> Fleurs rouges. . . . . *C. officinale.* (1)
> Fleurs toujours bleues . . . . *C. pictum.* (2)

(1) C. OFFICINALE. *L.* (C. Officinale.) Tige de 4-8 déc., droite, rameuse ; feuilles grisâtres, *molles*, lancéolées allongées, les infér. rétrécies en pétioles, les supér. un peu amplexicaules ; fl. en grappes terminales, scorpioïdes, à corolles d'un *rouge brun, non veinées ;* carpelles mûrs *entourés d'un rebord* saillant. Mai, juil. Bisan. Bords des chemins, lieux incultes. C.

(2) C. PICTUM. *D. C.* (C. Rayée.) Diffère de la précédente à laquelle elle ressemble d'ailleurs : par ses feuilles, *moins molles, devenant un peu rudes ;* ses fleurs *bleues, veinées*, et ses fruits *dépourvus* de rebord saillant. R. — Saint-Pourçain (Causse) ; Bellenaves (R.) ; Gannat (P. B.) ; Ussel, Charroux (C. B.). N'existe plus à Moulins. — Saint-Pierre-le-Moustier, près du cimetière, Nièvre ; Sancoins, Cher sur nos limites (Boreau.)

HELIOTROPIUM. *L.* (Héliotrope.) Cal. tubuleux à 5 dents ; corolle en coupe, à gorge nue ; lobes de la corolle séparés par de petites dents ; carpelles ovoïdes, rugueux, soudés à l'axe par leur angle interne.

H. EUROPÆUM. *L.* (H. d'Europe.) Plante de 1-5 déc., rameuse, redressée, couverte d'une pubescence courte, grisâtre ; feuilles ovales, entières, longuement pétiolées ; fleurs blanches ou violacées en épis terminaux unilatéraux recourbés, akènes pubescents tuberculeux. Juin, sept. An. Lieux cultivés. — Montaigut-le-Blin, Saint-Ennemond, Bressolles, Contigny, Neuvy, Moulins, Besson, Verneuil, Monétay, Gannat, Trevol, Bresnay, Périgny, Champroux, Le Theil, Deneuille, Chantelle, etc.

Tout le monde connaît l'H. du Pérou, à odeur si agréable, rappelant celle de la vanille. On cultive en bordure, sous le nom de *Cynoglosse*, les *Omphalodes verna* et *linifolia. Cynoglossum L.*, le premier vivace, à fleurs bleues, le deuxième annuel à fleurs blanches.

Famille LXII. — SOLANÉES.

Plantes herbacées ou frutescentes à feuilles alternes et à verdure sombre; fleurs hermaphrodites; cal. monosépale, souvent persistant, à 5 dents ou lobes ; corolle monopétale, hypogyne à 5 lobes égaux ou un peu inégaux ; 5 étam. insérées à la base de la corolle, alternant avec les lobes de celle-ci ; ovaire libre, simple ; 1 style, fruit bacciforme ou capsulaire.

Plantes narcotiques, souvent vénéneuses ; elles fournissent à la médecine des calmants pour l'extérieur. Le Tabac, *Nicotiana L.* Le Piment, *Capsicum annuum L.*, la Mandragore, la Belladone, appartiennent à cette famille. A côté de ces plantes vient se placer, par un contraste bizarre, la Pomme de terre !

> 1 { Fruit capsulaire 2
>   { Fruit bacciforme. 3

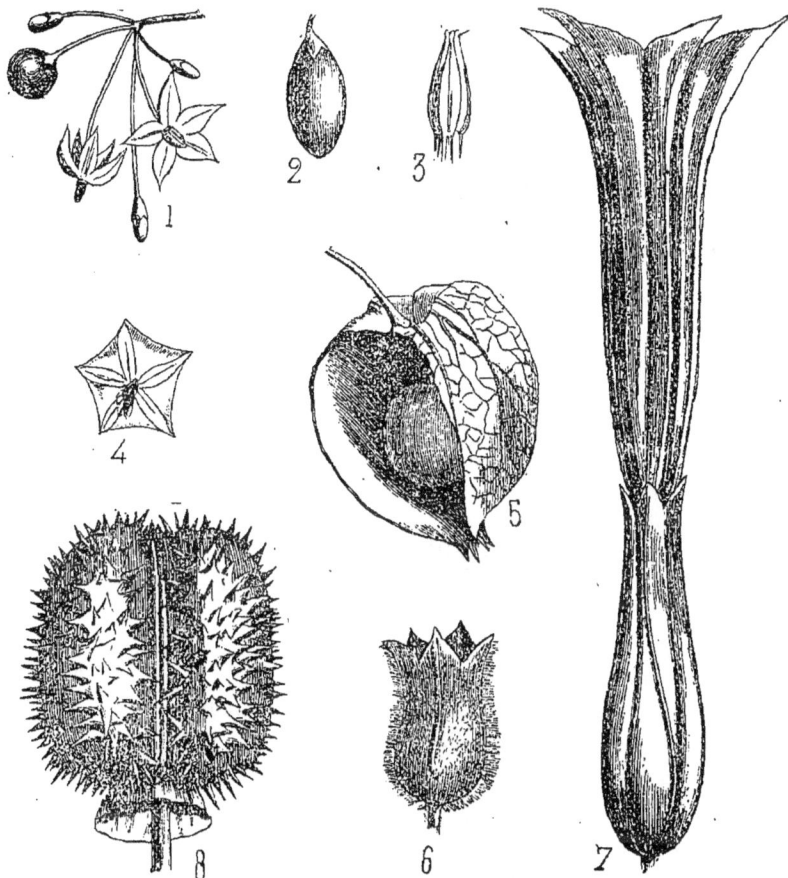

1. Sertule de Solanum nigrum. — 2. Fr. de Sol. Dulcamara. — 3. Etam. du même. — 4. Fl. de Physalis. — 5. Cal. fructifère du même. — 6. Fr. d'Hyoscyamus. — 7. Fl. de Datura. — 8. Fr. du même.

a. — Fruits bacciformes.

PHYSALIS. *L.* (Coqueret.) Calice à 5 divis., accrescent, devenant vésiculeux, enveloppant le fruit sans lui être appliqué; corolle en roue; anthères conniventes, s'ouvrant longitudinalement, baie globuleuse (p. 275, fig. 4-5.)

P. ALKEKENGI. *L.* (C. Alkékenge.) Rhizôme traçant; tige de 3-6 déc., rameuse; feuilles pubescentes, ovales, entières ou sinuées; fl. d'un blanc-verdâtre, pubescentes; baie rouge, de la grosseur d'une cerise ; calice petit d'abord, velu, puis devenant gros comme une noix et vermillon à maturité. Juin, sept. Viv. Buissons, vignes, surtout dans la région calcaire. — Saint-Pourçain, Cusset, Montluçon, Lurcy, Nades, Mazerier, Gannat, Monétay. Bresnay, Montaigut-le-Blin, Créchy, Chareil, Périgny, Ainay, Vicq, Veauce, Souvigny, Montluçon, Domérat, Meaulne, etc.

SOLANUM. *L.* (Morelle.) Cal. non accrescent, n'enveloppant pas la baie et appliqué ; corolle en roue ; anthères saillantes rapprochées (p. 275, fig. 1-3), s'ouvrant par le sommet ; fruit bacciforme ; fleurs en cymes, en sertules, ou en grappes.

1 { Feuilles pinnatifides. . . . . *S. tuberosum.* (1)
{ Feuilles simples ou à peu près. 2

2 { Tige ligneuse ; fleurs violettes . . . . *S. Dulcamara.* (2)
{ Tige herbacée ; fleurs blanches en sertules (p. 275, fig. 1) . . . . *S. nigrum.* (3)

(1) S. TUBEROSUM. *L.* (M. Tubéreuse.) Vulg. Pomme de Terre. Racine *tuberculeuse ;* tige herbacée, dressée, rameuse ; feuilles *pennées avec impaire* à segments très inégaux ; fl. blanches ou violacées en grappes ; baies verdâtres, de la grosseur d'une cerise. Juin, juil. Viv. Cultivé partout.

Introduite en Europe vers 1590 et ce n'est qu'à la fin du siècle dernier qu'elle est devenue un aliment populaire grâce à Parmentier.

(2) S. DULCAMARA. *L.* (M. douce-amère.) Arbrisseau à tige *sarmenteuse,* grimpante, de 1-2 mètres ; feuilles *cordiformes ovales aiguës, entières* ou à lobes placés à la base ; fl. *violettes,* en corymbes ; baies *ovales rouges* (p. 275, fig. 2.) Juin, sept. Viv. Bords des eaux, haies humides. A. C. — Yzeure, Loriges, Ebreuil, Bellenaves, Montluçon, etc.

(3) S. NIGRUM. *L.* (M. Noire.) Tige de 2-6 déc., *herbacée* rameuse, *à poils rudes* recourbés ; feuilles *simples, ovales ou deltoïdes,* sinuées ordin. dentées ; fl. *blanches, en sertules* ; baie *globuleuse,* ordin. *noire* à maturité. Juin, oct. An. Lieux cultivés, décombres.

Variétés. *Humile. Bernh.* Baies vertes ou vert-jaunâtres à maturité. Montluçon, Domérat
— *Ochroleucum Bast.* Baies jaunes-citron à maturité. Beaulon.
— *Miniatum Wild.* Baies rouges à maturité. Moulins, Souvigny, Saint-Pourçain.

Les feuilles de cette espèce froissées sentent, par moment, le musc ; les fruits sont au moins suspects.

Parmi les *Solanum* cultivés, soit comme ornement ou comme alimentaires, nous citerons le Piment *S. capsicum,* le Pommier-d'Amour, *S. pseudo-capsicum ;* la Pondeuse, *S. ovigerum,* dont le fruit ressemble à un œuf ; la Tomate, *S. lycopersicum,* et l'Aubergine, *S. melongena.*

LYCIUM. *L.* (Lyciet.) Arbrisseaux ; cal. court, tubuleux, campanulé, appliqué sur le fruit ; corolle en entonnoir à 5 lobes ; anthères non rapprochées, baie ovoïde à 2 loges. Plantes introduites par la culture, dans les haies voisines des habitations.

1 { Calice ordin. à 5 dents, feuilles ovales subobtuses . . . . *L. ovatum.* (3)
{ Calice presque bilabié, feuilles lancéolées aiguës 2

2 { Calice bilabié, feuilles courtes. . . . . *L. vulgare.* (1)
{ Feuilles de 6 à 7 cent . . . , ... *L. trewianum.* (2)

(1) L. Vulgare. *Dun. in D. C. Bor. L. Barbarum. L. part.* (L. commun.) Vulg. Jasminoïde. Arbrisseau touffu, *épineux*, à rameaux grêles, anguleux, pendants; feuilles *petites, elliptiques-lancéolées aiguës*, rétrécies en pétiole; pédoncules axillaires *en faisceaux*; calice *à deux lèvres*; fleurs d'un violet clair; baies rouges, ovales obtuses. Mai, oct. Viv. — Moulins, Ebreuil, Bellenaves.

(2) L. Trewianum. *Ræm. et Sch. Bor.* (L. de Trew.) Diffère du précédent: par ses rameaux *peu épineux*; ses feuilles nettement *pétiolées, plus longues* (6 à 7 cent.), *lancéolées* aiguës, *rétrécies* aux deux bouts; ses pédoncules toujours *solitaires ou géminés*; son calice *subbilabié*, mais à lèvre infér. *à deux lobes*, la supér. souvent *échancrée*. — Bessay (L. A.); Moulins, Neuvy (A. M.)

(3) L. Ovatum. *Duham. Pers. Bor.* 3ᵉ éd. *L. Sinense Lam.* (L. Ovale.) Arbrisseau *épineux*, à rameaux flexibles, pendants; feuilles *courtes, ovales-elliptiques, subobtuses*, rétrécies en pétiole; pédoncules axillaires; calice *à 5 dents*; fleurs violettes, veinées. Mai, oct. — Moulins, Yzeure (V. B.); Marcenat, Champroux (A. M.); Gannat, Lapalisse (P. B.); Riom, Aigueperse, Puy-de-Dôme (M. L.).

L'*Atropa Belladona L.* n'a été que semé dans l'Allier; Boreau l'indique à Saint-Amand et à Grossouvre près Sancoins, Cher. On le reconnaîtra à sa tige dichotome de 8-10 déc., ses feuilles ovales aiguës, entières; ses fleurs d'un violet-brun livide; ses fruits de la grosseur d'une cerise, très vénéneux.

HYOSCYAMUS. *L.* (Jusquiame.) Cal. accrescent, renflé à la base, serré autour de la capsule; corolle en entonnoir à 5 lobes inégaux; 5 étamines; capsule ovale comprimée, s'ouvrant circulairement comme par un couvercle (p. 275, fig. 6).

H. Niger. *L.* (J. Noire.) Plante vénéneuse, de 2-10 déc., couverte de poils longs, grisâtres, fétide; tige rameuse, dure; feuilles molles, pubescentes, les radicales pétiolées, les caulinaires amplexicaules, lobées surtout aux extrémités, sinuées; fl. d'un jaune livide, veinées de lignes pourprées, sessiles, unilatérales; capsule de la grosseur d'un gland. Mai, juil. Bisan. Décombres, lieux incultes, cours des fermes. — Moulins, Neuvy, Noyant, Montluçon, Gannat, Louroux-Bourbonnais, Gannay, Meillers, Vichy, le Montet, Treban, Trevol, Bourbon, Chevagnes, Dompierre, Murat, Monétay, Laprugne, Saint-Prix, Bresnay, Besson, Billy, Chemilly, Rongères, Chareil, Champroux, le Veurdre, Pierrefitte, Ainay, Lurcy, Montluçon, Reugny, Lignerolles, Urçay, etc.

DATURA. *L.* (Datura.) Cal. à 5 angles, à base persistante; corolle en entonnoir allongé à 5 plis et 5 lobes; 5 étamines; capsule grosse comme une noix, ovoïde, épineuse, à 4 loges, s'ouvrant en 4 valves (p. 275, fig. 7-8); plantes introduites.

Fleurs blanches . . . . *D. Stramonium.* (1)
Fleurs violettes . . . . *D. Tatula.* (2)

(1) D. Stramonium. *L.* (D. Stramoine.) Vulg. Pomme épineuse. Plante glabre, de 2-6 déc., fétide, rameuse, à rameaux ouverts dichotomes; feuilles ovales aiguës, sinué-dentées; fl. *blanches*, à

tube plus long que le calice, à lobes acuminés ; capsule entourée
à la base d'un anneau membraneux, reste du calice. Juil., sept.
An. Lieux cultivés, décombres. Originaire d'Amérique. — Moulins,
Trevol, La Ferté-Hauterive, Bressolles, Montaigut, Chevagnes,
Châtel-de-Neuvre, Bresnay, Le Montet, Chazeuil, Monétay, Mont-
marault, Lapalisse, Montluçon, Bellenaves.

(2) D. Tatula. L. (D. Tatula.) Diflère du précédent auquel il
ressemble d'ailleurs : par sa tige *purpurine tachée* et ses fl. *violettes*.
R. — Bressolles (E. O.); Toulon, Saint-Germain-des-Fossés (A.
Clermont); Bayet (B.); Mazerier (L. Besson); Yzeure (A.M.); Rongères (L. A.); Le Theil.

On cultive plusieurs espèces de Datura pour leurs grandes et belles fleurs : le *D. suaveolens*,
arborescent à fleurs odorantes, originaire du Chili, le *D. arborea*, le *D. fastuosa* à fleurs
blanches en dedans, violettes en dehors.

Le *Nierembergia* et le *Pétunia* appartiennent aussi à cette famille, ainsi que le *Nicandra
physalodes*, à fleurs bleues, que l'on trouve quelquefois échappé des jardins.

En faisant digérer à chaud de l'huile avec des feuilles de Datura, de Jusquiame, de Morelle
et de Belladone, on obtient le Baume tranquille, calmant énergique pour les douleurs, employé
en frictions.

Famille LXIII. — VERBASCÉES.

Fleurs hermaphrodites un peu irrégulières, en grappes spiciformes, simples ou rameuses; calice monosépale à 5 divisions;
corolle hypogyne, rotacée à 5 div., caduque; 5 étamines insérées
sur le tube de la corolle, à filets inégaux ; un style à stigmate capité
ou décurrent sur le style; fruit capsulaire, libre, s'ouvrant par
2 valves. Famille intermédiaire aux Solanées et aux Scrophulariées.
Plantes bisannuelles, fleurissant de juin à septembre.

VERBASCUM. *L.* (Molène.) Caractères de la famille.

1 { Capsules infertiles . . . . HYBRIDES. (p. 281)
  { Capsules fertiles 2

2 { Filets des étamines tous glabres . . . . *V. crassifolium*. (3)
  { Filets, au moins quelques-uns, poilus 3

3 { Filets à poils blancs ou jaunâtres 4
  { Filets à poils purpurins 9

4 { Feuilles fortement décurrentes 5
  { Feuilles non décurrentes, tous les filets poilus 8

5 { Tous les filets poilus . . . . *V. montanum*. (2)
  { Trois filets poilus, deux glabres ou à peu près 6

6 { Corolle à limbe concave, de 30 mm. de diamètre . . . . *V. Thapsus*. (1)
  { Corolle à limbe plan, de 35 à 45 mm. de diamètre 7

7 (Feuilles toutes sessiles, les caulinaires décurrentes sur toute la lon-
) gueur de l'entrenœud . . . . *V. thapsiforme*. (3)
  (Feuilles infér. pétiolées, les caulinaires décurrentes sur la moitié de
    l'entrenœud . . . . *V. phlomoïdes*. (4)

8 { Feuilles à duvet très court, grisâtre . . . . *V. Lychnitis*. (6)
  { Feuilles à duvet cotonneux . . . . *V. pulverulentum*. (5)

9 { Fleurs en petits faisceaux disposés en grappes . . . . *V. nigrum*. (7)
  { Fleurs de 1 à 3 non en petits faisceaux 10

10 { Pédicelles floraux plus longs que le calice . . . . *V. Blattaria*. (8)
   { Pédicelles floraux plus courts que le calice . . . . , , *V. blattarioïdes*. (9)

A. — ESPÈCES LÉGITIMES : CAPSULES FERTILES.

a. — Etamines à poils blancs ou jaunâtres.

(1) THAPSUS. *L.* (M. Bouillon-Blanc.) Plante de 6-12 déc., à *duvet court* grisâtre ou jaunâtre; feuilles *tomenteuses*, crénelées; les infér. oblongues, atténuées en pétiole, les caulinaires *fortement décurrentes*, tout le long de l'entrenœud, ovales oblongues; fl. *médiocres*, d'à peine 3 cent. de large, *presque en entonnoir*, d'un *jaune pâle*, en petits faisceaux formant un épi serré, droit, très long, à bractée ordinairement *plus petite* que les fleurs; étamines infér. glabres ou à peu près, à filets non épaissis en massue; stigmate *en tête, non décurrent* sur le style. Bords des chemins. C.

Var. *Flore albo*. — Yzeure, Commentry.

(2) V. MONTANUM. *Schrad.* (M. des Montagnes.) Plante voisine de la précédente, dont elle a le duvet, la corolle médiocre, l'aspect général; elle en diffère : par ses feuilles caulinaires *décurrentes en ailes cunéiformes*, seulement *sur environ la moitié de l'entrenœud*; par ses étamines à filets *tous garnis de poils blancs*, au moins dans leur partie inférieure. R. — Charroux (C. B.).

(3) V. THAPSIFORME. *Schrader.* (M. Faux Thapsus.) Plante de 1-2 mèt., couverte d'un coton *épais, laineux, persistant;* tige simple robuste; feuilles *toutes sessiles, fortement décurrentes* par les deux bords du limbe, sur toute la longueur de l'entrenœud, compris entre 2 feuilles qui se recouvrent, *tomenteuses, drapées, jaunâtres,* ovales lancéolées, les radicales obtuses, les supér. aiguës; fl. *grandes*, de 35 à 45 mill. de large, *planes, rotacées,* d'un beau jaune, en petits fascicules formant un épi terminal *gros, serré;* bractées *à peu près égales* aux fleurs; filets *épaissis en massue;* stigmate *décurrent*, sur le style en *forme de V renversé*. Lieux incultes, pierreux, sablonneux. C.

V. Crassifolium. D. C. Simple variété, peut-être accidentelle, du *Thapsiforme*, dont *tous les filets* des étamines sont glabres. R. R. Champ du Clou à Chavenon (Causse, dans l'herbier duquel je l'ai vu) où R. de Chappettes, Pérard et moi n'avons retrouvé que des *Thapsiforme*.

(4) V. PHLOMOÏDES. *Schrad.* (M. Phlomide.) Tige de 1 mètre et plus, souvent simple; feuilles *vertes*, quoique tomenteuses, les radicales *pétiolées*, les caulinaires oblongues, aiguës, *décurrentes* en ailes *arrondies* à la base, *seulement sur la moitié* de l'entrenœud compris entre deux feuilles qui se recouvrent, les supér. formant bractées, etc. Champs, chemins, etc. — Montluçon, Besson, Bayet, Marcenat, Fourilles, Chareil, Messarges, Chantelle, Cérilly.

V. Australe. Schrad. Diffère du précédent par ses feuilles à décurrence *cunéiforme*, atteignant *à peu près la moitié de l'entrenœud ;* son épi *beaucoup plus grêle et interrompu* presque sur toute sa longeur. Avernes; Pouzy, aux Amonins; Yzeure, Lapalisse, Monétay.

(5) V. PULVERULENTUM. *Villars, Smith.* G. G. (M. Poudreuse.) Plante couverte d'un duvet floconneux blanc, *caduc, s'enlevant par*

le frottement ; tige de 4-9 déc., violette sous le coton qui la couvre, *rameuse* à rameaux ascendants ; feuilles *floconneuses en dessus,* tomenteuses en *dessous,* crénelées, les caulinaires sessiles, *largement* ovales, *amplexicaules, non décurrentes, brusquement* rétrécies en pointe *tordue ;* fleurs *petites,* planes, à 1-3 stries violacées, à boutons enveloppés dans le duvet cotonneux et formant une panicule *ouverte ;* étam. *toutes* à poils blanchâtres. Lieux incultes. C. C.

V. Floccosum. Waldt. et Kit. Feuilles *non ou à peine crénelées,* les supér. *oblongues acuminées.* Montluçon, Ainay-le-Château, etc.

(6) **V.** LYCHNITIS. *L.* (M. Lychnite.) Tige rameuse de 3-8 déc., *fortement sillonnée* dans le haut, couverte, comme toute la plante, d'une pubescence *courte, grisâtre ;* feuilles *presque glabres* et vertes en dessus, pubescentes cotonneuses en dessous, les infér. elliptiques, *fortement crénelées,* les supér. sessiles, lancéolées, ovales, acuminées, non amplexicaules ; fl. *petites* jaunes, en panicule *dressée,* étamines toutes à poils blancs. Champs pierreux, bords des chemins. — Bressolles, Montluçon, Deux-Chaises, Chavenon, Verneuil, Buxière-les-Mines, Sazeret, Noyant, Saulcet, Neuvy, Moulins, Monétay, Gannat, Bègues, Besson, Marcenat, Fleuriel, Chirat, Montord, Cesset, Commentry, etc.

V. Album. Mœnch. Variété à fl. blanches. — Mêmes localités quoique un peu plus rare : Le Veurdre, Néris, Chevagnes, Rocles, Voussac, Neuvialle, Châtillon, Rongères, Souvigny, etc.

b. — Etamines à filets tous garnis de poils violets.

(7) **V.** NIGRUM. *L.* (M. Noire.) Tige de 6-15 déc., rougeâtre, cotonneuse anguleuse dans le haut ; feuilles d'un vert *sombre, seulement pubescentes en dessus, tomenteuses en dessous,* les infér. *longuement* pétiolées échancrées en cœur à la base, crénelées, les supér. sessiles non décurrentes ; fl. en *fascicules* formant une longue grappe terminale, *petites,* jaunes à gorge violette. Terrains siliceux. A. C. — Urçay, Rocles, Mayet-de-Montagne, Saint-Nicolas, Cusset, Laprugne, Busset, Lapalisse, Ferrières, Châtel-Montagne, Rocles, Chantelle, Coulandon, Chirat, Chareil, Fourilles, Diou, Montluçon, Saint-Victor, Bizeneuille, etc.

(8) **V.** BLATTARIA. *L.* (M. Blattaire.) Tige de 5-9 déc., *glabre,* un peu poilue glanduleuse au sommet ; feuilles *glabres,* luisantes, *vertes,* les infér. *courtement* pétiolées, les supér. embrassantes, acuminées non décurrentes ; fl. *solitaires* à l'aisselle d'une bractée *plus courte que le pédicelle,* celui-ci *plus long* que le calice, formant une grappe lâche et longue ; corolle jaune à gorge violette. Bords des chemins. — Bressolles, Chemilly, Neuvy, Avermes, Montaigut-le-Blin, Chavenon, Yzeure, Trevol, Bresnay, Monétay, Cesset, Bessay, Buxières-les-Mines, Avermes, Rongères, Cérilly, Marcenat, Diou, Charmeil, Commentry, Chantelle, Pierrefitte, Montluçon.

(9) **V.** BLATTARIOÏDES. *Lam. Virgatum. With.* (M. Fausse Blattaire.) Plante *pubescente,* glanduleuse au sommet, de 5-9 déc.; feuilles *pubescentes* mais *non tomenteuses,* les infér. courtement pétiolées cré-

nelées, les supér. amplexicaules acuminées, un peu décurrentes ; fl. *solitaires ou par 2-3* à pédicelles *plus courts que le calice*, corolle jaune, à gorge violette. Bords des chemins argileux. A. R. — Yzeure, Saint-Ennemond, Besson, Chevagnes, Chavenon, Le Theil, Avermes, Gennetines, Murat, Bourbon-l'Archambault, Moulins, Sainte-Procule près Gannat, Bezillat, Ebreuil, Montluçon, Huriel, Estivareilles, Bizeneuille.

B. — ESPÈCES HYBRIDES, CAPSULES AVORTÉES, DÉPOURVUES DE GRAINES.

Les espèces du genre *Verbascum* offrant une déplorable tendance à l'hybridation, il en résulte des plantes qui se rapprochent plus ou moins des espèces dont elles proviennent, et qui, par cela même, n'offrent rien de constant ; il est bon de les signaler, mais c'est tout ce que l'on peut faire.

On les trouve ordinairement à petites distance, et souvent au milieu des parents. Quand ceux-ci ont les filets des étamines à poils blancs, les hybrides les auront aussi ; si l'un des ascendants les a violets, l'hybride présentera un mélange de poils blancs et purpurins.

c. — Hybrides à poils blanchâtres.

(10) V. THAPSO-LYCHNITIS. *Mert. et Koch. V. Spurium Koch.* — Fleurs en *grappe spiciforme interrompue ;* corolle *petite,* concave, jaune ; feuilles cotonneuses des deux côtés, les caulinaires *brièvement* décurrentes ; tige *anguleuse* vers le haut. — Veauce, à Mine-cère (Lamotte.)

(11) V. THAPSIFORMI-PULVERULENTUM. *G. G. Thapsiformi-floccosum. Koch; Nothum. Koch.* — Fleurs en *grappe spiciforme interrompue ;* corolle *assez grande, rotacée,* jaune ; feuilles cotonneuses jaunâtres, les caulinaires *brièvement* décurrentes, *cuspidées ;* tige *violacée* sous le coton *caduc* qui la recouvre. — Avermes, bords de l'Allier (A. M.)

(12) V. PULVERULENTO-THAPSIFORME. *Grenier. fl. jurass. Inflorescence,* corolle, coton caduc, tige violacée, feuilles supér. cuspidées du *Pulverulentum ;* feuilles *moins décurrentes* que dans le *Thapsiforme.* — Moulins, à Fromenteau ; Avermes ; Château-sur-Allier (A. M.)

(13) LYCHNITIDI-PULVERULENTUM. Tige *subanguleuse* en haut ; corolle *petite plane* du *Lychnitis ;* inflorescence, tige *violacée,* coton *caduc,* feuilles supér. *cuspidées* du *Pulverulentum.* — Lapalisse (P. B.) ; Contigny (A. M.)

d. — Hybrides à poils des étamines purpurins, au moins quelques-uns.

(14) V. NIGRO-PULVERULENTUM. *Smith ; Nigro-floccosum. Koch ; Mixtum. Ram. Bor.* Etamines, feuilles infér. pétiolées du *Nigrum ;* inflorescence et tige violacée du *Pulverulentum.* — Montluçon (Thévenon) ; Fourilles, Fleuriel (C. B.)

(15) V. NIGRO-PHLOMOÏDES. Etamines, couleur de la corolle, feuilles infér. pétiolées, et tige du *Nigrum ;* épi du *Phlomoïdes,* fortement interrompu dans sa moitié inférieure ; corolle assez grande. — Fourilles, bords de la Sioule au milieu des Parents (A. M.)

(16) V. BLATTARIO-PULVERULENTUM. Forme A. Etamines, feuilles du *Blattaria,* mais velues ; inflorescence, feuilles *supérieures cuspidées* du *Pulverulentum.* Moulins, aux Gâteaux entre les parents (L. A.)

Forme B. Tous les caractères du *Pulverulentum*, sauf la corolle plus grande et les étamines à poils purpurines. — Yzeure à Haut-Barrieux (A. M.)

(17) NIGRO-LYCHNITIS. *Schied. Schiedeanum. Koch.* Etamines et gorge de la corolle violettes ; feuilles longuement pétiolées du *Nigrum ;* inflorescence, feuilles grisâtres à peine pubescentes en dessus, du *Lychnitis.* — Montluçon, au Lamaron ; Bizeneuille (A. P.)

(18) V. LYCHNITIDI-BLATTARIA. *Koch. Pseudo-Blattaria. Schleich. Bor. 3e éd. Repandum. Reich.* Fleurs *glanduleuses, isolées ou géminées,* tige *glabre* du *Blattaria ;* inflorescence du *Lychnitis.* On devrait plutôt, ce me semble, en égard au rôle prépondérant du *Blattaria* dans les organes floraux l'appeler *Blattario-Lychnitis.* — Montluçon, aux Iles (A. P.)

Famille LXIV. — SCROPHULARIÉES.

Plantes herbacées hermaphrodites à feuilles le plus souvent alternes. Cal. monosépale à plusieurs lobes ; corolle monopétale hypogyne plus ou moins irrégulière, souvent labiée ; 4 étam. didynames (rarement 2), insérées sur le tube de la corolle ; ovaire libre, 1 style ; capsule à 1, le plus souvent 2 loges et à 2 valves, graines ordinairement nombreuses.

§ 1. — FLEURS A COROLLE PERSONNÉE.

LINARIA. *Tourn. Antirrhinum L.* (Linaire.) Calice à 5 divisions ; corolle personnée, munie d'un éperon conique, lèvre supér. réfléchie, bifide, l'infér. à 3 lobes, gorge souvent fermée, palais saillant renflé ; caps. globuleuse, s'ouvrant par le sommet ; étamines didynames.

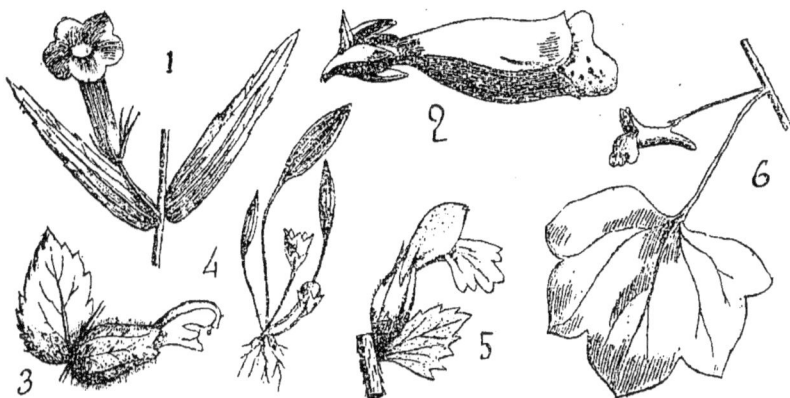

1. Gratiola off. — 2. Fl de Digitalis purpurea. — 3. Rhinanthus hirsutus. — 4. Limosella aquatica. — 5. Euphrasia officinalis. — 6. Linaria cymbalaria.

1	Feuilles pétiolées élargies	2
	Feuilles sessiles, linéaires	4
2	Feuilles lobées, glabres (p. 283, fig 6) . . . . *L. Cymbalaria.*	(1)
	Feuilles arrondies, velues	3
3	Pédoncules floraux velus . . . . *L. spuria.*	(2)
	Pédoncules floraux glabres . . . . *L. Elatine.*	(3)
4	Fleurs d'un jaune franc	5
	Fleurs non d'un jaune franc	6
5	Tige simple, raide, droite . . . . *L. vulgaris.*	(4)
	Tige divisée à la base en rameaux couchés-redressés . . . . *L. supina.*	(5)
6	Pédoncules tous axillaires . . . . *L. minor.*	(9)
	Fleurs en grappe terminale.	7
7	Fleurs bleuâtres, très petites, 5 à 6 mill. . . . . *L. arvensis*	(8)
	Fleurs assez grandes	8
8	Fleurs d'un pourpre-violet. . . . . *L. Pelisseriana.*	(7)
	Fleurs d'un blanc-bleuâtre, striées . . . . *L. striata.*	(6)

a. — Feuilles pétiolées élargies.

(1) **L. CYMBALARIA.** *Mill.* (L. Cymbalaire.) Plante *vivace*, rameuse, *glabre*, pendante ; feuilles *longuement* pétiolées, *réniformes*, arrondies en cœur (p. 283, fig. 6). à 5-7 lobes ; fl. axillaires, solitaires, d'un *bleu-violet*, à palais blanc, tachées de jaune. Mai, oct. Viv. Vieux murs. A. R. — Bourbon ; Yzeure, à Hautbarrieux ; Moulins, à la Madeleine ; Besson ; Gannat, Varennes-sur-Allier, Chavenon, Trezelle, Lapalisse ; Montluçon, au Château ; Murat, Souvigny, Chantelle ; Bourbon-Lancy, Saône-et-Loire ; Saint-Amand, Cher.

(2) **L. SPURIA.** *Mill.* (L. Bâtarde.) Plante *annuelle pubescente* cou-

chée, rameuse, diffuse ; feuilles courtement pétiolées, toutes *ovales arrondies ;* pédoncules axillaires, *velus,* uniflores ; fl. jaunes à lèvre supér. pourpre, graines finement *alvéolées.* Juin, oct. An. Champs argilo-calcaires, où elle est assez commune ; plus rare en terrain siliceux.

(3) L. Elatine. *Mill.* (L. Elatine.) Plante *annuelle, pubescente,* couchée, rameuse ; feuilles *courtement* pétiolées, les supér. *ovales hastées ;* fl. jaunes à palais pourpre, portées par des pédoncules axillaires, uniflores et *glabres ;* graines *couvertes de crêtes anastomosées.* Juin, oct. An. Champs calcaires argileux ; plus rare sur la silice.

Peloria. — Corolle régulière à 5 éperons. — Neuvy (Barat).

b. — Feuilles sessiles linéaires.

(4) L. Vulgaris. *Mœnch.* (L. Commune.) Plante de 2-5 déc., glabre ou pubescente au sommet, *droite, simple ;* feuilles glabres, linéaires, aiguës, *alternes,* rarement les infér. verticillées, sessiles ; fl. *rapprochées* en grappes terminales, grandes, 25-30 mill., d'un *jaune franc,* à palais orangé barbu ; pédoncule à poils glanduleux ; graines largement bordées. Juin, sept. Viv. Champs, lieux sablonneux, C. C.

(5) L. Supina. *Desf.* (L. Couchée.) Tige de 1-3 déc , à rameaux *nombreux, couchés, redressés, diffus ;* feuilles linéaires étroites, alternes, glauques, glabres, *les infér.* verticillées ; sommet des rameaux pubescents glanduleux ; fl. *jaunes* de 2 cent. avec l'éperon, à palais orangé ; graines noires entourées d'un bord aminci. Juin, sept. An. Lieux sablonneux. R.

La plante que M Thévenon m'a fait recueillir sous ce nom est une hybride à *capsules stériles, Linaria vulgari-striata.* Le vrai *supina* est A. C. dans le Cher d'après Boreau, on pourra le trouver sur nos calcaires infra-liasiques. — Le caractère des graines bordées empêche de la confondre, quand elle a les fleurs un peu pâles, avec un hybride à fleurs jaunâtres du *L. striata* et du *L. vulgaris.*

(6) L. Striata. *D. C.* (L. Striée.) Plante de 1-8 déc., *glabre,* glaucescente, à rac. *rampante ;* tige redressée, *glauque ;* feuilles linéaires aiguës, les infér. *verticillées* par 4 ; grappes *lâches ;* fleurs d'un *bleu-cendré; assez grandes, rayées* de violet, quelquefois jaunâtres ; graines ovoïdes-trigones irrégulièrement ridées tuberculeuses. Juin, sept. Viv. Champs, haies. C.

Forme *Galioïdes.* La plupart des feuilles verticillées. — Chantelle, Murat, Montluçon, Quinssaines, Gannat, Bourbon.

L. vulgari-striata. — Montluçon (Thévenon) ; Branssat (Moriot).

(7) L. Pelisseriana. *D. C.* (L. de Pélissier.) Plante *glabre* de 2-5 déc., droite, simple ou peu rameuse ; feuilles linéaires aiguës, les infér. *verticillées* par 4 ; celles des rameaux stériles *ternées ;* fleurs d'un *pourpre bleuâtre,* à courts pédoncules, en grappe, *assez grandes,* 12-15 mill. avec l'éperon ; capsule déprimée, égalant la moitié du calice ; graines discoïdes, bordées et *entourées d'un cercle de cils.* Mai, sept. An. R. — Yzeure, aux Tuileries (Blayn, in Bor.) ; Bres-

solles (E. O.); Trevol (Cr.); Varennes (V. B.); Montord (Rhodde); Besson (L. A.); Monétay-sur-Allier; Pierrefitte (A. M.); Broût-Vernet (Du Buysson); Montluçon, vallée du Lamaron (Pestre, in Pérard).

(8) L. ARVENSIS. *Desf.* (L. des Champs.) Tige de 1-4 déc. dressée, simple ou rameuse; feuilles glabres, glauques, linéaires, les infér. *verticillées* par 4, les supér. alternes; fl. en tête serrée, s'allongeant ensuite, poilue glanduleuse; fl. *bleuâtres, très petites,* 5-6 mill.; pédoncules plus courts que le calice, *poilus-glanduleux* ainsi que l'axe et le calice; bractées *réfléchies;* graines à rebord ailé, membraneux. Juin, sept. An. Champs. R. — Lafauconnière, Chiroux, Jenzat où elle est assez répandue (L. Besson); Chemilly, Besson (E. O.); Fleuriel, Cesset, Saint-Pourçain (C. B.); Ebreuil (L. L.); Lurcy (B.); Chantenay, Toury-sur-Jour, Nièvre, sur nos limites (Boreau).

(9) L. MINOR. *Desf.* (L. Fluette.) Plante de 1-4 déc., *poilue, glanduleuse;* tige droite, rameuse; feuilles linéaires *lancéolées obtuses,* les infér. *opposées;* fl. *axillaires solitaires,* à pédonc. assez longs, à gorge *ouverte,* d'un blanc rosé ou violacé, à palais jaunâtre; capsule *poilue glanduleuse,* un peu plus courte que le calice. Juin, oct. An. Sables de l'Allier, champs sablonneux. A. C. — Moulins, Cesset, Saint-Germain-des-Fossés, Monétay, Gannat, Echassières, Champroux, Chareil, Montluçon, etc.

ANARRHINUM. *Desf. Antirrhinum. L.* (Anarrhine.) Calice à 5 divis. profondes; corolle à tube grêle, à éperon grêle et recourbé, à lèvre supérieure dressée, l'inférieure trilobée, sans palais saillant; caps. globuleuse à 2 loges, s'ouvrant au sommet par 2 trous.

A. BELLIDIFOLIUM. *Desf.* (A. à feuilles de Pâquerette.) Tige de 3-6 déc., droite plus ou moins rameuse, à rameaux ascendants; feuilles radicales en rosette, spatulées, dentées, les supér. et les caulinaires profondément divisées en lobes linéaires aigus; fl. d'un bleu-violet en grappes allongées; étam. didynames. Juin, août. Bisan. Terrains sablonneux et incultes. C. sur la silice.

ANTIRRHINUM. *Tourn.* (Muflier.) Cal. à 5 divis. profondes; corolle personnée dépourvue d'éperon, mais bossue à la base, lèvre supér. bifide réfléchie, l'infér. à 3 lobes, à palais saillant; étamines didynames; caps. irrégulière, s'ouvrant au sommet par 3 trous.

Calice dépassant la corolle . . . . *A. Orontium.* (2)
Calice 4-5 fois plus petit que la corolle. . . . . *A. majus.* (1)

(1) A. MAJUS. *L.* (M. à grandes fleurs.) Tige dressée, de 4-8 déc., poilue, *glanduleuse* au sommet; feuilles opposées et alternes, elliptiques lancéolées, *glabres;* calice poilu glanduleux à lobes *4-5 fois plus courts* que la corolle; fl. rouges ou blanches, *grandes en grappes terminales;* capsule *dépassant* le calice. Viv. Juin, sept. Cultivé comme ornement et spontané sur les vieux murs. — Mou-

lins, murs du château ; Montluçon, Bourbon, Lapalisse, Veauce, Vichy, Saint-Pourçain, Chantelle, etc.

Var. *Peloria*. Trouvée dans mon jardin, à corolle régulière à 5 divisions.

(2) A. Orontium. *L.* (M. Rubicond.) Tige de 1-4 déc., à peu près *simple*, poilue glanduleuse au sommet; feuilles lancéolées; cal. à divis. linéaires *égalant* à peine *la corolle ;* fl. rouges ou blanches, *moyennes, axillaires ;* capsule velue *plus courte* que le calice. Juin, oct. An. Lieux cultivés, vignes. C.

SCROPHULARIA. *L.* (Scrophulaire.) Cal. à 5 lobes; corolle presque globuleuse à 2 lèvres, la supér. à 2 lobes, l'infér, à 3 lobes petits réfléchis; étamines didynames; une écaille, étamine avortée ? à la base des lobes de la lèvre supérieure; caps. globuleuse, biloculaire.

Plantes fétides à feuillage sombre, à feuilles opposées et à fleurs d'un pourpre foncé, en cymes paniculées.

1 { Feuilles pinnatifides . . . . *S. canina.* (3)
{ Feuilles non pinnatifides, tiges carrées. 2

2 { Tige à 4 angles nettement ailés . . . . *S. aquatica.* (2)
{ Tige à 4 angles non membraneux . . . . *S. nodosa.* (1)

(1) S. Nodosa. *L.* (S. Noueuse.) Racine *noueuse ;* tige de 5-10 déc., rameuse, droite, à 4 angles *aigus, non ailés ;* feuilles pétiolées, glabres, *simplement dentées*, cordiformes, ovales, *aiguës ;* cal. à divisions *à peine scarieuses ;* fl. en panicule terminale, non feuillée, à rameaux glanduleux; lèvre supér. munie d'une écaille *à peine émarginée.* Mai, sept. Viv. Lieux frais, fossés. C.

Var. à fleurs jaunâtres. — Entre les Grivats et Cusset.

(2) S. Aquatica. *L. Balbisii Hornm.* (S. Aquatique.) Racine *fibreuse ;* tige de 5-10 déc., droite à 4 angles aigus, *un peu ailés ;* feuilles pétiolées, glabres, *simplement dentées*, cordiformes, ovales, un peu *obtuses ;* cal. à divisions *fortement scarieuses ;* lèvre supér. munie d'une *écaille spatulée émarginée ;* fl. en grappes terminales. Mai, sept. Viv. Lieux humides, fossés. C.

(3) S. Canina. *L.* (S. de Chien.) Tiges *nombreuses, rameuses,* redressées, *cylindracées*, de 3-8 déc.; feuilles glabres *pinnatifides ;* calice à lobes arrondis scarieux; fleurs en panicule terminale, *glanduleuse*, presque nue, à lèvre supér. plus courte que le tube ; étam. *saillantes*. Mai, juil. Viv. Bords de la Loire et de l'Allier. R. ailleurs. — Bords de la Sioule (L. Besson); Bresnay, Besson (Moriot) ; Lapalisse (P. B.) ; Champroux (Coindeau.)

LINDERNIA. *All.* (Lindernie.) Cal. à 5 divis.; corolle à lèvre supér. courte, l'infér. à 3 lobes inégaux ; étamines didynames; capsule uniloculaire, oblongue, bivalve, à cloison promptement détruite.

L. Pyxidaria. *L.* (L. Pyxidaire.) Plante d'à peu près 1 déc., radicante; tige tétragone rameuse ascendante; feuilles opposées, sessiles, ovales oblongues, glabres; pédoncules solitaires axillaires ; fl. d'un blanc-rougeâtre, ne dépassant pas le calice, dont les divisions sont linéaires denticulées. Juil., sept. An. Sables humides, rivières, étangs. R. — Bords de l'Allier, Moulins (Cr.) ; Bessay, Chemilly (E. O.) ; Diou (A. P.) ; Pierrefitte, Avermes (L. A.) ; Neuvy, étangs des Baudons ; Aubigny (A. Labbe) ; Saint-Hilaire (Causse) ; Messarges (H. Gay, Gagne) ; Bourbon-l'Arch., grand étang (A. M.)

EUFRAGIA. *Griseb.* (Eufragie.) Calice tubuleux à 5 divisions ; lèvre supér. de la corolle en casque concave ou émarginé à bords non repliés, l'infér. à 3 lobes ; capsule oblongue un peu comprimée.

E. Viscosa. *Benth. Bartsia Viscosa. L.* (E. Visqueuse.) Plante de 1-4 déc. poilue-glanduleuse ; tige droite, ordin. simple ; feuilles sessiles, lancéolées-oblongues, rudes, grossièrement dentées ; fleurs jaunes en long épi terminal, feuillé ; calice divisé jusqu'au milieu, en dents linéaires allongées ; corolle presque double du calice ; anthères velues-laineuses ; capsule dépassant à peine le tube du calice. Juin, sept. An. R. R. — Audes (Jamet, in Pérard) où elle n'a pas été retrouvée.

ODONTITES. *Haller. Euphrasia. L.* (Odontite.) Calice tubuleux à 4 divisions ; lèvre supér. de la corolle concave, entière ou émarginée à bords non repliés, l'infér. à 3 lobes entiers ; capsule oblongue comprimée à graines nombreuses ; plantes herbacées à feuilles opposées ; fleurs en épis unilatéraux.

1 { Fleurs jaunes . . . . *O. lutea.* (3)
{ Fleurs rouges ou rougeâtres. 2

2 { Bractées plus longues que les fleurs. . . . . *O. verna.* (1)
{ Bractées plus courtes que les fleurs. . . . . *O. serotina.* (2)

(1) O. Verna. *Reich. Rubra. Pers. G. G. Euphr. Odontites. a. L.* (O. Vernale.) Tige de 1-5 déc. droite, à rameaux ascendants ; feuilles pubescentes, scabres, sessiles, lancéolées-linéaires, s'atténuant jusqu'au sommet, dentées ; bractées *lancéolées. dépassant* les fleurs ; corolle *rougeâtre*, pubescente ; capsule velue, oblongue, arrondie ou tronquée au sommet. Mai, juil. An. Champs cultivés. A. C. — Moulins, Montaigut-le-Blin, Laprugne, Perrigny, Gannat, La Lizolle, Besson, Loriges, Bayet, Fourilles, Montluçon, Chamblet, Audes, etc.

(2) O. Serotina. *Reich.* (O. Tardive.) Diffère de la précédente dont elle a les caractères généraux : par ses bractées *plus étroites, plus courtes* que les fleurs ; ses feuilles lancéolées-acuminées, *atténuées* à la base ; sa tige à rameaux étalés ; sa floraison *plus tardive.* Juil., oct. — Semble plus commune : Chavenon, Monétay, Bresnay, Moulins, Gannat, Louroux-de-Bouble, Créchy, etc.

O. Divergens. Jord. Simple forme à rameaux infér. divergents à angle droit. Avec le type.

(3) O. Lutea. *Reich. Euph. Lutea. L.* (O. Jaune.) Plante 1-5 déc., raide, scabre, pubescente, à rameaux étalés ; feuilles sessiles,

presque linéaires, peu dentées, les supér. entières; bractées *plus courtes* que les fleurs; corolle *d'un beau jaune* à lobes ciliés , anthères *glabres;* capsule velue. échancrée au sommet. Juil., sept. Montagnes calcaires. R. — Decize Saône-et-Loire, sur nos limites (Bor. 3ᵉ éd.)

EUPHRASIA. *L.* (Euphraise.) Cal. tubuleux ou campanulé à 4 divis.; lèvre supér. de la corolle entière ou échancrée, l'infér. à 3 lobes émarginés ou bilobés; 4 étam. didynames; capsule oblongue comprimée, biloculaire; graines nombreuses; feuilles opposées (p. 283, fig. 5.)

1 { Calice chargé de poils glanduleux 2
  { Calice non glanduleux 3
2 { Calice fructifère dépassant la bractée . . . . *E. campestris.* (2)
  { Calice fructifère ne dépassant pas la bractée. . . . . *E. officinalis.* (1)
3 { Corolle lilas à raies violettes . . . . *E. ericetorum.* (3)
  { Corolle jaune, au moins la lèvre infér . . . . *E. minima.* (4)

(1) E. Officinalis. *L. Grenier. fl. jurass. Bor.* (E. Officinale.) Tige de 8-15 cent., souvent rameuse, rameaux *étalés-dressés*, couverte de poils *réfléchis, glanduleuse* vers le haut; feuilles *pubescentes-glanduleuses,* arrondies à la base, munies de dents profondes, écartées, aiguës-cuspidées dans les feuilles supérieures; calice *poilu-glanduleux,* surtout sur les nervures; corolle *d'environ 8 mill. de long, à tube dépassant le calice,* lèvre supér. lilas avec stries violettes, l'infér, blanche à gorge jaune; capsule hispide, tronquée émarginée, *plus courte que le calice et que la feuille bractéale.* Juil. sept. An. Pelouses, friches, etc. — Bourbon, Le Mayet-de-Montagne, Cérilly, à Tronçais; Theneuille, à Civray; Laprugne.

(2) E. Campestris. *Jord. Bor. Grenier.* (E. Champêtre.) Diffère de la précédente à laquelle elle ressemble beaucoup : par ses rameaux arqués-étalés, mais surtout sa capsule finissant par *égaler à peu près* le calice; sa capsule et son calice *dépassant notablement* la feuille bractéale. Août, oct. An. Friches, bords des bois. — Montluçon, Saint-Pardoux, Marcillat, Moulins, Laprugne, Vernusse.

(3) E. Ericetorum. *Jord. Bor. Grenier.* (E. des Landes.) Tige de 10-20 cent., ordin. très rameuse, à rameaux dressés, à *pubescence fine appliquée et réfléchie, non glanduleuse;* feuilles *presque glabres, toutes à dents aiguës,* cuspidées dans les supérieures; fleurs médiocres *d'environ 5 mill. de long,* d'un blanc-lilas, striées de violet; calice *presque glabre, non glanduleux;* capsule hispide, *arrondie* au sommet, *plus courte* que le calice et que la bractée. Août, sept. An. Bruyères, pâturages surtout siliceux. — Beaucoup plus commun que les 2 précédentes : Montluçon, Chamblet, Néris, Hérisson, Huriel, Cérilly, Chavenon, Bizeneuille, Marcillat, Laprugne, Voussac, Naves, Chantelle, Gannat, Bègues, Saint-Victor, Murat, Moulins, Saint-Didier, Bourbon, etc.

(4) E. Minima. *Jacq. Bor. Grenier.* (E. Naine.) Tige *de 5-10 cent.* souvent simple, à pubescence fine, *non glanduleuse;* calice *glabre;*

corolle *très petite*, 4-5 mill. de long, à *lèvre inférieure entièrement jaune;* capsule hispide, rétrécie au sommet, émarginée, mucronée, *égalant à peu près* le calice et *dépassant* la bractée. Août, sept. Hautes montagnes. R. — Sommet du Montoncelle (L. A.)

L'*E. Rigidula* Jord. est indiqué par Pérard, comme assez commun dans l'arrondissement de Montluçon. D'après Boreau, Grenier, Lamotte, c'est une plante de hautes altitudes ; j'hésite, ne pouvant vérifier son existence chez nous, à la comprendre parmi nos plantes bourbonnaises. Voisine de l'*Ericetorum*, elle en diffère par sa pubescence *plus rare*, sa corolle d'un *pourpre lilas*, ses feuilles qui ne sont *jamais mucronées-cuspidées*, même dans les supérieures.

RHINANTHUS. *L.* (Rhinanthe.) Cal. ventru comprimé, à 4 dents (p. 283, fig. 3); corolle à lèvre supér. comprimée, en casque, échancrée, l'infér. à 3 lobes; étamines didynames; capsule orbiculaire comprimée; graines nombreuses, comprimées bordées; feuilles opposées, fleurs jaunes.

Les plantes de ce genre formaient pour Linnée des variétés du *R. Crista galli* ; elles ont pour caractères communs : une tige de 2-6 déc. droite, plus ou moins rameuse ; des feuilles oblongues lancéolées, dentées, rudes ; des fleurs jaunes à lèvre supér. munie de dents bleuâtres. Elles sont annuelles, fleurissent en mai, juin, et leur existence semble associée à celle des graminées.

1 { Calice très velu. *R. hirsutus.* (1)
{ Calice glabre ou presque glabre. . , ... 2

2 } Bractées jaunâtres; style saillant, glabre au dessous du stigmate . . . *R. major.* (2)
} Bractées verdâtres; style non saillant, velu au dessous du stigmate. . *R. minor.* (3)

(1) R. Hirsutus. *Lam. R. Alectorolophus. Lois.* (R. Velu.) Tige *velue* souvent rameuse ; bractées *jaunâtres pubescentes;* calice *velu* (p. 283, fig. 3) style *saillant*, violet au sommet; graines *3 fois plus larges* que leur rebord membraneux. Mai, juin. An. Moissons, surtout des terrains siliceux. — Bressolles, Châtel-Montagne, Gannat, Monétay, Ussel, Saint-Nicolas, Souvigny, Saint-Sornin, Deux-Chaises, Chavenon, Le Montet, Laprugne, Ferrières, Saint-Rémy, Echassières, Neuilly, Désertines, Cérilly, Maulne, Ainay-le-Château, Marcillat, eté.

(2) R. Major. *Ehr.* (R. à grandes Fleurs.) Tige souvent simple; calice *glabre* ou à peu près; bractées *jaunâtres;* style *saillant*, *violet* au sommet, *glabre* au dessous du stigmate; graines *2 fois plus larges* que leur rebord membraneux. Mai, juin. Prairies. C. C.

(3) R. Minor. *Ehr.* (R. à petites Fleurs.) Calice *glabre ou à peu près*, d'un vert sombre; bractées *verdâtres;* style *non saillant*, caché sous la lèvre supér., *pâle* au sommet, *pubescent* au dessous du stigmate; graines non rugueuses. Mai, juin. Prés humides. R. — Yzeure, Laprugne (V. B.); Trevol, Pouzy (A. M.); Aronnes, Busset (L. A.); Bellaigue, près Marcillat (A. P.)

PEDICULARIS. *L.* (Pédiculaire.) Calice ventru; corolle à lèvre supér. en casque, comprimée, l'inférieure trilobée; étamines didynames; caps. comprimée acuminée ovale, à 2 valves; graines ovoïdes; feuilles pinnatifides, un peu crépues.

{ Calice glabre à 5 dents foliacées . . . . *P. sylvatica.* (1)
{ Calice un peu velu, à 2 lobes frangés-crépus . . . . *P. palustris.* (2)

(1) P. Sylvatica. *L.* (P. des Bois.) Tige *de 1-2 déc., couchée,*

rameuse, *diffuse;* feuilles glabres; cal. *glabre fendu, à 5 dents inégales. foliacées,* velues au bord et *dépassant* la caps.; fl. rouges.
Avril, juin. Viv. Bois humides, prés marécageux. A. C. — A toute
altitude.

(2) P. Palustris. L. (P. des Marais.) Tige *de 2-6 déc.,* rameuse,
droite, raide; feuilles glabres; calice *un peu velu dépassé* par la
capsule, *divisé en 2 lobes frangés crépus,* glabres aux bords; fl.
roses, rarement blanches. Avril, juil. Viv. Prés tourbeux. Moins
commun que le précédent. — Trevol, Yzeure, Neuvy, Liernolles,
Busset, Cressanges, Bessay, Bressolles, Saint-Ennemond, Lapalisse, Neuilly, Pouzy, Laprugne, Montluçon, Cérilly, Quinssaines,
Braize, Bizeneuille, Marcillat, etc.

MELAMPYRUM. L. (Mélampyre.) Calice tubuleux, bilabié à 4
dents; corolle à lèvre supér. en casque à bords repliés, l'infér. à
3 lobes; 4 étamines didynames; caps. oblongue acuminée, à 2
loges renfermant chacune 1-2 graines; feuilles opposées, tiges
tétragones. Plantes noircissant par la dessiccation. Regardées
comme parasites.

1	Fleurs géminées, tournées d'un seul côté	3
	Fleurs en épis munis de bractées	2
2	Epi serré, à 4 angles prononcés. *M. cristatum.*	(2)
	Epi cylindracé, à bractées rouges pinnatifides *M. arvense.*	(1)
3	Loges à 2 graines. *M. pratense.*	(3)
	Loges à 1 graine *M. sylvaticum.*	(4)

(1) M. Arvense. L. (M. des Champs.) Plante pubescente; tige
de 3-6 déc., droite, simple ou rameuse; feuilles lancéolées-linéaires, sessiles, scabres acuminées; fl. en épis *lâches cylindriques,*
munies de bractées *colorées rougeâtres, pinnatifides;* cal. *hérissé;*
fl. rouges à gorge jaune; capsule *plus courte* que le calice, à loges,
ne contenant qu'une graine. Juin, sept. An. Moissons. C.

(2) M. Cristatum. L. (M. à Crête.) Tige de 2-3 déc., pubescente,
rameuse étalée; feuilles linéaires lancéolées, aiguës sessiles, très
scabres; épi *à 4 faces,* à fl. *serrées,* à bractées *cordiformes pectinées dentées;* calice *glabre;* fl. jaunâtres, mêlées de rouge; capsule
dépassant le calice, *loges à 2 graines.* Mai, août. An. Bords des
bois. R. — Chazoux, Font-Violent, près Gannat (Chomel.); Monétay-sur-Allier (L. A.); Loriges, aux Dollats (C. B.); Montluçon,
Urçay (A. P.)

(3) M. Pratense. L. (M. des Prés.) Tige de 2-6 déc., rameuse,
à rameaux *étalés, presque glabre;* feuilles linéaires ou ovales lancéolées, entières acuminées; bractées supér. profondément *den-
tées-incisées* à la base; fl. *géminées axillaires, unilatérales,* perpendiculaires aux rameaux; calice *glabre, 3 fois plus court* que le
tube de la corolle; fl. jaunes ou jaunâtres, parfois lavées de rose,
à corolles *fermées;* capsule dépassant le calice, *loges à 2 graines.*
Juin, sept. An. Bois, buissons. C. A toute altitude.

(4) M. Sylvaticum. L. (M. des Forêts.) Diffère du précédent dont

il a l'aspect général : par ses feuilles *sublinéaires, entières ;* ses bractées *très entières* ou à peine dentées à la base ; par ses fleurs *dressées*, plus *petites, ouvertes* à la gorge ; son calice *égalant* ou dépassant *le tube* de la corolle ; sa capsule *plus acuminée*, ses loges *à une seule graine.* Juin, août. Hautes montagnes. R. R. — Les bois noirs au Montoncelle.

La plante que nous avons recueillie dans les bois noirs en 1875 avec mes amis regrettés, L. Allard et Barat, et que j'ai fait récolter à Pérard au même endroit en 81, a tous les caractères du *Sylvaticum*, sauf la longueur du calice qui n'égale pas le tube de la corolle. Je ne crois pas pouvoir l'en séparer.

§ 2. — Fleurs a corolle rotacée ou campanulée.

LIMOSELLA. *L.* (Limoselle.) Cal. à 5 dents ; corolle très petite, campanulée à 5 lobes presque égaux et égaux au calice ; 4 étamines didynames ; caps. ovoïde, s'ouvrant par 2 valves, uniloculaire ; pédoncules tous radicaux et uniflores.

L. Aquatica. *L.* (L. Aquatique.) Plante *de 3-6 cent.*, glabre, en touffes ; racine émettant des rejets rampants ; feuilles toutes radicales, lancéolées ovales, pétiolées, plus longues que les pédoncules floraux ; fl. blanchâtres ou rosées, capsule dépassant le calice (p. 283, fig. 4). Mai, sept. An. Sables humides de la Loire, de l'Allier et du Cher ; bords des étangs : Bourbon, Saint-Didier, Chavenon ; Souvigny, à Messarges ; Saint-Hilaire, Neuvy, Bresnay ; Montluçon, à Fontbouillant.

DIGITALIS. *L.* (Digitale.) Cal. à 5 divis. inégales ; corolle allongée, tubuleuse, campanulée renflée (p. 283, fig. 2), à 4 lobes un peu inégaux ; *4* étamines didynames, caps. ovale acuminée à 2 loges et à *2* valves ; fl. en longue grappe terminale, unilatérale ; tige simple de 5-10 déc.; feuilles alternes.

1	Fleurs jaunes ou jaunâtres.	3
	Fleurs rouges ou rougeâtres, quelquefois blanches.	2
2	Feuilles pubescentes ; capsules fertiles . . . . *D. purpurea.*	(1)
	Feuilles glabres ou à peu près ; capsules stériles . . . . . . *D. purpurascens.*	(3)
3	Calice, pédoncules, tige glabres. . . . . *D. lutea.*	(2)
	Calice, pédoncules, tige velus. . . . . *D. grandiflora.*	(4)

(1) D. Purpurea. *L.* (D. Pourprée.) *Tige et feuilles pubescentes*, ces dernières ovales, oblongues ou lancéolées, *crénelées*, blanches tomenteuses en dessous, les infér. pétiolées ; corolle *rouge*, rarement blanche, *très grande*, poilue en dedans, *glabre* en dehors, tachée de points rouges ; capsule velue glanduleuse. Juin, août. Bisan. C. Dans les parties incultes des terrains siliceux et granitiques.

(2) D. Lutea. *L.* *Parviflora. Lam.* (D. Jaune.) *Tige et feuilles glabres*, ces dernières oblongues ou ovales lancéolées, quelquefois ciliées sur les bords et *à peine* denticulées, *acuminées ;* pédicelle et calice *glabres* ; fl. *assez petites*, 2 cent. au plus, *d'un jaune pâle*, *glabres.* Juin, août. Bisan. Moins commune que la précédente. Lieux montueux, surtout des terrains calcaires. — Jenzat, Belle-

naves, Ferrières, Cusset, Bressolles, Huriel, Besson, Bresnay, Saint-Germain-des-Fossés, Louchy, Souvigny, Saint-Pourçain, Gilly-sur-Loire, Cressanges, Branssat, Champroux, Marcenat, Chantelle, Monestier, Montluçon, Lavaux-Sainte-Anne, Bizeneuille, Audes, Meaulne, etc.

(3) D. Purpurascens. *Roth. Purpureo-lutea Mey.* (D. Rougeâtre.) Intermédiaire entre les précédentes dont elle est une *hybride;* cette plante tient du *purpurea* par sa tige *un peu poilue, ses fleurs rougeâtres,* ponctuées à l'intérieur, de grandeur *moyenne;* du *lutea* par ses feuilles *glabres* et sa tige *presque glabre,* la teinte *jaunâtre* de sa corolle. Ses étamines ont bien peu de pollen (au moins quant à la plante de *Moladier*); capsules stériles. R. — Moladier (E. O.); Marigny, forêt de Bagnolet (marquis de La Roche); Cusset (J. R.); Bau, près Besson (Denoue, in Bor.); rochers de Branssat (Rhodde, in Bor.); rochers en face Lavau-Sainte-Anne (Thévenon); Montluçon, à Labrosse, au Lamaron etc. (A. P.); Saint-Didier, au Vernet (H. du Buysson); Bois de Baugère et de Minecère, près Veauce (M. L.); Fleuriel, Monestier (C. B.).

Le *D. purpurea* vient sur la silice, le *D. lutea* sur le calcaire ; l'hybride se trouvera à la jonction des deux terrains, là où les parents seront assez rapprochés.

(4) D. Grandiflora. *All. G. G. D. Ambigüa. Murr. Grenier.* (D. à grandes fleurs.) Tige et feuilles pubescentes, celles-ci *amplexicaules,* les infér. seulement pétiolées, dentées en scie; corolle grande, *pubescente glanduleuse en dehors,* ainsi que le cal. les pédicelles et l'axe floral, d'un *jaune pâle, veinée* en dedans de lignes brunes ; capsule ovoïde, velue glanduleuse. Juin; juil. Bois montagneux. R. — Ferrières (Rondet).

Ces plantes sont très actives et, surtout la première, contiennent un principe très énergique, la Digitaline, qui, pris à petites doses, jouit de la propriété de calmer les contractions du cœur et de ralentir la circulation.

GRATIOLA. *L.* (Gratiole.) Cal. à 5 divis. ; corolle tubuleuse presque à 2 lèvres et à 5 divis. (p. 283, fig. 1) ; 4 étamines dont deux seulement fertiles ; stigmate à 2 lamelles ; capsule ovale à 2 loges et à 2 valves bifides. Feuilles opposées.

G. Officinalis. *L.* (G. Officinale.) Vulg. Herbe au pauvre homme. Plante de 2-5 déc., glabre, lisse, faible, à racine traçante; feuilles sessiles, opposées, lancéolées, dentées ; pédoncules axillaires uniflores, plus courts que la feuille ; fl. d'un rose pâle ou blanc-jaunâtre, barbue au-dessus des étamines. Juin, sept. Viv. Marais, bords des eaux. — Moulins, au pont de fer ; Beaulon, Yzeure, Chemilly, Trevol, Toulon, Saint-Gerand-de-Vaux, Bessay, Pierrefitte, Lusigny, Marcenat, Champroux, Vichy, Saint-Yorre, Montluçon, Hérisson, Chantelle, etc.

Cette plante est très irritante et on l'a quelquefois employée, à la campagne, comme purgative. On ne doit s'en servir d'ailleurs qu'avec prudence.

VERONICA. *L.* (Véronique.) Cal. à 4 divis., rarement 5 ; corolle rotacée à 4 lobes peu inégaux ; 2 étamines ; capsule comprimée, ovale ou en cœur renversé, à 2 loges, à 2 ou 4 valves (fig. 1 à 5) ; graines ordin. nombreuses.

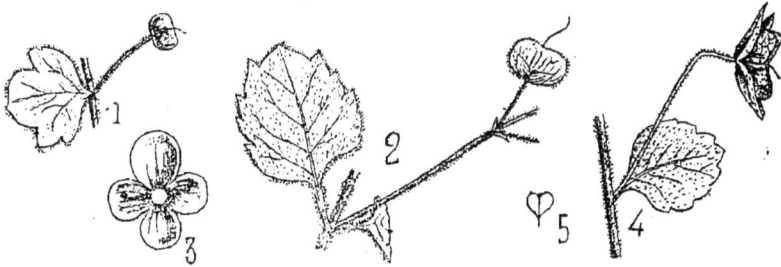

1. Feuille et capsule de Veronica hederacea. — 2 Id de Ver. montana. — 3. Fl. de Ver. Buxbaumii. — 4. Feuille et caps du même. — 5. Caps. de Ver. arvensis.

a. — Fleurs en épis axillaires.

(1) **V. Teucrium.** *L.* (V. Teucriette.) Souche rampante, rameuse ; plante *pubescente*, à tige couchée puis *redressée* de 1-4 déc. ; feuilles opposées, *presque sessiles*, ovales oblongues, incisées dentées ; cal. *à 5 lobes ciliés*, très inégaux ; fl. en épis latéraux, *assez grandes*, d'un bleu clair ; caps. *velue glanduleuse*, en cœur renversé, dépassant le calice. Mai, juin. Viv. Pelouses, bords des chemins. C. à toute altitude.

V. *Bastardi. Bor.* Diffère par sa tige couchée, sa pubescence grisâtre. Coteaux secs, calcaires. — Montluçon, Urçay (Pérard.)

(2) **V. Prostrata.** *L.* (V. Couchée.) Diffère de la précédente à laquelle elle ressemble : par son duvet *court et crépu ;* ses tiges *étalées-couchées ;* son calice *non cilié ;* sa capsule *glabre,* plus échancrée. Mai. R. R. — Environs de Gannat, pentes herbeuses sous le chemin de fer entre Neuvialle et Rouzat (M. L. Prod.)

(3) **V. Chamædrys.** *L.* (V. petit chêne.) Tige radicante redressée, *marquée de deux lignes poilues opposées ;* feuilles *presque sessiles*, pubescentes, ovales, incisées, dentées ; fl. d'un bleu clair, *assez grandes*, en épis latéraux allongés ; cal. à 4 lobes inégaux, *dépassant* la capsule en cœur renversé, *ciliée*. Mai, juin. Viv. Prés, bords des chemins. C. à toute altitude.

Var. *Petiolata. Cosson et Germain.* — Feuilles à pétiole atteignant presque 1 cent. La Chabanne (Renoux.)

(4) **V. Officinalis.** *L.* (V. Officinale.) Vulg. Thé d'Europe. Plante *pubescente*, velue, à tige de 1-3 déc., radicante redressée ; feuilles obovales elliptiques, dentées *en scie, seulement rétrécies en pétiole ;* fl. petites, d'un bleu très clair, en grappes assez serrées ; pédicelles *plus courts* que le calice ; caps. arrondie en cœur renversé, tronquée au sommet, mais non échancrée, et *pubescente* ciliée, dépassant le calice. Mai, juin. Viv. Bois. C. à toute altitude.

V. *Intermedia. Lej. in Bor.* Tiges plus courtes, plus grêles, plus diffuses, capsule à lobes plus divergents. C'est la forme des montagnes. — Laprugne, à L'Assise ; Montoncelle, Montluçon, Echassières, Mayet-de-Montagne.

(5) **V. Montana.** *L.* (V. de Montagne.) Plante *pubescente* velue, à tige de 1-3 déc., radicante redressée ; feuilles *longuement pétiolées* (p. 293, fig. 2), ovales, obtuses, dentées *en scie ;* calice à 4 divisions ; fl. d'un bleu clair en grappes axillaires ; caps. presque *orbiculaire, ciliée.* Mai, juil. Viv. Bois montueux et frais. A. R. — Moladier, Montluçon ; Bourbon, à Grosbois ; Le Mayet-de-Montagne, Aronnes, Veauce, La Lizolle, Sussat, Echassières, Target, Tortezais, forêt de Dreuille ; Vernusse ; Châtillon, à Pérogne ; Forêt de Bagnolet, Bayet, Chirat, Marcenat, Gouise, L'Avoine, au Montoncelle ; La Chabanne.

(6) **V. Scutellata.** *L.* (V. à Ecusson.) Plante de 1-6 déc., *glabre ou pubescente seulement au sommet ;* tige radicante dressée ; feuilles

sessiles, *linéaires aiguës, entières* ou *à peine* denticulées, opposées ; fleurs *blanches*, lavées de rose ou de bleu, en grappes axillaires portées par de longs pédicelles ; caps. *échancrée*. Mai, sept. Viv. Bords des étangs, lieux tourbeux. — Neuvy, Trevol. Yzeure, Moladier, Lapalisse, Le Mayet-de-Montagne, Ferrières, Bourbon, Couleuvre, Souvigny, Liernolles, Bresnay, Chavenon, Bessay, Marcenat, Saint-Didier, Loriges, Monétay, Louroux-de-Bouble, Saint-Priest-en-Murat, Urçay. Audes, Commentry, Vernusse, etc.

(7) V. ANAGALLIS. *L.* (V. Mouron) Plante *entièrement glabre*, de 1-6 déc., fistuleuse, à racine rampante ; feuilles opposées, *sessiles*, presque *amplexicaules*, ovales ou lancéolées *aiguës*, dentées ; grappes latérales lâches ; fl. bleu-clair, veinées à pédoncules *opposés ;* caps. *orbiculaire, glabre*, émarginée, un peu *plus courte* que le calice. Mai, sept. Viv. Bords des eaux, fossés, sables humides. A. C. — Bords de l'Allier, de la Loire et du Cher ; Gannat, Souvigny, Huriel, Lignerolles, L'Etelon, Bayet, Contigny, etc.

(8) V. ANAGALLOÏDES. *Gussone. Bor.* (V. faux Mouron.) Très ressemblante à la précédente : plus grêle ; feuilles plus étroites ; panicule *pubescente glanduleuse ;* capsule *elliptique, non échancrée*. An. R. — A rechercher chez nous.

En 1881, M. l'abbé Berthoumieu m'a fait récolter dans les boires de Contigny, un *Veronica* gigantesques, d'un mètre de haut, à inflorescence *poilue-glanduleuse*, portant plusieurs milliers de fleur, à grappes atteignant plus de 30 cent. de long, à capsules mal développées. C'est malgré ses glandes, un *Anagallis*, à allures d'hybride, mais de quoi ?? Serait-ce le *V. Anagalliformis*. Bor. 3e éd.?

(9) V. BECCABUNGA. *L.* (V. Beccabunga.) Vulg. Cresson de Cheval. Plante *glabre* de 2-5 déc., radicante redressée ; feuilles ovales *elliptiques obtuses, pétiolées, denticulées ;* fl. d'un beau bleu en grappes axillaires et à pédoncules opposés ; caps. ovoïde, glabre, suborbiculaire, renflée, un peu plus courte que le calice. Mai, oct. Viv. Lieux humides, ruisseaux. C.

b — Fleurs solitaires, axillaires ou en épis terminaux.

(10) V. HEDERÆFOLIA. *L.* (V. à feuilles de lierre.) Tige de 1-3 déc., *couchée, étalée, rameuse*, velue ; feuilles pétiolées, velues, *réniformes, arrondies, crénelées, à lobes obtus*, les infér. opposées, les supér. alternes (p. 293, fig. 1) ; pédoncules axillaires, solitaires, *assez longs ;* lobes du cal. *cordiformes ovales, acuminés*, ciliés ; fl. d'un bleu clair, variant jusqu'au blanc ; caps. *globuleuse*, à loges *contenant 1-2 graines*. Mars, sept. An. Lieux cultivés. C. C. A toute altitude.

(11) V. AGRESTIS. *L.* (V. Agreste.) Plante pubescente, *diffuse, rameuse, étalée ;* feuilles courtement pétiolées, *cordiformes ovales, arrondies, dentées*, les inférieures opposées ; pédoncules solitaires, axillaires, *à peu près égaux* aux feuilles ; lobes du cal. *oblongs*, obtus, *dépassant* la corolle et la capsule ; fl. blanches, lavées de bleu ; caps. échancrée, poilue glanduleuse, à lobes gonflés *non divergents*. Mars, oct. An. Lieux cultivés. C.

(12) V. Polita. *Fries. Grenier. Bor. V. Didyma. G. G.* (V. des Cultures.) Diffère de la précédente dont elle est très voisine : par ses divisions calicinales *fortement nerviées, égalant* la corolle et la capsule ; par ses fleurs *bleues striées* dont les pédoncules *dépassent* les feuilles ; par son style *dépassant* l'échancrure ; par ses graines, *plus nombreuses, 8-10 par loge.* C.

Var. *Flore albo.* — Moulins.

(13) V. Buxbaumii. *Tenore. Bor. Grenier. V. Persica. Poirret. G. G. V. Filiformis. D. C.* (V. de Buxbaum.) Plante plus robuste que la précédente, *diffuse, rameuse, étalée,* feuilles pétiolées, cordiformes ovales, arrondies, dentées ; pédoncules solitaires *bien plus longs* que les feuilles ; calice à divisions *lancéolées,* divariquées, *plus courtes* que la corolle ; fl. bleues, *grandes;* caps. échancrée, pubescente, à lobes *divergents, à bords* de l'échancrure *presque rectilignes* (p. 293, fig. 3-4). Mars, mai. R. Introduite par les cultures. — Moulins, levée du cours de Bercy (E. O.) ; répandue maintenant tout autour de la ville ; Chevagnes (Cimetière) ; Chareil-Cintrat, dans les vignes, les luzernes (C. B.) ; Chavenon (Causse, in Herb.) ; Veauce (M. L.) ; Désertines (A. P.) ; Souvigny, dans la Gare (A. M.)

(14) V. Arvensis. *L.* (V. des Champs.) Plante à tige plus ou moins couchée d'abord, *mais redressée,* à rameaux formant *un épi terminal bractéolé;* feuilles un peu pétiolées, cordiformes, *ovales,* obtuses, *dentées,* les inphér. opposées, les supér. alternes entières ; cal. *presque sessile;* fl. d'un bleu clair, petites ; caps. en cœur renversé, ciliée, style ne dépassant pas l'échancrure (p. 293, fig. 5) Mai, juin. An. Lieux cultivés. C.

(15) V. Verna. *L.* (V. Printanière.) Plante de 5-15 cent. velue, glanduleuse dans le haut ; tiges couchées puis redressées, *raides;* feuilles opposées, les radicales *ovales,* les moyennes subpétiolées, *pinnatifides,* à 5-7 lobes entiers obtus, le terminal plus grand ; fleurs en grappe, à bractées *entières* sublinéaires, *égalant* presque les fleurs ; pédicelles *bien plus petits* que le calice ; calice à divisions velues glanduleuses, *dépassant* la corolle et la capsule ; fleurs d'un bleu-pâle ; capsule en cœur renversé, cilié-glanduleuse, à style ne dépassant pas l'échancrure. Avril, mai. Terrains granitiques. R. — Villefranche (C. B.) ; Monestier (A. M.) ; Gannat, Neuvialle, Lapalisse (P. B.) ; Montluçon, Désertines, Thizon, Audes, Marcillat (A. P.)

(16) V. Triphyllos. *L.* (V. à trois lobes.) Plante *de 4-15 cent.,* redressée, pubescente, *glanduleuse;* feuilles inphér. cordiformes ovales, les caulinaires et les supér. *à 3-7 lobes profonds,* obtus, le terminal plus grand, *commé digitées;* fl. d'un *bleu d'azur,* axillaires en grappes lâches, à pédicelles *dépassant* le calice ; caps. en cœur renversé, ciliée, à style *dépassant* l'échancrure. Mars, mai. An. Moissons sablonneuses. C. — Moulins, Gannat, Bayet, Besson, Cesset, Lapalisse, Neuilly, Saint-Pourçain, Saint-Didier, Montluçon, etc.

(17) **V. Præcox.** *All.* (V. Précoce.) Plante velue glanduleuse ; tige de 5-20 cent. simple ou rameuse ; feuilles un peu épaisses, ovales subcordiformes, *profondément incisé-dentées*, les infér. opposées, les florales *alternes ;* pédicelles *dépassant* le calice ; fleurs bleues ; capsule *plus longue que large*, suborbiculaire, émarginée, égalant ou *dépassant un peu* le calice, à style *dépassant beaucoup* l'échancrure. Mars, Mai. Lieux cultivés, champs, vignes. An. R. — Gannat (P. B.) ; Chareil-Cintrat (C. B.)

(18) **V. Acinifolia.** *L.* (V. à feuille d'Acinos.) Plante de 4-15 cent., poilue glanduleuse, droite ou à rameaux ascendants ; feuilles un peu épaisses, ovales obtuses, *denticulées*, crénelées, les infér. opposées, subpétiolées, les supér. lancéolées alternes ; fl. d'un bleu clair, en grappe longue lâche ; pédicelles axillaires *dépassant* le cal.; caps. *ciliée glanduleuse*, en cœur renversé, *plus large que longue*, à lobes orbiculaires, à style *égalant* l'échancrure. Avril, mai. An. Champs sablonneux. — Moulins, Bresnay, Besson, Bressolles, Lurcy, Néris, Montluçon, Veauce, Monétay-sur-Allier, Chareil, Saint-Didier, Cesset, Fleuriel.

(19) **V. Serpyllifolia.** *L.* (V. à feuille de Serpolet.) Tiges de 1-3 déc., *radicantes, redressées, pubérulentes ;* feuilles opposées, subsessiles, ovales, obtuses, *à peu près glabres, denticulées*, les supér. entières ; fl. *blanches ou bleuâtres*, rayées, à pédicelles *égalant* à peu près le cal., formant une longue grappe terminale feuillée ; caps. *cilié-glanduleuse, rarement glabre*, en cœur renversé, dépassant le calice, à style *bien plus long* que l'échancrure. Avril, oct. Bisan. et Viv. Pâturages, pelouses humides. C.

(1) 20 **V. Spicata.** *L.* (V. à épi.) Plante pubescente ; tige de 1-5 déc., ascendante, raide, simple ; feuilles opposées, ovales ou lancéolées, crénelées, dentées ; fl. bleues, en *épi terminal serré, allongé*, à bractées étroites ; calice hérissé ; caps. velue presque globuleuse, à peine échancrée, à style très long ; lobes de la corolle *aigus*. Juil. août. Bois montueux. R. R. — Bords du Sichon, près Molles (Saul. in Bor.) ; Gannat, au Montlibre (M. L. Prod.)

Cette famille fournit à nos parterres : les *Calcéolaires* à fleurs si variées, le *Collinsia bicolor*, et des arbres : le *Paulownia imperatoria* à grandes fleurs bleues, le *B. radicans*, vulg. Jasmin de Virginie.

Famille LXV. — OROBANCHACÉES.

Plantes charnues, succulentes, jamais vertes, dépourvues de feuilles qui sont remplacées par des écailles, à fl. en épis garnis de bractées, et parasites sur les racines des autres plantes. (Il est important de savoir, pour la détermination de l'Orobanche, sur quelle plante elle se nourrit.) Cal. à 4 lobes ou à 2 sépales accompagné de 1-3 bractées ; cor. monopétale, hypogyne bilabiée ; étam. didynames ; 1 seul style ; caps. uniloculaire libre, à 2 valves, à graines nombreuses.

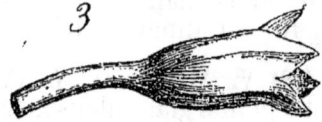

1. Fl. d'Orobanche Galii. — 2. Cal. et bractées de Phelipæa ramosa. — 3. Cal. de Clandestina.

OROBANCHE. L. (Orobanche.) Fleurs munies d'une seule brac-tée ; calice formé de 2 sépales latéraux distincts ou à peine soudés à la base ; corolle bilabiée, à lèvre inférieure à 3 lobes, marces-cente ; capsule uniloculaire ; fleurs en épis. — Plantes probable-ment annuelles ; jamais je n'ai trouvé sur aucune, trace de rejets ou de bourgeons.

Ces plantes doivent être regardées comme annuelles, car quand on les arrache avec autant de soin que possible, on ne trouve *jamais* de restes d'anciennes tiges et quand, à l'arrière-saison, on enlève les plantes sèches, on ne trouve pas trace de bourgeons indiquant la pérennité ; tout est mort.

A. — ÉTAMINES INSÉRÉES AU DESSOUS DU QUART INFÉRIEUR DE LA COROLLE.

a. — Stigmates jaunes.

(1) O. RAPUM. *Thuil.* (O Rave.) Tiges souvent nombreuses, de 4-6 déc., de couleur fauve, à poils crépus glanduleux, *très renflées à la base ; épi serré allongé ;* sépales divisés en 2 lobes presque égaux ; corolle à lèvres ondulées, obscurément denticulées, à lobe moyen infér. bien plus grand ; étam. *glabres* à la base ; stigmate jaunâtre ; fl. teintées de rose. Mai, juin. Viv. C. Vient sur le *Sarothamnus scoparius.*

(2) O. Cruenta. *Bert. G. G.* (O. Sanglante.) Tige de 2-5 déc. *un peu* renflée et écailleuse à la base, à poils crépus-glanduleux ; épi *peu dense ;* bractées dépassant ordin. la corolle ; sépales divisés en deux lobes presque égaux, égalant au moins le tube de la corolle ; corolle jaunâtre en dehors, *d'un rouge obscur en dedans,* lèvre supér. à bords fimbriés-denticulés, l'infér. *à 3 lobes presque égaux ;* étamines insérées à la base et *velues inférieurement ;* stigmate jaune, entouré d'une ligne pourpre. Mai, juin. Sur les légumineuses. R. — Montluçon, bruyères de la route d'Evaux, au-dessus des Iles (A.P.)

O. Ulicis. Desmoulins. Bor. (O. de l'Ajonc.) Ne diffère de la précédente, à laquelle *G. G.* la réunissent, que : par ses sépales ordin. *entiers, rarement bidentés ou bifides ;* sa lèvre supér. *un peu plus échancrée ;* ses fleurs *bordées de rouge* en dehors. Mai, juin. Landes, bruyères, sur l'*Ulex nanus.* R. — Cérilly à Tronçais ; Le Vilhain, landes d'Equaloux ; Chevagnes (De Lambertye in Bor., 2ᵉ éd.); Montluçon, Désertines, Marmignolles ; Audes (A. P.); Nocq (B.); Lurcy ; Lucenay, Nièvre, sur nos limites (A. M.); Saint-Pierre-le-Moustier, Toury-sur-Jour, Nièvre ; Saulzais, Cher, sur nos limites (Bor.).

b. — Stigmate pourpré ou brunâtre.

(3) O. Galii. *Vaucher. Bor. G. G.* (O. du Caille-lait.) Tige de 1-5 déc., d'un blanc-jaunâtre ou rougeâtre, poilue-glanduleuse; *sépales* ordinairement *à 2 lobes* égalant la moitié du tube de la corolle; lèvre supér. *arrondie* denticulée, l'infér. à 3 lobes à peu près égaux denticulés (p. 298, fig. 1); étam. *velues* ainsi que *les anthères ;* stigmate d'un pourpre foncé ; fleurs jaunâtres, lavées de rose, de violacé ou de rougeâtre. Mai, juin. Bords des champs, sur les *Galium* du groupe du *mollugo.* A. R. — Environs de Moulins; Yzeure, à Panloup, route de Dornes, route de Gennetines; Avermes, Chavenon, Neuvialle, Trevol, Le Veurdre, Echassières, Veauce, La Lizolle, Charroux.

(4) O. Epithymum. *D. C. Bor. G. G.* (O. du Serpolet.) Tiges de 1-3 déc., en touffes, pubescentes glanduleuses, épaissies à la base ; sépales plus longs que le tube de la corolle, *entiers ou à une dent divariquée ;* lèvre infér. de la corolle à lobe moyen *plus grand* que les autres: étam. *parsemées de poils épars ;* anthères *glabres ;* stigmate pourpré ; fl. d'un blanc jaunâtre, lavées de rouge. Mai, juin. Viv. Collines, pelouses, sur le *Thymus serpyllum.* R. — Lavernue, près Gannat (L. Besson); Ebreuil (P. B.); Charroux (C. B.); Urçay; Meaulne, coteaux de Grandfonds et des Chanets (A. P.); Saint-Amand, à Orval, Cher, sur nos limites (Bor.).

B. — ÉTAMINES INSÉRÉES AU DESSUS DU QUART INFÉRIEUR DE LA COROLLE.

c. — Stigmate jaune.

(5) O. Rubens. *Walr. O. Medicaginis. Dub. Schultz* (O. Rougeâtre.) Tige de 3-4 déc. non renflée à la base, rougeâtre, velue glanduleuse; épi lâche à fleurs nombreuses; sépales *plurinerviés, soudés en avant* à la base, *inégalement bifides,* un peu *plus courts* que le tube de la cor.; corolle *glanduleuse* tubuleuse, *courbée dès la base,* lèvre

supér. à deux lobes étalés, l'infér. à 3 lobes presque égaux ; étamines insérées *près de la courbure* de la corolle, *très pubescentes* jusqu'au dessus du milieu ; fleurs jaunes à la base, rouges ou violacées au sommet. R. R. — Collines des bords de la Loire (Carion, in Bor.).

(6) O. HEDERÆ. *Vauch. G. G. Bor.* (O. du Lierre.) Tige de 1-3 déc., *légèrement* pubescente glanduleuse, *renflée* à la base *en bulbe arrondi ;* épi lâche ; sépales *soudés par devant, entiers* ou rarement bifides, étroits, *subuninerviés ;* corolle d'un *jaune pâle, teintée de violacé-bleuâtre, glabre* ou à peu près, *petite, grêle, courbée, comprimée* sur les côtés ; lèvre supér. bilobée, l'infér. à 3 lobes dont *le moyen plus grand ;* étamines *presque glabres* à la base ; stigmate d'un beau jaune. Juin. Parasite sur le lierre rampant à la surface de la terre. R. — Montluçon, rochers de Chauvière ; Lignerolles, au-dessous du Breuil (A. P.).

d. — Stigmate pourpré ou brunâtre.

(7) O. TEUCRII. *Hollandre. Bor. G. G.* (O. de la Germandrée.) Tige de 1-2 déc., poilue glanduleuse ; épi pauciflore, lâche (5-12 fl.) ; sépales soudés à la base, plurinerviés, bifides, *ne dépassant pas la moitié* du tube de la corolle ; corolle à *tube droit,* lèvre supér. denticulée-ciliée, l'infér. à 3 lobes *presque égaux ;* étamines *velues* dans leur moitié infér., pubescentes glanduleuses au sommet ; fleurs mêlées de jaune, de blanc, de rouge et de violet ; stigmate d'un violet foncé. Mai, juin. Collines calcaires : parasite surtout sur le *Teucrium Chamœdrys.* R. R. — Meaulne, coteaux de Grandfonds et des Chanets (A. P.).

(8) O. PICRIDIS. *Vauch. Bor. G. G.* (O. de la Picride.) Tige de 2-4 déc., *violacée* à poils blancs glanduleux ; sépales *entiers ou munis d'une dent dépassant le tube* de la corolle ; étam. insérées *presque au milieu* du tube, *poilues ;* stigmate d'un *violet sale ;* fl. *petites,* 15 mill., *blanchâtres, arquées* sur le dos ; lèvre supérieure *entière,* lobe moyen infér. *plus grand* que les latéraux. Juin. An. R. Sur le *Picris hieracioïdes.* — Saulzais, Cher, sur nos limites (marquis de la Roche).

(9) O. MINOR. *Sutton. Bor. G. G.* (O. à petites fleurs.) Tige de 1-3 déc., très *grêle,* rougeâtre, violacée, un peu *renflée* en bulbe à la base ; bractées *égalant* les fleurs, qui sont *blanches et petites,* striées de violet, *arquées* sur le dos ; sépales *subitement* acuminés ; lèvres de la corolle *bordées de petites dents obtuses,* la supér. *échancrée,* l'infér. à 3 lobes presque égaux ; étam. n'offrant *à leur partie infér. que quelques poils épars,* glabres du reste ; stigmate *purpurin.* Juin. R. Sur le trèfle des prés. — Chavenon (Causse) ; Saulcet (Rhodde) ; Chareil, Montord (C. B.) ; Busset (L. A.) ; Ainay-le-Château, sur *Trifolium repens.*

(10) O. AMETHYSTEA. *Thuil. Bor. G. G. O. Eryngii. Dub.* (O. Améthyste.) Tige de 2-5 déc., *violacée,* un peu *renflée* à la base, glanduleuse au sommet ; bractées *plus longues* que les fleurs, rendant l'épi *chevelu* au sommet ; épi *gros, serré ;* sépales *à 2 lobes profonds, étroits,* à 3-6 nervures ; corolle *subitement arquée ;* lèvre supér. échancrée

ou lobée, l'infér. à lobe médian *lobé, plus grand* que les latéraux ; étam. *parsemées de poils épars,* insérées sur la courbure de la corolle ; stigmate rougeâtre ; fl. d'un blanc-rosé. Juin, juil. Viv. Sur l'*Eryngium campestre.* R. — Neuvy, aux Melées. (V. B.) ; Pontrattier, près Gannat (L. Besson) ; Avermes : Neuvy, à Toury (L. A.) ; Bègues, Gannat (P. B.) ; Paray-sous-Briaille (C. B.) ; Le Veurdre, au Mont Talaux (A. M.) ; Naves, Charcil-Cintrat (C. B.).

PHELIPÆA. *Tourn.* (Phélipée.) Fleurs munies de 3 bractées ; calice tubuleux-campanulé à 4-5 divisions ; corolle bilabiée, lèvre supér. échancrée, l'infér. trilobée ; capsule s'ouvrant en deux valves qui restent soudées à la base.

| Tige rameuse ; corolle resserrée au milieu. . . . . *P. ramosa.* (1)
| Tige simple ; tube dilaté à partir du milieu. . . . . *P. cœrulea.* (2)

(1) P. RAMOSA. *C. A. Mey. G. G. O. Ramosa. L.* (P. Rameuse.) Tige de 1-2 déc., grêle, ordinairement *rameuse,* blanche, pubescente glanduleuse ; cal. accompagné *de 3 bractées,* les latérales plus étroites ; calice à lobes triangulaires (p. 298, fig. 2) ; lèvre supér. *à 2 lobes, l'infér. à 3 ;* étam. à filets *pubescents ;* stigmate *blanchâtre ;* fl. *petites* d'un blanc jaunâtre, *à tube resserré* au milieu. Mai, sept. An. Ordinairement sur le chanvre. — Cusset, Chavenon, Montluçon, Treteau, Gannat, Besson, Jenzat, Bellenaves, Broût-Vernet, Loriges, Taxat-Senat, Montaigut-le-Blin, Périgny, Chemilly, Saint-Germain-des-Fossés, Ainay, Moulins. Saint-Amand, Cher ; Chantenay, Mars-sur-Allier, Langeron, Saint-Pierre-le-Moûtier, Nièvre, sur nos limites (Bor.).

(2) P. CÆRULEA. *C. A. Mey. G. G. O. Cœrulea. Vill.* (P. Bleue.) Tige de 2-3 déc., pubescente, *violacée ;* bractées latérales linéaires ; calice à lobes *lancéolés-acuminés ;* corolle *grande,* d'un *bleu-violet,* à stries plus foncées, à tube *rétréci* vers le milieu, mais *insensiblement* dilaté à partir du milieu ; lèvre supérieure à 2 lobes comme tridentés, l'infér. à 3 lobes arrondis. Juin, juil. Parasite sur l'*Achillea Millefolium.* R. R. — Saint-Pierre-le-Moûtier, sur nos limites (Bor.).

CLANDESTINA. *Tourn.* (Clandestine.) Cal. campanulé à 4 lobes ; cor. à 2 lèvres, la supérieure en casque ; capsule uniloculaire, s'ouvrant au sommet en 2 valves, offrant à sa base une glande semi-lunaire hypogyne ; souches parasites, souterraines, écailleuses (p. 298, fig. 3).

C. RECTIFLORA. *Lam. Lathræa Clandestina. L.* (C. à Fleurs droites.) Plante de 1 déc. ; écailles blanchâtres, charnues, imbriquées ; fl. grandes *dressées,* d'un pourpre violet, apparaissant à ras de terre, disposées comme en faisceau. Avril, mai. Viv. Endroits marécageux ; parasite sur les racines des Saules, des Peupliers, des Aulnes, et probablement d'autres arbres. Assez C. — Tronçais, Grosbois, Urçay, Montluçon, Désertines, Bressolles, Moulins, Yzeure, Nomazy, Neuvy, Saint-Pourçain, Chavenon, Trevol, Souvigny, Châtel-de-Neuvre, Monétay-sur-Allier, Contigny, La Vernüe près Gannat, Ebreuil, Jenzat, Coulandon, Buxière-les-Mines, Gouise, Saint-Désiré, Montluçon, Urçay, Désertines.

LATHRÆA. L. (Lathrée.) Calice campanulé à 4 lobes ; corolle à 2 lèvres, la supér. un peu voûtée entière, l'infér. plus courte, trilobée ; ovaire muni à sa base d'une glande semi-lunaire hypogyne ; capsule uniloculaire à 2 valves. Souches souterraines, parasites, écailleuses. Inflorescence en épi.

L. Squamaria. *L.* (L. Ecailleuse.) Partie souterraine, blanche, tortueuse, rameuse, à écailles cordiformes imbriquées ; tige aérienne *simple, dressée ;* fleur en *épi serré,* penché puis redressé, de 5-10 c., blanches ou rougeâtres, *unilatérales.* Mars, avril. Parasite sur le Lierre. R. R. — Saint-Amand, à Orval, coteaux boisés des bords du Cher (Saul in Bor., 2° éd.).

Famille LXVI. — UTRICULARIÉES.

Herbes hermaphrodites, aquatiques ou de marais, à feuilles toutes radicales. Cal. bilabié à 2-5 divisions ; corolle bilabiée personnée, à éperon ; 2 étamines insérées à la base de la corolle ; ovaire libre, style simple ; fruit capsulaire, uniloculaire, bivalve.

Feuilles submergées, à segments capillaires.	Utricularia. (p. 302)
Feuilles aëriennes, entière, charnue	Pinguicula. (p. 303)

UTRICULARIA. L. (Utriculaire.) Cal. à 2 lèvres entières ; corolle personnée, à palais renflé et à éperon ; capsule globuleuse, pyxide ; feuilles multifides à vésicules remplies d'air au moment de la floraison, puis se remplissant peu à peu de matière mucilagineuse ; la plante alors descend au fond de l'eau mûrir ses graines et les semer sur place ; fl. jaunes portées par de long pédoncules nus.

1	Eperon conique, égalant la moitié de la corolle.	2
	Eperon en bosse, aussi large que long. . . . . *U. minor.*	(3)
2	Lèvre supér. égalant ou dépassant un peu le palais . . . . *U. vulgaris.*	(1)
	Lèvre supér. double du palais. . . . . *U. neglecta.*	(2)

(1) U. Vulgaris. *L.* (U. Commune.) Feuilles pinnatifides, *toutes de même forme et toutes vésiculeuses,* à segments capillaires, *denticulés épineux ;* hampe terminée par une grappe de 3-10 fleurs jaunes, grandes, à éperon *conique égalant environ la moitié* de la corolle ; lèvre supérieure entière, à bords rejetés en arrière, *égalant ou dépassant* le palais, l'infér. à *palais saillant fermant la gorge,* marquée de stries orangées ; anthères *soudées.* Juin, août. Viv. Etangs, marais. A. R. — Moladier, Yzeure, Bayet, Marigny, Lapalisse, Lurcy, Bresnay, Liernolles, Trevol, Neuilly-le-Réal, Pierrefitte, Chapeau, Montbeugny, Coulandon, Tronget, Gannat. — Quelques-unes de ces localités peuvent appartenir à la suivante.

(2) U. Neglecta. *Lehm. G. G. Bor.* (U. Négligée.) Diffère de la précédente donc elle est très voisine : par ses utricules *plus petites ;* par sa lèvre supér. *double du palais ;* sa lèvre infér. presque *plane et*

à bords étalés. R. — Moulins (Bor.) ; Lusigny ; Lucenay, Nièvre, sur nos limites (A. M.) ; Rocles, Montluçon, Chamblet (A. P.)

(3) U. Minor. *L.* (U. Naine.) Feuilles *toutes* de même forme et vésiculeuses, à segments capillaires *glabres ;* hampe *filiforme* de 10-15 cent., à 2-5 fleurs ; pédicelles *réfléchis* à maturité ; fleurs *petites, 1 cent. de diamètre,* à palais muni de stries *ferrugineuses, déprimé,* ce qui rend la *gorge ouverte ;* lèvre supér. *égalant le palais ;* lèvre infér. presque plane, à éperon *réduit à une bosse conique obtuse, courte.* Juin, juil. Viv. Marais tourbeux. R. R. — Tourbière de Montord (Lavediau) ; Braize, prairies au dessous de l'étang Roux, fossés de Pouveux (A. P.)

PINGUICULA. *L.* (Grassette.) Cal. comme à 2 lèvres, la supér. à 3 divis., l'infér. à 2 ; corolle à 2 lèvres, munie d'un éperon à la base, la supér. à 2 lobes, l'infér. à 3 ; hampes uniflores ; feuilles entières, aëriennes, en rosettes.

| Hampe glabre. . . . . *P. vulgaris.* (1)
| Hampe pubescente. . . . . *P. lusitanica.* (2)

(1) P. Vulgaris. *L.* (G. Commune.) Hampe de 5-10 cent.; feuilles en rosette, grasses au toucher, oblongues obtuses, rétrécies en pétiole ; hampe *glabre ;* fl. bleue ou violette à éperon subulé ; plante *suspecte.* Mai, juin. Viv. Lieux tourbeux des montagnes. R. R. — Ferrières (J. R.)

(2) P. Lusitanica. *L.* (G. de Portugal.) Diffère de la précédente à laquelle elle ressemble beaucoup : par sa hampe *pubescente ;* par ses fleurs *d'un blanc-rose,* à gorge *jaunâtre,* rayée de pourpre. Lieux tourbeux. R. R. — Saint-Désiré (L. A.) ; Saulzais, Cher, sur nos limites (Saul, in Bor. 2ᵉ éd.

Famille LXVII. — VERBÉNACÉES.

VERBENA. *L.* (Verveine.) Cal. tubuleux à 5 dents ; corolle monopétale hypogyne, à limbe rotacé un peu inégal, à 5 divisions ; étamines didynames ; ovaire libre, fruit sec à 4 loges se séparant à la maturité en 4 carpelles monospermes.

Cette famille ne diffère des labiées que par son fruit.

V. Officinalis. *L.* (V. Officinale.) Tige droite de 2-6 déc., tétragone rude ; feuilles ovales oblongues, divisées profondément en lobes sinués dentés, les supérieures entières ou crénelées ; fl. petites violacées, en épis grêles allongés, munis de bractées. Mai, oct. Viv. Bords des chemins, lieux incultes. C. C.

On cultive en massifs les nombreuses variétés de *V. pulchella,* de Buenos-Ayres ; le *V. triphylla,* sous le nom de Citronnelle, et le *Lantana,* à fleurs en corymbe, de différentes nuances.

Famille LXVIII. — GLOBULARIÉES.

GLOBULARIA. *L.* (Globulaire.) Fleurs hermaphrodites, agrégées en capitule globuleux, dense, sessiles sur un réceptacle muni de paillettes et entouré d'un involucre ; calice tubuleux persistant; corolle monopétale, tubuleuse, hypogyne, à 5 lobes inégaux, presque bilabiée; 4 étamines ; un style bifide ; ovaire libre ; fruit sec, monosperme, indéhiscent, recouvert par le calice.

G. VULGARIS. *L.* (G. Commune.) Plante glabre ; racine ligneuse produisant plusieurs tiges portant un seul capitule ; feuilles radicales en rosette, spatulées, pétiolées, les caulinaires sessiles, lancéolées aiguës ; fleurs bleues à lèvre supér. bifide, l'infér. à 3 lobes linéaires ; calice velu ; réceptacle hérissé ; capsule comprimée. Mai, juin. Collines du calcaire jurassique. R. R. — Le Veurdre, au Mont-Talaux (Hamard.)

D'après Lamotte, notre plante serait le *G. Wilkommii Nyman.* Dans le véritable *Vulgaris L.* les feuilles seraient ondulées crépues, terminées par 3 dents.

Famille LXIX. — LABIÉES.

Plantes hermaphrodites, ordinairement herbacées, aromatiques, à tige tétragone; feuilles opposées, sans stipules ; fl. opposées ou en verticilles axillaires ; calice à 5 ou 10 dents ou à 2 lèvres ; cor. hypogyne le plus souvent à 2 lèvres ; étamines au nombre de 4, didynames, rarement 2, insérées sur le tube de la corolle; ovaire libre, formé de 4 carpelles, du milieu desquels sort un style unique ; fruit formé de 4 akènes nus.

Presque toutes sont aromatiques ; imprégnées d'huiles essentielles et d'une sorte de camphre (Camphre des Labiées), elles sont par cela même stimulantes, stomachiques, sudorifiques. Elles aromatisent les herbages, leur servent pour ainsi dire de condiment et les rendent plus agréables aux animaux.

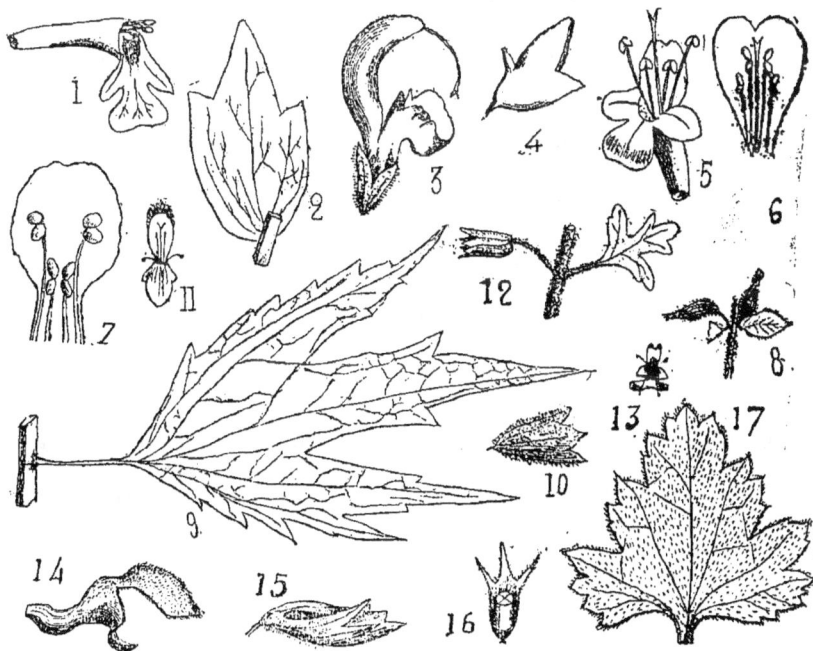

1 et 2. Fl. et bractée d'Ajuga genevensis. — 3. Fl. de Salvia pratensis. — 4 Cal. de Scutellaria — 5. Fl. d'Origanum vulgare. — 6. Etam. de Nepeta. — 7. Etam. de Melittis. — 8. Calamintha acynos. — 9. Feuille de Leonurus. — 10. Cal. de Stachys alpina. — 11. Fl. de Stachys germanica montrant ses étam. déjetées. — 12. Cal. et feuille de Teucrium Botrys. — 13. Fl. d'Hyssopus. — 14. Fl. de Lamium hirsutum. — 15. Cal. de Brunella grandiflora. — 16. Akènes de Lamium hirsutum. — 17. Feuille de Lam. incisum.

MENTHA. *L.* (Menthe.) Cal. à 5 dents; corolle subcampanulée, à 4 lobes presque égaux; 4 étamines droites divergentes presque égales; fleurs petites; akènes arrondis au sommet, herbes vivaces à odeur forte, souvent suave. Plantes à racines stolonifères.

Les espèces de ce genre végétant facilement dans toutes sortes de terrains et dans des conditions très différentes, sont sujettes par conséquent à offrir des variations nombreuses de formes, dont on a fait naturellement autant d'espèces. Si on ajoute à cela la facilité d'hybridation que présentent entr'elles les plantes de ce genre, et qu'on songe que ces hybrides, se rapprochant davantage tantôt de l'un tantôt de l'autres des parents, se perpétuant par leurs rarines stoloniféres, ont tous reçu des noms spécifiques, on voit dans quel chaos inextricable se trouve le botaniste qui veut essayer de débrouiller ce genre. Je persiste donc, comme je le pensais depuis longtemps, et avec d'autant plus de raison que cette opinion semble trouver faveur auprès des botanistes qui font autorité, M. Malinvaud entr'autres, qu'il n'y a de réellement distinct que les espèces linnéennes, que d'ailleurs l'espèce n'étant toujours qu'un groupe, on devra rapprocher du type linnéen les espèces voisines, et séparer les hybrides des espèces légitimes.

Les plantes de ce genre varient par leurs dimensions, la largeur de leurs feuilles, leur villosité, leur odeur, leurs étamines saillantes ou incluses.

On devra regarder comme hybrides, toutes les plantes dont les calices sont *vides* de graines, ou dont la majeure partie des akènes est *avortée;* toutes les menthes, à fleurs en têtes arrondies ou disposées en verticilles axillaires, dont la corolle est complètement *glabre* à l'intérieur; celles du type *sylvestris* dont les feuilles sont aiguës, mais *ridées en réseau et bosselées.*

1 { Calice à gorge garnie de poils, fermé par eux à maturité. . . . . *M. Pulegium.* (6)
  { Calice à gorge non fermée par des poils 2

2 { Verticilles rapprochés, formant un épi cylindrique allongé terminal 3
  { Verticilles axillaires feuillés ou en tête terminale arrondie. 7

3 { Plantes glabres ou peu velues. 4
  { Plantes tomenteuses 5

4 { Feuilles sessiles ou à peu près. . . . . *M. viridis.* (3)
  { Feuilles distinctement pétiolées . . . . *M. piperita.* (8)

5 { Feuilles lancéolées aiguës 6
  { Feuilles ovales, arrondies, obtuses . . . . *M. rotundifolia.* (1)

6 { Feuilles rugueuses, ridées, bosselées. . . . . *Hybrides.* (7)
  { Feuilles non ridées bosselées . . . . *M. sylvestris.* (2)

7 { Verticilles supérieurs en tête arrondie . . . . *M. aquatica.* (4)
  { Verticilles tous axillaires 8

8 { Corolle offrant des poils à l'intérieur; cal. fertiles. . . . . *M. arvensis.* (5)
  { Corolle complètement glabre à l'intérieur, cal. ord. infertiles. . . . . *Hybrides.* (9)

A. — ESPÈCES LÉGITIMES, FERTILES.

a. — Spicatæ. Inflorescence en épis allongés, terminaux.

(1) M. ROTUNDIFOLIA. *L.* (M. à feuilles rondes.) Plante de 3-6 déc., rameuse, velue, blanchâtre, à poils un peu *crépus;* feuilles sessiles, *ovales ou arrondies, obtuses, crénelées dentées, rugueuses, ridées, comme bosselées,* blanchâtres en dessous; épis cylindriques étroits, allongés, terminaux; bractées linéaires lancéolées; fleurs blanches ou rosées; odeur forte particulière. Juil. sept. Viv. Lieux humides. C. C.

Varie à épis compacts, ou à verticilles plus ou moins écartés, surtout les inférieurs; à fl. parfois purpurines; à étamines saillantes *(Submas),* ou incluses *(subfemina);* à feuilles presque arrondies, etc

(2) M. SYLVESTRIS. *L.* (M. Sauvage.) Tige de 4-9 déc. dressée, rameuse, pubescente, à tomentum serré et fin; feuilles subsessiles, elliptiques ou lancéolées, *aiguës, jamais* ridées-bosselées, *fine-*

ment dentées en scie, plus ou moins tomenteuses-blanchâtres ; épis terminaux cylindriques ; bractées *linéaires* subulées ; calice à dents subulées, *ciliées* comme les bractées de longs poils blancs ; fleurs rosées, plus ou moins purpurines ; odeur forte particulière. Juil. sept. Viv. Lieux frais. — Bords de l'Allier, de la Loire. R. ailleurs.

Var. *Mollissima. Borckhausen. Bor.* — Plante toute *pubescente blanchâtre ;* feuilles plus blanchâtres, très blanches, tomenteuses en dessous. — Moulins, Diou.

(3) M. VIRIDIS. *L.* (M. verte.) Tige de 2-5 déc. *glabre ;* feuilles presque sessiles, lancéolées aiguës, nerveuses, à dents de scie aiguës ; bractées linéaires subulées ; calice *presque glabre,* campanulé, à dents ciliées ; fleurs d'un rose pâle ; odeur agréable. Juil. sept. Lieux frais, souvent cultivée et échappée. — Le Mayet-de-Montagne.

b. — Capitatæ. Inflorescence terminale en tête arrondie.

(4) M. AQUATICA. *L.* (M. Aquatique.) Tige de 3-9 déc. ascendante, rameuse, plus ou moins velue ; feuilles *pétiolées,* ovales dentées, presque glabres ; verticilles en tête terminale *obtuse arrondie ;* calice campanulé à dents triangulaires subulées ; fleurs rosées, à corolle *poilue* à l'intérieur. Odeur forte agréable. Juil. sept. Endroits humides, bords des eaux. C. C.

Var. *Affinis. Bor.* Plante vigoureuse ; fleurs en tête oblongue, munie au dessous de 1 ou 2 fascicules axillaires ; calice muni de points glanduleux *brillants.* — Etang et environs de Bourbon-l'Archambault, Montoldre, Buxière, Saint-Plaisir, Moulins, etc.

Var. *Pedunculata. Wirtgen.* Plusieurs glomérules étagés le long de la tige, les infér. longuement pédonculés.

c. — Verticillatæ. Inflorescence en verticilles axillaires.

(5) M. ARVENSIS. *L.* (M. des Champs.) Tige de 1-5 déc. diffuse ou redressée, plus ou moins velue ; feuilles pétiolées, rugueuses, hérissées, grisâtres, les infér. presque arrondies, les autres ovales elliptiques, dentées ; fl. rougeâtres, *toujours* en verticilles *axillaires ;* calice campanulé, à dents formant avec la base un triangle à peu près *équilatéral ;* corolle *poilue* à l'intérieur. Odeur agréable. Juil. sept. Champs humides, bords des eaux. C. — Yzeure, Montoldre, Saint-Plaisir, Bourbon, Bessay, etc.

Forme. *Nummularia.* Moitié des feuilles orbiculaires. —Yzeure.

Plante très variable, par sa taille, sa villosité, sa tige droite ou couchée, simple ou rameuse, la forme des feuilles, ses pédicelles glabres ou hispides, ses étamines saillantes et incluses, etc.

d. — Pulegium. Mill. Inflorescence en verticilles axillaires; calice fermé par des poils à maturité.

(6) M. PULEGIUM. *L.* (M. Pouliot.) Tige de 2-5 déc. rampante, radicante, redressée, à angles peu prononcés ; feuilles petites,

ovales obtuses, *obscurément* dentées ; verticilles *axillaires ;* calice
tubuleux, comme *à 2 lèvres*, à gorge *fermée à maturité par un anneau
de poils blancs ;* lobe supér. de la corolle entier ; fleurs d'un rouge
violacé, rarement blanches. Juil. sept. Viv. Lieux mouillés, bords
des eaux. C.

Forme *Subcapitata*. Verticilles se continuant jusqu'au sommet et
terminés par une tête de fleurs. — Yzeure. Saint-Victor, Moulins.

B. — ESPÈCES HYBRIDES. AKÈNES AVORTÉS OU TRÈS INCOMPLÈTEMENT
DÉVELOPPÉS.

(7) MENTHÆ ROTUNDIFOLIO-SYLVESTRES, OU SYLVESTRI-ROTUNDI-
FOLIÆ. Plantes très variables suivant le rôle et la part des parents dans
l'hybridation. Elles offrent ordin. la forme *aiguë* des feuilles du
sylvestris et la surface plus ou moins *rugueuse bosselée* des feuilles du
rotundifolia.

Forme *Nemorosa. Auct*. Feuilles plus élargies que dans *sylvestris ;*
souvent subcordiformes à la base. Tomentum du *sylvestris*. — Marcenat, Moulins.

Forme *Candicans Schultz*. Tomentum du *Mollissima ;* feuilles
plus larges. un peu rugueuses. — Moulins.

(8) MENTHA PIPERITA. *Huds*. Probablement hybride du *Viridis* et
de *aquatica*. Tige glabre ; feuilles courtement *pétiolées,* lancéolées
aiguës, épis cylindracés oblongs. Fréquemment cultivée et échappée.

(9) MENTHA SATIVA. *L*. (M. Cultivée.) Tige de 2-6 déc. dressée,
simple ou rameuse, plus ou moins velue, comme le reste de la
plante ; feuilles longuement pétiolées, ovales oblongues subaiguës,
dentées ; verticilles *axillaires* à fascicules un peu pédonculés ;
bractées lancéolées acuminées ; calice hérissé, *tubuleux cylindracé,*
à dents formant avec leur base un *triangle allongé ;* fleurs rougeâtres, corolle *glabre* à l'intérieur. Hybride d'*Arvensis* et d'*Aquatica*. Juil. sept. Lieux frais, bords des eaux. C.

Plante très variable suivant le rôle et l'action des parents, dans sa taille, sa villosité, ses
feuilles, ses pédicelles glabres ou hispides.

M. Paludosa. Schreb. in Bor. Feuilles presque obtuses. — Bourbon.

M. Subspicata. Bor. Verticilles allant jusqu'au sommet de la tige,
dont les feuilles supér. diminuent insensiblement en passant à
l'état de bractées ; tige quelques fois terminée par des fleurs. A.
C. au milieu des parents. — Lapalisse, Murat, Chavenon.

Forme *Longifolia*. — Plante de 1m20 ; calices infertiles ; feuilles
lancéolées aiguës, atteignant 15 cent. — Moulins.

LYCOPUS. *L*. (Lycope.) Cal. campanulé à 5 dents ; corolle courte
à 4 lobes presque égaux, 2 étam. fertiles petites ; 2 stériles filiformes ; akènes tronqués au sommet.

L. EUROPÆUS. *L*. (L. d'Europe.) Tige de 4-8 déc., dressée ; feuilles
ovales, oblongues ou lancéolées aiguës, grossièrement dentées, les

in.fér. pinnatifides pétiolées; fl. petites, blanches, en verticilles axillaires, à peine saillantes. Juil., sept. Viv. Bords des eaux. C. — Moulins, Gannat, Diou, Chavenon, Chamblet, Saint-Didier, Montluçon, etc.

ORIGANUM. *L.* (Origan.) Cal. cylindrique à 5 dents, campanulé, non labié, à 10-13 stries; corolle à lèvre supér. plane émarginée, l'infér. à 3 lobes égaux ; étamines divergentes, les extér. plus longues (p. 305, fig. 5) ; bractées dépassant le calice et accrescentes.

Fleurs en épis arrondis, courts . . . . *O. vulgare.* (1)
Fleurs en épis allongés, de 15-20 mm. prismatiques. . . . . . *O. megastachyum.* (2)

(1) O. VULGARE. *L.* (O. Commun.) Plante de 3-6 déc., dressée, velue, rougeâtre, à racine traçante; feuilles ovales élargies, à peine denticulées, pétiolées, subobtuses; fl. rosées en épis *ovoïdes,* courts, agglomérées en rameaux corymbiformes; bractées ordin. purpurines, rarement vertes, plus longues que le cal. Juil., sept. Viv. Bords des bois, des champs, des lieux secs. C.

(2) O. MEGASTACHYUM. *Linck. Bor. O. Prismaticum. Gaudin. Creticum D. C.* (O. à longs épis.) Diffère du précédent dont il a tous les autres caractères, par ses épis *allongés, prismatiques* atteignant 2 cent. Mêmes lieux. R. — Montaigut-le-Blin (Chabry); Le Veurdre (A. M.); Bresnay (L. A.); Lavault-Sainte-Anne (A. P.).

On trouve des intermédiaires.

THYMUS. *L.* (Thym.) Cal. ovoïde à 10-13 stries, velu à la gorge, bilabié, à lèvre supér. plane à 3 lobes, l'infér. à 2 lobes; corolle à lèvre supér. échancrée, l'infér. trifide; étam. écartées divergentes, les extérieures plus grandes.

Rameaux munis de poils tout autour. . . . . *T. Serpyllum.* (1)
Rameaux munis de 2-4 rangées de poils, non poilus sur toutes leurs faces. . . . . *T. Chamœdrys.* (2)

(1) T. SERPYLLUM. *L.* (T. Serpolet.) Plante à odeur agréable; rac. sous-ligneuse; tiges couchées étalées, radicantes, à rameaux *munis tout autour* de poils courts et réfléchis; feuilles entières, ovales, elliptiques, *ciliées,* plus ou moins étroites, *toujours atténuées en coin* à la base; verticilles plus ou moins rapprochés; fl. purpurines. Juin, oct. Viv. Pelouses, bois, C. C.

(2) T. CHAMÆDRYS. *Fries. Bor. G. G.* (T. Germandrée.) Diffère du précédent : par ses tiges *couchées-ascendantes;* ses rameaux *munis de 2-4 rangées de poils, et non poilus sur toutes leurs faces;* ses feuilles plus élargies, *brusquement contractées en pétiole, peu ou non ciliées.* Région montueuse, surtout siliceuse. — Cosset, Bourbon, Avermes, Chantelle, Chezelle, Saint-Victor, Montluçon, Hérisson, Huriel, etc.

On cultive dans les jardins le Thym, *T. Vulgaris.*

CALAMINTHA. *Mœnch.* (Calament.) Cal. à 10-13 stries, bilabié à lèvre supér. à 3 dents, l'infér. bifide, à gorge poilue; cor. à lèvre supér. échancrée, l'infér. à 3 lobes presque égaux; étam. écartées se rapprochant par les anthères; fl. toutes axillaires.

1 { Calice fortement bossu (p. 3**0**5, fig. 8). . . . . *C. Acynos.* (1)
  { Calice non bossu. 2
2 { Pédoncule commun égalant ou dépassant les pédicelles. . . . . . *C. officinalis.* (2)
  { Pédoncule commun bien plus court que les pédicelles . . . . . . *C. ascendens.* (3)

(1) C. ACYNOS. *Gaudin. Bor. G. G. Thymus Acynos L.* (C. des Champs.) Tige rameuse étalée, velue ascendante; feuilles *petites,* pétiolées ovales, *presque entières;* pédicelles *uniflores* formant des verticilles de 4 à 6 fl.; cal. fructifère *fortement bossu* puis contracté (p. 305, fig. 8); fl. rougeâtres, petites, environ 1 cent. Juin, sept. An. Lieux incultes, champs. C.

(2) C. OFFICINALIS. *Mœnch. C. sylvatica. Bentham. Bor.* 3ᵉ éd. (C. Officinal.) Plante dressée, rameuse, de 2-6 déc., pubescente; feuilles ovales, *grandes,* pétiolées, les caulinaires aiguës, *à dents grossières;* pédicelles *pluriflores,* à peu près de la longueur des feuilles, pédoncule commun *égalant ou dépassant* les pédicelles; fl. rouges en verticilles axillaires; corolle *triple* du calice. Juil., oct. Bois, haies des coteaux. — Neuvy, Bressolles, Monétay, Jenzat, Le Veurdre, Chantelle, Bayet, Montluçon, Cérilly, Néris, Bellenaves, etc.

(3) C. ASCENDENS. *Jord. Bor.* 3ᵉ éd. (C. ascendant.) Diffère du précédent dont il est très voisin: par ses feuilles *plus petites, plus obtuses;* par son pédoncule commun *bien plus court* que les pédicelles; sa corolle *à peu près double* du calice. Mêmes lieux. — Neuvy, Montluçon, etc.

CLINOPODIUM. *L.* (Clinopode.) Cal. à tube flexueux, à 10-13 stries, à gorge poilue; corolle à lèvre supér. échancrée, l'infér. à 3 lobes; étam. écartées, se rapprochant par les anthères; verticilles entourés de bractées filiformes.

C. VULGARE. *L. Calamintha Clinopodium. Benth. G. G.* (C. Commun.) Plante velue pubescente, presque inodore; feuilles brièvement pétiolées, ovales subobtuses, denticulées; bractées sétacées, très nombreuses; verticilles très hérissés; pédicelles pluriflores; fl. rouges, doubles du calice. Juil., oct. Viv. Haies, bords des bois, C.

MELISSA. *L.* (Mélisse.) Cal. bilabié à 13 stries, dont 5 principales, poilu à la gorge; corolle à lèvre supér. échancrée, l'infér. à 3 lobes; étam. écartées, se rapprochant par les anthères.

M. OFFICINALIS. *L.* (M. Officinale.) Plante de 6-10 déc., à *odeur rappelant le citron,* un peu velue, rameuse droite; feuilles pétiolées, les infér. presque cordiformes, les supér. ovales dentées; fleurs blanchâtres ou blanches en verticilles presque unilatéraux; corolle médiocre. Juin, sept. Viv. A. R. Bords des haies et toujours près des habitations. — Yzeure, Gannat, Bourbon-l'Archambault, Saint-Gerand-de-Vaux, Neuvy, Bresnay, Besson, Rongères, Branssat, Bessay, Saligny, Saint-Ennemond, Billy, Aubigny, Contigny, Monteignet, Gouise, Souvigny, Dompierre, Bayet, Charroux, Le Veurdre, Montord, Ainay-le-Château, Montluçon, Saint-Genest, Saint-Pardoux, Murat, Marigny, Taxat-Senat, Sussat, Ebreuil, etc.

Plante aromatique, tonique en infusion, entre dans la composition de l'Eau de Mélisse des Carmes.

HYSSOPUS. *L.* (Hyssope.) Cal. tubuleux, sillonné, à 5 dents presque égales ; lèvre supér. de la corolle plane échancrée, l'infér. à lobe médian obcordé plus grand que les autres ; étam. divergentes (p. 305, fig. 13).

H. OFFICINALIS. *L.* (H. Officinal.) Plante odorante, croissant en touffes ; tige *ligneuse* à la base, droite, pubescente ; feuilles entières, étroites, sublinéaires, glabres ; fl. ordinairement bleues, égalant le calice, en verticilles formant un épi unilatéral, feuillé. Juil., août. Viv. Rochers, lieux secs. R. — Hérisson ; château de Bourbon-l'Archambault (Bor.).

Plante excitante, tonique, cultivée dans les jardins, employée quelquefois comme condiment.

SALVIA. *L.* (Sauge.) Cal. campanulé ou tubuleux bilabié ; corolle à lèvre supér. comprimée latéralement, voûtée (p. 305, fig. 3), l'infér. étalée à 3 lobes ; 2 étam. fertiles, chaque filet muni d'un appendice filiforme stérile.

1 { Bractées membraneuses, larges, dépassant le calice 2
{ Bractées vertes plus petites que le calice. . . . . *S. pratensis.* (1)

2 { Feuilles inférieures cordiformes. . . . . *S. Sclarea.* (2)
{ Feuilles jamais cordiformes . . . . *S. Æthiopis.* (3)

(1) S. PRATENSIS. *L.* (Sauge des Prés.) Plante droite, de 2-8 déc., pubescente, visqueuse au sommet; feuilles *ovales* oblongues, rugueuses, *crénelées dentées*, les infér. pétiolées *cordiformes*, en rosette, les supér. sessiles amplexicaules ; bractées *plus petites* que le calice ; verticilles en épis terminaux ; fl. grandes, ordinairement *d'un beau bleu; lèvre supér. du cal. à 3 dents très courtes mucronées.* Mai, juil. Viv. Prés. C.

Forme *Abortiva.* Toutes les fleurs avortées. Chantelle (C. B.)

Var. *Incisa.* Feuilles incisé-dentées. R. — Huriel (A. P.).

Var. *Flore albo.* — Moulins.

Var. *Flore roseo.* — Avermes, Bresnay.

Var. *Dumetorum. Andrs. Parviflora. Lamotte.* Fleurs de 15 mill. R. — Moulins (Moriot, in Pérard).

(2) SCLAREA. *L.* (S. Sclarée.) Plante de 8-12 déc., velue glanduleuse à odeur forte ; tige droite, rameuse ; feuilles *larges cordiformes, velues tomenteuses,* dentées, crénelées, les infér. pétiolées ; bractées *larges, membraneuses,* cuspidées, *colorées, plus grandes* que le calice ; fl. *d'un bleu pâle,* très grandes, à bractées *roses.* Juil., août. Viv. Lieux secs. Peu C. — Hérisson, Saint-Pourçain, Lavernue, Neuvialle, près Gannat ; Chouvigny, Avermes, Murat, Besson, Yzeure ; Neuvy, à Toury ; Hérisson, Murat, Saint-Gerand-le-Puy, Bessay, Ainay-le-Château, Néris, Verneuil, Chareil, Saint-Pourçain. Toujours près des habitations.

(3) S. ÆTHIOPIS. *L.* (S. d'Ethiopie.) Plante de 3-6 déc. blanche-laineuse ; tige droite ; feuilles rugueuses, *ovales à la base,* incisé-dentées, *lobées ;* bractées *larges, ovales* cuspidées ; verticilles *distants ;*

corolle blanche-violacée. Juin, sept. Lieux pierreux. R. R. — Charroux, au Peyrou, sur un espace restreint (Lasnier, Berthou-mieu).

On trouve dans quelques jardins la S *officinale*, à tube de la corolle muni d'un anneau de poils, très odorante, employée en infusion comme tonique.

De belles espèces exotiques, S. *splendens*, à fleurs rouges, et S. *patens*, à fleurs bleues, sont cultivées comme ornement.

NEPETA. *L.* (Népéta.) Cal. tubuleux à 5 dents aiguës sembla-bles et à stries nombreuses; lèvre supér. de la corolle dressée, plane, bifide, l'infér. à 3 lobes, les latéraux réfléchis, le médian orbiculaire, concave; étam. rapprochées, déjetées en dehors après la floraison, les extér. plus courtes (p. 305, fig. 6).

N. Cataria. *L.* (N. Chataire.) Plante de 8-10 déc., à odeur forte, désagréable, à pubescence fine, grisâtre; tige droite, rameuse; feuilles cordiformes, ovales aiguës, pétiolées, fortement dentées, tomenteuses blanchâtres surtont en dessous; fl. blanches, poin-tillées de rouge, en petits faisceaux pédonculés. Juil., sept. Viv. A. R. — Bessay, Yzeure, Fourneau-sur-Loire, Avermes, Monétay-sur-Allier, Montaigut-le-Blin, Saint-Prix, Gouise, Chirat, Saint-Germain-de-Salles, Charroux, Beaulon, Montluçon, Saint-Amand, Sancoins, Grossouvre, Cher; Toury-sur-Jour, Chantenay, Nièvre; sur nos limites.

GLECHOMA. *L.* (Gléchome.) Cal. strié, tubuleux, à 5 dents dont 3 plus grandes; lèvre supér. de la corolle bifide, l'infér. à 3 lobes, l'intermédiaire plus échancré; étamines parallèles, rapprochées.

G. Hæderacea. *L.* (G. lierre terrestre.) Tiges couchées rampan-tes radicantes, à rameaux florifères redressés; plante plus ou moins velue; feuilles pétiolées, réniformes, orbiculaires, créne-lées, les supér. cordiformes toujours obtuses; fl. bleues, velues, tachées, ordinairement géminées. Mars, mai. Viv. Haies. C.

Employé en infusion comme tonique et pectoral.

MELITTIS. *L.* (Mélitte.) Cal. campanulé, ample, comme bilabié; lèvre supér. de la corolle presque plane, entière, l'infér. trilobée à lobe médian plus grand, obovale; étam. extér. plus longues (p. 305, fig. 7); akènes arrondis au sommet.

M. Melissophyllum. *L.* (M. à feuilles de Mélisse.) Plante de 3-5 déc., simple, velue, à tige dresssée de 2-5 déc.; feuilles pétiolées, cordiformes, ovales aiguës dentées; 2-4 fl. à chaque verticille, très grandes, rouges, unilatérales. Juin, juil. A. R. — Bois de Blo-mard, à Montmarault, Lavault-Sainte-Anne. Tronçais; Montlu-çon, bois de Chauvière. Echassière, Bègues, Espinasse-Vozelle, Néris, Reugny, Broût-Vernet, Chirat, Bellenaves, Loriges, Mones-tier, Marcenat, Cressanges, Veauce, Rouzat, Saint-Rémy, etc.

M. *Grandiflora. Sm.* — Fleurs blanches, à lèvre infér. tachée de rouge. Même localités.

LAMIUM. L. (Lamier.) Cal. campanulé tubuleux à 5 divisions peu inégales, et 5-10 nervures ; corolle à gorge renflée, lèvre supér. en casque ; l'infér. à 3 lobes, les latéraux très petits réfléchis, l'intermédiaire échancré ; akènes trigones, tronqués au sommet ; anthères barbues (p. 305, fig. 14 et 16).

1	Feuilles sessiles, amplexicaules, arrondies. . . . . *L. amplexicaule.*	(1)
	Feuilles pétiolées.	2
2	Tube de la corolle droit	3
	Tube de la corolle courbé (p. 305, fig. 14).	4
3	Feuilles crénelées dentées. . . . . *L purpureum.*	(2)
	Feuilles incisées (p. 305, fig. 17). . . . . *L. incisum.*	(3)
4	Tube courbé, fleurs ordin. rouges.	5
	Tube subcylindrique ; fleurs toujours blanches. . . . . *L. album.*	(6)
5	Feuilles tachées de blanc au milieu. . . . . *L. maculatum.*	(5)
	Feuilles jamais tachées. . . . . *L. hirsutum.*	(4)

(1) L. AMPLEXICAULE. *L.* (L. Amplexicaule.) Plante diffuse de 1-3 déc., faible ; feuilles supér. *sessiles amplexicaules, réniformes, arrondies* ; les infér. pétiolées, orbiculaires cordiformes ; tube de la corolle *droit, grêle, allongé, nu,* triple du calice ; fl. *sessiles,* rouges. Mai, oct. An. Lieux, cultivés. C. — Moulins, Gannat, Cérilly, Montluçon, etc.

(2) L. INCISUM. *Wild. Bor. Hybridum. Vill. G. G.* (L. Découpé.) Plante de 2-3 déc., rougeâtre, très rameuse couchée ascendante ; feuilles irrégulièrement *incisées* crénelées (p. 305, fig. 17) ; les infér. arrondies ovales, les supér. triangulaires-arrondies ; tube de la corolle droit, grêle, *nu en dedans ;* fl. purpurines. Avril, juin. An. Lieux cultivés. Peu C. — Chemilly, Bresnay, Yzeure, Neuilly-le-Réal, Le Montet, Deux-Chaises, Tronget, Neuvy, Montaigut-le-Blin, Saligny, Loriges, Chareil, Chappes, Gannat, Bayet, Belle-naves.

(3) L. PURPUREUM. *L.* (L. Pourpré.) Plante fétide, de 1-3 déc., à tiges ascendantes, rougeâtres ; feuilles pubescentes pétiolées, cordiformes, ovales, *obtuses, rapprochées* et comme *triangulaires* au sommet de la tige ; corolle à tube droit *brusquement* dilaté à la gorge, *garni d'un anneau de poils* transversal ; fl. purpurines, rarement blanches. Mars, oct. An. Lieux cultivés. C. C.

Var. *Flore albo.* Fl. blanches. Assez R. — Lamothe, près Pan-loup.

(4) L. HIRSUTUM. *Lam. Maculatum. G. G. et Auct. non L.* (L. Hérissé.) Plante fétide de 4-8 déc. velue d'un vert foncé ; tiges radicantes à la base, nombreuses, dressées, les stériles *non gazonnantes ;* feuilles largement ovales, cordiformes, acuminées, *jamais tachées ;* verticilles de 6-10 fl., grandes, purpurines, à lèvre plus ou moins panachée, en grappe interrompue ; tube *arqué,* contracté au dessus de la base, garni à sa base intérieure d'un anneau de poils *perpendiculaire* au tube ; lèvre infér munie *d'une dent* de chaque côté de la base (p. 305, fig. 14 et 16.) Haies, lieux frais. Viv. Av. oct. — Moulins, Neuvy, Yzeure ; Gannat à Neuvialle, Lavernue ; Saint-Pourçain,

Besson, Pierrefitte, Diou, Dompierre, Jaligny, Jenzat, Saint-Didier, Loriges, Bayet, Le Veurdre, Château-sur-Allier, Ainay-le-Château, Lignerolles, etc.

(5) L. MACULATUM. *L.* (L. Taché.) Diffère du précédent dont il est voisin : par ses tiges *plus courtes*, moins nombreuses, les stériles *gazonnantes;* ses verticilles *plus rapprochés;* ses feuilles *toujours tachées* de blanc vers le milieu, plus petites que celles du précédent, à dents *plus petites et moins profondes*, d'un vert sombre, brunâtre. R. — Bords de la Sioule à Jenzat, Neuvialle, Saint-Didier-en-Rollat (P. B.); Chareil-Cintrat, bords de la Bouble (C. B.)

D'après Lamotte (Prod.), Lamarck a fait son *L. hirsutum* sur des plantes d'Auvergne, où existe seulement celle-là, de sorte que il n'y aurait pas d'incertitude sur la synonymie de ces deux plantes généralement confondues ensemble.

(6) L. ALBUM. *L.* (L. Blanc.) Vulg. Ortie blanche. Tiges redressées de 3-6 déc., pubescentes ainsi que toute la plante; feuilles pétiolées, cordiformes ovales, *acuminées*, dentées; corolle *insensiblement* élargie à tube *arqué, garni* à sa base intér. *d'un anneau de poils oblique* au tube; fl. *blanches, très poilues;* lèvre infér. *munie de deux dents* de chaque côté de la base. Avril, oct. Viv. Lieux incultes, bords des chemins. C.

GALÉOBDOLON. *Huds.* (Galéobdolon.) Cal. campanulé à 5 nervures et 5 dents subulées; lèvre supér. de la corolle voûtée entière, l infér. à 3 lobes aigus, les deux latéraux plus courts réfléchis; anthères glabres; fl. d'un jaune pur; akènes trigones, tronqués au sommet.

G. LUTEUM. *Huds. Bor. Galeopsis Galeobdolon. L. Lamium Galeobd. G. G.* (G. Jaune.) Tige de 4-6 déc., un peu velue, dressée; feuilles pétiolées, cordiformes, ovales, acuminées, dentées, velues; verticilles nombreux, de 3-5 fleurs, accompagnés de bractées linéaires, corolle jaune, munie à la base intér. d'un anneau de poils oblique. Avril, juin. Viv. Bois, lieux couverts et frais. C. surtout en pays montueux, et à toute altitude.

GALEOPSIS. *L.* (Galéope.) Cal. campanulé à 5 dents presque égales, épineuses; corolle à gorge dilatée, munie de chaque côté de deux petites dents; 4 étamines à filets parallèles, les extér. plus longues; akènes ovoïdes, arrondis au sommet.

1 {	Tige renflée sous les nœuds. . . . . *G. tetrahit.*	(1)
	Tige non renflée sous les nœuds	2
2 {	Bractées plus courtes que le calice. . . . . *G. dubia.*	(2)
	Bractées égalant ou dépassant le calice.	3
3 {	Feuilles étroites, longuement cunéiformes à la base. . . . . . *G. angustifolia.*	(4)
	Feuilles élargies, brusquement atténuées à la base . . . . *G. Ladanum.*	(3)

(1) G. TETRAHIT. *L.* (G. Tétrahit.) Tige de 3-9 déc., droite rameuse, *renflée* sous les nœuds et *hérissée* de soies raides; feuilles ovales oblongues, acuminées, dentées en scie, poilues; cal. peu velu, à dents subulées piquantes, *rouges;* corolle blanchâtre lavée de rouge, tachée de jaune et de lignes violettes à sa lèvre infér.; lobe moyen de celle-ci *presque carré*, obtus. Juil, sept. An. Haies, bois, lieux frais. A. C. — A toute altitude.

Plusieurs espèces ont été séparées du type dont elles ont les caractères généraux ; en voici les différences essentielles.

G. Præcox. Jord. Tige *plus basse*, 3-4 déc., *un peu* renflée sous les nœuds ; feuilles *étroitement* ovales-lancéolées ; dents du calice *blanchâtres ;* tube de la corolle *dépassant un peu* le calice ; carpelles *gros,* très largement ovales. Plus *précoce* : Juin, juil. A. C.

G. Bifida. Bœnning. Très renflée sous les nœuds ; cal. à dents *verdâtres, dépassant* le tube de la corolle ; cor. *petite,* velue en dehors, à lobe moyen de la lèvre infér. entier, *échancré* au sommet, et à bords se repliant en dessous. Juin, sept.

G. Pubescens. Besser. Tige robuste, hérissée en haut de soies blanches, brillantes, réfléchies, hispide *glanduleuse* sous les nœuds ; feuilles larges, ovales ; calice *hérissé,* après la chute de la corolle, de longs *poils blancs souvent glanduleux* qui en *ferment la gorge ;* lobe moyen de la lèvre infér. presque carré, légèrement crénelé, très faiblement émarginé ; tube de la corolle *deux fois* plus long que le calice. — Moulins, Montoldre, Fourilles, Buxières, etc.

(2) G. Dubia. *Leers. Bor. G. G. Ochroleuca. Lam.* (G. Douteuse.) Tige de 1-5 déc., dressée, couverte de poils *grisâtres apprimés,* rameuse, *non renflée;* feuilles *ovales, lancéolées, dentées,* veloutées ; corolle grande d'un *blanc-jaunâtre,* bractées *plus courtes* que le calice. Juil., sept. An. Champs, lieux incultes. C. après la moisson, à toute altitude.

Var. à fleurs rouges, presque aussi commune que le type, ce qui m'a fait rejeter le nom d'*Ochroleuca. Lam.* d'ailleurs moins ancien.

(3) G. Ladanum L. *Grenier. Latifolia. Hoffm. Bor.* (G. Ladanum.) Tige de 2-4 déc., dressée, simple ou rameuse, à rameaux ascendants ; feuilles à poils appliqués, *ovales brusquement contractées* en un court pétiole, *non acuminées, dentées* en scie ; verticilles *tous écartés ;* bractées égalant à peu près le calice ; corolle *dépassant peu* le calice. Juil. sept. An. Moissons, champ en friches. — Montluçon, Désertines. Domérat (A. P.) ; Loriges (C. B.)

(4) G. Angustifolia. *Ehr. G. G.* (G. à feuilles étroites.) Tige de 2-5 déc., à rameaux *formant pyramide ;* feuilles à poils appliqués, *allongées, lancéolées-linéaires, longuement cunéiformes* à la base, *acuminées, à peine dentées* vers leur milieu ; verticilles supérieurs *rapprochés ;* bractées *dépassant* le calice ; corolle rouge à lèvre infér. tachée de jaune, dépassant *beaucoup* le calice. Juill. Sept. An. — Beaucoup plus commune que la précédente : Moulins, Gannat, Monétay, Saint-Pourçain, Loriges, Cesset, Cognat-Lyonne, Murat, Le Veurdre, Vichy, etc.

Var. *Arvatica. Jord.* Tige plus basse, à rameaux *étalés ;* feuilles *couvertes* d'une pubescence cendrée.

STACHYS. *L.* (Epiaire.) Cal. campanulé à 5 dents presque égales, et 5-10 stries ; lèvre supér. de la corolle concave, l'infér. à 3 lobes obtus ; tube garni d'un anneau de poils ; étamines parallèles, les extér. déjetées latéralement après la floraison (p. 305, fig. 11), akènes oblongs, glabres, arrondis au sommet.

1 { Fleurs jaunes ou jaunâtres.   2
  { Fleurs roses ou purpurines . . . .'. .   3

2 { Plante annuelle ; lèvre infér. de la corolle jaune . . . . *S. annua.*   (8)
  { Plante vivace ; lèvre infér. tachée de rouge . . . . *S. recta.*   (9)

3 { Bractées presque aussi longues que le calice.   4
  { Bractées nulles ou très petites   6

4 { Plante laineuse tomenteuse blanchâtre, verticelles de 12-20 fl. . . . *S. germanica.* (1)
  { Plante hérissée mais non blanchâtre.   5

5 { Feuilles cordiformes, larges . . . . *S alpina.*   (3)
  { Feuilles lancéolées. . . . . *S. Heraclea.*   (2)

6 { Feuilles obtuses, d'à peine 2 cent. . . . . *S. arvensis.*   (7)
  { Feuilles aiguës de plus de 2 cent   7

7 { Pétiole n'atteignant pas 1 cent   8
  { Pétiole dépassant 2 cent. . . . . *S. sylvatica.*   (4)

8 { Feuilles presque toutes sessiles. . . . . *S. palustris.*   (5)
  { Feuilles presque toutes un peu pétiolées . . . . *S. ambigüa.*   (6)

a. — Bractées égalant à peu près le calice.

(1) S. GERMANICA. *L.* (E. d'Allemagne.) Plante *laineuse blanchâtre ;* feuilles *lancéolées,* dentées, *épaisses. drapées,* les infér. pétiolées *allongées, cordiformes* à la base, les supér. sessiles acuminées ; verticilles *serrés* en épis feuillés de 12 à 20 fleurs, munis de *bractées* à peu près *égales au calice, dont les dents sont très inégales ;* fl. rosées, corolle velue en dehors (p. 305, fig. 11.) Juin, août. Viv. Lieux incultes, bords des chemins. — Moulins, Neuvy, Montluçon, Bressolles, Coulandon, Souvigny, Monétay, Neuvialle, Trevol, Avermes, Bresnay, Besson, Saint-Pourçain, Broût-Vernet, Montaigut-le-Blin, Mazerier, Saint-Aubin, Charroux, Ainay-le-Château, Audes, La Chapelaude, Huriel, Meaulne, etc.

(2) S. HERACLEA. *All.* (E. d'Héraclée.) Plante hérissée de longs poils blanc, mais *ni blanche ni tomenteuse ;* tige de 2-6 déc.; feuilles infér. pétiolées *obliquement* cordiformes, ovales, les supér. devenant des bractées cordiformes *égales au calice* ou le dépassant ; calice très velu ; verticilles *de 8 à 10 fleurs ;* fl. rouges, corolle très velue en dehors. R. R. — Gannat, coteau au-dessus de La Bâtisse (L. L.) Moins rare dans la Limagne.

(3) S. ALPINA. *L.* (E. des Alpes.) Plante *velue,* hérissée, de 4-8 déc., souvent simple, *glanduleuse* au sommet, mais non blanchâtre ; feuilles *vertes* pétiolées, *cordiformes, ovales, obtuses,* dentées, les supér. sessiles, aiguës, lancéolées ; *dents du cal. presque égales ;* verticilles *de 6-10 fl.* d'un rouge brun, laineuses *piquelées ;* bractéoles *égalant* le calice poilu-*glanduleux.* (p. 305, fig. 10). Juin, août, Viv. Bois montueux. — Toury, étang de Lacarrière ; Bost, près Besson ; Chantelle, Bourbon-l'Archambault, Gannat, Nades, Veauce, Le Mayet-de-Montagne, Ferrières, La Chabannes, Laprugne, Souvigny, Bresnay, Besson, Branssat, Saligny, Louroux-de-Bouble, Saint-Bonnet-de-Rochefort, Saint-Menoux, Deneuille, Chirat, Montluçon, Cusset, Chantelle, Montord, Marcillat, Désertines, etc.

b. — Bractées nulles ou très petites.

(4) S. SYLVATICA. *L.* (E. des Bois.) Plante *fétide* de 6-10 déc., hérissée, velue, *glanduleuse* au sommet ; feuilles *toutes* longuement *pétiolées*, vertes, cordiformes, aiguës, dentées, les supér. ovales, sessiles; bractéoles *très petites;* verticilles de 6-8 fl. rouges, piquetées, *glanduleuses* ainsi que le calice. Mai, août. Viv. Haies, bois humides. A. C. — Besson, Souvigny, Neuvy, Moulins, Vichy, Bresnay, Verneuil, Treban, Laprugne, Montbeugny, Yzeure, Saint-Germain-des-Fossés, Le Montet, Gannat, Ebreuil, Lapalisse, Trevol, Bresnay, Saligny, Loriges, Chirat, Cérilly, Bourbon, Lurcy, Ainay, Le Vilhain, Néris, Verneix, Huriel, Bizeneuille, etc.

(5) S. Palustris. *L.* (E. des Marais.) Tige dressée de 6-10 déc., velue, rude sur les angles, *non glanduleuse;* feuilles *toutes sessiles* ou à peu près, *lancéolées oblongues,* dentées aiguës, un peu cordiformes à la base; bractéoles *nulles* ou à peu près; fl. purpurines tachées de blanc, en verticilles de 6-8. Juin, sept. Viv. Fossés, lieux humides. — Avermes, Bresnay, Paray-sous-Briaille, Trevol, Dompierre, Marcenat, Pierrefitte, Montluçon, Vichy, Saint-Pourçain, Bayet, Contigny, etc.

(6) S. Ambigüa. *Smith. Bor.* (E. Ambigüe.) Diffère de la précédente dont elle est très voisine : par ses feuilles plus fortement dentées, *presque toutes pétiolées,* les moyennes à *pétiole de 6 mill.;* par son *calice et même sa corolle glanduleux.* R. — Avermes, Trevol (A. M.); Canal entre Vallon et Urçay (Pérard.)

Schiede en fait une hybride; mes échantillons sont pourvus de graines développées, n'ont du *Sylvestris* que la glandulosité; la végétation, le port, sont ceux du *Palustris.* Ne serait-ce qu'une forme du *Palustris* ?

(7) S. Arvensis. *L.* (E. des Champs.) Tige annuelle de 1-4 **déc.**, hérissée, rameuse, dressée; feuilles cordiformes, *ovales, obtuses,* crénelées, les infér. *pétiolées,* les supér. sessiles, mucronées; verticilles feuillés, de 3-6 fl. petites, rougeâtres, pubescentes glanduleuses, *dépassant à peine* le calice qui est velu-glanduleux. Juil., oct. An. Champ sablonneux. — Villeneuve, Moulins, Chavenon, Montluçon, Gipcy, Neuvy, Bourbon, Saint-Plaisir, Deux-Chaises, Besson, Bressolles, Bresnay, Laprugne, Montbeugny, Murat, Saint-Menoux, Yzeure, Neuilly, Désertines, Bizeneuille, Domérat, Bayet.

(8) S. Annua. *L.* (E. Annuelle.) Plante *annuelle;* tige de 1-4 déc. pubescente, rameuse; feuilles rudes, plus ou moins pubescentes, crénelées-dentées, oblongues-lancéolées, *pétiolées,* les supér. sessiles aiguës *entières;* calice glanduleux à longs poils, à dents *étroites, longues, recourbées, velues jusqu'au sommet;* fleurs d'un *blanc-jaunâtre,* assez grandes, 4-6 par verticille, à tube muni inférieurement d'un anneau *transversal* de poils; lèvre supér. entière, *à bords ondulés.* Juil. oct. An. Champs cultivés, vignes, etc. — C. C. dans les calcaires.

(9) S. Recta. *L.* (E. Redressée.) Souche *sous-ligneuse;* tige de 5-8 déc., redressée, hérissée; feuilles *presque sessiles, velues,* rugueuses, lancéolées-dentées, les bractéales entières aiguës; calice hérissé, à dents triangulaires-lancéolées, subulées; verticilles de 6-8 fleurs d'un *jaune-pâle, ponctuées;* tube muni à la base intérieurement d'un anneau *oblique* de poils; lèvre supér. entière. Juin, sept. Viv. Champs, chemins, etc. Surtout dans les calcaires. C. — Moulins,

Besson, Saint-Germain-des-Fossés, Billy, Gannat, Chareil, Naves, Jenzat, Chirat, Hérisson, Charroux, Urçay, etc.

BETONICA. *L.* (Bétoine.) Cal. tubuleux à 5 dents et 5-10 nervures ; corolle à tube recourbé sans anneau de poils ; lèvre supér. voûtée, l'infér. à 3 lobes ; étam. non déjetées sur les côtés ; akènes oblongs, arrondis au sommet ; étamines à filets parallèles, jamais déjetées par côté.

Tube du calice glabre . . . . **B.** *officinalis.*	(1)
Tube du calice hérissé . . . . *B. hirta.*	(2)

(1) B. Officinalis. *L.* (B. Officinale.) Tige de 2-6 déc., peu feuillée, un peu velue, surtout à la base ; feuilles inférieures, pétiolées, cordiformes à la base, oblongues, crénelées, les supér. presque sessiles ; verticilles en épi terminal ; calice à *tube glabre*, parsemé de points glanduleux brillants, à gorge fortement ciliée, à dents égalant environ les 2/3 du tube calicinal ; bractées hispides égalant environ le tube calicinal ; fleurs rouges, velues en dehors, rarement blanches. Juin, juil. Viv. Bois, prés. — C. à toute altitude.

B. Laxata. Jord. Serotina Host ? Epi *interrompu*, verticille inférieur *très distant* des autres ; — Echassières, aux Collettes (C. B.) ; Yzeure, aux Combes (A. M.) ; Néris (Jordan) ; Veauce, Bellenaves (M. L.)

Plante très variable ; les échantillons des Collettes à feuilles très larges représentent le *Platyphylla.* Jord.

(2) B. Hirta. *Leysser. Bor. 3e éd. Lamotte. Prod.* (B. Hérissée.) Diffère de la précédente par son calice *pubescent, à dents 2 fois plus courtes* que le tube ; sa corolle à tube *bien plus court.* Juil. août. — Semble rare dans l'Allier ; peut-être parce qu'elle n'a pas attiré l'attention des botanistes. Bords du canal entre Vallon et Urçay (A. P.)

MARRUBIUM. *L.* (Marrube.) Calice tubuleux, poilu à la gorge, à 10 dents et 10 stries ; lèvre supér. de la corolle à 2, l'infér. à 3 lobes ; étamines didynames, cachées dans le tube de la corolle ; akènes trigones, tronqués au sommet.

M. Vulgare. *L.* (M. Commun.) Plante de 5-8 déc., blanche, tomenteuse, droite, en touffes, à rameaux simples ; feuilles pétiolées, ovales, arrondies, crénelées, ridées, rugueuses ; verticilles globuleux espacés ; cal. à dents crochues au sommet ; fl. blanches. Juin, sept. Viv. Bords des chemins, lieux incultes. C.

BALLOTTA. *L.* (Ballotte.) Cal. campanulé à 10 nervures et à 5 dents ; lèvre supér. voûtée, crénelée, l'infér. à 3 lobes ; étamines à filets parallèles, saillantes, les extér. plus longues ; tube muni intér. d'un anneau de poils ; akènes trigones, arrondis au sommet.

B. Fœtida. *Lam. G. G. Bor.* (B. Fétide.) Plante de 4-8 déc., fétide, pubescente, d'un vert sombre ; feuilles pétiolées, presque cordiformes, ovales, crénelées, ridées ; pédoncules multiflores, en verticilles axillaires, munis de bractéoles nombreuses, calice dilaté à la gorge, à dents courtes larges arrondies, brièvement acuminées ; fleurs rouges. Juin, sept. Viv. Haies, bords des murs. C.

LEONURUS. *L.* (Agripaume.) Cal. campanulé à 5 nervures, à 5 dents épineuses les infér. plus longues ; corolle à tube contracté, garni de poils, lèvre supér. presque plane, l'infér. à 3 lobes, le moyen cordiforme, les latéraux oblongs ; étam. parallèles, les extér. plus longues, ou toutes à peu près égales, déjetées par côté après la floraison ; carpelles triangulaires tronqués, velus au sommet.

L. Cardiaca. *L.* (A. Cardiaque.) Plante dressée, de 6-12 déc., d'un vert sombre ; feuilles pâles en dessous, pétiolées, *palmées*, à 3-7 lobes incisés dentés, les supér. cunéiformes à la base (p. 305, fig. 9) ; fl. d'un rose pâle, *très velues*, en longs épis terminaux, feuillés. Juin, sept. Viv. Bords des haies. Peu C. — Moulins, Yzeure, Montluçon, Beaulon, Rouzat, Saint-Priest-en-Murat, Bourbon, Dompierre, Pierrefitte, Trevol, Le Veurdre, Lurcy-Lévy, Ainay-le-Château, Chareil, Meaulne, Argenti, Contigny, Verneuil, Coulandon.

Le *Chaiturus Marrubiastrum*. *Reich*. *Leonurus Marrub*. *L*. se placerait ici. M. Théenon en a trouvé quelques pieds aux Iles, à Montluçon. On ne l'a plus revu depuis.

SCUTELLARIA. *L.* (Scutellaire.) Cal. court à 2 lèvres entières, la supér. chargée d'une écaille transversale saillante (p. 305, fig. 4) ; cor. à lèvre supér. en casque, bifide, l'infér. entière, échancrée ; étamines parallèles, les extér. plus longues ; akènes oblongs.

Calice glabre ; feuilles dentées. . . . . *S. galericulata*.	(1)
Calice hérissé ; feuilles entières . . . . *S. minor*.	(2)

(1) S. Galericulata. *L.* (S. Toque.) Plante de 2-5 déc., simple ou rameuse, dressée, presque glabre ; feuilles presque sessiles, cordiformes lancéolées, subobtuses *dentées ; fl. bleues, grandes*, axillaires, géminées, unilatérales, à tube allongé, *courbé* à la base ; cal. *glabre* ou à peu près. Juin, sept. Viv. Bords des eaux, perrés des étangs. — C.

(2) S. Minor. *L.* (S. Naine.) *Plus petite* que la précédente, tige de 1-2 déc., rameuse ; rac. *rampante ;* feuilles presque sessiles, lancéolées *obtuses, entières* ou à peu près ; calice *hérissé, non glanduleux ;* fl. axillaires, géminées, unilatérales, *rosées*, petites, à tube *droit*. Juil. sept. Viv. Bords des étangs, terrains tourbeux. — C. Mais là seulement, à toute altitude.

BRUNELLA. *L.* (Brunelle.) Cal. tubuleux à 2 lèvres (p. 305, fig. 15) ; la supér. plane, trifide, l'infér. bifide ; corolle à tube garni d'un anneau de poils, à lèvre supér. concave, l'infér. à 3 lobes, l'intermédiaire plus grand échancré ; étamines parallèles, les extér. plus longues ; filets bifides au sommet ; verticilles rapprochés en épi dense, à bractées presque orbiculaires ; akènes oblongs, lisses.

1 { Fleurs d'un blanc jaunâtre ; plante très velue . . . . *B. alba*.	(2)
Fleurs ordin. violacées ; plante peu velue	2

2 { Corolle dépassant 15 mill. de long. . . . . *B. grandiflora.* (3)
{ Corolle d'à peine 12 mill. de long. . . . . *B. vulgaris.* (1)

(1) **B. Vulgaris.** *L.* (B. Commune.) Tiges de 1-3 déc., pubescentes, souvent radicantes, puis redressées ; feuilles pétiolées, ovales ou oblongues, entières ou sinuées, ou pinnatifides (*B. Pinnatifida.* Pers.) ; fleurs en épi dense, globuleux ou oblong, muni à la base de 2 bractées larges orbiculaires ; calice velu cilié, à dents supér. *courtes* mucronées, les infér. allongées étroites, soudées ensemble *jusqu'à moitié* de leur longueur ; corolle *violette* rarement blanche, quelquefois plus petite (*B. Parviflora.* Poir.) Juin, oct. Viv. Prés, bords des chemins. C.

(2) **B. Alba.** *Pallas. Bor. G. G.* (B. Blanche.) Diffère de la précédente dont elle est très voisine : par sa corolle *toujours blanchâtre ;* sa tige *plus velue ;* ses dents de la lèvre supér. du calice *plus longues.* Juin, oct. Prés secs, coteaux *calcaires.* — Moulins, Bayet, Le Veurdre, Besson, Gannat, Etroussat, Ussel, Montluçon, Désertines, Lignerolles, Urçay, L'Etelon, Tronçais, Meaulne, etc.

(3) **B. Grandiflora.** *Jacq.* (B. à grandes fleurs.) Diffère du *Vulgaris :* par sa corolle *beaucoup plus* grande, *dépassant 15 mill. ;* son calice dont les dents supér. sont *élargies et plus longues,* les infér. soudées ensemble *jusqu'aux trois quarts* de leur longueur. Coteaux montueux, *calcaires.* — Gannat, Echassières, Saint-Pourçain, Monétay-sur-Allier, Bellenaves, Charroux, Branssat, Saint-Germain-des-Fossés, Billy, Montaigut-le-Blin, Chareil, Fleuriel, Etroussat, Naves, Vicq.

AJUGA. *L.* (Bugle.) Cal. court campanulé, à 5 divis. presque égales ; corolle à tube muni intérieurement d'un anneau de poils, à lèvre supér. presque nulle, l'infér. trifide (p. 305, fig. 1) ; 4 étamines saillantes ; akènes ridés, glabres.

1 { Fleurs jaunes . . . . *A. Chamœpytys.* (3)
{ Fleurs jamais jaunes 2

2 { Bractées entières, tige stolonifère. . . . . *A. reptans.* (1)
{ Bractées moyennes trilobées (p. 305, fig. 2) pas de stolons . . *A. genevensis.* (2)

(1) **A. Reptans.** *L.* (B. Rampante.) Tige de 2 déc., environ, redressée, *munie à la base de stolons épigés rampants, velue sur 2 faces* seulement, les 2 autres *glabres* ou peu velues ; feuilles *peu velues,* ovales oblongues, sinuées ou crénelées ; verticilles en épis terminaux, interrompus, à bractées larges, *toujours entières ;* fl. ordinairement bleues. Mai, juil. Viv. Bois, prés, bords des chemins. C. à toute altitude.

Var. *Flore albo* vel *roseo.* — Moladier, Toulon, Servilly, Yzeure, Le Veurdre, Bayet.

(2) **A. Genevensis.** *L.* (B. de Genève.) Tige de 3 déc., environ, rameuse, redressée, *dépourvue de stolons* épigés *rampants, très velue sur les 4 faces ;* feuilles *velues* ovales, sinuées ou crénelées ; verticilles en épis terminaux, à bractées larges *trilobées,* au moins quelques-unes, les supér. *plus courtes* que les fl. ; fl. ordinairement bleues. Mai. juil. Viv. — Moulins, bords de l'Allier ; Jenzat, Neu-

vialle, Echassières, Besson, Montaigut-le-Blin, Saint-Pourçain, Chareil, Fleuriel, Cesset, Montord, Saint-Gérand-le-Puy, Neuvy, Toulon, Saint-Didier, Montluçon, Les Trillers, etc.

Var. *Flore albo.* — Coulandon, Besson, Cesset.

Var. *Flore roseo.* — Besson.

(3) A. CHAMÆPITHYS. *Schreb. Teucrium Cham.* L. (B. faux Pin.) Plante *annuelle* de 1-2 déc., rameuse, poilue, *diffuse, étalée,* redressée, *visqueuse, à odeur résineuse;* feuilles *pinnatifides,* ordinairement à 3 lobes; fl. *jaunes,* axillaires, *solitaires,* en longue grappe feuillée. Mai, sept. Viv. Champs *calcaires.* — Neuvy, Gannat, Bellenaves, Veauce, Vicq, Monétay-sur-Allier, Bresnay, Besson, Montaigut-le-Blin, Billy, Saint-Germain-des-Fossés, Verneuil, Saint-Pourçain, Chareil, Bressolles, Jenzat, Fourilles, Le Veurdre, Ainay, Montluçon, Meaulne, Beaumont, etc.

TEUCRIUM. *L.* (Germandrée.) Cal. à 5 divis. presque égales ou bilabiées, souvent bossu à la base; tube très court, sans anneau de poils; corolle semblant formée d'une seule lèvre à 5 lobes; 4 étamines saillantes; akènes réticulés.

1	Fleurs jaunâtres		2
	Fleurs rouges ou purpurines		3
2	Calice bilabié; feuilles dentées	*T. scorodonia.*	(1)
	Calice non bilabié; feuilles entières	*T. montanum.*	(2)
3	Feuilles multifides (p. 305, fig. 12)	*T. Botrys.*	(3)
	Feuilles seulement dentées		4
4	Feuilles sessiles	*T. Scordium.*	(4)
	Feuilles pétiolées	*T. Chamœdrys.*	(5)

(1) T. SCORODONIA. *L.* (G. des Bois.) Tige *droite,* de 3-6 déc., velue; feuilles pubescentes, pétiolées, cordiformes, oblongues, ridées, rugueuses, dentées; fl. *jaunâtres* unilatérales, en *grappes allongées* non feuillées; *cal. à 2 lèvres,* la supér. ovale, entière, l'infér. à 4 dents. Juin, oct. Viv. Bois. C. à toute altitude.

(2) T. MONTANUM. *L.* (G. de Montagne.) Tige de 1-3 déc., *sous-ligneuse,* rameuse, pubescente à rameaux *diffus, couchés,* redressés au sommet; feuilles *très entières,* vertes en dessus, *blanches* en dessous, *un peu enroulées,* lancéolées; fl. serrées en tête corymbiforme, *d'un blanc jaunâtre;* calice glabre, à dents lancéolées subulées. Juin, sept. Viv. Coteaux *calcaires.* R. — Montluçon, colline de l'Abbaye (Thévenon); Ainay (Coindeau); Urçay à la Sapinière; Saint-Amand, Cher (A. P.)

(3) T. BOTRYS. *L.* (G. Botryde.) Tige annuelle de 1-3 déc., à odeur forte, rameuse, dressée, hérissée; feuilles *pétiolées, multifides* à lobes courts, étroits, subobtus; fl. purpurines, axillaires; calices *un peu renflés, bossus* à la base (p. 305, fig. 12.) Juil., oct. An. Champs et coteaux *calcaires.* — Billy, Lafauconnière, Jenzat, Lurcy, Neuvy, Monétay, Saint-Pourçain, Veauce, Bellenaves, Bresnay, Besson, Trevol, Saint-Germain-des-Fossés, Montaigut-le-Blin, Gannat, Chareil, Charroux, Créchy, Valigny, Naves, Le Veurdre, Ainay, Beaulon, etc.

(4) T. Scordium. *L.* (G. Scordium.) Plante de 2-8 déc., *à odeur d'ail;* tige radicante, stolonifère *faible,* rameuse, diffuse, ascendante; feuilles *toutes sessiles,* lancéolées, dentées; fl. purpurines en verticilles axillaires *unilatéraux;* calice petit, *bossu,* à la base. Juin, sept. Viv. Prés humides, fossés, étangs. R. — Lurcy, étang Larrau (Cr.); marais, près de Font-Violent (Chomel); Loriges, aux Dollats (C. B.); Blet, Augy, Cher sur nos limites (Bor.)

(5) T. Chamædrys. *L.* (G. petit chêne.) Tiges presque ligneuses de 1-3 déc., couchées, redressées, stolonifères; feuilles *pétiolées, ovales, obtuses,* incisées, *crénelées,* cunéiformes à la base; verticilles comme en grappe feuillée, au sommet des rameaux; fl. purpurines ou roses; calice pubescent, un peu bossu à la base. Juil., sept. Viv. Lieux secs des coteaux *calcaires.* — Besson, Billy, Bressolles, Chiroux, Neuvialle, Lavernue, Bellenaves, Bresnay, Neuvy, Broût-Vernet, Saint-Germain-des-Fossés, Montaigut-le-Blin, Branssat, Chareil, Montord, Etroussat, Charroux, Ussel, Naves, Créchy, Le Veurdre, Ainay, Montluçon, Meaulne, Urçay.

Le *T. chamædrys* est estimé fébrifuge.

Cette famille fournit à nos parterres quelques plantes d'ornement : la Monarde, à grande fleurs rouges, le Romarin, le Dracocéphale ; des condiments : Basilic, Marjolaine, Sarriette, etc

---

Famille LXX. — PLUMBAGINÉES.

Fl. hermaphrodites; cal. persistant scarieux à 5 plis et à 5 dents; corolle hypogyne régulière à 5 pétales ou profondément divisée en 5 lobes; 5 étamines; ovaire simple, uniloculaire, libre; 5 styles; capsule indéhiscente; feuilles radicales; fl. en capitule sur un réceptacle commun.

ARMERIA. *Wild. Statice. L.* (Armérie.) Caractères de la famille; fleurs en capitule, à l'extrémité d'un pédoncule radical; étamines insérées à la base de la corolle; styles soudés à la base.

· A. Plantaginea. *Wild.* (A. Plantain.) Souche dure, ligneuse à racine très longue; feuilles toutes radicales, pétiolées, linéaires, lancéolées, acuminées; hampes de 2-5 déc., raides, glabres, rudes; folioles externes de l'involucre longues, lancéolées acuminées, les intérieures très obtuses, scarieuses; fl. roses. Juin, sept. Viv. Sables de l'Allier, du Cher, de la Loire.

On cultive dans les parterres en bordures, sous le nom de Gazon d'Espagne ou d'Olympe, l'*A maritima,* formant des gazons à feuilles linéaires, et le *Plumbago Europœa,* à fleurs d'un beau bleu.

Famille LXXI. — PLANTAGINÉES.

Fl. hermaphrodites ou monoïques, régulières; calice à 4 sépales persistants; corolle monopétale hypogyne, tubuleuse, à 4 lobes, scarieuse; 4-5 étamines hypogynes, saillantes; 1 style, 1 stigmate;

caps. indéhiscente ou s'ouvrant circulairement comme par un couvercle ; fl. en épis denses persistantes.

(Capsule indéhiscente ; plante monoïque, 5 étamines (p. 327, fig. 1), de
{ bords d'étangs . . . . LITTORELLA. (p. 324)
(Capsule déhiscente (p. 327, fig. 2); plante hermaphrodite à 4 étamines. PLANTAGO. (p. 323)

PLANTAGO. *L.* (Plantain.) Fl. hermaphrodites, en épis, à 4 étamines, à capsule s'ouvrant circulairement. Le reste des caractères comme la famille.

1 { Tige rameuse, feuillée 7
  { Feuilles toutes radicales. 2

2 { Feuilles pinnatifides. . . . . *P. Coronopus.* (6)
  { Feuilles non pinnatifides. 3

3 { Feuilles lancéolées étroites, allongées. 4
  { Feuilles ovales élargies 6

4 { Hampe fortement sillonnée. 5
  { Hampe cylindrique ; feuilles triquêtres . . . . *P. carinata.* (5)

5 { Epi ovoïde . . . . *P. Lanceolata.* (3)
  { Epi cylindrique, de plusieurs cent . . . . *P. Timbali.* (4)

6 { Feuilles presque sessiles, pubescentes sur les deux faces. . . . . *P. media.* (2)
  { Feuilles pétiolées, glabres ou peu velues . . . . *P. major.* (1)

7 { Tige droite herbacée . . . . *P. arenaria,* (7)
  { Tige couchée, subligneuse . . . . *P. Cynops.* (8)

a. — Feuilles toutes radicales.

(1) P. MAJOR. *L.* (P. à larges feuilles.) Plante variant depuis quelques centimètres *(P. Minima. D. C.)* jusqu'à 5 déc.; feuilles toutes radicales, *ovales, longuement pétiolées,* à 5-9 nervures, entières ou à peu près, glabres ou un peu pubescentes ; hampes *cylindriques ;* fl. *blanchâtres,* en épi *allongé cylindracé ;* caps. *à 2 loges polyspermes.* Mai, oct. Viv. C. C.

P. Intermedia. Gilib. (P. Intermédiaire.) Très voisin du précédent ; en diffère par ses feuilles *sinuées* ou grossièrement *dentées* à la base ; sa hampe *couchée ascendante ;* son épi plus court ; ses graines plus grosses. — C.

(2) P. MEDIA. *L.* (P. Moyen.) Plante de 2-4 déc., à feuilles toutes radicales, *ovales, pubescentes des 2 côtés,* à 5-9 nervures, *à peine* pétiolées ; hampes un peu *striées,* épi serré ; *fl. blanches à étam. roses ;* caps. *à 2 loges monospermes.* Mai, oct. Viv. Bords des chemins secs, dans les calcaires. — Monétay, Contigny, Besson, Branssat, Montbeugny, Gannat, Saint-Pourçain, Ussel, Montluçon, Ainay, Meaulne, Le Veurdre, etc.

(3) P. LANCEOLATA. *L.* (P. Lancéolé.) Feuilles en rosette, *lancéolées, acuminées,* à 3-5 nervures, *longuement* rétrécies en pétiole à base parfois laineuse, entières ou peu dentées, glabres ou à poils très courts ; hampes *fortement* sillonnées ; épi *ovoïde oblong,* court, serré, *d'aspect noirâtre ;* bractées scarieuses, ovales acuminées ; caps. à 2 loges monospermes, graines *canaliculées* sur la face interne. Avril, oct. Viv. C. C. Plante variable.

(4) P. TIMBALI. *Jord. Bor.* (P. de Timbal-Lagrave.) Semble être le terme extrême des variations de l'épi° du précédent venu en endroits humides : épi *cylindracé*, atteignant jusqu'à 7-8 cent.; feuilles *plus allongées*, relativement plus étroites. — Yzeure, Neuvy, Jenzat, Gannat, Montluçon, Bellaigue près Marcillat, etc.

(5) P. CARINATA. *Schrad. Bor. G. G.* (P. à Carène.) Racine *ligneuse;* jeunes feuilles laineuses à la base ; feuilles vertes, *linéaires étroites,* subulées, *triquêtres dans toute leur longueur,* planes en dessus, *carénées* en dessous, entières ou à peu près ; hampes *cylindriques* à poils apprimés ; épi cylindrique, penché puis redressé ; calice à lobes latéraux *blancs et scarieux,* à carène verte *membraneuse* très étroite ; capsule *oblongue-aiguë,* à 2 loges monospermes ; fleurs verdâtres à anthères jaunes. Mai, sept. Viv. Rochers, pelouses sèches. R. R. — Bourbon-Lancy, Saône-et-Loire, bords de la Loire, sur nos limites (Bor. 3ᵉ éd.).

(6) P. CORONOPUS. *L.* (P. corne de Cerf.) Feuilles toutes radicales, *pinnatifides,* rarement entières et alors linéaires, glabres ou velues ; hampes de 1-2 déc., pubescentes, *cylindriques non striées;* bractées larges, scarieuses, subulées ; calice à lobes latéraux *à carène ailée membraneuse ciliée;* capsule *ovoïde obtuse,* à 4 loges ; fleurs jaunâtres. Mai, oct. An. Pelouses sablonneuses, chemins. — Moulins, Gannat, Bourbon, Monétay, Besson, Diou, Chevagnes, Souvigny, Saint-Pourçain, Chavenon, Rocles, Tronget, Gouise, Montbeugny, Lapalisse, Neuilly, Chareil, Lurcy, Montluçon, Déserlines, etc.

P. Coronopus forme *Latifolia. D. C. P. Columnæ. Gouan.* Plante très vigoureuse, 45-50 cent., à feuilles très hérissées, non charnues, à segments subdentés. R. R. — Vauvernier, prés salés, au dessus de Jenzat, sur les bords de la Sioule (C. B.)

b. — Plantes à tiges feuillées.

(7) P. ARENARIA. *Waldst. et Kit. Bor. G. G.* (P. des Sables.) Tige *annuelle,* de 1-4 déc., *herbacée,* pubescente, *rameuse,* grisâtre, *visqueuse* au sommet ; feuilles *opposées,* entières, linéaires, pubescentes ; fl. blanchâtres, en épis *ovoïdes imbriqués,* bractées scarieuses, les infér. plus longues ; calice à divisions antérieures *spatulées-obtuses.* Juin, août. An. — Sables de la Loire, de l'Allier, du Cher, de la Sioule ; Fourilles, Lurcy, Verneuil, Meillard, Bresnay, Chantelle, etc.

(8) P. CYNOPS. *L.* (P. Cynops.) Tige *ligneuse* à la base, *vivace,* pubescente, *rameuse, ascendante;* feuilles *linéaires canaliculées,* entières pubescentes ; pédoncules axillaires ; fleurs blanchâtres en épi ovoïde ; bractées larges ovales, obtuses, les intérieures pointues ; capsule à deux loges. Juin, juil. Viv. R. R. — Coteaux calcaires, Decize, Nièvre, sur nos limites (Bor. 3ᵉ éd.)

LITTORELLA. *L.* (Littorelle.) Fl. monoïques ; les mâles longuement pédonculées, solitaires ; les femelles sessiles, à la base du pédoncule de la fl. mâle ; 5 étam.; cal. à 3-4 divis.; corolle à 3-4 dents ; caps. uniloculaire, indéhiscente, monosperme.

L. Lacustris. *L.* (L. des Lacs.) Plante de 4-9 cent.; feuilles toutes radicales, en touffes dressées, linéaires, demi-cylindriques, glabres, charnues ; hampe grêle de la longueur des feuilles ; fl. blanchâtres, corolle urcéolée, dépassant le calice, les femelles cachées entre les feuilles (p. 327, fig. 1.) Juin, août. Viv. Bords des étangs sablonneux. — Neuvy, étang Neu ; Larcy, Chevray, Thiel, Meillers, Bourbon, Cérilly, Lapalisse, Le Mayet-de-Montagne, Treban, Chavenon, Louroux-de-Boublc, Saint-Prix, Montbeugny, Messarges, Gennetines, Rocles, Montluçon, Audes, Chamblet, Cosne, Saint-Bonnet-de-Four, etc.

La forme inondée, à feuilles allongées, a été prise pour l'*Isoëtes lacustris*, plante des hautes montagnes.

Classe IV. — MONOPÉRIANTHÉES.

Plantes à fleurs n'offrant qu'une enveloppe, ordinairement herbacée, ayant l'apparence d'un calice.

Famille LXXIII. — AMARANTHACÉES.

Plantes herbacées à feuilles simples, alternes, sans stipules ; fl. souvent monoïques, périanthe persistant, scarieux, caliçoïde, à 3-5 lobes, à peu près égaux ; 3-5 étam.; caps. uniloculaire, libre, s'ouvrant circulairement comme par un couvercle, ou indéhiscente.

Fl. solitaires axillaires, entourées de 2 bractées	Polychnemum. (p. 326)
Fl en glomérules, à 3 bractées, étamines libres	Amaranthus. (p. 325)

AMARANTHUS. *L.* (Amaranthe.) Fl. monoïques et polygames munies de 3 bractées ; périanthe à 3-5 divis., libres ; 3-5 étam., à filets libres ; 2-3 styles ; fruit monosperme, lenticulaire; feuilles longuement pétiolées, élargies.

1	Périanthe à 5 divisions ; 5 étamines. . . . . *A. retroflexus*	(1)
	Périanthe à 3 divisions ; 3 étamines.	2
2	Fruit indéhiscent ; feuilles échancrées. . . . . *A. ascendens.*	(3)
	Fruit déhiscent ; feuilles non échancrées. . . . . *A. sylvestris.*	(2)

(1) A. Retroflexus. *L.* (A. Recourbée.) Plante de 3-7 déc., robuste, *droite*, sillonnée, *pubescente*. rude ; feuilles pétiolées, *ovales* acuminées *en pointe obtuse*, sinuées *denticulées* d'un *vert pâle ;* fl. d'un vert blanchâtre en épis *droits, serrés, terminaux;* bractées *égalant 2 fois le périanthe,* qui est à 5 lobes ; fl. à 5 étam. Juil., sept. An. Lieux cultivés, décombres. C. — Originaire de l'Amérique boréale d'après Wildenow.

(2) A. Sylvestris. *Desf. Bor. G. G.* (A. Sauvage.) Tige de 3-6 déc., *glabre,* anguleuse, sillonnée, étalée, redressée ; feuilles lon-

guement pétiolées, *rhomboïdales, subobtuses, entières;* fleurs verdâtres, en glomérules *toujours axillaires; périanthe à 3 divis.,* égalant à peu près les bractées; *fl. à 3 étam.;* fruit *s'ouvrant* comme par un couvercle, *graine luisante.* Juil., oct. An. Lieux cultivés, décombres. C.

(3) A. Ascendens. *Lois. Bor. A. Blitum. L. et G. G. A. Viridis. L. Euxolus Viridis. Moquin.* (A. Ascendante.) Tige de 3-6 déc., rameuse, couchée, ascendante, *glabre;* feuilles *obovales, échancrées au sommet;* fl. verdâtres en glomérules axillaires et *épis terminaux non feuillés; périanthe à 3 divis.; fl. à 3 étam.,* bractées *plus courtes* que le périanthe; fruit *indéhiscent.* Juil., sept. An. Peu C. murs, voisinage des habitations. — Moulins, Bresnay, Bourbon, Souvigny, Chavenon, Montluçon; Evaux sur nos limites, Creuse.

Le nom d'*A. blitum* donné tantôt à l'une tantôt à l'autre des deux dernières espèces, a dû être abandonné.

L'*A. deflexus. L.* est velu au sommet et sa capsule est indéhiscente. On cultive, comme ornement, l'*A. sanguineus*, à 5 étam., l'*A. cristatus*, sous le nom de Crête de Coq, et l'*A. caudatus*, à fleurs en épis interrompus très longs atteignant facilement 6 déc. et retombants.

POLYCHNEMUM. *L.* (Polychnème.) Périanthe à 5 divis., situé à l'aiselle d'une feuille, et muni de deux bractées scarieuse; 3 étam. à filets soudés à la base; style bifide; fruit comprimé, monosperme, indéhiscent.

Bractées dépassant notablement le périanthe. . . . . *P. majus.* (1)
Bractées égalant le périanthe. . . . . *P. verrucosum.* (2)

(1) P. Majus. *A. Braun. G. G. Bor.* (P. à grandes Bractées.) Tiges ordin. rameuses étalées appliquées, rarement dressées, *glabres ou à peu près, de 10-30 cent.;* feuilles raides, linéaires, triquètres, subulées, d'environ 15-20 mill.; fleurs presque sessiles, petites, nombreuses, axillaires; bractées blanches, scarieuses, acuminées, *bien plus longues* que le périanthe. Juil., sept. An. Lieux arides. R. — Chareil, Fourilles (C. B.); Gannat (P. B.); Besson, Neuilly (L. A.); Saint-Pourçain, Ebreuil, Moulins (Bor. 2° éd.); Tresnay, Chantenay, Langeron, Nièvre, sur nos limites (Bor. 2° éd.)

(2) P. Verrucosum. *Lange. Bor.* (P. Verruqueux.) Diffère du précédent: par ses feuilles *de 6-10 mill.;* ses bractées *égalant environ* le périanthe. Juill., sept. An. Lieux sablonneux. Peu C. — Chantelle, Monétay, Saint-Didier, Bresnay, Varennes-sur-Allier, Neuvy.

J'ai noté d'autres localités à *Polychnemum*, sans distinction d'espèces: Neuvy, Chemilly, Bressolles, Cressanges, Perrigny.

Le nom d'*Arvense. L.* qui a été donné tantôt à l'une, tantôt à l'autre de ces deux espèces, doit être abandonné.

Famille LXXIII. — PHYTOLACCÉES.

PHYTOLACCA. *L.* (Phytolacque.) Périanthe pétaloïde coloré, à 5 divis.; 8-20 étam. insérées au fond du périanthe, alternes avec ses divis.; ovaires de 8-10 loges, stigmates en même nombre; fruit bacciforme.

P. Decandra. *L.* (P. Décandrique.) Vulg. Raisin d'Amérique. Plante de 1-2 mètres., droite, rougeâtre, rameuse ; feuilles ovales, lancéolées, aiguës, glabres ; fl. rosées en grappes opposées aux feuilles, baies d'un rouge noir. Juin, août. Viv. Cultivé comme ornement et quelquefois sous-spontané.

Famille LXXIV. — CHÉNOPODÉES.

Herbes à feuilles alternes, sans stipules ; fl. hermaphrodites, dioïques ou polygames. Périanthe herbacé, caliçoïde ; souvent 5 étam. insérées au fond du périanthe ; ovaire libre ou adhérent, 2-3 styles ; fruit indéhiscent monosperme, plus ou moins environné par le périanthe persistant, devenant quelquefois charnu bacciforme.

1. Littorella lacustris. — 2. Fr. de Plantago major, très grossi. — 3. Fl. femelles d'Atriplex patula. — 4. Feuille de Chenopodium glaucum. — 5. Id. de Ch. hybridum. — 6. Id de Ch. intermedium. — 7 Valve de Rumex pulcher. — 8. Fl. de Passerina annua, très grossie. — 9. Feuille de Polygonum *amphibium*

1 { Fleurs hermaphrodites, toutes semblables. 2

{ Fleurs unisexuelles et dissemblables 4

2 { Périanthe devenant charnu, bacciforme . . . . BLITUM.   (p. 330)
  { Périanthe ne devenant pas charnu.   3

3 { Ovaire adhérent au périanthe . . . . BETA.   (p. 328)
  { Ovaire tout à fait libre . . . . CHÉNOPODIUM. (p. 328)

4 { Plante dioïque ; 4 styles. . . . . SPINACIA.   (p. 331)
  { Plante polygame; 2 styles (p. 327, fig. 3) . . . . ATRIPLEX. (p. 331)

BETA. *L.* (Bette.) Fl. hermaphrodites, périanthe campanulé, adhérent à la base, à 5 divis., accrescent; 5 étam., 2 stigmates ; fruit déprimé, adhérent au périanthe devenu coriace.

B. VULGARIS. *L.* (B. Vulgaire.) Tige de 8-15 déc., anguleuse ; feuilles radicales pétiolées, un peu cordiformes, ovales, obtuses, les caulinaires arrondies, petites; fl. en petits glomérules formant une panicule allongée, feuillée; fl. blanchâtres ou rougeâtres. Juil., sept. An. et Bisan.

La variété cultivée sous le nom de Betterave est connue pour ses racines dont l'industrie retire un sucre identique avec celui de la canne à sucre, et dont la pulpe sert à engraisser les bestiaux.

La variété *B. cycla.* '*L.*, vulgairement appelée Bette-carde, nous' offre, comme légume alimentaire, ses côtes larges et blanches.

CHÉNOPODIUM. *L.* (Fl. hermaphrodites; périanthe à 5 divis. soudées à la base, rarement moins; 5 étamines, 2-5 stigmates ; fruit déprimé entouré par le périanthe non adhérent, graines lenticulaire, horizontales, rarement verticales.

1 { Feuilles triangulaires, hastées à la base, entières d'ailleurs. *C. Bonus Henricus.* (1)
  { Feuilles non hastées à la base 2

2 { Feuilles tout à fait entières.. 3
  { Feuilles sinuées, dentées ou lobées 5

3 { Feuilles vertes des 2 côtés, minces. . . . . *C. polyspermum.* (2)
  { Feuilles glauques farineuses en dessous. 4

4 { Plante très fétide . . . . *C. vulvaria.* (3)
  { Plante non fétide 5

5 { Feuilles pubescentes glanduleuses à odeur aromatique . . . . *C. Botrys.* (11)
  { Feuilles glabres, inodores 6

6 { Feuilles minces, vertes des 2 côt's (p. 327, fig. 5) . . . . . . *C. hybridum.* (7)
  { Feuilles épaisses, souvent chargées en dessous de points farineux
  {   qui les rendent blanchâtres. 7

7 { Feuilles sinuées, tiges couchées (p. 327, fig. 4). . . . . *C. glaucum.* (10)
  { Tiges droites. 8

8 { Feuilles presque arrondies très obtuses . . . . *C. opulifolium.* (6)
  { Feuilles allongées et à peu près aiguës. 9

9 { Grappes de fleurs dressées contre la tige (p. 327, fig. 6) . . . *C. intermedium.* (8)
  { Grappes en cymes terminales. 10

10 { Feuilles supérieures lancéolées entières 11
   { Feuilles toutes rhomboïdales et dentées . . . . *C. murale.* (9)

11 { Feuilles très blanches en dessous . . . . *C. album.* (4)
   { Feuilles vertes ou peu blanchâtres . . . . *C. viride.* (5)

a. — Feuilles entières ou seulement hastées.

(1) C. BONUS-HENRICUS. *L.* (A. bon Henri.) Vulg. Epinard sauvage. Tige de 3-8 déc., droite; feuilles pétiolées, pulvérulentes, *triangulaires hastées, entières* ou un peu ondulées; fl. vertes en épis axillaires et terminaux, formant un épi *allongé, non feuillé;*

périanthe appliqué sur le fruit; styles longs; graines ternes, *toutes* verticales, excepté la terminale de chaque glomérule. Mai, sept. Viv. Bords des murs et des chemins, près des habitations. — A. C. jusqu'à 1,000 mètres d'altitude.

(2) C. POLYSPERMUM. *L.* (A. Polysperme.) Tige de 1-5 déc., *rameuse, diffuse, tombante;* feuilles pétiolées, ovales, obtuses, *entières, vertes* des 2 côtés, *non pulvérulentes;* fl. en grappes feuillées, axillaires et terminales; périanthe *laissant voir le fruit;* graines *luisantes.* Juil., oct. An. Lieux cultivés, humides. — Bourbon, Souvigny, Besson, le Montet, Murat, Chavenon, Bresnay, le Breuil, Neuvy, Yzeure, Saint-Pourçain, Monétay, Marcenat, Loriges, Fourilles, le Veurdre, Château-sur-Allier, Montluçon, etc.

La forme à feuilles aiguës est le *C. acutifolium Sm.* ; on trouve quelquefois les 2 formes de feuilles sur la même plante.

(3) C. VULVARIA. *L.* (A. Vulvaire.) Plante *fétide*, à odeur de marée pourrie, *pulvérulente, farineuse*, à tiges étalées, rameuses; feuilles glauques, rhomboïdales, entières obtuses; fl. en petites grappes axillaires, *non feuillées;* périanthe *enveloppant* le fruit; graines luisantes. Juil., oct. An. Lieux cultivés, bords des murs, C.

b. — Feuilles dentées

(4) C. ALBUM. *L.* (A. Blanche.) Tige de 2-8 déc., droite, rameuse, striée de vert et de blanc dans le bas; feuilles triangulaires ovales, *peu dentées*, glauques, *farineuses blanchâtres* en dessous, souvent *bordées de rouge*, les supérieures *entières;* fl. *blanchâtres, pulvérulentes*, en petites grappes *axillaires, simples, compactes, nues* au moins au sommet, formant une panicule spiciforme; périanthe enveloppant le fruit; graines *luisantes.* Juil., oct. An. Lieux cultivés. C. C.

Var. *Lanceolatum. Wild.* Tiges rayées, feuilles entières.

(5) C. VIRIDE. *L.* (A. Verte.) Diffère de la précédente dont elle a les caractères généraux, par : sa tige souvent rayée de rouge inférieurement; par ses feuilles *vertes;* ses fleurs *verdâtres.* Mêmes lieux. C. C.

Entre ces deux dernières espèces, se place le *C. Paganum. Retch.* qui a les feuilles *un peu blanchâtres* en dessous.

(6) C. OPULIFOLIUM. *Schrad. Bor. G. G.* (A. à feuilles d'Obier.) Tige de 5-8 déc., droite, rameuse à bandes blanches et vertes; feuilles farineuses en dessous, *rhomboïdales, arrondies*, très *obtuses, presque trilobées*, inégalement sinué-dentées, comme rongées au sommet, les supér. plus étroites et plus aiguës; fleurs en glomérules formant une panicule spiciforme, nue au moins supérieurement; périanthe enveloppant le fruit; graines luisantes. Juil., oct. An. R. R. — Décombres de l'usine Saint-Jacques à Montluçon où il est C. (**A. P.**).

(7) C. HYBRIDUM. *L.* (A. Hybride.) Tige de 6-9 déc., droite, *glabre*, rameaux *étalés;* feuilles pétiolées, *minces, vertes* des deux

côtés, *dépourvues* de points farineux, subcordiformes à la base, à contour *polygonal*, offrant 5-7 *lobes ou dents triangulaires à large base*, le terminal *allongé* aigu (p. 327, fig. 5); fl. en cyme *paniculée* nue; périanthe *laissant voir* le fruit; graines *rugueuses non luisantes*. Juil., oct. An. Lieux cultivés, bords des chemins. C. — Moulins, Bresnay, Broût-Vernet, Marcillat, Gannat, Saint-Pourçain, Bayet, Montluçon, etc.

(8) C. Intermedium. *Mert. et Koch. Bor.* (A. Intermédiaire.) Tige droite, *raide*, de 3-6 déc., à feuilles *deltoïdes, cunéiformes* à la base, à dents irrégulières aiguës, *profondes* (p. 327, fig. 6); grappes axillaires et terminales, *allongées, effilées, dressées* contre la tige; périanthe *enveloppant* le fruit; graines luisantes ponctuées. Août, oct. An. Terrains gras, fossés, mares desséchées des villages. — Monétay-sur-Allier, Moulins, Bourbon, Souvigny, Besson, Bresnay, le Breuil, Ferrières, Saint-Germain-des-Fossés, Jenzat, Poëzat, Châtel-de-Neuvre, le Montet, Murat, Tronget, Vicq, Sussat, Montluçon, Huriel, Domérat, etc.

Cette espèce est une forme ou variété du *C. Urbicum. L.* qui a les feuilles à peine dentées, et à dents égales.

(9) C. Murale. *L.* (A. des Murs.) Tige de 4-8 déc., dressée, rameuse; feuilles deltoïdes, cunéiformes à la base, ovales, aiguës, *minces, luisantes, bordées de dents* irrégulières, aiguës; fl. vertes, en grappes *rameuses divergentes;* périanthe *enveloppant* le fruit; graines chagrinées, *non luisantes*. Juil., oct. An. Bords des murs et des chemins. C. — Moulins, Bressolles, Souvigny, Saint-Pourçain, Varennes, Billy, Gannat, Montluçon, etc.

(10) C. Glaucum. *L.* (A. Glauque.) Tige plus ou moins *couchée, diffuse*, rameuse; feuilles *épaisses, ovales, oblongues*, sinuées, *subobtuses*, glauques, farineuses *en dessous* (p. 327, fig. 4); fl. en grappes nues axillaires, *quelques* graines verticales, les autres horizontales; graines *non luisantes*, recouvertes *incomplétement* par le périanthe. Juil., oct. An. Bords humides de la Loire, de l'Allier et du Cher. — Moulins, Créchy, Marcenat, le Veurdre, Saint-Pourçain, Jenzat, Fourilles, Bresnay, Besson, Souvigny, Chavenon, Lurcy, etc.

(11) C. Botrys. *L.* (A. Botryde.) Plante à odeur *aromatique;* tige de 3-7 déc. droite, sillonnée, plus ou moins rameuse, à rameaux dressés; feuilles *subpinnatifides* à lobes obtus, *pubescentes, glanduleuses* sur les deux faces, les supérieures lancéolées spatulées, presque entières; glomérules en grappes axillaires *dressées*, formant une panicule spiciforme presque nue; périanthe *pubescent glanduleux, recouvrant* le fruit. Juil., août. An. R. R. — Plante du Midi introduite par les minerais de l'usine Saint-Jacques à Montluçon où elle est naturalisée sur les décombres de l'usine (A. P.).

BLITUM. *L.* (Blite.) Fl. ordinairement hermaphrodites; périanthe à 3-5 divis.; 1-5 étam.; 2 styles; fruit comprimé, renfermé dans le périanthe devenu charnu; fl. vertes d'abord, puis rouges, en long épi; fruit rouge à maturité, prenant l'aspect d'une fraise.

B. Rubrum. *Reich. Chenop. rubrum. L. G. G.* (B. Rougeâtre.) Plante de 1-8 déc., devenant rouge à la fin; tige rayée de rouge, rameuse, feuillée presque jusqu'en haut; feuilles rhomboïdales, cunéiformes à la base, charnues, non farineuses, inégalement sinuées, dentées; fl. en grappes *feuillées*. Juil., sept. An. Lieux gras, fossés, lit des étangs. R. — Montluçon, bords du Cher, près de la Glacerie et de l'Abattoir (A. P.); Lurcy; Bourbon? (L. A.); Saint-Pierre-le-Moûtier, sur nos limites, Nièvre (Bor.).

ATRIPLEX. *L.* (Arroche.) Fl. monoïques, unisexuelles, mêlées de fl. hermaphrodites; fl. staminées à 5 divis.; périanthe des fleurs femelles à 2 divis. accrescentes (p. 327, fig. 3); 2 styles; fl. d'ailleurs herbacées; fruit comprimé aplati.

1 {	Périanthe blanchâtre-argenté, coriace . . . . *A. rosea.*	(3)
	Périanthe vert, toujours herbacé	2
2 {	Feuilles inférieures et moyennes larges, hastées . . . . *A. hastata.*	(2)
	Feuilles non franchement hastées, lancéolées. . . . . *A. patula.*	(1)

(1) A. Patula. *L.* (A. Étalée.) Tige de 2-8 déc., très rameuse, le plus souvent droite, à rameaux *étalés divariqués;* feuilles *cunéiformes ovales, presque hastées ou lancéolées, étroites, toutes* cunéiformes à la base, *atténuées* en pétiole; fl. axillaires en épis feuillés, lobes du périanthe fructifère deltoïdes, aigus, offrant de chaque côté une dent (p. 337, fig. 3.) Juil., oct. An. Lieux cultivés. C. C.

(2) A. Hastata. *L.* (A. Hastée.) Plante polymorphe; tige de 2-8 déc., *rayée de blanc et de vert*, renflée aux nœuds; feuilles *toutes pétiolées*, les infér. et les moyennes *hastées, tronquées à la base*, les supér. lancéolées entières; valves fructifères triangulaires, entières ou denticulées, lisses ou tuberculeuses. Juil., oct. An. Fossés, lieux gras. Peu C. — Moulins, Avermes, Bourbon, Souvigny, Lurcy, Gouise, Montluçon, etc.

A. Salina. *Walrr.* Tige couverte d'une efflorescence écailleuse blanchâtre, ainsi que les feuilles. Fossés, terrains gras ayant reçu des eaux salées. R. — Jenzat, à Vauvernier (A. P.); Bourbon, curures des fossés des prés communiquant avec la Burge (A. M.).

(3) A. Rosea. *L.* (A. à Rosettes.) Tige de 3-7 déc. rameuse, blanchâtre; feuilles larges, pétiolées, *rhomboïdales, non hastées,* à points écailleux *blanchâtres* en dessous; fl. *sessiles* en glomérules axillaires, en grappes *feuillées;* cal. fructifère ovale triangulaire; Août, sept. An. R. R. — Montluçon, usine Saint-Jacques (A. P.) Introduite avec les minerais.

On cultive comme alimentaire, sous le nom d'Arroche Bonne-Dame, l'*A. hortensis. L.,* à feuilles triangulaires dentées, larges, à lobes du périanthe fructifère libres et entiers.

SPINACIA. *L.* (Épinard.) Fl. dioïques; les mâles en grappe; périanthe à 4-5 divis., 4-5 étam. insérées au fond du périanthe; les femelles agglomérées axillaires, périanthe à 3-4 divis., 4 styles très longs; graine soudée et renfermée dans le périanthe accrescent et devenu coriace. Herbes à tiges droites, glabres, à feuilles pétiolées glabres, hastées sinuées, anguleuses, fl. verdâtres ; plantes annuelles, cultivées comme alimentaires ; *S. oleracea. L.*

S. INERMIS. *Mœnch.* (E. Inerme.) Fruit non épineux.

S. SPINOSA. *Mœnch.* (E. Épineux.) Vulg. Épinard d'hiver. Fruit épineux.

Famille LXXV. — POLYGONÉES.

Herbes à tiges noueuses, à feuilles alternes, souvent munies de stipules engaînantes ; fl. ordinairement hermaphrodites ; périanthe persistant, à 3-4-6 divis., quelquefois sur 2 rangs, herbacé ou coloré ; 4-8 étam. ; 1 ovaire ; 2-4 styles ; fruit monosperme indéhiscent.

{ Périanthe à divisions égales, souvent colorées . . . . POLYGONUM. (332)
{ Périanthe à 6 divisions, dont 3 internes plus grandes . . . . RUMEX. (335)

POLYGONUM. *L.* (Renouée.) Périanthe le plus souvent à 5 divis. colorées, persistantes, à peu près égales ; 5-9 étam. sur 2 rangs ; 2 styles et fruit comprimé, ou 3 styles et fruit trigone, enveloppé par le périanthe accrescent ; fl. hermaphrodites, rarement polygames.

1 { Feuilles sagittées à la base. 2
  { Feuilles jamais saggittées. 5

2 { Tige couchée ou volubile. 3
  { Tige droite, non volubile. 4

3 { Tige lisse, angles du fruit ailés . . . . *P. dumetorum.* (11)
  { Tige rude, angles du fruit non ailés . . . . *P convolvulus.* (10)

4 { Fruit lisse. . . . . *P. Fagopyrum.* (12)
  { Fruit fortement rugueux . . . . *P. tataricum.* (13)

5 { Fleurs en épis non feuillés, terminant la tige ou les rameaux 7
  { Fleurs axillaires à l'aisselle de feuilles ou de bractées 6

6 { Rameaux florifères feuillés . . . . *P. aviculare.* (8)
  { Groupes de fleurs en épis interrompus, munis de bractées . . . . . *P. Bellardi.* (9)

7 { Feuilles cordiformes à la base. 8
  { Feuilles jamais cordiformes. 9

8 { Plante d'eau, feuilles non décurrentes (p 327 fig. 9). . . . . . . *P. amphibium.* (2)
  { Feuilles décurrentes sur le pétiole, plante de montagne. . . . . . *P. Bistorta.* (1)

9 { Épis cylindriques, compacts. 10
  { Épis grêles filiformes, souvent interrompus 11

10 { Gaînes longuement ciliées. . . . . *P. Persicaria.* (4)
   { Gaînes sans cils ou à peine ciliées. . . . . *P. Lapathifolium.* (3)

11 { Feuilles à saveur âcre ; périanthe glanduleux . . . . *P. Hydropiper.* (7)
   { Feuilles à saveur nulle ; périanthe non glanduleux 12

12 { Épi dressé ; feuilles d'à peine 1 cent. de large. . . . . *P. minus.* (6)
   { Épi arqué-pendant ; feuilles de plus d'un cent. de large. . . . . . *P. dubium.* (5)

a. — Fleurs en épis.

(1) P. BISTORTA. *L.* (R. Bistorte.) Racine *épaisse ;* tige toujours *simple ;* feuilles *subcordiformes,* ovales, acuminées ; pétiolées, décurrentes sur le pétiole, les supér. sessiles ; stipules glabres *engaînantes non adhérentes* à la tige ; fl. roses formant épi *unique serré ;* 8 étam. 3 styles ; fruits trigones luisants. Mai, juil. Viv. Prés humides de la région des montagnes. — Marcillat, bords du Buron ;

Le Mayet, Saint-Nicolas, Saint-Clément, Cusset, L'Avoine au Montoncelle ; Laprugne à l'Assise. Rare au dessous de 600 mètres.

Sa racine est employée à l'intérieur et à l'extérieur comme amère, tonique et astringente.

(2) P. Amphibium. *L.* (R. Amphibie.) Rac. *rampante ;* tige *rameuse,* ordinairement *submergée ;* feuilles flottantes, lancéolées ou elliptiques, *allongées cordiformes à la base* (p. 327, fig. 9), glabres, ou subpubescentes, ciliées, denticulées ; fl. d'un beau rose, en épis *courts,* terminaux, *serrés ;* 5 étam., 2 stigmates, graines ovoïdes comprimées, luisantes. Juin, août. Viv. Fossés, etangs. C.

La forme *Terrestre* à tige droite, à un seul épi est quelquefois prise pour la Bistorte.

(3) P. Lapathifolium. *L.* (R. à feuille de Patience.) Tige de 4-8 déc., dressée, rameuse ; feuilles pétiolées, ovales elliptiques, allongées, acuminées, *souvent tachées ;* gaines tronquées, *à peine ciliées ;* épis *gros, cylindriques, courts,* surtout les latéraux qui sont courtement pédonculés, pédoncules et périanthes *tuberculeux ;* fleurs d'un blanc-verdâtre ou rosées ; 6 étamines ; 2 stigmates, fruit *comprimé.* Juil., sept. An. Lieux humides, fossés. C.

Var. *Nodosum. Pers.* Tige à entre-nœuds *fortement coniques,* souvent *ponctués de rouge,* plus robuste. C.

Var. *Incanum. D. C.* Feuilles tomenteuses, blanchâtres en dessous.— Godet, près Panloup.

(4) P. Persicaria. *L.* (R. Persicaire.) Tige de 3-8 déc. à entrenœuds un peu renflés, glabres ; feuilles ovales lancéolées, elliptiques, acuminées, quelquefois *tachées ;* gaines *parsemées* de quelques poils, *longuement ciliées ;* épis *courts, gros, cylindriques,* les latéraux presque sessiles ; pédoncules et périanthe *lisses ;* fleurs d'un blanc verdâtre ou roses ; 6 étamines ; 2-3 styles ; fruits comprimés, lenticulaires ou trigones, luisants. Juil., oct. An. Lieux humides. C.

Var. *Biforme. Wahlenberg.* Présente les deux sortes de fruits sur le même pied.

(5) P. Dubium. *Stein. G. G. Mite Schranck. Gren. fl. jurass.* (R. Douteuse.) Tige de 3-8 déc., dressée, à rameaux *ascendants,* un peu noueuse ; feuilles lancéolées allongées, acuminées, à saveur *herbacée ;* gaines lâches, *velues, longuement ciliées ;* épis *grêles presque filiformes, lâches, interrompus, arqués-pendants ;* fleurs *roses, plus grosses* que dans *Hydropiper,* lisses, *sans glandes ;* 5-6 étamines ; 2-3 styles ; fruits trigones ou lenticulaires, *luisants.* Juill., oct. An. Fossés. — Moulins, Yzeure, Saint-Pourçain, Marcenat, Créchy, Bayet, Le Veurdre, etc.

J'ai cru devoir conserver à notre plante le nom de *Dubium* que je lui avais donné (1re éd.) Boreau l'a appelé *Mite* Schr dans sa 2e éd ; puis *Dubium* dans sa 3e, où il sépare le *Dubium* du *Mite.* Grenier (fl. jurass.) prend les 2 noms comme synonymes en adoptant, suivant la règle, le plus ancien celui de Schranck ; d'après la flore fr. de G. G. (p. 50, tome 3e), puis Boreau 3e éd., le *Mite* semble être bien plus voisin de l'*Hydropiper,* et serait d'après la 1re un hybride : *Hydropiperi-Dubium.* Or notre plante est trop abondante, là où elle existe, pour être un hybride.

(6) P. Minus. *Huds. G. G. Bor.* (R. Fluette.) Voisine de la précédente, mais toujours plus petite, et toujours là où la silice domine. Tige de 2-5 déc. rameuse, droite, à rameaux infér., *étalés diffus,* quand elle n'est pas gênée ; feuilles lancéolées très étroites, d'à peine *1 cent.* de large, à saveur *herbacée ;* épi *filiforme, interrompu,* à fleurs d'un *rouge vineux ;* 5 étam. 2-3 styles ; akènes de 2 formes,

luisants. Juil., sept. An. Fossés, bords des étangs. Peu C. — Saint-Hilaire, Chavenon, Saint-Sornin, Rocles, Coulandon, Châtel-de-Neuvre, Broût-Vernet, Saint-Didier, Moulins, Neuvy, Montbeugny, Gennetines, Le Mayet-de-Montagne, Périgny, Montluçon.

(7) P. HYDROPIPER. *L.* (R. Poivre d'eau.) Tige de 3-6 déc., dressée, rameuse; feuilles lancéolées acuminées, à saveur *âcre et poivrée;* gaînes courtement ciliées, glabres; épis *filiformes lâches, interrompus;* fl. *ponctuées glanduleuses;* 6 étamines, 2-3 styles, fruit *terne,* comprimé, *presque chagriné.* Juil., oct. An. Fossés. C.

Les 5 dernières espèces s'hybrident facilement et donnent lieu à la formation de nombreux intermédiaires.

b. — Fleurs axillaires, feuilles entières.

(8) P. AVICULARE. *L.* (R. des Oiseaux.) Plante venant partout et par conséquent polymorphe. Tige plus ou moins *couchée* ou redressée, rameuse, diffuse, glabre; feuilles lancéolées elliptiques, entières, atténuées en pétiole; gaîne *blanche* déchirée; fl. *axillaires* subsessiles, formant un *épi feuillé;* 3 stigmates, *très courts;* fruit trigone, *non luisant.* Juin, oct. An. Partout. C. C.

(9) P. BELLARDI. *All. G. G. Bor.* (R. de Bellardi.) Tige de 2-5 déc. *droite,* rameuse. flexueuse; feuilles larges, elliptiques, les supér. bractéales, acuminées, lancéolées, *très petites;* fl. roses, *pédicellées* en épi *longuement interrompu, non feuillé* à rameaux filiformes; fruit trigone, *luisant.* Champs. R. — Neuvy, à Patry, près le chemin de fer (V. B.); Besson (E. O.); Bresnay (L. A.); Meaulne, moissons des Chanets (A. P.) Plus commun dans le Cher (Bor.)

c. — Fleurs en grappes terminales; feuilles sagittées.

(10) P. CONVOLVULUS. *L.* (R. Liseron.) Tige *anguleuse striée, volubile ou tombante, rude;* feuilles pétiolées, sagittées à la base, aiguës; fl. blanchâtres en grappes; fruits *granuleux,* trigones, *non luisants* recouverts par le périanthe *à angles subaigus non membraneux.* Juin, sept. An. Champs, haies. C.

(11) P. DUMETORUM. *L.* (R. des Buissons.) Diffère du précédent auquel il ressemble d'ailleurs: par sa tige *cylindrique,* grimpante, *lisse,* ses fruits *lisses, luisants,* recouverts par le périanthe *à angles aigus membraneux.* Juil., sept. An. Haies, buissons. C.

(12) P. FAGOPYRUM. *L.* (R. Sarrazin.) Vulg. Blé noir. Tige de 3-6 déc., *droite, non volubile,* rameuse; feuilles cordiformes, sagittées, acuminées; fl. en grappes axillaires ou terminales, ces dernières *en corymbe;* fruit trigone, lisse; fl. blanches ou rosées. Juin, août. An. Cultivé et presque spontané.

(13) P. TATARICUM. *L.* (R. de Tartarie.) Vulg. Sarrazin de Tartarie. Variété du précédent, dont il ne diffère guère que par son fruit fortement tuberculeux, à angles sinués dentés, cultivé plus rarement. — Bourbon, etc.

Les deux dernières espèces sont très propres à nourrir tous les animaux, et dans quelques pays on en fait de la farine.

RUMEX. *L.* (Patience.) Fleurs hermaphrodites, dioïques ou polygames; périanthe à 6 divis., les 3 extér. herbacées, les intér. plus grandes, souvent colorées, accrescentes, souvent munies sur le dos d'une granulation; 6 étam., 3 styles; fruit trigone, enveloppé par les divisions internes du périanthe.

1	Feuilles hastées ou sagittées.		2
	Feuilles ni hastées ni sagittées		4
2	Feuilles presque arrondies	*R. scutatus.*	(3)
	Feuilles allongées		3
3	Divisions du périanthe non tuberculeuses.	*R. Acetosella.*	(2)
	Divisions du périanthe tuberculeuses les extér. réfléchies	*R. Acetosa.*	(1)
4	Valves du fruit bien plus longues que larges		5
	Valves du fruit cordiformes, presque aussi larges que longues.		10
5	Valves du fruit entières.		6
	Valves du fruit fortement ciliées dentées.		7
6	Toutes les valves tuberculeuses	*R. conglomeratus.*	(6)
	Quelques tubercules nuls ou rudimentaires	*R. nemorosus.*	(7)
7	Feuilles infér. rétrécies en violon en leur milieu.	*R. pulcher.*	(8)
	Feuilles non rétrécies en violon.		8
8	Feuilles cordiformes à la base	*R. obtusifolius.*	(9)
	Feuilles lancéolées, atténuées en pétiole		9
9	Valve portant 2 dents aussi longues que la valve	*R. maritimus.*	(4)
	Valve portant 2 dents plus courtes que la valve	*R. palustris.*	(5)
10	Feuilles longues d'au moins 4 déc		11
	Feuilles n'atteignant jamais 4 déc		12
11	Feuilles atténuées aux deux bouts	*R. Hydrolapathum.*	(12)
	Feuilles subcordiformes arrondies à la base	*R. maximus.*	(13)
12	Feuilles planes	*R. Patientia.*	(11)
	Feuilles ondulées crépues.	*R. crispus.*	(10)

a. — Feuilles hastées ou sagittées à saveur acide.

(1) R. Acetosa. *L.* (P. Oseille.) Tige *de 4-9 déc.*, droite, sillonnée; feuilles infér. *sagittées, oblongues,* à nervures *peu apparentes,* à oreillettes presque *parallèles* au pétiole, les supér. sessiles amplexicaules; stipules en forme de gaîne laciniée; fl. dioïques, rougeâtres ou verdâtres, en verticilles nus, lobes intér. du périanthe fructifère entiers arrondis, cordiformes, les extér. *réfléchis;* tous tuberculeux. Mai, juin. Viv. Prés. C. A toute altitude.

Des prés, cette plante a passé dans les jardins, où elle est devenue potagère.

(2) R. Acetosella. *L.* (P. petite Oseille.) Tiges *de 1-3 déc.*, grêles rameuses, peu feuillées; feuilles hastées, sagittées, *allongées,* à oreillettes *très divergentes;* fl. *rouges,* dioïques, en grappes nues, grêles; lobes du périanthe fructifère *tous appliqués,* non tuberculeux. Avril, juin. Viv. Champs. C. C. A toute altitude.

(3) R. Scutatus. *L.* (P. à Écussons.) Vulg. Oseille ronde. Tige de 2-5 déc., couchée, ascendante; feuilles *glauques,* épaisses, *hastées, arrondies,* presque *aussi larges* que longues; fl. *polygames,* blanchâtres ou rougeâtres, en grappes lâches non feuillées; valves extérieures *appliquées* sur les intérieures qui sont entières, suborbiculaires, cordiformes. Mai, août. Viv. Coteaux pierreux, vieux murs. R. R. — Château de Souvigny (H. Gay.); Saint-Amand, Cher, ruines de Montrond (Bor.).

b. — Feuilles ni hastées, ni sagittées, à saveur
herbacée.

(4) R. Maritimus. *L.* (P. Maritime.) Tige de 3-6 déc., à *rameaux
étalés ;* feuilles rétrécies en pétiole, les infér. *lancéolées*, ondulées,
les supér. planes, *linéaires, oblongues entières ;* fleurs en verticilles
munis chacun d'une feuille, en épi serré fourni ; divis. intérieures
du périanthe ovales, toutes munies d'un tubercule, à pointe entière,
portant à la base deux dents sétacées, fines, *aussi longues* que le
périanthe lui-même, divisions extérieures *plus courtes que les
dents.* Juil., sept. Bisan. R. — Bords de l'Allier, à Bessay (E. O.);
Besson, à Rize (A. M.); Valigny, bords de l'étang (P. Lefort) ; Montoldre (C. B.) ; Saint-Pierre-le-Moûtier, Nièvre, sur nos limites
(Bor.).

(5) R. Palustris. *Sm. Bor. G. G.* (P. des Marais.) Diffère de la
précédente dont elle est très voisine : par son épi *plus lâche et
interrompu ;* par ses valves dont les dents sont *plus courtes* que la
valve ; par ses valves extérieures *de même longueur* que les dents.
R. R. — Saulzais (marquis de la Roche); Saint-Pierre-le-Moûtier,
étang (Bor.).

(6) R. Conglomeratus. *Murray. Bor. G. G.* (P. Agglomérée.) Tige
de 4-8 déc., à rameaux souvent rougeâtres, grêles, *ascendants ou
divariqués ;* feuilles pétiolées, les infér. cordiformes ou oblongues,
les supér. ondulées, lancéolées, acuminées ; fl. verdâtres en verticilles *feuillés à la base, nus au sommet*, lobes intér. du périanthe
fructifère *linéaires, allongés, oblongs*, obtus, *très entiers, tous* munis
d'un tubercule oblong. Juil., sept. Viv. Bois, chemins. C. C.

(7) R. Nemorosus. *Schrad. Bor. G. G.* (P. des Forêts.) Tige de
4-8 déc., à rameaux effilés *dressés ;* feuilles ondulées, pétiolées, les
infér. cordiformes, oblongues, les supér. lancéolées acuminées ;
verticilles *presque tous* dépourvus de feuilles, en épis nus ; lobes
du périanthe fructifère oblongs *très entiers, un seul* muni d'un
tubercule bien développé. Juin, août. Viv. Bois. — Neuvy, Yzeure,
Bourbon, Tronçais, Marcillat, Besson, Bressolles, etc.

(8) R. Pulcher. *L.* (P. en Violon.) Rameaux *tortueux, divariqués, enchevêtrés ;* feuilles infér. obtuses, rétrécies en leur milieu
en forme de violon, les caulinaires lancéolées aiguës ; verticilles
feuillés ; lobes du périanthe fructifère bordés de *fortes dents presque
épineuses* (p. 327, fig. 7), *tous* munis d'un tubercule oblong. Juin,
sept. Bisan. Lieux incultes, bords des chemins. C. C.

(9) R. Obtusifolius. *L. Bor. Gren.* fl. jurass. *R. Friesii. G. G.*
(P. à feuilles obtuses.) Tige de 5-10 déc., *droite*, sillonnée, à rameaux
paniculés ; feuilles infér. *grandes, larges, cordiformes à la base,
subobtuses*, les supér. lancéolées aiguës ; fl. en *grappes* lâches, *non
feuillées ;* lobes du périanthe fructifère, ovales, allongés, veinés en
réseau, *munis de chaque côté d'une ou plusieurs dents, tous* chargés d'un tubercule ovoïde ; un seul bien développé ; valves externes
plus courtes et entières. Juin, sept. Viv. Bords des chemins. C.

Forme *Acutifolius*, à feuilles aiguës. Çà et là avec le type. — Tronçais, Saint-Victor; bords de l'Allier, etc. Plus rare.

(10) R. Crispus. *L.* (P. Crépue.) Tige de 5-10 déc., droite, rameuse au sommet, à rameaux dressés; feuilles infér. oblongues, lancéolées, *fortement ondulées, crépues* sur les bords, les supér. sessiles; fl. en verticilles formant des épis presque *nus;* lobes du périanthe fructifère presque *aussi larges que longs*, arrondis, *entiers*, veinés en réseau, *tous* munis d'un tubercule quelquefois avorté. Juil., sept. Viv. Prés champs, fossés. C. C.

(11) R. Patientia. *L.* (P. Officinale.) Tige d'environ 1 mètre, dressée, cannelée, *peu rameuse;* feuilles infér. *grandes*, ovales, lancéolées, *planes*, les caulinaires *elliptiques ou oblongues;* verticilles en épis presque *nus;* lobes du périanthe fructifère presque *aussi larges que longs*, arrondis, *presque entiers*, *un seul* muni de tubercule. Juin, août. Viv. Cultivée et sous-spontanée près des habitations. — Bresnay, Naves, Ainay, Montluçon, Néris, etc. Lucenay, Nièvre, sur nos limites.

(12) R. Hydrolapathum. *Huds. Bor. G. G.* (P. des Rivières.) Tige *de 1-2 mètres*, droite, *cannelée*, fistuleuse, rameuse; feuilles *longues de 5-10 déc., larges de 10-14 cent., atténuées aux deux bouts, décurrentes* sur le pétiole; verticilles formant des épis peu feuillés; lobes intér. du périanthe *triangulaires ovales*, aigus, presque *aussi larges que longs*, *tous* munis d'un tubercule. Juin, sept. Viv. Bords des eaux. A. R. — Ruisseau de la Rigolée, à Moulins; Yzeure, Neuvy, Trevol, Bessay; Contigny, à Rachallier; Pierrefitte, Vallon.

(13) R. Maximus. *Schreb. Bor. G. G.* (P. Géante.) Diffère de la précédente dont elle offre les caractères généraux par ses feuilles *cordiformes* à la base ou *obliquement ovales*, *non décurrentes* sur le pétiole, ses épis *nus*. RR. — Prairies sous Chiroux, près Gannat (L. L.).

Famille LXXVI. — SANGUISORBÉES.

Fleurs hermaphrodites, monoïques ou polygames; périanthe à 4-5 div. soudées à la base; 4 étamines ou moins, ou en nombre indéfini, périgynes; ovaire formé par 1-4 carpelles libres, monospermes, indéhiscents, renfermé dans le périanthe persistant.

1 { Fleurs en épis terminaux, feuilles pennées	2
{ Fleurs en glomérules latéraux, ou en cymes terminales . . . . Alchemilla.	(p. 337)
2 { Fleurs hermaphrodites, 4 étamines. . . . . Sanguisorba.	(p. 338)
{ Fleurs monoïques, 20-30 étamines. . . . . Poterium.	(p. 338)

ALCHEMILLA. *L.* (Alchémille.) Périanthe tubuleux à 8 divisions, dont 4 extér. plus petites formant calicule; ordinairement 4 étam., 1 style; 1-2 akènes; plantes hermaphrodites.

{ Fleurs latérales en glomérules presque sessiles. . . . . *A. arvensis.*	(2)
{ Fleurs en cymes terminales . . . . *A. vulgaris.*	(1)

(1) A. VULGARIS. *L.* (A. Commune.) Plante plus ou moins pubescente mais *non soyeuse;* racine *ligneuse;* tige 2-5 déc., grêle, rameuse; feuilles *pétiolées, réniformes, plissées, à 5 lobes arrondis,* dentés, *peu profonds*; fl. *jaune-verdâtres en corymbes.* Viv. Mai, août. Région des montagnes. R. — Châtel-Montagne, Saint-Clément (Bor.); Cusset, après les Grivats (A. M.); Ferrières (Cr.); Le Montoncelle, Laprugne (A. M.); Aronnes (J. R.); Veauce (Nony); Saint-Nicolas (J. B.); Lapalisse (P. B.).

(2) A. ARVENSIS. *D. C. Aphanes. L.* (A. des Champs.) *Petite plante* d'à peine 10 cent., pubescente simple ou rameuse; feuilles arrondies dans leur contour, *incisées profondément,* à lobes *étroits, entiers, obtus;* stipules en tube évasé embrassant les fleurs; fl. *axillaires* en *glomérules presque sessiles,* ne s'ouvrant que rarement. An. Mai, sept. Champs, bords des chemins. C.

SANGUISORBA. *L.* (Sanguisorbe.) Fleurs hermaphrodites; périanthe à tube quadrangulaire à 4 lobes, entouré de 2-3 bractées; 4 étam. insérées à la gorge du périanthe; 1 style, 1 stigmate capité; fl. en épi terminal, court serré, ovale; 1 akène renfermé dans le périanthe endurci.

S. OFFICINALIS. *L.* (S. Officinale.) Souche subligneuse; tiges de 5-10 déc., dressées, subanguleuses, glabres, striées, rameuses; feuilles imparipennées, à 7-13 folioles ovales-oblongues cordiformes à la base, dentées en scie, glabres, *plus pâles* en dessous, munies de stipules arrondies, foliacées, dentées; fleurs d'un rouge foncé, en épi ovale très compact; bractées ovales acuminées, égalant les fleurs; fruit *à 4 angles* ailés. Juin, sept. Prairies humides. Viv. R. — Diou (Cr.); Pierrefitte, bords du canal et prairies voisines; Laprugne, à l'Assise (L. A.).

Jordan a démembré l'espèce linnéenne en 2 : le *Serotina* qui est la nôtre, et le *Montana* à feuilles plus glauques, *blanchâtres* en dessous, fruit *à 3 angles*, tiges plus arrondies, qui est une plante de plus hautes montagnes.

POTERIUM. *L.* (Pimprenelle.) Fl. monoïques ou polygames; périanthe à 4 lobes, entouré de 2-3 bractées; 20-30 étam. saillantes, pendantes; styles filiformes à stigmates rouges, en pinceau; fl. en épi terminal, court, ovale, serré; ordin. 2 akènes; fruit entouré par le périanthe endurci, muni de 4 ailes.

{ Fruit à faces simplement réticulées . . . . *P. dictyocarpum.* (1)
{ Fruit à faces creusées en fossettes, et fortement muriquées . . . . *P. muricatum.* (2)

(1) P. DICTYOCARPUM. *Spach. Grenier.* fl. jurass. (P. Réticulée.) Souche ligneuse; tige de 4-6 déc., à rameaux dressés; feuilles imparipennées, à folioles cordiformes ovales obtuses, dentées; fleurs herbacées, mêlées de rougeâtres; fruit à 4 angles saillants *peu sinués,* à faces *rugueuses réticulées.* Mai, août. Viv. Prés, bords des chemins. C.

Var. *Virescens. Spach.* Plante *glabre ou à peine* velue dans le bas; fruit à angles un peu sinués.

Var. *Guestphalicum. Bœnning.* Plante *velue hérissée* dans le bas;

fruit à angles peu sinués. — Moulins, Gannat, Chareil, Fleuriel, Montord, Cérilly, Le Veurdre, Souvigny, etc.

(2) P. MURICATUM. *Spach. Grenier* fl. jurass. (P. Muriquée.) Diffère de la précédente dont elle a les caractères généraux : par son fruit à 4 angles *fortement relevés* en crètes plus ou moins sinuées, à faces offrant des fossettes *profondes fortement muriquées.* Mai, août. Viv. mêmes lieux. C.

Var. *Platylophum. Jord.* Fruit à crètes *larges, sinuées, épaisses.*

Var. *Stenolophum. Jord.* Fruit à crètes *étroites, minces, moins* saillantes.

Famille LXXVII. — THYMÉLÉES.

Fl. hermaphrodites ; périanthe persistant, herbacé ou pétaloïde, tubuleux à 4 divisions ; 8 étamines sur deux rangs, insérées à la gorge du périanthe ; ovaire libre, simple, uniloculaire ; 1 style, 1 stigmate ; fruit indéhiscent, capsulaire ou bacciforme à 1 graine ; herbes ou arbrisseaux à feuilles simples, entières, non stipulées.

Fruit sec, herbe. . . . . PASSERINA.
Fruit charnu, arbrisseau . . . . DAPHNE.

PASSERINA. *L.* (Passerine.) Périanthe tubuleux marcescent à 4 lobes (p. 327, fig. 8) ; style très court ; fruit sec, luisant terminé par un bec, renfermé dans le périanthe.

P. ANNUA. *Spreng. Bor. G. G. Stellera passerina. L. Thymelæa arvensis. Lam.* (P. Annuelle.) Tige de 1-4 déc., droite, grêle, glabre, à rameaux effilés ; feuilles éparses, linéaires, lancéolées aiguës, glaucescentes ; fl. sessiles, axillaires, jaunâtres, peu ouvertes, disposées en épis allongés ; lobes du périanthe connivents après la floraison. Juin, sept. An. Champs des terrains argileux ou calcaires. — Neuvy, Monétay, Gannat, Besson, Vicq, Cesset, Montord, Saint-Pourçain, Bellenaves, Louchy, Bresnay, Montaigut-le-Blin, Saint-Germain-des-Fossés, Souvigny, Rongères, Trevol, Périgny, Cérilly, Gouise, Le Veurdre, Ainay, Montluçon, Audes, Meaulne, Urçay, etc.

DAPHNE. *L.* (Daphné.) Périanthe coloré, campanulé, tubuleux à 4 divisions ; baie monosperme, non enveloppée par le périanthe ; arbrisseaux à fl. en fascicules ou en grappes.

Fleurs roses, naissant avant les feuilles. . . . . *D. Mezereum.*   (1)
Fleurs jaunâtres, naissant après les feuilles . . . . *D. Laureola.*   (2)

(1) D. MEZEREUM. *L.* (D. Bois-Gentil.) Arbrisseau de 5-10 déc., rameux ; feuilles lancéolées, glabres, subpétiolées, *naissant après les fleurs* qui sont *roses,* odorantes, *sessiles,* disposées latéralement, à *tube très pubescent,* paraissant en mars et avril ; fruit rouge. R. R. — Bois du Vernet, près Cusset (Dr Guiraudet) ; Laprugne à l'Assise (J. B.)

(2) D. Laureola. *L.* (D. Lauréole.) Arbrisseau de 5-10 déc., rameux à feuilles *persistantes*, coriaces, lancéolées, aiguës, subsessiles, *en rosette* au sommet des rameaux ; fl. *jaunâtres, glabres en petites grappes* pendantes ; fruit *noir*. Février, mars. R. R. — Bois du Vernet (Dr Guiraudet.) Bayet, à Bompré, sous-spontané (B.)

Les Daphnés sont cultivés dans les parterres pour leurs fleurs précoces et odorantes. La poudre de l'écorce du *D. gnidium* est employée pour entretenir les vésicatoires.

Famille LXXVIII. — SANTALACÉES.

Fleurs ordin. hermaphrodites ; périanthe persistant, épigyne, tubuleux, monosépale à 4-5 divisions ; 4-5 étam., insérées à la base des lobes du périanthe ; ovaire infère, capsulaire, indéhiscent, uniloculaire, à 2-4 ovules.

THESIUM. *L.* (Thésium.) Caractères de la famille. On les regarde comme parasites.

{ Fruit égalant à peine le périanthe persistant. . . . . *T. alpinum.*   (1)
{ Fruit à peu près double du périanthe persistant. . . . . *T. humifusum.*   (2)

(1) T. Alpinum. *L.* (T. des Alpes.) Tiges nombreuses, étalées, diffuses, ordin. *simples;* feuilles linéaires aiguës *uninerviées;* fleurs blanchâtres, en grappe *simple, à la fin unilatérale*, à pédoncules *étalés dressés;* axe de la grappe *droit;* fruits *égalant à peine* le périanthe persistant. Juin, juil. Viv. Région élevée des montagnes. R. R. — Au Montoncelle, plateau de la Gentiane (G. Faure); à la Madelaine (Renoux) 1,000 mètres d'altitude.

(2) T. Humifusum. *D. C.* (T. couché.) Racine dure ; tiges *étalées en rosettes*, nombreuses, à divisions divariquées ; feuilles linéaires étroites univerviées; fl. d'un vert jaunâtre, 1-2 par pédoncule, munies de 3 bractées inégales, disposées en grappes, dont les pédicelles sont *à angles droits*, et dont l'axe est un peu *fléchi en zig-zag;* capsule presque sessile, subglobuleuse, surmontée par le périanthe et *bien plus longue* que lui. juin, sept. Viv. Pelouse arides et incultes. — Neuvy, Yzeure, Monelay, Besson, Lapalisse, Cesset, Bresselles, Coulandon, Saint-Germain-des-Fossés, Billy, Gannat, Naves, Bellenaves, Saint-Priest-d'Andelot, Chareil, Fourilles, Branssat, Le Veurdre, Montluçon, etc.

Famille LXXIX. — ARISTOLOCHIÉES.

Fl. hermaphrodites ; périanthe épigyne, coloré tubuleux, à limbe régulier ou en languette; ovaire à 3-6 loges, adhérent; 6 ou 12 étamines soudées avec le style et le stigmate, ou libres, mais insérées sur l'ovaire; 6 stigmates rayonnants; fruit infère, capsulaire à 3 ou 6 loges; feuilles simples.

{ Périanthe à 3 lobes, régulier. . . . . Asarum.
{ Périanthe à limbe en languette (p. 341, fig. 2). . . . . Aristolochia.

ASARUM. *L.* (Asaret.) Périanthe persistant en cloche à **3** divis. égales ; 12 étam., libres, insérées sur l'ovaire ; 6 styles soudés entre eux ; caps. ovoïde, globuleuse, à 6 loges, couronnée par le périanthe.

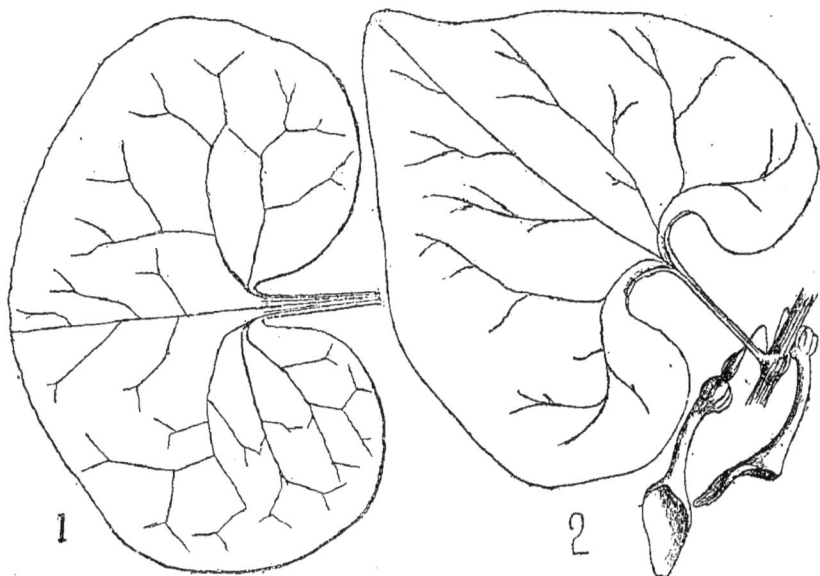

1. Feuille d'Asarum. — 2. Aristolochia Clematitis.

A. Europæum. *L.* (A. d'Europe.) Vulg. Cabaret. Souche rampante, émettant plusieurs tiges très courtes, terminées par une fleur brune, velue, solitaire à l'aisselle de **2** feuilles réniformes, très entières (p. 341, fig. 1), luisantes, longuement pétiolées. Avril, mai, Viv. R. R. — Environs du Vernet (Dr Guiraudet.)

ARISTOLOCHIA. *L.* (Aristoloche.) Périanthe tubuleux à limbe renflé, puis dilaté en languette ; 6 anthères sessiles ou presque sessiles attachées au pistil.; 6 stigmates ; caps. ovale globuleuse à 6 loges, non surmontée par le périanthe persistant.

A. Clematitis. *L.* (A. Clématite.) Plante fétide de 3-6 déc., glabre, simple, droite, anguleuse, sillonnée ; feuilles grandes, glabres, alternes, pétiolées, cordiformes, ovales ou réniformes, obtuses (p. 341, fig. 2) ; fl. jaunâtres en fascicules axillaires ; caps. de la grosseur d'une noix, *vénéneuse*. Mai, août. Viv. Vignes, haies, dans les calcaires. — Avermes, Neuvy, Toulon, Aubigny, Bressolles, Bourbon, Charmes, Gannat, Valignat, Loriges, Saint-Pourçain, Cusset, Le Veurdre, Château-sur-Allier, Montluçon, Domérat, etc.

Famille LXXX. — EMPÉTRÉES.

Fleurs ordin. unisexuelles, régulières ; calice à **3** divisions libres, persistant ; 3 pétales alternant avec les sépales ; 3 étamines hypogques ; 1 style court ou nul, à stigmate bilobé ; ovaire libre, drupacé, à noyaux osseux, inséré sur un disque charnu.

EMPETRUM. *L.* (Coumarine.) Caractères de la famille.

E. Nigrum. *L.* (C. Noire.) Sous arbrisseau à tige décombante, ressemblant à un *Erica ;* rameaux très feuillés dans le haut, à feuilles presque sessiles, linéaires-oblongues, lisses, rapprochées, épaisses, coriaces ; fleurs petites, sessiles à l'aisselle des feuilles supér.; bractées dépassant le calice ; fleurs rosées ou verdâtres. Juin, août. Viv. Tourbières des montagnes. R. R. — Tourbières à l'Est du Montoncel (Renoux.)

Famille LXXXI. — EUPHORBIACÉES.

Fl. unisexuelles, monoïques ou dioïques ; périanthe à 3, 5 divis., libres ou soudées, rarement, nul ; ovaire pédicellé (Euphorbes) ou sessile, ordinairement à 3 loges, à 1 ou 2 ovules, 2-3 styles ; caps. libre, à 2-3 loges ; feuilles simples.

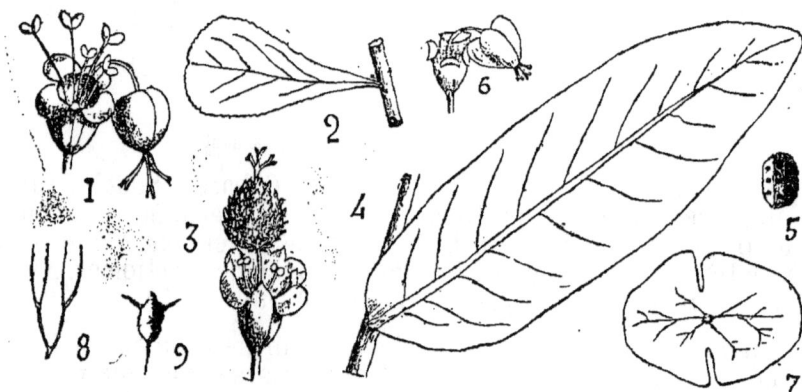

1. Fl. d'Euphorbia helioscopia. — 2. Feuille du même. — 3. et 4. Fl. et feuille d'Euph. hyberna. — 5. Graine d'Euph. peplus. — 6. Fl. d'Euph. exigüa. — 7. Involucelle d'Euph. amygdaloïdes. — 8. et 9. Feuille et fr. de Ceratophyllum.

1 { Arbrisseau à tige ligneuse. . . . . Buxus. (p. 342)
   { Tige herbacée. 2

2 { Inflorescence ombelliforme ; herbes à suc laiteux . . . . Euphorbia. (p. 343)
   { Inflorescence jamais en ombelle ; plantes dioïques. . . . . . Mercurialis. (p. 343)

BUXUS. *L.* (Buis.) Monoïque ; périanthe à 4 divisions, entouré d'une écaille bifide ; fl. mâles sessiles, axillaires et agglomérées, 4 étam.; fl. femelles situées à la partie supér. des glomérules des fl. mâles ; 3 styles, 3 stigmates ; capsule à 3 pointes et à loges dispermes.

B. Semper-Virens. *L.* (B. toujours vert.) Arbrisseau à bois tortueux, jaunâtre, dur ; jeunes rameaux velus ; feuilles pétiolées, opposées, ovales, un peu enroulées sur les bords, coriaces, lui-

santes, persistantes; fl. jaunâtres, fasciculées, axillaires. Mars,
avril. Viv. Coteaux montueux. — Bords du Sichon, Cusset; bords
de l'Amaron, Montluçon; Neuvialle, Le Montet, Néris, Désertines,
Montmarault, Chouvigny, Nades, Échassières, Vicq, Sussat, Hérisson, Gipcy, Bresnay, Ferrières, Saint-Germain-des-Fossés, Cressanges, La Celle, Hérisson, Huriel, Marcillat, Cérilly, etc.

Le Buis forme des bordures pour nos parterres; son bois dur et serré est recherché par
les tourneurs et les graveurs sur bois.

MERCURIALIS. *L.* (Mercuriale.) Fl. dioïques; périanthe à 3
folioles; fl. mâles en grappes allongées à 9-15 étam.; fl. femelles
axillaires, solitaires ou géminées; style court à 2 stigmates; ovaire
entouré de 2-3 filets stériles; capsule à 2 loges monospermes;
herbes à feuilles opposées, jamais à suc laiteux.

| Racine annuelle; feuilles lisses. . . . . *M. annua.* (1) |
| Racine rampante, vivace; feuilles rudes. . . . . *M. perennis.* (2) |

(1) M. **Annua.** *L.* (M. Annuelle.) Plante *annuelle;* racine *fibreuse;*
tige de 2-4 déc., *rameuse;* feuilles brièvement pétiolées, ovales,
lancéolées, crénelées, ciliées, *lisses;* fl. femelles *presque sessiles;*
caps. hérissées; fl. verdâtres. Juin, oct. An. Lieux cultivé. C. C.

L'Herbier Causse continent une forme curieuse, à feuilles réduites à leurs nervures. —
Moulins.

(2) M. **Perennis.** *L.* (M. Vivace.) Plante *vivace;* racine *rampante;*
tige de 2-4 déc., *très simple;* feuilles brièvement pétiolées, ovales,
lancéolées, crénelées, *rudes,* poilues, d'un vert foncé, bleuissant par
la dessiccation; fleurs femelles *portées sur de longs pédoncules;* capsules hérissées; fleurs verdâtres. Mars, mai. Viv. Lieux frais et
ombragés. Peu C. — Saint-Nicolas, Busset, Châtel-Montagne,
bords de la Besbre; Ferrières, Neuvialle, Aronnes, La Chabanne,
Le Vernet, Chavenon, Fleuriel, Chantelle, Bayet, Neuvy, Souvigny,
Montluçon, Marcillat, Montmarault; Saint-Amand, à Orval, etc.

EUPHORBIA. *L.* (Euphorbe.) Fl. monoïques, formées par un
périanthe campanulé à 9-10 dents, dont quelques-unes sont terminées par un appendice plan, horizontal, nectariforme (glandes); fl. mâles formées par 10-20 étamines, à filet articulé, soudées à un appendice écailleux cilié; fl. femelle pédicellée, placée
au centre du périanthe, penchée, formée par un ovaire capsulaire
à 3 coques, surmonté de 3 styles (p. 342, fig. 1-3-6); herbes à suc
blanc, laiteux, *âcre corrosif, vénéneux,* purgatif à petite dose, mais
dont il faut *toujours* se défier, à feuilles simples, à *inflorescence en
ombelles,* munies à la base d'une collerette formée de plusieurs
feuilles.

1	Feuilles opposées. *E. lathyris.* (15)
	Feuilles alternes 2
2	Glandes du périanthe arrondies (p. 342, fig. 1 et 3). 3
	Glandes du périanthe échancrées en croissant (p. 342, fig. 6). 11
3	Graines alvéolées; feuilles spatulées (p.342, fig. 1 et 2). . . . *E. helioscopia.* (1)
	Graines lisses. 4

a. — Glandes arrondies ou ovales, non échancrées en croissant.

(1) E. Helioscopia. *L.* (E. Réveille-Matin.) Tige de 2-5 déc., souvent simple; feuilles obovales, *spatulées, denticulées au sommet* (p. 342, fig. 2), glabres ou à peu près; ombelles ordinairement *à 5 rayons* trifurqués, puis bifurqués; graines *ridées en réseau*, rougeâtres; capsules glabres, lisses (p. 342, fig. 1.) Juin, oct. An. Lieux cultivés. C, C.

(2) E. Stricta. *L.* (E. Raide.) Tiges souvent nombreuses, de 3-8 déc. dressées, fétides, portant de *nombreux rameaux* floraux *axillaires* au-dessous de l'ombelle principale; feuilles *déjetées sur la tige*, sessiles, lancéolées aiguës, serrulées; ombelles souvent à *3 rayons trichotomes*, puis bifides; folioles des involucelles ovales triangulaires, cordiformes; capsule *de 2 mill.*, couverte de tubercules *saillants et cylindriques*; graines d'un *brun-rouge*. Mai, sept. An. Haies, chemins. C.

(3) E. Platyphyllos. *L.* (E. à larges feuilles.) Diffère de la précédente dont elle a les autres caractères : par son aspect *plus robuste;* son ombelle principale *ordin. à 5 rayons* (cependant on les trouve l'une et l'autre à 4); sa capsule *plus grosse, 3 à 4 mill.*, recouverte de tubercules *hémisphériques;* ses graines d'un *gris-brun brillantes.* R. — Moulins (V. B.); Saint-Germain (J. R.); Chezelle (B.); Cérilly, à Tronçais (A. P.); Gannat, Lapalisse (P. B.); Le Veurdre, Neuvy (A. M.); Chareil, Montord (C. B.); Saint-Pierre-le-Moûtier, Nièvre (V. B.).

(4) E. Dulcis. *L.* (E. Douce.) Racine *rampante*, noueuse, épaisse; tige de 2-6 déc., cylindrique, un peu velue, offrant des rameaux

axillaires; feuilles *velues en dessous, entières* ou très finement serrulées, brièvement *pétiolées, obtuses, oblongues;* ombelle à 5 rayons, une ou deux fois bifurqués; feuilles de la base de l'ombelle *ovales-lancéolées, presque entières;* glandes *jaunes* ou *pourprées;* capsules *à sillons profonds,* munies de tubercules *saillants, épars, arrondis, inégaux;* graines lisses. — Av., juin. Viv. Bois couverts. C.

(5) E. ANGULATA. *Jacq. G. G. Bor.* (E. Anguleuse.) Diffère de la précédente dont elle est voisine : par ses glandes *toujours jaunes;* les feuilles de la base de l'ombelle *plus courtes, rhomboïdales, denticulées,* sa tige *finement anguleuse, striée;* ses ombelles de *3-5* rayons; sa souche *grêle, pas plus grosse* que la tige aërienne, munie de petites nodosités. Avril, juin. Environs d'Urçay, forêt de Tronçais, entre le rond du Chevreuil et l'étang de Saint-Bonnet-le-Désert. Plante très rare en France (A. P., matériaux).

(6) E. VERRUCOSA. *L.* (E. Verruqueuse.) Tiges *nombreuses, souvent rameuses, subligneuses, en touffes étalées-ascendantes;* feuilles oblongues, atténuées à la base, finement serrulées *au sommet;* ombelles à 5 rayons, jaunes à la floraison, *plus courts* que l'involucre; fl. jaunes, folioles de l'involucre ovales; capsules *verruqueuses,* à tubercules *cylindracés;* graines lisses, jaunâtres. Avril, sept. Viv. Coteaux argileux calcaires, rare dans le granit. — Neuvy, Monétay, Gannat, Montord. Bressolles, Bresnay, Besson, Naves, Bayet, Charroux, Chareil, le Veurdre, Montluçon, Saint-Amand, etc.

(7) E. HYBERNA. *L.* (E. d'Irlande.) Tiges de 4-6 déc., simples; glabre ou à peu près; feuilles *larges, oblongues, longues d'au moins 7-8 cent., très entières* (p. 342, fig. 4); ombelles de 3-6 rayons, 1-2 fois bifurqués; capsules grosses, glabres, *verruqueuses;* à tubercules *cylindriques* (p. 342, fig. 3); fl. d'un beau jaune. Avril, juin. Viv. Forêts. — Tronçais, Cérilly, Moladier, Cosne, La Lizolle, Echassières, Veauce, Tortezais, Bourbon, Souvigny, Cressanges, Meillers, Treban, Saint-Germain-des-Fossés, Fleuriel, Lurcy à Neureux, Montmarault, Le Theil, Hérisson, Montluçon, bois de la Châtre, etc.

(8) E. PILOSA. *L. Jacq. G. G. Bor.* (E. Poilue.) Tige de 4-8 déc., à souche épaisse, *garnie de rameaux axillaires,* les infér. *stériles;* feuilles sessiles, oblongues-lancéolées, obtuses ou les supérieures un peu aiguës, finement serrulées, velues sur les deux faces; ombelle ordin. à *5 rayons* tri-bifurqués; bractées des involucelles ovales-arrondies; glandes jaunes; capsule globuleuse, à 3 sillons *peu profonds,* couverte *de points verruqueux et parsemée de longs poils* caducs; graines *brunes,* lisses, très luisantes. Mai, juin. Forêts. R. R. — Forêt de Tronçais, entre le Rond du Chevreuil et l'étang de Saint-Bonnet-le-Désert (A. P.); Montluçon, prairie des Chaput en bas des Gozis (Lucand); Audes, bois d'Audes (Jamet) bois du Délat (A. P.). Dans le Cher, sur nos limites, Bouzais, etc. (Bor.).

(9) E. GERARDIANA. *Jacq. G. G. Bor.* (E. de [Gérard.) Souche ligneuse, donnant naissance à des tiges nombreuses, dressées, dures, simples ou à peu près, *sans rameaux stériles;* feuilles nom-

breuses, sessiles, *linéaires-lancéolées-oblongues*, *très entières*, très glabres ; ombelle à rayons nombreux dichotomes ; bractées ovales triangulaires *mucronées* ; glandes jaunes ; capsule *glabre, à petits points tuberculeux*, à sillons *peu profonds* ; graines *blanchâtres*, lisses. Mai, juil. Lieux pierreux ou sablonneux. R. R. — Dans le Cher, sur nos limites : Chapelle-Saint-Ursin, Saint-Loup, Chavannes, etc. (Bor. 3ᵉ éd.).

b. — Glandes à 2 cornes ou échancrées en croissant.

(10) E. Esula. *L.* (E. Esule.) Racine *rampante ;* tiges nombreuses, de 5-9 déc., à rameaux *nombreux, axillaires* au-dessous de l'ombelle principale ; feuilles sessiles, glabres, linéaires ou *lancéolées étroites*, obtuses ou subaiguës, mucronulées, entières ou obscurément denticulées au sommet ; ombelles *à 8-10 rayons* 1-2 fois bifurqués ; capsule glabre, à petits points tuberculeux ; graines *lisses* d'un gris brunâtre ; fl. d'un beau jaune. Mai, juil. Viv. Haies, chemins. — Saulaies, bords de l'Allier et de la Loire (Bor.) où elle n'a pas été rencontrée encore.

E. *Mosana. Lej. Bor.* 3ᵉ éd. E. *Salicetorum? Jord.* (E. de la Meuse). Plante plus robuste : feuilles *lancéolées, s'élargissant* dans leur partie supérieure ; involucelles larges, *réniformes ;* graines d'un gris luisant, *finement ponctuées* à une forte loupe. Mêmes lieux que la précédente, où Boreau la dit commune.

(11) E. Cyparissias. *L.* (E. Cyprès.) Vulg. Tithymale. Racine *rampante ;* tiges de 2-5 déc., dressées ; feuilles *linéaires, très entières, serrées* sur les rameaux stériles, celles de la base de l'ombelle semblables aux autres ; bractées ovales ou réniformes ; rayons *nombreux ;* capsule *verruqueuse*, glabre ; fl. jaunes ou orangées ; graines *lisses*. Avril, oct., Viv. Bords des chemins. C. C.

Souvent défigurée par un champignon microscopique vivant sous les feuilles, qui l'empêche de se développer.

(11) E. Exigua. *L.* (E. Fluette.) Tige de 1 déc. environ, droite ; feuilles sessiles *linéaires, entières*, aiguës ; ombelles *de 3-5 rayons*, 1-2 fois bifurqués ; feuilles de la base de l'ombelle semblables aux autres ; bractées cordiformes à la base ; glandes *à longues cornes ;* caps. *lisse ou à peu près* (p. 342, fig. 6) ; graines *rugueuses*. Mai, sept. An. Champs, moissons, surtout en terrain calcaire. C.

Forme *Retusa. D. C.* Feuilles *tronquées*-mucronées. — Saint-Hilaire, Saint-Germain-des-Fossés, Montaigut-le-Blin, Yzeure, etc.

(12) E. Falcata. *L.* (E. en Faux.) Tige de 1-3 déc., simple, droite ou quelquefois étalée, rameuse ; feuilles *obovales*, étroites, *mucronées* ainsi que les folioles des ombelles, qui sont *larges, obliques, cordiformes, triangulaires ;* ombelles ordin. à 3 rayons, plusieurs fois dichotomes ; glandes *à pointes courtes ;* caps. *lisses ;* graines *anguleuses, grisâtres, ridées transversalement*. Juin, juillet. An. Champs calcaires. — Montord, Saint-Pourçain, Gannat, Ebreuil, Monétay, Besson, Neuvy, Rongères, Langy, Cesset, Billy, Créchy, Bressolles, Saint-Germain-des-Fossés, Charmeil, Le Veurdre, Chantelle, Fourilles, Gannat, etc.

(13) E. Peplus. *L.* (E. des Jardins.) Tige ordin. simple, de **1-2** déc. ; feuilles *pétiolées, obovales, très entières, obtuses, arrondies ;* ombelles *à 3 rayons* dichotomes ; glandes à cornes *allongées ;* capsule lisse, *à 2 carènes tuberculeuses ;* graines grises, *sillonnées d'un côté, alvéolées de l'autre* (p. 342, fig. 5). Mai, oct. An. Lieux cultivés, jardins. C. C.

(14) E. Lathyris. *L.* (E. Epurge.) Plante de 3-10 déc. dressée, *raide, glauque ;* feuilles *opposées,* disposées *sur 4 rangs,* glabres, glauques, oblongues, lancéolées aiguës ; glandes à cornes courtes ; ombelles ordin. à 4 rayons, terminés en grappes unilatérales ; bractées ovales oblongues, cordiformes à la base ; caps. grosses, lisses ; graines rugueuses. Juin, août. Bisan. Lieux cultivés. Assez R. — Neuvy, Yzeure, à Sainte-Catherine ; Montluçon, près la gare ; Gannat, Saint-Pourçain, Souvigny, Besson, Bresnay, Montaigut-le-Blin, Le Montet, Lurcy, Néris, La Chapelaude, etc.

(15) E. Amygdaloïdes. *L. sylvatica. Jacq.* non *L.* (E. Amandier.) Plante pubescente ; tiges de 4-8 déc., à souche presque ligneuse ; feuilles oblongues ou lancéolées, entières, d'un vert sombre, celles de l'année plus pâles ; ombelle à 5-8 rayons ; folioles des involucelles *soudées à la base, en collerette arrondie, perfoliée* (p. 342, fig. 7) ; glandes à pointes aiguës et convergentes ; caps. glabres, finement ponctuées ; graines lisses. Mai, juin. Viv. Bois, haies, chemins. C. à toute altitude.

Famille LXXXII. — URTICÉES.

Plantes herbacées ou ligneuses, à feuilles poilues, hispides ou au moins rudes, souvent stipulées ; fl. hermaphrodites, monoïques ou dioïques, ordin. verdâtres, solitaires ou agrégées, ou en chaton, à périanthe herbacé, souvent à 4-5 divisions ; ordin. 4-5 étamines hypogynes ; ovaire simple, libre, à 1-2 loges, 1-2 styles ; fruit indéhiscent, le plus souvent sec, quelquefois charnu.

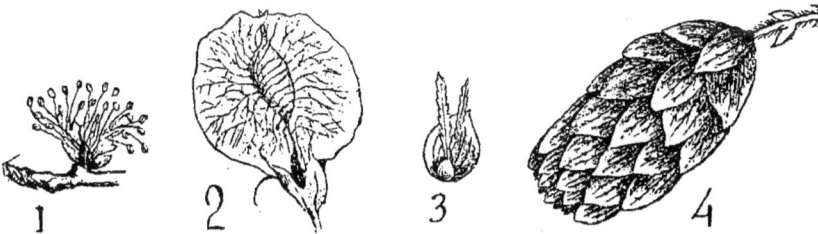

1 et 2. Fl. et Fr. d'Ulmus campestris. — 3 et 4. Fl. femelle et cône d'Humulus Lupulus. 5

1 {	Plantes herbacées	3
	Arbres.	2
2 {	Fruit charnu . . . . Morus.	(p. 349)
	Fruit sec, ailé (p. 347, fig. 2) . . . . Ulmus.	(p. 349)
3 {	Feuilles alternes. . . . . Parietaria.	(p. 348)
	Feuilles opposées	4

a. — Herbes à fruit sec (Urticées)

URTICA. L. (Ortie.) Fl. monoïques, quelquefois dioïques ; fl. en grappes ; les mâles : périanthe herbacé à 4 divisions, 4 étam.; les femelles, périanthe à 2 folioles accompagnées de 2 bractéoles, quelquefois nulles ; stigmate velu, sessile ; fruit comprimé. Feuilles opposées.

Ces plantes sont pourvues de deux sortes de poils, les uns imperforés comme ceux de la plupart des plantes, les autres plus gros, glanduleux à la base, canaliculés, par où s'écoule, dans la plaie qu'ils ont faite, la liqueur âcre et caustique que sécrète la glande.

{ Feuilles cordiformes à la base . . . . *U. dioïca.* (2)
{ Feuilles non cordiformes à la base. . . . . *U. urens.* (1)

(1) **U. URENS.** *L.* (O. Brûlante.) Plante *annuelle ;* tige dressée, simple, *de 2-4 déc., cylindrique ;* feuilles *ovales* aiguës ou subobtuses, dentées ; grappes petites *monoïques, plus courtes* que les pétioles ; fl. vertes monoïques. Juin, octobre. An. Décombres, bords des murs, voisins des habitations. C. C.

(2) **U. DIOÏCA.** *L.* (O. Dioïque.) Plante *vivace ;* tige *de 6-10 déc.,* droite, *tétragone ;* feuilles *cordiformes,* ovales, aiguës, dentées ; grappes axillaires *pendantes, velues ;* fl. ordinairement *dioïques,* grappes mâles, *plus longues* que les pétioles. Juin, oct. Viv. Lieux incultes, voisin des habitations. C. C.

PARIETARIA. *L.* (Pariétaire.) Fl. polygames, agglomérées, axillaires dans un involucre commun formé de 1-3 bractées ; périanthe campanulé à 4 dents, 4 étam.; style filiforme ; akènes ovoïdes, luisants. Herbes à feuilles alternes.

{ Bractées libres à la base. *P. erecta.* (1)
{ Bractées soudées à la base, simulant un involucre . . . . *P. diffusa.* (2)

(1) **P. ERECTA.** *M. et K. G. G. Officinalis. D. C. Bor.* (P. droite.) Plante pubescente ; tige ferme, dressée, *simple* ou munie de quelque rameaux dressés *plus courts* que les feuilles ; feuilles alternes, pétiolées, minces, entières, ovales oblongues, longuement atténuées aux deux bouts ; fleurs agglomérées en cymes axillaires, simulant des verticilles ; bractées *libres, non décurrentes* sur les rameau ; périanthe *campanulé.* Juin, oct. Vieux murs. Viv. R. — Bourbon, Yzeure, Moulins (Bor,) ; Messarges (A. M.)

(2) **P. DIFFUSA.** *M. et K. G. G. Bor.* (P. diffuse.) Diffère de la précédente, à la quelle elle ressemble beaucoup : par sa tige *très rameuse ;* ses rameaux *dépassant* la feuille ; ses bractées *soudées* à la base, simulant un involucre à 7-9 folioles ; son périanthe des fl. hermaphrodites *allongé* à la fin. Vieux murs. — Saint-Pourçain et probablement Monétay, Bresnay, Montoldre, Jaligny, Billy, Cusset, Gannat, localités notées dont je n'ai pas conservé les échantillons.

Ces deux espèces formaient le *P. officinalis. L.* — Plante diurétique, à cause du salpêtre qu'elle contient.

CANNABIS. *L.* (Chanvre.) Fleurs dioïques, herbacées ; les mâles : périanthe à 5 divisions, 5 étam. ; les femelles fasciculées, périanthe monophylle, 2 styles ; fruit globuleux bivalve, libre, indéhiscent recouvert par le périanthe accrescent.

C. Sativa. *L.* (C. Cultivé.) Plante pouvant s'élever jusqu'à 2 mètres, rude, à *odeur résineuse,* narcotique ; feuilles opposées, pétiolées, *digitées,* à 5-7 folioles dentées ; fl. verticillées. Juin, août. An. Cultivé pour ses graines huileuses (chènevis) et ses tiges dont les fibres débarrassées des matières étrangères forment la matière textile de la toile.

Le *Hatchisch* des orientaux est fourni par une espèce de chanvre.

HUMULUS. *L.* (Houblon.) Fl. dioïques ; les mâles en grappes axillaires, périanthe à 5 divis., 5 étam. ; les femelles nues à la base d'une écaille persistante, dont l'ensemble forme un cône foliacé accrescent ; 2 styles, capsule monosperme (p. 347, fig. 11-12.)

H. Lupulus. *L.* (Houblon grimpant.) Plante volubile, anguleuse, rude ; feuilles rudes, cordiformes à la base, ordinairement à 3-5 lobes, dentés acuminés ; cônes femelles de 2-3 cent. à écailles jaunâtres scarieuses. Juil., août. Viv. Haies, buissons. C.

On connaît l'usage des cônes de houblon pour donner à la bière son amertume et de la conservation.

b — Arbres à fruits agrégés, charnus.(Morées).

MORUS. *L.* (Mûrier.) Fl. monoïques en chatons ovales ou arrondis ; fl. mâles : périanthe à 4 divis., 4 étam. ; fl. femelles : à 4 divisions ; ovaire à 2 ovules, 2 stigmates ; fruit agrégé, drupacé, formé par la soudure du réceptacle et des périanthes devenus charnus, offrant l'aspect du fruit des Rubus.

M. Alba. *L.* (M. Blanc.) Arbre à feuilles alternes, ovales, dentées, inégalement cordiformes ; chatons femelles un peu pédonculés ; périanthe à divisions *glabres* aux bords ; fruit jaunâtre, comestible. Mai. Çà et là dans les plantations. — Moulins, Avermes, Cusset. Cultivé pour ses feuilles qui forment la nourriture des vers à soie.

Le figuier, *Ficus carica. L.* appartient à ce groupe.

c. — Arbres à fruit sec entouré d'une aile membraneuse. (Ulmacées.)

ULMUS. *L.* (Ormeau.) Fl. hermaphrodites ; périanthe coloré, campanulé à 4-8 étam., ordin. 5 ; ovaire comprimé, entouré par une membrane très large, échancrée au sommet (Samare) ; 2 styles (p. 347, fig. 9-10.)

1 { Fruits ciliés, à long pédonc., ainsi que les fleurs . . . . *U. effusa.* (3)
{ Fruits à peu glabres et sessiles 2

2 { Graine immédiatement au dessous de l'échancrure (p. 347, fig. 2). *U. campestris.* (1)
{ Graine placée vers le centre du fruit. . . . . *U. montana.* (2)

(1) U. Campestris. *L. G. G. Bor.* (O. Champêtre.) Grand arbre à

tronc droit, à jeunes rameaux *presque glabres ;* feuilles rudes, dentées presque glabres, inégalement cordiformes à la base, ovales-aiguës, velues en dessous sur les nervures ; fl. naissant avant les feuilles, agglomérées *presque sessiles,* rougeâtres ; 4-6 étam. ; fruits ovales, à membrane échancrée au sommet, placés *presque immédiatement au dessous* de l'échancrure. (p. 347, fig. 2.) Avril, mai. Viv. Cultivé le long des routes et des avenues.

U. Suberosa. Ehr. Ecorce des rameaux à ailes longitudinales, épaisses, subéreuses.

(2) U. Montana. *Sm. G. G.* (O. de Montagne.) Arbre élevé, à tronc droit, à jeunes rameaux *velus ;* feuilles *pubescentes* rudes, grandes, de 12 à 15 cent. de long, largement obovales, *acuminées,* inégalement cordiformes à la base ; fleurs naissant avant les feuilles, presque sessiles, rougeâtres ; graine située bien *au dessous* de l'échancrure *vers le centre* du fruit. Avril, Mai. Viv. Le long des routes et avenues. Bois : Etroussat, Marcillat.

(3) U. Effusa. *Wild. G. G. Bor.* (O. à fruits épars.) Arbre à jeunes rameaux *velus ;* feuilles *pubescentes* en dessous, ovales acuminées, dentées, inégales à la base ; fleurs naissant avant les feuilles, *pendantes,* à pédicelles filiformes ; 8 étamines ; fruits ovales plus petits que les précédents, à peine 1 cent., *longuement ciliés velus,* dont les pédicelles atteignent *jusqu'à 2 cent.;* graines placées au milieu de la samare. Av., Mai. Viv. Planté dans les avenues et spontané dans les bois. R. — Moulins, cours de Bercy ; Besson, à Bost, aux Obards ; Gouise (L. A.) ; Bayet, à Martilly (B.) Giverzat (Lavediau.)

Famille LXXXIII. — CALLITRICHINÉES.

Fleurs hermaphrodites ou unisexuelles ; périanthe formé de 2 folioles ou bractées opposées ; une étamine hypogyne ; ovaire libre, formé de deux carpelles biloculaires ; 2 styles filiformes ; fruit capsulaire, subcharnu, se subdivisant à la fin en deux coques monospermes indéhiscentes. Plantes aquatiques, annuelles se reproduisant par graines, mais aussi par quelques uns de leurs entrenœuds munis de racines adventives et devenant alors vivaces.

CALLITRICHE. *L.* (Callitriche.) Caractères de la famille. Plantes vertes souvent gazonnantes à la surface de l'eau, à tige radicante ; feuilles supérieures souvent en rosette, donnant tout l'été des fleurs et des fruits peu apparents, sessiles ou à peu près à l'aisselle des feuilles.

Toutes les espèces suivantes sont comprises dans le *C. Verna* de Linnée.

1 {	Feuilles supérieures élargies, en rosette à la surface de l'eau.	2
	Feuilles toutes linéaires étroites, submergées . . . . *C. hamulata.*	(1)
2 {	Fruits infér. évidemment pédonculés . . . . *C. pedunculata.*	(5)
	Tous les fruits sessiles	3

3 { Toutes les feuilles obovales spatulées . . . . *C. stagnalis.* (2)
{ Feuilles infér. linéaires, les supér. obovales. 4

4 { Styles dressés, caducs. . . . . *C. vernalis.* (4)
{ Styles recourbés ou divergents. 5

5 { Feuilles infér. tronquées ou échancrées. . . . . *C. hamulata.* (1)
{ Feuilles infér. ni tronquées ni échancrées. . . . . *C. platycarpa.* (3)

(1) C. HAMULATA. *Kützing. Bor. G. G. Autumnalis. Auct. non L.* (C. en Hameçon.) Feuilles *toutes linéaires, tronquées ou échancrées en croissant,* les supér. quelquefois obovales; bractées *caduques, atténuées et courbées en crochet* au sommet; styles *persistants,* allongés, étalés puis réfléchis-appliqués sur les faces planes du fruit; capsule *sessile.* Plante ordin. *submergée.* — Moulins, Neuvy, Lapalisse, Echassières, Chevagnes, Saint-Sornin, Chavenon, Rocles, Montmarault, Le Montet, Deux-Chaises, Murat, Bayet, Naves, Toulon, Bourbon, Diou, etc.

(2) C. STAGNALIS. *Scop. Bor. G. G.* (C. des Etangs.) Feuilles *toutes obovales-spatulées,* les supér. flottantes en rosette; bractées *persistantes, courbées en faux.* se rapprochant par le sommet; styles *persistants,* dressés puis *réfléchis dans la rainure* formée par les bords du fruit; fruit *sessile* à carène ailée. — Mares, ruisseaux, etc. C.

(3) C. PLATYCARPA. *Kütz. Bor. G. G.* (C. à large fruit.) Diffère de la précédente dont elle a les autres caractères : par ses *feuilles infér. linéaires aiguës;* par sa capsule *aussi large que longue,* à angles *presque obtus.* — C.

(4) C. VERNALIS. *Kutz. Bor. G. G.* (C. Printanière.) Feuilles *infér. linéaires aiguës,* les supér. obovales flottantes en rosette; bractées persistantes *obtuses, droites, non conniventes;* styles *caducs, dressés, jamais réfléchis;* capsule *plus longue que large,* à angles obtus. — C.

(5) C. PEDUNCULATA. *D. C. Bor.* (C. Pédonculée.) Feuilles infér. *linéaires* un peu spatulées, les supér. obovales en rosette ; fr. infér. pédonculés, les supér. presque sessiles. R. — Echassières (C. B.)

Famille LXXXIV. — CÉRATOPHYLLÉES.

Fl. monoïques; périanthe à 10-12 divisions linéaires, entières ou incisées, persistantes; 10-25 étamines à anthères sessiles; fl. femelle à ovaire uniloculaire, comprimé, à style filiforme; fruit dur, monosperme indéhiscent. Plantes aquatiques submergées, à feuilles verticillées.

CERATOPHYLLUM. *L.* (Cornifle.) Caractères de la famille.

C. DEMERSUM. *L.* (C. Nageant.) Tiges grêles, rameuses, nageantes de 2-10 déc.; feuilles verticillées, dichotomes, à segment linéaires, *fortement dentés-spinescents,* d'un vert sombre; fl. axillaires, presque sessiles; fruit noir ovoïde comprimé, *non ailé,* terminé en pointe, *avec 2 épines à la base* (p. 342, fig. 8-9.) Etangs, mares, etc. C. —

Moulins, Lurcy, Laferté, Dompierre, Saint-Pourçain, Souvigny, Châtel-de-Neuvre, Bessay, Diou, Marcenat, Créchy, Bourbon, Montluçon, etc.

Famille LXXXV. — HIPPURIDÉES.

Fl. hermaphrodites, régulières, périanthe nul ou très petit, d'une seule pièce, soudé avec l'ovaire; une étamine; ovaire infère, uniloculaire, uniovulé; style subulé; fruit globuleux, couronné par le limbe du périanthe, indéhiscent. subcharnu, à noyau osseux. Feuilles verticillées, plantes aquatiques.

HIPPURIS. *L.* (Pesse.) Caractères de la famille.

H. Vulgaris. *L.* (P. Commune.) Souche rampante, horizontale; tige simple, dressée, raide, de 2-5 déc., fistuleuse, radicante; feuilles verticillées, linéaires, nombreuses; fl. sessiles, solitaires, axillaires; style appliqué dans le sillon de l'étamine; fruit lisse, verdâtre. Mai, août. Lieux bourbeux. R. — Lurcy (Cr.); Environs de Montluçon, bords du Cher, aux Varennes (A. P.) Sancoins, Cher, sur nos limites, dans l'Aubois (A. M.)

Famille LXXXVI. — AMENTACÉES.

Arbres ou arbrisseaux monoïques ou dioïques; fl. mâles en chatons cylindriques, ovoïdes ou globuleux, formées d'une bractée écailleuse faisant fonction de périanthe, et d'étamines dont le nombre varie de 1 à 30; fl. femelles variables. J'ai cru devoir laisser ensemble les diverses partie de cette famille naturelle, — d'autant plus que plusieurs des familles dans les quelles on la décompose n'ont qu'un genre — sauf à grouper en tribus les genres qui présentent des affinités particulières.

1 { Plantes monoïques 2
  { Plantes dioïques . . . . SALICINÉES. (p. 361)
2 { Chatons mâles et femelles ronds. . . . . PLATANÉES. (p. 361)
  { Chatons non comme ci-dessus 3
3 { Feuilles pennées avec impaire. . . . . JUGLANDÉES. (p. 352)
  { Feuilles simples 4
4 { Fleurs femelles écailleuses en chatons (p. 355, fig. 10-11). . . BÉTULINÉES. (p. 361)
  { Fleurs femelles presque solitaires . . . . QUERCINÉES. (p. 353)

Tribu I. — Juglandées.

JUGLANS. *L.* (Noyer.) Fl. monoïques, les mâles en chatons allongés, presque rameux, offrant un périanthe à 5-6 lobes inégaux, bractéolés, 12-36 étam.; fl. femelles solitaires ou géminées, à périanthe tubulé à 4 divisions; ovaire adhérent; 2 stigmate, involucre accrescent, enveloppant le fruit qui devient la noix, à 2 valves ligneuses; arbre à feuilles pennées avec impaire et opposées.

J. Regia. *L.* (N. Commun.) Grand arbre; feuilles glabres d'un vert sombre, à 7-9 folioles ovales, aiguës, grandes; fruit lisse, rugueux, globuleux. Avril. mai.

Originaire de la Perse. — Ses fruits sont bien connus comme alimentaires, mangés avan a maturité sous le nom de cerneaux, de noix plus tard; on en retire surtout une huile excellent pour la cuisine, tant qu'elle est fraîche.

Tribu II. — Quercinées.

Fl. monoïques; fl. mâles en chatons, périanthe à 5-6 lobes, ou réduit à une écaille bractéale trilobée; 4-20 étam.; fl. femelles de 1-4, à périanthe adhérent tubulé; fruit indéhiscent, presque toujours monosperme; involucre accrescent enveloppant le fruit, par sa base seulement, ou complétement.

1 { Involucre écailleux, couvrant la base du fruit . . . . Quercus. (p. 353)
  { Involucre foliacé ou épineux 2
2 { Involucre foliacé, égalant environ le fruit 3
  { Involucre épineux, enveloppant le fruit de toute part 4
3 { Fruit osseux. fl. femelles solitaires (p. 355, fig. 1) . . . . Corylus. (p 354)
  { Fruit membraneux, fl. femelles en grappes (p. 355, fig. 2). . . Carpinus. (p. 354)
4 { Chatons mâles cylindriques allongés . . . . Castanea. (p. 354)
  { Chatons mâles globuleux . . . . Fagus. (p. 354)

QUERCUS. *L.* (Chêne.) Arbres élevés. Fl. mâles en chatons filiformes interrompus, pendants; périanthe à 5-6 divis. en roue, frangées; 6-10 étam.; fl. femelles à écailles très nombreuses; 3 stigmates, involucre fructifère accrescent, en coupe, entourant le fruit (gland), seulement par sa partie inférieure; fruit féculent, ovoïde oblong, à péricarpe coriace. — S'élève jusqu'à 6 à 700 mètres.

Les espèces de nos pays, qui ne sont peut-être que des variétés, formaient le *Q. robur* de Linnée.

1 { Fruit longuement pédonculé . . . . *Q. pedunculata.* (1)
  { Fruit presque sessile **2**
2 { Feuilles glabres ou à peu près . . . . *Q sessiliflora.* (2)
  { Feuilles tomenteuses-pubescentes . . . . *Q. pubescens.* (3)

(1) Q. Pedunculata. *Ehr.* (C. Pédonculé.) Feuilles *sessiles ou brièvement péliolées, glabres,* ovales oblongues, profondément sinuées, à lobes arrondis; pédoncules fructifères *très longs,* égalant presque es feuilles. Av. mai. Forêts.

(2) Q. Sessiliflora. *Sm.* (C. à fruit sessile.) Feuille *pétiolées, glabres* ou pubescentes seulement dans leur jeunesse; pédoncules fructifères *plus courts* que les pétioles des feuilles. Av., Mai. Forêts.

(3) Q. Pubescens. *Wild.* (C. Pubescent.) Feuilles *tomenteuses* dans leur jeunesse, restant toujours *pubescentes* au moins en dessous; fruits *presque sessiles.* R. — Bresnay, Besson, Yzeure (L. A.); Monétay-sur-Allier (A. M.); Etroussat, à Douzon (Berthoumieu); Montluçon, à Labrosse, Saint-Marien, Tronçais, Civrais, Saint-Amand, à Orval (A. P.); Préfère le Calcaire.

Un Chêne, *Q. suber,* cultivé dans le Midi et qui forme des forêts en Algérie, nous fournit le liége; un Chêne d'Espagne, *Q. œsculus,* le gland doux, et un Chêne d'Orient, *Q. infectoria,* la noix de galle qui sert à la fabrication de l'encre. L'écorce de tous les chênes contient en grande quantité du tannin, dont les propriétés servent de base à l'industrie du tannage des peaux.

CASTANEA. *Tourn.* (Châtaignier.) Fl. mâles en chatons grêles, longs, interrompus ; 5-20 étam., périanthe à 5-6 divis.; fl. femelles à la base des chatons mâles, 5-6 stigmates ; 1-3 fruits farineux, à péricarpe coriace, enveloppés par l'invol. accrescent devenant épineux.

C. Vulgaris. *Lam. Fagus Castanea. L.* (C. Commun.) Grand arbre ; feuilles grandes, ovales, pointues, dentées à dents presque épineuses, glabres.

Arbre précieux, venant dans les plus mauvais terrains, dont le fruit est bien connu comme aliment, et les jeunes rameaux servent à faire des cercles de barriques.

FAGUS. *Tourn.* (Hêtre.) Monoïque ; fl. mâles en chatons globuleux pendants, périanthe campanulé, à 5-6 divis. membraneuses poilues ; 8-12 étamines ; fl. femelles de 1-3 dans un involucre en grelot, portant en dehors de nombreuses bractées linéaires ; ovaire trigone à 3 loges, 3 stigmates ; fruits renfermés dans l'involucre accrescent, mollement épineux.

F. Sylvatica. *L.* (H. des Forêts.) Vulg. Foyart. Arbre élevé, droit, à écorce lisse ; feuilles ovales à peine denticulées, ciliées, à pédoncules pubescents ; fleurs jaunâtres. Avril, mai. Forêts, à toute altitude.

On peut retirer des fruits une huile bonne à brûler et même comestible.

CORYLUS. *Tourn.* (Coudrier.) Monoïque ; fl. mâles en longs chatons cylindriques, continus, pendants ; périanthe remplacé par des écailles, 6-8 étam.; fl. femelles solitaires renfermées dans des bourgeons écailleux à styles rougeâtres (p. 355, fig. 1) ; fruit osseux, (noisette) lisse, renfermé dans un involucre accrescent, foliacé, déchiré.

C. Avellana. *L.* (C. Noisetier.) Arbrisseau de 2-4 mètres, à rameaux pubescents-glanduleux au sommet ; feuilles cordiformes, acuminées dentées ; chatons poussant avant l'hiver ; fruit ovoïde, lisse. Février, mars. Haies, bois, à toute altitude.

CARPINUS. *L.* (Charme.) Chatons mâles cylindriques à écailles ovales, ciliées, 6-16 étam.; fl. femelles en grappe, à périanthe tubulé à l'aisselle de larges bractées ; ovaire à 2 loges, 2 styles ; fruit osseux, ovoïde entouré par l'involucre accrescent, foliacé trilobé. (p. 355, fig. 2-3.)

C. Betulus. *L.* (C. Commun.) Arbre médiocre, feuilles ovales acuminées dentées, subcordiformes à la base, à nervures secondaires parallèles ; fruits munis à maturité d'écailles foliacées, marqué de côtes longitudinales. Avril, mai, Bois, haies.

Tribu III. — Salicinées.

Dioïques ; fl. mâles en chatons ; à périanthe cupuliforme ou remplacé par une simple écaille ; 1-30 étam.; fl. femelles aussi en

chatons; ovaire libre à 2 styles et 2 stigmates; fruit libre, capsulaire, à graines poilues, cotonneuses; feuilles simples. Arbres ou
arbrisseaux.

SALIX. *L.* (Saule.) Ecailles florales entières, souvent ciliées;
1-5 étamines, le plus souvent 2; fleurs femelles: 1 ovaire, sessile
ou pédicellé; 1 style à 2 stigmates; graines aigrettées. Fleurs munies
de 2 glandes à la base des étamines ou des ovaires.

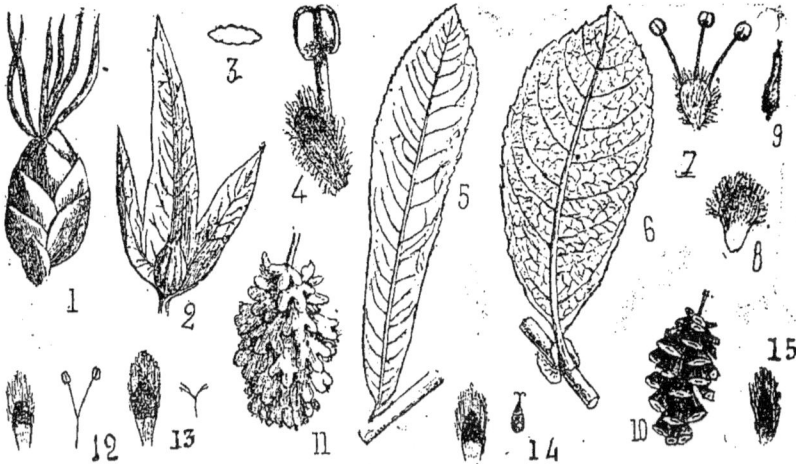

1. Fl. femelle de Corylus Avellana. — 2. Fr. et bractée de Carpinus Betulus. — 3. Coupe
horizontale du même. — 4. Etam et écaille de Salix purpurea. — 5. Feuille du même. — 6.
Feuille de Salix aurita. — 7. Ecaille et étam. de Salix triandra. — 8. Ecaille de Salix cinerea.
— 9. Capsule du même. — 10. Chaton femelle d'Alnus. — 11. Id. de Betula. — 12. Ecaille et
étam. de Salix rubra. — 13. Ecaille et style de Salix viminalis. — 14. Ecaille et fruit de Salix
rubra. — 15. Ecaille de Salix aurita.

DÉTERMINATION DES INDIVIDUS MALES.

(Pour l'étude des écailles on devra prendre les écailles moyennes)

1	{ Fleurs à 2 étamines.		3
	{ Fleurs à plus de 2 étamines.		2
2	{ Fleurs à 5 étamines	*S. pentandra.*	(1)
	{ Fleurs à 3 étamines	*S. triandra.*	(4)
3	{ Anthères pourprées, devenant noires ensuite		4
	{ Anthères jaunes.		5
4	{ 1 étamine, anthère à 4 loges (p. 355, fig. 4)	*S. purpurea.*	(5)
	{ 2 étamines à filets soudés (p. 355, fig. 14).	*S. rubra.*	(6)
5	{ Chatons précédant les feuilles; écailles bicolores, brunes au sommet.		8
	{ Chatons naissant après les feuilles; écailles unicolores.		6
6	{ Stipules lancéolées; filets des étamines poilus	*S. alba.*	(2)
	{ Stipules en demi-cœur.		7)
7	{ Feuilles très glauques en dessous	*S. Russeliana.*	(3)
	{ Feuilles peu ou point glauques.	*S. fragilis.*	(3)
8	{ Arbrisseau d'au plus 5 déc. à tige souterraine rampante	*S. repens.*	(12)
	{ Arbrisseau de plus de 5 déc.		9

DÉTERMINATION DES INDIVIDUS FEMELLES.

Les Saules s'hybrident avec facilité, ce qui augmente encore les difficultés de la détermination en créant des intermédiaires entre les espèces légitimes.

a. — Ecailles des chatons unicolores.

(1) S. Pentandra. L. (S. à 5 étamines.) Arbrisseau élevé ; feuilles *ovales-lancéolées* acuminées, *vertes et très luisantes* en dessus, *très glabres,* très finement dentées, à pétiole *un peu glanduleux* ; stipules lancéolées ou ovales oblongues à *bords égaux* ; fleurs naissant après les feuilles ; écailles blondes, lancéolées obtuses, velues ; ordinairement 5 étamines ; capsules glabres, à pédicelle court d'un mill. Mai, juin. Lieux humides, tourbeux. Région des montagnes ; planté çà et là. R. — Terjat à Beausson (de Lambertye) ; Gouise, Neuilly, dans les haies (L. A.) ; Yzeure à Plaisance (A. M.) ; Saint-Eloi, près Montaigut, Puy-de-Dôme, sur nos limites (L. L.).

(2) S. Alba. L. (S. Blanc.) Arbre élevé ; feuilles lancéolées acuminées, dentées en scie, *soyeuses des 2 côtés, blanchâtres surtout en dessous;* pétiole non glanduleux ; stipules *très petites, caduques, lan-*·

céolées à bords égaux, soyeuses ; 2 étamines à filets poilus ; capsule glabre d'abord, sessile puis à pédicelle égalant à peine la glande ; stigmate échancré ou bilobé ; écailles unicolores, blondes, lancéolées-étroites aiguës, caduques ; chatons naissant après les feuilles ; fl. jaunâtres. Av., mai. Lieux humides. C.

S. *Vitellina. L.* (S. Jaune.) Vulg. Osier jaune. Arbre *élevé*, rameaux à écorce *jaune*, feuilles *presque glabres*, un peu *glauques* en dessous, denticulées.

(3) S. Fragilis. *L.* (S. Fragile.) Arbre ou arbrisseau à rameaux *fragiles* à leur point d'insertion ; feuilles velues soyeuses dans leur jeunesse, devenant *très glabres*, pétiolées, lancéolées-acuminées, finement dentées, un peu glauques en dessous, à pointe *recourbée* ; stipules *larges* en *demi-cœur, obliquement ovales, persistantes* ; écailles unicolores ; 2 étamines à filets *glabres* ; écailles unicolores, caduques avant la maturité des capsules ; capsules à pédicelle *d'un mill.,* doubles des glandes à peine visibles ; style double des stigmates *bifides.* Avril. mai. R. — Bords de l'Allier, à Vichy (L. L.) ; Montluçon à Marmignolles (A. P.).

S. *Russeliana. Sm. Pendula Ser.* (S. de Russel.) Feuilles *longuement atténuées toujours glauques* en dessous. R. Cultivé çà et là pour ses rameaux longs et flexibles. — Environs de Montluçon, vallée du ruisseau de Néris (A. P.) ; Moulins (L. A.).

(4) S. Triandra. *L.* (S. à 3 étamines.) Arbrisseau élevé ; feuilles oblongues aiguës, pétiolées, *à pointe oblique,* glabres à l'état adulte, vertes en dessous, denticulées ; stipules sub-réniformes, obliquement ovales ; 3 *étamines* ; écailles *persistantes* blondes, obovales obtuses, *presque glabres* au sommet (p. 355, fig. 7) ; chatons naissant *avec* les feuilles ; style *nul* ou à peu près, stigmates *divergents horizontalement* ; *glabres.* Avril, mai. C.

S. *Amygdalina. L.* Feuilles plus grandes, glauques en dessous, dentées. — Fleuriel.

On trouve çà et là dans les parcs le *S. Babylonica L.* vulg. *Saule Pleureur* à longs rameaux *grêles, pendants.*

b. — Écailles des chatons bicolores, brunes au sommet.

(5) S. Purpurea. *L. S. Monandra. Hoffm.* (S. Pourpré.) Arbrisseau à *jeunes pousses d'un pourpre foncé,* à chatons *à peu près sessiles,* ordin. *opposés,* naissant avec les feuilles ; feuilles à peu près sessiles, lancéolées, *oblongues, glauques, bleuâtres* en dessous, serrulées (p. 355, fig. 5) ; *une seule étamine à 4 loges,* résultant de deux étamines soudées ensemble (p. 355, fig. 4), anthères *purpurines, noircissant* ensuite ; stigmate presque *sessile,* ovoïde ; caps. *sessile tomenteuse* ; écailles bicolores, brunes au sommet. Avril, mai. C. C.

(6) S. Rubra. *Huds. Bor. G. G. Fissa. Ehr.* (S. Rouge.) Arbrisseau de 1-2 mètres ; feuilles *étroitement lancéolées, allongées, subdenticulées* au sommet, à bords un peu enroulés, pubescentes-soyeuses dans leur jeunesse, puis glabres ; stipules petites, linéaires caduques ;

chatons subsessiles, venant avec les feuilles; les mâles oblongs, à 2 étamines partiellement *soudées par les filets* (p. 355, fig. 12.) Femelles : écailles bicolores, velues, ovales-obtuses; écailles des chatons femelles moins obtuses; capsule *tomenteuse*, sessile; style saillant *plus long* que les 2 stigmates promptement recourbés (p. 355, fig. 14.) Bords des rivières. R. — Montluçon, bords du Cher (A. P.); Bords de l'Allier : Moulins (V. B.); Neuvy, Yzeure, Toulon, Contigny (A. M.).

(7) S. VIMINALIS. *L.* (S. des Vanniers.) Arbrisseau ou arbuste à rameaux effilés, allongés; feuilles *très allongées,* acuminées, *étroites, entières,* un peu *enroulées, soyeuses argentées* en dessous; stipules petites, *lancéolées linéaires;* écailles bicolores, un peu rétrécies à la base, ovales subobtuses; chatons naissant *avec* les feuilles, les mâles oblongs; étamines à longs filets *libres;* capsules sessiles, tomenteuses; styles allongés, *égalant les stigmates,* offrant dans leur jeunesse quelques *stigmates bifides* (p. 355, fig. 13). Avril, mai. A. C. au bord des rivières. — Moulins, Diou, Bresnay, Le Montet, Bègues, Saint-Bonnet-de-Rochefort, La Feline, Contigny, le Veurdre, Montluçon, etc.

(8) S. SERINGEANA. *Bor.* 3e éd. *Smithiana Wild. G. G.* (S. de Seringe.) J'ai cru pouvoir appeler ainsi un Saule récolté par Pérard et moi à Laprugne, dans la forêt de l'Assise, le 5 juin 1881. C'est un de ces hybrides de *Viminalis* et de *Cinerea,* jamais identiques à eux-mêmes, se rapprochant plus ou moins d'un des parents, et qui par cela même ont reçu tant de noms de la part des botanistes, suivant l'échantillon auquel ils ont eu affaire. Notre Saule est stérile, présomption d'hybridité. — Feuilles pétiolées *ovales-lancéolées,* d'environ 6 cent. (sans le pétiole) sur 2 1/2, *très obscurément* denticulées ou crénelées, *subacuminées* (de là le nom d'Acuminata de Koch, Smith), *blanchâtres-tomenteuses* en dessous, très pubescentes en dessus dans leur jeunesse, encore pubescentes au 5 juin, et d'un *vert sombre;* stipules *très caduques,* aucun de mes échantillons n'en offre trace; jeunes rameaux pubescents.

(9) S. CINEREA. *L.* (S. Cendré.) Arbre ou arbrisseau à jeunes rameaux *grisâtres-tomenteux,* ainsi que les écailles des bourgeons, à écorce *olivâtre;* bois des rameaux ordin. *côtelé* une fois l'écorce enlevée; feuilles ovales ou elliptiques, ou lancéolées-oblongues, denticulées, arrondies par l'extrémité ou à pointe *courte et droite,* ordin. pubescentes en dessus, *tomenteuses cendrées en dessous;* stipules réniformes; chatons *gros,* sessiles, naissant *avant* les feuilles; écailles *rétrécies* à la base, *spatulées-arrondies* au sommet (p. 355, fig. 8); styles courts à stigmates souvent bifides (p. 355, fig. 9); capsule ovoïde, allongée tomenteuse. Mars, avril. Lieux humides, bords des eaux. C.C. à toute altitude.

(10) S. AURITA. *L.* (S. à Oreillettes.) Arbrisseau de 1-2 m., à rameaux *glabres ou pubérulents,* ainsi que les bourgeons, à bois *côtelé* une fois l'écorce enlevée; feuilles obovales ou oblongues, ne dépassant pas 4 cent. de long, obtuses, à pointe *courte et recourbée,* denticulées ou entières, rugueuses, pubescentes en dessus, glau-

ques-tomenteuses en dessous ; stipules réniformes ; chatons *courts, sessiles,* naissant avant les feuilles, à écailles *peu ou point rétrécies* à la base, *acuminées* dès la base (p. 355, fig, 15); chatons mâles ovoïdes ; capsule ovoïde allongée, tomenteuse. Mars, avril. Lieux humides, surtout en terrains siliceux. C. à toute altitude.

(11) S. CAPRÆA. *L.* (S. Marceau.) Arbre ou arbrisseau à rameaux bruns, *pubescents puis devenant glabres;* bourgeons *à écailles glabres;* bois *lisse, sans côtes,* une fois l'écorce enlevée ; feuilles larges, elliptiques ou obovales, lancéolées, à pointe *courte oblique,* entières ou ondulées-crénelées, glabres ou glabrescentes en dessus, blanches tomenteuses en dessous ; stipules réniformes ; chatons *gros,* sessiles, naissant avant les feuilles, à écailles *rétrécies* à la base, *lancéolées subobtuses* mais *non spatulées;* capsule ovoïde allongée, tomenteuse. Mars, avril. Lieux humides, bords des eaux. A. C. — Moulins, Bagneux, Yzeure, Bayet, Fourilles, Meillers, Saint-Voir, Chézy, Avrilly, Lapalisse, La Lizolle, Bresnay, Besson, Gouise, Laprugne, Montluçon, etc.

Les trois espèces ci-dessus sont confondues par le vulgaire sons le nom de *Marsaule ;* au premier aspect elles se ressemblent en effet, par leurs feuilles tomenteuses en dessous, leurs chatons mâles à anthères d'un beau jaune et à odeur miellée, naissant avant les feuilles et sessiles.

(12) S. REPENS. *L.* (S. Rampant.) Sous-arbrisseau *de 1-6 déc.,* à rameaux *dressés ou étalés rampants,* pubescents dans leur jeunesse ; bourgeons à *écailles pubescentes;* feuilles pétiolées ovales ou lancéolées, aiguës ou obtuses, obscurément denticulées, *à petite pointe oblique,* luisantes en dessus, *soyeuses-argentées* en dessous; stipules lancéolées; chatons subsessiles, précoces, les mâles ovoïdes, à écaille ovale-élargie, rétrécie à la base, pointue au sommet; les femelles subglobuleux, à capsules pédicellées, tomenteuses ou glabres, à style court, et écaille spatulée obtuse. Avril, mai. Lieux humides, tourbeux. R. R. — Bizeneuille ; Urçay, tourbières des étangs Roux (A. P.) Plus commun dans le Cher (Bor.) Lecoq et Lamotte dans leur catal. du Plat. central le disent C. dans les montagnes du Forez, on devrait le trouver dans notre Sud-Ouest.

c. — Espèces hybrides.

S. PURPUREO-CAPRÆA. — Port, bourgeons et écaille des chatons du *Capræa;* étamines soudées plus ou moins par les filets, quelquefois presque jusqu'en haut, à anthères du *Purpurea;* de plus androgyne. — Yzeure, tuileries près du bourg.

S. AURITO-CINEREA. — Port et bourgeons du *Cinerea;* écailles des chatons d'Aurita. Yzeure, à Marcellange.

S. PURPUREO-CINEREA. — Étamines *soudées presque complètement* par les filets, mais *toujours jaunes;* écailles des chatons de *Cinerea.* Moulins, faubourg des Garceaux ; Yzeure, aux tuileries du bourg.

POPULUS. *L.* (Peuplier.) Arbres dioïques; fleurs en chatons cylindriques à écailles déchirées ou dentées; fl. mâles à étam. nombreuses, insérées sur un disque; fl. femelles à 1-3 stigmates bifides; capsules pédicellées, à 2 valves; graines à aigrette soyeuse, cotonneuse. Souvent plantés le long des routes, des canaux, des rivières, etc.

1	{	Jeunes pousses cotonneuses	2
	{	Jeunes pousses glabres, souvent résineuses	4
2	{	Feuilles blanches ou cendrées, tomenteuses en dessous	3
	{	Feuilles adultes, glabres des 2 côtés. . . . . *P. Tremula.*	(3)
3	{	Feuilles blanches en dessous, écailles des bourgeons simplement dentées. . . . . *P. alba.*	(1)
	{	Feuilles cendrées en dessous, écailles des bourgeons laciniées . . *P. canescens.*	(2)
4	{	Rameaux serrés contre la tige . . . . *P. fastigiata.*	(4)
	{	Rameaux étalés	5
5	{	Feuilles plus larges que longues. . . . . *P. virginiana.*	(6)
	{	Feuilles au moins aussi longues que larges . . . . *P. nigra.*	(5)

a. — Bourgeons, feuilles et écailles des chatons velus, ainsi que les jeunes pousses; 8 étamines.

(1) P. Alba. *L.* (P. Blanc.) Vulg. peuplier de Hollande. Arbre élevé, rameaux *étalés,* les plus jeunes *blancs tomenteux;* feuilles larges, cordiformes, arrondies, anguleuses, lobées, tomenteuses en dessous, à duvet *blanc brillant;* longuement pédonculées; chatons *ovales,* écailles crénelées dans les mâles, dentées-ciliées dans les femelles. Mars, avril.

(2) P. Canescens. *Smith.* (P. Blanchâtre.) Arbre à rameaux étalés; feuilles ovales, arrondies, dentées, tomenteuses en dessous, à duvet *grisâtre ainsi que les jeunes rameaux,* puis glabrescentes; chatons allongés, à écailles *pectinées* ciliées; *stigmates à lobes en éventail.* Mars, avril.

(3) P. Tremula. *L.* (P. Tremble.) Arbre *médiocrement élevé;* feuilles presque *orbiculaires, glabres des deux côtés,* pubescentes dans leur jeunesse ainsi que les jeunes pousses, à longs pétioles *très mobiles;* écailles *incisées digitées,* anthères pourprées, stigmate *à 4 lobes.* Mars, avril. Bois humides. C. à toute altitude.

b. — Bourgeons glabres, souvent résineux visqueux: 12-30 étam. écailles des chatons glabres.

(4) P. Fastigiata. *Poirret. Pyramidalis. Rosier. G. 6'.* (P. Pyramidal.) Vulg. Peuplier d'Italie. Arbre *très élevé, pyramidal* à rameaux *dressés, serrés* contre la tige; feuilles rhomboïdales ou deltoïdes acuminées dentées, *toujours glabres;* anthères purpurines. Mars. C.

Il paraîtrait, d'après Mérat, que nous n'avons que l'individu mâle en France, et d'après Decaisne il ne serait qu'une modification du suivant.

(5) P. Nigra. *L.* (P. Noir.) Arbre à *rameaux étalés;* feuilles triangulaires ovales, dentées en scie; feuilles *très glabres, plus longues ou aussi longues* que larges. Mars, avril.

(6) P. Virginiana. *Desf. Monilifera Mich.* (Peuplier de Virginie.) Vulg. Peuplier Suisse. Arbre à *rameaux étalés;* feuilles *plus larges* que longues, deltoïdes aiguës, dentées, glabres; chatons allongés, lâches, moniliformes, pendants. Avril.

On en cultive plus rarement d'autres espèces exotiques.

Tribu IV. — Bétulinées.

Fleurs monoïques, à la base de bractées ou écailles entières ou trilobées, accrescentes ou caduques ; fleurs mâles et femelles en chatons ovoïdes ou cylindriques ; 2-4 étamines ; 2 stigmates entiers filiformes ; fruit sec indéhiscent, anguleux ou ailé, uniloculaire monosperme ; arbres à feuilles alternes, simples.

Chatons femelles solitaires	Bᴇᴛᴜʟᴀ.
Chatons femelles en grappes	Aʟɴᴜs.

ALNUS. *Tourn.* (Aulne.) Fl. mâles en chatons cylindriques ; périanthe quadripartit, à écailles pédicellées renfermant 3 fleurs ; 4 étamines ; chatons femelles ovoïdes en grappes, à écailles ovales obtuses persistantes, biflores ; ovaire sessile ; fruit uniloculaire, monosperme bordé non ailé, entouré par les écailles soudées (p. 355, fig. 10) devenant comme tronquées.

A. Gʟᴜᴛɪɴᴏsᴀ. *Gaërtn.* (A. Glutineux.) Vulg. Vergne. *Betula alnus.* L. Arbre à bois *rougeâtre ;* jeunes rameaux glabres ; feuilles pétiolées, arrondies, obtuses, dentées, glutineuses dans leur jeunesse, pubescentes en dessous sur les nervures ; chatons pendants, à pédoncule rameux. Février, mars. Bords des eaux. C.

On en cultive une variété à feuilles incisées pinnatifides.

BETULA. *L.* (Bouleau.) Chatons mâles allongés à écailles trilobées, périanthe à 3 divisions : 2 étamines à filets bifides représentant 4 étam. à filets soudés ; fleurs femelles en chatons oblongs, à écailles trilobées portant 3 fleurs à leur aisselle ; 2 styles, 2 stigmates ; ovaire sessile biloculaire ; fruit comprimé, lenticulaire, bordé d'une aile membraneuse (p. 355, fig. 11.)

Jeunes rameaux velus	*B. pubescens.* (2)
Jeunes rameaux glabres	*B. pendula.* (1)

(1) B. Pᴇɴᴅᴜʟᴀ. *Roth. Grenier. B. Verrucosa. Ehr. Bor. B. Alba.* L. *part. G. G.* (Bouleau à rameaux pendants.) Arbre à épiderme *blanc argenté,* se détachant en rubans ; jeunes rameaux flexibles, grêles, *glabres et pendants ;* feuilles pétiolées, *très glabres, triangulaires et rhomboïdales, longuement acuminées, doublement dentées.* Avril. Parties humides des bois, de la plaine, surtout en terrain siliceux.

(2) B. Pᴜʙᴇsᴄᴇɴs. *Ehr. Bor. G. G. B. Alba. Grenier.* L. *part.* (B. Pubescent.) Diffère du précédent dont il a l'aspect : par sa taille *moins élevée ;* ses jeunes rameaux *dressés, pubescents ;* ses feuilles *pubescentes,* devenant glabres, mais restant pubescentes à l'aisselle des nervures, *ovales, ou cordiformes aiguës,* inégalement mais *simplement* dentées. Avril, mai. Région des montagnes. R. — Le Montoncelle, Laprugne, à l'Assise, à 1,100 mètres (Pérard. A. M.); Saint-Nicolas-des-Biefs (Renoux.)

Tribu V. — Platanées.

PLATANUS. *L.* (Platane.) Monoïque ; tous les chatons globuleux ; les mâles à écailles nombreuses linéaires ; les femelles à écailles spatulées; ovaire épaissi, simple; fruit coriace indéhiscent, formant une tête globuleuse. Arbres élevés à écorce s'enlevant par plaques épaisses, à feuilles simples alternes pétiolées, palmées à 5 lobes.

(1) P. Orientalis. *L.* (P. d'Orient.) Feuilles *échancrées à la base*, à lobes profonds, pubescentes dans leur jeunesse, à duvet s'enlevant sous les doigts, *glabres* ensuite.

Originaire d'Orient. Introduit en France en 1754.

❋ (2) P. Occidentalis. *L.* (P. d'Occident.) Feuilles *cunéiformes à la base*, à lobes moins prononcés, *pubescentes* en dessous.

Classe V. — GYMNOSPERMES.

Enveloppes florales nulles. Ovules *nus*, non renfermés dans un ovaire fermé, et recevant directement l'action du pollen.

Famille LXXXVII. — CONIFÉRES.

Arbres ou arbrisseaux résineux à feuilles alternes ou opposées ou verticillées, souvent persistantes ou linéaires; fl. monoïques ou dioïques, les mâles en chatons, à anthères portées par des écailles ou à filets soudés entre eux; fleurs femelles de 1-3, ou réunies en cône formé d'écailles imbriquées ligneuses; stigmate sessile, petit; fruit monosperme, sec, endurci ou bacciforme.

1 { Fruit sec 2
  { Fruit bacciforme 3

2 { Feuilles 2 par 2, à gaîne commune; cône à écailles ligneuses . . . . Pinus. (p. 363)
  { Feuilles solitaires, écailles membraneuses . . . . Abies. (p 363)
  { Feuilles fasciculées . . . . Larix. (p. 363)

3 { Arbrisseau de 1-2 mètres; fruit globuleux à 3 graines . . . . . Juniperus. (p. 362)
  { Arbre d'au moins 4 mètres; fruit à 1 seule graine. . . . . Taxus. (p. 262)

a. — Fruit bacciforme.

TAXUS. *L.* (If.) Fl. dioïques; les mâles en petits chatons à écailles peltées, chargées d'anthères par dessous; fl. femelles solitaires au centre d'un involucre annulaire, petit, accrescent, bacciforme ensuite, cachant le fruit endurci en forme de noyau, renfermant une seule graine.

T. Baccata. *L.* (I. à Baies.) Arbre peu élevé, d'un vert sombre; feuilles linéaires aiguës, rapprochées presque distiques; fl. sessiles axillaires. Mars, avril. Parcs.

JUNIPERUS. *L.* (Genévrier.) Dioïque, quelquefois monoïque; chatons mâles, ovales, à écailles peltées portant les anthères à leur bord inférieur; chatons femelles, écailleux, les écailles supé-

rieures concaves uniflores accrescentes, formant un fruit bacciforme, noir, bleuâtre, à 3 graines anguleuses.

J. Communis. *L.* (G. Commun.) Arbrisseau de 1-2 mètres, diffus ;
feuilles ternées, étalées linéaires piquantes ; baies de la grosseur
d'un noyau de cerise. Avril, mai. Bois, bruyères. C.

b. — Fruit sec, fleurs femelles réunies en cônes.

PINUS. *L.* (Pin.) Fl. monoïques ; les mâles en chatons oblongs,
ramassés en grappes, à écailles nombreuses, imbriquées, portant
chacune 2 anthères ; les femelles agglomérées en cône à écailles
épaisses ligneuses ombiliquées, portant à maturité 2 fruits monospermes, durs, surmontés d'une aile membraneuse ; arbres à
feuilles géminées, naissant d'une même gaine.

Feuilles longues de 4-6 cent . . . . *P. sylvestris.* (1)
Feuilles longues de 10-15 cent . . . . *P. maritima.* (2)

(1) P. SYLVESTRIS. *L.* (P. Sauvage.) Feuilles *longues de 4-6 cent.;*
cônes *médiocres de la longueur* des feuilles, et à pédoncule *recourbé.*
Montagnes des terrains primitifs. — Lapalisse, Le Montet, Lafeline, Cressanges, Châtel-Montagne.

Var. *Rubra. Mill.* Vulg. P. d'Ecosse. Jeunes pousses rougeâtres, cônes par 3-4. Parcs.

(2) P. MARITIMA. *L.* (P. Maritime.) Feuilles *longues de 10-15 cent.;*
cônes *gros, plus courts* que les feuilles, à pédoncule *dressé* d'abord,
horizontal ensuite. Semé çà et là.

ABIES. *Tourn. Pinus. L.* (Sapin.) Fl. monoïques, les mâles en
chatons oblongs, composés d'écailles portant chacune 2 anthères ;
les femelles en cônes ou chatons solitaires globuleux, à écailles
membraneuses, minces, non ombiliquées ; feuilles étroites, raides,
solitaires. Plantés çà et là.

Feuilles éparses autour des rameaux . . . . *A. excelsa.* (1)
Feuilles sur 2 rangs opposés . . . . *A. pectinata.* (2)

(1) A. EXCELSA. *D. C.* (S. Elevé.) Arbre élevé à rameaux étalés ;
inclinés vers la terre ; feuilles *éparses* autour des rameaux, cônes
solitaires *pendants,* à écailles *denticulées* au sommet. Semé çà et là.

(2) A. PECTINATA. *D. C.* (S. Pectiné.) Arbre à rameaux étalés ; feuilles *sur deux rangs opposées,* comme *pectinées,* cônes *dressés.* Laprugne,
à l'Assise ; Le Montoncel.

LARIX. *Tourn.* (Mélèze.) Caractères du genre Abies ; feuilles
fasciculées dans leur jeunesse.

L. EUROPÆA. *D. C.* (M. d'Europe.) Arbre élevé, à branches
horizontales ou pendantes à feuilles fasciculées, puis caduques,
devenant solitaires ou géminées, linéaires, presque planes ; cônes
dressés ovales, sessiles, à écailles lâches, très obtuses ou échancrées. Juin. Semé çà et là dans les bois montagneux.

DEUXIÈME EMBRANCHEMENT

MONOCOTYLÉDONÉES

Plantes toujours herbacées dans nos climats, à racine fibreuse ou rampante, quelquefois bulbeuse (tige souterraine), n'offrant jamais d'axe central, mais seulement du chevelu ; tige dépourvue de moëlle centrale et d'écorce distinctes ; tissu ligneux jamais disposé en couches concentriques ; feuilles ordinairement simples, à nervures parallèles, rarement lobées et à nervures ramifiées ; fleurs monopérianthées, dont les parties sont ordinairement au nombre de 3 ou des multiples de 3. Embryon pourvu d'un seul cotylédon.

Classe I. — INFÉROVARIÉES.

Ovaire infère ; périanthe et étamines épigynes.

Famille LXXXVIII. — DIOSCORÉES.

TAMUS. *L.* (Tamier.) Fl. dioïques ; périanthe campanulé, régulier, à 6 lobes, sur 2 rangs, inséré sur l'ovaire dans les fl. femelles ; 6 étam. libres ; 1 style, 3 stigmates ; baie à 3 loges se réunissant en une seule.

T. Communis. *L.* (T. Commun.) Racine grosse, cylindrique, charnue ; tige grêle, allongée, volubile ; feuilles alternes, cordiformes acuminées, pétiolées, glabres, luisantes, à nervures ramifiées ; fleurs verdâtres, petites, en grappes axillaires ; baies rouges globuleuses, de la grosseur d'un pois. Viv. Mai, juillet. Bois, haies. — A. C. A toute altitude, sans jamais être abondant.

Famille LXXXIX. — IRIDÉES.

Fl. hermaphrodites ; périanthe coloré pétaloïde, sur 2 rangs, adhérent à l'ovaire et à 6 divis. ; 3 étam., 3 stigmates simples, quelquefois pétaloïdes ; ovaire simple, infère ; caps. à 3 loges et à 3 valves. Herbes à souche tubéreuse ou bulbeuse ; feuilles ensiformes ou linéaires ; fleurs renfermées avant la floraison dans une spathe membraneuse à 2 feuillets.

IRIS. *L.* (Iris.) Divis. extér. du périanthe réfléchies, les intér. dressées ; 3 stigmates pétaloïdes (p. 368, fig. 1), souvent échancrés au sommet, arqués, recouvrant les étamines ; capsule à 3-6 angles.

{ Fleurs d'un beau jaune . . . . *I. Pseudo-Acorus.* (1)
{ Fleurs d'un bleu-gris à onglet jaunâtre. . . . . *I. Fœtidissima.* (2)

(1) I. Pseudo-Acorus. *L.* (I. Faux-acore.) Souche épaisse, charnue ; tige pluriflore, de 3-8 déc., rameuse ; feuilles ensiformes, larges, allongées ; fleurs d'un *beau jaune*, à divisions intérieures *plus petites* que les stigmates ; capsule elliptique à 3 angles obtus. Mai, juin. Viv. Fossés, étangs. C.

Iris Acoriformis. Bor. (I. Acoriforme.) Diffère du précédent dont il a les caractères généraux : par ses feuilles *plus étroites ;* ses fleurs dont les divisions intérieures *petites* sont *subitement rétrécies en forme de spatule.* R. R. — Bellaigue, près Marcillat, bassin des Moines et bords du Boron (Mme Vaillant in Pérard).

(2) I. Fœtidissima. *L.* (I. Fétide.) Souche épaisse ; tige comprimée avec *un angle saillant,* feuilles ensiformes, *fétides* quand on les froisse ; divis. extér. du périanthe *d'un bleu gris à onglet jaunâtre,* les intér. jaunâtres, *dépassant* les stigmates qui sont jaunes. Juin, juil. Coteaux calcaires. R. — Gannat (Delarbre) ; Monétay, dans une haie au bord de l'Allier (A. M.) ; Bayet (B.) ; Meaulne (A. P.) ; Saint-Amand, Cher, sur nos limites ; Parc de Randan, Puy-de-Dôme, (Bor. 3e éd.).

La famille des Iridées fournit à nos parterres de belles plantes d'ornement, que l'on trouve quelquefois échappées ; des Iris à grandes fleurs bleues, l'*I. germanica,* à tige pluriflore, et l'*I. pumila,* Iris nain, à tige de 1-2 déc., uniflore ; les Crocus à floraison si précoce ; le Glayeul, *Gladiolus communis,* à fl. presque labiées, roses, en grappes unilatérales. Un *Gladiolus* est indiqué à Montord (Causse), dans la 1re édition de M. Bureau.

Famille XC. — AMARYLLIDÉES.

Fleurs hermaphrodites régulières ; périanthe pétaloïde, à 6 divis., sur 2 rangs, soudées ; 6 étamines épigynes ; ovaire infère à 3 loges ; style simple à stigmate souvent trilobé ; capsule à 3 valves et à 3 loges. Herbes vivaces à racine bulbeuse ; feuilles toutes radicales ; fl. entourées d'une spathe membraneuse.

1 { Périanthe à gorge muni d'une couronne . . . . Narcissus. (p. 365)
  { Périanthe à gorge non couronnée. 2
2 { Périanthe à divisions égales . . . . Leucoïum. (p. 366)
  { Périanthe à divis. internes moitié plus courtes . . . . Galanthus. (p. 366)

NARCISSUS. *L.* (Narcisse.) Spathe monophylle ; périanthe à divis. soudées en tube, puis étalées, portant à l'extrémité du tube une sorte de couronne annulaire ; 6 étam. insérées sur le tube du périanthe ; capsule trigone ; racine bulbeuse.

{ Fleurs jaunes. *N. Pseudo-Narcissus.* (1)
{ Fleurs blanches . . . . *N. poëticus.* (2)

(1) N. Pseudo-Narcissus. *L.* (N. Faux-Narcisse.) Feuilles largement linéaires, obtuses ; hampe comprimée, portant une seule fleur campanulée, grande, penchée, *jaune,* à couronne de même longueur que les lobes extér. du périanthe, et plus foncée. Mars, mai. Bois et prés montueux. — Le Veurdre ; Cusset, aux Malavaux ;

Neures; Charmes, près Gannat; Echassières, aux Collettes; Coulandon, Neuvy, Chevagnes, Saint-Gérand-le-Puy, Lurcy, Montaigut-le-Blin, Le Veurdre, Lurcy; Laprugne, à l'Assise; le Montoncel, Brugheas, Villebret, etc.

(2) N. Poeticus. *L.* (N. des Poètes.) Feuilles largement linéaires, obtuses; hampe portant une seule fleur *blanche, odorante*, à tube *grêle, cylindrique;* couronne *courte à bords crénelés* et d'un *rouge carmin,* bien plus courte que les divisions du périanthe. Mai. Prés. R. — Pontrattier, Charmes, Poëzat (Chomel, Vannaire); Château-sur-Allier (Marquise de la Roche); le Veurdre (Hamard); Pouzy (H. Meige); Lurcy (Cr., Montalescot); Cusset (Arloing); Saint-Pierre-le-Moûtier, Livry, Chantenay, Tresnay, Nièvre sur nos limites (Bor.); Mornay, Cher (Bor.).

On cultive ces deux Narcisses sous les noms de Jeannettes, ainsi que le *Narcissus junceus,* Jonquille, et d'autres espèces du Midi.

GALANTHUS. *L.* (Galanthine.) Périanthe campanulé sans tube, à 6 divis., les infér. échancrées, moitié plus courtes que les extér., sans couronne; 6 étam. épigynes, insérées sur un disque; caps. ovoïde (p. 368, fig. 2.) Racine bulbeuse.

G. Nivalis. *L.* (G. Perce-Neige.) Feuilles linéaires, obtuses, carénées en dessous; hampe portant une seule fleur penchée, blanche, odorante, à divisions extérieures oblongues, les intérieures cordiformes. Fév., mars. R. — Bords de la Sioule, à Ebreuil, Neuvialle, Jenzat (Bor.); Cusset (Arloing); Bellenaves (Thiger); Bayet (B.); Saint-Nicolas-des-Biefs (Renoux); prés en bas d'Avermes (R. de Chapettes) et probablement tout le long de l'Allier dans les prés submergés lors des inondations, où la rivière abandonne des bulbes arrachés le long de la Sioule.

LEUCOIUM. *L.* (Nivéole.) Diffère de la précédente par son périanthe à 6 divisions presque égales. Racine bulbeuse.

L. Vernum. *L.* (N. Printanière.) Feuilles largement linéaires, obtuses; hampe de 1-2 déc., uniflore, à fl. solitaire, penchée, blanche avec une tache verte, à divis. égales, ovales, pointues. Fév., mars. Viv. Montagnes. R. R. — Ferrières, près Rongères, et introduite dans les jardins environnants (J. R.).

Famille XCI. — HYDROCHARIDÉES.

Fleurs dioïques, renfermées d'abord dans une spathe; fl. régulières à 6 divis. les extér. herbacées, les intér. pétaloïdes; fl. mâles à divisions libres, renfermées dans une spathe uni ou bivalve, 3-12 étam. fertiles; fl. femelles solitaires, à divis. soudées à la base; 1 ovaire adhérent, à 1 ou 6 loges; 3-6 stigmates bifides; fruit charnu, mûrissant dans l'eau. Plantes aquatiques.

1 { Feuilles ensiformes, épaisses, épineuses . . . . Stratiote. (p. 367)
{ Feuilles jamais épineuses, ni ensiformes 2

2 { Feuilles orbiculaires échancrées, nageantes . . . . HYDROCHARIS. (p. 367)
  { Feuilles ovales oblongues, verticillées, submergées. . . . . ELODEA. (p. 367)

HYDROCHARIS. *L.* (Hydrocharis.) Fl. mâles à 6 divis. sur 2 rangs; 9 étam. à filets soudés à la base; spathe bivalve; fl. femelles solitaires, à spathe univalve; ovaire à 6 loges; 6 stigmates; fruit bacciforme.

H. MORSUS-RANÆ. *L.* (H. Morrène.) Tige immergée; feuilles pétiolées, flottantes, orbiculaires, échancrées à la base, épaisses, luisantes, stipulées; fl. blanches, à onglet jaunâtre. Viv. Juil.. août. R. — Mares de l'Allier, de la Loire : Garnat, ruisseau en face Fourneau; Laferté-Hauterive; Moulins, à Nomazy (A. M.); Trevol, Villeneuve (L. A.); Bessay (E. O.); Contigny, à Rachalier (B.); Beaulon, au Meuble (Avisard, in Pérard.)

STRATIOTES. *L.* (Stratiote.) Plante dioïque; spathe bivalve, multiflore dans la plante mâle, uniflore dans la plante femelle; périanthe à 6 divisions sur deux rangs, longuement tubuleux; 12 étam. fertiles, entourées de nombreux filets stériles; fl. femelles, à périanthe soudé en tube à la base; ovaire entouré de filets stériles; 6 stigmates; fruit bacciforme, hexagonal, à 6 loges.

S. ALOIDES. *L.* (S. à feuilles d'Aloës.) Plante submergée, à feuilles toutes radicales en rosette, ensiformes, dentelées, piquantes, aiguës, émettant des stolons terminés par un bourgeon feuillé; fl. blanches, portées par une hampe bien plus courte que les feuilles. Juil., août. Viv. R. R. — Montluçon, étang de Labrosse (Thévenon), où cette plante a été introduite en 1862 par Pérard.

ELODEA. *Rich.* (Elodéa.) Fleurs mâles à 6 divisions, 6 ou 9 étamines, soudées à la base entr'elles; ovaire à 3 loges, surmonté de 3 styles; fruit bacciforme; fleurs renfermées dans une spathe bivalve, les mâles au nombre de 3, les femelles solitaires.

E. CANADENSIS. *Rich.* (H. du Canada.) Tige submergée, allongée, plus ou moins longue, très rameuse, grêle, ronde; feuilles sessiles, ternées en verticilles rapprochés et très nombreux, oblongues obtuses, finement denticulées, les infér. sublinéaires; fleurs d'un blanc rosé. Juin, juill. Etangs, cours d'eau, canaux. Viv. R. — Dompierre, petit ruisseau près de Septfonds (A. M.); Parc de Baleine à Villeneuve, où el.e a été introduite par M. Doumet-Adanson; Montluçon, boires des Obéries de Blanzat, rivière du Cher au dessous des Varennes (A. P.)

Cette plante originaire de l'Amérique du Nord, est d'introduction récente en Europe : 1836 en Irlande; en France, on la signale pour la première fois aux environs de Bordeaux, vers 1862 ou 1863; depuis elle a envahi une grande partie de la France : elle a apparu dans le Berry vers 1871 et je l'ai recueillie à Dompierre en 1877. Nous n'avons en Europe que l'individu mâle, qui se propage rapidement par ses tiges radicantes.

Famille XCII. — ORCHIDÉES.

Fleurs hermaphrodites, irrégulières; périanthe à 6 divisions, adhérent à l'ovaire infère, les 3 externes étalées ou redressées en casque avec les 2 internes supér., la 3ᵉ interne, disposée en tablier (label) à la partie infér., présente des formes très variées ; 3 étam. soudées en colonne avec le style, les 2 anthères latérales souvent stériles, quelquefois nulles ; anthère fertile, dressée, repliée au-dessus du stigmate, quelquefois dans un repli membraneux ; ovaire uniloculaire, capsulaire, droit ou tordu ; stigmate concave, glanduleux ; caps. à 3 ou 6 angles, à 3 valves, surmontée par le périanthe marcescent. Plantes herbacées à racines parfois bulbeuses, à feuilles toujours entières, rarement nulles et réduites à leurs gaînes.

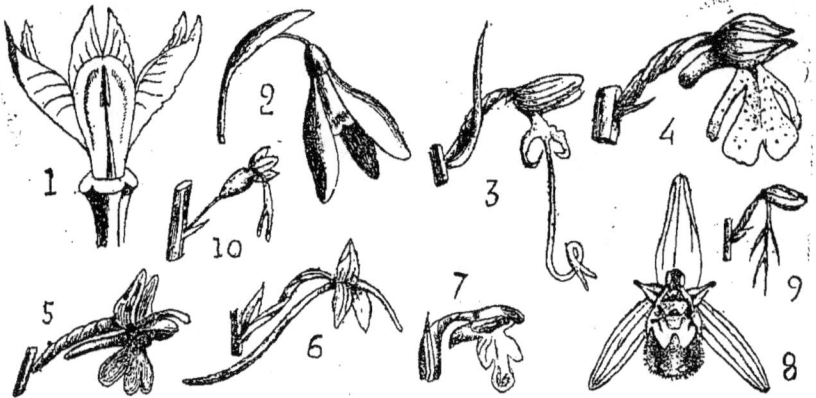

1. Stigmates d'Iris. — 2. Fl. de Galanthus nivalis. — 3. Fl. de Satyrium hircinum. — 4. Fl. d'Orchis purpurea. — 5. Fl. d'Orchis latifolia. — 6. Fl. d'Orchis bifolia. — 7. Fl. d'Orchis coriophora. — 8. Fl. d'Ophrys apifera. — 9. Fl. d'Aceras anthropophora. — 10 Fl. de Neottia ovata.

Tribu I. — Plantes à racine tuberculeuse.

ORCHIS. *L.* (Orchis.) Périanthe à 6 divis., les 3 extér. voûtées en forme de casque, des 3 intér. 2 sont étalés comme des ailes, ou conniventes voûtées ; label pendant, prolongé en éperon allongé ;

ovaire tordu ; racine à tubercules ovoïdes ou palmés au nombre de 2, l'un ordinairement flétri, c'est celui qui a fourni à la végétation de l'année. Leur existence semble associée à celle des Graminées. Ils affectionnent le calcaire en général, sauf les espèces de marais.

1 { Label linéaire, très entier (p. 368, fig. 6) . . . . *O. bifolia.* (7)
  { Label denté ou lobé 2

2 { Périanthe à lobes supér. voûtés en casque (p. 368, fig. 4-7). 3
  { Deux des lobes supér. étalés en ailes (p. 368, fig. 5). 8

3 { Bractées dépassant le milieu de l'ovaire 4
  { Bractées ne dépassant pas le milieu de l'ovaire 6

4 { Plante à odeur de punaise. . . . . *O. coriophora.* (2)
  { Plante ordinairement inodore 5

5 { Epi noirâtre au sommet. . . . . *O. ustulata.* (3)
  { Epi jamais noirâtre au sommet. . . . . *O. Morio.* (1)

6 { Tous les lobes du label allongés linéaires étroits . . . . *O. simia.* (5)
  { Lobe moyen à divisions élargies. 7

7 { Lobe moyen à div. oblongues, les latéraux linéaires. . . . . . . *O militaris.* (6)
  { Lobe moyen à div. élargies (p. 368, fig. 2) . . . . *O. purpurea.* (4)

8 { Tubercules entiers arrondis. 9
  { Tubercules palmés 11

9 { Bractées à une seule nervure . . . . *O. mascula.* (9)
  { Bractées à plusieurs nervures 10

10 { Eperon filiforme aigu. . . . . *O. pyramidalis.* (8)
   { Eperon obtus. . . . . *O. laxiflora.* (10)

11 { Fleurs jaunâtres à lignes pourpres . . . . *O. sambucina.* (11)
   { Fleurs jamais jaunes. 12

12 { Eperon très grêle, bien plus long que l'ovaire . . . . *O. conopsea.* (16)
   { Eperon plus court que l'ovaire ou l'égalant à peine 13

13 { Fleur à odeur de vanille . . . . *O. odoratissima.* (15)
   { Fleurs peu ou pas odorantes 14

14 { Tige fistuleuse, label déjeté latéralement. 15
   { Tige non fistuleuse, label à peu près plane. . . . . *O. maculata.* (14)

15 { Feuilles étalées, ovales oblongues, souvent tachées . . . . *O. latifolia.* (12)
   { Feuilles dressées, rétrécies de la base au sommet, non tachées . *O. incarnata.* (13)

a. — Périanthe supérieur en casque ; tubercules entiers.

(1) O. Morio. *L.* (O. Bouffon.) Tubercules arrondis; tige de 1-4 déc. ; feuilles *lancéolées obtuses*, les supér. aiguës; épi lâche, bractées colorées, *égalant à peu près l'ovaire*; label à 3 lobes, celui du milieu *échancré*; éperon un peu plus court que l'ovaire; fleurs d'un rouge violet, ponctuées de pourpre, à lobes supér. en casque obtus, quelquefois odorantes. Avril, juin. Prés, bois. C. à toute altitude.

Var. *Flore albo.* — Thiel, Gouise, Yzeure, Gannat, Nades, Toulon, Bresnay, Chavenon, Bègues, Lapalisse.

Var. *Flore Roseo.* — Chézy, Trevol.

(2) O. Coriophora. *L.* (O. Punaise.) Tubercules arrondis; tige de 2-4 déc. ; feuilles lancéolées *linéaires aiguës;* bractées pâles, *à peu près de la longueur de l'ovaire;* label à 3 lobes presque égaux, celui

du milieu *entier ;* éperon 2-3 *fois plus petit* que l'ovaire ; fl. d'un *rouge-brun sale, rayées, à odeur de punaise,* en épi dense ; lobes supér. en casque *acuminé* (p. 368, fig. 7.) Assez. R. Mai, juin. Prés. — Yzeure, près l'étang de Labrosse ; Chavenon, Saint-Aubin, Montluçon, Cérilly ; Besson, forêt de Boisplan ; Avermes, Ussel, Trevol, Cressanges, Gannat, Montbeugny, Le Veurdre, Lurcy, Prémilhat.

(3) O. Ustulata. *L.* (O. Brûlé.) Tubercules arrondis ; tige de 2-3 déc. ; feuilles oblongues lancéolées aiguës ; épi *serré,* d'un *rouge noirâtre au sommet,* presque blanc en bas, à bractées *plus petites* que l'ovaire ; label à 3 divis. oblongues *linéaires,* la moyenne *bifide* avec une dent dans l'échancrure ; éperon 2-3 fois plus petit que l'ovaire ; fl. *petites, d'un pourpre noirâtre, à label blanc piqueté.* Mai, juin. Prés. A. C.

(4) O. Purpurea. *Huds. O. Fusca. Jacq.* (O. Pourpré.) Tubercules *ovales ;* tige de 5-6 déc. ; feuilles *larges,* oblongues, *obtuses,* les supér. aiguës ; épi gros, obtus, ovale ; bractées bien plus petites que l'ovaire, violacées ; fleurs *grandes,* à casque d'un pourpre *noir,* veiné-ponctué, label *blanc ponctué,* à 3 divis., les latérales *linéai- res-oblongues,* celle du milieu bifide, *obcordée,* assez large à la base, s'élargissant de la base au sommet, à lobes divergents, denticu- lée, avec une dent dans l'échancrure ; éperon obtus plus court que l'ovaire (p. 368, fig. 4.) Coteaux, bois. Mai, juin. — Vallière, près Moulins ; Moladier, Neuvialle, Bressolles, Besson, Trezelle, Bresnay, Contigny, Bayet, Chantelle, Coulandon, Neuvy, Le Veurdre, Saint-Pourçain, Urçay, Meaulne, etc.

(5) O. Simia. *Lam. G. G. Bor.* (O. Singe.) Caractères généraux du précédent, en diffère : par son casque plus allongé acuminé, d'un *rose-blanchâtre-cendré* en dehors, rose en dedans ; son label à lobes latéraux *linéaires, très étroits,* le moyen bifide, à divisions *linéaires* semblables aux lobes latéraux, et un petit mucron dans l'échancrure. R. R. — Calcaire jurassique dans le Cher, sur nos limites : Saint-Amand, Orval, etc. (Bor. 3ᵉ éd.).

(6) O. Militaris. *L. G. G. Bor.* 3ᵉ éd. *Exclus. variet. O. Galeata. Lam. Mimusops. Thuil.* (O. Militaire.) Caractères généraux du *Purpurea,* en diffère : par son casque semblable à celui du *Simia ;* son labelle dont les lobes sont tous deux fois environ plus étroits que dans *Purpurea ;* lobes latéraux *linéaires,* le moyen *linéaire à la base puis dilaté* et formant 2 divisions *obovales ou oblongues* 2-3 fois plus larges que les lobes latéraux, et un petit mucron dans l'échancrure. Ces trois espèces n'étaient pour Linnée que des variétés de son *O. Militaris.* R. R. — Bois de Bussière près Aigue-perse, Puy-de-Dôme (Lecoq, in Bor., 2ᵉ éd.). Moins rare dans le Cher et la Nièvre.

b. — Deux divisions du périanthe étalées ou réfléchies en ailes ; tubercules entiers.

(7) O. Bifolia. *L. Bor. G. G. Platanthera bifolia. Reich.* (O à 2 Feuilles.) Tubercules *coniques,* tige de 3-5 déc., fistuleuse, plus

souvent à 2 feuilles larges, oblongues obtuses, les supér. bractéiformes ; bractées à 5-7 nervures, les inférieures égalant à peu près l'ovaire ; épi lâche allongé ; fl. blanchâtres, à éperon *arqué linéaire*, bien plus long que l'ovaire ; label *linéaire entier ;* anthères parallèles (p. 368, fig. 6.) Juin, juil. Bois. A. C. — Moulins, Diou, Pierrefitte, Montbeugny, Thiel, Besson, Bresnay, Chavenon, Trevol, Bourbon, Laprugne, La Lizolle, Neuvialle, Cressanges, Etroussat, Broût-Vernet, Tronçais, Braize, Lavaud-Franche, Montluçon, Audes, Meaulne, Chamblet, etc.

O. Montana. Schmidt. G. G. Plat. Chlorantha. Reich. Plus robuste, 3-5 feuilles ; anthère *très divergentes* à la base, rapprochées au sommet, tandis qu'elle sont *parallèles* dans le type. Bois.

(8) O. PYRAMIDALIS. *L. Anacamptis Pyr. Rich. Aceras Pyr. Reich. G. G.* (O. Pyramidal.) Tubercules *arrondis* ovoïdes ; tige de 2-5 déc.; feuilles lancéolées *linéaires aiguës ;* épi *court serré,* éperon *grêle, arqué, aigu,* au moins aussi long que l'ovaire ; bractées roses, *linéaires aiguës, à 3 nervures,* fleurs ordinairement rouges. R. — Neuvy, Le Donjon (Cr.); Saint-Amand, Orval, etc. Cher, A. C. (Bor. 3e éd.) ; Digoin, Saône-et-Loire ; Nièvre, A. C. (Bor. 3e éd.)

(9) O. MASCULA. *L.* (O. mâle.) Tubercules *ovoïdes ;* tige de 3-5 déc.; feuilles lancéolées, *subobtuses,* ordinairement *tachées de brun, planes ;* bractées *à une nervure,* purpurines, égalant environ l'ovaire ; label *comme à 4 lobes* par l'échancrure du lobe moyen ; fl. rouges. Mai, juin. Bois, prés. C.

Var. *Flore albo.* — Gouise, Bost, près Besson, Gannat, Saint-Pourçain, Chemilly, Branssat.

(10) O. LAXIFLORA. *L.* (O. à épi lâche.) Tubercules *arrondis ;* tige de 3-5 déc.; feuilles lancéolées *linéaires aiguës ;* bractées *à 3-5 nervures, canaliculées,* un peu plus courtes que l'ovaire ; label *obcordé presque à 2 lobes,* celui du milieu étant très petit ou à peu près nul ; épi *lâche ;* fl. rouges, à éperon plus court que l'ovaire. Mai, juin. A. C. — Neuvy, Chareil, Cérilly, Gannat, Bourbon-l'Archambault, Neuvialle, Echassières, Trezelle, Murat, Saint-Désiré, Bressolles, Chantelle, Lafeline, Espinasse-Vozelle, Le Veurdre, Lurcy, Loriges, Cesset, Trevol, Marcillat, Jenzat, Montluçon, Audes, etc.

c. — **Deux divisions de périanthe étalées ou réfléchies en ailes ; tubercules palmés ou divisés.**

(11) O. SAMBUCINA. *L.* (O. Sureau.) Tubercules *à 2-3 lobes courts ;* tige *fistuleuse* de 1-3 déc., droite ; feuilles oblongues lancéolées, les supér. *aiguës ;* épi lâche, ovale cylindracé, *court ;* bractées veinées égalant ou dépassant les fleurs ; label pubescent à 3 lobes, les 2 latéraux déjetés ; éperon déjeté en bas *égalant à peine* l'ovaire ; fl. *jaunâtres.* Bois montagneux. R. R. — Entre Chiroux et les Chambons ; prairies de Rouzat (Chomel); Cusset, Vichy (Delarbre.) où on ne l'a plus retrouvé. Saint-Agoulin, Puy-de-Dôme. Sur nos limites (P. B.)

(12) O. LATIFOLIA. *L.* (O. à larges feuilles.) Tige *fistuleuse* de 3-6

déc.; feuilles oblongues lancéolées *étalées souvent tachées,* les infér. obtuses, les supér. acuminées, dépassant la base de l'épi; épi serré oblong à bractées rougeâtres à 3-5 nervures, les *inférieures et les moyennes plus grandes* que les fleurs; label orbiculaire à 3 lobes, les latéraux *déjetés* sur les deux côtés; fl. *rouges* marquées de lignes plus foncées; éperon plus court que l'ovaire (p. 368, fig. 5.) Mai, juin. Prés marécageux. C. à toute altitude.

(13) O. INCARNATA. *L.* (O. Incarnat.) Diffère du précédent dont il est très voisin: par ses feuilles *dressées, parallèles à la tige, jamais tachées, atténuées* de la base au sommet; ses bractées *toutes plus longues* que la fleur; ses fleurs d'un rouge plus pâle. R. R. — Braize, étangs Roux (A. P.)

(14) O. MACULATA. *L.* (O. Maculé.) Tige *non fistuleuse* de 3-6 déc., nue au sommet; feuilles oblongues, lancéolées, *souvent tachées;* épi oblong à bractées trinerviées, les *infér. seulement* plus longues que les fleurs; label *plan* à 3 lobes, les latéraux larges crénelés; fl. *lilas clair,* ou presque blanches, à lignes et taches purpurines; éperon plus court que l'ovaire. Mai, juin. Prés marécageux. C. à toute altitude.

(15) O. ODORATISSIMA. *L. Gymnadenia R. Br.* (O. Odorant.) Tige grêle de 2-4 déc.; feuilles *lancéolées-linéaires* aiguës; épi oblong serré, à bractées trinerviées, *égalant* à peu près l'ovaire; fl. *roses, très petites,* à éperon *grêle,* courbé, *ne dépassant pas* l'ovaire, *odeur très agréable* de vanille; label à 3 lobes obtus. Mai, juin. R. R. — Montluçon (Servant); plateau de l'abbaye, où il devient très rare (A. P.); Cher, Saint-Florent, etc., sur le calcaire jurassique (Bor. 3e éd.)

(16) O. CONOPSEA. *Gymnadenia Conopsea. R. Br. L.* (O. Moucheron.) Tige de 4-6 déc.; feuilles *lancéolées, linéaires,* acuminées; bractées trinerviées égalant au moins l'ovaire; épi cylindrique *aigu, allongé;* fleurs petites, odorantes, rosées; label à 3 lobes ovales obtus; éperon *linéaire, arqué, deux fois plus long que l'ovaire.* Mai, juil. Prés. — Trevol, pré des Nues; Moladier; forêts de Munay, près de Trevol; de Boisplan, près Besson; Chavenon, Yzeure, Veauce, Espinasse-Vozelle, Etroussat, Lapalisse, Lurcy, Saint-Voir, Laprugne, Tronçais, Braize, Urçay, Montluçon, etc.

SATYRIUM. *L.* (Satyre.) Périanthe à 6 divis., les supérieures en casque; l'infér. en label portant au-dessous un éperon court et gibbeux de 2-4 mill. (p. 368, fig. 3), les autres caractères des Orchis.

{ Label à 3 lobes, le moyen très long, tortillé. . . . . *S. hircinum.* (1)
{ Label égalant l'ovaire . . . . *S. viride.* (2)

(1) S. HIRCINUM. *L. Loroglossum. Hirc. Rich. Orchis hirc. Cr. Aceras hirc. Lindl. Bor. G. G.* (S. Bouquin.) Tubercules *entiers;* tige *de 3-6* déc.; feuilles lancéolées, ovales; bractées plus longues que l'ovaire; épi très allongé; divis. supér. en casque, label linéaire, *tortillé,* à 3 lobes, le moyen *très allongé, 3-6 cent.;* fl. verdâtres, ponctuées, à

odeur de bouc, éperon *conique* (p. 368, fig. 3.) Juin, juil. Coteaux secs calcaires. A. R. — Neuvy, Vallière, Avermes. près Moulins ; Lavernue, Montord, Montluçon, Ussel, Neuvialle, Bressolles, Taxat-Senat, Broût-Vernet, Coulandon, Besson, Chareil, Chemilly, Maulne, Neures, Lurcy, Ainay, L'Etelon, Urçay, etc.

(2) S. VIRIDS. *L. O. vir. Cr. G. G. Bor. Gymnadenia vir. Rich. Platanthera vir. Lindl.* (S. Vert.) Tubercules *palmés ;* tige *de 2-3 déc. ;* feuilles lancéolées, ovales ; bractées dépassant les fleurs ; épi âche ; divis. supér. en casque ; label à 3 lobes, égalant l'ovaire. le moyen *petit, presque nul ;* é eron *obtus* renflé ; fl. verdâtres. Mai, juin. A. R. — Prés après l'étang de Labrosse. Yzeure ; Saint-Pourçain, Montord, Chavenon. Saint-Aubin, Le Donjon, Moladier, Châtel-de-Neuvre, Broût-Vernet, Loriges, Montord, Ferrières, Le Montet, Chézy, Bresnay, Pouzy, Le Veurdre, Audes, Montluçon.

ACÉRAS. *R. Br.* (Acéras.) Périanthe à 3 divis. extérieures et 3 intér. dont 5 conniventes en casque ; label à divisions linéaires (p. 368, fig. 9), non éperonné ; ovaire tordu ; racine bulbeuse.

A. ANTHROPOPHORA. *R. Br. G. G. Bor. Ophrys. Anthrop. L.* (A. Homme pendu.) Bulbes subglobuleuses, tige de 2-4 déc. nue supérieurement ; feuilles lancéolées ; épi lâche, allongé étroit ; fl. d'un jaune verdâtre *rayées* de rouge ; *divis. supér. en casque ;* label *glabre, allongé,* divisé en *3 lobes linéaires,* l'intermédiaire bifide (p. 368, fig. 9.) Mai, juin. Coteaux calcaires. A. R. — Vallière, près Moulins ; Moladier, Bellenaves, Saint-Bonnet-de-Rochefort, Fleuriel, Chareil-Cintrat, Murat, Chavenon, Besson, Jenzat, Neuvialle, Saint-Pourçain, Saulcet, Louchy-Montfand, Etroussat, Creuzier-le-Vieux, Le Veurdre, Urçay, Saint-Amand, etc.

OPHRYS. *L.* (Ophrys.) Périanthe à divisions étalées ; label dépourvu d'éperon ; ovaire non tordu ; racine à tubercules arrondis.

1 { Divis. supérieures internes du périanthe roses		2
Divis supérieures internes du périanthe verdâtres		3
2 { Label presque entier terminé par un appendice recourbé en dessus. . . . . *O. Arachnites.*		(4)
Label lobé, lobes et appendice recourbés en dessous (p. 368, fig. 8). *O. apifera.*		(3)
3 { Label à 3-4 lobes distincts . . . . *O. muscifera*		(1)
Label entier ou seulement échancré à l'extrémité . . . . *O. aranifera.*		(2)

(1) O. MUSCIFERA. *Huds. G. G. Bor. Myodes Jacq.* (O. Mouche.) Tige de 2-4 déc. ; feuilles lancéolées oblongues: fl. en épi lâche ; lobes extérieurs du périanthe lancéolés, obtus, *verdâtres,* les 2 intérieurs *linéaires, brunâtres,* veloutés ; label oblong, pubescent, d'un rouge foncé, marqué au milieu d'une tache glabre et bleuâtre, *trilobé* un peu au dessous de son milieu ; lobes latéraux étroits pubescents, le moyen presque plan, *bilobé* à l'extrémité, *sans appendice.* Mai, juin. Prés secs, pelouses. R. — Parc de Langlard, près Gannat. (L. L) ; Besson (L. A.) ; Mazerier (P. B.) ; Saint-Pourçain, Contigny (H. G.) : Meaulne, coteaux de Grandfond et des Chanets (A. P.) ; Saint-Amand, Cher sur nos limites (Bor. 3° éd.)

(2) O. Aranifera. *Sm. G. G. Bor.* (O. Araignée.) Fl. en épi lâche, pauciflore ; lobes supérieurs du périanthe oblongs, obtus, *verdâtres*, les 2 intérieurs glabres ; label obovale, glonflé, pubescent, brun ferrugineux, *marqué de deux lignes livides et glabres*, presque entier, ou à peine échancré, sans appendice à l'extrémité. Pelouses sèches. R. — Avermes, Paray-le-Frésil (Bor. 1ᵉ éd.) ; Montluçon, aux Courrauds (Servant, in Bor.) ; Contigny (H. G.) ; Montfand, aux Milliers (Chomont) ; Le Veurdre (H. Meige) ; Saint-Amand, Orval sur nos limites (Bor.)

(3) O. Apifera. *Smith.* (O. Abeille.) Tige de 2-4 déc.; feuilles ovales, aiguës, épi lâche pauciflore ; lobes supér. du périanthe *roses*, les 2 intérieurs plus courts, rosés, veloutés ; label pourpre brun, rayé de jaune, arrondi, pubescent, velouté, *à 5 lobes*, les 2 plus voisins de l'extrémité offrant une gibbosité hérissée, l'intermédiaire terminé par un appendice glabre, *recourbé en dessous* (p. 368, fig. 8.) Mai, juin. Prés secs, coteaux calcaires. Assez R. — Vallière, près Moulins ; Avermes, Paray-le-Frésil, Le They, près Montluçon ; Ussel, Besson, Saint-Pourçain, Moladier, Neuvialle, Jenzat, Espinasse-Vozelle, Cesset, Chareil, Vendat, Chantelle, Etroussat, Saint-Bonnet-de-Rochefort, Garnat, Lurcy, Meaulne, Lavault-Sainte-Anne.

(4) O. Arachnites. *Reich. Bor. G. G. O. Fuciflora. Reich.* (O. Frélon.) Tige de 2-4 déc.; feuilles oblongues-lancéolées ; épi lâche, pauciflore ; lobes extér. du périanthe *roses*, ovales-oblongs, obtus, les intérieurs plus petits, triangulaires, bruns, veloutés ; label d'un pourpre brun, avec deux taches jaunes et deux lignes glabres-livides, large, *entier*, obovale, offrant à l'extrémité un appendice *glabre et recourbé en dessus*. Mai, juin, coteaux calcaires. R. — Saint-Pourçain, à Breu (Rhodde) ; Louchy-Montfand (H. G. ; Chomont,) Creuzier-le-Vieux, Urçay (A. P.) A. C. dans le Cher et la Nièvre, snr le calcaire jurassique (Bor.)

Ces 4 espèces ne formaient pour Linnée que des variétés de l'*O. Insectifera. L.*

SPIRANTHES. *Rich. Ophrys. L.* (Spiranthe.) Périanthe à 6 divis. conniventes, presque labiées ; label entier, sans éperon ; ovaire non tordu ; épi unilatéral, contourné en spirale ; racine tuberculeuse.

{ Tige naissant du milieu d'une rosette de feuilles. . . . . *S. œstivalis.* (1)
{ Tige naissant à côté de la rosette de feuilles . . . . *S. autumnalis.* (2)

(1) S. Æstivalis. *Rich.* (S. d'Été.) Tubercules *allongés ;* tige de 1-2 déc.; feuilles radicales *en rosette, du milieu de laquelle naît la tige ;* fl. petites, blanches, sessiles, odorantes, à axe pubescent-glanduleux, ainsi que l'ovaire ; bractées plus longues que l'ovaire. Juil., août. *Prés marécageux.* R. — Pré de la Cave, Yzeure (A. M.) ; Lapalisse (Bor.) ; Pouzy, Le Donjon (Cr.) Saint-Désiré, Toulon (L. A.) ; Périgny (P. B.) ; Laprugne ; Lucenay, Nièvre, sur nos limites (A. M.) Plus C. dans le Cher (Bor.)

(2) S. Autumnalis. *Rich.* (S. d'Automne.) Tubercules *oblongs ;*

feuilles radicales, ovales, formant une *rosette à côté de la tige;* fl. petites, blanches, semblables à la précédentes. Août, oct. *Pelouses sèches.* A. R. — Vallière, Chavenon, Avermes, Le Donjon, Chemilly, Bourbon, Neuvy, Saint-Voir, Bresnay, Jenzat, Saint-Pourçain, Loriges, Murat, Yzeure, Chamblet, Le Theil, Le Veurdre, Ainay, Montluçon, Audes, Saint-Désiré, Montoldre, etc.

b. — Plantes à racines fasciculées, non bulbeuses.

NEOTTIA. *Rich. Ophrys. L.* (Néottie.) Lobes du périanthe connivents ; label allongé, non contracté en son milieu, sans éperon, bifide; ovaire non tordu (p. 368, fig. 10), rac. fasciculées.

Plante à 2 feuilles. . . . . *N. ovata.*	(2)
Plante n'ayant pour feuilles que des écailles . . . . *N. Nidus-Avis.*	(1)

(1) N. Nidus-Avis. *Rich. G. G. Bor.* (N. Nid d'Oiseau.) Plante de 2-4 déc., *dépourvue de feuilles, brunâtre, ayant l'aspect d'une orobanche;* rac. à fibres *entrelacées,* charnues; bractées plus courtes que l'ovaire; label pendant à 2 lobes; fl. d'un blanc jaunâtre, brunissant rapidement, en épi oblong; label pendant à lobes *divergents.* Mai, juin. Bois. R. — Moladier (E. O.); Bourbon-l'Archambault (Bor.) ; Le Donjon (Cr.) Yzeure, petit bois route de Bourgogne au 4° kil. (A. M.); Toulon, Trevol, parc d'Avrilly (H. G.); Laprugne (F. Lager); Gannat, bois de Chiroux (P. B.); Marcenat (C. B); Cusset, à l'Ardoisière (Jourdan) ; Bellenaves, aux Collettes (Thiger); Neuvy (V. B.) ; Le Veurdre (Hamard.)

(2) N. Ovata. *Rich. Ophrys. Ovata. L. Listera. Ovata. R. Br. G. G.* (N. Ovale.) Plante *verte,* de 3-6 déc.; rac. à *fibres* longues *fasciculées;* tige pubescente supérieurement, munie vers la base de *deux feuilles* comme *opposées,* largement ovales; fl. verdâtres en grappe allongée, grêle, à label étroit, allongé, à 2 lobes linéaires (p. 368, fig. 10.) Mai, juin. Bois et prés couverts. Peu C. — Montord, Moladier, Neuvy, Châtel-Montagne; Bau, près Besson; Bourbon-l'Archambault, Chiroux, Monétay, Tortezais, Trevol, Chavenon, Toulon, Chézy, Monestier, Tronget, Cérilly, Ferrières, Laprugne, Cressanges, Saint-Désiré, Fleuriel, Bayet, Bellenaves, Yzeure, Cosne, Lurcy, etc.

CEPHALANTHERA. *Rich.* (Céphalanthère.) Périanthe à divisions toutes dressées-conniventes; label trilobé, indivis à l'extrémité, dressé, contracté à sa partie moyenne; ovaire plus ou moins tordu, sessile.

1	Ovaire glabre ; fleurs blanches	2
	Ovaire pubescent ; fleurs d'un beau rose. . . . . *C. rubra.*	(3)
2	Bractées égalant ou dépassant l'ovaire. . . . . *C. grandiflora.*	(1)
	Bractées bien plus courtes que l'ovaire. . . . . *C. ensifolia.*	(2)

(1) C. Grandiflora. *Babingt. Bor. G. G. Serapias Grandifl. L. S. Lancifolia. Murr. Epipactis Pallens. Wild.* (C. à grande fleur.) Tige de 3-5 déc. droite; feuilles *ovales-lancéolées,* amplexicaules ; bractées *égalant au moins* l'ovaire, les supérieures plus petites; ovaire *glabre;* lobes du périanthe *obtus* ; épi lâche; fleurs *blanches,*

à label jaunâtre en dedans. Mai. Bois montueux, calcaires. R. R.
— Broût-Vernet (B.).

(2) C. ENSIFOLIA. *Rich.* C. *Xiphophyllum. Reich. Epipactis Ensif.
Schmidt. Serapias. L.* (C. en Glaive.) Tige de 2-6 déc., droite, grêle ;
feuilles *linéaires-aiguës*, lancéolées, sur 2 rangs opposés ; bractées
bien plus courtes que l'ovaire ; ovaire *glabre*, sessile ; label *plus
court* que les divis. supér. de la corolle ; lobes extérieurs du
périanthe *aigus* ; fl. blanches à label taché de fauve. Mai. Viv.
Bois montueux. R. R. — Moladier (Blain, Olivier) ; Chareil, bois de
la Rivière (C. B.).

(3) C. RUBRA. *Rich. Bor. G. G. Epipactis Rubra. All. Serapias. L.*
(C. Rouge.) Tige de 2-6 déc., droite, grêle, flexueuse, *pubescente-
glanduleuse* supérieurement ; feuilles *sur 2 rangs* opposés, lancéolées acuminées ; *ovaire oblong allongé, pubescent, sessile,* mais
devenu glabre lors de la déhiscence ; label *aussi long* que les divis.
supér. ; fl. grandes, d'un rose foncé, en épi *pauciflore, à* lobes
tous aigus. Juin, juill. Viv. Bois montagneux. R. — Forêt de Moladier (E. O.) ; Saint-Pourçain, bois de Breuilly, près Cesset (Causse) ;
Chareil-Cintrat (C. B.) ; Étroussat, bois de Douzon (B.) ; Cher, sur
nos limites : Floret, Chavannes, Chateauneuf (Bor.).

EPIPACTIS. *Crantz.* (Epipactis.) Périanthe à 6 divisions, sub-
campanulées-étalées ; label indivis à l'extrémité, étalé, fortement
rétréci en son milieu, non éperonné ; ovaire non tordu, porté par
un pédicelle tordu.

1 { Feuilles toutes plus courtes que les entrenœuds. . . . . . . *E. microphylla.* (2)
  { Feuilles plus longues que les entrenœuds 2

2 { Label acuminé, plus court que les divisions voisines. . . . . *E. latifolia.* (1)
  { Label obtus, aussi long que les divis. voisines. . . . . *E. palustris.* (3)

(1) E. LATIFOLIA. *All. E. Helleborine Crantz. Serapias. Latif. L.*
(E. à larges Feuilles.) Tige de 5-9 déc., pubescente au sommet ;
feuilles *larges*, ovales, aiguës, les supér. lancéolées ; fl. d'un *blanc-
verdâtre, rosées à l'intér.*, en *épi allongé ;* label *plus court* que les
divis. extérieures, à partie terminale ovale-acuminée ; ovaire
court, renflé, ovoïde, pubescent, pédicellé, mais devenant glabre
lors de la déhiscence. Juin, août, Viv. *Bois secs*, surtout dans les
calcaires. R. Coteaux boisés. — Contigny, Bords de la Sioule, en
aval de Saint-Pourçain (A. M.) ; Deux-Chaises (Cr.) ; Moladier
(E. O.) ; Neuvy (V. B.) ; Gannat, à la Fauconnière (L. Besson) ; Jaligny (Virotte) ; Besson (L. Allard) ; Etroussat (Bourgougnon) ; Urçay
(A. P.) ; Montmarault, à Blomard et Château-Charles (Jamet in
Pér.) ; Bois de Vacheresse, près Voussac (Moriot) ; Molles, Ferrières (Jourdan). Saint-Amand, Orval, Cher (Bor.).

E. *Viridiflora. Reich.* (E. à Fleurs vertes.) Feuilles plus étroites ;
partie terminale du label plus triangulaire ; fleurs verdâtres, rougeâtres à l'intérieur. R. — Saint-Amand, Orval, Cher (Bor., 3ᵉ éd.).

E. *Atrorubens. Reich.* (E. Pourpré.) Fleurs d'un rouge obscur.
R. R. — Decize, Saône-et-Loire, sur nos limites (Bor. 3ᵉ éd.).

(2) E. MICROPHYLLA. *Sw. G. G. Bor.* (E. à petites Feuilles.) Voisine de la précédente : tige plus grêle ; feuilles ovales-lancéolées, *toutes plus courtes* que les entrenœuds ; fleurs *peu nombreuses ;* label portant à la base *deux gibbosités crépues*, ovale *aigu, presque égal* aux divisions extérieures. Juin, juil. Bois secs. R. R. — Parc de la Roche, près Aigueperse (Saul in Bor.) ; Bois des environs de Saint-Amand, Cher (A. P.).

(3) E. PALUSTRIS. *Crantz. Serapias longifolia. L.* (E. des Marais.) Tige de 3-6 déc., pubescente au sommet ; feuilles oblongues, *lancéolées* ; fl. d'un *gris-verdâtre* en dehors, *rosées à l'intérieur, pédicellées*, en épi allongé, lâche ; ovaire *pubescent, grêle, linéaire-oblong, allongé ;* label *aussi long* que les divis. extérieures, à partie terminale suborbiculaire. Juin, juil. Viv. Prés marécageux. A. R. — Môladier (E. O.); Yzeure, pré de la Cave (A. M.); Coulandon (J. R.); Toulon (L. A.); Deux-Chaises (B.); Environs de Vichy (Delarbre, L. L.).

GOODYERA. *R. Brown.* (Goodyère.) Périanthe à 6 divisions, conniventes à la base ; label étalé, sans éperon, inclus, muni à la base d'une excavation gibbeuse, non contracté au milieu, indivis, recourbé au sommet en languette ; ovaire non tordu, porté par un pédicelle tordu. Rhizôme traçant.

G. REPENS. *R. Br. Neottia Repens. Sw. Satyrium. L.* (G. Rampante.) Rhizôme rameux, articulé ; tige de 1-3 déc., *pubescente-glanduleuse* vers le haut ; feuilles épaisses, ovales ou oblongues, obtuses, rétrécies en pétiole engaînant, nerveuses, *veinées en réseau*, les supér. engaînantes linéaires ; grappe un peu spiralée, unilatérale ; fleurs blanches, *pubescentes-glanduleuses*, ainsi que l'ovaire. Août. Viv. Bois de pins, dans les mousses. R. R. — Yzeure à Larronde, dans le parc (Bourdot.) Plante rare pour la France ; pourra se trouver dans les bois noirs du Sud-Ouest.

LIMODORUM. *Tourn.* (Limodore.) Périanthe à divisions sub-campanulées conniventes ; label entier, ondulé sur les bords, un peu rétréci au milieu, muni d'un long éperon égalant à peu près l'ovaire ; ovaire non tordu.

L. ABORTIVUM. *Sw. Bor. G. G. Orchis Abortiva. L.* (L. à Feuilles avortées.) Fibres radicales épaisses ; tige de 4-8 déc., violacée, ainsi que les écailles engaînantes qui remplacent les feuilles ; épi lâche à bractées égalant ou dépassant l'ovaire ; fleurs grandes, violacées, veinées ; label ovale. Juin. Bois montueux des terrains calcaires. R. R. — Saint-Amand, Orval (A. P.); Saint-Florent, Chateauneuf, etc. Cher (Bor. 3e éd.).

Classe II. — SUPEROVARIÉES.

Ovaire libre ; périanthe et étamines hypogynes.

Famille XCIII. — ALISMACÉES.

Fleurs le plus souvent hermaphrodites. Périanthe hypogyne à
6 divisions, les 3 extér. plus petites, caliçoides, les 3 intér. pétaloïdes ; 6-9 étam., hypogynes, rarement plus ; 3 à 6 ovaires et
stigmates, rarement plus ; carpelles secs, rarement soudés en un
seul, souvent indéhiscents. Herbes de marais à fl. ordinairement
en épis verticillés.

1 { Plante monoïque ; feuilles sagittées (p. 381, fig. 10) . . . . . . SAGITTARIA. (p 379)
　{ Fleurs hermaphrodites 2
2 { 9 Etamines ; fl. en ombelle simple. . . . . BUTOMUS　(p. 379)
　{ 6 Etamines 3
3 { Feuilles linéaires ; 3 carpelles soudés. . . . . TRIGLOCHIN. (p. 380)
　{ Feuilles élargies ; au moins 6 carpelles. . . . . ALISMA. (p. 378)

ALISMA. *L.* (Fluteau.) Fl. hermaphrodites ; périanthe à 3 divis.
extér. herbacées, 3 intér. colorées pétaloïdes ; 6 étam.; 6-25 carpelles indéhiscents, verticillés ; feuilles toutes radicales, élargies.

Quand la plante est submergée, les feuilles sont réduites à leurs pétioles élargis et allongés.

1 { 6 carpelles allongés aigus, en étoile. . . . . *A. Damasonium.* (4)
　{ Fruit à plus de 6 carpelles, non en étoile. 2
2 { Feuilles grandes, fl. ayant à peine 6 mill. de diamètre . . . . . *A. Plantago.* (1)
　{ Feuilles petites, fl. ayant plus de 6 mill. de diamètre. 3
3 { Feuilles ovales obtuses, flottantes. . . . . *A. natans.* (2)
　{ Feuilles aiguës lancéolées, pétiolées dressées. . . . . *A. ranunculoïdes.* (3)

(1) A. PLANTAGO. *L.* (F. Plantain d'eau.) Rac. à *collet renflé* ;
feuilles toutes *radicales, grandes* allongées, lancéolées, aiguës,
rétrécies, *subcordiformes* à la base ; *hampe* de 2-9 déc., droite,
pyramidale, à rameaux *verticillés*, bractéolés ; fl. assez *petites*,
blanches ou rosées ; style *égalant 2-3 fois* l'ovaire ; carpelles nombreux mutiques, formant, par leur ensemble un fruit circulaire à
3 angles obtus. Juin, sept. Viv. C.

A. *Lanceolatum. Reich.* (F. Lancéolé.) Feuilles insensiblement
rétrécies aux deux bouts. Ces deux plantes sont les termes extrêmes
entre lesquels on trouve tous les intermédiaires. Moins. C. —
Bourbon, Lurcy, Avrilly, etc.

Il y aurait à rechercher *A. Arcuatum* Michalet G. G. à feuilles du *Lanceolatum*, à
styles *égalant à peine l'ovaire ;* à fruit *n'offrant pas* de vide au centre.

(2) A. NATANS. *L.* (F. Nageant.) Plante à feuilles supér. nageantes, *ovales, elliptiques, obtuses, longuement* pétiolées, les infér.
submergées, *linéaires ;* pédoncules *axillaires*, portés par une tige
presque filiforme de 1-5 déc.; fl. blanches assez grandes ; 8-12
carpelles ovoïdes, divergents, *mucronés, pointus.* Juin, sept. Viv.
Marais. A. R. — Chavenon, Trevol, Cérilly, Montluçon, Malicorne,
Pouzy, Lurcy, Le Montet, Tronget, Bresnay, Saint-Sornin, Genne-

lines, Neuilly, Chézy, Chamblet; environs de Braize, Ainay-le-Château; Lapeyrouse, Urçay; Sancoins, Cher; Chantenay, Dornes, Toury-sur-Jour, Nièvre.

(3) A. Ranunculoïdes. *L.* (F. Renoncule.) Racine *fibreuse;* plante de 1 déc.; à tiges nues, dressées ou couchées; feuilles *linéaires lancéolées, petites, acuminées; hampe* à pédicelles presque *en ombelle;* fl. assez grandes, d'un blanc rosé; carpelles aigus, *sur plusieurs rangs, en capitule globuleux,* atténués et *mucronés.* Mai, sept. Viv. Étangs. A. R. — Montluçon, étang de Labrosse; (Thevenon); Treban (E. O.); Chamblet (P. Gagne); Montilly (A. M.); Étang des Vicaires (Bordet); Chavenon (R. de C.)

A. Repens. Cav. Bor. (F. Rampant.) Tiges *couchées-radicantes;* capitules fructifères plus petits. R. — Montbeugny (L. A.); Dompierre, Villeneuve, Thiel, Cérilly (Bor.); Lurcy (Cr.)

(4) A. Damasonium. *L. Bor. Damasonium. Stellatum. Pers. G. G.* (F. Étoilé.) Vulg. Étoile du berger. Rac. fibreuse; à tiges souvent nombreuses; plante de 1-5 déc.; feuilles *toutes radicales, subcordiformes,* oblongues, trinerviées; hampes à rameaux verticillés ou en ombelles munis de 3 bractées; fruit formé de 6 carpelles *en étoile* horizontale, *allongés en pointe;* fl. petites, blanches ou rosées. Mai, sept. Viv. Étangs. R. — Lurcy (Crouzier); Le Veurdre (Hamard); Pierrefitte, boires de la Loire (L. A.); Saint-Pierre-le-Moûtier, Livry, Chantenay, Tresnay, Nièvre; Sancoins. Cher (Bor.)

SAGITTARIA. *L.* (Sagittaire.) Fl. monoïques; périanthe à 6 divis., les extér. herbacées, les 3 intér. pétaloïdes; fl. mâles à 18-24 étam., les femelles à carpelles nombreux, libres, comprimés, bordés, sur un réceptacle globuleux.

S. Sagittæfolia. *L.* (S. Fléchière.) Souche à rhizômes renflés, bulbiformes; feuilles en fer de flèche longuement pétiolées, à lobes aigus (p. 381, fig. 10); hampe droite, triquètre, nue, à pédoncules verticillés; fl. blanches, grandes, les mâles au sommet; carpelles apiculés. Juin, août. Viv. Marais. — Moulins à Nomazy; Chevagnes, Beaulon, Montilly, Bagnolet, Souvigny, Yzeure, Trevol, Besson, Contigny; Rachalier près Saint-Pourçain, Monétay, Gouise, Toulon, Aubigny, Villeneuve; Montluçon, bords du Cher, Le Mayet-de-Montagne.

BUTOMUS. *L.* (Butome.) Fl. hermaphrodites; périanthe à 6 divis. toutes colorées; 9 étam. hypogynes; 6 carpelles capsulaires, terminés en bec, soudés par la base, polyspermes, s'ouvrant par la suture ventrale.

B. Umbellatus. *L.* (B. en Ombelle.) Vulg. Jonc fleuri. Souche rampante; feuilles toutes radicales, longues, pointues, triangulaires à la base, étroites; tiges de 6-12 déc. droites, cylindriques, nues; fl. rosées, longuement pédonculées, en sertule bractéolé. Juin, août. Viv. Marais. Peu C. — Moulins, Chevagnes, Bressolles, Avermes, Aubigny, Marcenat, Paray-sous-Briaille, Contigny, Saint-Germain-des-Fossés, Beaulon. Semble manquer à l'Ouest.

TRIGLOCHIN. *L.* (Troscart.) Cal. à 3 sépales; 3 pétales verdâtres; 6 étam., insérées à la base du périanthe; style à 3-6 stigmates plumeux; caps. à 3-6 loges, se séparant à maturité.

T. PALUSTRE. *L.* (T. des Marais.) Plante stolonifère, *ayant l'aspect d'un jonc;* tige de 3-5 déc., grêle, arrondie, lisse, nue; feuilles toutes radicales, linéaires, semi-cylindriques; fl. alternes en long épi effilé, à pédicelles dressés; fruits linéaires, oblongs, soudés d'abord, se séparant ensuite en 3 caps.; fl. petites, blanchâtres. Juin, sept. Viv. Prés marécageux. R. — Montluçon, près l'étang de Labrosse (Arloing); Bizeneuille, étang de la Varenne, prairies au dessous de l'étang Muret (A. P.); Jenzat, près la fontaine de Vauvernier (H. du Buysson); Fourilles, marais salés, prés du Boublon (C. B.)

Le *Tradescantia virginiana*, Ephémère de Virginie, à fleurs à 6 parties, dont 3 pétaloïdes, violettes, se rapproche de cette famille.

Famille XCIV. — COLCHICACÉES.

Fl. hermaphrodites à 6 divis. régulières, libres ou soudées à la base; 6 étam. fixées au périanthe pétaloïde; 3 styles, libres ou soudés; un ovaire libre, formé de 3 carpelles; capsule à 3 valves, à bords repliés et prolongés en cloisons.

{ Fleurs paraissant sans feuilles. . . . . COLCHICUM.
{ Fleurs portées par une tige feuillée. . . . . VERATRUM.

COLCHICUM. *L.* (Colchique.) Périanthe à limbe terminé en entonnoir, prolongé en long tube paraissant naître du bulbe; styles très longs; ovaire inséré dans le bulbe; fl. apparaissant sans les feuilles.

C. AUTUMNALE. *L.* (C. d'Automne.) Rac. bulbeuse très profonde; feuilles largement lancéolées. aiguës, naissant au printemps, entourant le fruit qui n'apparaît qu'alors sur la tige développée; fl. violacées, grandes, apparaissant sans feuilles, portées par un tube de 1 déc.; fruit de la grosseur d'une noix, obovale renflé. Sept., oct. Viv. Prés, humides.

Plante dangereuse; ses feuilles occasionnent des accidents aux animaux qui les mangent; ses bulbes servent à faire le vin de Colchique, antigoutteux.

VERATRUM. *L.* (Varaire.) Périanthe à 6 divisions, libres, sessiles; 6 étamines insérées à la base du périanthe; ovaire formé de 3 carpelles soudés; 3 styles; fruit capsulaire polysperme, à graines comprimées, bordées d'une membrane.

V. ALBUM. *L.* (V. Blanc.) Rac. à fibres épaisses; tige droite, simple, très feuillée, de 5-10 déc.; feuilles larges, elliptiques ou lancéolées, acuminées, engaînantes; fl. pubescentes blanchâtres, pédicellées, en panicule terminale, allongée, formée de petites grappes pubescentes. Juin, août. Viv. Bois montagneux. R. R. — Au Montoncelle, sources de la Besbre (J. B.); Chez Pion; Laprugne au-dessus de Beaulouis (Renoux.)

Famille XCV. — **LILIACÉES.**

Fleurs hermaphrodites régulières, à 6 divis. libres ou soudées ; 6 étam. insérées sur le périanthe coloré pétaloïde, ou hypogynes opposées aux divisions du périanthe ; ovaire libre à 3 loges ; 3 stigmates ou 1 seul stigmate à 3 lobes. 1 style ; caps. à 3 loges, 3 valves, à cloison naissant du milieu de la face de la valve, racine souvent bulbeuse.

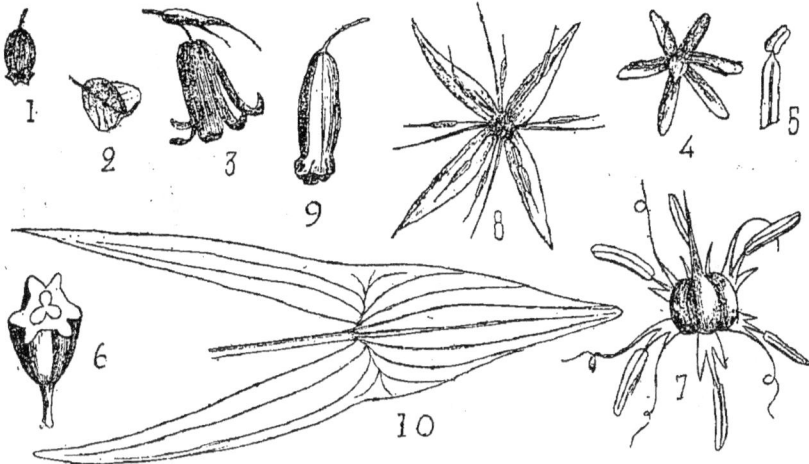

1. Fl. de Muscari racemosum. — 2. Fruit de même. — 3. Fl. d'Endymion nutans. — 4. Fl. de Scilla lilio-hyacinthus. — 5. et 6. Etam. et fr d'Ornithogalum umbellatum. — 7. Fl. d'Allium sativum. — 8 Fl. de Paris quadrifolia. — 9. Fl. de Polygonatum vulgare. — 10. Feuille très réduite de Sagittaria.

1	Racine fibreuse, au plus à fibres renflées quelquefois fusiformes.	2
	Racine nettement bulbeuse	4
2	Filets des étamines garnis de poils laineux . . . . NARTHECIUM. (p. 382)	
	Filets des étamines sans poils laineux.	3
3	Etam. à filets filiformes ; périanthe soudé en tube à la base. . . PHALANGIUM. (p. 381)	
	Etam. à filets élargis arqués, périanthe étalé non soudé. . . . ASPHODELUS. (p 382)	
4	Fleurs à divisions soudées en grelot, offrant de petites dents libres seulement au sommet . . . . MUSCARI. (p. 383)	
	Fleurs non en grelot	5
5	Fleur solitaire . . . . FRITILLARIA. (p. 389)	
	Tige portant plusieurs fleurs	6
6	Fleurs en sertule renfermé d'abord dans une spathe. . . . . . . ALLIUM. (p. 386)	
	Fleurs en grappes ou en corymbe.	7
7	Fleurs ordinairement bleues.	8
	Fleurs jamais bleues.	9
8	Périanthe soudé en tube à la base (p. 381, fig. 3) . . . . . . ENDYMION. (p. 383)	
	Périanthe à divis. étalées (p. 381, fig. 4) . . . . SCILLA. (p. 385)	
9	Tige feuillée . . . . LILIUM. (p. 389)	
	Feuilles toutes radicales	10
10	Etamines à filets élargis (p. 381, fig. 5) . . . . ORNITHOLUM. (p. 384)	
	Etamines à filets filiformes . . . . GAGEA. (p. 384)	

a. — Racines fibreuses.

PHALANGIUM. *Tourn. Anthericum. L.* (Phalangère.) Rac. à fibres épaisses; périanthe à 6 divis. ouvertes, resserrées à la base en tube renfermant l'ovaire; 6 étam., insérées sur le réceptacle; style filiforme, stigmate simple; caps. à 3 angles obscurs.

{ Fleurs en grappe rameuse. . . . . *P. Ramosum.*.   (1)
{ Fleurs en grappe simple. . . . . *P. Liliago.*   (2)

(1) P. RAMOSUM. *Lam. Bor. G. G.* (P. Rameuse.) Tige de 4-6 déc.; feuilles linéaires, étroites, canaliculées; fl. blanches d'un cent. de diamètre, en grappe *rameuse* au sommet, à pédicelles articulés *très près de la base;* style *droit*, caps. *obtuse*. Mai, juin. Coteaux calcaires. R. — Montluçon, près l'abbaye (Thévenon, Bor.); Meaulne calcaires des Chanets (A. P.); Saint-Amand, Orval, Chavannes, Cher (Bor. 3ᵉ éd.)

(2) P. LILIAGO. *Schreb. Bor. G. G.* (P. fleurs de Lis.) Tige de 4-6 déc.; feuilles linéaires, étroites, canaliculées; fl. blanches de 2 cent. de diamètre, à pédicelles articulés *vers leur milieu*, en grappe *simple*, lâche; *style arqué*, caps. ovoïde trigone, *aiguë*. Viv. Juin, juil. Bois, rochers montueux. Assez R. — Bau, près Besson; Néris au saut du Loup; rochers de Tison, près Verneix; Saint-Pardoux, vallée du Buron; rochers du Sichon, près Molles; Cérilly, forêt de Tronçais; Cusset, rochers des Coutcliers; Aronnes; La Vernue, Neuvialle, près Gannat; Saint-Désiré, Chanteile, Monestier, Chirat, Fleuriel, Verneuil; Lavault-Sainte-Anne, Lignerolles.

NARTHECIUM. *Mœhr. Anthericum. L. Abama. D. C.* (Narthécie.) périanthe à 6 divisions libres, ouvertes; 6 étamines à filets barbus; style court; stigmate trigone; capsule à 3 loges et 3 valves; graines oblongues, longuement filiformes à la base et au sommet.

N. OSSIFRAGUM. *Huds. Bor. G. G.* (N. des Marais.) Tige de 1-4 déc., à racine rampante munie de fibres; feuilles linéaires, lisses, plus courte que la tige; fleurs jaunâtres, à divisions appliquées contre la capsule qui est allongée aiguë, double du périanthe. Juillet, août. Lieux tourbeux. R. R. — Braize, Tourbières au dessous de l'étang de la Commanderie et au dessus de l'étang du Ris. (A. P.)

ASPHODELUS. *L.* (Asphodèle.) Périanthe à 6 divisions étalées; 6 étamines hypogynes, dont 3 plus courtes; filets dilatés-ciliés à la base, arqués-ascendants; capsules trigones; pédoncules articulés.

A. SPHÆROCARPUS. *G. G. Bor. A. Albus. Desv.* (A. à fruits ronds.) Racine *à tubercules fasciculés*, fusiformes; tige de 1 mètre, droite, simple; feuilles toutes radicales, allongées, linéaires, d'environ 1 cent. de large, lisses; fleurs très rapprochées en grappe compacte, *allongée et simple;* bractées lancéolées acuminées, au moins aussi longue que le pédicelle, rendant l'épi chevelu avant la floraison; fleurs blanches, avec des lignes rougeâtres; capsule *arrondie*, de 7 mill. de diamètre, *apiculée*, à valves *suborbiculaires*, s'ouvrant au sommet et à la base, *adhérentes au milieu* à maturité. Mai, juin. Bois sablonneux, bruyères. R. — Midi du Cher, sur nos limites : Linières, Saint-Maur, Ardenais, Le Châtelet, Saint-Saturnin, forêt de Bornacq près Loye, Château-Meillant, Culan, Sidiailles (Bor. 2ᵉ éd·); Abbaye des Pierres, vallée supér. de l'Arnon, Cher (A. Legrand.)

b. — Racines bulbeuses.

MUSCARI. *Tourn. Hyacinthus. L.* (Muscari.) Périanthe en grelot à 6 dents courtes; étam. incluses; style filiforme à stigmate trigone; caps. trigone à faces concaves (p. 381, fig. 1-2); fl. en grappes bleues ou violacées dans les plantes de nos pays; feuilles toutes radicales, rac. bulbeuse, tuniquée.

1 { Fleurs supérieures longuement pédicellées . . . . *M. comosum.* (1)
  { Fleurs toutes à peu près sessiles 2

2 { Fleurs à odeur de prune; feuilles canaliculées, larges d'au plus
    4 millim . . . . *M. racemosum.* (2)
  { Fleurs à peu près inodores; feuilles presque planes, un peu plus
    larges . . . . *M. botryoïdes.* (3)

(1) M. Comosum. *Mill.* (M. à Toupet.) Feuilles longues, *larges d'environ 1 cent.*, canaliculées, rudes au bord; hampe de 3-5 déc., droite, terminée par une grappe *devenant très allongée*, de 1-2 déc., portant au sommet des fl. stériles, *longuement pédicellées*, en houppe terminale, d'un bleu plus clair. Mai, juil. Champs, vignes. C.

Une variété monstrueuse, *M. monstruosum*, à fleurs toutes remplacées par des pédicelles colorés et stériles, est cultivée sous le nom de Lilas de terre.

(2) M. Racemosum. *D. C.* (M. à grappes.) Feuilles *demi-cylindriques, étroites*, 2-3 mill., *jonciformes*, canaliculées, étalées, *plus courtes* que la hampe; hampe de 1-2 déc., à fl. *serrées*, en *grappe courte*, les supér. *stériles, mais à peu près sessiles*, à odeur de prune. Capsule à valves suborbiculaires, *échancrée en cœur au sommet*. Avril, mai. Champs, vignes. C. Semble manquer dans la région granitique (Pérard).

Var. *Flore albo.* — R. Urçay, vignes le long du chemin de fer (Pérard).

M. Neglectum. Guss. Bor. G. G. (M. Négligé.) Plante *plus robuste* dans toutes ses parties; feuilles *plus larges*, 2-4 mill., *canaliculées en gouttière large demi-cylindrique*, à peu près aussi longues que la hampe; fl. *plus grosses*, à odeur de prune; capsule *de 8 mill. de long sur 10 de large, non échancrée* au sommet. Mêmes lieux. Boreau l'indique : çà et là; n'a pas été observé chez nous.

(3) M. Botryoïdes. *D. C. Bor. G. G.* (M. Botryde.) Fleurs en épi *aigu*, devenant cylindracé, long de 4-7 cent.; pédicelles courts, *recourbés* après la floraison, puis horizontaux; fl. à peu près *inodores*; capsule à dimensions égales, 7-8 mill., à valves ovales arrondies; feuilles de 3-7 mill. de large, *presque planes*, subcanaliculées, *dressées*. R. R. — Bourbon-Lancy, alluvions de la Loire (Carion in Bor.); Saint-Florent, Cher (Bor. 3ᵉ éd.), sur nos limites.

ENDYMION. *Dumort. Agraphis. Linck.* (Endymion.) Périanthe campanulé à 6 divis. soudées en tube à la base, ouvertes au sommet (p. 381, fig. 3) ; 6 étam., dont 3 soudées avec les divisions du périanthe ; filets filiformes ; caps. ovoïde à 3 loges, rac. bulbeuse.

E. Nutans. *Dumort.* *Hyacinthus non scriptus.* *L.* (E. Penché.) Feuilles largement linéaires, canaliculées, toutes radicales, plus courtes que la hampe ; hampes de 1-4 déc. terminées par une grappe lâche de fl. bleues, penchées, odorantes, munies de bractées géminées colorées. Avril ; mai. Bois, prés. A. R. — Trevol, pré des Nues, bois près l'étang ; Cérilly, à Tronçais ; Montluçon, à Labrosse ; Bizeneuille, Saint-Désiré ; Quinssaines, bois de Bodijoux ; Audes, taillis de laCrête et du Délat ; Urçay, bords du Bartillat ; Saint-Bonnet-le-Désert, Villebret, Saint-Sauveur, Pouzy-Mézangy ; Le Veurdre, au Coudret ; Lurcy, à Neureux ; Moladier, etc.

GAGEA. *Salisb.* (Gagée.) Fleurs jaunes, munies de deux feuilles bractéales ; périanthe à divisions libres ; 6 étamines hypogynes, à filets filiformes ; style simple filiforme ; capsule ovoïde trigone.

{ Fleur ordin. unique, périanthe obtus . . . . *G. saxatilis.*　(2)
{ 3-14 fl. périanthe aigu . . . . *G. arvensis.*　(1)

(1) G. Arvensis. *Schult. Bor. G. G. Ornithogalum Arvense Pers. O. Minimum. D. C.* (G. des Champs.) *Deux bulbes* sous la même tunique ; *tige de 1-2 déc.*, glabre ou un peu velue ; ordin. deux feuilles radicales *linéaires, allongées ;* 2 feuilles bractéales *opposées,* à la base du corymbe, lancéolées ou lancéolées-linéaires, allongées, munies quelquefois de bulbilles ; fleurs jaunes, 3-14, en corymbe à pédicelles *velus* ainsi que leurs bractées ; périanthe à divisions *lancéolées aiguës,* pubescentes en dehors ; fruit oblong, à angles saillants, à faces concaves, à sommet déprimé ; style long égalant le fruit mûr. Mars, avril. Champs, vignes, A. R. — Montluçon, à Brignat ; Cusset, Montord, Louchy, Saulcet, Monétay-Yzeure, Avermes, Coulandon, Bresnay, Besson, Bessay, La Ferté, Hauterive, Saint-Pourçain, Cressanges, Châtel-de-Neuvre, Gannat, Etroussat, Mazerier, Chareil-Cintrat, Huriel, etc.

(2) G. Saxatilis. *Koch. G. G.* Tome 3°, p. 195 (G. des Rochers.) *Tige de 2-6 cent.,* plus ou moins pubescente vers le haut ; *plusieurs* petits tubercules dans une tunique commune ; une ou deux feuilles radicales, *filiformes ; 3-4 feuilles bractéales alternes,* velues, lancéolées acuminées ; fleur jaune, *ordin. unique,* à pédoncule velu ; divisions du périanthe oblongues-lancéolées, *obtuses* au sommet, pubescentes à la base, *glabres du reste,* ovaire *allongé-obové, convexe sur les côtés.* Fin février, Mars. R. R. — Environs de Gannat ; rochers humides au bord de l'Andelot, en allant sur Saint-Priest (Vannaire, Pellat) ; Rouzat, La Vernue, à Neuvialle (Lasnier) ; Saint-Priest-d'Andelot (P. B.).

Cette rare plante diffère par son ovaire du *G. Bohemica. Schult.* qui l'a *turbiné-trigone,* côtés concaves.

ORNITHOGALUM. *L.* (Ornithogale.) Périanthe à 6 divis. libres, étalées ; 6 étam. à peu près insérées sur le réceptacle, à filets apla-

tis et dilatés ; caps. ovale à 3 angles (p. 381, fig. 5-6) ; rac. bulbeuse ; fl. jamais bleues, feuilles toutes radicales.

Fleurs en corymbe. . . . . *O. umbellatum.* (1)
Fleurs en épi allongé. . . . . *O sulfureum.* (2)

(1) O. **Umbellatum.** *L.* (O. en Ombelle.) Vulg. **Dame d'onze
heures.** Bulbe à *bulbilles nombreux ;* feuilles *en touffes,* linéaires,
demi-cylindriques, canaliculées, à bande blanche; hampe de 1-2
déc., terminée par un corymbe de fl. *blanches, vertes et bordées de
blanc* en dehors; pédoncules de 3-4 cent., *étalés* à la fin; bractées
égalant presque le pédicelle. Mai. Champs. C.

O. *Angustifolium. Bor.* (O. à feuilles étroites.) Bractées dépassant d'abord les pédicelles, *puis moitié plus courtes* qu'eux; stigmate *ne dépassant pas* les étamines. — Moulins, Bayet, les Trillers,
Saint-Pourçain, Cusset, Vichy, Contigny, Fourilles, etc. Confondue
avec la précédente.

(2) O. **Sulfureum.** *Rœm. et Schult.* (O. Soufré.) Tige droite de
7-9 déc.; feuilles linéaires, canaliculées, allongées, *se desséchant à
la floraison;* fleurs d'un blanc-jaunâtre, verdâtres en dehors, formant une *grappe spiciforme, lâche jusqu'au sommet ;* bractées *plus
courtes* que les pédicelles; capsule arrondie. Mai, juin. Haies, prés,
bois, calcaires. — Neuvy, à Vallière, à la Feuillée; Moladier, Avermes, Monétay, Ussel, Villefranche, Bresnay, Besson, Taxat-Senat,
Sussat, Naves, Montaigut-le-Blin, Montord, Coulandon, Lapalisse,
Bayet, Le Veurdre, Audes, Meaulne, etc.

Suivant l'exemple de Boreau, je sépare notre plante de l'*O. Pyrenaïcum L.* avec laquelle
d'autres botanistes la confondent, n'en faisant tout au plus qu'une forme. Sans préjuger de sa
valeur spécifique, elle diffère du *Pyrenaïcum* par ses bractées *toujours et toutes* plus petites
que le pédicelle, ne rendant *jamais* la grappe chevelue au sommet, ses fleurs plus jaunâtres.

SCILLA. *L.* (Scille.) Périanthe à 6 divis. ouvertes ou campanulées, libres et distinctes jusqu'à la base (p. 381, fig. 4); 6 étam.
insérées à la base du périanthe; filets glabres filiformes; caps.
ovale ou arrondie à style simple obtus; rac. bulbeuse; fl. bleues.

1 Fl. munies de bractées nombreuses. . . . . *S. lilio-hyacynthus.* (1)
Fl. dépourvues de bractées 2

2 Plusieurs feuilles linéaires très étroites. . . . . *S. autumnalis.* (3)
2-3 feuilles linéaires lancéolées . . . . *S. bifolia.* (2)

(1) S. **Lilio-Hyacynthus.** *L.* (S. Lis-Hyacinthe.) Feuilles *lancéolées, larges,* obtuses, de 2 déc. de long; hampe de 1-3 déc., terminée par une grappe lâche de fl. d'un bleu clair, *munies de bractées*
solitaires, violacées, lancéolées-acuminées, les inférieures égalant
presque les supérieures, dépassant les pédicelles. R. — Ruisseau
des Maisons-Rouges, bois de Labrosse, de Chauvière, près Montluçon (Thévenon); Cusset (Arloing); Arronnes (J. R.); Ferrières
(L. A.); Laprugne à l'Assise (F. Lager); Ebreuil (Nony); Marcillat,
bois du Chignoux (Mᵐᵉ E. Duché, in Pérard); Saint-Marien, Creuse,
sur nos limites. (A. P.).

(2) S. **Bifolia.** *L.* (S. à deux feuilles.) Bulbe produisant 2-3
feuilles linéaires, *lancéolées,* égalant presque la tige; hampe ter-

minée par une grappe courte, *pauciflore*, de fl. *bleues dépourvues*
de bractées, à pédicelle 2-4 fois plus long que le périanthe, fleurissant en *mars ou avril.* A. C. — Verneuil, Chavenon, bords de
l'Aumance ; Lavau-Sainte-Anne ; Neuvialle ; forêt de Tronçais ;
Tronget, Bezillat, Bellenaves, Jenzat, Cusset, Bresnay, Besson,
Nades, Echassières, Louroux-de-Bouble, Blomard, Moladier, Chirat-
l'Eglise, Vernusse, Charroux, Chareil, Marcenat, Bayet, Chantelle,
Target, Quinssaines, Messarges, Branssat, Lapalisse, Chamblet,
Audes, etc.

Var *Flore albe.* R. — Bois de Chauvière près Montluçon (A. P.).

(3) S. AUTUMNALIS. *L.* (S. d'Automne.) Bulbe produisant *3-5*
feuilles linéaires très étroites, *bien plus courtes* que la tige ; hampe
de 1-2 déc., pubérulente dans le bas, terminée par une grappe de
fleurs d'un *bleu-violet, assez nombreuses,* fleurissant en *août et*
sept. ; bractées *nulles ;* pédicelles inférieurs finissant par *dépasser*
beaucoup le périanthe, les supérieurs l'égalant à peu près. Coteaux
et pelouses arides. A. R. — Au Mas, près Quinssaines ; Désertines,
Gannat, Molles ; Le Vernet, à l'Ardoisière ; Saint-Priest. Chemilly,
Sainte-Procule, la Vernue ; Neuvialle, près Gannat ; Bellenaves,
Jenzat, Hérisson, Néris, Souvigny, Fleuriel, Deneuil, Bayet ; Avermes, bords de l'Allier, en face l'île ; Montluçon, Roc du Saint,
Marignon, etc. ; Marmignolles, Audes, Hérisson, Marcillat.

ALLIUM. *L.* (Ail.) Divis. du périanthe libres ou soudées à la
base. campanulées ou ouvertes ; 6 étam. à filets dilatés ; style filiforme entier, à stigmate obtus ; caps. trigone à 3 valves et à 3
loges bipartites ; fl. en sertule, quelquefois entremêlées de bulbilles, et renfermées dans une spathe avant la floraison ; racine
bulbeuse, plantes à odeur forte.

1	Ombelle ne portant que des bulbilles	15
	Ombelles munies de fleurs, quelquefois entremêlées de bulbilles.	2
2	Quelques-unes des étamines à filet trifide, la pointe médiane portant l'anthère (p. 381, fig. 7).	3
	Étamines toutes à filet simple.	10
3	Feuilles planes	4
	Feuilles cylindriques ou demi-cylindriques.	7
4	Ombelles entremêlées de bulbilles	5
	Ombelles toujours dépourvues de bulbilles.	6
5	Spathe univalve, caduque. . . . . *A. sativum.*	(1)
	Spathe à deux valves courtes . . . . *A. Scorodoprasum.*	(2)
6	Bulbe oblongue, solitaire. . . . . *A. Porrum.*	(3)
	Bulbe accompagnée de cayeux nombreux . . . . *A. Ampeloprasum.*	(4)
7	Ombelles entremêlées de bulbilles . . . . *A. vineale.*	(6)
	Ombelles sans bulbilles.	8
8	Bulbe unique, tige fusiforme à la base. . . . . *A. Cepa.*	(8)
	Bulbes accompagnées de cayeux	9
9	Périanthe étalé. . . . . *A. ascalonicum.*	(9)
	Périanthe à divisions conniventes. . . . . *A. sphærocephalum.*	(5)
10	Tige renflée, fusiforme à la base . . . . *A. fistulosum.*	(9)
	Tige non renflée	11
11	Périanthe étalé, valves de la spathe courtes.	12
	Périanthe connivent, une au moins des valves très longue	14

DICHOTOMIE DANS LE CAS OU L'OMBELLE N'OFFRE QUE DES BULBILLES.

a. — Quelques étamines trifides.

(1) A. Sativum. *L.* (A. Cultivé.) Bulbes *nombreuses, arquées, renfermées dans une enveloppe commune;* feuilles planes, divis. du périanthe conniventes, *spathe univalve,* caduque, dépassant l'ombelle, terminée par une longue pointe; ombelle bulbifère; étamines tricuspidées à pointes *presque égales.* Été. Cultivé.

(2) A. Scorodoprasum. *L.* (A. Rocambole.) Bulbe *ovoïde* entourée de bulbilles brunâtres, *pédicellées;* feuilles planes, divis. du périanthe conniventes; *spathe à deux valves courtes,* ombelle bulbifère; étamines tricuspidées à *appendices latéraux très longs.* Été. Cultivé.

(3) A. Porrum. *L.* (A. Poireau.) Bulbe *simple, tige feuillée;* feuilles à faces planes *canaliculées;* étam. *toutes saillantes,* pointes latérales des filets stériles *égalant* l'anthère, ombelle *non bulbifère.* Juil. Cultivé.

(4) A. Ampeloprasum. *L.* (A. faux Poireau.) Vulg. gros Ail. Bulbe à *cayeux nombreux,* plante à *odeur d'ail commun;* feuilles *presque planes;* 3 *étam.* égalant à peu près le périanthe, 3 *saillantes,* pointes latérales des filets stériles *dépassant* l'anthère. Juil. Cultivé.

(5) A. Sphærocephalum. *L.* (A à tête ronde.) Bulbe *portant des bulbilles pédicellés* sous les tuniques; tige feuillée, de 4-8 déc.; feuilles *lisses, cylindracées, canaliculées, fistuleuses,* largⁱment canaliculées en dessous dans leur partie inférieure; spathe à *filets plus courts* que l'ombelle; ombelle *sans bulbilles;* divis. du périanthe conniventes; fl. serrées, d'un *beau rouge;* étamines saillantes, les tricuspidées à pointes égales. Juin, août. Lieux secs, sablonneux. C.

(6) A. Vineale. *L.* (A. des Vignes.) Bulbe multiple à bulbilles *pédicellés* dans une tunique commune; tige feuillée de 4-8 déc.; feuilles lisses, *cylindracées, canaliculées, fistuleuses;* ombelle *bulbifère;* fl. d'un *rose pâle,* divis. du périanthe conniventes; étamines dépassant le périanthe, pointe anthérifère égalant presque les latérales. Juin, août. Lieux secs, sablonneux. C.

(7) **A. Ascalonicum.** *L.* (A. Echalotte.) Bulbes nombreuses, *indépendantes*, ovoïdes allongées; feuilles *cylindriques fistuleuses*; ombelle *sans bulbilles*; divis. du périanthe *étalées*, fl. violacées; étamines dépassant le périanthe, les intérieures munies à la base des filets de deux dents *courtes*. Juil., août. Cultivé.

Originaire d'Ascalon (Asie), introduite par les Croisés.

(8) **A. Cepa.** *L.* (A. Ognon.) Bulbe *simple, orbiculaire*; hampe d'un mètre, *renflée à la base, fortement fistuleuse*; feuilles cylindriques, fistuleuses, renflées; sertule *gros, non bulbifère*; fl. *verdâtres*; étamines intérieures dépassant le périanthe, munies à la base des filets de deux dents *courtes*. Juil., août. Cultivé.

b. — Toutes les étamines à filets simples.

(9) **A. Fistulosum.** *L.* (A. Fistuleux.) Vulg. Ognon d'hiver. Ne diffère du précédent que par les étam. *toutes à filets simples*, sa tige *renflée au milieu*.

(10) **A. Schenoprasum.** *L.* (A. Civette.) Vulg. Appétits, Ciboule. Bulbes *oblongues en touffes*; feuilles *linéaires, cylindracées, fistuleuses*; spathe à *2 feuillets* égaux très courts, sertule *sans bulbilles*; lobes du périanthe *aigus, plus ou moins étalés*. Juin, juil. Cultivé.

(11) **A. Oleraceum.** *L.* (A. des lieux cultivés.) Bulbe ovoïde petite; tige de 4-6 déc., droite; feuilles *linéaires* semi-cylindriques, *canaliculées* en dessus, *fistuleuses, rudes* en dessous; un des feuillets de la spathe *très allongé*, plus long que l'ombelle; fl. rougeâtres en sertule lâche, *bulbifère*, à lobes du périanthe obtus *égalant* à peu près les étam; ovaire muni *à son sommet* d'angles chargés d'aspérités. Août. Champs. C.

(12) **A. Complanatum.** *Bor.* 3° éd. (A. à feuilles planes.) Bulbe ovoïde; tige de 4-8 déc. droite; feuilles linéaires, *à peine fistuleuses, presque planes* en dessus, *non canaliculées*, à stries *lisses* ou à aspérités très fines; étamines *incluses*; le reste semblable au précédent. Août. Champs. R. R. — Environs de Saint-Pourçain (H. G.).

(13) **A. Ursinum.** *L.* (A. des Ours.) Bulbe oblongue, allongée; tige de 2-4 déc., feuilles *longuement* pétiolées, *larges, planes, elliptiques, lancéolées; hampe* terminée par une *ombelle plane de fl. d'un beau blanc*, à divisions *aiguës*; spathe à un seul feuillet; étam. *incluses*. Avril, mai. Bois, haies. — Chareil, Chavenon, Lavau-Sainte-Anne; bois de Chauvière, près Montluçon; forêt de Grosbois; Cusset, Bressolles, le Donjon, Monétay, Louroux-de-Bouble, Bellenaves, Chantelle; Besson, à Bost; Blomard, Meillers, Saint-Germain-des-Fossés, Ferrières; Laprugne, à la Burnolle; Lapalisse, Saint-Aubin, Messarges, Espinasse-Vozelle, Servilly, Chemilly, Saint-Désiré, Fleuriel, Bayet, Le Vernet, Charmeil, Bourbon, Lurcy, etc.

(14) **A. Victoriale.** *L.* (A. Victorial.) *Souche oblique*, enveloppée de tuniques filamenteuses; tige *feuillée* de 4-6 déc.; feuilles *un peu* pétiolées, *lancéolées, elliptiques, planes*; spathe plus courte que l'ombelle, à un seul feuillet; fl. d'un *blanc verdâtre, à étam. saillantes, en*

sertule globuleux. Juil., août. R. R. — Au Montoncelle (J. R.); Laprugne, à l'Assise (J. B.).

LILIUM. *L.* (Lis.) Bulbe écailleuse; tige feuillée; périanthe à 6 divis. en cloche, étalées ou renversées, un peu soudées à la base; style filiforme; stigmate trilobé; caps. à 3 angles, graines aplaties, membraneuses.

L. MARTAGON. *L.* (L. Martagon.) Tige de 5-10 déc., droite, ponctuée, scabre; feuilles verticillées inférieurement, ovales; grappe de 3-4 fl. penchées, rougeâtres et tachées. Juin, juil. R.R. — Neuvialle, bords de la Sioule, au-dessus de la grotte des Oies (L. L.); bois de Saint-Nicolas-des-Biefs (Renoux).

FRITILLARIA. *L.* (Fritillaire.) Périanthe campanulé, à 6 divis. libres, munies d'une fossette nectarifère à la base; 6 étamines adhérentes à la base des divisions du périanthe; style allongé, renflé au sommet; stigmate trifide; capsule trigone; graines comprimées membraneuses.

F. MELEAGRIS. *L.* (F. Pintade.) Bulbe petite; tige de 2-4 déc., feuillée, ordin. uniflore; 3-5 feuilles alternes, lancéolées-linéaires; fleurs ovoïdes, à périanthe brun purpurin, à carreaux jaunâtres et violets en damier; étamines, style et ovaire à peu près égaux. Avril. Viv. Prés et bois. R. R. — Bois du Vignot, près Arcomps, Cher, sur nos limites (De Lambertye, in Bor.)

On trouvera dans tous les parterres le Lis blanc. *L. candidum,* à odeur si suave, et le Lis safrané, *L. croceum,* à fl. jaunes orangées.

Cette belle famille fournit à nos parterres un grand nombre de plantes d'ornement, la Tulipe de Gesner, *T. gesneriana. L.,* et ses nombreuses variétés; la Jacinthe orientale, *Hyacinthus orientalis. L.,* les Ornithogales, les Hémérocalles : *H. fulva,* H. fauve; H. *flava,* H. jaune, le Lis hémérocalle; la Tubéreuse à odeur si suave, mais portant à la tête; l'*Allium moly,* à fl. d'un beau jaune, admise dans les parterres malgré son odeur; les Asphodèles, les Fritillaires, surtout la F. impériale, l'Agapanthe, l'Aloès.

Famille XCVI. — ASPARAGINÉES.

Fleurs hermaphrodites ou unisexuelles régulières; périanthe à 6 divis., rarement 4-8, herbacées ou pétaloïdes, souvent soudées, sur 2 rangs; 6 étam., rarement 3 ou 8, hypogynes; ovaire libre; fruit bacciforme, indéhiscent, souvent à 3 loges. Plantes à souche rampante; rarement arbrisseaux.

ASPARAGUS. *L.* (Asperge.) Fl. souvent dioïques; périanthe à 6 divis., campanulées, conniventes, caduc; 6 étam., insérées sur la base du périanthe; 1 style à stigmates réfléchis; baie à 3 loges; feuilles filiformes à l'aisselle d'écailles.

A. Officinalis. *L.* (A. Officinale.) Souche à fibres épaisses; tiges glabres de 4-9 déc., droites, rameuses, herbacées; feuilles fasciculées, sétacées, à la base d'une bractée; pédoncules souvent géminés; fl. jaunâtres, baies rouges. Juin, juil. Viv. Cultivée et sous-spontanée çà et là.

Les Asperges forment un aliment recherché, elles sont diurétiques et communiquent à l'urine une odeur particulière. Ce sont leurs jeunes pousses que l'on mange.

RUSCUS. *L.* (Fragon.) Fl. dioïques portées par les rameaux foliacés aplatis; périanthe à 6 divisions persistantes, libres jusqu'à la base; 3 étam. à filets soudés en tube; stigmate entier, presque sessile; baie globuleuse.

R. Aculeatus. *L.* (F. Piquant.) Vulg. Petit Houx. Sous-arbrisseau toujours vert; rameaux foliacés aplatis, sessiles, alternes, coriaces, ovales, aigus piquants, tordus, à l'aisselle d'une bractée membraneuse; fl. verdâtres; baie de la grosseur d'une cerise, rouge à maturité. Viv. de novembre à mai. Bois. C. Semble cependant manquer dans la montagne et dans certaines régions.

PARIS. *L.* (Parisette.) Fl. hermaphrodites; périanthe très ouvert, à 8 divisions, les 4 intér. très étroites (p. 381, fig. 8); 8 étam., insérées à la base du périanthe; 4 styles, libres, filiformes; baie globuleuse à 4 loges.

P. Quadrifolia. *L.* (P. à 4 feuilles.) Souche rampante, blanchâtre; tiges simples de 2-3 déc., uniflores; ordin. 4 feuilles en verticilles, ovales entières acuminées, situées au-dessous de la fleur; lobes du périanthe allongés aigus verdâtres; ovaire d'un pourpre noir; baie de la grosseur d'une petite cerise; fl. solitaire. Avril, mai. Viv. — Bois. A. R. — Saint-Nicolas, Busset, Cusset, forêt de Bagnolet, Le Donjon, Arronnes, Neuvy, La Lizolle, Echassières, Laprugne, Saint-Nicolas, Le Montet, Ferrières, Veauce, Lapalisse, Saint-Prix, Saint-Germain-des-Fossés, Montmarault, Broût-Vernet, Busset, Marcillat, Fleuriel, Fourilles.

POLYGONATUM. *Tourn.* (Polygonier.) Fleurs hermaphrodites; périanthe tubuleux cylindracé, à 6 divis., courtes; 6 étam. insérées vers le milieu du tube; style grêle, stigmate trigone, baie globuleuse à 3 loges; souche rampante, feuilles sessiles entières; fl. axillaires, blanches tachées de vert. Vulg. Sceau de Salomon.

1 { Feuilles verticillées. *P. verticillatum.* (3)
  { Feuilles alternes 2

2 { Fl. grêles, contractées en leur milieu . . . . *P. multiflorum.* (2)
  { Fl. plus grosses, un peu renflées (p. 381, fig. 9) . . . . *P. vulgare.* (1)

(1) P. Vulgare. *Desf. G. G. Bor. Convallaria polygonatum. L.* (P. Commun.) Tige arquée *anguleuse;* feuilles ovales alternes; fl. *de 1*

à 2, *cylindracées* un peu renflées (p. 381, fig. 9) ; étamines à *filets glabres ;* baie d'un *noir bleuâtre*. Avril, mai. Terrains calcaires. — Yzeure, Vallière, près Moulins ; Neuvialle, Chiroux, Désertines, Arronnes, Bresnay, Besson, Monétay, Branssat, Bègues, Gannat, Bellenaves, Chareil, Bayet, Monestier, Ferrières, Blomard, Montord, Naves, Montluçon, Tronçais, Bizeneuille, Audes, etc.

(2) P. Multiflorum. *All. G. G. Bor. Convallaria multiflora. L.* (P. Multiflore.) Tige arquée *cylindrique ;* feuilles ovales ; *fl. au nombre de 2-6,* grêles, *contractées* en leur milieu ; étam. à *filets poilus ;* baie *rouge*. Avril, mai. Bois. C.

(3) P. Verticillatum. *All. G. G. Bor.* (P. Verticillé.) Tige très feuillée ; *droite,* anguleuse ; feuilles *verticillées,* sessiles, *lancéolées linéaires ;* pédoncules *verticillés ;* fl. blanches. Mai, juin. Viv. Bois des montagnes, 1,000 mètres d'altitude. R. R. — Laprugne, à l'Assise (J. B.) ; L'Avoine, au Montoncelle (J. R.)

CONVALLARIA. *L.* (Muguet.) Fleurs hermaphrodites ; périanthe urcéolé à 6 dents courtes, 6 étam., insérées à la base du périanthe ; style court épais ; baie globuleuse à 3 loges monospermes.

C. Maïalis. *L.* (M. de Mai.) Souche rampante ; feuilles au nombre de 2, radicales, pétiolées, ovales acuminées, nerveuses ; hampe latérale aux feuilles ; fleurs blanches, odorantes, en grappe unilatérale ; baie rouge. Mai. Viv. Bois. — C. à toute altitude.

MAIANTHEMUM. *Wiggers.* (Maïanthème.) Fleurs hermaphrodites ; périanthe à 4 divisions presque libres, étalées ; 4 étamines insérées à la base du périanthe ; style court, épais ; ovaire à 2 loges ; baie globuleuse.

M. Bifolium. *D. C. G. G. Bor. Convallaria bifolia. L.* (M. à 2 feuilles.) Souche horizontale, traçante ; tige de 1-2 déc., flexueuse ; ordin. 2 feuilles, pétiolées, alternes, luisantes, pubescentes en dessous sur les nervures, cordiformes, acuminées ; fl. petites, blanches, à divisions ovales, en grappe simple ; baie rouge. Mai. juin. Bois montueux. R. — Tronget, futaie de Mondry (R. de C.) ; Chemilly, entre Gioreuil et les Parizes ; Ferrières, au Montoncelle (L. A.) ; Echassières, aux Collettes (E. Nony) ; Bouénat, aux Collettes (Langiaux) ; Deux-Chaises (B.) ; Lamaids (Grosleron) ; Cérilly, à Tronçais (Chauchard, in Pérard.)

Famille XCVII. — JONCÉES.

Fleurs hermaphrodites, souvent en panicule ou en corymbe, régulières ; plantes à feuilles engaînantes, semblables à celles des Graminées, ou cylindracées, ou aphylles. Périanthes à 6 divisions herbacées, libres, 3 extér. et 3 intér. ; 3-6 étam., insérées sur le réceptacle ; 1 ovaire libre, 1 style, 3 stigmates poilus ; caps. à 3 valves.

Capsule à 1 loge ; feuilles de graminées et poilues	Luzula. (p. 395)
Capsule à 3 loges ; plantes toujours glabres	Juncus. (p. 392)

JUNCUS. *L.* (Jonc.) Capsule à 3 loges à graines nombreuses, s'ouvrant en 3 valves portant une cloison au milieu; fleurs solitaires ou en glomérules, en panicule ou en corymbe; feuilles glabres.

1	Feuilles nulles, réduites à des gaînes au bas de la tige		2
	Plante munie de feuilles		4
2	Tige fortement striée . . . . *J. glaucus.*	(3)
	Tige peu ou point striée		3
3	Fleurs en glomérules sessiles . . . . *J. conglomeratus.*	(1)
	Fleurs en panicule pédonculée. . . . . *J. effusus.*	(2)
4	Feuilles toutes radicales		5
	Feuilles caulinaires		6
5	Fleurs en têtes sessiles (p. 397, fig. 4) . . . . *J. capitatus.*	(5)
	Fleurs en panicule . . . . *J. squarrosus.*	(4)
6	Feuilles paraissant noueuses quand on les fait glisser entre les doigts.		7
	Feuilles jamais noueuses . . . . • . .		11
7	Feuilles canaliculées, capsule obtuse. . . . . *J. uliginosus.*	(7)
	Feuilles cylindracées, capsule aiguë.		8
8	Périanthe à lobes tous obtus; fl. et capsules d'un vert blanchâtre . . . . *J. obtusiflorus.*	(15)
	Au moins 3 lobes aigus; fl. et capsules d'un brun luisant.		9
9	Lobes du périanthe inégaux, tous acuminés . . . . *J. acutiflorus.*	(12)
	Lobes égaux, les extér. aigus, les intér. obtus.		10
10	Tiges comprimées à la base comme à 2 tranchants. . . . . *J. anceps.*	(13)
	Tiges non comme ci-dessus . . . . *J. lamprocarpus.*	(14)
11	Lobes du périanthe obtus.		12
	Lobes du périanthe aigus.		13
12	Capsule subglobuleuse, double du périanthe. . . . . *J. compressus.*	(10)
	Capsule ovoïde, dépassant à peine le périanthe . . . . *J. Gerardi.*	(11)
13	Tige traçante, radicante. . . . . *J. uliginosus.*	(7)
	Racine fibreuse, non traçante		14
14	Périanthe égalant à peu près la capsule . . . . *J. tenageya.*	(9)
	Périanthe dépassant la capsule.		15
15	Lobes du périanthe très inégaux . . . . *J. bufonius.*	(8)
	Lobes du périanthe égaux. *J. pygmœus.*	(6)

a. — Feuilles nulles; Inflorescence latérale.

(1) **J. Conglomeratus.** *L.* (J. Aggloméré.) Tiges de 5-8 déc., droites, *finement striées,* cylindriques, munies à la base d'une gaîne brunâtre; fl. agglomérées en panicule compacte *sessile;* divisions du périanthe lancéolées acuminées, égalant la capsule; *3 étam.;* caps. obtuse, *terminée par un mamelon saillant qui porte le style.* Juin, juil. Viv. Fossés, etc. C. C.

(2) **J. Effusus.** *L.* (J. Épars.) Tiges de 5-8 déc., droites, *très lisses,* cylindriques, munies à la base d'une gaîne brunâtre; fl. agglomérées en panicule, *pédicellées;* divisions du périanthe lancéolées acuminées; *3 étam.;* caps. obtuse, *déprimée en fossette de laquelle sort le style.* Juin, juill. Viv. Fossés, etc. C. C.

(3) **J. Glaucus.** *Ehrart.* (J. Glauque.) Tiges de 5-8 déc., droites, profondément *striées, glauques,* à moëlle *interrompue,* gaînes d'un pourpre noir; panicule *latérale,* diffuse, lobes du périanthe aigus

égalant la capsule ; *6 étam.;* caps. brune, oblongue, *mucronée.* Juin, sept. Viv. Lieux mouillés. C.

Ces 3 espèces sont communes à toute altitude.

b. — Feuilles toutes radicales.

(4) J. Squarrosus. *L.* (J. Raide.) Tige *de 2-8 déc.*, raide, *nue ;* feuilles *toutes radicales,* linéaires, *canaliculées,* raides, en faisceaux serrés et étalées ; fl. brunâtres scarieuses, en panicule corymbiforme étroite, *terminale, interrompue,* pédicellées ; lobes du périanthe un peu aigus, *égalant* à peu près la capsule, qui est obscurément trigone, obtuse. Juin, sept. Viv. R. — Lusigny, étang de Chevray (V. B.) ; Périgny, étang des Vicaires (Lasnier) ; La Lizolle (P. B.) ; Le Mayet-de-Montagne, Ferrières, Laprugne à l'Assise, Echassières (A. M.) ; La Chabanne (Renoux) ; Le Montet, bois de Mondry (A. P.) ; Lavaudfranche, Creuse sur nos limites (A. P.)

(5) J. Capitatus. *Weigel. Bor. G. G. J. Ericetorum. Poll. D. C.* (J. en tête.) Souche à fibres nombreuses ; tige de 4-10 cent., droite, filiforme ; feuilles *toutes radicales, filiformes* canaliculées ; capitules en *tête sessile terminale,* munie de *bractées inégales ;* lobes du périanthe *dépassant* la capsule, *longuement acuminés,* surtout les extér. qui sont recourbés ; capsule ovoïde subglobuleuse. (p. 397, fig. 1.) Mai, juil. An. Lieux mouillés en hiver. — R. Lafeline, Cérilly (Bor) ; Moladier (E. O.) ; Neuvy, à La Presle (V. B.) ; Chavenon (Causse) ; Murat (R. de C.) ; Saint-Ennemond (L. A.) ; Montluçon, bois de Douguistre ; Désertines au Val-du-Diable, environs de Braize (A. P.).

c. — Tiges feuillées.

(6) J. Pygmæus. *Thuillier. Bor. G. G.* (J. Pygmée.) Racine fibreuse *annuelle ;* tige feuillée, de 6-12 cent., dressée, filiforme ; feuilles linéaires sétacées, canaliculées, *très légèrement* noueuses ; fleurs verdâtres ou rougeâtres en glomérules axillaires ou terminaux, munis de petites bractées scarieuses ; lobes du périanthe *égaux* droits, *linéaires,* acuminés ; 3 étamines ; capsule *allongée,* subtrigone, pointue, bien plus courte que le périanthe. Juin, août. An. Lieux marécageux, bords des étangs. R. R. — Cosne, étang des Landes, où il est commun (A. P.)

(7) J. Uliginosus. *Meyer. Bor. J. Supinus. Mœnch. J. fluitans. Lam. G. G.* (J. des Fanges.) Rac. fibreuse, souvent à *collet bulbeux,* tiges flottantes, et alors plus ou moins allongées ; feuilles *sétacées,* subcanaliculées, *un peu noueuses ;* fl. *agglomérées* en petits capitules, *les uns sessiles, les autres pédonculés,* bractéolés, souvent *entremêlés de feuilles* qui les rendent *vivipares ;* lobes du périanthe *égaux,* ovales lancéolés, *les extér. aigus, les intér. obtus ;* 3 étamines ; capsule oblongue *obtuse,* subtrigone égalant le périanthe. Juin, sept. Viv. Etangs. C.

J. Supinus. Mœnch. Forme des lieux exondés, *gazonnante à nœuds* de la tige *prolifères, droite,* haute seulement de quelques centimètres.

(8) **J. Bufonius.** *L.* (J. des Crapauds.) Racine fibreuse ; tiges souvent nombreuses, de 1-2 déc., grêles, gazonnantes, rameuses, *dichotomes* (p. 397, fig. 2.) ; feuilles linéaires, sétacées, canaliculées à la base, *non noueuses* ; fl. verdâtres, *solitaires ou géminées, sessiles* ou à peu près ; lobes du périonthe *très inégaux,* lancéolés subulés, *dépassant* la capsule obtuse, *ovale ;* 6 étamines. Juin, sept. An. Lieux humides. C.

J. Fasciculatus. Bert. J. Hybridus. Brot. Bor. Fleurs fasciculées par 3-5. R. — Chavenon, chemins de Sceauve (Causse.) ; Marcenat (A. M.) ; Montluçon, château du Mont, Labrosse, Passat, Vallon, Audes, Urçay (A. P.)

(9) **J. Tenageya.** *L.* (J. des Boues.) Tiges de 1-2 déc., droites, rameuses, gazonnantes souvent nombreuses, à rameaux *dichotomes en panicule ;* feuilles sétacées canaliculées, à gaîne *auriculée ;* fl. *solitaires, sessiles* ou à peu près ; lobes du périanthe ovales lancéolés, les extér. acuminés, *égaux* à la caps., qui est obtuse, *arrondie ;* 6 étamines. Juin, août. An. Bords des étangs. — Neuvy, Trevol, Yzeure, Chavenon, Le Montet, Deux-Chaises, Gennetines, Le Mayet-de-Montagne, Louroux-de-Bouble, Saint-Pourçain, Loriges, Bresnay, Gouise, Chézy, Saint-Didier, Cesset, Montluçon, Commentry, Audes, Bizeneuille, Cosne, Braize, Urçay, Broût-Vernet.

(10) **J. Compressus.** *Jacq. Bor. G. G.* (J. Comprimé.) Souche *rampante ;* tiges simples, dressées, un peu *comprimées,* de 2-5 déc., terminées par une *panicule corymbiforme ;* feuilles étroites, *canaliculées, non noueuses ;* lobes du périanthe *obtus, plus petits* de moitié que la caps. mûre ; celle-ci *obtuse, presque globuleuse ;* 6 étam.; *style* ordin. *moitié de l'ovaire.* Juin, sept. Viv. Lieux inondés l'hiver. Assez R. — Neuvy, Fossés à Vallière, bords de la Queune ; bords de la Loire, de l'Allier, à Chemilly, Bressolles, Moulins, Avermes, Toulon, Laferté, Monétay, Aubigny, Chavenon, Montord, Fourilles, Montluçon, à Passat ; Jenzat, à Vauvernier.

(11) **J. Gerardi.** *Lois. Bor. G. G.* (J. de Gérard.) Plante bien voisine de la précédente dont elle diffère : par sa tige *à peu près cylindrique ;* son style *égalant* ordin. l'ovaire ; sa capsule *dépassant à peine* le périanthe. Semble, chez nous, particulière aux eaux salées. R. R. — Fourilles, marais salés (C. B.) ; Jenzat, marais salé de Vauvernier (H. du Buysson.)

(12) **J. Acutiflorus.** *Ehr. Bor. J. Sylvaticus. Reich. G. G.* (J. à fl. aiguës.) Souche traçante ; Tige de 4-8 déc., dressée ; feuilles cylindriques, comprimées, *très noueuses ;* fl. en cymes corymbiformes ; lobes du périanthe *inégaux, tous acuminés, aristés,* bien plus courts que la caps. trigone, *ovale, longuement acuminée.* Juin, août. Viv. Lieux humides. C.

(13) **J. Anceps.** *Laharpe. Bor. G. G.* (J. à deux tranchants.) Souche rampante, tige dressée, *comprimée, à 2 tranchants* à la base ; feuilles *noueuses fortement comprimées,* presque à 2 tranchants ; fleurs *très petites,* en glomérules de 4-6, formant une panicule corymbiforme ; divisions du périanthe *presque égales,* les *intér.*

obtuses, les *extér. aiguës,* un peu *plus courtes* que la capsule ovoïde trigone. Juin, août. Tourbières. R. R. — Braize, tourbières des étangs Roux (A. P.)

(14) J. Lamprocarpus. *Ehr. Bor. G. G. J. Sylvaticus. D. C.* (J. à fruits brillants.) *Souche subcespiteuse ;* tige de 3-8 déc., couchée-ascendante ; feuilles cylindriques, comprimées. *très noueuses ;* fl. en corymbe étalé ; lobes du périanthe *égaux, les extér. aigus, les intér. obtus,* plus courts que la caps. *trigone,* courtement acuminée, d'un noir brillant. Juin, sept. Viv. Lieux humides, marais. C.

(15) J. Obtusiflorus. *Ehr. Bor. G. G. J. Articulatus. D. C.* (J. à Fleurs obtuses.) Tiges de 4-8 déc. *dépourvue de feuilles radicales,* qui sont remplacées par des écailles engaînantes ; feuilles cylindracées, *fortement noueuses ;* fleurs jaunâtres ou verdâtres en glomérules nombreux, formant une panicule *étalée divariquée ;* lobes du périanthe *égaux, tous obtus* au sommet, *égalant* à peu près la capsule qui est ovale trigone aiguë. Juin, août. Viv. Lieux marécageux des calcaires. R.R. — Fourilles, marais de La Rivière (Lavediau). Cher, sur nos limites : Chavannes, Chapelle-Saint-Ursin (Bor. 3ᵉ éd.).

LUZULA. *D. C. Juncus. L.* (Luzule.) Périanthe à 6 divis., 6 étam., 1 style ; caps. uniloculaire, à 3 graines et à 3 valves sans cloisons ; feuilles planes, semblables à celles des Graminées, ordin. munies de longs poils.

1 { Fleurs solitaires		2
Fleurs en glomérules ou en épis.		3
2 { Capsule aiguë (p. 397, fig. 3)	*L. Forsteri.*	(2)
Capsule obtuse . . . . : . . . . . . *. . .	*L. pilosa.*	(1)
3 { Chaque pédoncule du corymbe portant plusieurs glomérules		4
Chaque pédonc. du corymbe ne portant qu'un glomérule ou épi		5
4 { Fleurs blanches ou blanchâtres, dépassées par les feuilles	*L. nivea.*	(4)
Fleurs brunâtres, dépassant les feuilles.	*L. maxima.*	(3)
5 { Racine traçante	*L. campestris.*	(5)
Racine fibreuse	*L. multiflora.*	(6)

a. — Fleurs solitaires.

(1) L. Pilosa. *Wild. Bor. G. G. L. Vernalis. D. C. J. Pilosus. L.* (L. Poilue.) Racine fibreuse ; tige de 3-4 déc., dressée ; feuilles *linéaires élargies,* 9-10 mill. à gaînes pourprées ; rameaux dressés en panicule, *puis étalés, puis réfléchis ;* fl. *solitaires,* 1-3 par rameau, à lobes aigus, *un peu plus courts* que la capsule ; caps. ovale, *arrondie, obtuse,* mucronulée. Mars, mai. Viv. Bois. C. à toute altitude.

(2) L. Forsteri. *D. C. G. G. Bor.* (L. de Forster.) Aspect général de la précédente, en diffère : par ses feuilles *plus étroites ;* ses rameaux *au plus subétalés* à maturité ; son périanthe *égalant au moins* la capsule ; sa capsule *aiguë* (p. 397, fig. 3.) Mars, Mai. Viv. Bois. — C. à toute altitude.

b. — Fleurs en glomérules.

(3) L. Maxima. *D. C. Bor. L. Sylvatica. Gaud. G. G.* (L. à larges feuilles.) Racine gazonnante, *oblique ;* tiges de 5-8 déc. ; feuilles

linéaires *élargies* (6-10 mill.); fl. en corymbe lâche, dont *chaque pédoncule porte plusieurs glomérules de 3-4 fl.* munis de bractées *plus courtes* que le corymbe; lobes du périanthe égaux, lancéolés acuminés, égaux à la capsule ovale mucronée ; fl. *luisantes brunes.* Avril, juin. Bois montueux. — Forêt de Moladier; bois des Grivats, près Cusset; Grosbois, gorge de l'Amaron, à Montluçon; Marcillat, bords du Buron ; Meillers, Châtel-Montagne, Saint-Nicolas, Busset, Chavenon, Ferrières, Saint-Nicolas, Laprugne, Echassières, Pérogne, La Lizolle, Espinasse-Vozelle, Branssat, Fleuriel, le Vernet, Lignerolles, etc.

(4) L. Nivea. *D. C. Bor. G. G.* (L. Blanche.) Souche stolonifère ; tige de 3-8 déc.; feuilles linéaires; glomérules de 5-10 fleurs, en panicule dressée, arrondie. serrée, *bien plus courte* que les feuilles florales; périanthe *d'un beau blanc*, à divisions aigües, *à peu près doubles* de la capsule; filets des étamines *égalant* les anthères en longueur; capsule ovoïde apiculée. Juin, août. Viv. Montagnes. R. R. — J'ai récolté le 30 août 1872 cette plante d'altitudes plus élevées près du grand étang voisin du Mayet-de-Montagne; on la retrouvera probablement dans la montagne.

(5) L. Campestris. *D. C.* (L. Champêtre.) Racine *rampante;* tige *de 1-3 déc.;* feuilles linéaires; fl. compactes, en corymbe dont chaque *pédoncule ne porte qu'un glomérule en épi* de 5-10 fl.; fleurs *brunes;* étamines à filets *3-4 fois plus courts* que l'anthère. Mars, mai. Voisinage des bois. Viv. C. à toute altitude.

(6) L. Multiflora. *Lej. Bor. G. G.* (L. Multiflore.) Racine *fibreuse;* tige *de 4-6 déc.;* feuilles linéaires; fl. compactes, en corymbe dont *chaque pédoncule ne porte qu'un glomérule en épi;* fl. *brunâtres;* étamines à filets *égalant presque* l'anthère. Mai, juin. Voisinage des bois. C. à toute altitude.

L. Pallescens. Hoppe. Epis plus petits, d'un fauve très pâle. — Endroits ombragés, avec le type, mais plus rare.

Famille XCVIII. — CYPÉRACÉES.

Herbes à racines fibreuses ou rampantes, ayant l'aspect des Graminées, à tiges sans nœuds renflés comme ces dernières; feuilles linéaires engaînantes, à gaînes non fendues comme celles des Graminées ; fleurs hermaphrodites ou unisexuelles, à périanthe nul ou représenté par une écaille ou glume, ou remplacé par des poils ou des soies; ordinairement 3 étam., 2-3 styles ou stigmates; fruit sec, akène libre, uniloculaire, monosperme ; fl. en épis simples ou composés.

Ces plantes, dont quelques-unes sont très communes dans les endroits humides, forment un mauvais fourrage, elles sont dures et peu recherchées par les animaux. Elles sont difficiles à détruire, on ne peut les faire disparaître qu'en changeant pour ainsi dire la nature du fond sur lequel elles vivent. Leur rôle naturel semble, au reste, être d'exhausser le fond des marais par leurs débris et d'assainir ainsi le sol.

1 { Fleurs unisexuelles . . . . CAREX. (p. 403)
{ Fleurs hermaphrodites 2

1. Juncus capitatus. — 2. J. Bufonius. — 3. Caps. de Luzula Forsteri. — 4. Epillet de Cyperus flavescens. — 5. Id. de Rhincospora alba. — 6. Fr. de Scirpus palustris. — 7. Coupe de la caps. d'un Carex. — 8. Car. pulicaris — 9. Epillet de C. leporina. — 10. Ep. infér. de C. divulsa. — 11. Caps. de C. echinata. — 12. Bractée de C. glauca. — 13. Epi mâle de C. præcox. — 14. Caps. de C. tomentosa. — 15. Id. de C. pilulifera. — 16. Id. de C. vesicaria. — 17. Ecaille d'Epi mâle de C. riparia. — 18. Caps. de C. sylvatica. — 19. Id. de C. pseudo-cyperus. — 20. Id de C. pallescens.
Les dessins de capsules sont généralement amplifiés.

CYPERUS. *L.* (Souchet.) Fl. hermaphrodites, épillets comprimés à écailles carénées, distiques, presque toutes fertiles, sauf 1 ou 2 à la base vides et stériles ; 2-3 stigmates ; épillets comme en ombelle munie de bractées à sa base (p. 397, fig. 4).

1 { Plante de 5-12 déc., feuilles scabres. . . . . *C. longus.* (1)
{ Plante de 1-2 déc., feuilles lisses 2

2 { 3 stigmates, épis ordin. d'un brun-noirâtre. . . . . *C. fuscus.* (2)
{ 2 stigmates, épis blonds . . . . *C. flavescens.* (3)

a. — Trois stigmates; akènes triquêtres.

(1) C. Longus. *L.* (S. long.) Plante *vivace*, à souche *épaisse traçante*; tiges *de 5-12 déc.*, dressées, triquêtres; feuilles planes, carénées, *très scabres*; involucre à 3 longues bractées; épillet sublinéaire; glumes oblongues, d'un brun-rougeâtre; akène *noirâtre*, triquêtre, deux fois plus court que la glume. Juill., sept. Lieux humides. Viv. R. R. — Cher, sur nos limites; Saint-Amand, Charost, etc. (Bor. 8ᵉ éd.).

(2) C. Fuscus. *L.* (S. Brun.) Racine *annuelle, fibreuse*; tiges de 1-2 déc., triquêtres; feuilles *lisses*, linéaires étroites; épillets d'un *brun-noirâtre*, à pédoncules munis de 3 bractées foliacées, allongées, inégales; 3 *stigmates*; akènes blanchâtres, *égalant presque* la glume. Juil., sept. An. Lieux humides. — Bords de l'Allier, de la Loire, de la Sioule, du Cher; bords des étangs, Neuvy, Yzeure, Trevol, Bourbon, Deux-Chaises, Saint-Hilaire, Saint-Ennemond, Liernolles, Besson, Bayet, Messarges, Néris, le Montet, Bizeneuille, etc.

Var. *Virescens. Hoff.* Épillets *verdâtres*, mais toujours à 3 stigmates. — Bords de la Queune.

b. — Deux stigmates; akènes comprimés.

(3) C. Flavescens. *L.* (S. Jaunâtre.) Diffère du précédent par ses épillets *blonds-jaunâtres*, et ses fl. à 2 *stigmates*. Tige de 5-20 cent. Lieux humides. — Bords de l'Allier, de la Loire, de la Sioule, du Cher; bords des étangs: Neuvy, Bagneux, Lurcy, Lapalisse, Périgny, le Mayet-de-Montagne, Ferrières, Tronget, Gipcy, Rocles, le Montet, Trevol, Saint-Désiré, Yzeure, Besson, Saint-Prix, Gennetines, Chirat, Thiel, Bourbon, Marcillat, Montluçon, Néris, Cosnes, Audes Bizeneuille, Estivareilles, etc.

CLADIUM. *R. Brown. Schœnus. L.* (Cladie.) Fleurs hermaphr. en épillets pauciflores, 1-2 fl., en glomérules formant des corymbes ombelliformes; glumes sur plusieurs rangs, les 3-4 infér. stériles plus petites que les fertiles; 2-3 stigmates; style filiforme; akène dépourvu de soies à la base; fruit muni d'une enveloppe crustacée fragile.

C. Mariscus. *R. Br. Bor. G. G.* (C. Marisque.) Racine grosse, rampante; tiges d'un mètre, dressées, raides, cylindracées, feuillées; feuilles planes, carénées, coupantes sur les bords et la carène; épillets d'un brun-roussâtre, ovoïdes oblongs; akène brun lisse. Juil., août. Viv. Lieux marécageux des calcaires. R. R. — Meaulne, en bas des Chanets; Bizeneuille, prairie tourbeuse au-delà de l'étang Muret (A. P.) Cher, sur nos limites, Contres, Chalivoy (Bor. 3ᵉ éd.).

SCHŒNUS. *L.* (Choin.) Épillets comprimés, pauciflores, de 1-6 fl., formant un capitule ovoïde-dense, terminal; glumes obscurément distiques, les inférieures stériles, vides, plus petites que les supérieures fertiles; fl. hermaphrodites; 1-6 soies hypogynes, rarement nulles; 3 étamines; style filiforme; 3 stigmates pubescents.

S. NIGRICANS. *L. Bor. G. G.* (C. Noirâtre.) Racine fibreuse ; tiges de 2-6 déc. dressées, nues, lisses, arrondies, en touffes ; feuilles toutes radicales, à gaines noirâtres, à limbe très étroit ; épillet ovoïde terminal, muni de deux bractées, dont l'infér. à pointe obliquement dressée dépasse le capitule ; fleurs d'un brun luisant ; akène blanc, subtrigone, luisant, mucroné. Mai, juil. Lieux tourbeux. R. R. — Cher, sur nos limites : Culan, Chapelle-Saint-Ursin, etc. (Bor. 3° éd) ; Saulzais (Marquis de la Roche).

RHYNCHOSPORA. *Vahlb. Schœnus. L.* (Rhynchospore.) Epillets pauciflores en corymbe ou épi composé ; fl. hermaphrodites ; 5-7 glumes imbriquées en tous sens ; les infér. vides et stériles, plus petites que les supér. fertiles ; style renflé à la base, à 2 stigmates glabres ; akène lenticulaire, couronné par la base renflée du style et entouré de 3-12 soies hypogynes.

{ Rac. fibreuse ; bractées dépassant à peine les épillets (p. 397, fig. 5) . . . *R. alba.* (1)
{ Rac. rampante ; bractées dépassant beaucoup les épillets. . . . . *R. fusca.* (2)

(1) R. ALBA. *Vahlb.* (R. Blanc.) Racine *fibreuse ;* tige *feuillée* de 2-5 déc., trigone ; feuilles linéaires carénées ; épis agglomérés, munis de bractées *qui les égalent* ou les dépassent un peu, *blanchâtres, à soies nombreuses égalant le fruit ;* écailles *imbriquées en tous sens ; 2 stigmates* plus courts que le style ; soies égalant l'akène. Juillet, sept. A. R. Lieux tourbeux. — Lapalisse, le Mayet, Saint-Nicolas, Thiel, Chemilly, Bresnay, Ferrières, Laprugne, Montluçon, Saint-Désiré, Toulon, Yzeure, Besson, Neuilly, Liernolles, Saint-Ennemond, Rocles, Deux-Chaises, Beaulon ; Cérilly à Civray, à Tronçais ; Urçay, Braize, Bizeneuille, etc. A toute altitude.

(2) R. FUSCA. *Rœm. et Sch.* (R. Brun.) Racine *rampante ;* tige de 2-5 déc., trigone, feuillée ; feuilles linéaires *sétacées,* canaliculées ; bractées *dépassant beaucoup* le capitule ; stigmates *plus longs* que le style ; soies peu nombreuses, *plus longues* que l'akène ; écailles *brunes.* Mai, juil. Viv. Lieux tourbeux. R. R. — Etang de Pouveux à droite de la route de Braize à Ainay (A. P.) ; Bourbon-Lancy, Saône-et-Loire, vers Maltat (Bor. 3° éd.)

SCIRPUS. *L.* (Scirpe.) Fleurs hermaphrodites, en épi simple ou en épillets réunis en capitules ou corymbes ; écailles imbriquées en tous sens, les infér. plus grandes, toutes fertiles, sauf 1-2 stériles à la base ; fruit muni de soies hypogynes, quelquefois nulles ; 2-3 stigmates, à style renflé à la base (*Eleocharis),* ou non renflé ; akène triquêtre quand il y a 3 stigmates, convexe quand il y en a deux.

1 { Style renflé à la base (p. 397, fig. 6). 2
{ Style non renflé à la base 5

2 { 3 stigmates, akènes triquêtres. 3
{ 2 stigmates, akènes comprimés 4

3 { Tige capillaire de 3-10 cent. . . . . *S. acicularis.* (4)
{ Tige non capillaire, de 1-3 déc. . . . . *S. multicaulis.* (3)

4 { Racine rampante. . . . . *S. palustris.* (1)
{ Racine fibreuse . . . . *S. ovatus.* (2)

SECTION I. — Heleocharis. R. Brown. Bor. G. G. Style comme bulbeux à la base.

(1) S. PALUSTRIS. *L.* (S. des Marais.) Racine *rampante ;* tige cylindracée comprimée, nue, munie à la base d'une gaîne membraneuse ; *2 stigmates ;* épi *oblong.* écailles brunes, scarieuses sur les bords, les 2-3 infér. stériles, *demi-embrassantes ;* soies dépassant l'akène qui est jaunâtre, obové, un peu comprimé. (p. 397, fig. 6.) Mai, sept. Fossés, marais. C.

Le *S. Uniglumis. Linck.* à écaille infér. arrondie, embrassant presque toute la base de l'épi, n'a pas encore été rencontré chez nous. Boreau le dit C. dans la montagne.

(2) S. OVATUS. *Roth.* (S. Ovale.) Racine *fibreuse annuelle ;* tiges de 1-2 déc., *cylindriques,* en touffes, nues, munies à la base d'une gaîne membraneuse ; épi *ovale-arrondi,* brunâtre ; *2 stigmates ;* akène jaunâtre obové, un peu comprimé, plus court que les soies ; écaille infér. *demi-embrassante.* Juin, sept. An. Etangs sablonneux. Assez R. — Trevol ; étang de Labrosse, Yzeure ; Lusigny, à Chevray ; Neuvy, Lapalisse, Bourbon, Le Mayet-de-Montagne, Ferrières, Bizeneuille, Saint-Ennemond, Bessay, Gouise, Chavenon, Montbeugny, Saint-Didier.

(3) S. MULTICAULIS. *Smith.* (S. à tiges nombreuses.) Souche *oblique fibreuse, vivace ;* tiges de 1-3 déc., grêles, cylindriques, en touffes, nues, pourvues à la base d'une gaîne membraneuse ; épi *ovale, lancéolé,* brun ; ordin., *3 stigmates,* fruit *trigone,* ou 2 stigmates fruit comprimé ; écaille infér. orbiculaire embrassant *presque complètement* l'épi. Juin, juil. Viv. Lieux tourbeux. R. — Lapalisse, Thiel, Châtel-Montagne, (Bor. 3e éd.) ; Périgny, à Rozière (P. B.) ; Montluçon, à Labrosse ; Quinssaines, à Bodijoux ; Bizeneuille ; Cérilly, à Tronçais ; Braize, étang Roux et de la Commanderie (A. P.) ; Saulzais, Cher, sur nos limites (Mis de la Roche.) Saône-et-Loire, Bourbon-Lancy (Bor. 3e éd.) ; Creuse, Tourbes près Lavaud-franche (A. P.)

(4) S. ACICULARIS. *L.* (S. Epingle.) Racine *filiforme rampante ;* tiges de 4-8 cent., formant des gazons épais, *capillaires, anguleuses ;* épi

très petit, ovale, *aigu; 3 stigmates;* akène blanchâtre, finement côtelé. Juin, sept. Viv. Lieux aquatiques, boires des bords de l'Allier, de la Loire, du Cher, etc.; des étangs. C.

SECTION II. — *Eu-Scirpus; style non renflé à la base.*

a. — Epi solitaire terminal.

(5) S. Pauciflorus. *Ligtfoot. G. G. Bor. S. Bœothryon. Ehr.* (S. Pauciflore.) Souche à rhizômes *filiformes traçants;* tiges de 1-3 déc.; feuilles réduites à une gaîne membraneuse, tronquée *dépourvue de limbe;* épi terminal, ovoïde; glumes brunes, les 2 infér. embrassantes et plus courtes que l'épi, et à nervure dorsale *disparaissant avant d'atteindre* le sommet; soies *plus courtes* que l'akène; 3 stigmates; akène obové trigone, strié en long. Juin, août. Viv. Tourbières. R. R. — Cher, sur nos limites: Chavannes, Le Châtelet, Sancoins, Saulzais (Bor. 3ᵉ éd.)

(6) S. Cæspitosus. *L.* (S. Gazonnant.) Racine fibreuse; tiges nombreuses, de 1-3 déc., munies à la base de *gaînes terminées en feuille courte, raide;* épi *terminal, solitaire,* à glumes brunâtres ovales; les 2 infér. plus grandes *égalant* l'épillet, nervure médiane *formant un prolongement;* akènes trigones *plus courts* que les soies; *3 stigmates,* fruit *trigone.* Mai, juil. Viv. Tourbes des montagnes R. R. — Laprugne, à l'Assise (Pérard. A. M.); Tourbières du Montoncelle (Renoux).

(7) S. Fluitans. *L.* (S. Flottant.) Tige grêle, *rameuse, feuillée,* couchée, ou flottante, radicante inférieurement; feuilles planes, linéaires; pédoncules alternes, *axillaires et terminaux; 2 stigmates;* écailles florales vertes à bord blanchâtre; akènes *comprimés,* plan-convexes, *dépourvus* de soies. Juil., sept. Viv. Fossés, étangs. R. — Thiel (Raynard); Cérilly, Moulins, Lapalisse (Bor.); Lurcy (Cr.); Chézy, aux Chauvins; Bresnay (L. A.); Gennetines, aux Baratiers (R. de C.); Bizeneuille, Cosne, Audes, Braize, Chavenon, Rocles, Montluçon (A. P.)

b. — Epis agglomérés.

(8) S. Setaceus. *L.* (S. Sétacé.) Racine *fibreuse annuelle;* tige de 6-15 cent., filiforme, cylindrique, munie à la base d'une *gaîne terminée en feuille sétacée;* épis ovoïdes, *latéraux* serrés; *3 stigmates;* glumes brunes, obtuses; akène brun, subtrigone, à faces *striées en long.* Juin, sept. An. Lieux humides. — Bords de la Loire, de l'Allier, etc. Etangs: Montmarault, Gannat, Yzeure, Bagneux, Laprugne, Châtel-Montagne, Le Mayet-de-Montagne, Meillers, La Feline, Bressolles, Varennes, Saint-Pourçain, Espinasse-Vozelle, Bresnay, Besson, Toulon, Montluçon, Cérilly, Audes, etc.

(9) S. Lacustris. *L.* (S. des Lacs.) Vulg. Jonc des Chaisiers. Souche *rampante;* tige *cylindrique, de 1-2 mètres, nue,* munie à la base d'une *gaîne prolongée en feuille courte; épis* nombreux, *en capitules pédicellés et sessiles,* offrant à la base 1-2 folioles raides, inégales; *3 stigmates;* glumes *striées en travers,* laciniées-ciliées; soies égalant à peu près l'akène, rudes de bas en haut; akène subtrigone. Mai, juil. Etangs, marais. C.

26

(10) S. Tabernæmontani. *Gmel. Bor.* (S. de Tabernæmontanus.) Diffère du précédent auquel on le réunit quelquefois comme variété ; par sa taille *plus petite ;* sa tige *glauque ;* ses gaînes pétiolaires ordin. *dépourvues* de limbe, à bords *rudes ;* ses anthères *glabres ;* ses stigm. ordin. *au nombre de deux ;* ses akènes *plans-convexes, non trigones ;* ses écailles florales *ponctuées.* Semble rechercher les eaux salées. R. — Jenzat, marais salé de Vauvernier (C. B.; B.) Fourilles, marais salé (C. B.) ; Bizeneuille, au-dessous de l'étang Muret (A. P.)

(11) S. Maritimus. *L.* (S. Maritime.) Racine *traçante ;* tige de 4-8 déc., *triquètre ;* feuilles *longues, linéaires, planes ;* pédoncules portant 1-3 épis *gros, ovoïdes, allongés, entremêlés d'épis sessiles,* entourés de 2-4 feuilles inégales en forme d'involucre, dépassant l'inflorescence ; glumes bifides ; soies *courtes ou nulles ;* 3 stigmates. Juil. août. Viv. Etangs, fossés. — Chavenon, Moulins, bords de l'Allier ; Toulon, Monétay, Bressolles, Saint-Voir, Périgny, Le Mayet-de-Montagne, Lapalisse, Gannat, Vicq, Marcenat, Lurcy, Souvigny, Jenzat, Créchy, Argentière, près Montluçon.

(12) S. Sylvaticus. *L.* (S. des Bois.) Racine *rampante ;* tige de 4-8 déc., robuste, *triquètre ;* feuilles linéaires, élargies, rudes ; épis *petits, courts, ovoïdes en cyme-*corymbiforme *paniculée, étalée,* garnie à la base de bractées *larges,* l'infér. dépassant la panicule ; soies *dépassant* l'akène ; 3 stigmates. Mai, juil. Ruisseaux, près humides. C. — Environs de Moulins, Souvigny, Saint-Voir, Meillers, Lapalisse, Chavenon, Gannat, Bresnay, Le Veurdre, Lurcy, Montluçon, Bizeneuille, Audes, Cérilly, Marcillat, etc.

(13) S. Michelianus. *L.* (S. de Micheli.) Racine *fibreuse annuelle ;* tiges *de 5-15 cent.,* triquètres, *gazonnantes ;* 1 ou 2 feuilles *linéaires* planes ; épillets petits, *formant une tête* arrondie, entourée de 3-5 bractées inégales, *allongées ;* 2 rarement 3 stigmates ; akène subtrigone *dépourvu* de soies. Juil., oct. Lieux humides. R. — Bords de l'Allier, à Chemilly (E. O.) ; Moulins, Monétay, Bessay, Marcenat, Villeneuve, Diou, Dompierre (A. M.) ; Saint-Hilaire (Causse) ; Messarges (H. Gay ; Gagne) ; Bourbon, Neuvy, étang des Baudons (L. A.) ; Contigny (Lailloux) ; Vichy (Boullu, in Pérard.)

BLYSMUS. *Panzer.* (Blysme.) Epillets de 2-8 fleurs, en épi terminal distique, comprimé ; écailles carénées convexes, imbriquées en tous sens, les deux infér. vides et stériles ; 3-6 soies hypogynes, rarement nulles ; 3 étamines ; style bifide, persistant, mais à base non dilatée ; fruit plan comprimé.

B. Compressus. *Panzer. Scirpus compr. Pers. G. G. Sc. caricinus Schrad. Sc. Caricis Retz. D. C. Schœnus compr. L.* (B. Comprimé.) Racine rampante, stolonifère ; tige de 1-2 déc., dressée, lisse, arrondie à la base, triquètre au sommet ; feuilles linéaires, acuminées, planes, un peu carénées, raides ; épillets d'un brun verdâtre, distiques, oblongs, sessiles, formant un épi oblong, comprimé, muni d'une bractée à la base ; écailles carénées, striées ; ovaire entouré de soies à aiguillons recourbés. Mai, juill. Viv. Prés humides et tourbeux. R. R. — Chavannes, Cher sur nos limites (Bor. 3ᵉ éd.)

ERIOPHORUM. L. (Linaigrette.) Fleurs hermaphrodites ; épillets multiflores, terminaux, ovoïdes, à écailles presque égales, imbriquées en tous sens, les infér. stériles ; 3 étam., 1 style à 3 stigmates ; fruits trigones entourés de soies allongées, lisses, nombreuses, accrescentes, d'un blanc brillant ; style non renflé à la base.

1 { Un seul épi terminal. . . . . *E. vaginatum.* (3)
  { Plusieurs épis. 2

2 { Pédicelles lisses . . . . *E. angustifolium.* (2)
  { Pédicelles rudes, quand on les fait glisser entre les doigts. . . . *E. latifolium.* (1)

(1) E. Latifolium. *Hoppe.* (L. à larges feuilles.) Racine traçante ; tiges de 4-8 déc., droites ; feuilles *courtes, linéaires, élargies*, rudes aux bords ; épis *nombreux*, pendants à maturité, à *pédicelles chargés d'aspérités, rudes de haut en bas* mais *non tomenteux ;* akène trigone, *mutique*, brunâtre. Avril, mai. Viv. Prés humides, tourbeux. A. R. — Trevol, Yzeure ; pré de la Cave ; Thiel, Bressolles ; Périgny, à Rozière ; Cérilly, Tronçais, Civray, Audes, Le Montoncelle.

(2) E. Angustifolium. *Roth.* (L. à feuilles étroites.) Racine traçante ; tige de 4-8 déc.; feuilles *allongées, linéaires ;* épis pendants à maturité, *nombreux*, à pédicelles *lisses et glabres ;* akène *noir*, trigone, *acuminé*. Avril, juin. Viv. Prés humides et tourbeux, plus commun que le précédent. — Trevol ; pré de la Cave ; Yzeure, Thiel, Lapalisse, Echassières, Murat, Rocles, Le Mayet-de-Montagne, Laprugne, Liernolles, Toulon, Chevagnes, Bressolles, Gannat, Gouise, Neuilly, Bessay, Saint-Désiré, Deux-Chaises, Lurcy, Quinssaine, Braize, Tronçais, Civray, Bizeneuille, Audes, etc.

(3) E. Vaginatum. *L.* (L. Engaînante.) Racine *fibreuse ;* tiges *nombreuses*, gazonnantes, glabres, *garnies* au sommet de plusieurs gaînes *lâches, renflées ;* épi *solitaire*, glumes *acuminées*, noirâtres, scarieuses ; akène subtrigone, *peu ou point mucroné.* Avril, juin. Viv. Lieux tourbeux des montagnes. R. R. — Tourbières de l'Assise, du Montoncelle (J. R.)

CAREX. L. (Carex.) Écailles florales unisexuelles ; fl. mâles à 3, rarement 2, étam.; fl. femelles : 1 style à 2 ou 3 stigmates ; ovaire renfermé dans une enveloppe urcéolée, ayant la forme d'une caps. (p. 397, fig. 7) (mais qui n'en est pas une, à proprement parler), à 2-3 stigmates ; feuilles linéaires ; fl. en épis. Tige n'offrant jamais de nœuds comme celle des Graminées.

Pour étudier d'une manière certaine les Carex, il faut avoir soin de les arracher avec la racine, et de ne les recueillir que quand les capsules sont bien formées. Les étamines et les stigmates ont alors souvent disparu, mais on peut s'en passer au moyen des remarques suivantes, qui faciliteront la réponse aux questions de la clef : Les Carex à 2 stigmates ont la capsule comprimée aplatie, au moins d'un côté, les Carex à 3 stigmates l'ont trigone ou complètement arrondie ; on reconnaîtra que l'épillet avait des étamines à sa base, quand il présente un certain nombre d'écailles sans capsule, stériles, vides ou n'offrant que les filets desséchés de ses étamines ; qu'il avait des étam. au sommet, de la même façon.

1 { Ovaire à 2 stigmates 2
  { Ovaire à 2 stigmates 19

§. I. — OVAIRE A 2 STIGMATES

2 { Un seul épi terminal, solitaire (p. 397, fig. 8) . . . . *C. pulicaris.* (1)
  { Plusieurs épis ou épillets 3

3 { Plusieurs épis simples, unisexuels, rarement androgynes 4
  { Epi composé, formé d'épillets plus ou moins rapprochés 6

4 { Capsules et écailles à peu près d'égale grandeur . . . . *C. acuta.* (2)
  { Capsules dépassant les écailles 5

5 { Capsules obtuses . . . . *C. Goodnowii.* (4)
  { Capsules aiguës . . . . *C. stricta.* (3)

6 { Racine rampante 7
  { Racine fibreuse 10

7 { Epillets tous unisexuels, les moyens femelles, les supér. et les infér.
  { mâles . . . . *C. disticha.* (5)
  { Epillets tous androgynes 8

8 { Des étam. au sommet de chaque épillet, des pistils à sa base 9
  { Des pistils au sommet, des étam. à sa base . . . . *C. Schreberi.* (12)

9 { Ecailles des épillets largement scarieuses membraneuses au bord. *C. teretiuscula.* (10)
  { Ecailles des épillets non scarieuses . . . . *C. divisa.* (6)

10 { Epillets mâles au sommet et femelles à la base 11
   { Epillets femelles au sommet, mâles à la base 15

11 { Epillets infér. écartés (p. 397, fig. 10) . . . . *C. divulsa.* (9)
   { Epillets rapprochés 12

12 { Ecailles des épillets largement scarieuses au bords 14
   { Ecailles non scarieuses au bord 13

13 { Tige robuste ; feuilles larges de 5-7 mill . . . . *C. vulpina.* (7)
   { Tige grêle ; feuilles n'ayant pas 5 mill. de large . . . . *C. muricata.* (8)

14 { Tige robuste, à ang'es très rudes ; épillets infér. rameux . . . . *C. paniculata.* (11)
   { Tige grêle, rude seulement au sommet ; épillets non rameux . . *C. teretiuscula.* (10)

15 { Epillets infér. à bractée très longue . . . . *C. remota.* (15)
   { Bractées nulles ou courtes 16

16 { Capsule denticulée sur les bords (p. 397, fig. 9) . . . . *C. leporina.* (13)
   { Capsule non denticulée 17

17 { Capsules divergentes en étoile (p. 397, fig. 11) . . . . *C. echinata.* (14)
   { Capsules non divergentes en étoile 18

18 { 4-7 épillets ovoïdes . . . . *C. canescens.* (17)
   { 7-12 épillets cylindracées . . . . *C. elongata.* (16)

§ 2. — OVAIRE A 3 STIGMATES.

19 { Epi unique et terminal, à 3-4 fleurs . . . . *C. pauciflora.* (26)
   { Plusieurs épis, fleurs nombreuses 20

20 { Capsules plus ou moins velues 21
   { Capsules glabres, ou scabres seulement sur les angles 28

21 { Bractée infér. entourant la tige ou au moins le pédicelle de l'épillet
   { d'une gaîne (p. 397, fig. 12) 22
   { Bractée infér. non engaînante 26

22 { Un seul épi mâle 23
   { Plus d'un épi mâle 27

23 { Ecailles de l'épi mâle largement bordées de b'anc, feuilles
   { canaliculées . . . . *C. Halleriana.* (22)
   { Ecailles de l'épi mâle brunes ou jaunâtres 24

24 { Racine fortement rampante (p 397, fig. 13) . . . . *C. præcox.* (20)
   { Racine fibreuse 25

25 { Bractée infér. foliacée . . . . *C. polyrhyza.* (21)
   { Bractée infér. tronquée membraneuse, non foliacée . . . . *C. humilis.* (23)

§ 1. — DEUX STIGMATES ; CAPSULE COMPRIMÉE AU MOINS D'UN CÔTÉ.

a. — Un seul épi simple.

(1) C. PULICARIS. *L.* (C. Pucier.) Racine fibreuse; plante de 1-2 déc. ou moins, croissant en touffes ; tige filiforme arrondie ; feuilles sétacées ; épi *mâle au sommet, femelle à la base ;* caps. comprimées, terminées en bec court, *droites,* puis *étalées,* puis réfléchies à maturité (p. 397, fig. 8.) Mai, juin. Viv. Lieux tourbeux, spongieux. A. R. — Yzeure, pré de la Cave ; Trevol, pré des Nues ; Lapalisse, Chavenon, Cérilly, Murat, Saint-Désiré, Chemilly, Coulandon, Châtel-de-Neuvre, Bessay, Neuilly, Gouise, Loriges, Ferrières,

Laprugne, Veauce, Chazemais, Quinssaines, Braize; Montluçon à Nerde, Labrosse, etc.

Le *C. Davalliana Sm.* à épi solitaire *dioïque*, à écailles femelles *acuminées*, à capsule *atténuée en bec allongé*, est indiqué à Chavannes, Cher, marais du Praigniau, sur nos limites (Pineau et Rey in Bor. 3ᵉ éd.) Seule station indiquée dans le Centre.

b. — Plusieurs épis simples, les infér. femelles, quelquefois androgynes.

(2) C. Acuta. *L.* (C. Aigu.) Racine rampante; tige triquêtre, de 5-10 déc., à angles aigus rudes ; feuilles linéaires, élargies, *finement bicarénées* en dessous, rudes, *à gaînes entières ;* ordinairement 2-4 *épis mâles* rapprochés ; 3-4 épis femelles allongés, *courtement pédon- culés,* bractées *égalant ou dépassant* les épis mâles ; capsules un peu gonflées, elliptiques, comprimées, *égalant à peu près les écailles,* qui sont noirâtres à nervure verte. Mai, juin. Viv. Lieux marécageux. A. C. — Diou, Yzeure, Gipcy, Chemilly, Loirroux-Bourbonnais, Dompierre, Gannat, Lapalisse, Bourbon, Gouise, Neuilly, Bessay, Avermes, Bayet, Contigny, Le Veurdre, Pouzy, Montluçon, Audes, Urçay, Saint-Amand, etc.

C. Prolixa. Hartm. Fries. G. G. — Remarquable par ses écailles femelles *allongées, cuspidées* à peu près *doubles* de la capsule qui est pourvue de nervures *nombreuses* (une dizaine) *fortement saillantes.* R. Bessay (L. A.).

C. Personata. Fries. G. G. C. Touranginiana. Bor. — Ecailles dépas- sant beaucoup la capsule, seulement *un peu nerveuse.* R. — Ligne- rolles, moulin de Saint-Genest (A. P.); Neuvialle, à la Vernüe (A. M.)

(3) C. Stricta. *Goodn. G. G. Bor.* (C. Raide.) Souche gazonnante, presque stolonifère, formant de grosses touffes ; tiges de 6-12 déc. rudes, dressées, triquêtres, entourées à la base de gaînes sans limbe, *se séparant à la fin en fibrilles ;* feuilles linéaires, rudes, raides, *bicarénées* en dessus, carénées en dessous ; bractée infér. plus courte que l'inflorescence ; 1-2 épis mâles ; 2-3 épis femelles pres- que sessiles ; capsules imbriquées *sur 7-8 rangs,* ovales lancéolées, aiguës, *dépassant* les écailles qui sont lancéolées, noirâtres à ner- vure verte ou pâle. Avril, mai. Lieux marécageux. Viv. R. — Lavault-Sainte-Anne, Les Trillers, Audes, Montluçon, Magnet, Saint-Priest-Laprugne (A. P.); Saint-Amand à Orval, Cher ; Cham- bon, Creuse (A. P.).

(4) C. Goodnowii. *Gay. G. G. C. Vulgaris. Fries. Bor. C. Obesa. All.* (C. de Goodnough.) Racine rampante ; tiges *de 1-15 déc.,* grêles, triquêtres, rudes surtout au sommet ; feuilles linéaires glauces- centes, *non carénées en dessus, à peu près de la longueur des tiges ; gaînes entières,* non fibrilleuses ; 1-2 *(souvent un) épis mâles ;* épis femelles presque sessiles ; bractée infér. atteignant environ la moitié de l'épi mâle ; *caps. sur 6 rangs réguliers, ovoïdes, obtuses, nerviées, dépas- sant* les écailles qui sont *ovales,* noirâtres, à nervure verte-blan- châtre. Avril, mai. Viv. Prés marécageux. — Yzeure, pré de la Cave; Trevol, Thiel, Chavenon, Treban, Rocles, Saint-Sornin, Tronget, Saint-Pourçain, Gannat, Bessay, Neuilly, Chézy, Arpheuil-

les-Saint-Priest, Echassières, Lamaids, Le Veurdre, Laprugne, Montluçon, Marcillat. — A toute altitude.

Les noms de *Vulgaris* et de *Cæspitosa* ont été donnés tantôt à l'une tantôt à l'autre des deux dernières espèces, et doivent être rejetés.

c. — Epi composé de plusieurs épillets unisexuels.

(5) C. DISTICHA. *Huds.* (C. Distique.) Racine *rampante ;* tige de 3-6 déc., triquêtre, nue et scabre supérieurement ; feuilles longues, linéaires, raides, scabres ; *épi formé de 10-20 épillets ovales rapprochés, les infér. et les supér. femelles, les intermédiaires mâles ;* bractée courte brunâtre ; capsules plan-convexes, nerviées, *à rebord étroit,* rude, atténuées en bec bidenté et denticulé. Mai, juin. Viv. Marais. — Yzeure, Lapalisse, Toulon, Bresnay, Bessay, Gouise, Varennes, Paray-sous-Briailles, Loriges, Bayet, Le Veurdre, Château-sur-Allier, Montluçon, Audes, Néris, etc.

d. — Epi composé de plusieurs épillets androgynes, mâles au sommet, femelles en bas.

(6) C. DIVISA. *Huds.* (C. Divisé.) Souche *rampante,* épaisse, rameuse ; tiges de 2-4 déc., grêles, rudes au sommet, triquêtres ; feuilles linéaires étroites, allongées, scabres au bord ; épi ovoïde, quelquefois dépassé par la bractée inférieure, formé de 3-6 épillets ; écailles femelles brunâtres, *non scarieuses,* ovales-aiguës, mucronées ; capsules *ovales orbiculaires,* contractées en bec finement serrulé, bicuspidé. Mai, juin. Viv. Semble chez nous particulier aux marais salés. R. R. — Fourilles (C. B.) ; Jenzat, à Vauvernier (H. du Buysson).

(7) C. VULPINA. *L.* (C. jaune.) Racine *fibreuse ;* tige *de 4-8 déc.,* droite, *robuste,* raide, *à faces concaves,* rude, *coupante* sur les angles ; feuilles largement linéaires, 5-7 mill., presque aussi longues que la tige, rudes sur les bords et la carène, à ligule lancéolée, prolongée sur le limbe de la feuille ; épi formé d'épillets *ramifiés,* rapprochés en grappe serrée ; bractée inférieure *arrondie,* terminée en pointe fine ; écailles femelles plus petites que la capsule ; caps. *divergentes,* nerviées, à bec bifide denticulé. Mai, juin. Viv. Etangs, fossés. — Neuvy, Yzeure, Lapalisse, Toulon, Avermes, Souvigny, Chevagnes, Diou, Pierrefitte, Bessay, Saint-Pourçain, Gannat, Bresnay, Besson, Chemilly, Périgny, Bayet, Marcillat, le Veurdre, Fourilles, Bourbon, Montluçon, Bizeneuille, Cérilly, etc.

(8) C. MURICATA. *L.* (C. Rude.) Plante *gazonnante* de 2-6 déc., à tige *grêle,* triquêtre, rude au sommet, à faces *planes ;* feuilles linéaires, *étroites,* planes, *presque lisses ;* ligule ovale lancéolée ; épi formé de 6-8 épillets rapprochés subglobuleux ; bractée plus ou moins prolongée ; caps. plan-convexes, *divergentes,* à bec bifide denticulé *dépassant* un peu les écailles (p. 397, fig. 11.) Mai, juin. Viv. *Prés, haies, bords des chemins.* A. C. — Moulins, Chavenon, Cressanges, Bresnay, Montluçon, Cérilly, Audes, etc.

Var. *Fumosa. Grenier. Fl. jurass.* Epi *contracté ;* écailles *presque noires ;* capsules noires-luisantes. R. — Fourilles (C. B.).

(9) C. Divulsa. *Goodn.* (C. Écarté.) Plante *gazonnante* de 2-6 déc. à tige *grêle*, triquètre, rude au sommet, à faces *planes;* feuilles linéaires, *étroites*, planes, *presque lisses;* ligule ovale lancéolée; épi formé de 6-8 épillets rapprochés subglobuleux; bractée plus ou moins prolongée; caps. plan-convexes, *divergentes,* à bec bifide denticulé *dépassant* un peu les écailles (p. 397, fig. 11.) Mai, juin. Viv. Prés, haies, bords des chemins. — Murat, Gipcy, Cérilly, Moladier, Bresnay, Bourbon, Chavenon, Gannat, Espinasse-Vozelle, Loriges, Cesset, Montluçon, Magnet, Nassigny, Audes, etc.

(10) C. Teretiuscula. *Goodn.* (C. Cylindracé.) Racine *rampante;* tiges de 3-5 déc., *cylindracées à la base,* triquètres et rudes en haut, *à faces convexes;* feuilles *longues, étroites,* rudes, *canaliculées;* épi formé d'épillets *courts et serrés;* caps. subconvexes en dessus, gibbeuses en dessous, *lisses,* dressées, à bec bidenté, *dépassant* les écailles, qui sont brunes et *longuement scarieuses* sur les bords. Mai, juin. Viv. Prés tourbeux. R. R. — Yzeure, pré de la Cave (A. M.) aujourd'hui assaini.

(11) C. Paniculata. *L.* (C. Paniculé.) Souche *gazonnante, fibreuse,* entourée des anciennes gaines des feuilles; tiges de 5-8 déc., nombreuses, raides, triquètres, rudes aux angles, à faces *planes,* à gaines brunes; feuilles linéaires *larges,* 3-5 mill., carénées, rudes aux bords; épillets nombreux, les infér. *rameux, paniculés;* écailles ovales aiguës, brunes, *scarieuses* au bord, *égalant* à peu près les capsules; capsules planes en dessus, ventrues en dessous, brunes inférieurement, bordées au sommet d'une membrane blanchâtre denticulée, *dressées,* faiblement nerviées. Mai, juin. Viv. Marais tourbeux. R. — Périgny (L. A.); Echassières, vers l'exploitation des Collettes (B.; A. M.); Cérilly, à Tronçais, entre l'étang de Saint-Bonnet et le rond du Chevreuil; Urçay, Marécages de Beaumont et du Ris; Braize (A. P.); L'Avoine, au-dessus de Bel-Air (H. du Buysson.) Chavannes, Cher, sur nos limites (Bor. 2e éd.)

e. — Epi composé de plusieurs épillets androgynes, femelles au sommet, mâles en bas.

(12) C. Schreberi. *Wild.* (C. de Schreber.) Racine *longuement rampante;* tige lisse, de 1-3 déc., trigone *presque nue;* feuilles très étroites, courtes, un peu scabres; 3-6 épillets ovoïdes, *aigus, droits, serrés,* fauves, à bractée ovale aristée; caps. plan-convexes nerviées, acuminées en bec bifide, denticulées au sommet, égalant à peu près les écailles qui sont ovales aiguës, brunes. Avril, mai. Viv. Pelouses sèches. R. — Environs de Moulins (Denoue, in Bor.); Châtel-de-Neuvre, Avermes (A. M.); Neuvy (V. B.); Ainay-le-Château.

(13) C. Leporina. *L. C. Ovalis. Goodn.* (C. de Lièvre.) Racine *fibreuse;* tiges de 3-6 déc., gazonnantes, lisses, cylindracées à la base, rudes, trigones au sommet; feuilles linéaires, planes, dressées; épi formé de 5-6 épillets, ovales, sessiles, rapprochés, à bractée ovale lancéolée, écailleuse (p. 397, fig. 9); capsules *dressées,* comprimées *à bordure membraneuse denticulée,* striées, à bec obscu-

rément bifide, égalant les écailles qui sont ovales lancéolées, brunâtres, membraneuses, scarieuses aux bords. Mai, juil. Prés marécageux. Viv. Assez C. — Saint-Ennemond, Chevagnes, Chavenon, Cesset, Saint-Pourçain, Bessay, Laprugne, Ferrières, Lalizolle, Espinasse-Vozelle, Bresnay, Gannat, Bayet, Le Veurdre, Lurcy, Bourbon, Montluçon, Audes, Marcillat, etc.

(14) C. Echinata. *Murray. G. G. C. Stellulata. Goodn. Bor.* (C. Etoilé.(Racine *fibreuse;* tige *à trois angles obscurs,* presque lisse; feuilles canaliculées, linéaires étroites; 2-5 épillets *courts, sessiles, arrondis,* à caps. *mûres étalées, divergentes en étoile,* acuminées en bec, *dépassant* les écailles qui sont ovales, *aiguës, à bord scarieux blanchâtre;* bractée écailleuse. Mai, juil. Prés marécageux, tourbeux. A: C. — Trevol; Yzeure, Montord, Murat, Treban, Rocles, Chavenon, Chemilly, Ferrières, Laprugne, Bessay, Châtel-de-Neuvre, Neuilly, Lurcy, Saint-Désiré, Montluçon, Audes, etc.

(15) C. Remota. *L.* (C. Espacé.) Racine *fibreuse;* tige débile, de 4-6 déc., presque lisse, à 3 angles obtus, un peu rude au sommet; feuilles linéaires *très longues, tombantes;* 6-8 épillets oblongs, *les infér. très écartés,* à l'aisselle d'une *bractée* foliacée qui *dépasse la tige;* caps. dressées, acuminées en bec court et entier, finement nerviées, *dépassant* les écailles qui sont *ovales, oblongues,* blanches scarieuses au bord. Mai, juin. Bois humides, ruisseaux. — Moladier, Yzeure, Toulon, Bourbon, Tortezais, Chézy, Gouise, Souvigny, Bessay, Grosbois, Gennetines, Bagnolet, Châtel-de-Neuvre, Chemilly, Lapalisse, La Lizolle, Espinasse-Vozelle, Cérilly, Diou, Fourilles, Montluçon, Néris, Audes, Meaulne, Bayet, etc.

(16) C. Elongata. *L.* (C. Allongé.) Souche *fibreuse,* gazonnante; tiges de 3-6 déc., grêles, triquètres, très rudes; feuilles planes, linéaires, rudes, presque aussi longues que la tige; épi composé *de 6-12 épillets, brunâtres, subcylindriques,* les infér. *espacés;* bractées en forme d'écailles; écailles brunâtres, blanches au bord, plus courtes que la capsule; capsules *de 4 mill., brunâtres, dressées et à la fin un peu étalées,* nerviées, rétrécies en bec rude, court, presque entier. Mai, juin. Viv. Marais. R. — Yzeure, butte de Pins à Champvallier; Gouise, Neuilly (L. A.)

(17) C. Canescens. *L. C. Curta. Goodn.* (C. Blanchâtre.) Racine *fibreuse,* produisant des touffes serrées; tige de 2-5 déc., *lisse en bas,* rude au sommet et triquètre; feuilles linéaires étroites très longues; épi *composé de 4-7 épillets ovoïdes, d'un blanc-verdâtre,* rapprochés au sommet, les infér. *un peu écartés;* caps. *de 2 mill. 1/2, verdâtres* subnerviées, dressées, *non denticulées,* à bec court, *entier, dépassant* les écailles qui sont *ovales, aiguës, blanchâtres* scarieuses. R. — Lapalisse; Martilly près Saint-Pourçain (Bor.); Cérilly, Yzeure, pré de la Cave; Trevol, Echassières aux Collettes (A. M.); Rocles, Le Montet (R. de C.); Bessay, Gouise, Neuilly, Saint-Désiré (L. A.); Saint-Ennemond (Durand); Barrais-Bussoles (P. B.); Marcillat (A. P.); Laprugne, à l'Assise (Pérard, A. M.)

§ II. — TROIS STIGMATES ; CAPSULES OVOÏDES OU A TROIS ANGLES.

f. — Capsules plus ou moins velues ; un seul épi mâle.

(18) C. TOMENTOSA. *L.* (C. Tomenteux.) Racine fibreuse *à rejets rampants ;* tiges de 2-4 déc., grêles, trigones, dressées, rudes au sommet ; feuilles raides étroites ; épi mâle *solitaire ;* 1-2 épis femelles *courts, obtus, sessiles,* oblongs, à bractée *foliacée écartée non engaînante ;* capsules *globuleuses* tomenteuses, *hérissées,* blanchâtres, *dépassant* les écailles qui sont terminées en pointe aiguë (p. 397, fig. 14.) Mai, juin. R. — Moladier (E. O.) ; Neuvy, à Vallières (V. B.) ; à Mongarnaud (A. M) ; Cressanges (L. A.) ; Bourbon-l'Archambault (Bor.) ; Chareil (Lavediau) ; Fleuriel (B.) ; Etroussat, à Douzon (H. du Buysson) ; Saint-Pierre-le-Moûtier, Chantenay, Nièvre, sur nos limites (Bor.)

Boreau indique dans les calcaires du Cher, à Saint-Florent, etc., le *C. Montana. L.* qui se rapproche du précédent et du suivant. mais en diffère par sa bractée *membraneuse, brune ;* l'épi mâle *épais, brun ;* les écailles femelles *obtuses* mucronées.

(19) C. PILULIFERA. *L.* (C. à Pilules.) Racine *fibreuse ;* tiges de 1-3 déc., en gazons touffus ; tiges grêles presque nues, trigones, un peu rudes au sommet, devenant penchées ; feuilles linéaires étroites ; épi mâle solitaire *aigu ;* 3-4 épis femelles *sessiles arrondis,* à bractée infér. *foliacée, un peu* étalée, *non engaînante ;* capsules pubescentes *arrondies atténuées, ne dépassant pas* les écailles, qui sont ovales acuminées, brunes, scarieuses aux bords avec nervure verte (p. 397, fig. 15.) Mai, juin. Bois, pelouses humides. — Trevol, Thiel, Echassières. Tortezais, Gennetines, Neuilly, Chavenon, Villefranche, Moladier, Châtillon, Bresnay, Ferrières, Laprugne à l'Assise, Gannat, Jenzat, Broût-Vernet, Montluçon, etc.

(20) C. PRÆCOX. *Jacq. G. G. Bor. C. Stolonifera. Ehr. Umbrosa. Host.* (C. Précoce.) Racine *rampante stolonifère ;* tige de 1-2 déc., dressée, presque lisse, obscurément trigone ; feuilles linéaires, raides ; épi mâle *en massue* (p. 397, fig. 13), *solitaire ;* 2-3 épis femelles rapprochés, *presque* sessiles, à bractées embrassantes, courtes, l'infér. *un peu* engaînante, membraneuse ; capsules *ovales,* trigones, dépassant *à peine* les écailles qui sont ovales acuminées brunes à carène verte. Avril, juin. Bois secs, pelouses. C.

(21) C. POLYRHYZA. *Wallr. G. G. Bor. C. Umbrosa Hoppe ; Longifolia. Host.* (C. à racines touffues.) Racine *fibreuse,* très gazonnante, entourée de fibres grisâtres, débris des anciennes feuilles ; tiges de 2-5 déc., trigones, lisses ou à peu près, grêles ; feuilles linéaires, *égalant ou dépassant* la tige ; *bractée infér. engaînante foliacée ;* épi mâle solitaire un peu renflé *en massue,* 1-3 épis femelles ovoïdes-oblongs, rapprochés, l'infér. un peu pédonculé ; écailles femelles oblongues, brunâtres, acuminées ; capsules obovales trigones dépassant à peine les écailles. Avril, juin. R. R. — Laprugne, à l'Assise vers la tourbière des Gardes (A. P.; A. M. Excurs.)

Dans mes échantillons de l'Assise, c'est le pédicelle de l'épillet qui est entouré par la bractée engaînante ; dans mes échantillons de Besançon, la tige est entourée par la gaîne.

(22) C. HALLERIANA. *Asso. C. Gynobasis. Vill. Alpestris. All. Diversiflora. Host.* (C. de Haller.) Souche fibreuse ; tiges de 1-3 déc., subtrigones, *rudes ;* feuilles carénées, linéaires, *plus courtes* que la tige ; bractée à peine engaînante, courte, membraneuse, terminée en pointe herbacée ; écailles mâles fauves, *bordées de blanc ;* 2-5 épis femelles, pauciflores, globuleux, *dont plusieurs portés par des pédoncules filiformes, partant de la souche ;* écailles obovale oblongues, *scarieuses,* à 3 nervures vertes, dépassant les capsules *blanchâtres.* oblongues, trigones, *fortement nerviées, de 4-5 mill.* Avril, juin. Bois et collines du calcaire jurassique. R. R. — Cher, Villeneuve, Saint-Florent, Charost ; Saône-et-Loire, Decize, sur nos limites, etc. (Bor. 3ᵉ éd.)

(23) C. HUMILIS. *Leyss. C. Clandestina. Goodn.* (C. bas.) Souche gazonnante fibreuse, oblique ; *tiges de 5-10 cent.,* triquètres presque lisses ; feuilles *devenant bien plus longues* que la tige, étroites, canaliculées ; bractées *engaînantes, blanchᵉs-membraneuses ;* épi mâle oblong, à écailles brunes, scarieuses au bord ; 2-5 épis femelles, pauciflores, *pédonculés, écartés ;* écailles femelles brunes, scarieuses-blanchâtres au bord, obovales, dépassant un peu les capsules verdâtres, ellipsoïdes-globuleuses, *côtelées à la base.* Avril, juin. Collines et bois du calcaires jurassique. R. R. — Cher, Saint-Florent, Chapelle Saint-Ursin (Bor. 3ᵉ éd.)

g. — Capsules plus ou moins velues ; 2 épis mâles.

(24) C. GLAUCA. *Murray. Bor. G. G.* (C. Glauque.) Racine *rampante stolonifère ;* tiges de 2-4 déc., *obscurément trigone, lisse ;* feuilles *glauques,* raides ; 1-4 *épis mâles,* à écailles obovales obtuses ; 2-3 épis femelles *cylindracés, pédonculés, penchés* à maturité ; bractées allongées, engaînantes atteignant les épis mâles (p. 397, fig. 12) ; capsules *finement* hispides ou *presque* lisses, subtrigones, à bec très court *égalant* les écailles, qui sont ovales aiguës mucronées. Avril, juin. Bois, argileux, prés. C.

Forme *Composita.* — Epi rameux. Charcil (Lavediau.)

(25) C. HIRTA. *L.* (C. Hérissé.) Racine *longuement traçante ;* tiges de 2-5 déc., triquètres lisses ; feuilles *poilues ainsi que les gaînes ;* bractée infér. longuement engaînante ; *2-3 épis mâles* à écailles jaunâtres, pubescentes, *mucronées ;* 2-3 épis femelles *dressés,* distants, à capsules *fortement hérissées,* nerviées, ellipsoïdes, *dépassant* les écailles qui sont de *couleur pâle,* cuspidées aristées. Mai, juin. Sables humides, pelouses. C.

Var *Hirtœformis. Pers.* Feuilles et gaînes *glabres.* — Moulins, bords de l'Allier ; Branssat, Monétay, Toulon, Fourilles. Moins commun que le type.

h. — Un seul épi terminal, mâle au sommet, femelle au bas.

(26) C. PAUCIFLORA. *Lightfoot. G. G. Bor.* (C. Pauciflore.) Racine *rampante, stolonifère ;* tiges grêles, de 5-15 cent., trigones, un peu rudes au sommet ; feuilles très étroites, carénées, obtuses, quel-

ques-uns dépassant la tige ; épi *androgyne, pauciflore*, 1-3 fl.
mâles au sommet ; 3-5 fl. femelles à glumes lancéolées, aiguës,
jaunâtres ; capsules *de 6-7 mill.*, jaunâtres, devenant *réfléchies*,
lancéolées *étroites allongées*, acuminées, *dépassant* l'écaille qui est
caduque. Mai, juil. R. R. — Laprugne, tourbière des Gardes à
l'Assise (A. P. et A. M. Exc.)

i. — Capsules glabres ; un seul épi mâle ; plusieurs épis femelles.

(27) C. Flava. *L.* (C. Jaune.) Racine fibreuse, *un peu rampante*,
gazonnante ; tige de 1-5 déc., dressée, à peu près lisse ; feuilles
linéaires d'un vert clair, pâles ; épi mâle linéaire fauve pâle ; 2-5
épis femelles, *ovales arrondis* à capsules *divergentes, renflées,
jaunâtres*, brusquement contractées en bec *droit, recourbé à
maturité*, dépassant les écailles ; *bractées étalées, puis renversées*,
brièvement engaînantes, l'infér. égalant ou dépassant l'épi mâle.
Mai, juil. Prés marécageux. C.

(28) C. Œderi. *Ehr. Bor. G. G.* (C. d'OEder.) Bien voisin du
précédent, s'en distingue : par sa racine *toujours fibreuse ;* sa taille
plus petite ; le bec de la capsule *jamais recourbé.*

C. Lepidocarpa. Tausch. Intermédiaire aux deux précédents :
bec *presque droit ;* tige *un peu scabre* au sommet ; capsules *plus
petites ;* épis *plus écartés, brunâtres.* ·

Un certain nombre de *Carex* ont parfois leurs capsules stériles, peut-être par suite de
froids tardifs ; de là le nom de *C. Fulva* appliqué, d'après les recherches de Duval-Jouve et
de Grenier, aux formes stériles du *Flava*, de l'*OEderi*, du *Distans*, de l'*Hornschuchiana*, suivant les auteurs, qui en ont même fait un hybride : *Flavo-Hornschuchiana*. Le *Fulva* Goodn.
ne semble qu'un *Hornschuchiana* stérile. — Braize, étangs Roux, de la Commanderie (A. P. ;
Saulzais, Cher (Bor. 3e éd.)

(29) C. Punctata. *Gaud. Bor. G. G.* (C. Ponctué.) Racine fibreuse
gazonnante ; tige de 2-5 déc. droite, *très lisse*, trigone ; feuilles
linéaires, planes, carénées, à ligule courte tronquée, *opposée à la
feuille ;* épi mâle linéaire, d'un fauve clair ; 3-4 épis femelles écartés, *dressés*, ovales oblongs, à pédoncules rudes ; bractée infér.
longuement engaînante ; capsules ovales, *convexes sur les deux
faces, ponctuées, faiblement* nerviées, à bec court, *lisse aux bords*,
obscurément bidenté, dépassant les écailles qui sont pâles, ovales,
terminées en mucron rude. Mai, juin. R. R. — Montluçon, environs des usines, bords du Cher ; probablement introduit par des
minerais du Midi (A. P.).

(30) C. Hornschuchiana. *Hoppe Bor. G. G.* (C. de Hornschuch.)
Racine fibreuse gazonnante ; tige de 3-6 déc. *lisse ou un p u scabre*
au sommet ; feuilles étroites d'un *vert clair*, courtes, offrant une
ligule *opposée au limbe, arrondie tronquée ;* bractées *longuement
engaînantes*, dépassant leurs épis, excepté la supérieure ; épi mâle
lancéolé à écailles fauves ; 2-3 épis femelles, espacés, distants,
ovoïdes, l'infér. pédonculé, à écailles brunes, *blanches scarieuses*
aux bords, *aiguës*, plus petites que les capsules ; capsules ovoïdes,
convexes sur les 2 faces, nerviées, à bec bidenté, un peu scabre,

serrulé à l'extér., plus ou moins membraneux mais *jamais serrulé entre les dents*. Mai, juin. Marais et prés marécageux. R. — Lurcy, à Lacarelle (A. M.) ; Urçay, étang du Ris (A. P.) Chavannes, Cher (Bor. 3ᵉ éd.) ; Saulzais (marquis de la Roche).

(31) C. DISTANS. *L* (C. Distant.) Racine fibreuse, gazonnante ; tige de 3-6 déc., *lisse ;* feuilles vertes, courtes, à ligule opposée à la feuille et tronquée ; épi mâle lancéolé ; 2-4 épis femelles, *toujours droits*, cylindracés, *très écartés*, l'inférieur naissant à l'aisselle d'une *bractée a gaîne très longue*, avec ligule opposée à la feuille ; caps. trigone, *aplatie du côté de l'axe, à bec* bidenté, *hispide au sommet, serrulé entre les dents* à une bonne loupe, quand on a enlevé les styles, dépassant les écailles qui sont ovales *obtuses*. Mai, juin. Prés humides, bords des ruisseaux. — Lapalisse, Toulon, Bressolles, Montord, Cesset, Gannat, Jenzat, Fourilles, Châtel-de-Neuvre, Périgny, Saint-Prix, Echassières, Château-sur-Allier, Chamblet, Montluçon, Audes, Urçay, Braize, etc.

(32) C. LÆVIGATA. *Sm. Bor. G. G. C. Biligularis. D. C.* (C. Lisse.) Racine *presque rampante ;* tige de 6-9 déc., lisse, un peu rude au sommet ; feuilles *largement linéaires*, vertes, *à 2 ligules*, l'une opposée à la feuille, l'autre soudée au limbe de la feuille, et obtuse, oblongue membraneuse ; épi mâle, allongé ; 2-3 épis femelles, *écartés*, penchés à maturité, au moins les infér. mais pas toujours ; caps. ovales *convexes sur les 2 faces*, à bec allongé *terminé par 2 pointes*, dépassant à peine les écailles qui sont fauves, lancéolées-acuminées. Mai, juin. Prés, bois tourbeux. R. — Cérilly (E. O.) ; Lapalisse, La Lizolle, Echassières (P. B.) ; Deux-Chaises (R. de C.) ; Rocles, étang des Angles (Dʳ Forichon) ; Montluçon, à Nerde ; Quinssaines, à Bodijoux (A. P.).

(33) C. DEPAUPERATA. *Goodn. Bor. G. G.* (C. Appauvri.) Racine fibreuse ; tiges de 3-5 déc., *obscurément trigones*, lisses ; feuilles molles, planes, scabres surtout sur les bords ; bractées foliacées, engaînantes ; épi mâle linéaire ; 2-4 épis femelles, dressés, *lâches, à 3-6 fleurs*, pédonculés ; écailles femelles oblongues, verdâtres, largement *scarieuses* aux bords, acuminées, plus courtes que les capsules ; capsules ovoïdes, trigones, *renflées, nerviées*, à bec linéaire allongé, *presque entier*. Mai, juin. Bois. R. R. — Lignerolles, bois de la Garde, bords du Cher (A. P.).

(34) C. PANICEA. *L.* (C. Panic.) Racine *rampante stolonifère ;* tige de 2-3 déc., *obscurément triangulaire*, lisse, presque *nue* au sommet ; feuilles rudes, *glaucescentes*, planes, carénées ; épi mâle oblong ; 2-5 épis femelles, cylindracés, *penchés* à maturité ; capsules verdâtres, *lâches, ovales, renflées à bec très court*, dépassant les écailles qui sont lancéolées acuminées, *brunes, scarieuses avec nervure verte ;* bractée engaînante, ligulée du côté du limbe. Mai, juin. Marais. C. A toute altitude.

Forme à épi femelle partant de la touffe. R. — Yzeure, Neuvy (V. B.).

(35) C. PALLESCENS. *L.* (C. Pâle.) Racine *fibreuse*, tige de 3-5 déc.,

grêle, à angles *aigus, rudes* au sommet ; feuilles planes, linéaires
étroites, *pubescentes surtout sur les gaînes ;* bractées foliacées
dépassant les épis ; épi mâle, *grêle ;* 2-3 épis femelles, ovales,
elliptiques, pédonculés, penchés ; capsules *d'un vert pâle, ovales,
oblongues, renflées, obtuses, sans bec,* dépassant à peine les écailles
qui sont pâles, ovales acuminées (p. 397, fig. 20.) Mai, juin. Bois,
prés humides. C. A toute altitude.

(36) C. Sylvatica. *Huds Bor. C. G. C. Drymeia. Ehr.* (C. des
Bois.) Racine *presque rampante ;* tige de 3-9 déc., triquêtre, *faible,*
feuillée, lisse ; feuilles *largement linéaires,* planes, rudes au bord ;
épi mâle, *grêle, blanchâtre ;* 4-5 épis femelles, *grêles, distants, à
fleurs lâches, longuement pédicellés, penchés* à maturité ; capsules
ovales, elliptiques, sans nervures, *à bec long linéaire,* bifide, *dépassant peu* les écailles qui sont ovales lancéolées, cuspidées, jaunâtres à carène verte (p. 397, fig. 18.) Mai, juil. Bois couverts. —
Moladier, La Lizolle, Veauce, Besson, Saint-Désiré, Bagnolet, le
Veurdre, Montluçon, Néris, Tronçais, l'Espinasse, Montmarault,
Etroussat, etc.

(37) C. Pseudo-Cyperus. *L.* (C. Faux-Souchet.) Racine fibreuse ;
tige de 3-9 déc., triquêtre, à angles *aigus très rudes ;* feuilles planes,
larges, 6-8 mill., *longues* rudes ; bractées allongées foliacées, *peu
ou pas engaînantes ;* épi mâle, *pâle ;* 4-6 épis femelles, cylindriques,
gros, pendants ; capsules jaunes-verdâtres, *divergentes, serrées, à
bec long linéaire* (p. 397, fig. 19), *presque piquant, dépassant* un
peu les écailles qui sont étroites, verdâtres. Juin, août. Peu C. —
Toulon, Trevol, Vallière, Lapalisse, Chiroux, Gannat, Bayet, bords
de la Sioule, Yzeure, Gouise, La Ferté, Saint-Ennemond, Tortezais,
Bessay, Bagneux, Montilly, Contigny, Dompierre ; Montluçon, à
Labrosse ; Désertines, Néris, Audes, etc.

(38) C. Pendula. *Huds. Grenier, Maxima. Scop. Bor. G. G.* (C.
Géant.) Racine fibreuse ; tige de 6-12 déc., dressée, triquêtre, un
peu rude au sommet ; feuilles larges, 10-14 mill., longues, planes,
rudes sur les bords et la côte ; épi mâle (rarement 2) *long,* cylindracé, roussâtre ; 3-6 épis femelles, cylindriques, *pendants, très
longs,* 12-15 cent., compacts ; capsules vertes, sans nervures,
elliptiques, à bec *court presque bidenté,* dépassant les écailles qui
sont brunes à nervure pâle, lancéolées cuspidées ; bractées foliacées, *longuement engaînantes,* ligulées du côté du limbe. Juin, juil.
Bords des étangs, ruisseaux. R. — Souvigny, étang de Messarges ;
Grosbois (L. A.) ; Monétay-sur-Allier, bords de l'Allier, en allant
sur Châtel-de-Neuvre (A. M.) ; Bayet (C. B.) ; Montluçon, coteaux
de Lavault-Sainte-Anne ; bords du Cher, moulins de la Vernoille
et de Saint-Genest (A. P.).

j. — Fruit glabre ; au moins 2 épis mâles.

(39) C. Hordeistichos. *Vill. Bor. G. G.* (C. à épi d'Orge.) Souche
à fibres épaisses ; tige de 1-2 déc., trigone, lisse, *plus courte* que
les feuilles ; feuilles planes, carénées, rudes au bord ; 2-3 épis
mâles (rarement un) *très éloignés* des épis femelles, *pâles ;* 3-4 épis

femelles, ovoïdes, compacts, dressés ; bractée foliacée longuement engaînante, avec trace de ligule sur le limbe ; écailles femelles blanchâtres, scarieuses, lancéolées aiguës, quelques-unes lacérées ; capsules *jaunes à maturité, grosses*, sans nervures, elliptiques-trigones, à 2 bords aigus et rudes, à bec très allongé bifide. Mai, juin. Lieux humides, bords des fossés. R. — Gannat, Saint-Rémy-en-Rollat (P. B.) ; Chareil-Cintrat à Artanges et aux Vernets (C. B.). Bayet, en face Nérignet (Lavediau, C. B.).

(40) C. AMPULLACEA. *Goodn. Bor. G. G.* (C. Ampoulé.) Racine rampante ; tige de 4-6 déc., grêle, *lisse*, à 3 angles *obtus ;* feuilles longues, linéaires, *glaucescentes*, presque planes, *égalant au moins* la tige ; bractées non engaînantes ; 2-4 épis mâles, d'un *fauve pâle*, grêles ; 2-3 épis femelles cylindriques, distants, à bractées très longues ; capsules jaunâtres, *renflées*, subglobuleuses, à bec comprimé bifide, dépassant les écailles qui sont lancéolées, fauves. Mai, juin. Prés marécageux, tourbeux. — Lapalisse, Le Mayet, Saint-Nicolas, Montaigut, Chavenon, Saint-Sornin, Le Montet, Rocles ; Laprugne, à l'Assise ; Ferrières, au Montoncelle ; Jaligny, Gouise, Neuilly, Yzeure, Marcillat, Villebret, Tronçais, Braize.

(41) C. VESICARIA. *L.* (C. Vésiculeux.) Racine rampante ; *plante d'un vert-clair ;* tige de 4-6 déc., *à 3 angles aigus rudes ;* feuilles longues, linéaires, élargies, rudes, planes, égalant au moins la tige ; bractées non engaînantes ; 2-3 épis mâles, linéaires, à écailles *pâles ;* 2-4 épis femelles cylindracés, gros, à bractées dépassant la tige ; capsules ovoïdes, *renflées*, à bec comprimé *dépassant* les écailles (p. 397, fig. 16.) Juil. Viv. Marais. C.

(42) C. PALUDOSA. *Goodn. Bor. G. G.* (C. des Marécages.) Racine *rampante ;* tige de 4-9 déc., à angles aigus, *coupants ;* feuilles longues, planes, *largement linéaires, à gaîne se déchirant en réseau ;* 2-4 épis mâles presque trigones *d'un brun foncé*, à écailles infér. obtuses ; 2-4 épis femelles, cylindracés, noirâtres ; capsules ovoïdes à bec court, *plus larges* que les écailles qui sont noirâtres aiguës. Mai, juin. Marais. — Moladier, Trevol, Yzeure, Monétay, Saint-Voir, Bresnay, Chavenon, Gannat, Neuvialle, Souvigny, Bessay, Gouise, Montluçon, Bizeneuille, Cérilly, etc.

(43) C. RIPARIA. *Curtis. Bor. G. G.* (C. des Rives.) Racine *rampante ;* tige de 8-12 déc., à angles aigus, rudes ; feuilles *longues, larges, planes, coupantes, glauques ;* 2-5 épis mâles, oblongs, trigones, *noirâtres*, à écailles *toutes aiguës aristées* (p. 397, fig. 17) ; 3-4 épis femelles cylindracés ; caps. ovales, coniques, renflées, *plus courtes* que les écailles qui sont lancéolées, sétacées, roussâtres. Avril, juin. Bords des ruisseaux. — Toulon, Moulins, Souvigny, Gouise, Poëzat, Espinasse-Vozelle, Besson, Bresnay, Châtel-de-Neuvre, Chavenon, Loriges, Saint-Gérand-le-Puy, Le Veurdre, Lurcy, Montluçon, les Trillers, etc.

Famille IC. — GRAMINÉES.

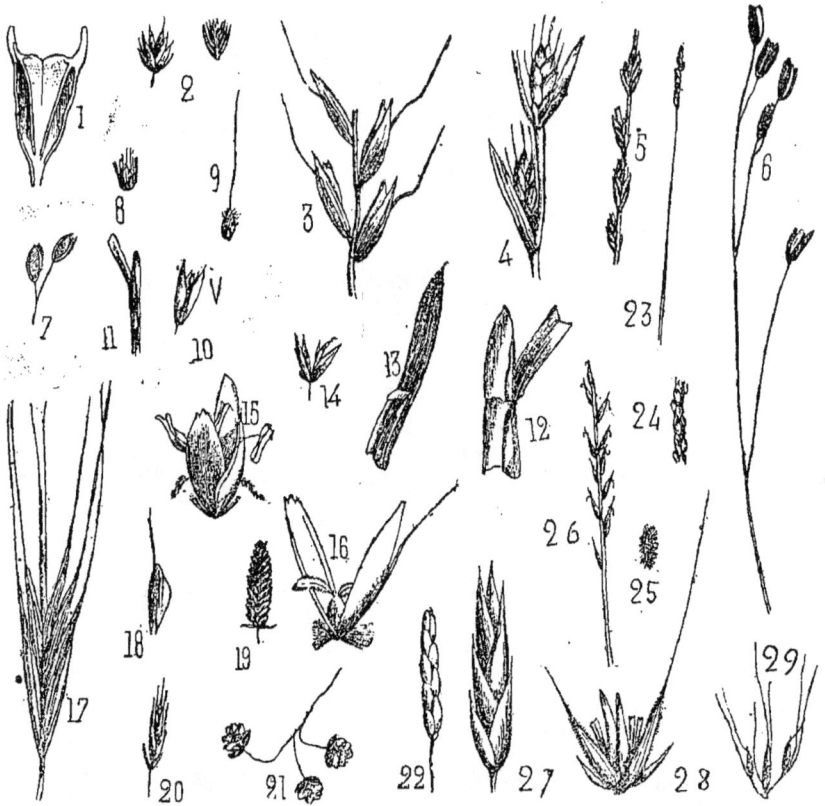

1. Fl. de Phleum pratense, grossie. — 2 Epillet et bractée de Cynosurus. — 3. Gaudinia fragilis. — 4. Lolium temulentum. — 5. Nardurus Lachenalii. — 6. Melica uniflora — 7. Epillet de Leersia. — 8 Epillet de Setaria glauca. — 9. Epillet et écaille accessoire de Panicum crus-Galli. — 10. Epillet de Phalaris et coupe de la glume. — 11. Ligule d'Agrostis interrupta. — 12. Id. de Poa trivialis. — 13. Id. de Poa pratens $\bar{w}$. — 14. d'Avena flavescens. — 15. Id. de Danthonia decumbens. — 16. Fl. d'Aira flexuosa. — 17. Epillet de Bromus sterilis. — 18. Glumelle de Bromus commutatus. — 19. Epillet de Poa megastachya. — 20. Id. de Festuca duriuscula. — 21. Id. de Briza media. — 22. Id. de Glyceria fluitans. — 23. Chamagrostis minima. — 24. Fragment d'épi de Digitaria filiformis. — 25. Fl. de Digitaria ciliaris. — 26 Nardus stricta. — 27. Epillet de Bromus Schraderi. — 28 Epillet de Secale. — 29. Fl. d'Hordeum secalinum.

Plantes herbacées à tiges cylindriques, simples, fistuleuses, *à nœuds saillants* — ce qui les distingue des Cypéracées et des Joncées — d'où naissent les feuilles qui sont linéaires, entières, munies d'une gaîne fendue en long et offrant à la naissance du limbe une sorte de languette appelée *ligule*, quelquefois nulle ou remplacée par des poils. Fleurs rarement unisexuelles, en épis, grappes ou panicules, formés d'épillets. L'épillet présente ordinairement à sa base 2 écailles appelées *spathelles* qui constituent la *glume*, puis une ou plusieurs fl. formées par une enveloppe de 2 écailles appelées *spathellules* qui constituent la *glumelle*, et 1-3 écailles très petites manquant quelquefois (pétales avortés ?);

l'une des spathellules, la plus apparente, est extérieure, ou inférieure à cause de son point d'insertion par rapport à la seconde qui est incluse, intérieure, et supérieure. Elles ont le plus souvent : 3 étamines, 2 stigmates, plumeux ou en pinceau, divergents ; un ovaire libre, devenant un fruit sec, indéhiscent, monosperme, à périsperme farineux, appelé caryopse.

Les Graminées sont pour l'homme une des familles les plus utiles. Les céréales forment la base de sa nourriture ; la plupart sont recherchées par les animaux et forment le fond de nos prairies naturelles.

A. — FLEURS MONOÏQUES.

ZEA. L. (Maïs.) Fleurs monoïques dissemblables ; les mâles terminales en grappe paniculée à épillets biflores, sessiles ; épis femelles infér., axillaires, très gros, sessiles, à styles très allongés (au moins 1 déc.) ; fruits réniformes, sériés, insérés sur un axe gros et charnu.

Z. MAYS. *L.* (M. Cultivé.) Tige de 1-2 mèt., simple pleine, lisse ; feuilles larges, 2-6 cent., lancéolées, rudes, ligule courte ciliée ; épi femelle enveloppé de bractées ; caryopse ordin. jaune. Juin, août An. Cultivé. Originaire du Mexique, du Pérou.

B. — FLEURS EN ÉPIS DIGITÉS ; ÉPILLETS UNIFLORES, SESSILES.

ANDROPOGON. *L.* (Barbon.) Épillets ordinairement géminés, l'un hermaphrodite, sessile, longuement aristé, l'autre mâle pédicellé, mutique ; styles allongés, en pinceau ; glumes presque égales, dépassant ordin. la fleur fertile et munies de poils à la base ; caryopse comprimé par le dos.

A. ISCHÆMUM. *L.* (B. Pied de Poule.) Racine à *fibres blanchâtres ;* tige de 4-6 déc., dressée ; feuilles canaliculées, poilues ; 3-6 épis linéaires, étalés puis resserrés ; glumes *obtuses, purpurines,* nerviées, mutiques ; glumelle supér. terminée par une arête genouillée tordue. Juin, sept. Viv. Bords des chemins, pelouses calcaires. — Moulins, Neuvy, Château-sur-Allier, Laferté, Bessay, Monétay, Besson, Bresnay, Brassolles, Neuvialle, Verneuil, Billy, Montaigut-le-Blin, Saint-Germain-des-Fossés, Noyant, Chareil, Marcenat, Le Veurdre, Pierrefitte, l'Etelon, Urçay, Meaulne, etc.

CYNODON. *Rich. Panicum. L.* (Chiendent.) Glume carénée, mutique, plus courte que la glumelle ; spathellule infér. ovale, carénée, mucronée ; 4-5 épis linéaires à fl. unilatérales sur un seul rang ; épillets comprimés.

C. DACTYLON. *Person. G. G. Bor.* (C. Commun.) Souche longuement rampante ; tiges de 1-3 déc., rameuses ascendantes ; feuilles glaucescentes, velues ciliées, raides ; 3-7 épis linéaires ouverts, à fl. ordin. rougeâtres, ainsi que toute la plante. Juil., sept. Viv. Champs sablonneux. C.

DIGITARIA. *Haller. Panicum. L. G. G. Paspalum Lam.* (Digitaire.) Épillets dépourvus de soies, comprimés, sessiles, alternes sur 2 rangs unilatéraux, en épis digités ; glume concave à spathelles inégales apprimées, l'infér. munie d'une écaille accessoire (fl. stérile ?), 2 glumelles mutiques (p. 416, fig. 24-25.)

1	Fl. fortement ciliées (p. 416 fig. 25). . . . . *D. ciliaris.*	(3)
	Fl. non ou à peine ciliées.	2
2	Feuilles et gaînes poilues. . . . . *D. sanguinalis.*	(1)
	Feuilles et gaînes glabres . . . . *D. filiformis.*	(2)

(1) D. SANGUINALIS. *Scop. Bor.* (D. Sanguine.) Racine fibreuse ; tiges de 3-5 déc., couchées ascendante, souvent disposées en cercle ; *feuilles et gaînes poilues ;* feuilles planes ; ligule courte, lacérée ; 3-7 épis *un peu alternes ;* spathelles *très inégales, glabres ou à cils très courts ;* fl. souvent lavées de rouge violacé. Juillet, oct. An. Lieux cultivés. C. C.

(2) D. FILIFORMIS. *Kœler. Bor. Pan. Glabrum. Gaud. G. G. Paspalum ambigüum. D. C.* (D. Filiforme.) Diffère de la précédente : par *ses feuilles et gaines glabres*, ses spathelles *presque égales; ses épis, 2-4 plus courts et plus grêles; ses tiges tout à fait couchées.* Neuvy, Bagnolet, Yzeure, Varennes, Bourbon, Bresnay, Bressolles, Châtel-Montagne, Chavenon, Verneuil, Meillard, Monétay, Tronget, Branssat, Le Montet, Saint-Sornin, Rocles, Murat, Gennetines Montluçon, etc.

(3) D. CILIARIS. *Kœler.* (D. Ciliée.) Diffère de la première par ses fleurs fortement ciliées (p. 416, fig. 25). G. G. ne la regardent que que comme une simple variété. R. — Bessay ; Moulins, à Nomazy (E. O.); Saint-Amand, Cher (Bor. 3ᵉ éd.)

C. — ÉPILLETS UNIFLORES, FORMANT UNE PANICULE OU UNE GRAPPE SPICIFORME.

TRAGUS. *Haller.* (Tragus.) Inflorescence en grappe spiciforme à pédicelles courts, nus à la base ; chaque pédicelle portant 2-4 fl. dont les terminales stériles ; glumelle extérieure convexe, hérissée de 5-7 rangs d'épines ; caryopse convexe sur les deux faces.

T. RACEMOSUS. *Haller. G. G. Bor. Cenchrus racem. L.* (T. à Grappe.) Racine fibreuse ; tige de 1-2 déc., couchée-redressée, genouillée; feuilles courtes, planes, bordées de cils raides ; gaines ventrues, glaucescentes ainsi que les feuilles ; ligules poilues ; fl. en grappes terminales verdâtres ou rougeâtres, hispides. Juin, août. Lieux arides et chauds. An. R. R. — Saint-Germain-des-Fossés, côte Poinat (J. R.)

LEERSIA. *Swartz.* (Léersie.) Fleur à une seule enveloppe (glume nulle); glumelle à spathellules comprimées, mutiques, fortement ciliées, carénées (p. 416, fig. 7), 2 petites écailles membraneuses hypogynes ; style long, plumeux.

L. ORYZOÏDES. *Sw. Bor. G. G. Phalaris. L.* (L. à fl. de Riz.) Souche stolonifère ; tige de 6-10 déc., à nœuds hérissés, dressée, radicante ; feuilles planes, largement linéaires, rudes, ainsi que les gaines ; ligule courte ; panicule étalée, engainée d'abord dans la feuille supér., à rameaux rudes ; épillets oblongs ; glumelles elliptiques ciliées sur le dos. Juillet, sept. Viv. Bords des eaux. — Queune, à Neuvy ; Sioule, à Monétay; Garnat, Moulins, Toulon, Bourbon, Saint-Pourçain, Lapalisse, Le Mayet, Bresnay, Chemilly, Bessay, Murat, Chavenon, Montluçon, Chamblet, etc.

CALAMAGROSTIS. *Roth.* (Calamagrostis.) Epillets uniflores ; spathelles presque égales, comprimées, acuminées, plus longues que la glumelle, entourées à la base de longs poils soyeux, l'infér. munie d'une arête sur le dos ; stigmate plumeux ; fl. en panicule.

{ Arête incluse ; poils égalant les spathelles. . . . . *C. Epigeïos.* (1)
{ Arête saillante ; poils 3-4 fois plus courts que les spathellules. . . . *C. sylvatica.* (2)

(1) C. EPIGEÏOS. *Roth. G. G. Bor. Arundo. Epig. L.* (C. terrestre.) Souche à rhizomes traçants; tige de 8-12 déc., dressée robuste;

feuilles largement linéaires, raides, rudes; ligule *oblongue, aiguë*; panicule étroite, peu étalée, verte ou violacée; spathellule infér. bifide, portant sur le *milieu du dos* une arête fine, *droite incluse*; poils *égalant* à peu près les spathelles. Juillet, août. Bois, coteaux. Viv. — Yzeure, Montluçon, Bressolles, Neuvy, Laferté, Bresnay, Gouise, Saint-Pourçain, Bourbon, Saint-Didier, Chareil, Gannat, Huriel, etc.

(2) C. SYLVATICA. *D. C. Bor.* (non Host.) *C. Arundinacea. Roth. G. G.* (non D. C.) (C. des Bois.) Souche rampante; tiges de 6-10 déc., dressées, rudes au sommet; feuilles linéaires, un peu rudes; ligule courte *tronquée*; panicule longue étroite; fleurs verdâtres, brunissant ensuite; spathellule infér. *3-4 fois plus longue* que les poils; arête *géniculée*, insérée sur le dos de la spathellule et *longuement saillante*. Juillet, août. Montagnes. R. R. — Laprugne à l'Assise, au Point du Jour; Le Montoncelle, vers le sommet (A. M.)

AGROSTIS. *L.* (Agrostis.) Epillets uniflores, pédicellés, formant une panicule à pédoncules verticillés; spathelles presque égales, comprimées, carénées, mutiques, plus longues que la glumelle; spathellules glabres ou finement pubescentes à la base, inégales, la supér. plus petite, quelquefois nulle; l'infér. aristée sous le sommet, ou mutique; styles très courts; fl. très petites.

1 {	Arêtes égalant au moins 3 fois la glume.		2
	Arêtes égalant au plus 2 fois la glume		3
2 {	Panicule à rameaux ouverts	*A. spica-venti.*	(4)
	Panicule à rameaux resserrés, les infér. plus courts que l'intervalle des verticilles	*A. interrupta.*	(5)
3 {	Spathellule supér. nulle, fl. aristées	*A. canina.*	(3)
	2 spathellules, fl. souvent mutiques		4
4 {	Ligule oblongue (p. 416, fig. 11)	*A. alba.*	(1)
	Ligule courte tronquée (p. 416, fig. 13)	*A. vulgaris.*	(2)

(1) A. ALBA. *L.* (A. Blanc.) Tige plus ou moins radicante, stolonifère, de 3-8 déc.; feuilles linéaires planes, rudes, *à ligule oblongue, obtuse,* entière ou déchirée; panicule à rameaux étalés à la floraison, contractés avant et après; fl. *blanchâtres ou jaunâtres,* le plus souvent *mutiques;* glumelle plus courte que la glume. Juin, sept. Viv. Champs, bords des chemins. C.

Var. *Stolonifera. L.* Racine rampante, panicule plus resserrée. C.

(2) A. VULGARIS. *Withering.* (A. Commun.) Racine *fibreuse,* peu rampante; tige *redressée,* de 1-4 déc.; feuilles linéaires planes; *ligule très courte,* tronquée; panicule ample, *étalée,* à rameaux divergents; fl. *mutiques, rougeâtres;* spathellules très inégales, l'infér. *égalant* les spathelles, mutique ou rarement aristée. Juil., sept. Viv. Lieux, secs, champs. C. C.

Var. *Dubia. D. C.* Fleurs aristées.

Var. *Pumila. L.* Racine complètement fibreuse, tige de 4-15 cent.

(3) A. CANINA. *L.* (A. de Chien.) Racine stolonifère; tige de 3-5

déc., grêle, *redressée*; feuilles radicales, *fasciculées, filiformes, enroulées*, les supér. planes rudes; ligule allongée, *oblongue*, entière ou lacérée; panicule étalée à la floraison, à rameaux hispides; *spathellule supér. nulle*, celle qui reste *denticulée*, portant *au-dessous de son milieu* une arête fine géniculée. Fleurs d'un vert rougeâtre. Juin, août. Viv. Prés humides. Peu C. — Lurcy, Yzeure, Braize, Moladier, Gennetines, etc.

(4) A. Spica-Venti. (A. Jouet du Vent.) *Racine fibreuse ou à peine traçante*; tige de 5-8 déc., droite; feuilles planes, rudes; ligule grande, oblongue; panicule *ample, à rameaux étalés à la floraison, tous plus longs* que l'intervalle des verticilles; spathellule extér. dépassant la glume, portant au-dessous de son sommet une *arête longue*. Juin, juil. An. Champs, moissons. Assez C.

(5) A. Interrupta. *L.* (A. Interrompu.) Racine *fibreuse*; tige de 2-8 déc., droite; feuilles étroites, planes, scabres; ligule oblongue scarieuse (p. 416, fig. 11); panicule *serrée contre l'axe*, allongée, pédoncules infér. *plus courts* que l'intervalle des verticilles, ce qui rend la panicule interrompue; spathellule extér. portant au-dessous de son sommet une *arête longue*. Juin, juil. An. Lieux sablonneux. R. — Bords de l'Allier, île d'Avermes; Moulins, champ des Courses (L. A.); Laferté (E. O.)

GASTRIDIUM. *P. B. Bor. G. G.* (Gastridium.) Epillets uniflores; spathelles lancéolées, ventrues à la base, presque égales; spathellules très courtes, l'infér. dentée et munie au-dessous du sommet d'une arête courte; stigmate plumeux; fl. en panicule spiciforme.

G. Lendigerum. *Gaud. G. G. Bor. Milium. Lendig. L.* (G. Ventru.) Racine fibreuse; tige de 2-4 déc., dressée, glabre: feuilles un peu glauques, rudes aux bords; ligules déchiquetées; panicule aiguë, droite, renfermée d'abord dans la gaine de la feuille supér., atténuée aux deux bouts; fl. d'un vert blanchâtre, luisantes; glumes inégales, lancéolées sétacées. Juin, août. An. Lieux sablonneux. A. R. — Saint-Pourçain, Chemilly, Neuvy, Varennes-sur-Allier, Besson, Loriges, Chareil-Cintrat, Saint-Didier, Montord, Bayet, Montluçon; Chantenay, Nièvre.

MILIUM. *L.* (Millet.) Epillets uniflores comprimés; spathelles convexes, ventrues, mutiques; spathellules concaves, ovales, coriaces, persistant sur le fruit; stigmates latéraux, plumeux; 2-3 paillettes glabres autour de l'ovaire.

M. Effusum. *L.* (M. Etalé.) Racine fibreuse oblique; tige de 8-12 déc., faible, lisse; feuilles lancéolées, linéaires, planes, molles rudes aux bords; ligule oblongue; fl. verdâtres mêlées de blanc et de violet, en panicule droite, lâche, à rameaux scabres, semiverticillés, étalés, très inégaux; glumes lisses à 3-5 nervures. Mai, juil. Viv. Bois couverts. Peu C. — L'Assise, Messarges, Les Collettes, Fleuriel, Cérilly, Montluçon.

Le *Stipa pennata. L.* à arête plumeuse atteignant 2-3 déc, a été indiquée dans le Cher: Morthomier, Villeneuve (Bor)

SETARIA. *P. B. Panicum. L.* (Sétaire.) Epillets entourés à la base de poils raides (p. 416, fig. 8), formés de deux fleurs, dont l'infér. incomplète est le plus souvent représentée par une écaille ; spathelles très inégales, mutiques ; spathellules obtuses glabres, presque égales ; panicule resserrée en épi cylindracé ; feuilles rudes, linéaires.

1 { Epi gros atteignant 2-3 déc. de long. . . . . *S. Italica.* (4)
  { Epi n'atteignant pas 1 déc. 2

2 { Tige rude entre l'épi et la feuille supér. 2
  { Tige lisse supérieurement 4

3 { Epi à soies accrochantes . . . . *S. verticillata.* (1)
  { Epi à soies non accrochantes. . . . . *S. Germanica.* (5)

4 { Epi verdâtre, glume supér. égalant la glumelle. . . . . *S. viridis.* (2)
  { Epi à soies roussâtres, glume supér. moitié de la glumelle. . . . . . *S. glauca.* (3).

(1) S. VERTICILLATA. *P. B. Bor.* (S. Verticillée.) Tige de 4-6 déc., rameuse, dressée, *rude en haut ;* gaines *ciliées sur les bords ;* ligule poilue ; panicule spiciforme, à rameaux *espacés* à la base ; épillets entourés de soies *rudes, accrochantes* de bas en haut ; fl. *verdâtres ;* glume supérieure *égalant* la fleur fertile. Juillet, oct. An. Lieux cultivés, décombres. — Neuvy, Montluçon, Moulins, Chemilly, Bresnay, Saint-Pourçain, Le Montet, Murat, Montaigut-le-Blin, Gannat, Souvigny, Pierrefitte, etc.

(2) S. VIRIDIS. *P. B. Bor.* (S. Verte.) Tige de 2-6 déc., rameuse à la base, redressée, *lisse en haut ;* gaines *pubescentes,* surtout sur les bords ; ligule *formée par une touffe de poils ; épi non interrompu,* à soies *non accrochantes ;* fl. *vertes* ou un peu rougeâtres, glume supér. *égalant* la glumelle. Juillet, oct. An. Lieux cultivés, champs, etc. C. C.

(3) S. GLAUCA. *P. B. Bor.* (S. Glauque.) Plante *jaunâtre ;* tige de 1-4 déc., *lisse en haut ;* gaines *glabres, ligules poilues ;* épi à poils *roussâtres* (p. 416, fig. 8), glume supér. *égalant la moitié* de la glumelle ; spathellules *ridées en travers.* Juillet, oct. An. Lieux cultivés. — Environs de Moulins, Monétay, Laferté, Lapalisse, Bresnay, Besson, Saint-Ennemond, Gannat, Montluçon, etc.

(4) S. ITALICA. *P. B. Bor.* (S. d'Italie.) Vulg. Millet des Oiseaux, panaches. Tige de 6-10 déc., *rude au sommet ;* feuilles *larges à gaines pubescentes, presque laineuses ;* épis gros, au moins 2 cent., de diamètre, *long, penché, arqué, à axe laineux.* Juillet, août. An. Cultivé pour ses graines.

(5) S. GERMANICA. *P. B.* (S. d'Allemagne.) Cultivé çà et là en grand comme fourrage sous le nom de *Moha.* Racine fibreuse ; tige de 6-9 déc., droite, *rude au sommet,* lisse ailleurs ; feuilles largement linéaires, rudes ; ligule formée par des poils ; épi atténué à la base, à poils *brunâtres ;* glume *égalant* environ la glumelle. Juin, sept. An.

PANICUM. *L.* (Panic.) Epillets dépourvus de poils à la base, à 2 fl., l'infér. réduite à 2 glumelles (p. 416, fig. 9) ; spathelles très

très inégales, l'infér. très petite; spathellules concaves; 2 styles allongés à stigmate plumeux; panicule lâche.

{ Panicule diffuse . . . . *P. miliaceum.* (1)
{ Panicule formée d'épis unilatéraux. . . . . *P. Crus-Galli.* (2)

(1) P. MILIACEUM. *L.* (P. Millet.) Vulg. Mil. Millet. Tige de 5-9 déc., rameuse; feuilles *lancéolées* linéaires à gaînes *poilues;* panicule *lâche*, retombante; glumes *mucronées* ovales; fl. *verdâtres*, Juil., août. An. Cultivé.

(2) P. CRUS-GALLI. *L. Echinochloa Crus-Galli. P. B.* (P. Pied de Coq.) Tige de 3-6 déc., géniculée, *comprimée, couchée;* feuilles *glabres à ligule remplacée par une tache;* panicule dressée *unilatérale*, formée par des épis *unilatéraux* composés, à épillets ordin. *aristés; fl. violacées;* axe des épis anguleux scabre. An. Lieux frais des endroits cultivés. C.

Varie sur le même pied à arêtes très longues, médiocres, ou nulles.

PHALARIS. *L.* (Alpiste.) Glume à 2 spathelles comprimées, carénées, aiguës (p. 416, fig. 10), presque égales, uniflores, avec 1-2 écailles velues bien plus petites (fl. stériles); spathellules inégales, concaves, mutiques, plus courtes que la glume; styles filiformes, fl. en panicule.

P. ARUNDINACEA. *L. Bor. G. G. Baldingera. Dumort. Calamagrostis, Colorata. D. G.* (A. Roseau.) Racine traçante; tige de 8-12 déc., droite; feuilles linéaires, larges, planes, rudes, à ligule large, obtuse; panicule très rameuse, oblongue, serrée; fl. luisantes, blanchâtres, panachées de vert et de violet. Juin, juil. Viv. Bords des eaux. — Yzeure, Bressolles, Toulon, Chevagnes, Trevol, Gouise, Chouvigny, Bayet, Lurcy, Montluçon, Tronçais, Urçay, etc.

Var. *Picta.* à feuilles rayées de blanc. Cultivée sous le nom d'Herbe à rubans.

PHLEUM. *L.* (Fléole.) Glume uniflore à spathelles acuminées, ou tronquées acuminées au sommet, carénées, à arête courte, divergente, formée par le prolongement de la carène, ce qui rend l'épillet comme fourchu (p. 416, fig. 1); glumelle plus courte que la glume; stigmates très allongés, poilus; fl. en épi dense, serré, cylindracé; épillets brièvement pédicellés.

{ Glumes rétrécies insensiblement en pointe, à carène scabre. . . . . *P. Bœhmeri.* (1)
{ Glumes subitement aristées, à carène ciliée . . . . *P. pratense.* (2)

(1) P. BŒHMERI. *Wibel. G. G. Bor. Phalaris Phleoïdes. L.* (F. de Bœhmer.) Racine fibreuse; tige de 2-6 déc., droite; feuilles planes, rudes, courtes, surtout la supér., qui a sa gaîne *longue et renflée;* épi *cylindrique, atténué aux deux bouts;* fl. blanchâtres; épillets uniflores, *avec une fl. stérile rudimentaire;* spathelles *linéaires-oblongues*, obliquement *tronquées-acuminées*, à carène plus ou moins ciliée-hispide. Mai, juil. Viv. Lieux secs, coteaux calcaires. — Neuvy, Cusset, Bresnay, Monétay, Verneuil, Gannat, Chareil, Fleuriel, Cesset, Le Veurdre, Meaulne, Lurcy, Montluçon, etc.

(2) P. Pratense. *L.* (F. des Prés.) Vulg. Thimotty. Racine fibreuse ; tige de 3-8 cent., dressée ; feuilles rudes, planes, à ligule *courte, obtuse,* gaîne *non renflée ;* épi *cylindrique, obtus, atteignant 15 cent.,* glumes *tronquées brusquement et transversalement,* à carène fortement ciliée (p. 416, fig. 1) ; arête *plus courte* que la glume. Mai, juil. Viv. Prés. Très bon fourrage.

P. Nodosum. L. Simple variété plus grêle, à collet renflé en bulbes superposées.

Cette formation de bulbes superposés en forme de chapelet tient à la nature du sol, qui argileux et compact ne se laisse pas facilement pénétrer par les racines.

ALOPECURUS. *L.* (Vulpin.) Epillets uniflores, comprimés, courtement pédicellés ; glume à 2 spathelles comprimées, carénées, mutiques, ordinairement soudées à la base, plus longues que les spathellules qui sont soudées en une seule et offrent une arête sur les dos ou à la base ; panicule resserrée en forme d'épi. Très bon fourrage.

1	Tige plusieurs fois coudée à la base, couchée radicante.		2
	Tige droite, non radicante		3
2	Plante verte, arête égalant 2-3 fois la glume.	*A. geniculatus.*	(3)
	Plante glauque, arête dépassant à peine la glume.	*A. fulvus.*	(4)
3	Epi cylindrique, gaîne supér. un peu renflée.	*A. pratensis.*	(1)
	Epi atténué aux deux bouts, gaîne non renflée.	*A. agrestis.*	(2)

(1) A. Pratensis. *L.* (V. des Prés.) Plante *vivace* un peu stolonifère ; tige de 6-9 déc., dressée ; feuilles rudes sur les bords, linéaires, planes, gaîne supér. *un peu renflée ;* ligule courte ; épi cylindrique, *obtus ;* spathelles *velues, longuement* ciliées sur la carène, soudées *dans leur quart infér.* ; glumelle portant au-dessous de son milieu une arête saillante ; fl. d'un blanc-verdâtre. Mai, juil. Viv. Prés. C.

(2) A. Agrestis. *L.* (V. des Champs.) Plante *annuelle ;* racine *fibreuse ;* tige de 3-6 déc., un peu *rude* au sommet, dressée ; feuilles et gaînes *rudes ;* gaîne supér. *non renflée ;* ligule courte ; épi *atténué aux deux extrémités ;* spathelles *glabres,* à carène brièvement, soudées *jusqu'au milieu,* ciliée ; glumelle portant au-dessous de son milieu une arête *longuement saillante* ; fl. verdâtres ou violacées. Mai, oct. An. Lieux cultivés. C.

(3) A. Geniculatus. *L.* (V. Genouillé.) Plante *verte ;* tige de 3-5 déc., *lisse, radicante, plusieurs fois coudée, couchée,* puis ascendante ; feuilles glaucescentes, planes, rudes aux bords ; gaîne un peu renflée ; ligule *oblongue ;* épis cylindriques, obtus ; spathelles *pubescentes* subaiguës, *à peine soudées* à la base ; arête environ *2 fois* plus longue que la glume ; anthères *jaunâtres, brunissant* ensuite. Mai, sept. An. Lieux desséchés, fossés. C.

(4) A. Fulvus. *Smith.* (V. Fauve.) Diffère de la précédente dont elle a les caractères généraux, par: son apparence *glauque ;* ses gaînes *glauques-bleuâtres ;* son épi *un peu atténué,* glauque ; son arête *incluse* où *à peine* saillante ; ses anthères *blanchâtres, puis orangées.* Mai, sept. Fossés humides, etc. C.

CRYPSIS. *Aïton*. (Crypside) Epillets uniflores à spathelles carénées, comprimées, inégales, plus courtes que les spathellules qui
sont un peu inégales, mutiques ; toujours 3 étamines ; styles allongés ; stigmate filiformes poilu ; panicule spiciforme, sortant de la
gaine supérieure.

C. ALOPECUROÏDES. *Schrader*. *G. G. Bor*. (C. Vulpin.) Tiges de 1-3
déc., en touffes étalées en cercle, coudées aux articulations ;
feuilles planes rudes, à gaine longue, à ligule ciliée ; feuille supér.
courte, à gaine un peu renflée ; épi oblong cylindracé *un peu éloigné*
de la feuille supér.; fl. grisâtres ou noirâtres. Août, oct. An. Lieux
frais et humides. R. — Bords de l'Allier, Moulins (Bor); Bourbon,
bords de l'étang (L. A.)

ANTHOXANTHUM. *L*. (Flouve.) Epillets à une seule fleur fertile,
au milieu de deux fleurs stériles, réduites à leurs spathellules,
qui sont allongées, canaliculées, à arête dorsale genouillée dépassant la fleur fertile ; fl. fertile mutique, à 2 étamines ; stigmates
filiformes plumeux.

1 { Plantes vivaces ; arête égalant le 1/4 de la glume 2
  { Plante annuelle ; arête égalant le 1/3 de la glume . . . . *A. Puelii*. (3)

2 { Epillets glabres . . . . *A. odoratum*. (1)
  { Epillets velus . . . . *A. villosum*. (2)

(1) A. ODORATUM. *L*. (F. Odorante.) Plante *vivace* ; tiges lisses
2-8 déc., en touffes ; feuilles planes, glabres ou un peu velues
ainsi que les gaines, à ligule oblongue déchirée ; épi lâche, oblong,
à épillets brièvement pédicellés ; glumes cuspidées, à peu près
glabres ; arête saillante, égalant environ le 1/4 de la glume ; fl. stériles à arête incluse ; anthères *violacées*. Viv. Prés, bois. C.

C'est à cette plante que le foin doit son odeur agréable, elle contient un peu d'acide ben-
zoïque.

(2) A. VILLOSUM. *Dumortier*. *Bor*. (A. Velue.) Diffère de la précédente dont elle est voisine : par ses tiges *scabres ;* ses feuilles et
ses gaines hérissées de poils *longs ;* ses glumes *velues*. Mai, sept.
Viv. — Moulins, bords de l'Allier, Bressolles, Echassière, Veauce,
etc. Semble aussi commune que la première, je crois que l'on
trouvera tous les intermédiaires.

(3) A. PUELII. *L. L. Bor*. (F. de Puel.) Plante *annuelle ;* tiges de
1-3 déc., grêles, *ramifiées* inférieurement, dressées ou étalées ;
feuilles *un peu scabres,* ainsi que les gaines ; ligule oblongue obtuse ;
épi court, *plus court et moins fourni* que les précédents ; arête *plus
longuement saillante*. Juin, sept. An. A. R. — Neuvy, Gannat, à
Bézillat ; Varennes-sur-Allier, Monétay, Paray-sous-Briaille, Bourbon, Lapalisse, Laprugne, Pierrefitte, Beaulon, Gipcy, Yzeure,
Murat, Montluçon, Néris, Désertines, etc.

D. — EPILLETS CONTENANT AU MOINS DEUX FLEURS ET DISPOSÉS
EN PANICULE.

MELICA. *L*. (Mélique.) Epillets complètement mutiques, à 1-2 fl.
fertiles et à plusieurs fleurs supérieures avortées, pédicellées ;

spathelles inégales, amples, convexes, à nervures parallèles ; spathellules ventrues, cartilagineuses ; stigmates plumeux ; caryopse sillonné sur la face interne.

1	Fleurs dépourvues de poils soyeux . . . . *M. uniflora.*	(1)
	Panicule spiciforme ; fl. pourvues de longs poils soyeux.	2
2	Panicule cylindrique fournie. . . . . *M. ciliata.*	(2)
	Panicule subunilatérale, peu fournie . . . . *M. Nebrodensis.*	(3)

(1) M. Uniflora. *Retz.* (M. Uniflore.) Racine fibreuse traçante ; tige de 4-6 déc., faible ; feuilles planes, rudes, un peu velues, gaine *prolongée en appendice* velu *opposé à la feuille* ; panicule *lâche, pauciflore* unilatérale, à épillets violacés-rougeâtres, *longuement* pédonculés, *à une seule fl. fertile, glabres* (p. 416, fig. 6) ; pédicelles droits, rudes, mais *non velus* au sommet, ne portant ordin. qu'un épillet. Mai, juin. Viv. Bois, coteaux. C.

Le dernier caractère sépare notre plante du *M. Nutans* L. qui n'a pas été encore rencontré chez nous.

(2) M. Ciliata. *L.* (M. Ciliée.) Tiges de 3-8 déc., droites, fasciculées, rudes au sommet ; feuilles linéaires, planes puis enroulées, pubescentes, scabres ainsi que les gaines ; ligule scarieuse oblongue ; panicule *spiciforme*, d'environ 5-10 cent., *assez fournie, cylindrique,* à rameaux courts, géminés ou ternés aux nœuds infér.; épillets *brièvement* pédicellés, souvent à *2 fleurs fertiles ;* spathelles rudes, inégales, lancéolées, apiculées, à 5-7 nervures ; spathellule inférieure, *rude tuberculeuse* sur le dos, portant *de la base au sommet de longs cils,* d'abord inclus puis étalés à maturité, rendant l'épi *soyeux et alors jaunâtre ;* fruit brun, *chagriné de tous les côtés.* Juin, juil. Viv. Rochers montueux. R. R. — Rochers de la Bouble (C. B.) ; Rochers de la Sioule à Jenzat (B.)

(3) M. Nebrodensis. *Parlat. G. G. Bor.* (M. des Nébrodes.) Très voisine de la précédente, dont elle a les traits généraux, en diffère : par sa panicule *subunilatérale, moins rameuse, moins fournie ;* son fruit *lisse sur le dos, à peine chagriné* sur la face interne qui offre un sillon. R. R. — Rochers de la Sioule à Rouzat près Gannat (A. M.)

AIRA. *L.* (Canche.) Épillets petits, pédicellés, en panicule, le plus souvent à 2 fl. fertiles ; spathelles presque égales, luisantes, comprimées, égalant ou dépassant la glumelle ; spathellule infér. portant une arête insérée à sa base ou vers son milieu (p. 416, fig. 16.)

1	Feuilles planes, linéaires élargies. . . . . *A. cæspitosa.*	(2)
	Feuilles étroites, pliées ou enroulées.	2
2	Arête dépassant à peine les fleurs.	3
	Arête dépassant beaucoup les fleurs	4
3	Arête incluse, un peu renflée au sommet . . . . *A. canescens.*	(1)
	Arête saillante non renflée au sommet . . . . *A. media.*	(3)
4	Ligule courte tronquée, de 2 mill. environ . . . . *A. flexuosa.*	(4)
	Ligule allongée aiguë	5
5	Spathellule inférieure bifide	6
	Spathellule inférieure tronquée-dentée, mais non bifide . . . . . *A. uliginosa.*	(5)

a. — Arête droite, un peu renflée au sommet. Genre Corynephorus. P. B.

(1) A. CANESCENS. *L.* (C. Blanchâtre.) Racine fibreuse ; tiges de 1-3 déc., en touffes dressées, rudes au sommet ; feuilles enroulées, *glauques,* raides, rudes ; ligule *oblongue, obtuse ;* panicule *étroite, renfermée* d'abord dans la gaîne de la feuille supér., resserrée avant et après la floraison, à rameaux capillaires, rudes, inégaux ; arête blanchâtre *renflée en massue, dépassant peu* les glumes qui sont lancéolées aiguës ; fl. argentées, *panachées* de rose et de violet, puis devenant blanchâtres. Juin, juil. An. Lieux sablonneux. C.

b. — Arête courte, non genouillée. Genre Deschampsia. P. B.

(2) A. CÆSPITOSA. *L.* (C. Gazonnante.) Rac. fibreuse ; plante de 5-10 déc., en larges touffes ; tige rude au sommet ; feuilles rudes, *planes, assez larges ;* ligule allongée, bifide ; panicule *ample, étalée,* pyramidale ; arête *droite* presque *incluse ;* épillets petits, blanchâtres, violacés, verts ou bruns. Juin, août. Viv. Haies, bois. C.

A Parviflora. Th. Variété à fleurs deux fois plus petites. — Forêt de Vacheresse (Moriot) ; des Collettes (A. P.).

(3) A. MEDIA. *Gouan. Bor. D. C. Aira juncea Vill. Deschampsia juncea. P. B. G. G.* (C. Moyenne.) Racine fibreuse ; tiges de 4-10 déc., droites, raides, rudes au sommet ; feuilles radicales *fasciculées,* raides, *enroulées-sétacées,* rudes et glauques ; ligule oblongue allongée ; panicule ample, lâche étalée, à pédicelles rudes ; épillets luisants panachés de blanc jaune et violet, à la fin jaunâtres ; spathellule inférieure tronquée dentée au sommet, portant une arête *droite,* un peu plus longue qu'elle. Juin, juil. Viv. Bois et pâturages humides. R. — Chapelle-Saint-Ursin, Chavannes, Saint-Loup, sur nos limites, Cher (Bor. 3° éd.).

c. — Arête longue, tordue, genouillée. Genre Avenella. Parlat.

(4) A. FLEXUOSA. *L. Bor. Desch. Flexuosa. P. B. G. G.* (C. Flexueuse.) Rac. fibreuse, oblique ; tiges de 4-9 déc., gazonnantes, *un peu rudes* au sommet ; feuilles *étroites, presque filiformes,* à gaînes rudes ; ligule *courte* (2 mill.) *bifide, tronquée ;* panicule plus ou moins étalée, un peu penchée, à *pédicelles flexueux ;* spathellule infér. portant un peu au-dessus de sa base une arête *genouillée, dépassant beaucoup* les fleurs, blanchâtres, violacées (p. 416, fig. 16.) Mai, juil. Viv. Bois, bords des Champs, haies. C.

Varie à panicule resserrée, forme *Montana,* ou divariquée.

(5) A. ULIGINOSA. *Weihe. Bor. Desch. Thuillieri G. G.* (A. des Fanges.) Rac. fibreuse, un peu *traçante ;* tige de 3-6 déc., grêle, *sou-*

vent rougeâtre, lisse ; feuilles un peu pliées, *enroulées,* les radicales
filiformes ; ligule *allongée aiguë ;* fl. *violacées, luisantes, à arête genouillée
divergente, dépassant les fl. ;* panicule droite. étalée, à rameaux rudes.
Juin, sept. Viv. Tourbes, bords des étangs. R. — Montluçon, bois
de Douguistre ; Audes, brandes des Fulminais (A. P.) ; Saulzais,
Cher, sur nos limites (marquis de la Roche).

d. — Arête longue, géniculée ; spathellule infér.
bifide. Genres Airopsis Fries, Avena Wigg.

(6) A. Caryophyllea. *L.* (C. Caryophyllée.) Rac. fibreuse ; tige
de 5-20 cent., droite, très grêle ; feuilles linéaires, sétacées, courtes
raides ; gaines rudes ; *ligule lancéolée ;* panicule *lâche,* à rameaux
plus ou moins étalés, divariqués, rudes au sommet ; arête *saillante,
géniculée ;* spathellule *infér.* acuminée, *à 2 pointes ;* épillets blanchâtres violacés, *écartés* les uns des autres, *rarement plus longs* que
leurs pédicelles. Mai, juin. An. Pelouses sablonneuses. C. C.

(7) A. Multiculmis. *Dumort. Bor. G. G.* (C. Multicaule.) Diffère
de la précédente à laquelle elle ressemble beaucoup, par : sa tige
ordin. plus élevée, 1-4 d⁴c.; par ses épillets *réunis en glomérules* au
sommet des rameaux ; ses pédicelles *égalant ou dépassant* l'épillet.
Mêmes lieux. C.

A. Aggregata. Timeroy. Bor. — Forme à pédicelles au moins
quelques-uns *plus courts* que l'épillet. Mêmes lieux.

(8) A. Præcox. *L.* (C. Précoce.) Rac. fibreuse ; tiges groupées,
de 3-15 cent., dressées, grêles ; feuilles courtes, enroulées sétacées,
à gaines un peu rudes ; épillets luisants, blancs-verdâtres, en
panicule *spiciforme, contractée, compacte, ovale ou oblongue,* à rameaux
toujours dressés ; fleurs comme dans les précédentes ; *plus précoce.*
Avril, mai. An. Pelouses sablonneuses, rochers. Beaucoup moins
commune. — Cérilly, Vieure, Besson, Murat, le Montet, Chavenon,
Noyant, Rocles, Chemilly. Bessay, Gouise, Yzeure, Neuvy, Montbeugny, Neuilly-le-Réal, Villefranche, Echassières, Montluçon, etc.

HOLCUS. *L. Avena Kœl. Aira. Villars.* (Houlque.) Epillets comprimés à 2 fl., l'infér. hermaphrodite, mutique, la supér. mâle aristée ;
spathelles presque égales, carénées, égalant les spathellules dont
l'infér. est obtuse, et munie au-dessous du sommet d'une arête
géniculée, la supér. tronquée. dentée, bi-carénée ; fl. en panicule
resserrée, un peu étalée à la floraison.

Glume pubescente ; arête incluse. . . . . *H. lanatus.*	(1)
Glume presque glabre ; arête saillante. . . . . *H. mollis.*	(2)

(1) H. Lanatus. *L.* (H. Laineuse.) Rac. *fibreuse ;* tiges dressées,
de 5-8 déc., gazonnantes ; feuilles molles, planes, pubescentes, à
gaines *laineuses ;* ligule tronquée, courte, bifide ; glume *pubescente,
ciliée,* arête *incluse* ou dépassant à peine l'épillet ; fl. blanchâtres-
violacées. Juin, sept. Viv. Prés, bois, chemins. C. C.

(2) H. Mollis. *L.* (H. Molle.) Rac. *traçante ;* tiges de 5-8 déc. ;
feuilles planes, pubescentes, *un peu rudes,* à gaines *presque glabres ;*

ligule courte, oblongue, tronquée; arête *saillante*; glume *à peine
ciliée, presque glabre*; fl. blanchâtres ou violacées. Juil., sept. Viv.
Prés, haies, bois. C.

On cultive plusieurs *Holcus* à tige élevée atteignant 2 mètres, tels que le Sorgho, la
Houlque à balais, etc. Leurs tiges vertes sont un bon fourrage, leurs graines excellentes pour
les volailles sont alimentaires pour l'homme.

ARRHENATERUM. *P. B. Bor. G. G. Avena. L.* (Arrhénatère.)
Epillet à 2 fl. l'infér. mâle à arête dorsale longue, genouillée, la
supér. hermaphrodite. mutique ou à arête courte; glume égalant
la glumelle; spathellule infér. tridentée au sommet; fl. en panicule; stigmates longs, plumeux.

A. ELATIUS. *Gaudin. Bor. G. G. Arr. Avenaceum. P. B. Avena Elatior. L.* (A. Elevée.) Vulg. Fromental. Rac. rampante garnie de
fibres; tige de 5-12 déc., glabre; feuilles planes, linéaires élargies, glabres, rudes; ligule courte; rameaux étalés à la floraison;
spathelles aiguës, scarieuses; fl. luisantes, blanchâtres ou violacées; caryopse velu au sommet. Juin, juil. Viv. Haies, prés,
champs. C. C.

Var. *Bulbosum.* Rac. offrant une série de renflements comme des grains de chapelets.
Vulg. Chiendent à chapelet. *Avena precatoria* de Thuillier.

AVENA. *L.* (Avoine.) Epillets à 2 ou plusieurs fleurs hermaphrodites; spathelles membraneuses presque égales, mutiques
égalant à peu près les fleurs; spathellule (p. 416, fig. 14) infér.
bidentée ou bifide, à arête dorsale genouillée, tordue à la base;
stigmates plumeux; fl. en panicule.

1 { Epillets penchés ou pendants, au moins à maturité		5
{ Epillets toujours dressés.		2
2 { Glume à 7-9 nervures	*A. tenuis.*	(1)
{ Glumes à 3 nervures ou sans nervures.		3
3 { Feuilles et gaines glabres	*A. pratensis.*	(4)
{ Feuilles et gaines pubescentes		4
4 { Epillets n'ayant pas 1 cent.; ligule courte	*A. flavescens.*	(2)
{ Epillets dépassant 1 cent.; ligule allongée	*A. pubescens.*	(3)
5 { Fleurs hérissées de longs poils à la base.		8
{ Fleurs glabres ou à peu près.		6
6 { Glumelle infér. terminée par 2 arêtes longues	*A. strigosa.*	(7)
{ Glumelle infér. seulement bidentée ou à pointes courtes.		7
7 { Panicule étalée de tous côtés.	*A. sativa.*	(5)
{ Panicule unilatérale	*A. orientalis.*	(6)
8 { Axe de l'épillet velu dans toute sa longueur	*A. fatua.*	(8)
{ Axe de l'épillet glabre excepté à la base de la fl. infér.	*A. sterilis.*	(9)

a. — Epillets dressés.

(1) A. TENUIS. *Mœnch. Bor. D. C. A. Triaristata. Vill. Ventenata
Avenacea Kœl. G. G.* (A. Grêle.) Racine fibreuse; tige de 3-5 déc.,
grêle, un peu rude au sommet, à nœuds noirâtres; feuilles étroites,
courtes, glabres en dessous et sur les gaines, finement *pubescentes en
dessus*; ligule *lancéolée*, aiguë; panicule lâche, à rameaux rudes;
épillets longuement pédicellés, *dressés*; spathelles acuminées à

7-9 nervures; fl. infér. à spathellule extér. terminée par une pointe droite, les autres fl. à spathellule extér. terminée *par 2 arêtes droites parallèles*, munie à la base de poils courts et blanchâtres, portant sur le dos une arête tordue-géniculée, *ovaire glabre;* fleurs verdâtres. Juin. An. Lieux secs. R. — Chavenon, le Montet (Bor.); Yzeure, champ après l'étang de Labrosse (A. M.); Bresnay, Besson, Châtillon, Souvigny, Meillard, Monétay, Toulon, Moulins (L. A.).

(2) A. Flavescens. *L. Bor. D. C. Trisetum Flavesc. P. B. G. G.* (A. jaunâtre.) Racine *rampante, stolonifère;* tige de 4-8 déc., dressée, grêle; feuilles *pubescentes* ainsi que les gaînes infér.; ligule *courte,* tronquée; panicule droite, *étalée* à la floraison, symétrique; épillets petits, *de moins d'un cent.* (p. 416, fig. 14), à axe velu; spathelles inégales, l'infér. *uninerviée;* spathellule infér. bifide scarieuse, à 5 nervures; fleurs *jaunâtres.* Mai, juil. Viv. Prés, bois, bords des chemins. C.

(3) A. Pubescens. *L.* (A. Pubescente.) Racine *traçante;* tige de 5-8 déc.; feuilles *pubescentes ainsi que les gaînes* infér.; ligule *allongée* acuminée; panicule *peu étalée,* épillets *dressés* luisants; fl. *longuement* poilues à la base, spathelles *scarieuses,* l'infér. *uninerviée;* spatellule infér. dentée, à arête brune. Mai, juin. Viv. — Prés, bords des chemins. C.

(4) A Pratensis. *L. Bor. G. G.* (A. des Prés.) Souche fibreuse; tige de 3-9 déc. dressée, glabre; feuilles planes, *rudes, glabres ainsi que les gaînes;* ligule lancéolée *obtuse;* panicule droite, resserrée, *spiciforme,* à pédicelles presque *tous simples* et à un seul épillet, souvent très courts, *sauf les inférieurs;* épillets luisants violacés, à 2-5 fleurs, à axe poilu sous les fleurs; spathellules *trinerviées.* plus courtes que les fleurs; spathellule infér. dentée au sommet, à arête longue, tordue, genouillée. Juin, juil. Viv. R. — Neuvialle, près Gannat (V. B.).

b. — Epillets penchés, au moins à maturité.

(5) A. Sativa. *L.* (A. Cultivée.) Tige de 5-9 déc. dressée; feuilles planes assez larges, ligule *courte;* panicule *pyramidale, étalée en tous sens,* à rameaux rudes au sommet; épillets biflores, glabres; spathelles *dépassant* les fl. qui sont au nombre de deux, *l'une aristée, l'autre mutique* (quelquefois les 2); spathellule infér. bidentée au sommet; *axe de l'épillet glabre* sauf à la base de la fleur infér.; ovaire *poilu,* semences *enveloppées* par la glumelle. Juin, juil. An. Cultivé.

Var. *Nuda. L.* Semences non enveloppées par la glumelle à maturité.

(6) A. Orientalis. *Schreb.* (A. d'Orient.) Vulg. Av. de Hongrie. Tige de 6-10 déc., dressée; feuilles assez larges; ligule *courte,* lacérée, tronquée; panicule presque *unilatérale,* à rameaux rudes; arête *non tortillée, droite;* épillets biflores à une fl. aristée, l'autre mutique; spathelles *dépassant* les fl.; spathellule infér. *brièvement* bidentée; axe de l'épillet *glabre.* Juil. An. Cultivée.

(7) A. Strigosa. *Schreb.* (A. Rude.) Tige de 4-9 déc.; feuilles

allongées, rudes ; ligule *courte*, lacérée, tronquée ; panicule presque *unilatérale*, à rameaux rudes ; glumelles presque égales, *égalant les fl.* ; spathellule extér. glabre ou hérissée au sommet, *terminée par 2 pointes fines, allongées*, parallèles ; arête longue, robuste, *tortillée, genouillée ; axe de l'épillet glabre sauf sous la fl. supér.* Juil. An. Cultivé.

(8) **A.** Fatua. *L.* (A. Folle.) Tige de 6-10 déc. ; feuilles planes, à gaînes rudes, les *infér. hispides ;* ligule courte, tronquée ; panicule ample, étalée, pyramidale ; spathelles glabres dépassant les fleurs ; spathellules *longuement poilues* au moins sur leur moitié infér., spathellule infér. bifide à longue arête géniculée, axe de l'épillet *velu dans toute sa longueur.* Juin, sept. An. Moissons. — Bresnay, Neuilly, Bressolles, Billy, Besson, Montaigut-le-Blin, Gannat, Chareil.

Var. *Intermedia. Lyndgren. in G. G.* Spathellule n'offrant de poils qu'à sa base. — Neuvy (V. B.).

(9) **A.** Sterilis. *L.* (A Stérile.) Diffère de la précédente à laquelle elle ressemble beaucoup : par l'axe de son épillet qui est glabre, sauf à la base des fleurs ; surtout, par ce que dans *Fatua* les 2 fleurs sont *articulées et caduques* au moindre contact vers la maturité, tandis que dans *Sterilis, la fleur infér. seule* est articulée et se détache, les autres lui *restant adhérentes.* Moissons, mais R. — Neuvy (V. B.) ; Bresnay (L. A.)

Je n'ai pas d'échantillons de la dernière localité.

DANTHONIA. *D. C.* (Danthonie.) Epillets de 5-6 fleurs herma-phrodites, la supér. stérile ; spathelles grandes, membraneuses, concaves, presque égales, embrassantes, dépassant les fleurs, et à 3-5 nervures ; spathellule infér. trifide, non aristée, comme à trois dents (p. 416, fig. 15.)

D. Decumbens. *D. C. Bor. G. G. Triodia. P. B. Festuca.* L. Bromus. *Kœl.* (D. Tombante.) Tige de 2-4 déc. ; *inclinée* puis ascendante, de 2-4 déc. ; feuilles *poilues ainsi que l'orifice des gaînes ;* panicule étroite pauciflore, presque simple ; spathellule inférieure scarieuse aux bords. Mai, juil. Viv. Prés, chemins, bords des bois. C.

BROMUS. *L.* (Brome.) Epillets de 3-20 fl. distiques ; spathelles inégales, mutiques, plus courtes que les fleurs ; spathellule échancrée ou bifide, à arête partant du fond de l'échancrure (p. 416, fig. 18) ; spathellule supér. ciliée sur les bords ; stigmates plumeux, styles insérés sur les côtés de l'ovaire ordin. velu au sommet ; fl. en panicule.

1 {	Epillets linéaires, cunéiformes, à maturité, longs de 4-5 cent., longuement aristés (p. 416, fig. 17)	2
	Epillets n'atteignant pas 4 cent.	3
2 {	Pédicelles de la panicule lisses. . . . . *B. tectorum.*	(2)
	Pédicelles rudes. . . . . *B. sterilis.*	(1)
3 {	Ovaire glabre au sommet . . . . *B. giganteus.*	(10)
	Ovaire velu au sommet.	4

§ I. — SPATHELLE INFÉR. UNIVERVIÉE; LA SUPÉR. TRINERVIÉE; OVAIRES POILUS AU SOMMET.

a. — Epillets très élargis au sommet; plantes annuelles.

(1) B. STERILIS. *L.* (R. Stérile.) Tige dressée, *lisse,* de 3-6 déc.; feuilles rudes, poilues ainsi que les gaînes; ligule courte, lacérée; panicule à *pédoncules rudes* très allongés, *étalée dans tous les sens;* épillets *cunéiformes, élargis au sommet* à maturité, *glabrescents,* à arête rude, *bien plus longue* que la spathellule qui la porte (p. 416, fig. 17.) Mai, sept. An. C. C.

(2) B. TECTORUM. (B. des Toits.) Tige dressée, *pubescente* au sommet; feuilles et gaînes poilues; ligule courte; panicule presque unilatérale, pendante à maturité, à *pédoncule doux au toucher;* épillets *cunéiformes, élargis au sommet* à maturité, *pubescents,* à arête rude égalant ou dépassant sa glumelle. Mai, juin. An. C. C.

b. — Epillets peu ou pas élargis au sommet; plantes vivaces.

(3) B. ASPER. *L. B. Nemoralis Huds; Festuca. M. et K.* (B. Rude.) Racine fibreuse; tige *rude,* de 6-12 déc., dressée, à gaînes *hérissées de poils réfléchis;* feuilles *rudes pubescentes toutes semblables;* panicule très ample, *lâche étalée,* à pédicelles très rudes; épillets *lancéolés, allongés, pubescents;* arête *plus courte* que sa spathellule; fl. *verdâtres ou violacées.* Juin, août. Viv. Bois. — Neuvy, Moladier, Monétay-sur-Allier; Ferrières, Besson, Bresnay, Bègues, Bayet, Chareil, Chantelle, Bellenaves, Montluçon, Lignerolles, Cérilly, Civray, etc.

(4) B. ERECTUS. *Huds. G. G. Bor. B. Perennis. Vill. B. Pratensis. Lam.* (B. Droit.) Racine *un peu traçante;* tige de 5-9 déc., droite, grêle, raide, *peu feuillée;* feuilles infér. *très étroites, à poils plus rares que dans les autres espèces du genre;* feuilles supér. *plus larges, presque glabres;* panicule *droite, dressée,* à rameaux *presque simples;* épillets *lancéolés, oblongs, un peu comprimés;* arête *plus courte* que sa glumelle; fl. verdâtres ou violacées. Mai, juin. Viv. Prés, coteaux. C.

§ II. — SPATHELLE INFÉR. TRINERVIÉE ; LA SUPÉR. 7-9 NERVIÉE ; OVAIRES POILUS AU SOMMET. GENRE SERRAFALCUS. PARLAT. G. G.

(5) B. SECALINUS. *L.* (B. Seigle.) Tige de 8-10 déc., dressée, très glabre sauf sur les nœuds ; feuilles planes, *velues en dessus*, gaines *glabres, les inför. velues ;* panicule *lâche, étalée, penchée* sous le poids des épillets à maturité ; épillets *glabres,* comprimés, ovales, oblongs, *à fl. écartées* à maturité par la contraction des bords des spathel- lules, *offrant* à maturité sur leur face comme *un large sillon ;* arête ordinairement *plus courte* que sa glumelle, très courte ou nulle. Mai, juil. An. Moissons, bords des champs. — Yzeure, Montluçon, Bresnay, La Lizolle, Contigny, Pierrefitte, Montbeugny, Lapeyrouse, etc.

Var. *Velutinus. Bor.* Epillets à poils très courts. Çà et là avec le type.

(6) B. ARVENSIS. *L.* (B. des Champs.) Tige de 4-8 déc., dressée ou ascendente, lisse, *glabre ;* feuilles et gaines *rudes, mollement pubescentes ;* ligule courte ; panicule ouverte un peu penchée, à rameaux *plus longs que la moitié* de la panicule, *divisés, rudes ;* épillets *linéaires oblongs, lancéolés, allongés,* glabres, blanchâtres, violacés, à arête égalant sa glumelle, dont le bord offre au-dessus de son milieu un angle obtus. Juin, juil. An. Prés, bords des champs. C.

(7) B. COMMUTATUS. *Schrader. Bor. B. Pratensis. Ehr. B. Race- mosus. Duby.* (B. Controversé.) Racine fibreuse ; tige de 4-8 déc., dressée, raide, *glabre ;* feuilles planes, *rudes et poilues ainsi que les gaines ;* ligule courte ovale ; panicule lâche, *penchée* après la floraison, à rameaux rudes, inégaux ; épillets *ovoïdes* lancéolés, *glabres* ou glabrescents ; spathellule infér. offrant au bord vers son milieu un *angle saillant obtus* (p. 416, fig. 18) ; arête égalant sa spathellule. Mai, juil, Bisan. Champs sablonneux, moissons. — Moulins, Neuvy, Montilly, Bresnay.

Espèce confondue avec la suivante, dont elle est bien distincte.

(8) B. RACEMOSUS. *L.* (B. à Grappe.) Tige de 6-8 déc., dressée glabre ; feuilles rudes *un peu pubescentes,* ainsi que les *gaines ;* pani- cule oblongue, *droite ou à peine penchée, resserrée* après la floraison, à rameaux rudes et inégaux, presque tous simples ; épillets *gla- bres* ou presque glabres, brillants, *allongés à fl. contiguës ;* spathel- lule infér. à bords *régulièrement courbes, sans angle saillant ;* arête *égalant presque* sa glumelle. Mai, juin. An. ou Bisan. Assez. C.

(9) B. MOLLIS. *L.* (B. Mollet.) Tige de 3-6 déc., *finement pubes- cente* au sommet ; feuilles mollement *pubescentes ainsi que les gaines ;* ligule courte ; panicule *droite,* oblongue, *serrée* après la floraison, à rameaux velus portant plusieurs épillets ; épillets *mollement pubescents, ovales,* oblongs ; spathellule infér. à bords *régulièrement courbes, sans angle saillant ; arête égalant presque* sa glumelle. Mai, juin. An. C. C.

Le *B. Squarrosus. L.* à feuilles et gaines *mollement velues,* blanchâtres, *presque lai-*

neuses, à arêtes devenant à la fin *divergentes presque horizontales,* se trouve dans la Limagne et pourrait se rencontrer sur nos côteaux secs et chauds.

On cultive le *B. Schraderi* (p. 416, fig. 27.)

§ III. — OVAIRE GLABRE. GENRE FESTUCA. VILL. G. G.

(10) B. GIGANTEUS. *L. Festuca gigantea. Vill.* (B. Géant.) Racine *un peu traçante;* tige de 6-15 déc., dressée, *glabre, lisse;* feuilles et gaînes *glabres* rudes; panicule ample, étalée, penchée, à rameaux *très longs;* pédicelles très rudes; épillets *linéaires, glabres,* à glume scarieuse, uni-trinerviée; arête *plus longue* que sa glumelle; fl. *d'un blanc verdâtre;* ovaire *glabre.* Juin, août. Viv. Bois, buissons couverts. A. R. — Toulon, bords de l'Allier; Moladier, Besson, Bresnay, Châtel-de-Neuvre, Bourbon, Bressolles, Le Veurdre, Chareil, Chantelle, Bayet, Fourilles, Chirat, Gouise, Gannat, Bellenaves, Ferrières, Montluçon, Montmarault, Urçay, Tronçais, etc.

FESTUCA. *L.* (Fétuque.) Epillets multiflores; fl. à dos arrondi ou un peu caréné; spathelles inégales, aiguës; spathellule extérieure aiguë ou à arête terminale, l'intér. souvent bidentée; 1-3 étam., ovaire glabre; fl. en panicule peu étalée.

1	Spathellule extér. carénée, plus courte que son arête	2
	Spathellule extér. à dos arrondi, plus grande que son arête (p. 416, fig. 20.). . .	4
2	3 Etamines; spathelle infér. presque nulle . . . . *F. uniglumis.* (p. 436)	
	1 Etamine; spathelle infér. de plus de 2 mill	3
3	Panicule courte, éloignée des feuilles. . . . . *F. sciuroïdes.*	(2)
	Panicule longue, 1-2 déc., rapprochée de la feuille supér. . *F. pseudo-myuros.*	(1)
4	Toutes les feuilles capillaires.	5
	Feuilles planes ou enroulées, mais non capillaires.	7
5	Fleurs toujours mutiques . . . . *F. tenuifolia.*	(4)
	Fleurs à arête d'au moins 1 mill.	6
6	Feuilles rudes au toucher, capillaires. . . . . *F. ovina.*	(3)
	Feuilles pliées, presque lisses. . . . . *F. duriuscula.*	(5)
7	Feuilles infér. enroulées	8
	Feuilles toutes planes	11
8	Fleurs aristées	9
	Fleurs mutiques.	12
9	Racine rampante stolonifère. . . . . *F. rubra.*	(6)
	Racine fibreuse, gazonnante. . . . . *F. heterophylla.*	(7)
10	Plante d'au plus 2 déc.; panicule unilatérale . . . . *F. rigida.* (p. 437)	
	Gaînes des feuilles infér. tordues ensemble et endurcies en forme de bulbe allongé. . . . . *F. spadicea.*	(8)
11	Plante d'au plus 2 déc.; panicule unilatérale . . . . *F. rigida.* (p. 437)	
	Plante dépassant 2 déc.	12
12	Tige à un seul nœud vers la base; ligule poilue. . . . . . . *F. cœrulea.*	(11)
	Plante non comme ci-dessus	13
13	Gaînes infér. tordues ensemble, et endurcies en forme de bulbe allongé. . . . . *F. spadicea.*	(8)
	Gaînes infér. non bulbiformes.	14
14	Panicule à rameaux courts, portant au plus 4 épillets . . . . . *F. pratensis.*	(10)
	Panicule à rameaux allongés, portant plus de 5 épillets. . . . *F. arundinacea.*	(9)

a. — Arête plus longue que la glumelle; spathellule infér. carénée. Genre Vulpia. Gmel. G. G.

(1) F. PSEUDO-MYUROS. *S. W. Bor. F. Myurus. L.* (F. Fausse

Queue de Rat.) Racine fibreuse ; tiges de 3-7 déc., droites ou un peu arquées, fasciculées, grêles, *feuillées presque jusqu'au sommet ;* feuilles rudes enroulées ; ligule courte, ciliée ; panicule resserrée, *unilatérale allongée ;* pédicelles *courts,* solitaires ou géminés ; spathelle infér. égalant à peine la moitié de la supér. ; arête dépassant sa fleur ; fl. *à 1 étamine.* Mai, juil. An. Lieux secs, bords des chemins. C. C.

(2) F. Sciuroïdes. *Roth. Bor.* (F. Queue d'Ecureuil.) Racine fibreuse ; tige de 2-4 déc., *longuement nue supérieurement, lisse, droite ;* feuilles enroulées, sétacées, ligule presque nulle ; panicule *courte, droite,* resserrée à pédicelles renflés ; spathelles inégales, l'infér. moitié de la supér. ; fleurs *à 1 étamine ;* arête dépassant sa fleur. Mai, juil. An. Lieux incultes, bords des bois et des chemins. C.

On trouvera peut être chez nous le *F. uniglumis* à glume infér. *presque nulle,* la supér. égalant *au moins 1 cent.* et à fl. *ayant 3 étamines.* Indiquée à Saint-Florent, Cher (Bor)

b. — Arête ne dépassant jamais les fl ; spathellule à dos arrondi. Genre Festuca. G. G.

(3) F. Ovina. *L.* (F. de Brebis.) Souche fibreuse ; tiges de 1-6 déc., *droites, raides,* en touffes épaisses *anguleuses et rudes au sommet ;* feuilles *presque toutes radicales, sétacées enroulées,* non carénées, rudes de haut en bas, à ligule très courte à 2 oreillettes ; panicule droite, *serrée,* étalée à la floraison ; spathelles inégales, acuminées ; spathellules égales, *l'extér. à arête courte* d'un mill. ; fl. verdâtres ou violacées. Mai, juin. Viv. Lieux sablonneux. — Murat, Ferrières, Laprugne, Verneuil, Montluçon, etc.

(4) F. Tenuifolia. *Sibth. Bor. G. G. F. Capillata. Lam.* (F. Menue.) Très voisine de la précédente dont elle n'est peut-être qu'une variété, en diffère : par ses fl. *toujours mutiques ;* sa panicule *plus étroite, moins garnie de fleurs,* ses épillets *plus courts.* C. C.

Me semble bien plus commune que la précédente, qui préférerait les régions montueuses.

(5) F. Duriuscula. *L. G. G. Bor.* (F. Dure.) Racine fibreuse ; tiges de 2-5 déc., droites en touffes épaisses, *un peu anguleuses à la base* mais non au sommet, et *lisses ;* feuilles à peu près *lisses,* vertes, *dressées,* raides, *enroulées, sétacées, canaliculées,* carénées, surtout celles de la tige ; ligule très courte à 2 oreillettes ; panicule *resserrée,* subunilatérale, étalée à la floraison ; fl. *aristées,* glabres, arête *à peine égale* aux fleurs verdâtres (p. 416, fig. 20.) Mai, juin. Viv. Lieux secs, près, bois. C.

F. Glauca. Lam. Plante *glauque cendrée.* C dans la montagne.

F. Hirsuta. Host. Epis velus. Neuvialle.

(6) F. Rubra. *L.* (F. Rouge.) Racine *stolonifère* gazonnante ; tiges de 3-6 déc., grêles, dressées, nues au sommet ; feuilles radicales *enroulées, étroites, un peu raides,* les supér. plus larges, *presque planes, pubescentes ;* ligule très courte à 2 oreillettes ; panicule droite, étroite, étalée à la floraison ; épillets aristés, glauques, souvent *rougeâtres,* spathellule infér. *nerviée.* Mai, juin. Viv. Lieux secs. —

Neuvy, Yzeure, Bressolles, Gannat, Saint-Pourçain, Paray-sous-Briailles, Montluçon, etc.

(7) F HETÉROPHYLLA. *Lam. G. G. Bor.* (F. Hétérophylle.) *Racine fibreuse, sans stolons,* gazonnante; tiges de 4-6 déc., droites, lisses, grêles; feuilles radicales *enroulées, sétacéss, molles, allongées,* fortement carénées, les supér. *planes;* ligule courte à 2 oreillettes; panicule *allongée,* étalée à la floraison; épillets *aristés à arêtes plus petites que les fleurs,* qui sont *verdâtres ou violacées;* spathellule intérieure *bidentée.* Juin, juil. Viv. Bois. C. — Moladier, Trevol, Pomay, Bourbon, Yzeure, Trõnçais, Civray, Montluçon, etc.

Le *F. Rigida. Kunth. Bor Scleropea Rigida. Griseb. G. G.* Plante de 3-15 cent. à spathelles *presque égales,* spathellule infér. *carénée,* mutique ou mucronée, panicule presque unilatérale, indiqué comme commun par Boreau, n'a pas été encore rencontré chez nous.

(8) F. SPADICEA. *L. G. G. Bor. F. Aurea. Lam. Compressa. D. C. Anthoxanthum paniculatum. L. Species.* (F. Brunâtre.) Racine fibreuse, gazonnante; tiges de 5-10 déc., droites, entourées à la base par les gaines de feuilles souvent *tortillées,* endurcies et *simulant un bulbe allongé;* feuilles radicales *très longues,* atteignant *jusqu'à 50 cent., planes d'abord,* enroulées ensuite, *lisses,* subulées *presque piquantes au sommet,* les supér. courtes à ligule *ovale, bilobée;* panicule dressée, à rameaux lisses; glumelles *jaunâtres,* entièrement *scarieuses;* spathellule infér. mutique mucronée, nerviée; ovaire *velu* au sommet. Juin, juil. Viv. Plante des hautes montagnes. R. R. — Rochers de Neuvialle, près Gannat (P. B. Lasnier); Rochers de la Courselle aux bords de la Bouble, près Chirat-l'Eglise (A. M.)

(9) F. ARUNDINACEA. *Schreb. G. G. D. C. Bor. F. Elatior. L.* (F. Elevée.) Racine *dure rampante;* tige droite, robuste, de 6-12 déc.; feuilles *planes élargies,* 7-10 mill. rudes; ligule très courte; panicule *ample, allongée, diffuse,* à axe *très rude,* à pédoncules *géminés* très rudes, portant *de 4 à 15 épillets; épillets de 4-5 fl.;* spathellule extér. *un peu carénée* au sommet, à arête *nulle ou courte* et insérée très *près du sommet.* Mai, juil. Viv. Prés humides. R. — Moulins, bords de l'Allier (V. B.); Bresnay (L. A.); Laferté (E. O.); Fourilles (C. B.); Montluçon (A. P.); Saint-Amand, Orval (Bor.)

(10) F. PRATENSIS. *Huds. G. G. Bor. F. Elatior. D. C. L.* (F. des Prés.) Racine *fibreuse;* tiges de 5-9 déc.; feuilles *planes un peu rudes au sommet,* à ligule très courte; panicule *étroite,* étalée à la floraison, à *axe presque lisse,* à pédoncules *un peu rudes,* solitaires ou géminés, dont l'un très court à 1-2 épillets, l'autre en portant *de 3 à 6; épillets de 5-10 fl.* linéaires et oblongs; spathellule extér. à arête *nulle ou courte* et insérée *très près du sommet.* Mai, juil. Viv. Prés humides.

Linné à donné le nom d'*Elatior,* tantôt à l'une, tantôt à l'autre de ces deux dernières espèces.

(11) F. CÆRULEA. *D. C. Bor. Aira et Melica. L. Molinia. Mœnch. G. G.* (F. Bleue.) Racine à *fibres épaisses, blanchâtres;* tige de 4-6

déc., lisse, presque nue, offrant *un seul nœud vers la base ;* feuilles planes, un peu rudes sur les bords, à *gaînes très glabres et ligules poilues ;* panicule *resserrée, allongée,* interrompue, à pédicelles et axe scabres ; épillets ordinairement *bleu-violacés, à 2-3 fl. muti-ques.* Juin, oct. Viv. Lieux marécageux et tourbeux. Bois humides. C.

PHRAGMITES. *Trinius. Bor. G. G.* (Roseau.) Epillets à 2-7 fl., l'inférieure mâle nue, les autres hermaphrodites longuement poilues à la base ; spathellules inégales, ainsi que les spathelles qui sont plus courtes que les fleurs ; styles allongés ; caryopse libre, non adhérent à la glumelle, glabre.

P. Communis. *Trinius. Arundo Phragmites. L.* (R. Commun.) Souche rampante ; tige de 1-2 mèt., droite, raide ; feuilles larges, grandes, glabres, un peu glauques, à ligule poilue ; panicule diffuse, fournie, grande, violette ; spathelles trinerviées, très aiguës, entières au sommet. Août, sept. Viv. Fossés, étangs. C.

On cultive souvent l'*Arundo donax. L.* dont les tiges fortes, élevées de plusieurs mètres, servent à faire des quenouilles et des cannes à pêche.

DACTYLIS. *L.* (Dactyle.) Epillets de 2-5 fl. ; spathelles inégales, carénées, aiguës ; spathellules carénées, l'extér. portant une arête courte ; panicule formée de glomérules unilatéraux ; caryopse non adhérent à la glumelle, glabre, subtrigone.

D. Glomerata. *L.* (D. Aggloméré.) Racine fibreuse ; tige de 4-10 déc., rude ; feuilles planes, glabres, rudes, à gaînes comprimées, fendues seulement au sommet ; ligule longue, déchirée ; fleurs verdâtres ou violacées, à spathellule extér. acuminée entière, brièvement aristée, glabre ou pubescente. Juin, sept. Viv. Prés, bois. C. C.

KOELERIA. *Pers.* (Kélérie.) Epillets de 2-5 fl., toutes fertiles ; spathelles comprimées, carénées, aiguës, égalant presque les épillets ; spathellule extér. entière ou bifide, mucronée ou à arête courte ; stigmates courts plumeux, insérés au sommet de l'ovaire ; fl. en panicule très étroite, resserrée en forme d'épi ; ovaire glabre.

K. Cristata. *Pers. G. G. Aira Cristata. L.* (K. à Crête.) Souche épaisse, gazonnante ; tiges de 2-5 déc., presque nues, lisses, pubescentes à une forte loupe ; feuilles planes, avec tendance à s'enrouler, *courtes, pubescentes ;* ligule très courte, tronquée ; fleurs argentées verdâtres, jaunâtres à maturité, en panicule oblongue, spiciforme compacte, à glume aiguë ; spathellules *légèrement ciliées* sur la carène, l'extér. *mutique ou à arête très courte.* Mai, juin. Viv. Lieux secs et sablonneux. C.

K. *Gracilis. Pers.* Forme à panicule linéaire.

GLYCERIA. *R. Br.* (Glycérie.) Epillets de 2-9 fl. obtuses, mutiques ; 2 spathelles convexes obtuses, très inégales, plus courtes que les fleurs ; spathellule extér. oblongue, obtuse ou tronquée, à dos arrondi, non caréné, semi-cylindrique, nerviée, scarieuse au sommet, l'intér. ciliée, bidentée. Plantes aquatiques à fleurs paniculées (p. 416, fig. 22).

1 {	Épillets à 2-3 fl ; feuilles obtuses	*G. airoïdes.* (1)
	Épillets à 5-10 fl.; feuilles aiguës.	2
2 {	Glumes à nervures très proéminentes.	3
	Glumes à 5 nervures peu marquées	*G. distans* (5)
3 {	Plante faible, couchée ; épillets cylindracés	4
	Plante robuste, droite ; épillets un peu comprimés	*G. aquatica.* (4)
4 {	Spathellule extér. subaiguë au sommet.	*G. fluitans.* (2)
	Spathellule extér arrondie, sinué-crénelée	*G. plicata.* (3)

(1) G. Airoïdes. *Reich. Bor. Aïra Aquatica. L. Catabrosa Aquatica. P. B. G. G.* (G. Canche.) Tige de 3-5 déc., couchée, *radicante* à la base, souvent nageante ; feuilles planes, courtes, glaucescentes, *obtuses;* gaînes glabres, striées ; ligule courte, oblongue ; panicule à rameaux en pyramide ; épillets ordinairement *biflores; fl. à 3 nervures,* verdâtres-violacées ; glumes *bien plus courtes* que les fleurs ; spathellule extér. *tronquée, lacérée, à 3 nervures ;* fruit *dépourvu de sillons.* Mai, août. Viv. Marais, fossés, endroits humides. R. — Bressolles (E. O.); Branssat, Néris; Montluçon, à Labrosse; Chamblet; Rocles, à Malva (A. P.).

(2) G. Fluitans. *R. Br. Bor. G. G. Festuca Fluitans. L. Poa. Kœler.* (G. Flottante.) Racine rampante ; tige *couchée, puis redressée, faible,* de 4-8 déc., un peu comprimée ; feuilles planes, largement linéaires, *aiguës,* les plus jeunes pliées ; ligule courte, oblongue ; gaînes comprimées, un peu rudes ; panicule à rameaux *apprimés, étalés en pyramide* à la floraison, les infér. *géminés;* épi *cylindracé linéaire,* à 5-9 fl. un peu écartées, ne se recouvrant pas, marquées de 5-7 nervures (p. 416, fig. 22); spathellule extér. *subaiguë* au sommet. Mai, août, Viv. Fossés, étangs, mares. C.

(3) G. Plicata. *Fries G. G. Bor.* (G. Pliée.) Plante très ressemblante à la précédente, au premier aspect, dont elle a les caractères généraux ; elle en diffère : par ses rameaux infér. par 4-5 ; ses épillets *plus courts, 1 à 1 1/2 cent. ;* ses fl. *plus rapprochées, se recouvrant* l'une l'autre ; ses spathellules infér. *à sommet arrondi sinué-crénelé.* Mêmes lieux, mais bien moins commune.

(4) G. Aquatica. *Walh. G. G. G. Spectabilis. M. et K. Poa Aquat. L.* (G. Aquatique.) Rac. rampante ; tige *robuste, droite, de 8-15 déc. ;* feuilles largement linéaires, 1 cent., *à bords coupants,* planes, carénées, acuminées ; ligule courte, tronquée ; panicule *ample, fournie,* dressée, *très rameuse;* épillets *oblongs, petits, un peu comprimés,* à 5-7 fl. ; fl. jaunâtres, à 5-7 nervures ; spathellule infér. obtuse. Juil., août. Viv. Marais, bords des ruisseaux. — Environs de Moulins; Garnat, en face Fourneau ; Souvigny, Laferté, Cusset, Châtel-de-Neuvre, Bessay, Pierrefitte, Diou, Dompierre, Villeneuve, Saint-Pourçain, Marcenat, Montluçon, etc.

(5) G. Distans. *Walh. Bor. G. G. Poa Distans. L.* (G. Distante.) Racine fibreuse, *sans stolons;* tige de 2-4 déc. ascendante; feuilles

planes, courtes, acuminées, rudes aux bords ; ligule courte tronquée ; panicule *divariquée*, à rameaux par 4-6, défléchis après la
floraison ; épillets oblongs, de 4-6 fl., petites, *verdâtres-violacées*,
jaunâtres au sommet ; spathellule *infér. à 5 nervures peu marquées.*
Mai, août. Viv. Marais imprégnés de sel. R. R. — Jenzat, pré
marécageux à côté de la fontaine minérale de Vauvernier (H. du
Buysson) ; Fourilles, marais du Boublon (C. B.).

POA. *L.* (Paturin.) Epillets multiflores, comprimés (p. 416,
fig. 19) ; spathelles comprimées, carénées, plus courtes que la fl.
voisine ; spathelle extér. comprimée, carénée, membraneuse sur
les bords, à 5 nervures, mutique, l'intér. pliée, ciliée, bifide ;
stigmates plumeux latéranx ; fl. en panicule à épillets pédicellés.

1 { Racine renflée en bulbe à la base	*P. bulbosa.*	(6)
{ Racine jamais renflée bulbiforme		2
2 { Racine stolonifère, à tige radicante, plus ou moins comprimée		3
{ Racine fibreuse, sans stolons.		6
3 { Fleurs munies de poils laineux à la base		4
{ Fleurs sans poils laineux à la base	*P. sudetica.*	(2)
4 { Tige géniculée, fortement comprimée	*P. compressa.*	(1)
{ Tige droite, à peine comprimée à la base.		5
5 { Ligule courte (p. 416, fig. 13)	*P. pratensis.*	(3)
{ Ligule allongée (p. 416, fig. 12).	*P. trivialis.*	(4)
6 { Ligule remplacée par des poils		7
{ Ligule sans poils.		8
7 { Epillet verdâtre, lancéolé (p. 416, fig. 19)	*P. megastachya.*	(9)
{ Epillet violacé, linéaire étroit.	*P. pilosa.*	(8)
8 { Ligule courte tronquée	*P. nemoralis.*	(5)
{ Ligule oblongue (p. 416, fig. 12).		9
9 { Rameaux solitaires ou géminés	*P. annua.*	(4)
{ Rameaux nombreux en verticilles	*P. trivialis.*	(7)

a. — Glumelles souvent pubescentes ou laineuses
à la base. Ligules non poilues.

(1) P. Compressa. (P. Comprimé.) Rac. *rampante, stolonifère ;*
tige souvent radicante, *couchée, géniculée, ascendante, fortement
comprimée ;* feuilles planes, ou un peu pliées, courtes, carénées, à
ligule très courte ; panicule étroite, à rameaux *par 2-3 ;* fl. *pubescentes* à la base ; glumelle infér. *obtuse,* scarieuse au sommet,
obscurément nerviée. Juin, août. Viv. Lieux secs. C.

(2) P. Sudetica. *Wild. G. G. Bor. Poa sylvatica Vill. Festuca
compressa D. C. fl. fr.* (P. de Silésie.) Rac. *gazonnante,* à peine
stolonifère ; tiges de 6-10 déc., *fortement comprimées ;* gaînes et
feuilles *comme distiques* à la base ; feuilles *courbées* au sommet *en
cuiller ;* ligule courte ; panicule à rameaux *ordinairement par 5,*
rudes ; fl. *non laineuses à la base ;* spathellule infér. *à 5 nervures
saillantes.* Juin, août. Viv. Bois montagneux. R. — Gare de Tronget et prés voisins (R. de C.) ; au Montoncelle (E. O.).

(3) P. Pratensis. *L.* (P. des Prés.) Rac. *stolonifère ;* tige *plus
ou moins comprimée,* à gaînes *lisses ;* feuilles planes, aiguës, rudes

au bord et sur la nervure; ligule courte, tronquée (p. 416, fig. 13);
panicule étalée, à rameaux scabres *souvent par 5*; fl. *pubescentes,
à longs poils laineux à la base*; spathellule infér. *à 5 nervures saillantes.* Mai, juin. Viv. Prés. C. C.

Var. *Angustifolia.* Feuilles plus étroites, les inférieures un peu
enroulées, surtout sur les faisceaux stériles.

(4) P. Trivialis. *L.* (P. Commun.) Rac. *fibreuse*; tige *un peu
radicante, à peine* comprimée à la base, à feuilles aiguës, planes,
et gaines *rudes;* ligule *allongée, aiguë* (p. 416, fig. 12); panicule
étalée, à rameaux scabres *par 5;* fl. *glabres, à poils laineux à la
base;* glumelle infér. *à 5 nervures saillantes.* Mai, juil. Viv. Prés. C.

(5) P. Nemoralis. *L.* (P. des Bois.) Rac. *fibreuse;* tige de 3-6 déc.,
grêle, tombante; feuilles étroites, *lisses*, aiguës, planes, à gaîne
plus courte que les entre-nœuds; feuille supér. *plus longue* que
sa gaîne; ligule *presque nulle;* fl. *pubescentes;* spathelles presque
égales; spathellule infér. obscurément nerviée. Mai, sept. Viv.
Bois, haies. A. C.

Var. *Coarctata*, à panicule resserrée; touffes droites, fleurs
brunâtres.

(6) P. Bulbosa. *L.* (P. Bulbeux.) Rac. *fibreuse, renflée au collet,
comme bulbeuse;* tige de 2-5 déc., droite; feuilles supér. très
courtes, *très obtuses;* ligule *oblongue* aiguë; panicule *courte*, à
rameaux *par 1-3, contractée* avant et après la floraison; fl. *pubescentes, à poils laineux à la base;* spathelles presque égales; spathellule infér. *obscurément nerviée.* Avril, juin. Viv. Prés, pelouses. C.

Var. *Vivipara.* Fl. remplacées en tout ou en partie par des
bulbilles souvent foliacées. C.

(7) P. Annua. *L.* (P. Annuel.) Plante *annuelle;* rac. *fibreuse;* tige
de 1-3 déc., à feuilles *canaliculées* molles, planes, aiguës; ligule
oblongue; rameaux *lisses, par 1-2;* fl. *presque glabres;* spathellule
infér. obtuse *obscurément nerviée.* Toute l'année. An. Partout.

b. — Glumelles glabres à la base; ligules poilues;
genre Eragrostis. P. B. Plantes annuelles.

(8) P. Pilosa. *L. Bor. Erag. Pilosa. P. B. G. G.* (P. Poilu.)
Racine fibreuse; tiges grêles, *étalées, redressées*, souvent en
cercle; feuilles planes, *non glanduleuses* aux bords; ligules *remplacées par des poils;* panicule grêle, étalée, à rameaux *capillaires* par
4-5; épillets *linéaires, comprimés, violacés, n'ayant pas plus de 12 fl.;*
spathellule infér. *presque aiguë*, à 2 nervures latérales *obscures.* Juil.,
sept. An. Lieux sablonneux et humides des bords de la Loire, de
l'Allier, du Cher. — Bourbon, Meillers, Yzeure, Bresnay, Buxière-
les-Mines, Bressolles, Saint-Didier, Lurcy, Fourilles, Cérilly, Montord, etc.

(9) P. Megastachya. *Kœler. Bor. Erag. major Host. G. C. Briza
Eragrostis. L.* (P. à grands épis.) Rac. fibreuse; tiges *étalées, ascen-*

dantes; ligules *remplacées par des poils;* feuilles planes, *glanduleuses* aux bords; panicule à pédoncules courts, épais; épillets *oblongs, comprimés,* à fl. souvent de 15 à 25, verdâtres ou lavées de violet (p. 416, fig. 19); spathellule infér. *obtuse,* à nervures *saillantes.* Juin, oct. An. Lieux cultivés. — Moulins, Yzeure, Monétay, Bessay, Saint-Pourçain, Verneuil, Bresnay, Dompierre, Saint-Germain-des-Fossés, Saint-Ennemond, Gannay, Saligny, Le Veurdre, Lurcy, Fourilles, Hérisson, Montluçon, Lavault-Sainte-Anne, etc.

BRIZA. *L.* (Brize.) Epillets très mobiles, en panicule, multi-flores, courts; fl. distiques, mutiques; spathelles ventrues, con-caves, en nacelle; spathellule extér. renflée, obtuse, cordiforme, presque orbiculaire au sommet (p. 416, fig. 21); stigmates plu-meux, latéraux.

B. **Media.** *L.* (B. Moyenne.) Racine fibreuse; tige de 2-5 déc. dressée; feuilles courtes, planes, acuminées; ligule *très courte,* tronquée; épillets penchés, *cordiformes,* à pédicelles longs, *presque lisses;* spathelles presque égales; fruit non adhérent aux spathel-lules. Mai, juil. Viv. Prés. C.

CYNOSURUS. *L.* (Cynosure.) Epillets de 2-5 fl., à pédicelles courts, formant une grappe unilatérale, spiciforme; épillets munis à la base d'une sorte de collerette d'écailles (fl. stériles?) alternes, distiques, pectinées (p. 416, fig. 2); spathelles aiguës ou aristées; spathellule extér. brièvement aristée.

C. **Cristatus.** *L.* (C. Crételle.) Racine fibreuse; tige de 4-8 déc., dressée; feuilles planes, glabres, à ligule courte, tronquée; pani-cule dense, dressée, à rameaux très courts, pubescents; spathelles presque égales; spathellule infér. bidentée ordin. aristée; épillets pubescents. Juin, juil. Viv. Prés. C.

E. — EPILLETS EN EPI, SESSILES SUR UN AXE COMMUN.

BRACHYPODIUM. *P. B.* (Brachypode.) Epillets solitaires sur les dents de l'axe, allongés, multiflores, cylindriques avant la florai-son, presque pédicellés, distiques, regardant l'axe par une face; spathelles inégales, nerviées; spathellule infér. pointue, aristée; stigmates plumeux, latéraux; caryopse pubescent au sommet.

{ Fleurs supér. plus courtes que leur arête. . . . . *B. sylvaticum.* (1)
{ Fleurs supér. plus longues que leur arête. . . . . *B. pinnatum.* (2)

(1) B. **Sylvaticum.** *P. B. G. G. Bor. Triticum sylv. D. C. Mœnch. Bromus sylv. Poll. Bromus pinnatus. L. Festuca. sylv. Kœl.* (B. des Bois.) Racine *fibreuse;* tige droite de 6-10 déc., à nœuds *pubescents,* gaînes *poilues;* feuilles molles, planes, d'un vert foncé, velues; ligule courte, *déchirée;* épi long, penché; épillets ordinairement *velus;* fl. supér. *plus courtes* que leur arête. Juin, sept. Viv. Haies, bois. C.

(2) B. **Pinnatum.** *P. B. G. G. Bor. Triticum pinn. D. C. Mœnch. Bromus pinn. L.* (B. Pinné.) Racine *rampante;* tige de 6-10 déc., à nœuds *légèrement pubescents;* gaînes *presque glabres;* feuilles dressées

d'un vert clair ou glaucescentes, fermes ; ligule courte, *tronquée* ; épillets ordinairement *glabres*, souvent arqués ; fl. supér. *plus longues* que leur arête. Juil., sept. Viv. Haies, bois. C.

TRITICUM. *L.* (Froment.) Epillets solitaires et comme enchâssés sur chaque dent de l'axe et lui présentant une de ses faces (p. 416, fig. 5) ; fl. de 3 à 4, les supér. souvent stériles ; spathelles égales, ventrues, carénées, mutiques ; spathellule extér. mutique ou aristée ; 2 stigmates sessiles ; fruit canaliculé sur une de ses faces, glabre, velu au sommet.

Ces espèces toutes cultivées ont toutes une racine fibreuse, une tige droite robuste, de 6-10 déc., des feuilles glabres, à ligule courte ; un épi plus ou moins blanc ou lavé de roux, et le grain assez gros. Elles sont annuelles.

1 { Grain enveloppé par les spathellules adhérentes 2
  { Grain non adhérent aux spathellules. 3

2 { Epillets à 4 fl., les 2 infér. fertiles. . . . . *T. spelta.* (4)
  { Epillets à 3 fl., une seule ordin. fertile . . . . *T. monococcum.* (5)

3 { Tige fistuleuse dans toute sa longueur . . . . *T. sativum.* (1)
  { Tige pleine dans sa partie supér 4

4 { Spathelles ventrues, grain gros, bossu . . . . *T. turgidum.* (2)
  { Spathelles carénées. grain oblong . . . . *T. durum.* (3)

(1) T. Sativum. *Lam. Bor. T. Vulgare Vill. G. G.* (F. Cultivé.) Vulg. Blé, froment. Tige *fistuleuse* dans toute sa longueur ; feuilles planes, rudes ; glume courte, ventrue ; spathellules extér. courtes, mutiques ou aristées ; épi *carré*, grain *court, ovoïde* à cassure farineuse. Juin.

Var. *Hybernum. L.* Se sème en automne. Arête courte ou nulle. Blé d'hiver.

Var. *Æstivum. L.* Se sème en mars. Arête longue. Blé de mars.

(2) T. Turgidum. *L.* (F. Renflé.) Vulg. Gros blé. Tige *pleine* au moins dans sa partie supér. ; feuilles un peu rudes ; épi *gros, carré, penché*, à arêtes fortes, ordinairement *velu, soyeux* ; spathelles *fortement ventrues*, grain *gros, bossu.*

Var. *Compositum L.* Blé de miracle. Epi rameux à la base.

(3) T. Durum. *L.* (F. Dur.) Vulg. Blé dur. Tige *pleine*, au moins dans sa partie supér. ; épi *gros, penché, carré*, à arêtes longues, ordinairement *glabre* ; spathelles *allongées, carénées* ; grain *oblong, très dur, à cassure cornée.*

(4) T. Spelta. *L.* (F. Epeautre.) Epi *long, comprimé*, à épillets *espacés, distiques, contenant 4 fl.* dont 2 ordin. fertiles ; fl. *mutiques* à spathelles *tronquées* ; grain *aigu*, enveloppé par les spathellules à sa maturité.

(5) T. Monococcum. *L.* (F. Locular.) Epi *comprimé* à épillets *distiques*, à *3 fleurs* toutes fertiles (T. Dicoccum) ou à 2 stériles, les fertiles *aristées* ; spathelles *dentées* au sommet ; grain enveloppé à maturité par les spathellules adhérentes.

AGROPYRUM. *P. B.* (Agropyre.) Epillets sessiles, à 5-10 fl.

mutiques ou aristées, comprimées, logés dans les excavations de l'axe et le regardant par une de leurs faces ; spathelles presque égales, jamais ventrues, nerviées, plus courtes que les fleurs ; spathellule infér. étroite concave ; stigmates sessiles terminaux ; caryopse linéaire oblong, canaliculé, velu au sommet.

1	Racine fibreuse . . . . *A. caninum.*	(5)
	Racine rampante.	2
2	Spathellule infér. acuminée, mutique ou aristée	3
	Spathellule infér. obtuse quoique mucronée ou aristée.	4
3	Axe de l'épi pubescent sur les convexités. . . . . *A. cæsium.*	(4)
	Axe de l'épi lisse ou rude mais non pubescent. . . . . *A. repens.*	(3)
4	Spathelle infér. subaiguë. . . . . *A. campestre.*	(1)
	Spathelle infér. obtuse ou obliquement tronquée. . . . . *A. glaucum.*	(2)

a. — Racine rampante. Vulg. Chiendents.

(1) A. CAMPESTRE. *G. G. Bor. A. Glaucum. Reich. non Desf.* (A. Champêtre.) Tiges de 6-10 déc., droites, raides, *fasciculées*; feuilles planes, glauques, à nervures *saillantes rapprochées ;* épillets infér. un peu écartés, les autres *oblongs comprimés*, plus serrés, de 5 à 9 fl.; spathelles *presque égales*, égalant la moitié de l'épillet, *subaiguës, étroitement scarieuses*, carénées, à 5-7 nervures *atteignant le sommet ;* spathellule infér. *obtuse*, obtusément mucronée. Juin, sept. Viv. — Sables de l'Allier et de la Loire en dehors desquels on le rencontre rarement.

(2) A. GLAUCUM. *Rœm. et Sch. G. G. Bor. Triticum Glaucum. Desf. D. C.* (A. Glauque.) Tiges de 5-8 déc. *non fasciculées*, droites, raides ; feuilles glauques, planes, puis enroulées, à nervures fines; épillets linéaires-oblongs, *peu comprimés, à 3-5 fl.;* spathelle infér. égalant la moitié de l'épillet, *obtuse* ou obliquement tronquée, *largement* scarieuse, dont les nervures, sauf la médiane, *n'atteignent pas* le sommet ; spathellule infér. *obtuse* quoique mucronée ou aristée. Juin, sept. Viv. — Gannat, à la Bâtisse ; Environs de Saint-Pourçain (A. P.) ; Bords de l'Allier, Créchy, Ussel (A. M.) Probablement tout le long de l'Allier, quoique beaucoup plus rare que les autres.

(3) A. REPENS. *P. B. G. G. Bor. Triticum repens. L.* (A. Rampant.) Tiges de 5-10 déc. dressées, *non gazonnantes* ; feuilles vertes ou glauques, planes, à nervures fines, *écartées* les unes des autres ; épillets, *distiques, cunéiformes*, à la floraison, 2-3 fois plus longs que les entrenœuds ; spathelles *atteignant les 2/3 ou les 3/4 de l'épillet, toujours acuminées* à nervures *atteignant le sommet*, scarieuses ; spathellules mutiques ou aristées, mais *toujours acuminées*. Juin, sept. Lieux cultivés, haies, sables, etc. C. C.

Plante très polymorphe : on la trouve à feuilles vertes ou glauques; à épi plus ou moins long, à épillets plus ou moins serrés ; à arête nulle ou plus longue que l'épillet, avec tous les intermédiaires.

(4) A. CÆSIUM. *Presl. Bor. Revue des Agrop. d'Europe.* (A. Bleuâtre.) Tiges de 5-8 déc. *fasciculées ;* feuilles *toujours glauques*, planes, enroulées vers la pointe, à nervures *contiguës*, les infér.

velues ainsi que leurs gaînes (caractère apparent surtout sur les jeunes tiges stériles); épi à axe *pubescent* (ce qui les distingue de tous les autres, qui l'ont seulement scabre sur les bords de l'excavation); glume *aiguë*, égalant les 2/3 de l'épillet, largement scarieuse, à 5 nervures dont la médiane plus prononcée; spathellule infér. *aiguë*, plus ou moins aristée. Plante *glauque bleuâtre*. Juin, sept. Viv. — Sables de l'Allier, à Moulins (A. P.); à Créchy (A. M.) et probablement ailleurs, ainsi que sur ceux de la Loire. Haie sur la route de Paris, Moulins (A. M.)

b. — Racine fibreuse.

(5) A. Caninum. *P. B. G. G. Bor. Elymus Can. L. Triticum can. Huds.* (A. de Chien.) Souche *fibreuse;* tiges de 5-10 déc., dressées, fasciculées, striées dans le haut; feuilles planes, un peu rudes sur les deux faces; gaines entières à la base; ligule courte; épi simple, grêle, distique, allongé, comprimé, penché au sommet; épillets oblongs de 4-5 fl., plus longs que les entrenœuds; glumes ovales, ventrues, carénées, aristées; spathellules à 3-5 nervures, à arête *plus longue* que la fleur. Juin, août. Viv. Bois, buissons, lieux couverts. R. — Neuvy (V. B.); Besson (L. A.); Montluçon (A. P.)

SECALE. *L.* (Seigle.) Epillets solitaires, sessiles, appliqués sur l'axe par une de leurs faces, à 2 fl. fertiles et une stérile, terminale, pédicellée; spathelles carénées, subulées, uninerviées; spathellule extér. carénée, aristée (p. 416, fig. 28); caryopse étroitement sillonné, velu au sommet.

S. Cereale. *L.* (S. Cultivé.) Racine fibreuse, pubescente; tige de 8-12 déc., feuilles largement linéaires, scabres, un peu glauques, comme toute la plante, à ligule très courte; épi penché; glumes sétacées; glumelles ciliées; caryopse non adhérent aux spathellule. Juin. An. Cultivé.

Le Seigle vert est un fourrage précieux à cause de sa précocité. Le grain sert de nourriture à l'homme et aux animaux domestiques Le Seigle est une graminée précieuse, parce qu'il est peu difficile sur le choix du terrain, il vient dans tous les terrains et là où le blé ne pourrait venir·

LOLIUM. *Reich.* (Ivraie.) Epillets comprimés, distiques, solitaires, sessiles, enchâssés dans les dents de l'axe et le regardant par leur côté, multiflores (p. 416, fig. 4); glume réduite à une spathelle extér., excepté dans l'épillet supér.; stigmates plumeux, latéraux; caryopse glabre au sommet. Racine fibreuse.

1 { Espèces vivaces, émettant des tiges stériles		2
{ Espèces annuelles, tiges toutes florifères		3
2 { Fleurs mutiques. . . . . *L. perenne.*		(1)
{ Fleurs aristées . . . . *L. italicum.*		(2)
3 { Epi presque filiforme . . . . *L. tenue.*		(3)
{ Epi non filiforme		4
4 { Glume égalant à peu près l'épillet (p. 416, fig. 4) . . . . . . *L. temulentum.*		(6)
{ Glume plus courte que l'épillet.		5
5 { Glume égalant au moins la 1/2 de l'épillet, fl. mutiques . . . . . *L. rigidum.*		(5)
{ Glume n'égalant pas la 1/2 de l'épillet, fl. aristées . . . . . *L. multiflorum.*		(4)

a. — Espèces vivaces.

(1) L. Perenne. (I. Vivace.) Vulg. Ray-Grass. Plante *vivace*, à tige *accompagnée de touffes stériles* à feuilles enroulées; tige de 2-5 déc., dressée, *lisse;* feuilles de la tige planes, vertes; ligule très courte; épillets à fl. lancéolées, vertes ou violacées, *toujours mutiques*, plus longs que la glume. Juin, oct. Viv. Prés, chemins. C. C.

Plante polymorphe, varie à épis très petits, pauciflores ou à 6-12 fl.; à épillets espacés ou presque contigus ; à épi courbé, quelquefois rameaux.

(2) L. Italicum. *Al. Braun.* (I. d'Italie.) Vulg. Ray-Grass d'Italie. Plante *vivace* à tige accompagnée de touffes stériles à feuilles enroulées; ʳfeuilles de la tige *rudes;* tige de 2-5 déc., *scabre;* épillets à fl. lancéolées, à *arête assez longue*. Juin, oct. Viv. Prairies artificielles, gazons, etc.

b. — Espèces annuelles.

(3) L. Tenue. *L. Bor.* (I. Grêle.) Plante *annuelle;* tige grêle, de 1-4 déc.; feuilles très étroites; épi allongé, cylindrique, *presque filiforme* avant l'anthèse; glume un peu plus courte que les fl.; épillets *pauciflores*, 3-4 fl. mutiques. Juin, août. An. Champs. R. — Cérilly (E. O.)

(4) L. Multiflorum. *Lam.* (I. Multiflore.) Plante *annuelle;* tige de 5-10 déc., scabre au sommet dans l'épi; feuilles radicales enroulées, les supér. planes, rudes au bord; épi *très long;* fl. *nombreuses*, verdâtres, *aristées;* épillets ovales, aigus, à 8-20 fl. dont la glume atteint *environ le tiers*. Juin, sept. An. Prés, bords des champs. — Vallière, Moulins, Trevol. Cultivé.

(5) L. Rigidum. *Gaudin. G. G. Bor.* (I. Raide.) Tiges souvent *rameuses à la base,* dressées, de 2-5 déc.; feuilles planes, s'enroulant à la fin, *lisses ainsi que les gaines;* gaîne supér. un peu renflée; ligule courte; épi allongé, à épillets comprimés distiques, à 5-10 fl. ordin. mutiques; glumes *obtuse*, fortement striée, atteignant ordin. les 2/3 de l'épillet. Juin, juil. Champs. R. — Braize ; Bellenaves, Gannat, à la Bâtisse, Montluçon, bois de La Brosse (A. P.); Monétay-sur-Allier, Pierrefitte (A. M.); Bressolles, Bresnay (L. A.)

(6) L. Temulentum. *L.* (J. Enivrante.) Tige de 6-10 déc., dressée, scabre au sommet, robuste; feuilles planes, larges, rudes; épi droit, dense, robuste; épillets toujours dressés; fl. aristées, à *glume* allongée et sillonnée *égalant* environ *l'épillet*. An. Moissons. — Environs de Moulins, Ferrières, La Lizolle, Busset, Gouise, Neuilly-le-Réal, Creuzier, Cognat-Lyonne, Saint-Amand, etc.

Plante variable à tige lisse ou rude, à arête plus ou moins longue quelquefois nulle. Au moins suspecte : sa farine, mêlée à celle du blé dans le pain, agit à la façon des poisons narcotiques.

GAUDINIA. *P. B.* (Gaudinie.) Epillets solitaires, sessiles dans les dents d'un axe articulé et le regardant par leur face; spathelles obtuses, très inégales; spathellule extér. bifide, carénée portant sur le dos une arête genouillée (p. 416, fig. 3); stigmates latéraux, plumeux; caryopse linéaire oblong, canaliculé, cilié au sommet.

G. Fragilis. *P. B. G. G. Bor. Avena Fragilis. L.* (G. Fragile.) Rac. fibreuse, gazonnante; tiges de 3-6 déc., dressées, fasciculées; feuilles courtes, planes molles, poilues, ainsi que les gaînes; ligule courte; épi grêle, allongé, à épillets distiques, fragiles; spathelles scarieuses aux bords, nerviées; arête plus longue que sa fleur. — Juin, juil. An. Bords des champs. Peu. C. — Yzeure, Vallière, près Moulins; Neuvy, Le Montet, Bressolles, Moulins, Bresnay, Besson, Chemilly, Lapalisse, Loriges, Fourilles, Bourbon, Veauce, Le Montet, Cusset, Jenzat à Vauvernier, etc.

NARDURUS. *Reich.* (Nardure.) Epillets tous brièvement pédicellés, comprimés, appliqués contre l'axe et dans les dents par une de leurs faces; glumes inégales à 1-3 nervures; spathellule infér. oblongue concave; stigmates sessiles, terminaux; caryopse adhérent aux spathellules, glabre au sommet. Plantes annuelles.

{ Epi unilatéral . . . . *N. tenellus.* (1)
{ Epi distique . . . . *N. Lachenalii.* (2)

(1) N. Tenellus. *Reich. C. G. Festuca Tenuiflora Koch. Bor.* (N. Grêle.) Tiges de 8-20 cent. dressées, striées, lisses, fasciculées; feuilles très étroites, courtes, planes puis enroulées, pubescentes en dessus; épi grêle *unilatéral;* épillets alternes, petits, serrés, à 5-7 fl.; spathelles linéaires, acuminées, carénées, l'*infér. uninerviée;* spathellule extér. ordin. *aristée,* très aiguë. Mai, juil. Lieux arides. R. R. — Moladier (E. O.); Chantenay (Bor.); Saint-Pierre-le-Moûtier (V. B.); sur nos limites dans la Nièvre.

Plante variable, à fl. *brièvement* mucronées. *Triticum unilaterale* L. *Brachypodium unilat. R. et S.;* ou à fl. *longuement* aristée; *N. Tenuiflorus Boissier. Festuca tenuiflora Schrad. Koch. Brachypodium R. et S. Triticum tenellum. Viv. Trit. Nardus. D. C.* C'est cette dernière que nous avons de la Nièvre.

(2) N. Lachenalii. *Godr. Nard. Poa. Boissier. Festuca. Lachen. Koch. Fest. Poa Kunth. Bor.* (N. de Lachenal.) Tiges de 1-3 déc., souvent fasciculées, grêles, droites, rudes au dessous de l'épi; feuilles très étroites, fines, planes puis enroulées, pubescentes en dessus; épi simple, linéaire, *distique;* épillets alternes, *lâches,* à 5-8 fl.; spathelles peu inégales, *trinerviées* (p. 416, fig. 5.) Mai, août. Lieux sablonneux. C.

Varie à fl. *mutiques, Triticum Poa. D. C. Bor.* ou à fl. aristées, *Trit. Tenuiculum Lois. Festuca tenuicula. Linck. Bor.* — Moins commune que le type! Moulins, Gannat, Echassières, Neuvialle, Cérilly, etc — On trouve des fl. aristées et mutiques sur le même pied, ce qui prouve le peu de solidité de ce caractère, quand il n'y a que lui pour différencier deux plantes.

CHAMAGROSTIS. *Borck.* (Chamagrostis.) Epillets uniflores, mutiques, sessiles sur l'axe; spathelles égales, arrondies, dépassant la glumelle très petite, urcéolée, poilue; stigmates filiformes, allongés; fl. en épi presque unilatéral (p. 416, fig. 23); caryopse glabre, non adhérent aux spathelles, chagriné, non canaliculé.

C. Minima. *Borck. Bor. Mibora Verna. P. B. G. G. Agrostis minima. L.*
(C. Naine.) Tiges de 3-10 cent., en touffes, capillaires, gazonnantes,
feuilles capillaires, canaliculées, à ligule oblongue, saillante, bifide;
épi linéaire, à fl. très petites, ordinairement violacées; spathelles
glabres; spathellules velues. Mars, mai. An. Pelouses sablonneuses. C. C.

NARDUS. *L.* (Nard.) Epi allongé, unilatéral, à fl. solitaires,
sessiles, dans une cavité de l'axe; épi grêle; glume nulle; glumelle aristée; 1 style, 1 stigmate filiforme, allongé, pubescent,
terminal (p. 416, fig. 26); caryopse non adhérent et glabre, canaliculé.

N. Stricta. *L.* (N. Raide.) Rac. fibreuse; tiges de 1-3 déc., en
touffes; feuilles filiformes, raides, glabres, rudes, à gaînes blanchâtres, les infér. courbées en dehors; épi droit, à fl. rapprochées,
violacées. Mai, juil. Viv. Pelouses sèches, marais. — C. surtout
dans la montagne.

HORDEUM. *L.* (Orge.) Epillets uniflores, par 3 sur chaque dent
de l'axe; spathelles subulées; spathellule extér. longuement aristée; styles nuls; caryopse canaliculé, pubescent au sommet.

1	Les 3 fl. hermaphrodites et fertiles	2
	Les 2 fl. latérales mâles et stériles	3
2	Fl. sur 6 rangs, épi hexagone. . . . . *H. hexastichum.*	(2)
	Epi carré . . . . *H. vulgare.*	(1)
3	Fl. latérales mutiques; plantes cultivées	4
	Fl. latérales aristées; plantes spontanées.	5
4	Epi allongé, arêtes redressées. . . . . *H. distichum.*	(3)
	Epi court, arêtes écartées en éventail. . . . . *H. zeocritum.*	(4)
5	Toutes les glumes glabres, gaînes velues . . . . *H. secalinum.*	(6)
	Glumes des fl. latérales ciliées, gaînes glabres . . . . *H. murinum.*	(5)

a. — Espèces cultivées.

(1) H. Vulgare. *L.* (O. Commune.) Epi *allongé, carré,* un peu
comprimé, à épillets *tous fertiles* et aristés; tige de 1 mèt., glabre
ainsi que les feuilles.

(2) H. Hexastichum. *L.* (O. de six rangs.) Epi *court, épais, à six
rangs* réguliers, à forme hexagonale; épillets *longuement* aristés.

(3) H. Distichum. *L.* (O. à 2 rangs.) Epi *allongé, comprimé;* fl. latérales mâles *stériles, mutiques;* les fertiles *distiques,* à arêtes longues,
dressées.

(4) H. Zeocritum. *L.* (O. Pyramidale.) Epi *court, large, comprimé;*
fl. latérales mâles, *stériles, mutiques;* les fertiles distiques, à arêtes
longues, *divergentes, disposées en éventail.*

b. — Espèces non cultivées.

(5) H. Murinum. *L.* (O. Queue de Rat.) Rac. fibreuse; tiges fasciculées, de 2-4 déc., *couchées, redressées;* feuilles pubescentes, *molles,*
à *gaînes glabres,* la supér. un peu renflée; fl. *toutes longuement aristées;* les latérales mâles, à *spathelles seulement scabres,* la médiane

fertile ; spathelles de la fl. fertiles, *linéaires, élargies, ciliées.* Juin, août. Partout.

(6) H. Secalinum. *Schreb. G. G. Bor.* (O. faux Seigle.) Racine fibreuse ; tige droite, de 3-6 déc., feuilles *scabres,* les infér. *velues ainsi que les gaines;* épi *comprimé ;* fl. *toutes aristées,* les stériles *à arêtes plus courtes;* spathelles *toutes sétacées, non ciliées* (p. 416, fig. 29.) Juin, juil. An. Prés, bords des champs. R. — Neuvy (A. M.); Moladier (E. O.) Montbeugny (Virotte) ; Fourilles (C. B.) ; Jenzat, à Vauvernier (H. du Buysson).

ELYMUS. *L.* (Elyme.) Epillets sessiles ou subsessiles, pluriflores, par 2-4 sur chaque dent de l'axe, glumes placées en dehors des fleurs, simulant par leur ensemble un demi-involucre polyphylle ; spathellule infér. acuminée, à dos arrondi, aristée ou mutique ; fl. supér. souvent stérile. Caryopse adhérent aux spathellules, canaliculé, pubescent au sommet.

E. Europæus. *L. Hordeum sylvaticum Vill.* (E. d'Europe.) Racine fibreuse ; tige de 3-8 déc. raide, dressée, pubescente aux nœuds ; feuilles planes, rudes, presque glabres ; gaines velues ; ligule courte tronquée ; épi droit, serré ; épillets ternés, biflores ; spathelles plus courtes que l'épillet, linéaires, subulées aristées, soudées à la base ; arête double de sa spathellule. Juin, août. Bois montagneux. R. R. — Ferrières, bords du Sichon (L. A.) ; Villeneuve, Saint-Florent, bois de Châtillon, dans le Cher (Déséglise in Bor.).

Famille C. — POTAMÉES.

Herbes aquatiques à feuilles submergées ou flottantes, rarement opposées, simples ; fl. solitaires, axillaires, ou en épi, renfermées dans une spathe, hermaphrodites ou unisexuelles ; périanthe infère, à 4 divisions herbacées, ou nul, la spathe en tenant lieu ; 1-4 étamines libres, à anthères subsessiles ; 1 ou plusieurs ovaires à stigmates simples ; capsules indéhiscentes, uniloculaires, ossiculées.

1 { Fleurs terminales en épis. . . . . Potamogeton. (p. 449)
{ Fleurs axillaires 2

2 { Fruits arqués ; feuilles très étroites . . . . Zanichellia. (p. 453)
{ Fruits ovoïdes ; feuilles élargies (p. 454, fig. 2) . . . . Naïas. (p. 453)

POTAMOGETON. *L.* (Potamot.) Fleurs en épis, hermaphrodites, renfermées dans une spathe a 2 feuillets ; périanthe à 4 divis. herbacées ; 4 étam., 4 stigmates peltés, sessiles ; fruit formé de 4 caps. sessiles monospermes, fl. verdâtres, fruit comprimé.

1 { Feuilles linéaires allongées (moins d'un cent. de large). 9
{ Feuilles, au moins les supér. élargies (1 cent. au moins). 2

2 { Feuilles supér. ordin. flottantes, différentes des infér. linéaires 3
{ Feuilles toutes semblables. 6

3 { Feuilles infér. non flottantes, sessiles. . . . . *P. heterophyllus.* (4)
{ Feuilles infér. non flottantes, pétiolées 4

4 { Feuilles supér. subcordées à la base, offrant 2 plis vers leur jonction avec le
{ pétiole 5
{ Feuilles supér. rétrécies aux deux bouts et sans plis. . . . . . . *P. fluitans.* (2)

5 { Carpelles verdâtres, gros (2 mm. 1/2) ; épi épais interrompu. . . . *P. natans.* (1)
{ Carpelles devenant rougeâtres, petits (moins de 2 mill.) ; épi
{ grêle compact. . . . . *P. polygonifolius.* (3)

6 { Feuilles d'environ 1 cent. de large. 7
{ Feuilles ayant plus d'un cent. de large 8

7 { Toutes les feuilles opposées. . . . . *P. densus.* (8)
{ Feuilles alternes, au moins les infér . . . . *P. crispus* (7)

8 { Feuilles embrassantes, comme perfoliées . . . . *P. perfoliatus.* (6)
{ Feuilles non perfoliées . . . . *P. lucens.* (5)

9 { Feuilles longuement engaînantes à la base . . . . *P. pectinatus.* (13)
{ Feuilles non longuement engaînantes 10

10 { Tige comprimée, anguleuse ou ailée . . . . : . . . 11
{ Tige à peu près ronde, jamais ailée. 12

11 { Tige à bords membraneux ; feuilles aiguës. . . . . *P. acutifolius.* (9)
{ Tige non membraneuse ; feuilles obtuses mucronées. . . . . . *P. obtusifolius.* (10)

12 { Feuilles ayant au moins 3 mill. de large. . . . . *P. heterophyllus.* (4)
{ Feuilles linéaires plus étroites 13

13 { Feuilles larges d'environ 2 mill . . . . *P. Berchtoldi.* (11)
{ Feuilles d'environ 1 mill. ou moins 14

14 { Carpelles à 3 carènes granuleuses ou tuberculeuses . . . . . *P. tuberculatus.* (12)
{ Carpelles à 1 carène, lisses. . . . . *P. pusillus.* (11)

a. — Diversifolii Kunth. Feuilles supér. flottantes,
coriaces, plus larges et d'une autre forme que
les infér. submergées.

(1) P. NATANS. *L.* (P. Nageant.) Tige cylindrique, *simple ;* feuilles
toutes longuement pétiolées, les supér. nageantes, *cordiformes ou subcordiformes* à la base, ovales, elliptiques, à limbe *formant 2 plis saillants* pour s'unir au pétiole, les infér. *plus étroites, pourrissant après
la floraison ;* épi à fl. nombreuses, serrées ; fl. d'un blanc-verdâtre ;
carpelles *gros,* de 2 mill. 1/2 de large *à bords obtus.* Juil., août. Viv.
C. — Moulins, Monétay, Louroux-de-Bouble, Bayet, Montilly,
Montluçon, etc.

(2) P. FLUITANS. *Roth. G. G. Bor.* (P. Flottant.) Tige cylindrique
rameuse ; feuilles *toutes longuement* pétiolées, les supér. *se joignant
sans plis* au pétiole, *insensiblement atténuées* aux deux bouts, les
infér. *persistant* après la floraison ; carpelles gros, *légèrement carénés* à l'état frais, verdâtres. Juin, sept. Viv. R. — Saint-Sornin
(Causse) ; Louroux-de-Bouble, étang du Rivalet (P. B.) ; Bressolles,
Moulins, au pont de fer (L. A.) ; Yzeure, à Seganges ; Pouzy, aux
Amonins (A. M.) ; Rocles à Malva (A. P.).

(3) P. POLYGONIFOLIUS. *Pourret. G. G. Bor. Oblongus. D. C.* (P. à
feuilles de Renouée.) Plus grêle et plus petite que les précédentes,
souvent rougeâtre. Tiges de 1-2 déc. ; feuilles *toutes longuement*
pétiolées, les supér. *subcordiformes* à la base *à 2 plis saillants* vers le
point d'union au pétiole, oblongues, atténuées, subaiguës au
sommet, les infér. lancéolées, *persistant après la floraison ;* épi *non*

interrompu, plus grêle que les précédents ; carpelles *rougeâtres* à maturité, *n'atteignant pas 2 mill.*, à bords obtus. Juil., août. Viv. Ruisseaux et fossés tourbeux. R. — Quinssaines ; Audes, Brandes des Fulminais ; Bizeneuille, au-dessous de l'étang Muret ; Cosne, étang des Landes ; Cérilly, étangs de la forêt de Tronçais ; forêt de Civray à l'Ermitage ; Braize, étangs Roux et de la Commanderie (A. P.) ; Lapalisse, rigoles des prés vers la gare (A. M.) ; Culan, Cher (Bor. 3ᵉ éd.).

(4) P. HETEROPHYLLUS. *Schreb. Bor.* (P. Hétérophylle.) Tige très *rameuse ;* feuilles *infér. sessiles*, très nombreuses, persistantes, translucides, linéaires-lancéolées, subaiguës ; *les supér.* flottantes, coriaces, ovales, elliptiques, *lancéolées*, élargies, longuement *pétiolées*, pédoncules *renflés* au sommet, *plus gros* que la tige ; carpelles médiocres à bord obtus. Juil., août. Viv. R. — Bourbon-l'Archambault (Bor. 3ᵉ éd.).

Deux formes : *P. Heterophyllus. D. C. Koch.* — C'est la plante ci-dessus. Bourbon, étangs du Château et des Vesvres (A. M.) ; Montluçon, étang de Labrosse ; Treignat, étang d'Herculat (A. P.).

P. Gramineus. L. Feuilles *toutes semblables, lancéolées-linéaires* submergées. — Bourbon, étang des Vesvres (A. M.) ; Cosne, étang des Landes ; Contigny, près la Chaise (A. P.).

b. — Conformifolii Kunth. Feuilles toutes submergées et semblables, non linéaires.

(5) P. LUCENS. *L.* (P. Luisant.) Tige cylindrique, rameuse, articulée ; feuilles grandes, *toutes* submergées et semblables, *luisantes, translucides*, plus ou moins allongées, oblongues-lancéolées, *aiguës, rétrécies en pétiole ;* épi cylindrique, émergé, à pédoncule *renflé* au sommet, *plus gros* que la tige ; carpelle gros, à dos obtus, à peine caréné étant frais. Juin, août. Viv. R. — Gouise à Cacherat (L. A.) ; Vallon, canal du Berry ; Saint-Amand (A. P.) ; canal de Diou à Pierrefitte (A. M.) ; Treteau, Montoldre (A. M., C. B.).

P. Longifolius. Gay. Feuilles lancéolées-étroites, très allongées, atteignant 14 cent., acuminées. — Bourbon, étang du Château (A. M.).

(6) P. PERFOLIATUS. *L.* (P. Perfolié.) Tige rameuse ; feuilles *toutes submergées*, et semblables, translucides, *cordiformes amplexicaules*, ovales *obtuses, sessiles ;* pédoncules *non renflés*, de la grosseur de la tige ; épis courts oblongs ; carpelles médiocres à dos obtus. Juin, sept. Viv. R. — Canal, de Diou, à Pierrefitte (A. M.) ; Vallon, Saint-Amand (A. P.)

(7) P. CRISPUS. *L.* (P. Crépu.) Tige *comprimée*, rameuse, dichotome ; feuilles toutes submergées, translucides, *alternes et opposées, sessiles, linéaires, oblongues*, étroites, à peu près obtuses, *ondulées, crépues, denticulées ;* pédoncule grêle, court, non renflé au sommet ; épis courts ; carpelles gros, ovales lancéolés, acuminés en bec arqué assez long. Viv. A. C. — Lurcy, Moulins, Bourbon, Besson,

Cressanges, Souvigny, Coulandon, Saint-Pourçain, Gannat, Marcenat, Bayet, Pouzy, Fourilles, Montluçon, Nassigny, etc.

P. Serrulatus. Schr. — Forme à feuilles *planes* serrulées. Eaux profondes. Sioule.

(8) P. Densus. *L.* (P. Serré.) Tige *presque dichotome cylindrique;* feuilles *toutes opposées, submergées,* semblables, sessiles, amplexicaules, *ovales ou oblongues, lancéolées;* pédoncule court, non renflé au sommet; épi *presque en tête, pauciflore, réfléchi après la floraison;* carpelles obovales arrondis à bec *court,* recourbé. Juillet, sept. Viv. A. R.

Deux formes : feuilles serrées surtout au sommet de la tige, *P. Densus. L.* — Monétay, Paray-sous-Briailles, Naves, etc,

P. Oppositifolium. D. C. Feuilles étalées, peu serrées. — Lurcy, Monétay, Paray-sous-Briaille, Naves, Bayet ; Sancoins, Cher, etc.

c. — Graminifolii Kunth. Feuilles toutes submergées, semblables, linéaires; stipules distinctes du pétiole.

(9) P. Acutifolius. *Linck. Bor. G. G. P. Compressus. D. C. non L.* (P. à feuilles aiguës.) Tige rameuse, *comprimée, ailée,* presque plane ; feuilles sessiles, submergées, toutes semblables, *linéaires, brusquement terminées en pointe fine,* nervée; épi de 4-6 fl., dépassant *à peine* le pédoncule; carpelles sublenticulaires, *offrant une dent* vers leur base interne, à dos convexe *crénelé-tuberculeux.* Juin, août. Viv. Fossés, étangs. R. — Lurcy (Cr.); Yzeure, Moulins, ruisseau de Plaisance (L. A.); Bayet (B.); Montluçon, étang de Labrosse ; château du Mont près Désertines ; Chavenon, étang de la Tronçais (A. P.)

(10) P. Obtusifolius. *M. et K. Bor. G. G.* (P. à feuilles obtuses.) Tige très rameuse, *un peu* comprimée, *non ailée;* feuilles *linéaires, obtuses,* mucronulées, toutes submergées et semblables, sessiles ; pédoncule court, égalant à peine l'épi ; épi oblong, serré; carpelles *ellipsoïdes,* à bord interne *sans dent ou bosse* à la base, à dos *non crénelé.* Juillet, août. Fossés, étangs. R. — Le Mayet-de-Montagne (A. M.); Laprugne (V. B.); Souvigny, Tronget, étang de la Pise (L. A.); Yzeure, à Bagueux (Dubrocq et Blayn, in herb. Causse): Louroux-de-Bouble (P. B.); Chamblet (Gagne) ; Chavenon, étang de la Lofe (A. P.)

(11) P. Pusillus. *L.* (P. Fluet.) Tiges longues, rameuses, à peu près *arrondies, non ailées;* feuilles *linéaires, étroites, graminiformes,* à 3 nervures, dont les latérales à égale distance de la médiane et du bord; pédoncule fructifère *2-4 fois plus long* que l'épi ; fruits petits, ovoïdes, à peine comprimés, à dos convexe non crénelé. Juin, août. Viv. Étangs, fossés. — Lurcy, Yzeure, Lapalisse, Bresnay, Souvigny, Moulins, Bayet, Bourbon, Saint-Amand, Montluçon ; Varennes, à Chazeuil, etc.

P. Berchtoldi. Fieber. Bor. — Diffère du précédent: par ses feuilles *un peu plus larges;* sa tige *striée;* son fruit *à 5 angles irrégu-*

liers, finement verruculeux. R. R. — Audes, boires du canal et ruisseaux de la prairie du Piau. (A. P.)

(12) P. TUBERCULATUS. *Ten. et Guss.* Bor. *P. Monogynum. Gay. P. Trichoïdes. Cham. et Schl. G. G.* (P. Tuberculeux.) Tige très rameuse, grêle, filiforme, *presque cylindrique; rameaux fasciculés* à l'aiselle des feuilles ; feuilles *linéaires-sétacées,* aiguës ; épi très court, de 4-6 fleurs, *interrompu,* chacune *ne produisant qu'un seul carpelle* au lieu de 4, rarement 2; carpelle *gros, pourvu,* au dessus de sa base du côté interne, *d'une gibbosité* à dos très convexe, *tuberculeux-crénelé ;* noircit par la dessiccation. Juin, août. Viv. Mares, fossés. R. R. — Montluçon, lavoir près du château de Bisseret, et dans les mares de la route de Villebret. (A. P.); Marais de la Limagne (Bor.)

d. — Vaginiferi. Kunth. Stipules soudées au pétiole de la feuille qui devient ainsi engaînante.

(13) P. PECTINATUS. *L.* (P. Pectinée.) Tige grêle, filiforme, subcylindrique, rameuse ; feuilles linéaires aiguës ou sétacées, *engaînantes longuement* à leur base (au moins d'un cent.), alternes et comme distiques, à une seule nervure ; pédoncule fructifère très long, filiforme ; épi long, *très interrompu;* carpelles gros *semi-circulaires-obovales,* à faces *lisses* et dos obtus, bord interne droit. Juillet, août. Viv. Boires, canaux. R. — Boires de l'Allier : Moulins, au pont de fer ; Marcenat (A. M.; C. B.); Canal du Berry (Bor.)

ZANICHELLIA. *L.* (Zanichellie.) Monoïque, quelquefois polygame, fl. solitaires ou réunies, une mâle et une femelle, dans une spathe formée par 2 stipules membraneuses ; mâle : 1 étam., anthère à 4 loges, à filet grêle allongé ; femelle : périanthe en cloche, membraneux, 4 ovaires ; stigmates peltés, fruit formé par 4 carpelles arqués surmontés par le style persistant.

Z. REPENS. *Bœnninghausen. Bor. Z. Dentata Wild. G. G. Palustris Fries et Auct.* (Z. Rampante.) Plante submergée, à tige filiforme, rameuse, *radicante;* feuilles *linéaires sétacées,* aiguës, alternes ou opposées ; fl. axillaires, verdâtres ; carpelles presque sessiles, 2-6 en ombelle, lancéolés, oblongs, crénelés sur la carène ; style égalant *au moins la moitié* du fruit. Mai, sept. Viv. Etangs, ruisseaux. R. — Bois de Peufeuilhoux, étang des Modières, près Montluçon (Thévenon); Lurcy (Gr.); Jenzat, à Vauvernier (A. P.); Gannat, à Sainte Procule dans l'Andelot (L. L.); Diou ; à Sept-Fonds (A. M.); Montord (Lavediau); Le Sud du Cher : Germigny, La Guerche, Cuffy (Bor.)

NAÏAS. *L.* (Naïade.) Fleurs monoïques ou dioïques ; spathe monophylle à 2-3 lobes, ou nul ; 1 anthère à filet très court ou nul ; ovaire libre, sessile, uniloculaire, ovoïde, monosperme ; 2-3 styles filiformes ; fruit coriace, indéhiscent capsulaire.

N. MINOR. *Roth. Bor. Caulinia Fragilis Wild. G. G.* (N. Fluette.) Tige grêle courte, dichotome, diffuse ; feuilles opposées ou ternées, linéaires, soudées à la base en gaîne denticulée, *sinuées-den-ticulées*; fleurs *monoïques*, sessiles à l'aisselle des feuilles; fruits cylindracés lancéolés surmontés par les 2 styles (p. 454, fig. 2.) Juillet, sept. An. Etangs, canaux. R. — Diou (A. P.); Pierrefitte (A. M.), dans le Canal; Montluçon, dans le Cher, au-dessous des Varennes (A. P.); Saint-Florent, Villeneuve dans le Cher (Bor.).

Famille CI. — LEMNACÉES.

Plantes très petites, herbacées, flottantes à la surface des eaux tranquilles, à tige foliacée, de forme souvent lenticulaire, à racines courtes plongeant dans l'eau, ne s'enfonçant jamais dans la terre, à fl. très petites, monoïques, sortant d'un des côtés de la tige, rarement visibles. Fl. souvent renfermées dans une spathe monophylle d'abord fermée, périanthe nul, 1-2 étam. formant la fl. mâle; fl. femelle: ovaire uniloculaire, à stigmate presque sessile, orbiculaire; fruit indéhiscent, contenant, de 1-4 graines. On les connaît vulgairement sous le nom de lentilles d'eau.

LEMNA. *L.* (Lenticule.) Caractères de la famille. Fl. paraissant au printemps, difficiles à observer, ces plantes se reproduisant surtout par bourgeonnement.

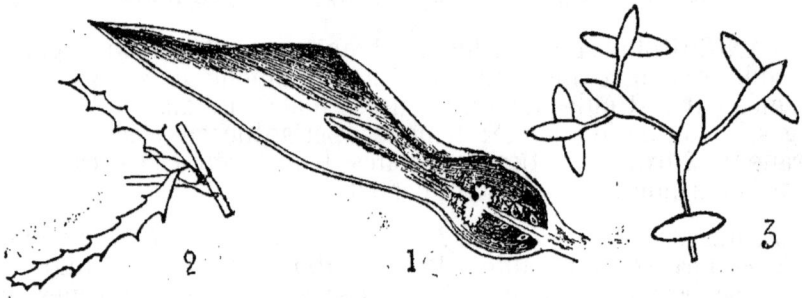

1. Arum maculatum. — 2. Naïas minor, feuilles et fruit. — 3. Lemna trisulca.

1	Racine solitaire sous chaque tige ou feuille.	2
	Racine fasciculée.	*L. polyrhyza.* (1)
2	Tige orbiculaire	3
	Tige allongée (p. 454, fig. 3).	*L. trisulca.* (4)
3	Tige à peu près plane sur les 2 faces	*L. minor.* (3)
	Tige renflée très convexe en dessous.	*L. gibba.* (2)

(1) L. POLYRHYZA. *L.* (L. à plusieurs racines.) Racines *fascicu-lées;* feuilles *suborbiculaires, rougeâtres* en dessous, obovales, *planes des deux côtés* ou légèrement convexes en dessous. Eaux dormantes. C.

(2) L. GIBBA. (L. Gonflée.) Racine *solitaire* sous chaque feuille; feuilles *suborbiculaires, convexes des deux côtés, bombées en dessous, spongieuses,* par 2-3, se séparant ensuite. Eaux dormantes. C.

(3) L. Minor. (L. Petite.) Racine *solitaire* sous chaque feuille ; feuilles *suborbiculaires, planes des deux côtés, épaisses, vertes.* Eaux stagnantes. C.

(4) L. Trisulca. *L.* (L. à 3 sillons.) Racine solitaire sous chaque feuille ; plante *d'abord submergée, flottante à la floraison ;* feuilles *lancéolées,* oblongues, *pétiolées,* réunies *par 3,* portées par une tige *rameuse, capillaire* (p. 454, fig. 3.) Fontaines, ruisseaux. — Bessay (E. O.) ; Moulins, à Nomazy (A. M.) ; Audes, fossés de Piau (A. P.) ; Chantelle, Brout, au Vernet (H. du Buysson) ; Souvigny (L. A.).

Les Lentilles d'eau sont recherchées par les canards qui les mangent avec plaisir ; elles contribuent par leur végétation à la purification des eaux stagnantes.

Famille CII. — TYPHACÉES.

Herbes aquatiques, vivaces, à tiges sans nœuds, à feuilles ensiformes. Fl. monoïques, en épis allongés ou en capitules globuleux, les supér. mâles, les infér. femelles, entremêlées de poils ou écailles (périanthe, étamines ou ovaires avortés ?) 3 étamines à filets libres ou trifurqués ; ovaire libre, 1 style persistant à 1-2 stigmates allongés en languette ; fruit sec, indéhiscent, monosperme.

{ Fl. en capitules globuleux. . . . . Sparganium.
{ Fl. en épis bruns allongés. . . . . Typha.

TYPHA. *L.* (Massette.) Epis unisexuels, cylindriques, longs, sur un même axe, à fleurs très nombreuses ; le mâle supér., 3 étam., entourées de soies à filets plus ou moins soudés ; épi femelle au-dessous de l'épi mâle, contigu ou peu distant ; style persistant ; fruit très petit porté par un pédicelle capillaire. Plantes vivaces.

{ Feuilles de 7-15 mill . . . . *T. latifolia.* (1)
{ Feuilles de 4-7 mill. . . . . *T. angustifolia.* (2)

T. Latifolia. *L.* (M. à larges feuilles.) Tige de 1-2 mètres, robuste ; feuilles très longues, linéaires, en égard à leur longueur, ensiformes, planes, larges de 7-15 mill., dilatées, engaînantes à la base ; *épis mâle et femelle contigus,* ou à peu près ; stigmates filiformes *élargis,* rendant l'épi femelle comme écailleux. Juin, juil. Etangs. Assez. C. — Bizeneuille, Chavenon, Villefranche, Bressolles, Moulins, Yzeure, Mayet-de-Montagne, etc.

(2) T. Angustifolia. *L.* (M. à feuilles étroites.) Diffère du précédent : par ses feuilles plus étroites 4-7 mill.; par ses épis mâle et femelle *non contigus,* éloignés de plusieurs cent.; le femelle à stigmates *filiformes.* A. C. — Montluçon, Bizeneuille, Cosne, Audes, Treteau, Sazeret, Bagneux, Le Montet, Pouzy-Mésangy, Neuvy, Bresnay, etc.

SPARGANIUM. *L.* (Rubanier.) Fl. monoïques en capitules globuleux, distants ; les supér. mâles à fleurs agglomérées, entourées chacune de 3 écailles ; 3 étamines ; les infér. femelles, naissant à l'aisselle de longues bractées persistantes ; périanthe formé de 3-5 écailles ; stigmates presque sessiles ; fruit sec, sessile.

{ Capitules portés par un épi rameux . . . . *S. ramosum.*   (1)
{ Capitules portés par un épi simple . . . . *S. simplex.*   (2)

(1) S. RAMOSUM. *Huds.* (R. Rameux.) Tige de 8-10 déc., dressée, robuste, rameuse ; feuilles linéaires, eu égard à leur longueur, allongées, *concaves et triquètres* à la base, planes en-dessus, à faces infér. concaves ; fl. en capitules formant un épi *rameux, paniculé,* les épis femelles feuillés plus gros, inférieurs, à écailles *brusquement dilatées-arrondies au sommet ;* stigmate *linéaire.* Juin, août. Viv. Fossés, étangs. C. — Rocles, Montbeugny, Yzeure, Chavenon, Bressolles, Échassières, Louroux-de-Bouble, Loriges, Marcillat, Lurcy, Bourbon, Montilly, Créchy, Pierrefitte, Bresnay, Montluçon, Bizeneuille, Désertines, etc.

(2) S. SIMPLEX. *Huds.* (R. Simple.) Diffère du précédent dont Linnée n'en faisait qu'une variété : par sa taille *plus petite ;* ses feuilles à faces infér. *planes ;* son épi simple ; les écailles des fl. femelles *un peu élargies et dentées au sommet ;* ses fruits *ellipsoïdes fusiformes,* terminés, par un bec *égalant les 3/4 de leur longueur.* — Mêmes lieux. A. C.

Le *S. Natans. L.* a été indiqué par Bor. d'après Causse, à Rocles, étang de Malva. Les échantillons que j'ai vus dans l'herbier de Causse, ne sont que des *simplex* à feuilles devenues nageantes par suite de la hauteur des eaux.

Famille CIII. — AROÏDÉES.

Fleurs monoïques, dans les plantes de nos pays, à périanthe nul, en spadice sur un support épais, entouré d'une spathe en cornet ; ovaire libre à 1-3 loges ; 1 stigmate ; fruit sec ou bacciforme (p. 454, fig. 1.)

ARUM. L. (Gouet.) Spathe simple en forme de cornet, renflé au milieu, spadice nu au sommet et renflé en massue, offrant à sa base des filaments (fl. avortés ?) ; périanthe nul ; fl. disposées annulairement : les mâles supér. constituées par une anthère, les femelles infér., par un pistil ; fruit bacciforme, monosperme. Plantes suspectes.

{ Spadice terminé en massue purpurine . . . . *A. maculatum.*   (1)
{ Spadice en massue jaunâtre . . . . *A Italicum.*   '2)

(1) A. MACULATUM. *L.* (G. Taché.) Racine tuberculeuse ; feuilles toutes radicales, hastées, sagittées, tachées de noir ou sans tache ; spadice *violet,* à partie renflée *plus courte* que son support, disparaissant à maturité ; baies rouges, en août, septembre. — Avril, mai. Viv. Haies. C.

(2) A. ITALICUM. *Mill.* (G. d'Italie.) Diffère du précédent : par ses feuilles *paraissant avant l'hiver ;* son spadice *jaune* dont la partie renflée *égale* son support. Trevol, Bresnay (L. A.) ; Abrest (P. B.) ; Le Veurdre (Meige, Perrier) ; Voussac (Mercier) ; Cusset (Jordan.)

TROISIÈME EMBRANCHEMENT.

ACOTYLÉDONÉES

CRYPTOGAMES-VASCULAIRES.

Les graines des plantes de cet embranchement ont reçu le nom de *spores* ou *sporules* pour les distinguer des graines des embranchements précédents, dont elles diffèrent par l'absence d'embryon et de cotylédons.

Les fleurs n'offrent plus ni étamines ni pistils ; une sorte de sac vésiculeux, *sporange*, renferme les spores. Dans les plantes d'organisation la plus simple, le spore se développe par simple dédoublement de cellules ; chez d'autres plus compliquées, il se produit à la surface du spore une *anthéridie*, qui donne naissance, chose bizarre, à des organes, *anthérozoïdes*, doués de mouvement ! et les sporules fécondés se développent et reproduisent la plante.

Des acotylédonées, les unes sont exclusivement cellulaires, Characées, Mousses, Algues, Hépatiques, Lichens, Champignons ; d'autres, cellulaires d'abord, offrent après la germination, des vaisseaux ; nous nous bornerons à la description de ces dernières.

Famille CIV. — FOUGÈRES.

Dans les Fougères de nos pays, il n'y a pas de tige véritable, une souche souterraine en tient lieu et donne naissance à des sortes de feuilles, *frondes*, souvent roulées en crosse dans leur jeunesse, qui portent les fructifications, *sores*, ordinairement sur leur face inférieure, naissant sur une nervure.

Ces fructifications, souvent recouvertes d'un tégument, *indusie*, sont formées par des amas de sporanges renfermant les spores. Le spore se détache de la plante mère avant d'être fécondé ! ce n'est que quand il a subi un commencement de développement, en forme de feuille appelée *prothalle*, qu'apparaît l'anthéridie ou organe mâle, puis l'*archégone* ou organe femelle, et que la fécondation a lieu. Il est bon, pour déterminer le genre des Fougères, de les recueillir avant que le tégument ait disparu.

1 { Fructifications en épi simple (p. 458, fig. 1). . . . . OPHIOGLOSSUM. (p. 458)
  { Fructifications non en épi simple. **2**

2 { Fructifications en épi rameux terminal (p. 458, fig. 2) . . . . . . OSMUNDA. (p. 459)
  { Fructifications sur la face infér. de la feuille. **3**

3 { Fructifications écailleuses, couvrant complètement le dessous de
    la feuille (p. 458, fig. 8). . . . . CETERACH. (p. 460)
    Fructifications non comme ci-dessus 4

4 { Sores sans tégument, nues . . . . POLYPODIUM. (p. 459)
    Sores recouverts d'un tégument 5

5 { Fronde entière, lancéolée allongée (p. 458, fig. 7). . . . . SCOLOPENDRIUM. (p. 464)
    Fronde plus ou moins découpée. 6

6 { Bords de la foliole fructifère entiers, ou offrant quelquefois à la base
    une ou deux dents, un peu enroulés, tégument fixé au bord de la
    foliole (p. 458, fig 9). . . . . PTERIS. (p. 465)
    Plante non comme ci-dessus. 7

7 { Sores en lignes allongées. 8
    Sores arrondies ou à peu près 10

8 { Lignes des sores parallèles à la côte principale du lobe fructifère ;
    fronde fertile différente de la fronde stérile. . . . . BLECHNUM. (p. 464)
    Lignes des sores obliques à la côte principale du lobe fructifère ; frondes toutes
    semblables. 9

9 { Sporanges en groupes ovales ; fronde de 5-10 d'c. . . . . . . ATHYRIUM. (p. 462)
    Sporanges en groupes linéaires ; frondes n atteignant jamais
    5 déc. . . . . ASPLENIUM. (p. 462)

10 { Tégument se soulevant circulairement 11
     Tégument se soulevant par un côté seulement 12

11 { Tégument fixé par le centre et se soulevant de tous les côtés
     (p. 458, fig. 4) . . . . ASPIDIUM. (p. 460)
     Tégument fixé par le centre et un pli enfoncé (p. 458, fig. 5). POLYSTICHUM. (p. 460)

12 { Tégument s'ouvrant en forme de croissant, du centre de la
     fronde vers le bord. . . . . ATHYRIUM. (p. 462)
     Tégument s'ouvrant à partir du sommet du lobe foliaire. . . . CYSTOPTERIS. (p. 462)

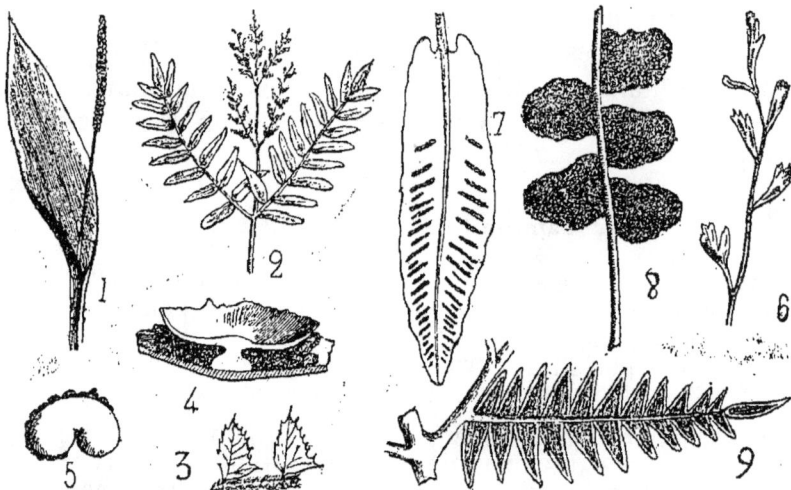

1 Ophioglossum vulgatum. — 2. Partie supér. d'Osmunda. — 3. Pinnules d'Aspidium
angulare. — 4. Tégument d'Aspidium. — 5. Id. de Polystychum filix-mas. — 6. Asplenium
Breynii. — 7. Scolopendrium, très réduit. — 8. Ceterach. — 9. Pinnules de Pteris aquilina.

a. — Sporanges dépourvus de tégument.

OPHIOGLOSSUM. *L.* (Ophioglosse.) Sporanges sessiles, disposés
en épi solitaire distique, simple, terminant la tige (p. 458, fig. 1.)
Fronde jamais roulée en crosse.

O. VULGATUM. *L.* (O. Commune.) Racine fibreuse, écailleuse au sommet ; tige de 1-3 déc., portant une seule feuille engaînante, ovale, entière ; épi linéaire dépassant la feuille à maturité. Mai, juin. Viv. Marais tourbeux. R. R. — Environs de Gannat (Chomel); d'où elle a disparu par l'assainissement des marais. Murat, tourbière près les Chaix (R. de C.).

OSMUNDA. *L.* (Osmonde.) Sporanges pédicellés, à peu près globuleux, sans tégument, entassés en grappes rameuses, paniculées (p. 458, fig. 2.) Jeunes frondes enroulées en crosse.

O. REGALIS. *L.* (O. Royale.) Vulg. Fougère fleurie. Fronde robuste, de 8-15 déc., deux fois ailée, à folioles oblongues, obtuses, entières, ou très finement serrulées, cordiformes à la base, les supérieures linéaires, déformées, recouvertes par les sporanges. Juin, août. Viv. R. Bois tourbeux. — Lurcy-Lévy ; bords de la Bouble, Bellenaves ; Monestier ; Yzeure, pré de la Cave ; Saint-Désiré, Chemilly, La Chapelaude, Lapalisse, Deux-Chaises, Chirat, Aubigny, Cérilly ; Montluçon, ruisseau de Chantemerle, près Vauxsur-Cher. Abbaye des Pierres, vallée supérieure de l'Arnon, Sancoins, Cher.

POLYPODIUM. *L.* (Polypode.) Sporanges en groupes arrondis, nus, épars à la surface infér. de la fronde, ou formant des séries régulières.

1 { Fronde simplement pinnatifide . . . . *P. vulgare.* (1)
  { Fronde bi-tripinnatifide 2

2 { Pinnules pubescentes ciliées . . . . *P. Phægopteris.* (3)
  { Pinnules glabres . . . . *P. Dryopteris.* (2)

(1) P. VULGARE. *L.* (P. Commun.) Souche rampante, garnie de fibres et d'écailles, charnue, sucrée ; frondes de 1-4 déc., *ovaleslancéolées* dans leur ensemble, profondément mais *simplement pinnatifides,* à lobes obtus, oblongs, entiers ou légèrement crénelés, alternes. Fructifications en groupes assez gros, par points rangés symétriquement. Viv. Vieux arbres, bois, murs. C. à toute altitude.

Dans une forme remarquable, les fructifications assez rapprochées se rejoignent à maturité pour ne former presque qu'une seule ligne. — Souvigny, Châtel-Montagne, Bourbon, Cesset, Chavenon.

Forme *Acutifolium,* à pinnules aiguës et légèrement serrulées. — Saint-Angel (Causse) ; Chantelle (A. M.) ; Montluçon (A. P.).

(2) P. DRYOPTERIS. *L.* (P. Dryoptère.) Souche traçante, *grêle ;* fronde de 1-4 déc. *triangulaire* dans son contour, ordin. *3 fois ailée* à la base, 2 fois seulement plus haut, *glabre ;* lobes obtus ou un peu crénelés ; groupes de sporanges petits, naissant sur le trajet des nervures secondaires des lobes. Juin, sept. Viv. Bois, rochers couverts des montagnes. R. — Laprugne, à L'Assise ; Saint-Nicolas-des-Biefs (A. M.) ; Laprugne, au Point du Jour, à Chez Pion (Renoux) ; Vallée de Trentloup, Creuse, sur nos limites (A. P.)

P. Calcareum. Smith. — Diffère de la précédente parce qu'elle est plus robuste et glanduleuse. — L'Ardoisière, Laprugne, Ferrières (Jourdan, Flore) ; Jenzat ? (Allier.)

(3) **P. Phægopteris.** *L.* (P. Phégoptère.) Souche grêle et traçante ; frondes de 2-6 déc., triangulaires dans leur contour, *bipinnatifides* au moins à la base des segments, à long pétiole écailleux ; segments opposés, subpinnatifides, *soudés, celui de droite à celui de gauche* par leurs premières pinnules, dont la réunion forme ainsi une surface *rhomboïdale ;* pinnules subcrénelées, *ciliées, velues* sur les deux faces. Juin, juillet. Viv. R. R. — Point du Jour, à Laprugne ; la Bletterie de Saint-Nicolas-des-Biefs (Renoux) ; Creuse sur nos limites (A. P.).

b — Sporanges recouverts par un tégument.

CETERACH. *C. Bauhin.* (Cétérach.) Sporanges en groupes oblongs, mêlés à des écailles brillantes, scarieuses, brunâtres, recouvrant à maturité toute la partie inférieure de la fronde.

C. Officinarum. *Wild. Asplenium Ceterach. L.* (C. Officinal.) Racine fibreuse ; frondes de 1 déc. environ, en touffes, lancéolées, allongées, pinnatifides, à lobes alternes, obtus, courts, entiers, verts en dessus (p. 458, fig. 8). Juil., oct. Viv. Rochers, vieux murs. Peu C. — Bourbon-l'Archambault, Hérisson, Montord, Montluçon, Lavault-Sainte-Anne, Murat, Montmarault, Neuvialle, Chouvigny, Ferrières, Besson, Néris, Le Veurdre, Saint-Bonnet-de-Rochefort, Montord, Chantelle, Le Theil, Montluçon, Chavenon, Châtel-Perron, Echassières, Bellenaves, etc.

ASPIDIUM. *Swartz.* (Aspidium.) Sporanges en groupes arrondis, recouverts d'un tégument orbiculaire, pelté, fixé par le centre et s'ouvrant sur toute la circonférence (p. 458, fig. 4).

A. Aculeatum. *Swartz. Polypodium Aculeatum. L.* (A. à Aiguillons.) Fronde de 2-8 déc., à pétiole très écailleux à la base, lancéolée dans son contour, 2 fois ailée, à lobes courbés en faux à la base, à dents terminées par une pointe sétacée ; les plus près de la nervure médiane plus ou moins rétrécis à la base, souvent auriculés, les supérieurs adhérents à la nervure sur toute leur largeur ; fructifications se rejoignant à la maturité. Juin, sept. Viv. A. R. Bois, rochers. — Moladier ; Yzeure, bois, route de Gennetines ; Chézy, Besson, Bresnay, Chantelle, Veauce, etc.

A. Angulare. *Wild.* Variété à lobes distinctement pétiolés, non adhérents, excepté les plus éloignés de la nervure médiane. A. R. (p. 458, fig. 3) — Rochers en face Lavau-Sainte-Anne ; Gennetines, aux Bordes ; Chavenon, Châtel-Montagne, Ferrières, Saint-Hilaire, Besson, Montluçon, Chantelle, Chirat, Le Vernet.

POLYSTICHUM. *Roth. Polypodium. L.* (Polystichum.) Sporanges disposés à la surface infér. de la fronde, en groupes suborbiculaires, recouverts d'un tégument subréniforme, fixé par le centre

et par un pli enfoncé et ne se soulevant pas par toute la circonférence (p. 458, fig 5).

1	Fronde fortement écailleuse à la base		2
	Fronde non ou peu écailleuse à la base		3
2	Dents des folioles terminées par une dent sétacée	*P. spinulosum.*	(4)
	Dents des folioles entières ou dentées, mais non terminées par une dent sétacée.	*P. Filix-mas.*	(3)
3	Folioles offrant en dessous des points glanduleux d'un jaune bril- lant ; segments des folioles toujours plans.	*P. Oreopteris.*	(1)
	Folioles sans points glanduleux ; segment des folioles à bords recourbés en dessous à maturité	*P. Thelipteris.*	(2)

(1) P. Oreopteris. *D. C.* (P. Oréoptère.) Frondes en touffes, de
3-8 déc., oblongues, lancéolées dans leur contour, à pétiole *peu
ou point* écailleux, presque 2 fois ailées ; lobes *tous soudés ensemble
par leurs bases*, à peu près *entiers*, oblongs obtus, *toujours plans*,
à points jaunes glanduleux en dessous. Juin, juil. Viv. Région des
montagnes. R. — Mayet-de-Montagne, Saint-Clément, Saint-Nicolas (Bor.) ; Laprugne (A. M. ; A. P.).

(2) P. Thelipteris. *Roth.* Aspidium *Thel.* Sw. Acrostichum *Thel.*
L. (P. Théliptère.) Souche grêle, longue, *traçante ;* frondes à pétiole
non écailleux, oblongues-lancéolées dans son contour, ailées à
rameaux pennatipartits ; lobes ovales-allongés, obtus, entiers, *tous
soudés ensemble* par leur base, à bords entiers, *recourbés par dessous* et comme *enroulés à maturité*, (ressemblant alors à ceux du
Pteris Aquilina) ; fructifications *couvrant à maturité presque toute
la surface* des folioles. Juin, sept. Viv. Lieux tourbeux. R. —
Charcil, bois de la Rivière (C. B.) ; La Lizolle (P. B.) ; Bellenaves,
aux Collettes (Thiger) ; Toulon, aux Pieds de Bœufs (Bourdot) ;
Montluçon, Braize, Quinssaines (A. P.). Très probablement dans
les montagnes du sud-est d'où j'en ai un échantillon sans indica-
tion de localité.

(3) P. Filix-Mas. *Roth.* Aspidium *Fil. mas. Sw.* (P. Fougère
mâle.) Frondes de 3-6 déc., en touffes, à pétiole *écailleux, surtout
à la base, presque 2 fois ailées ;* lobes oblongs, *obtus*, à dents pointues, *mais non spinescentes, à peine* adhérents par leurs bases.
Juin, oct. Viv. Bois. C.

(4) P. Spinulosum. *D. C.* Aspidium Spinul. *Sw.* (P. Spinelleux.)
Frondes de 3-6 déc., en touffes, oblongues lancéolées dans leur
contour, à pétiole *écailleux*, seulement dans sa partie infér., 2 fois
ailées, à lobes incisés, pinnatifides, dont les dents sont *terminées
par une soie raide.* Juin, sept. Viv. Bois montagneux. Presque
aussi commun que le précédent.

Deux formes : *P. Spinulosum Roth.* Lobes infér. des segments
seuls distincts.

P. Dilatatum. Sw. Frondes plus larges, plus robustes ; lobes
des segments presque tous distincts, ce qui rend la fronde presque
trois fois ailée. Région des montagnes. — Fleuriel, La Lizolle,
Laprugne, Echassières, le Montoncelle, etc.

Je crois qu'on trouverait facilement tous les intermédiaires.

Aspidium mas-aculeatum ? — Une curieuse fougère a été recueillie dans les ravins de Chantelle, par mon excellent ami Cl. Bourgougnon, un de mes plus zélés collaborateurs. Elle ne porte pas de fructifications, ce qui empêche une détermination certaine. Elle a été soumise à l'examen de MM. Timbal-Lagrave et de Marçais et ces deux éminents botanistes ont cru y voir un hybride de *Polystychum Filix-mas* et de *Aspidium aculeatum* et voici la conclusion de la note de M. Timbal : « C'est la disposition et la forme
« des lobes, la terminaison des dents qui indique ici le croisement.
« L'hybride tient en effet des deux : la forme des frondes, la dis-
« position des lobes sont de l'*Aspidium aculeatum ;* mais les lobes
« ne sont pas en croissant, et les dents ne sont ni mucronées, ni
« aristées, effet de l'influence du *Polystychum Filix-mas*. »

CISTOPTERIS. *Bernhardt.* (Cistoptère.) Sporanges disposés en groupes oblongs, arrondis ou suborbiculaires, épars, recouverts par un tégument adhérent à la nervure libre au sommet et s'ouvrant du haut de la foliole vers le bas.

C. FRAGILIS. *Bernh. Bor. G. G. Cyathea Frag. Roth. Polypod. Frag. L.* (C. Fragile.) Rac. fibreuse ; souche épaisse, courte, écailleuse ; pétiole mince fragile ; fronde de 1-3 déc., 2-3 fois ailée, oblongue-lancéolée dans son contour, pointue, à pinnules ovales, plus ou moins incisées, pinnatifides. Juin, sept. Viv. Lieux frais et pierreux R. — Lafeline, Mayet-de-Montagne (Bor.) ; Lavault-Sainte-Anne, Montluçon, haies du Préau et de Désertines ; Ravins de l'Ours, de Gouttières (A. P.) ; Verneuil (Lailloux) ; Chantenay, (Nièvre) ; Culan, Cher (Bor.).

ATHYRIUM. *Roth.* (Athyrium.) Sporanges disposés en groupes ovales, elliptiques, recouverts par une membrane arquée, fimbriée, soudée du côté externe, libre du côté de la nervure, et se renversant de dedans en dehors.

A. FILIX-FÆMINA. *Roth. Bor. Polypodium. L. Asplenium. Bernh. G. G.* (F. Fougère femelle.) Plante en touffes ; fronde de 4-10 déc., à pétiole lisse et nu, 2 fois ailée, écailleuse à la base, oblongue lancéolée dans son contour ; segments distincts oblongs, lancéolés, incisés ; lobes courts, presque pinnatifides, à 2-3 dents aiguës. Juin, sept. Viv. Lieux frais, haies bois. — C. à toute altitude.

Var. *Achrostichoïdeum. Mérat.* 4ᵉ édit. Pinnules *plus étroites, crispées.* — Yzeure, Fleuriel, Chavenon, Deux-Chaises, Saint-Nicolas, Arpheuilles, Echassières, Bellenaves, etc.

ASPLENIUM. *L.* (Doradille.) Sporange en groupes allongés, rectilignes, linéaires ; tégument droit, soudé du côté externe, libre du côté de la nervure et se renversant en dehors.

1	Fronde en lobes allongés linéaires . . . . A. *septentrionale.*	(6)
	Fronde à folioles élargies	2
2	Folioles larges, fortement incisées, pinnatifides	3
	Folioles seulement dentées	4

(1) A. ADIANTHUM-NIGRUM. *L.* (D. Capillaire noir.) Fronde de 1-4 déc., à pétioles lisses, noirâtres, *triangulaire* acuminée dans son contour, *presque 3 fois ailée ;* pinnules *incisées, presque pinnatifides, pointues ;* fructifications couvrant à maturité presque toute la fronde. Juin, sept. Viv. Lieux frais, haies, murs. C. — Murat, Jenzat, Neuvialle, Souvigny, Bresnay, Néris, Saint-Désiré, Rocles, Treban, Chavenon, Meillers, Branssat, Verneuil, Chemilly, Chézy, Chareil, Chirat, Chouvigny, Montluçon, etc.

Dans sa jeunesse, et lorsqu'elle fructifie la première année, la fronde est *lancéolée*, plus étroite en bas qu'au milieu ; c'est cette forme que j'ai trouvée dans l'herbier de Causse sous le nom de *A. Lanceolatum Smith*, et que j'ai vue à l'étang de Malvat, Rocles. — Le vrai *Lanceolatum* est *2 fois ailé seulement à la base*, à segments formés de 7-9 lobes dentés crénelés *subarrondis* au sommet.

(2) A. HALLERI. *D. C.* (D. de Haller.) Plante *de 6-12 cent.*, pétioles noirâtres à la base ; fronde oblongue, *lancéolée, rétrécie à la base et au sommet*, pinnules *fortement lobées*, alternes, pinnatifides *seulement* à la base, les moyennes plus longues que les autres ; lobes cunéiformes, obovés ou rhomboïdaux-obovales, bordés de dents *mucronées-spinuleuses*, au nombre *de 5-6 au plus ;* fructifications couvrant presque le lobe à maturité. R. — Rochers des bords de la Sioule, à Neuvialle (L. L. Vannaire) ; Saint-Victor, Gorge de Thizon (A. P.) ; bords de la Tarde entre Evaux et Chambon (H. G.).

(3) A. TRICHOMANES. *L.* (D. Polytric.) Vulg. Capillaire. Frondes en touffes, linéaires dans leur contour ; pétiole *noir*, luisant, *très étroitement ailé* sur les angles, garni presque *depuis la base* de pinnules *presque sessiles*, plus ou moins *arrondies, crénelées*, à peu près *toutes égales*. Juin, sept. Viv. Lieux frais, haies, puits, murs. C.

Forme *Incisum*. Folioles profondément incisées. — Bresnay (L. A.)

(4) A. BREYNII. *Retz. G. G. Bor. A. Germanicum Weiss.* (D. de Breynius.) Frondes de 6-12 cent., en touffes, lancéolées dans leur contour ; pétiole *noirâtre*, seulement à sa partie infér., *portant 7-9 folioles, pétiolées, cunéiformes, incisées* au sommet, quelques-unes *sublobées*, quelques autres *lobées*, rendant la fronde *presque bi-pinnatifide à sa partie inférieure ;* tégument *entier au bord* (p. 458, fig. 6). Juin, sept. Viv. A. R. Murs, rochers des montagnes. — Cusset, aux Grivats ; Bau, près Besson ; rochers en face Lavau-Sainte-Anne ; Murat ; Bresnay, à Montmalard ; Gannat, à Sainte-Procule ; Rouzat, Chirat, Chantelle, Fleuriel, Laprugne, Verneuil, Monestier, Montluçon, Lignerolles, Chambon, Saint-Marien, sur nos limites, Creuse.

On a voulu faire de cette fougère une hybride de *A. Ruta-muraria* et *A. Trichomanes*. Cette plante vient dans des localités où ne se trouvent aucun des parents supposés, ce qui exclut complètement cette hypothèse.

(5) A. Ruta-Muraria. *L.* (D. Rue des murailles.) Frondes de 6-15 cent., en touffes ; fronde ordinairement *2 fois ailée*, à pinnules *pétiolées* ; lobes *nombreux*, cunéiformes, oblongs ou obovales, entiers ou denticulés au sommet, ou comme trilobés et rendant la fronde *tri-pinnatifide* ; tégument à bord libre *fimbrié*. Juin, sept. Viv. Vieux murs. C. — Jaligny, Moulins, Monétay, Saint-Pourçain, Gannat, Souvigny, Bresnay, Saint-Gerand-de-Vaux, Le Donjon, Chouvigny, Hérisson, Le Mayet-de-Montagne, Châtel-Montagne, Ferrières, Laprugne, Montmarault, Isle-et-Bardais, Chavenon, Montluçon, etc. A toute altitude.

(6) A. Septentrionale. *Hoffm. Acrostichum sept. L.* (D. Septentrionale.) Frondes de 5-15 cent., en touffes épaisses, à pétioles nus, grêles, verdâtres, bruns à la base, *divisés au sommet en 2-3 lobes linéaires allongés, très aigus*, couverts complètement par les fructifications à maturité. Juin, sept. Viv. Commun sur les rochers dans la partie granitique et montueuse du département. — Besson, Bresnay, Murat, Chirat, Hérisson, Echassières, Gannat, Jenzat, Néris, Chouvigny, Cusset, Lapalisse, Ferrières, Busset, Besson, Châtel-Montagne, Arpheuilles, Saint-Nicolas, Laprugne, Chanteille, Montluçon, etc. A toute altitude.

SCOLOPENDRIUM. *Smith.* (Scolopendre.) Sporanges en lignes larges, parallèles entre elles, obliques à la nervure médiane (p. 458, fig. 7) ; tégument se fendant par le milieu en deux portions restant adhérentes de chaque côté des fructifications, simulant ainsi un tégument bivalve.

S. Officinale. *Smith. A. Scolopendrium. L.* (S. Officinale.) Vulg. Langue de Cerf. Frondes allongées de 1-5 déc., larges de 3-5 cent., entières, cordiformes à la base, à pétiole écailleux. Juin, sept. Viv. Murs humides, haies, puits. — Avermes, Moulins, Bourbon, Villefranche, Monétay, Yzeure, Bresnay, Besson, Trevol, Rocles, Saint-Pourçain, Châtelperron, Chareil, Cindré, Bellenaves, Chamblet, Bayet, Le Veurdre, Château-sur-Allier, Lurcy, Busset, Laprugne, Montluçon, Le Thet, Bateau du Mas, etc.

BLECHNUM. *Smith.* (Blechne.) Frondes fertiles, différentes des stériles ; sporanges en lignes géminées, longitudinales, parallèles à la nervure du lobe, d'abord destinctes, puis couvrant le lobe, recouvertes par un tégument s'ouvrant latéralement du côté de la nervure.

B. Spicant. *Smith. Osmunda Spicant. L. Lomaria Spic. Linck.* (B. en Epi.) Souche épaisse à écailles rousses ; frondes stériles, étroitement lancéolées, *profondément pinnatifides*, à lobes oblongs ou lancéolés, élargis à la base et se soudant aux voisins ; les fertiles *plus grandes*, ailées à pinnules *linéaires* acuminées, toutes couvertes par les fructifications. Juin, sept. Viv. Bois des terrains granitiques, à partir de 300 mètres d'altitude. — Forêt de Tronçais, près Cérilly ; Lapalisse, Mayet-de-Montagne, Saint-Nicolas, Échassières, La Lizolle, Tortezais, Bagnolet, Deux-Chaises, Ferrières, Busset, Aronnes, Saint-Clément, Lachabanne, Saint-Désiré, Bourbon, Gipcy, Saint-Nicolas, Bellenaves, Marcillat, Montluçon, Le Vilhain, Bellaigue près Marcillat ; Abbaye des Pierres, vallée supér. de l'Arnon, Cher.

PTERIS. *L.* (Ptéride.) Groupes de fructifications placés sur le bord de la feuille, tégument fixé au bord recourbé du lobe foliaire, et s'ouvrant de dedans en dehors (p. 458, fig. 9).

P. AQUILINA. *L.* (P. Aquiline.) Pétiole noirâtre à la base, offrant près de sa base, quand on le coupe transversalement, *la figure de l'aigle à 2 têtes* de Prusse ; souche rampante ; fronde de 4-15 déc., ovale triangulaire ample, 3 fois ailée à segments lancéolés, entiers, velus en dessus. Juil., oct. Viv. C. C. surtout dans les terrains maigres.

Forme *Umbrosa.* Segments des pinnules offrant à leur base une ou deux dents. — Chantelle, Broût-Vernet, Montluçon, Les Collettes.

Famille CV. — ÉQUISÉTACÉES.

Plantes à tige souterraine vivace ; tiges sans feuilles véritables, striées, articulées, engaînées aux articulations par des anneaux dentés ; tiges simples ou munies de rameaux verticillés ; fructifications terminant la tige ou les rameaux, en épis ovales cylindracés, épais. Les sporanges se trouvent à la base de petits corps en forme de clous (p. 458, fig. 1) ; spores très nombreux, libres, munis de 4 appendices filiformes, s'enroulant ou se déroulant autour du spore, suivant l'état sec ou humide de l'atmosphère.

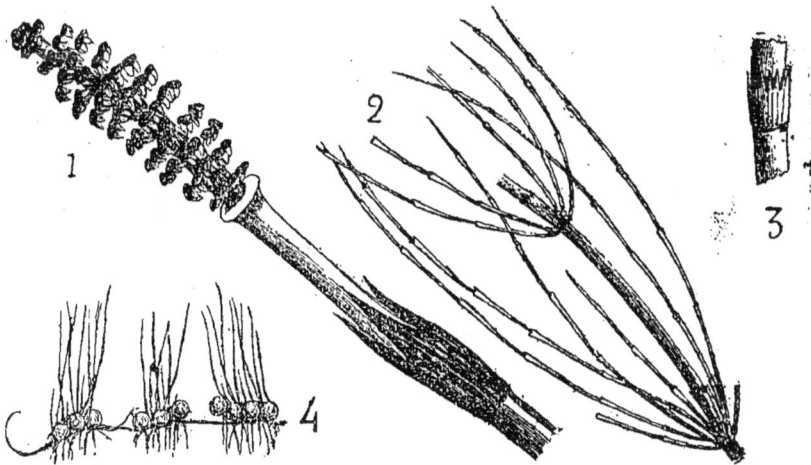

1 et 2. Tige fertile et stérile d'Equisetum arvense. — 3. Gaîne d'Eq. limosum. — 4. Pilularia globulifera.

EQUISETUM. *L.* (Prêle.) Caractères de la famille. Vulg. : Queues de Cheval, de Renard.

a. — Tiges de 2 sortes, l'une stérile, tardive, verte, rameuse, l'autre précoce, fertile, colorée et sans rameaux.

(1) E. ARVENSE. *L.* (P. des Champs.) Tige fertile de 1-3 déc., nue, à gaînes lâches, profondément divisées en 8 dents brunes, acuminées, très aiguës; épi cylindro-conique (p. 465, fig. 1); tiges stériles, de 2-5 déc., *grêles,* d'un vert pâle, profondément *sillonnées* à rameaux *tétragones sillonnés* (p. 465, fig. 2); gaînes de la tige à 8-10 dents, *des rameaux à 3-4;* épi ovoïde. Mars, avril. Viv. Champs sablonneux. C.

Elle offre plus rarement une forme très rameuse dès la base. — Besson.

(2) E. TELMATEYA. *Ehr. Bor. G. G. E. Maximum. Lam.; E. Eburneum Roth; E. Fluviatile. Sm. non L.* (P. des Marécages.) Tige fertile, grosse comme le doigt, *d'un blanc d'ivoire,* à gaînes lâches, grandes, dents *nombreuses 20-30, longuement acuminées sétacées;* tige stérile au moins aussi *grosse,* blanchâtre, de 6-10 déc. à verticilles très nombreux; rameaux grêles, très longs; épi oblong cylindro-conique. Mars, avril. Viv. Lieux fangeux. Peu C. — Bords de l'Allier, Bressolles, Châtel-de-Neuvre, Chemilly, Besson, Monétay-sur-Allier, Saint-Germain-des-Fossés, Sussat, Veauce, Naves, Bellenaves, Bayet, Charroux, Fourilles, Tronçais.

b. — Tiges de 2 sortes, naissant en même temps, finissant par se ressembler.

(3) E. SYLVATICUM. *L.* (P. des Bois.) Tige fertile, nue ou souvent un peu rameuse au sommet, devenant semblable en se dévelop-

pant à la tige stérile; épi ovoïde *un peu aigu;* tige à gaines longues, lâches, *vertes à la base* et portant 15 à 20 côtes et dents que termine un *appendice brunâtre,* presque aussi long que la partie verte, offrant lui-même 3-5 dents qui se subdivisent quelquefois; rameaux *ramifiés subdécomposés,* arqués pendants, dont les gaines et les extrémités se terminent par des appendices filiformes. Mai, juin. Viv. R. R. — Région de 1,400 mètres: Laprugne, grande tourbière près les gardes de l'Assise (Bletterie); Saint-Nicolas-des-Biefs (Renoux).

c. — Tiges toutes semblables et fertiles.

(4) E. Palustre. *L.* (P. des Marais.) Tige de 2-6 déc., droite, grêle, anguleuse, *profondément sillonnée,* rameuse dans sa partie supér.; gaines lâches, *à 8-12 dents noirâtres,* scarieuses aux bords; rameaux grêles, allongés, *à 6-8 sillons profonds* et à gaines munies *de 6-8 dents;* épi *obtus,* oblong, terminal. Mai, juin. Viv. Bords des eaux. C.

Je l'ai trouvé à tige rameuse dès la base; à tige complètement stérile, ce qui le fait ressembler à l'*E. Arvense,* mais on les distinguera toujours par leurs rameaux. — Besson.

(5) E. Limosum. *L.* (P. des Bourbiers.) Tige *de 6-10 déc.,* droite, *de la grosseur d'un crayon* (p. 465, fig. 3), *lisse, souvent simple* par l'avortement des rameaux; gaines *verdâtres, appliquées,* à environ 20 dents courtes, *noires;* rameaux *lisses;* épi gros, ovoïde, *obtus.* Mai, juin. Viv. Fossés, étangs. — Trevol, Yzeure, Toulon, Saint-Voir, Louroux, Bourbon, Deux-Chaises, Moulins, Chevagnes, Chézy, Rocles, Chemilly, Gannat, Pierrefitte, Lurcy, Chamblet, Montluçon, etc.

(6) E. Hyemale. *L.* (P. d'Hiver.) Tige de 6-10 déc., *persistant* pendant l'hiver, souvent simple, droite, très *rude* ainsi que les rameaux, munie de 15-20 côtes; gaine *appliquée, noirâtre à la base et au sommet,* à dents *obtuses* par la caducité de la pointe; gaine supér. à dents allongées; épi court, serré, ovoïde, *aigu.* Mars, avril. Viv. Bois humides. R. — Bords du Sichon, à Busset (Saul); Chantelle, Chirat, Fleuriel, Cosset (B. et C. B.). Forêt de Tronçais, ruisseau de l'étang de Bellevue (A. P.).

(7) E. Ramosum. *Schleich. B. C. Bor. G. G. E. Ramosinimum. Desf. E. Campanulatum. Poir. E. Elongatum et Pannonicum. Wild. E. Multiforme. Vaucher.* (P. Rameuse.) Racine longue, noire, à articulations tuberculeuses, tige ordin. *très rameuse dès la base, rude,* raide, grêle, sillonnée, *d'un vert grisâtre,* à 8-15 côtes rudes; gaines *non tachées, subdilatées, à dents terminées par une soie blanchâtre;* épi court, ovoïde, *aigu.* Juin, sept. Viv. Lieux sablonneux. — Me semble commun sur les sables des bords de l'Allier et de la Loire; Nulle ailleurs.

(8) E. Variegatum. *Schleich. Bor. G. G.* (P. Panachée.) Racine noire profonde; tige dressée, *simple* à la base, ou peu rameuse d'un *vert grisâtre,* à 8-15 côtes, rude; gaines infér. *noires,* les suivantes tâchées de noirâtre à la base seulement, à dents lancéolées, *munies de 3 sillons* qui se continuent sur la côte correspondante,

quelquefois noirâtres à la base, terminées par un appendice blanchâtre subulé. Juin, sept. Viv. Lieux sablonneux. R. — Alluvions
de la Loire et de l'Allier (Bor.). — Je l'ai récoltée à Diou et Pierrefitte, mais je ne crois pas qu'on l'ait observée sur les sables de
l'Allier. On la confond d'ailleurs facilement avec des formes de la
précédente.

Famille CVI. — MARSILÉACÉES.

Plantes aquatiques vivaces. L'appareil de reproduction se compose d'un involucre capsulaire, globuleux, renfermant : 1° des
spores qui, convenablement placés, germent et commencent leur
développement ; 2° des antheridies, corpuscules vésiculeux, renfermant dans une substance gélatineuse, des anthérozoïdes en
forme de petits filaments, roulés en spirale, exécutant des mouve-
ments particuliers au moyen de cils vibratiles ; ces anthérozoïdes
ne se développent qu'après la dissémination des spores.

Les feuilles des Marsiléacées, roulées en crosse dans leur
jeunesse, sont annuelles, mais le rhizôme est vivace.

| Plantes à feuilles filiformes (p. 465, fig. 4) . . . . PILULARIA. |
| Plante à 4 feuilles en croix. . . . . MARSILEA. |

PILULARIA. *L.* (Pilulaire.) Fructifications solitaires, globuleuses, sessiles à la base des feuilles, et quadriloculaires ; feuilles
simples, filiformes (p. 465, fig. 4.)

P. GLOBULIFERA. *L.* (P. à Globules.) Tige filiforme, rampante,
radicante ; feuilles filiformes subulées, formant des touffes vertes
gazonnantes. Juin, sept. Viv. Lieux inondés. A. R. — Lurcy-Lévy,
étang des Claviers ; étang des Marlots, derrière Larronde, Yzeure ;
étangs de Labrosse et de Fontbouillant, près Montluçon ; Saint-
Aubin, Montbeugny ; Toulon, à Bord ; Chavenon, étang du Clou ;
Tronget, Chamblet, Bizeneuille, Cosne, Audes, etc. Toury-sur-
Jour, Dornes, Nièvre ; Montaigut, Puy-de-Dôme, sur nos limites.

MARSILEA. *L.* (Marsilée.) Fructifications ovoïdes, solitaires ou
par 2-3, placées à la base des feuilles, qui sont à 4 folioles.

M. QUADRIFOLIA. *L.* (M. à 4 feuilles.) Tige radicante ; feuilles
pétiolées à 4 folioles opposées en croix, obovales cunéiformes très
entières, arrondies, glabres ; fruits pédicellés. Juillet, oct. Viv.
Boires. étangs. R.—Lurcy (Cr.) ; Pierrefitte (L. A.) ; Chazeuil (B.) ;
Marcenat, Créchy (A. M.).

Famille CVII. — LYCOPODIACÉES.

Les Lycopodiacées, quoique ressemblant aux mousses par le
port, en diffèrent beaucoup par leur texture cellulo-vasculaire ;
leur épiderme est pourvu de stomates.

L'appareil de la fructification est sessile, il se compose de sporanges remplis de tissu cellulaire, qui se transforme en cellules et granules souvent de deux sortes : les unes ovoïdes à l'aisselle des feuilles émettant une poussière jaunâtre (poudre de Lycopode des pharmaciens), dans les corpuscules de laquelle on trouve des filaments que l'on considère comme des anthérozoïdes ; les autres, sporanges, plus gros, situés au-dessous des premiers, renfermant des spores pouvant germer ; dans quelques espèces les sporanges forment des épis placés à l'aisselle des feuilles. — Plantes herbacées ou sous ligneuses, rampantes ou un peu redressées, à feuilles simples, sessiles, imbriquées, à peu près linéaires, disposées en spirales.

LYCOPODIUM. *L.* (Lycopode.) Sporanges tous semblables, globuleux ou réniformes à 2 valves.

1 { Feuilles terminées par un long poil . . . . *L. clavatum.* (3)
  { Feuilles non terminées par un long poil 2

2 { Tiges rampantes. . . . . *L. inundatum.* (2)
  { Tiges non rampantes redressées . . . . *L. Selago.* (1)

(1) L. Selago. *L.* (L. Sélagine.) Tige d'environ 1 déc., couchée puis redressée, divisée *à la base en rameaux nombreux dressés, à peu près égaux ;* feuilles ascendantes, imbriquées, épaisses, raides, *d'un vert sombre,* linéaires *lancéolées* (1/2 mill. de large) acuminées, *mutiques,* entières ; sporanges disposés *à l'aisselle des feuilles.* Juin, sept. Viv. Bois montagneux. R. R. — Laprugne, ravin de la Burnolle (Bletterie) à environ 1,000 mètres d'altitude.

(2) L. Inundatum. *L.* (L. Inondé.) Tige de 1 déc. au plus, *rampante, radicante,* feuillée, rameuse ; rameaux fertiles seuls dressés, feuillés, terminés par un épi simple *renflé* en massue, dont les bractées sont semblables aux feuilles ; feuilles éparses, *subétalées,* imbriquées, *linéaires,* aiguës, *entières, mutiques.* Juillet, oct. Viv. Marais tourbeux, souvent en montagne. R. — Thiel (Bor. marais aujourd'hui desséchés ?); Laprugne, aux Palliers (L. A.).

(3) L. Clavatum. *L.* (L. à Massues.) Tige de 2-8 déc. couchée, rampante, très rameuse, *radicante,* toute feuillée ; feuilles molles, *minces, d'un vert clair,* linéaires, terminées *par un long poil* blanc de 2 mill.; rameaux fertiles dressés ; fructifications *en épis* souvent *géminés, longuement pédonculés,* pédoncule à feuilles plus petites que celles de la tige et *apprimées ;* épi cylindracé, jaunâtre, d'environ 3 cent., à bractées subétalées, *lancéolées fimbriées.* Juillet, oct. Viv. Bois et rochers montagneux. R. R. — Laprugne, aux Palliers (J. B.); Nades, bois du Parc (Dujon.)

ERRATA.

Page 6, accolade 4, lire 8 au lieu de 10.

Page 37, ligne 5, lire dans la parenthèse : T. Ibéride.

Page 41, en haut, lire : CISTINÉES, au lieu de GISTINÉES.

Page 186, rétablir ainsi le genre *Momordica :*

MOMORDICA. *L.* (Momordique.) Fleurs monoïques ; calice à 5 divisions lancéolées ; corolle à 5 divisions ; étamines soudées par les anthères en trois faisceaux ; style trifide ; fruit élastique à maturité, lançant, par la base, ses graines mêlées à un suc âcre.

MOMORDICA ELATERIUM. *L. Ecballium Elaterium. Rich.* (M. Elastique.) Vulg. etc.

Page 297, dans la remarque qui termine la famille, après fleurs bleues, ajouter : le *Bignonia Catalpa,* vulg. Catalpa, etc.

Page 352, accolade 1, Salicinées, lire page 354, au lieu de 361.

———

Je prie instamment les personnes qui trouveraient d'autres erreurs, surtout dans les dichotomies, de m'en faire part.

A. M.

VOCABULAIRE

A

ACAULE, adj., qui est ou paraît dépourvu de tige.

ACCRESCENT, adj., se dit d'un organe qui continue à s'accroître au-delà du terme ordinaire. Ex. : le calice du Physalis, du Rosa.

ACÉRÉ, adj., terminé en pointe aiguë.

ACICULAIRE, adj., semblable à une aiguille. Ex. : le Scirpe aciculaire, les feuilles du Pin.

ACICULE, s. f., petite pointe fine comme une aiguille.

ACOTYLÉDONÉ, adj., dépourvu de cotylédon; s. f. Embranchement de plantes, syn. cryptogames.

ACULÉOLE, s. m., très petit aiguillon.

ACUMINÉ, adj., terminé en pointe effilée.

ADHÉRENT, adj., qui adhère aux corps voisins; se dit de l'ovaire quand il est placé au-dessous de la fleur. Ex. : les Rubiacées, Ombellifères, Caprifoliacées, etc., etc.

ADVENTIF, IVE, adj., se dit d'une chose qui vient là où elle n'a pas coutume de venir. Ex. : racine adventive, bourgeon adventif.

AGGLOMÉRÉ, adj., ramassé en groupe.

AGGLUTINÉ, adj., réuni par une matière visqueuse.

AGRÉGÉ, adj., réuni en groupe. Ex. : fleurs des Filago, Gnaphalium.

AIGRETTE, s. f., appendice poilu ou membraneux qui surmonte le fruit de la plupart des composées; l'aigrette semble remplacer le calice particulier.

AIGU, adj., terminé en pointe.

AIGUILLON, s. m., production dure naissant de l'épiderme. Ex. : Ronce, Rosier.

AILE, s. f., rebord membraneux qui accompagne certaines parties. Ex. : tige du Genista sagittalis, fruit de l'Ormeau, etc. Pétales latéraux des Papilionacées.

AILÉ, adj., pourvu d'une aile. Se dit encore de certaines feuilles composées comme celles de l'Acacia, du Rosier, etc.

AISSELLE, s. f., angle formé par une partie insérée sur une autre. Ex. : aisselles des feuilles, des rameaux.

AKÈNE, s. m., fruit sec, indéhiscent, tel que celui des Ranunculus, des Borraginées, Labiées, etc.

ALTERNE, adj., se dit des feuilles qui ne sont pas opposées. Ex. : feuilles du Poirier. Dans les feuilles composées (Acacia, Rosier) les feuilles peuvent être alternes et les folioles opposées. Se dit des étamines dont les points d'insertion alternent avec ceux des pétales, ou des pétales par rapport aux sépales.

ALVÉOLES, s. m., petits trous disposés comme ceux des ruches d'abeille.

ALVÉOLÉ, adj., muni d'alvéoles.

AMANDE, s. f. V. Graine.

AMENTACÉES, s. f., famille de plantes dont les fleurs sont disposées en chatons.

AMPLEXICAULE, adj., se dit d'une feuille dont la base élargie embrasse la tige.

ANASTOMOSÉ, adj., se dit de vaisseaux, de fibres qui se réunissent et forment réseau.

ANCIPITÉ, adj., comme à deux tranchants.

ANDROGYNE, adj., se dit d'une partie qui porte des fleurs mâles et des fleurs femelles.

ANNUEL, adj., qui ne vit qu'un an, ou plutôt qui ne fructifie qu'une fois.

ANOMAL, adj., irrégulier.

ANTHÈRE, s. m., espèce de petit sac placé à l'extrémité du filet de l'étamine, et qui renferme le pollen ou poussière fécondante. V. Etamines.

ANTHÈSE, s. f., état de la fleur dans son complet développement.

ANTHODE, s. m., sorte d'inflorescence où un grand nombre de fleurs sont réunies dans un calice commun. Ex. : Composées.

APÉTALE, adj., se dit des fleurs qui n'ont pas de pétales.

APHYLLE, adj., dépourvu de feuilles. Ex. : tige des Orobanches.

APICULÉ, adj., terminé en petite pointe, mais non épineuse.

APPENDICE, s. m., partie accessoire. Ex. : étamines de la Bourrache, les écailles de la corolle de quelques Borraginées.

APPRIMÉ, adj., se dit d'une chose appliquée contre celle qui la porte.

Aranéeux, adj., semblable aux fils d'une araignée. Ex. : anthode du Cirsium Ériophorum.

Arborescent, adj., qui tend à se rapprocher de la forme des arbres.

Arbre,

Arbrisseau, } V. Tige.

Arbuste,

Arête, s. f., prolongement filiforme qui termine certaine partie. Ex. : glumes et glumelles des Graminées.

Aristé, adj., muni d'une arête.

Arqué, adj., courbé en arc.

Article, s. m., partie comprise entre deux articulations.

Articulation, s. f., jointure, point de réunion.

Articulé, adj., se dit d'une chose composée de parties qui se détachent assez facilement à leur point de jonction. Ex. : la tige des Caryophyllées, OEillets, etc.

Ascendant, adj., qui se relève après avoir suivi d'abord une direction horizontale.

Atténué, adj., qui va en diminuant.

Aubier, s. m. V. Tige.

Auricule, s. f., petite oreillette.

Auriculé, adj., pourvu de petites oreillettes.

Axe, s. m., ligne qui passe par le centre. Partie principale des pédoncules, des petits rameaux. Pédoncule central de l'épi.

Axillaire, adj., placé à l'angle d'insertion des feuilles ou des rameaux.

B

Bacciforme, adj., semblable à une baie.

Baie, s. f., fruit simple, mou, charnu, indéhiscent, à graines éparses dans la pulpe qui le remplit. Ex. : Groseille, Raisin, Douce-Amère, etc.

Bandelettes, s. f. V. l'article en tête de la famille des Ombellifères.

Barbu, adj., couvert de poils.

Base, s. f., partie inférieure d'un organe.

Bi, placé devant un mot, rappelle l'idée de deux. Ex. : bilobé, qui offre deux lobes; bipinné, deux fois ailé.

Bidenté, adj., à deux dents.

Biflore, adj., qui porte deux fleurs.

Bilabié, adj., offrant deux lèvres comparables à celles d'un animal.

Bilobé, adj., partagé en deux portions semblables.

Biloculaire, adj. à deux loges.

Bipartit, adj., fendu jusqu'à la base en deux divisions profondes.

Bipinnatifide, adj., se dit de la feuille profondément divisée en parties qui sont elles-mêmes profondément divisées.

Bisannuel, adj., qui vit deux ans. Les plantes bisannuelles ne donnent la première année que des feuilles, elles fleurissent la seconde.

Bivalve, adj., à deux valves.

Bractée, s. f. On nomme ainsi les organes, ordinairement foliacés, qui accompagnent la fleur; à mesure que l'on approche de la fleur, les feuilles se modifient insensiblement, deviennent généralement plus simples (feuilles florales), celles-ci continuent à se modifier et finissent par devenir les bractées.

Bractéole, s. f., diminutif de bractée.

Bractéolé, adj., muni de petites bractées.

Bulbe, s. m. ou f. On appelle ainsi un bourgeon ordinairement souterrain, que l'on confond souvent à tort avec les racines; en le fendant en deux, on trouve toujours en son milieu le rudiment d'une tige ou rameau florifère qui se garnit de feuilles et de fleurs. Le bulbe est plein, ex. : l'Ail, ou écailleux, le Lis; ou formé de tuniques ou enveloppes concentriques; l'Ognon. Autour du bulbe se développent souvent de petits bulbes, appelés cayeux, par lesquels se multiplient les plantes, comme l'Ornithogalum Umbellatum, la Tulipe de nos jardins.

Bulbeux, adj., muni d'un bulbe.

Bulbille, s. m., petits bourgeons aériens comparables à des bulbes et qui peuvent reproduire la plante; ainsi, le sertule de quelques Ails porte des bulbilles mêlées aux fleurs. On donne quelquefois, par extension, le nom de bulbille aux renflements de quelques racines, comme dans le Saxifraga Granulata.

Bulbifère, adj., qui porte des bulbes ou des bulbilles.

C

Caduc, adj., qui tombe prématurément. Ex. : le calice des Papavéracées.

Calice, s. m., enveloppe extérieure de la fleur complète. V. Fleur.

Calicinal, adj. du calice, qui appartient au calice.

Caliçoïde, adj., de la nature du calice, c'est-à-dire herbacé, par opposition à pétaloïde.

Calicule, s. m., diminutif du calice. Se dit du second calice, le plus extérieur dans les plantes qui, comme les Mauves, en ont deux.

Caliculé, adj., muni d'un calicule.

Campanulé, adj., se dit du calice ou de la corolle, dilaté en forme de cloche.

Canaliculé, adj., se dit d'un organe creusé comme d'un sillon.

Cannelé, adj., qui offre des côtes et des sillons alternatifs.

CAPILLAIRE, adj., fin comme des cheveux.

CAPITÉ, adj., renflé en tête.

CAPITULE, s. m., forme d'inflorescence de la famille des Composées. V. Composées. Ex. : la Marguerite des Prés, les Chardons, le Pissenlit.

CAPSULAIRE, adj., de la nature de la capsule.

CAPSULE, s. f. Fruit sec déhiscent, provenant de plusieurs carpelles soudés ensemble. La capsule est de forme très variable, tantôt arrondie comme dans le Pavot, allongée comme dans la Chélidoine, offrant des cloisons comme les Pavots ou n'en offrant pas, s'ouvrant par des trous comme le Pavot, les Mufliers, les Linaires, ou se divisant longitudinalement plus ou moins profondément, comme dans les Caryophyllées, s'ouvrant circulairement comme une boîte à savonnette. Ex. : le Mouron rouge.

CARÈNE, s. f., partie saillante comme la carène d'un vaisseau. Nom de la partie inférieure de la corolle des Papilionacées, formée par la soudure de deux pétales.

CARÉNÉ, adj., offrant une ligne saillante comme une carène.

CARPELLE, s. m., ovaire simple, qui produit par son développement un fruit simple, quelle que soit sa forme. Ainsi, l'Ancolie a pour fruits plusieurs carpelles déhiscents ; les Ranunculus, plusieurs carpelles indéhiscents.

CARYOPSE, s. f., fruit sec dont le péricarpe adhère à l'amande. C'est le fruit des Graminées.

CASQUE, s. m., partie supérieure de quelques fleurs qui affectent cette forme. Ex. : Orchidées.

CAULINAIRE, adj., qui naît de la tige, qui appartient à la tige.

CELLULAIRE, adj., se dit des parties composées exclusivement de cellulés.

CELLULE, s. f., petite cavité.

CHAGRINÉ, adj., se dit d'une surface rugueuse, couverte de granulations dures comparables à du chagrin.

CHARNU, adj., se dit d'un objet dont la substance est molle, succulente.

CHATON, s. m., forme de l'inflorescence des Amentacées. sorte d'épi articulé à sa base, de formes diverses, cylindrique, globuleux, etc., formé par la réunion de fleurs unisexuelles, sessiles ou seulement pédicellées, placées à l'aisselle de petites bractées ou poils, faisant fonction de périanthe.

CHEVELU, adj., se dit de filaments fins comme des cheveux. Pris substantivement, il désigne les extrémités des racines. V. Racines.

CHLOROPHYLLE, s. f., substance granuleuse, qui donne la couleur aux parties vertes des plantes, elle ne se produit que sous l'influence de la lumière.

Cils, s. m., poils un peu raides, placés sur le bord d'un organe, comme les cils de l'homme au bord des paupières.

Cilié, adj., pourvu de cils.

Cloison, s. f., membrane qui divise un fruit en compartiments.

Collet, s. m., partie située entre la tige et la racine.

Coloré, adj., qui offre une autre couleur que le vert.

Complet, adj., se dit d'un organe qui possède tout ce qu'il doit avoir normalement. Ex. : la fleur complète est celle qui a calice, corolle, étamine, pistil.

Composées, s. f., famille de plantes, formant la classe appelée Syngénésie, par Linnée. Leur inflorescence est formée par la réunion d'un grand nombre de fleurs dans un calice commun appelé involucre et formé d'écailles. Ces fleurs sont insérées sur une surface plane, bombée, conique ou allongée, appelée réceptacle et que l'on peut considérer comme un axe extrêmement raccourci, portant des fleurs sessiles ; ces fleurs sont monopétales, régulières ou peu irrégulières comme dans les chardons, à 5 divisions (on les appelle dans ce cas *fleurons*), ou irrégulières comme provenant d'un tube cylindrique fendu suivant leur longueur, elles prennent alors le nom de *ligules* ou *demi-fleurons*, elles sont déjetées par côté, denticulées au sommet ; on trouve ce type dans le Pissenlit. Quelque soit la forme de la corolle, elle est insérée au-dessus de l'ovaire, les poils dont elle est souvent entourée à sa base simulent un calice, les étamines sont au nombre de 5, à filets plus ou moins libres, au moins dans leur partie supérieure, et à anthères soudées en tube au milieu duquel passe le style qui est bifide. Il arrive parfois que quelques fleurs, surtout celles du bord, soient stériles ou unisexuées, mâles, ou femelles. Cette famille, peut-être la plus considérable du règne végétal, contient la dixième partie des plantes phanérogames.

Comprimé, adj., aplati de deux côtés.

Cône, s. m., fruit formé par l'assemblage de fleurs placées à l'aisselle d'écailles souvent ligneuses et soudées avant la maturité. Ex.: Pin, Houblon.

Confluent, adj., se dit de choses qui tendent à se rapprocher.

Conique, adj., en forme de cornet ou de pain de sucre.

Conné, adj., se dit des feuilles opposées et soudées par leur base. Ex.: Chèvrefeuille des jardins.

Connivent, adj., rapproché au sommet sans être soudé. Ex.: anthères des Solanum.

Contigu, adj., qui se touche sans adhérence.

Contracté, adj., resserré.

Convergent, adj., qui se rapproche en faisant un arc ; opposé de divergent.

Convexe, adj., bombé ; opposé de concave.

COQUE, s. f., partie fermée d'un fruit qui se sépare en plusieurs parties à maturité. Le fruit des Euphorbiacées est formé de 3 coques.

CORDIFORME, adj., qui se rapproche de la forme d'un cœur de cartes à jouer.

CORNÉ, adj., qui a la consistance et l'aspect de la corne.

COROLLE, s. f., seconde enveloppe de la fleur, ordinairement coloré. V. Fleur.

CORTICAL, adj., qui appartient à l'écorce.

CORYMBE, s. m., sorte d'inflorescence dont le Millefeuille et la Jacobée nous offrent un exemple ; elle est formée par des pédoncules axillaires ou principaux, plus ou moins rameux, partant de points différents, dont les fleurs arrivent à peu près à la même hauteur. Ne pas le confondre avec l'ombelle auquel il ressemble parfois.

CORYMBIFORME, adj., en forme de corymbe.

CÔTE, s. f., ligne saillante d'un organe. Quelquefois nervure médiane d'une feuille, quand cette nervure est très développée.

COTONNEUX, adj., couvert de duvet ressemblant à du coton.

COTYLÉDON, s. m. V. Graine.

COUCHÉ, adj., se dit de la tige ou de rameaux étendus par terre, sans pour cela s'enraciner aux nœuds, alors la tige serait radicante.

COURONNE, s. f., appendice dont le nom rappelle la forme Ex.: fleurs des Narcisses.

CRÉNELÉ, adj., bordé de dents arrondies dont l'axe est perpendiculaire au bord de l'objet qui est crénelé.

CRÉPU, adj., se dit des feuilles dont la surface est irrégulièrement plissée. Ex.: la Mauve crépue, la Menthe à feuilles rondes.

CRISPÉ, adj., synonyme de crépu.

CRUCIFORME, adj., se dit de la corolle formée de 4 pétales à onglet et opposés.

CRYPTOGAME, adj., et subst., plante dont les fleurs fructifient sans étamines et pistils visibles. V. l'article placé en tête des Acotylédonées.

CUNÉIFORME, adj., en forme de V ou coin à fendre le bois.

CUPULE, s. f., nom que prend l'enveloppe formée de bractées écailleuses soudées, qui entoure certains fruits à leur base. Ex.: le gland du chêne.

CUSPIDÉ, adj., terminé en pointe aiguë, dure.

CYATHIFORME, adj., en forme de coupe.

CYME, s. f., mode d'inflorescence définie, dans laquelle des pédoncules partant d'un même point, portent des pédicelles qui arrivent à peu près à la même hauteur. Ex.: sureau, petite centaurée.

D

Débile, adj., faible.

Décliné, adj., penché à sa fin inférieurement.

Décombant, adj., se dit surtout de la tige qui, après s'être élevée, retombe comme si elle n'avait pas la force de se soutenir.

Décomposée, adj., se dit de la feuille dont les nervures au lieu d'avoir été réunies par le parenchyme pour former un limbe, se sont transformées en pétioles, portant eux-mêmes des folioles qui sont encore plus ou moins découpées. Si ces folioles sont découpées jusqu'à leur nervure principale, la feuille est dite sur ou supracomposée.

Décurrent, adj., se dit d'un organe dont une partie étalée se prolonge sur son support. Feuille décurrente, c'est-à-dire feuille sessile dont le limbe se prolonge sur la tige.

Défini, adj., se dit des étamines dont le nombre est fixe ou au moins limité. On dit les étamines définies, tant que leur nombre ne dépasse pas 10. Ex.: Œillet, Bourrache, Campanule. Dans un petit nombre de plantes, comme le Mouron des oiseaux, le nombre des étamines est normalement de 10, il devient moindre par avortement; on dit encore cependant, comme il ne peut dépasser 10, qu'elles sont définies.

Déhiscent, adj., se dit du fruit qui s'ouvre naturellement à maturité par des valves sans déchirure. Ex.: silique, gousse, capsule, etc.

Déjeté, adj., renversé en arrière.

Deltoïde, adj., qui a la forme du delta grec, c'est-à-dire d'un triangle à deux côtés égaux, formant un angle aigu.

Demi-fleuron, s. m. V. l'article Composées.

Denté, adj., bordé de dents aiguës.

Denticulé, adj., bordé de petites dents.

Déprimé, adj., se dit d'un objet aplati et un peu concave vers son milieu.

Diadelphe, adj., se dit des étamines soudées par leurs filets en deux groupes; ainsi, dans le pois ordinaire, elles sont en deux groupes, l'un contenant 9 étamines, l'autre une seule.

Dichotome, adj., se dit de la tige quand elle se divise en bifurcations qui, elles-mêmes, bifurquent de nouveau. Ex.: petite Centaurée, un grand nombre de Caryophllées, Gypsophylla, Silene, Arenaria, etc.

Dicotylédonée, adj., et subst., qui a deux cotylédons. V. Graine.

Didyname, adj., se dit des étamines, quand il y en a 4 dont 2 plus grandes. Ex.: la plupart des Labiées et des Scrophulariées.

Diffus, adj., se dit d'une plante rameuse dont les rameaux sont épars, étalés sans ordre.

Digité, adj., se dit de parties qui, insérées au même point, divergent ensuite comme les doigts de la main. Ex.: les feuilles du Lupin, du Marronier, les épis des Digitaria, Cynodon, Andropogon.

DIGYNE, adj., qui a deux pistils.

DIOÏQUE, adj., se dit d'une plante dont les fleurs mâles ou à étamines se trouvent sur un pied et les fleurs femelles ou fructifères se trouvent sur un autre. Ex.: le Chanvre, le Saule, etc.

DISCOÏDE, adj., en forme de disque.

DISQUE, s. m., petit plateau orbiculaire qui termine une partie. Partie centrale du capitule. Ex.: la partie jaune dans les Marguerites des prés.

DISTANT, adj., écarté.

DISTIQUE, adj., se dit de plusieurs organes semblables, comme les feuilles, par exemple, ou des écailles qui sont fixés alternativement de 2 côtés opposés.

DIVARIQUÉ, adj., qui s'écarte à peu près à angle droit.

DIVERGENT, adj., très écarté du point d'attache.

DORSAL, adj., placé sur le dos.

DOUBLE, adj., se dit d'un objet qui est double. Fleurs doubles, c'est-à-dire, dont tout ou partie des étamines se sont transformées en pétales.

DRAPÉ, adj., offrant l'apparence du drap.

DRUPE, s. f., fruit charnu, renfermant un noyau. Ex.: Prune, Cerise, etc.

DRUPACÉ, adj., de la nature de la Drupe.

E

ÉCAILLE, s. f., mot employé pour désigner des objets bien différents, mais toujours minces, aplatis, membraneux, placés ou fixés sur diverses parties des plantes. Ex.: écailles qui se trouvent sur la corolle de quelques Borraginées, les écailles qui se trouvent à la base des étamines dans les chatons et qui remplacent le périanthe, ect. On donne encore ce nom aux bractées foliacées, calicinales qui forment l'involucre des composées.

ÉCAILLEUX, adj., garni d'écailles.

ÉCORCE, s. f., partie externe et distincte de la tige des Dicotylédonées. V. Tige.

ÉCHANCRÉ, adj., qui offre une partie rentrante de forme courbe.

ELLIPSOÏDE, adj., se rapprochant de la forme de l'ellipse.

ELLIPTIQUE, adj., qui a la forme d'une ellipse, à contour allongé, arrondi aux deux bouts et égal.

ÉMARGINÉ, adj., synonyme d'échancré.

EMBRYON, s. m., V. Graine.

ÉMERGÉ, adj., qui s'élève au-dessus de l'eau, opposé de immergé.

ENGAINANT, adj., disposé en gaîne ou fourreau. Ex. : stipules des Polygonum.

ENGAINÉ, adj., entouré par une gaîne.

ENSIFORME, adj., en forme de lame d'épée.

ENTIER, adj., sans aucune division. Ex. : feuille de Lilas.

EPARS, adj., disposé sans ordre.

EPERON, s. m., partie de la fleur prolongée et fermée. Ex. : fleur des Delphinium, des Orchis, des Linaires.

EPI, s. m., inflorescences à fleurs sessiles ou à peu près, placées tout autour d'un axe allongé comme dans un grand nombre de Graminées, les Plantains, etc.

EPIGÉ, adj., se dit d'une chose placée au-dessus du sol; opposé de de souterrain ou hypogé.

EPIGYNE, adj., se dit de la corolle, des étamines, insérées, placées au-dessus de l'ovaire, qui alors forme un renflement au-dessous. Ex. : Rubiacées, Ombellifères, Amaryllidées, Orchidées, etc., etc.

EPILLET, s. m., petit épi; on nomme ainsi l'assemblage des fleurs des Graminées, entourées à la base par une même glume. L'épillet peut ne contenir qu'une fleur.

EPINE, s. f., production dure, naissant des tissus profonds et qui provient d'un rameau transformé. Ex. : Groseiller, ou d'une stipule modifiée : Acacia.

ETALÉ, adj., se dit d'une chose formant un angle droit avec celle qui la porte. Ex. : la tige avec la racine, les rameaux avec la tige, les feuilles avec les rameaux.

ETAMINE, s. f., on nomme ainsi de petits organes placés dans les fleurs. Les étamines sont formées de deux parties : le filet, petite colonne de formes diverses, qui porte l'anthère. Le filet souvent cylindrique peut être aplati en lame comme dans l'Ornithogale, pétaloïde comme dans le Nénuphar ; le filet manque quelquefois comme dans le Gui, certaines Borraginées, et l'anthère est dite sessile. L'anthère est la partie essentielle de l'étamine, c'est une sorte de petite boîte ou capsule qui s'ouvre à maturité pour laisser échapper le Pollen ou poussière fécondante.

Les étamines offrent des combinaisons très variées, si on les considère au point de vue du nombre, de la grandeur, de leur mode d'insertion vis-à-vis du pistil, etc., etc. Pour indiquer ces différentes dispositions, je n'aurai qu'à placer sous les yeux du lecteur la classificatton de Linnée qui repose sur ces diverses combinaisons, classification essentiellement artificielle, mais qui a été longtemps suivie par les botanistes à cause de sa simplicité et ensuite parce qu'elle permettait de restreindre la détermination des espèces en amenant le botaniste à n'avoir à choisir qu'entre un beaucoup plus petit nombre. Voici le tableau des classes de Linnée avec leurs caractères :

Monandrie, 1 étamine.
Diandrie, 2 étamines.
Triandrie, 3 étamines.
Tétrandrie, 4 étamines.
Pentandrie, 5 étamines.
Hexandrie, 6 étamines.
Eptandrie, 7 étamines.
Octandrie, 8 étamines.
Ennéandrie, 9 étamines.
Décandrie, 10 étamines.
Dodécandrie, de 12 à 20.
Icosandrie, une vingtaine d'étamines insérées sur le calice, périgynes.
Polyandrie, un nombre indéfini d'étamines hypogynes.
Didynamie, 4 étamines, dont 2 grandes et 2 petites.
Tétradynamie, 6 étamines, dont 4 grandes et 2 petites.

Monadelphie, étamines soudées en un seul groupe par les filets.
Diadelphie, étamines soudées en 2 groupes par les filets.
Polyadelphie, étamines soudées en plus de 2 groupes par les filets.
Syngénésie, étamines soudées par les anthères.
Gynandrie, étamines soudées avec le pistil.
Monœcie, une même plante portant des fleurs mâles et des fleurs femelles.
Diœcie, fleurs mâles et fleurs femelles sur des pieds séparés.
Polygamie, fleurs mâles, fleurs femelles et fleurs hermaphrodites sur un même pied.
Cryptogamie, plantes à fructification cachée (Acotylédonées).

L'anthère est la partie essentielle de l'étamine ; elle est ordinairement biloculaire et offre des couleurs variées. C'est au pollen qu'elle contient qu'est due la fécondation de la graine ; quand les loges de l'anthère s'ouvrent, le pollen tombe sur le stigmate souvent visqueux et y adhère, et là se passe un des phénomènes les plus curieux que les botanistes aient observés et dont la découverte a dû demander bien de la patience. Le pollen est une poussière extrêmement ténue, dont chaque grain paraît au microscope formé d'un liquide (fovilla) renfermé dans une double enveloppe. Tombé sur le stigmate, le grain du pollen se gonfle par l'humidité, l'enveloppe extérieure, peu élastique, se déchire, et l'intérieure, éminemment élastique, se développe en un long tube qui, s'enfonçant à travers la substance du stigmate, traverse le style et pénètre jusqu'à l'ovule pour y apporter le liquide qu'elle renferme. L'ovule fécondé se développe et devient la graine.

Dans le plus grand nombre des plantes, qui sont dites alors hermaphrodites, contenant étamines et pistils, la fécondation des ovules se conçoit tout naturellement ; mais dans les plantes dioïques ou monoïques où les étamines et les pistils se trouvent dans des fleurs séparées et même sur des pieds séparés, il faut cependant que le pollen arrive encore sur le stigmate, alors ce sont les insectes, l'air, le vent, qui servent de véhicule au pollen, et on a pu constater nettement ce transport à des distances considérables ; cinq lieues, par exemple, pour deux pieds d'une plante, seuls de leur espèce en France, l'un mâle, l'autre femelle, l'un à Paris, l'autre à Versailles !

Etendard, s. m., partie supérieure de la corolle des Papilionacées.

Etoilé, adj., en forme d'étoile à divisions aiguës.

Exondé, adj., situé hors de l'eau accidentellement.

Excavé, adj., creusé, comme d'un sillon, un canal.

F

Falciforme, adj., falqué, courbé en faux.

Fasciculé, adj., disposé en faisceau.

FASTIGIÉ, adj., se dit des rameaux rapprochés et dressés.

FEMELLE, adj., fleur femelle : qui n'a que des pistils.

FEUILLE, s. f., les feuilles sont pour le végétal des organes d'exhalation et de respiration. Elles sont composées, dans leur plus grande complication, d'un limbe ou partie élargie, d'un pétiole ou queue qui la fixe au rameau, et de stipules, petits appendices foliacés qui manquent souvent et qui se trouvent à la base du pétiole dans un certain nombre de Papilionacées, les Polygonées, etc. La feuille qui manque de pétiole est dite sessile. Elles offrent des formes extrèmement variées, désignées par des qualificatifs que l'usage apprend ; mais on peut cependant, au point de vue de la forme, les diviser en deux grands groupes, les feuilles simples et les feuilles composées ; dans les premières, le limbe est formé d'une seule pièce, entier ou plus ou moins découpé, et leur forme particulière est déterminée par les nervures, charpente de la feuille et le mode de distribution du parenchyme autour des nervures ; dans les secondes, le parenchyme n'est plus continu, et en se groupant autour des nervures secondaires a formé des folioles ou petites feuilles que l'on pourrait prendre au premier abord pour autant de feuilles distinctes. Ex. : l'Acacia, le Rosier, le Trèfle, le Cerfeuil, etc. Dans ces plantes, cet ensemble foliacé ne forme qu'une seule et même feuille, car les folioles ne tombent pas séparément, mais bien toutes ensemble avec la nervure principale qui les porte et qui semble la continuation du pétiole. Elles sont ordinairement colorées en vert par une substance appelée chlorophylle, et la substance cellulaire interposée entre les nervures a reçu le nom de parenchyme. Leur épiderme offre au microscope de petites ouvertures (stomates), en forme de bouche ou boutonnières, qui sont les orifices de l'exhalation et de la respiration.

Les feuilles laissent échapper de la vapeur d'eau et la sève se concentre. Elles sont aussi des organes de respiration. Pendant le jour, sous l'influence de la lumière, elles absorbent l'acide carbonique de l'air, le décomposent, s'assimilent le carbone et rejettent l'oxygène, c'est la fonction chlorophyllienne ; pendant la nuit ou dans l'obscurité, c'est l'inverse qui a lieu ; mais ces deux effets sont loin de se compenser, la fonction chlorophyllienne l'emporte, et l'effet final de la respiration des plantes est de diminuer la quantité d'acide carbonique de l'air pour le remplacer par une quantité équivalente d'oxygène. Disposition merveilleuse par laquelle se conserve l'équilibre de composition de l'air.

Les feuilles immergées n'ont pas d'épiderme et respirent l'air dissous dans l'eau.

Les feuilles des Monocotylédonées sont toujours simples et entières. Elles ont toutes, à peu d'exception près, les nervures parallèles. Dans les Dicotylédonées, les feuilles ont des formes très variées et les nervures sont ordinairement très ramifiées.

FIBREUX, adj., se dit de la racine formée de filaments simples ou peu rameux.

FILET, s. m., partie de l'étamine qui porte l'anthère.

FILIFORME, adj., grêle et long comme un fil.

FIMBRIÉ, adj., qui a le bord délicatement frangé.

FISTULEUX, adj., creux dans toute sa longueur.

FLEUR, s. f., la fleur est l'ensemble des organes de la reproduction ; elle termine ordinairement les rameaux dont l'existence est ainsi limitée. La fleur complète comprend le calice, la corolle, les étamines et le pistil. Le calice est ordinairement herbacé, c'est l'enveloppe la plus extérieure de la fleur ; il est loin de présenter les mêmes variations de forme que la corolle ; il est formé de feuillets appelés sépales, quelquefois soudés de manière à former un calice monosépale qui peut être d'ailleurs plus ou moins denté, etc., etc. La corolle est la seconde enveloppe de la fleur, ordinairement colorée de ces couleurs si vives que nous admirons dans nos parterres ; elle offre tantôt plusieurs pétales, comme les Ranuncules des prés, tantôt ils sont soudés comme dans la Pervenche, et la corolle dans ce cas est dite monopétale. Elle peut d'ailleurs être régulière ou irrégulière et présenter souvent des formes très bizarres, comme l'Aristoloche ou les Orchidées, etc.

Le calice et la corolle ne sont que des accessoires dans la fleur, ce sont de véritables organes protecteurs et rien de plus ; aussi le calice ou la corolle manquent-ils dans un grand nombre de plantes, quelquefois même les deux ; les seuls organes essentiels sont les étamines et les pistils ; les autres organes peuvent disparaître, ceux-là ne manquent jamais ; toute fleur a toujours des étamines ou un pistil. V. ces mots.

Ces différents organes ne sont au reste que des feuilles modifiées, ils en offrent encore la disposition et les lois d'alternances des verticilles ; ainsi, que le calice ou la corolle soient ou non d'une seule pièce, on reconnaît les divisions dont ils sont formés, ces divisions alternent toujours ; les divisions de la corolle alternent avec celles du calice, les étamines avec les divisions de la corolle et les divisions du pistil avec les étamines. Ceci se voit surtout dans les fleurs ou le nombre des parties est défini.

FLEURON, s. m., nom donné aux fleurs qui composent l'anthode, lorsque leur limbe est régulier ou peu irrégulier. V. Composées.

FLEXUEUX, adj., courbé plusieurs fois en zig-zag.

FLOCONNEUX, adj., couvert de duvet qui s'enlève par flocons.

FLORAL, adj., qui appartient à la fleur ou qui l'avoisine.

FLORIFÈRE, adj., qui porte fleur.

FLOSCULEUX, adj., se dit de l'anthode qui n'offre que des fleurons.

FOLIACÉ, adj., qui ressemble à une feuille, de la nature de la feuille.

FOLIOLE, s. f., division de la feuille composée ; par extension on dit : folioles du calice ou de l'involucre, pour les parties foliacées qui composent ces organes.

Follicule, s. f., fruit formé comme par une feuille enroulée, dont les bords auraient été soudés, et qui, par conséquent, n'offre qu'une suture. Ex.: Ancolie, Pied-d'Alouette, Hellébore, Vince-toxicum.

Fronde, s. f., nom de l'appareil foliacé des Fougères qui porte les fructifications.

Fructifère, adj., qui porte le fruit.

Fruit. s. m. Le fruit est le résultat de l'ovaire développé. Il est formé du péricarpe et de la graine. Dans quelques fruits, le péricarpe est composé de 3 parties bien distinctes : l'épicarpe ou peau du fruit, le mésocarpe et l'endocarpe. Ainsi, dans la pêche, on enlève l'épicarpe, on mange le mésocarpe et on casse l'endocarpe pour manger la graine ; dans la pomme, la poire, etc., on mange le mésocarpe, et l'endocarpe est l'enveloppe cartilagineuse des pépins ; dans l'amande, on rejette l'épicarpe, le mésocarpe, et on casse l'endocarpe, de même pour la noix. Dans les pois et haricots mûrs, on rejette le péricarpe pour ne garder que la graine ; dans l'orange on rejette l'épicarpe et le mésocarpe et on mange une pulpe renfermée dans l'endocarpe ou peau des quartiers de l'orange et dans laquelle se trouvent les graines, etc. Dans beaucoup de fruits, ces 3 parties du péricarpe ne sont pas aussi distinctes.

Les fruits sont encore simples ou composés ; simples quand ils sont formés par le développement d'un ovaire simple, comme la drupe, la gousse, l'akène, etc.; composés, quand ils résultent du développement d'un ovaire formé de plusieurs carpelles simples, soudés ensemble et dont on reconnaît souvent le nombre au nombre des styles ou stigmates ou divisions du stigmate ; Ex.: la silique, la capsule, etc., etc. Enfin, à un autre point de vue, les fruits sont dits déhiscents quand ils s'ouvrent naturellement par des valves, des sutures, et sans déchirure ; Ex.: capsule, silique, gousse, etc., etc.; indéhiscents, dans le cas contraire. Ex.: akène, baie, drupe, etc., etc.

Funicule, s. m., ligament qui fixe la graine sur le placenta.

Fusiforme, adj., en forme de fuseau.

G

Gaine, s. f., partie qui entoure un organe comme un fourreau. Ex.: le pétiole élargi des feuilles des Polygonées, des Graminées, des Carex, etc.

Gazonnant, adj., se dit des plantes à racine fibreuse, qui s'étalent en formant tapis.

Géminé, adj., disposé par paire.

Gemmule, s. f. V. Graine.

Géniculé, adj., plié, coudé en forme de genou. Ex. : la partie inférieure de la tige de quelques Graminées.

Germination, s. f., action de germer.

GIBBEUX, adj., renflé en bosse.

GLABRE, adj., se dit d'un organe dépourvu de tout poil ou duvet.

GLABRESCENT, adj., presque glabre.

GLAND, s. m., fruit sec, indéhiscent, uniloculaire, soudé à la base au calice accrescent, foliacé ou endurci. Ex. : Chêne, Hêtre.

GLANDE, s. f., vésicule qui sécrète un liquide particulier.

GLANDULEUX, adj., muni de glandes. — De la nature des glandes.

GLAUCESCENT, adj., un peu glauque.

GLAUQUE, adj., se dit des plantes ou parties de plantes d'un vert bleuâtre, effet produit par une poussière très fine, cireuse, comme celle qui couvre les prunes ou les raisins noirs.

GLOMÉRULE, s. m., agglomération, petit paquet.

GLUME, s. f., ensemble des deux écailles qui se trouvent à la base de l'épillet des Graminées, elle correspond aux bractées des autres plantes. La glume, comme dans les Lolium, n'est quelquefois formée que d'une écaille.

GLUMELLE, s. f., ensemble des deux écailles, dont l'une est renfermée dans l'autre, qui entourent les étamines et les pistils dans les Graminées, elles constituent leur périanthe.

GLUTINEUX, adj., couvert d'une matière visqueuse.

GORGE, s. f., on appelle ainsi l'entrée du tube du calice ou de la corolle. Ex. : la Pervenche, les Myosotis, la Cynoglosse, etc.

GOUSSE, s. f. fruit, simple, bivalve, le plus souvent déhiscent, à 2 sutures et ordinairement uniloculaire. C'est le fruit de la famille des Légumineuses.

GRAIN, s. m., fruit des céréales, c'est une caryopse.

GRAINE, s. f. La graine est la partie essentielle du fruit; c'est elle qui est chargée de la reproduction de l'espèce. Elle se compose d'une enveloppe ou épisperme et de l'amande qui renferme elle-même deux parties, le périsperme, substance cellulaire, contenant dans ses cellules de l'huile ou de la fécule, et l'embryon. Le périsperme se trouve bien développé dans le blé où il est féculent; dans les Euphorbes où il est huileux, dans le Café où il est corné, etc. L'embryon nous offre le germe de la future plante, et le ou les cotylédons. Si après avoir laissé tremper un haricot ou un pois, pendant un jour, par exemple, on enlève la peau qui le recouvre, cette peau représente l'épisperme, ce qui reste est l'amande ; ici le périsperme n'existe plus, ce qui arrive assez souvent, mais alors les cotylédons ont pris un bien plus grand développement et comme ils sont, après tout, formés des mêmes substances, ils le remplacent facilement. On peut maintenant séparer en deux les parties qui restent, on aura les deux cotylédons, et sur l'un deux on trouve le germe auquel étaient soudés les deux cotylédons avant leur séparation ; ce germe offre : 1° une partie conique, la radicule qui dans la germination aurait percé l'enveloppe et formé la racine ; 2° la tigelle ou future tige avec ses deux feuilles facilement reconnaissables, au milieu desquelles se trouve la gemmule ou petit bourgeon dont le développement aurait allongé la tige. On peut tout à fait comparer la graine à l'œuf des animaux, c'est en effet un véritable œuf végétal. L'épisperme remplace la coquille ; le périsperme, l'albumine ou blanc d'œuf ; les cotylédons, le jaune d'œuf, et le germe se retrouve nécessairement dans les deux. Tant que la radicule ne s'est pas développée et ne peut par conséquent rien retirer de la terre pour la nourriture de la jeune plante, celle-ci se nourrit aux dépens de ses cotylédons, comme l'animal aux dépens de l'œuf, la germination rend soluble la fécule qu'ils contiennent et même finirait par la transformer en matière sucrée. Cette dernière propriété est le principe même de la fabrication de la bière.

GRAMEN, s. m., gazon.

GRAPPE, s. f., assemblage de fleurs portées par des pédicelles non ramifiés, à peu près égaux, naissant d'un axe commun. Ex. : Groseille.

GRÊLE, adj., menu et allongé.

GRIMPANT, adj., qui s'accroche, pour se soutenir, aux corps voisins, soit en les enlaçant, soit par des vrilles, etc.

H

HAMPE, s. m., tige complétement nue, naissant du milieu des feuilles qui sont alors toutes radicales. Ex. : Pissenlit.

HASTÉ, adj., se dit de la feuille qui offre à sa base deux prolongements pointus en forme de fer de hallebarde. Ex. : feuille de la petite oseille.

HÉMISPHÉRIQUE, adj., qui a la forme d'une demi-sphère.

HERBACÉ, adj., de la nature de l'herbe ; la chose herbacée est verte et a la consistance de l'herbe.

HÉRISSÉ, adj., couverts de poils raides et droits.

HERMAPHRODITE, adj., se dit de la fleur qui renferme à la fois des étamines et un pistil, ou de la plante qui a de pareilles fleurs.

HEXAGONE, adj., à 6 pans ou faces.

HISPIDE, adj., garni de poils raides et presque piquants.

HUMIFUS, adj., couché par terre.

HYBRIDE, adj., se dit d'une plante dont les parents sont d'espèces différentes ; c'est ce qui arrive quand le pollen d'une espèce tombe sur le stigmate d'une plante d'espèce différente ; il faut d'ailleurs que les parents appartiennent à des espèces voisines. Dans quelques genres : Verbascum, Digitalis, Polygonum, Mentha, Rubus, Rosa, Hieracium, Salix, etc., l'hybridation est fréquente.

Dans certains genres : Verbascum, Digitalis, Capsella, etc., les hybrides sont infertiles, les capsules restent stériles, et les ovules ne se développent pas. Dans d'autres, les hybrides sont fertiles, mais font retour, au bout de quelques générations, au type primitif de l'un ou l'autre des parents.

Dans d'autres enfin, les hybrides sont indéfiniment fertiles, peuvent s'hybrider entr'eux, donnent alors naissance à une quantité considérable d'espèces « affines, » et c'est à cette cause que l'on doit le fouillis inextricable auquel on arrive quand on veut décrire et nommer toutes ces formes à différences infinitésimales, comme dans les genres : Rosa, Rubus, Hieracium, Mentha.

Les hybrides ne sont pas exactement intermédiaires entre leurs parents ; ils se rapprochent davantage de l'un ou de l'autre suivant le rôle prépondérant de l'un d'eux. Souvent, au moins dans les Verbascum, l'influence du père se fait sentir dans la fleur, et de la mère dans les organes de la végétation.

On les nomme ordinairement d'après la nomenclature de Schiede, par un adjectif composé de l'adj. spécifique du père suivi de l'adj. de la mère.

On reconnaîtra souvent un hybride, à sa taille plus élevée, son inflorescence plus allongée, sa floraison plus abondante, sa végétation plus luxuriante ; en effet, toute la sève qui aurait été employée au développement des graines est dépensée en organes végétatifs.

HYPOCRATÉRIFORME, adj., en forme de soucoupe.

HYPOGYNE, adj., se dit des étamines ou des pétales insérés au-dessous de l'ovaire ; c'est l'opposé d'épigyne.

I

IMBRIQUÉS, adj. pluriel, se recouvrant comme les tuiles d'un toit.

IMMERGÉ, adj., qui se trouve sous l'eau.

IMPARIPENNÉ, adj.. se dit d'une feuille composée, dont le pétiole est terminé par une foliole impaire. Ex.: Acacia.

INCISÉ, adj., découpé en lobes irréguliers.

INCLUS, adj., renfermé. Etamines incluses ; c'est-à-dire étamines renfermées dans la corolle.

INDÉFINI, adj., se dit des étamines dont le nombre est variable ou trop considérable. V. Inflorescence.

INDÉHISCENT, adj., qui ne s'ouvre pas spontanément, même à maturité.

INFÈRE, adj., se dit surtout de l'ovaire, quand il est situé au-dessous de la corolle et des étamines. Synonyme d'adhérent, dans ce cas.

INFLÉCHI, adj., fléchi en dedans.

INFLORESCENCE, adj. On donne le nom d'inflorescence à la disposition des fleurs sur la tige. Au point de vue de l'ordre dans lequel les fleurs s'épanouissent, l'inflorescence est dite définie ou indéfinie. Elle est définie lorsque la première fleur qui éclot est celle qui termine l'axe florifère ; dès lors l'existence de cet axe est limitée, il ne peut plus que se développer latéralement ; et, dans ce cas, la première éclose du rameau latéral sera encore la fleur qui le termine. Ex.: la petite Centaurée, les Cérastium, la Doucette, etc., etc. L'inflorescence est indéfinie quand l'axe peut continuer à se développer pendant la floraison ; c'est ce qui arrive lorsque l'axe fleurit d'abord dans sa partie inférieure. Ex. la Rose Trémière ou Passe-Rose, le Sainfoin, etc.

Infundibuliforme, adj., en forme d'entonnoir.

Insertion, adj., manière dont un organe est fixé sur un autre.

Interrompu, adj., qui n'est pas continu.

Involucelle, s. f., verticille de folioles herbacées de la nature des bractées, placées à la base des ombellules.

Involucre, s. m., verticille de folioles herbacées de la nature des bractées, situées à la base des rayons des ombelles. On donne encore ce nom au calice commun à plusieurs fleurs, comme dans les Composées.

Irrégulier, adj., disposé sans symétrie ; se dit surtout de la corolle dont les parties ne sont pas semblables. Ex. Aconit, Dauphinelle, Labiées, Scrophulariées, etc.

J

Jonciforme, adj., se dit des feuilles comparables à celles des joncs.

L

Label, s. m., division inférieure de la corolle des Orchidées.

Labié, adj., qui est disposé en deux parties offrant comme deux lèvres.

Lacéré, adj., irrégulièrement découpé et comme déchiqueté.

Lache, adj., composé de parties écartées ; c'est l'opposé de serré.

Lacinié, adj., découpé en lanières longues, étroites.

Lactescent, adj., qui contient un suc laiteux. Ex. Euphorbe, Laitue vireuse.

Laineux, adj., couvert de poils longs, mous, couchés.

Lancéolé, adj., se dit d'un organe allongé, assez étroit par rapport à sa longueur, dont les deux bords se rapprochent aux deux bouts comme un fer de lance.

Languette, s. f., synonyme de ligule ; petite langue ; corolle en languette. V. Composées.

Latéral, adj., se dit d'un organe inséré sur le côté d'un autre.

Légume, adj., fruit de la famille des légumineuses. V. gousse.

Lenticulaire, adj., bi-convexe, semblable à une lentille.

Libre, adj., qui n'est pas soudé. L'ovaire est libre quand les étamines et la corolle sont insérées au-dessous de lui.

Ligneux, adj., qui a la consistance du bois.

LIGULE, s. f., synonyme de demi-fleuron. Appendice membraneux placé à la jonction du limbe et de la gaine des feuilles dans les Graminées.

LIMBE, s. m., partie étalée.

LINÉAIRE, adj., se dit d'un organe qui est allongé, très étroit, à côtés parallèles. Ex. les feuilles des Graminées.

LOBE, s. m., parties saillantes d'un organe, séparées |les unes des autres par des échancrures.

LOGE, s. f., cavité d'un organe, anthère, fruit, etc.

LONGITUDINAL, adj., allant de la base au sommet.

LONGITUDINALEMENT, adv., en longueur, opposé à transversalement.

LYRÉ, adj., se dit des feuilles découpées en lobes arrondis, dont le terminal est beaucoup plus grand que les latéraux.

M

MALE, adj., se dit de la fleur qui n'a que des étamines.

MARCESCENT, adj., persistant quoique desséché. Ex.: la corolle des Orchidées, le calice de la Pomme, du Coing, etc.

MARGINAL, adj., situé près du bord.

MÉDIAN, adj., moyen, du milieu.

MÉDULLAIRE, adj., qui appartient ou qui ressemble à la moëlle.

MEMBRANEUX, adj., se dit d'un organe souple et mince comme une membrane.

MOELLE, s. f., tissu cellulaire et spongieux qui se trouve dans l'intérieur des tiges.

MONADELPHES, adj., se dit des étamines soudées en un seul groupe par leurs filets.

MONILIFORME, adj., formé de parties séparées par des étranglements et simulant un chapelet.

MONO, placé comme préfixe, indique l'idée d'unité.

MONOCOTYLÉDONÉES, adj. et subst., plantes dont la graine n'offre qu'un seul cotylédon.

MONOGYNE, à un seul pistil.

MONOÏQUE, adj., se dit de la plante qui ne porte que des fleurs unisexuelles, mâles et femelles, sur un même pied.

MONOPÉRIANTHÉE, adj., se dit de la fleur qui n'a qu'une seule enveloppe.

MONOPÉTALE, adj., se dit de la corolle formée d'une seule pièce ou dont les pétales semblent s'être soudés. Ex.: Liseron, Sureau, Pervenche, etc.

MONOPHYLLE, adj., formé d'une seule pièce.

MONOSÉPALE, adj., se dit du calice formé d'une seule pièce ou dont les sépales semblent s'être soudés.

MONOSPERME, adj., à seule graine.

MUCRON, s. m., pointe courte, droite.

MUCRONÉ, adj,, terminé par une pointe courte, droite.

MULTI, placé comme préfixe devant un mot, signifie beaucoup.

MULTIFIDE, adj., à divisions nombreuses.

MULTIFLORE, adj., qui porte plusieurs fleurs.

MULTILOCULAIRE, adj., à plusieurs loges.

MULTIPARTIT, adj., à plusieurs divisions.

MULTIPLE, adj., formé de plusieurs parties séparées.

MURIQUÉ, adj., se dit d'une surface garnie de pointes courtes, à base élargie, chagrinée.

MUTIQUE, adj., sans arête ou pointe saillante.

N

NECTAIRE, s. m. On donne ce nom aux glandes qui sécrètent dans les fleurs un liquide muqueux-sucré ; par analogie, on appelle aussi de ce nom toute partie qui ne fait pas normalement partie de la fleur, telle que des écailles, etc.

NECTARIFÈRE, adj., pourvu de nectaire ou semblable au nectaire.

NERVÉ, adj., marqué de nervures saillantes.

NERVEUX, adj., marqué de nervures saillantes.

NERVURE, s. f., fibres saillantes qui sont dans le limbe de la feuille la continuation des fibres du pétiole.

NOIX, s. f. fruit uniloculaire, monosperme, indéhiscent, à endocarpe ligneux, séparable, entouré par un péricarpe charnu.

NOYAU, s. m. endocarpe osseux de la drupe.

NOUEUX, adj., offrant des renflements ou nœuds.

NU, adj., qui n'est pas recouvert. Tige nue, qui n'a pas de feuilles ; fleur nue qui n'a pas d'enveloppe florale, etc.

NUL, adj., se dit d'une partie qui manque.

NUTRITION, s. f. La nutrition est une des grandes fonctions des végétaux, qui leur est commune avec les animaux ; elle a pour but la conservation et le développement de l'individu. Les végétaux s'assimilent différents éléments, corps simples ou composés qu'ils empruntent, soit au sol, soit à l'atmosphère. Ces corps simples sont le carbone, l'oxygène, l'hydrogène, l'azote, plus rarement le soufre, etc.; les corps composés sont la potasse, la soude, la chaux, la silice, l'acide phosphorique, l'acide sulfurique, l'acide chlorhydrique. La nutrition est le résultat de plusieurs autres fonctions: l'absorption, la circulation vers les feuilles, l'élaboration dans ces dernières, circulation de retour des matériaux élaborés et l'assimilation. L'absorption se fait par les racines et les feuilles, qui, comme organes de respiration, puisent dans l'air les éléments qu'il contient ; l'élaboration a lieu dans les feuilles où les éléments de la sève viennent se mettre en contact avec les éléments empruntés à l'air ; sous l'influence de la lumière, il y a décomposition partielle ou totale de ces éléments, et de nouveaux composés prennent naissance. C'est là que sont élaborés les matériaux qui doivent organiser dans la plante de nouveaux vaisseaux, de nouvelles fibres, de nouvelles cellules, les sucs propres, particuliers à chaque plante, et les réserves nutritives comme le sucre, l'amidon, etc.

Ces différents corps simples ou composés, nécessaires à la nutrition, sont empruntés les uns au sol à l'état de substance soluble, soit dans l'eau pure, comme certains sels, soit dans l'eau chargée de l'acide carbonique du terreau, tels que la silice, les silicates et les phosphates qui sont insolubles dans l'eau pure ; les autres, à l'état gazeux, à l'atmosphère, tels que le carbone sous forme d'acide carbonique, l'oxygène soit libre, soit combiné à l'hydrogène de l'eau, l'azote soit libre, soit à l'état d'ammoniaque. Chaque plante épuise le sol plutôt d'une substance que d'une autre, telle autre l'amende en empruntant à l'air pour restituer au sol, etc., etc. La connaissance de ces faits doit régler l'ordre intelligent des assolements.

O

Ob... placé devant un adj. indique que le sens, la forme indiquée par cet adj. doit être prise en sens inverse de sa signification ordinaire.

Obcordiforme, adj., en cœur renversé, la pointe au point d'attache. Ex.: les folioles de quelques Trèfles, des Oxalis, etc.

Oblique, adj., incliné soit par rapport à l'horizon, soit par rapport à l'organe qui sert de support.

Oblong, adj., se dit d'un organe allongé, à extrémité un peu arrondie.

Obovale, adj., offrant la coupe d'un œuf, le bout le plus large à l'extrémité.

Obtus, adj., arrondi au sommet.

Ombelle, s. f., sorte d'inflorescence dans laquelle les pédoncules (rayons de l'ombelle) partent tous du même point comme dans une ombelle ou parapluie, et arrivent à former par leurs extrémités une surface à peu près continue. Elle est simple si chaque rayon ne porte qu'une fleur, composée si chaque rayon porte lui-même une petite ombelle.

Ombellule, s. f., petites ombelles secondaires qui terminent les rayons ou pédoncules de l'ombelle principale.

Ombiliqué, adj., se dit d'un fruit dont la surface offre une dépression. Ex. la pomme qui est bi-ombiliquée.

Ondulé, adj., se dit d'une surface qui s'élève et s'abaisse en formant des courbes arrondies.

Onglet, s. m., partie rétrécie des sépales et des pétales.

ONGUICULÉ, adj., muni d'un onglet.

OPPOSÉ, adj., se dit d'organes qui naissent par paire, l'un vis-à-vis de l'autre, de chaque côté de l'organe qui les porte. Dans le cas des étamines, elles sont opposées aux pétales, quand elles sont placées devant eux ; c'est d'ailleurs toujours le contraire d'alterne.

ORBICULAIRE, adj., en forme de cercle.

OSSEUX, adj., se dit d'un organe endurci, sec ligneux. Ex.: les noyaux de cerises, prunes, abricots, etc.

OSSICULÉ, adj., endurci, tendant à devenir osseux.

OUVERT, adj., c'est le contraire de fermé.

OVAIRE, s. m., partie inférieure du pistil, celle qui, après la fécondation, devient le fruit. V. pistil.

OVALE, adj., en forme d'œuf, la partie rétrécie placée à l'extrémité.

OVOÏDE, adj., qui a la forme d'un œuf.

OVULE, s. m., petit renflement dans l'ovaire, qui deviendra la graine après fécondation et développement.

P

PAILLETÉ, adj., garni de paillettes.

PAILLETTES, s. f., productions minces, membraneuses, allongées, écailleuses, qui sont mêlées aux fleurs dans beaucoup de Composées.

PALAIS, s. m., renflement de la lèvre inférieure de la corolle, et qui la ferme plus ou moins dans quelques Scrophulariées. Ex.: Linaire, Gueule de loup, etc.

PALÉACÉ, adj., formé de paillettes ou de la nature des paillettes.

PALMATISÉQUÉ, adj., se dit d'une feuille divisée en segments jusqu'au pétiole, ou à la nervure médiane, comme les doigts de la main.

PALMÉ, adj., se dit d'une feuille à divisions simulant les doigts ouverts de la main.

PANICULE, s. f., inflorescence dans laquelle les fleurs sont portées par des pédoncules longs et rameux, les supérieurs étant plus courts que les inférieurs. Ex.: l'Avoine, etc.

PANICULÉ, adj., disposé en panicule.

PAPILIONACÉ, adj., se dit de la corolle qui imite grossièrement un papillon, comme celle du pois commun ; elle est irrégulière et se compose de 5 pétales : l'étendard, les deux ailes et les deux autres soudés en carène.

PARASITE, adj., qui vit aux dépens des autres plantes. Ex.: la Cuscute, les Orobanches, etc.

PARENCHYME, s. m., matière cellulaire qui remplit les intervalles des nervures des feuilles.

PARIÉTAL, adj., qui tient à la paroi.

PARIPENNÉ, adj., se dit de la feuille ailée à nombre pair de folioles.

PAUCIFOLIOLÉ, adj., qui a peu de folioles.

PECTINÉ, adj., se dit d'un organe divisé en lanières étroites et comparables à des dents de peigne. Ex.: écailles de l'involucre du Centaurea nigra, etc.

PÉDALÉ, adj., se dit de la feuille dont le pétiole se divise en deux parties divergentes, qui portent des folioles ou divisions profondes. Ex.: Hellébore fétide.

PÉDATO-QUINÉE, adj., f., s'applique à la feuille formée de 5 folioles, dont les deux latérales de chaque côté sont soudées ensemble à un petit pétiole partant du pétiole commun.

PÉDICELLE, s. m., diminutif de pédoncule; dernière ramification du pédoncule rameux.

PÉDONCULE, s. m., support des fleurs.

PÉDONCULÉ, adj., muni d'un pédoncule.

PELTÉ, adj., se dit d'une feuille arrondie comme un bouclier et fixée par son centre. Ex.: la Capucine.

PENNATISÉQUÉ, adj., s'applique à la feuille divisée en segments jusqu'à la nervure.

PENNATIFIDE, adj. V. Pinnatifide.

PENNÉ, adj. V. Pinné.

PENTAMÈRE, adj., dont les parties sont toutes par 5. Ex. fl. des Lychnis, etc.

PERFOLIÉ, adj., se dit de la feuille dont le limbe est traversé par la tige. Ex.: Chèvrefeuille des jardins.

PÉRIANTHE, s. m., enveloppe unique de la fleur.

PÉRICARPE, s. m. V. Fruit.

PÉRIGYNE, adj., se dit des étamines et de la corolle insérées à la hauteur moyenne de l'ovaire et sur le calice.

PÉRISPERME, s. m. V. graine.

PERSISTANT, adj., qui dure plus longtemps que les organes de même nature. Ex.: feuilles du Pin, etc.

PERSONNÉE, adj., se dit de la corolle monopétale, irrégulière, à deux lèvres, fermées, formant comme une gueule. Ex.: Linaire, Muflier.

PÉTALE, s. m. On appelle ainsi chaque pièce libre, dont l'ensemble forme la corolle polypétale. Ainsi la Rose des haies, les Ranoncules ont en général cinq pétales.

PÉTALOÏDE, adj., de la nature du pétale, qui ressemble à des pétales. C'est l'opposé de caliçoïde.

PÉTIOLE, s. m., support, que de la feuille.

PÉTIOLÉ, adj. qui a un pétiole.

PHANÉROGAME, adj., se dit d'une plante dont les organes sexuels, étamines et pistils, sont apparents.

PINNATIFIDE, adj., s'applique à la feuille dont les divisions, assez profondes, sont disposées de côté et d'autre de la nervure, comme les barbes d'une plume.

PINNÉ, adj., se dit de la feuille dont les divisions sont complètement distinctes, comme dans l'Acacia, le Rosier, etc.

PISTIL, s. m. Le pistil est l'organe femelle de la plante ; il est placé au centre de la fleur. Il se compose ordinairement de 3 parties : l'ovaire, à sa partie inférieure, surmonté par le style, petite colonne qui se termine par le stigmate ; le style manque quelquefois, alors le stigmate est sessile : quelquefois même le stigmate est peu apparent ; c'est un renflement de nature spongieuse, visqueux ou poilu à sa surface, et dont la fonction est de retenir le pollen des étamines. L'ovaire est ce qui doit plus tard devenir le fruit en se développant ; l'ovaire simple a reçu le nom de carpelle, quelles que soient sa forme et sa composition, depuis le carpelle le plus simple formé d'une seule graine, comme dans les Borraginées ou les Labiées, dont le fruit est formé de 4 carpelles, jusqu'à la forme plus compliquée, la Gousse, par exemple, où nous trouvons une enveloppe ou péricarpe avec 3 parties, épiderme extérieur, épiderme intérieur, tissu cellulo-fibreux intermédiaire, et un certain nombre de graines. D'autres fois l'ovaire est multiple ou formé de plusieurs carpelles ou ovaires simples. Ex.: un grand nombre de Ranunculacées ; composé, comme la Pomme, la Capsule, etc., par la réunion, la soudure de plusieurs carpelles simples, il y a alors autant de loges que de carpelles simples et leur nombre est d'avance indiqué par le nombre des styles ou stigmates.

PIVOTANT, adj., se dit de la racine offrant un axe principal, verticalement enfoncé en terre.

PLACENTA, s. m. On donne ce nom à la partie de l'ovaire où sont attachées les graines.

PLISSÉ, adj., qui offre des plis.

PLUMEUX, adj., se dit des poils à axe barbu comme une plume.

POILU, adj., parsemé de poils longs et sans raideur.

POLYADELPHE, adj., se dit des étamines soudées par leurs filets en plusieurs faisceaux indépendants.

POLYGAME, adj., se dit de la plante offrant à la fois des fleurs mâles, des fleurs femelles et des fleurs hermaphrodites. Ex. : la Pariétaire.

POLYMORPHE, adj., se dit d'un organe, mais surtout de la plante qui présente des différences dans son port, son volume, les dimensions de ses organes, etc., suivant les individus, sans que ces différences soient constantes et assez importantes pour permettre de constituer, avec les individus qui les offrent, des espèces distinctes.

POLYPÉTALE, adj., se dit de la corolle qui a plusieurs pétales.

Polyphylle, adj., qui offre plusieurs folioles.

Polysépale, adj., se dit du calice qui a plusieurs sépales.

Polysperme, adj., se dit du fruit qui contient plusieurs graines.

Ponctué, adj., se dit d'une surface qui offre de petites taches comparables à des points, ou de petites éminences ou dépressions.

Prismatique, adj., en forme de prisme, c'est-à-dire offrant des surfaces planes et des arêtes anguleuses.

Prolifère, adj., se dit d'un organe qui donne naissance accidentellement à d'autres organes semblables. Ex. : la fleur prolifère des petites Marguerites des jardins, dites mères de famille.

Pubérulent, adj., comme couvert de poussière.

Pubescent, adj., couvert d'un duvet court et mou.

Pulpe, s. f., substance molle et charnue, comme la chair de la prune, de la pêche, etc.

Pulpeux, adj., de la nature de la pulpe.

Pulvérulent, adj., qui est en poussière ou couvert de poussière.

Pyramidal, adj., élargi à la base et se rétrécissant en pointe.

Pyriforme, adj., en forme de poire.

Pyxide, s. f., fruit qui s'ouvre en travers comme une boîte à savonnette. Ex. : la Jusquiane, le Mouron rouge.

Q

Quadri, rappelle l'idée de quatre. Ex. : quadrangulaire, à 4 angles ; quadrifide, à 4 divisions ; quadriloculaire, à 4 loges.

Quaterné, adj., placé quatre par quatre et en opposition. Ex. : les feuilles du Paris quadrifolia.

Quiné, adj., par 5.

R

Racine, s. f., partie inférieure ordinairement souterraine du végétal. La racine se compose ordinairement d'un axe primaire verticalement enfoncé en terre (pivot, racine pivotante), qui donne naissance à des axes secondaires eux-mêmes ramifiés, et se terminant par des fibrilles de plus en plus tenues qui sont le chevelu de la racine. Dans les plantes Monocotylédonées il n'y a pas d'axe primaire, elles n'offrent que du chevelu.

Les racines remplissent, pour le végétal, deux fonctions : 1° elles le fixent au sol, et quelques plantes, les plantes grasses, empruntent si peu au sol, que c'est alors presque leur seule fonction ; 2° elles absorbent, à l'état de dissolution, les substances diverses dont la plante doit se nourrir. L'expérience fait voir que c'est par les spongioles, extrémité spongieuse du chevelu, que se fait presque exclusivement l'absorption.

On confond vulgairement sous le nom de racines, les bulbes qui sont de véritables bourgeons souterrains (V. Bulbes), et le

rhizôme, véritable tige souterraine, qui offre des yeux ou bourgeons que n'offrent jamais les racines. Ex. : la pomme de terre,
les Joncs, le Chiendent, etc. Quelquefois les cellules des racines
se remplissent de dépôts divers, sucre, fécule, etc., réserves
nutritives qui les rendent précieuses pour l'homme et les animaux, Carotte, Panais, Navet, Dahlia, Topinambour, Orchis, etc.

RADICAL, adj., qui appartient à la racine ou qui part de la racine.

RADICANT, adj., se dit de la tige qui produit en quelques-uns de
ses points des racines.

RADICULE, s. f., partie de l'embryon qui deviendra la racine.

RADIÉES, s. f., tribu des Composées. Fleur radiée, celle qui, comme
la Pâquerette, offre au centre des fleurons et des demi-fleurons
à la circonférence.

RAMEUX, adj., pourvu de branches ou rameaux.

RAMPANT, adj., qui rampe à la surface du sol, si c'est de la tige que
l'on parle ; au-dessous de la surface du sol, et parallèlement à
lui, s'il s'agit d'une racine.

RAYON, s. m., pédoncules des Ombellifères. Fleurs de la circonférence dans les Radiées. On dit en rayon, les objets qui, partant d'un centre commun, s'éloignent en rayonnant.

RAYONNANT, adj., disposé en rayon.

RÉCEPTACLE, s. m., partie dilatée et terminale du pédoncule, quelquefois peu apparente, sur laquelle sont insérés les organes des
fleurs.

REDRESSÉ, adj., se dit d'une chose qui, couchée d'abord, se relève
ensuite.

RÉFLÉCHI, adj., courbé vers la terre.

RÉGULIER, adj., à parties égales et symétriquement disposées autour d'un centre.

REJET, s. m., pousse qui sort des racines ou du collet des plantes
vivaces.

RÉNIFORME, adj., se dit d'une chose dont la forme, plus large que
longue, rappelle celle d'un rognon. Ex. : le Haricot, la feuille du
Lierre terrestre.

RÉTICULÉ, adj., couvert de lignes entrecroisées en réseau comme
les mailles d'un filet.

RHOMBOÏDAL, adj., qui se rapproche de la forme du losange, c'est-
à-dire à 4 angles, 2 aigus et 2 obtus, et à côtés égaux opposés
et parallèles.

RHIZÔME, s. m., tige souterraine qui, à sa partie inférieure, émet
des racines et offre des yeux ou bourgeons qui, en se développant, formeront un rameau aérien. Ex. : le Muguet, la Pomme
de terre.

RONCINÉ, adj., se dit des feuilles pinnatifides, dont les divisions ou dents sont recourbées vers la base de la feuille. Ex. : le Pissenlit.

Rosette, s. f., en rosette, se dit des feuilles appliquées contre terre, formant comme une rose ou rosace autour du collet.

Rotacé, adj., en forme de rosace, de roue.

Rude, adj., couvert d'aspérités.

Rudimentaire, adj., se dit d'un organe peu développé, à l'état d'ébauche.

Rugueux, adj., se dit d'une surface offrant des lignes ou des rides irrégulières et profondes.

S

Sagitté, adj., se dit des organes en forme de fer de flèche. Ex.: feuilles de la petite Oseille, de la Sagittaire.

Samare, s. m., fruit sec indéhiscent, sorte d'akène, muni d'ailes membraneuses. Ex. : Érable.

Sarmenteux, adj., se dit des rameaux grêles, flexibles, qui ressemblent à ceux de la vigne.

Scabre, adj., rude.

Scarieux, adj., se dit d'un organe mince, transparent et jamais vert.

Scorpioïde, adj., recourbé en queue de scorpion. Forme de l'inflorescence des Borraginées, Myosotis, etc.

Segment, s. m., division d'une feuille qui se prolonge jusqu'à la nervure médiane.

Semi-flosculeuses, adj. et s. f., tribu des Composées dont les anthodes ne renferment que des demi-fleurons.

Sépale, s. m., nom de chacune des parties du calice.

Sessile, adj., qui n'a pas de support.

Sétacé, adj., raide comme une soie de cochon.

Silicule, s. f., fruit d'une tribu des Crucifères; c'est une capsule à 2 loges, indéhiscente, ou déhiscente à 2 valves, dont la longueur ne dépasse pas 3 fois la largeur.

Silique, s. f., fruit d'une tribu des Crucifères; c'est une capsule généralement déhiscente, à 2 loges séparées par une cloison médiane, et dont la longueur dépasse 3 fois la largeur.

Siliquiforme, adj., en forme de silique. Ex. : fruit de la Chélidoine.

Sillonné, adj., marqué de sillons.

Simple, adj., qui n'est pas composé.

Sinus, s. m., partie rentrante d'une chose sinuée.

Sinué ou Sinueux, adj., à bord formé de parties saillantes et rentrantes, à bords arrondis.

SOIE, s. f., poils raides qui accompagnent les fleurs de certaines Graminées et Cypéracées.

SOLITAIRE, adj., qui est seul.

SOMMET, s. m., partie d'un organe opposé à sa base.

SORE, s. m., agglomération des sporanges ou capsules qui constituent la fructification des Fougères.

SOUCHE, s. f., partie grosse des racines vivaces, quelquefois synonyme de rhizôme.

SOUS-ARBRISSEAU, s. m., petit arbrisseau. Ex. : Bruyère.

SOYEUX, adj., muni de longs poils, brillants, mous.

SPADICE, s. m., assemblage de fleurs nues et unisexuelles, insérées sur un axe charnu. Ex. : Arum.

SPATHE, s. f., bractée ample, membraneuse ou foliacée qui entoure complètement certaines fleurs avant leur épanouissement. Ex. : Arum, Narcisse, Ail.

SPATHELLE, s. f. On appelle ainsi chacune des deux écailles qui entourent les organes sexuels dans les Graminées et dont l'ensemble forme la glumelle. Elles représentent le périanthe.

SPATULÉ, adj., en forme de spatule, étroit à la base, élargi et arrondi au sommet.

SPÉCIFIQUE, adj., caractéristique, distinctif d'une espèce.

SPHÉRIQUE, adj., arrondi.

SPHÉROÏDAL, adj., qui se rapproche de la forme de la sphère.

SPICIFORME, adj., en forme d'épi.

SPONGIEUX, adj., se dit du tissu dont la nature rappelle celle de l'éponge.

SPORANGE, s. m., sorte de capsule qui renferme les spores ou graines des Acotylédonées. V. la notice en tête de cet embranchement.

SPORES, s. f., petits corps qui remplacent les graines dans les Acotylédonées. V. la notice en tête des Acotylédonées.

STAMINÉES, adj., se dit des fleurs qui n'ont que des étamines.

STIGMATE, s. m., partie supérieure du pistil. V. Pistil.

STIPITÉ, adj., pourvu d'un petit support particulier.

STIPULE, s. f., production ordinairement foliacée, située à la base des feuilles.

STOLON, s. m., bourgeon, rejet qui pousse sur les racines ou la tige, portant des racines adventives, et qui peut devenir une nouvelle plante. Ex. : le Fraisier.

STOLONIFÈRE, adj., qui produit des stolons.

STOMATE, s. m., ouverture microscopique, en forme de bouche ou boutonnière, qui se trouve à la surface des organes herbacés et servant à la respiration.

STRIÉ, adj., marqué de petits sillons longitudinaux, parallèles et peu profonds.

STYLE, s. m., partie du pistil qui porte le stigmate.

SUB, placé devant un mot, signifie presque. Ex. : subobtus, sub-cordiforme, etc., presque obtus, presque cordiforme.

SUBÉREUX, adj., de nature comparable au liége.

SUBMERGÉ, adj., qui est sous l'eau.

SUBULÉ, adj., linéaire, allongé et rétréci en pointe comme une alène.

SUCCULENT, gorgé de suc.

SUPÈRE, adj., se dit de l'ovaire libre, non adhérent, placé au-dessus du point d'insertion de la corolle et des étamines.

SURDÉCOMPOSÉE, adj. V. Feuille.

SUTURE, s. f., ligne formée par la soudure de 2 organes.

SYNANTHÉRÉES, adj., se dit des étamines soudées par les anthères et dont les filets sont libres ou à peu près.

SYNGÉNÉSIE, s. f., classe de Linnée qui comprenait toutes les plantes à étamines soudées par les anthères.

T

TÉGUMENT, s. m., ce qui recouvre un organe. Dans les fougères, membrane qui recouvre les sporanges.

TERMINAL, adj., placé au sommet.

TERNÉ, adj., disposé 3 à 3. Ex. : les folioles du Trèfle.

TÊTE, s. f., en tête, se dit de fleurs groupées en masse sphéroïde, ou du stigmate quand il est arrondi.

TÉTRADYNAME, adj., se dit des étamines au nombre de 6, dont 4 grandes et 2 petites. Ex. : la Giroflée.

TÉTRAGONE, adj., à 4 angles et 4 faces.

TÉTRAMÈRE, adj., 4 par 4.

TÉTRASPERME, adj., à 4 graines.

THYRSE, s. m., panicule serrée, de forme pyramidale à pédoncules rameux. Ex. : Lilas, Vigne.

TIGE, s. f. On nomme ainsi la partie du végétal qui porte les feuilles et les fleurs, elle manque rarement. Elle nous offre ordinairement un tronc, des branches et des rameaux. On lui donne le nom d'arbre, quand, offrant un tronc distinct, elle atteint une grande hauteur : le Chêne, le Noyer ; d'arbuste, quand elle n'est qu'un diminutif d'arbre, en conservant la forme générale : le Lilas ; d'arbrisseau, quand elle se compose de ramifications nombreuses, persistantes, sans tronc distinct : Aubépine, Ronce ; enfin de sous-arbrisseau, quand offrant la forme de l'arbrisseau, elle n'en diffère que par la taille. Dans ces 4 types, la tige est ligneuse, c'est-à-dire à la consistance du bois ; dans les autres elle est herbacée : Pavot, Sainfoin, Lis.

La tige la mieux organisée est celle des végétaux dicotylédonés ligneux, elle se compose de deux parties toujours distinctes : bois et écorce. Le bois nous offre au centre la moelle, tissu spongieux renfermé dans un tube cylindrique, l'étui médullaire, et tout autour sont disposées des couches ligneuses concentriques bien distinctes, dont chacune correspond à l'accroissement d'une année, de sorte que l'on peut savoir par le nombre des couches, l'âge d'un tronc, d'une branche ; les plus nouvelles de ces couches sont les plus extérieures ; il leur faut un certain temps pour prendre la texture, la dureté et la couleur du bois parfait ou cœur, comme dans le chêne ; les couches de bois imparfait, ou aubier, sont de couleur plus claires, moins dures et plus aqueuses. Dans quelques arbres dits à bois blancs, le bois reste toujours à l'état d'aubier.

L'écorce nous offre : un épiderme ou peau se détachant facilement dans sa jeunesse du tissu sous-jacent, un tissu spongieux cellulaire, et à l'intérieur les couches corticales ou liber qui, dans certains végétaux, nous fournissent les fibres textiles : Lin, Chanvre, etc. Les couches les plus nouvelles de l'écorce sont les plus intérieures, et, de même que pour la tige, il s'en forme une chaque année. L'écorce ne contient plus les même vaisseaux que la tige ; on donne aux vaisseaux de l'écorce le nom de vaisseaux laticifères.

La tige, par ses vaisseaux, offre un chemin à la sève qui monte vers les feuilles ; cette ascension est provoquée par la même cause qui fait que l'huile monte dans la mèche des lampes, la capillarité, et par l'évaporation constante qui se produit à la surface des feuilles, produisant ainsi comme un vide et une aspiration. Élaborée dans les feuilles, la sève redescend par un autre chemin, les vaisseaux laticifères et fibres de l'écorce, et elle fournit, entre l'écorce et le bois, une couche de cambium, liquide où s'organiseront les matériaux d'une nouvelle couche de bois d'un côté et d'écorce de l'autre.

Les végétaux dicotylédonés herbacés offrent une contexture semblable, mais ceux qui ne vivent qu'une année ne présentent pas cette complication ; néanmoins l'écorce et la tige sont toujours distinctes, et la moëlle toujours distincte.

Les végétaux monocotylédonés n'ont pas d'écorce distincte séparable du bois ; chez eux les vaisseaux ne sont plus disposés par couches concentriques et la moelle n'est pas circonscrite par l'étui médullaire, les fibres ligneuses ne sont plus parallèles.

TOMENTEUX, adj., couvert d'un duvet formé de poils, mous, soyeux, enchevêtrés les uns dans les autres.

TOMENTUM, s. m., duvet formé de poils mous, soyeux, enchevêtrés.

TRAÇANT, adj., synonyme de rampant.

TRANSLUCIDE, adj., qui laisse passer la lumière.

TRIGONE, adj., à 3 faces et 3 angles.

TRIFOLIOLÉ, adj., à 3 folioles.

TRILOBÉ, adj., à 3 lobes.

TRINERVÉ, adj., à 3 nervures.

TRIQUÈTRE, adj., qui offre 3 surfaces planes et 3 angles.

TRIVALVE, adj., à 3 valves.

TRONC, s. m. partie de la tige des arbres qui porte les branches et rameaux. V. tige.

TRONQUÉ, adj., terminé comme coupé brusquement; opposé d'arrondi.

TUBE, s. m., partie inférieure, en forme de tube, de la corolle monopétale, et du calice monosépale.

TUBERCULE, s. m., partie solide, renflée par un dépôt féculent, de la racine, comme dans les Orchis, ou d'une tige souterraine, comme dans la Pomme de terre qui offrant des yeux ou bourgeons, ne peut être considérée comme racine.

TUBERCULEUX, adj., muni de tubercules.

TUBÉREUX, adj., se dit des racines renflées, comme l'Iris.

TUBULEUX, adj., en forme de tube allongé.

TURBINÉ, adj., qui se rapproche de la forme de la toupie. EX.: la Poire.

U

UNIFLORE, adj., qui porte une seule fleur.

UNILATÉRAL, adj., tourné d'un seul côté.

UNILOCULAIRE, adj., à une seule loge.

UNISEXUEL, adj., se dit des fleurs qui ne présentent que des étamines ou que des pistils.

URCÉOLÉ, adj., en grelot. Ex.: la corolle du Muguet.

V

VALLÉCULE. s. f., diminutif de vallée; intervalle entre les côtes des fruits des Ombellifères. V. l'article en tête de cette famille.

VALVES, s. f., parties de l'enveloppe des fruits secs déhiscents, qui se séparent à maturité.

VASCULAIRE, adj., se dit des plantes qui contiennent des vaisseaux, par opposition à cellulaire, celles qui ne renferment que du tissu cellulaire sans vaisseaux.

VEINÉ, adj., muni de nervures peu saillantes.

VELU, adj., couvert de poils.

VENTRU, adj., renflé au milieu.

VERRUQUEUX, adj., garni d'aspérités comme de petites verrues.

VERTICILLE, s. m., réunion d'organes comme en anneau autour du support commun.

VERTICILLÉ, adj., disposé en verticille.

VISQUEUX, adj., couvert d'une matière gluante.

VIVACE, adj., plante qui dure plusieurs années.

VOLUBILE, adj., se dit de la tige qui, comme celle du Liseron, s'enroule autour des corps voisins.

VOUTÉ, adj., en forme de voûte.

VRILLES, s. f., organes qui servent aux plantes pour s'accrocher aux corps voisins. Ex.: les vrilles de la vigne, celles qui terminent les extrémités des pétioles du pois commun, etc. On peut les considérer comme des feuilles ou folioles réduites à leurs nervures.

TABLE

DES EMBRANCHEMENTS, FAMILLES ET PRINCIPALES TRIBUS.

NOTA. — On n'a pas mis les noms français qui ne diffèrent que très peu des noms latin.

Moulins. — Imprimerie FUDEZ Frères.

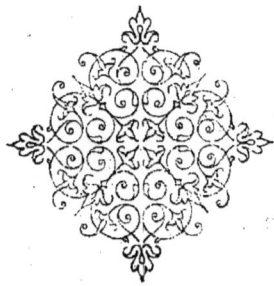

www.ingramcontent.com/pod-product-compliance
Lightning Source LLC
Chambersburg PA
CBHW031355210326
41599CB00019B/2775